建设部、人事部、国家文物局联合资助项目

王瑞珠 编著

世界建筑史

巴洛克卷

·下册·

中国建筑工业出版社

第五章
德国和中欧地区

第一节 德国（含普鲁士）

公元 1500 年前，西方沿海国家在文化领域已经开始向土耳其和俄罗斯边界方向渗透。而使用德语系统的国家，和这些更发达的地中海沿岸国家及勃艮第等地区相比，由于自然和地理位置等原因，一直处于相对落后的状态。在欧洲三十年战争（1618~1648 年）开始之前，和新教改革派及天主教反改革派相联系，建筑上曾出现过各种各样的创新。但接下来就是长达几十年的战乱局面（战争期间，主要战场大都位于德国或德语地区）。从 1600 年后开始的文艺复兴运动，也因此而中断。直到 17 世纪最后几十年，世俗和宗教建筑的投资者，特别是握有绝对君权的朝廷和反宗教改革派的教会，才开始筹得一定的资金，国家的生产和建筑活动亦得以在 1690 年左右恢复。但在这片地区，巴洛克建筑的充分发展和大规模建筑活动的展开，一直要等到 18 世纪才真正实现。也就是说，和欧洲其他国家相比，巴洛克建筑的演进明显滞后。

德国的巴洛克风格是神圣罗马帝国艺术的最后表现。当时占据了欧洲中部的这个庞大帝国除现在的德国本土外，还包括普鲁士、波希米亚、摩拉维亚地区和意大利北部米兰等地，稍后又扩展到比利时、匈牙利和波兰。在历史上，德国和意大利有着悠久的联系，施瓦本地区则和瑞士德语区关系密切；在 17 世纪，和欧洲其他国家一样，又处在法国文化的影响下。然而，德国人总是能战胜或融化意大利的优势或法国文化的影响，多样化的民族构成在这方面起到了重要的作用，特别是具有独创精神的斯拉夫民族，不仅能容纳各种外来风格，同时还能促使它们在本地扎根成长。人们很难说在勃艮第或布列塔尼地区有巴洛克艺术的存在，但在施瓦本、波希米亚和莱茵兰地区却可找到这种风格的踪迹，其中还纳入了西西里或皮埃蒙特地区的特色；艺术家个人的才干也在这片肥沃的土地上得到了施展。促成意大利巴洛克艺术繁荣的个人自由，同样在这里得到传承并使创作达到很高的水平。当然，巴洛克的理想，和此前的哥特风格一样，在修成正果之前也经过了充分的酝酿。其最后成就，是综合了周围地区的各种成果并加以深化的结果。

到 17 世纪 80 年代末，德国人终于让建筑又重新回到了自己手中。布拉格的例子可充分说明这一演化过程。1680 年，在这个城市，意大利和德国建筑师的数量分别为 28 比 7；10 年后两者基本达到平衡；此后，本国人开始反超。瓦格纳·冯·瓦根费尔斯在记述 1690 年约瑟夫一世维也纳入城式时的一席话清楚表明，人们已开始认识到这一变化的重要意义。由于建造庆典凯旋门的任务委托给菲舍尔·冯·埃拉赫（1691~1766 年，图 5-1）而不是他的意大利竞争者，这位作者不无骄傲地说，"在（竞赛）期间，尽管外国人（的方案）也得到考虑，但德国艺术照样取得了辉煌的胜利"。

和诗歌相比，这个国家在艺术和音乐领域更早地找到真正属于自己的语言。土耳其人的进攻和来自西面的威胁促成了民族意识的觉醒，在很大程度上推动了这一思潮的发展。随着斯特拉斯堡的沦丧，维也纳从一个临近边境的要塞城市变为庞大帝国的都城，柏林和德累斯顿的地位也开始得到提升。帝国的理想再一次得到复活。在西班牙王位继承战争之后，压力得到缓解，多年积累下来的创作需求终于有了表现的机会。无论是君王还是庄园主，修道院还是市政当局，都不吝投资大兴土木；像舍恩博恩这样一些贵族世家，在建筑上的热情更是令人难忘。在德国北部，通过菲舍尔·冯·埃拉赫和施吕特的努力，移植意大利早期巴洛克风格的做法已趋于成熟；它和西方古典主义的结合已成为欧洲宗教史的重要篇章，其影响更是超出了德国的边界。丁岑霍费尔家族各建筑师也是这一潮流的追随者，但在这一领域开先河的仍非菲舍尔和施吕特莫属。从此，德国有了自己的声音，欧洲的建筑景观，也因此变得更为丰富。

城市和宫殿府邸的建设是这时期的一道壮美的风景。有些城市在扩大过程中形成了巴洛克的街区，特别

（左上）图5-1 菲舍尔·冯·埃拉赫：约瑟夫一世维也纳入城式凯旋门设计方案（1690年，原稿现存维也纳 Graphische Sammlung Albertina）

（右上）图5-2 汉堡 约16世纪下半叶城市景观（版画，作者 Georg Braun，取自《Civitates orbis Terrarum》，原稿现存热那亚 Museo Navale）

（下）图5-3 汉堡 1696年城市景观（图示易北河和阿尔斯特河交汇处景色，汉堡没有受到30年战争的破坏，在整个17世纪都保持着经济上的繁荣）

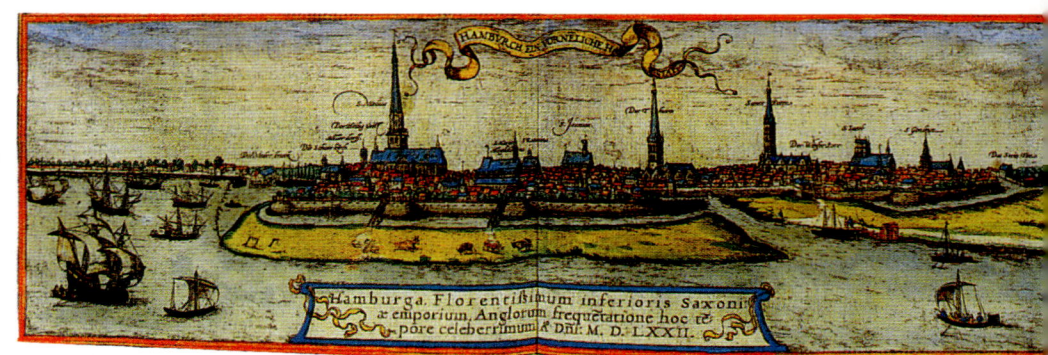

（上）图 5-4 石勒苏益格 戈托尔普宫邸（1698~1703 年）。南翼，外景

（下）图 5-5 哈瑟尔堡府邸。大厅（1710 年），内景

是在规划上增添新区或在宽容的主教治理下城市趋于繁荣之时；前者如卡塞尔、埃朗根和波茨坦，后者如维尔茨堡、艾希施泰特或明斯特。市区宫殿则通过各种方式与城市联系：或位于城市端头，如曼海姆（见图 1-27）；或布置在圆形街道体系的中心，如卡洛斯鲁厄（不过，在革命时期，这些宫邸也最容易首当其冲遭到破坏）。位于郊区的宫邸，既可和城市通过运河联系（如宁芙堡），也可通过其他的灵活方式相通。夏宫往往布置在花园里的独立地段上，如波默斯费尔登或布吕尔各地的情景。

这时期的宫邸平面通常形成马蹄铁形（即两肢向前伸出），居住翼位于院落和花园之间，用于管理的附属建筑布置在侧翼内或次级院落周围。主院以铁栅栏或用不高的横翼封闭。宫邸内部通常由一组主要厅堂和系列套房组成。主要厅堂包括前厅、朝向花园的沙龙（sala terrena，图 5-237）、楼梯、前室和大厅。但除了楼梯间单设的情况外，一般不会配得如此齐全。这种组合体系在罗马的巴尔贝里尼宫已大体形成（图 2-298），并在法国的沃 - 勒维孔特得到了进一步的发展（图 3-91，布置在轴线上的前厅和沙龙，形成主院和花园之间的联系环节）。德国宫殿基本沿袭这种形制，但在具体做法上，有诸多变化：如在维也纳的上观景楼（图 5-553），大厅和楼梯合在一起，将若干要素进行了新的排列组合；而波默斯费尔登的舍恩博恩府邸（1711~1718 年）则相反，在扩大的居住翼内安置楼梯间。在法国，楼梯作为一种灵活的过渡部件，设计上主要考虑优雅和舒适的要求（图 3-703）。但在波默斯费尔登（图 5-235），在通

第五章 德国和中欧地区·1249

向首层沙龙入口大门的通道两侧,如威尼斯圣乔治主堂修道院那样设置了极为壮观的双跑大楼梯。

除了这些大型宫殿外,贵族的城市府邸和乡间别墅亦开始大量涌现,即使是条件一般的人往往也根据各自的经济实力尽量模仿这些样板。在风格上,它们不像法国的同类建筑那样单一,地方特色的表现要更为丰富。从汉堡(图5-2、5-3)到格拉茨,从萨尔布鲁克到科尼斯堡,资产者的建筑可说是千变万化,室内外装饰上尤为自由。

在阿尔卑斯山北侧,装饰往往具有更广泛的功能作用,是基本构图语言的组成部分。在地中海沿岸地区,人们对形体具有特殊的敏感,而德国人则更喜用连续的线条来表达各种情感。自文艺复兴以来,各种各样的新题材相继涌入德国,如15~16世纪在意大利古代遗迹中发现的怪异装饰、东方的阿拉伯和摩尔图案、荷兰的镶嵌或涡卷花饰(后者往往模仿卷曲的金属条带并

(左上)图5-6 哈瑟尔堡 府邸。门楼(1763年),外景

(中上)图5-7 普龙斯托夫 领主宅邸(1728年)。立面

(左下)图5-8 雷林根 新教教堂(1754~1756年,建筑师凯·多泽)。外景

(右上)图5-9 汉堡 圣米歇尔教堂(1750~1757年,塔楼1786年,建筑师恩斯特·乔治·松宁)。外景(版画,作者A.J.Hillers,约1780年)

（上）图 5-10 汉堡 圣米歇尔教堂。歌坛内景

（下两幅）图 5-11 比克堡 新教教堂（1611~1615年）。外景

带有各种手法主义的奇特表现）。这些异想天开的造型进一步通过出版物传播到各地（如弗雷德曼·德弗里斯和文德尔·迪特林的著作，前者出版于 1565 年，后者的《建筑》发表于 1591 年）。在德国北部比克堡宫邸的"金厅"(1610 年），尚保留有极其丰富的这类装饰。在这以后，又出现了皮革、涡卷和枝叶状的装饰，其中或多或少都带有一些哥特建筑的痕迹；1650 年的所谓"软骨风格"（style en cartilages）则成为洛可可风格的前兆。所有这

第五章 德国和中欧地区 · 1251

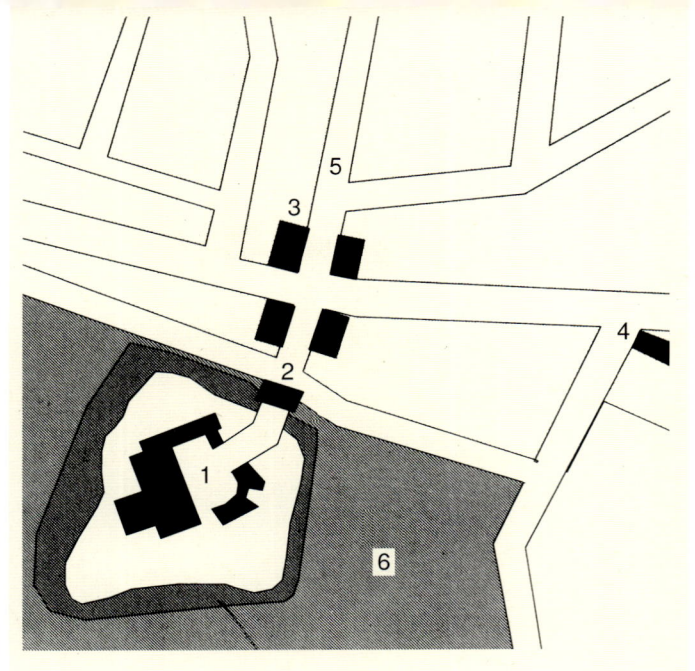

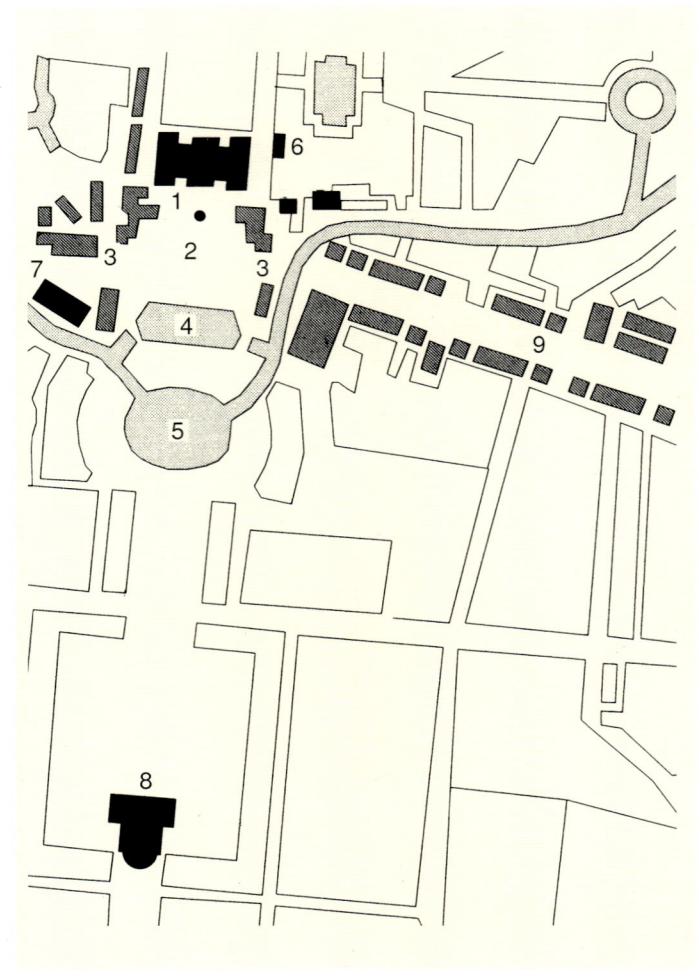

(左上) 图5-12 比克堡 中心区建筑群。平面示意，图中：1、宫堡及壕沟，2、门廊，3、老市政厅，4、教堂，5、第一条巴洛克干道（今车站大街），6、宫堡公园

(左下) 图5-13 比克堡 宫邸。大门（17世纪初）

(右) 图5-14 路德维希斯卢斯特 宫邸建筑群。总平面示意（图中：1、宫邸，2、宫邸广场，3、附属建筑，4、瀑布，5、水池，6、泉室，7、马厩，8、教堂，9、宫邸大街）

些题材都为人们在装饰的自由组合和搭配上提供了更多的选择余地。但另一方面，更为严格的造型，如几何嵌板、椭圆形、藻井和浅浮雕，也继续得到应用[1]。17世纪中叶以后，人们又重新像法国那样，要求装饰服从于建筑；并在1665年后，出现了优雅的莨苕叶及花边饰（多用于白色底面上，图5-308）。此后，灰泥装饰均由专业设计师及工匠制作。在意大利移民的参与下，德国南部的韦索布伦学派在这方面更获得了特别的声誉。

在德国，实际上可能只是在施瓦本、巴伐利亚和法兰克尼亚地区，人们才能见到表现单一并占主导地位的巴洛克风光。德累斯顿和波茨坦等城市，可视为从城市全貌上体现巴洛克艺术的光辉榜样；而在国家的其他地区，地方特色的表现往往给人们留下更为深刻的印象：如石勒苏益格-荷尔斯泰因的领主宅邸、福格尔斯山的半露木构教堂或明斯特等地的临水宫堡，等等。

下面我们将按地理分布，对这些巴洛克建筑进行考察。为了便于人们的理解，我们将大体按现行的国家分界论述。但这并不意味着忽视这些巴洛克建筑的历

1252·世界建筑史 巴洛克卷

(上)图 5-15 路德维希斯卢斯特 宫邸（1764~1796年，建筑师约翰·约阿希姆·布施）。外景

(下)图 5-16 布吕尔 奥古斯图斯堡府邸（1724 及 1728~1740 年，建筑师约翰·康拉德·施劳恩、弗朗索瓦·德居维利埃）。东立面外景

史演进和联系，因为各地建筑在分布上的差异及相互影响，只有通过相应的历史背景，才能得到真正的理解。

一、德国北部地区

在论述北部地区的这一小节，我们主要涉及石勒苏益格－荷尔斯泰因、梅克伦堡、汉堡和下萨克森等地的领主宅邸、宫堡及教堂。

在石勒苏益格－荷尔斯泰因地区，17 和 18 世纪的领主庄园和宅邸，构成了最富特色的巴洛克风景。和朴实简洁的新教教堂相比，在这里人们采用的极具特色的建筑语言，显然具有更多的变化和活力。和欧洲其他各地一样，巴洛克时代的建筑艺术，在石勒苏益格－荷尔斯泰因公爵及伯爵领地，主要也是为政治服务。戈托尔普公爵和丹麦国王的纠葛是丹麦王室和地方领主之间领土之争的典型例证。在石勒苏益格，建于 1698~1703 年的戈托尔普宫邸南翼，形成了一个完全独立的宏伟宫殿（图 5-4）。在前面提到的政治冲突期间，戈托尔普公爵们在对抗丹麦人时取得了瑞典的保护与支持。因而，戈托尔普宫邸在建筑构造及比例上与斯德哥尔摩宫堡（始建于 1697 年，建筑师小尼科迪默斯·特辛）的相似显然不是纯粹的巧合，也不是简单的艺术情趣或爱好使然。当丹麦的巴洛克建筑倒向荷兰一方时，瑞典的巴洛克建筑却表现出神圣罗马帝国的风范。实际上，上述斯德哥尔摩的这位建筑师，已经受克里斯蒂安·阿尔布雷希特公爵的委托，完成了戈托尔普宫邸新建筑的设计，只是因为资金短缺未能及时施工。直到阿尔布雷希特的继承人腓特烈四世公爵上任后，才得以将这个设计

本页：
图5-17 布吕尔 奥古斯图斯堡府邸。花园面远景

右页：
图5-18 布吕尔 奥古斯图斯堡府邸。花园面全景

付诸实施。然而这位公爵却未能享用这个新的宫邸，因为在室内完全竣工前，1713年（即在1700~1721年的北方战争期间），所谓"戈托尔普国"（État de Gottorp）连同它的这栋建筑，全都落到丹麦人手里。

石勒苏益格-荷尔斯泰因州的大量领主宅邸都力求从意大利建筑中汲取灵感，因而具有明显的"反丹麦倾

图5-19 布吕尔 奥古斯图斯堡府邸。餐厅，内景　　　　　　　图5-20 布吕尔 奥古斯图斯堡府邸。圣内波米塞娜礼拜堂，内景

向"。在这方面，最优秀的实例是约建于1710年的丹普府邸的前厅，其设计人卡洛·恩里科·布伦诺是一位来自意大利北部的建筑师。这是个高两层、饰有华丽灰泥造型的大厅，在一半高度处，布置了一道优雅的环廊，可通过一个双跑楼梯上去。天棚上洛可可式的装饰背景前，是好像要飞下来的吹着喇叭和长笛的天使；灰泥造型制作得极富美感，它们和天棚的联系极为轻盈，处处令人叹为观止。尤为独特的是，这个前厅同时用作宴会厅、接待厅和礼拜堂。

在石勒苏益格-荷尔斯泰因州，除了这个前厅外，最著名的这类巴洛克建筑，还有同样表现出意大利特色和氛围的哈瑟尔堡府邸的大厅（图5-5）。1710年为德纳特伯爵绘制这个大厅壁画的，可能就是上述布伦诺的一位意大利同胞。通向环廊的楼梯制作精美，但灰泥装饰效果上较为朴实。从环廊上可看到立体感逼真的一圈"假层"，就这样，通过透视技法精心制作了一组虚幻的建筑风景。同样表现各种神灵的这组巨型壁画，使人想起南边维尔茨堡和波默斯费尔登的府邸，以及北方瑞典的皇后岛宫堡。在府邸中央轴线上，离主体建筑约600米远处，是1763年建造的门楼（图5-6）。其雄壮的球茎屋顶上承顶塔，整个建筑造型如楼阁。稍稍凸出的条带和不施装饰的墙面使建筑具有一种高贵和含蓄的外貌，和边上朴实的附属建筑协调地搭配在一起，与大厅那种欢乐甚至是纵情的表现则恰成对比。

埃姆肯多夫和普龙斯托夫两地的庄园基本上按同样的方式布局。在其他农庄，立面大都遵循实用的原则，惟变体形式较多：中央部分通常向前凸出，用巨型壁柱分划，上冠弓形或三角形山墙，双跑楼梯通向在不同程

图 5-21 布吕尔 奥古斯图斯堡府邸。楼梯间（1741~1744 年，建筑师约翰·巴尔塔扎·纽曼，壁画卡洛·卡洛内），第一跑楼梯全景

度上加以装饰的门廊。

建于1728年的普龙斯托夫领主宅邸（其主人是德特勒夫·冯·布赫瓦尔特，图5-7），另配了结构和样式与中央形体相同的角上凸出部分。带折线顶楼的屋顶使建筑具有某种庄重的外貌。如果说在这里，采用砖作为主要材料是不得已而为之的话，那么，在将近18世纪末的时候，人们已开始尝试使材料的组合方式多样化。就这样，我们看到，在平讷贝格的官邸，角上及中央形体处的壁柱改用粗面砖砌筑，建筑遂具有更强的造型效果。立面的凸出和凹进部分，屋顶的弯曲廓线，都为建筑注入了新的活力和生气。

约18世纪中叶建造的博斯特尔庄园，主要受到法国的影响，其造型活泼、华美，完全是洛可可风格的表现。一个两边立有壁柱的双跑大楼梯通向门廊。楼层窗户上置椭圆形饰框，其上弓形山墙伸入到屋顶层面内。对石勒苏益格-荷尔斯泰因州的领主宅邸来说，椭圆形空

图 5-23 布吕尔 奥古斯图斯堡府邸。楼梯间,第二跑楼梯景色

左页:图 5-22 布吕尔 奥古斯图斯堡府邸。楼梯间,平台近景

间的运用是另一个不同寻常的特点，它同样具有法国的渊源。

　　石勒苏益格-荷尔斯泰因州的巴洛克宗教建筑远没有这些领主宅邸精彩，只有一个例外，即基尔附近普罗布斯泰尔哈根教堂的歌坛。最初用毛石砌筑的这个早期哥特教堂，于18世纪进行了扩建。作为其核心的歌坛部分约属1720年。大量密集的装饰，和丹普府邸的宴会厅一样，显示出一种意大利式的造型理念。实际上，正是同一位意大利装饰设计师——卡洛·恩里科·布伦诺，在几乎同一时间，主持着普罗布斯泰尔哈根和丹普

左页：

图 5-25 克莱门斯韦尔特 猎庄。俯视全景（背景为修道院花园）

本页：

（下）图 5-24 克莱门斯韦尔特 猎庄（1736~1745年，约翰·康拉德·施劳恩设计）。总平面（图中：1、府邸，5、厨房阁，10、修道院和礼拜堂，余皆为以城市命名的阁楼）

（上）图 5-26 克莱门斯韦尔特 猎庄。修道院花园，中轴线景色

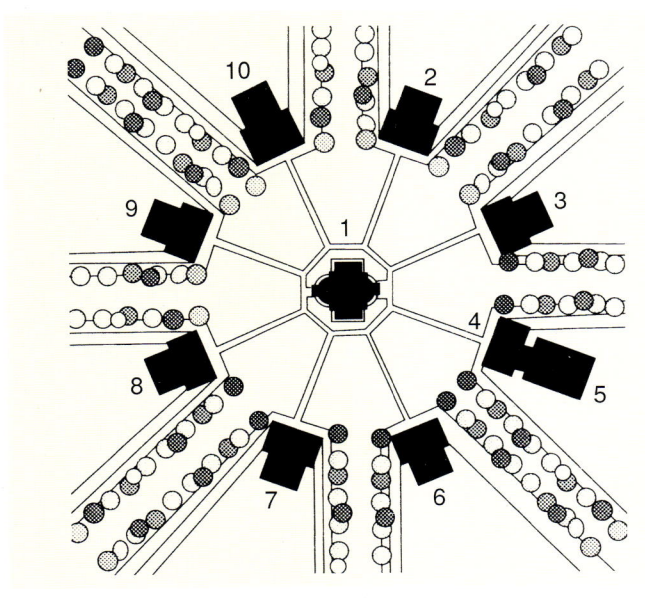

的工程。

雷林根教堂和维尔斯特教堂则给人们留下了完全不同的印象：看上去清澈、明晰，装饰也合宜、适度。雷林根教堂（1754~1756年，图5-8）的建筑师凯·多泽，力争按意大利和法国方式，创造一个庄重的宗教圣地。他曾得意地宣称，自己将创造"一个极为优美和壮丽的教堂，和室外相比，室内尤为壮观，在本地区没有哪个教堂能与之相比……"多泽选用了一个规则的八角形体，上置带顶楼的曲线屋顶，最上为顶塔。高大的彩色玻璃窗及墙面转角处出壁柱般的条带。不过，内部空间并不像在外面想象的那样宽阔和敞亮，也不像这位建筑师宣称的那样壮观。

出生于勃兰登堡的建筑师恩斯特·乔治·松宁，在

第五章 德国和中欧地区 · 1261

处理维尔斯特教堂的比例上手法要高明得多（教堂建于1775~1780年）。和他的同行多泽相比，他的设计能更好地满足一个庄重的布道场所的理念，因为他选了一个拉长的八角形平面，其短侧朝东西两部分凹进。朴实的外部结构通过不高的基层和凸出的粗面壁柱得到充分的强调。在为楼台环绕的歌坛里，主教座布置在凸出的墙面前，成为最引人注目的部分。

恩斯特·乔治·松宁在石勒苏益格-荷尔斯泰因州留下了大量的作品，特别是维尔斯特的一些贵族宅邸。他还主持了基尔府邸的修复工作。但他最主要的业绩是重建1750年被大火焚毁的汉堡的圣米歇尔教堂(图5-9、5-10)。从这年开始，他和图林根地区建筑师约翰·莱昂纳德·普赖合作，拟订了若干方案。教堂于次年奠基，1757年12月落成（稍后在一次火灾后重建），但塔楼仅完成了底座部分。必要的建设资金直到20年后才募齐。此时松宁再次证明了自己在技术上的才干：市民们惊讶地看到，他在建造塔楼时竟然没有使用脚手架。1786年，塔楼举行了隆重的落成典礼，很快就成为这个汉萨同盟城市的重要标志。

圣米歇尔教堂的塔楼和本堂在设计理念上具有很大的差异。塔楼头两层和本堂结构尚有联系，但钟楼层

左页：

（上）图 5-27 克莱门斯韦尔特 猎庄。府邸及附属建筑景色

（下）图 5-28 克莱门斯韦尔特 猎庄。楼梯间内景（Gerhard Koppers 设计，天棚绘狩猎场景，1745 年）

本页：

（上）图 5-29 明斯特 德累斯顿伯爵宫（1753~1757 年，约翰·康拉德·施劳恩设计）。总平面及平面（总平面图中：1、伯爵宫，2、圣克雷芒教堂）

（中）图 5-30 明斯特 德累斯顿伯爵宫。面向正院的立面

（下）图 5-31 明斯特 德累斯顿伯爵宫。立面现状

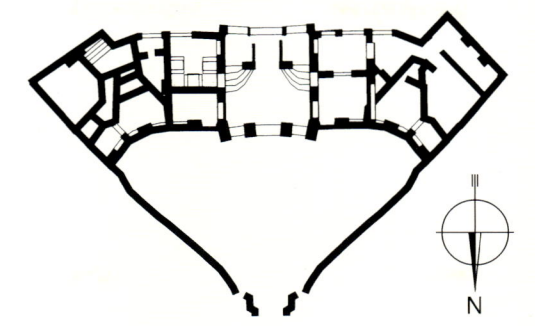
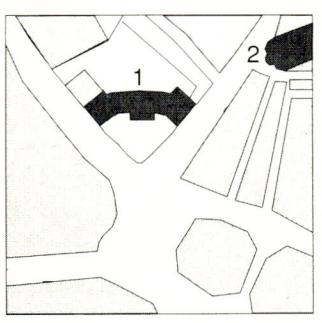

和由宏伟的柱子支撑的球茎状穹顶和这种构图方式显然缺乏呼应。这种反差可能是由于建筑出自两位建筑师之手。事实上，普赖在本堂部分贯彻的理念仍然是在后期巴洛克建筑的框架内，只是加入了某些欢快的洛可可要素。在他死后，工程已临近完成，接手主持工程的松宁追求的是一种更严格的建筑语言，已开始受到古典主义的强烈影响（特别是歌坛上部的装饰）。

汉堡这个圣米歇尔教堂和后面还要提到的德累斯顿的圣母院均为采用集中式平面的庙堂，它们构成了巴洛克新教教堂中最豪华壮观的例证。新教徒的理念加上天主教的手法，这就是人们进入这个建筑室内的第一印象。从楼台上望去，布道厅的宏伟尺度和宽阔的比

（上）图5-32 明斯特 德累斯顿伯爵宫。节庆厅，内景
（下）图5-33 宁贝格 吕施宅第（1745~1749年，约翰·康拉德·施劳恩设计）。朝向院落的立面

例,给人印象尤为深刻。楼台以优美的连续曲线,环绕交叉处和十字形的三翼直至歌坛。室内墙面以壁柱分划,柱头叶饰镀金,自壁柱上起带藻井花饰的拱券,上承帆拱及拱顶。

在下萨克森地区,沃尔芬比特尔(1604年)和比克堡的新教教堂(1611年,图5-11)虽然保留了后期哥

(上)图5-34 明斯特 主教宫邸(1767~1773年,约翰·康拉德·施劳恩设计,内部装修1782年,主持人威廉·费迪南德·利佩尔)。外景

(右下)图5-35 柏林 选帝侯府邸(油画,1650年,作者佚名)

(左下)图5-36 腓特烈一世画像(作者 Friedrich Wilhelm Weidemann,约1705年)

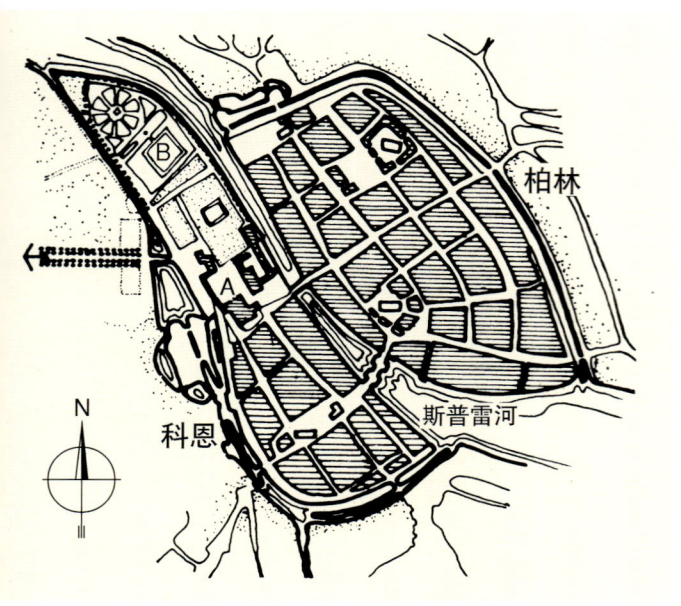
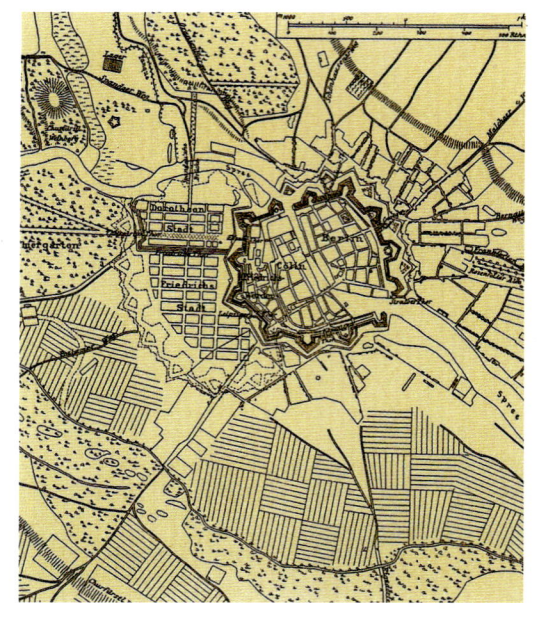
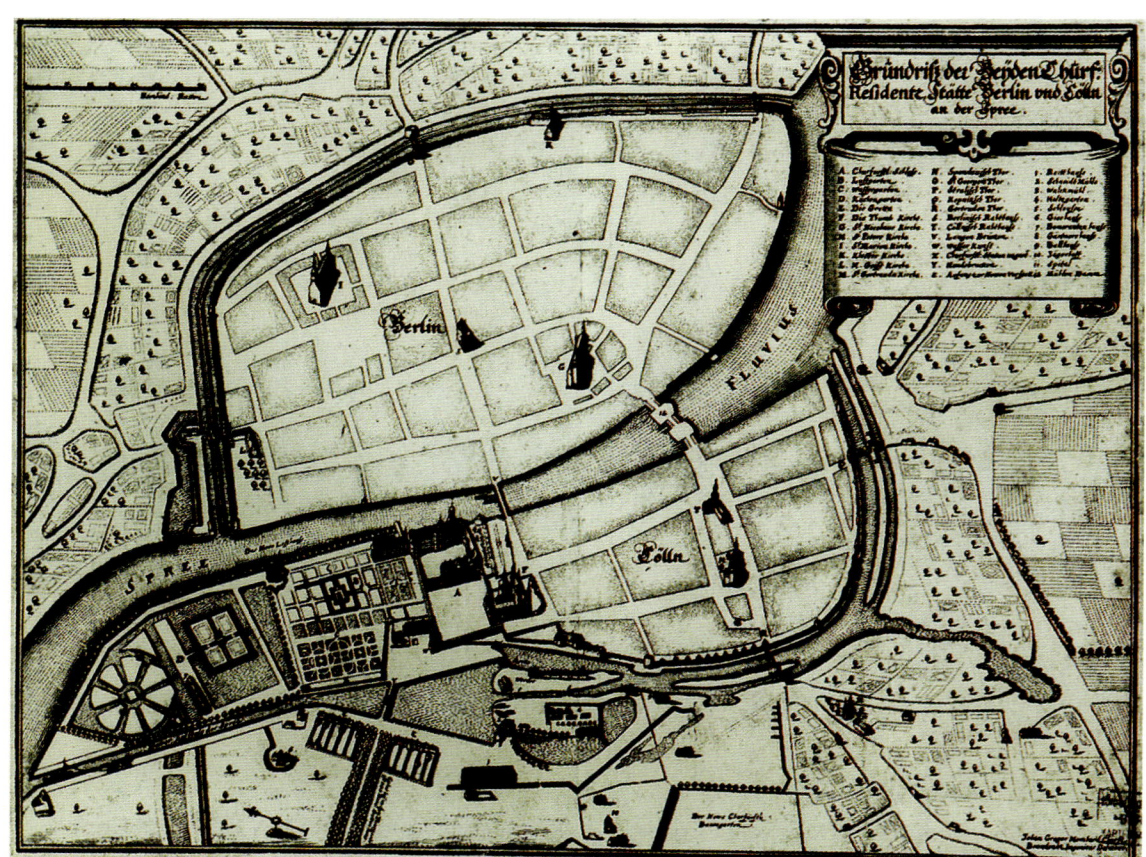

本页：

（左上）图5-37 柏林 约1650年城市平面示意（包括柏林-科恩两部分，图示1658~1685年重建城防工事之前的状态，A为王宫，B为宫殿花园）

（下）图5-38 柏林 约1650年城市平面（图版作者Johann Gregor Memhardt，图中详细标出沿斯普雷河布置的各休闲花园）

（右上）图5-39 柏林 1698年城市平面

右页：

（上）图5-40 柏林 18世纪城市形态（图中打网纹处为图5-37所示最初柏林-科恩区，其外点划线示1658~1685年城防工事，1737年边界以虚线表示，A~E为城门位置）

（下）图5-41 柏林 18世纪城市平面（作者G.Dusableau，1723年，图版上南下北）

特厅堂式教堂的形式（由三个同样的本堂组成），但要更为舒展，构造更为凸出，和立面一样，表面装饰也更为丰富。

巴洛克教堂通常都被视为城市中的主导要素，它高耸于一般建筑之上，和周边环境的联系往往并不密切。巴洛克府邸则相反，除了少数例外，一般很难把它和城市环境分开。事实上，府邸及其花园，通常都构成不可分割的整体。甚至府邸本身就是城市规划的中心。它或作为未来城市扩展的起点，或被纳入到现有的建筑环境之中。下萨克森的比克堡宫邸即属后一种情况：在17世纪初，王子恩斯特·冯·绍姆堡把16世纪中叶在一个中世纪临水城堡基址上建成的宫邸纳入到城市范围内。一条既长且宽的大街（今车站大街南段）通向宫邸。包括市政厅（半露木构建筑，已毁）在内的四个重

1266·世界建筑史 巴洛克卷

要行政建筑形成城市的重要节点并确保这个宫邸和城市间的联系（图5-12）。面向宫邸布置市场广场，其周边建筑中包括带丰富装饰的宫邸大门（图5-13）。由于建筑里聚集了不同时代（特别是文艺复兴时期）的要素，宫邸的外貌看上去有点怪异。不过，与其把它看作是一种巴洛克艺术的特殊形式，不如视其为德国第一批巴洛克建筑组群之一更为恰当。

同样在下萨克森地区的不来梅的市政厅(1608~1613年）在卢德尔·冯·本特海姆的主持下进行了更新，但保留了哥特建筑的核心和老式的高坡屋顶。这位建筑师将尖拱改造成半圆拱，增加了顶部栏杆和对称布置的山墙，在窗户顶上交替配置三角形和弓形山墙。丰富的雕饰看来是复归本地的传统。

如果说，在下萨克森的比克堡，人们是把一个扩大后的宫邸纳入到城市肌理里去，那么，在梅克伦堡的路德维希斯卢斯特，则是进一步把一个猎庄改造成一座巴洛克城市。1724年，梅克伦堡－什未林的克里斯蒂

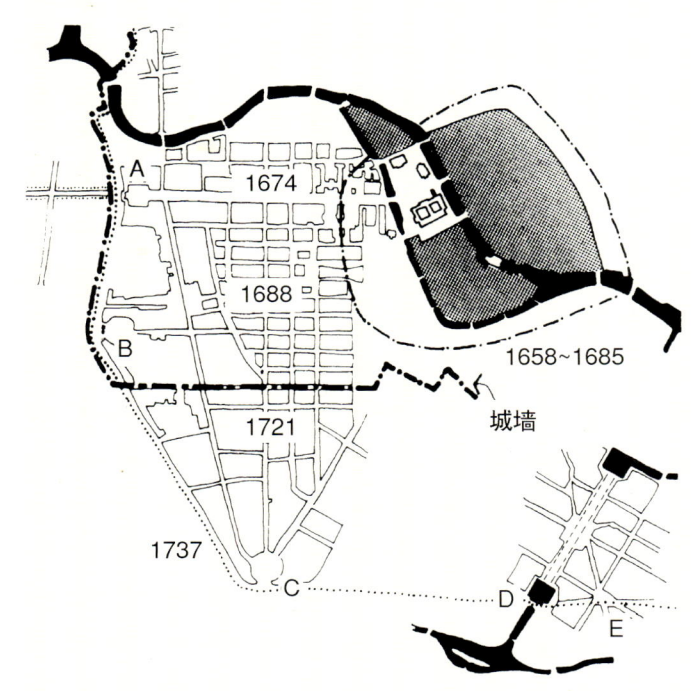

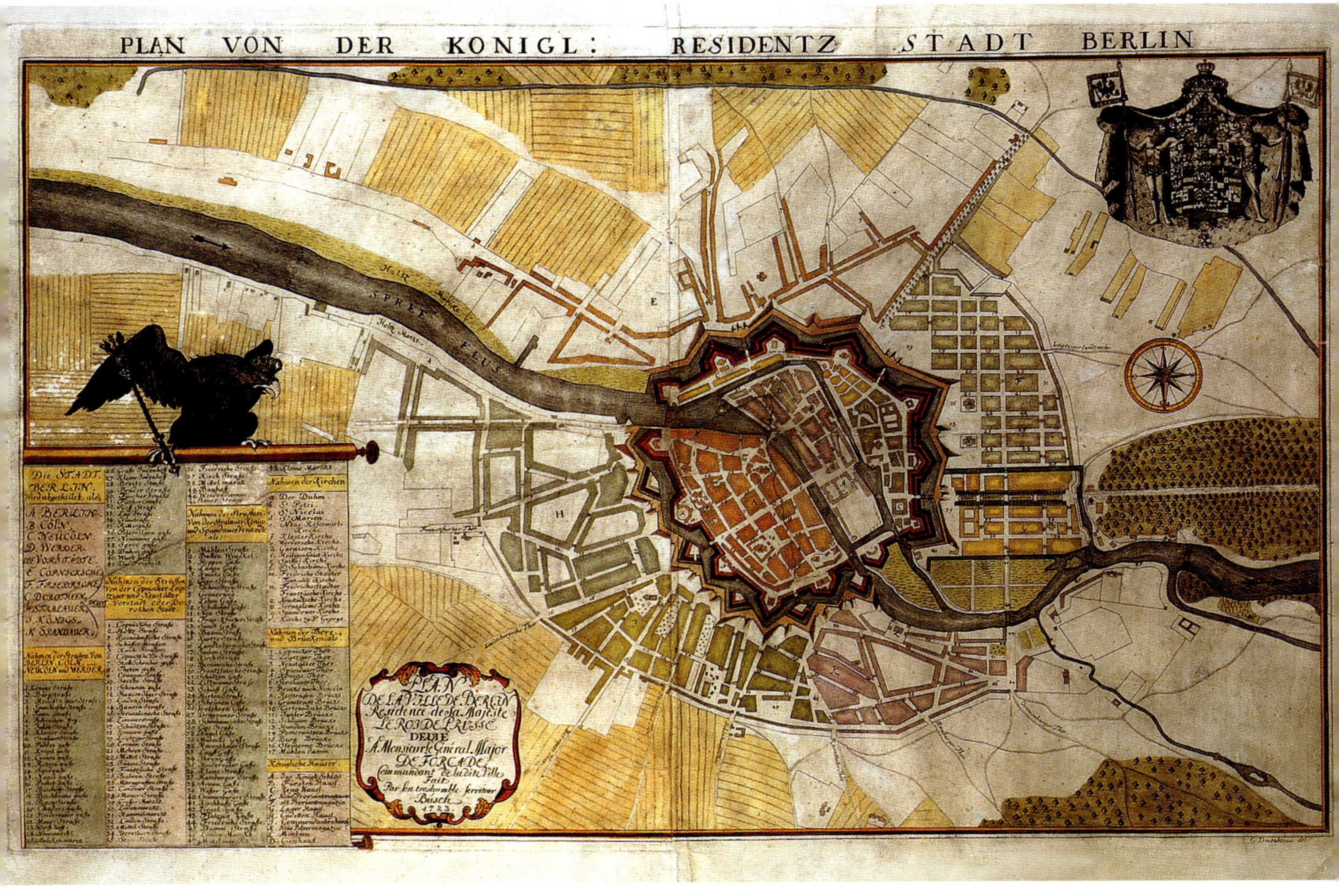

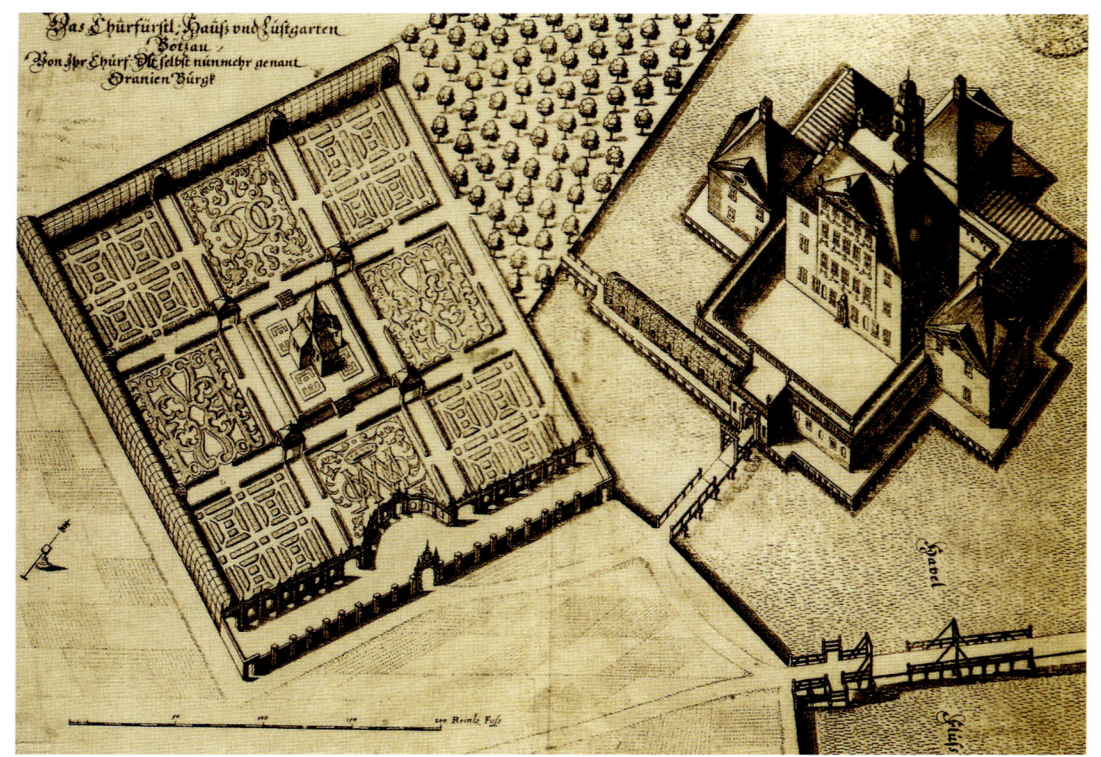

本页：

（上）图5-42 奥拉宁堡 府邸（1688~1691年改建，约翰·阿诺尔德·内林设计）。改造前景色（图版作者Johann Gregor Memhardt，示1651~1655年按荷兰模式建造的府邸，建筑位于小岛上，和花园没有连在一起）

（下）图5-43 奥拉宁堡 府邸。约1750年景色（图版作者Johann David Schleuen，自1688年起，建筑平面被改造成"H"形，以轴线对着花园）

右页：

图5-44 奥拉宁堡 府邸。现状景色（图示面向城市的中央形体）

安·路德维希二世下令在什未林以南、克莱诺夫镇附近的"灰色地区"（région grise，是一个夹在两条小河——苏德河和埃尔德河——之间长满树木的沙质土壤地带）修建一个供王室成员使用的小型幽居之所。路德维希二世给这个小建筑取名为路德维希斯卢斯特。在他的儿子腓特烈继位后，这位游历甚广——特别是造访过凡尔赛——的新掌门人，希望按法国宫殿的样式，建造一个他自己的梅克伦堡版的新宫邸。1764年，当迁到路德维希斯卢斯特的什未林宅邸后，他便委托新上任的宫廷建筑师约翰·约阿希姆·布施进行设计（后者在那里一直工作到1796年退休）。原有村落的建筑均被拆除，新规划的建筑——宫邸、教堂和宫邸大街——通过相关轴线组合在一起。宫前广场形成和城市的联系环节（广场一端以桥为界并由此通向宫邸大街）。位于宫邸和教堂形成

1268·世界建筑史 巴洛克卷

的轴线西侧的广大花园地带,和城区形成均衡的态势。

宫邸本身(图 5-14、5-15)中央形体比两侧为高且向前凸出,前方出塔司干柱廊。建筑自中央伸出两翼,两翼端头各连一侧面形体,总平面遂成"E"形;东西两翼分别供公爵本人及其配偶使用。直到今天,室内仍保持着原来的布局和配置方式。在前厅两侧,有两个楼梯通向高两层的金色大厅。从那里,人们可到达各个房间(部分家具为原配)。1837 年,成为摄政王的保罗-腓特烈大公迁回位于什未林的府邸,路德维希斯卢斯特遂成为退休者的住所和卫戍部队驻地。

二、威斯特伐利亚地区

在这一地区,巴洛克时期最伟大的建筑师是本地出身的约翰·康拉德·施劳恩(1695~1773 年)。他年轻时即表现出很高的才干,其作品亦属欧洲最重要的巴洛克建筑之列。1720~1721 年,他在维尔茨堡学习,师从巴尔塔扎·纽曼;随后去了罗马,并于 1724 年途经巴黎回到明斯特。

就在这一年,施劳恩接到一宗重要项目的委托,无疑这也是他青年时期职业生涯中最令人感兴趣的一段插曲:科隆大主教和选帝侯、维特尔斯巴赫家族的克莱

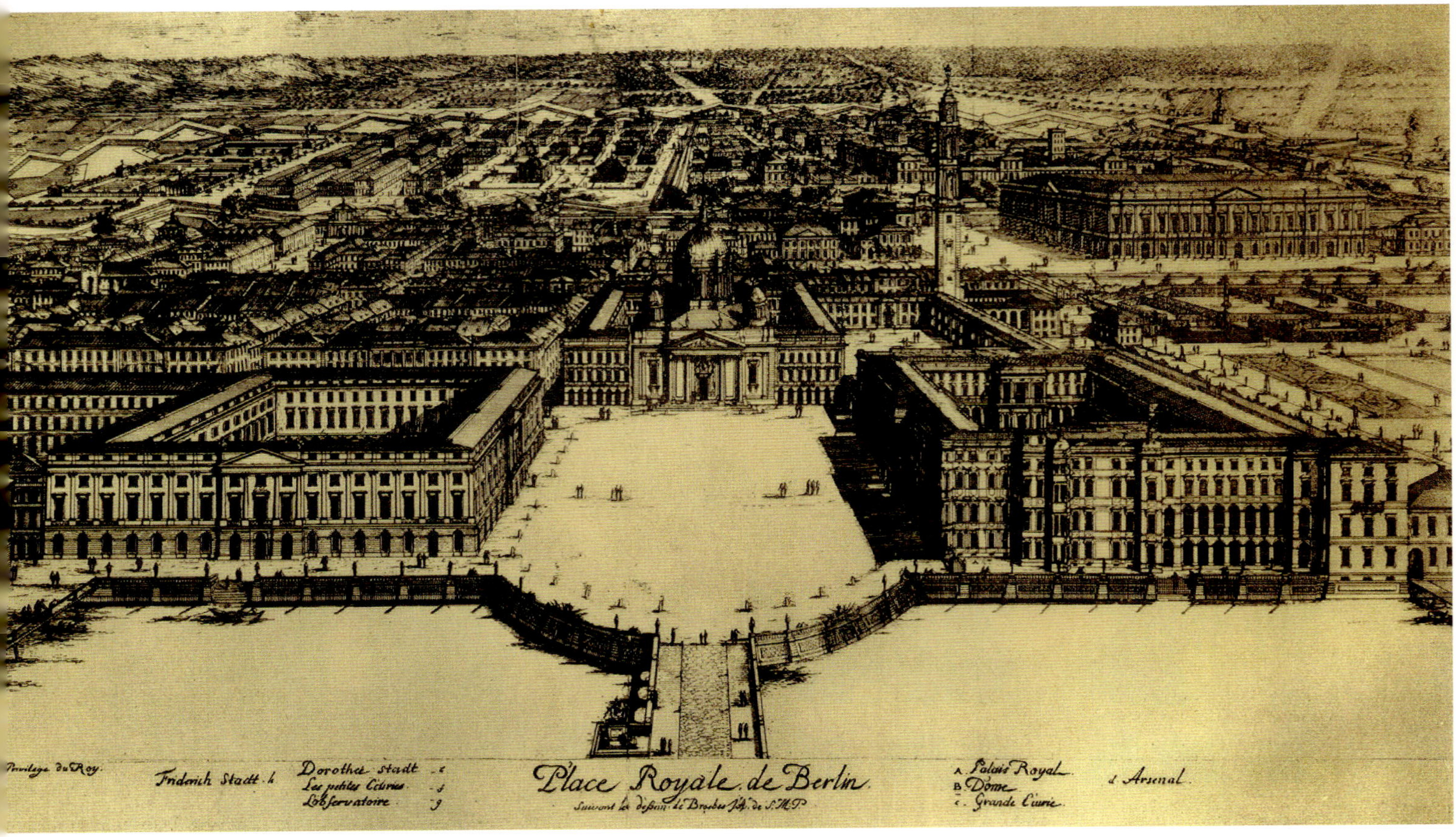

(上)图5-45 柏林 王宫(1698年,主持人安德烈·施吕特,1950年拆除)。广场及建筑群规划(图版作者Jean Baptiste Broebes,1702年,组群内包括宫殿、大教堂和马厩)

(下)图5-46 柏林 王宫。1870年文献照片(自东南侧望去的景色,近处为大选帝侯的骑像,右侧斯普雷河边可看到包括礼拜堂塔楼在内的老宫邸的部分建筑,左面为宫殿的两个门廊)

芒-奥古斯特(1700~1761年),委托此前已被任命为首席建筑师的这位年轻人建造位于科隆附近布吕尔的奥古斯图斯堡府邸(图5-16~5-18)。这是个极具挑战性的任务:一方面,这位选帝侯希望府邸能充分体现他的崇高地位,另一方面又希望控制建筑造价。为此,他设想了一个利用古代临水城堡(布吕尔古堡)残墟的方案(这位选帝侯非常赏识这个周围环境异常优美的古堡,定期到那里小住并从事他喜爱的放隼捕猎活动)。施劳恩打算在这个中世纪建筑的平面基础上,建一个猎庄;设想了一个由三翼组成朝东面展开的建筑群,其中纳入一些取自博罗米尼和贝尔尼尼的当代要素。但他的这个设计显然未能全面满足这位顾主的需求。后者的兄弟、

巴伐利亚选帝侯卡尔·阿尔布雷希特对这种建筑美学观念更是不以为然,对其"陈旧和过时"大加嘲讽,并从慕尼黑召来了自己的宫廷建筑师弗朗索瓦·德居维利埃,带来了新的方案。1728年,施劳恩只好撤回自己的设计,但继续为这位选帝侯效劳。

取代施劳恩主持设计的弗朗索瓦·德居维利埃改变了前任的思路,将这个配有狭窄内院和中世纪圆形塔楼的传统城堡,按法国休闲府邸和别墅的样式改造成一个近代宫邸。立面具有完全不同的外貌,室内也重新进行了安排和装修,其中可看到来自意大利、荷兰、法国和德国南部优秀巴洛克建筑的各种部件。40多年后建筑才最后完成,当即被视为欧洲最豪华的洛可可宫邸之一。虽说克莱芒-奥古斯特未能亲眼看到他这个富丽堂皇府邸的全面落成,但他毕竟在1761年,即去世当年,享用了几天带珍贵装饰的豪华房间。建筑里,最值得注意的是其绘画。克莱芒-奥古斯特对意大利艺术情有

(上)图 5-47 柏林 王宫。门廊(历史照片)

(中)图 5-48 柏林 王宫。大厅内景(版画作者 C.F.Blesendorf 和 J.C.Schott,1701 年)

(下)图 5-49 柏林 大教堂。平面设计方案(作者 de Bodt,原稿现存德累斯顿州立图书馆)

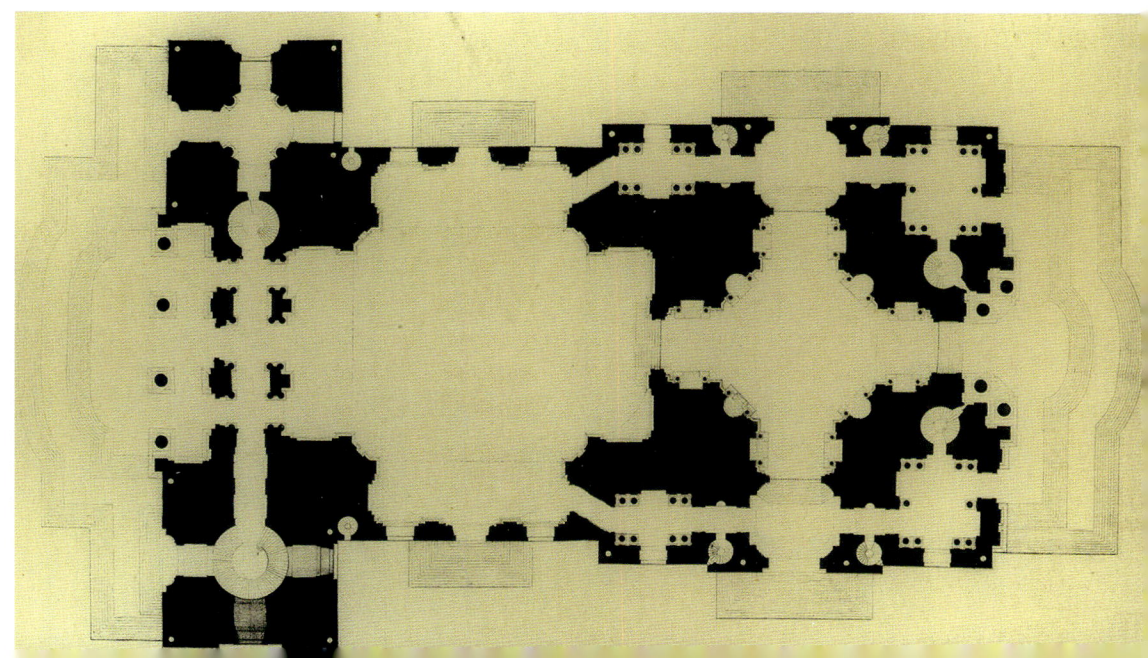

独钟,成功地请到了意大利最有名的提埃坡罗[2]派画家、伦巴第的卡洛·卡洛内。他绘制了楼梯间、音乐厅、餐厅、卫队室及圣内波米塞娜礼拜堂的壁画(图5-19、5-20);此外,还有一些布面油画,其中之一现存明斯特的圣克雷芒教堂。这位画家也因此获得了一笔不菲的收入。

1741年,巴尔塔扎·纽曼到布吕尔,为宫邸设计了一个大楼梯,并于三年后的1744年完成(图5-21~5-23)。由于布置楼梯的厅堂甚为短促,因此巴尔塔扎·纽曼只布置了一个回转平台;但由于前厅一直延续到梯段下部,形成通透的柱廊,因而并不显得局促;辉煌的装饰和上部开敞的穹顶进一步消除了厅堂的狭窄感觉。

1736~1745年,约翰·康拉德·施劳恩接受了另一个大型建设项目——奥斯纳布吕克北面瑟格尔附近克莱门斯韦尔特猎庄(图5-24~5-28)——的设计任务。可能是记取了在布吕尔受挫的教训,这次他选取慕尼黑附近宁芙堡宫邸花园的塔楼作为效法的样板,同时汲取了马尔利-勒鲁瓦府邸和布鲁塞尔附近布舍堡猎庄的设计经验。最后的结果可说是超过了所有这些样板。这个平面十字形高两层的府邸坐落在一片绿色草坪的中央,红砖墙面上点缀着明亮的砂岩部件,显得极为亲切优雅。周围八条道路向它——更准确地说是向它那构图精美的连窗大门——会聚;而建筑的其他部分,装饰则极为节制。在通向府邸的道路尽头,相邻道路之间布置八个小楼,其后安排小礼拜堂及其他辅助设施。

(上)图5-50 柏林 大教堂。立面设计方案(作者de Bodt,原稿现存德累斯顿州立图书馆)

(下)图5-51 柏林 大教堂。剖面设计方案(作者de Bodt,原稿现存德累斯顿州立图书馆)

(上)图 5-52 柏林 宫廷马厩。平面

(下)图 5-53 柏林 宫廷马厩。立面

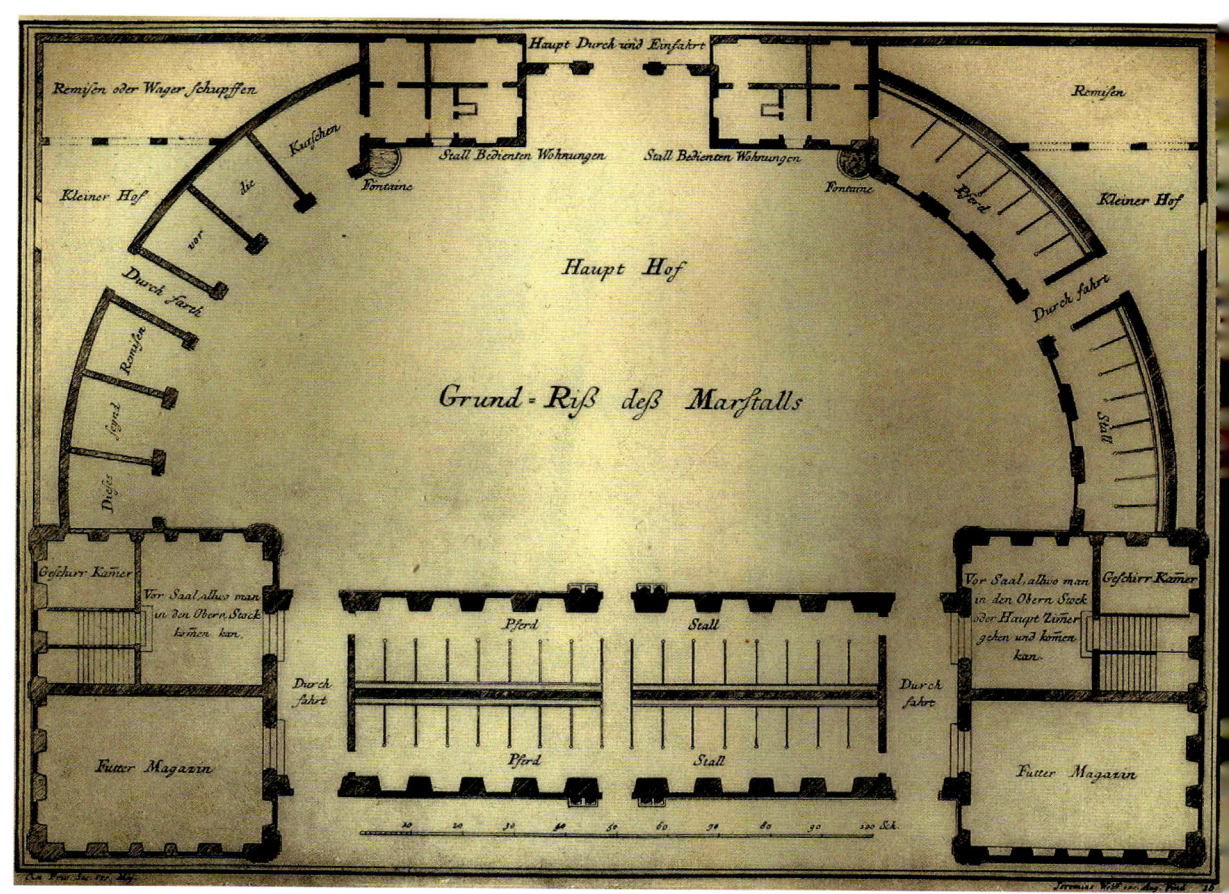

府邸的装饰主要表现这位选帝侯的围猎场景,还有四幅他本人的油画像。在楼梯上方,灰泥制作的狩猎场面中间,是以狩猎女神狄安娜为主角的大型天棚画(图5-28)。

在克莱门斯韦尔特,施劳恩开始形成了自己的风格:纯净的直线,几乎没有装饰的简洁墙面,构成他作品的主要特征。他舍弃了当时尚流行的洛可可的装饰方式,似乎是希望从后期巴洛克风格直接迈入德国南部或法国那种新生的古典主义。

施劳恩在瑟格尔工作期间,同时还接受了明斯特圣

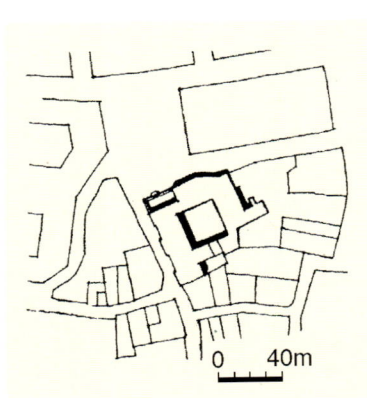

（左上）图5-54 布拉格 克拉姆-加拉斯宫（始建于1713年，菲舍尔·冯·埃拉赫设计）。地段总平面

（右上）图5-55 布拉格 克拉姆-加拉斯宫。立面

（左下）图5-56 布拉格 克拉姆-加拉斯宫。门廊近景（雕刻作者Mathias Braun）

（右下）图5-57 布拉格 克拉姆-加拉斯宫。楼梯内景

克雷芒教堂的设计委托。他设想了一个中央建筑，并把它纳入到救济会隐修院（后为圣克雷芒医院，1745~1753年）中去。在第二次世界大战期间，建筑群遭到破坏。教堂后得到修复；隐修院所在基址现成为停车场[3]。

在施劳恩留下的遗作中，有一张弗朗切斯科·博罗米尼设计的罗马萨皮恩扎圣伊沃教堂（1642~1660年）的平面。显然施劳恩在设计圣克雷芒教堂时，曾受到博罗米尼草图（一个内接于三角形的圆）的启示，并借鉴

1274·世界建筑史 巴洛克卷

(上)图 5-58 卡普特 休闲狩猎别墅。外景

(下)图 5-59 卡普特 休闲狩猎别墅。瓷砖厅，内景

了波波洛广场建筑及奇迹圣马利亚教堂和圣山圣马利亚教堂立面的经验。

继圣克雷芒教堂之后，施劳恩建造的明斯特的德累斯顿伯爵宫（1753~1757 年，图 5-29~5-32）无疑是威斯特伐利亚地区最完美和最大胆的作品之一。设计的难点在于建筑所处地段的位置和形状（位于两条街

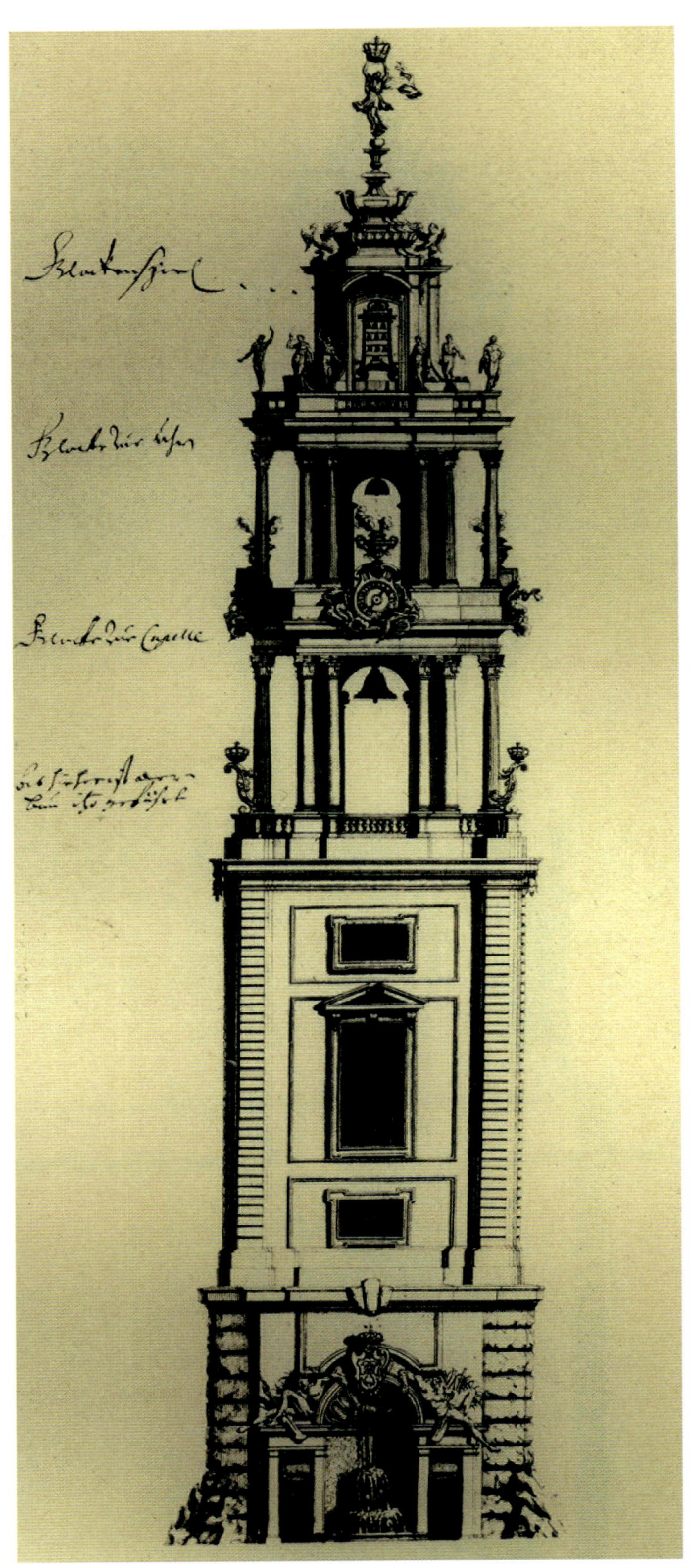

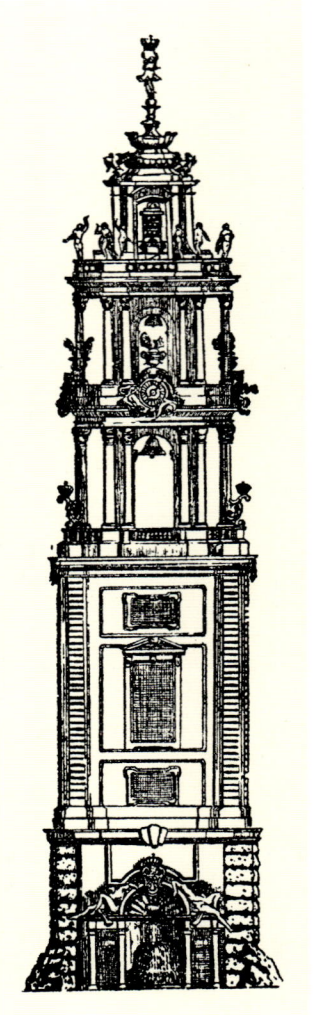

本页：
(左右两幅)图5-60 铸币厂塔楼。第一个设计（作者安德烈·施吕特，1702年，原稿现存德累斯顿州立图书馆）

右页：
(左右两幅)图5-61 铸币厂塔楼。其他方案

道夹角处的三角地段上)。他在这里安置了一个曲线的平面，从稍稍向前凸出并略呈内凹形的中央形体处，向两边伸出同样呈凹面的两翼，后者以侧面分别对着彼此交会成锐角的盐街和林戈尔德街。在这个优美并充满生气的立面前形成一个由铁栅栏围起的三角形正院 (cour d'honneur)。院落大门就立在两条街道交会处，即正院尖端建筑中轴线上。马车可径直穿过前厅到达建筑后面的马厩和车库。在前厅处，两个略呈曲线的楼梯穿过相邻的房间到达二层的宴会厅，大厅本身高两层并配有环廊。就这样，为一系列带菲舍尔·冯·埃拉赫标记的辉煌城市宫邸画上了最后的句号。

在这个建筑里，主要的构图理念仍然是来自意大利。中央五开间的凸出形体（在布吕尔府邸的立面上可看到同样的表现），很可能是受到博罗米尼设计的罗马圣菲利浦·内里奥拉托利会礼拜堂的启示（其三开间的中央形体同样呈凹面并稍稍向前凸出，图2-263）。然而，同样是罗马建筑师的贝尔尼尼于1665年完成的巴黎卢浮宫东立面的第三方案，在这里所起的作用可能更为重要（两翼同样呈凹面，其端头侧面和中央凸出部分齐平，图3-406）。

施劳恩在进行设计构思时，很可能还考虑到城市面貌的问题，即把德累斯顿伯爵宫和相邻的圣克雷芒教

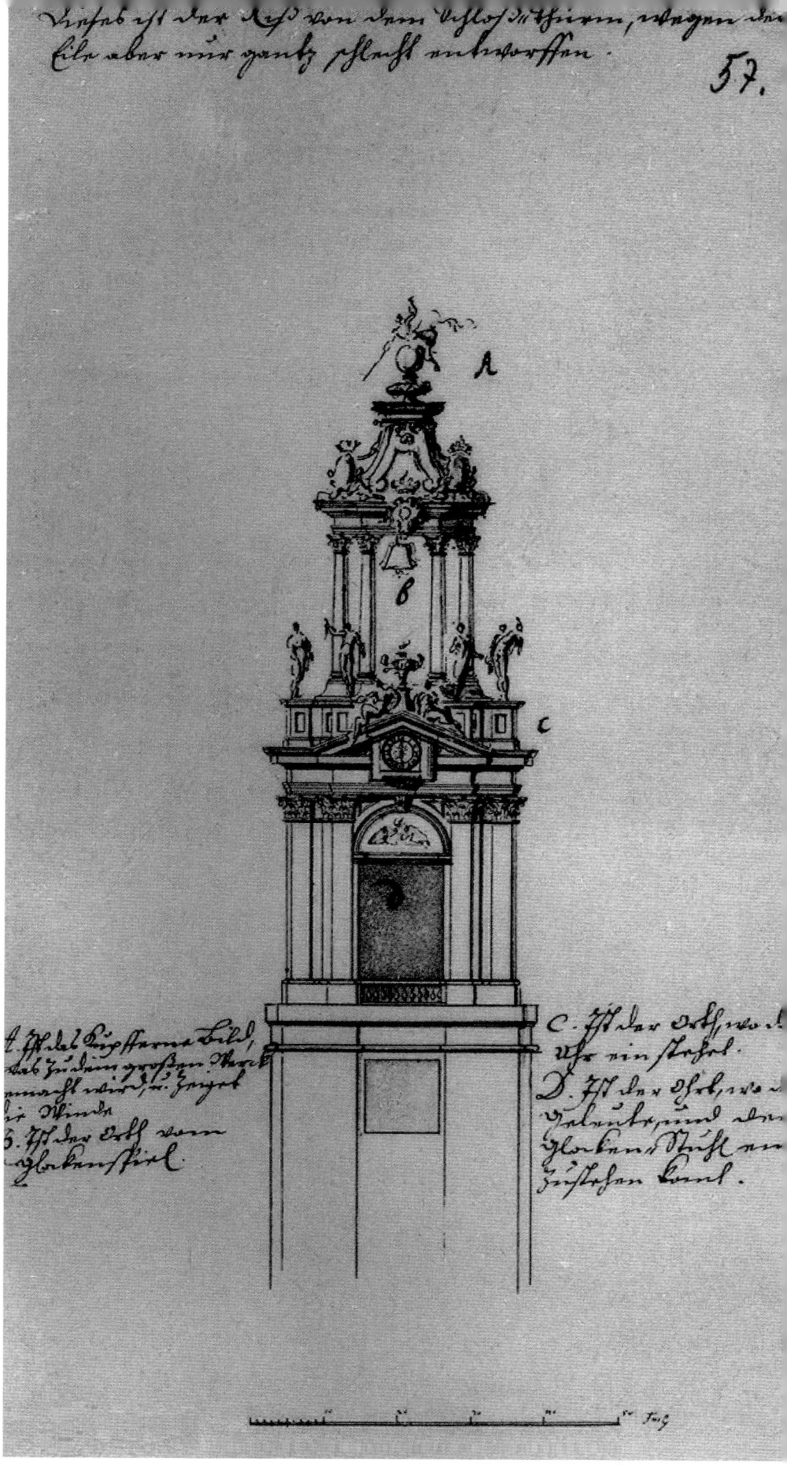

堂作为一个整体来设计（后者立面为凸面，以此来和前者相呼应）。

在建造圣克雷芒教堂期间，施劳恩还在明斯特西北几公里处的宁贝格附近，为自己建了一栋迷人的吕施宅第（1745~1749 年，图 5-33）。在这栋住宅里，他成功地把明斯特地方农庄的质朴特色和法国消闲别墅的轻快结合在一起。一条入口大道径直通向开有大门的院落立面，山墙在这里起到了重要作用[4]。朝向花园的立面则配置优雅的门框边饰和一个大楼梯。1825 年，吕施宅第成为冯·德罗斯特 - 许尔斯霍夫男爵的产业，女诗人安妮特·冯·德罗斯特 - 许尔斯霍夫也曾在这里住过一段时间。

施劳恩生命的最后 6 年（1767~1773 年）都用于设计和建造明斯特的主教宫邸（图 5-34）。这是项艰巨的工程，也是这类巴洛克宫殿中的最后一个。所选基址原为城堡，施劳恩设计的宫邸由三个简单形体构成。建筑（特别是细部上）表现出从巴洛克到古典主义的过渡特点。1773 年施劳恩去世时（享年 78 岁），建筑仅完成了主体工程，内部装修由威廉·费迪南德·利佩尔主持，于1782 年竣工。

(上)图5-62 腓特烈二世(1712~1786年，1740~1786年在位) 画像

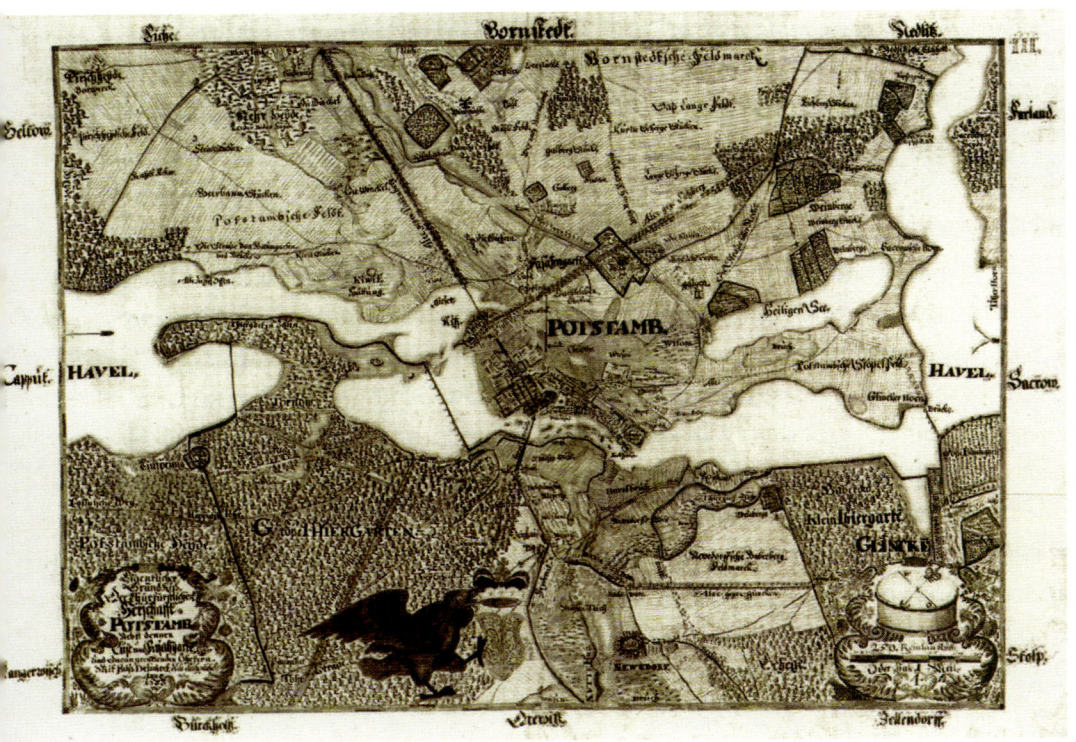

(下) 图5-63 波茨坦1679~1680年城市及其郊区平面（作者Samuel von Suchodoletz，原稿现存柏林Geheimes Staatsarchiv Preußischer Kulturbesitz）

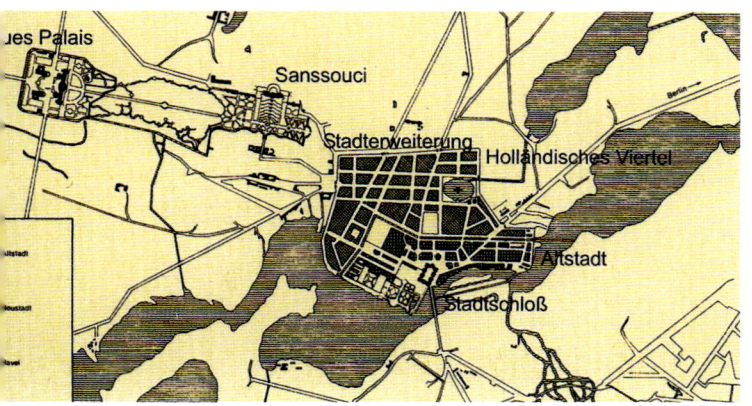

三、普鲁士，柏林和波茨坦的建设

[柏林和建筑师安德烈·施吕特]

三十年战争期间（1618~1648年），来自瑞典军队和帝国军队两方面的蹂躏和劫掠使勃兰登堡和柏林遭到惨重的破坏。战争甫一结束，执政的选帝侯腓特烈·威廉（绰号大选帝侯，图5-35）立即着手扩大和加强柏林的防卫城墙，并在西面开辟了翁特-登林登大道和多罗特恩大街。根据1685年颁布的波茨坦诏书，他收纳了两万被

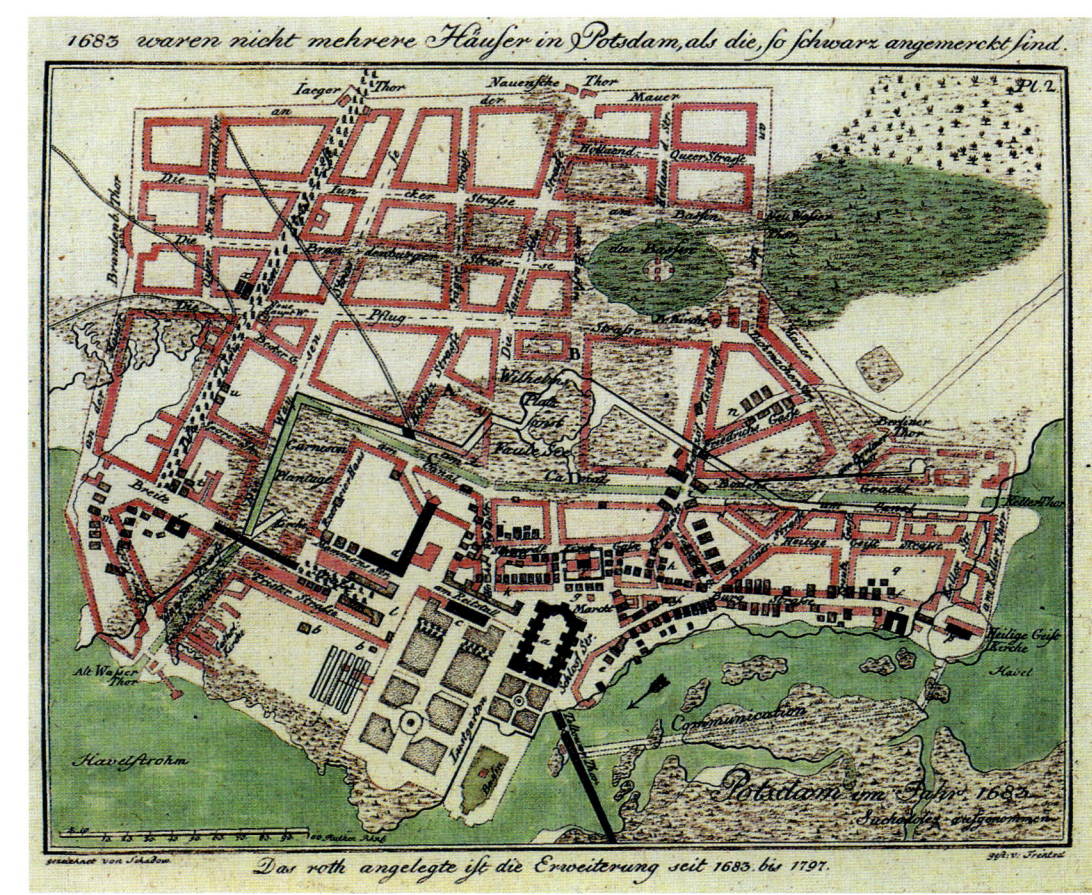

（上）图5-64 波茨坦18世纪城市平面（据Braunfels）

（中）图5-65 波茨坦18世纪末城市平面（图上综合了1683~1797年城市发展的各个阶段，Friedrich Gottlieb Schadow 据 Samuel von Suchodoletz 原图补充，制图 G.J.F.Frentzel）

（下）图5-66 莱茵斯贝格宫邸（乔治·文策斯劳斯·冯·克诺贝尔斯多夫设计）。远景（版画，约1745年，图示已完成的宫邸及花园门廊，前方立有方尖碑）

（上）图5-67 莱茵斯贝格 宫邸。柱廊立面（约1735年）

（下）图5-68 莱茵斯贝格 宫邸。西南侧外景（西立面朝向湖泊，于双塔楼之间设柱廊，塔楼原为平顶，现锥顶为1802年增建）

图 5-69 莱茵斯贝格 宫邸。镜厅（位于北翼上层），内景（天顶画表现曙光女神正在驱散黑夜）

法国驱逐出来的胡格诺派教徒。这些手艺人的高超技能和艺术天分大大促进了柏林经济和文化的发展（在1680年，柏林约有居民一万人，在波茨坦诏书之后，又增添了数千名流亡的胡格诺派教徒）。腓特烈·威廉的继承人、选帝侯腓特烈三世，于1701年在科尼斯堡即位成为普鲁士首任国王（称腓特烈一世，图5-36）。至1709年，包括多罗特恩在内的三镇均划归柏林及其姊妹城科恩管辖，并按棋盘式格局修建。大柏林格局开始形成，城市成为首府和王室驻地（图5-37~5-41）。在几十年期间，这位国王就将柏林改造成了一个巴洛克风格的城市，开始和维也纳并驾齐驱。在这个原本落后的殖民城市，这种突然的繁荣自然更令人们感到惊奇。只是在这时期的边境省，还保留着较多的地方特色，在艺术上更多依赖古典主义盛行的西方，特别是荷兰。

制订这次首都扩建计划的是时任工程总监的约翰·阿诺尔德·内林；从1688至1691年，他还将奥拉宁堡府邸改造成法国式的三翼建筑（图5-42~5-44）。1694年，即内林去世前一年，安德烈·施吕特来到了柏林。他不仅对这座城市的建设起到了重要的作用，同时还通过自己的努力，促使边境省在希腊古迹的影响下，出现了繁荣的巴洛克艺术。

关于安德烈·施吕特的生平人们知之甚少。他可能出生于汉堡或格但斯克（约1664年，另说1659年或1663年），在但泽受教育，然后至华沙开始其职业生涯。在那里，他完成了克拉辛斯基宫的山墙浮雕等项目。他曾去意大利（可能还有法国）进行过短期的考察旅行，1694年被召至柏林时已是一个有点名气的雕刻师。此后施吕特的大部分时间都在普鲁士工作。雕刻在他的建筑中占有重要地位，他后来失势主要也是因为在建筑技术和结构方面出了纰漏。

在柏林，施吕特最初系受选帝侯之托主持内林设计的军工厂门廊及窗户拱石的施工并负责雕刻。在内林

左页：

图 5-70 莱茵斯贝格宫邸。贝壳厅，内景

本页：

图 5-71 莱茵斯贝格宫邸。塔楼间，内景

去世后，他即接手全部工作，特别是担当起修复柏林王宫的重任。约1698年，国王委任施吕特监管这项工程，不久后，又任命他为工地指挥。从此，整个项目（包括其雕饰）从设计到施工均由他及其工作室一手操办。在这期间，施吕特还同时主持军工厂、铸造厂和教区教堂的建设。他不仅负责组织施工和对工程实施监管，同时也考虑装修方面的问题。

在选帝侯们奠定的基础上建造的柏林宫殿系考虑作为更大范围内城市建筑群的组成部分（由它确定横向轴线，主轴线以大教堂为标志）。它既是宫邸，同时也是政府所在地、图书馆和艺术陈列室，也就是说，其建造——按国王的说法——"不是为了消遣而是出于必要"。

当时的一幅版画使我们能大致了解建筑群核心部位的布局情况。在宫殿对面建有马厩，教堂位于这两栋建筑之间（王宫：图 5-45~5-48；大教堂设计方案：

第五章 德国和中欧地区·1283

（上）图5-72 莱茵斯贝格 宫邸。园林风景：方尖碑（为纪念七年战争中的英烈而立，1790~1791年，远处可看到湖对岸的宫邸）

（下）图5-73 莱茵斯贝格 宫邸。园林风景：小亭及雕刻（位于橘园草坪上，周边四个雕刻代表四季）

图 5-74 莱茵斯贝格宫邸。园林风景(自宫邸柱廊遥望对岸方尖碑,前景阿波罗雕像 1769 年,出自意大利雕刻家之手)

图 5-49~5-51;宫廷马厩:图 5-52、5-53)。宫殿主立面朝向自典仪城科尼斯堡至斯普雷河的道路。朝东的这些建筑组成一个广场,类似罗马的卡皮托利诺。广场前主轴线上设桥,中央桥墩上立大选帝侯的纪念像,其布置如巴黎的亨利四世骑像,但面向宫殿(1700 年,这个大选帝侯骑像铸成,这也是自莱奥纳多·达·芬奇的设计以来最重要的作品)。铸币厂塔楼位于远处背景上,形成一个转折点,由此展开另一条面向军工厂的轴线(林登轴线,Axe des Linden)。

从历史上看,柏林的这组巴洛克宫殿设计,和菲舍尔·冯·埃拉赫的申布伦宫方案(图 5-471)可谓旗鼓相当。恪守传统的院落布局系由老的宫堡确定,宫殿、塔楼及教堂的位置实际上在这以前已成定局,但其组合却使人们想起由教堂、钟楼和总督宫组成的威尼斯圣马可广场。施昌特的最初意向,可能就是发轫于此。从版画上可知,在某些布局上还受到法国的影响,如平行布置宫殿和马厩这两种从等级和功能上看都截然不同的部分。宫殿本身形成方形,带三个凸出的中央形体;

第五章 德国和中欧地区 · 1285

屋顶栏杆上立雕像,如罗马府邸做法,但保留了古代的悬饰(culs-de-lampe)和一个观景楼。在当时,立方形体大都为两肢前伸的布局形制(即所谓"马蹄铁形")取代,施吕特这种实体造型显然是回归更古老的做法,具有米开朗琪罗的印记,反映了作者的雕刻家习性。立面于窗户上配豪华山墙,檐口上饰鹰徽及带果实的花环。门廊向前凸出;朝卢斯特花园的一面形成凯旋门的样式,阳台由男像柱支撑,豪华的窗户上冠盾形纹章;朝广场一面的门廊配四根向前凸出的巨柱和沉重的柱顶盘。构图的总体特色显然是受到贝尔尼尼卢浮宫立面设计的影响(图3-406),体现了罗马古迹的造型理念。但施吕特在其中增添了各种母题,突出了造型表现,创造出一种华美的效果。在院落里,楼梯间前八根巨柱自地面拔起,上承雕像,呈现出希腊建筑的情结。门廊后墙洞口

(上)图5-75 波茨坦 宫殿(始建于1664年,建筑师乔治·文策斯劳斯·冯·克诺贝尔斯多夫,1680年起主持人约翰·阿诺尔德·内林,1744~1752年复由冯·克诺贝尔斯多夫进行改造;建筑毁于二战期间)。远景(油画,作者 Johann Friedrich Meyer,1772年,自哈弗尔河对岸高地上望去的景色)

(下)图5-76 波茨坦 宫殿。文献照片:东北侧景色

(上)图 5-77 波茨坦 宫殿。文献照片：东南侧景色

(中)图 5-78 波茨坦 宫殿。文献照片：入口面景色

(下)图 5-79 波茨坦 宫殿。大理石厅，剖面及内立面设计（建筑师乔治·文策斯劳斯·冯·克诺贝尔斯多夫，约1748年）

之间按古罗马和巴洛克方式进行分划。楼梯间内，巨人造像上立朱庇特胜利神像。在房间里，建筑和雕刻如米开朗琪罗那样，形成不可分割的整体，室内装饰皆可触知，没有采用任何虚幻的手法。

从城市规划的角度来说，这个设计可认为是为柏林城按规则平面有序扩展树立了一个榜样，可惜以后人们放弃了这种做法。宫殿在第二次大战期间被毁，由于它已成为德国专制制度起源的标志，遂于1950年被拆除，残迹得到清理，遗存目前在柏林博物馆内展出。

从这个建筑的设计上可看出，施吕特熟悉维也纳、德累斯顿和斯德哥尔摩各地的王侯宫殿，并和同行专家有过交流。当维也纳申布伦宫的建筑师菲舍尔·冯·埃拉赫于1704年在柏林逗留的时候，曾参观过这个宫殿，可能还表达了自己对这个建筑的想法。不过，对施吕特来说，申布伦宫的榜样可能并不是特别重要，因为这个维也纳宫殿的位置过于特殊（位于山上），和柏林的情

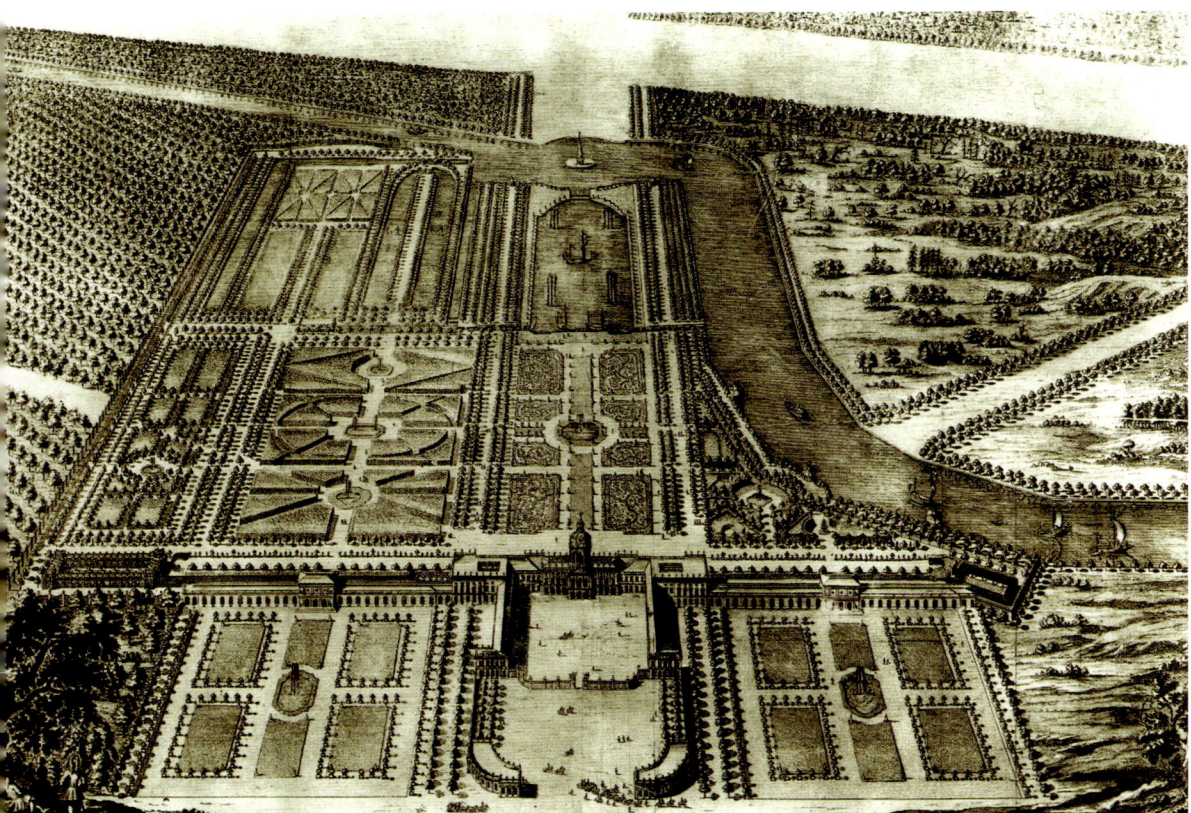

本页：
（上）图5-80 波茨坦 宫殿。腓特烈大帝用房室内装修设计（室内装饰师约翰·奥古斯特·纳尔，1744年，房间位于宫殿东侧）

（下）图5-81 柏林 夏洛滕堡宫（1695~1713年，建筑师约翰·阿诺尔德·内林、约翰·弗里德里希·厄桑德·冯·歌德）。平面（由三翼组成，形成"Π"字）

（中）图5-82 柏林 夏洛滕堡宫。俯视全景（设计厄桑德·冯·歌德，图版制作Martin Engelbrecht，1708年，索菲-夏洛特将宫址选在靠近哈弗尔河的地方，为的是她可乘船从柏林来这里）

右页：
图5-83 柏林 夏洛滕堡宫。花园及宫殿俯视全景

况相去甚远。倒是施吕特的某些做法对他这位维也纳同行有所启示。菲舍尔·冯·埃拉赫在设计布拉格克拉姆-加拉斯宫（始建于1713年，图5-54~5-57）时，就借鉴了施吕特在门廊和窗户区段采用的构造母题。在那里，向前凸出的门廊实际上已转换成雕刻作品，这种做法显然可追溯到柏林宫殿朝向卢斯特花园的门廊。

这时期的普鲁士建筑师同样和斯德哥尔摩有密切

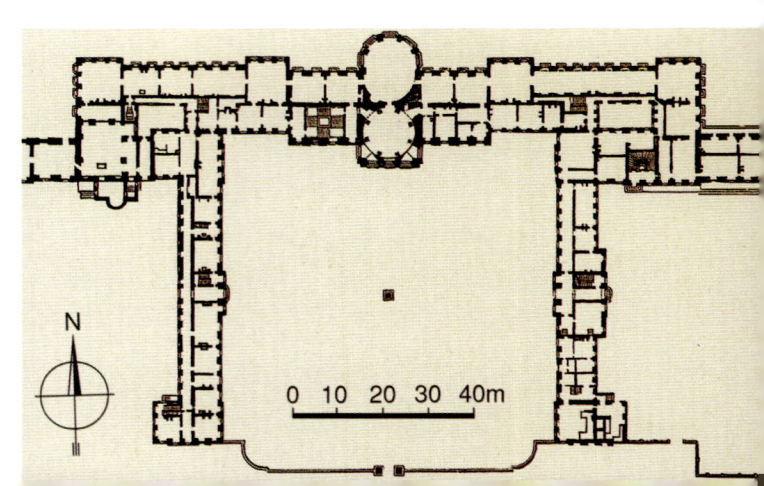

1288·世界建筑史 巴洛克卷

的来往和接触。1688年曾和内林讨论过柏林军工厂设计的瑞典建筑师（小）尼科迪默斯·特辛，差不多和柏林宫殿同时（1697年）开始建造斯德哥尔摩的王宫。对贝尔尼尼的卢浮宫立面设计备加赞赏的特辛，同样搞了一个由立方体组成上置平顶的群体方案；其东立面以巨柱式进行分划，且处理上表现出更多的学院派作风，更为拘谨和冷漠，也就是说，更接近严格的古典主义，

本页：

图5-84 柏林 夏洛滕堡宫。入口面景色

右页：

（上）图5-85 柏林 夏洛滕堡宫。入口立面及院落围栅
（下）图5-87 柏林 夏洛滕堡宫。院落面全景（特高的穹顶鼓座构成立面的主要特征）

1290·世界建筑史 巴洛克卷

和巴洛克风格的决裂更为彻底。显然,这种不同寻常的新类型出现的新闻,很快就传到了柏林,因为1699年,国王已开始就建筑问题求教于瑞典宫廷。柏林宫殿上置平顶的东北翼、配巨型壁柱的中央凸出形体,均表现出斯德哥尔摩宫殿的影响。

在接下来的一段时期,施吕特在柏林的麻烦便接踵而来。他大大加快了宫殿的施工速度,结果由于工作仓促,宫殿的损坏日益加剧。1705年初,他同样在很短的时间里完成了波茨坦府邸及其周边地区的一些工程(如格利尼克或卡普特的休闲或狩猎别墅,图5-58、5-59),结果也是问题多多。特别是他负责的铸币厂塔楼,情况更为严重,并影响到周围的建筑。这个高度近百米的塔楼实际上是打算作为水塔使用,但由于他缺乏技术

(左上)图5-86 柏林 夏洛滕堡宫。院落铁栅门纹章细部

(右上)图5-88 柏林 夏洛滕堡宫。院落夜景

(左下)图5-89 柏林 夏洛滕堡宫。院落内大选帝侯腓特烈·威廉骑像(作者安德烈·施吕特,1696~1700年,台座边战俘雕像1708/1709年,骑像高2.9米,连基座高5.6米)

（上下两幅）图5-90 柏林 夏洛滕堡宫。花园面全景

图5-91 柏林 夏洛滕堡宫。花园面近景

图 5-92 柏林 夏洛滕堡宫。腓特烈一世觐见室，内景

方面的专业训练，以致把建筑安置到一个不稳定的地基上，因此导致了失败。到 1706 年，塔楼不得不拆除。在接着又出了第二个类似的事故后，他终于被免职。在塔楼拆除一年以后，约翰·弗里德里希·厄桑德·冯·歌德受命肩负起宫殿设计的重任。

不过，在欧洲北部独立塔楼的发展史上，这个铸币厂塔楼的设计（1702 年，图 5-60、5-61）可谓影响深远。施昌特在高大华美的实体基座上布置了两层柱廊，类似贝尔尼尼设想的圣彼得大教堂的钟楼。细高的塔楼尽管披上了古典形式的外衣，但外廊及形体却是哥特风格的再现。其构思的大胆可说是超过了此前所有的这类建筑。这个不幸夭折的设计对许多塔楼都有影响，特别是格拉赫和格雷尔在柏林和波茨坦建的一些形式纯净、外观优美的教堂钟楼，其中最大的一个是波茨坦卫戍教堂的钟楼（1731 年，建筑师格拉赫，毁于上世纪）。

施昌特职业生涯后期的一项主要工作，是 1711~1712 年受大臣恩斯特·博吉斯拉夫·冯·卡梅克的委托在柏林建造了一栋具有博罗米尼风格的休闲别墅（卡梅克别墅），这位大师也因此暂时摆脱了失宠的阴影。这座优雅的郊区别墅由一个横向布置的形体组成，仅有一个楼层，中央部分向外凸出，形成高起的楼阁。后者不像菲舍尔·冯·埃拉赫那样做成椭圆形，内外表现亦不一样，因而产生出一种更为生动而非单一的效果。其呈波浪状的三开间立面用抽象的垂直壁柱条带分划，上部于屋顶廊线上布置希腊诸神的巨大造像。虽然形制上类似后面要提到的德累斯顿的茨温格宫，但为了突出雕刻造型，建筑装饰已被大大简化。建筑有两个侧翼，其较低的檐口和中央楼阁交叠。立面自一端到另一端均有强劲的层理及造型表现。

这栋建筑表明，施昌特本人并没有满足已取得的

左页：

（上）图5-93 柏林 夏洛滕堡宫。索菲-夏洛特用房，内景

（下）图5-94 柏林 夏洛滕堡宫。红室（属国王用房系列，1701~1713年，厄桑德·冯·歌德设计），内景

本页：

图5-95 柏林 夏洛滕堡宫。礼拜堂（1704~1708年，建筑师厄桑德·冯·歌德），内景（二战后修复）

成绩，而是在创作上不断探求和发展。从他完全沿袭米开朗琪罗风格的柏林铸铁厂，到以后的国王宫殿、带帕拉第奥柱廊的弗赖恩瓦尔德休闲别墅及瓦滕贝格宫，可以看出，他在植根于故土的同时，广泛吸收了各种传统要素，采用了多种手法，作品具有很强的表现力。

在国王于1713年去世后，施吕特离开了柏林前去俄罗斯的圣彼得堡，受雇于彼得大帝，并于一年后的1714年，在这个沙皇的城市里辞世。他的一个名叫保罗·德克尔的门徒,在1711年发表的一部版画集（Fürstlicher Baumeister）里收入了许多富丽堂皇的宫殿设计；除此以外，他几乎没有留下什么遗产，此后逐渐被人们遗忘；直到近代，才通过相关学者的研究重新引起学界的注意。但由于战争和政治等原因，其建筑已所剩无几。

1740年开始的腓特烈二世（1712~1786年，

第五章 德国和中欧地区·1297

图5-96 柏林 夏洛滕堡宫。腓特烈大帝图书室，内景（1943年破坏后修复，但天棚画未补绘）

1740~1786年在位，图5-62）的统治开启了普鲁士的一个新时代，和他的祖父一样，新时代的开始系以一个柏林的"广场"建设为标志。它包括一个位于林登大道（为贯穿柏林东西方向的大道）入口处的宫殿，和前面分别献给阿波罗和缪斯诸神的科学院和歌剧院。建筑师乔治·文策斯劳斯·冯·克诺贝尔斯多夫（1699~1753年）是个去过意大利和法国，受过良好教育的绅士。卢浮宫的柱廊使他更坚定了自己的古典主义倾向，其表现构成了施吕特和申克尔之间的联系环节，在德国的风格演进中可说相当超前。为了点明供奉阿波罗，在宫殿以外第一个建造的歌剧院（1741年），正立面如当时英国的帕拉第奥风格作品那样，采用了地道的古罗马神庙造型。

尽管一度享有盛名的维也纳、德累斯顿、汉诺威和曼海姆歌剧院已经无存，但仍有少数这时期的剧场

1298·世界建筑史 巴洛克卷

(上）图 5-97 柏林 夏洛滕堡宫。陶瓷室，内景（二战后修复）

（下）图 5-98 柏林 夏洛滕堡宫。东翼（1740 年，建筑师乔治·文策斯劳斯·冯·克诺贝尔斯多夫，系作为和西翼橘园对称的建筑，后者由厄桑德·冯·歌德设计，建于 1700 年后），南侧外景

图5-99 柏林 夏洛滕堡宫。东翼，南侧立面近景

建筑得以保存下来，大部分喜剧厅堂则被纳入到宫堡或府邸中去。柏林歌剧院的室内设置，在当时曾引起轰动。建筑被改造成宫廷的节庆大厅，为此，正厅后座被抬到舞台高度，前厅则作为吃夜宵的处所。室外是古典主义的立面，室内是白色和金色的洛可可装饰；后者从版画上看，和包厢的建筑完全一致。由于经过多次火灾和翻修，目前仅在总体布局上还能辨认出当年的痕迹。

[波茨坦和乔治·文策斯劳斯·冯·克诺贝尔斯多夫的作品]

让-莫里斯·德纳绍-西根王子1664年造访大选帝侯腓特烈·威廉（1620~1688年，1640~1688年在位）时，曾宣称："整个（波茨坦）岛应成为一个天堂乐园"。四年前刚获得波茨坦及其周围村落的腓特烈·威廉，很快把这个城市升格为仅次于柏林的第二个王室驻地（图5-63~5-65）。

从1664到1670年，腓特烈·威廉在建筑方面主要抓宫殿的建设，新建筑系取代中世纪期间为保卫哈弗尔通道（Passage de la Havel）而建的一个城堡。自1680年起，即在去世前8年，这位国王将这项工程委托给约翰·格雷戈尔·梅姆哈特、米夏埃尔·马蒂亚斯·斯米兹和约翰·阿诺尔德·内林。到17世纪90年代，他的儿子、王子腓特烈三世（1701年即位后称腓特烈一世，在位期间1701~1713年）进一步叫人将宫殿改造成一个由三翼组成的建筑。

克里斯蒂安·德克罗科伯爵曾恰当地指出，在波茨坦，普鲁士精神无论在形象还是在象征意义上，都得到了集中的表现。所谓"普鲁士原则"体现在理性的形

图 5-100 柏林 夏洛滕堡宫。东翼，白厅（1742年，位于东翼上层，在腓特烈大帝时期同时用作御座室及餐厅，1943年被焚后修复）

式上，即便有闪光点也表现得极其审慎。从腓特烈·威廉一世（1713~1740年在位）简朴的施特恩猎庄（位于巴伯尔斯贝格山口处），到他儿子腓特烈二世（在位期间1740~1786年）那种结构纯净、构造和谐和装饰有序的洛可可风格，都可以看到这种理念的表现。对普鲁士的巴洛克艺术来说，或许也用得上当时的一句格言："成为普鲁士人是一种荣誉，然而，并不是一种乐趣"（Être prussien est un honneur, mais pas un plaisir）。

腓特烈二世本人是一位音乐家和哲学家，在他1740年即位后，宫殿继续进行改建（1744~1752年）。这位国王把工程交给了他还是太子时在莱茵斯贝格结交的乔治·文策斯劳斯·冯·克诺贝尔斯多夫。其父腓特烈·威廉一世当年为他置下的莱茵斯贝格宫邸位于格里内里克湖边，周围一片田园风光（图5-66~5-74）。这位王太子在那里一直生活到他即位，1737~1740年宫邸还在冯·克诺贝尔斯多夫领导下进行了扩建。1740年，就在这位国王刚刚登基后，他即派自己这位建筑师到德累斯顿和巴黎去考察，并任命他为"王室所有宫殿及花园的总监，行省所有建筑的首长"。同年，请他扩建柏林的蒙比尤府邸。

1741年，即位不久的腓特烈二世紧接着将他的第一个重大建设项目——柏林歌剧院——交给冯·克诺贝

第五章 德国和中欧地区·1301

尔斯多夫，它同时也是后者第一个富有创意的设计。按照这位国王的指示，建筑要成为一座圣殿，一个具有帝王之尊且"灵感来自缪斯的象征"。事实上，腓特烈二世是希望这座建筑如德累斯顿的茨温格宫那样，具有宫廷庆典和歌剧表演的综合功能。阿波罗大厅系作为前厅及餐厅使用，旁边为表演厅，其舞台侧面立8根科林斯柱。乐池可根据需要升起，与舞台齐平，以便形成更宽敞的舞厅。

出于对当时法国情调的尊重，冯·克诺贝尔斯多夫没有在剧院外部施加过多的装饰。侧面两个楼梯通向宏伟的柱廊，然后进入阿波罗大厅。这种朴实的构图显然背离了巴洛克风格的方向，在当时的德国可谓不同寻常，看来在这里主要是受到英国范例——特别是伊尼戈·琼斯、伯林顿和威廉·肯特那种新帕拉第奥风格——的启示。国王和他的这位建筑总管很熟悉这些建筑师及他们的作品。英国的新帕拉第奥风格就这样很早就传到了德国。

左页：

（上下两幅）图 5-101 柏林 夏洛滕堡宫。东翼，"金廊厅"（1740 年以后，约翰·奥古斯特·纳尔设计，长近 42 米，位于白厅一侧，在腓特烈大帝时期用作舞厅和举办音乐晚会，二战中遭到破坏，1961~1973 年修复）。内景

本页：

（上）图 5-102 柏林 夏洛滕堡宫。东翼，"金廊厅"，内立面装修设计（作者老约翰·米夏埃尔·霍彭豪普特，1742~1743 年，原件现存波茨坦博物馆）

（下）图 5-103 波茨坦 夏宫（逍遥宫，1745 年，建筑师乔治·文策斯劳斯·冯·克诺贝尔斯多夫）。园林总平面（东面为主入口，西端以新宫及其附属建筑作为结束，据 Friedrich Zacharias Saltzmann，图版制作 Johann Friedrich Schleuen，1772 年）

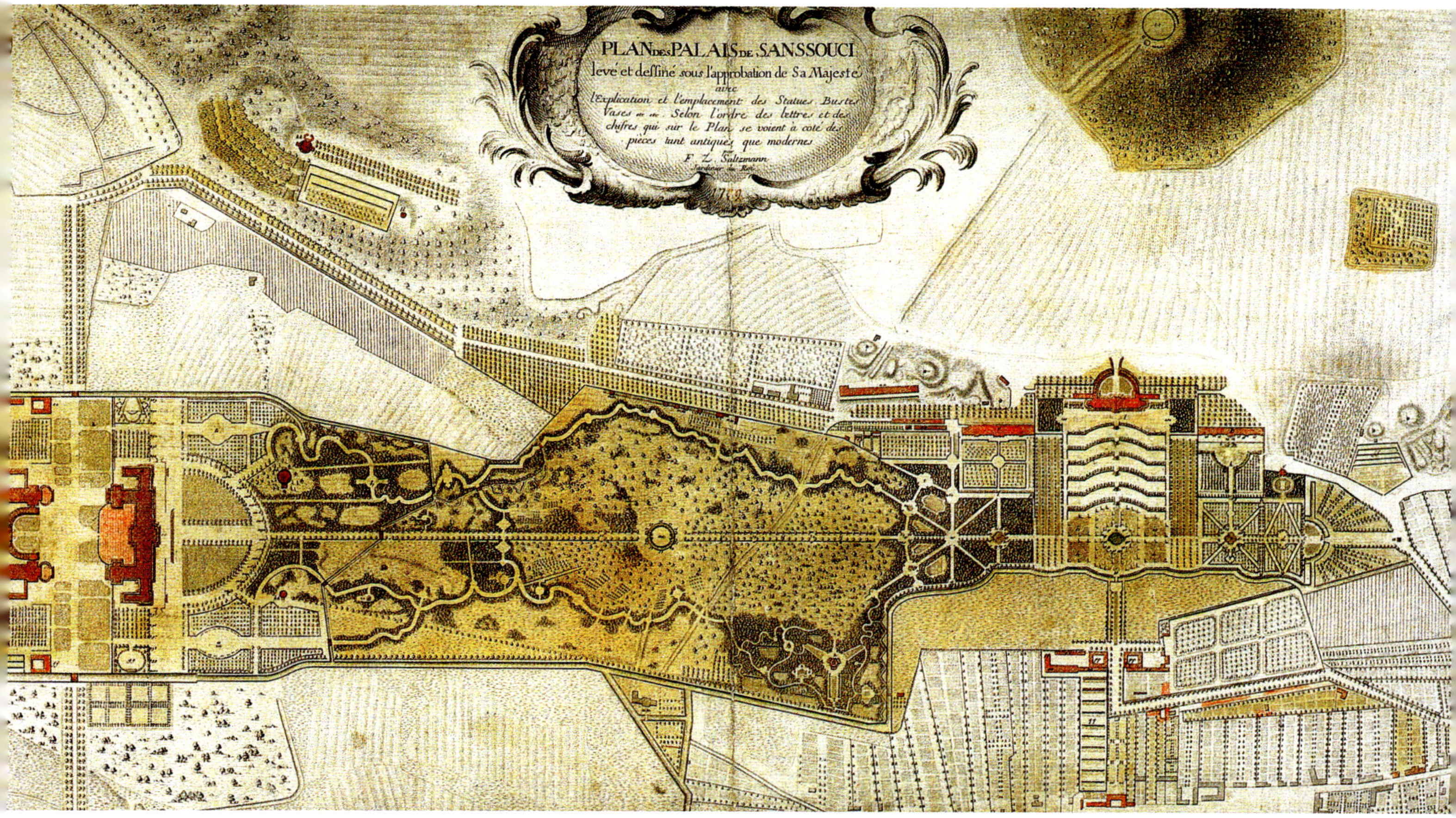

腓特烈二世同样把波茨坦宫殿的扩建视为自己的主要任务之一（图 5-75~5-80）。他把它扩大成为真正的城市宫殿（Stadtschloß，1745 年）。其正面凸出部分配置科林斯柱式；在休闲花园的精美柱廊里又重复了这种形式，只是改为成对配置。在冯·克诺贝尔斯多夫领导下，雕刻师约翰·米夏埃尔·霍彭豪普特和斯特拉斯

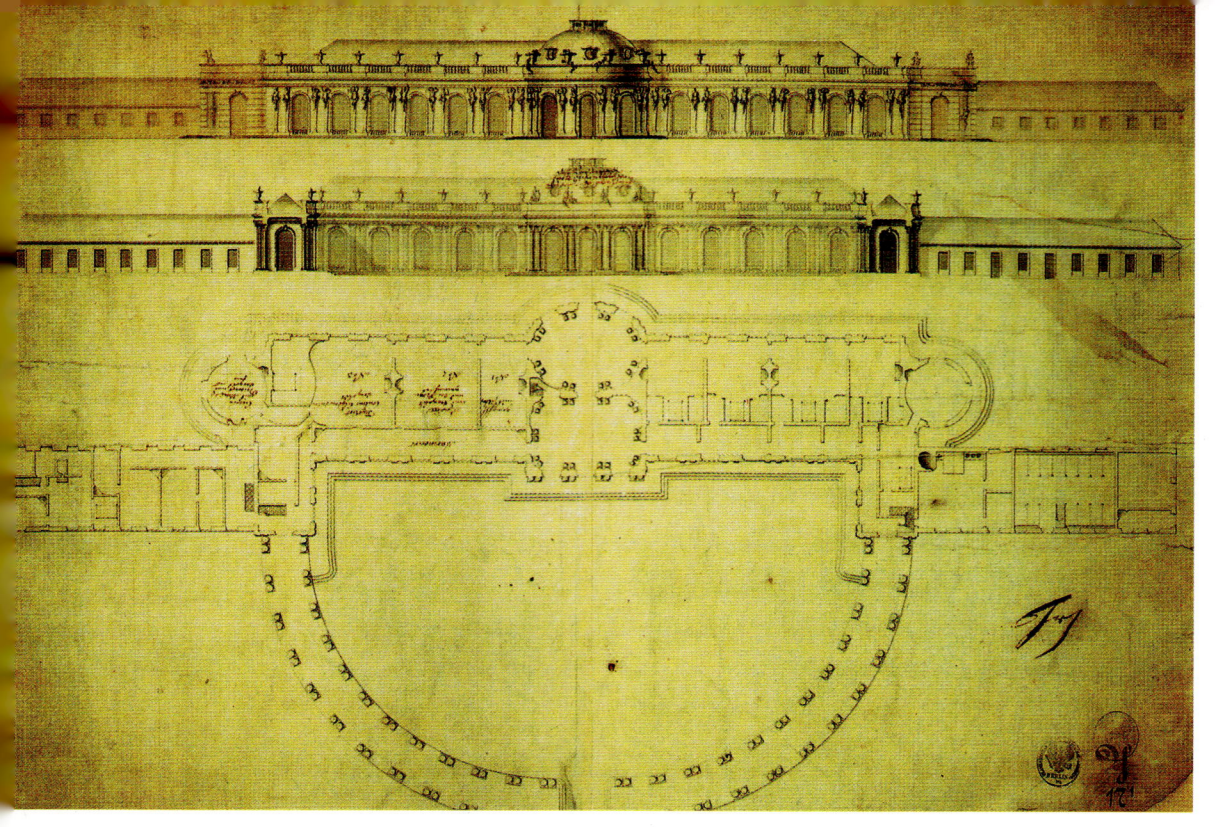

(上) 图 5-104 波茨坦 夏宫（逍遥宫）。平面、院落及花园立面（约1744~1745年，从腓特烈签字可知为实施方案，但实际施工过程中有诸多改变）

(中) 图 5-105 波茨坦 夏宫（逍遥宫）。平面（图中：1、前厅，2、大理石厅，3、接待厅和餐厅，4、小客厅，5、卧室和工作室，6、图书馆，7、小廊厅，8~12、客房，13、14、辅助房间）

(下) 图 5-106 波茨坦 夏宫（逍遥宫）。平面设计草图（作者乔治·文策斯劳斯·冯·克诺贝尔斯多夫，1744年）

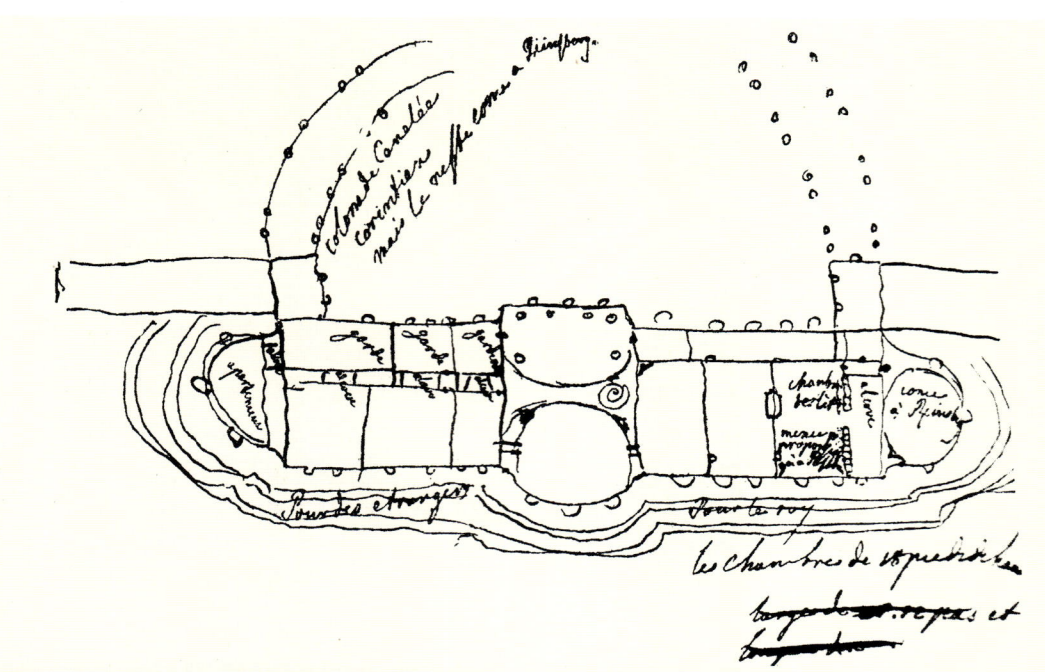

(上）图 5-107 波茨坦 夏宫（逍遥宫）。全景图（Johann David Schleuen 在宫邸落成仅一年后制作的版画）

（下）图 5-108 波茨坦 夏宫（逍遥宫）。俯视全景（六个台地，132 个台阶）

堡室内建筑及装饰设计师约翰·奥古斯特·纳尔参与装修的一批房间，堪称腓特烈时代洛可可风格的极致表现。在当时诸多的室内装饰家中，约翰·奥古斯特·纳尔（1710~1785年）的表现最为突出，这位在意大利及法国受教育的雕刻师是唯一一个可与弗朗索瓦·德居维利埃并驾齐驱的艺术家。他设计的装饰造型要更加通透、轻快和灵活。可惜波茨坦宫殿在第二次大战中遭到破坏（残墟于1959年进行了清理），纳尔设计的宫殿系列套房亦湮没无存。

柏林的夏洛滕堡宫后成为腓特烈二世的宅邸和驻地，这位生性浪漫的国王很喜欢在这里过半退隐的生活（平面及外景：图5-81~5-91；内景：图5-92~5-97）。自1740年起，他委托冯·克诺贝尔斯多夫对之进行扩建（主要是建造和主楼相连并在某种程度上和西翼相呼应

图5-109 波茨坦 夏宫（逍遥宫）。花园面远景

的东翼，图5-98~5-100）。一个倍受国王赞扬的优雅楼梯构成前厅和餐厅之间的联系。由纳尔主持设计的"金廊厅"（1740年以后，战争中遭到破坏，1961~1973年修复，图5-101、5-102）带11个窗户，外围装饰精美的镀金框缘，边上的叶饰如藤架，鸟儿在其间栖息。天棚的白色背景上漂浮着圆形的花饰。遍布各处的贝壳造型、涡卷饰、花卉图案和舞动的小天使形象，展现出一种有节制的富丽和高雅的氛围，可作为腓特烈时期重要洛可可作

图 5-110 波茨坦 夏宫（逍遥宫）。花园喷泉及台地近景

品的另类实例。

据说，腓特烈二世并不是仅仅给他的建筑师提供了一些草图，而是确切的平面设计，这也是学界经常争论的一个问题。在这种情况下，不幸的当然是冯·克诺贝尔斯多夫，因为在固执己见的国王雇主面前，他除了让步之外，别无选择。

1744 年，国王下令在位于波茨坦市中心东面一个小山的南坡上辟地种植葡萄。这个葡萄园由六个成台阶状布置的台地组成，中间设一个大台阶。一年以后（1745 年），他又决定在那里建造夏宫（逍遥宫）。建筑群包括宫殿及其大花园，设计人虽为冯·克诺贝尔斯多夫，但从草图上可知，在设计构思上，国王本人也起了相当大的作用（地段总平面：图 5-103；平面及立面：图 5-104~5-106；历史及现状景色：图 5-107~5-115；入口柱廊：图 5-116~5-118；园林亭阁：图 5-119~5-122）。

约一个世纪之后，路德维希·佩尔修斯和费迪南德·冯·阿尼姆建造了宫邸的两翼。在工程开始两年后，室内装修亦在冯·克诺贝尔斯多夫领导下同步展开。最后形成的这个"国王的葡萄园"和城郊别墅，按"意大利方式"位于一个山坡上，于层层台地上布置装玻璃的温室。居住部分由位于同一水平面上的成列房间组成，所有房间均位于台地上。中央的椭圆形体构成建筑的主

(上)图 5-111 波茨坦 夏宫(逍遥宫)。自上层台地望宫邸景色

(下)图 5-112 波茨坦 夏宫(逍遥宫)。宫邸西南侧景色

（上）图 5-113 波茨坦 夏宫（逍遥宫）。大理石厅外景

（下）图 5-114 波茨坦 夏宫（逍遥宫）。大理石厅近景

（上）图5-115 波茨坦 夏宫（逍遥宫）。东阁（位于东端圆形图书室延线上），太阳花饰（西端对应建筑上饰月亮）

（下）图5-116 波茨坦 夏宫（逍遥宫）。正院入口处（北柱廊）全景

图 5-117 波茨坦 夏宫（逍遥宫）。北柱廊，近景

要特色。主要厅堂（前厅和大理石厅，图 5-123~5-126）都集中在这里（颇似沃-勒维孔特府邸的做法）。大理石厅（冯·克诺贝尔斯多夫设计）是一个供举行盛大晚宴的椭圆形厅堂，因穹顶饰彩色大理石而得名。厅内16根整块大理石制作的柱子自玫瑰色的地板上拔起，配有镀金的铜质柱础和柱头；穹顶顶部圆洞用一块巨大的水晶板封闭。事实上，其主人已称这个厅堂为他的"万神庙"；在德国，可能只有维尔茨堡宫殿的上厅可与之媲美。建筑两边继国王套房之后为音乐沙龙、卧室及工作间。室内装饰极其昂贵（图 5-127、5-128）。两端各有一个如塔楼般的房间。位于建筑东端圆形塔楼内由纳尔主持装修的小图书室（腓特烈图书室，图 5-129）目前尚存，是这种具有艺术陈列室或珍品室性质的小型图书室或藏书楼的典型实例，也是宫殿的另一个构图亮点。东面的这

第五章 德国和中欧地区 · 1311

图5-118 波茨坦 夏宫（逍遥宫）。自北柱廊远望宫后人工"残迹"景色

个圆堂是城堡内唯一不可直接通达的房间，人们只能通过一个狭窄的通道进入这位哲学家国王（Roi-Philosophe）的至圣之所。沿墙乃至门内都有书架，使人有一种置身于一位人文主义学者研习室的强烈感觉。护墙板由雪松木制作并镶贴镀金铜饰，精美的青铜浮雕表现出科学和艺术的寓意造型。挑腿上支撑着四个1742年获取的古代胸像（原为红衣主教波利尼亚克的藏品），其中以雕刻《祈祷的孩童》最引人注目。音乐沙龙由约翰·米夏埃尔·霍彭豪普特负责装修，装饰效果富丽堂皇，只是手法上略嫌生硬（图5-130~5-132）。

前院半圆形柱廊里采用了波茨坦宫殿休闲花园柱廊的形式，成对配置立柱（图5-108、5-116），使人想起罗马的圣彼得大教堂广场及巴黎的卢浮宫柱廊。朝向花园的立面饰女像柱，酒神女祭司的造型生动传神；在向

(上）图 5-119 波茨坦 夏宫（逍遥宫）。
花园：东方亭（亦称"中国亭"），外景

(下）图 5-121 波茨坦 夏宫（逍遥宫）。
花园：东方亭，内景

(左) 图 5-120 波茨坦 夏宫（逍遥宫）。花园：东方亭，门廊细部（棕榈树状的柱子）

(右) 图 5-122 波茨坦 夏宫（逍遥宫）。花园：东方亭，穹顶仰视

下收分的壁柱上，体现自然要素的森林之神和山林水泽仙女支承着柱顶盘，并同时成为窗户的边饰，其情欲的表现比德累斯顿的茨温格宫有过之而无不及（图5-113）。

然而，在设计这个宫邸的过程中，国王和他的这位建筑师之间不仅再次发生争执甚至演变成激烈的争吵。腓特烈二世的想法是能直接出门到达台地，不用再下台阶。冯·克诺贝尔斯多夫则设想把建筑建在一个基座上，俯瞰一系列台地，这样就可从公园方向欣赏它的整个壮丽景色。但国王不肯让步，事实证明他是错了，主体建筑由于没有基座，显得特别矮，虽说颇为实用，但正如冯·克诺贝尔斯多夫所担心的那样，从下面望去，大部分宫殿立面均被上部台地遮挡。一年以后，1746年，冯·克诺贝尔斯多夫被辞退，离开了宫廷。他于1753年去世。其工作由阿姆斯特丹的约翰·博曼接手（后者实际上自1732年起一直在波茨坦，该城市的荷兰区就是他设计的）。

1747年，腓特烈大帝请冯·克诺贝尔斯多夫在逍遥宫西面建造了橘园（以后，这部分被改造成所谓"新室"，图5-133、5-134）；1755~1763年，他又下令在逍遥宫东面增建了所谓"画廊"（设计人约翰·戈特弗里德·比

(上)图 5-123 波茨坦 夏宫(逍遥宫)。前厅,内景(同大理石厅样式,成对配置科林斯柱)

(下)图 5-124 波茨坦 夏宫(逍遥宫)。大理石厅,内景

（右下）图5-125 波茨坦 夏宫（逍遥宫）。大理石厅，穹顶仰视

（上）图5-126 波茨坦 夏宫（逍遥宫）。大理石厅，内檐装饰细部

（左下）图5-127 波茨坦 夏宫（逍遥宫）。接待室，内景（上置大镜的壁炉采用了所谓白色帝王风格）

1316·世界建筑史 巴洛克卷

林),其立面按巴洛克的对称原则,重复了西面冯·克诺贝尔斯多夫设计的橘园的样式(图 5-135~5-138)。花园最西端的新宫及其附属建筑,则是在七年战争结束后,1763~1769 年建成的(俯视全景:图 5-139;平面及立面:图 5-140、5-141;外景:图 5-142~5-146;内景:图 5-147~5-151)。

从总体上看,逍遥宫这批建筑(特别是开始阶段的宫殿)可说在很大程度上是腓特烈个人的作品,他甚至为此不惜和自己的建筑师决裂。但另一方面,宫殿所表现出来的这种极其独特的洛可可风格,以及和自然融为一体的法国休闲式府邸的特色,实际上完全是冯·克诺贝尔斯多夫努力的结果。在这里,找不到奢华排场的表现,也没有连续成排的大厅,而是体现了亲切和安宁,

(上下两幅)图 5-128 波茨坦夏宫(逍遥宫)。伏尔泰室(为西面客房中的一个,是所谓"随想"洛可可风格的典型作品),内景

本页及右页：
(左及中)图5-129 波茨坦 夏宫(逍遥宫)。腓特烈图书室(1746~1747年，装修主持人约翰·奥古斯特·纳尔等)，内景

(右)图5-130 波茨坦 夏宫(逍遥宫)。音乐沙龙(约1746~1747年，装修主持人约翰·米夏埃尔·霍彭豪普特)，内景(为"腓特烈"洛可可风格的典型实例)

尺度恰当，比例和谐，处处都可看到设计者的匠心。

在40年期间，腓特烈每年都在无忧宫度夏。这位国王如大庄园主般住在这里，避开了许多令他厌烦的宫廷礼仪。在遗嘱里，他要求葬在台地高处他的11只猎狗边上。不过，只是在他1786年去世后又经过了205年，其最后的愿望才得以实现。

四、萨克森地区

1718年,记者及政论家约翰·米夏埃尔·冯·勒恩参观了德累斯顿的建筑后,热情地写道:"德累斯顿城就好像是一栋专为娱乐和消遣而造的综合体,在那里,建筑艺术的种种发现构成了愉悦的组合,其中的不同要素均可分别鉴赏。一个外国人,可以在那里花上几个月时间仔细审视所有的美妙和豪华之处……"

在这个所谓"奥古斯特世纪"(siècle d'Auguste,奥古斯特为17~18世纪几名萨克森选帝侯和波兰国王的姓氏,故名),德累斯顿成为德国最美的城市(平面及发展阶段示意:图5-152、5-153;城市景观:图5-154~5-156)。它的名声不仅来自宫殿和教堂,还由于城市收藏的格外丰富的艺术品。温克尔曼认为它收藏

(左上)图 5-131 波茨坦 夏宫(逍遥宫)。音乐沙龙,装饰细部

(右上)图 5-132 波茨坦 夏宫(逍遥宫)。音乐沙龙,西墙装饰设计(作者老约翰·奥古斯特·纳尔,约1746年,原稿现存柏林国家博物馆)

(下)图 5-133 波茨坦 夏宫(逍遥宫)。"新室"(橘园,1747年,建筑师乔治·文策斯劳斯·冯·克诺贝尔斯多夫),东南侧外景

了阿尔卑斯山以北最重要的古代艺术作品。在歌德眼里，创建于 1722 年拥有 284 幅油画的绘画陈列馆，无疑是一个"圣地"。

腓特烈-奥古斯特一世（1670~1733 年）和他的儿子腓特烈-奥古斯特二世（1696~1763 年）将德累斯顿和萨克森地区变成了巴洛克艺术的豪华宝库。后者更是一个狂热的业余艺术爱好者，他沉溺其中，不理朝政，把大权授给首席大臣海因里希·冯·布吕尔伯爵。约翰·戈特弗里德·赫尔德曾说过：在德国，就艺术品的收集来说，没有任何地方能像萨克森那样不放过一切机会和不惜一切代价。不仅如此，这个地区同样在德国的音乐生活中起到领先的作用。让-塞巴斯蒂安·巴

（上）图 5-134 波茨坦 夏宫（逍遥宫）。"新室"（橘园），西南侧外景
（中）图 5-135 波茨坦 夏宫（逍遥宫）。"画廊"（1755~1763 年，设计人约翰·戈特弗里德·比林），花园面景色（版画作者 Johann Friedrich Schleuen，约 1770 年）
（下）图 5-136 波茨坦 夏宫（逍遥宫）。"画廊"，立面全景

图5-138 波茨坦 夏宫（逍遥宫）。"画廊"，内景

赫（1685~1750年）在担任莱比锡教堂音乐主管期间对音乐进行了创新改革；戈特弗里德·西尔伯曼则在他的弗赖贝格作坊里，制作出享誉全欧洲的管风琴。

三十年战争结束后，最早复苏的是德累斯顿。和荷兰相比，在这里，人们和意大利更为接近。在腓特烈-奥古斯特一世登基之前，战争刚结束的时候，对意大利

建筑进行过大量研究的沃尔夫·卡斯帕·冯·克伦格尔已被选帝侯让-乔治二世聘为工程总监,并于1661年受命扩建位于德累斯顿西北的莫里茨堡宫邸。这个以莫里斯公爵命名的狩猎场馆是萨克森地区最优美的文艺复兴建筑之一,为此,人们将整个森林及池沼地区都进行了整治。扩建工程主要是增加一个礼拜堂。克伦格尔给它配置了高大的圆拱窗。在室内,布置了挑出的廊台,有些类似同样由这位建筑师设计、建造时间也差不多的城市大歌剧院(1664~1667年,其天棚画具有划时代的意义)。

(上)图5-137 波茨坦 夏宫(逍遥宫)。"画廊",立面近景

(中)图5-139 波茨坦 夏宫(逍遥宫)。新宫及附属建筑(1763~1769年),俯视全景(航片,约1935年)

(下)图5-140 波茨坦 夏宫(逍遥宫)。新宫,一、二层平面(作者Carl von Gontard,约1766~1767年)

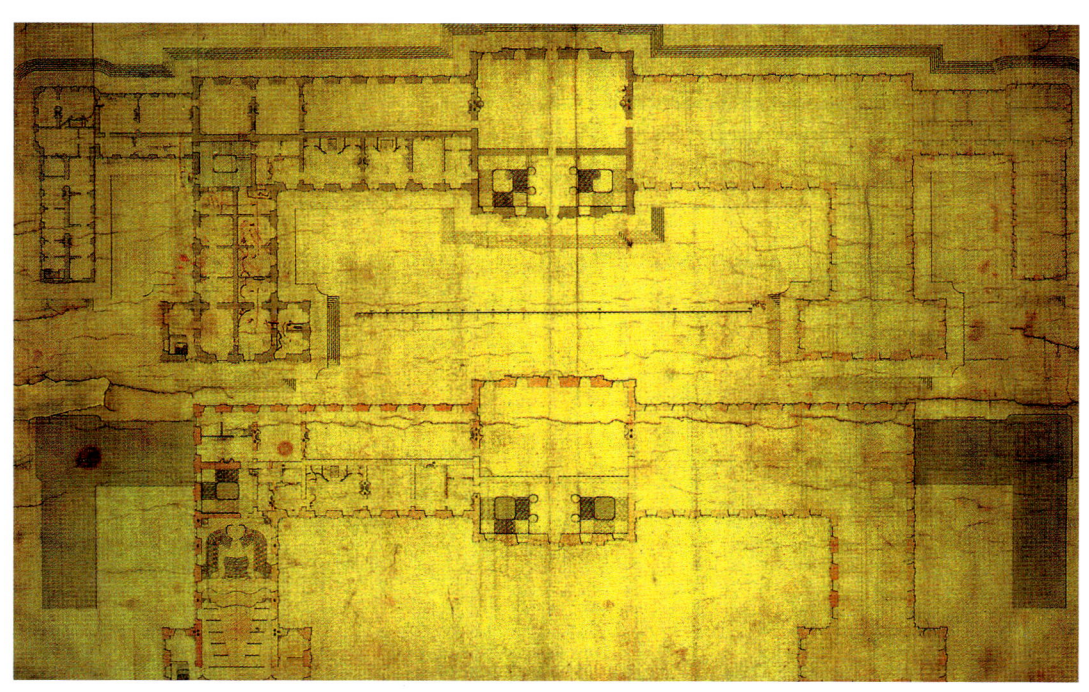

第五章 德国和中欧地区·1323

（左上及下）图5-141 波茨坦 夏宫（逍遥宫）。新宫，立面（院落立面、花园立面及侧立面，作者Carl von Gontard，约1766~1767年）

（右上）图5-142 波茨坦 夏宫（逍遥宫）。新宫，附属建筑及柱廊（版画，作者Jean Laurent Le Geay）

但这个府邸并没有存续多久，现在人们只能从当时的一幅版画上看到它的面貌。克伦格尔还按罗马的三轴线形制，为1685年遭火灾焚毁的新街区拟订了一个重建规划（图5-157）；1679年左右，建成了带华美宫殿的大花园。

这时期另一位重要的建筑师是约翰·格奥尔格·施塔克。1678年，以战胜土耳其人闻名的王太子让-乔治三世委托他建造位于德累斯顿大花园内的宫殿（图5-158）。两年前，选帝侯让-乔治二世曾请约翰·弗里德里希·卡歇尔按法国风格规划这个休闲花园。其原型显然是凡尔赛（笔直的林荫大道，宫殿位于其会交处）。施塔克设计的宫殿高两层半，平面呈"H"形。于平面廓线以内设双跑楼梯通向二层两边立柱的宏伟门廊，由此进入宴会厅。这位王位继承人本人亦绘了一幅宫殿草图（可能是受了克伦格尔一个想法的启示）。施塔克在这里成功地把意大利的休闲府邸和法国式的府邸结合在一起。建筑的形体和楼梯使人想起意大利的乡间别墅，而窗户的侧柱和装饰则具有法国府邸的典型特征。这个位于"新花园"中的宫殿，遂成为萨克森地区巴洛克建筑的代表作。

17世纪80年代，有三位艺术家来到德累斯顿，即来自乌尔姆的建筑师和雕刻师马库斯·康拉德·迪策（1658~1704年）、久居意大利并在那里受教育后刚回国的雕刻师巴尔塔扎·佩尔莫泽（1651~1732年）和来自威斯特伐利亚地区黑尔福德的马托伊斯·达尼埃尔·珀佩尔曼（1662~1736年，图5-159）。1694年选帝侯奥古斯特二世（强者）登位，三年后（1697年），他又获得了波兰国王的头衔。这位热心于建筑事业的君主在德累斯顿和华沙都开始大规模地建造宫殿，但却因此导致了资金的分散，北方战争更使所有的工程都陷于停顿。最后大部分工程都停留在纸上，未能付诸实施。只有德累斯顿茨温格宫（1697~1716年，总平面：图5-160；平面及立面：图5-161~5-163；历史景象：图5-164~5-168；

现状外景：图 5-169~5-173）的建设是例外。

最初受命设计这个新宫邸的是迪策。国王同时还希望在老宫邸和防卫城墙之间举行节庆活动和赛事的场地上安排一个橘园，甚至亲自绘了一张草图。迪策设想了一个平面马蹄形的建筑，即以后茨温格宫的第一部分。中央楼阁则按他1692年制订的宫殿绿塔的样式建造。

1704年，迪策因一次事故过早地丧生。奥古斯特（强者）遂指定马托伊斯·达尼埃尔·珀佩尔曼和巴尔塔扎·佩尔莫泽为他的接班人。最后的成果就是这两人合作的成果，德累斯顿也因此确立了在维也纳和柏林之间的独立地位。

作为菲舍尔·冯·埃拉赫的同代人，马托伊斯·达尼埃尔·珀佩尔曼是当时上萨克森地区最成功和最富有创意的建筑师。在波尔塔瓦战胜瑞典人后，珀佩尔曼于1710年被派去维也纳和罗马进行考察，这次访问对他的风格产生了决定性的影响，这些都在他这个最著名的宫殿设计里有所体现。

珀佩尔曼于1709年拟订了建筑群平面。整个组群位于城市、河流和城墙之间的地段上，形成若干宽敞的庭院；最初的主体建筑有些类似卢浮宫，围着老宫邸，

（上）图5-143 波茨坦夏宫（逍遥宫）。新宫，花园立面，现状

（下）图5-144 波茨坦夏宫（逍遥宫）。新宫，院落立面，外景（西面于南北两端出巨大的侧翼围成大院）

采用了施吕特的构图母题。在1715年珀佩尔曼去巴黎考察后，建筑群形式上开始出现了更多的变化。长长的居住形体围成角上呈圆形的三个院落，一条运河自前面穿过，立面前凸出装饰华丽的楼阁。不过这些院落中最后仅一个得以实现。

1716年开始建造的这部分由位于城墙一角横向布置的矩形体量——橘园（温室，为单一楼层的廊厅，有些类似大特里阿农）、端头的城楼（为一椭圆形楼阁，内置楼梯通向城墙）及角楼组成，整体形成"U"形（即马蹄铁状）院落。珀佩尔曼选择的这种平面形式显然

是受到法国府邸建筑——特别是凡尔赛"陶瓷特里阿农"（建于1670~1672年，几年后为建大特里阿农而拆除）——的启示。这种带凹进空间的布置方式具有悠久的历史，还可上溯到古典时期、帕拉第奥的作品及意大利的别墅建筑。与此同时，意大利的一些园林建筑也同时成为模仿的对象。

奥古斯特二世（强者）可能同时记起了1709年丹麦国王的来访（为了举行欢迎仪式，人们借此机会围着节庆广场用木料建了一座圆剧场及拱廊），也可能还想到次年（1719年）将要举行的王子腓特烈-奥古斯特和哈布斯堡王室公主玛丽-约瑟夫的婚礼庆典。总之，他希望创建一个和宫殿在建筑上没有什么联系的、宽敞独立的节庆广场。按照他的指示，"茨温格花园的这个建筑……应是一个独立作品，和宫殿没有对称关系"。珀佩尔曼按字面意义去理解他的这个指示，同时参照上述1709年为国王出访建造的圆剧场，用最简单的方式将已建部分来了个"镜面复制"（double en miroir），形成背靠背的对称形式，就这样，达到了"和宫殿没有对称关系"的要求。

至1728年，茨温格宫的建设最后完成。只是在易北河一面，建筑以一个临时的木构廊道作为结束；最后由戈特弗里德·桑佩设计的廊道，直到1847~1854年才竣工。

目前，建筑群横轴线穿过具有精美雕刻装饰的"城楼"（图5-174）及与之呼应的琴钟阁（内藏由迈森瓷器制成的钟乐器）；将整个建筑群分成对称的两部分的中轴线则通过1713年开始建造的王冠门（图5-175~5-177）。该门亦称王冠塔，是个尊崇君主的凯旋门式的建筑。大

本页及左页：
(左右两幅) 图 5-145 波茨坦 夏宫（逍遥宫）。新宫，东南侧近景

（上）图 5-146 波茨坦 夏宫（逍遥宫）。新宫，花园面山墙及穹顶细部

（下）图 5-147 波茨坦 夏宫（逍遥宫）。新宫，蓝厅，内景

(上下两幅)图 5-148 波茨坦 夏宫(逍遥宫)。新宫,剧场,纵剖面(作者 Johann Christian Hoppenhaupt Le Jeune,1766 年)及内景

院各个角上,分别布置数学及物理沙龙[5]、陶瓷收藏馆、历史博物馆及古典巨匠画廊。它们个个都是精华景点,画廊内更收藏了包括拉斐尔《西斯廷圣母》(Sixtinische Madonna)在内的诸多世界名作。

在茨温格宫,雕刻和建筑形成一个为节庆表演服务的不可分割的整体。节庆期间,队列及竞赛就在这个如古罗马舞台般的院落里展开。和老城堡相连的这些建筑，遂成为宫廷节庆活动的看台，颇似法国骑兵竞技表演的检阅台。在这个大舞台拱廊般的背景上，加入了许多表现自然界的雕刻，俨然一个畜牧神潘的王国（繁茂的花朵和果实、林神萨梯的造型），和建筑紧密结合在一起的这些雕刻作品，均出自佩尔莫泽之手。和欧洲西部国家做法不同的是，其外凸的形体装饰华美、造型表现十分突出。特别是王冠门，即使是在德累斯顿，如此华美的作品也不多见。这也是维也纳建筑的情趣和作风，只是在这里，表现得格外丰富和具有生气。墙面满布安装玻璃的巨大券洞，墙体则如哥特建筑那样，缩成券洞之间的框架，和希尔德布兰特作品那种连续的墙面完全异趣；这个框架又被进一步化解为人像柱（赫耳墨斯柱碑及其他类型的柱式）、花环徽章及立在屋顶上的雕像。各楼阁成组配置的垂直部件充满动态，和橘园较为简朴的处理形成明显的对比。在画廊一侧大理石厅和城墙之间开凿了一个山林水泽仙女神窟（所谓"bain des Nymphes"），在清凉的水雾中，聚集着农牧神福纳斯和众多水栖神祇，水神那依阿德正在脱衣入浴。

本页：

（上下两幅）图 5-149 波茨坦 夏宫（逍遥宫）。新宫，大理石大厅（上，为新宫主厅）及大理石廊厅（下，同时作为餐厅）内景

右页：

（上）图 5-150 波茨坦夏宫（逍遥宫）。新宫，洞窟内景

（下）图 5-151 波茨坦夏宫（逍遥宫）。新宫，音乐厅，内景

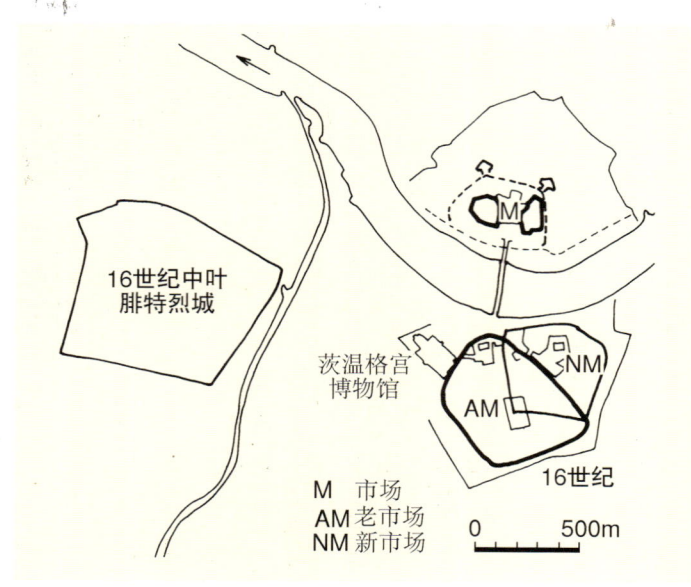

这是自文艺复兴以来这类神话洞窟中最有情趣的一个，可和罗马的特雷维喷泉媲美。除了这些自然题材外，还有一些具有政治寓意的内容（被神灵和小天使围绕的纹章图案及鹰徽等），在城楼处，巴尔塔扎·佩尔莫泽设计了一系列歌颂当代选帝侯的寓意形象。

作为巴洛克宫邸建筑的典型实例，茨温格宫的特色有的是来自剧场布景，有的可能只是即兴创作。事实上，对作为业主的这些王子和国王来说，由于这类工程从构思到实现时间往往拖得很长，他们很少有耐心等待仔细推敲的方案或按部就班的施工，而是好大喜功、急于求成，或心血来潮、灵机一动，对原设计进行一些意想不到的修改。这似乎是应了德国文艺史家里夏德·阿勒温的一句话：巴洛克艺术本是一种"急躁的文化"。

从1720至1723年，珀佩尔曼全力投入易北河畔皮尔尼茨休闲府邸的设计，从设计理念和建筑所处的地形、地貌上看，建筑颇似德累斯顿宫邸。在老府邸的主人、科泽尔伯爵夫人失宠之后，奥古斯特（强者）请他这位建筑师建造一栋"休闲府邸，能在花园举行节庆活动和进行喷水表演"。珀佩尔曼设想沿易北河岸布置一系列建筑，并按当时的时尚，上置曲线形的所谓"中国式"屋顶（图5-178~5-180）。所谓"印度楼"，更把人们对远东的浪漫想象和流经建筑脚下的易北河的魅力结合在一起。和这个"水边宫邸"相呼应，四年后，又在高处建了一栋宫邸。休闲花园就这样被布置在一个院落的"封闭"区内。和佩尔莫泽相比，珀佩尔曼看来更喜爱

（上）图5-152 德累斯顿城市发展阶段示意（取自 A.E.J.Morris：《History of Urban Form》，1994年）

（下）图5-153 德累斯顿19世纪城市平面（取自1833年发布的SDUK Atlas Map）

（中）图5-154 德累斯顿城市风景（油画，作者 Bernardo Bellotto，1748年，可看到圣母院及宫廷教堂，德累斯顿城市博物馆藏品）

（上）图 5-155 德累斯顿 自新城望去的城市景色（油画，作者 Bernardo Bellotto，自新城望去的情景，河上为奥古斯特桥）

（中）图 5-156 德累斯顿 天主教宫廷教堂及易北河上的奥古斯特桥（版画，作者 Bernardo Bellotto，原作现存德累斯顿 Staatliche Kunstsammlungen）

（下）图 5-157 德累斯顿 新街区平面（1740 年）

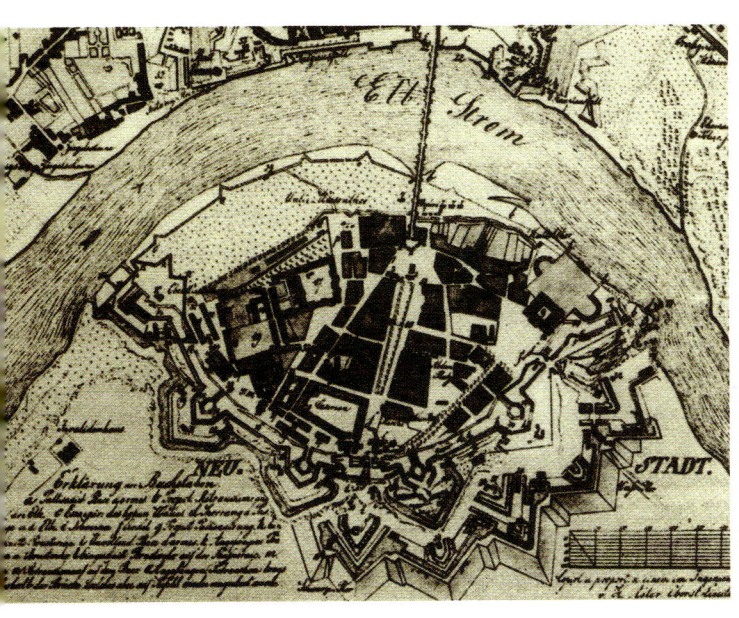

法国式园林那种严格和精确的风格、更明晰的构造方式。在这里，他显然采纳了其合作者，巴黎建筑师、雕刻家和画家扎卡里亚斯·隆盖吕内的建议（后者自 1715 年起就与他共事，而且和他一样，对法国风格情有独钟）。

1723 年，皮尔尼茨府邸刚刚完工，珀佩尔曼和隆盖吕内就被召至莫里茨堡，受命将那里的文艺复兴府邸改造成一栋巴洛克建筑（图 5-181、5-182）。建筑的部分外墙被拆除。和克伦格尔设计的宏伟礼拜堂相对应，建了节庆厅。为了保持比例协调，珀佩尔曼扩建了 4 个圆形塔楼。4 个正厅和 200 多个房间均进行了豪华装修（自然是以萨克森地区巴洛克建筑的主导色彩——赭石和白色为基调）。法国式的花园创建于 1730 年（配置了可用于水上比武的大水池）。附近还有一个洛可可风格

第五章 德国和中欧地区 · 1333

图5-158 德累斯顿 大花园宫殿（1678~1683年，建筑师约翰·格奥尔格·施塔克）。花园及宫殿景色

的费桑城堡（建于1770~1782年，设计人约翰·达尼埃尔·沙德和戈特利布·豪普特曼）。

在萨克森地区，来自意大利的影响看来并没有能够站稳脚跟；自1720年开始，在宫殿和资产者的宅邸中，隆盖吕内那种精美适度的形式使建筑具有了一种有别于维也纳特色的法国情调，在他的继承者克内费尔手里，由于开高大窗户，立面装饰减少，这种表现有所缓和。按H.G.弗朗斯的说法，此时的街道外观"平和安静、

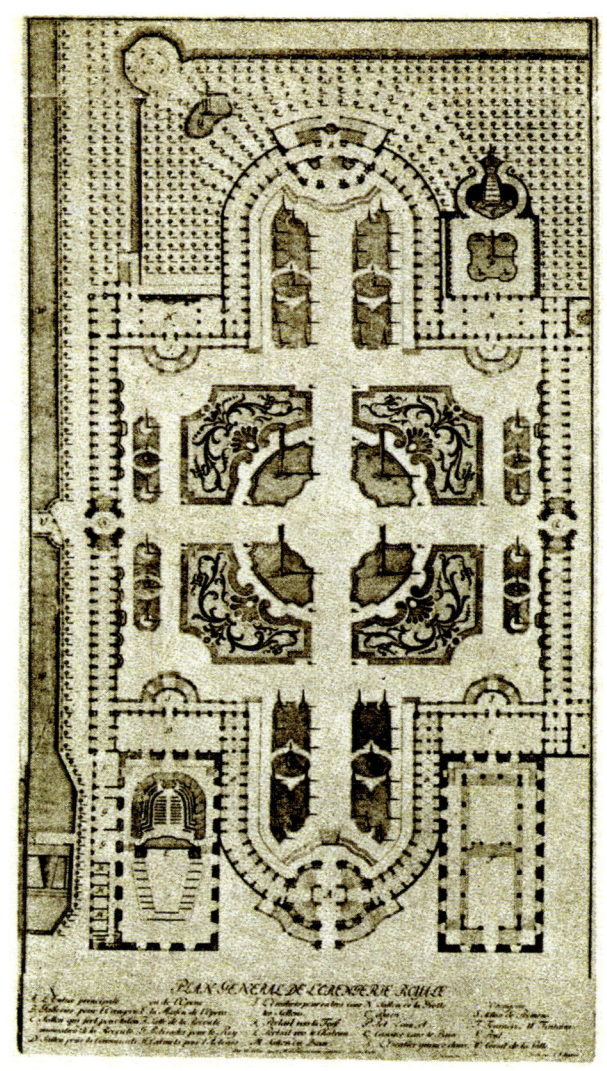

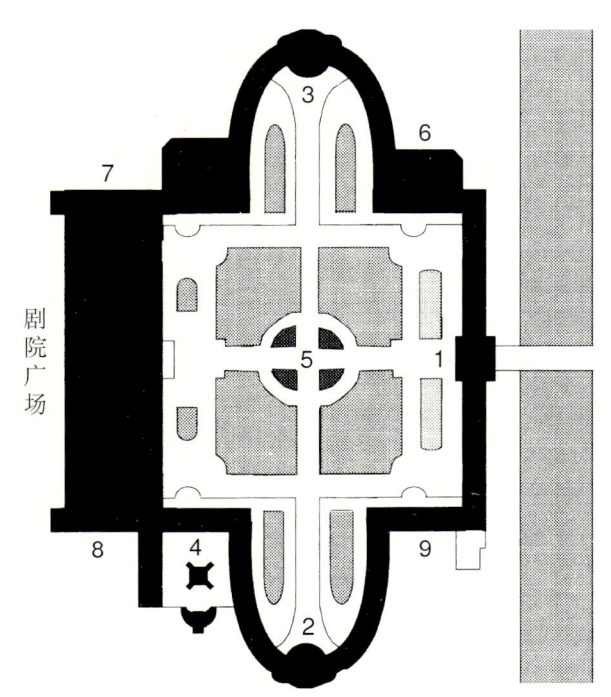

（左上）图 5-159 马托伊斯·达尼埃尔·珀佩尔曼（1662~1736 年），画像及签名

（左下）图 5-160 德累斯顿 茨温格宫（1697~1728 年，主体部分 1711~1728 年，建筑师马库斯·康拉德·迪策、马托伊斯·达尼埃尔·珀佩尔曼和巴尔塔扎·佩尔莫泽）。总平面（图中：1、王冠门，2、城楼，3、琴钟阁，4、山林水泽仙女神窟及瀑布，5、宫廷节庆广场，6、陶瓷收藏馆，7、历史博物馆，8、古典巨匠画廊，9、数学及物理沙龙）

（右）图 5-161 德累斯顿 茨温格宫。平面（图版，取自 N.Pevsner：《Génie de l'Architecture Européenne》）

优雅清澈"。此后克鲁布萨丘斯又引进了古典主义，但仍然保持着一定的活力。

德累斯顿圣母院（1722~1738 年，另说 1726~1743

第五章 德国和中欧地区 · 1335

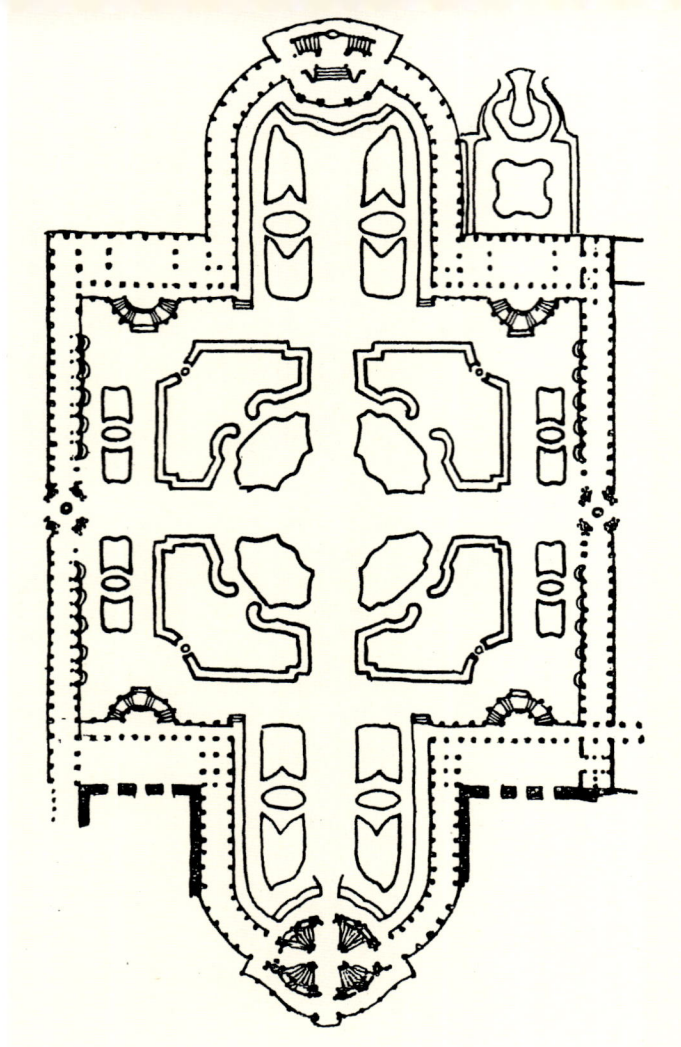
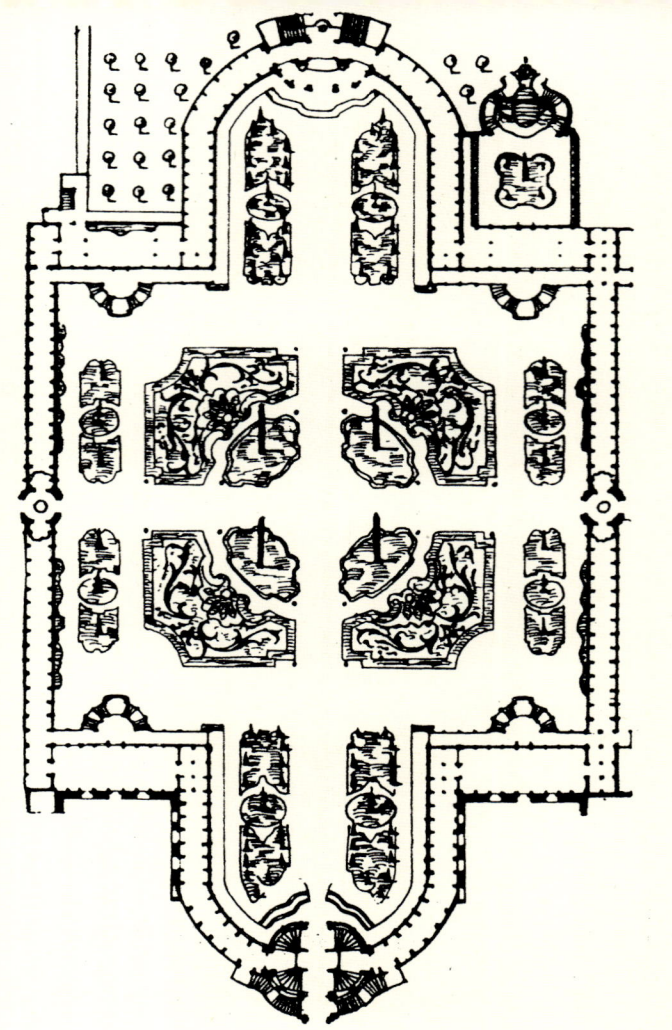

（上）图 5-162 德累斯顿 茨温格宫。平面（左右两图分别取自 Nicolas Powell：《From Baroque to Rococo：an Introduction to Austrian and German Architecture from 1580 to 1790》和前苏联建筑科学院《世界建筑通史》第一卷）

（右下）图 5-163 德累斯顿 茨温格宫。立面（局部，取自 John Julius Norwich：《Great Architecture of the World》，2000 年）

（左下）图 5-164 德累斯顿 茨温格宫。铜版画集扉页（作者 Matthäus Daniel Pöppelmann 和 C.A.Wortmann，1729 年）

(上)图 5-165 德累斯顿 茨温格宫。18世纪全景(版画,作者 Bernardo Bellotto,现存德累斯顿 Cabinet des Estampes)

(下)图 5-166 德累斯顿 茨温格宫。1719年举行骑术比赛时的盛况(水彩,原作现存德累斯顿 Kupferstichkabinett)

(中)图 5-167 德累斯顿 茨温格宫。1722年节庆期间景色(油画,作者 Johann Alexander Thiele)

年,图 5-183~5-185)是萨克森地区主要宗教建筑之一,其工程主持人格奥尔格·贝尔(1666~1738年)为另一位在德累斯顿进行了成功实践的建筑师。出生于菲尔斯滕瓦尔德市梅塔利费雷山区的贝尔早年曾受过木匠培训。不过,他的"木匠"名声在很大程度上只是德累斯顿工程总管瓦克巴特伯爵送给他的绰号。1705年,他已被升格为"城市木工总领"(maître charpentier municipal);当1722年他负责修建新教教堂时,又进一步博得了"建筑统领"(prévôt du bâtiment)的称号。

德累斯顿的这个著名教堂毁于1945年2月。当年其穹顶高耸在城市上空,给人留下了难忘的印象。为了

第五章 德国和中欧地区·1337

（上）图5-168 德累斯顿 茨温格宫。18世纪上半叶橘园景色（版画，作者Christian Friedrich Boetius）

（下）图5-169 德累斯顿 茨温格宫。沙龙及城楼现状景色

(上) 图5-170 德累斯顿 茨温格宫。城楼俯视全景 (二战毁坏后修复)

(下) 图5-172 德累斯顿 茨温格宫。城楼细部

更好地了解这个建筑的产生背景，需要简略回顾下德国新教教堂的演进情况。最初它们系由一个带廊台的横向厅堂（圣殿）组成，祭坛和主教座位布置在中央。柏林的加尔尼松教堂及德国西南地区萨尔布鲁克的路德维希教堂（1758年）都是采取这种形式。法国沙朗通的胡格诺殿堂同样是一个矩形厅堂，附墙阳台位于柱子之间，如英国常见的样式（图5-186）。不过，由于英国国教祭祀仪式要求主教堂内有本堂神甫区并设歌坛，因此多采用带穹顶的会堂形制。而在雷恩及其继任者的教区教堂里，则像荷兰改革派教会那样，发展出一种

第五章 德国和中欧地区 · 1339

集中式的建筑。在德国也是如此。柏林的教区教堂（设计人内林，1695 年）平面取四叶形；莱昂哈德·克里斯托夫·施图尔姆在他 1715 年发表的设计中，同样为新教教堂拟订了完全对称的集中式方案。贝尔的作品正是这一路线发展的结果，其设计来自西里西亚地区希尔施贝格的格纳登教堂（1709 年）那种带廊台的希腊十字形式，后者本身则是为了纪念其保护人、瑞典的查理十二世而效法斯德哥尔摩的圣凯瑟琳教堂。这种做法延续了荷兰胡格诺派教堂的传统，采用这种带穹顶的集中形制的建筑还有巴伐利亚地区弗赖施塔特的马里亚希尔夫教堂（始建于 1700 年，建筑师乔瓦尼·安东尼奥·维斯卡尔迪，完全按希腊十字平面的模式建造，其影响在德累斯顿亦可看到，图 5-187）。

作为新教教堂，贝尔设计的这个圣母院同样采用了位于方形外廓内的希腊十字平面，但于对角轴线斜切角处布置楼梯，上冠四个角塔。室内八角形体通过八个类似的拱跨朝向中央圆形空间，和伦敦圣保罗大教堂的情况相似。从这个圆形空间向外伸出一个纵长的椭圆形

左页：
图 5-171 德累斯顿 茨温格宫。城楼近景

本页：
（上两幅）图 5-173 德累斯顿 茨温格宫。城楼雕刻细部（1711~1719 年）

（下）图 5-174 德累斯顿 茨温格宫。城楼，楼梯内景

第五章 德国和中欧地区·1341

左页：

（左上）图5-175 德累斯顿 茨温格宫。王冠门（王冠塔，1713年），立面（取自Robert Adam：《Classical Architecture》，1991年）

（右两幅）图5-176 德累斯顿 茨温格宫。王冠门（王冠塔），外景

（左下）图5-177 德累斯顿 茨温格宫。王冠门（王冠塔），穹顶近景

本页：

（上）图5-178 皮尔尼茨 休闲府邸（1720~1723年，建筑师马托伊斯·达尼埃尔·珀佩尔曼）。自易北河望去的全景

（下）图5-179 皮尔尼茨 休闲府邸。花园面景色

歌坛,确立了空间从静态到动态的过渡。楼梯段通向上层廊台,开敞的挑台和包厢式的祈祷间围括着这个如圆剧场般的室内空间。贝尔就这样沿袭了乔瓦尼·安东尼奥·维斯卡尔迪在设计弗赖施塔特的马里亚希尔夫教堂时提出的构想。不过,为这个新教教堂所固有的中央空间的理念可能是来自更近的范本,即贝尔的出生地梅塔利费雷山区卡尔斯费尔德的教堂(建于1684~1688年,投资人为汉斯·格奥尔格·罗特)。后者歌坛部分地面稍稍提高,为此前面布置了两跑台阶。在几年前(1719~1721年)建造的拉施塔特府邸的教堂中,人们也是用同样的方式解决中央空间和歌坛之间地面高差的问题。德累斯顿的这个建筑内部采用骨架结构,八根高耸的巨大独立柱墩促成了类似节庆大厅的宏伟透视效果,支撑之大胆可与巴尔塔扎·纽曼的设计媲美。柱墩支撑着高处的环墙,后者上承雄壮的穹顶及顶塔;由于穹顶本身拉长,无需再设鼓座,从圆柱体到半球体曲线的变化柔和顺畅;光线自穹顶上的窗户泻入室内。祭坛位于歌坛处,由柱子支撑的华盖上为著名乐器制作人、弗赖贝格的戈特弗里德·西尔伯曼制作的著名管风琴。在这个城市,重要性日益增长的教会音乐(它们和巴赫及韩德尔的作品极其接近)在教堂方案的制订上无疑起到了重要的作用。位于祭坛上方的这个管风琴,看上去要比祭坛本身更为壮观。边上为歌唱者廊台。教堂总计五廊道,可容纳约5000信徒。

外立面围绕长窗布置带山墙的高大龛室,这种构图体系在凸出的角塔处重复使用,使室外看上去好似八角形体。上置顶塔的巨大穹顶(德累斯顿市民称其为"石钟",cloche de pierre)如巴黎瓦尔-德-格拉斯教堂一样,在周围小塔的簇拥下高高耸立在配置龛室的基座上。其外廓如雷恩圣保罗大教堂的"大模方案"(Great Model),呈"S"形曲线,但看上去要更为挺拔,顶上立透空的华盖。和伦敦圣保罗大教堂及巴黎荣军院一样,

(上)图5-180 皮尔尼茨 休闲府邸。廊厅外景

(下)图5-181 莫里茨堡 宫邸(1723~1736年,建筑师马托伊斯·达尼埃尔·珀佩尔曼、扎卡里亚斯·隆盖吕内)。入口面外景

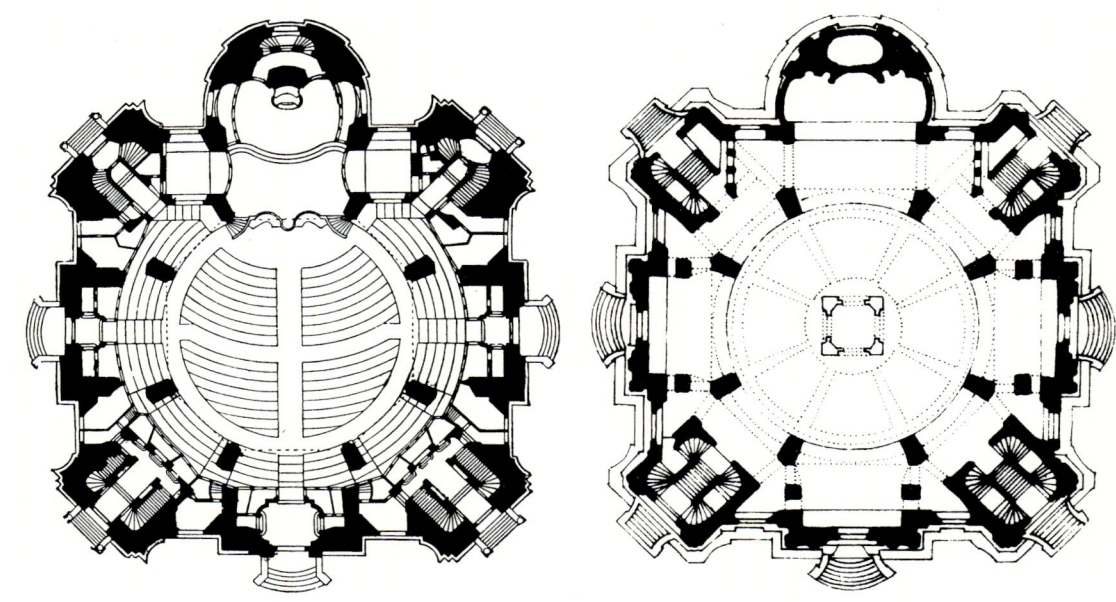

（右上）图 5-182 莫里茨堡 宫邸。沿河面外景

（下）图 5-183 德累斯顿 圣母院（1722~1738 年，另说 1726~1743 年，设计人格奥尔格·贝尔）。平面（左右两图分别取自 John Summerson：《The Architecture of the Eighteenth Century》及 Stephan Hoppe：《Was ist Barock？ Architektur und Städtebau Europas 1580-1770》）

（左上）图 5-184 德累斯顿圣母院。剖面（据 Koepf 和 Charpentrat 原图改绘）

这个穹顶也是考虑到从远处观赏的效果，但在廓线的表现力上，它要比这些原型更胜一筹，而且是一气呵成，成为易北河流域的制高点。完全由石料建成的这个穹顶，是在1738年贝尔去世后，由约翰·格奥尔格·施密德完成的。当初负责施工的工长约翰·克里斯托夫·克诺费尔在许多细节上和贝尔意见不一，因为他不相信这个"木匠"能解决如此重大的力学问题，因此推迟了穹顶的完成时间。事实上，在七年战争期间，这个穹顶成功地经受住了普鲁士人炮火的考验；在1945年2月夜间遭轰炸时也没有马上倒塌，只是过了两天之后才倒在已被烧毁的建筑上。前不久，这个完美的新教教堂的残墟还留在那里作为反战的纪念碑。后当局决定于2006年，

第五章 德国和中欧地区 · 1345

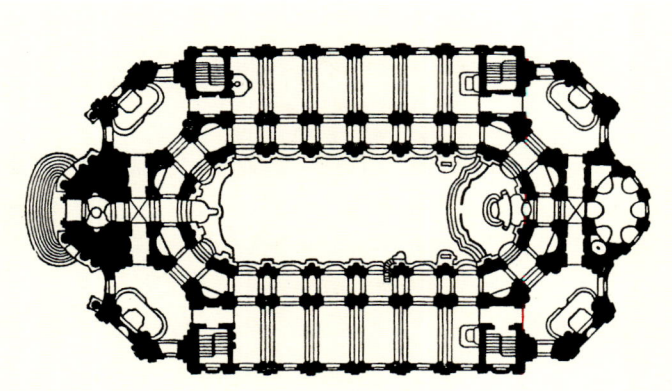

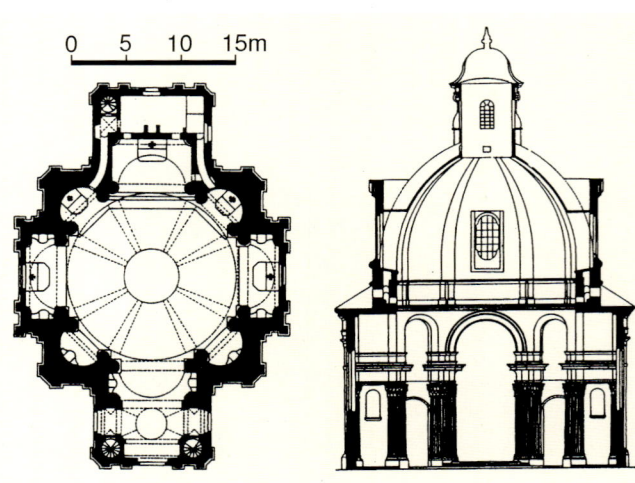

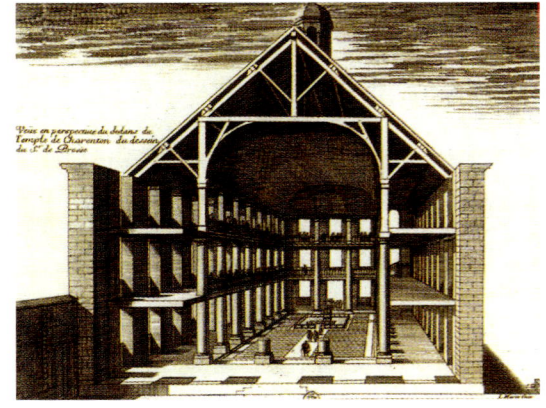

（上）图5-185 德累斯顿 圣母院。约1750年景观（油画局部，作者Bernardo Bellotto，前景为新市场，原作现存德累斯顿Staatliche Kunstsammlungen）

（左下）图5-186 沙朗通 胡格诺殿堂（1623年，建筑师Salomon de Brosse）。剖面（图版作者Jean Marot）

（右下）图5-187 弗赖施塔特 马里亚希尔夫教堂（始建于1700年，建筑师乔瓦尼·安东尼奥·维斯卡尔迪）。平面及剖面（据Hempel）

（左中）图5-188 德累斯顿 宫廷教堂（1739~1764年，建筑师加埃塔诺·基亚韦里）。平面（取自Beyer：《Baroque Architecture in Germany》，1961年）

(左上) 图 5-189 德累斯顿 宫廷教堂。外景

(左下) 图 5-190 德国木构架住宅构造及支撑类型图

(右下) 图 5-191 施图姆佩登罗德 木构架教堂（1696~1697年）。剖面

(右上) 图 5-192 施图姆佩登罗德 木构架教堂。外景

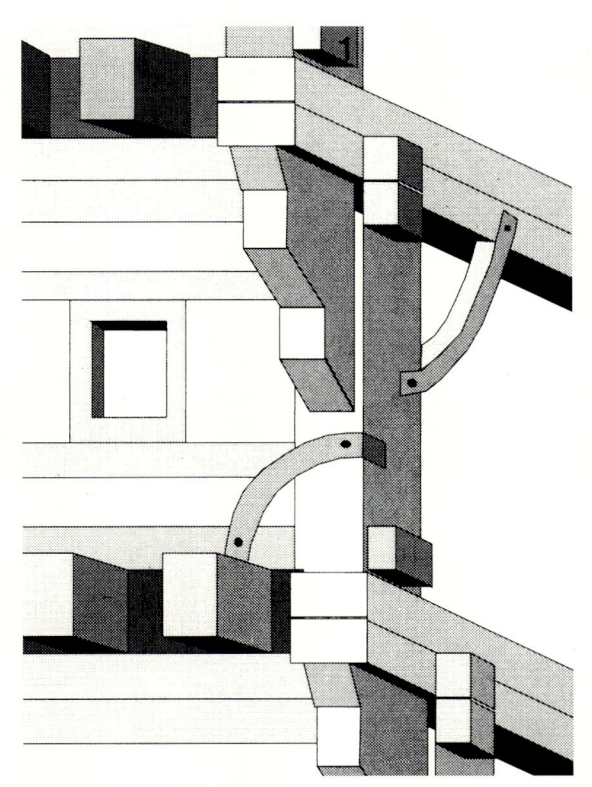

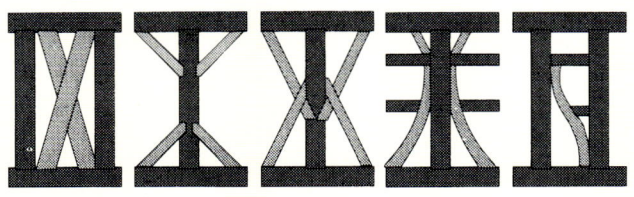

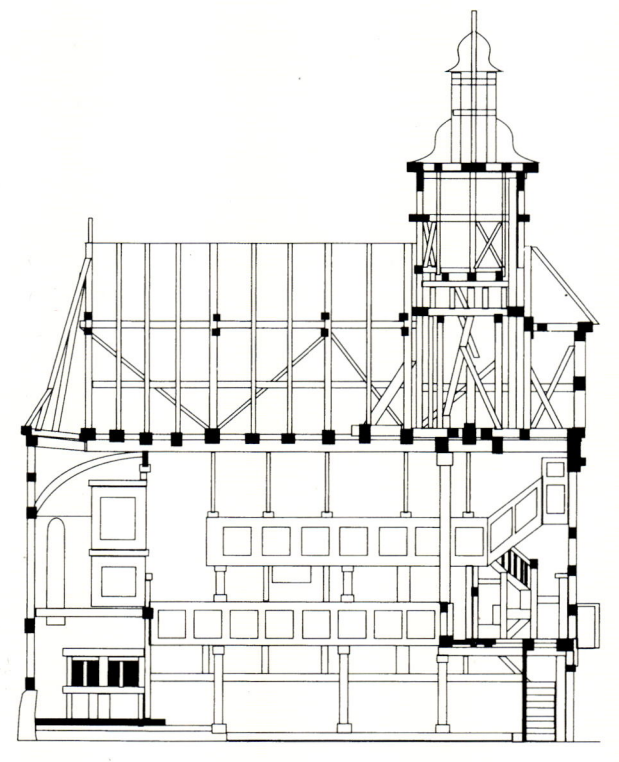

即德累斯顿建城800周年纪念时在原地重建。

在德累斯顿，跨越易北河把城市两边联系起来的奥古斯特桥（1728年）是自佛罗伦萨的圣三一桥以来欧洲最重要的桥梁（图5-155）。1719年，在信奉新教的萨克森，腓特烈-奥古斯特二世为获取波兰王位皈依天

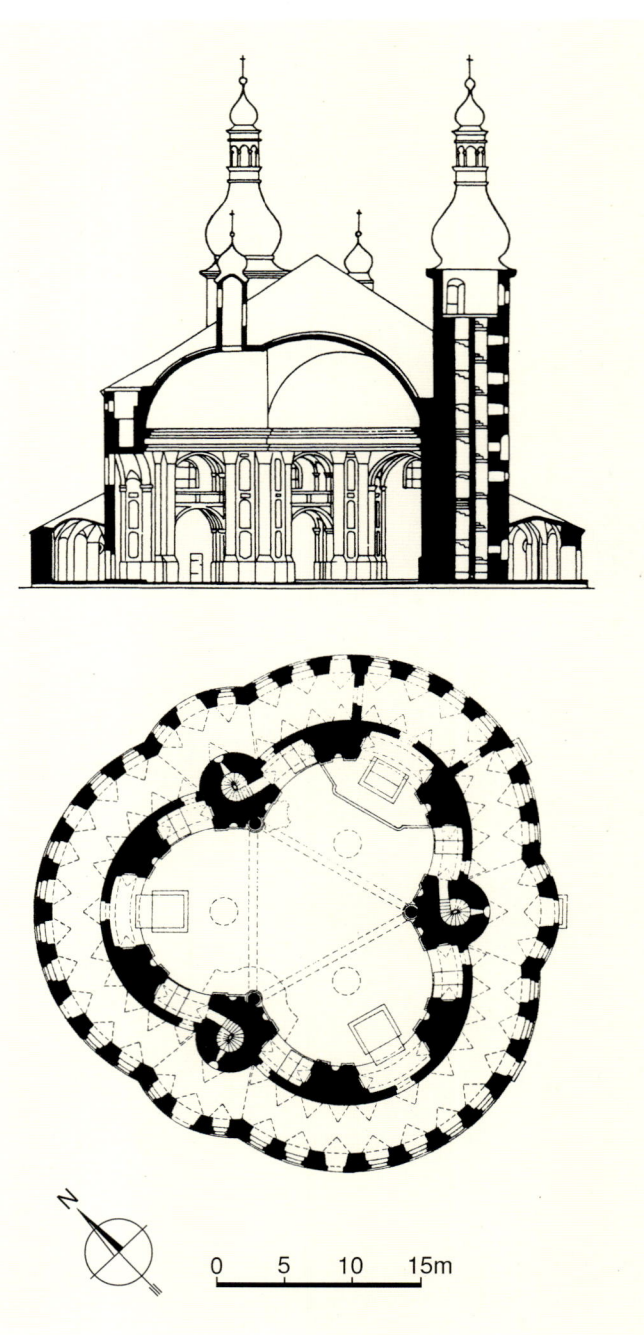

1348 · 世界建筑史 巴洛克卷

左页：

（左上）图 5-193 施图姆佩登罗德 木构架教堂。门廊细部

（中上）图 5-194 比斯费尔德 木构架教堂（1699~1700 年）。门廊细部

（左下）图 5-195 莫斯巴赫 帕尔姆舍住宅（1610 年）。外景

（右上）图 5-196 阿尔蒂根"瑞典人住宅"（17 世纪）。外景

（右下）图 5-197 卡珀尔 圣三一朝圣教堂（1685~1689 年，格奥尔格·丁岑霍费尔设计）。平面及剖面（据 Koepf）

本页：

（左右两幅）图 5-198 卡珀尔 圣三一朝圣教堂。外景

主教。作为新教选帝侯和天主教国王，为了证明自己的最高权威，他下令在这座桥头建造一座属天主教的宫廷教堂（图 5-188、5-189）。1738 年受命进行设计的是前不久在俄罗斯参与圣彼得堡城市规划的罗马建筑师加埃塔诺·基亚韦里。他的任务是建一座和原来高耸于城市之上的新教圣母院相对应的另一座宗教巨构。建筑本身已经过认真研究，是一个造型生动的罗马式建筑，饰有大量的雕像。其优雅的钟楼系效法贝尔尼尼那种带立柱的透空构架；和相应的波茨坦卫戍教堂的严肃外观相比，它更接近哥特风格的先例。室内如凡尔赛宫礼拜堂，备有为宫廷成员准备的环行廊道。

在工程开始十年之后，贝尔纳多·贝洛托（外号卡纳莱托）来到德累斯顿，绘制了如今仅存的一张易北河岸边的城市风景画。画面上可看到正在修建中的教堂塔楼、奥古斯特桥和远处宏伟的圣母院穹顶（图 5-154）。1755 年，这"德累斯顿的最后一个巴洛克建筑"终于完成。在圣彼得堡和华沙逗留期间，基亚韦里对欧洲北部的宗教建筑已相当熟悉。他设置了一个高耸的西部塔楼，颇有哥特建筑的风貌。从易北河岸边和奥古斯特桥望去，这个塔楼和背后茨温格宫的塔楼一起，构成了城市的标志性景色。其会堂式的本堂面向城市，东西两端呈半圆形。屋顶栏杆墩柱上立栩栩如生的圣徒雕像（作者洛伦佐·马蒂耶利）。

在这段时期，柏林已开始衰退，而这个坐落在易北河边的萨克森地区的首府，在城市资产阶级、贵族和宫廷的协作下，却发展成一个具有重要教堂、大量宫殿和整齐街道的美丽城市。这些建筑群手法统一，样式优美、庄重，而且长期以来保存完好，从贝尔纳多·贝洛托的画中可以看到，城市的总体风貌，完全可

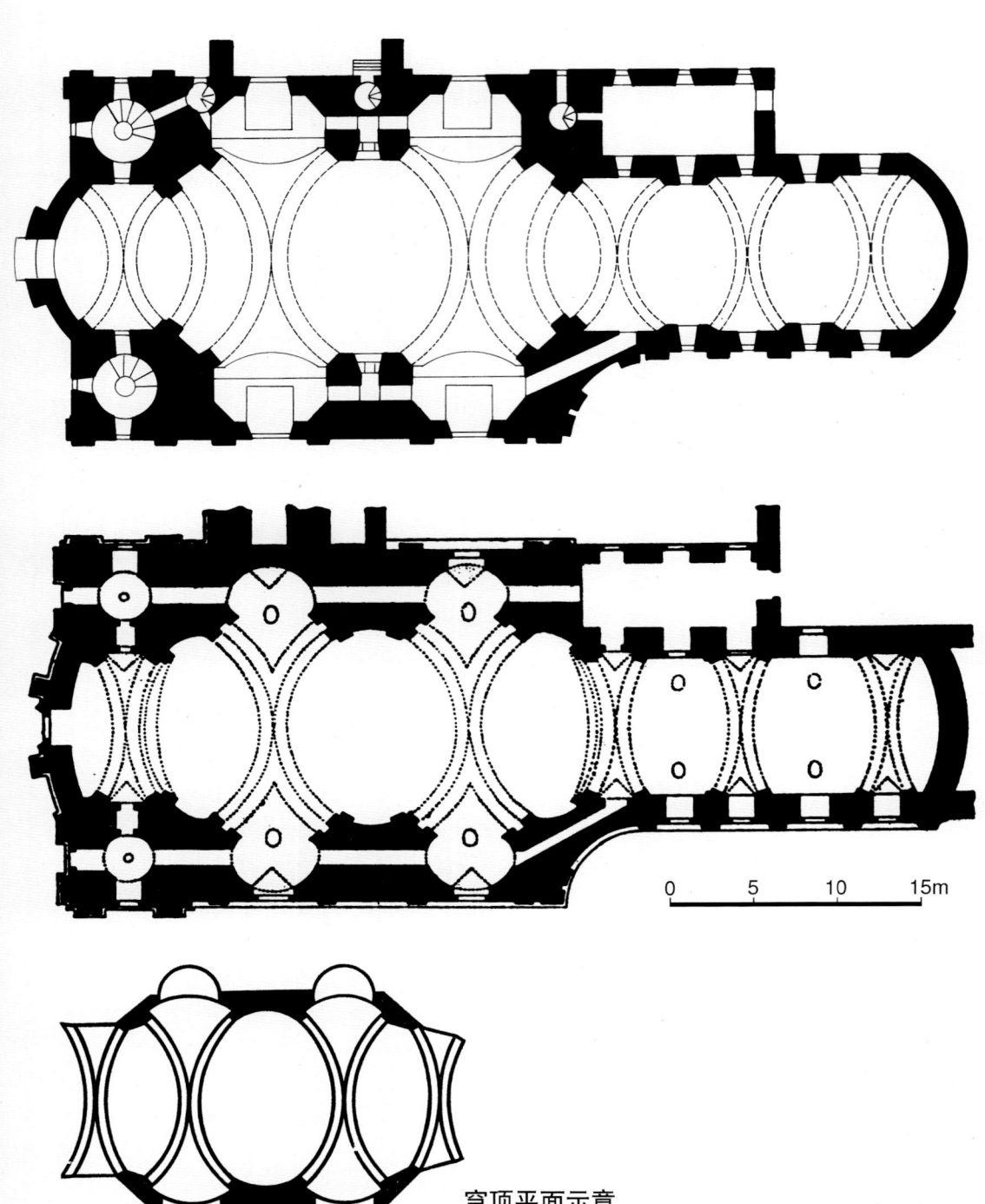

本页：

图5-199 班茨 修院教堂（1710~1718/1719年，建筑师约翰·丁岑霍费尔）。平面（上图取自Henri Stierlin：《Comprendre l'Architecture Universelle》，中图取自John Summerson：《The Architecture of the Eighteenth Century》；穹顶平面简图据H.G.Franz）

右页：

图5-200 班茨 修院教堂。穹顶仰视

视为德国巴洛克时期最美的景观。

奥地利的西里西亚地区被普鲁士归并标志着撒克逊地区文化繁荣的终结。16年后爆发的七年战争（1756~1763年），使这个国家遭受了更大的劫难。恢复战争创伤的重建工作足足耗费了人们20多年的时间。以后德累斯顿又在1945年遭到破坏；虽然某些局部地段得到保留和修复，但早先的总体风貌已不复存在。

五、黑森及法兰克尼亚地区

[黑森、法兰克尼亚等地的半露木构教堂及住宅]

在阿尔卑斯山以北和东北地区，加洛林时期的石构教堂只是例外的表现。在这里，建筑上主要使用木材，但木构教堂并不全都采用木架结构。在欧洲，这类教堂主要分布在从荷兰经德国北部及中部到东普鲁士

图5-201 巴尔塔扎·纽曼（1687~1753年）画像（作者佚名，原件现存维尔茨堡Mainfränkisches Museum）

的一片地区，以及诺曼底和英国南部。虽说并不能把木架结构看作是巴洛克建筑的主要特征，但在考察这时期建筑时却也无法忽略它的存在，因为巴洛克文化同样为它注入了一些新的内涵。

木构架教堂主要集中在黑森地区，这一情况和在腓力（卓越的）侯爵统治下自1526年（即洪堡主教会议期间）开始的反宗教改革的背景有着密切的关联。许多直到当时都没有设置教堂的村落（其居民往往要走很远的路去堂区教堂做礼拜），此时都获准建造自己的教堂或礼拜堂。由于这些乡村社团必须自己承担建设费用，因此他们只能建造朴实的小教堂或礼拜堂并借鉴地方木构架民居的手法。促成这类建筑的另一个动因来自17和18世纪流亡到这里并被当地接纳的胡格诺派教徒。

就这样，在这个地区，特别是在福格尔斯山周围，催生了一道具有木构架宗教建筑特色的文化景观，其中最值得注意的实例均属巴洛克时期。在黑森的乡村教堂中，至少一成以上是完全或大部采用木构架的建筑。

巴洛克前期或初期（约1500~1670年）的木构架教堂大都比例高耸，上层通常供民用（如瓦根弗尔特教堂即作为农作物仓库）。后殿扁平，至18世纪始变为多边形，综合采用立柱、地板承梁和框架部件。目前人们看到的这批极富魅力的木构架教堂差不多均建于1700年左右及以后。这些建筑往往具有相当大的规模，本堂占据全部净高，塔楼不同寻常地布置在西部。后殿以后均为多边形，进一步突出仪式中心。外墙结构分成若干区段，以便承受高屋顶的水平推力。构架则如住宅那样，

1352·世界建筑史 巴洛克卷

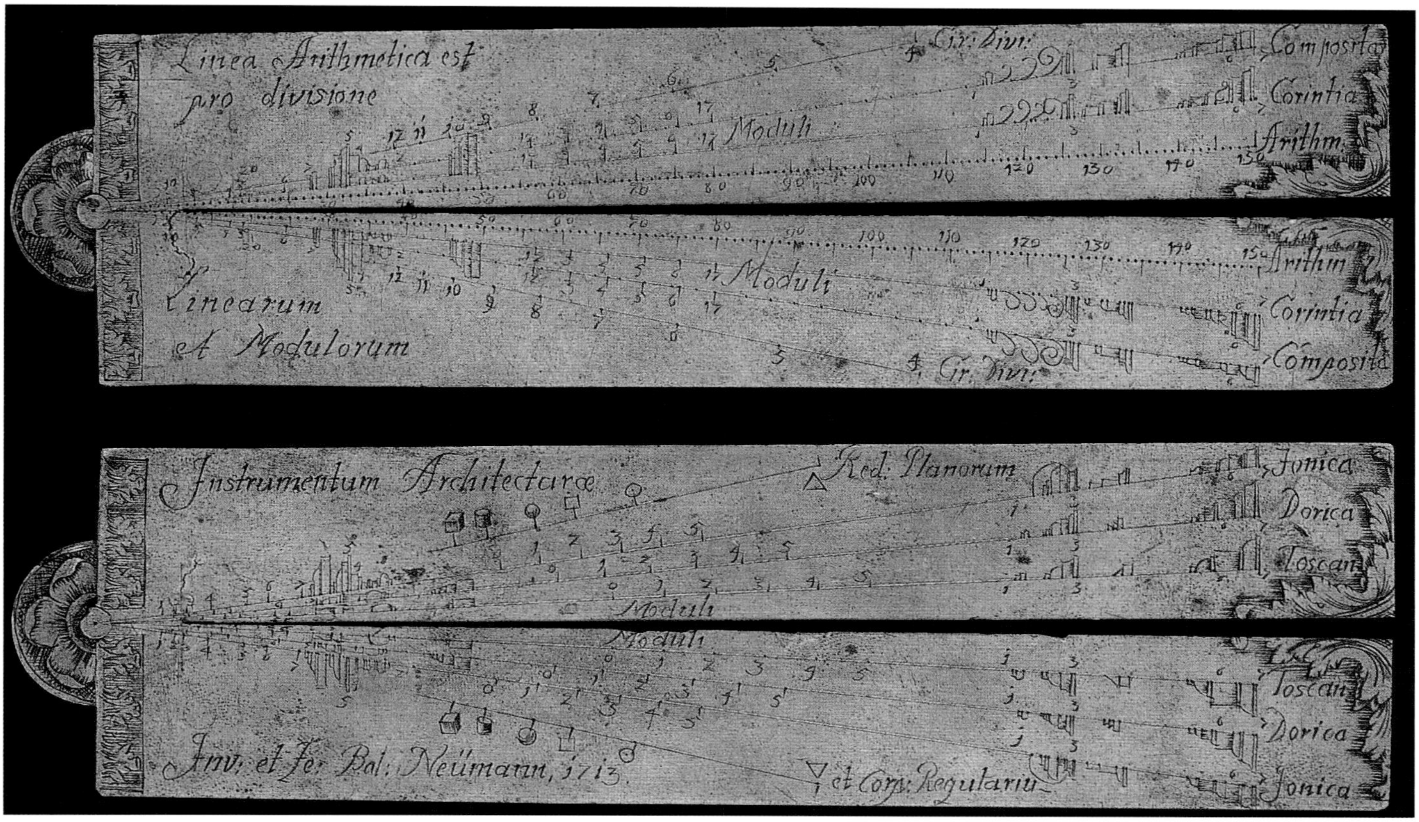

（上）图 5-202 巴尔塔扎·纽曼：建筑测绘工具（1713 年，维尔茨堡 Mainfränkisches Museum 藏品）

（下）图 5-203 维尔茨堡 城市风景图（版画，作者巴尔塔扎·纽曼，1722~1723 年）

通过斜撑、角撑及中梃等部件增强受力功能（图 5-190）。迪拉门、塞尔罗德、施图姆佩登罗德及布罗因格斯海恩等地的教堂均为这方面的实例。

建于 1696~1697 年的施图姆佩登罗德木构架教堂是福格尔斯山地区最大的这类建筑（图 5-191~5-193）。墙面结构变化甚多。由于增加了附加的梁柱及支撑，墙

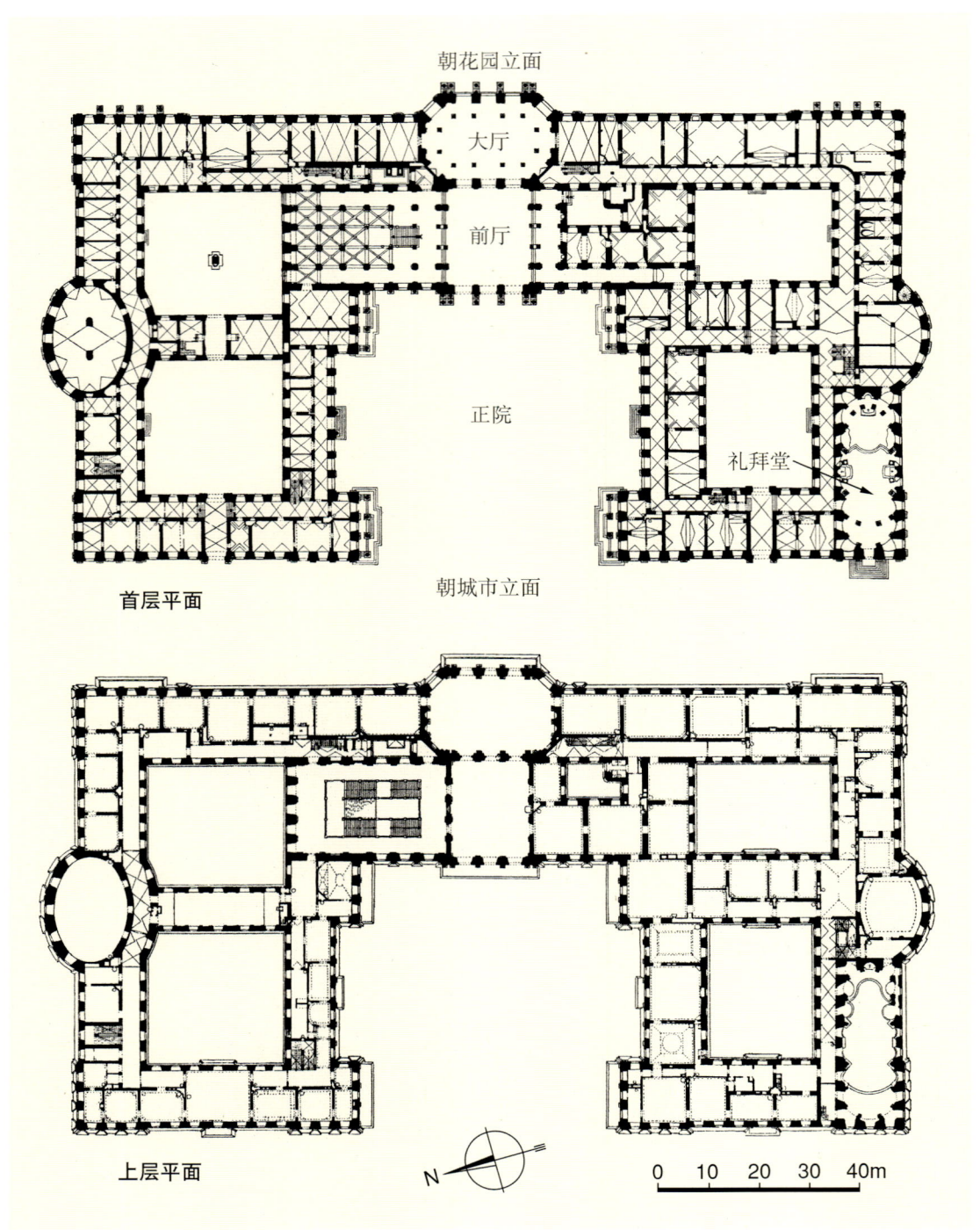

图5-204 维尔茨堡 宫邸（1719~1744年，建筑师马克西米利安·冯·韦尔施、约翰·卢卡斯·冯·希尔德布兰特、巴尔塔扎·纽曼等）。首层及上层平面（据Stephan Hoppe）

面构架显得相当密集。加之窗户上方为屋顶和穹顶侧向推力最大处，因而在上横梁（即室内拱顶起始处）和屋顶上斜面之间，又加了一道横梁。人形斜撑和角柱的配置大大增强了墙体上面这一部分的稳定性。

带装饰的大门框架和室内施雕饰的柱墩，是黑森地区巴洛克木构架教堂的另一特征。在这方面最优秀的实例是施图姆佩登罗德和比斯费尔德两个教堂的门廊（图5-194）。在属18世纪上半叶的霍恩罗特教堂，带雕饰的主教座及长椅，和装饰着华丽叶饰及涡卷的柱墩协调地搭配在一起。

在瑞士德语区，直至17和18世纪木构架建筑的发展演变及其对法兰克尼亚地区装饰母题的运用，构成了德国这一地区巴洛克木构架建筑的另类特色。奥登林山区风景秀美的小城莫斯巴赫，被视为巴洛克木构架建筑构图母题的"宝库"。特别值得注意的是小城市场广场边的住宅（建于16~18世纪），其中又以帕尔姆舍住宅（图5-195）最为突出，其木构架位于石砌的首层之上。瑞士德语区的一些构图母题，如人形支撑（见图

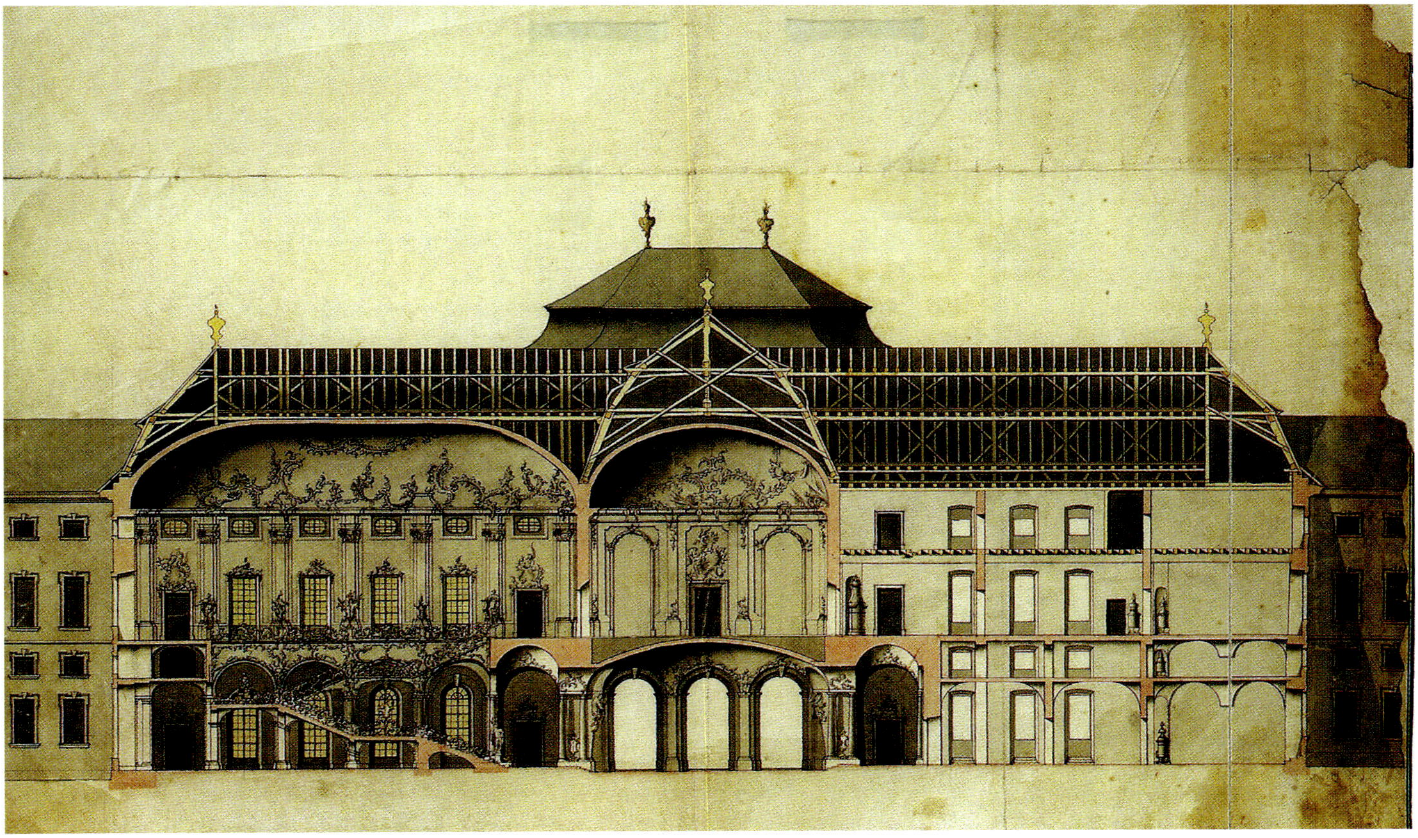

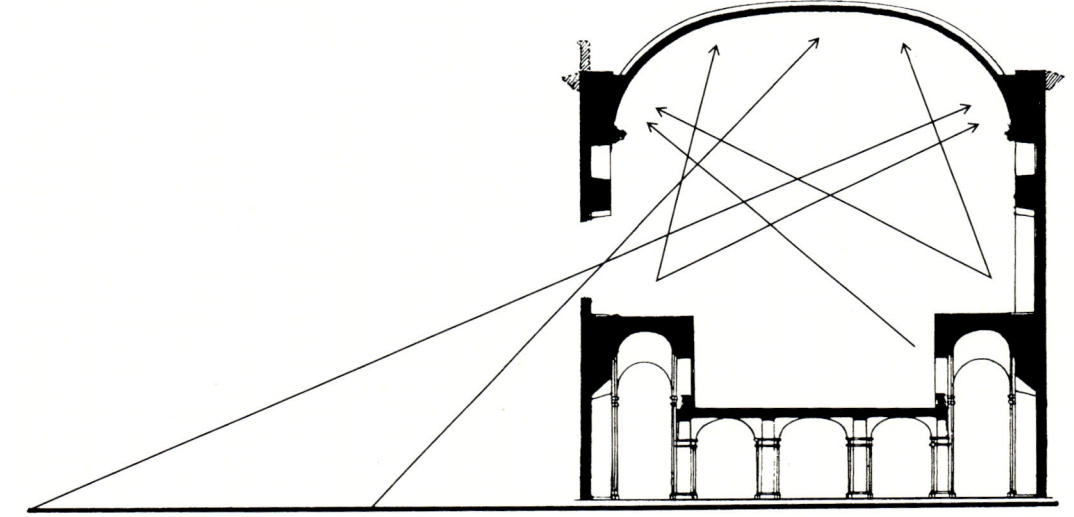

(上）图 5-205 维尔茨堡 宫邸。中央部分横剖面（图版取自 Stephan Hoppe：《Was ist Barock？ Architektur und Städtebau Europas 1580-1770》，2003 年）

(下）图 5-206 维尔茨堡 宫邸。大厅剖面视线分析（据 Alpers-Baxandall）

5-190）和所谓"圣安德烈十字"[6]，均被和谐地组织到法兰克尼亚的构图中（各种具有造型表现或镂空的梁木，曲线十字等）。悬梁和窗户也都配有框饰和带雕饰的挑腿；灰泥墙面则饰以玫瑰或枝叶图案。

在辛德尔芬根老城，人们尚可追溯木构架建筑从起始到巴洛克时期的演进过程。不过，在这里需要特别指出的是，在装饰上，给人印象最深刻的建筑多属文艺复兴而不是巴洛克时期。在符腾堡地区，巴洛克木构架建筑以其严谨及对称的造型和精雕细刻的石构休闲府邸形成了鲜明的对照。这是因为，木构架住宅的主人是新兴的有产阶级，他们并不欣赏——在某种程度上甚至是瞧不上——专制贵族那种奢华和浪费的作风。对一个有产者的住宅来说，一枝简单的蜡烛已弥足珍贵；但对贵族来说，这只是无足轻重的细节，为照亮一顿

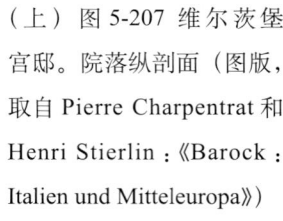

（上）图 5-207 维尔茨堡宫邸。院落纵剖面（图版，取自 Pierre Charpentrat 和 Henri Stierlin：《Barock：Italien und Mitteleuropa》）

（中上）图 5-208 维尔茨堡宫邸。院落及花园立面（中央部分，据 Koepf）

（中下及下）图 5-209 维尔茨堡宫邸。立面设计方案：上图作者 Robert de Cotte，1723 年，原稿现存巴黎法国国家图书馆；下图作者 Germain Boffrand，1724 年，取自 Boffrand：《Livre d'Architecture》）

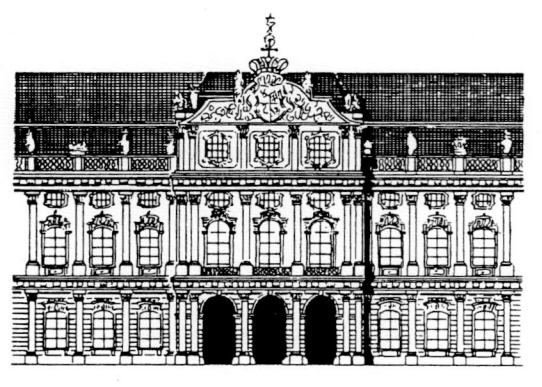
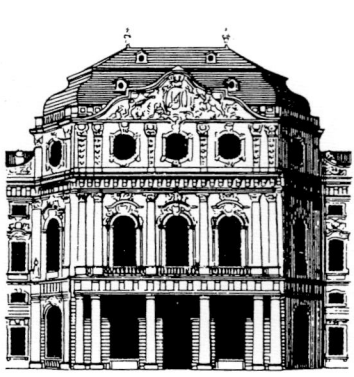

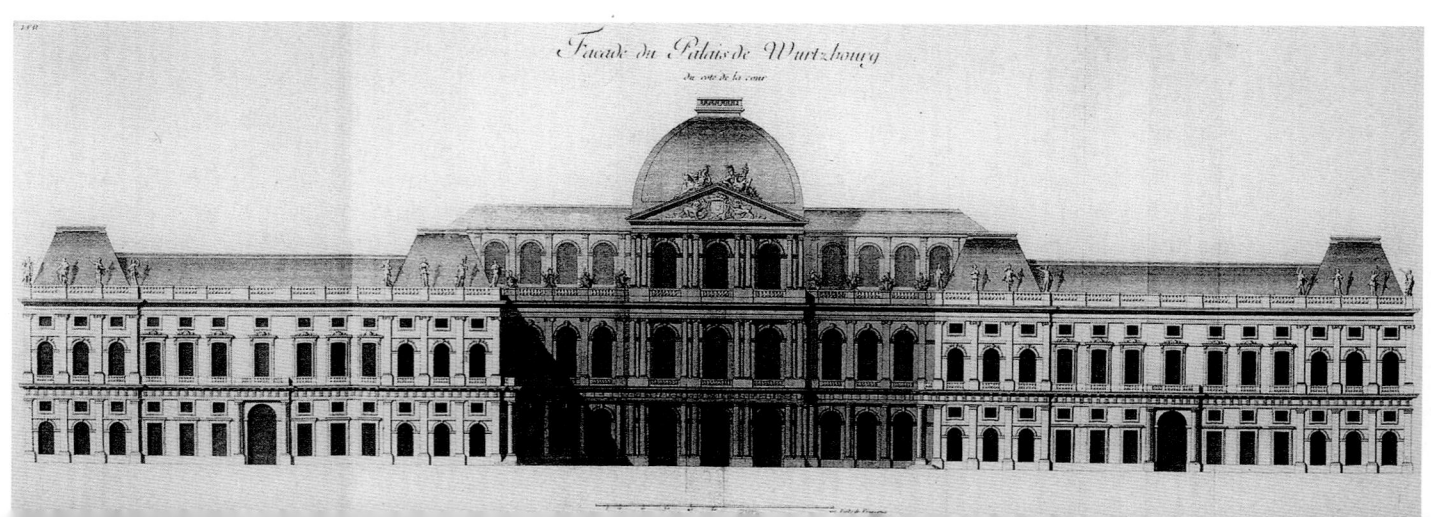

豪华的晚餐，即使点上由无数蜡烛组成的枝形吊灯，也在所不惜。有产者则希望通过住宅及管理机构的艺术形态，表现自己的简朴和对上帝的畏惧。在信奉新教的符腾堡地区，这种严谨的造型在当时尤为普遍。而在信奉天主教的地区，梁上经常饰有法兰克尼亚地区的装饰母题，特别在17和18世纪的一些富足的中产阶级住宅里，表现更为突出，如黑伦贝格附近阿尔蒂根的所谓"瑞典人住宅"（图5-196）。

[其他建筑类型]

在布拉格定居的格奥尔格·丁岑霍费尔（1643~1689年）是丁岑霍费尔家族兄弟中最年长的一位。他于1689年在东巴伐利亚的瓦尔德萨森去世。在这个和波希米亚接壤的地区，深受波希米亚文化熏陶的这位建筑师于1685~1689年主持建造了瓦尔德萨森修道院附近卡珀尔的圣三一朝圣教堂（1685~1689年，位于德国境内靠近捷克边界处，图5-197、5-198）。随着这个教堂

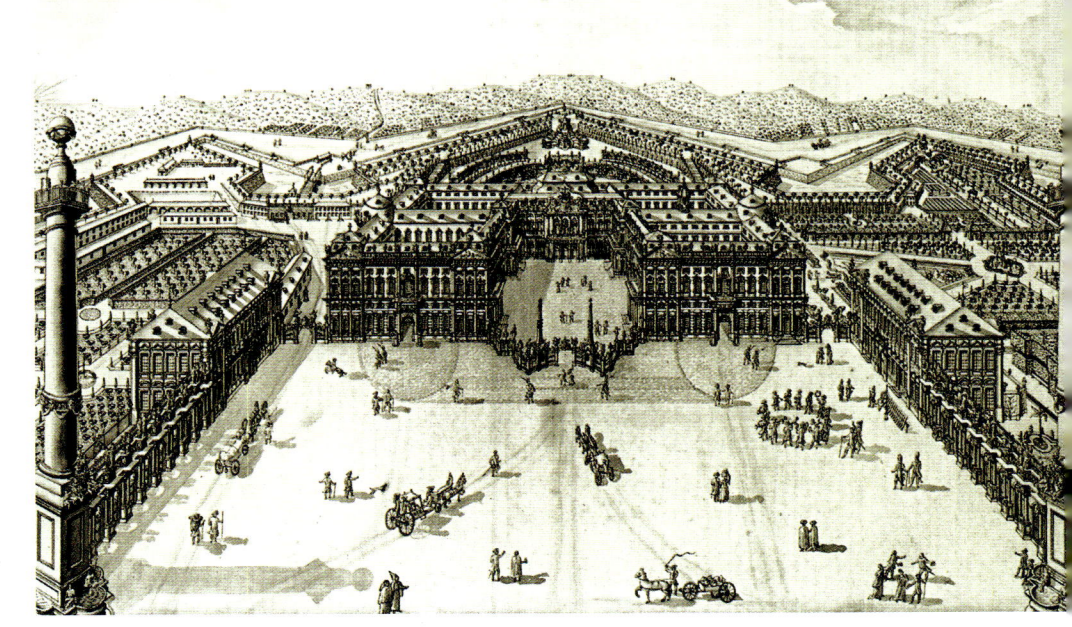

（上）图5-210 维尔茨堡 宫邸。俯视全景（版画，作者J.A.Berndt，1775年）

（下）图5-211 维尔茨堡 宫邸。主立面现状

第五章 德国和中欧地区·1357

本页：

（上）图 5-212 维尔茨堡 宫邸。花园面景色

（下）图 5-214 维尔茨堡 宫邸。楼梯间透视示意：乔瓦尼·巴蒂斯塔·提埃坡罗的天棚画不是一下子全部呈现在人们眼前，而是在行进过程中逐渐展现，先看到美洲条带（A），接着是在空中为云雾和光芒环绕的天神阿波罗（B）和两边代表亚洲和非洲的景象，最后出现作为"文明中心"的欧洲

右页：

图 5-213 维尔茨堡 宫邸。花园面（中央部分）近景

的建设，他把家族兄弟们在波希米亚地区创造的一种独特的巴洛克风格引入法兰克尼亚地区。在阿尔卑斯山以北地区，它可说是最不同寻常的一个巴洛克教堂。其平面系以三角形中央空间为基础，其外附加三个巨大的半圆形礼拜堂，形成三叶图案，以此作为三位一体的象征。小礼拜堂（龛室）被纳入墙体厚度内，三个半圆室之间的交接处起三个上置球茎状屋顶的圆形塔楼。由礼拜堂和塔楼形成的这个中央主体部分于底层被一道

1358·世界建筑史 巴洛克卷

图5-215 维尔茨堡 宫邸。自休息平台南望楼梯间全景

连续回廊环绕。这种以几何图形为基础构建平面的理念，显然是来自对博罗米尼和瓜里尼作品的研究。

1700年以后，德国西部和南部的宗教建筑，和奥地利及波希米亚地区一样，在范本的选择上更趋自由，往往将纵长的会堂形制和集中式平面结合在一起。约翰·丁岑霍费尔（1663~1726年，为丁岑霍费尔兄弟中最年轻的一个）主持建造的富尔达修院教堂（位于黑森地区，1704年）是个带穹顶的会堂式建筑，立面为当时流行的罗马式样。

约翰·丁岑霍费尔的其他设计中，比较著名的尚有法兰克尼亚地区班茨的修院教堂（1710~1718/1719年，图5-199、5-200）和维尔茨堡的新教务会教堂（立面

图 5-216 维尔茨堡 宫邸。平台上部双跑楼梯及大厅景色

1710~1719 年)。

班茨修院教堂是个带双外壳和附墙柱墩的建筑,配有前厅及歌坛;中央穹顶处布置沃波里斯特那种内凹柱墩。本堂就这样被分成椭圆形的两个主要部分。但在这成对跨间上方是如树冠般自中央柱墩上展开的拱壳。边上弯曲成球面的拱券,和前厅及教士区上的半壳体相切,因而像圣尼古拉教堂那样,覆盖着本堂两个椭圆形的天盖似乎"消失"了。就这样,在中区,切分法得到了充分的表现,中央拱顶高耸在本堂上空。通过这种体系,解决了在纵向会堂式建筑里采用集中式布局的问题。这种解决方式充满动态,上下两部分对比强烈。和波希米亚相比,形体表现更具活力;空间演进的把握比意大利更为明确。室内也因集中显得更为宏伟壮观。

从这时期开始直至 19 世纪初,是法兰克尼亚地区

建筑和艺术上一个最为光辉灿烂的时期,即所谓"申博恩时代"。事实上,在法兰克尼亚和莱茵兰地区,申博恩家族的君主们几乎是所有重大建设项目的投资者,许多著名建筑师都在为他们效劳。这一王朝的首要人物弗朗茨·洛塔尔·冯·申博恩(1655~1729年)是美因茨君主及大主教、帝国首相及班贝格主教。其侄子约翰·菲利普·弗朗茨·冯·申博恩(1673~1724年)为维尔茨堡主教和巴尔塔扎·纽曼的雇主。菲利普·弗朗茨的侄子腓特烈-卡尔·申博恩(1674~1746年)是维也纳的帝国副首相,自1729年起,兼任维尔茨堡和班贝格主教。所有这些人物都是"建筑狂"(rage de construire,人们往往也用这个词来形容这个时代)。马克西米利安·冯·韦尔施(1671~1745年,时任建筑总监)和约翰·丁岑霍费尔均为弗朗茨·洛塔尔效劳。有时,这位主教也同时雇用希尔德布兰特,后者来自维也纳,是腓特烈-卡尔向他力荐的人物。

这时期法兰克尼亚地区的巴洛克建筑,主要和一个城市(维尔茨堡)及一个人(巴尔塔扎·纽曼,1687~1753年,图5-201、5-202)具有密切的关联(图5-203)。这样的表述方式当然不可能概括德国南部这一地区巴洛克文

左页：

图 5-217 维尔茨堡 宫邸。楼梯端头近景

本页：

图 5-218 维尔茨堡 宫邸。楼梯间二层向北望去的景色

化的全部内涵及其各种各样的表现，但它至少说明在德国巴洛克时期的建筑中有这样一种特殊的表现。上面对投资者和建筑师关系的一些回顾，对理解以后巴尔塔扎·纽曼在维尔茨堡宫廷的活动亦至关重要。

这个有幸生在"申博恩时代"并最后把法兰克尼亚地区的巴洛克建筑推向顶峰的人物——巴尔塔扎·纽曼，出生于埃格一个并不富足的呢绒商家庭，最初并不是石匠、雕刻师或画家，而是一名铸造匠师（早年当过铸钟匠）。他一度研读数学和技术，并作为军事工程师参加了1717年对贝尔格莱德的围攻。以后又到了米兰，最后在维尔茨堡（位于法兰克尼亚地区）定居，在维尔茨堡大学讲授建筑学（在两位申博恩家族君主及主教的统治下，当时的维尔茨堡艺术上正值繁荣盛期，在这方面的成就远远超过了这个小国的政治威望）。但他

图 5-220 维尔茨堡 宫邸。楼梯间壁画细部（欧洲部分，坐在炮筒上的是纽曼，1751~1753 年）

左页：

（上）图 5-219 维尔茨堡 宫邸。楼梯间二层向南望去的景色

（下）图 5-221 维尔茨堡 宫邸。楼梯间壁画细部（美洲部分，1751~1753 年）

本页：
图5-222 维尔茨堡 宫邸。帝王厅（1742~1752年，灰泥装饰及雕刻制作Bossi，壁画提埃坡罗），内景

右页：
（上）图5-223 维尔茨堡 宫邸。帝王厅，墙面近景

（下）图5-224 维尔茨堡 宫邸。帝王厅，仰视内景

一直没有辞去军职。在1719年对土耳其人的战争结束之后（他以中尉的身份参加了这场战争），巴尔塔扎·纽曼得到了一项非常重要的任务——建造维尔茨堡宫殿，这位时年32岁的建筑师从此得以和许多著名的大师共事，其中包括马克西米利安·冯·韦尔施、约翰·丁岑霍费尔、约翰·卢卡斯·冯·希尔德布兰特，以及法国同行热尔曼·博夫朗和罗贝尔·德科特。

巴尔塔扎·纽曼花了32年时间建造这个城市宫殿，这也是当时德国南部完成的最重要的工程项目。在申博恩家族的庇护下，周围地区的宗教、世俗及军事建筑悉数转入他的手中。被任命为炮兵上校后，他从维也纳到达科隆，成为建筑界的无冕之王。尽管由于后人对巴洛克艺术的偏见及德国相关历史文献的缺失，他的名字逐渐被人们淡忘，但如今学界已认识到，他不仅属于当时建筑界的一流大师，也是历史上最伟大的艺术家之一。

除了作品的多样性外，和当时的大多数建筑师一

1366·世界建筑史 巴洛克卷

图5-225 维尔茨堡 宫邸。帝王厅，装修细部

样，在巴尔塔扎·纽曼眼中，建筑主要是处理内部空间的艺术。他主要继承了瓜里尼和丁岑霍费尔家族各位建筑师的遗产。美因茨宫廷建筑师冯·韦尔施当初对维尔茨堡的建筑亦有一定影响；但他和波希米亚-法兰克尼亚学派那种外墙造型表现已经过时。巴尔塔扎·纽曼于1723年造访巴黎之后，就开始转向了法国人那种建立在朴实合理基础上的优美和雅致，显然这也更合乎他自己的才智和情趣。1730年左右，他又在这基础上增添了热情洋溢的维也纳要素，并走出了一条自己的路。

维尔茨堡宫邸（始建于1719年，平、立、剖面：图5-204～5-209；外景：图5-210～5-213；内景：图5-214～5-221），作为巴洛克宫殿的珍品和申博恩王室的重要纪念建筑，是投资人及其建筑师密切合作的成果。工程主要由巴尔塔扎·纽曼设计，但参与建议和咨询的

1368·世界建筑史 巴洛克卷

（上）图5-226 维尔茨堡宫邸。礼拜堂（1732~1743年，建筑师巴尔塔扎·纽曼，装饰设计约翰·卢卡斯·冯·希尔德布兰特），剖面（据Stephan Hoppe）

（下）图5-227 维尔茨堡宫邸。礼拜堂，剖面方案（设计人热尔曼·博夫朗，1723~1724年，未实现，原稿现存柏林Kunstbibliothek）

有希尔德布兰特、冯·韦尔施、热尔曼·博夫朗和德科特。从一开始，巴尔塔扎·纽曼就确定了建筑内外的布局。中央部分布置成"U"形（所谓马蹄铁状），围出巨大的前院，以此确保内置主要厅堂的中央形体具有足够的深度；两个侧翼通过一对封闭的内院加以扩大，整体类似埃尔埃斯科里亚尔的布局。室外三重拱券的立面类似希尔德布兰特设计的维也纳上观景楼（如花园立面的楼阁）。上层壁柱向下逐渐缩小，围括着上下形成对称曲线的窗户。头一批设计（1719~1720年，甚至要早于维也纳观景楼的开工日期）还打算在通道两边布置两个楼梯，每个上面均设沙龙。以后美因茨选帝侯及其在意大利受教育的建筑师冯·韦尔施也介入了这项工作。1723年，巴尔塔扎·纽曼被派带着他的设计前往巴黎，在那里，德科特和热尔曼·博夫朗就其室内布置提出了一些实质性的修改意见；双楼梯被取消，侧翼的楼阁特色也是来自法国建筑师的建议。有关这次去巴黎和德科特及热尔曼·博夫朗就宫邸设计进行深入研讨的情况，在巴尔塔扎·纽曼致其主教雇主的信中有详细记载。从中可知，罗贝尔·德科特就宫邸的空间布局发表了尖锐的批评意见。这表明，两人在基本的构图理念上有重大分歧。事实上，巴尔塔扎·纽曼将方形院落看作是"组织建筑的工具"，而德科特认为那只是一个"失去的地块"。巴尔塔扎·纽曼是从"主要形体"出发，也

图5-228 维尔茨堡 宫邸。礼拜堂，内景

就是说，是从室外到室内，以获取统一的形体和协调各部分的比例；而德科特相反，是从室内到室外，从建筑本身的功能出发。因此他认为礼拜堂应该放在中央部位，建议将一个楼梯改为做礼拜的空间，按他的说法，这部分不应离组群中心过远；巴尔塔扎·纽曼则针锋相对反驳道：在凡尔赛，礼拜堂同样远离宫殿中心。

一年之后（1724年），大主教去世。当选继任的是克里斯托夫·弗朗茨·胡滕主教，在新的命令下达之前，宫邸的建设暂时搁置下来。1729年维尔茨堡主教去世。在其继承人腓特烈-卡尔·冯·申博恩任上，宫邸建设又

（上）图 5-229 维尔茨堡 宫邸。礼拜堂，穹顶仰视细部

（下）图 5-230 波默斯费尔登 魏森施泰因府邸（申博恩府邸，1711~1718 年，建筑师约翰·丁岑霍费尔和约翰·卢卡斯·冯·希尔德布兰特）。底层及楼层平面

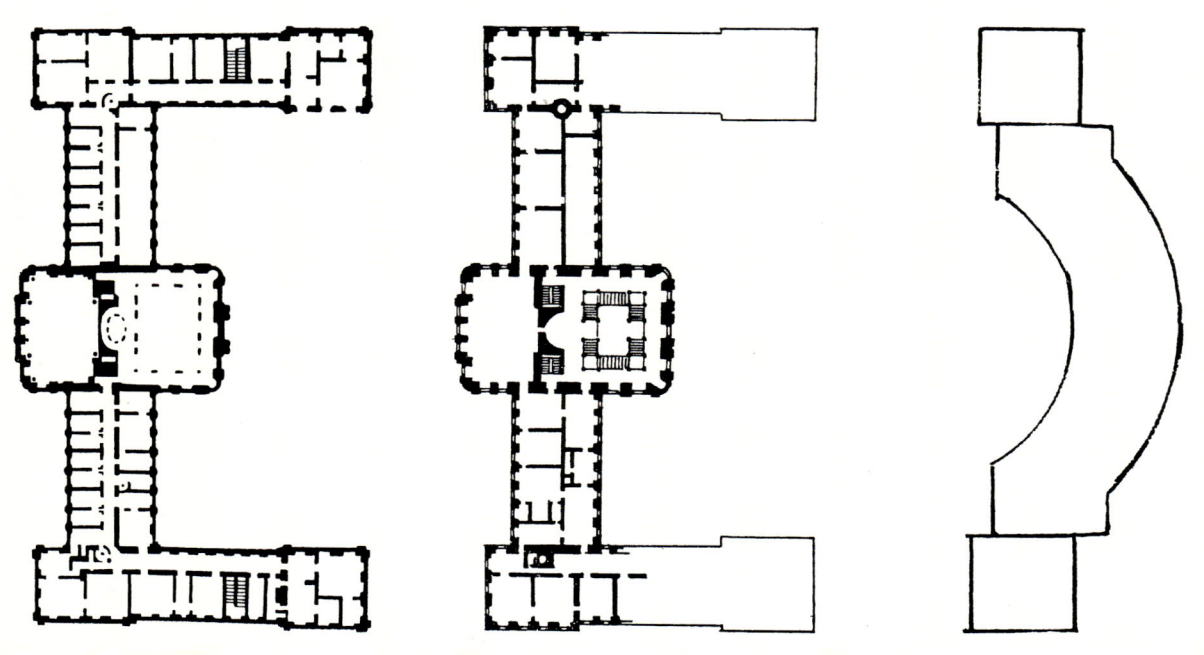

本页:
(上)图5-231 波默斯费尔登 魏森施泰因府邸(申博恩府邸)。府邸及花园东南侧俯视全景(版画,作者S.Kleiner,1728年)

(下)图5-232 波默斯费尔登 魏森施泰因府邸(申博恩府邸)。院落面景色

右页:
图5-233 波默斯费尔登 魏森施泰因府邸(申博恩府邸)。楼梯间,内景

开始获得新的进展。1730年,人们还在维也纳开了一次讨论会。新上任的这位主教就方案问题进一步咨询了他所信任的建筑师希尔德布兰特,并委托后者装饰礼拜堂和确立主立面的装修,立面华丽欢快的特色和巴尔塔扎·纽曼的朴实节制形成了鲜明的对比。希尔德布兰特还设计了主院的华美栅栏,可惜这个极具魅力的装饰部件于1820年被拆毁。不过,就总体设计而言,一直到最后,都是由巴尔塔扎·纽曼一手掌控。五个主

本页及右页：

（左）图5-234 波默斯费尔登 魏森施泰因府邸（申博恩府邸）。楼梯间，自平台向东北方向望去的情景

（中）图5-235 波默斯费尔登 魏森施泰因府邸（申博恩府邸）。楼梯间，自上层楼面向西北方向望去的景色

（右）图5-236 波默斯费尔登 魏森施泰因府邸（申博恩府邸）。楼梯间，天顶画（1713年）

要厅堂形成当时最完美的一组建筑，即使和拿波利附近的卡塞塔宫堡相比，也毫不逊色。通向沙龙的宽阔前厅可容马车在里面转弯，左面跨过开敞的拱廊可达著名的大楼梯。前室（白厅）为这个充满神话和天国气氛的厅堂到色彩绚丽的帝王厅之间的过渡环节。后者为一横向布置、上冠高穹顶的宴会厅，平面为拉长的八角形（图 5-222~5-225）。其华美的装饰和出自威尼斯画家乔瓦尼·巴蒂斯塔·提埃坡罗（1696~1770 年）之手的壁画，使它成为世界上最优秀的节庆厅堂之一（从 1750 年 12 月维尔茨堡宫廷书记官的一则记载可知，提埃坡罗和他的两个儿子及一位仆人，在这里被尊为上宾并受到各种礼遇；这件工作使他们一直忙到 1752 年）。

礼拜堂（1732~1743 年，图 5-226~5-229）同样是按巴尔塔扎·纽曼的设计建造，只是装饰出自希尔德布兰特之手。极为复杂的平面在很大程度上是模仿瓜里尼和丁岑霍费尔兄弟的作品。一系列相互交织的横向和纵向椭圆形体融合在一起，创造出一个充满生机的室内空间；富有新意的墙面装饰体系和支撑廊道的柱屏相互应和。

到 1737 年，工程已进展到大楼梯处。1742 年该处拱顶封顶，帝王厅和白厅的巨大拱顶也相继就位。最后到 1744 年，在进行了 25 年的施工后，这个庞大的工程终告竣工。只是楼梯间的装饰延迟到 1764 年。

1806 年 10 月 2 日，拿破仑一世在维尔茨堡宫邸前

(上)图5-237 波默斯费尔登魏森施泰因府邸(申博恩府邸)。底层大厅,内景

(左下)图5-238 布鲁赫萨尔宫邸(始建于1720年,建筑师马克西米利安·冯·韦尔施、巴尔塔扎·纽曼等)。平面(据Koepf)

(右下)图5-239 布鲁赫萨尔宫邸。楼梯间,平面(据N.Pevsner)

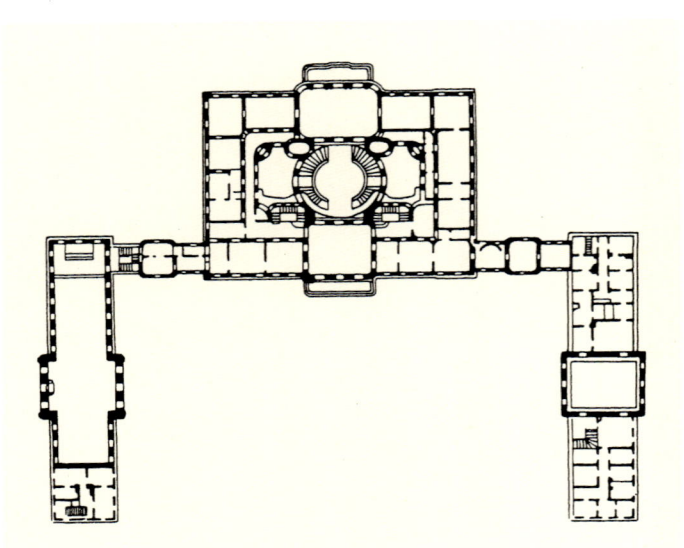
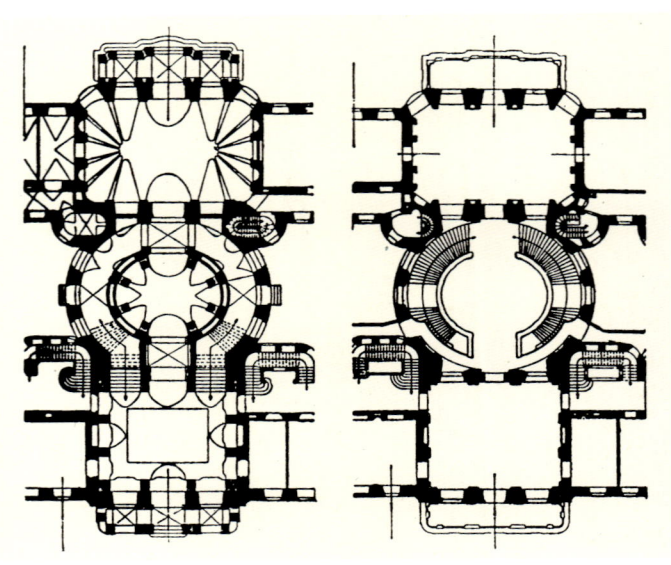

向普鲁士宣战时,曾对他的将军们说,此刻他站在"欧洲最大的堂区大院"内。这个宏伟的广场,面对着长167米、纵深92米的壮丽宫邸。它显然是向欧洲的君主们表明,申博恩王室的宫殿,在宏伟和豪华上,完全可以和代表欧洲强权两极——法国和哈布斯堡王朝——的凡尔赛宫及申布仑宫(美泉宫)相媲美。宫殿两翼(每个均配两个院落)护卫着中央居住部分,侧立面和中央形体一样,中间向外凸出。但需要向后退才能欣赏整个组群的透视效果。

在巴洛克宫邸建筑中,楼梯间往往成为艺术表现的中心。维尔茨堡宫邸大楼梯的建筑及装修更是这座建筑的重要亮点,因此下面我们将就这个问题作些简要分析。

提埃坡罗在绘制帝王厅的壁画时,可能每天都要经过这个楼梯间,以惊奇的眼光看着正在施工的面积达

(左上) 图 5-240 布鲁赫萨尔 宫邸。花园立面

(右上) 图 5-241 布鲁赫萨尔 宫邸。楼梯间，内景

(右下) 图 5-242 盖巴赫 圣三一教堂（1742~1745 年，建筑师巴尔塔扎·纽曼）。内景

600 平方米的顶棚。位于巨大厅堂上部的这个顶棚略呈拱形，中间没有任何支撑，堪称技术杰作。提埃坡罗借此机会仔细研究了各季节室内光影的微妙变化，建筑结构的大胆无疑给他留下了深刻的印象（以后它甚至经受住了 1945 年轰炸时的激烈震荡）。事实上，巴尔塔扎·纽曼也不是一开始就找到了楼梯间的解决办法。最初，他设想了一个双跑的小楼梯，直到 1735 年才选定了最后的方案。独立布置在大厅内的巨大楼梯，填满了前厅和内院之间的全部空间，而不是像往常那样，在前厅两侧布置梯段。单一的楼梯以和缓的坡度直线上行，至中部休息平台处分两路折返通向环形廊道，最后宽度达楼梯

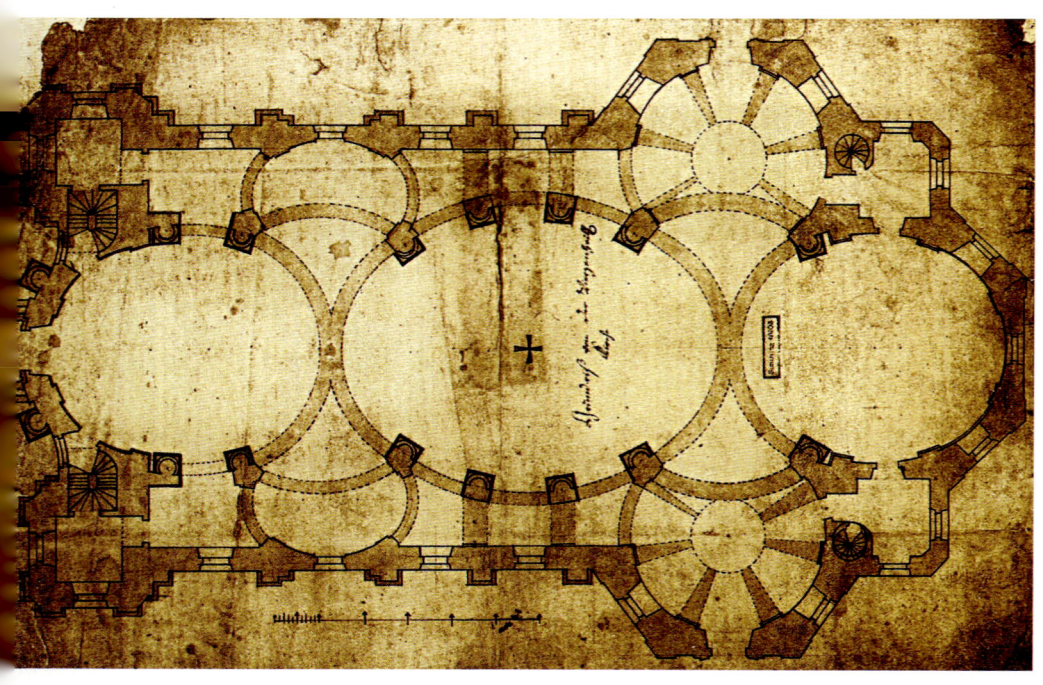

(上)图5-243 菲尔岑海利根 朝圣教堂(1743~1772年,巴尔塔扎·纽曼设计)。平面(图版,取自Stephan Hoppe:《Was ist Barock? Architektur und Städtebau Europas 1580-1770》,2003年)

(左中)图5-244 菲尔岑海利根 朝圣教堂。平面(据W.Blaser)

(左下)图5-245 菲尔岑海利根 朝圣教堂。平面(左图据John Summerson,经改绘;右图据Werner Hager)

(右下)图5-247 菲尔岑海利根 朝圣教堂。平面、剖面(未绘西塔楼)及拱顶平面(据N.Pevsner)

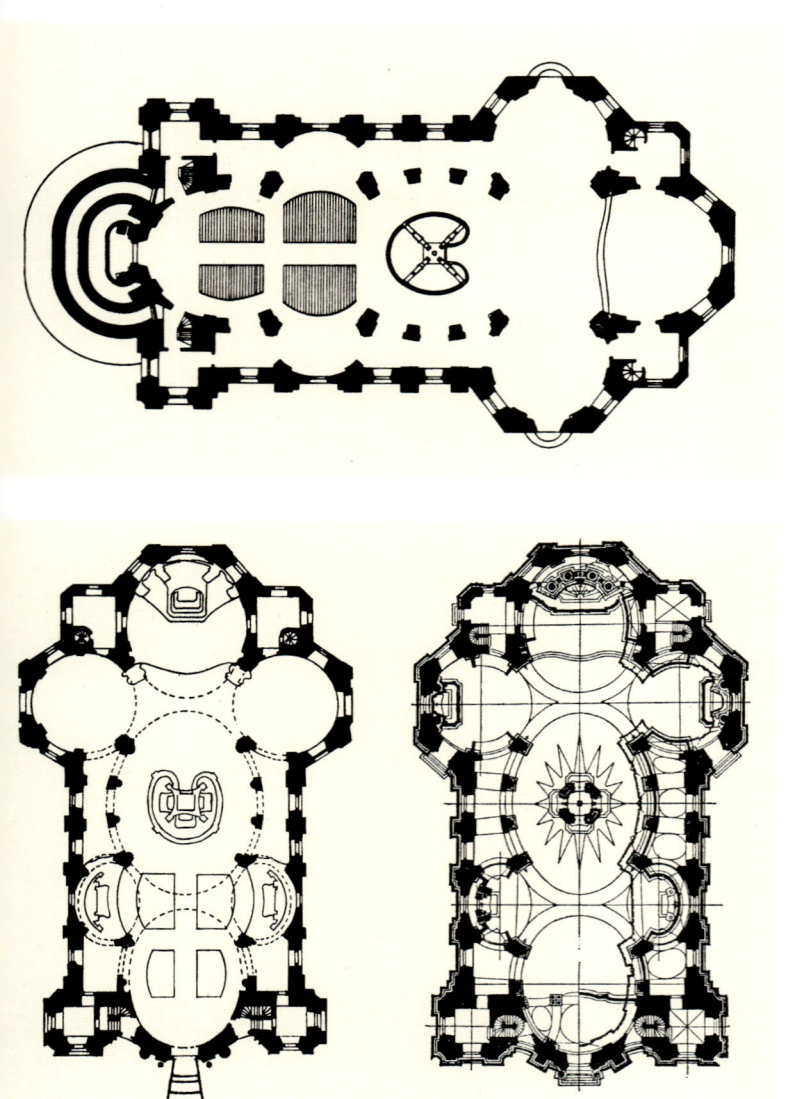

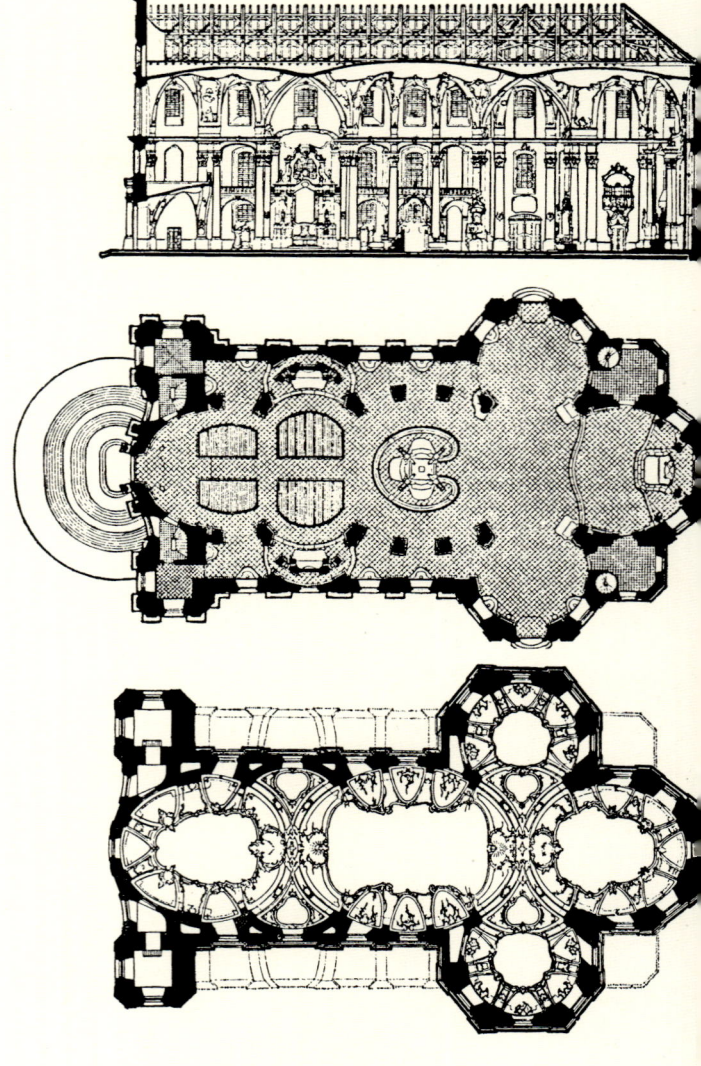

图 5-246 菲尔岑海利根 朝圣教堂。平面及剖面(1∶500, 取自 Henri Stierlin:《Comprendre l'Architecture Universelle》,经改绘)

起始处五倍之多（图 5-215）。这种庄重优雅的三跑楼梯，构成了"帝王梯"（escalier impérial）的典型例证。

提埃坡罗充分利用了这个大楼梯在创造戏剧效果上的可能性，编制了一套叙事题材的绘画。题名为《奥林波斯山》（Olympus）的这幅画表现在阿波罗统治下世界的四个部分。提埃坡罗不打算把整个天棚按一个总体构图设计，搞成一幅巨画，而是像地图那样分开，让人们一块块去"漫游"。当人们登上楼梯逐渐发现巨大的天棚时，他也在逐步辨读着壁画的内容。在登上楼梯时，首先看到的是表现"美洲"的画面（图 5-221，图 5-214 中 A 处）。接下来天空中出现被云雾和光轮环绕、光芒四射的阿波罗神，左右两侧出现"亚洲"和"非洲"的寓意形象。到达休息平台后，人们掉头从两侧楼梯上行，阿波罗出现在壁画中央（图 5-214 中 B 处），和他以彩云相隔的墨丘利标识着南方"文明的中心"——欧洲。建筑部件就这样通过透视逐渐展现出它的全部魅力。和缓的楼梯坡度、逐渐延伸的空间效果，和出自提埃坡罗之手的这些栩栩如生的天棚绘画一起，使这个楼梯间成为德国巴洛克风格这类作品中最宏伟的一个。

巴尔塔扎·纽曼这个楼梯间的创作，有着深厚的历史背景。此前，为满足新的社会需求，许多人进行了认真的努力和独立的探索，其中最值得一提的是约瑟夫·富滕巴赫的著作，这位富有的乌尔姆中产阶级成员曾在南方住过十年。其《民用建筑》（Architectura Civilis, 1628 年）在推广新形式（如大楼梯、廊厅和连排房间）上起到了重要的作用。作为更具体的样本，巴尔塔扎·纽曼在这里，很可能是受到波默斯费尔登附近魏森施泰因府邸（申博恩府邸）楼梯间的启示（见下面图 5-233~5-236），只是在布局方式上有所不同。

波默斯费尔登附近这个魏森施泰因府邸的主持人

第五章 德国和中欧地区 · 1379

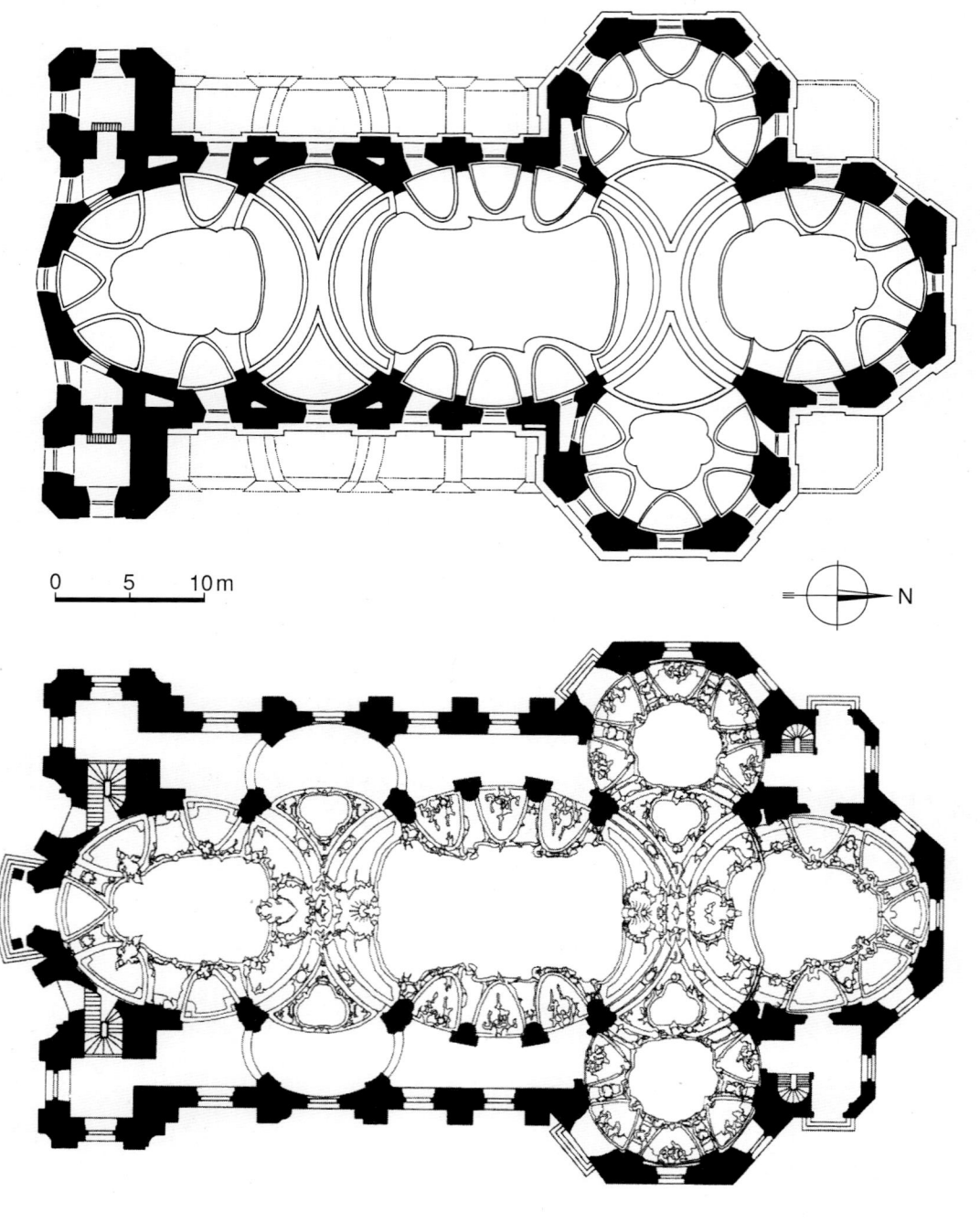

本页：
（上）图5-248 菲尔岑海利根朝圣教堂。拱顶平面（1∶300，上图据Pierre Charpentrat和Henri Stierlin，下图据Marian Moffett、Michael Fazio和Lawrence Wodhouse）

（下）图5-249 菲尔岑海利根 朝圣教堂。剖面（据Werner Hager）

右页：
图5-251 菲尔岑海利根 朝圣教堂。西北侧全景

为约翰·丁岑霍费尔和希尔德布兰特（1711~1718年他们在这里创造了快速施工的记录，图5-230~5-237）。其楼梯间是作为节庆厅设计的。约翰·丁岑霍费尔于1712年提出第一个设计方案。他设想在天棚上绘一幅巨大的壁画，供登楼梯的参观者欣赏。一年后，希尔德布兰特对设计进行了修改。这位维也纳建筑师对空间的理解方式和他的同事丁岑霍费尔有所不同，他提议加一道廊道。通过这种解决方式保持空间的通透，并使天棚和整体高度在比例上协调。最后形成的双跑大楼梯在每跑行进过程中转弯两次，周边为希尔德布兰特建造的三层拱廊，整个大厅也因此具有了柱廊院的架势，只是以天顶画代替了真正的天空。选帝侯洛塔尔·弗朗茨

曾宣称这个半宗教、半世俗的圆剧场式的建筑为"我的创造和我的杰作"。尽管这个楼梯间可能受到佩罗某个设计的影响，但作为艺术作品，特别是施主个人观念的体现，它仍然具有不可取代的独特地位。

在魏森施泰因府邸，大楼梯构成上覆巨大天棚的宏伟空间的组成部分；而在维尔茨堡，巴尔塔扎·纽曼的大楼梯就是空间本身，由它主导着周围的环境和人们的感觉。魏森施泰因府邸的参观者可立即欣赏到整个绘画、灰泥塑像和建筑的丰富和华美；而在维尔茨堡，他必须依从建筑场景的安排，先从空间开始，再依次过渡到对绘画的欣赏。从这里也可看到，按巴尔塔扎·纽曼的设想，在宫邸的空间组织中，楼梯实际上构成了独立部件，在某种意义上是个"建筑中的建筑"（bâtiment dans le bâtiment）。

1721年，巴尔塔扎·纽曼拟订了维尔茨堡大教堂内申博恩礼拜堂的设计，并主持这个项目直到1736年（开始阶段建筑师为韦尔施）。在1724年以后维尔茨堡宫邸的建设暂时搁置下来的几年里，他得以集中力量主持这个礼拜堂的建设。巴尔塔扎·纽曼巧妙地在加长的形式和集中造型之间取得了辨证的统一，在一个横向的矩形体量里嵌入了一个由四对柱子支撑的帽状穹顶，使拱顶在倾斜的拱券上交会。而在宫廷礼拜堂（完成于1731年）的室内，则借助在宫邸一翼的长方形体内引进班茨的构图体系（图5-199），促成了动态的效果。区别只是中央部分并没有特别扩大，三个椭圆穹顶具有同样的高度，按切分节奏覆盖着下部五个相互贯穿的椭圆

形体。除这种集中排列的形制外，会堂式平面也同样得到应用。其中最重要的例子即明斯特施瓦察赫的修院教堂（位于巴伐利亚地区，1727年，毁于1826年），这是一个带穹顶的十字形会堂建筑，配有凡尔赛宫礼拜堂那样的廊台，但室内细部及形体分划要更为柔和顺畅。格斯韦恩施泰因带附墙柱墩的建筑（1730年）处在同一个发展阶段上。乡间教堂大多为单本堂，在无数这类实例中，以巴尔塔扎·纽曼稍早建的埃特沃斯豪森的堂区教堂（法兰克尼亚地区，1741~1745年）最为突出；这是个采用希腊十字平面的教堂，半球形的穹顶由四对独立柱子支撑。成对配置的立柱类似瓜里尼的卡里尼亚诺府邸，但按法国方式布置在交叉处的对角线上。在这里，人们用的仍是习见的设计要素，由骨架结构、柱屏、相互交织的椭圆形构成复杂的拱顶体系。然而，却没有洛可可的饰面。严肃的多立克柱式取代了想象力丰富的科林斯式样，完全没有阿拉伯式藤蔓花纹的灰泥装饰和华美亮丽的壁画，效果亦和菲尔岑海利根完全不同。其中一些做法已经成为内勒斯海姆修院教堂的先声。

1727年，红衣主教达米安·胡戈·冯·申博恩（为施派尔主教和刚刚去世的维尔茨堡主教的兄弟）召巴尔塔扎·纽曼去布鲁赫萨尔主持那里宫邸的建设（位于现巴

左页：

（左）图 5-250 菲尔岑海利根 朝圣教堂。剖析图（取自 Christian Norberg-Schulz：《La Signification dans l'Architecture Occidentale》，1974 年）

（右）图 5-252 菲尔岑海利根 朝圣教堂。圆堂、祭坛及歌坛俯视

本页：

（上）图 5-253 菲尔岑海利根 朝圣教堂。室内向东望去的景色

（下）图 5-254 菲尔岑海利根 朝圣教堂。向东北方向望去的内景

图5-255 菲尔岑海利根 朝圣教堂。东端及主祭坛景色

登-符腾堡州,图5-238~5-241)。这项工程始建于1720年,最初系按冯·韦尔施的设计,由巴尔塔扎·纽曼的弟子约翰·达尼埃尔·塞茨领导施工。以后由拉施塔特的米夏埃尔·路德维希·罗雷尔接任,但他和大主教意见相左。在接下来的几年里,建筑师们和这位投资者之间又爆发了新的争端。在1720~1728年间,建筑师如走马灯般频频更换。其中之一,弗朗茨·冯·里特尔曾提交了一个主要居住形体的设计,于两个内院之间布置一个横向椭圆形的楼梯间。当人们同意请巴尔塔扎·纽曼来协调分歧时,他就在弗朗茨·冯·里特尔这个方案的基础上

（上）图 5-256 菲尔岑海利根 朝圣教堂。祭坛区全景

（下）图 5-257 菲尔岑海利根 朝圣教堂。主祭坛近景

(上)图5-258 维也纳 霍夫堡皇宫。设计方案(作者约瑟夫·埃马努埃尔·菲舍尔·冯·埃拉赫,约1726年;图版制作Salomon Kleiner,约1733年,维也纳私人藏品)

(下)图5-259 维也纳 霍夫堡皇宫。楼梯设计方案(作者巴尔塔扎·纽曼,1746/1747年)

加以改造,试着通过一个桥连接位于主轴线上的两个沙龙。与桥相连的是位于这个椭圆形厅堂内通向主要楼层的两跑钳状楼梯(如许多意大利别墅台阶的样式)。但巴尔塔扎·纽曼在这个体系中央部分,引进了一个类似罗马圣多梅尼科和圣西斯托教堂前面那种扩大的椭圆形平台(见图1-124);平台为楼梯怀抱,在明亮的穹顶大厅内形成了一个半明半暗的区域,将入口处的礼仪房间和花园立面连接起来。这个令人叹为观止的著名楼梯后由约翰·格奥尔格·施塔勒主持,于1731年完工,很快成为这栋宫邸的亮点并为它博得了无上的荣光,巴

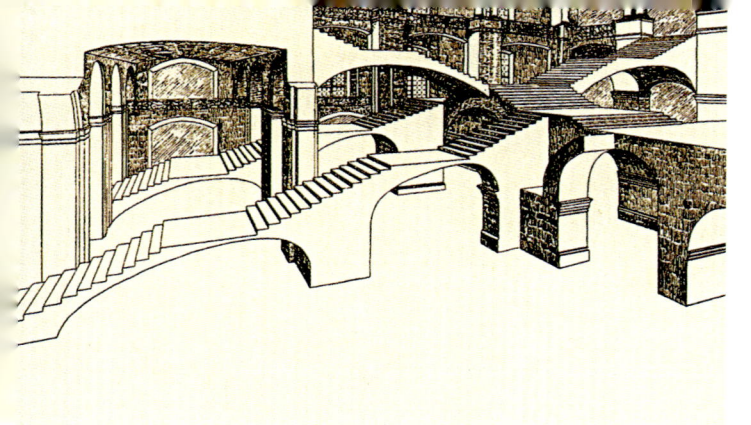

尔塔扎·纽曼也因这一成功的设计享誉国外（图5-241）。格奥尔格·德西奥曾对这种布置方式的魅力大加赞赏，可惜该部分毁于1945年。

从这里亦可看出，在巴尔塔扎·纽曼的设计里，楼梯不仅是交通联系部件，同时也是使组群具有生气和活力的构图要素，甚至在它被纳入到已有建筑中去的时候，也是如此（如布鲁赫萨尔这个府邸和科隆选帝

（上）图5-260 维也纳 霍夫堡皇宫。巴尔塔扎·纽曼楼梯方案轴测图（作者 Andersen）

（下）图5-261 内勒斯海姆 本笃会修院教堂（1745~1792年，巴尔塔扎·纽曼设计）。平面及剖面设计方案（图版，1747年）

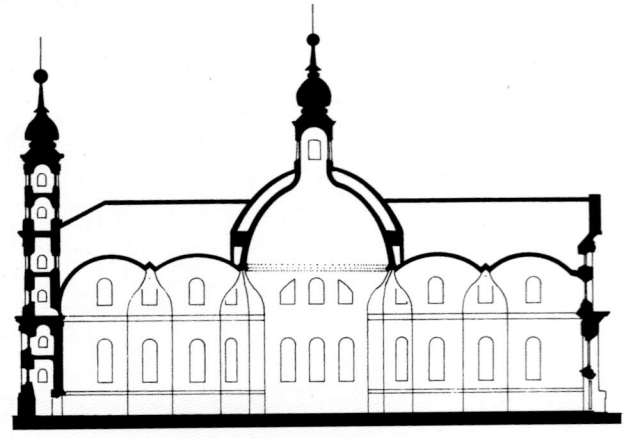
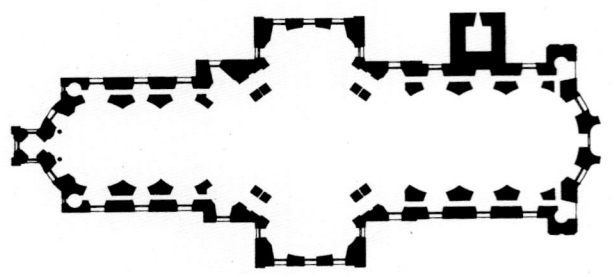

侯领地内布吕尔府邸的表现）。维也纳特劳特松宫的类似布置约早30年，但和它的封闭外墙相比，不难看出，在空间的统一和融合方面，人们在这期间取得了怎样的进步。

在建造维尔茨堡宫邸的同时，巴尔塔扎·纽曼还主持了另外几个工程，如韦尔内克府邸及花园的设计（1733~1744年），盖巴赫的申博恩乡村教堂的建造（位于美因河畔福尔卡赫附近，1742~1745年）。特别是盖巴赫的圣三一教堂，在底层平面及拱顶设计上均有新意（图5-242）。其室内由一个接近圆形的椭圆空间组成，起到交叉处的作用；东面，三个椭圆形空间构成歌坛和耳堂。拱顶下，壁柱和交叉拱券优雅地连在一起。交叉处、耳堂翼及歌坛处拱顶相互贯穿，为巴尔塔扎·纽曼擅长的构图手法之一，室内空间也因此变得更为明朗、宽敞和高大。

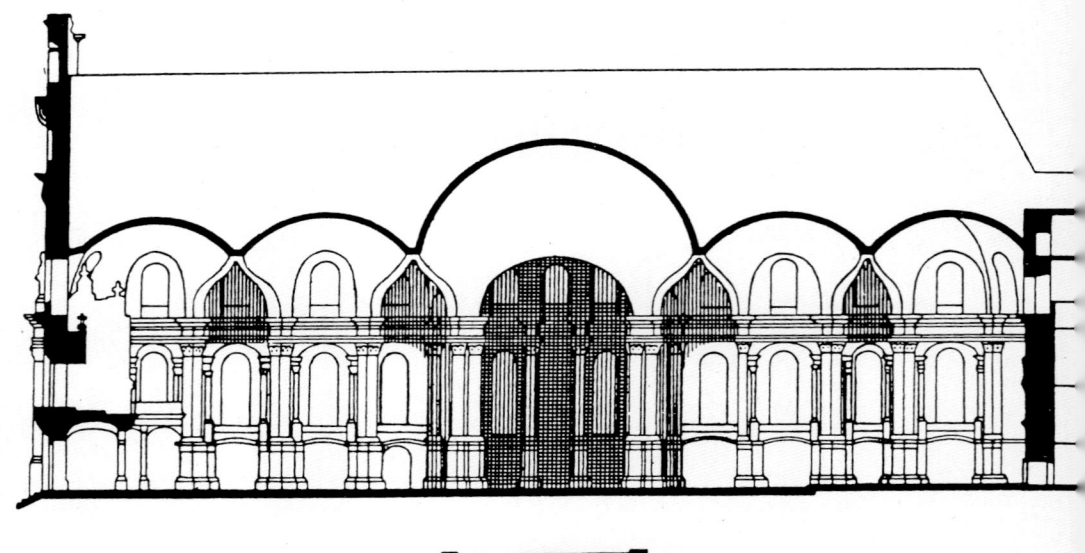
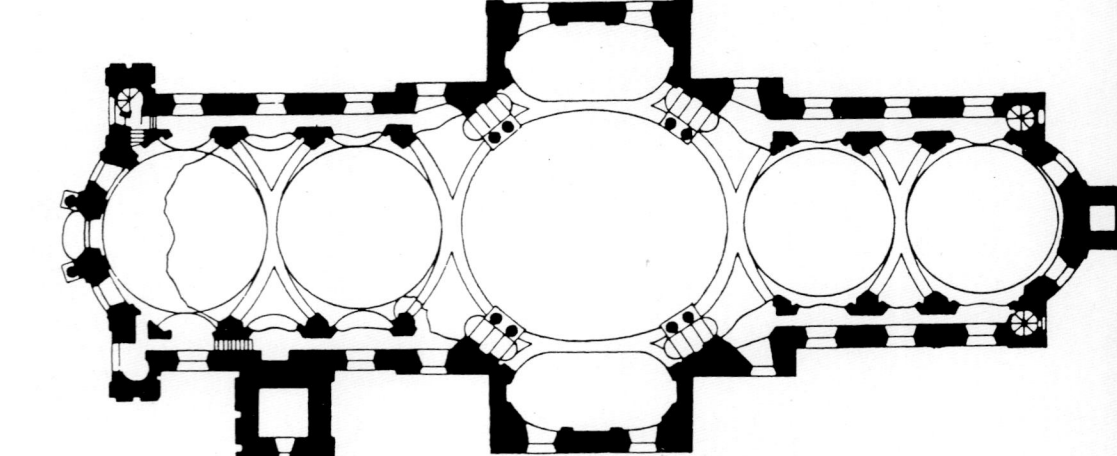

（上）图5-262 内勒斯海姆本笃会修院教堂。平面及纵剖面（巴尔塔扎·纽曼设计，据Spiro Kostof）

（下）图5-263 内勒斯海姆本笃会修院教堂。平面及纵剖面（据Koepf）

（上）图 5-264 内勒斯海姆 本笃会修院教堂。远景

（下）图 5-265 内勒斯海姆 本笃会修院教堂。内景

在韦尔内克的宫邸（位于法兰克尼亚地区，1734~1745 年），巴尔塔扎·纽曼和希尔德布兰特再次合作（礼拜堂部分完全由巴尔塔扎·纽曼设计）。通过插入巨大的内凹龛室，圆形平面具备了十边形的特点，并和上部略呈外凸曲线的廊道形成均衡（后者类似维托内设计的瓦利诺托圣所）。由于柱顶盘在各交会处均断开，洛可可的灰泥装饰又阻断了拱券的水平运动，垂向构图遂显得格外突出。

和盖巴赫的圣三一教堂差不多同时，巴尔塔扎·纽曼还设计了俯瞰着美因河谷地的菲尔岑海利根朝圣教堂（1743~1772 年，平面、剖面及剖析图：图 5-243~5-250；外景：图 5-251；内景：图 5-252~5-257）。在盖巴赫，他已成功地将室内空间融合成一个明确和充满生气的机体，在这里，他进一步使这种手法趋于完美。此前，图林根宫廷建筑师戈特弗里德·海因里希·克罗内曾拟就了一个集中式布局的方案（供奉"14 个圣徒"的祭坛位于中心），班贝格主教申博恩也进行了多次干预；但巴尔塔扎·纽曼并没有顾及前期这些复杂背景，他提供的采用会堂形制和拉丁十字平面的方案很快得到了肯定。人们已开始以这一平面作为依据进行施工。但由于主持施工的人自作主张挪动了原打算布置在交叉处的朝圣祭坛基础，致使祭坛移到了本堂中央。巴尔塔扎·纽曼只得在这个矩形外廓的框架内，纳入一个曲面墙体系统，如一系列屏风，将这个高坛纳入体制内[7]。最后设计由三个纵向布置在主轴线上的系列椭圆形体构成，上承三个彼此相切的扁平椭圆穹顶（中央一个空间最大，并在祭坛上方达到最高点，图 5-249）。其中两个形成本堂，另一个构成歌坛。在本堂插入的横向椭圆形体中，西面一个，通过增添侧面礼拜堂，形成一个假耳堂；东面两侧则是真正配置了两个圆形空间，形成带圆形端头的耳堂。就这样，在下部保留了一个得到延伸的交叉处，但它上部的拱顶仍然较矮且和邻跨相切，并没有升高到相邻穹帽高度，也没有和它们融汇到一起。位于外墙之间的内部柱墩（墩前出青色柱子）及屏墙，形成一个充满动态和起伏的宽阔空间；在举行宗教仪式的本堂中部空间，边上由背靠柱墩的半柱、3/4 柱进行分划，并通过拱券与边廊相通。室内跨间就这样彼此融会贯通，围绕着中央祭坛的仪式队列可连续行进，甚至通道都敞开，可自由穿行。由于不规则的间距，投放到内部拱廊上的光线和色调更是千变万化、美不胜收。巨大的窗户、白色的墙面及建筑部件和镀金的灰泥装饰的搭配，创造了戏剧性

左页：

图 5-266 内勒斯海姆 本笃会修院教堂。半圆室近景

本页：

图 5-267 内勒斯海姆 本笃会修院教堂。穹顶仰视

本页:
(上)图5-268 法伊萨赫希海姆 主教宫。宫殿及园林景观

(下)图5-269 法伊萨赫希海姆 主教宫。园林(1765~1768年,马库斯·康拉德·迪策设计),平面透视图(图版作者Johann Anton Oth,约1780年)

右页:
图5-270 法伊萨赫希海姆 主教宫。园林,大湖及缪斯山雕刻

的效果,使室内具有一种光亮、闪烁的洛可可风格的氛围。建筑外部形式如会堂,但室内却产生了集中式教堂的效果。维尔纳·哈格尔认为,它所创造的朝圣氛围,在近代,只有龙尚(旧译朗香)教堂可与之相比[8]。

这个教堂没有采用在当时宗教建筑里非常流行的寓意造型。耳堂交叉处上部只是简单的本堂与歌坛拱顶的交会区,以往明确的耳堂空间现为两个圆形穹顶取代。可惜的是,巴尔塔扎·纽曼未能看到自己这一杰作的竣工:当他1753年去世时,主体工程尚未完成。10年后(1763年)拱顶建成;又过了9年,才举行落成典礼。

菲尔岑海利根朝圣教堂和在同一地区遥相呼应的班茨修院教堂,两者建造年代相差约30年。后者由约

翰·丁岑霍费尔设计于1710~1718年。如果说，巴尔塔扎·纽曼是通过平面及拱顶形式的纵横对比创造一种均衡空间的话，那么，更早的丁岑霍费尔则是通过并列横向椭圆形体来组合教堂空间，开窗区和拱顶部分与跨间明确对应，由此形成空间的划分和节奏，将最激动人心的效果集中到后殿处。

1745年，神圣罗马帝国皇帝弗朗索瓦一世（属哈布斯堡-洛林王室，1708~1765年，在位期间1745~1765年）和皇后玛丽-泰蕾莎（1717~1780年）曾在巴尔塔扎·纽曼的陪同下参观了维尔茨堡宫邸。可能正是由于这次机会，他得以过问维也纳的建筑。是年希尔德布兰特去世，约两年后，巴尔塔扎·纽曼提出了维也纳

图5-271 法伊萨赫希海姆 主教宫。园林,中国式小亭

霍夫堡皇宫的设计(此前,约瑟夫·埃马努埃尔·菲舍尔·冯·埃拉赫曾于1726年左右提交过一个设计方案,图5-258);作为答谢,皇后送他一个金鼻烟盒。同时,巴尔塔扎·纽曼还绘制了一张修复斯图加特府邸的草图,进一步拟订了维也纳霍夫堡宫殿的楼梯设计(图5-259、5-260)。在两个大厅之间如布鲁赫萨尔那样以桥相连,对称分开的两个三折梯段位于高高的穹顶下,支撑着好似悬出的中央平台,构成了真正的楼梯-教堂。巴尔

图 5-272 法伊萨赫希海姆主教宫。园林，洞窟楼

塔扎·纽曼是否在符腾堡地区的城市府邸逗留过尚无法肯定，但他在巴特梅根特海姆拜访过科隆大主教克莱芒-奥古斯特则无疑问。他努力去接触一些新人物可能和维尔茨堡选帝侯的去世有关，因为后者的继承人、安塞尔姆·弗朗茨·冯·英格尔海姆伯爵已表示，无意再续聘巴尔塔扎·纽曼。宫邸的整治工作也因此再次中断，以后就完全停工了。

在忙于旅游和设计的这一年，巴尔塔扎·纽曼还造访了内勒斯海姆并绘制了修复本笃会修院教堂（1745~1792年）的草图。两年后，又提交了他的设计方案。在内勒斯海姆，巴尔塔扎·纽曼得以实现他关于纵向和中央空间相互贯穿和渗透的设想；通过这一设想，搭建了一座从后期巴洛克艺术通向新生古典主义的桥梁（平面及剖面：图 5-261~5-263；外景：图 5-264；内景：图 5-265~5-267）。他以一个十字形平面为出发点，交叉处是由四对柱子界定的圆形庙堂，东西两面各连两个上置穹顶的横向椭圆空间，外加两个侧面空间。本堂和中间的庙堂连为一体，墙体被解构成柱墩和壁柱，会堂式平面就这样被改造成单一的厅堂。位于侧面通道上的廊道进一步突出了室内的庄重氛围。墙体上部分划使

(上两幅)图5-273 法伊萨赫希海姆 主教宫。园林,雕刻

(下)图5-274 拜罗伊特 剧场(1744~1748年,建筑师朱塞佩和卡洛·加利-比比埃纳)。内景(舞台布景透视深30米)

图 5-275 拜罗伊特 剧场。装饰细部

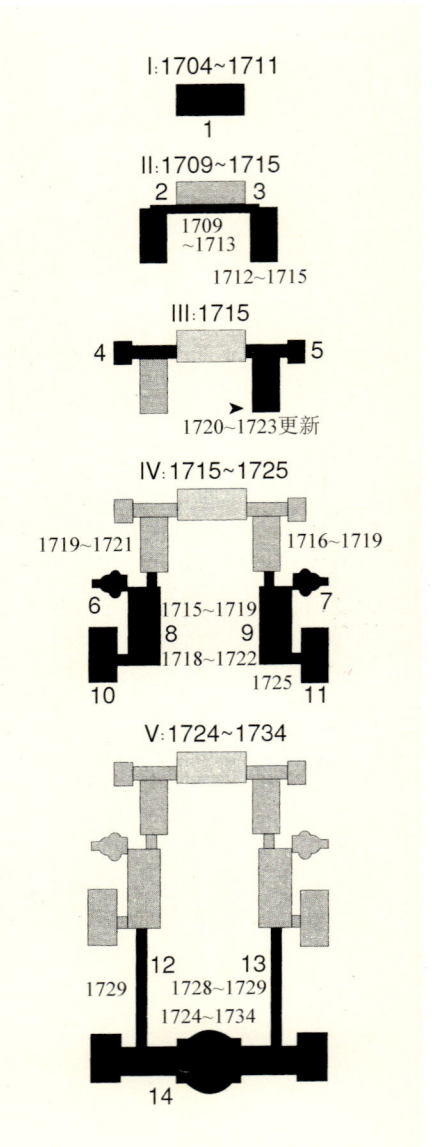

（左）图5-276 拜罗伊特 剧场。宫廷包厢近景

（右）图5-277 路德维希堡 宫邸（1704~1734年，建筑师菲利普·约瑟夫·耶尼施、约翰·弗里德里希·内特和乔瓦尼·多纳托·弗里索尼）。总平面，建筑阶段示意（黑体示各阶段增添的内容），图中：1、老居住楼（北翼），2、修会楼（右翼），3、大楼（左翼），4、狩猎礼拜堂，5、游乐阁，6、修会礼拜堂，7、宫邸礼拜堂，8、西骑士楼，9、东骑士楼，10、节庆厅，11、剧场，12、画廊，13、先祖厅，14、新居住楼

室内跨间表现出明确的节律。扁平的交叉拱券在界定各跨椭圆形拱顶的同时成为相邻跨间的联系部件。

内勒斯海姆这个宏伟的本笃会教堂在创作上和菲尔岑海利根朝圣教堂密切相关（后者带双塔楼的立面与美因河谷以外班茨的修院教堂类似）。这两个教堂都体现了巴尔塔扎·纽曼将构图重点放在建筑内部的理念。但和菲尔岑海利根教堂相比，巴尔塔扎·纽曼的这个作品要显得更为严谨、高贵和典雅。其中尽管也有适度的动态表现，但总的来看，处处都显得均衡、稳定，合乎规章，更多地表现出罗马建筑而不是哥特风格的特色，更追求端庄的外观而不是变换造型，显示出施瓦本地区特有的安详和平静。它如罗特和圣加尔的做法，在加长的本堂内纳入了一个中央圆堂，形成一座构图严谨、结构紧凑并配有附墙柱墩的双壳教堂。甚高的廊台系效法凡尔赛宫的礼拜堂，但由成对配置的壁柱分开，每一隔间均稍稍向外隆出；开口处以爱奥尼柱及拱券围括，

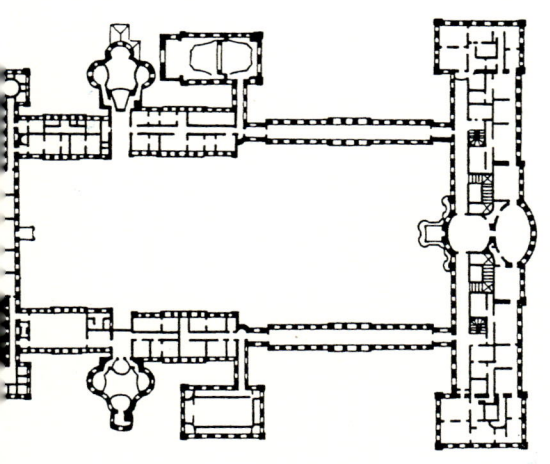
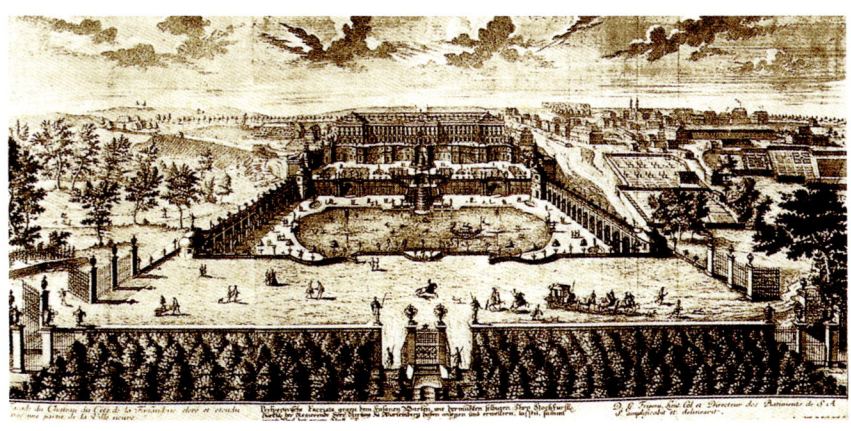

形成庄重的框缘，颇具古典韵味。上部开高窗，明亮的室内以白色为基调，几乎没有阴影。但这一体系又按瓜里尼的方式进行了一些改造。把本堂和歌坛分为三个跨间的成对壁柱如布雷夫诺夫那样，向前移动形成扶垛，使第一跨和第三跨穹顶的斜向拱券相接，从而省去了中间一跨的顶盖。这两部分的拱顶遂由四个完整的横向椭圆体构成，只是在中间插入交叉处的椭圆形体（由于纵轴很短，看上去好似圆形）；后者本身又在两侧各配置一个较窄的纵向椭圆形体形成耳堂。中央圆堂在宏伟壮丽上甚至胜过约翰·米夏埃尔·菲舍尔的作品。

在艺术陈列室及博物馆建设上，值得一提的有创建于16世纪末的黑森-卡塞尔侯爵陈列室。它和布拉格、

（左上）图 5-278 路德维希堡 宫邸。平面（取自 Beyer：《Baroque Architecture in Germany》，1961 年）

（右上）图 5-279 路德维希堡 宫邸。建筑群扩展图（图版作者 Giovanni Donato Frisoni，1721 年）

（下）图 5-280 路德维希堡 宫邸。老居住楼及内院，现状

第五章 德国和中欧地区 · 1399

（上）图 5-281 路德维希堡 宫邸。老居住楼及内院，冬景

（下）图 5-282 路德维希堡 宫邸。新居住楼，外景

（上）图 5-283 路德维希堡"宠姬楼"（1718 年，乔瓦尼·多纳托·弗里索尼设计）。外景

（左下）图 5-284 路德维希堡（附近）蒙雷波斯府邸（1760~1765 年，菲利普·德拉盖皮埃尔设计）。平面（据 Richard Schmidt）

（右下）图 5-285 路德维希堡（附近）蒙雷波斯府邸。外景

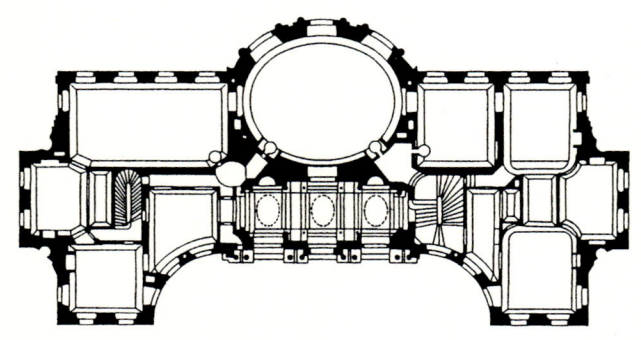

萨尔茨堡、安布拉斯和柏林等地的艺术陈列室均为当时著名的收藏建筑。其藏品中包括一些珍稀物件，如带有丰富镶嵌的鸵鸟蛋、鹦鹉螺、天文仪器、民俗服装，以及在法国取得的古物。1776~1779 年，腓特烈二世侯爵创建的卡塞尔的腓特烈博物馆为欧洲大陆的第一个这类建筑。当 1808 年建筑成为国会所在地后，藏品分散到城市的其他建筑内。如今，贵重的科学仪器、自动器械及装饰艺术品构成黑森地区博物馆和天文及技术史博物馆的主要展品。

这时期的许多园林作品尚可在萨洛蒙·克莱纳的铜版画中看到，只是其中大部分都已湮没，仅维尔茨堡附

近法伊萨赫希海姆主教宫的一组尚存（图5-268～5-273）。其如梦幻仙境般满布自然之神雕刻的小型园林系由迪策创建于1765～1768年，和他师傅马蒂亚斯·布劳恩充满想象力的波希米亚的库库斯奇迹园相比，这个园林要表现得更为轻快和诙谐。不过，和府邸及剧场类似，在园林艺术中，意大利的影响也持续了一段时期。在卡塞尔附近威廉斯赫厄一个类似罗马别墅的处所，人们将高250米的一个斜坡改造成极其壮观的一系列阶梯式瀑布；最高处为战胜巨人的赫丘利-法尔内塞的巨大铜像复制品。但这个设计仅上部1/3得以实现，山坡下部于1760年被改造成一个英国式的自然风景园。

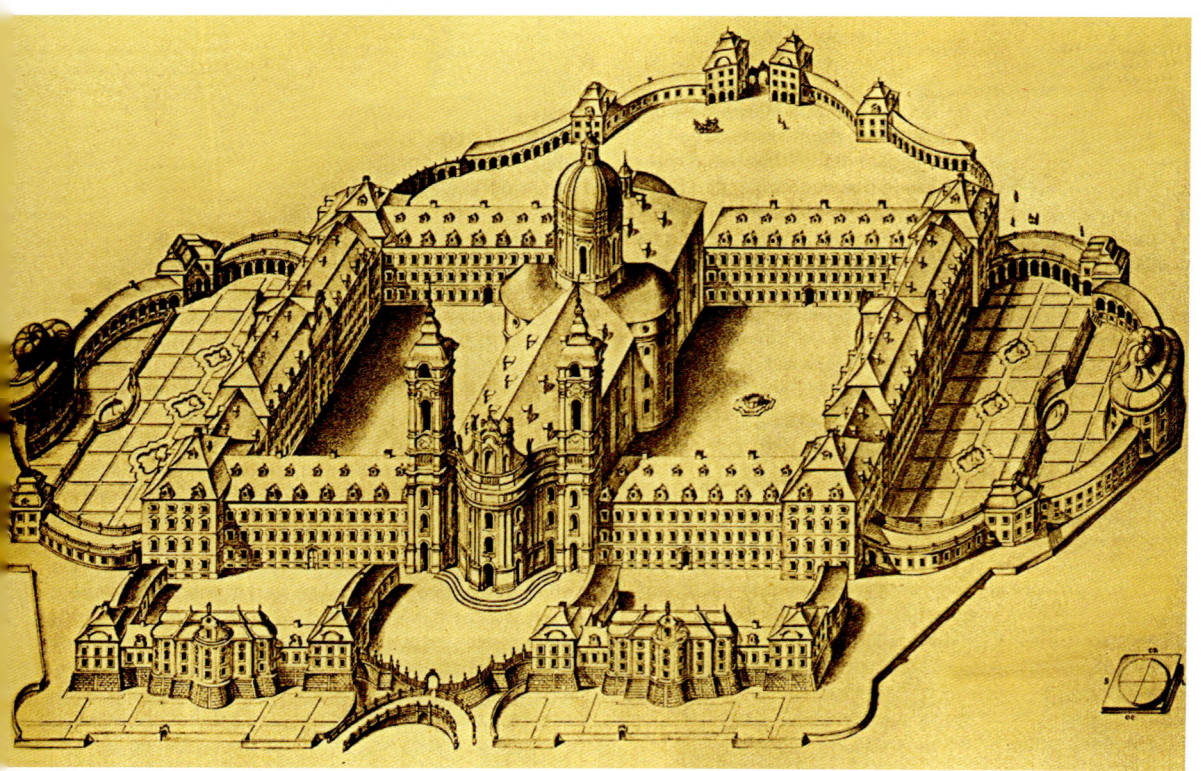

（左上）图5-286 美因茨 宠妃消遣府邸（始建于1710年，建筑师马克西米利安·冯·韦尔施）。园林风景（版画，作者S.Kleiner）

（右上）图5-287 魏恩加滕修院教堂（1715～1724年，建筑师卡斯帕·莫斯布尔格）。平面及全景图（版画，作者Pater Beda Stattmüller）

（下）图5-288 魏恩加滕 修院教堂。建筑群俯视全景（上图局部）

图5-290 魏恩加滕 修院教堂。立面近景

在这时期的剧场中，只有拜罗伊特剧场尚保留完好（位于上法兰克尼亚地区，图 5-274~5-276）。它建于 1744 年威廉明妮总督夫人（腓特烈二世的姐妹）时期。其建筑师为朱塞佩和卡洛·加利-比比埃纳，是这个艺术家族（比比埃纳家族）在整个欧洲建的一系列剧场中的一个。三排包厢环绕着一个周边布置拱廊形如天井的厅堂，带栏杆的楼梯通向正厅后座，凯旋门般的宫廷包厢和舞台两侧由庄重的柱子支撑。金色图案在蓝色和红色的粗糙底面上凸现出来；天棚周围饰粗重的线脚，其间为立体感逼真的绘画。它和波默斯费尔登府邸的楼梯间类似，整体形成一个封闭的空间。建筑表现出半意大利、半维也纳的巴洛克风格，它建造的时间正当洛可可中期，略早于 1748 年开始建造并开始采用古典主义风格的凡尔赛歌剧院。格奥尔格·德西奥称它为一个奇迹，其巨大的魅力也确实使无数人为之倾倒。

六、德国西南地区

[宫邸建筑]

巴拉丁领地战争（1688~1697 年）、土耳其战争 (1663~1739 年) 及西班牙王位继承战争（1701~1714 年），构成了德国西南地区巴洛克时代的主要背景。在这里，

（上）图 5-289 魏恩加滕 修院教堂。外景

（下）图 5-292 魏恩加滕 修院教堂。歌坛屏栏

图 5-291 魏恩加滕 修院教堂。朝歌坛望去的内景

左页：

图 5-293 魏恩加滕 修院教堂。歌坛细部（壁画作者科斯马·达米安·阿萨姆）

本页：

图 5-294 魏恩加滕 修院教堂。西部管风琴（作者 Joseph Gabler）

不断有乡村、城市、宫殿、修道院和城堡沦为冒烟的残墟，但同时也有新的城市、新的宫邸被陆续建造。在巴拉丁领地战争中，路易十四的军队在巴登和巴拉丁领地的破坏更是大大改变了这时期的文化景观（因此也有人把这场战争称为"法国战争"或"奥尔良战争"）。战争缘于巴拉丁领地选帝侯查理-路易的女儿伊丽莎白-夏洛特（绰号巴拉丁的莉泽洛特）嫁给了路易十四的弟弟（奥尔良的）腓力；趁莱茵兰-巴拉丁王室绝嗣之际，法国宣称对这片土地拥有继承权，因此导致了这场毁灭性的战争。除了巴登和巴拉丁领地的海德堡、曼海姆等城市外，受到严重破坏的还有杜尔拉赫的卡尔斯堡和巴登-巴登的新城堡。

然而，新的宫邸和城市很快又建造起来。从斯图加特以北路德维希堡宫邸的建设上可看出这些新巴洛克

第五章 德国和中欧地区 · 1407

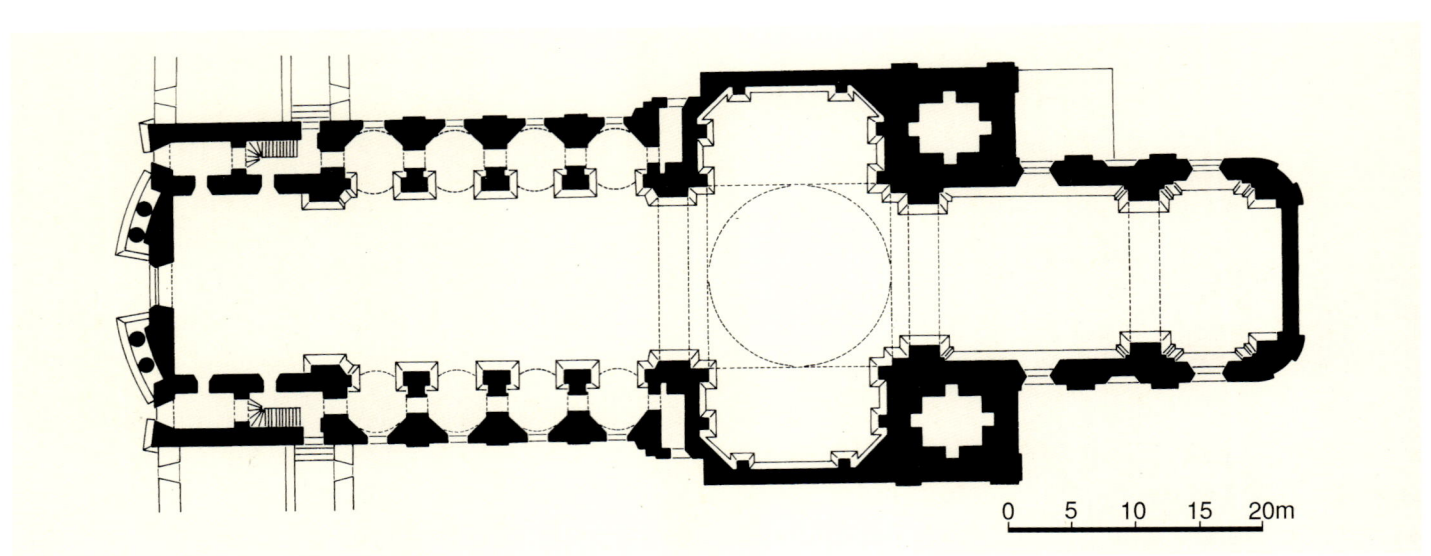

府邸的基本特征（图5-277~5-282）。图5-277所示为这个宫邸建造的不同阶段。斯图加特老城由于地段狭窄，很难找到适合的建设用地，只有城市北面的埃拉赫霍夫尚有扩展的可能（它位于老的符腾堡公爵狩猎保留地内，已被路易十四的军队破坏）。1704年，当时年仅16岁的埃伯哈德·路德维希公爵已开始进行规划。最初他只是打算修复埃拉赫霍夫猎庄，但以后可能是在其情妇威廉明妮·冯·格拉韦尼茨的怂恿下，这位年轻的公爵遂决

左页：

（左上）图5-295 巴特塞京根 圣弗里多林教堂（弗朗茨·约瑟夫·施皮格勒设计）。内景（1751年）

（下）图5-296 茨维法尔滕 本笃会修院教堂（1738~1765年，建筑师施奈德兄弟、约翰·米夏埃尔·菲舍尔）。平面（1：600，取自 Henri Stierlin：《Comprendre l'Architecture Universelle》，1977年）

（右上）图5-297 茨维法尔滕 本笃会修院教堂。立面（据 Koepf）

本页：

图5-298 茨维法尔滕 本笃会修院教堂。俯视全景

定把猎庄改造成宫邸。就这样，随着埃拉赫霍夫的改建诞生了横向的北翼，即老的居住楼。其建筑师为菲利普·约瑟夫·耶尼施，再后是约翰·弗里德里希·内特；后者将建筑改造成一个意大利式的宫殿，高三层，平屋顶，于中轴线上设向外凸出两边立柱的门廊，边侧亦设出口。至1709年，内特又建了高三层，采用复折式屋架，但几乎全无装饰的右翼（修会楼）；三年后，继续建了与之对称的左翼（大楼）。最初设想的猎庄就这样变成了宫邸。当内特于1714年突然去世后，接替他的是伦巴第建筑师乔瓦尼·多纳托·弗里索尼。后者根据内特的设计，在老的居住楼两边加了廊厅和楼阁，在各翼角上安置宫邸礼拜堂和修会礼拜堂。这部分工程于1720年结束。在接下来的十年里，人们在这些建筑的轴线两边，分别建了东西"骑士楼"和廊道，在宫邸礼拜堂下方，增建了剧场，另一侧加了和它对称的宴会厅。

除了府邸外，巴洛克时期的君主们往往还在他们的宫邸附近，保留或建造一些小的幽居场所、休闲府邸或猎庄。埃伯哈德·路德维希在宫邸北面约350米处的一座小山上，建了一处"宠姬楼"（图5-283）。这项设计任务于1718年交给弗里索尼（当时他还忙着设计和建造宫邸东翼的骑士楼）。这是个不大的建筑，中央高两层的立方形体于角上出四个塔楼，立在粗面石砌筑的底层上。四个角上各出一个带复折屋顶的楼阁。中央形体上部的四个观景小塔使人想起当代的波希米亚建筑，入口及其大台阶则类似意大利的巴洛克别墅。

一条两边种植着白杨树的优美小径穿过以前的"宠姬园"，从路德维希堡通向位于湖边的另一栋小府邸。由查理-欧根公爵的建筑师菲利普·德拉盖皮埃尔设计的这座建筑建于1760~1765年（图5-284、5-285），其中央椭圆形体内接方形外加侧面两翼。由于建筑位于湖边坡地上，朝湖一面设有基台，院落一面与地面相平。基台由柱墩及圆拱支撑，前方场地端头设台阶直接通向湖面。这位法国建筑师的灵感无疑是来自默伦附近的沃-勒维孔特府邸。国王腓特烈一世给这座建筑命名为蒙雷波斯府邸，显然是为了纪念他在芬兰莱芒湖边的乡间别墅。

在帝国开始大规模建造王侯宫堡时，各地大量各种式样的休闲府邸的建设也在同步进行（如巴伐利亚的宁芙堡和施莱斯海姆，普鲁士波茨坦的逍遥宫，后者位于高处，按台地式布局）；教士及世俗宅邸则沿着莱茵河一线分布，直到威斯特伐利亚；汉诺威、黑森和符腾堡地区也都不甘落后。在德国西南地区，美因茨附近

本页：

图5-299 茨维法尔滕 本笃会修院教堂。内景（浅穹顶直径15米，灰泥装饰制作约翰·米夏埃尔·福伊希特迈尔，天顶画作者弗朗茨·约瑟夫·施皮格勒）

右页：

图5-300 茨维法尔滕 本笃会修院教堂。墙面装修近景

的宠妃消遣府邸始建于1710年,是第一个按凡尔赛方式规划采用规则花园的实例(图5-286);花园位于莱茵河畔,亭阁的布置系效法凡尔赛附近的马利府邸(图3-635),但地段名字及风格来自维也纳。这个壮美建筑群是选帝侯的宫廷建筑师马克西米利安·冯·韦尔施的作品,申博恩王室的所有工程项目几乎均由他负责,富丽堂皇的波默斯费尔登和盖巴赫花园的总体方案也由他拟订。所有这些作品均可在萨洛蒙·克莱纳的铜版画中

本页:

(右上)图 5-301 比瑙(新比瑙)朝圣教堂(1746~1750年,装饰设计约瑟夫·安东·福伊希特迈尔和彼得·图姆)。平面及立面(据 Koepf)

(下)图 5-302 比瑙(新比瑙)朝圣教堂。平面及和其他壁墩式教堂的比较

(左上)图 5-303 比瑙(新比瑙)朝圣教堂。西立面外景(彼得·图姆设计,1747~1764年)

右页:

图 5-304 比瑙(新比瑙)朝圣教堂。内景

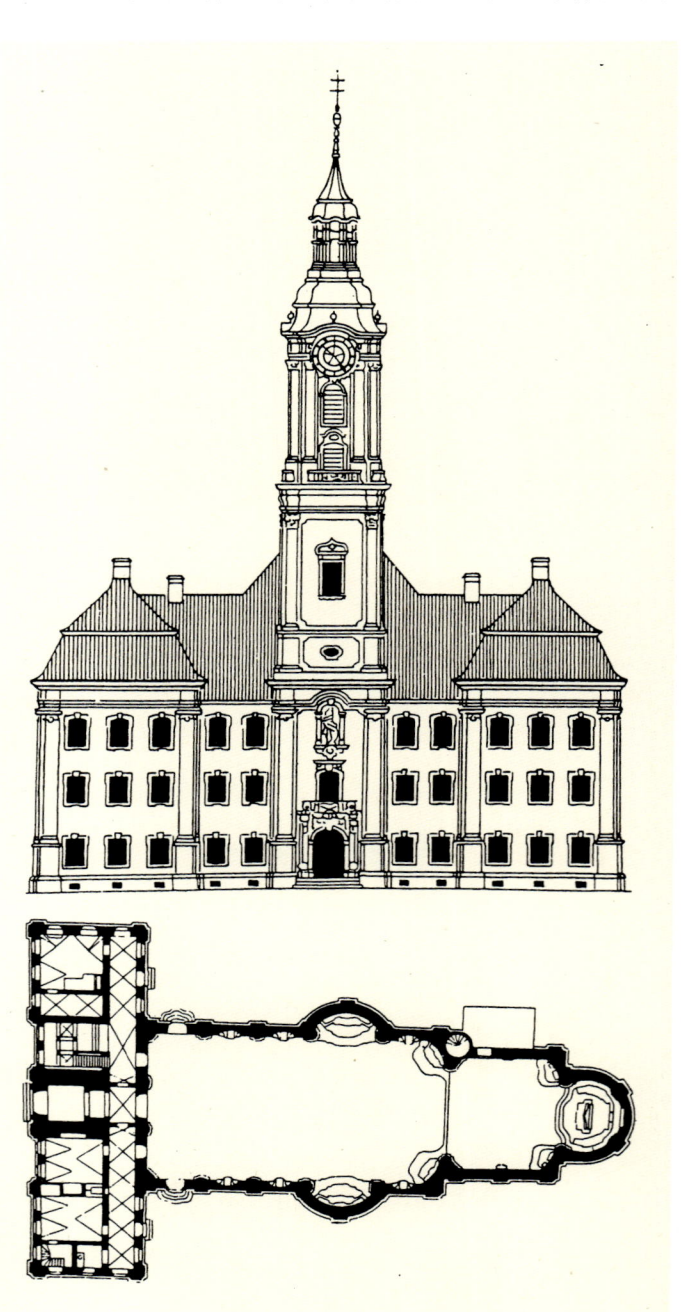

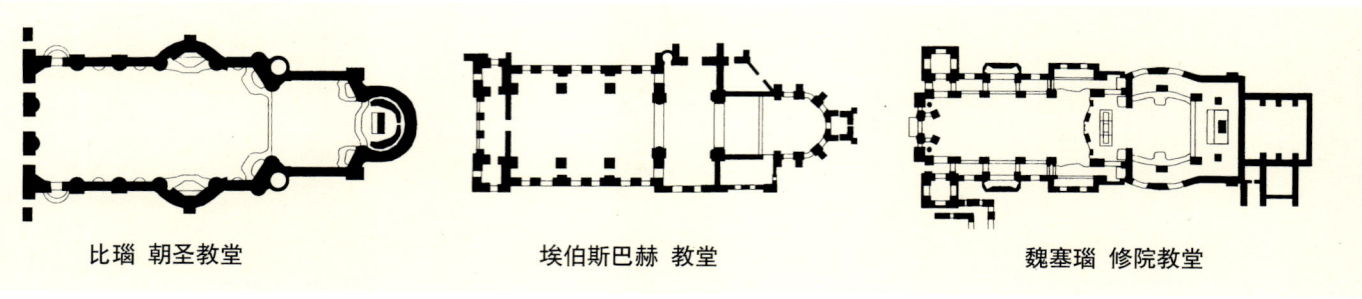

比瑙 朝圣教堂　　　埃伯斯巴赫 教堂　　　魏塞瑙 修院教堂

看到，只是其中大部分早已湮没。

[宗教建筑]

通过节庆活动及戏剧表演，巴洛克时代君主及贵族们的现实空间体验开始进一步向虚拟和幻觉的领域扩展。与此同时，在18世纪期间，人们对幻觉的美学观念和态度也在悄然改变。他们不再——至少不仅仅是——希望通过忧郁伤感的田园牧歌唤起人们对"黄金时代"的回忆，而是期望找到一种新的艺术表现途径。建筑就这样在顶棚壁画这种"天堂建筑"里得到了延伸。完成于1724年的魏恩加滕修院教堂（位于上施瓦本地区拉芬斯堡附近，图5-287~5-294）的壁画系出自科斯马·达米安·阿萨姆之手（1718~1720年）。阿萨姆曾在罗马居留，知道兰弗兰科、圭尔奇诺或波佐如何根据精确的透视计算绘制具有强烈立体感的壁画；他将这种知识用于魏恩加滕教堂，在这个会堂式建筑的拱顶上，绘制了柱廊和带穹顶的房屋，台阶和柱墩，就这样创造了一批想象中的建筑，作为现实建筑的延续。拱顶顶端展现出天空的景色，众天神向着信徒降落；云彩环绕的壁柱上承天使和圣人；中央本堂的粗壮柱子一直延伸

本页：

（上）图5-305 海格洛赫 圣安娜朝圣教堂（1753~1755年，建筑师约翰·米夏埃尔·菲舍尔等）。内景

（下）图5-306 维布林根 本笃会修院图书馆（18世纪中叶，主持人可能为克里斯蒂安·维德曼，天顶画绘制马丁·屈恩）。内景

右页：

图5-307 维布林根 本笃会修院图书馆。内景细部

本页：
图5-308 肯普滕 本笃会教堂（1652年，米夏埃尔·贝尔设计）。回廊内景（装修及设施1660~1670年）

右页：
（上）图5-309 索勒尔 耶稣会堂（始建于1680年，建筑师海因里希·迈尔）。内景

（下）图5-310 上马希塔尔修道院（1686~1702年，建筑师米夏埃尔·图姆、克里斯蒂安·图姆和弗朗茨·贝尔）。总平面（1：1000，取自Henri Stierlin:《Comprendre l'Architecture Universelle》，1977年，右侧为教堂）

到柱顶盘和横向拱券之上，令人真假难辨。

楼梯间是这种具有立体感的建筑透视景色用得最多的处所，向上的轻快运动特别适合拱顶的曲面造型。楼梯在连接两个现实平面的同时也起到舞台的作用。在魏恩加滕，画家绘制了一些坐在台阶上的人物，正在惊奇地仰望着天空，似乎是追随着升天的圣母，站在下面的信徒，在凝视这些画面的时候，恍惚自己也坐在那天堂的阶台上……

在巴特塞京根的圣弗里多林教堂（图5-295），弗朗茨·约瑟夫·施皮格勒（1691年生于阿尔高地区的旺根，

1757年去世）用一种不同寻常的方式赋予这种母题以新的内容：在他的天堂建筑中多次纳入了楼梯的形象。

他接受这项任务是在1751年。在题为《圣弗里多林的神化》（L'Apothéose de Saint Fridolin）的画面上，拱顶上的楼梯在云雾中时隐时现。施皮格勒在装饰高度稍低的茨维法尔滕教堂的天顶时，也用了同样的手法（图5-296~5-300）。这是个属西多会系统的希尔绍罗曼式会堂，长95米，于横穿的交叉处后部安置神职祷告席及与墙同高的祭坛。礼拜堂布置在附墙柱墩之间，上为廊台。光线通过白色饰面的礼拜堂向室内扩散（博罗米尼也曾

用过类似的方式确定光线的定向和分布)。成对配置的立柱用红色及蓝色的人造大理石制成,柱础及柱头镀金,柱顶盘采用古典剖面。在这里,建筑改造的效果主要体现在本堂内,建筑和装饰之间的配合堪称完美。其拱顶长四跨间,面积近500平方米。顶部在檐壁形成的框饰内绘制表现升天的天顶画,画面上建筑部件和穹隅及跨间的节律紧密配合。最后沿拱顶的纵轴线,展开一个通往高处边上设挡墙和栏杆的陡峭阶梯。上面包括国王克洛维和本笃会教士在内的众多人物正在向圣母祈祷。

在圣弗里多林教堂,人们已经看到了在建筑、灰泥装饰和绘画之间的紧密联系,这也是施皮格勒和雕刻师及灰泥匠师、奥格斯堡的约翰·米夏埃尔·福伊希特迈尔密切配合和合作的结果。在巴特塞京根,后者采用了贝壳及碎石装饰(所谓'rocaille'),只是用得非常审慎。建筑仍然占主导地位,和透视画的关系密不可分;只是从框饰处向天棚壁画上升的枝条才被改造成贝壳及碎石的造型。而在茨维法尔滕,建筑已和灰泥装饰及绘画融为一体。

这种生机勃勃的动态造型、跳跃舞动的边框装饰及向上飞腾的建筑部件,证明了德国西南地区洛可可艺术的华丽和丰富。这种装饰艺术在康斯坦茨湖边比瑙

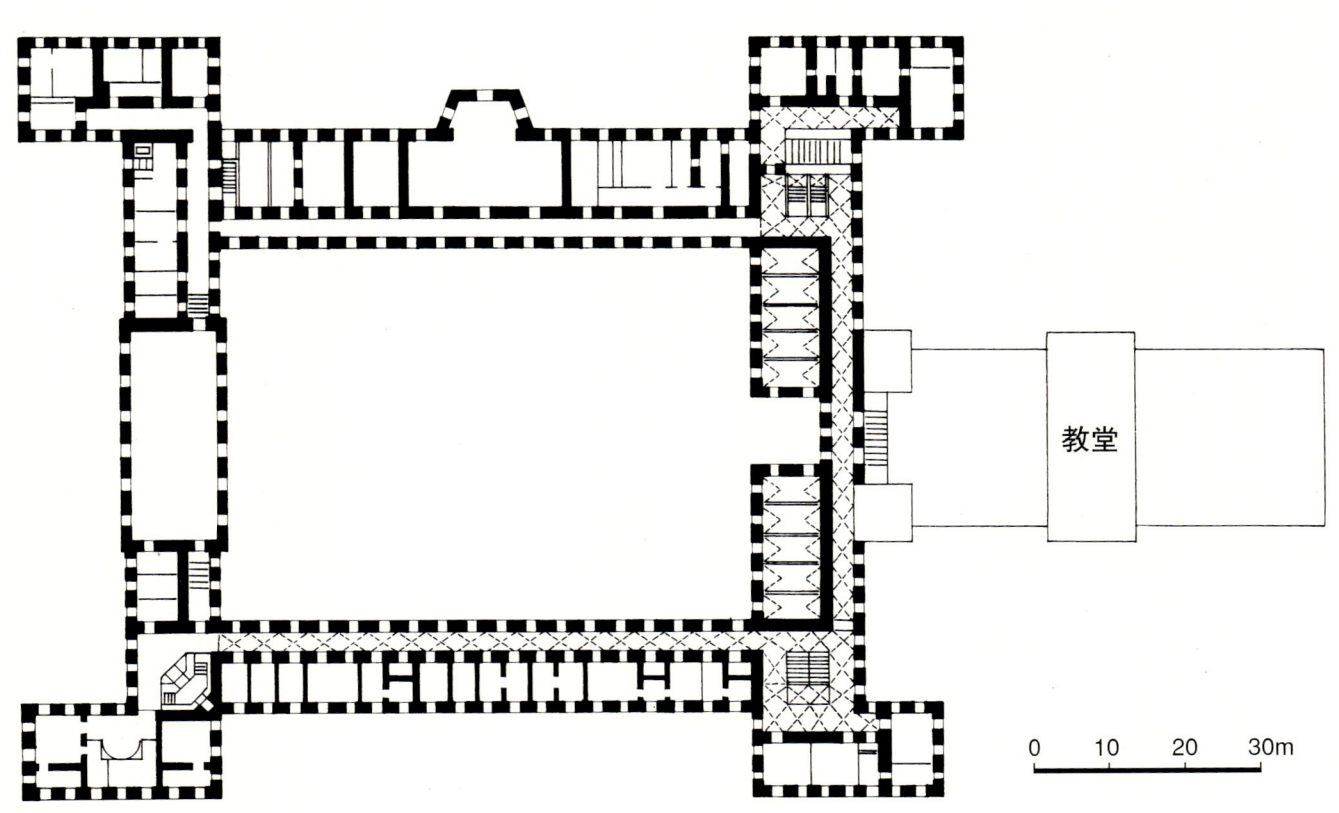

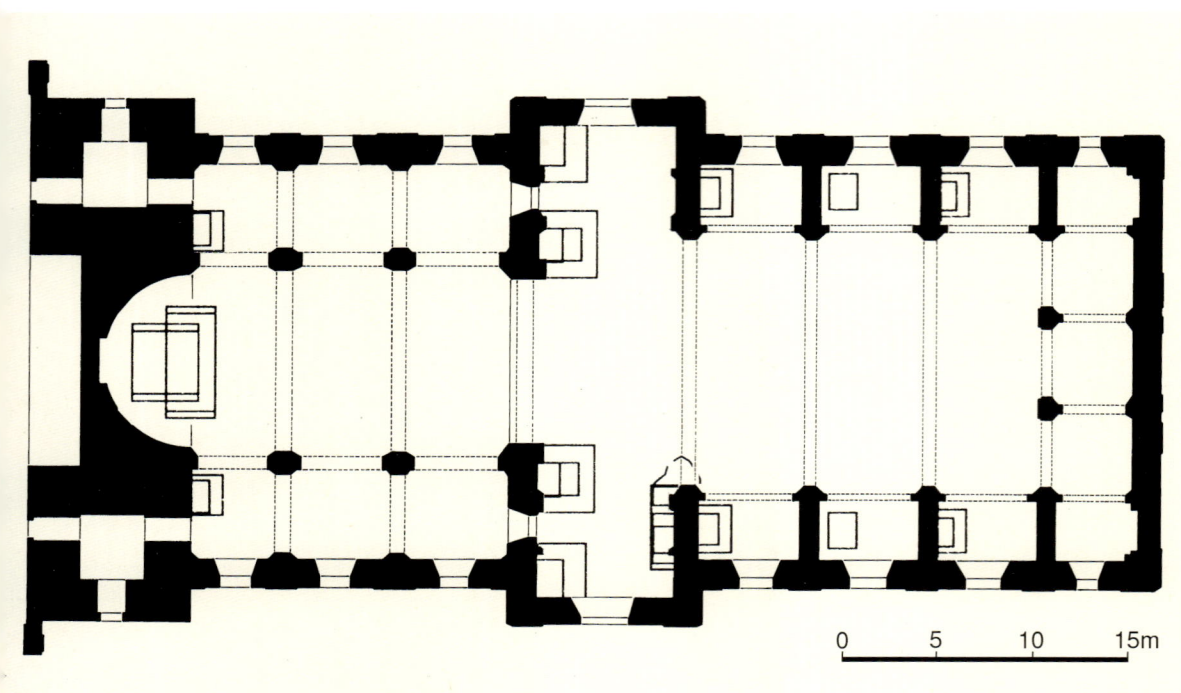

(上)图5-311 上马希塔尔修院教堂。平面(1:400,取自Henri Stierlin:《Comprendre l'Architecture Universelle》,经改绘)

(下)图5-312 科隆 耶稣会教堂(1618~1629年,建筑师Christoph Wamser)。内景

(新比瑙)的朝圣教堂里表现尤为突出(特别是在所谓"上帝的节庆厅"里,图5-301~5-304)。在这个教堂里,上施瓦本地区最杰出的洛可可雕刻师和灰泥塑造师约瑟夫·安东·福伊希特迈尔和福拉尔贝格派建筑师彼得·图姆合作,成就了一个无与伦比的作品(1746~1750年)。

相对较大的窗户使室内得到充分的采光,设计师充分利用这样的光照条件在框饰处大量采用贝壳及碎石式的装饰,甚至用到了最隐蔽的处所。廊台栏杆扭曲交织的图案上似乎是镶着一些金色的小部件。在跳跃变幻的灰泥枝叶中,在波动起伏的云中雾里,乃至在祭坛边上,

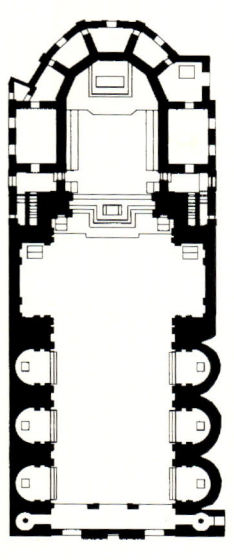

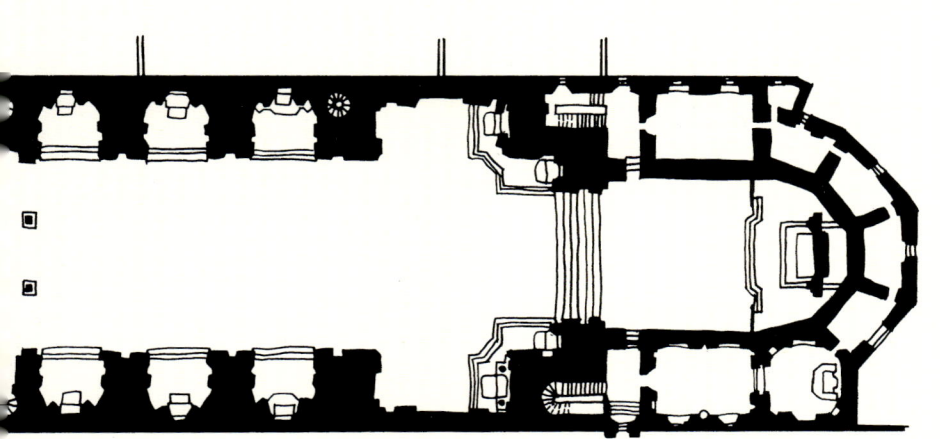

（左上）图 5-313 慕尼黑 圣米歇尔耶稣会修道院及教堂。建筑群俯视全景（版画，作者 Johann Smissek，约 1644~1650 年，原稿现存慕尼黑 Staatmuseum）

（中上）图 5-314 慕尼黑 圣米歇尔耶稣会教堂（1582/1583~1590 年）。平面（取自 Rolf Toman 主编：《L'Art du Baroque, Architecture, Sculpture, Peinture》，1998 年）

（下）图 5-315 慕尼黑 圣米歇尔耶稣会教堂。平面（据 Mark D.Wittig）

（右上）图 5-316 慕尼黑 圣米歇尔耶稣会教堂。立面外景

到处都是活泼可爱的小天使……巨大的拱顶壁画出自波希米亚画家戈特弗里德·伯恩哈德·格茨之手，自下部绘出的柱顶盘上升起成对的大理石柱，直指上天和脚踩月牙的圣母。

海格洛赫的圣安娜朝圣教堂建于 1753~1755 年，虽说在气势和豪华程度上不及比瑙教堂，但在创造建筑、绘画和雕刻之间的和谐效果上，并不逊色（图 5-305）。其设计人可能是慕尼黑著名建筑师和雕刻师约翰·米夏埃尔·菲舍尔。他和建筑师约翰·格奥尔格·费肯曼及画家迈因拉德·冯·奥夫合作，将这个小教堂改造成了一个美妙的艺术作品。人们可在室内看到理想的比例（本堂长度等于耳堂宽度）。室内景色宛如舞台：本堂空间融汇到耳堂里，然后再向歌坛方向收紧。本堂和歌坛的柱墩和壁柱，朝半圆室深处分级排列。视线继续向上到达祭坛涡卷处，在丰富华丽的装饰背景下，小天使在玩耍嬉戏。大拱顶处壁画表现圣母之母圣安娜的生平。

随着比瑙和海格洛赫教堂的建设，在建筑、灰泥造型、雕刻和绘画的完美协调上，巴洛克的想象空间似已达到顶峰。由于采用了具有强烈立体效果的透视幻景，因而，与其称"巴洛克空间"，不如称"洛可可空间"更为合宜。除非在幻景和艺术空间的创造上再出新招，人们在这方向上似乎已不可能走得更远。然而上施瓦本地区施泰因豪森的圣彼得和圣保罗修院朝圣教堂（见图 5-362~5-365）却使我们看到了新的亮点。教堂建于 1728~1733 年，建筑师多米尼库斯·齐默尔曼（在涉及到施泰因加登的维斯教堂时，我们还要回过来谈他）成功地将一个带柱墩的大厅和中央形体结合在一起。就这样，形成了一个位于拱顶下的单一均质空间，特点非

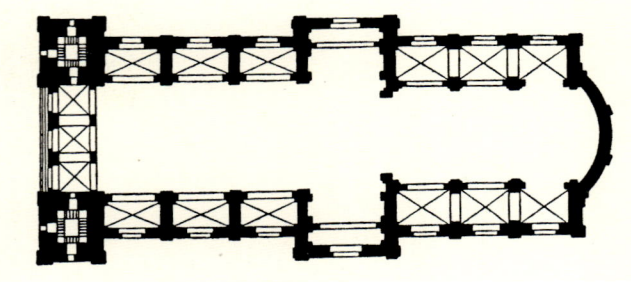

常突出。齐默尔曼没有采用比瑙和海格洛赫教堂那种戏剧性的建筑场景，而是着意突出椭圆形拱顶的高耸曲线。拱顶上是他的兄弟约翰·巴普蒂斯特·齐默尔曼绘制的大幅幻景透视画：以四大洲隐喻整个世界，以伊甸园象征天堂。所有细节，包括植物及各种鸟类，都画得栩栩如生、妙不可言。

在建造图书馆和保存当代知识方面，帝王和贵族固然起到很大的作用，但他们并不是唯一的群体。在西方历史上，热衷于此道的还有宗教界人士，如本笃会或西多会修士。维布林根（位于乌尔姆附近）的本笃会修院图书馆建于18世纪中叶，主持人可能为克里斯蒂安·维德曼（图5-306、5-307）。沿大厅外廊形成优雅曲线的上层廊道立在32根装饰着粉红和绿色大理石花纹的木柱上。低矮的基座上安置着涂成白色象征美德和科学的木雕人物，和大厅的其他部件形成均衡的色彩对比。这个独特厅堂的主题通过马丁·屈恩绘制的天棚画（1744年）得到进一步的发挥。画面周围是带有贝壳和碎石图案的建筑框饰；表现天堂乐园的画面中，地面和天上的人物齐声赞美古代的学识和基督教的认知。在顶上，天使在彩云和帷幔中飞舞，宣示着神圣的智慧。

本页：

（左上）图5-317 慕尼黑 圣米歇尔耶稣会教堂。立面细部（大天使雕像，作者Hubert Gerhard，1588年）

（右上）图5-318 慕尼黑 圣米歇尔耶稣会教堂。歌坛内景（建筑师弗里德里希·祖斯特里斯）

（下）图5-320 舍嫩贝格 朝圣教堂（1682~1695年，米夏埃尔·图姆和克里斯蒂安·图姆设计）。平面（取自Beyer：《Baroque Architecture in Germany》，1961年）

右页：

图5-319 梅滕 本笃会修道院图书馆。内景（柱墩上雕刻作者Franz Josef Holzinger，教堂室内亦于1712年按巴洛克风格进行了装饰）

1420·世界建筑史 巴洛克卷

（左上）图5-321 肯普滕 圣洛伦茨教堂（始建于1652年，主持人米夏埃尔·贝尔，现为天主教堂区教堂）。东南侧外景

（右上）图5-322 慕尼黑 德亚底安修会教堂（1663年，阿戈斯蒂诺·巴雷利设计）。外景（立面设计恩里科·祖卡利）

（左下）图5-323 维尔茨堡 施蒂夫特-豪格教院（安东尼奥·彼得里尼设计）。俯视全景

（右下）图5-324 维尔茨堡 施蒂夫特-豪格教院。立面

[福拉尔贝格建筑学派]

在德国南部的施瓦本和符腾堡地区，在建筑——特别是宗教建筑——领域，以本土匠师为主体的福拉尔贝格学派异常活跃，贝尔和图姆家族都是世代相传。米夏埃尔·图姆、克里斯蒂安·图姆、彼得·图姆（米夏埃尔·图姆之子，在他设计的比瑙教堂，建筑和装饰

图 5-325 约翰·米夏埃尔·菲舍尔：慕尼黑圣伊丽莎白教堂设计方案（立面，第一和第二方案，1757 年）

创造了令人难忘的幻觉效果)、米夏埃尔·贝尔、弗朗茨·贝尔、约翰·米夏埃尔·贝尔、约翰·格奥尔格·屈恩和卡斯帕·莫斯布尔格，皆为福拉尔贝格建筑学派的代表人物。他们的理念和原则被记述在一本名为《奥镇教程》(Auer Lehrgängen，法文 cours d'Au，系根据福拉尔贝格地区一个叫奥的村镇而名）的两卷本著作里。其中包括透视法则、建筑模型、罗马著名巴洛克教堂的图纸以及福拉尔贝格学派作品的草图。

在德国南部，宗教战争以后由教会投资建造的穹顶教堂中，最早的一个是肯普滕的本笃会教堂（1652 年）。福拉尔贝格学派的建筑师正是在这里初露头角。显然当时人们还不知道罗马耶稣会堂的建筑模式，因而只是在摸索中前进。其设计人为该学派的鼻祖米夏埃尔·贝尔；他在本堂后增添了一个塔楼般的集中式建筑作为修院教堂（图 5-308)，并在其中纳入了某些来自相邻的伦巴第文艺复兴的要素，但这种解决方式并没有获得推广。

在这以后，这一学派的主要作品有：乌尔姆附近韦滕豪森的修院教堂（1670 年，米夏埃尔·图姆设计），室内以白色灰泥装饰，朴素大方，饰金银的祭坛庄重典雅。索勒尔的耶稣会堂（现瑞士境内，1680 年，图 5-309)，为该学派教堂设计的典型形制：本堂由附墙柱墩支撑，筒拱顶一直延伸到歌坛；侧面礼拜堂上设廊台，廊台如桥状跨越耳堂；明亮的室内满覆该学派特有的华美灰泥装饰，密排的莨苕叶图案如腓特烈港的藤架（1695 年）。

第五章 德国和中欧地区 · 1423

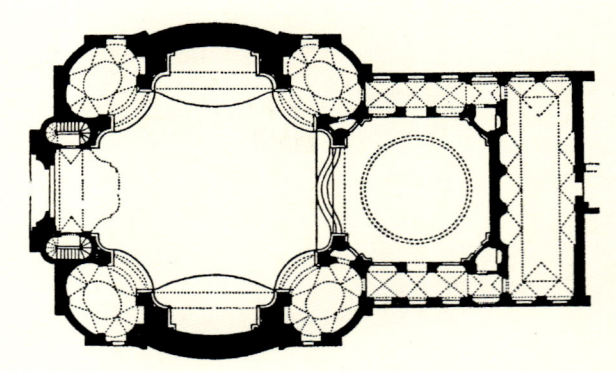

(左上)图 5-326 约翰·米夏埃尔·菲舍尔:慕尼黑圣伊丽莎白教堂设计方案(剖面,1757年)

(右上)图 5-327 慕尼黑 贝格-安莱姆圣米歇尔教堂(1738~1743年,建筑师约翰·米夏埃尔·菲舍尔,装饰设计约翰·巴普蒂斯特·齐默尔曼)。立面外景

(左下)图 5-328 慕尼黑 贝格-安莱姆圣米歇尔教堂。歌坛内景

(右下)图 5-329 英戈尔施塔特 奥古斯丁教堂(1736~1740年,约翰·米夏埃尔·菲舍尔设计,已毁)。平面

1424·世界建筑史 巴洛克卷

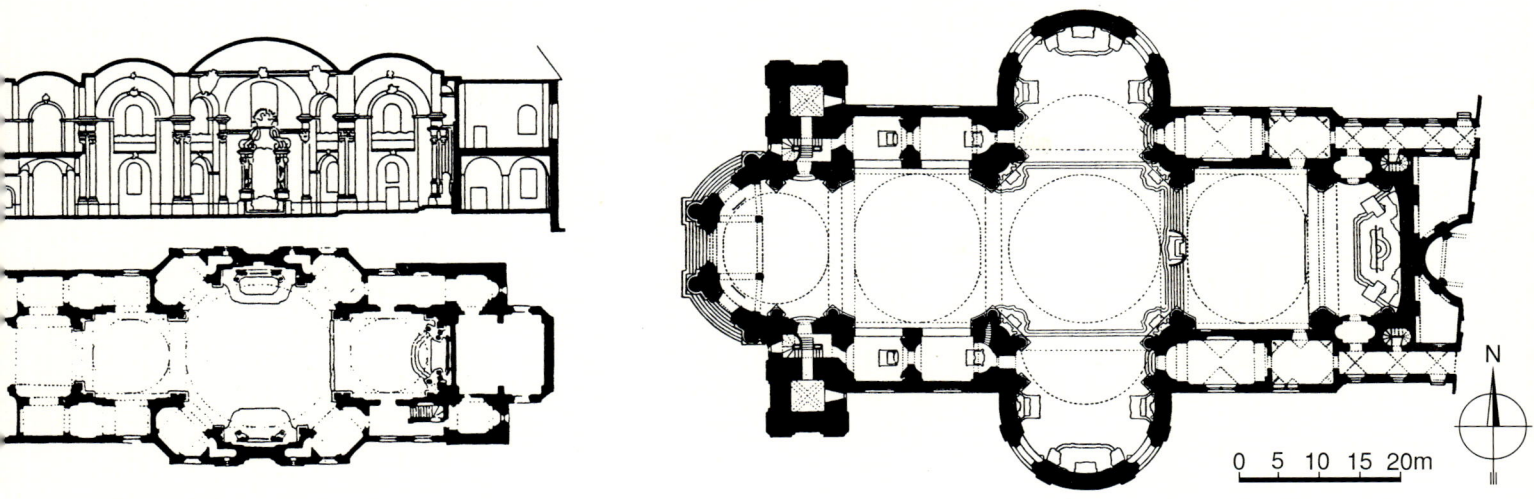

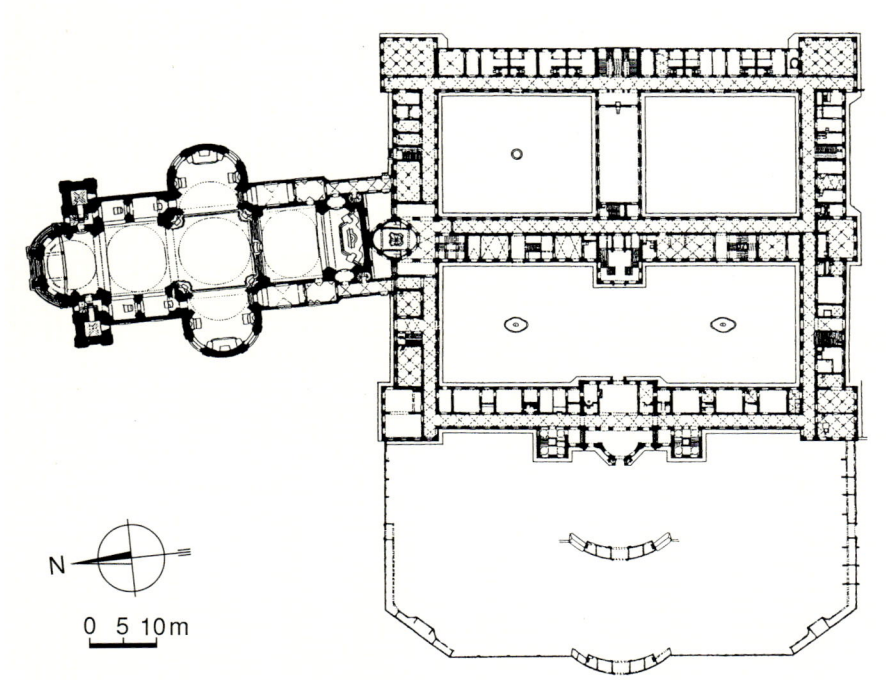

（左上）图 5-330 因河畔罗特 修院教堂（1759~1763 年，约翰·米夏埃尔·菲舍尔设计）。平面及剖面（据 Koepf）

（下）图 5-331 奥托博伊伦 本笃会修院教堂（1737~1766 年，建筑师辛佩尔特·克雷默、约瑟夫·埃夫纳和约翰·米夏埃尔·菲舍尔等）。总平面（教堂位于修道院北端）

（右上）图 5-332 奥托博伊伦 本笃会修院教堂。平面（据 Koepf 和 Charpentrat）

上马希塔尔的修院教堂（符腾堡地区，1686~1702 年）采用了在壁柱上起筒拱顶和利用廊道分层等构图理念，浅色的灰泥装饰和深褐色的祭坛及神职祷告席形成悦目的对比（图 5-310、5-311）。在这里，最初主持设计的米夏埃尔·图姆并没有把拱顶降低到廊道高度，而是将起拱点落在栏杆上方，柱头挑出的方位。为此，他把壁柱向上延伸，并因此形成了更高的拱廊，创造了更好的采光条件。在他 1690 年去世后，其兄弟克里斯蒂安·图姆和堂兄弟弗朗茨·贝尔继续领导施工。福拉尔贝格学派的这些做法（教堂内部采用壁柱和廊道作为垂直和水平方向的分划，上部冠以不开窗的筒拱顶），在很大程度上都是受到慕尼黑圣米歇尔教堂的启示。在条件可能的地方，立面上往往还增设塔楼。除了施瓦本的皇家修道院外，这派匠师们的业务以后还拓展到瑞士和上莱茵省的修道院，并成就了一番更宏伟的事业。

福拉尔贝格学派建筑师在魏恩加滕（符腾堡地区，1715 年）、艾恩西德伦（瑞士，1717 年）和圣加尔（瑞士，1755 年）建造的带附墙柱墩的教堂，重新采用了菲舍尔设计的大学教堂（耶稣学院教堂）的装饰性立面；魏恩加滕教堂同时还模仿了它的中央穹顶，艾恩西德伦教堂由一系列带穹顶的隔间组成，圣加尔则纳入了一个中央圆堂。但这些样式沉重的作品约自 1720 年开始即被后

期建筑超过,这些新作品分划更为轻快,动态更强,装饰也更为新颖、丰富,光线及色彩上均有变化。创造这些作品的是1610年前后出生的新一代建筑师。巴尔塔扎·纽曼和约翰·米夏埃尔·菲舍尔均为其中的佼佼者。

带廊厅的壁柱体系构成这一学派的特色之一(不过这并不是它的独创)。彼得·图姆在建于1719~1728年的阿尔萨斯地区埃伯斯明斯特本笃会教堂时,第一次采用了这一体系。他研究了弗朗茨·贝尔为上马希塔尔和魏塞瑙教堂所制订的设计;黑林山地区的圣彼得本笃会修院教堂(位于弗赖堡东北,1724~1727年),同样是以它们为样板。借助这种壁柱体系,他设想了三对侧面礼拜堂,其上设廊台,并将第四个跨间予以扩大,以形成"缩短"的耳堂。

在前述1746~1750年建造的比瑙教堂,彼得·图姆发展了一种不同寻常的设计。他缩短了耳堂,将两臂做成弓形,使墙面壁柱靠得更紧,形成一个凸起的空间,并通过巨大的天棚将它纳入到大厅里。就这样为灰泥装饰和壁画创造了一个理想的空间。从大厅迂回曲折地通往歌坛及半圆室的通道构图上几乎难以觉察。位于

左页：

（上）图 5-333 奥托博伊伦 本笃会修院教堂。西南侧俯视全景（教堂位于北面）

（下）图 5-335 奥托博伊伦 本笃会修院教堂。西北侧景观

本页：

图 5-334 奥托博伊伦 本笃会修院教堂。立面外景

壁柱上的廊道实际上只是个室内空间的装饰部件。看来图姆对这种解决问题的方式非常欣赏，以后又多次用于黑林山和阿尔萨斯地区的工程中。

壁柱的这种使用方式实际上并不是福拉尔贝格学派首创：类似的壁柱在哥特后期和文艺复兴时期的教堂里已经出现，如施韦根堂区教堂（1514 年）或海格洛赫府邸的教堂（1584 年）。以图姆兄弟和贝尔兄弟为首的这批福拉尔贝格学派的建筑师的主要功绩在于，他们找到了一种灵巧的变体形式并进一步发掘了这种构图的艺术潜力，同时把它们应用于德国西南地区的巴洛克建筑中。这种建筑类型的形成时期是 1705~1725 年。1690~1692 年弗朗茨·贝尔主持上马希塔尔教堂工程时

图5-336 奥托博伊伦 本笃会修院教堂。西侧全景

为它的出现铺平了道路。在这方面,最引人注目的实例是魏塞瑙的普赖蒙特雷修会修道院(1717~1724年),在那里,他将纵长本堂的中央跨间扩大,形成向外的礼拜堂,并按耳堂的样式调整下一跨间,就这样获得了一个由柱子确定的"交叉处",其上扁平的穹顶支撑着外部的假穹顶;优雅光亮的廊道立在由壁柱围括的礼拜堂上。在前面已论及的魏恩加滕修院教堂,弗朗茨·贝尔使这种构图方式具有了更大的规模和尺度。他还制订了具体的实施方案,并于1715~1716年主持施工(以后工作由安德烈亚斯·施雷克和克里斯蒂安·图姆接替)。离康斯坦茨湖不远的这个修道院原为一庞大的建筑群(现仅部分留存下来),纵长的教堂侧面配两个院落。从1733年的一幅版画上看,建筑还有曲线优雅的前院和椭圆形的楼阁。在宏伟及壮观上,这个设计可说是超过了当时所有其他的修道院建筑。通过这个修院教堂的建设,福拉尔贝格学派的作品在发展程度上已可和班茨及梅尔克建筑群并驾齐驱。本堂内部(见图5-291)依萨尔茨堡大学教堂(耶稣学院教堂)的模式,采用集中式构图;高高的穹顶和交叉处半圆室一起,构成中央圆堂的基本要素。由于尺寸更大,相关入口距墙较远,人们在廊道上布置了一个更高的通道。在耳堂交叉处,宏伟的壁柱如柱子般朝立在鼓座上的穹顶升起,完全是意大利的作风。诺贝特·利布在论及这一问题时曾指出,在贝尔的设计中已经可以预见到这种在德国南方不

1428·世界建筑史 巴洛克卷

图 5-337 奥托博伊伦 本笃会修院教堂。本堂及歌坛（向南望去的内景）

图5-338 奥托博伊伦 本笃会修院教堂。穹顶仰视全景

图 5-339 奥托博伊伦 本笃会修院教堂。穹顶画（作者约翰·雅各布·蔡勒，1757~1764 年）

本页：

图5-340 奥托博伊伦 本笃会修院教堂。歌坛近景

右页：

（上）图5-341 奥托博伊伦 本笃会修院教堂。耳堂交叉处祭坛天使像（约1760年）

（下）图5-342 奥托博伊伦 本笃会修道院。图书馆，内景

常见的"意大利方式"。因此似乎没有必要再到"施瓦本的意大利人"、符腾堡公爵的建筑师——多纳托·朱塞佩·弗里索尼那里去寻求这种表现的根源（从1718年起，多纳托·朱塞佩·弗里索尼曾参与了这个教堂的整治，廊道的内凹形式就是出自他的设计）。

就德国南部地区的建筑来说，福拉尔贝格学派只是一个特例，因为它用更为严谨的构图体系代替了那种丰富但不免显得有些杂乱的墙面造型，如人们在施瓦本北部地区大量教堂中看到的那样。在德国，古典主义的新思潮无疑是随着法国建筑学院建筑师们的到来而兴起的，但像福拉尔贝格学派的这些作品，似乎也可以视为初生的古典主义作品，或列入"巴洛克过渡时期"的范畴。

七、德国东南地区

[宗教建筑]

自文艺复兴开始，建筑便成为全欧洲的事业，到

1600年左右，产生于意大利的一些新规章已得到普遍应用。这种意大利模式通过各种途径向北方蔓延，在反宗教改革势力占上风的慕尼黑，人们最早感受到它的影响。如果说在科隆，耶稣会建筑此时仍然沿袭新哥特风格的话（图5-312）；那么在这里，巴伐利亚的威廉五世在建造献给国家主保圣人的圣米歇尔耶稣会教堂时，却将眼光转向古代，使人想起君士坦丁大帝在战胜敌人后建造的供奉大天使的圣殿。随着这个教堂的建设，反宗教改革派的建筑开始进入德国。

教堂最初（1582/1583年）开工的部分，在某种意义上可说是一个"官方建筑"。公爵总管家弗里德里希·祖斯特里斯曾征集了许多设计及草图，包括像沃尔夫冈·米勒这样一些大师的作品（工程1590年完成，建筑师姓名不详，只知歌坛部分由荷兰建筑师祖斯特里斯增建，图5-313~5-318）。宽大的本堂显然是罗马耶稣会堂的翻版。但在这里，人们并没有完全效法罗马的这个范本，沿袭十字形会堂加穹顶的模式，而是走上了

(左页及本页上)图 5-343 奥托博伊伦 本笃会修道院。帝王厅，内景

(本页下)图 5-344 慕尼黑 圣约翰 - 内波穆克教堂("阿萨姆教堂"，1733~1746 年，建筑师埃吉德·奎林·阿萨姆和科斯马·达米安·阿萨姆)。平面(1∶250，取自 Henri Stierlin：《Comprendre l'Architecture Universelle》，1977 年)

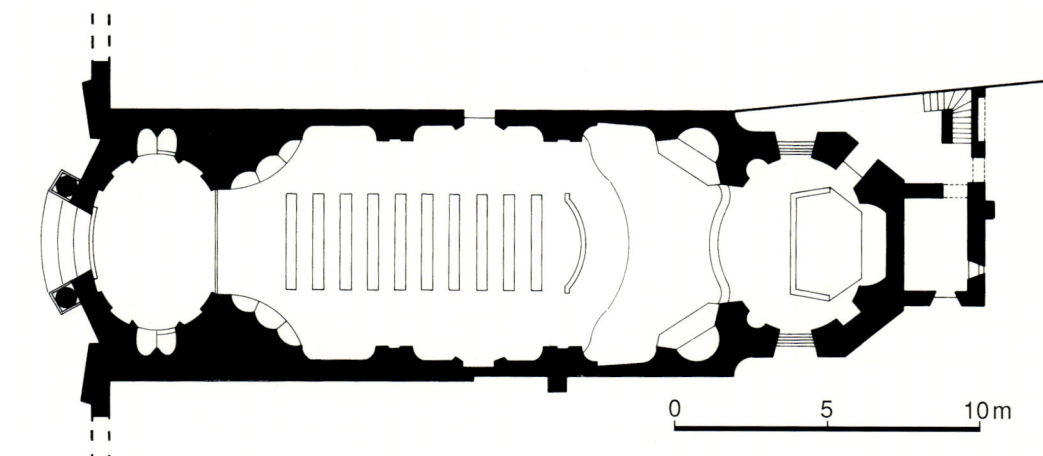

一条独立的道路，为适应采用"附墙柱墩"(wandpfeiler)的地方做法，对构图系统进行了重大的改造。这种柱墩使人想起哥特后期的扶垛，只是如今布置在室内而不是外部。巨大的筒拱顶直接安置在本堂边的柱墩上，起扶垛和支撑作用的这些横向墙体由侧面筒拱相连。柱墩间高大的龛室伸入拱顶内，外墙因此简化为中性的结构面层。连续的柱顶盘形成柱墩间的楼廊，使人想起古典的分划方式。从总体上看，空间和结构的整合程度显然大大超出了罗马的会堂式建筑。中央筒拱顶跨度约 20 米，完全可和古代的杰出作品媲美，在阿尔卑斯山以北地区，可说是空前的表现。但这个拱顶并没有和穹顶相连，产生动态的对比效果。由于在支撑墙体之间

第五章 德国和中欧地区·1435

设置了礼拜堂及廊台，光线在这里扩散后随即消失在拱顶的暗影中。墙面覆盖着精细的白色灰泥装饰，缓和了室内的反差和对比。只在歌坛入口处，由于本堂缩小形成一个光线较暗的拱形边框，突出了后面向纵深展开

（左上）图5-345 慕尼黑 圣约翰-内波穆克教堂（"阿萨姆教堂"）。外景

（右上）图5-347 韦尔滕堡 本笃会修院教堂（1716~1724年，建筑师埃吉德·奎林·阿萨姆和科斯马·达米安·阿萨姆）。平面（图版，取自Stephan Hoppe：《Was ist Barock？ Architektur und Städtebau Europas 1580-1770》，2003年）

（下）图5-348 韦尔滕堡 本笃会修院教堂。平面（据Koepf，经改绘）

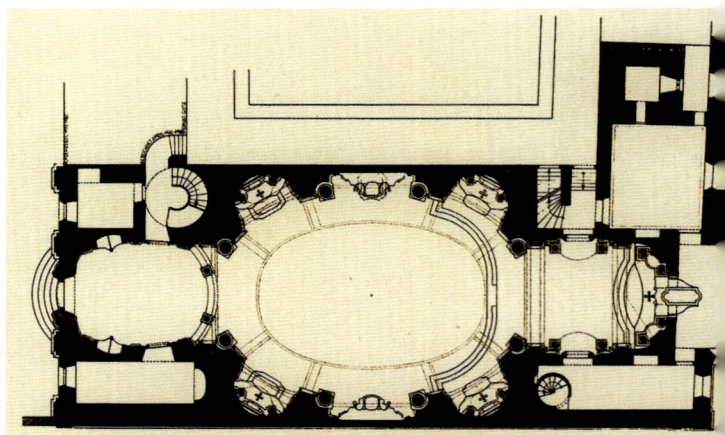

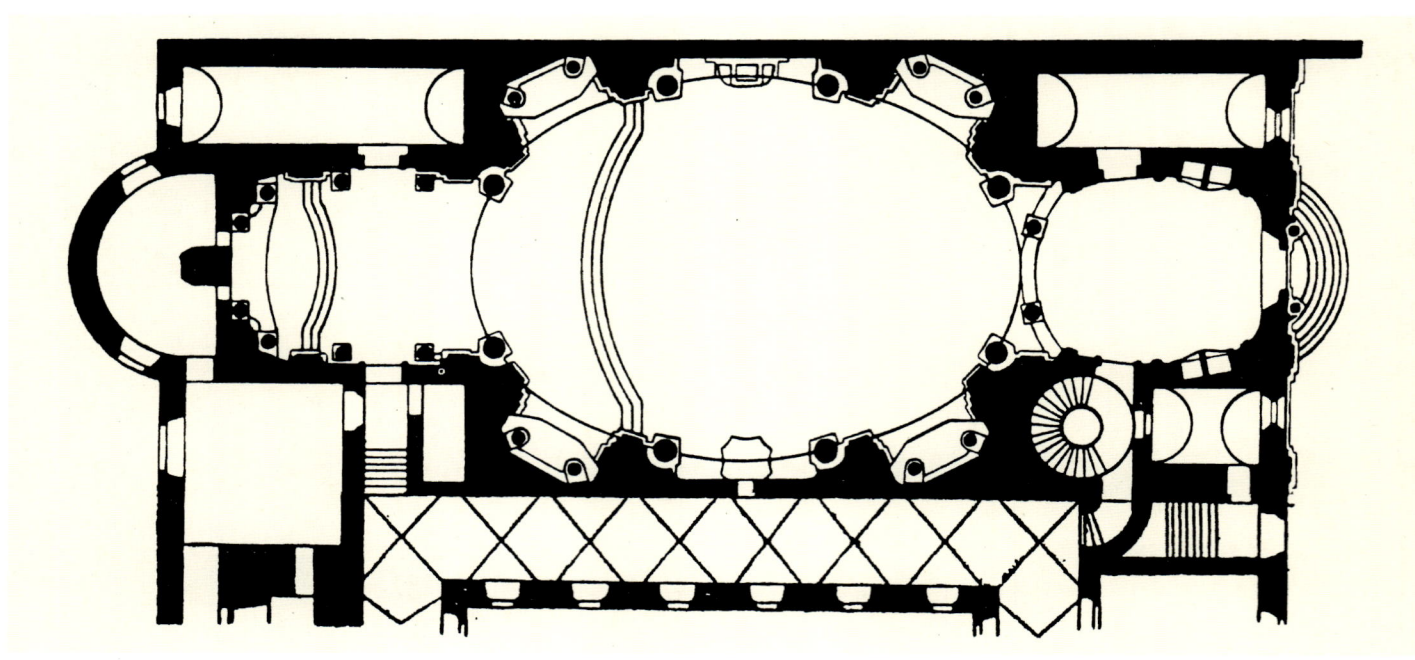

图 5-346 慕尼黑 圣约翰 - 内波穆克教堂("阿萨姆教堂")。内景

的歌坛空间。墙体的古典饰面直接通向拱顶，没有被檐口阻断，筒拱和墙体就这样一气呵成。浑厚的形体既庄重、典雅，又显得轻快、超俗。室外配一个带山墙的立面，类似由三个同样本堂构成的教堂；表面按手法主义样式仅有不大的起伏，于胡贝特·格哈德制作的大天使米歇尔组群两侧设门廊。

建于16世纪末巴洛克初期的这个建筑已成为以后许多教堂的样板（不仅对耶稣会教堂，也不限于巴伐利亚地区，而是对整个德国南部地区的巴洛克教堂都具有普遍意义）。其壁柱体系、带横向拱券不开窗的大型筒拱，以及同样设横向拱券的礼拜堂及上方的廊道，均成为以后许多教堂的样板。

圣米歇尔教堂所体现的这些新观念，很快在各地的耶稣会教堂里得到反响（如和慕尼黑同在巴伐利亚地区的兰茨胡特教堂），并在汉斯·阿尔贝塔尔（约1580~1657年）的作品里得到了进一步的发展。后者为耶稣会建造了三个带附墙柱墩的教堂：迪林根耶稣会堂（位于德国西南地区，1610~1617年）、艾希施泰特教堂（同样在西南地区，1617~1620年，教堂于1634年城市遭瑞典军队洗劫期间毁于火灾，后按原平面重建）和因斯布鲁克教堂（位于慕尼黑以南，奥地利境

左页：

（上）图 5-349 韦尔滕堡 本笃会修院教堂。纵剖面（据 Stephan Hoppe）

（下）图 5-350 韦尔滕堡 本笃会修院教堂。修道院及教堂俯视全景

本页：

图 5-351 韦尔滕堡 本笃会修院教堂。向东面主祭坛望去的内景

内，1619~1621 年）。在这些建筑里，由于取消了水平廊道，空间整合的效果更为突出。三十年战争虽然中断了汉斯·阿尔贝塔尔的事业，他的创新才干也未能得到很好的施展，但 50 年后，这种创新精神却在福拉尔贝格派建筑师那里发扬光大，并对中欧巴洛克后期大型宗教建筑的发展起到了决定性的作用。

和教堂及宫殿相比，德国的修道院建筑可说是毫不逊色；同时，它们还在自己越来越宏伟的固有形式中纳入了各种要素，特别是那些在原址上重建的老修会的修道院。其中最重要的，基于和皇权的紧密联系，已开始追求王侯建筑那样的豪华和气势。在罗马，贵族总是要在自己的宫邸中为来访的教皇准备一个宝座，同样，这些皇家修道院也为帝王准备了一个厅堂和一组套房（有时前面还配置有宏伟的楼梯）。君王在宗教圣区内的这种居留权同时显示了日耳曼罗马帝国的神圣地位。教堂和图书馆也都是修道院的重要组成部分（如梅滕本笃会

1440·世界建筑史 巴洛克卷

左页：

图 5-352 韦尔滕堡 本笃会修院教堂。东端近景

本页：

图 5-353 韦尔滕堡 本笃会修院教堂。穹顶仰视

修院图书馆，图 5-319），很多都增添了前厅和楼梯，以此烘托宏伟的气势，回廊部分则被取消。沿若干内院布置成列的建筑赋予巴洛克修道院庄严神圣的品位；围墙和自古代流传下来的前庭则继续给它们打下独特的标记。反宗教改革派建筑最初和西多会建筑形制有密切联系。慕尼黑圣米歇尔教堂那种在教堂边上布置院落的平面形制一直沿用到 17 世纪末。以后，人们更多地采用对称的布局，教堂布置在中轴线上，在院落中间。小修道院则在资金许可的范围内，竭力追随大修道院的榜样。

最初为新教朝廷服务的多瑙河畔诺伊堡教堂（建于 1607~1616 年），是一个带柱墩和交叉拱顶、由三个同样本堂组成的建筑。由于在支撑和侧廊之间设置廊台，中央本堂比采用附墙柱墩的结构要窄，室内显得相当高耸。这种类型在以后同样得到发展。建筑主体部分由德

图5-354 韦尔滕堡 本笃会修院教堂。穹顶壁画

右页:图5-355 韦尔滕堡 本笃会修院教堂。祭坛全景

图5-356 韦尔滕堡 本笃会修院教堂。祭坛近景（圣乔治斗龙，1721～1724年）

国匠师完成，但由纯几何形式组成、造型精美高雅的灰泥装饰系出自意大利匠师之手；立面为德国采用古典分划的首例，成棱柱形上置穹顶的钟楼同样是一种创新。

宗教战争后不久，尊崇殉道者的普遍心理促成了一个重修朝圣地的高潮。出于某种象征意义，这类教堂传统上多为圆形。1661年，慕尼黑匠师康斯坦丁·巴德尔开始建造的锡伦巴赫的马利亚-比恩鲍姆即为一个上覆穹顶的圆堂；它参考了被改造成圣马利亚（殉教者）教堂的罗马万神庙的样式，因而同样可视为这个著名古迹的复制品；但同时它又有新的创意：两个侧翼成三叶形，周围开圆券窗，上置舒缓的穹顶，成为菲尔岑海利根教堂的先兆。巴伐利亚建筑素以充满想象力著称，这里同样是象征性教堂的故乡。韦斯滕多夫的一个小建筑（1668年，同样由巴德尔设计）采用了十字形平面（in forma crucis），上立巨大的穹顶；据有关学者的初步研究，巴伐利亚宫廷建筑师恩里科·祖卡利为旧厄廷设

1444·世界建筑史 巴洛克卷

图 5-357 罗尔 圣奥古斯丁修道院。高祭坛,全景

计的圣殿(1674 年)选用了具有同样象征意义的两层圆堂;菲尔格茨霍芬教堂(1687 年)采用希腊十字平面,同时还引进了典型的朝圣歌坛,环绕圣殿布置上下层回廊。

在前面我们已经谈到,在壁柱上起筒拱顶和利用廊道分层这样一些构图理念,同样可在米夏埃尔·图姆主持建于 1686 至 1702 年的上马希塔尔的普赖蒙特雷修会修院教堂处看到。事实上,米夏埃尔·图姆此前不久在埃尔旺根附近的舍嫩贝格朝圣教堂里(1682~1695 年,图 5-320)已经采用了这一做法。但由于他于 1690 年去世,因此未能亲自完成这两项工程。

福拉尔贝格学派的这种构图方式,当时在某种程度上被人们视为和意大利的建筑语境唱反调。尽管慕尼黑的教堂空间是按意大利的方式构成(类似曼图亚的圣安德烈教堂),但人们故意放弃了意大利巴洛克建筑的主要构图要素——穹顶,因而改造了耶稣会堂的模式。肯普滕的圣洛伦茨教堂是三十年战争之后德国建的首批巴洛克教堂之一(图 5-321;现为天主教堂区教堂)。教堂始建于 1652 年,设计及施工领导人均为米夏埃尔·贝尔;他的思路似乎是:既然耳堂交叉处上的穹顶"必不可少",看上去也别让它太突出(也就是

图5-358 罗尔 圣奥古斯丁修道院。高祭坛,《圣母升天》组群(埃吉德·奎林·阿萨姆制作)

右页:图5-359 罗尔 圣奥古斯丁修道院。高祭坛,《圣母升天》组群,圣母及天使细部

说，让它好似"多余的东西")。在本堂，贝尔规划了一个八面体作为歌坛，由于中央交叉处为四根柱墩围括，这部分就像是一个礼拜堂。从最后的效果来看，建筑似乎并没有真正达到设计者设想的目的，因为配置了扁平穹顶及庞大顶塔的八角形歌坛部分，仍不免使人想起意大利的模式。在这方面建筑师显然并没有仅从外观或造型上考虑；事实上，他必须同时考虑堂区教堂和修院教堂两方面的要求，既满足社团信徒直接看到歌坛的愿望，也需要保证修士们在歌坛内有足够的祈祷空间。

实际上，德国南部的建筑活动，在很大程度上仍然是受意大利人主导。其中最重要的一个人物是波伦亚出身的建筑师阿戈斯蒂诺·巴雷利（1627~1699年）。有

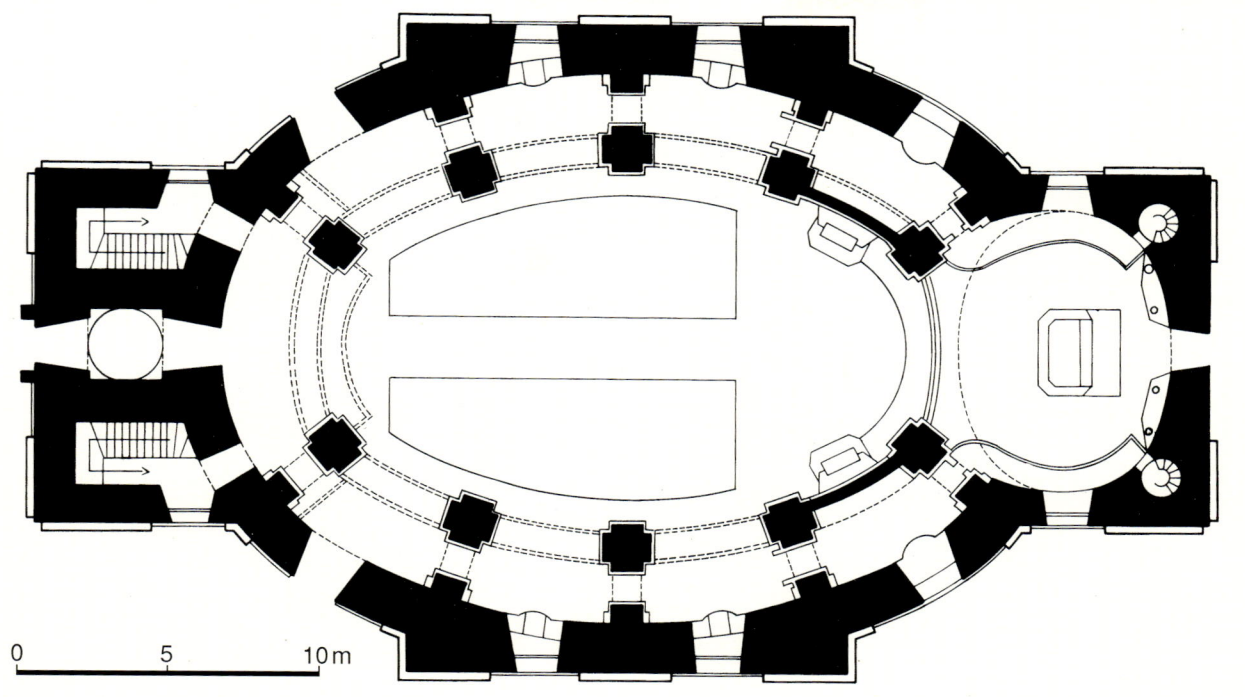

左页：

（上）图 5-360 奥斯特霍芬 教堂（1726年）。内景（装饰制作为阿萨姆兄弟）

（下）图 5-361 英戈尔施塔特 圣马利亚得胜礼拜堂（1732年，阿萨姆兄弟设计）。祈祷厅内景

本页：

（上）图 5-362 施泰因豪森 圣彼得和圣保罗修院朝圣教堂（1728~1735年，多米尼库斯·齐默尔曼设计）。平面（1∶250，取自 Henri Stierlin：《Comprendre l'Architecture Universelle》，1977年；本堂和歌坛分别为纵向及横向椭圆形）

（下）图 5-363 施泰因豪森 圣彼得和圣保罗修院朝圣教堂。外景

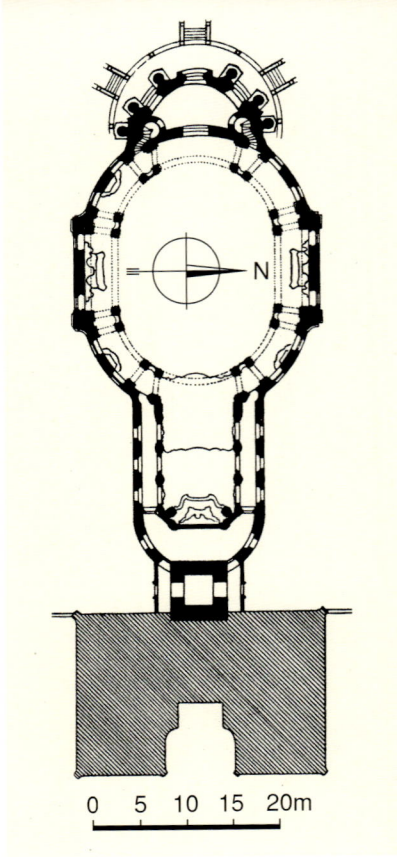

（左）图5-364 施泰因豪森 圣彼得和圣保罗修院朝圣教堂。内景（天棚画作者约翰·巴普蒂斯特·齐默尔曼，1733年）

（右）图5-366 施泰因加登 受鞭笞的救世主朝圣教堂（维斯教堂，1745~1754年，建筑师多米尼库斯·齐默尔曼）。平面（取自Beyer：《Baroque Architecture in Germany》，经改绘）

充分的证据表明，萨伏依王室选帝侯曾请他去慕尼黑主持为王储诞生而许愿建造的德亚底安修会教堂（1663年，图5-322）。这个建筑显然是以罗马的圣安德烈-德拉-瓦莱（谷地圣安德烈教堂）为范本，但带有意大利北方的痕迹（具有宽阔的本堂、半圆形的后殿和较短的耳堂）。本堂墙面按立面方式以壁柱分划；中央空间为筒拱顶，较矮的侧廊设系列穹顶；这种丰富的搭配缓和了整体的枯燥印象。室内第一次采用了由白色灰泥制作、造型丰富华美的茛苕叶饰。内墙采用带沟槽的半柱分划，具有更多的"古典"特色；但和同时期帕绍大教堂的本堂相比，空间构图上还是略逊一筹。室外立面配双塔楼，它们和统领整个构图的穹顶均由恩里科·祖卡利主持完成（穹顶根据他的设计进行了加高处理）；立面由弗朗索瓦·德居维利埃完成于1765~1768年。位于交叉处鼓座上的穹顶，和高四层的塔楼一起，高耸在城市上空，创造了极其宏伟的总体效果。不过，这个教堂在德国南方却是一个特例。在慕尼黑，地方建筑师，如约翰·米夏埃尔·菲舍尔或阿萨姆兄弟，对这种"意大利情调"当即提出非议。

巴雷利于63岁时去世；而出生于意大利北部特伦托的安东尼奥·彼得里尼则在德国主持维尔茨堡的建筑活动长达50多年。他从地方风格中汲取营养，其巴洛克作品带有更多的德国特色。彼得里尼设计的维尔茨堡的施蒂夫特-豪格教院（一个带穹顶的十字形教堂，图5-323、5-324）和对应的慕尼黑德亚底安修会教堂也因此形成了明显的对比。在这里，本堂和歌坛具有同样的

图 5-365 施泰因豪森 圣彼得和圣保罗修院朝圣教堂。室内装修细部

本页：

（左）图5-367 施泰因加登 受鞭笞的救世主朝圣教堂（维斯教堂）。纵剖面（据Stephan Hoppe）

（右）图5-368 施泰因加登 受鞭笞的救世主朝圣教堂（维斯教堂）。剖面图稿（残段，取自Stephan Hoppe：《Was ist Barock？Architektur und Städtebau Europas 1580-1770》，2003年）

右页：

图5-369 施泰因加登 受鞭笞的救世主朝圣教堂（维斯教堂）。西南侧外景

长度，耳堂向外凸出，交叉处上起八角形穹顶；交叉拱顶、十二边形后殿和暴露在外面的坚实扶垛，和中世纪的手法颇为相近（在这方面，和当时的法国倒是有点类似）。室内墙面及拱顶白色，几乎没有任何装饰。带两个塔楼的立面分成三级，由扁平的垂直条带和分层檐口一起形成框架式的构图；塔楼顶部亦由逐级缩小的柱亭构成，各级均带球茎状的穹顶，和交叉处穹顶的顶塔互相呼应。

在德国南方，最杰出的宗教建筑师即前述出身于巴伐利亚一个石匠家庭的约翰·米夏埃尔·菲舍尔（1691~1766年）。他先后主持或参加了32个教堂和23座修道院的建设，是这一地区洛可可建筑的主要代表人物（图5-325、5-326）。菲舍尔喜欢采用集中式的平面（有时加长有时不加），构图掌握上比较自由。但从总体上看，他设计的建筑，在空间的复杂程度上不及当时波希米亚地区的作品；在后期的作品里，这种倾向变得越来越明显。

在慕尼黑，为贝格-安莱姆的圣米歇尔协会设计的教堂于1738年奠基，一年之后（1739年），约翰·米夏埃尔·菲舍尔重执建筑大权。他将教堂内为堂区服务的部分和歌坛相连，歌坛两个主要空间按黄金比例搭配。然后再将歌坛分为前歌坛（中央空间）和椭圆形祭坛两部分。堂区空间包括耳堂的两个短翼。基本平面就这样具有了全新的理念：一方面，人们可看到传统圆堂和会堂的特点，与此同时，信徒们又能获得此前未曾体验过的空间印象。立在主要空间各个角上、用红色大理石制作、背靠着墩墙的3/4圆柱，和约翰·巴普蒂斯特·齐

默尔曼的绘画及灰泥造型一起，创造了不寻常的戏剧性效果（图5-327、5-328）。

从为贝格-安莱姆协会建造的这个教堂可以看出，约翰·米夏埃尔·菲舍尔热衷于在空间结构上进行新的尝试和实践。由于在效法米兰圣朱塞佩教堂（里基尼设计，1607年）的一系列跨间里，插入了一个八角形体，并于主要八角空间内采用壁柱，形体类似但更小的前歌坛配附墙柱，从而将构图重点及高潮引向祭坛方向（由于侧面隔墙处于隐蔽状态，人们很难估计后者的准确距离）。向纵深方向延伸的透视则被纳入到一个由最优秀的工匠完成的装饰框架里。实际上，此前不久，他在英戈尔施塔特工作时建的奥古斯丁教堂（1736~1740年，图5-329），已经预示了贝格-安莱姆教堂的诞生（其中央八角体的四个角上各配一个椭圆形体）。可惜这个建筑于第二次大战期间被彻底摧毁。

菲舍尔的主导思想，在建筑仍然保留了其基本特性没有演变成舞台场景时表现得最为充分。除了英戈尔施塔特教堂外，在这方面的另一个例证是他主持建造的因河畔罗特修院教堂（1759~1763年，图5-330）。这个建筑已属他晚年的作品，开始带有古典主义的气息，表现得更为高雅，装饰上亦较为节制。在更具古代特色并经加长的本堂内，插入了一个不等边的八角形体（这也是他喜爱的母题之一），形成教堂的交叉处。平面上有些类似下面将要提到的奥托博伊伦的本笃会修院教堂，但在这里，集中特色要更为明确。位于前厅和歌坛之间的八角形体，通过角上的四个廊台采光。室内立面配置连续廊道，与中央空间相通处两侧立柱墩，其后空间好似自实体上挖出。歌坛圆券坐落在直线檐口上，上置圆形拱帽，形如圆堂。在这里，建筑师并没有采用对角透视以求丰富构图并产生动感，而是使各个空间平稳相接，开口处以框饰明确界定。这种依靠部件自身和谐配置的做法，正好符合当时温克尔曼宣称的理想。

位于迪森阿默湖边的马利亚-希默尔法赫特教堂（1732~1739年），虽说也用了带壁柱结构的传统平面，但它同样属这类具有试验性质的作品。本堂长达五个跨间，歌坛上冠穹顶。在饰有壁柱的墙墩之间，按一定

图5-370 施泰因加登 受鞭笞的救世主朝圣教堂（维斯教堂）。北侧全景

节律布置的中央空间的横券起到肋券的作用，把人们的视线引向歌坛。为了强调空间的戏剧特色及仪式中心的重要意义，菲舍尔在歌坛前的最后一个跨间也配置了横向拱券。就这样，突出了从大厅状的中央空间向歌坛的过渡，也就是说，从最后一个跨间开始，人们就开始感受到歌坛的特殊效果和魅力。

在约翰·米夏埃尔·菲舍尔参与的大量改建工程中，规模最大和最显要的是巴伐利亚地区奥托博伊伦的本笃会修院教堂（始建于1737年，1748年改建，平面：图5-331、5-332；外景：图5-333~5-336；内景：图5-337~5-343），其重建属德国南方最重要的巴洛克建筑项目之一。在这里，他同样是把构图重点放在室内，采用了更加纯净的空间形式。而在改建中起到重要作用的装饰及绘画，则委托其他合作者完成（如阿萨姆兄弟、齐默尔曼兄弟、韦索布伦工作室等）。

这个建筑的历史相当复杂，在此只能概述。建筑于1737年奠基。只是一些著名建筑师（包括多米尼库斯·齐默尔曼在内）拟订的平面，都纷纷落马，遭到拒绝。最后获准进行深入设计的，是一位来自施瓦本地区、没有多大名气的叫辛佩尔特·克雷默的建筑师，不过，他的设计必须要送交巴伐利亚宫廷建筑师约瑟夫·埃夫纳核准后方得施工。后者按刚刚出现的法国古典主义风格的程式，将各部线条拉直，歌坛部分亦用直线直角结束。1748年，接手进行设计的约翰·米夏埃尔·菲舍尔将埃夫纳的刻板僵冷线条进行了"柔化"处理，但保留了其基本形制。

教堂平面上类似更早的魏恩加滕修道院，有一个穹顶前厅，接下来是三个本堂跨间，中央一个作为交叉处，彼此相连的礼拜堂形成边廊。菲舍尔将上置巨大穹顶的耳堂交叉处作为室内空间处理的重点部位。位于这个中央空间前后的两个跨间均配椭圆形拱顶。墙面及柱头的花饰突破了线脚的边界，拱顶四角的框饰一直伸入到天顶画内。空间的简朴通过遍布各处的装饰得到弥补，后者模糊了各区的分界，把它们融汇成一个整体。由约翰·米夏埃尔·福伊希特迈尔制作的贝壳及碎石装饰（1757~1764年）轻快活泼，并保持了程式化的格局，进一步突出了建筑和穹顶及拱顶画面的联系。穹顶画通过透视效果从周围的建筑部件中显现出来，其制作人为约翰·雅各布·蔡勒，时间大体和灰泥装饰同时（图5-338）。

事实上，在巴伐利亚巴洛克建筑中，建筑室内和室外并不一定完全对应，开窗的外墙也不总是内部空间分划的忠实反映，这也是它的特点之一。在奥托博伊伦，仅从建筑的外观上人们完全无法预测内部的景色；似乎各个建筑部件本身就是一道景观。不仅歌坛和祭坛能产生这种戏剧性的效果（如迪森和贝格-安莱姆等地），空间整体在这方面的表现也毫不逊色。

在创造无与伦比的空间幻觉方面，阿萨姆兄弟的表现最为突出。科斯马·达米安·阿萨姆（1686~1739年）及其弟弟埃吉德·奎林·阿萨姆（1692~1750年）均出生于巴伐利亚地区。科斯马曾在罗马学习绘画，埃吉德在慕尼黑研习雕刻；两人同时也是建筑师。兄弟俩沿袭贝尔尼尼的先例，将各种艺术综合在一起，创造出壮观的景象，这种风格很快传播到整个中欧。

曾在罗马研习过绘画的科斯马·达米安·阿萨姆，对当时的意大利艺术可说相当熟悉，知道如何根据透视学的精确法则创造虚幻空间，或把虚假建筑与真实环境相结合。在慕尼黑，阿萨姆兄弟已成功地通过透视画创造了一个虚拟的空间；在人们向上展望时，可欣赏在实体建筑框架外伸展着的一片虚幻景色。

1729~1733年，埃吉德·奎林·阿萨姆在森德利格大街建了四栋建筑。一栋是他自己的宅邸，另两栋是教堂；第四栋用于出售，后由教会参事菲利普-弗朗茨·林德迈尔购得，改造成教士宅邸。

同样由埃吉德本人出资建造的慕尼黑的圣约翰-内波穆克教堂就是阿萨姆兄弟合作的产品（所谓"阿萨姆教堂"，1733~1746年，图5-344~5-346）。建筑如罗马

图5-371 施泰因加登 受鞭笞的救世主朝圣教堂（维斯教堂）。南侧雪景

图5-372 施泰因加登 受鞭笞的救世主朝圣教堂(维斯教堂)。室内,向东望去的景色

右页:图5-373 施泰因加登 受鞭笞的救世主朝圣教堂(维斯教堂)。室内,向东北方向望去的景色

的特雷维喷泉那样自岩床上升起,立面两层,墙面向外凸出。稍稍内凹的壁柱支撑着上部隆起的扭曲山墙。在这个框架之内,两个同样华丽的龛室上下叠置,由柱子支撑的门廊上开高高的窗户,上部配置表现神迷的雕刻组群。为了创造尽可能轻快光亮的室内效果,立面许多部分,包括入口门廊,都换上了玻璃。

立面这种起伏的态势在室内因科斯马·达米安·阿萨姆绘制的具有强烈立体感的透视画(1735年)得到了格外的强调。楼层以反曲线作为结束,上部拱顶通过东西两面的窗户采光。当人们站在祭坛脚下沿着螺旋柱向上望去的时候,就可以看到带有柱子、挑腿和檐口的"天堂建筑",在它所框起的画面上表现圣徒让-内波米塞纳的功绩。漫射的光线、动态的建筑和造型表现极为突出的装饰,淡化了现实世界和画中情景的界线,使信徒们似乎离开了尘世到达天国和想象中的圣地。但由于将圣约翰造像移到高坛上和安装隐蔽光源,带扭曲柱子的波动起伏的室内,已部分遭到破坏。

1716~1724年,阿萨姆兄弟主持重建韦尔滕堡的本笃会修院教堂(平面及剖面:图5-347~5-349;外景:图5-350;内景:图5-351~5-356)。修道院位于多瑙河畔一个僻静的转弯处。在这里,人们同样成功地实现了现实和虚幻的结合;和慕尼黑相比,其内在的表现和效果甚至要更为突出。两个纵向延伸的椭圆形体(前厅及本堂)和歌坛排成一行,椭圆形体自然交接几乎不露痕迹。主要空间上冠穹顶,两边布置六个进深不大的祭坛龛室。周围如舞台布景般布置光线、人物造型及密集的摄政时期的装饰。人们首先通过色彩丰富但不高的前厅进入色调深沉的本堂主要空间。在这个中央椭圆形空间上空,科斯马·达米安·阿萨姆安置了一个双穹顶,然后设置了一个平顶棚,在上面绘制透视缩减的柱子、穹顶、云层和顶塔。在椭圆形的冠冕式外框里展现出明亮的天空背景及人物。圣母升天部分的虚幻效果尤其

(上)图5-374 施泰因加登 受鞭笞的救世主朝圣教堂(维斯教堂)。室内,向东南方向望去的景色

(下)图5-375 施泰因加登 受鞭笞的救世主朝圣教堂(维斯教堂)。室内,向西仰视景色

（上下两幅）图5-376 施泰因加登 受鞭笞的救世主朝圣教堂（维斯教堂）。天顶画（作者约翰·巴普蒂斯特·齐默尔曼）

完美。人们很难看出那只是透视景色，更难辨别平的天棚，因为从各处望去，它都像是曲面。教堂里的这种透视场景绘画，本是来自意大利的范本，但在阿萨姆兄弟这里，其表现可谓登峰造极，由此产生的如罗马万神庙那样的戏剧效果，更是无与伦比。接下来人们的注意力很快就被转移至深处的歌坛。祭坛的样式使人想起贝尔尼尼的圣彼得大教堂华盖。在它的框架内，真人大小的圣乔治骑像及其战恶龙救公主的场景在由隐蔽光源照耀的明亮背景下突现出来。巴伐利亚人对戏剧、游行和节庆活动充满热情，教会也乐于满足人们的这种喜好。像这类具有教化意义的传说故事既迎合了市民的心愿同时也满足了行家的情趣。尽管在这里调用了一切艺术手段，但就总体和实质而言，并没有逸出建筑的范围。在韦尔滕堡东南罗尔的圣奥古斯丁修道院里，埃吉德·奎林·阿萨姆制作的"圣母升天"组群，创造出同样的戏剧效果（图5-357~5-359）。但并不是在所有的场合，建筑和装修都能如此地吻合。有时是建筑师制定大的方案，装饰却自成一体。如1726年建造的奥斯特霍芬教堂（巴伐利亚州，图5-360），其安静均衡的室内时时被阿萨姆兄弟躁动不安的装饰景物打断。

在巴伐利亚州，人们对采用集中式平面的教堂格外青睐。在英戈尔施塔特的圣马利亚得胜礼拜堂(1732年，图5-361)，建筑和图像艺术的结合已臻于完美。室内空间并不高大，天棚上色彩亮丽的天堂世界画面却非常醒目、真实。

出生于韦索布伦的多米尼库斯·齐默尔曼（1685~1766年）曾受过砌筑工程和石膏工艺方面的专业训练，也是这时期一位著名的宗教建筑师。正是在他的作品里，摄政时期的艺术和洛可可风格才得到了创造性的发挥。多米尼库斯·齐默尔曼和他的兄弟约翰·巴普蒂斯特合作；只是后者作为灰泥装饰技师和画家还同时为宫廷服务，而多米尼库斯的活动范围仅限于巴伐利亚和施瓦本之间一块教士集中的地区；因此，从某种意义上说，他只是一个具有地方特色的建筑师。虽说他没有留学外国的经历，但却因此保持了自己原始的创作力，为人们提供了全然不同的另类结果。他的艺术作品和形式体现了乡土民众的宗教理想，装饰表现直截了

图 5-377 施泰因加登 受鞭笞的救世主朝圣教堂(维斯教堂)。歌坛及祭坛近景

（左上）图 5-378 施泰因加登 受鞭笞的救世主朝圣教堂（维斯教堂）。歌坛跨间细部

（右）图 5-379 施泰因加登 受鞭笞的救世主朝圣教堂（维斯教堂）。讲坛近景

（左下）图 5-380 奥格斯堡 市政厅（1614~1620 年，埃利亚斯·霍尔设计）。背立面（据 Werner Hager）

当，色彩本身已成为结构要素。

前面已提到的多米尼库斯·齐默尔曼设计的施泰因豪森的朝圣教堂（位于上施瓦本地区，1728~1735 年，图 5-362~5-365），可认为是巴伐利亚地区第一个洛可可教堂。从空间上看，设计相当简朴：支撑在细高附墙柱墩上的三开间本堂被改造成巨大的纵长椭圆形空间，另配一个横向椭圆形的内殿，内部拱廊支撑穹顶并形成连续的回廊。作为中央椭圆形空间的支撑结构，齐默尔曼采用了样式奇特的并联柱墩，墩身凹角处另出尖棱。室内光亮浅白的效果取代了阴暗和神秘的氛围。明亮的一圈白色柱墩上部饰丰富的彩色图案，如开敞的凉亭一般支撑着曲线山墙和波浪形的栏杆。栏杆之上，代表世界各地的部族注视着圣母升天，整个场面如盛大的乡间节庆。绿色的小径消失在世外桃源的仙境深处，亚当如俄尔甫斯（希腊神话里善弹竖琴的歌手）那样坐在那里。以这种安详的自然景色作为宗教题材的背景和这个教堂的圣殿形式一样，在当时并不多见。生动活泼的绘画和装饰，以及窗户的复杂廓线，和外墙的朴素节制形成了鲜明的对比，后者仅稍带一些洛可可风格的痕迹。

对齐默尔曼来说，福拉尔贝格学派的理念具有重

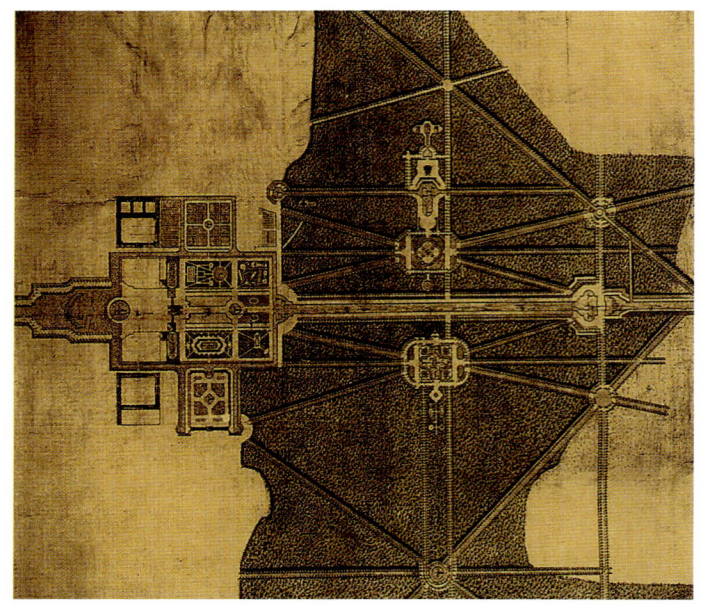

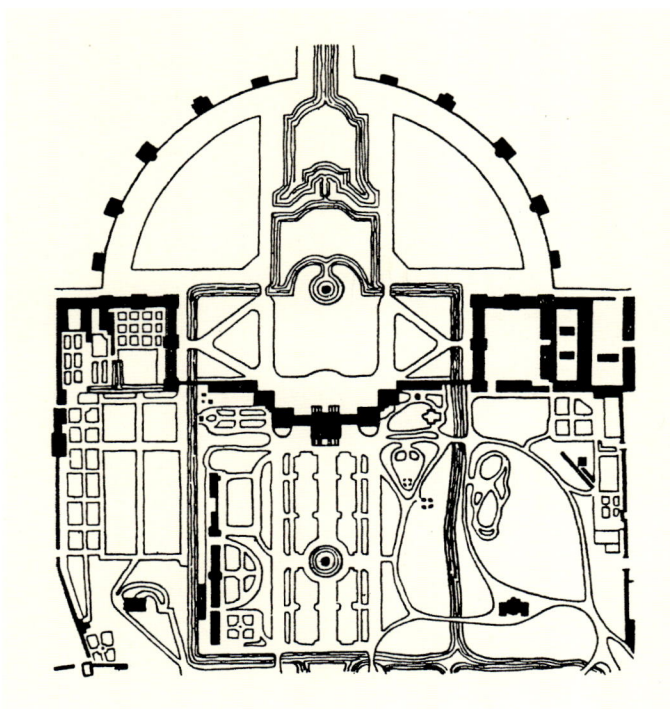

要的地位。在《欧镇教程》（Auer Lehrgängen）里，就有他需要的椭圆形平面和厅堂式歌坛的造型（卡斯帕·莫斯布尔格曾部分采用过这些形式）。在他稍后应施泰因加登修道院院长许亚青特·加斯纳委托建造的施泰因加登的受鞭笞的救世主朝圣教堂（又称维斯教堂，1745~1754年[9]，平面及剖面：图5-366~5-368；外景：图5-369~5-371；内景：图5-372~5-379）里，不但采用了类似的平面和风格，且规模更大，表现更突出，创造了一个绝妙的变体形式。

位于上巴伐利亚州的这个教堂建在一个绿色的山

本页及右页：

（左上）图5-381 慕尼黑 宁芙堡宫邸（1664~1720年代，建筑师阿戈斯蒂诺·巴雷利、恩里科·祖卡利、乔瓦尼·安东尼奥·维斯卡尔迪和约瑟夫·埃夫纳）。总平面（据D.Girard，约1715~1720年）

（右下）图5-382 慕尼黑 宁芙堡宫邸。总平面（1∶15000，取自Henri Stierlin：《Comprendre l'Architecture Universelle》，黑色建筑为阿马林猎庄）

（左下）图5-383 慕尼黑 宁芙堡宫邸。宫邸区平面（取自Beyer：《Baroque Architecture in Germany》）

（右上）图5-384 慕尼黑 宁芙堡宫邸。全景图（油画，作者Bernardo Bellotto，原作现存华盛顿National Gallery of Art）

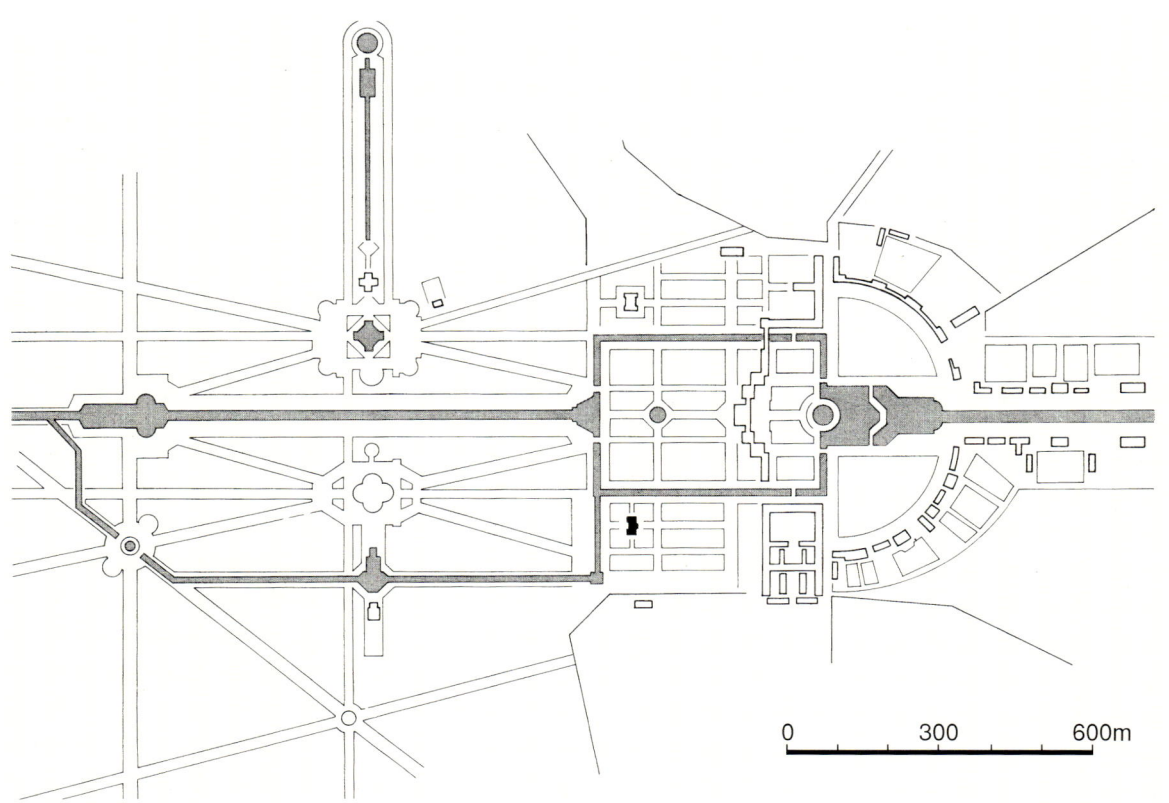

（上）图5-385 慕尼黑 宁芙堡宫邸。花园及宫邸现状

（下）图5-386 慕尼黑 宁芙堡宫邸。主体建筑全景

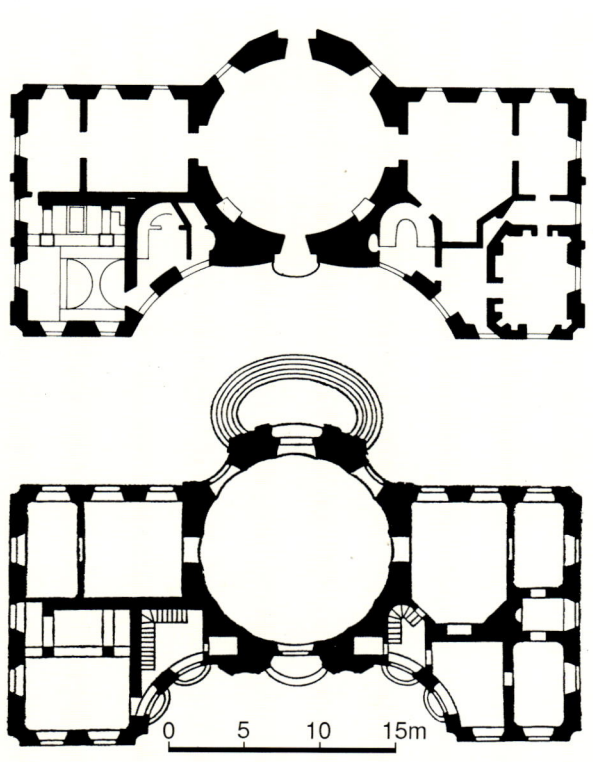

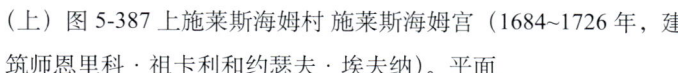

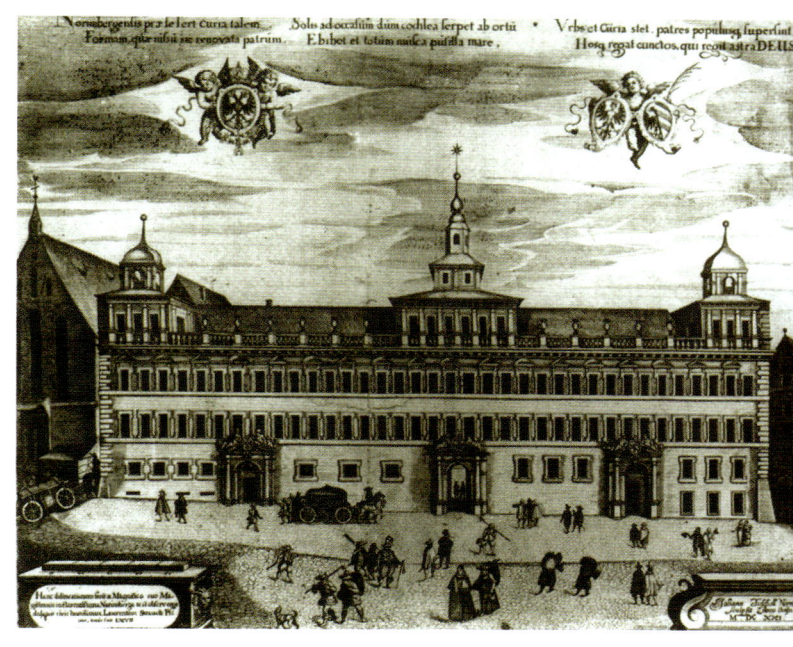

（上）图5-387 上施莱斯海姆村 施莱斯海姆宫（1684~1726年，建筑师恩里科·祖卡利和约瑟夫·埃夫纳）。平面

（右中上）图5-388 上施莱斯海姆村 施莱斯海姆宫。外景（建筑长330米，周围布置法国式花园）

（右中下）图5-389 纽伦堡 市政厅（1616年，小雅各布·沃尔夫设计）。西立面（据Lorenz Strauch，版画制作Johann Troschel，1621年，原作现存纽伦堡国家博物馆）

（右下）图5-390 纽伦堡 市政厅。外景（取自Wilhelm Lübke及Carl von Lützow：《Denkmäler der Kunst》，1884年）

（左下）图5-391 慕尼黑 宁芬堡。阿马林猎庄（1734~1739年，建筑师弗朗索瓦·德居维利埃、约翰·巴普蒂斯特·齐默尔曼等），平面（1∶500，上图取自Henri Stierlin：《Comprendre l'Architecture Universelle》；下图取自Beyer：《Baroque Architecture in Germany》；中央圆形房间为镜厅）

本页及右页：

（下）图5-392 慕尼黑宁芙堡。阿马林猎庄，立面（取自John Julius Norwich：《Great Architecture of the World》，2000年）

（上）图5-394 慕尼黑宁芙堡。阿马林猎庄，圆沙龙（镜厅），内景（灰泥装饰约翰·巴普蒂斯特·齐默尔曼）

丘上，外观简单朴素。室内纵长的椭圆形中央空间周围，环绕着成对配置的细高柱墩，白色的墙面和柱墩饰有金色及其他色彩鲜艳的花样。在上部，这些轻快的组合化解成许多过渡部件，甚至在绘出的天堂宝座边上，辟出一些可真正通达的房室。如果说阿萨姆兄弟的韦尔滕堡

教堂是一出正剧的话，那么维斯教堂就是一首充满激情的抒情诗，一曲庄重的颂歌。同时，齐默尔曼还在椭圆形中央空间东面，加了一个拉长的歌坛，以便突出自入口方向望"圣区"的透视效果，因而和施泰因豪森教堂的做法有所不同。由于齐默尔曼同时也是灰泥装饰家，因此他同样从装饰的角度审视建筑；丰富——有的地方甚至有点过分——的贝壳及碎石装饰，淡化乃至掩盖了真正的建筑实体。在一些从结构和力学角度来看最关键的受力部位，却令人惊异地装饰着带贝壳及碎石图案或镶嵌细工的精巧饰框。在这里，齐默尔曼显然有他的精

（上）图5-393 慕尼黑 宁芙堡。阿马林猎庄，外景

（下）图5-396 慕尼黑 宁芙堡。阿马林猎庄，圆沙龙（镜厅），室内侧面景色（有门通向两侧房间）

心考虑。建筑和装饰构成了一个整体；人们甚至可以把它称之为建筑的"装饰化"。在施泰因豪森，椭圆形的穹顶看上去还是直接搁置在自柱头升起的拱券上；而在维斯教堂，贝壳及碎石装饰已形成了天顶画的边框，真正的建筑框架已很难辨识。建筑意义上的穹顶在这里已不复存在，人们见到的只是透视画上表现的景色（包括绘出的门廊）。天棚上表现救世和赎罪的大型壁画系由建筑师本人和他的哥哥、壁画家约翰·巴普蒂斯特·齐默尔曼合作完成。扁平的穹顶实际上是装在承重天棚下的木构板条吊顶，其唯一的功能就是作为绘画的底面。

重建后的维斯教堂，和这时期修建的许多朝圣地教堂——如西南地区的菲尔岑海利根朝圣教堂或摩拉维亚地区的韦尔特山一样，在当时享有很高的声誉。在信奉天主教的这些国家，即使在远离城市的地方，也同

图 5-395 慕尼黑 宁芙堡。阿马林猎庄，圆沙龙（镜厅），入口一面内景

样散布着密集的宗教建筑，正是这样一些大大小小的胜迹，形成了德国巴洛克时期的独特景观。

作为另一个乡间的朝圣地，前述由彼得·图姆设计的新比瑙教堂（1746年）为福拉尔贝格学派的后期作品。其钟楼位于隐修院各翼之间，立在康斯坦茨湖边一个山丘上。在配有环行楼台的明亮大厅里，福伊希特迈尔的优美装饰及其可爱的小天使，从色彩绚丽的灰泥背景及暖色调的天棚画中显现出来。福拉尔贝格学派那种地方做法已让位给更具有国际特色的造型，只是在和自然相结合等方面，更多地保留着德国的特色。

总的来看，巴伐利亚的洛可可风格不仅类似哥特晚期的作品，同时也使人想起德国神话题材绘画和版画家卢卡斯·克拉纳赫（1472~1553年）年轻时的画作、乃至文德尔·迪特林那种荒诞的造型。福伊希特迈尔、施穆策和于布尔赫尔在运用这类形式语言上都表现出精湛的技艺。法国的洛可可风格，在像沙龙这样一些建筑里，大都追求在墙面及装饰之间形成对比和均衡的效果；在意大利，也大抵照此办理。但在德国，特别在宗教建筑上，人们却采取了另外的方式，特别在色彩处理上表现尤为突出。在哥特建筑里，彩色的光线投射到单色的墙体上，此时却相反，彩色的部件在明亮的墙面及柱墩背景上凸显出来，一如荷兰风俗画家扬·弗美尔

(1632~1675年)绘画的效果。

[世俗建筑]

目前，很难对三十年战争前德国巴洛克世俗建筑的情况作出准确评价。德国作者常举1614~1620年建造的奥格斯堡市政厅（图5-380）作为阿尔卑斯山以北地区的第一个巴洛克建筑。奥格斯堡当年是个重要的商业中心，由埃利亚斯·霍尔（1573~1646年）设计的这个建筑和同样由他设计的军械库和城防工事一样，是这时期帝国城市中最宏伟的作品之一。霍尔和伊尼戈·琼斯及鲁本斯属同一代人。他设计的这个近于方形体量的多层建筑仅靠窗户及檐口分划，几乎没有什么装饰。高三层的"金厅"贯穿建筑的整个进深，两侧设楼梯间，角上为办公室。看上去好似可彼此分开的建筑形体内外

本页及右页：

（左及中）图5-397 慕尼黑 宁芙堡。阿马林猎庄，圆沙龙（镜厅），侧门近景

（右）图5-398 慕尼黑 宁芙堡。阿马林猎庄，圆沙龙（镜厅），镜面装修细部

形式完全一致。同一时期的伊尼戈·琼斯只是满足于效法帕拉第奥的宫殿设计，仅在立面及分划上稍事变动（如伦敦的宴会厅）；但在这里，当地资产者的大型府邸和意大利的宫殿形式已极其独特地结合在一起，形成了一种混合罗马及帕拉第奥部件的风格。其中央形体及山墙高耸在周边栏杆之上，两侧配置带球茎顶的塔楼。作为庄重和尊严的象征，这种叠合式结构高耸在城市周围环境之上，很远就可以看到。

 这个建筑与巴黎卢森堡宫和热那亚宫殿旗鼓相当。尽管墙面分划上显得有些笨拙,但总体效果相当威严壮观,也完全适合它的功能定位。只是和马代尔诺的作品相比,稍欠火候。它似乎表明,一种新的德国建筑正在走向成熟;直到菲舍尔·冯·埃拉赫重新采用这一题材时,这一过程才告完成(如维也纳帝国图书馆,中央形体向上的动态和两侧的静态表现相互配合,图5-533)。但在当时,霍尔作品造型上的清晰明确,尚属独一无二。在这以后,对称的布局和规则划分的层次,无论在受意大利影响的作品还是本土建筑中,都开始成为普遍的表现。

 慕尼黑的宁芬堡宫邸(1664年,图5-381~5-386)开始阶段的工程主持人是前面已提到过的巴雷利,1674年后由恩里科·祖卡利(1642~1724年)接手(再后主持人是维斯卡尔迪和埃夫纳)。祖卡利同时还是位于慕尼黑附近上施莱斯海姆村的施莱斯海姆宫(1684~1726年,

图5-387、5-388）的设计人。这几位均是来自意大利的建筑师。在三十年战争之后，他们一直占据着中欧建筑舞台的前沿。其中很多都是意大利北部（或当时归属意大利的部分瑞士地区）的二流艺术家，其作品真正具有独创精神的并不是很多。但在普遍传播和扩展新时代的观念上，这批人却起到了决定性的作用，并和他们的同胞、大量的意大利砖石及灰泥装饰匠人一起，为18世纪伟大的巴洛克后期建筑奠定了基础。

慕尼黑艺术陈列室的历史可上溯到16世纪中叶，到该世纪末被纳入到图书馆内。1632年，在城市被占领期间，藏品曾遭瑞典人掠夺。到18世纪又重新开始收集展品，并发展成目前的巴伐利亚州国家博物馆。从1598年的藏品清册上看，慕尼黑巴伐利亚公爵收集的这些艺术品主要是按低地国家医生和收藏家萨穆埃尔·冯·奎歇贝格的分类法编制的。后者于1565年发表了一部论收集品的专著（《Méthodologie du Theatrum Sapientae》），提出了系统的分类法。第一类涉及收藏者或基金会（包括家族

（上）图5-399 慕尼黑 宁芙堡。阿马林猎庄，圆沙龙（镜厅），内檐装修细部

（下）图5-400 慕尼黑 宁芙堡。阿马林猎庄，圆沙龙边侧室内景

1472·世界建筑史 巴洛克卷

史、历史年表、家族系谱树及主要成员肖像等），第二类是各时期的艺术（包括艺术品、各类器具、模型图稿等），第三类为自然界，第四类属技术产品，第五类为绘画。

纽伦堡的佩勒府邸（1602~1607年）系（老）雅各布·沃尔夫和彼得·卡尔为佩勒家族建造的府邸。由于雇主希望搞一个意大利风格的设计，导致两种传统的结合（在德国的基本结构上嫁接了威尼斯的细部）。主体三层的立面上另起一个由缩小的三层构成的山墙，总体效果类似荷兰建筑。粗面石砌体、拱窗、顶上的方尖碑，以及由多立克、爱奥尼和科林斯柱式组成的构图系列，使立面具有意大利特别是威尼斯的特色（后者主要表现在横跨立面的实心栏杆、将贝壳图案和弓形山墙相结合等方面）。纽伦堡市政厅（设计人小雅各布·沃尔夫，1616年，图5-389、5-390）则在一定程度上带有罗马社团的风格，配备了三个门廊和三个类似观景楼的屋盖。

作为丁岑霍费尔兄弟中最年轻的一个，约翰·丁岑霍费尔和希尔德布兰特合作设计了波默斯费尔登的府邸（位于巴伐利亚地区，1711~1718年）。希尔德布兰特系应雇主、选帝侯洛塔尔·弗朗茨·冯·申博恩的要求为该项目提供咨询。室外宽大的中央楼阁带圆角，造型表现突出，为典型的约翰风格。巨大的柱式立在拱券两边的高基座上，这种做法可能是模仿布拉格的切尔宁宫。从边侧向中央，柱式依次从单壁柱变为双壁柱，接着成组布置并在门廊处改成独立柱。同样的体系可在大理石沙龙处看到，椭圆窗上的弓形檐口类似菲舍尔·冯·埃拉赫的做法。

作为一种室内装饰样式，洛可可风格在巴伐利亚州和普鲁士均取得了极大的成功。在德国，人们不像法国那样节制，而是更放得开，也更为大胆。约瑟夫·埃夫纳（1687~1745年）在为慕尼黑宫廷当局装饰施莱斯海姆和宁芙堡宫邸时，采用了既轻快又精致的摄政风格。接替他的弗朗索瓦·德居维利埃（1695~1768年）是个出

（上）图5-401 慕尼黑 宫邸。剧场（1751~1755年，建筑师弗朗索瓦·德居维利埃），观众席及包厢景色

（下）图5-402 慕尼黑 宫邸。剧场，自舞台望大厅全景

身于瓦隆族的小个子，曾在选帝侯马克斯·伊曼纽尔的安排下自1730年起在巴黎受教育；由他主持装饰的慕尼黑宫邸的富贵堂，属德国首批引进洛可可风格的作品（1730年，后毁坏并进行了重建）。其表面满覆贝壳、格网及各种植物图案，交织成轻快的花饰或神话场景；即使是对称的图案，也充满动态和想象力。布尔克哈特甚至认为，它是世上最华丽的洛可可风格，想象力之丰富更是无与伦比。富贵堂的基调由白色、红色和金色组成。在他和约翰·巴普蒂斯特·齐默尔曼等人共同设计的慕尼黑附近宁芬堡的阿马林猎庄（1734年，图5-391~5-393）里，色彩被代之以蓝、黄、浅绿和银色；幅面划分更为宽大、组群联系更为松散。在位于组群中央的圆沙龙里，烛光照耀下闪闪发亮的装饰部件在镜子中来回反射和映照，使人宛如堕入梦境（图5-394~5-400）。

继拜罗伊特剧场之后，1751~1755年，德居维利埃主持建造了慕尼黑宫邸的剧场（图5-401、5-402）。它由四排白色、金色和绛红色的包厢组成，宫廷包厢的华盖显得非常突出。丰富的木雕表现出纯粹的洛可可风格，周围人像柱上的少女带着迷人的微笑。从场地的大小上看，它并不亚于用作世俗欢庆活动的拜罗伊特剧场，如马蹄铁状围括舞台的布局方式表现出更大的灵活性，环境也更为明亮欢快。莫扎特的《克里特国王伊多梅尼奥》（Idomeneo，rè di Creta）就是在这里首次演出。

第二节 其他国家和地区

按B.弗莱彻的看法，中欧早期巴洛克（Proto-Baroque）约自1610年至1680年左右，盛期巴洛克（High Baroque）则从1680年左右延伸到约1750年。

国家和地区之间的交流，是这时期中欧建筑的一个重要特色。天主教复兴的中心城市，如萨尔茨堡、格拉茨（图5-403、5-404）和布拉格，成为这时期开放的主要门户。在波希米亚，地方建筑传统则由于大量匠师的流亡和迁移而中断。在接下来的一段时期内，随着帝国的衰退，艺术上也更多地依赖其他国家。特别是被招到这些地区来的意大利匠师，为人们带来了当时最先进的知识、技能和第一手的经验。带穹顶的十字教堂、采用集中式平面的建筑和新的民用工程，均属这时期引进的类型。这些外来的杰出艺术家们同时带来了完整的工作班子，本地人则只是起到助手的作用。从历史上看，西

本页：

图5-403 格拉茨 从南面望去的城市全景图（图版作者Matthaeus Merian，1649年）

右页：

（左上）图5-404 格拉茨 向西面望去的城市景色（图版作者Andreas Trost，1699年）

（右上）图5-405 艾恩西德伦 本笃会修道院。总平面

（右下）图5-406 艾恩西德伦 本笃会修院教堂（1719~1735年，建筑师卡斯帕·莫斯布尔格等）。平面（总平面示意1：4000，教堂平面1：1000；据Charpentrat，经改绘）

（左下）图5-407 艾恩西德伦 本笃会修院教堂。平面阶段示意（自上至下：1691~1692年方案；1705年设计；卡斯帕·莫斯布尔格最后方案，1719年）

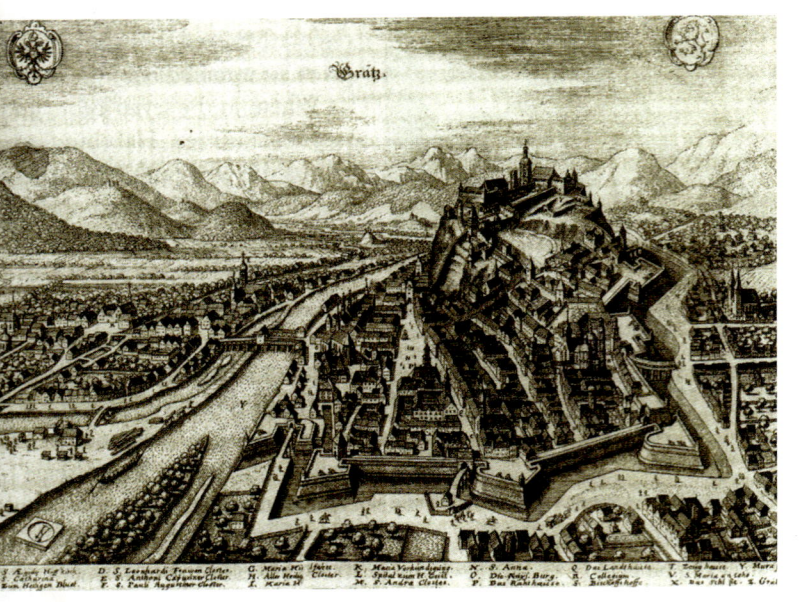

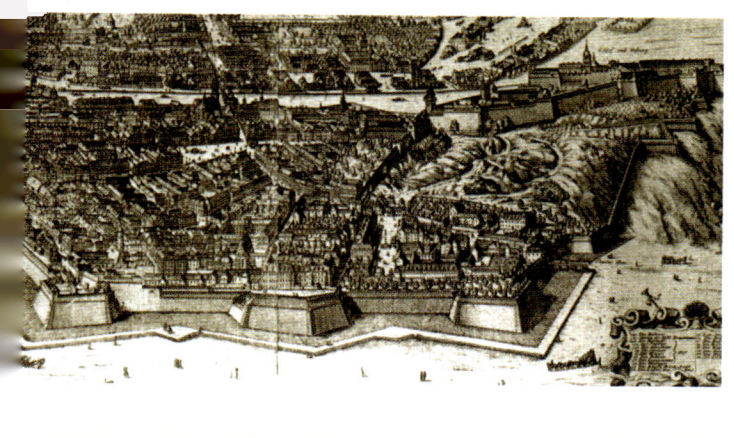
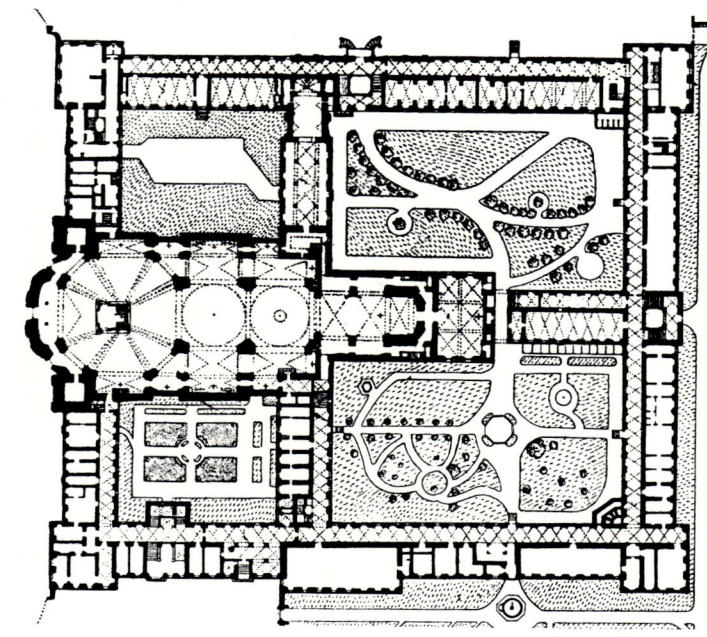
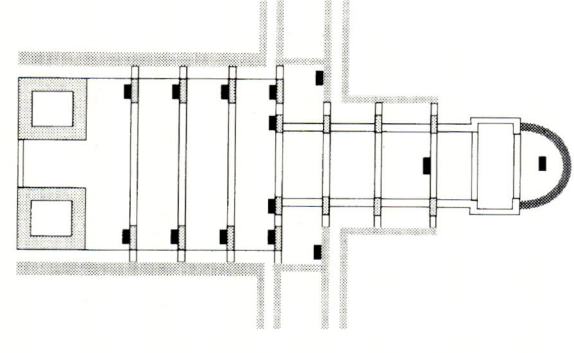
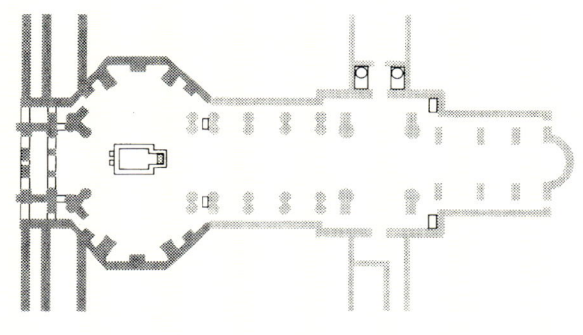
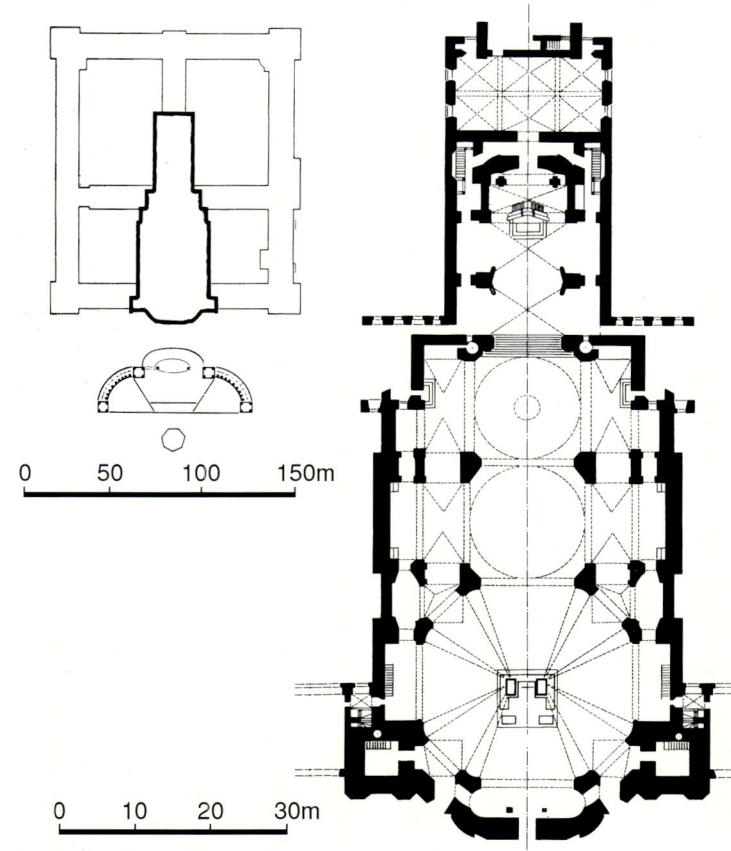
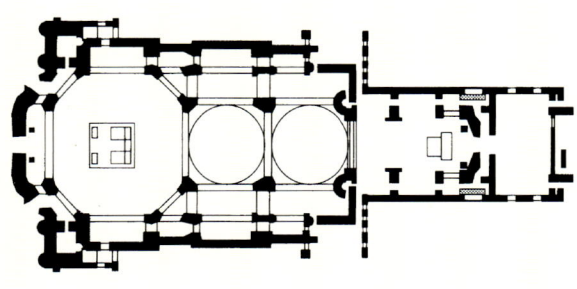

里西亚、匈牙利和从土耳其手中夺回的斯拉夫国家在建筑上和奥地利有着密切的联系。波兰和俄罗斯一直与德国人有来往，自文艺复兴以后，又开始受到意大利人的影响。后者渗透的地域除德国南部外，还包括奥地利和波希米亚地区、西里西亚地区，稍后又扩展到匈牙利；只是在施瓦本地区和福拉尔贝格派艺术家那里，本地人尚可和他们抗衡。德国或斯拉夫的环境自然也对这些移民艺术家有所影响并使他们同化；很快他们就懂得如何满足新的需求和适应当地的环境。

1680～1729年为中欧巴洛克建筑的繁荣期。其代表人物有奥地利的菲舍尔·冯·埃拉赫（1656～1723年）、雅各布·普兰陶尔（1660～1726年）和希尔德布兰特（1663～1745年），以及主要在法兰克尼亚、巴伐利亚北部及波希米亚地区活动并产生影响的丁岑霍费尔兄弟

及其家族。菲舍尔·冯·埃拉赫去过罗马,在那里,他不仅培育了自己对古代和当代建筑的兴趣和鉴赏力,同时也学到了幻景绘画的新技术。他本人的作品在很大程度上具有折中的性质,多少有点欠缺统一。1679年曾在布拉格暂住的瓜里诺·瓜里尼的作品对中欧巴洛克成熟时期建筑的复杂空间效果及波动的表面也具有重要的影响,这在希尔德布兰特的作品中表现得尤为明显(他曾作为军事工程师在意大利皮埃蒙特地区工作过)。马托伊斯·达尼埃尔·珀佩尔曼主要为萨克森选帝侯奥古斯特(强者)服务,但在维也纳、布拉格乃至巴黎和意大利,也都有其作品。从约翰·布莱修斯·圣蒂尼·艾歇

左页：

（上）图5-408 艾恩西德伦 本笃会修院教堂。19世纪版画中表现的建筑形象

（下）图5-409 艾恩西德伦 本笃会修院教堂。西立面现状

本页：

（上）图5-410 艾恩西德伦 本笃会修院教堂。西北侧外景

（下）图5-412 艾恩西德伦 本笃会修院教堂。歌坛内景（建筑师约翰·格奥尔格·屈恩）

尔（1667~1723年）等人的作品中，还可看到这时期人们把巴洛克古典主义和独特的中欧哥特传统相结合的努力。

一、瑞士

在瑞士，巴洛克教堂建筑主要受福拉尔贝格学派大师的影响，在修道院建筑上表现尤为明显。这一学派的艺术家们为教会提供了各种解决问题的程式和方法。在这里，主要问题往往是如何使这些空间满足不同文化功能的需求。

艾恩西德伦本笃会修道院（位于施维茨州）的平面，乍看上去颇为令人费解（平面：图5-405~5-407；外景：图5-408~5-410；内景：图5-411~5-413）。人们只能从修道院的历史演变上去寻找这种不寻常布置的缘由。这个修道院最初既是一个供人朝拜的圣地又是一个祭祀地，正是这种双重功能使这座巴洛克教堂的建造持续了30多年。

公元861年，住在这里的修士圣迈因拉德被匪徒杀害。对他的崇拜随即兴起并成立了第一个修士团。60

左页：

图 5-411 艾恩西德伦 本笃会修院教堂。内景（向东面歌坛方向望去的景色）

本页：

图 5-413 艾恩西德伦 本笃会修院教堂。雕饰细部（作者阿萨姆兄弟）

年后，斯特拉斯堡大教堂教首埃伯哈德组织了一个本笃会修士团，教堂则供奉"修士的圣母"（Notre Dame des Ermite）。从 15 世纪中叶开始，这个"修士的圣母"开始吸引了众多的朝圣者。具有火焰哥特风格的圣母雕像布置在"下教堂"礼拜堂内、最初迈因拉德修道间所在的地方。在东面，作为礼拜堂的延伸部分，增建了修院教堂，即所谓"上教堂"。这就是巴洛克教堂建造之前建筑的状况。1674 年，福拉尔贝格派建筑师约翰·格奥尔格·屈恩建了歌坛。在西面有两个罗马风格的塔楼，人们最初打算把它们安置到新修道院的立面中去。建筑的纵轴线就这样得到了突出。在老建筑的室内，谢恩礼拜堂自然是必须保留并纳入到新建筑中去的"圣地"（图 5-414、5-415）。

到 1691 年，屈恩的学生卡斯帕·莫斯布尔格开始拟

本页：

图5-414 艾恩西德伦 本笃会修院教堂。谢恩礼拜堂，向西面望去的景色

右页：

（右上）图5-415 艾恩西德伦 本笃会修院教堂。谢恩礼拜堂，东北侧内景

（左上及下）图5-416 圣加尔 修院教堂（1721~1770年，建筑师卡斯帕·莫斯布尔格、约翰·米夏埃尔·贝尔和彼得·图姆）。平面（1755~1768年彼得·图姆最后方案，会堂式平面中间布置起耳堂作用的圆堂，双塔立面约翰·米夏埃尔·贝尔设计，左上小图示卡斯帕·莫斯布尔格1719年方案）

订新教堂的设计。他力求使新教堂与歌坛的壁柱体系协调；在稍后的另一个设计里，还打算把本堂下部设计成一个采用集中式平面的空间。各种方案的研讨持续到1693年；又过了10年，人们才决定改建修道院。到1705年，一位被请来对设计进行咨询的米兰建筑师提议，将谢恩礼拜堂改造成一个拉长的椭圆形空间，内配壁柱，朝向采用集中式平面、上覆穹顶的本堂。卡斯帕·莫斯布尔格在许多方案中都采用了这一构思并于十多年后制订了最终设计（1717和1719年），极具创意地将不同的文化功能协调在一起。两边设塔楼的谢恩礼拜堂形成一个八角形体，以矩形的耳堂翼作为结束。和这个八角形体相连的是平面方形的本堂第一跨间，该

部分由四根柱墩确定，上承支在帆拱上的穹顶，边侧同样由矩形的耳堂翼封闭。这两个空间通过廊道相连，后者一直延续到本堂的第二部分。

谢恩礼拜堂的八角形体同样在室外立面的布置上得到反映，壁柱或组合或成对配置，均与室内柱墩的布置呼应。人们的视线接着被引导到八角体外上覆穹顶的两个本堂跨间，并通过廊道到达歌坛。卡斯帕·莫斯布尔格1723年去世，12年后（1735年），教堂举行了奉献仪式。

歌坛和本堂供院长及修道院使用，巨大的谢恩礼拜堂主要为朝圣者服务。从这里也可看到设计者在安排系列空间上的匠心：在人们穿过各种空间的同时，其信仰也逐渐得到了升华。

卡斯帕·莫斯布尔格将具有不同文化功能的空间组合在一起的想法，很可能是来自1652年左右米夏埃尔·贝尔设计的肯普滕的圣洛伦茨教堂（图5-321）。1711年，约瑟夫·格赖辛曾打算在维尔茨堡的新教堂西部，布置一个朝向本堂和歌坛的八角形体，在这里，同样是为了给朝圣者提供一个活动空间。然而，只有巴尔塔扎·纽曼在菲尔岑海利根朝圣教堂里（图5-251~5-257），才真正实现了各类空间的综合。

有关圣加尔修道院教堂（平面及模型：图5-416、5-417；外景：图5-418；内景：图5-419~5-421）的方案讨论同样持续了30多年，尽管问题的复杂程度尚不及艾恩西德伦。卡斯帕·莫斯布尔格于1721年提交了他的第一批设计方案。为了将分别供奉圣加尔和圣奥特马尔的两个教堂连接起来，他提议建一个双十字教堂，交叉处均覆穹顶。在卡斯帕·莫斯布尔格1723年去世后，另一位福拉尔贝格学派大师、来自布莱希滕的约翰·米夏埃尔·贝尔接手工作并提出了一个在本堂中间内接一个巨大八角形体的解决方案。自1730到1754年，另外六

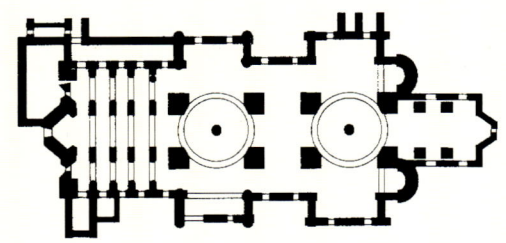

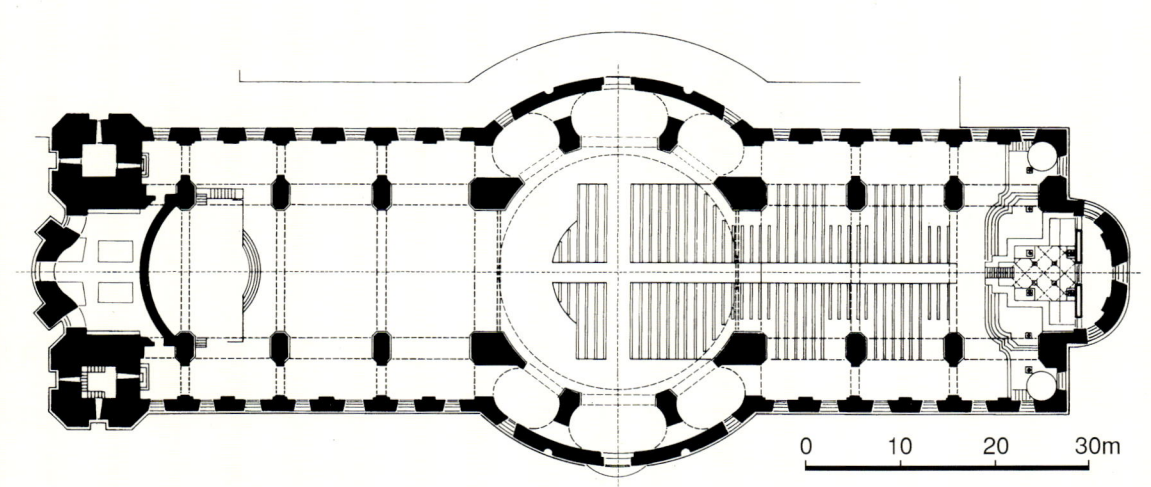

（上）图 5-417 圣加尔 修院教堂。模型（P.Gabriel Loser 制作，圣加尔 Stifts-bibliothek 藏品）

（下）图 5-419 圣加尔 修院教堂。内景（自入口处望祭坛景色）

位建筑师，包括条顿修会建筑师约翰·卡斯帕·巴尼亚托在内，均提交了各自拟订的方案设计。主要问题依然是如何协调卡斯帕·莫斯布尔格和贝尔设想的解决模式。1755 年最后中标的彼得·图姆的设计实际上是米夏埃尔·贝尔方案的一种变体形式，综合了拉长的平面和集中式平面。通过柱墩体系加以延伸的壁柱构成了整个空间并赋予它统一的面貌。两个歌坛由于和教堂中心联为一体并没有给人造成分开的印象，中心处同样设门廊，因而不仅是东立面在外观上占有突出的地位，横向轴线的景观同样相当宏伟。工程完成于 1770 年。两年后，另一位福拉尔贝格学派建筑师约翰·格奥尔格·施佩希特在维布林根的圣马丁本笃会修院教堂里采用了同样的构图形制，开辟了通向德国西南地区前古典主义的道路（图 5-422）。

1760 年，圣加尔修道院趁改建之机同时建造了图书馆（图 5-423）。其中保存了 2000 部古代手抄本和 10 万册图书。该部分在福拉尔贝格派大师彼得·图姆主持下完工。室内空间在垂直方向上进行分划，每组凸出的书柜均由四根壁柱支撑，其间由绕行大厅的廊道相

图 5-418 圣加尔 修院教堂。东立面外景

连。灰泥装饰由出生于韦索布伦的约翰·格奥尔格·吉格尔和马蒂亚斯·吉格尔制作；细木装修出自加布里埃尔·洛塞兄弟之手。在维布林根那里已经用过的古代和基督教的认知主题，在这里找到了特殊的表现：在约瑟夫·万嫩马赫尔绘制的天棚画上，基督教信仰同时得到神学和科学的支持。

福拉尔贝格学派建筑师的活动和瑞士的耶稣会教堂之间具有密切的关联。从索勒尔的耶稣会教堂（见图 5-309）可以看出，以慕尼黑圣米歇尔教堂为代表的德国南部的巴洛克艺术，成为这两个学派的共同源泉。领

图5-420 圣加尔 修院教堂。自中央圆堂处望祭坛景色

导该项工程的耶稣会教士海因里希·迈尔,力图使福拉尔贝格学派建筑的新观念付诸实现。

据文献记载,卢塞恩的耶稣会教堂是三个建筑师合作的成果。其中有一位"出生于布雷根茨",无疑是指出生于福拉尔贝格州的米夏埃尔·屈恩。索勒尔的耶稣会教堂在时间上稍后(1680年奠基)。其设计人估计也是海因里希·迈尔,他则可能借此机会从福拉尔贝格派建筑里汲取灵感。在索勒尔,宽大的本堂及其壁柱事实上也确实再现了福拉尔贝格学派的范本。至于米夏埃尔·图姆,毫无疑问对瑞士的耶稣会教堂相当熟悉,他建造的舍嫩贝格耶稣会教堂(位于埃尔旺根附近)就是效法索勒尔教堂。这个例子再次证实了这种相互影响的关系。1683年末,即在新教堂开工一年后,海因里希·迈尔在那里加入了耶稣会,从这时起,他便重新掌握了工程的领导权。由于和厅堂式教堂类似的本堂尺度、讲坛的布置方式和狭窄的耳堂,舍嫩贝格教堂似乎更接近慕尼黑的圣米歇尔教堂(图5-313~5-318)。

圣加尔修院教堂(1748~1770年)的最后改建系由彼得·图姆(1681~1766年)和约翰·卡斯帕·巴尼亚托主持。其双半圆室的设计系承袭它所替代的中世纪结构。在这里,萨尔茨堡大学教堂(耶稣学院教堂)的构图形式得到了进一步的发展;廊台缩小形成曲线的运动,立面在两个塔楼之间强劲地向外凸出。在修院图书馆,图姆采用低矮的穹式拱顶,促成了明亮华美的效果,环

(上) 图 5-421 圣加尔 修院教堂。歌坛坐席（背景镀金木雕表现圣本笃生平，1763~1770 年）

(下) 图 5-422 维布林根 圣马丁本笃会修院教堂（约 1772 年，建筑师约翰·格奥尔格·施佩希特）。立面（据 Koepf）

绕着柱墩形成波浪状的内部挑台带有特殊的悬臂挑腿。在彼得·图姆早些时候设计的比瑙的朝圣教堂（位于康斯坦茨湖边德国一侧，1746~1758 年），也可看到类似的做法。

艾恩西德伦修院教堂（始建于 1714 年）的设计人为约翰·格奥尔格·屈恩，该项目最后由他的学生卡斯帕·莫斯布尔格（1656~1723 年）完成。由于同时它还是一个朝圣处所，因此人们将本堂和围括朝圣地点的八角形空间连在一起。建筑遂具有不同寻常的平面。一进门人们就面对着一个年代更早、备受尊崇的圣迈因拉德礼拜堂。其上方为一巨大的八角形拱顶（为教堂中最大的一个），其后三个集中式空间朝高祭坛逐渐缩小，从而使人们的注意力更集中于祭坛本身。修道院部分的规制则较为简朴、适度。

二、奥地利

在奥地利，巴洛克时期的建筑活动主要集中在维也纳及其附近（图 5-424~5-433）。在这时期奥地利建筑的壮丽和豪华上起到决定性作用的有三位建筑师：一是诞生于格拉茨的菲舍尔（1696 年受封为贵族，名号冯·埃拉赫）；二是诞生于热那亚的约翰·卢卡斯·冯·希

尔德布兰特；最后是出身于斯坦茨（蒂罗尔）的雅各布·普兰陶尔。

这三位建筑师的主要功绩在于，在借鉴意大利榜样的同时，锻造出一种个人的风格。菲舍尔·冯·埃拉赫和希尔德布兰特在采用意大利风格和他们固有的"哈布斯堡风格"时，通过精心考虑使两者反衬对比，在这方面表现出杰出的才干。而对宏伟壮观的构图更为倾心的普兰陶尔则较为谨慎，更接近传统的造型。除这三

（上）图5-423 圣加尔修道院。图书馆（1760年，建筑师彼得·图姆）。内景

（下）图5-424 维也纳1547年城市平面图（图版，取自Max Eisler：《Historischer Atlas des Wiener Stadtbildes》，1919年）

位之外,在这时期移居奥地利的意大利艺术家中,表现比较突出的还有卡洛·安东尼奥·卡洛内。

[菲舍尔·冯·埃拉赫的作品]

约翰·伯恩哈德·菲舍尔·冯·埃拉赫(1656~1723年)是17世纪末中欧建筑的主要代表人物。早年曾在家乡格拉茨随其父(一个大型工作室的雕刻师)受雕刻训练,以后又根据本人的意愿到意大利去深造,并在那里渡过了他的青年时期(有16年时间在罗马和那波利求学和工作)。这位年轻的雕刻师正是在这里,了解到世界上的最新动向,开阔了眼界。他师从著名的美学家贝洛里,可能还从耶稣会学者阿塔纳修斯·基歇尔那里了解到埃及和中国的古迹。在罗马,他加盟约翰·保罗·朔尔(约1675~1784年)的工作室,同时结交了一些最著名的当代艺术家,其中可能就有贝尔尼尼。贝尔尼尼和博罗米尼的建筑作品无疑给他留下了深刻的印象。菲舍尔很快就把兴趣转向建筑,并成为他日后的主要事业。古代的丰富遗存,以及罗马著名建筑师在利用先人留下的各种

(下)图 5-425 维也纳 1609 年城市全景图(向北面望去的情景,图版作者 Jacob Hoefnagel、Johann Nicolaus Visscher)

(上)图 5-426 维也纳 1625 年城市风景(作者佚名,图版取自 Daniel Meisner:《Thesaurus Philo-Politicus》,1625 年)

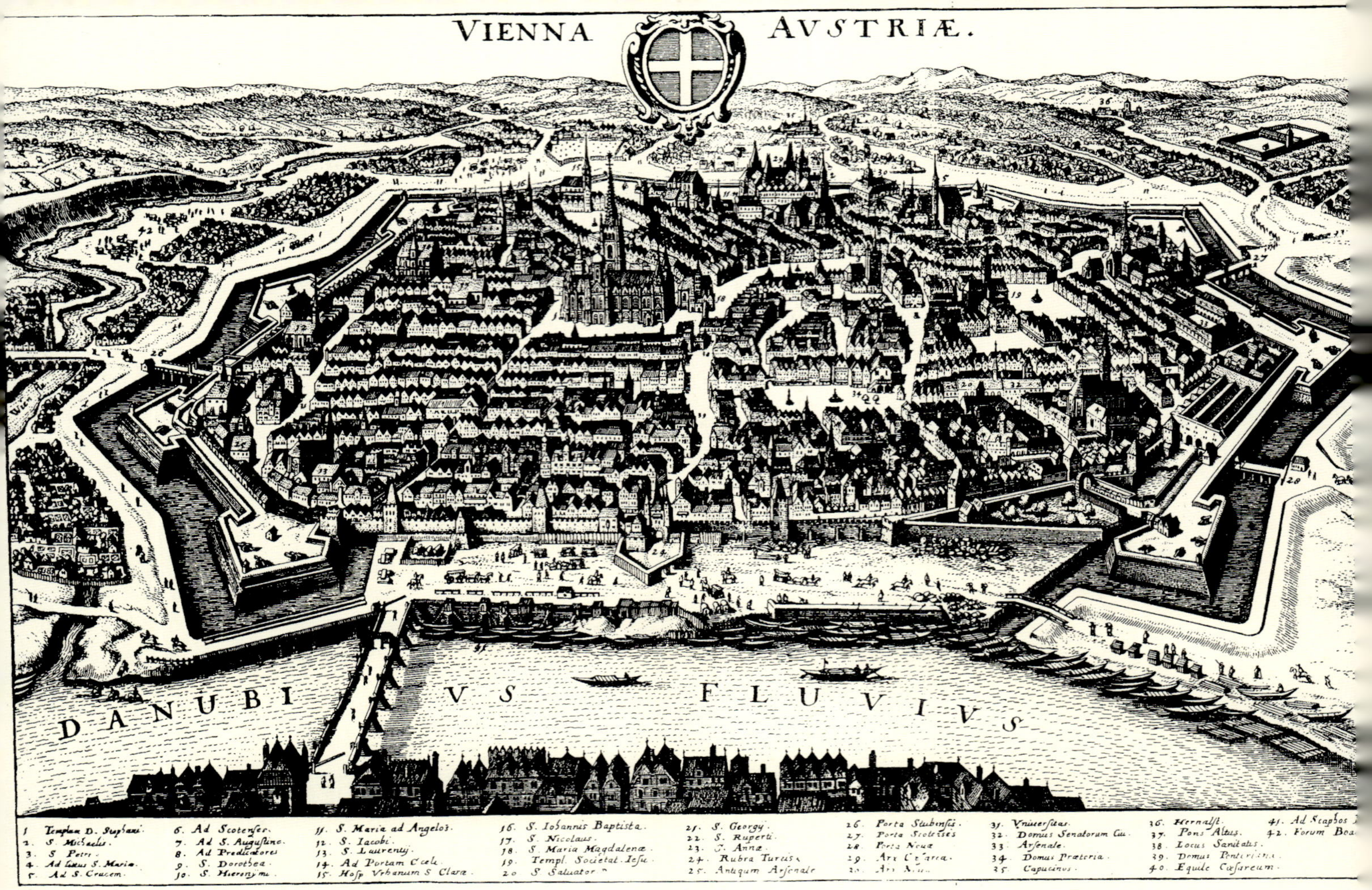
VIENNA AVSTRIÆ.
DANUBIVS FLUVIUS
1 Templum D. Stephani.
2. S. Michaelis.
3. S Petri.
5. Ad S. Crucem.
6. Ad Scotenses.
7. Ad S. Augustino.
8. Ad Prædicatores
9. S. Dorothea.
10. S. Hieronymi.
11. S. Maria ad Angelos.
12. S. Iacobi.
13. S. Laurentij.
14. Ad Portam Cœli.
15. Hosp Vrbanum S Claræ.
16. S. Iohannis Baptista.
17. S. Nicolaus.
18. S. Maria Magdalenæ.
19. Templ. Societat. Iesu.
20 S. Saluator.
21. S. Georgy.
22. S. Ruperti.
24. Rubra Turris.
25. Antiqum Arsenale
26. Porta Stubensis.
28. Porta Noua
31. Vniuersitas.
32. Domus Senatorum Ciu.
33. Arsenale.
34. Domus Prætoria.
35. Capucinus.
36. Hernalst.
37. Pons Altus.
38. Locus Sanitatis.
40. Equile Cæsareum.
41. Ad Scaphos
42. Forum Boa

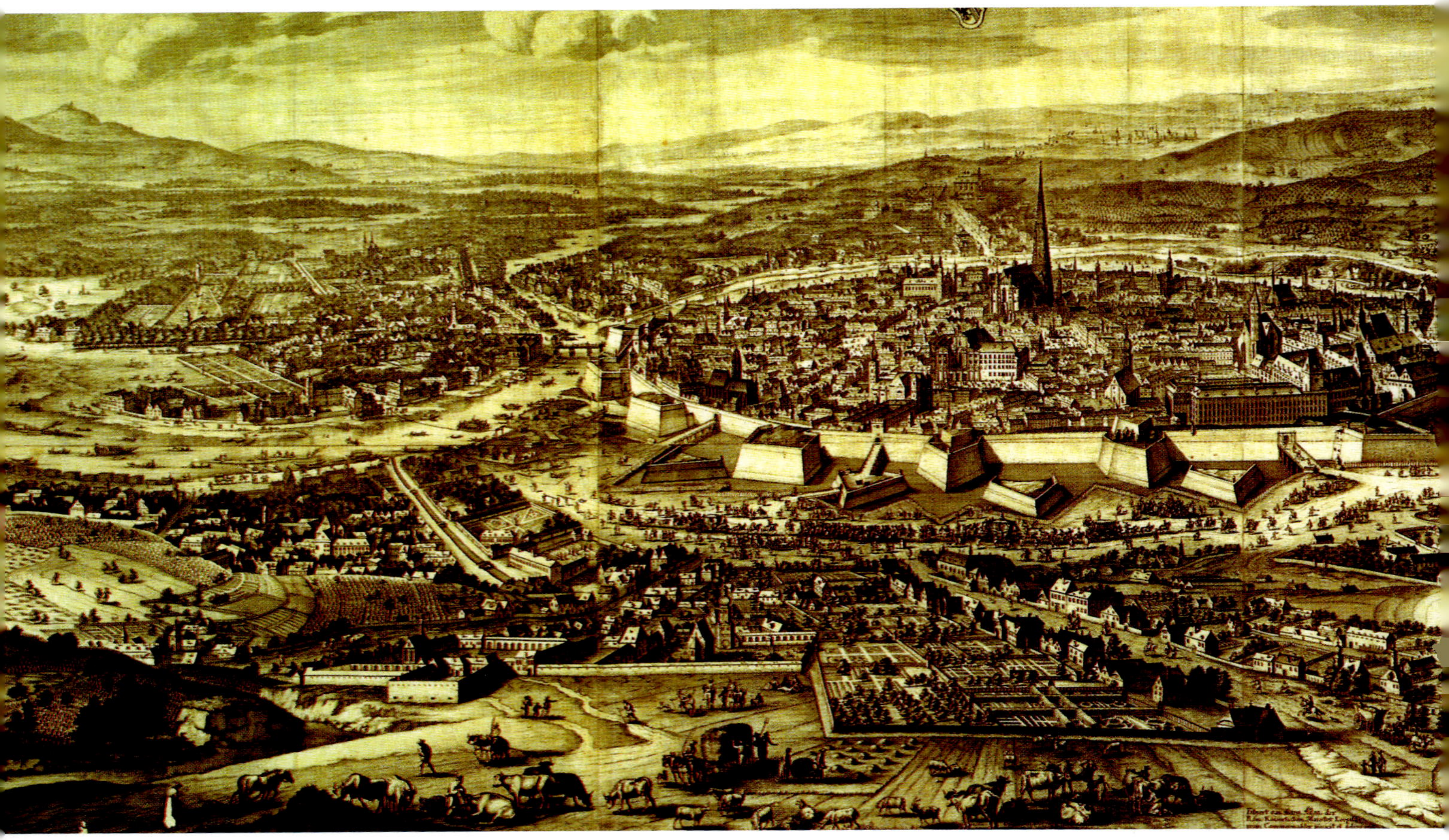

本页及左页：

（左上）图5-427 维也纳 17世纪中叶城市全景图（取自 Leonardo Benevolo：《Storia della Città》，1975年）

（下）图5-428 维也纳 约1680年城市全景图（自西面望去的情景，图版作者 Folbert Van Alten Allen，原画现存维也纳 Historisches Museum）

（右上）图5-429 维也纳 表现1683年城门前解围之战的油画（作者 Franz Geffels，原画现存维也纳 Historisches Museum）

形式上表现出来的非凡想象力，给这批年轻一代建筑师留下了深刻的印象，并对他们建筑观念的形成产生了深远的影响。菲舍尔比贝尔尼尼小近60岁，但正是他，而不是贝尔尼尼在罗马的继承人丰塔纳，更多地得到这位大师的真传。菲舍尔于1686年30岁时回国，将艺术统一这样一些理想带到了奥地利，成为自埃利亚斯·霍尔以来这一地区最重要的建筑师（自然，他的这些理想和情趣还需要符合奥地利建筑的主导潮流，好在后者始终处在意大利巴洛克建筑的影响下，两者之间并没有实质的区别）。尽管他主要是以建筑师而闻名，但作为早期的建筑史家，他同样占有重要的地位，其《历史建筑纲要》（Entwurf einer Historischen Architektur）出版于1721年。

他的第一批设计委托来自贵族高层，这些任务把他带到了摩拉维亚地区。弗拉诺夫城堡（1690~1694年）属其早期作品，其中到处都可看到他对椭圆形体的偏爱；椭圆形大厅可能是以沃-勒维孔特府邸这样一些法国建筑为样板，类似形式的大窗一直深入到低穹顶内；大厅前还有一个椭圆形的前厅。拱顶壁画装饰构图优美，布局统一，这种做法在很大程度上是承自卡洛内在圣弗洛里安的创新。

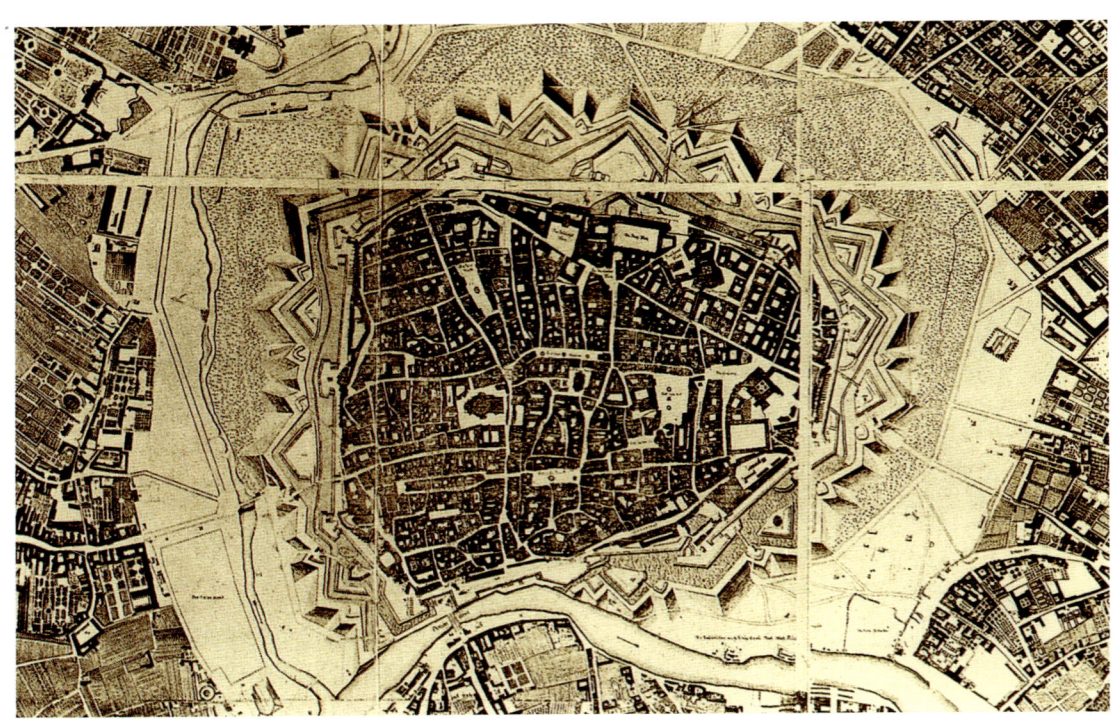

（上）图5-430 维也纳1770年城市平面（作者Joseph Nagel，取自Max Eisler：《Historischer Atlas des Wiener Stadtbildes》，1919年，原稿现存维也纳Historisches Museum）

（下）图5-431 维也纳1770年俯视全景图（作者Johann Daniel Huber）

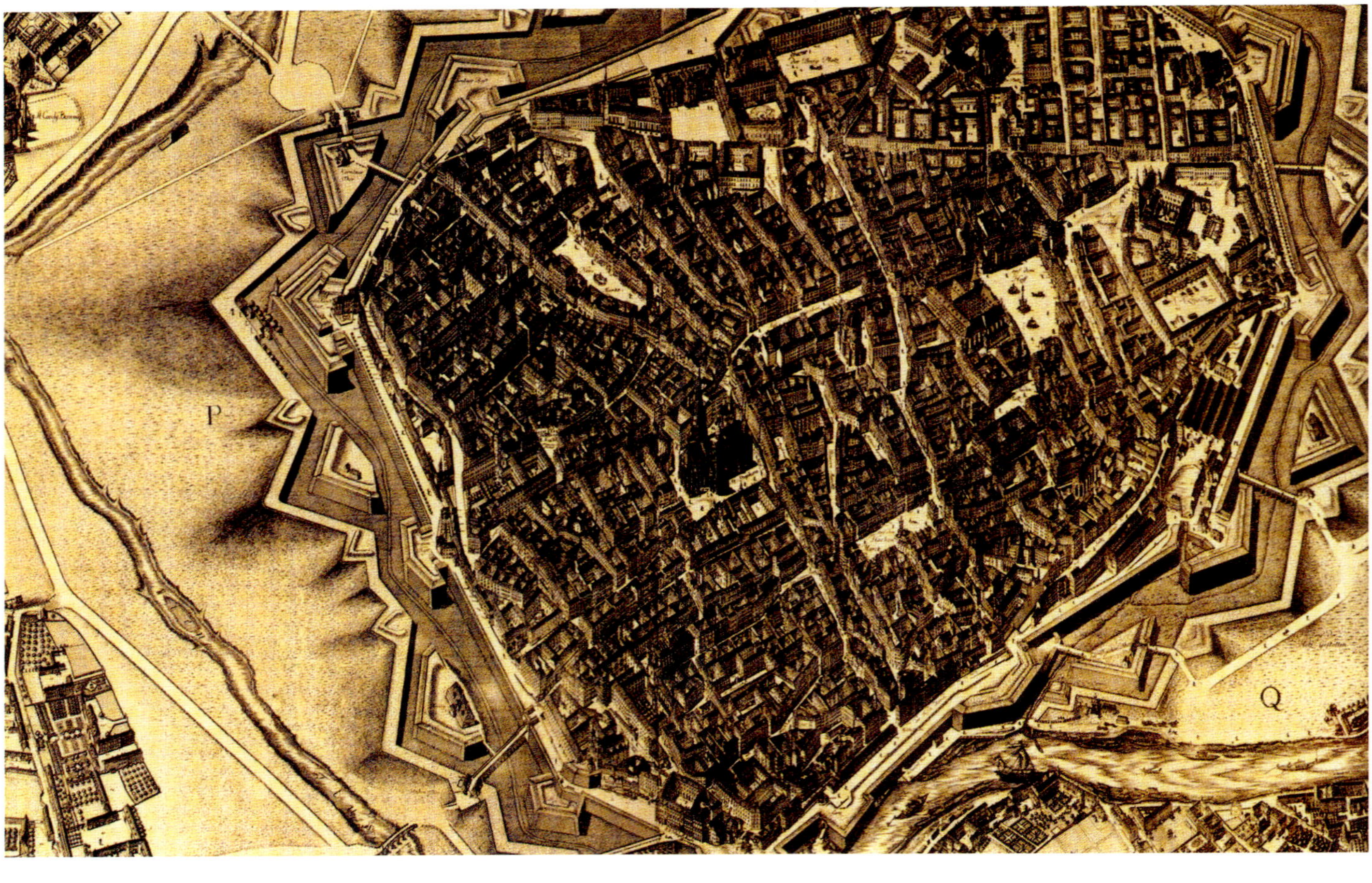

在布拉格，他见到了法国人J.-B.马太的作品（前不久这位外国建筑师曾遭到地方匠师的敌视）。其条顿骑士教堂（1679年）采用了拉长的希腊十字平面，纵向布置的椭圆形穹顶立在穹隅上；这本是维尼奥拉喜用的形式，但表现出弗朗索瓦·芒萨尔那种朴实但略显单调的特色。特罗亚宫（1679年）的情况类似，建筑两翼向前伸出，配置一系列楼阁（见图5-696~5-698）。这些建筑中体现的构思对菲舍尔不无启发，但对这位热情并

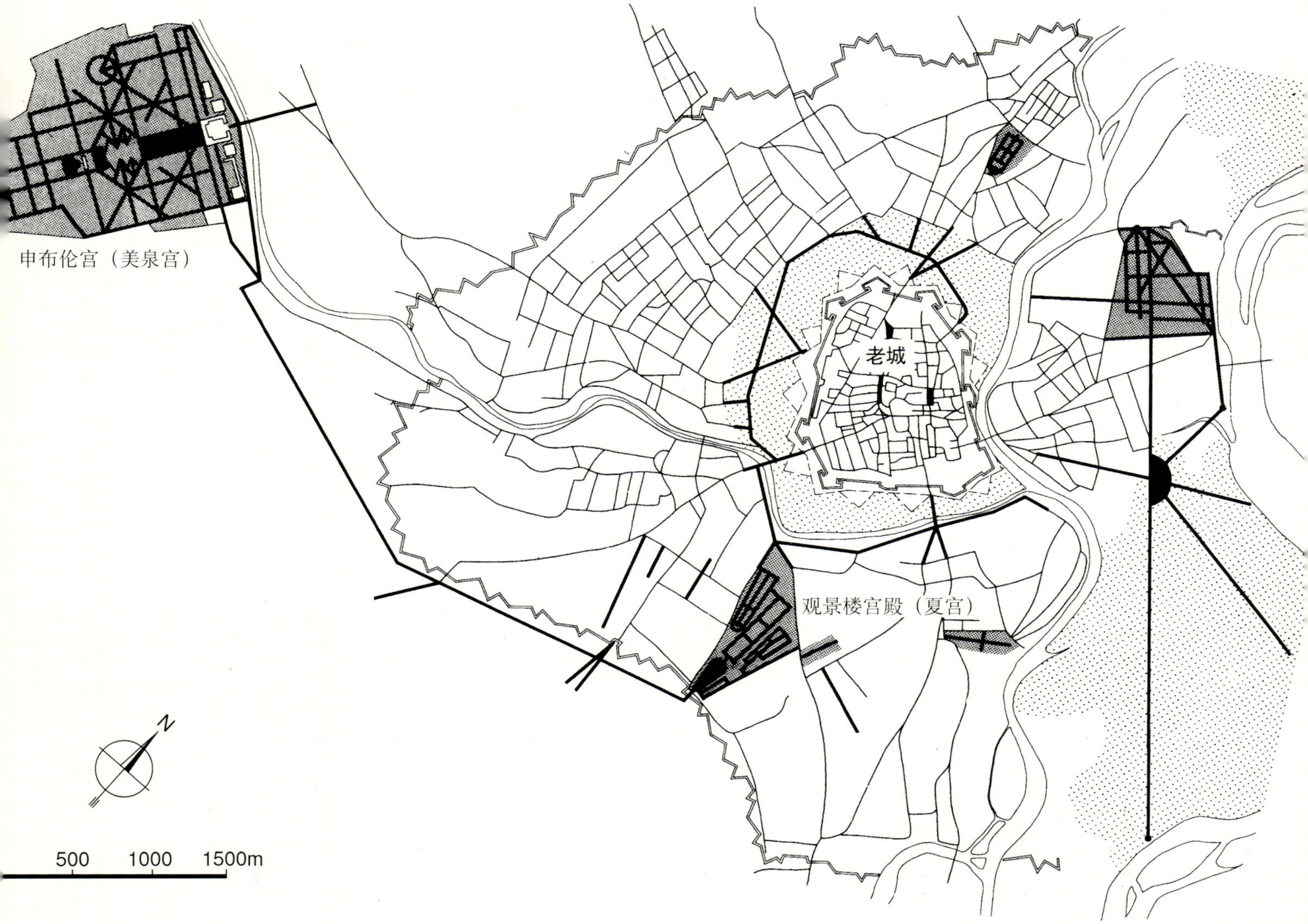

（上）图 5-432 维也纳 18 世纪末城市平面（取自 Leonardo Benevolo：《Storia della Città》，1975 年）

（下）图 5-433 维也纳 18 世纪街景图（原作现存维也纳 Österreichische National Bibliothek）

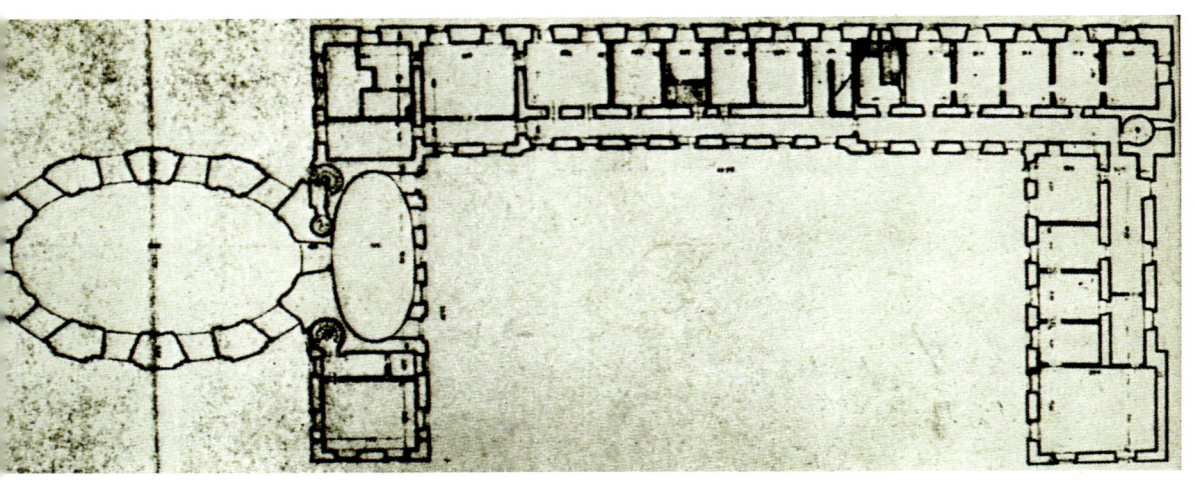

(左上)图5-434 弗赖因 阿尔坦伯爵府邸(1689~1695年,约翰·伯恩哈德·菲舍尔·冯·埃拉赫设计)。平面(先祖厅位于左侧)

(右上)图5-435 格拉茨 斐迪南二世陵寝(圣凯瑟琳教堂葬仪礼拜堂,1614~1699年,建筑师彼得罗·德波米斯、彼得罗·瓦尔内格罗和约翰·伯恩哈德·菲舍尔·冯·埃拉赫)。远景(位于大教堂东南角上)

(左下)图5-436 格拉茨 斐迪南二世陵寝(圣凯瑟琳教堂葬仪礼拜堂)。立面外景

(右下)图5-437 格拉茨 斐迪南二世陵寝(圣凯瑟琳教堂葬仪礼拜堂)。屋顶景观

充满想象力的年轻建筑师来说,地中海流域的古代文化似乎更有吸引力。他设计的弗赖因的阿尔坦伯爵府邸先祖厅(1690年,图5-434)位于一个悬崖顶上,俯瞰着陡峭的塔亚河谷。它由一个坚实的椭圆形体构成,最初上面布有顶楼,使人想起古代的圆形建筑。厅堂按早期朝向沿纵深方向延伸,更加突出其椭圆造型;穹顶

上开十个椭圆窗口；另设一横向椭圆形体作为前厅。这种布局形制可上溯到古代后期带前室的圆堂；类似的形式也可在瓜里尼的著作中看到，在他1686年出版的《民用建筑》（L'Architettura Civile）一书中，已经提出了利用圆形或椭圆形单元作为各类结构组成部件的想法。菲舍尔显然熟悉这些著名的图版，并按自己的方式在设

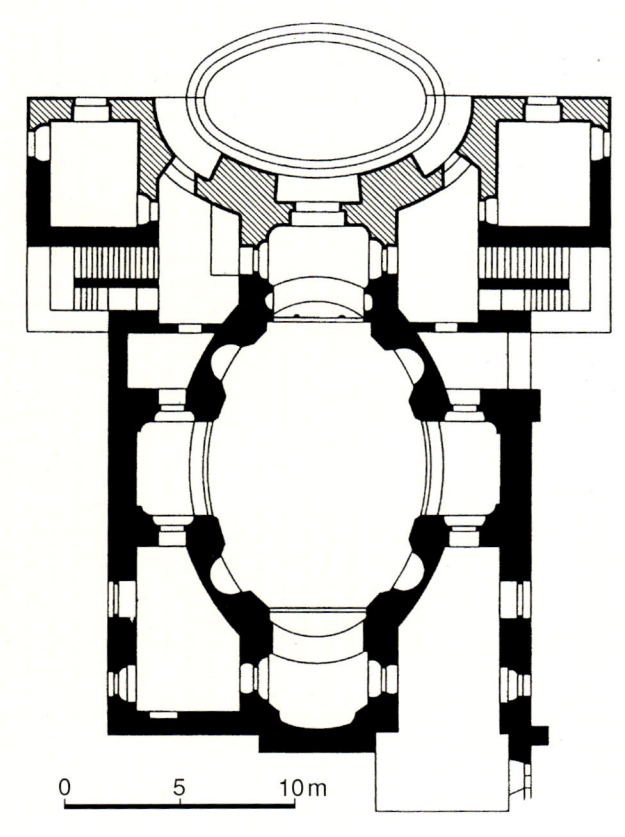

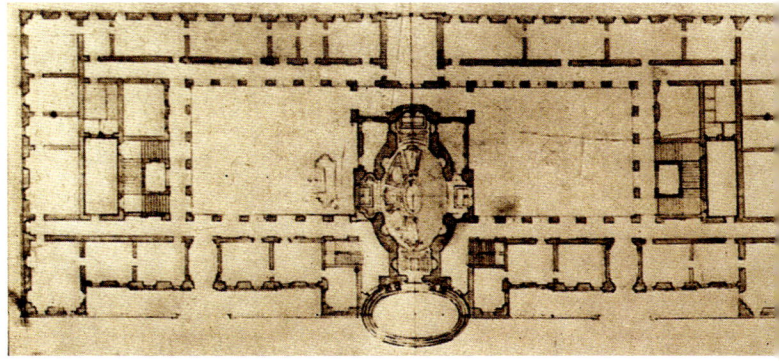

（右上）图 5-438 萨尔茨堡 圣三一教堂（1694~1702 年，建筑师约翰·伯恩哈德·菲舍尔·冯·埃拉赫）。建筑群总平面

（左上）图 5-439 萨尔茨堡 圣三一教堂。平面（据 Koepf 原图改绘）

（右中）图 5-440 萨尔茨堡 圣三一教堂。外景（版画，取自 Werner Hager：《Architecture Baroque》，1971 年）

（下）图 5-441 萨尔茨堡 圣三一教堂。自马卡特广场望去的景色

第五章 德国和中欧地区 · 1493

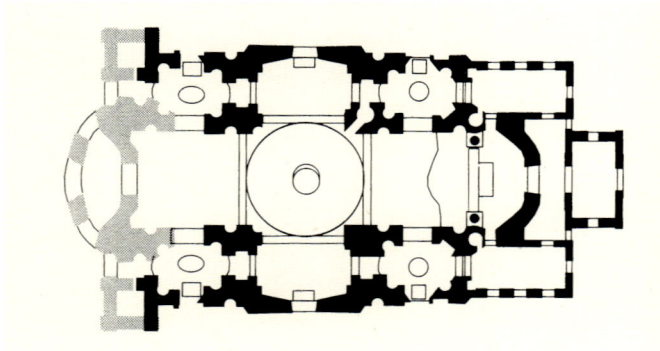

计中加以运用。

1687年，菲舍尔·冯·埃拉赫受命完成格拉茨的斐迪南二世陵寝（圣凯瑟琳教堂葬仪礼拜堂，图5-435~5-437）。在奥地利的巴洛克建筑里，意大利的构图方式在这个建筑里表现得最为突出。作为反宗教改革运动的重要后台，斐迪南（在他登位前，为施蒂里亚大公）最初将这项设计任务交给意大利人彼得罗·德波米斯。开工日期选定在1614年。其中陵寝部分采用了威尼斯和罗马的庄重造型，相邻的葬仪祠堂为一横向椭圆形体（为阿尔卑斯山北侧这种类型的首例；在这一地区的建筑师中，德波米斯可能是采用这种形式的第一人）。高两层的厅堂上按典型的意大利做法置同样为椭圆形的穹顶。建筑外部也沿袭了罗马巴洛克的传统：附墙柱（入墙部分小于1/3）、壁柱、窗户框饰及檐口均突出了立面的造型效果；三角形和弧形山墙亦遵循常规交替布置。上部主要山墙为双重，弧形外廓内接三角形山墙，使人想起1577年罗马耶稣会堂的立面。山墙上立三个巨大的雕像，分别表现圣凯瑟琳和两位天使。彼得罗·德波米斯1633年去世后，工程由彼得罗·瓦尔内格罗负责。50多年后，菲舍尔·冯·埃拉赫继续完成了巴洛克风格的室内装修（1678~1699年）。建筑的椭圆形平面无疑给他留下了深刻的印象（虽说他在意大利也见过这种形式），此后便一直是他设计中的一个主导要素。

在这期间，遭战争破坏的维也纳郊区开始被改造成花园和别墅区，这些花园别墅遂成为第一批体现菲舍尔风格的作品，包括配备了门廊、居住房间和沙龙的宫殿，观景建筑和柱廊，直到祭坛华盖等细部装饰。同时像博罗米尼那样，变换组合从椭圆到矩形等各类形体。萨尔茨堡宫廷马厩的入口门廊可作为青年时期的菲舍尔所喜用的这种模式的原型。在完全采用椭圆形体的时候，往往形成集中式的平面（椭圆形体之间直接结合或加联系部件）或如瓜里尼那样布置成圆形，如菲舍尔1694年一幅设计图所示（原载"Codex Montenuovo"，

左页：

（左上）图 5-442 萨尔茨堡 圣三一教堂。立面现状

（右上）图 5-443 萨尔茨堡 圣三一教堂。立面近景

（下）图 5-444 萨尔茨堡 大学教堂（耶稣学院教堂，1696~1707 年，建筑师约翰·伯恩哈德·菲舍尔·冯·埃拉赫）。平面

本页：

（上及中）图 5-445 萨尔茨堡 大学教堂（耶稣学院教堂）。平面比例分析（据 Fuhrmann）

（下）图 5-446 萨尔茨堡 大学教堂（耶稣学院教堂）。外景（版画，取自菲舍尔·冯·埃拉赫：《Entwurf einer Historischen Architektur》，1721 年）

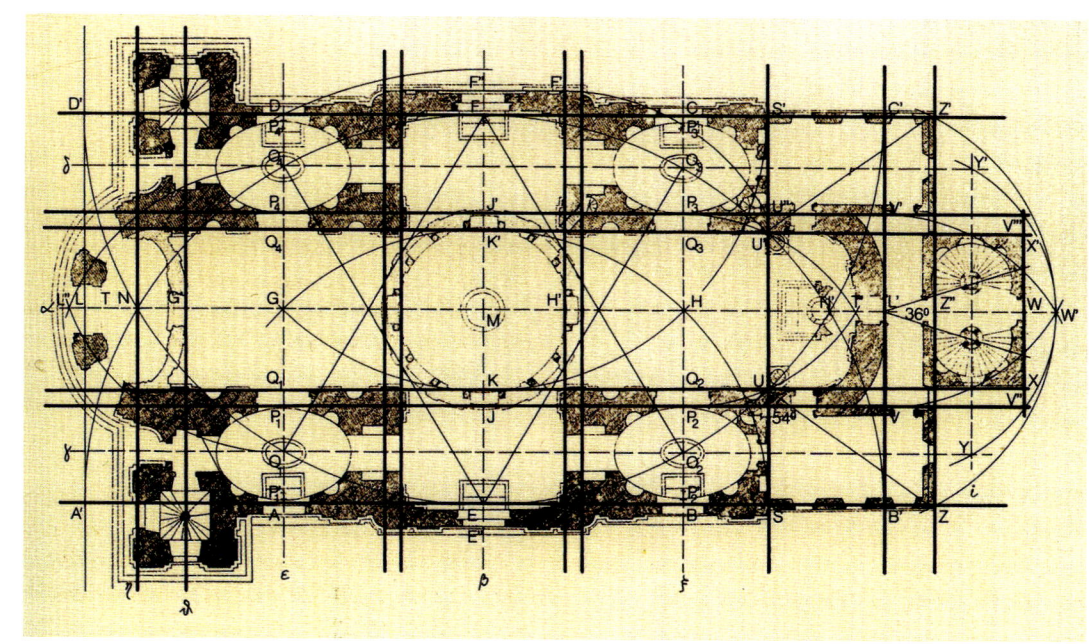

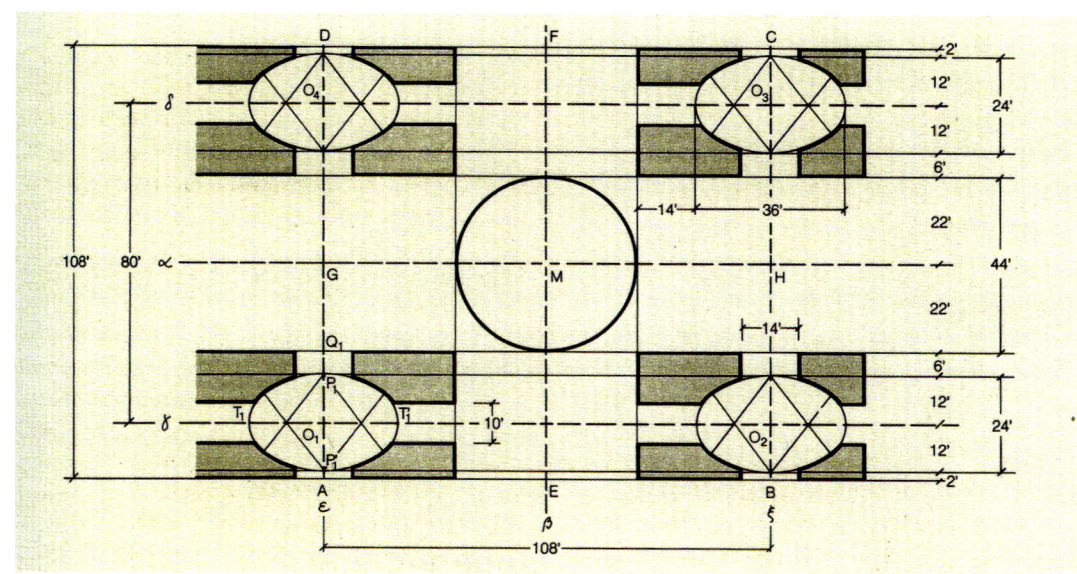

（左上）图5-447 萨尔茨堡 大学教堂（耶稣学院教堂）。俯视外景

（下）图5-448 萨尔茨堡 大学教堂（耶稣学院教堂）。立面近景

（右上）图5-449 萨尔茨堡 大学教堂（耶稣学院教堂）。内景

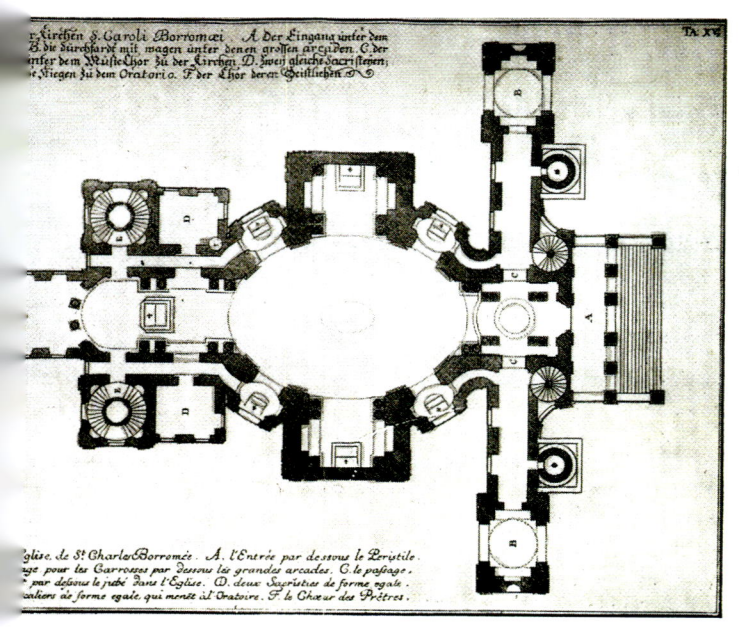
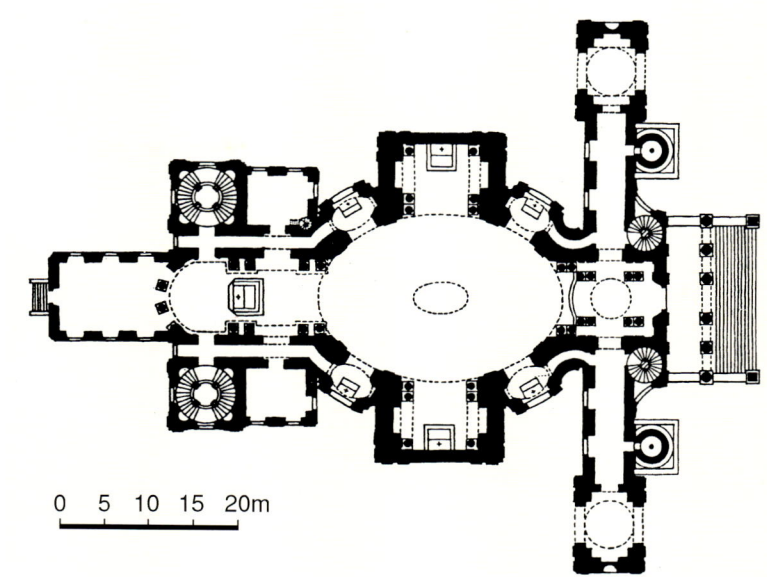
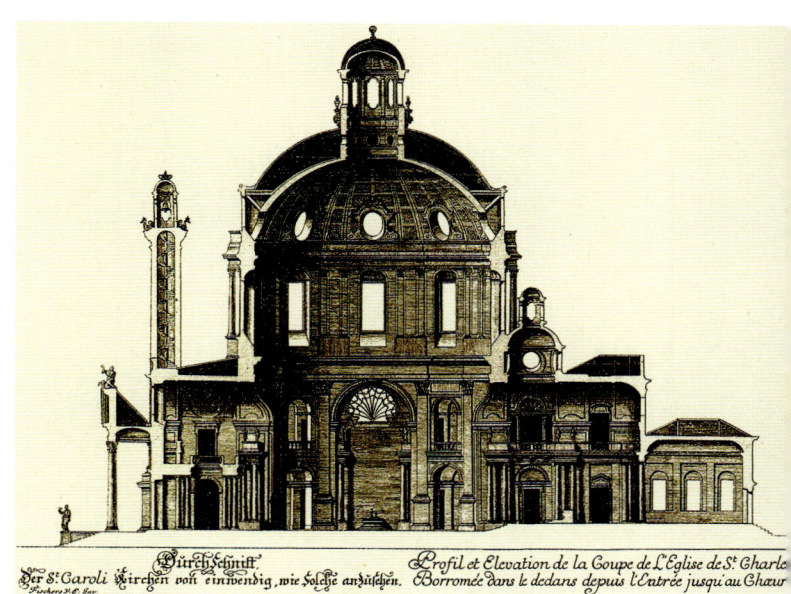

（左上）图 5-450 维也纳 圣查理-博罗梅教堂（"卡尔大教堂"，1716~1739 年，建筑师约翰·伯恩哈德·菲舍尔·冯·埃拉赫）。平面（图版，取自菲舍尔·冯·埃拉赫：《Entwurf einer Historischen Architektur》，1721 年）

（右上）图 5-451 维也纳 圣查理-博罗梅教堂（"卡尔大教堂"）。平面（据 John Summerson）

（右中）图 5-452 维也纳 圣查理-博罗梅教堂（"卡尔大教堂"）。剖面（图版，取自菲舍尔·冯·埃拉赫：《Entwurf einer Historischen Architektur》，1721 年）

（右下）图 5-453 维也纳 圣查理-博罗梅教堂（"卡尔大教堂"）。剖面（1：500，取自 Henri Stierlin：《Comprendre l'Architecture Universelle》，椭圆形穹顶直径 24 米）

见图 1-8）。但这些组成部分并没有相互交织渗透，空间单元也没有彼此融会贯通。在菲舍尔看来，椭圆体是一个基本的空间单位。在贝尔尼尼的作品里，横向椭圆形体已开始在教堂建筑里出现；继勒沃之后，又被用于宫殿（包括纵向布置的实例，如他设计的兰西府邸的大厅）。由于这种构图极具活力，同样得到菲舍尔的赏识。他设计的椭圆体大都嵌入建筑形体内，当突然出现在人们眼前时，产生的视觉冲击力自然格外强烈。这种做法普遍用于休闲建筑；作为一种造型手段，它本身同样是

（上）图 5-454 维也纳 圣查理-博罗梅教堂（"卡尔大教堂"）。立面透视图（取自 Wilhelm Lübke 及 Carl von Lützow：《Denkmäler der Kunst》，1884年）

（下）图 5-455 维也纳 圣查理-博罗梅教堂（"卡尔大教堂"）。远景（版画，原稿现存维也纳 Grafische Sammlung Albertina）

来自贝尔尼尼；其极富动态和活力的表现和此前那种粗大笨重的风格形成了鲜明的对比。精巧细腻的墙面造型更加集中，以最经济的手法突出重点部位；附墙柱墩因显得过于沉重很少使用；壁柱占据了主导地位，而且越来越多地为独立柱子取代。总之，这样的作品本是源于一种宗教的精神，表现了一种梦幻的理想。

(上)图 5-456 维也纳 圣查理-博罗梅教堂("卡尔大教堂")。远景(彩画,原稿现存维也纳 Bibliothek und Kupferstichkabinett)

(下)图 5-457 维也纳 圣查理-博罗梅教堂("卡尔大教堂")。立面全景(版画,作者 Salomon Kleiner,约 1724 年,维也纳私人藏品)

几年之后,菲舍尔·冯·埃拉赫便有了将这些新理念付诸实施的机会。但这些优雅的作品大部分都没有留存下来,仅 1694 年后建造的萨尔茨堡的某些教堂例外。是年萨尔茨堡君主兼大主教约翰·恩斯特·冯·图恩委托他建造圣三一教堂。对建筑极为狂热的这位君主和大主教,一心想把萨尔茨堡建成"北方的罗马"。对他想建造的四个教堂来说,菲舍尔显然是最合适的建筑师。在 1699 年这位大主教叫人绘制的一幅版画上,他站在自己投资的这些建筑边上。它们全都是菲舍尔·冯·埃拉赫的作品,除了圣三一修道院及教堂(始建

第五章 德国和中欧地区 · 1499

本页：

（上）图5-458 维也纳 圣查理-博罗梅教堂（"卡尔大教堂"）。立面全景（版画，取自菲舍尔·冯·埃拉赫：《Entwurf einer Historischen Architektur》，1721年）

（下）图5-459 维也纳 圣查理-博罗梅教堂（"卡尔大教堂"）。现状远景

右页：

图5-460 维也纳 圣查理-博罗梅教堂（"卡尔大教堂"）。立面全景（自北面望去的景色）

1500·世界建筑史 巴洛克卷

于1694年)外,其他三个分别是圣让教堂及医院(始建于1694~1695年)、大学教堂(始建于1696年)和乌尔舒林教堂(始建于1699年)。

菲舍尔的任务是在满足外观及功能要求的同时,将这些新建筑纳入到城市格局里去,也就是说,从本质上看,已经上升为城市规划问题。在圣三一教堂(图5-438~5-443),主要是如何设计一个面对广场的立面。在这里,菲舍尔显然是以博罗米尼设计的罗马纳沃纳广场边的圣阿涅塞教堂为样板,并在其形制的基础上进行了必要的改造(平面有些类似弗赖因府邸)。立面

图 5-462 维也纳 圣查理 - 博罗梅教堂（"卡尔大教堂"）。立面全景（自西面望去的景色）

与横向布置的椭圆形场地相呼应，呈凹面内弯并饰立柱，于中央穹顶前方、立面两侧设置塔楼，如弗拉诺夫的做法。教堂就这样成为一个更大组群的中心。在基层，它和广场整合为一体，但上部柱式在尺度上又有所区别，建筑本身遂得到格外强调。不过，博罗米尼并没有在本堂处采用椭圆造型（尽管在博罗米尼之前，拉伊纳尔迪兄弟曾为圣阿涅塞教堂设想过一个圆形的集中式平面），只是以其设计的优雅立面引起了菲舍尔的注意。后者则在室内也采用了立面的曲线造型，其椭圆形的本堂一直延伸到主祭坛。在室外，横向椭圆形的入口已预示了纵向布置的室内椭圆形空间（在这里，它进一步和希腊十字形相结合）。此后，覆盖着本堂的高穹顶即成为菲舍尔在教堂设计中常用的主题之一。

两年之后（1696 年），约翰·恩斯特·冯·图恩又委托菲舍尔建造大学教堂（耶稣学院教堂，图 5-444~5-449）。在这里，建筑师的想象力表现得更为充分，其方案可视为圣三一教堂的一个别出心裁的变体形式：两个塔楼和带三个大门的立面分开，位于两个粗壮塔楼

左页：图 5-461 维也纳 圣查理 - 博罗梅教堂（"卡尔大教堂"）。北侧近景

(上)图5-463 维也纳圣查理-博罗梅教堂("卡尔大教堂")。正面(西北面)全景

(下)图5-464 维也纳圣查理-博罗梅教堂("卡尔大教堂")。正面近景

之间的立面和圣三一教堂相反,不是凹进是向前鼓出且凸面超出塔楼的立面连线。就这样,形成三个独立部分,但它们同时构成了一个协调且充满生气的整体。所有这些构图要素实际上都是来自意大利的范本,只是很快就被建筑师转化成为自己的语言。大学教堂室内色调淡雅,墙面及顶棚浑然一体。希腊十字的高耸隔墙上

图 5-465 维也纳 圣查理-博罗梅教堂（"卡尔大教堂"）。穹顶近景

隐出帕拉第奥式的凯旋拱券。平面沿纵深布置五个穹顶，角上四个椭圆形礼拜堂上叠置附加穹顶；自高处泻下的光线滑过带精美灰泥装饰的表面渗入本堂（以后，米夏埃尔·菲舍尔在巴伐利亚也用过这种布置在角上的采光顶塔）。两根巨大的柱子立在半圆室两侧；但中央穹顶并没有像维尔茨堡的豪格教院那样沉重压抑，而是相反，好似漂浮在空中。和附近的大教堂相比，其上部结构显得更为紧凑，好像一艘军舰，停泊在周围屋顶组成的海洋中。这种构图方式一直影响到德国南部、瑞士和奥地利（魏恩加滕、艾恩西德伦和奥托博伊伦等地）。罗萨托·罗萨蒂主持建造的罗马卡蒂纳里圣卡洛教堂（始建于 1612 年）可作为它的一个样板。菲舍尔在罗马期间，肯定仔细研究过这个教堂。在这里，他只是在比例上引进了一些变化：其高度和宽度之比为 4∶1，

(左右两幅)图5-466 维也纳 圣查理-博罗梅教堂("卡尔大教堂")。纪念柱近景

给人的感觉像个真正的"巷道"。

在这些地区，进一步的建筑活动因西班牙王位继承战争的爆发而中止。1704年，菲舍尔去了柏林。此行虽然没有多少实际成果，但德国巴洛克风格第一个重要大师，雕刻家和建筑师施吕特（可能1664~1714年）的艺术却给他留下了深刻的印象。很可能，他还去了英国和荷兰，因为正是在这期间，他开始将自己的作品植根于意大利的早期风格和西欧古典主义的结合。同时，也正是在这个不景气的时期，他开始准备发表自己的大作：《历史建筑图稿》(Entwurf einer Historischen Architektur，最初只是1712年查理六世登基时呈递的一部简单的图集)。图集从耶路撒冷所罗门圣殿开始，上溯到古希腊和古罗马时期，中间还包括埃及、伊斯兰教和中国建筑，共74幅，最后是他本人的作品；但唯独没有得到瓜里尼赞赏的哥特建筑。

萨尔茨堡的圣三一教堂和大学教堂构成维也纳建筑的序曲。在1713年鼠疫流行期间，两年前登基的查理六世为消灾祛难，许愿为圣查理·博罗梅修建一座教堂。为兑现这个誓愿，1715年举行了一次设计竞赛。菲舍尔·冯·埃拉赫战胜了包括皇家建筑师希尔德布兰特和费迪南多·比比埃纳在内的许多声望卓著的竞争者，取得了竞赛的胜利。

维也纳这个极富表现力的圣查理-博罗梅教堂（德文"卡尔大教堂"，1716~1739年，平、立、剖面：图5-450~5-454；历史图景：图5-455~5-458；现状外景：图5-459~5-466），构成了菲舍尔·冯·埃拉赫最重要的作品之一。方案力求在许愿教堂的特色与宫廷的官方情趣之间寻找一个平衡的基点。其平面发展了菲舍尔·冯·埃拉

图 5-467 维也纳 圣查理-博罗梅教堂("卡尔大教堂")。内景

赫在圣三一教堂里已确定的形制——将椭圆和希腊十字合为一体。立面轴线与中央本堂的东南—西北轴线正交,创造了极其强烈的对比效果。作为还愿教堂,建筑位于当时城市边缘的孤立地段上,呈现出完美的四个立面。这也是设计上最具有创新特色的地方。立面宽度几乎达到后面建筑的两倍。如马代尔诺的罗马圣彼得大教堂立面,穿过双塔楼的拱券提供了通向教堂和穿过它的入口;但高耸在立面古典门廊和穹顶两边、模仿罗马图拉真和马可·奥勒留纪念柱的两根巨柱则是历史上少有的独特创造。用螺旋形浮雕带装饰的这两根纪念柱象征信仰战胜了瘟疫。曲线立面形成环绕纪念柱的态势,起到统一构图的作用,柱间凸出带山墙的门廊。

立面安详平静的直线构图到室内被代之以波动的曲线造型(图 5-467、5-468)。在迈进教堂的门槛之后,

第五章 德国和中欧地区 · 1507

参观者立即被来自上方的光线吸引,正是在这些光线的照耀下,室内空间充分显示出其动态效果。本堂在向上拔起的同时消失在深处。在室内,椭圆形礼拜堂取代了位于对角轴线上的龛室。主要会众所在的空间由壁柱进行分划,柱子则仅用于礼拜堂。通过半圆形的柱屏将高

左页:

图5-468 维也纳 圣查理-博罗梅教堂("卡尔大教堂")。穹顶仰视(天顶画表现圣查理-博罗梅的事迹,1725年,作者 Johann Michael Rottmayr)

本页:

(上)图5-469 萨尔茨堡 克莱斯海姆休闲府邸(1700~1709年,建筑师约翰·伯恩哈德·菲舍尔·冯·埃拉赫)。现状外景

(下)图5-470 维也纳 施塔尔亨贝格宫(1661~1687年,约翰·卢卡斯·冯·希尔德布兰特设计)。外景

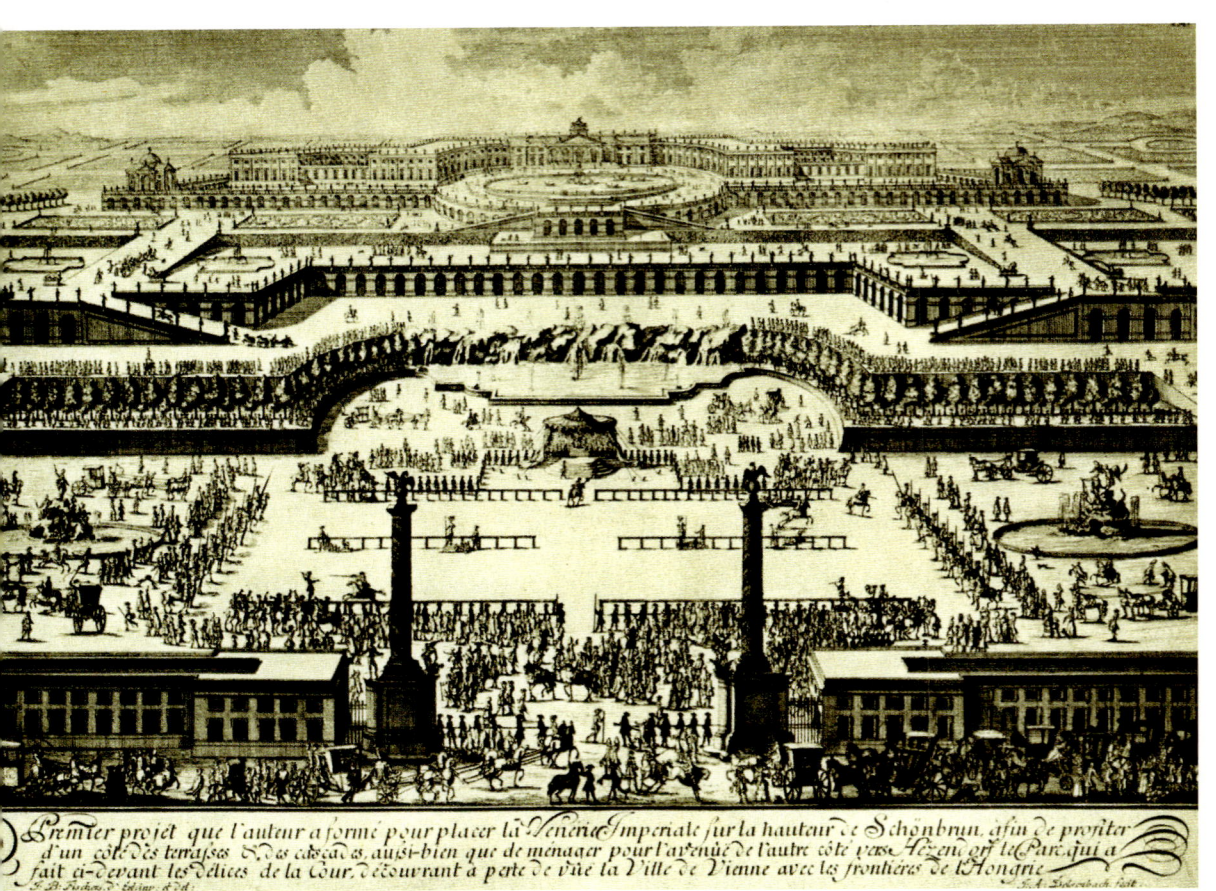

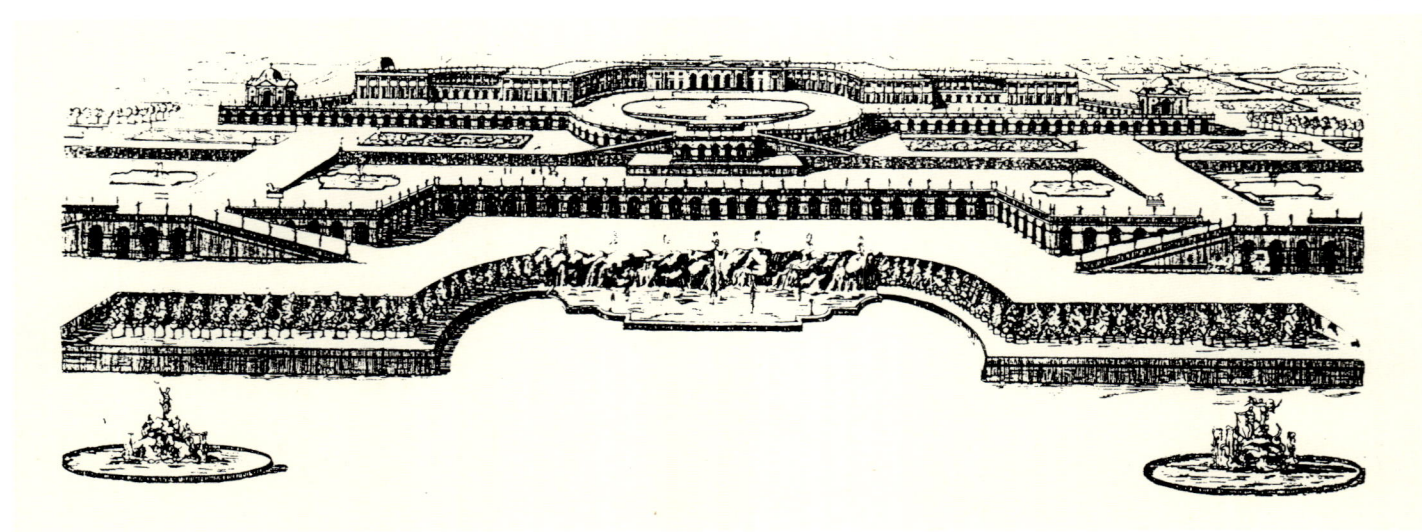

(上下两幅)图5-471 约翰·伯恩哈德·菲舍尔·冯·埃拉赫:维也纳附近申布伦高地帝王宫殿(狩猎府邸)设计(第一方案,1688年,取自菲舍尔·冯·埃拉赫:《Entwurf einer Historischen Architektur》,1721年)

坛和位于主祭坛后的歌坛分开则是照搬帕拉第奥救世主教堂的做法。

教堂不同寻常的宏伟印象并不仅仅是来自其柱廊、穹顶和图拉真式纪念柱组成的三段式构图。在菲舍尔·冯·埃拉赫的整个构思中,占主导地位的实际上还是穹顶(教堂于建筑师去世后完成,为了保证远望的效果,穹顶又进行了加高)。无论在室内还是室外,它都起到构图中心的作用。椭圆形更是整个构图的关键。立在高鼓座上的穹顶正是在这个椭圆形体上升起,歌坛、礼拜堂、圣器室及其他附属建筑也都围绕着这个椭圆形体布置。

这个教堂显然是在对历史建筑进行深入研究的背景下完成的。从总体效果上看,它似可视为两个萨尔茨堡教堂的一个蔚为壮观的变体形式:既汲取了地方传统的要素,又体现了哈布斯堡王朝的威势,同时还使人想起帝国的古代根基。古典立面和图拉真式的纪念柱,尽管和结构主体融为一个均质的整体,但多少有点舞

（上及中）图 5-472 普赖内斯特 福尔图纳神庙。立面复原图（作者彼得罗·达·科尔托纳，约 1630~1631 年，上下两幅原稿分别藏伦敦 Victoria and Albert Museum 和柏林 Kupferstichkabinett）

（下）图 5-473 普赖内斯特 福尔图纳神庙。复原图（据彼得罗·达·科尔托纳，图版制作 Domenico Catelli，1655 年，边上有 J.M.Suarès 的亲笔批注，原稿现存罗马 Biblioteca Apostolica Vaticana）

台布景的感觉，似乎是来自想象中的建筑。和同时代的苏佩加教堂（图2-794）相比，建筑保留了前一个世纪那种沉静和庄重的面貌。这似乎表明，在查理六世统治下，人们又回到了所罗门和奥古斯都的时代。穹顶及钟楼使人想起圣彼得大教堂的立面和信奉基督教的罗

（左上）图5-474 普赖内斯特 福尔图纳神庙。残迹现状（1989年照片）

（右上）图5-475 利奥波德一世（1640~1705年）画像

（下）图5-476 约翰·伯恩哈德·菲舍尔·冯·埃拉赫：申布伦帝王宫殿设计（第二方案，1696年）

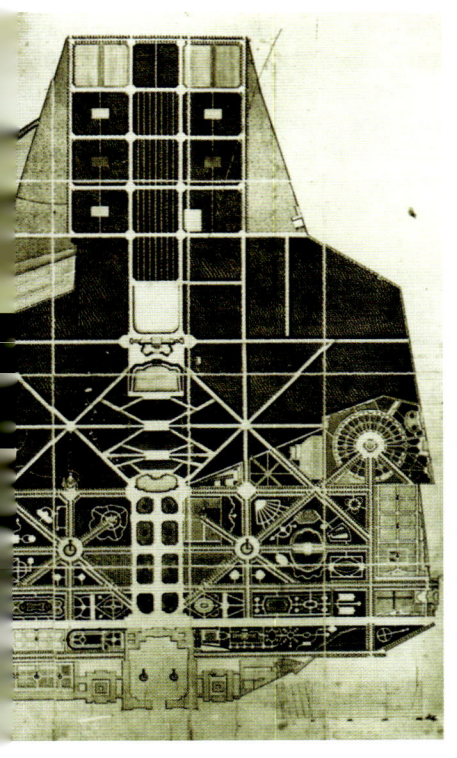

(左上)图 5-477 维也纳 申布伦宫（美泉宫，1692~1780 年，建筑师约翰·伯恩哈德·菲舍尔·冯·埃拉赫、约瑟夫·埃马努埃尔·菲舍尔·冯·埃拉赫和尼古拉·帕卡西）。总平面（作者 Roman Anton Boos，1780 年）

(右上)图 5-478 维也纳 申布伦宫（美泉宫）。约 1740 年俯视全景（版画作者 Theodor Bohacz，1740 年前）

(下)图 5-479 维也纳 申布伦宫（美泉宫）。18 世纪宫殿及花园全景（油画，作者 Bernardo Bellotto，1758~1761 年，原作现存维也纳 Kunsthistorisches Museum）

本页：

（上）图5-480 维也纳 申布伦宫（美泉宫）。18世纪宫殿及院落全景（油画，作者 Bernardo Bellotto，1759~1760年，原作现存维也纳 Kunsthistorisches Museum）

（下）图5-481 维也纳 申布伦宫（美泉宫）。表现国王接见场面的油画（19世纪）

右页：

（上）图5-482 维也纳 申布伦宫（美泉宫）。现状俯视全景

（下）图5-484 维也纳 申布伦宫（美泉宫）。自广场水池处望入口立面

马，神庙式的门廊和两侧的凯旋柱则表明对帝国时期的追念，同时它也是查理六世的伟大前任、查理五世的象征（即所谓"赫丘利柱"，Colonnes d'Hercule）。菲舍尔肯定知道贝尔尼尼在罗马广场上并列图拉真和马可·奥勒留纪念柱的方案设计。这种布置的象征意义尚可进一步追溯到所罗门圣殿前的双柱，在这里，它明显具有再生的含义，如当年东罗马帝国圣索菲亚大教堂的表现。

显然，在这时期，菲舍尔·冯·埃拉赫是在努力实现他1721年出版的《历史建筑图录》（Esquisse d'une Architecture Historique）中的理想。这是本表现新建筑始原的厚重图集。在这部颇有个性的图录里，看不到通常建筑著作中那种例行论题，诸如对柱式或比例理论的描述。对菲舍尔·冯·埃拉赫来说，像埃及金字塔这样一些带有异国情调的实例和表现狄诺克拉底（活动时间

第五章 德国和中欧地区 · 1515

公元前 4 世纪，亚历山大大帝时期希腊建筑师，亚历山大新城亚历山大里亚的设计人）传说的版画具有同样重要的价值。据维特鲁威转述的这个传说，狄诺克拉底曾打算把圣山改造成亚历山大大帝的坐像，并在他的膝盖上和张开的手臂下建造一座城市。

在其著作第五卷的一幅版画上，人们可看到，在两个古典样式的瓶饰之间，有一个休闲建筑的立面（图1-7 之 1）。其立面构思颇为别致：呈凹面的底层在中央部位配一个中间向外凸出的上层建筑，两层屋面栏杆柱上立雕像。从他留下的大量乡间府邸设计图稿中可知，自去过罗马以后，菲舍尔对这种在立面上交替布置凹面和凸面的做法产生了强烈的兴趣。贝尔尼尼的巴黎卢浮宫立面设计（第一个方案）可能也对他有所影响。菲舍尔在罗马约翰·费迪南德·朔尔的工作室里接受雕刻培训时，甚至可能有机会和贝尔尼尼相见（1680 年，即在后者去世前不久；就现在人们所知，贝尔尼尼经常去这个工作室）。总之，这第一批图稿看来已成为菲舍尔在以后设计宫殿或休闲府邸时的出发点（自然，在具体采用时，有时也会进行一些修改，甚至是出人意料的变动）。如为萨尔茨堡大主教恩斯特·冯·图恩设计的克莱斯海姆休闲府邸（1694 年，图 5-469）。三个方形的角楼插入组成三叶形花瓣的三个椭圆形体内。和立面相比，体量和透视效果在这里显然占据了更重要的地位。

本页及左页：
（上）图 5-483 维也纳 申布伦宫（美泉宫）。入口面宫殿及广场全景

（左下）图 5-485 维也纳 申布伦宫（美泉宫）。广场花坛、水池及宫殿入口

（右下）图 5-486 维也纳 申布伦宫（美泉宫）。入口立面近景

（上）图5-487 维也纳申布伦宫（美泉宫）。花园立面全景

（下）图5-488 维也纳申布伦宫（美泉宫）。自花坛处望宫殿立面

在两年后建的大学教堂的立面上，再次出现了类似的特色。菲舍尔在一个草图本（即以后所谓"Codex Montenuovo"，现存维也纳阿尔贝特博物馆）上绘制的休闲府邸平面，更为维也纳建筑提供了一个具有自身特色的样板。一个颇能说明问题的实例是，作为菲舍尔在民用建筑领域的主要竞争对手，希尔德布兰特在设计维也纳施塔尔亨贝格宫时，却不得不从菲舍尔的设计中寻找灵感——自然，这并不是出自他本人的意愿，而是因为雇主有这样的要求（图5-470）。菲舍尔·冯·埃拉赫设计的消夏宫邸为他在贵族圈里赢得了巨大的声誉。

（上）图5-489 维也纳 申布伦宫（美泉宫）。自花园中部喷泉水池处遥望宫殿景色

（下）图5-490 维也纳 申布伦宫（美泉宫）。自花园高处水池边俯视宫殿全景

本页：

（上）图 5-491 维也纳 申布伦宫（美泉宫）。自西花园望宫殿侧面

（下）图 5-493 维也纳 申布伦宫（美泉宫）。胡桃木厅（因墙面装修材料而得名，为国王接见厅），内景

右页：

图 5-492 维也纳 申布伦宫（美泉宫）。大廊厅，内景

（左上）图 5-494 维也纳 申布伦宫（美泉宫）。马厅（藏有许多表现马匹的 18 世纪早期铜版画和表现约瑟夫一世狩猎的大幅油画），内景

（右）图 5-495 维也纳 申布伦宫（美泉宫）。宫廷礼拜堂，内景

（左中及下）图 5-496 维也纳 申布伦宫（美泉宫）。戈贝林厅（位于东翼，因有 18 世纪的壁毯而得名）和拿破仑室（最初为玛丽-泰蕾莎的卧室），内景

他的设计创造了一种模式，即便是他的对手们，也不得不按其中的一些章法行事。

从维也纳附近申布伦高地帝王宫殿（狩猎府邸，位于现陆军纪念亭所在地，图 5-471）的设计上，可看到德国宫殿建筑的规模。这第一个方案很可能完成于 1688 年以后，是在菲舍尔被引荐给宫廷时作为表现设计能力的作品呈交的，其创造才干显然给未来的投资者留下了深刻的印象。在这里，这位艺术家甚至成功地赋予他设计的小型楼阁建筑以庄重的特色。在围攻维也纳的土耳其人败退后五年构思的这个设计，昭示着

（下两幅）图 5-497 维也纳 申布伦宫（美泉宫）。百万厅（左，典型的洛可可装饰，巴西玫瑰木的装修嵌东方风格的细笔画，约 1760 年）与陶瓷厅（右，约 1760 年），内景

（上）图 5-498 维也纳 申布伦宫（美泉宫）。漆画厅（约 1730 年），内景

（上及中）图 5-499 维也纳 申布伦宫（美泉宫）。园林景色（彩画，作者 Laurenz Janscha 和 Josef Ziegler，分别表现罗马古迹和方尖碑，1788 及 1790 年，原作现存维也纳 Historisches Museum）

（下）图 5-500 维也纳 申布伦宫（美泉宫）。园林风景，美人鱼喷泉（背景为宫殿中央厅）

图 5-501 维也纳 申布伦宫（美泉宫）。陆军纪念亭（1775 年，为纪念七年战争中的陆军将士而建），地段俯视景色

帝王权势的不断提升。从版画上看，在一个点缀着喷泉水池的巨大台地上，君王的帐篷前，正在举行盛大的庆典活动和联赛；场地边上立着两根凯旋柱（所谓"赫丘利柱"，是作为古代和新世界主宰的查理五世的象征）。如此形成的院落框架有些类似罗马坡地别墅那种台地式布局，和在水平面展开一望无际的凡尔赛花园迥然异趣。这类构图的最早表现是古代普赖内斯特的福尔图纳神庙（图 5-472~5-474），接下来有布拉曼特设计的梵蒂冈观景楼院；菲舍尔的这个设计，和弗拉斯卡蒂的阿尔多布兰迪尼别墅一样，主要景观自入口处展开，而不是着眼于花园一侧。但在这里，贝尔尼尼那种岩石和喷泉，和凡尔赛式的缓坡地势结合在一起；台地立面处理成法国府邸那种拱廊基座的形式，只有带夹楼的主要楼层，按宫殿立面处置。后者实际上只是一个风格宏伟的休闲建筑，但它在群体构图中的地位则不容忽视，其中央部分配置山墙，两侧向内弯曲，面向着一个带水池的椭圆形广场，颇有点罗马圣彼得大教堂广场的架势。在画面中，主体建筑布置在远处，如同幻景。

在当时的欧洲，哈布斯堡王朝（所谓"神圣罗马帝国"）是和法国波旁王朝相抗衡的主要力量。人们自然希望维也纳的建筑能体现帝国的这一理想。同样，只是从这个角度，才能理解菲舍尔·冯·埃拉赫设想的申布伦宫堡那种令人难以置信的宏伟规模。虽说它一直没能按预想的设计实现 [花园的整治属 1695 年；一年以后，菲舍尔开始设计猎庄，按当朝皇帝利奥波德一世（图 5-475）的指示，它应配备两个院落及相应的各翼，以便能"包含整个帝王院"（图 5-476）。这项设计载于《历史建筑图录》第 4 卷。在约瑟夫一世于 1711 年去世后，

第五章 德国和中欧地区 · 1525

(本页及右页上)图 5-502 维也纳 申布伦宫(美泉宫)。陆军纪念亭,自花园望去的远景

(右页下)图 5-503 维也纳 申布伦宫(美泉宫)。陆军纪念亭,自花园中部喷泉望去的景色

申布伦丧失了它的重要地位。直到1743年,玛丽-泰蕾莎才决定扩大和改造这座宫殿],但就现存状态已能和凡尔赛宫列在同一等级,并被看作是除法国外欧洲的另一中心(总平面及历史图景:图5-477~5-481;现状外景:图5-482~5-491;内景:图5-492~5-498;园林及纪念亭:图5-499~5-505)。在这时期,巴黎和维也纳事实上已成为欧洲两个最重要的文化和政治首府。而在巴洛克建筑领域,维也纳则是最重要的推动力量。尽管这"第一个设计"并不是用于实施的方案,但它显然反映了帝王的建筑理想。这也正是菲舍尔的功绩,他提供了一个标准和尺度,接下来,便要将这些目标逐一付诸实施。菲舍尔的设计、其建筑作品和希尔德布兰特建造的宫殿,就这样成为整个欧洲的样板。

1695/1696年,约翰·伯恩哈德·菲舍尔·冯·埃拉赫受托为(萨伏依的)欧根建造冬宫(外景:图5-506、5-507;内景:图5-508~5-511)。他设想了一个七开间的立面(以后尚可进行扩建)。和休闲宫邸相反,这个设计出乎意料地简朴,立面的节奏由一系列样式相对单一的壁柱确定,总的感觉有些陈旧过时,和当时维也纳的流行趣味更是格格不入。不知是否因为这个理由,欧根

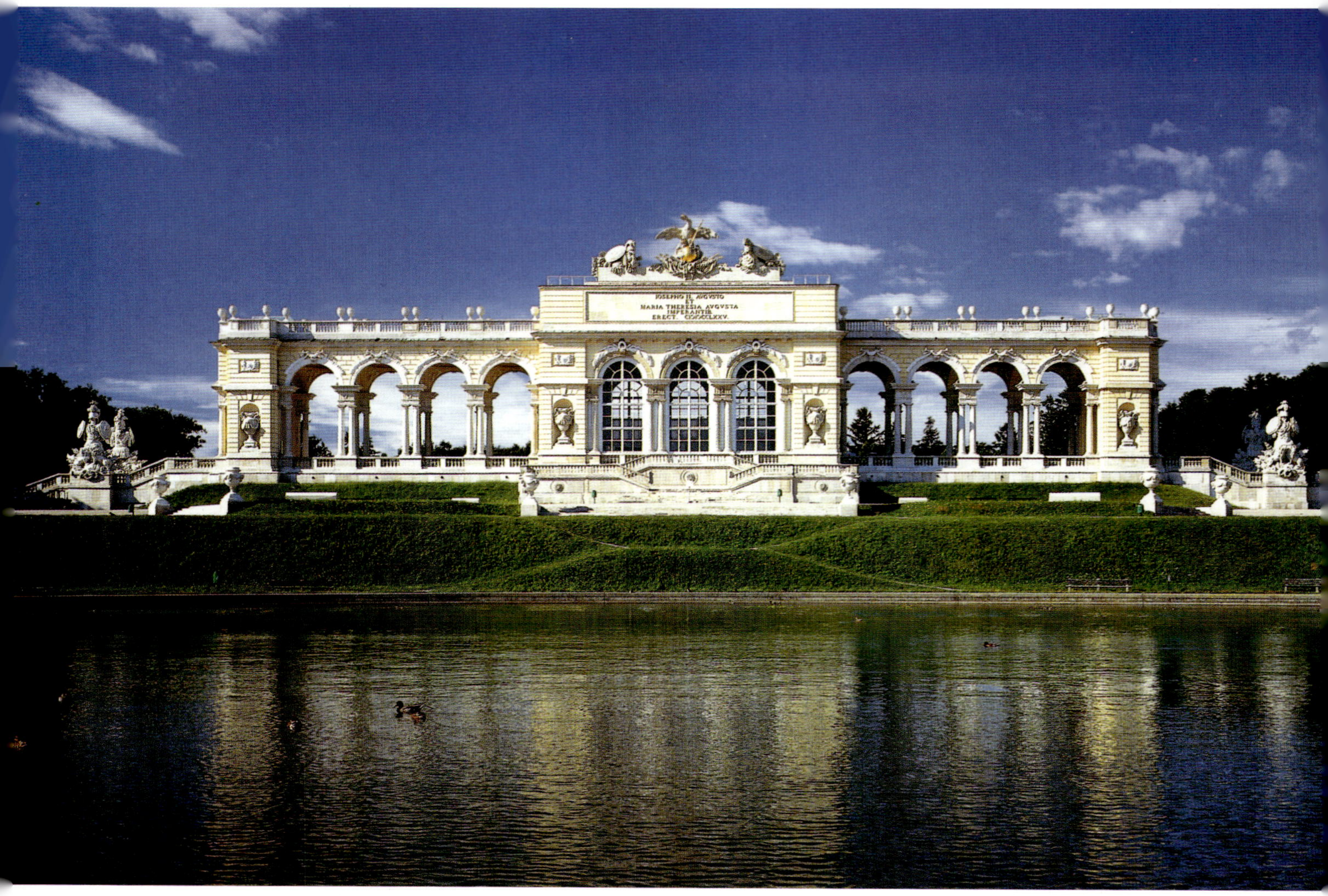
IOSEPHO II. AVGVSTO
ET
MARIA THERESIA AVGVSTA
IMPERANTIB.
ERECT.

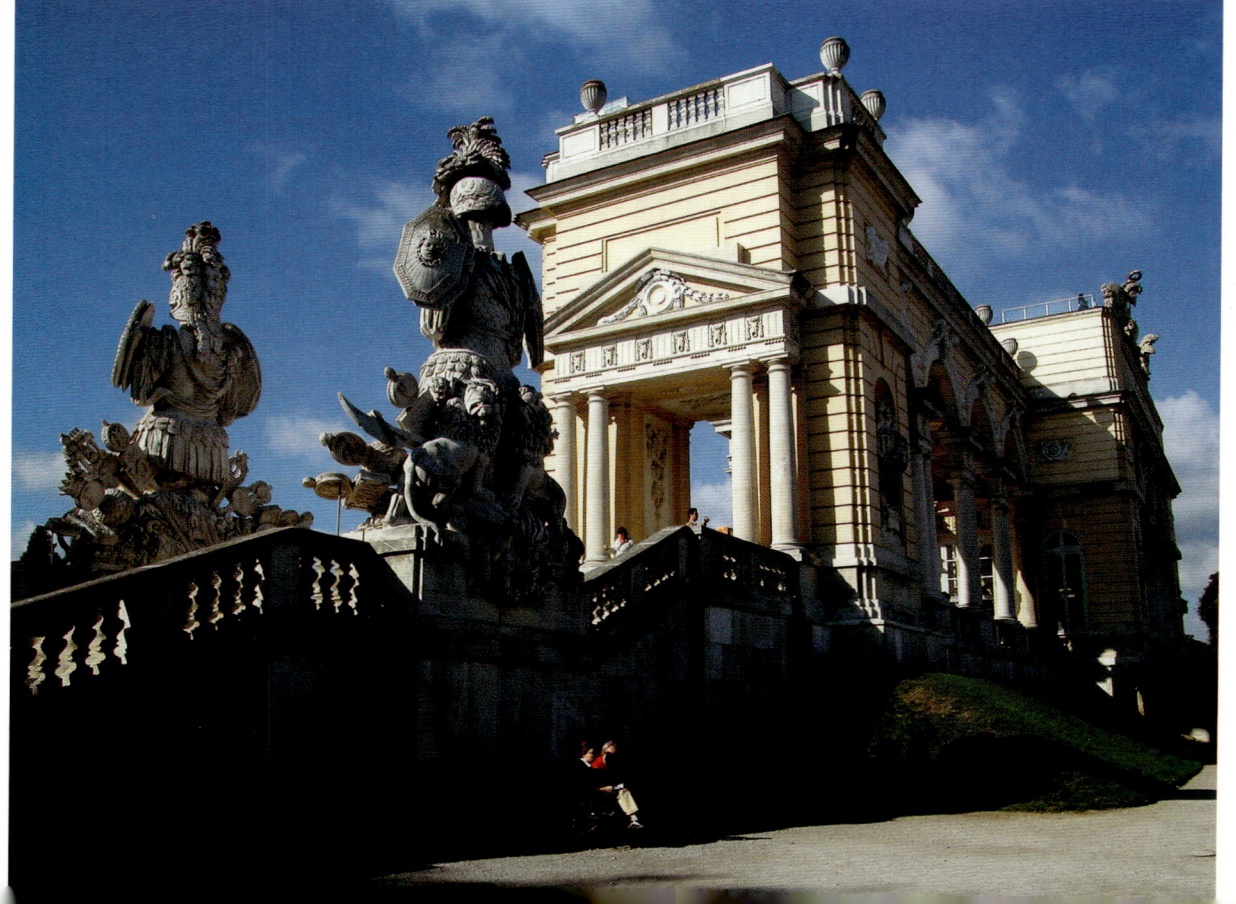

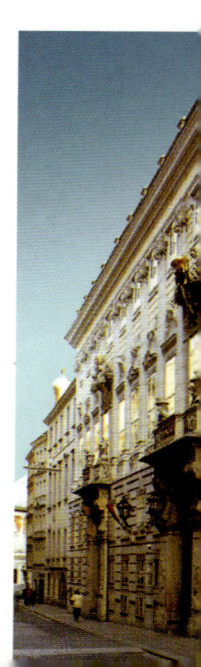

本页及左页：

（左上）图 5-504 维也纳 申布伦宫（美泉宫）。陆军纪念亭，自坡顶水池处望去的景色

（左下）图 5-505 维也纳 申布伦宫（美泉宫）。陆军纪念亭，近景

（中下）图 5-506 维也纳 欧根亲王冬宫（1695/1696 年，建筑师约翰·伯恩哈德·菲舍尔·冯·埃拉赫，1700 年后主持人约翰·卢卡斯·冯·希尔德布兰特）。立面外景

（右下两幅）图 5-507 维也纳 欧根亲王冬宫。大门装饰细部

（右上）图 5-508 维也纳 欧根亲王冬宫。楼梯间内景

图5-509 维也纳 欧根亲王冬宫。蓝厅内景

撤销了对菲舍尔的委托，于1700年改请他的主要竞争对手希尔德布兰特继续这项工程。总之，不管具体原因如何，菲舍尔·冯·埃拉赫在维也纳的地位似乎已开始有了微妙的变化。希尔德布兰特那种更加华美的风格，立即取得了成功。

不过，1697年建造的曼斯费尔德-丰迪宫表明，希尔德布兰特的设计实际上是在菲舍尔风格的基础上，对其宫殿模式进行改造的结果（图5-512~5-514）。整座建筑由中央椭圆形体和两边矩形结构组成，中间通过两跑台阶与花园相连。然而，希尔德布兰特并没有能够完成这项工程：宫殿在主体部分竣工后就搁置下来，直到1716年，施瓦岑贝格购下这栋房产。四年后，工程

（上两幅）图 5-510 维也纳 欧根亲王冬宫。金堂及金门

（下）图 5-511 维也纳 欧根亲王冬宫。红厅，天顶画（1698年）

本页：

（上）图5-512 维也纳 曼斯费尔德-丰迪宫（现施瓦岑贝格宫，1697~1720年，建筑师约翰·卢卡斯·冯·希尔德布兰特、约翰·伯恩哈德及约瑟夫·埃马努埃尔·菲舍尔·冯·埃拉赫）。外景（版画，取自菲舍尔·冯·埃拉赫：《Entwurf einer Historischen Architektur》，1721年）

（下）图5-514 维也纳 曼斯费尔德-丰迪宫（现施瓦岑贝格宫）。穹顶大厅（1720~1728年），内景

右页：

（上）图5-513 维也纳 曼斯费尔德-丰迪宫（现施瓦岑贝格宫）。现状外景

（左下）图5-515 维也纳 巴贾尼宫（1690年，建筑师约翰·伯恩哈德·菲舍尔·冯·埃拉赫）。立面（菲舍尔·冯·埃拉赫设计，图版制作 J.A.Delsenbach，原稿现存维也纳 Historisches Museum）

（右下）图5-516 维也纳 巴贾尼宫。大门及立面细部（1698年）

主持人改为菲舍尔·冯·埃拉赫，宫殿亦改名为施瓦岑贝格宫。菲舍尔彻底改造了外立面，以圆拱取代了装饰性的小品，使分划立面的部件（如檐口和壁柱）造型上更加突出。希尔德布兰特打算将一个椭圆形的凸出形体和立面中央部分组合在一起，菲舍尔则力求使它成为统领整个立面的独立形体。

菲舍尔在设计德国其他城市府邸时，基本参照维也纳宫邸的样式。立面处理大体按布拉曼特和帕拉第奥确立的形制，但很少采用单一的轴线布局，而是像贝尔尼尼的基吉宫那样，交替布置凸出和凹进的形体，中央部分则通过柱式加以强调；首层处理成基座形式，柱顶盘造型效果突出。维也纳的巴贾尼宫即属此类（1690年，图5-515~5-517）。其中央形体凸出甚少，但人像壁柱和精美的浮雕则清楚地显现在光滑的背景上；门廊由于其椭圆形造型活力倍增。在布拉格加拉斯宫的两个门廊里（1713年），菲舍尔再次采用了博罗米尼的形式语言；但在他手里，形式不但更为精美，同时也更为壮观（图5-56）。在狭窄的街道上，立起三个高耸的向前凸出的形体；开大窗的角上各跨系效法施吕特设计的柏林宫邸休闲花园的立面；强壮魁梧、成对配置的男像柱出自波希米亚地区最杰出的巴洛克雕刻师马蒂亚斯·布劳恩之手。

菲舍尔风格上的成熟首先表现在建筑造型上（主要借助西方古典主义的精练手法），这也是他1704年旅行的主要收获。卡尔大教堂已经留下了弗朗索瓦·芒萨尔手法的标记，宫殿设计则是追随巴黎旺多姆广场宫邸或像查茨沃思那类英国乡间庄园宅邸的榜样。维也纳的波希米亚宫邸（1708年）由男像柱支撑带三个门洞的门

本页及左页：

（左上）图5-517 维也纳 巴贾尼宫。红厅，内景（1740年后）

（左中）图5-518 维也纳 特劳特松宫（1710年，建筑师约翰·伯恩哈德·菲舍尔·冯·埃拉赫）。花园立面（1715年，菲舍尔·冯·埃拉赫设计，版画制作 J.A.Delsenbach）

（左下）图5-519 维也纳 特劳特松宫。18世纪初外景（版画，作者 Salomon Kleiner，1725年，维也纳私人藏品）

（右上）图5-520 维也纳 特劳特松宫。立面现状

（中下）图5-521 维也纳 特劳特松宫。楼梯间内景

（右下）图5-522 维也纳 特劳特松宫。礼仪厅，内景

廊,不再像早期巴洛克建筑那样,作为一个造型母题嵌在立面上,而是处理成凯旋门的形式,和带三根轴线上冠山墙的中央形体合在一起。向前凸出的这部分立面系作为一个整体进行分划,配置生动的造型及装饰直至屋顶栏杆部位。同在维也纳的特劳特松宫充分体现了这种充满高尚和凯旋氛围的和谐(外景:图5-518~5-520;内景:图5-521~5-523)。建筑原先位于城市边上,其花园和橘园部分尽失。稍高的中央部分配置了山墙和成对的壁柱,其他部分仅主要楼层窗户上配华丽的山墙装饰。立面门廊稍稍向外凸出,两侧立双柱。门厅里重复了这种柱子的形式,但四根合成一组。左面设单跑大楼梯,位于两座卧着的斯芬克斯像间,休息平台两侧另立男像柱。楼梯间构造清晰,光线对比强烈。在维也纳,宫殿往往是直接朝向街道,而不是朝向主院,类似意大利的做法;因此立面从一开始就具有重要的意义。楼梯间通常都布置在门厅一侧。除立面外,这组房间自然也成为菲舍尔设计上关注的焦点。在摄政时期的法国,

(上)图 5-523 维也纳 特劳特松宫。礼仪沙龙,拱顶仰视

(下两幅)图 5-525 维也纳 洛布科维茨宫。外景及门廊近景

1536·世界建筑史 巴洛克卷

(上）图 5-524 维也纳 洛布科维茨宫（1685~1687 年，建筑师乔瓦尼·彼得·滕卡拉，1710 年改建，主持人约翰·伯恩哈德·菲舍尔·冯·埃拉赫）。宫殿及广场景观（油画，作者 Bernardo Bellotto，1761 年，原作现存维也纳 Historisches Museum）

（下）图 5-526 维也纳 霍夫堡皇宫。1770 年地段俯视全景（Johann Daniel Huber 维也纳城图局部，取自 Max Eisler：《Historischer Atlas des Wiener Stadtbildes》，1919 年，原稿现存维也纳 Historisches Museum）

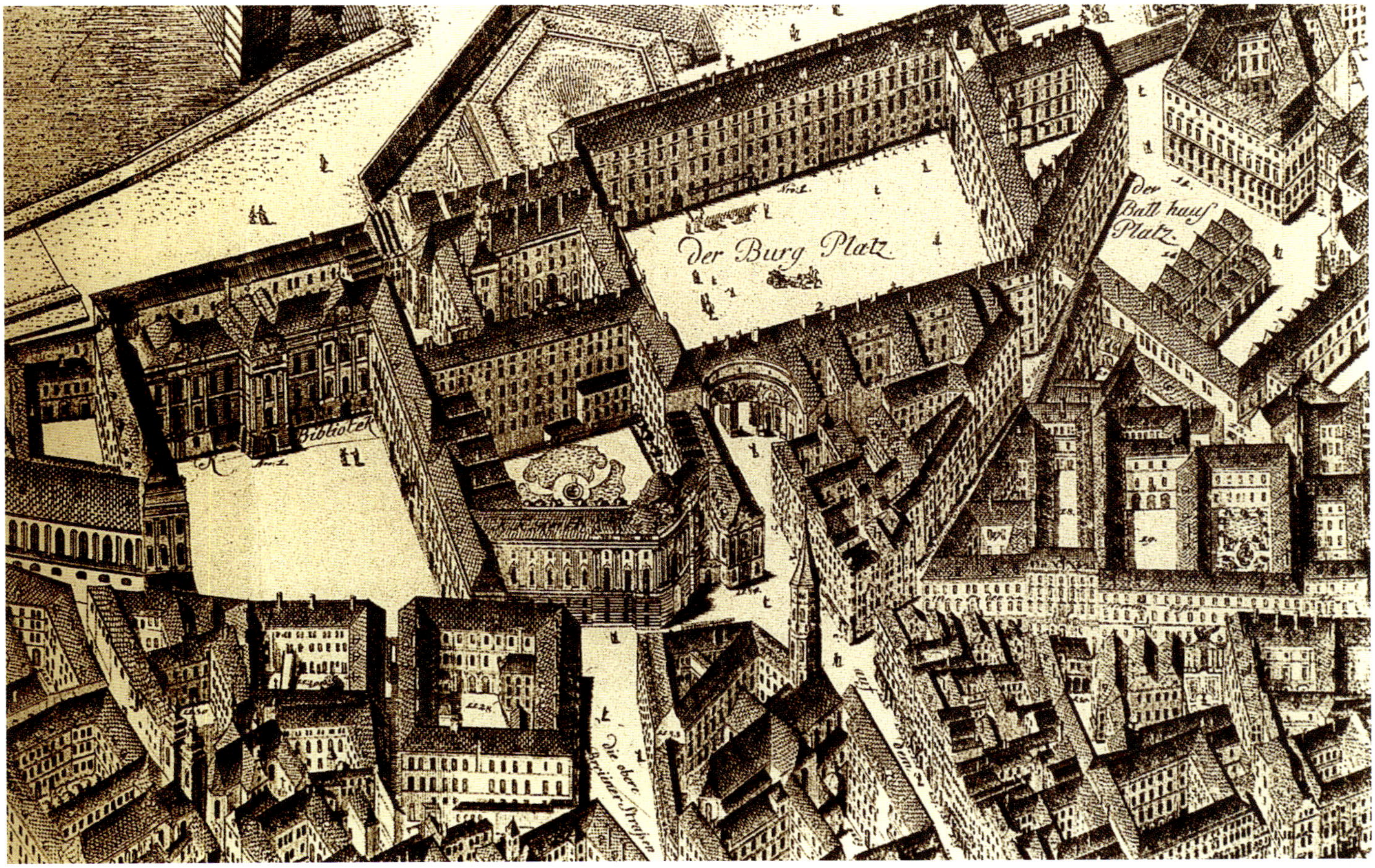

楼梯间往往具有私密的特点，而在德国，这却是设计师最能发挥想象力的处所。

同样由菲舍尔设计的维也纳匈牙利卫队宫（1710~1712 年）由一个长方形体加一个凸出的山墙立面形成。基座层由条带式粗面石砌筑，中央形体多立克门廊以上成对配置巨大的壁柱。建筑主体部分尽管没有采用柱式，但由于窗间距极近（接近柱子比例），仍具有柱式构图的效果，顶部柱头般的涡卷装饰，进一步加强了这种幻觉。维也纳的洛布科维茨宫原建于 1685~1687 年（建筑师乔瓦尼·彼得·滕卡拉），但中央翼及大门后于

Prospectus PARTIS INTERIORIS AULÆ CÆSAREÆ *ad meridiem, quam alias Aream Regiam appellant. a. Porta ad aulam intimam. b. Porta aulica. c. Porta nova versus forum carbonarium. d. camera aulica. S. Cancellaria Imperii. e. Parochia ad S. Michael.*

Prospect der Keys. Burg innerer Theil, sonsten der Burg Platz genannt, wie solcher gegen Mittag anzusehen. a. Das Thor zu den innersten Hoff. b. Das Burg Thor. c. Das neue Thor gegen dem Kohl Marckt. d. Die Hoff Cammer oder die Reichs Cantzley. e. Die Pfarr-Kirchen St. Michaelis.

左页：

（上）图 5-527 维也纳 霍夫堡皇宫。院落景色（版画，现存维也纳 Bibliothek und Kupferstichkabinett）

（下）图 5-528 维也纳 霍夫堡皇宫。俯视全景

本页：

（上）图 5-530 维也纳 霍夫堡皇宫。内院现状

（下）图 5-531 维也纳 霍夫堡皇宫。新堡全景

1710 年在菲舍尔主持下进行了改建（图 5-524、5-525）。

在 1735 年维也纳出版的斯坦帕尔和普伦纳的著作（《Prodromus》）中，汇集了当时人们对所谓"奇迹"现象的各种表述。这部文集中表现珍宝室（Chambre du Trésor）的铜版画，表明巴洛克时期人们对混置自然及人工珍奇物品的偏爱[10]。在巴洛克时期的图书馆中，也

可看到类似的组合。例如，在一幅表现17世纪下半叶利奥波德一世时期维也纳帝国图书馆的版画中，就有这样的景色：在一个高几米的大厅内，靠墙的书籍堆到顶棚处，前面是另外一些更大的展示珍稀物品的厅堂，墙上装饰着异域动物的标本，好奇的人们正在探察橱柜的抽屉。

1711年在纽伦堡印制的这张版画表现的只是哈布斯堡图书馆的一部分，当时这个巨大的图书馆挤在维也纳霍夫堡皇宫的一翼里。以后，皇帝查理六世委任菲

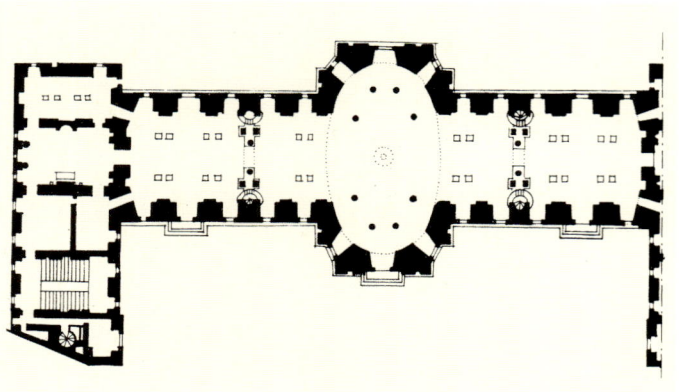

本页及左页：

（上）图 5-529 维也纳 霍夫堡皇宫。圣米歇尔翼景色（左为圣米歇尔教堂塔楼，同名广场现为宫殿主入口）

（左下）图 5-532 维也纳 霍夫堡皇宫。帝国图书馆（前修院图书馆，1722 年，建筑师约翰·伯恩哈德和约瑟夫·埃马努埃尔·菲舍尔·冯·埃拉赫），平面

（右下）图 5-533 维也纳 霍夫堡皇宫。帝国图书馆（前修院图书馆），外景（版画，取自 Werner Hager：《Architecture Baroque》，1971 年）

本页：

(上) 图 5-534 维也纳 霍夫堡皇宫。帝国图书馆（前修院图书馆），现状外景（左为图书馆，右为西班牙驯马学校，前为约瑟夫广场及广场上的约瑟夫二世骑像）

(下) 图 5-536 维也纳 霍夫堡皇宫。帝国图书馆（前修院图书馆），椭圆大厅，内景

右页：

图 5-535 维也纳 霍夫堡皇宫。帝国图书馆（前修院图书馆），内景

左页：

图5-537 维也纳 霍夫堡皇宫。帝国图书馆（前修院图书馆），穹顶仰视（穹顶画作者Daniel Gran，1726~1730年）

本页：

图5-538 沃尔芬比特尔图书馆（1706~1710年，H. Korb设计，1887年拆毁）。圆堂内景（A.Tacke绘）

舍尔·冯·埃拉赫扩大霍夫堡宫殿和建造一个新的图书馆，将1681年开始建造的西班牙学校驯马场也纳入其中。建筑的朝向及矩形的体量就这样得到确定（历史图景：图5-526、5-527；现状景观：图5-528~5-531）。

图书馆平面制订于1716/1718年（其前身是修院图书馆），但直到1722年才开始建造，并由菲舍尔的儿子约瑟夫·埃马努埃尔·菲舍尔·冯·埃拉赫在他死后完成[帝国宫殿建筑群的设计因战争未能全面实施，仅这个维也纳帝国图书馆（平面及外景：图5-532~5-534；内景：图5-535~5-537）尚存]。

自文艺复兴时期以来，这类建筑均取纵长厅堂的形式，如佛罗伦萨的圣马可修道院和圣洛伦佐图书馆、威尼斯的圣马可图书馆或埃尔埃斯科里亚尔的图书馆。1706~1710年，人们曾根据莱布尼兹的提议，在德国北部的沃尔芬比特尔建造了第一个非教会系统的图书馆（1887年拆毁，图5-538）。这是一个横向布置周围带廊台的椭圆形空间，如奥地利修院图书馆的形式。而帝国图书馆的主要厅堂系由一个矩形和一个椭圆形平面综合而成。先是一个横向矩形空间，另于纵深方向中央处布置一个上置穹顶高两层的椭圆形大厅，从而成功地创造了一个独立的建筑形体。大厅的高耸空间完全可和古罗马浴场的厅堂媲美，其内重新采用了弗赖因阿尔坦伯爵府邸先祖厅的形式，带有纵长的椭圆形高窗，甚至重复了所谓"光荣厅"（salle d'honneur）的功能，但室内配置

第五章 德国和中欧地区 · 1545

（上）图 5-539 维也纳 道恩-金斯基伯爵宫（1713~1716年，约翰·卢卡斯·冯·希尔德布兰特设计）。立面现状

（下）图 5-541 萨尔茨堡 米拉贝尔府邸（1722年）。俯视全景（版画，作者 F.A.Danreiter，约 1728 年）

图5-540 维也纳 道恩-金斯基伯爵宫。大门雕刻细部

了廊台和寓意装饰。穹顶下布置作赫丘利姿态的帝王雕像,中央空间两侧由成对的巨柱——古人眼中这位英雄人物的象征——护卫。穹顶上绘着神化查理六世的壁画(作者达尼埃尔·克兰,图5-537),画面以寓意造型表现这位科学和艺术的保护者。靠墙的书柜直至檐口线脚处。在底层,有活动梯子通达书架上层。上层廊道同样备有梯子。大厅两边侧厅分别布置以战争和和平为主题的图书馆,显然是仿凡尔赛镜厅两边前室的做法。40年以后,由于在椭圆形大厅和侧翼之间出了裂缝,人们不得不进行加固。此后,在椭圆大厅和侧面厅堂之间即像现在这样,以扶拱、壁柱和双柱分开。

外部和室内完全一致;墙面分划部件造型扁平,楼

阁屋顶高度可追溯到法国的首批古典主义作品（以后改平），壁柱的配置系采纳了贝尔尼尼的比例。整个建筑反映了越来越严谨简朴的趋势（如基层的条带式粗面石砌体和龛门），可看到在菲舍尔其他作品里已可察觉的法国影响。中央楼阁的三重屋顶及垂向椭圆窗亦为菲舍尔常用的建筑手法。

左页：

图 5-542 萨尔茨堡 米拉贝尔府邸。外景（穿过花园可看到对面山上的霍亨萨尔茨城堡）

本页：

（上）图 5-543 萨尔茨堡 米拉贝尔府邸。花园雕刻（珀加索斯喷泉）

（下）图 5-544 维也纳 观景楼宫殿（夏宫，1713~1725 年，建筑师约翰·卢卡斯·冯·希尔德布兰特）。俯视全景

1550·世界建筑史 巴洛克卷

左页：

（上）图 5-545 维也纳 观景楼宫殿（夏宫）。自观景楼望城市景色（油画，作者 Bernardo Bellotto，1758~1761 年，原作现存维也纳 Kunsthistorisches Museum）

（下）图 5-546 维也纳 观景楼宫殿（夏宫）。自上观景楼（上宫）北望城市景色，近景为园区狮身人面像，背景下部红顶房即下观景楼，其后可看到圣司提反大教堂的尖塔及维也纳森林所在的山丘

本页：

（上）图 5-547 维也纳 观景楼宫殿（夏宫）。下观景楼（下宫，1713~1716 年），花园立面外景（中央形体部分）

（下）图 5-548 维也纳 观景楼宫殿（夏宫）。下观景楼（下宫），大理石廊厅，内景

虽说奥地利尚没有接受洛可可风格，但在1730年左右，相关的部件在欧洲西部一些国家已经出现。在小菲舍尔（卒于1742年）设计的官方建筑里，已可辨别出一股古典主义的潮流，他的帝国骑马场（1730年）在构图上显得尤为庄重。

[约翰·卢卡斯·冯·希尔德布兰特的作品]

出生于热那亚的约翰·卢卡斯·冯·希尔德布兰特（1688~1745年）[1]为一位德国军人之子。从17世纪90年代起他即在欧根亲王身边工作。希尔德布兰特比菲舍尔约小一辈。但和后者一样，他也在罗马住过很长时间，师从著名建筑师卡洛·丰塔纳。1695~1696年他在帝国军队中服务，在多次战胜土耳其人的欧根麾下任军事工程师，参加了皮埃蒙特战役并获过奖，对热那亚和都灵都很熟悉。离开军队后，他在维也纳定居，开展建筑活动。以后又继菲舍尔·冯·埃拉赫后出任帝国建筑总监。

希尔德布兰特是18世纪初出现的一种建筑风格的代表人物。在这里，沉重的花环和茛苕叶装饰让位给更具活力和不拘泥于写实的装饰形式。尽管博罗米尼的创作给他留下了深刻的印象，但在建筑上他真正钟意的还是意大利北方瓜里尼及其追随者的作品，特别在宗教建筑方面，瓜里尼的影响表现得尤为明显。不过，他最擅长的仍是民用建筑领域（主要是建造宫殿）。和菲

本页：

（上）图5-549 维也纳 观景楼宫殿（夏宫）。下观景楼（下宫），金堂，内景

（中及下）图5-550 维也纳 观景楼宫殿（夏宫）。下观景楼（下宫），大理石厅，内景及天棚画

右页：

（上）图5-551 维也纳 观景楼宫殿（夏宫）。下观景楼（下宫），怪像厅（因陈列表情怪异的头像而名）内景

（下）图5-552 维也纳 观景楼宫殿（夏宫）。下观景楼（下宫），卧室，装修细部

第五章 德国和中欧地区 · 1553

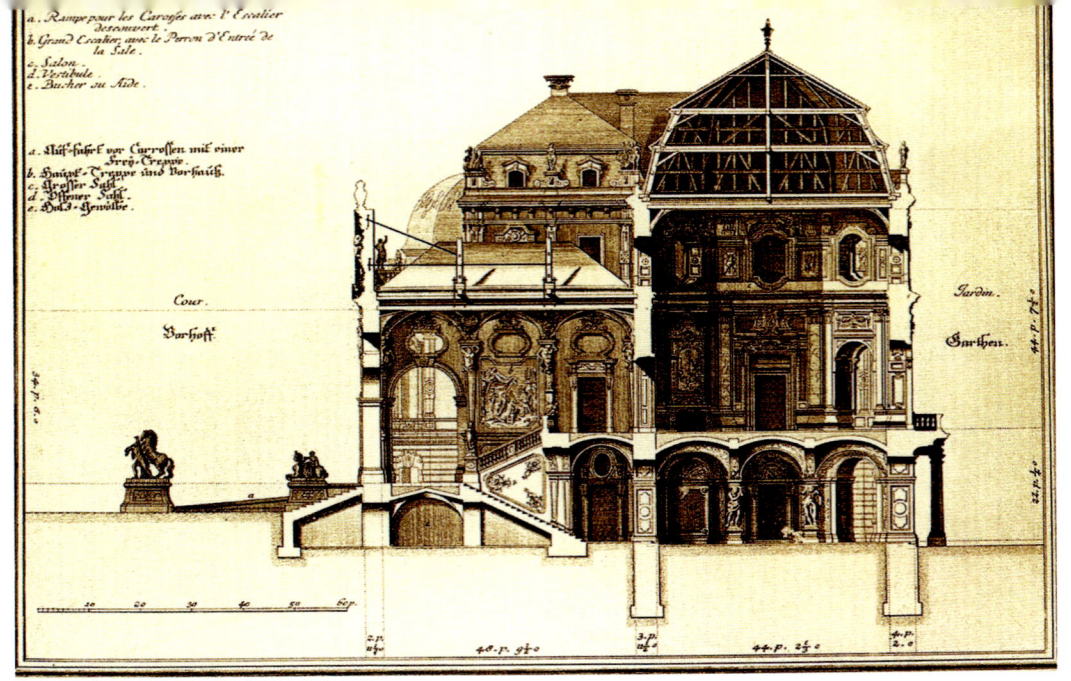

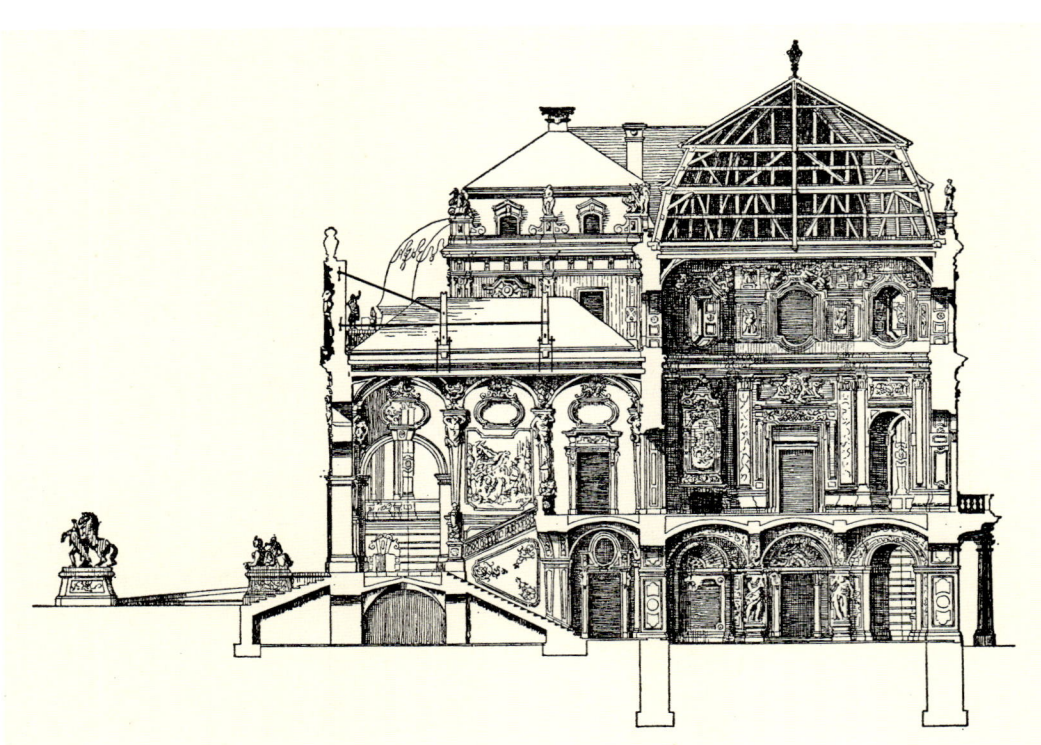

（上及中）图 5-553 维也纳 观景楼宫殿（夏宫）。上观景楼（上宫，1721~1723 年），剖面（图版作者 Salomon Kleiner，1731/1734 年；线条图据 Werner Hager，1971 年）

（下）图 5-554 维也纳 观景楼宫殿（夏宫）。上观景楼（上宫），立面外景（18 世纪版画，原件现存米兰 Civica Raccolta Stampe）

(上)图5-555 维也纳 观景楼宫殿(夏宫)。上观景楼(上宫),花园及建筑全景(背景为维也纳市区)

(下)图5-556 维也纳 观景楼宫殿(夏宫)。上观景楼(上宫),入口面景色

舍尔相比,其技艺更为高超,更为灵活,自然也就更为符合时代的潮流。其庇护人是初为副掌玺大臣后为维尔茨堡主教的腓特烈-卡尔·冯·申博恩,1710年建造的格勒斯多夫府邸及宫殿-花园的主人。他一直没有直接为帝王服务,其皇宫建筑群[12]设计一直停留在纸面上。但在欧根亲王委托的工程中,他却干得得心应手;正是这些工程,构成了"维也纳的第二个宫廷"。

希尔德布兰特主持建造的维也纳道恩-金斯基伯爵宫(1713~1716年,图5-539、5-540),是个表现其风格的典型作品。从中可清楚看到他和菲舍尔·冯·埃拉赫在风格上的差异。建筑于琢石基层上另起两层,用间距甚密的巨大壁柱统合在一起。宫殿立面上配有优

本页及左页：

（左上）图 5-557 维也纳观景楼宫殿（夏宫）。上观景楼（上宫），入口立面全景

（左下及右上）图 5-558 维也纳 观景楼宫殿（夏宫）。上观景楼（上宫），入口门廊近景

（右下）图 5-560 维也纳观景楼宫殿（夏宫）。上观景楼（上宫），花园面景色（前景为下观景楼）

雅的曲线造型和丰富的装饰。七开间的中央三间稍稍向前凸出，其上壁柱向下缩小并在下面 1/3 处开大型凹槽，同时通过附加雕刻、顶部栏杆、不同的窗框及壁柱装饰，和其他部分区别开。两边设女像柱呈凹面曲线的门廊可能是来自法国范本，尽管在德国也能找到其先例（如海德堡城堡）。上层窗户顶部，三角形和弧形山墙交替布置。顶部半层之上设制作精巧的栏杆，古代风格的雕像立在栏板之间的高基座上。整个立面系仿效同一城市的

第五章 德国和中欧地区·1557

图5-559 维也纳 观景楼宫殿（夏宫）。上观景楼（上宫），入口门廊细部

（上）图 5-561 维也纳 观景楼宫殿（夏宫）。上观景楼（上宫），自花园北端遥望建筑全景

（下）图 5-562 维也纳 观景楼宫殿（夏宫）。上观景楼（上宫），自花园北面树篱区望建筑景色

巴贾尼宫，但后者的均衡构图已被高低起伏的造型取代，这种动态从位于高处的主要楼层基部开始，直至檐沟高度。装饰复归德国传统，建筑表面充满生气，形式如盛开的花朵，门廊开启亦如肌体器官，严格的几何造型已不复存在。

由于院落翼仅能容一狭窄的楼梯间，构图无法全面铺开，因而只能在周围雕塑（人像柱、龛室神像及孩童形象）等装饰的烘托下，逐渐展现光线的效果；整个场景最后以天棚画作为结束（拱顶上图案交织的精巧浮雕属摄政时期）。室内装饰细部和室外具有同样的表现，楼梯栏杆时而装饰着枝叶或涡卷，时而点缀着巨大的三角形图案。

在萨尔茨堡的米拉贝尔府邸（1722年，图 5-541~5-543），带孩童造型的楼梯栏杆如连续的波浪向上展开；

图 5-563 维也纳 观景楼宫殿（夏宫）。上观景楼（上宫），自花园北面水池阶台处望去的景色

图 5-565 维也纳 观景楼宫殿（夏宫）。上观景楼（上宫），自花园南区圆池处望去的景色

图 5-564 维也纳 观景楼宫殿（夏宫）。上观景楼（上宫），自花园中区花坛及水池处望去的景色

图 5-566 维也纳 观景楼宫殿（夏宫）。上观景楼（上宫），花园面夜景

本页：

（上下两幅）图 5-567 维也纳 观景楼宫殿（夏宫）。上观景楼（上宫），西北侧景色

右页：

（上）图 5-568 维也纳 观景楼宫殿（夏宫）。上观景楼（上宫），大理石厅，内景

（下两幅）图 5-570 维也纳 观景楼宫殿（夏宫）。上观景楼（上宫），大楼梯，内景

这种形式来自1600年左右尚在使用的装饰。类似的楼梯为人们在行进过程中增添了乐趣。

欧根亲王在城外建的观景楼宫殿（夏宫）亦属这一时期（图5-544）。建筑位于一个高地上，可望到不远处维也纳的城市风光（图5-545、5-546）。这是菲舍尔的第一个设计推荐的基址，不同的只是花园朝着视野开阔的斜坡展开，入口则向后对着山峦。

希尔德布兰特自17世纪90年代开始整治花园台地。1714年，他开始建造下观景楼（亦称下宫，图5-547~5-552）。这是个位于斜坡脚下的郊区别墅（villa suburbana），仅中央部分为两层。朴实严谨的立面分划颇似曼斯费尔德宫（以后的施瓦岑贝格宫）。建筑于两年后竣工。

1721年，他又应欧根的委托设计位于高处更为宏伟的上观景楼(亦称上宫，1721~1723年，图5-553~5-567)，作为花园内与1715年刚完成的下观景楼相对应的建筑。立面具有不同高度的各翼呈阶台状连续排列。中心为一个带三重屋顶向前凸出的高大楼阁，中央高起部分配三个楼层，内为大理石厅，前有楼梯及带拱形山墙的前厅(图5-568、5-569)。自中央部分向两边延伸的较低侧翼各在头五跨处加高一层至前厅山墙顶部，上设两重屋顶。接下来是更矮的两翼；各翼均以两个八角形楼阁

第五章 德国和中欧地区 · 1563

作为结束，后者上冠圆形穹顶，起着连接和统一不同层次节律的作用。和八角形角楼相接的这部分仅为单层屋顶，没有配柱式。整组建筑屋顶构图地位突出，线条清晰。建筑形体的高低错落、凸出及凹进，使整个群组充满生气和动态。在中欧，多重屋顶本属传统做法；这种做法虽说已不太时兴，但希尔德布兰特正是据此成就了一个巴洛克建筑的杰作。它在很多方面都和几乎同时期建造的帝国图书馆类似，通过不同寻常的构图形制达到了极强的艺术表现力。

建筑形体虽然多变，但装饰手法相对统一，特别是底层，成为联系整个组群的基本要素，其柱顶盘贯穿立面全长，甚至绕行角上的楼阁。一种起源于古代

左页：

（上下两幅）图 5-569 维也纳 观景楼宫殿（夏宫）。上观景楼（上宫），前厅（特伦纳厅），内景

本页：

图 5-571 维也纳 皮亚里斯滕教堂（1716年，建筑师约翰·卢卡斯·冯·希尔德布兰特）。立面外景

第五章 德国和中欧地区 · 1565

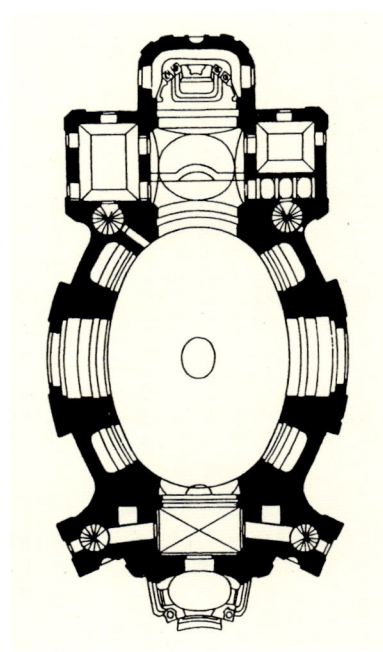

（左上）图5-572 维也纳 皮亚里斯滕教堂。内景

（左下）图5-574 维也纳 圣彼得教堂（1702～1733年，建筑师约翰·卢卡斯·冯·希尔德布兰特、加布里埃莱·蒙塔尼）。平面（据Koepf）

（右下）图5-575 维也纳 圣彼得教堂。外景

（右上）图5-576 维也纳 圣彼得教堂。内景（朝歌坛望去的景色）

图 5-573 维也纳 皮亚里斯滕教堂。穹顶画（作者 Franz Anton Maulbertsch，1752 年）

镶贴工艺的装饰如屏障般覆盖着立面（没有凹进部分，而是向中心及角上弯曲）。这个充满动态的背景高耸在花园之上；后者在两个宫殿之间的坡地上伸展，两个台地上布置不同的景观。同样，入口一侧的景色也有所变化：前方是一个大水池，映出宫殿的倒影；池后可看到一系列各式各样阶梯状的建筑景观。类似的布置方式无论在法国还是意大利都不曾出现，但可在申布伦宫第一个设计的中央部分看到。前院和花园构成了不同程度

图 5-578 维也纳 圣彼得教堂。穹顶仰视

左页：图 5-577 维也纳 圣彼得教堂。祭坛近景

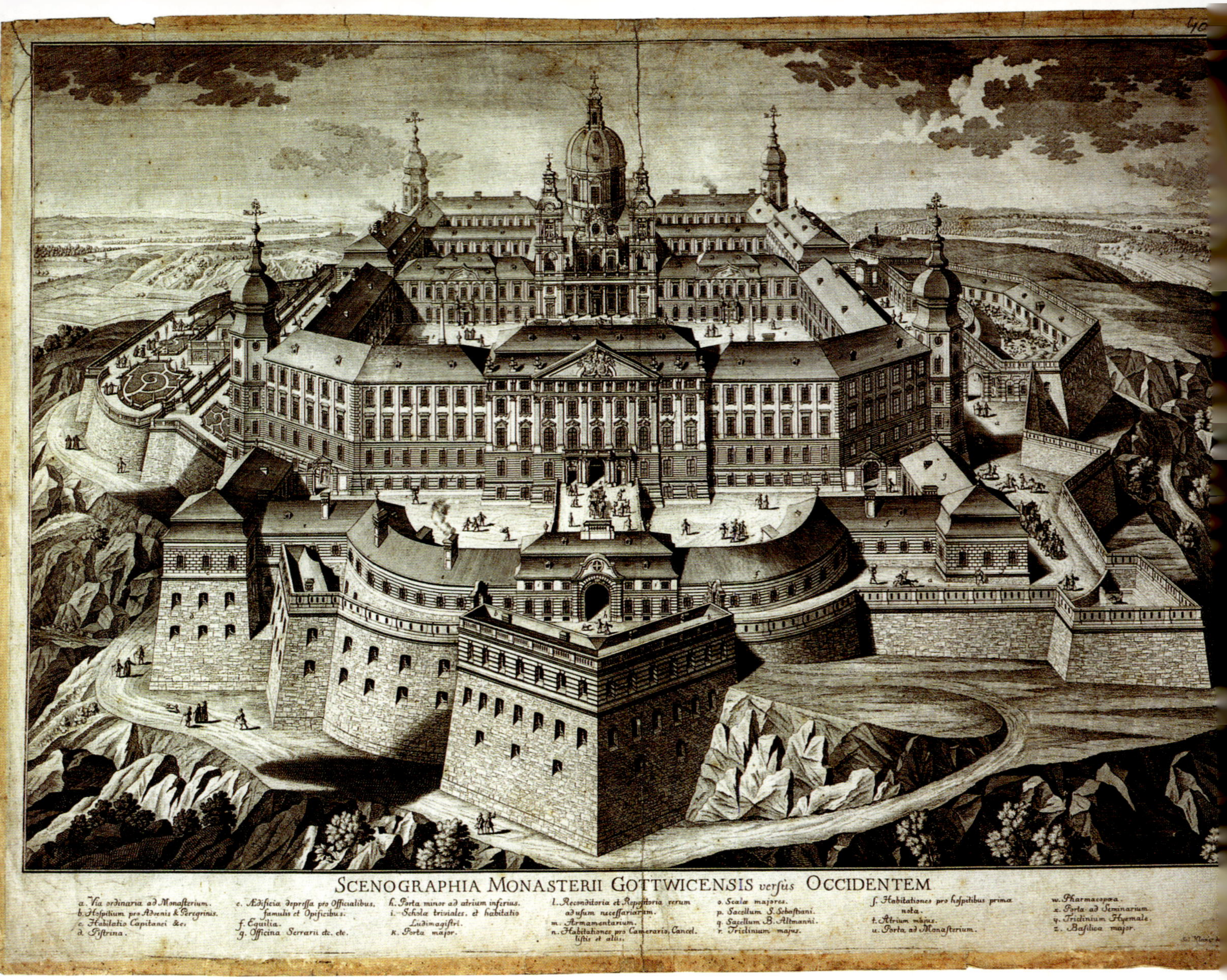

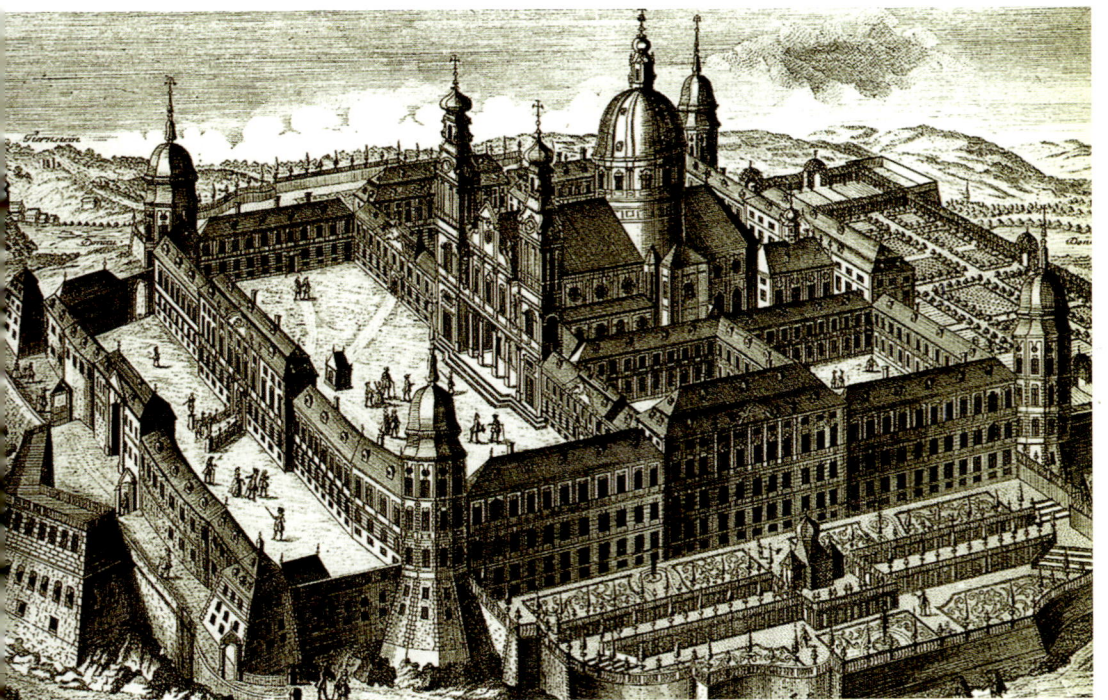

(上)图5-579 格特韦格 修道院(1719年,建筑师约翰·卢卡斯·冯·希尔德布兰特,未完成)。设计方案(作者约翰·卢卡斯·冯·希尔德布兰特,1719年,图版制作 Salomon Kleiner,1744/1745年)

(下)图5-580 格特韦格 修道院。设计方案(作者约翰·卢卡斯·冯·希尔德布兰特,1719年,图版取自 Ian Sutton:《Western Architecture, a Survey from Ancient Greece to the Present》,1999年)

1570·世界建筑史 巴洛克卷

（上下两幅）图 5-581 格特韦格 修道院。楼梯间，内景

的建筑延伸部分，并和建筑一起，形成了连续的运动。

上观景楼的立面可说是最充分地表达了希尔德布兰特的空间分划理念；类似的想法同样在室内，特别是大楼梯处有所表现（图 5-570）。这个楼梯间成为前院和花园的联系枢纽，并使建筑和自然环境紧密地结合在一起。建筑入口比花园台地高半层，由三券拱廊组成（当年未装玻璃隔断）；大厅和楼梯间遂合为一体。下车后，人们即面对着通向下部厅堂（sala terrena）和远处花园的中央大台阶；侧面两跑楼梯则通向明亮的上部大厅。也就是说，这个入口大厅实际上是个带三跑楼梯的中转平台。在这里，建筑师巧妙利用地形坡度，集结了向内、向上和向下三条路线；同时保证了院落、大厅和花园之间的联系。通向花园的门厅两侧设男像柱，上部大厅则于拱顶上布神像。

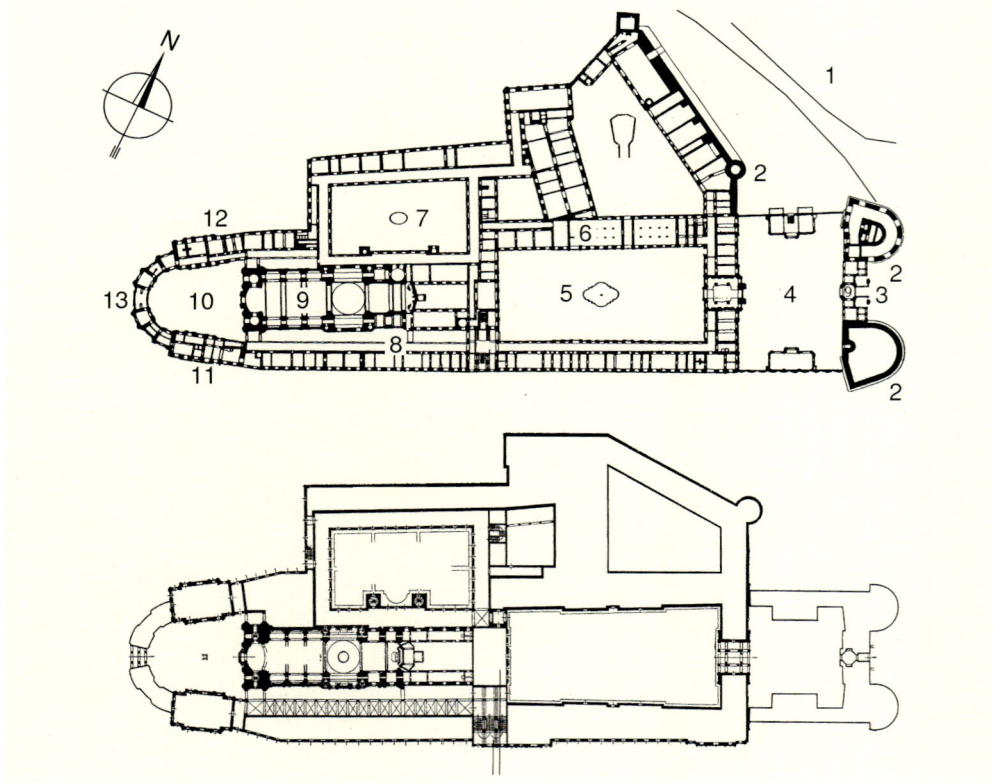

本页：

（上）图5-582 格特韦格 修道院。楼梯间，天棚画

（下）图5-583 梅尔克 本笃会修道院（1702~1738年，建筑师雅各布·普兰陶尔、约瑟夫·蒙格纳斯特）。总平面（图中：1、花园，2、棱堡，3、入口门廊，4、入口院，5、主教院，6、学校，7、柱廊院，8、帝王院，9、修院教堂，10、科洛曼院，11、大理石厅，12、图书馆，13、台地）

右页：

（左上）图5-584 梅尔克 本笃会修道院。总平面及教堂平面（图版，取自 Henry A.Millon 主编：《Key Monuments of the History of Architecture》）

（下）图5-585 梅尔克 本笃会修道院。总平面（1∶1500，取自 Henri Stierlin：《Comprendre l'Architecture Universelle》，1977年）

（右上）图5-586 梅尔克 本笃会修道院。教堂，立面（据 Koepf）

这种设计观念的形成显然和希尔德布兰特在法兰克尼亚的工作经历有所联系：1711年，这位奥地利建筑师曾被请到波默斯费尔登去解决府邸楼梯的设计问题（图5-233~5-235）。投资人、选帝侯和大主教弗朗茨·洛塔尔·冯·申博恩提供的楼梯间面积过大，但希尔德布兰特通过布置三层廊道等方式很好地解决了这一问题。在

设计维也纳观景楼的时候，希尔德布兰特当然不会忘记确定前厅空间和楼梯尺寸之间的关系。同时，他还需要在特伦纳厅（前厅，图5-569）、入口厅和大理石大厅三者之间进行协调。他的解决方式可说相当巧妙。人们从入口厅进入楼梯间后，可通过外侧两跑楼梯至楼上大理石厅及侧翼，或自中间一跑楼梯向下到特伦纳厅。

希尔德布兰特的这种既使人感到惊奇又显得庄严、隆重的风格，同样出现在他的宗教建筑里。他于1698

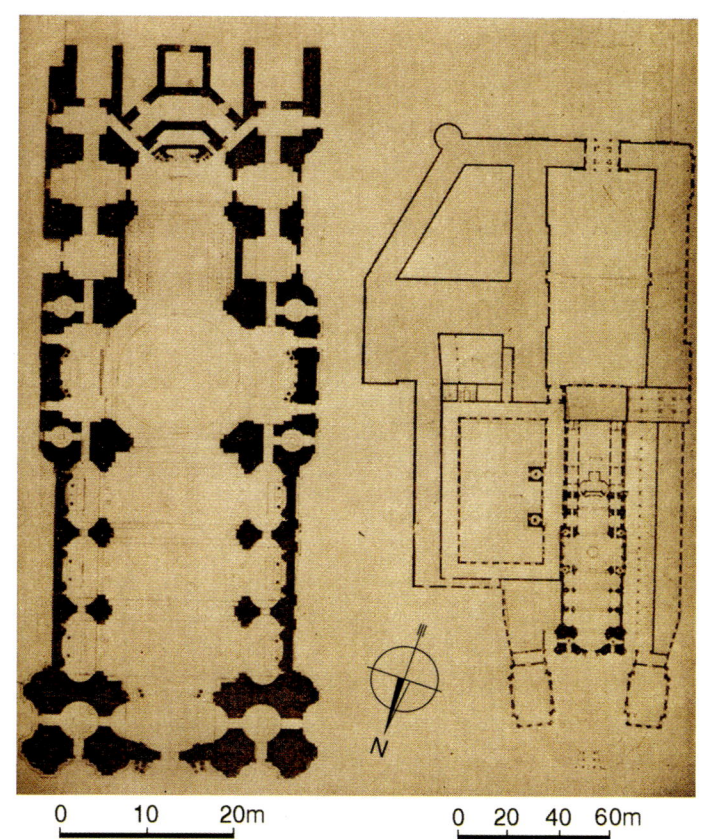

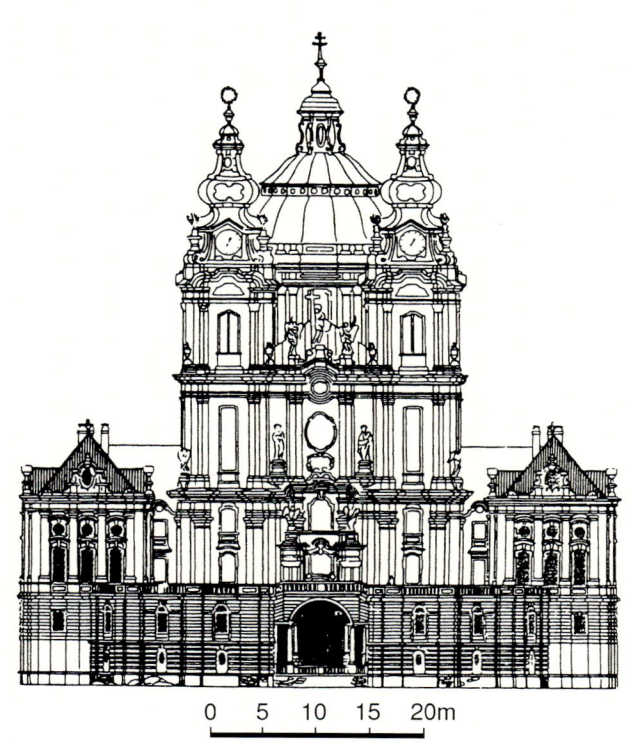

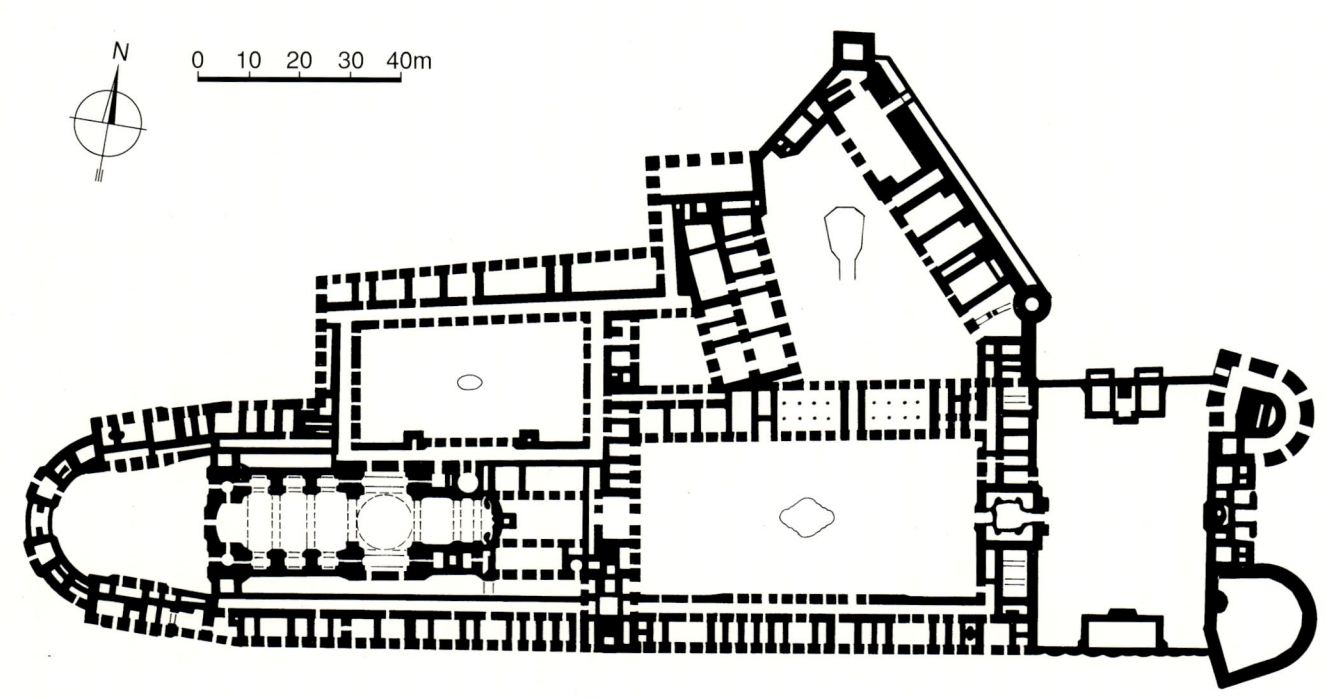

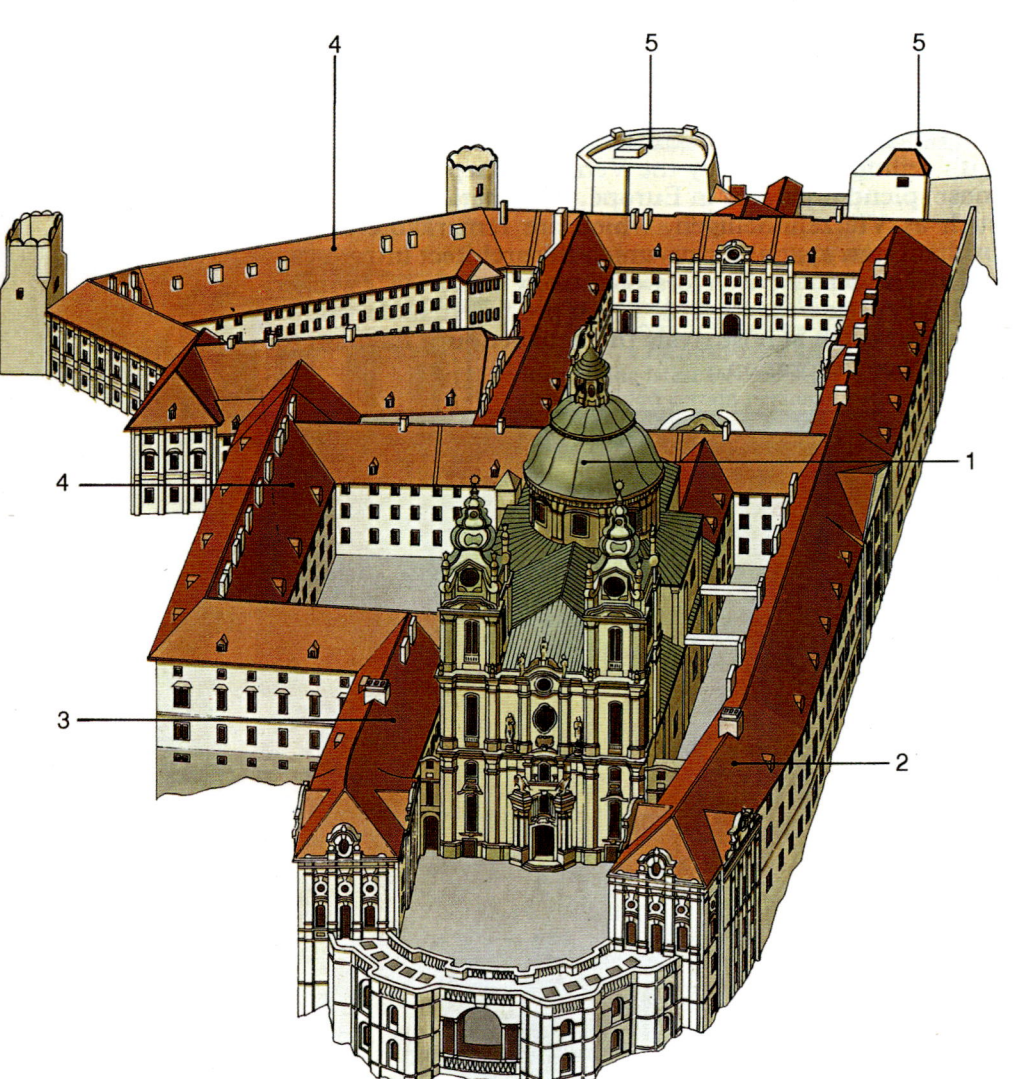

本页：

（上）图5-587 梅尔克 本笃会修道院。俯视全景图（取自John Julius Norwich：《Great Architecture of the World》，2000年），图中：1、教堂，2、大理石厅（接待厅），3、图书馆，4、教士生活区，5、棱堡

（右下）图5-588 梅尔克 本笃会修道院。俯视全景图（取自Stephan Hoppe：《Was ist Barock？ Architektur und Städtebau Europas 1580-1770》，2003年）

（左下）图5-589 梅尔克 本笃会修道院。俯视全景图（现场展示板）

右页：

图5-590 梅尔克 本笃会修道院。朝多瑙河一面全景

年提交了维也纳皮亚里斯滕教堂（图5-571~5-573）的设计，但工程直到1716年才开工。此后，主持施工的还有基利安·伊格纳茨·丁岑霍费尔。

希尔德布兰特设计的维也纳圣彼得教堂（图5-574~5-578）具有一个狭窄但不失优雅的立面，两侧的钟楼稍稍退后。中央凸出形体正面向内凹进，上冠雄

1574·世界建筑史 巴洛克卷

（上）图 5-591 梅尔克 本笃会修道院。西南侧全景

（下）图 5-592 梅尔克 本笃会修道院。东侧入口面景色

(上）图 5-593 梅尔克 本笃会修道院。入口近景

(中）图 5-594 梅尔克 本笃会修道院。主教院现状

(左下）图 5-595 梅尔克 本笃会修道院。教堂，西立面全景

(右下）图 5-596 梅尔克 本笃会修道院。教堂，西立面近景

本页：

（上）图5-597 梅尔克 本笃会修道院。教堂前院落（向东南方向望去的景色，右侧为大理石厅）

（左下）图5-598 梅尔克 本笃会修道院。教堂前院落（向西北方向望去的景色）

（右下）图5-599 梅尔克 本笃会修道院。教堂前院落（自西端券门朝多瑙河河谷望去的景色）

右页：

图5-600 梅尔克 本笃会修道院。教堂，室内向东望去的景色

壮的穹顶。教堂建于1702~1733年。

离梅尔克不远的格特韦格修道院是希尔德布兰特的另一个作品（图5-579~5-582）。它以埃尔埃斯科里亚尔的基本形制为出发点，并在尺度和壮丽上达到了完美

图5-601 梅尔克 本笃会修道院。教堂,仰视内景

右页:图5-602 梅尔克 本笃会修道院。教堂,穹顶近景

的均衡，只是在这里，建筑群位于一个以棱堡护卫的陡峭山头上。建筑始建于 1719 年，但始终未能完成。从版画上看，这是一个矩形建筑群，配有四个角塔，作为中央主体建筑的穹顶教堂两侧立钟楼，院落对应建筑群整个宽度。侧翼另加两个宫殿式的阁楼。著名的帝国楼梯建于 1738 年。建筑群充分体现了希尔德布兰特的

宏伟构思和抱负。

格勒斯多夫的堂区教堂建于1740~1741年，其立面同样显示出这位建筑师过人的胆识。在希尔德布兰特的其他作品中，值得一提的还有建于1718~1725年的林茨修院教堂（原条顿骑士团教堂）。

[雅各布·普兰陶尔及其他建筑师的作品]

雅各布·普兰陶尔及其作品

雅各布·普兰陶尔（1660~1726年）出身于蒂罗尔地区圣珀尔滕的一个石匠家庭，和菲舍尔一样，在投身建筑业之前原是位雕刻师，受过领班匠师和雕刻方面的训练。虽说没有受过专门的建筑教育，但这并不妨碍他以后成为一名建筑师和工程承包人，并成为二三流奥地利建筑师中的佼佼者。在他的整个职业生涯中，对结构问题给予了特别的关注。普兰陶尔的成就主要在教

（上）图5-603 梅尔克 本笃会修道院。教堂，主祭坛近景

（下）图5-604 梅尔克 本笃会修道院。大理石厅，内景

1582·世界建筑史 巴洛克卷

(上)图5-605 梅尔克 本笃会修道院。图书馆,内景

(下)图5-606 梅尔克 本笃会修道院。院长室,仰视内景

第五章 德国和中欧地区 · 1583

(上)图5-607 阿尔滕堡 修道院(1725年,约瑟夫·蒙格纳斯特设计)。图书馆大厅(1740/1742年),内景

(下)图5-608 维也纳 阿姆霍夫耶稣会堂(立面1662年,卡洛·安东尼奥·卡洛内设计)。地段全景(版画,取自Pierre Charpentrat和Henri Stierlin:《Barock:Italien und Mitteleuropa》)

1584·世界建筑史 巴洛克卷

（右上）图5-609 维也纳 阿姆霍夫耶稣会堂。立面外景

（左上）图5-610 圣弗洛里安 修道院（1686~1724年，建筑师卡洛·安东尼奥·卡洛内、雅各布·普兰陶尔）。楼梯间立面（取自John Julius Norwich：《Great Architecture of the World》，2000年）

（下）图5-611 圣弗洛里安 修道院。东南侧全景，左侧为大理石厅，向右依次为入口处塔楼（背景）、图书馆和带双塔立面的教堂

第五章 德国和中欧地区·1585

(左上）图5-612 圣弗洛里安 修道院。西侧入口面景色（近景为带单塔楼的南院入口，远景为配双塔楼的教堂立面）

（右上及下）图5-613 圣弗洛里安 修道院。入口门廊及细部（雕刻作者 Leonhard Sattler）

堂建筑方面；在修道院建筑中（这也是他最主要的工作领域），他采用了菲舍尔发明的一些手法并有所创新，从而使这类建筑具有了更加宏伟的特色。和希尔德布兰特那种科班出身的建筑师不同，他不仅搞设计，还亲自领导和监督施工，是个极重实效的人物，一个真正的"石匠师傅"。

在这时期，修道院成为重要的建筑类型。修道院院长和维也纳宫廷之间通常都保持着密切的联系（其中有的本身就是贵族，占有土地资源并在政治上具有相当大的影响力）。通常在王公贵族的宫殿府邸里可看到的那种豪华的房间、雄伟的楼梯和接待厅堂，同样成为修道院的建筑要素。况且宗教建筑本身就是对帝国及当朝帝王功德及威势的颂扬，追求奢华的情趣也因此成为修院建筑布局及装饰的一大特点。

从1701年开始，普兰陶尔主持设计和建造了松塔格贝格、加尔斯滕、圣弗洛里安、克雷姆斯明斯特和梅尔克等地的修道院。其中最重要的，即梅尔克本笃会修道院（1702~1714年，总平面、教堂平面及立面：图5-583~5-586；俯视全景：图5-587~5-589；外景：图

（上）图 5-614 圣弗洛里安 修道院。朝南院的楼梯间，外景

（下）图 5-615 圣弗洛里安 修道院。楼梯间，上层内景（通过券洞可看到南侧的大理石厅）

图 5-617 圣弗洛里安 修道院。大理石厅（1718~1724 年，约瑟夫·蒙格纳斯特设计），内景

左页：图 5-616 圣弗洛里安 修道院。教务会教堂（1686~1708 年），内景

5-590~5-599；内景：图 5-600~5-606）。

位于山崖边俯瞰着多瑙河的梅尔克修道院，无疑是最雄伟和最豪华的奥地利修道院之一，也是普兰陶尔的主要杰作。其历史可上溯到公元 985 年总督（巴本贝格的）利奥波德一世创建修道院之时。几百年后本笃会修士在此安置下来。存续至今的这个巴洛克建筑杰作系在精力充沛的院长贝特霍尔德·迪特迈尔领导下于 1702~1738 年间建成。在 1702 年举行奠基仪式后 16 年（1718 年），主体工程结束。此后，工程虽然进展迅速，但 1726 年去世的普兰陶尔到底也未能看到他的作品全面完成。以后接手领导施工的约瑟夫·蒙格纳斯特，基本按这位伟大前任的设计，完成了这项艰巨的任务（在具有如此规模的大型项目中，能像这样一次完成的，仅此一例）。

建筑群主轴线长 320 多米。从东头门廊开始，通过前广场、主教院，穿过修院教堂歌坛及中央本堂，再通过科洛曼院到达整个建筑群西端的平台，从那里可俯视多瑙河谷地的壮美景色。

左页:

(上) 图 5-618 圣弗洛里安 修道院。图书馆(1744~1751 年),内景(天棚画:《宗教和科学的婚礼》,巴尔托洛梅奥·阿尔托蒙特绘)

(下) 图 5-619 克雷姆斯明斯特 本笃会修道院。俯视全景

本页:

图 5-621 克雷姆斯明斯特 本笃会修道院。教堂(1709~1713 年改造),内景

西端平台上覆筒拱顶的端头与半圆形的廊厅相连,廊厅两端南侧为面对着坡地的大理石厅,北侧为图书馆。平台上由柱子支撑的筒拱显然是效法帕拉第奥别墅那类威尼斯式的窗户。廊厅部分的凸出棱堡则好似延续了岩石的造型及动态。普兰陶尔显然是想利用自然岩石和人工砌筑的廊厅之间的对比效果,后者采用了建

右页：
（左上）图 5-624 布拉格 维多利亚圣马利亚教堂(1636年)。平面及立面（取自 Jaroslava Staňková 及 Svatopluk Voděra：《Praha：Gotická a Barokní》，2001年）

（右上）图 5-625 布拉格 维多利亚圣马利亚教堂。外景

（右下两幅）图 5-626 布拉格 维多利亚圣马利亚教堂。内景

（左下）图 5-627 萨尔茨堡大教堂（1614~1628年重建，主持人圣蒂诺·索拉里）。现状外观

（上）图 5-620 克雷姆斯明斯特 本笃会修道院。院落景色
（右下）图 5-622 维也纳 多明我会教堂（1631~1634年）。立面外景
（左下）图 5-623 维也纳 多明我会教堂。内景

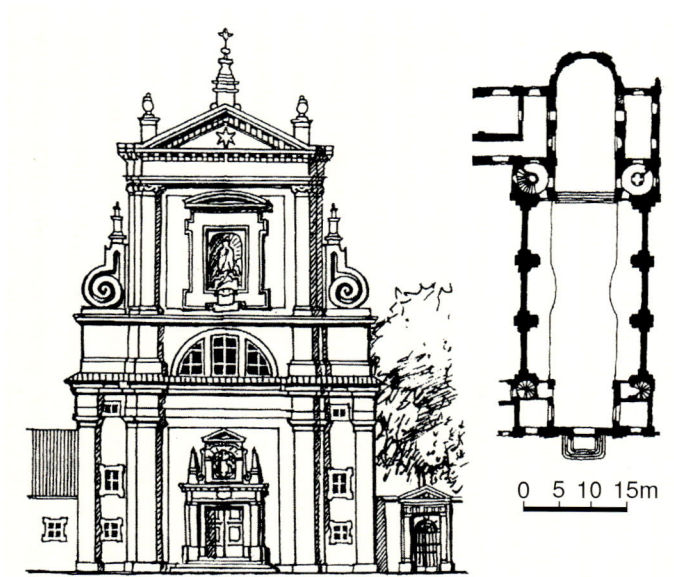

筑群侧翼及教堂的装饰母题，但有所变化。

对称的大理石厅及图书馆两翼立面以薄壁柱进行分划，成为廊厅的延续，并从两边围护着科洛曼院。类似的节奏延伸到院后高耸的修院教堂，其西立面两边立两个上冠球茎状穹顶的钟塔。塔楼后面是位于耳堂交叉处上方的宏伟穹顶及优雅的顶塔。塔楼顶端的造型和建筑本身形成了奇特的对比。有规律地交替布置的双柱、窗户及钟楼洞口边的简单框饰，和塔楼、时钟及球茎状屋顶的曲线及动态，产生了不同的视觉效果，反差相当强烈。由于1738年（即在普兰陶尔去世十多年后）发生过一次火灾，教堂部分遭到破坏，再次主持工程的约瑟夫·蒙格纳斯特在建造塔楼顶部时，显然偏离了其前任的设计意图。

和罗马的耶稣会堂一样，教堂室内充满活力；但如

本页：

（左上）图5-628 萨尔茨堡 大教堂。立面全景

（下）图5-629 萨尔茨堡 大教堂。向东望去的内景

（右上）图5-630 萨尔茨堡 大教堂。穹顶仰视

右页：

（左上）图5-631 沃尔德斯 圣查理-博罗梅教堂（1620~1654年，波吕托斯·瓜里诺尼设计）。外景

（右上）图5-632 林茨 耶稣会堂（1669~1678年，建筑师可能为Pietro Francesco Carlone）。内景

（下）图5-633 霍夫堡皇宫 利奥波德翼（1660年代，建筑师菲利贝托·卢凯塞）。厅堂内景

第五章 德国和中欧地区 · 1595

果说，慕尼黑的德亚底安修会教堂仍然保持着意大利建筑的尺度和比例的话，那么在这里，设计上显然有所超越。其本堂缩为三跨，拱顶和墙面的内曲线和拱廊的反曲线互相呼应，后者形成的动态有些类似菲舍尔的门廊。暖色调的装饰部件进一步增加了室内高耸空间的庄重感觉。外立面的效果在教堂内部得到了很好的呼应。像柱墩或带沟槽的壁柱这样一些部件，和带各种装饰的横向拱券、拱顶和穹顶，全都自然地融汇在一起，产生了令人震惊的富丽堂皇的效果。自鼓座处高窗泻下的光线，照亮了耳堂交叉处并扩散到相邻的空间，进一步

图 5-634 维也纳 列支敦士登夏宫（1691~1705 年，建筑师多梅尼科·马丁内利）。花园侧景色（油画，作者 Bernardo Bellotto，1758~1761 年）

突出了灰泥装饰的造型效果。

建筑群立面全长达 240 米，分划明确、节制；朝向多瑙河的正面主体部分仅稍稍向前凸出。如果说带双塔的立面和狭窄前院是来自萨尔茨堡的话，那么，它同样可追溯到玛丽亚拉赫本笃会修院教堂的前庭（另见《世界建筑史·罗曼卷》上册）。

在梅尔克，普兰陶尔可说是充分利用了面向河道高起的地势，其设计好像是延续了岩石向上的动态。从入口院的波浪形外墙开始，到图书馆和大理石厅所在的两翼，步步升起，直至统领整个构图的多层钟楼和穹

第五章 德国和中欧地区·1597

(上)图5-635 维也纳 列支敦士登夏宫。自夏宫望观景楼景色(油画,作者Bernardo Bellotto,1761年)

(下)图5-636 维也纳 列支敦士登夏宫。俯视全景(版画,现存维也纳Collezione Meyer)

顶。整个建筑群如巨大的卧狮,俯瞰着宽阔的河谷地带。也有人把它比作一艘巨大的舰船。长长的南翼好似舰身,圆头的西端平台如船首,和廊厅一起凸出在崖岸之上。从西南多瑙河方向望去,建筑群显得格外雄伟壮观。在巴洛克时期的这类作品中,只有埃尔埃斯科里亚尔的情况与之相近,但后者是布置在独立的台地上,而在这里,建筑却像是自岩石中生长出来,封闭的体量向周围的自然环境充分展开。对山势的利用使人想起中世纪的大科姆堡圣地。作为雕刻师的普兰陶尔的才干,正是在这种不断创新和不同寻常的搭配组合中,得到了充分的发挥。由于修道院的宝座朝向俯瞰着多瑙河的山岩,建筑和自然景观的结合在这里也就具有了特殊的意义。无论对建筑师还是雕刻师来说,这样的基址都是个挑战:建筑好似自山岩上拔起,直指上天。

(上)图 5-637 维也纳 列支敦士登夏宫。外景(现为近代艺术博物馆)

(左下)图 5-638 维也纳 列支敦士登夏宫。侧门廊(Gabriel de Gabrieli 设计),近景

(右下)图 5-639 维也纳 列支敦士登夏宫。大楼梯(Gabriel de Gabrieli 设计),自下向上望去的景色

本页：
（上）图5-640 维也纳 列支敦士登夏宫。大楼梯，自上向下望去的景色

（下）图5-641 维也纳 列支敦士登夏宫。大理石厅，内景

右页：
图5-642 维也纳 列支敦士登夏宫。大理石厅，天顶画（作者 Andrea Pozzo，1705~1708年）

对普兰陶尔来说，梅尔克的工程不仅提供了一次对建筑的造型尺度及动态表现进行实地检验的机遇，同时也正是在这里，他进一步掌握了组织复杂建筑群的技能，在既满足不同功能需求的同时又使它们形成一个统一的整体。基址的特殊地理位置无疑构成了这项任务的第一个制约因素，它使建筑师只能在一个狭窄的地段上工作，没有太多的选择余地。

1716年，当普兰陶尔建造位于梅尔克东北几公里处多瑙河畔迪恩施泰因隐修院建筑群时，他面临着几乎是同样的形势。建筑位于多瑙河转弯处，西面配塔楼，前方设一平台，面向着河谷。和梅尔克修道院一样，在这里也是主要考虑景观效果。带精美装饰、为尖塔般的方尖碑所环绕的钟楼，和周围环境紧密地结合在一起，在凸出的山岩上显现出来。教堂门廊模仿祭坛饰屏的样式，其柱子及雕像颇似带圣徒群雕的哥特门廊。从1724年开始，工程由蒙格纳斯特接手直至最后完成。

作为普兰陶尔的继承人，约瑟夫·蒙格纳斯特（卒于1741年）素以其精巧的造型、富有生气和活力的表现、丰富的色彩，以及和地方后期哥特风格的联系而著

左页：

（上）图5-643 古尔克 大教堂。高祭坛（1626~1632年），外观

（下）图5-644 阿德蒙特本笃会修道院。图书馆（1742~1774年），内景

本页：

图5-645 玛丽亚采尔 教堂（1744~1783年改造，主持人Domenico Sciassia）。内景

称。在他独自设计的奥地利阿尔滕堡修道院（1725年）里，教堂（1733年）和图书馆大厅（1740/1742年；带三个由柱子环绕的帽状穹顶，图5-607）形成了独立的彩色构图，实体则似乎是消失了（在实体特别坚实粗壮时，效果尤为突出）。蓝色的柱子在闪光的地板上拔起，上承红色的柱顶盘。这个空间壳体的通透表现，与洛可可风格的墙体解构在方法上颇有相通之处；装饰上则仍属摄政风格。

第五章 德国和中欧地区·1603

本页：
图 5-646 玛丽亚采尔 教堂。礼拜堂，内景

右页：
（左）图 5-647 福劳 修道院（教堂 1660~1662 年）。外景

（右）图 5-648 黑措根堡 修道院（1714~1785 年，建筑师马蒂亚斯·施泰因尔、雅各布·普兰陶尔、约翰·伯恩哈德·菲舍尔·冯·埃拉赫等）。内景

卡洛·安东尼奥·卡洛内及其作品

卡洛·安东尼奥·卡洛内（卒于1708年）是移居国外的意大利艺术家中最杰出的一位。1683年土耳其人败退后，在维也纳，重建的第一个重要工程即他1662年主持修建的阿姆霍夫耶稣会堂的新立面（图5-608、5-609）。通过凸出的侧翼，教堂和毗邻的宫殿被整合到一起，并和前面的广场在空间上相互应和。这种解决问题的方式颇似弗朗索瓦·芒萨尔在设计巴黎最小兄弟会教堂时的做法。

同样由卡洛·安东尼奥·卡洛内主持建造的圣弗洛

里安修道院（位于上奥地利地区，卡洛内为开始阶段的负责人）具有完全不同的形势（图5-610~5-615）。位于林茨南部的这个圣奥古斯丁派教士的修道院于1686年动工修建。它保留了最初不对称的布局形式，但外部院落及其楼梯间、大理石厅和图书馆，在保持传统严格布局的同时又创造了富丽堂皇的效果。这三部分形成了法国式的楼阁，但并不是位于角上，而是布置在院落相交的轴线上。

在修院教堂部分（1686~1708年，图5-616），卡洛·安东尼奥·卡洛内套用了罗马耶稣会堂的平面及比例。在不设边廊的中央本堂，以及高出侧面礼拜堂的讲坛部分，这种影响表现得格外突出。正是在这里，卡洛内将一种扁平的穹顶类型（所谓Platzgewolbe）引进奥地利，这种形式和天棚画相结合，产生了浑然一体的艺术效果，因而很快得到普遍应用。

卡洛内去世后，普兰陶尔接手主持工程（1706~1724年）。他将修道院建筑群组成一个巨大的矩形平面，在教堂西立面前加了一个拉长的建筑，通过装饰丰富的门廊向外开启，前面设一宏伟的楼梯。完成于1714年的这个楼梯通向帝王房间，饰有拱廊及带柱子的拱形跨间。其开始阶段的主持人为卡洛内；做法类似热那亚宫邸院落的陡坡楼梯，两个双跑楼梯形成叠置的"V"形并沿走廊折返。在室外，简单的壁柱类似条带，但普兰陶尔巧妙地将立面处理成由柱子支撑的拱廊，通过拱券下的中央平台，直接通向院落。内部配有华美的铸铁部件，白色的灰泥装饰直至天棚方位。

南翼中央优美的大理石厅（1718年，图5-617）为普兰陶尔的继承人蒙格纳斯特设计，其施工持续到1724年。

本页：

（上两幅）图5-649 施塔德尔保拉 圣三一教堂（1717~1724年，建筑师约翰·米夏埃尔·普鲁纳）。入口面外景

（下）图5-650 施塔德尔保拉 圣三一教堂。穹顶仰视

右页：

（左上）图5-651 格拉茨 马里亚特罗斯特朝圣教堂（1714~1724年，建筑师安德烈亚斯·施特伦格父子）。外景

（左下）图5-652 格拉茨 马里亚特罗斯特朝圣教堂。入口面近景

（右）图5-653 茨韦特尔 西多会修道院（创建于1138年，建筑师马蒂亚斯·施泰因尔，教堂及钟楼1722~1727年，建筑师穆格纳斯特）。钟楼，外景

大厅占据了建筑的整个宽度，并在院落一面向前凸出超过建筑边线。整个室内——从仿大理石的墙面柱子到天棚绘画——以暖色为基调，真实的结构则被人们遗忘。

马蒂诺·阿尔托蒙特绘制的天棚画表现欧根亲王从战胜土耳其人的战场上凯旋而归的盛况。在这个大厅里，这位军事天才的画像布置在面对着帝王查理六世像的地方。

位于东翼的图书馆建于1744~1751年（图5-618），即在普兰陶尔去世之后。由巴尔托洛梅奥·阿尔托蒙特绘制的天棚画题为"宗教和科学的婚礼"，象征性地表现宗教权力和世俗权力的结合。教堂和修道院建筑的布置看来也都有一定的意图：门廊和图书馆，大理石厅和教堂歌坛，刚好位于在修道院院落相交的轴线上。这似乎意味着，宗教信仰和科学的联姻（图书馆），既要依赖宗教（教堂），又需在君主（大理石厅）的保护下。

　　如果说，丁岑霍费尔和巴尔塔扎·纽曼主要沿着他们的先驱安东尼奥·彼得里尼开辟的道路前进的话，在奥地利建筑界起主导作用的卡洛内工作室却越来越趋向德国化，特别表现在具有独立特色的灰泥装饰上。帕绍大教堂（位于现德国及奥地利边境，1668年，改建主持人为来自布拉格的罗科·卢拉戈）的装饰制作人为乔瓦尼·巴蒂斯塔·卡洛内，由茛苕叶、带果实的花边及散布其间的圣人和孩童组成的白色灰泥装饰，围括着各跨间内绘有壁画的"波希米亚式穹帽"（矢高不大的"穹帽"平面呈椭圆形，横向布置）。卡洛·安东尼奥·卡洛内主持建造的圣弗洛里安教务会教堂（1686年）本堂立面尤为富丽堂皇。其他如克雷姆斯明斯特（属奥地利，1669年）、施利尔巴赫（德国南部，1672年）和加尔斯滕（位于奥地利，1677年）这样一些修院教堂，情况大体类似。其中克雷姆斯明斯特本笃会修道院建于17和18世纪，属奥地利三个最大修道院之一（另两个即梅尔克和圣弗洛里安）。其罗曼和哥特时期的教堂于1709~1713年按巴洛克风格进行了改造。卡洛·安东尼奥·卡洛内在1692年左右建造了帝王厅，几年后，普兰陶尔又设计了入口院落（图5-619~5-621）。

其他建筑师的作品

　　对天主教来说，人们这时期最关心的仍是建造教堂，因为在传教上，教堂占有最重要的地位。从奥地利西部的蒂罗尔地区到波兰，最受耶稣会教士青睐的是带单一本堂的教堂（上覆筒拱顶，柱墩之间布置礼拜堂），

左页：

图 5-654 克洛斯特新堡 修道院（18 世纪 30 年代改建）。全景图（彩画作者 Joseph Knapp，1744 年）

本页：

图 5-655 克洛斯特新堡 修道院。帝王厅，内景

即慕尼黑的圣米歇尔教堂所代表的那种类型，立面则按萨尔茨堡大教堂的模式布置双塔楼。这种立面形式最早出现在维也纳耶稣会堂里（1627 年，但还显得比较僵硬、呆板），以后很快得到推广，并在位于德国西南地区的菲尔岑海利根朝圣教堂里臻于成熟（在保持活力的同时，感觉上比较柔和顺畅）。相反，早先在德国用得很多的独立塔楼，由于妨碍立面发展，此时已不太流行，即使用也被移到一侧或与歌坛相连；只是到以后，才又重新出现。不用钟楼的"罗马式"立面则见于维也纳多明我会教堂（1631~1634 年，图 5-622、5-623）和布拉格的维多利亚圣马利亚教堂（1636 年，图 5-624~5-626）这样一些例证。这种类型同样经历了长期的演进。

萨尔茨堡大教堂（图 5-627~5-630）是自中世纪以来德国建的最重要的宗教建筑，也是阿尔卑斯山以北地区最早的巴洛克建筑和这种穹顶教堂中规模最大的一个。在 1602 年的大火之后，萨尔茨堡大主教马库斯·西蒂库斯借机将这个城市改造成近代的都会。老的主教堂及所在街区全被拆除，同时拟订了一个雄心勃勃的重建计划。帕拉第奥的继承人温琴佐·斯卡莫齐曾亲自提交了一个方案，设计成一个带穹顶的宏伟会堂式建筑，三个半圆室构成三叶形，门廊夹在两个塔楼之间，基本沿袭罗马传统。但这个方案最后未被采纳。现教堂系意大利建筑

本页及右页：

（左两幅）图5-656 克洛斯特新堡 修道院。帝王厅，穹顶画全景（1749年）

（右上）图5-657 因斯布鲁克 梅尔布林宅邸（"洛可可宅邸"，约1730年）。外景

（右下）图5-658 克雷姆斯明斯特 观象台（1748~1760年，设计人Anselm Desing）。外景

师圣蒂诺·索拉里于1614年开始重建,1628年由大主教帕里斯·洛德隆主持落成典礼(高80米的塔楼30年后才建成)。索拉里的设计在具有一定规模的同时要更为节制,但保留了斯卡莫齐方案的一些基本特色,只是加了一个同属罗马类型的八角形穹顶(图5-629、5-630)。明亮的交叉处空间和半阴暗的本堂形成戏剧性的对比。本堂室内基本重现了耶稣会堂的模式,但要更为高耸。立面高两层,带双塔,配有上下叠置的三种柱式和米开朗琪罗式的浮雕装饰(如带花环的山墙面等)。其结构同样效法罗马的耶稣会堂。四个具有典型巴洛克风格的宏伟雕像和建筑很好地配合在一起。两端的表现圣鲁珀特和圣维尔日勒,中间的为地区的主保圣人和圣徒彼得及保罗。所有这些,都使它带有一定的意大利特色。只是

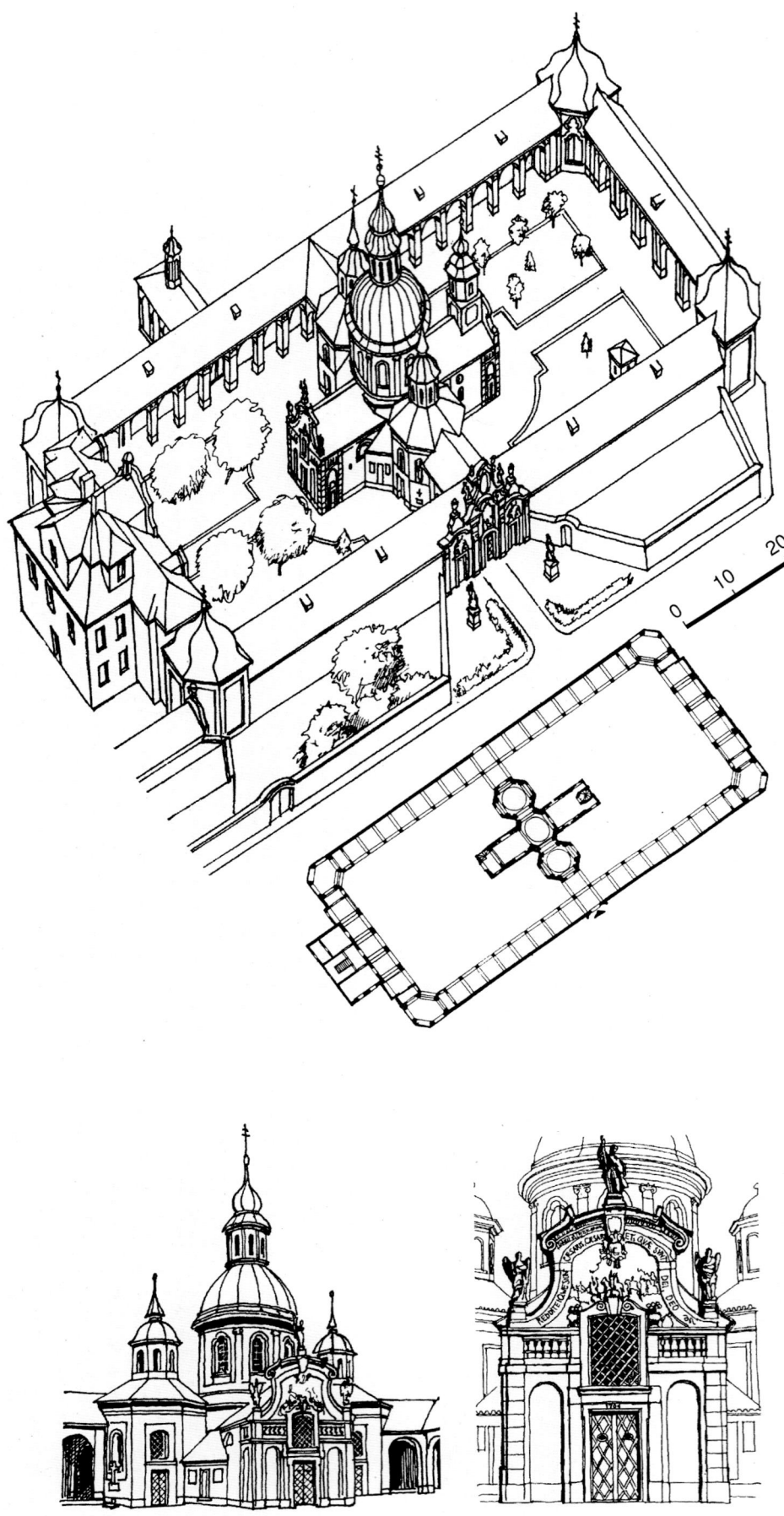

(上)图5-659 白山 朝圣教堂。平面及建筑群俯视全景

(下)图5-660 白山 朝圣教堂。立面及外景

1612·世界建筑史 巴洛克卷

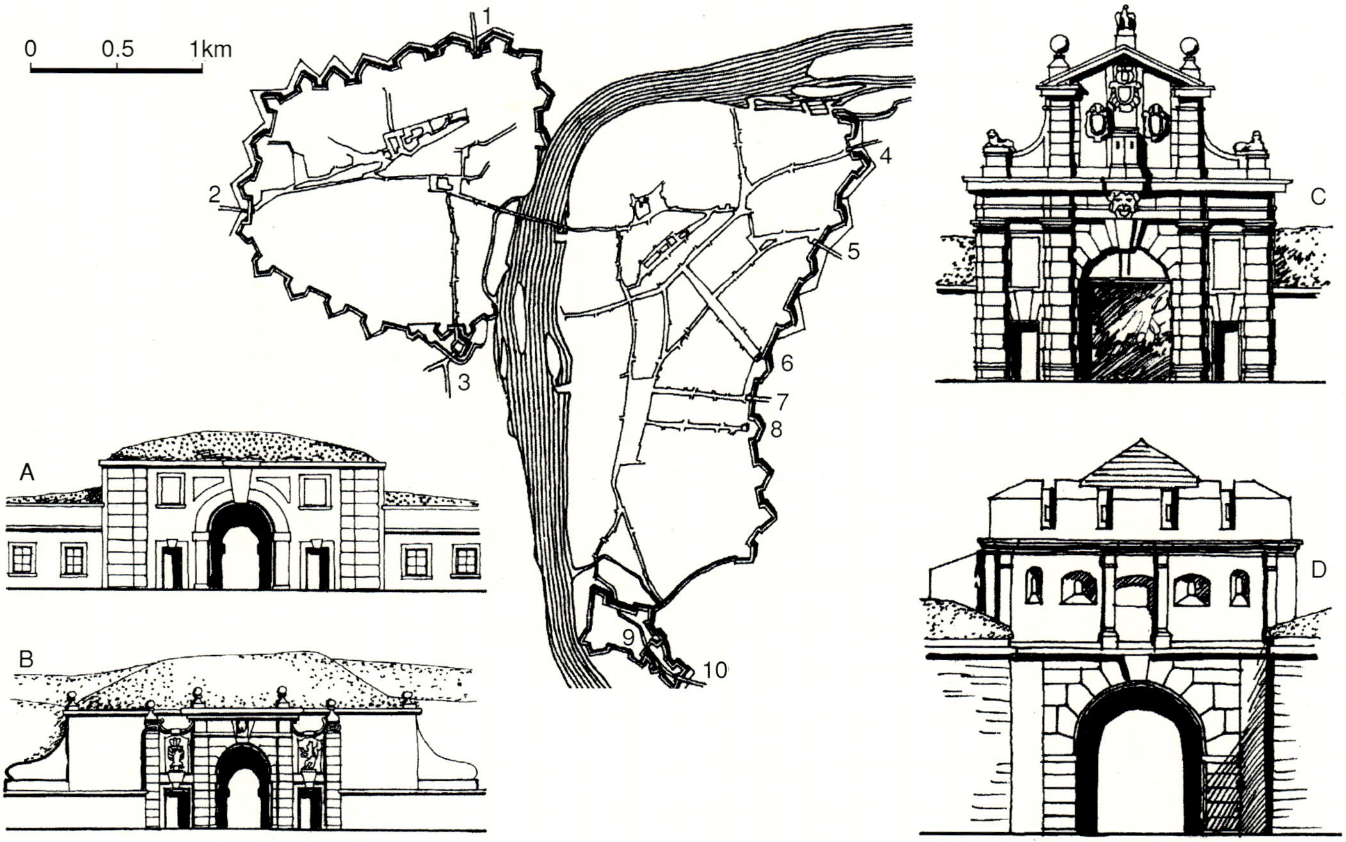

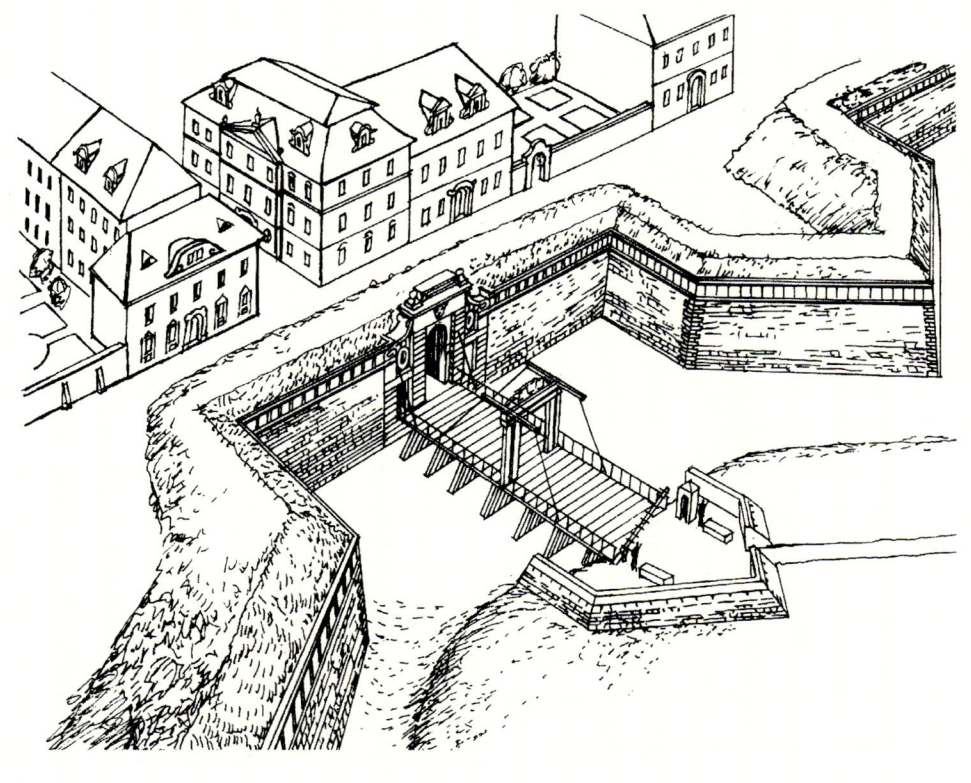

(上)图 5-661 布拉格 城防工程及城门图(取自 Jaroslava Staňková 及 Svatopluk Voděra:《Praha：Gotická a Barokní》，2001年，图上 1~10 均为城门所在位置，城门立面图 A~D 分别位于平面上 1、3、9、10 处)

(下)图 5-662 布拉格 巴洛克时期城门构造图

第五章 德国和中欧地区·1613

塔楼上的高脚穹顶，看来是来自地方的传统。同时，带双塔楼的立面、三券门的入口和由建筑及带柱墩的拱廊围括的广场，也都比意大利类似建筑显得更为挺拔。它和迪林根（1610~1617年）、明德尔海姆（1625~1626年）、维也纳（1627~1631年）及因斯布鲁克（1627~1640年）各地的耶稣会堂一起，均属阿尔卑斯山以北地区首批完全采用文艺复兴手法处理的教堂。

1620~1654年，医生和大学教授希波吕托斯·瓜里诺尼叫人根据他自己的构想建造了沃尔德斯的圣查理-博罗梅教堂（位于因斯布鲁克附近，图5-631）。瓜里诺尼的理想是在建筑中体现三位一体的原则。为此，他在采用集中式布局的圆形建筑边上布置了三个礼拜堂。塔楼亦采用同样原则，只是尺度上较小。但装饰部件的配置上有些地方比较随意，因此整体效果上显得不够统一。林茨的耶稣会堂建于1669~1678年，

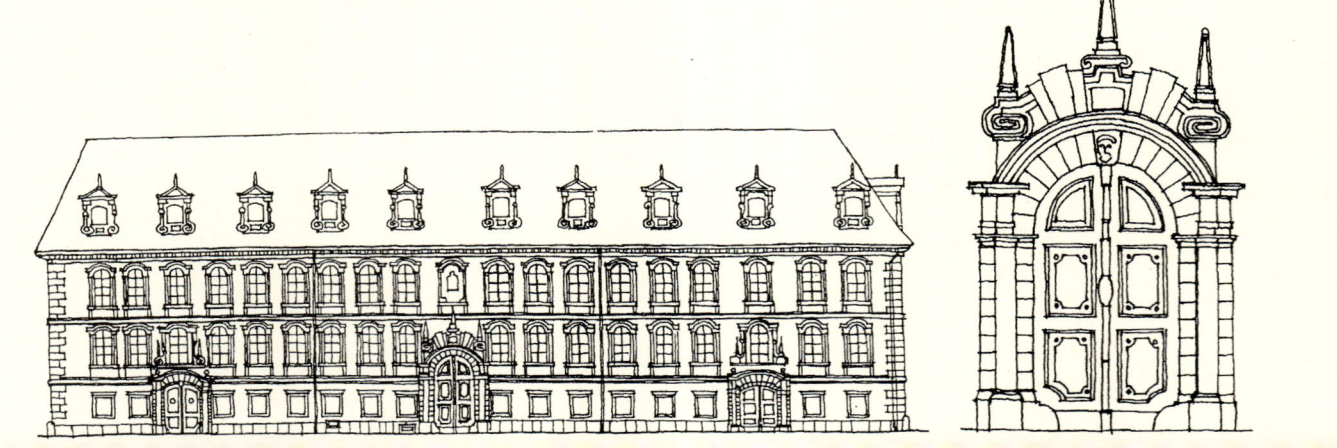

左页：

（左上）图5-663 布拉格 利奥波尔多瓦城门，外景

（右上）图5-664 布拉格 老城区住宅

（中）图5-665 布拉格 小城区俯视景色（中心为小边圣尼古拉教堂）

（下）图5-668 布拉格 最高统帅宫。立面及中央门廊细部

本页：

（上）图5-666 布拉格 最高统帅宫（1621年，安德烈亚·斯佩扎设计）。总平面

（下）图5-667 布拉格 最高统帅宫。建筑群俯视全景

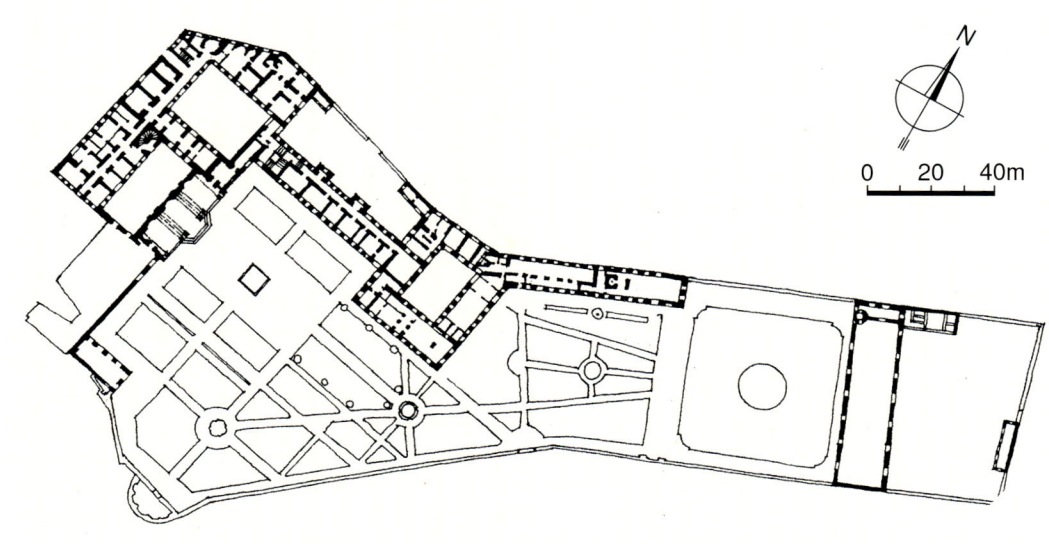

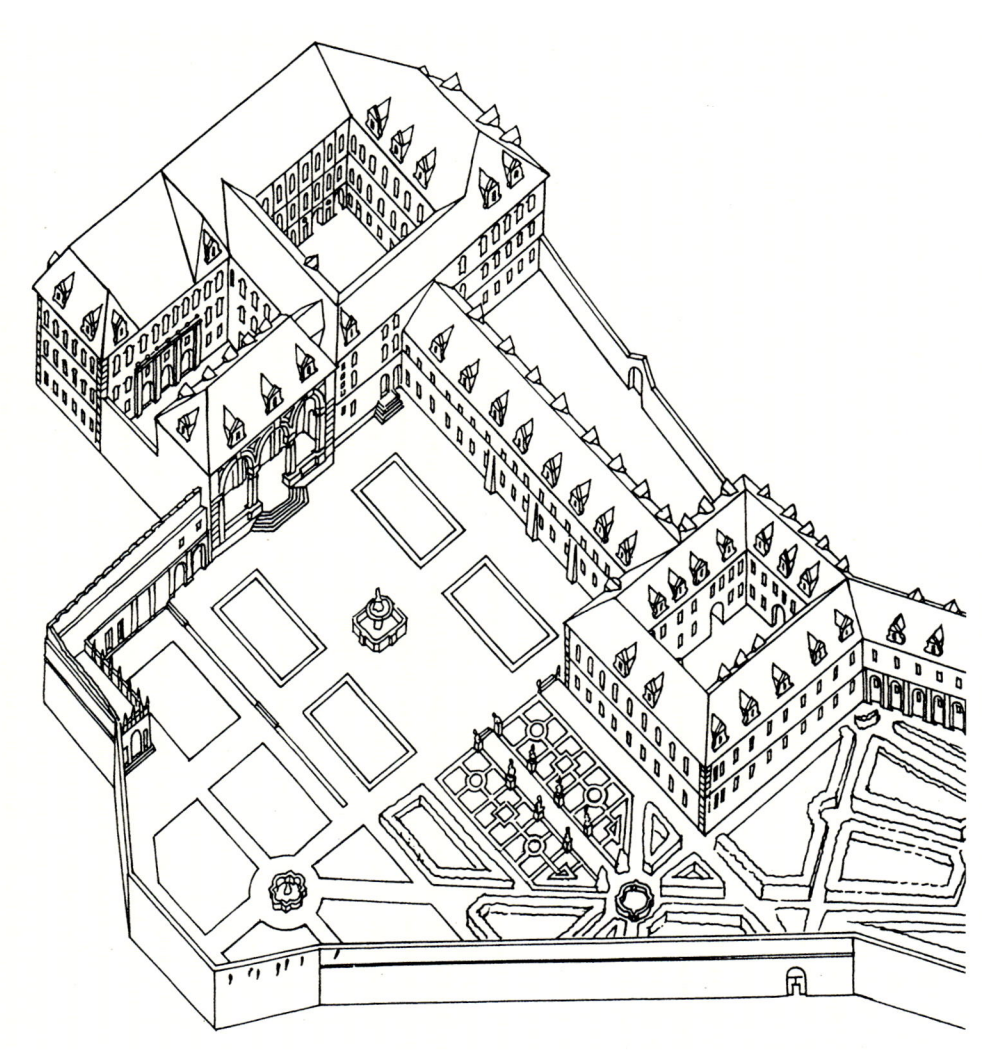

沿袭了典型的耶稣会教堂形制，和比较平素简朴的室外相比，内部风格显然更接近意大利和奥地利的巴洛克传统（图5-632）。

和卡洛·安东尼奥·卡洛内设计的维也纳阿姆霍夫耶稣会堂差不多同一时期，菲利贝托·卢凯塞建造了霍夫堡宫殿的利奥波德翼（图5-633），其墙面分划

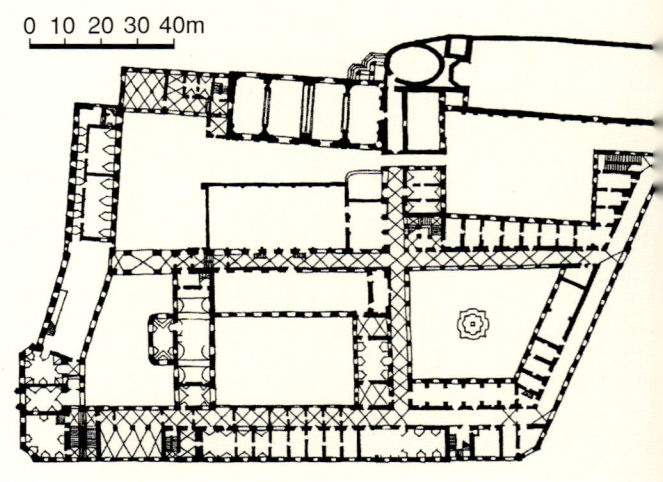

(上) 图 5-669 布拉格 最高统帅宫。立面现状

(左下) 图 5-670 布拉格 最高统帅宫。边侧门廊细部

(右中) 图 5-672 布拉格 耶稣会团（1654~1658年，卡洛·卢拉戈设计）。总平面

(右下) 图 5-673 布拉格 耶稣会团。立面（局部）及门廊

（上下两幅）图5-671 布拉格 最高统帅宫。院落及凉廊景色

（1661~1668年）仍属手法主义，只是表现较为节制。在这方面，引进真正巴洛克观念的，当属1690年至维也纳定居的意大利建筑师多梅尼科·马丁内利（1650~1718年，后面我们还要提到他）。其最重要的作品是市内两个列支敦士登的宫邸（宫殿始建于1692年，别墅属1696年）。列支敦士登夏宫是这个帝国城市第一个真正的巴洛克建筑（图5-634~5-642）。建筑看上去好似贝尔尼尼设计的罗马基吉-奥代斯卡尔基宫，但要显得更为宏伟，表明建筑师具有一定的艺术功底。别墅包含有一个占据了整个建筑进深的壮美前厅。对称布置的楼

第五章 德国和中欧地区·1617

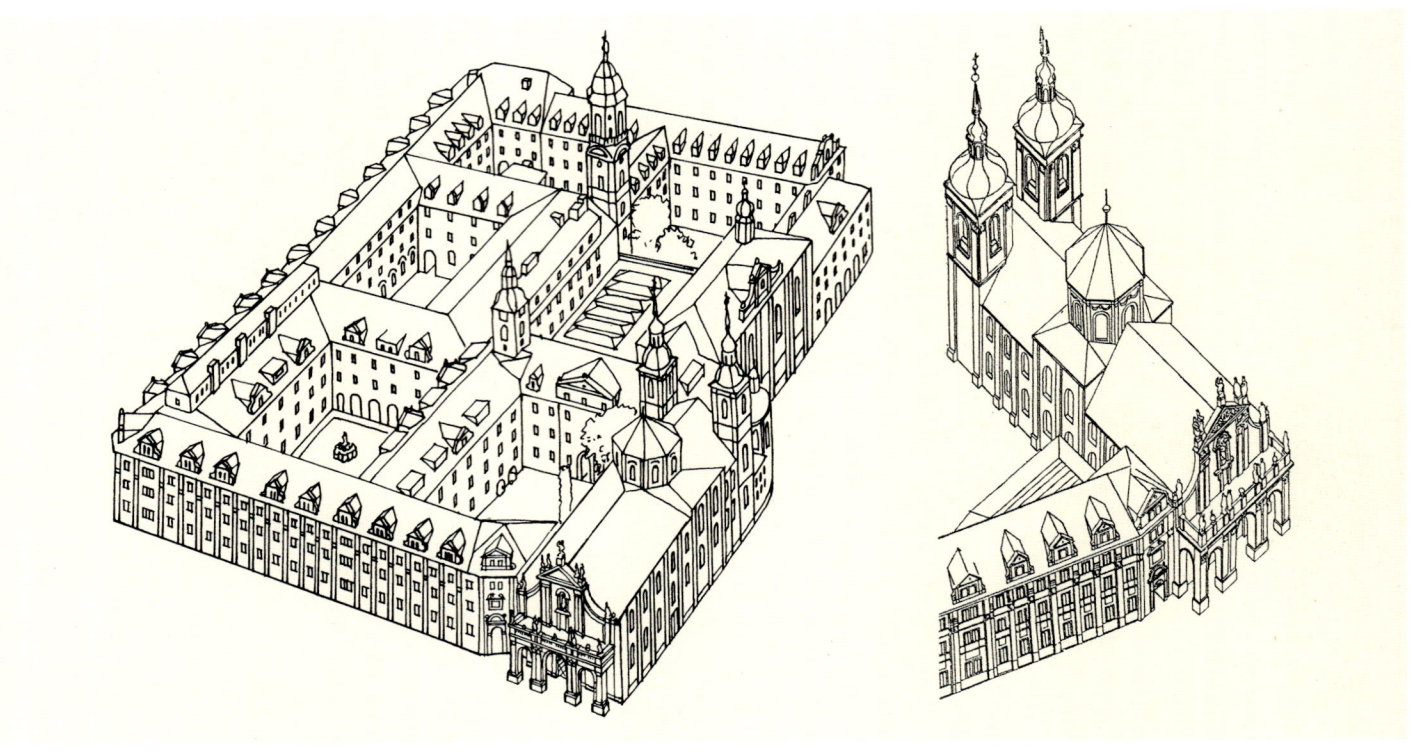

本页:

(上)图5-674 布拉格 耶稣会团。建筑群俯视全景(右为教堂另一个角度的俯视图)

(下)图5-675 布拉格 耶稣会团。教堂前广场俯视(自西北方向望去的景色,教堂位于广场东侧,对面为查理桥桥头塔楼)

右页:

(上)图5-676 布拉格 耶稣会团。教堂前广场全景(自查理桥塔楼上向东望去的景色)

(左下)图5-677 布拉格 耶稣会团。教堂北侧西翼立面近景

(右下)图5-678 布拉格 耶稣会团。教堂后部,自东面望去的景色

梯更是紧跟当时空间布局的新潮流。外部分划沿用罗马最成熟的传统形制,于粗面石的底层上布置巨大的壁柱。

卡林西亚州古尔克大教堂内巴洛克时期的高祭坛系仿西班牙样板制作(1626~1632年,图5-643)。施蒂里亚州阿德蒙特本笃会修道院原建于11世纪,17世纪进行了改建和扩大,1615~1626年间增加了五个院落,整

1618·世界建筑史 巴洛克卷

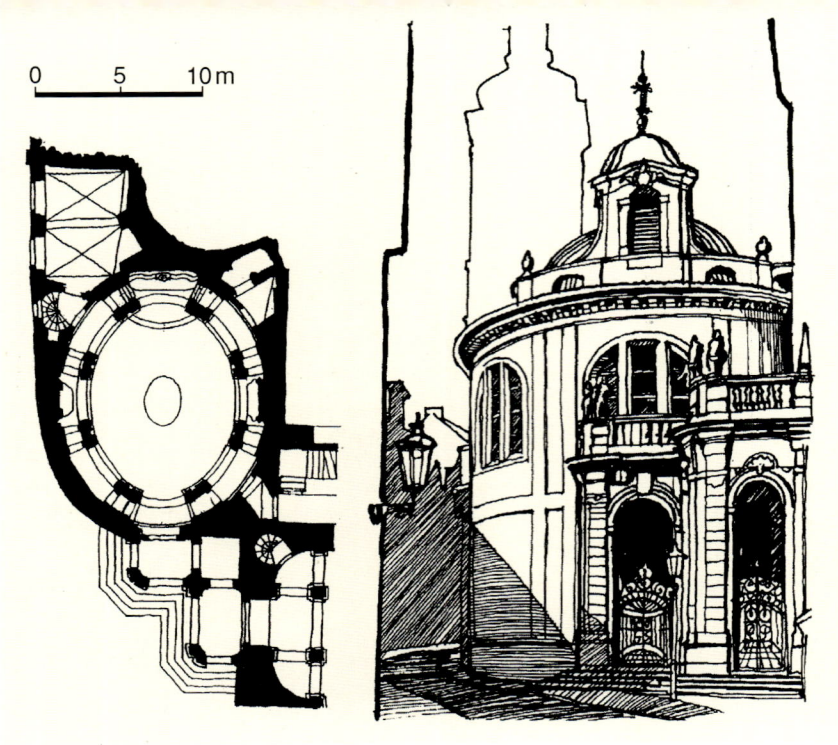

(左上)图 5-679 布拉格 耶稣会团。礼拜堂(位于教堂东端),平面及外景

(左下)图 5-680 布拉格 耶稣会团。礼拜堂,东侧外景

(右上)图 5-681 帕绍 大教堂(1668年,卡洛·卢拉戈设计)。立面外景

(右下)图 5-682 多梅尼科·马丁内利:穹顶教堂设计(平面拉丁十字,立面配钟楼)

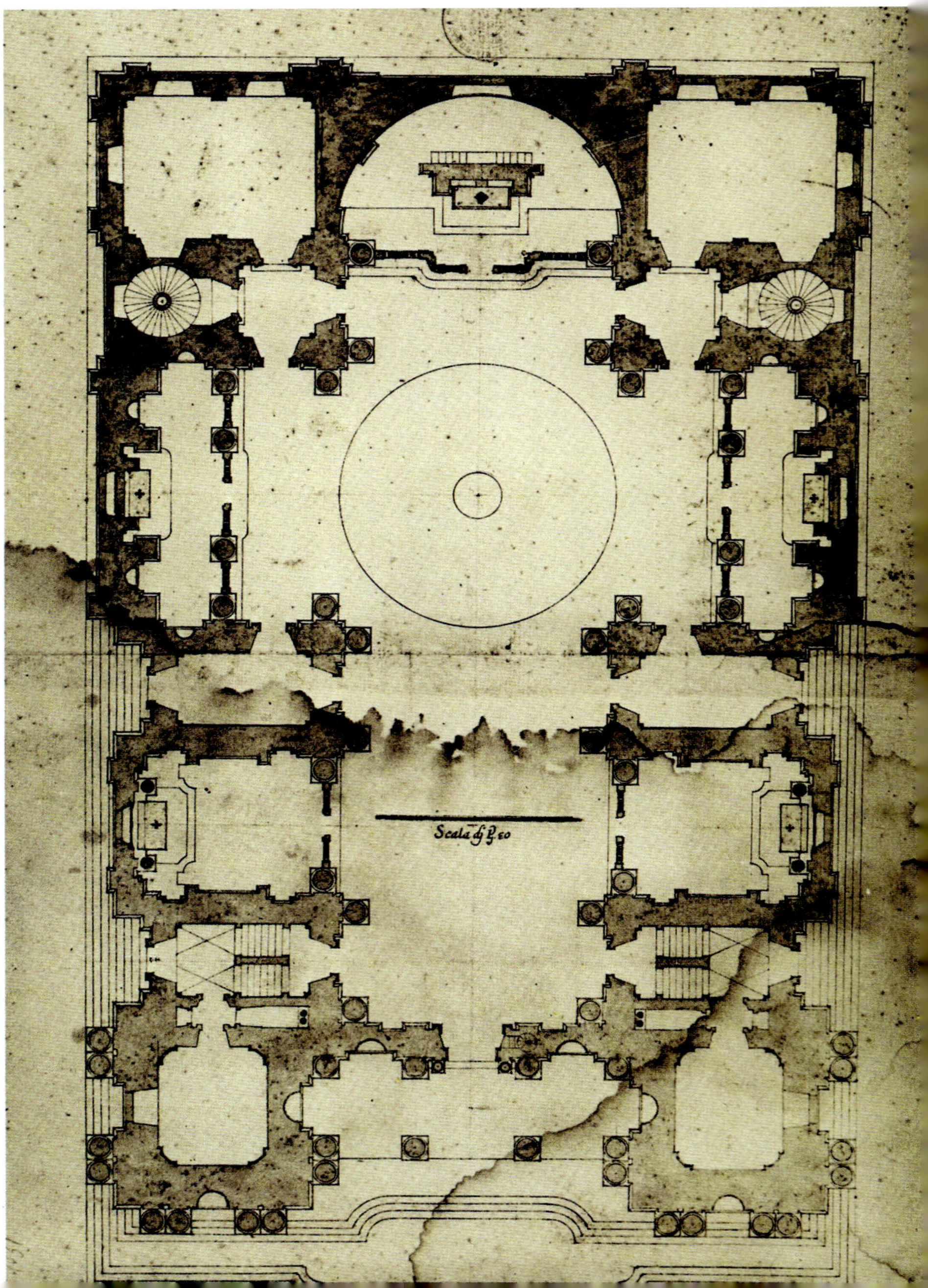

（上）图 5-683 多梅尼科·马丁内利：穹顶教堂设计（图 5-682 方案立面）

（左下）图 5-684 多梅尼科·马丁内利：穹顶教堂设计（图 5-682 方案剖面）

（右下）图 5-685 布尔诺附近斯拉夫科夫 奥斯特利茨宫（1700 年后，多梅尼科·马丁内利设计）。平面

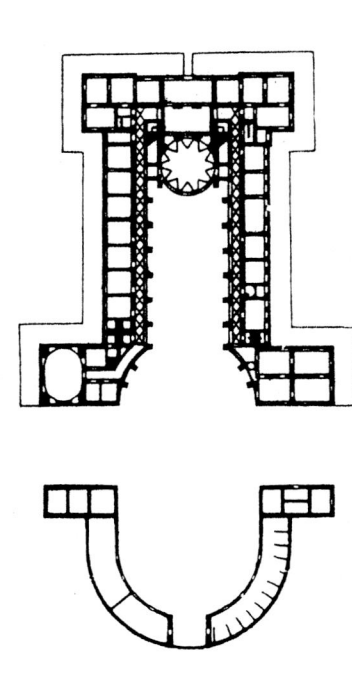

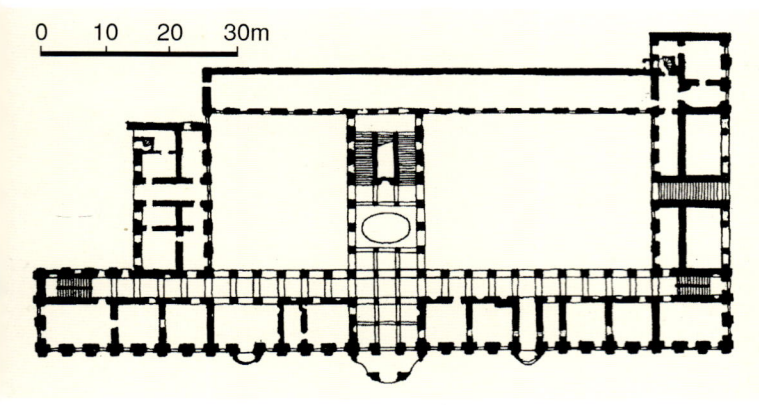

个建筑群均按巴洛克风格进行了改建。1742年又增添了一个修院图书馆（1774年完成，是1865年大火后仅存的原有建筑，图5-644）。在巴洛克时期，玛丽亚采尔是奥地利最重要的朝圣地之一。最初的哥特教堂（包括歌坛）均于1744~1783年按巴洛克风格进行了改造并增添了两个礼拜堂。室内装饰在很大程度上系受到约翰·伯恩哈德·菲舍尔·冯·埃拉赫和他的儿子约瑟夫·埃马努埃尔（小菲舍尔）的影响（图5-645、5-646）。福劳修道院仅1660~1662年建造的教堂部分属巴洛克时期（图

（上）图5-686 布拉格 切尔宁宫（1668~1677年，建筑师弗朗切斯科·卡拉蒂）。平面

（中）图5-687 布拉格 切尔宁宫。端立面景色

（下）图5-688 布拉格 切尔宁宫。现状全景

(上及中)图 5-689 布拉格 切尔宁宫。立面近景

(下)图 5-691 布拉格 主教宫(1675~1679年,建筑师让-巴蒂斯特·马太)。立面

5-647),装饰部分时间较晚(1696~1706 年)。教堂内壁画由安德烈·波佐等人完成。位于下奥地利的黑措根堡修道院是多位建筑师共同参与的结果(图 5-648)。其中马蒂亚斯·施泰因尔提供了教堂的最初平面及巴洛克钟塔的设计,雅各布·普兰陶尔负责建造整个修道院群组,其他建筑师中还包括约翰·伯恩哈德·菲舍尔·冯·埃拉赫等。工程自 1714 年开始,一直延续到 1785 年。

兰巴赫附近施塔德尔保拉的圣三一教堂(1717~1724 年,建筑师约翰·米夏埃尔·普鲁纳,图 5-649、5-650),系应修道院院长马克西米利安·帕格尔祈求消除鼠疫的许愿而建。三叶形的平面通过三个角塔进一步得到强调。立面层间的檐口绕行整个建筑,把塔楼的壁柱和中央主体部分连为一体。格拉茨的马里亚特罗斯特朝圣教堂(图 5-651、5-652)系缘起于一次想象中的"圣迹显现"。配置壁柱的这个教堂未设讲坛。建筑始建于 1714 年,建筑师安德烈亚斯·施特伦格,后由他的儿子完成于 1724 年。

茨韦特尔西多会修道院创建于 1138 年。修院教堂及其不同寻常的钟楼(建筑师穆格纳斯特,建于 1722~1727 年,图 5-653)高耸在修道院建筑群之上。装饰(雕像、瓶饰、方尖碑等)和建筑绝妙地结合在一起。钟楼巴洛克式的顶端立一基督的镀金雕像。这个单一塔楼高达 90 米,在当时是种少有的表现,只是和分划更为明确的形式相比,其装饰的动态显得过于强烈;与

(左右两幅）图 5-690 布拉格 切尔宁宫。跨间立面及立面细部

之对应的北方作品是柏林的铸币厂塔楼，但目前只能从版画上了解其形象。雕刻师施泰因尔（卒于 1727 年）也参与了这两个修道院的工作。

前述梅尔克、圣弗洛里安和克雷姆斯明斯特各地的建筑群，几乎可视为帝国的宫堡（在奥地利边境以外的巴洛克修道院中，宗教势力和君主政体有如此密切联系的很少）。在维也纳附近的克洛斯特新堡，神权和帝国世俗势力的结合也表现得相当充分。这个俯瞰着多瑙河谷地的修道院建于 12 世纪总督（巴本贝格的）利奥波德三世时期；18 世纪 30 年代查理六世统治时期由德拉利奥主持进行了改建（图 5-654）。这是一个按西班牙模式建造的帝国寄宿修道院，改建后已成为"哈布斯堡王

(上下两幅)图5-692 布拉格 主教宫。现状全景

室的埃尔埃斯科里亚尔"。但在这里,已开始显示出衰退的迹象。最初设计本打算把皇宫、教堂和修道院都紧密地结合在一起,但工程于1755年中断,原包括四个大院的建筑群仅完成了东北部分。中央楼阁(今称宫邸)上置宏伟的王冠,左翼支撑大公的软帽,楼梯翼饰帝国的鹰徽。原打算上冠西班牙王冠的右翼未建,以表示对

第五章 德国和中欧地区·1625

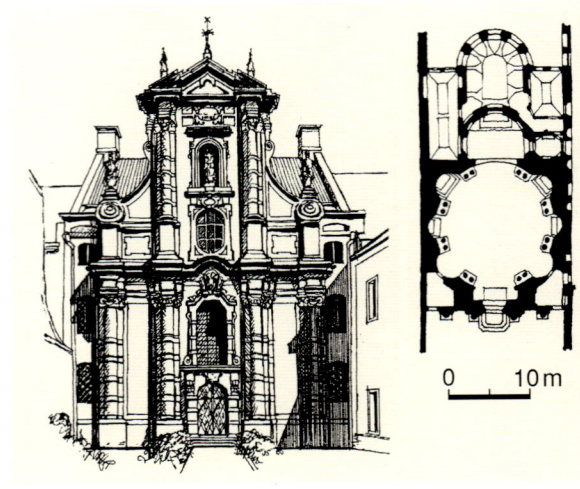

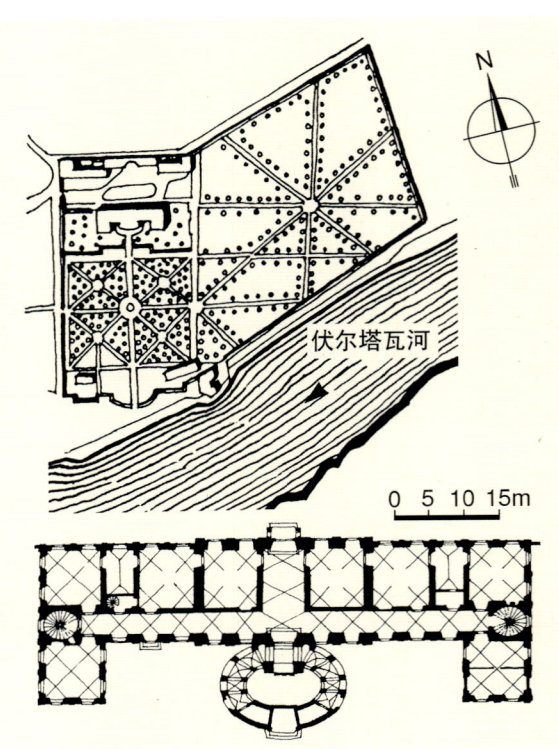

失去西班牙帝国的哀悼[13]。装饰着帝王厅中央穹顶的绘画（图5-655、5-656）赞美苍天和大地之主——帝王的荣耀。达尼埃尔·格兰笔下的查理六世着古罗马帝王的装束，是战争与和平的主宰。由道德、艺术和科学诸神所环绕的帝王宝座则位于世界的中心（亦即维也纳）。

进入18世纪之后，在民用建筑中，洛可可风格大受青睐。在因斯布鲁克这类城市里，可以看到许多这类例证。建于1730年左右的梅尔布林宅邸，因立面满布这种风格的装饰得到了"洛可可宅邸"的雅号（图5-657）。

建于1748~1760年的克雷姆斯明斯特观象台（图5-658）属巴洛克建筑的一种极其独特的类型。其建造起源于耶稣会和本笃会教士之间的竞争：耶稣会教士是教育事业的热心赞助者，克雷姆斯明斯特的本笃会教士不甘心在这方面落人之后，遂决定建造一个观象台。它极其优美地立在山上，成为学院的组成部分。建筑以其垂向构图引人注目。中央部分高七层，向外凸出，如塔楼般直指天空。其立面由两根角壁柱及两根中间壁柱分划，壁柱贯通建筑全高直至顶部檐口线脚。面宽两开间的双翼于中央形体第六层高度处设栏杆。

三、捷克和斯洛伐克

通过丁岑霍费尔家族建筑师和法兰克尼亚地区有密切联系的波希米亚走上了一条独特的发展道路。在

左页：

（左上及左下）图5-693 布拉格 主教宫。立面外景及细部

（右上）图5-694 布拉格 圣约瑟夫教堂（1682~1687年）。平面及立面

（中下）图5-695 布拉格 圣约瑟夫教堂。现状外景

（右下）图5-696 布拉格 特罗亚宫（1679~1696年）。地段总平面及建筑平面

本页：

（上）图5-697 布拉格 特罗亚宫。花园及立面远景

（下两幅）图5-698 布拉格 特罗亚宫。现状景色

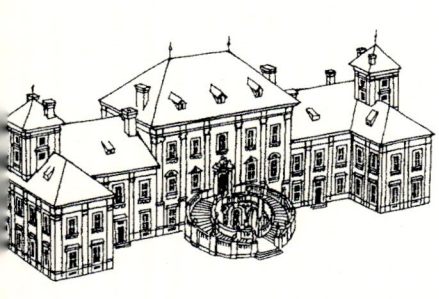

(上）图5-699 普卢姆瑙府邸（1680年，业主利希滕施泰因设计）。立面（图版制作 Delsenbach）

(下）图5-700 耶什捷德山麓亚布隆圣劳伦斯教堂（1699~1722年，建筑师约翰·卢卡斯·冯·希尔德布兰特）。穹顶内景

这里，可以寻得出生于埃格的巴尔塔扎·纽曼艺术的根基。摩拉维亚则更多地倾向相邻的奥地利。在整个王国，由于查理四世和鲁道夫二世对艺术的赞助，发展出一种极具活力的建筑，意大利人参与的程度也一直较其他地区更为广泛和深入。在形体——特别是室内——的动态表现上，以及在想象力等方面，都表现出斯拉夫民族的特色。

在波希米亚，由于天主教在布拉格附近白山的胜利，1620年后战争即告结束（白山本身是个朝圣地，胜利自然具有了格外的意义，图5-659、5-660）。布拉格再次成为建筑活动的中心（图5-661~5-665）。这时期建筑上最重要的推动人物当属波希米亚著名的军人和政治家，

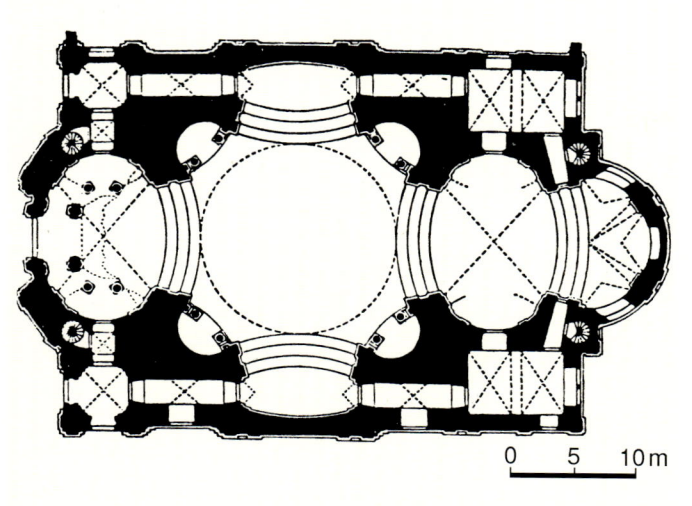

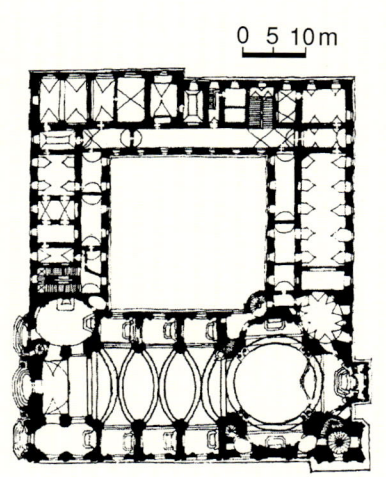
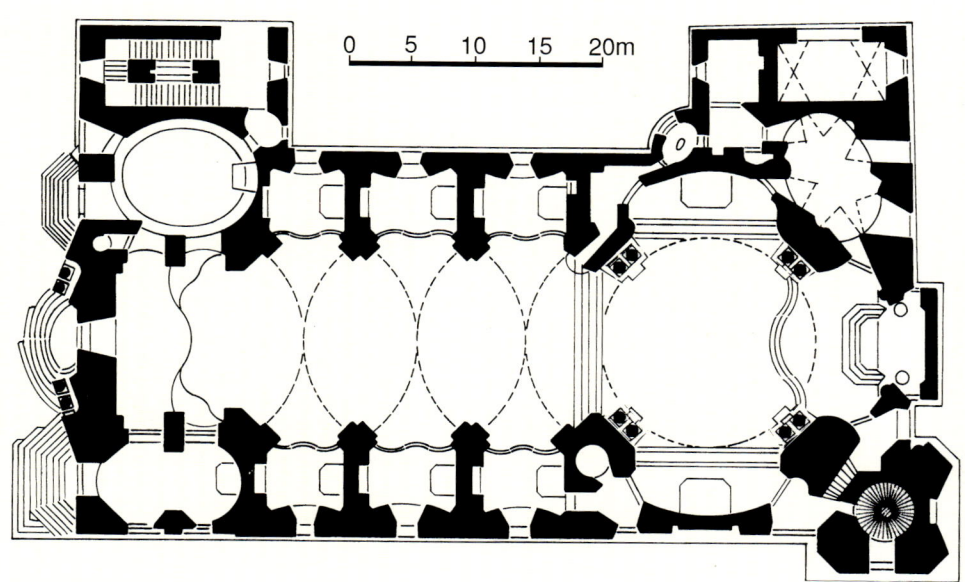

(左上）图5-701 加贝尔 教堂（1699年，建筑师约翰·卢卡斯·冯·希尔德布兰特）。平面

(右上）图5-702 加贝尔 教堂。剖面

(左下）图5-703 布拉格 小边圣尼古拉教堂（本堂1703~1711年，立面1709~1717年，建筑师克里斯托夫·丁岑霍费尔，1739~1752年由其子基利安·伊格纳茨接手）。总平面

(右中) 图5-704 布拉格 小边圣尼古拉教堂。平面（1:600，取自Henri Stierlin：《Comprendre l'Architecture Universelle》，经改绘）

(右下)图5-705 布拉格 小边圣尼古拉教堂。立面

（左上）图5-706 布拉格 小边圣尼古拉教堂。剖面（图版，取自Pierre Charpentrat和Henri Stierlin：《Barock：Italien und Mitteleuropa》）

（右）图5-707 布拉格 小边圣尼古拉教堂。剖析图（据Christian Norberg-Schulz）

（左下）图5-708 布拉格 小边圣尼古拉教堂。地段外景（位于所谓"小城区"）

三十年战争期间神圣罗马帝国皇帝斐迪南二世的军队统帅华伦斯坦（1583~1634年）。1621年，他着手按意大利建筑师安德烈亚·斯佩扎的设计建造位于布拉格古城内的最高统帅宫（图5-666~5-671）。这个巨大的宫殿和著名的曼图亚宫一样，配有一个带凉廊的花园（其三个拱券支撑在双柱上）。建筑最令人感兴趣之处是宫殿主要大厅墙面的分划。其壁柱上没有支撑柱顶盘，而是通过带灰泥人物造型的拱墩加以延伸，形成一排尖拱。清晰的垂向线条和拱顶一起，形成巨大的"华盖"。在支柱上取消被支承部件的这种做法实属手法主义的构图方式。立面则于平滑的底面上简单重复镶贴的支撑部件，布置成排叠置的窗户，直至檐沟高度。

华伦斯坦在他的新都吉特欣和萨甘建造的宫邸（两者均始建于1626年），表现出类似的宏伟布局。萨甘宫邸和以后劳德尼茨的洛布科维茨宫邸（1663年），均引进了法国那种两翼前伸的布局形制（所谓"马蹄铁式"），

图5-712 布拉格 小边圣尼古拉教堂。穹顶及钟楼（自西北方向望去的景色）

在这时期的西欧，像海牙的莫里茨府邸（1633年）或伦敦的林赛府邸（1640年）这样一些建筑均把底层布置成基座式样，上承柱顶盘及壁柱，哈布斯堡王朝各国的宫殿建筑大都沿袭这种布置方式。布拉格的耶稣会团亦属这一时期（同期的建筑还有维也纳霍夫堡皇宫的"利奥波德翼"和施塔尔亨贝格宫）。

在丁岑霍费尔的作品风行之前，波希米亚和摩拉维亚地区的贵族政府在建宫殿时最钟意的即这种所谓"意大利模式"。在这方面，表现最突出的当属布拉格的切尔宁宫（图5-686~5-690）。其主人系多次造访过罗马的切尔宁伯爵，他明确希望建造一栋"罗马风格"的建筑。宫殿建于1668~1677年（后续工作一直持续到1689年），设计人为建筑师弗朗切斯科·卡拉蒂[卒于1679年的卡拉蒂可能还是诺斯蒂茨宫的作者，这是城市里尚存的第一个真正的巨柱式构图实例（1660年）]。在这里，宽阔的意大利式立面由连续不断的28跨间组成。作为基座的宏伟底层以棱面石砌筑并带两个凸起的门廊，然后于栏杆层上起两层半主体结构。基层以上墙面以巨大的

第五章 德国和中欧地区 · 1633

本页及右页：

（左）图5-714 布拉格 小边圣尼古拉教堂。西立面细部

（中）图5-715 布拉格 小边圣尼古拉教堂。室内，向歌坛望去的景色

（右上）图5-716 布拉格 小边圣尼古拉教堂。室内，柱墩近景（成对角配置）

（右下）图5-717 布拉格 小边圣尼古拉教堂。宣讲坛细部

柱子进行分划，柱子向上直达屋顶檐沟，甚至连柱顶盘等必要的构造部分也全部略去。巨大的建筑通过重复采用帕拉第奥式的巨柱式母题，创造出一种巴洛克的构图效果。这种不断重复的做法固然给人以深刻的印象，但不免显得有些单调，从作品的成熟程度来看，它既不敌罗马的基吉-奥代斯卡尔基宫，也赶不上巴黎卢浮宫柱廊这两个同时代的作品。室内布置上也是这样，在法国的沃-勒维孔特，内部房间已开始成组布置，但在这里，和立面一样，房间只是按最简单的方式，成排并列。

建于1676年的奥尔米茨（位于摩拉维亚地区）圣米歇尔教堂的主持人可能为巴尔达萨雷·丰塔纳。如果这点属实，那就意味着，一位意大利人在这里充当了斯拉夫观念的诠释者。其本堂带附墙柱墩，没有廊台，上部密排三个八角形穹顶（中间一个最高）。库滕贝格的圣巴贝教堂则于15世纪期间配置了三个尖塔。在信奉东正教的东方，大都采用多个穹顶；看来，只是在波希米亚和摩拉维亚地区，这种东方模式才能转换成纯意大利的巴洛克形式。

和切尔宁伯爵的罗马情结相反，对布拉格大主教约翰·弗里德里希·冯·瓦尔德施泰因伯爵来说，他更倾

（上）图 5-727 布雷夫诺夫圣玛格丽特修道院。礼堂，内景

（左下）图 5-728 基利安·伊格纳茨·丁岑霍费尔：平面构图方式（据 Christian Norberg-Schulz）

（右下）图 5-729 布拉格 洛雷特圣母朝圣教堂（1721年，建筑师克里斯托夫及基利安·伊格纳茨·丁岑霍费尔）。建筑群总平面

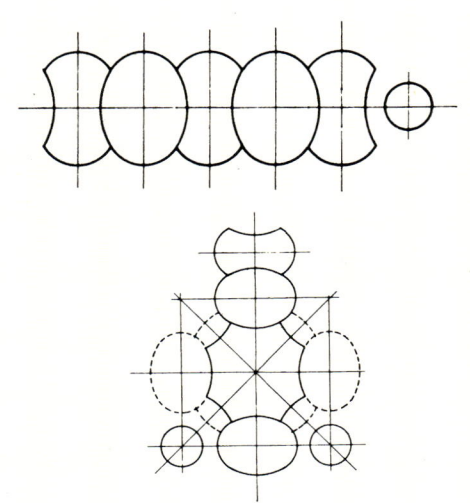

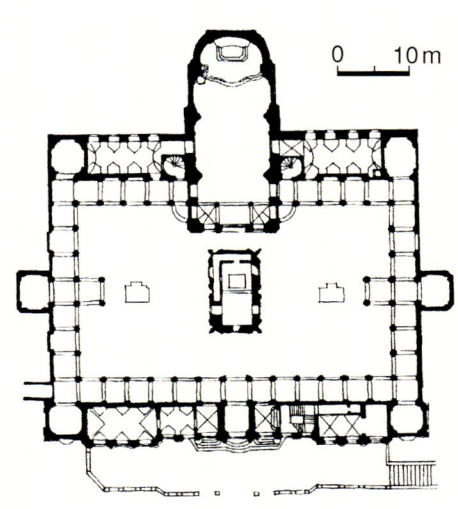

匠的力量。

在这时期的德国人中，瓜里尼的影响已很明显。自 1679 年起，他因设计旧厄廷的德亚底安修会圣马利亚教堂在布拉格已为人所知，其 1686 年发表的版画集也流传甚广。菲舍尔自 1690 年开始在摩拉维亚的弗赖因及希尔德布兰特 1699 年左右在波希米亚北部的加贝尔，都采用过椭圆形的母题。前者将椭圆形单元相切并列；后者在耶什捷德山麓亚布隆的圣劳伦斯教堂里使椭圆形与上冠穹顶的圆形空间相交，明显表现出瓜里尼的影响（图 5-700）。其平面和都灵的圣洛伦佐教堂类似，但空间的复杂程度要超过菲舍尔·冯·埃拉赫的所有作品。椭圆形的前厅和祭坛礼拜堂促成了中央空间的内凹线条，这些曲线和标志着对角轴线的龛室曲线交织在一起，创造出一种叠合交错的空间效果；但内部的这些复杂的构图在

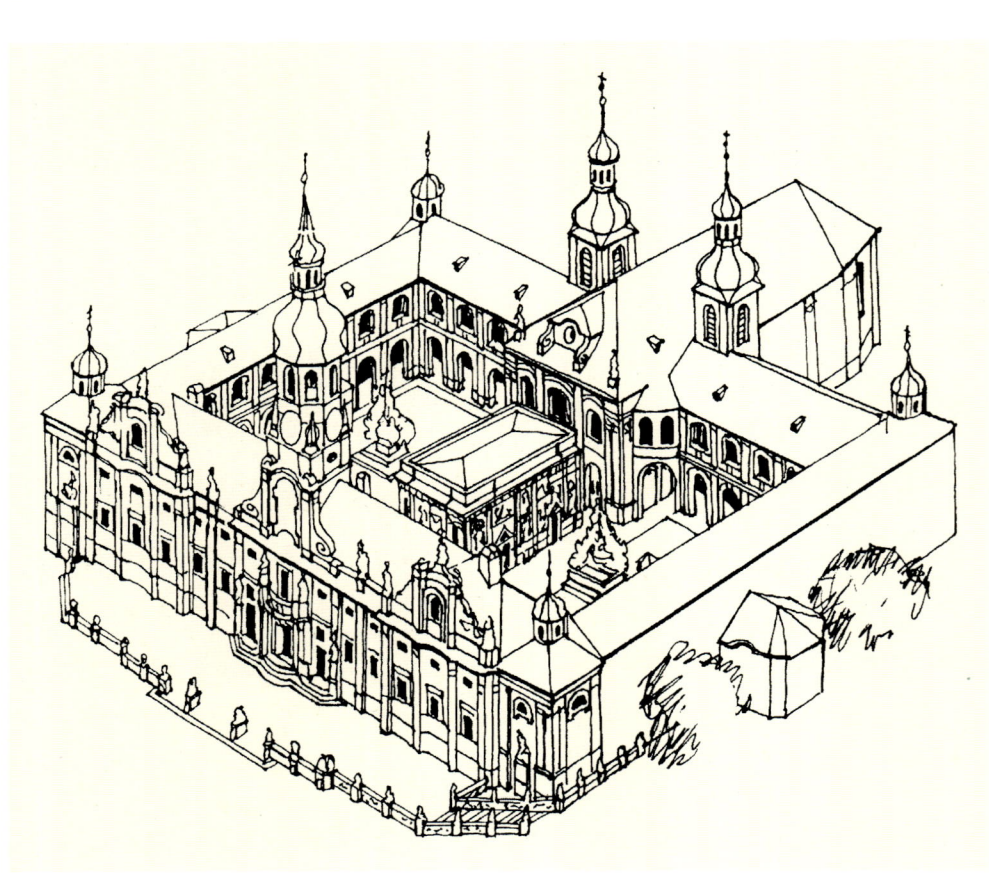

本页：

（上）图5-730 布拉格 洛雷特圣母朝圣教堂。立面

（下）图5-731 布拉格 洛雷特圣母朝圣教堂。俯视全景

右页：

（右上）图5-732 布拉格 洛雷特圣母朝圣教堂。现状景观

（下）图5-733 布拉格 洛雷特圣母朝圣教堂。立面全景

（左上）图5-734 布拉格 洛雷特圣母朝圣教堂。圣堂外景

建筑矩形的外观上完全看不出来。

瓜里尼在设计里斯本教堂时，于礼拜堂之间配置了凸起的柱墩，角上的壁柱按被支撑的拱券方向形成斜面，其间天棚降低构成波浪的凹陷部分。在这位大师建造的沃波里斯特修院教堂（1702年），两个朝外扭转的附墙柱墩以类似方式面对着本堂中央，呈球面曲线向各向发散的拱券起着分划拱顶的作用。不过，由此形成的区间并没有降低而是升高，覆盖着本堂较窄的通道。这也是德国西南地区班茨和菲尔岑海利根那种带高低错位效果的"切分"（syncope）构图的出发点。事实上，瓜里尼

1640·世界建筑史 巴洛克卷

设计的集中式平面建筑（图1-106）已经构成了这种做法的前兆，只是在这里，形体被赋予了更多的动态。

在前面论及波默斯费尔登府邸及班茨修道院时，我们已经提到1726年去世的约翰·丁岑霍费尔。他是这个来自上巴伐利亚地区的著名建筑师家族六个兄弟中最年轻的一个。他和莱昂哈德（卒于1707年）去了法兰克尼亚；他的哥哥克里斯托夫·丁岑霍费尔（1655~1722年，在家族兄弟中排列第四）则一直在布拉格定居。对这个家族来说，法国和意大利模式的成就，既是效法的源泉也是一个挑战。出身于行会匠师的克里斯托夫和约翰虽说以后均成为著名的艺术家，但他们个人的贡献往往并未得到足够的注意，在大多数情况下，其作品都被笼统地归于家族的名下。到这个家族的下一代，情况则不一样：作为艺术家，克里斯托夫的儿子基利安·伊格纳茨·丁岑霍费尔（1689/1690~1751年）已有了贵族的身份。

克里斯托夫·丁岑霍费尔和菲舍尔·冯·埃拉赫生活在同一时代，是在波希米亚地区工作的建筑师中最杰出的一位。他对瓜里尼作品的迷恋（后者曾造访过布

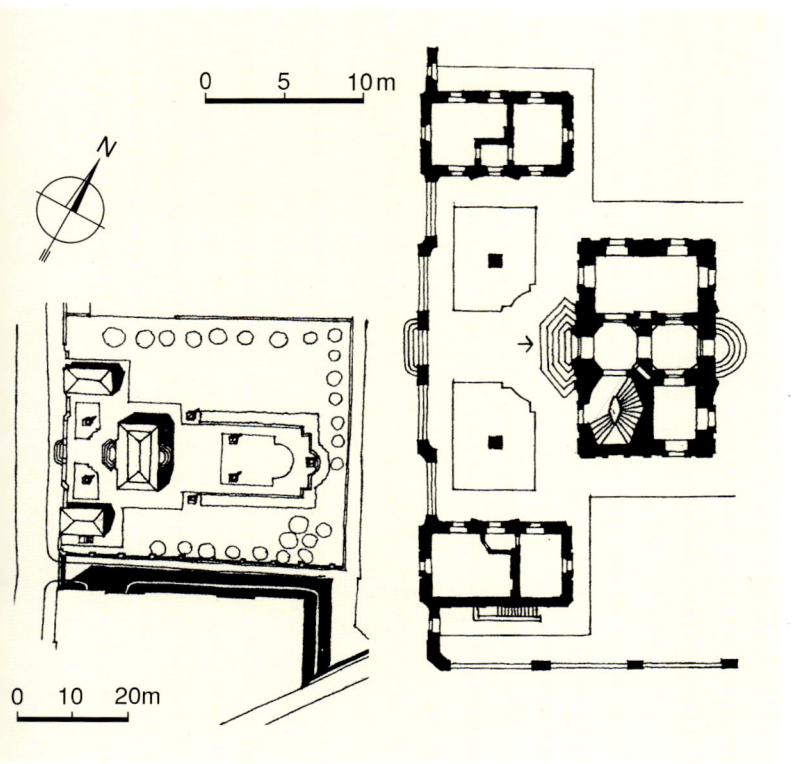

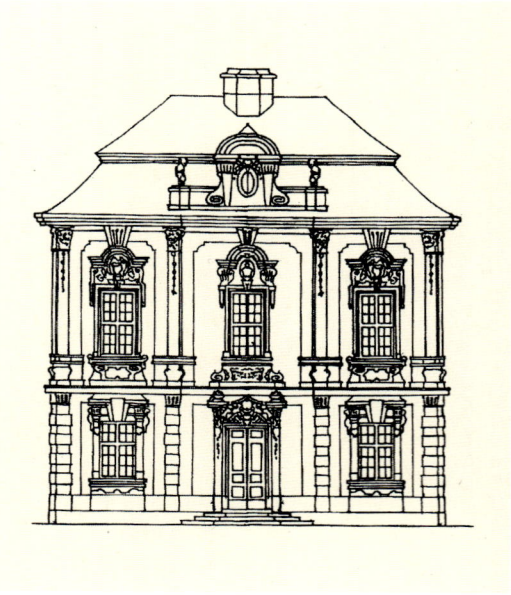

左页：

（左上）图 5-735 布拉格 亚美利加别墅（1720年，基利安·伊格纳茨·丁岑霍费尔设计）。总平面及平面

（右下）图 5-736 布拉格 亚美利加别墅。立面

（右上）图 5-737 布拉格 亚美利加别墅。透视全景

（左下）图 5-738 布拉格 亚美利加别墅。现状外景

本页：

（上）图 5-739 布拉格 亚美利加别墅。立面近景

（左下）图 5-740 布拉格 席尔瓦-塔罗卡宫（1749年，基利安·伊格纳茨·丁岑霍费尔设计）。立面

（右下）图 5-741 布拉格 圣托马斯教堂（1723年，基利安·伊格纳茨·丁岑霍费尔设计）。平面及立面

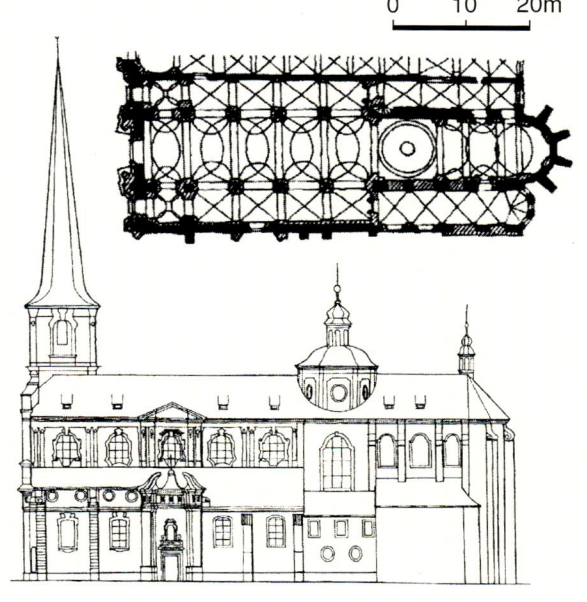

拉格）在很大程度上改变了波希米亚地区巴洛克建筑的面貌。

在前面我们已看到，在丁岑霍费尔家族兄弟中最年长的格奥尔格设计的瓦尔德萨森（德国境内，靠近捷

(上)图5-742 布拉格 圣托马斯教堂。外景透视

(下)图5-743 布拉格 圣托马斯教堂。立面近景

克边界)附近的卡珀尔圣三一教堂(1685年)里,具有象征意义的几何平面由可拆分的部件组成(围着等边三角形的三个壳体);而在波希米亚地区,人们解决类似问题的方式则可在克里斯托夫设计的斯米尔希茨府邸教堂(1699年)中看到。其平面来自都灵的圣洛伦佐教堂和加贝尔教堂(图5-701、5-702),但长度增加且两侧凹进,从而使周围形成波浪形的运动,并在整个建筑高度上达到匀质的要求。和博罗米尼及瓜里尼的造型类似,人们在这里关注的是动态而非静态的效果。瓜里尼在里斯本教堂的设计中,同样采用了波浪形墙面,但主要是通过立体几何和空间构图手段(并置椭圆形单元);在波希米亚则相反,系以形体的变化为出发点。克里斯托夫正是在这类建筑中引进了瓜里尼的构图要素。他所喜爱的题材仍是德国那种带附墙柱墩的传统教堂(有的配礼拜堂,有的没有)。

为耶稣会教士建造的布拉格小边圣尼古拉教堂(本堂建于1703~1711年,立面1709~1717年,平、立、剖面及剖析图:图5-703~5-707;外景:图5-708~5-714;内景:图5-715~5-717)是克里斯托夫·丁岑霍费尔的主要杰作,被认为是欧洲最美的教堂之一。室外高两层,至主立面处变为三层,平整的侧面也表现出凹凸相间的节奏。立面的曲线和反曲线,以及连续展开的分层造型的应用,使人想起罗马的四泉圣卡洛教堂。然而,博罗米尼只是简单地将两层进行分划并在上层重复了下层的装饰,丁岑霍费尔则更加强调立面的纪念特性:上层部分有所扩大并通过交替布置凸出和凹进的墙面及檐口赋予

立面更强的动态。其塑性表现的确比较突出,但似乎少了博罗米尼内曲造型的明确和清晰。丁岑霍费尔仍然遵守在上层重复下层凸出部件的原则,但底层门廊沉重的双柱到上层已趋于和缓变成轻薄的壁柱。类似的造型一直延伸到位于整个建筑上部的山墙部分。顶层两端弯曲的柱顶盘中部为一个上覆贝壳式穹顶的龛室阻断,该层整个表面连同三角形山墙一起,均呈强烈的波动态势。立面的波动起伏、由山墙曲线和柱顶盘的中断而形成的节奏,和室内构图互相呼应。立面的双柱和壁柱标识出本堂的宽度,并暗示了椭圆的平面形式。在双柱和壁柱的柱头上,有一段带凸出顶板的高拱墩,对应着室内拱顶的起拱点。从立面及形体效果来看,这种德国-波希米亚风格可说是超过了它的罗马原型,并提供了

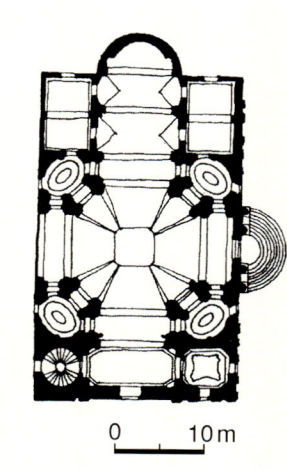

(左上)图 5-744 布拉格 圣托马斯教堂。屋顶外景(自南面望去的景色,前景两个小尖顶属圣约瑟夫教堂)

(中)图 5-745 布拉格 老城圣尼古拉教堂(1732 年,基利安·伊格纳茨·丁岑霍费尔设计)。平面及立面

(右上)图 5-746 布拉格 老城圣尼古拉教堂。透视景色

(下)图 5-747 布拉格 老城圣尼古拉教堂。现状外景

左页：

图5-748 瓦尔施塔特 教堂（1727年，基利安·伊格纳茨·丁岑霍费尔设计）。外景

本页：

（上）图5-749 瓦尔施塔特 教堂。内景

（下）图5-750 日贾尔 绿山圣约翰-内波穆克朝圣祠堂（1719~1722年，约翰·布莱修斯·圣蒂尼·艾歇尔设计）。总平面及平面（据Charpentrat）

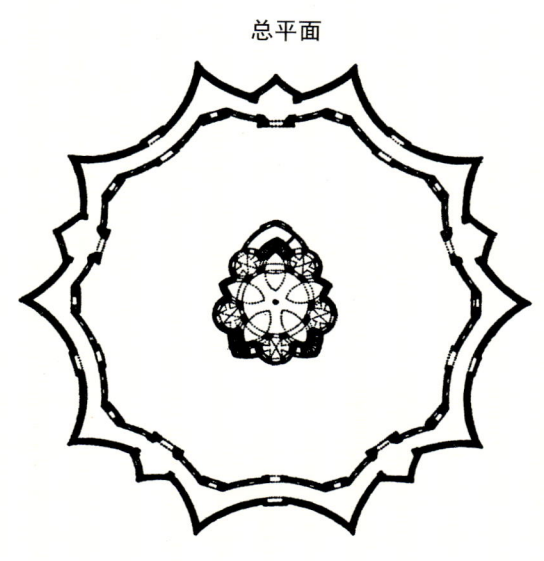

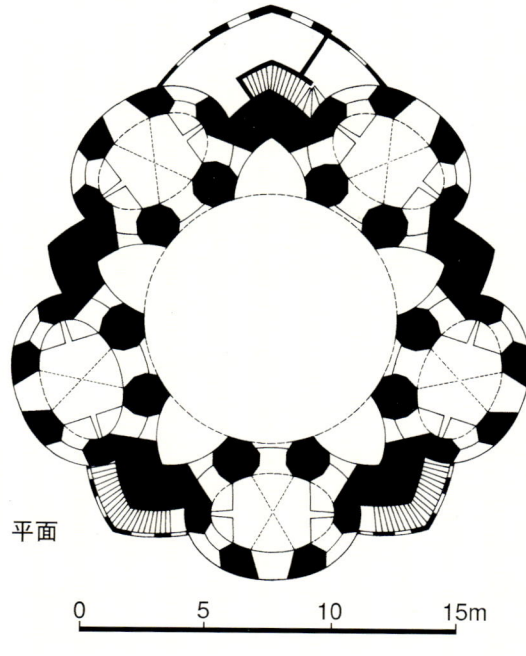

一种可代替意大利样本的全新程式。

室内同样以曲线为主调。三个椭圆形彼此渗透,凸出的角柱墩上配弯曲的壁柱。带双壳及附墙柱墩的中央本堂内引进了切分形制,它们和礼拜堂及廊台一起,重复了慕尼黑圣米歇尔教堂(图5-318)的形式。屋顶拱券向内弯曲,相互接触,连续的拱壳形成一系列位移半跨的顶盖,第一跨和最后一跨长度也因此减半。但由于加了连续覆盖天棚的绘画,这种分划已难以觉察。强有力的垂向线条把人们的注意力引向这些精美的天棚装饰。设计显然是受到瓜里尼的启示,特别是以后者的里斯本天道圣马利亚教堂为范本。以后这位大师的儿子又在室内增添了一个华丽的歌坛。

为本笃会修士建造的布雷夫诺夫圣玛格丽特修院教堂(1708~1721年,位于布拉格附近,平面及透视

1648·世界建筑史 巴洛克卷

图；图5-718~5-721；外景：图5-722~5-724；内景：图5-725~5-727）是克里斯托夫·丁岑霍费尔的另一杰作，尽管建筑本身规模不大。教堂重建前曾拟订了几个设计：一个是配穹顶的会堂式建筑；另一个是加长的椭圆形，如让-巴蒂斯特·马太的做法。自1709年开始，克里斯托夫·丁岑霍费尔即提供了设计方案。前厅、歌坛及两跨间本堂皆为椭圆形。室内构思与小边圣尼古拉教

本页及左页：

（左及中）图5-751 日贾尔 绿山圣约翰-内波穆克朝圣祠堂。外景

（右下）图5-752 克拉德鲁比 本笃会修院教堂（1712年，约翰·布莱修斯·圣蒂尼·艾歇尔设计）。北侧远景

（右上）图5-753 克拉德鲁比 本笃会修院教堂。东南侧外景

堂相近。相邻两根壁柱成锐角相接，形成一系列尖头附墙柱墩，支撑四个彼此相交的椭圆形拱顶。柱墩位于三角形基座上，尖棱朝向本堂，感觉上是斜向对着室内空间。横向拱券因此并不是和面对它的柱头以最短的路径相连，而是通过一道弧线。椭圆形的拱顶就这样和

左页：
图 5-754 克拉德鲁比 本笃会修院教堂。内景（向东面望去的景色）

本页：
（上）图 5-755 克拉德鲁比 本笃会修院教堂。歌坛拱顶仰视
（下）图 5-757 布拉格 斯特拉克霍夫的普雷蒙特雷修会修道院。图书馆（约1782年，建筑师 I.Palliardi），内景

(左右两幅)图5-756布拉格 岩上圣约翰教堂(1729~1739年,基利安·伊格纳茨·丁岑霍费尔设计)。外景及细部

跨间的椭圆形空间彼此交叠。通过拱顶和平面的这种"反向运动",整个建筑获得了一种独特的节奏。直到被半圆形封闭的歌坛处,感觉才趋于和缓。和沃波里斯特修院教堂相比,拱顶的起伏动态要更为连续顺畅。

室内这种使构图显得颇为活泼的凸出和凹进的表现,同样延续到外立面。教堂南侧给人印象好似正立面,中央两跨间向前凸出,形如上冠山墙的中央形体,边上亦如府邸建筑那样设角柱。从侧面看去,歌坛和真正的主立面倒像是不对称的两翼。不过,由于丁岑霍费尔将主立面绕角折返并在正面和侧面均采用几乎同样的山墙,建筑仍在一定程度上给人留下了集中式教堂的印象。由于室外重复了内部的分划方式,从前厅和歌坛跨间的外墙上能感觉到其椭圆形体。所有这些都如活的肌体一样,服从于内在的肌理。在维也纳帝国图书馆中央形体的角上,也能看到类似的表现,只是程度上略逊。在埃格圣克莱尔修会修女的建筑里(1708年),拱壳又重新回到各自跨间上的位置,没有向交界处偏移产生"切分"效果。虽说克里斯托夫·丁岑霍费尔从未去过意大利,

1652·世界建筑史 巴洛克卷

(左上)图 5-758 布拉格 圣卡萨教堂（1626~1631年，建筑师 Giovanni Orsi）。立面近景

(右上)图 5-759 斯卡利察 圣米夏埃尔堂区教堂。祭坛

(下两幅)图 5-760 弗拉诺夫 城堡（原构 11 世纪，17 世纪末和 18 世纪初改造工程主持人约翰·伯恩哈德·菲舍尔·冯·埃拉赫）。外景及雕刻（背着老父的埃涅阿斯）

(上)图5-761 瓦尔季采 列支敦士登宫(约翰·伯恩哈德·菲舍尔·冯·埃拉赫修复)。外景

(下)图5-762 普日布拉姆 圣山教堂(1658~1709年,建筑师卡洛·卢拉戈)。外景

但在他的这些建筑里,包括室外在内的所有部分,均因极其节制的波状起伏而充满活力,带有明显的博罗米尼的印记。

从上面这些实例可以看出,克里斯托夫在布拉格和波希米亚地区,发展出一种具有独创精神的风格;但真正使布拉格具有巴洛克风貌的,则是他的儿子基利安·伊格纳茨·丁岑霍费尔(1689~1751年)。后者先在希尔德布兰特的工作室里接受相关的教育,以后又去意大利和巴黎进行长期的考察和研究,进一步扩大了自己的艺术眼界和学识。

到基利安·伊格纳茨·丁岑霍费尔这一代,人们对整个演进过程开始有了更全面的了解,也有能力使风格适应不同国家的需求。基利安·伊格纳茨主要致力于建造教堂,他把自己的创作能力全用来开发波希米亚—摩拉维亚地区建筑固有的各种潜力(图5-728)。在集中式会堂的主题上引进了系列的变化,其中还可看到斯拉夫民族要素的影响。

在克里斯托夫·丁岑霍费尔去世后,基利安·伊格纳茨于1737~1751年主持建造了布拉格小边圣尼古拉教堂的歌坛和交叉处拱顶(图5-709)。歌坛位于中央圆形空间上,与三个椭圆空间(祭坛和两个侧面礼拜堂)交会。在当时人们已趋向严谨和明晰的古典主义的背景下,建筑师大胆采用这种完全属洛可可风格范畴的"扭曲平面",倒是颇值得注意。不过,从城市规划的角度看,这个建筑不愧为一个杰作,其穹顶安置在粗壮的鼓座上,角上立细高的单一塔楼。这种对比效果及由此产生的不断变化的切换景象构成了街道透视的对景,高耸在位于斜坡上的周围房舍之上。

布拉格洛雷特圣母朝圣教堂的立面亦属这类洛可可建筑。现存建筑始建于1721年,系按克里斯托夫·丁岑霍费尔的设计,以后在基利安·伊格纳茨的主持下竣工(图5-729~5-734)。整个立面分划适度,仅边上两个向前凸出的形体使立面显得较为生动。中间高起的钟楼为外部装饰最丰富的部分。

基利安·伊格纳茨·丁岑霍费尔为约翰·文策尔·米希马公爵设计的布拉格亚美利加别墅(图5-735~5-739)建于1720年,是在其保护人希尔德布兰特作品的基础上进一步精炼和改进的结果,属他最优美宫邸建筑之一。

基利安·伊格纳茨·丁岑霍费尔研究过大量的设计,并按自己的需求对之进行改造。在设计鲁普雷希蒂策教堂时,他采用八角形体并将它延长,使其具有直线的边侧。在黑马尼策教堂,他同样选用了这种拉长的八角形体,但令侧墙室外呈凹面,室内为凸面。这种类型的平面最早见于约翰·布莱修斯·圣蒂尼·艾歇尔的设计。丁岑霍费尔在许多教堂设计里都采用了这种形制。

从这些作品中不难看出基利安·伊格纳茨·丁岑霍费尔作品的丰富和多样性表现。在布拉格,既有亚美利加别墅(1730年)那种维也纳式的欢愉,也有席尔瓦-塔罗卡宫(1749年,图5-740)那样的节制审慎和圣托马斯教堂(1723年,图5-741~5-744)那种青春的躁动。老城圣尼古拉教堂(1732年,图5-745~5-747)的沉重形体和刻板的装饰似乎是罗马纳沃纳广场圣阿涅塞教

(上)图5-763 奥洛莫乌茨 圣马利亚教堂(1679年,壁画1722~1723年)。拱顶仰视全景(天顶画作者J.J.Handke和J.Steger)

(下)图5-764 罗基特纳河畔亚罗梅日采 宫邸(1700~1737年改造,主持人约翰·卢卡斯·希尔德布兰特)。外景

本页：

（上）图5-765 罗基特纳河畔亚罗梅日采宫邸。内景

（下）图5-766 多布日什曼斯费尔德宫(1754~1765年，建筑师罗贝尔·德科特和乔瓦尼·尼科洛·塞尔万多尼)。外景

右页：

（左）图5-767 齐德利纳河畔赫卢梅茨王冠宫（设计人G.圣蒂尼）。外景（现为捷克巴洛克艺术和建筑展馆）

（右）图5-768 布拉迪斯拉发 圣伊丽莎白教堂（1739~1745年）。内景

堂的对应作品，只是具有更多的东方特色。其希腊十字形平面周围布置角柱墩，中心形成椭圆形；室内连续的运动和深凹空间的沉重形成强烈的反差。在卡尔斯巴德的圣马德莱娜教堂（1732年），上冠纵长椭圆形穹顶的类似双壳结构内得到充分的采光。而在西里西亚地区的瓦尔施塔特（1727年，图5-748、5-749），华盖体系被

1656·世界建筑史 巴洛克卷

左页：

（上）图 5-777 华沙 维拉诺夫老宫（约 1677~1696 年，改建负责人奥古斯丁·文岑蒂·洛奇、安德烈·施吕特）。西侧外景

（下）图 5-778 华沙 维拉诺夫老宫。东侧外景

本页：

图 5-779 华沙 维拉诺夫老宫。花园立面

持建于 1658~1709 年，是捷克境内最早和最具有代表性的这类建筑之一。中央礼拜堂周围配矩形拱廊，角上设附属礼拜堂。离奥洛莫乌茨不远山头上的圣马利亚教堂同样是建在朝圣基址上（1679 年），室内壁画装饰成于 1722~1723 年（图 5-763）。罗基特纳河畔亚罗梅日采的宫邸（图 5-764、5-765）原是个文艺复兴风格的建筑，于 1700~1737 年间被维也纳建筑师约翰·卢卡斯·希尔德布兰特改造成了巴洛克宫邸（亚罗梅日采以后成为巴洛克文化中心，特别在戏剧及音乐方面具有很高的声誉）。多布日什的曼斯费尔德宫系由罗贝尔·德科特等人主持建于 1754~1765 年，是该地区体现法国巴洛克古典主义的典型例证（图 5-766）。建筑包括三个翼和一个靠近中央翼入口处的礼拜堂，从主要大厅处可俯视法国式的园林景色。齐德利纳河畔赫卢梅茨的王冠宫由一个圆柱状的中央形体和三个辐射翼组成（设计人 G. 圣蒂尼，图 5-767），现为捷克巴洛克艺术及建筑陈列馆。

在位于现斯洛伐克境内的建筑中，尚可一提的还有布拉迪斯发的圣伊丽莎白教堂和圣马丁大教堂，前者建于 1739~1745 年，内凹的立面为巴洛克风格的典型表现，室内（包括高祭坛）装饰相对平素简朴（图 5-768）；

后者于这时期按新风格进行了改建（包括礼拜堂及司祭席等部分，图5-769）。科希策的耶稣会教堂建于1671~1684年（图5-770）。著名的尼特拉城堡于巴洛克时期曾四次受到围攻，1620~1621年各教堂破坏严重，后按巴洛克风格进行了重建（图5-771）。罗曼和哥特时期的两个教堂（上教堂）由早期巴洛克教堂（下教堂）连在一起。三个教堂合在一起组成大教堂（不同高度各层位之间以梯道相连）。

总之，波希米亚和摩拉维亚地区的巴洛克建筑具有独特的形式和新颖的造型，可视为一种别具一格的巴洛克风格的文化摇篮。占主导地位的意大利情趣（唯一能与之匹敌的是来自法国的影响）、靠近维也纳这个杰出的巴洛克大都会的特殊地理位置，以及丁岑霍费尔家族建筑师的积极活动，都是促成这种在欧洲独一无二的综合造型艺术诞生的要素。

左页：

（左上）图 5-780 华沙 维拉诺夫老宫。内景

（右）图 5-781 格吕绍 修院教堂（1728~1755 年，建筑师安东·延奇）。立面外景

（左下）图 5-782 格吕绍 修院教堂。内景（向东望去的景色）

本页：
（上下两幅）图 5-783 格吕绍 修院教堂。葬仪祠堂，内景及穹顶仰视

本页：
（上）图5-784 华沙 圣母往见教堂（1727~1734年，建筑师卡尔·巴伊）。内景

（下）图5-785 华沙18世纪街景（油画，作者贝尔纳多·贝洛托，1777年）

右页：
（左上）图5-786 莱格尼察-波莱 前本笃会修院教堂（原构13世纪后半叶，1723~1726年和1727~1731年改建，建筑师基利安·伊格纳茨·丁岑霍费尔，拱顶画科斯马·达米安·阿萨姆）。外景

（右）图5-787 莱格尼察-波莱 前本笃会修院教堂。内景

（左下）图5-788 翁德 西多会教堂（1651~1689年，建筑师约瑟夫·贝洛蒂）。外景

四、波兰

西里西亚地区巴洛克建筑的发展主要沿着两个方向。一方面，来自教会和信奉天主教的贵族政府的投资项目，都以维也纳或布拉格这样一些中心城市的建筑为样板；到18世纪，随着普鲁士的崛起，柏林的影响日益明显。另一方面，地方建筑传统仍在延续，特别是在主要艺术中心以外的地方。受意大利和波希米亚风格影响的壮丽豪华的立面就这样与忠于地方传统的木构架立面和上冠葱头顶的小塔楼同时并存。在这里，带山墙的房屋则如佛兰德地区，一直持续到17世纪中叶以后（在开始阶段或单独或成组地用于公共建筑），如但泽的军械库（1600~1605年，图5-772）。它和丹麦的城堡（如克龙堡，1574年；希勒勒的腓特烈堡，1602年，图5-773）一样，证实了荷兰建筑沿波罗的海沿岸的扩张。

弗罗茨瓦夫主教、巴拉丁-新堡选帝侯弗朗索瓦-路易（1683~1732年）是一位热心和慷慨的建筑投资人。在宗教建筑的投资上，富足的西多会、耶稣会、普赖蒙特雷修会修道院以及圣奥古斯丁派议事司铎们同样起到了重要的作用。

对西里西亚建筑师来说，罗马仍然是人们心目中的样板。当1671年，对罗马艺术极其熟悉的黑森总督、红衣主教腓特烈被任命为弗罗茨瓦夫主教时，他利用自己和永恒之城罗马的紧密联系，请贝尔尼尼工作室为他

（左及右上）图5-789 克热舒夫 前西多会修道院（1292年创建，主要建筑1788~1790年，修院教堂1728~1735年，可能为基利安·伊格纳茨·丁岑霍费尔设计）。外景及内景

（右下）图5-790 克热舒夫 圣约瑟夫教堂（1690~1696年，建筑师Martin Urban 和 Michael Klein）。外景

造了圣约翰（施洗者）大教堂内的葬仪祠堂（圣伊丽莎白礼拜堂）。领导施工的也是一位意大利人（贾科莫·希安齐）。接替（黑森的）腓特烈的是选帝侯巴拉丁-新堡的弗朗索瓦-路易。作为哈布斯堡帝王利奥波德一世的亲戚，他和维也纳宫廷联系密切。1716~1724年，他让人按菲舍尔·冯·埃拉赫的设计建造了同在大教堂后殿的选帝侯礼拜堂（圣体礼拜堂）。其矩形空间上覆盖椭圆形穹顶，高高的穹隅布置在挑出甚大的檐口上，突出了空间的垂直特征，产生了庄重宏伟的印象。只要看

一眼大教堂东部（图5-774），即可比较两个礼拜堂产生的效果（两者之间仅由平头的歌坛后殿分开）。和优雅的"意大利"风格的礼拜堂相比，菲舍尔作品特有的明晰的立面节奏和鼓座上的高窗，更多地使人想起地方的传统。希安齐主持施工的礼拜堂则更为精细，比例也较均衡。不高的鼓座上配置的圆窗和高穹顶搭配协调，穹顶上立轻快的顶塔。菲舍尔的穹顶相对扁平，和下部结构相比，顶塔也显得更为粗壮。

1705年，作为另一位著名的维也纳建筑师，希尔德布兰特为富商、维也纳皇室商业顾问戈特弗里德·克里斯蒂安·施赖福格尔设计了一座宫邸。工程完成于1711年。

在17世纪下半叶，西里西亚的巴洛克建筑主要在意大利和奥地利的建筑师支配下。稍后，到18世纪头几十年，施瓦本、巴伐利亚和德国北部等地的建筑师也都应各地主教的邀请来到这里。西里西亚巴洛克建筑的

（上）图5-791 克拉科夫-别拉内 卡马尔多利会修道院（1605年，教堂1609~1617年，立面及塔楼1618~1630年，设计人安德烈亚·斯佩扎）。教堂，内景

（下）图5-792 克拉科夫-别拉内 卡马尔多利会修道院。教堂，拱顶仰视

魅力和价值正是来自这些不同建筑观念的共存和碰撞。

到17世纪末，波兰在国王扬·索别斯基（1629~1696年，在位期间1674~1696年）的统治下，经历了一个短暂的繁荣期。在反对土耳其人的历次战争中功勋卓著的这位国王促成了一种华美的巴洛克文化的诞生。正是在这时期，荷兰建筑师和工程师蒂尔曼·范加梅伦开始为王后玛丽-卡西米尔效力。在华沙，他改建的主要建筑有圣埃斯普里、圣卡齐米日和圣卜尼法斯各教堂，同时还于1682年完成了在朱塞佩·贝洛蒂主持下开工的克拉辛斯基宫（雕刻作者安德烈·施吕特，图5-775、5-776）。

和蒂尔曼·范加梅伦一起参与工作的，还有负责改建维拉诺夫老宫的王室建筑师奥古斯丁·文岑蒂·洛奇。这个华丽的宫殿位于华沙南面约12公里处，配有楼阁，两侧设廊厅及两层的塔楼（图5-777~5-780）。按安德烈·施吕特的建议并经他设计，中央部分于1692年进一步进行了增高。其主体建筑位于入口庭院与花园之间，表现出典型的巴洛克城郊宫邸的特征，将带侧面塔楼的波兰贵族府邸传统和以法国正院布局及意大利郊区别墅为代表的欧洲艺术很好地结合在一起。

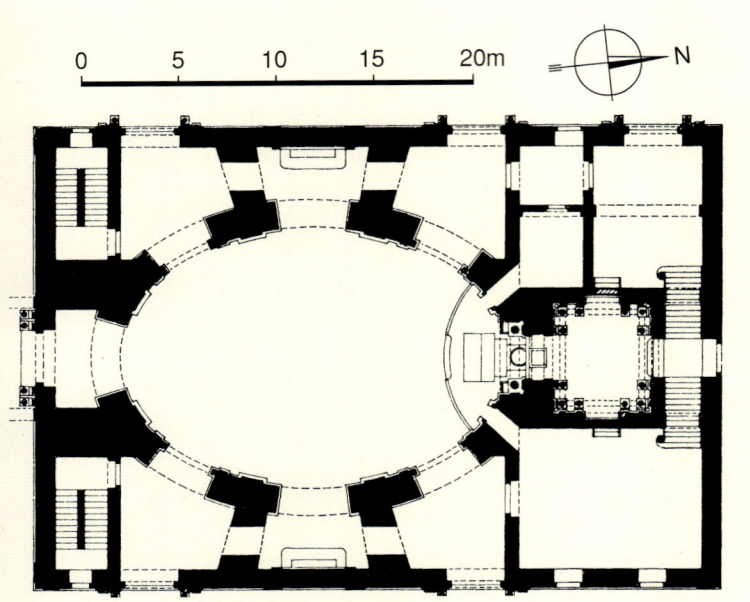

（上）图5-793 克利蒙图夫 圣约瑟夫学院教堂（1643~1650年，穹顶1732年增建，立面塔楼1762~1772年）。平面

（下）图5-794 克利蒙图夫 圣约瑟夫学院教堂。穹顶仰视

（上）图 5-795 凯尔采 主教宫（1637~1641年，建筑师乔瓦尼·特雷瓦诺）。外景（现为凯尔采国家博物馆）

（下两幅）图 5-796 戈斯滕 圣菲利波·内里修道院（1668~1728年，穹顶画1746年，建筑师巴尔达萨雷·隆盖纳等）。内景及穹顶仰视全景

在选帝侯萨克森的腓特烈-奥古斯特一世（1670~1733年，1697年加冕为波兰国王，称奥古斯特二世）统治下，德累斯顿（这位国王就是在那里出生的）的建筑师纷纷来到华沙。其中最主要的有弗里德里希·卡歇尔，他被任命为波兰和萨克森的宫廷建筑师并拟订了扩建国王宫殿的设计。

萨克森著名建筑师珀佩尔曼和隆盖吕内亦于1728年来到这个波兰首都。前者的儿子、卡尔·弗里德里希·珀佩尔曼向国王提交了许多设计方案。显然，他参

第五章 德国和中欧地区·1671

加了华沙兰宫的建设（宫殿的主人是安娜·奥谢尔斯卡女伯爵）。从风格及其构思来看，这座宫殿颇似珀佩尔曼父亲的作品。后者于1730年[15]设计了华沙的萨克森宫殿。其平面虽然不甚规则，但占地广阔，布局富有节奏。他的儿子卡尔·弗里德里希也参与了设计，但这座宫殿仅中央楼阁部分得以完成。

格吕绍的修院教堂（1728~1755年，图5-781~5-783）是安东·延奇创作的西里西亚最重要的巴洛克建筑。带曲线表面的双塔立面，由于在水平线条上引进了波浪形部件，进一步增强了垂向动态，在复杂程度上甚至超过了克里斯托夫·丁岑霍费尔的圣尼古拉教堂。瑞典的查理十二世获皇帝特许为西里西亚的新教徒建造六个教堂。这些教堂沿袭斯德哥尔摩圣凯瑟琳教堂的瑞典模式，采用集中式结构作为会众使用的布道空间。由于细部上较为节制，避免了巴洛克式的奢华，像希尔施贝格的格纳登教堂（1709~1718年，马丁·弗朗茨设计）这样一些教堂，和格吕绍的修院教堂可说形成了强烈的反差。华沙的圣母往见教堂建于1727~1734年（建筑师卡尔·巴伊）。室内无边廊，于沉重的附墙柱间布置带穹顶

其立面及塔楼建于1618~1630年，设计人为安德烈亚·斯佩扎。

克利蒙图夫的圣约瑟夫学院教堂系由意大利匠师建于1643~1650年，可能是作为创立者的家族祠堂（图5-793、5-794）。椭圆形的本堂周以回廊并于上层设廊道。由巨大鼓座支撑的穹顶为1732年增建，立面塔楼建于1762~1772年。

建于1637~1641年的凯尔采主教宫目前保存完好，其设计人为宫廷建筑师乔瓦尼·特雷瓦诺。立面中央形体上布置大窗，建筑四角上各立一个六边形塔楼。院落由南北两翼封闭，沿立面及花园布置敞廊。主层厅堂天棚上绘有表现历史和政治事件的场景。建筑现为凯尔采国家博物馆（图5-795）。

戈斯滕的圣菲利波·内里修道院建于1668年。教堂由威尼斯著名建筑师巴尔达萨雷·隆盖纳设计（1679~1698年）。但工程中间搁置了约30年，最后由另一位意大利建筑师完成（1726~1728年，包括穹顶及塔楼等部分）。教堂艺术上相当完美，是波兰17世纪最大的集中

第五章 德国和中欧地区 · 1677

（左上）图5-811 杰尔 加尔默罗会教堂（马丁·威特沃设计）。立面近景

（下）图5-812 杰尔 加尔默罗会教堂。穹顶仰视景色

（右上）图5-813 杰尔 方舟纪念碑（1731年，建筑师约翰·埃马努埃尔·菲舍尔·冯·埃拉赫，雕刻师安东尼奥·科拉迪尼）。外景

式教堂（图5-796）。中央八角体外绕回廊和八个礼拜堂，穹顶壁画（1746年）表现圣菲利波·内里的生平事迹。

吉德莱属多明我会的圣母升天教堂位于一个著名的朝圣地段上。带双塔立面的早期巴洛克教堂建于1632~1644年。教堂东面各部分以半圆形墙体作为结束，显然是效法帕拉第奥设计的威尼斯圣乔治主堂。带几何图案的天棚灰泥装饰属1644~1656年（图5-797）。

琴斯托霍瓦的亚斯纳-戈拉-保利娜修道院创建于1382年，自中世纪起就是国家最神圣的祭祀和朝拜地。巴洛克时期的修道院位于山上，周围是四个17世纪初修建的城堡。最初的哥特教堂自1690年开始被彻底改

图 5-814 杰尔 大教堂（11 世纪创立，室内 1635~1650 年，装修 1770~1780 年）。穹顶仰视全景

图 5-815 费尔特德 艾什泰哈齐宫（猎庄 1721 年，1762~1765 年扩建）。外景

图5-816 费尔特德 艾什泰哈齐宫。入口近景

造并由巴洛克艺术家重新装修（大部由西里西亚地方匠师负责，高祭坛为意大利建筑师设计，图5-798）。

建于1630~1677年的莱扎伊斯克西多会修道院是波兰东部设防修道院的杰出实例，带内院的四翼为城墙、塔楼和棱堡环绕。三开间的早期巴洛克会堂建于1618~1628年（拱顶于1670年大火后重建）。其室内装饰极为丰富（早期巴洛克的高祭坛属1637年，本堂内还有13个1755~1758年完成的洛可可风格的祭坛，风琴亦属波兰巴洛克时期最精美的产品，图5-799）。

希维德尼察圣三一和平教堂是1648年《维斯特伐利亚和约》后西里西亚新教徒建的三个"和平教堂"之一（1656~1657年，图5-800）。由于条约禁止他们采用砖石、建造塔楼和在城内进行建筑活动，因此这三个教堂均为建在城市郊区的木构架建筑。教堂内部可容

（左上）图5-817 费尔特德 艾什泰哈齐宫。内景

（右上）图5-818 布丘森特拉斯洛 圣方济各教堂（1714~1734年）。内景

（左下）图5-819 许迈格 主教宫（改造工程 1738~1755年）。外景

（右下）图5-820 许迈格 堂区教堂（1755年）。天棚画

7500人（3000坐席），堪称巴洛克木构工程的杰作。

波兹南的圣斯坦尼斯劳斯教堂（1650~1652年）为波兰最大的耶稣会教堂之一，最初设计人是来自意大利北方的建筑师。以后人们又在本堂内增加了三根独立柱，最后建了宽阔的耳堂和由两个礼拜堂封闭的司祭席（1698~1711年），立面完成于1727~1732年，门廊带有华美的装饰（图5-801）。

由17世纪著名建筑师蒂尔曼·范加梅伦设计的涅博鲁夫宫殿是波兰效法帕拉第奥作品的典型实例，采用了帕拉第奥古典主义特有的简单几何形体（图5-802）。

带双壁龛的塔楼立面亦为波兰巴洛克府邸建筑的典型特征。由意大利建筑师负责建造的万楚特城堡则是现存波兰最大的权贵府邸（1629~1641年，现为博物馆，图5-803）。建筑由四翼组成，配有角上的塔楼（室内于18世纪曾两度翻新）。

创建于1175年的武比亚茨修道院是西里西亚地区最古老的西多会修道院，其现存建筑属1681~1720年（图5-804）。带双塔立面的修道院组群立面长225米，是西里西亚地区最大的一个。建筑位于俯瞰着河谷的山上，从很远就可以看到。1692年建成的夏季餐厅内尚存最

第五章 德国和中欧地区·1681

早的天顶画，两层高的礼堂亦属西里西亚地区最大的巴洛克厅堂。

五、匈牙利、克罗地亚和斯洛文尼亚地区

[匈牙利]

在布达佩斯位于城堡山和多瑙河之间的维齐瓦罗什（水城）区，最宏伟的巴洛克建筑是18世纪中叶建造的圣方济各教堂和圣安教堂。前者时间较早，室内构图统一，装修精美。后者原为耶稣会教堂，于1740~1765年由来自布达的匠师建造（图5-805）。同在布达佩斯的隐士圣保罗会教堂建于1725~1776年，天棚绘画（1776年）表现圣母生平，为维也纳艺术家约翰·贝格尔的作品。室内气势宏伟，在匈牙利巴洛克建筑中表现突出。特别是带两根独立柱子的圣坛部分，尤为引人注目（图5-806）。位于佩斯区的荣军院则无论在现在还是当时看来，都是世俗建筑中的精品（图5-807）。建筑组群内包括四个为各翼封闭的内院和位于中心的礼拜堂。长长的主立面更是超过了当时该区的所有世俗建筑。附近的圣母马利亚会教堂是个相对简朴的建筑，但室内雕饰（特别是维也纳雕刻师制作的祭坛，图5-808）极为精美。

杰尔是匈牙利另一个拥有众多巴洛克建筑的城市。

（上）图5-821 许迈格 圣方济各修院教堂。高祭坛内景

（下）图5-822 沙尔堡 纳道什迪城堡（1640~1647年）。内景

（上）图 5-823 拉茨凯韦 萨伏依亲王（欧根）府邸（建筑师约翰·卢卡斯·冯·希尔德布兰特）。外景

（左下）图 5-824 考洛乔 大教堂。外景

（右下）图 5-826 克塞格 髑髅礼拜堂（1729~1735 年）。外景

这里早在1627年就已经有了耶稣会的组织,其圣伊纳爵教堂建于1634~1641年。但室内装修及设施直到100年之后才最终完成(图5-809、5-810)。城内加尔默罗会教堂的设计人是该会修士、在匈牙利西部及奥地利主持了许多教会建筑的马丁·威特沃(在巴洛克时期,加尔默罗会在匈牙利至少有四处修道院)。这些教堂大都采用集中式布局,主立面依意大利样板,不设塔楼(图5-811、5-812;教堂室内装修由另一位修士负责)。查理三世的方舟纪念碑立于1731年,参与设计的是两位宫廷艺术家(建筑师约翰·埃马努埃尔·菲舍尔·冯·埃拉赫和著名的维也纳雕刻师安东尼奥·科拉迪尼,图5-813)。杰尔城市大教堂创立于11世纪,展现出不同时期的

(上)图5-825 考洛乔主教宫(1776~1784年)。外景

(左下)图5-827 凯奇凯梅特 堂区教堂(1774~1806年)。外景

(右下)图5-828 凯奇凯梅特 皮阿里斯特教堂(1729~1745年)。外景

(左上）图 5-829 瓦茨大教堂。入口近景

（右上）图 5-830 瓦茨 皮阿里斯特教堂（1699~1775 年）。外景

（左下）图 5-831 塞克什白堡 圣斯蒂芬耶稣会教堂（高祭坛 1773~1775 年，1776 年起为主教堂）。外景细部

（右下）图 5-832 塞克什白堡 圣斯蒂芬耶稣会教堂。内景

各种风格：室外为中世纪的样式；1635~1650 年形成的内部表现出 17 世纪文艺复兴后期和巴洛克早期的风格情趣；而 1770~1780 年的装修则使它最后成为匈牙利最协调的巴洛克室内作品（图 5-814）。

在 18 世纪，费尔特德是匈牙利最富有的家族之一艾什泰哈齐公爵的夏宫。宫殿和周围花园及附属建筑一

第五章 德国和中欧地区·1685

起,构成匈牙利最优美的洛可可世俗建筑组群。其最早部分是1721年建的猎庄,1762~1765年以法国凡尔赛和维也纳美泉宫为榜样进行了扩建,是当时匈牙利最壮观的这类作品(图5-815~5-817)。

在长达几个世纪的期间,布丘森特拉斯洛都是最受欢迎的朝圣地。自1694年起,圣方济各会就在这里开展活动;其教堂建于1714~1734年间,华丽的装修大部分出自教士之手(图5-818)。许迈格的主教宫于1738~1755年间被改造成主教的夏宫(图5-819);其堂区教堂于1755年开工(两年后开始室内装修,主要是绘画,图5-820);圣方济各修会修道院及教堂位于主教宫对面,高祭坛及其巨大的顶盖系以约瑟夫·埃马努埃尔·菲舍尔·冯·埃拉赫的作品为样板(图5-821)。

沙尔堡的纳道什迪城堡原属16~17世纪匈牙利最古老家族之一。以后为防土耳其人的进攻不断进行扩建,现状属1640~1647年,设有塔楼及相连的各翼,后者形成五边形的内院。其典仪厅为17世纪匈牙利世俗建筑中最优美的这类厅堂之一(图5-822)。

拉茨凯韦的欧根亲王府邸位于布达佩斯以南35公里处,多瑙河中的一个岛上,由他的宫廷建筑师约翰·卢卡斯·冯·希尔德布兰特设计(图5-823)。采用"U"形平面、中央设穹顶的这个建筑是这位建筑师第一个有文献可查的作品。

考洛乔是匈牙利最早设立的主教教区之一。城市在土耳其占领期间破坏惨重,自18世纪30年代起进行了大规模的重建。至该世纪最后十年,大教堂和主教宫均告落成,城市遂具有了典型的巴洛克风景。大教堂系在中世纪三开间教堂的基础上重建,但立面完全按18世纪的式样(图5-824)。主教宫同样是在中世纪建筑的基础上修建(1776~1784年,图5-825),设计人为皮阿里斯特会的教士(如今,仅礼拜堂的彩绘尚存)。

克塞格的髑髅礼拜堂由耶稣会教士修建于1729~1735年,精美的室内已遭到破坏,但外部雕刻保存完好(图5-826)。凯奇凯梅特尚存堂区教堂(1774~1806

左页：

（左）图 5-833 塞克什白堡 圣斯蒂芬耶稣会教堂。拱顶仰视

（右）图 5-834 圣戈特哈德 西多会修院教堂（1740~1764 年，建筑师 F.A. 皮尔格拉姆）。仰视内景

本页：

（上下两幅）图 5-835 大姆拉卡 圣芭芭拉礼拜堂（司祭席 1692 年，18 世纪上半叶改建，塔楼和圣器室 1867 年）。外景

年，图 5-827）及皮阿里斯特教堂（1729~1745 年，图 5-828）。两者最引人注目的是其立面的单一塔楼（由于在平原地带，同时用于防火观测）。

瓦茨是个位于多瑙河畔的小城市，在赶走土耳其人之后开始获得了巴洛克的特色。大教堂由法国建筑师设计，系在原有基础上修建。由基本几何形式组成的立面意识超前（图 5-829），室内则比较保守。市内另一个值得一提的巴洛克建筑是建于 1699~1775 年的皮阿里斯特教堂及修道院（图 5-830）。

塞克什白堡是匈牙利王室驻地和国王加冕处，许多重要的王室墓寝也都在这里。城市中世纪的教堂已被破坏，耶稣会新建的圣斯蒂芬教堂于 1776 年被改为主教堂（图 5-831~5-833）。其高祭坛成于 1773~1775 年，属后期巴洛克和新古典主义之间的过渡形态。位于国家西部边境的圣戈特哈德西多会修道院及教堂建于 1740~1764 年(主持人为维也纳建筑师 F.A. 皮尔格拉姆)。教堂内部设成排的独立支柱，空间宽敞，顶部满布表现

第五章 德国和中欧地区 · 1687

（左上）图5-836 特尔斯基-弗尔赫 耶路撒冷圣马利亚朝圣教堂（1750~1761年）。外景

（左中）图5-837 特尔斯基-弗尔赫 耶路撒冷圣马利亚朝圣教堂。穹顶仰视全景

（右上及下）图5-838 里耶卡 圣维图什耶稣会教堂（1638~1659年，穹顶稍后）。外景及门廊近景

"胜利"主题的绘画（图5-834）。

[克罗地亚]

在克罗地亚地区，巴洛克时期建造过大量的木构教堂，但其中只有少数留存下来。用栎木建造的这些教堂外部通常没有抹灰，屋顶亦用木瓦覆盖；室内墙面和天棚均覆以彩绘木板。位于萨格勒布附近的大姆拉卡圣芭芭拉礼拜堂，无论从建筑还是室内装饰上看，都

1688·世界建筑史 巴洛克卷

图5-839 里耶卡 圣维图什耶稣会教堂。内景

图5-840 贝勒克 雪花圣马利亚朝圣教堂（侧面礼拜堂1739~1741年增建）。内景

是其中最优美的一个（图5-835）。其最早部分司祭席在1692年曾是独立的礼拜堂，于宽敞的门廊上起塔楼。到18世纪上半叶，门廊被纳入到新建的本堂内，原来的礼拜堂遂变成司祭席（边上1679年的祭坛为礼拜堂最早的装饰部件，室内于18世纪覆彩绘木板）。现存塔楼和圣器室系1867年增添，边侧入口门廊已属1912年。

在特尔斯基-弗尔赫，由克拉皮纳居民集资建造的

耶路撒冷圣马利亚朝圣教堂成于1750~1761年，位于附近的一个山顶上（图5-836、5-837）。方形本堂上冠扇形拱顶，高祭坛（1759年）由来自格拉茨的雕刻师制作。立面中心靠墙立一塔楼，边侧立面则好似以凹面后退。

里耶卡圣维图什教堂的设计人是一位来自摩德纳的耶稣会教士（1637年），平面系效法巴尔达萨雷·隆盖纳设计、当时正在施工的威尼斯康健圣马利亚教堂。

本页及左页：
（左上）图5-841 贝勒克 雪花圣马利亚朝圣教堂。讲道坛近景
（中）图5-842 萨格勒布 圣凯瑟琳教堂（1620~1631年）。内景
（左下）图5-843 卢布尔雅那 乌尔苏拉会圣三一教堂（1718~1726年）。外景
（右）图5-844 卢布尔雅那 圣尼古拉大教堂（1701年，建筑师安德烈·波佐等）。内景

平面八角形的本堂另配边侧礼拜堂,室内纵长明亮的透视景观表现出典型的隆盖纳风格和追求光影变化的巴洛克情趣。建筑于1638年开工,到1659年已投入使用(但穹顶部分尚未完成)。由于以后施工时对原设计进行了改动,总体效果上受到一些影响(图5-838、5-839)。

贝勒克的雪花圣马利亚教堂在17世纪曾是一个简朴的单本堂建筑。但由于在朝圣上具有特殊的地位,克罗地亚的贵族们遂投入大量资金对之进行扩建和装修(1739~1741年增建了两个大的侧面礼拜堂,整个墙面都进行了彩绘)。如今从外部看去仍然好似乡村教堂,内部建筑上也比较简单,但通过这些装修和色彩处理,却显得非常华丽(图5-840、5-841)。

1606年,耶稣会教士到达萨格勒布并于1620年开始建造教堂。这个以圣凯瑟琳命名的教堂完成于1631年。其本堂和司祭席具有同样宽度,同时配有三对边侧礼拜堂。本堂上覆筒拱顶,并通过礼拜堂的大窗采光,支撑拱顶的方形柱墩同时起到分隔礼拜堂的作用。以上均为中欧巴洛克早期教堂的典型表现(图5-842)。

(上)图5-845 卢布尔雅那 圣尼古拉大教堂。穹顶仰视全景

(下)图5-846 通尼策 圣安妮堂区教堂(1762年)。外景

（上）图5-847 通尼策 圣安妮堂区教堂。室内装修细部

（下）图5-848 斯拉德卡戈拉 圣母朝圣教堂（1744年）。外景

本页及右页：

（左上）图5-849 科佩尔 圣母升天大教堂（18世纪上半叶重建，主持人乔治·马萨里）。内景

（中上）图5-850 戈尔尼格勒 圣莫霍尔和圣福尔图纳特堂区教堂（18世纪中叶重建）。外景

（右上）图5-851 戈尔尼格勒 圣莫霍尔和圣福尔图纳特堂区教堂。内景

（下）图5-852 多尔纳瓦府邸（约1700年）。外景

[斯洛文尼亚]

在斯洛文尼亚，真正可称为巴洛克城市的可能只有卢布尔雅那。乌尔苏拉会圣三一教堂是该市巴洛克建筑最精美的实例。建筑位于国会广场西侧，立面稍稍退后，和边上两个椭圆形的延伸部分一起，成为广场上最突出的地标（图5-843）。工程自1718年开始一直延续到1726年，主要仿帕拉第奥风格，同时带有博罗米尼建筑的印记（室内也采用了帕拉第奥的构图题材）。位于同一城市的圣尼古拉大教堂是该市第一个巴洛克建筑（1701年，图5-844、5-845），参与设计的有包括安德烈·波佐在内的若干建筑师。建筑基本依罗马耶稣会堂的模式，由本堂、礼拜堂、耳堂及司祭席等部分组成，交叉处上置穹顶（穹顶直到近19世纪中叶才建，但基本按原设计）。除穹顶外，教堂其他部分的彩绘均属1702~1706年。

通尼策的圣安妮堂区教堂（图5-846、5-847）系在山上一个老教堂的基址上建成（原教堂因日益增长的朝圣人群已显得过于狭小）。主事的堂区牧师希望建一个类似罗马纳沃纳广场圣阿涅塞那样的教堂。建筑自1761年开始设计，次年动工。不过，除了立面门廊和两个尖塔外，最后完成的教堂和其罗马原型的相似处并不是很多，其真正的样本倒可能是希尔德布兰特设计的维也纳圣彼得教堂（上冠穹顶的中央八角形空间周围布置礼拜堂，最后以半圆形的司祭席作为结束）。

斯拉德卡戈拉圣母朝圣教堂所在基址原为一哥特时期的教堂。新构始建于1744年，但保留了老的钟塔（其葱头式的尖顶和屋顶形式相互应和，图5-848）。立面带三重波动起伏，内部中央空间上冠穹顶。1755年制作的巴洛克风琴尚保存完好。

科佩尔的圣母升天大教堂系18世纪上半叶在原罗曼时期教堂的基础上按巴洛克风格重建而成（主持人为威尼斯建筑师乔治·马萨里）。在西墙处还可看到最初罗曼时期教堂的遗存，但现存建筑基本上是这次重

建的结果。三开间的本堂由具有古典样式的柱墩分划，但空间节奏等方面表现出典型的巴洛克特征（图5-849）。

戈尔尼格勒的圣莫霍尔和圣福尔图纳特堂区教堂基址上原为一个三开间的罗曼教堂和本笃会修道院。18世纪中叶老教堂拆除后进行了重建（当时是斯洛文尼亚地区最大的教堂，教士区亦按巴洛克风格进行了重建，但该部分于二战后拆除）。在17世纪教堂钟楼底层等处还能见到最初建筑的遗存。教堂沿袭传统的拉丁十字平面，但按当时流行的做法用了起伏的墙面；带波动曲线的立面（中央部分内凹）亦为盛期巴洛克风格的典型表现（图5-850、5-851）。

多尔纳瓦府邸现存建筑建于1700年左右（大厅天顶画上有1708年的标记），建筑师可能是位意大利人。花园和周围院落等部分也都采用了同样的风格（图5-852）。

第五章注释：

[1] 波灵的哥特教堂，在1620年左右改建时，即在浅色调的灰泥底面上饰金色的图案和线条，装饰华美且不失节制。

[2] 提埃坡罗（Tiepolo, Gian Battista, 1696~1770年），意大利著名画家。

[3] 在威斯特伐利亚地区，明斯特（1590年）、莫尔斯海姆（1614年）和科隆（1618年）各地的耶稣会教堂均为带廊台的会堂式建筑，是混合手法主义和一种再生哥特风格的产物；柱子支撑着网状拱顶，歌坛配高耸的尖矢拱顶。仅下部布满雕刻的祭坛属第一批巴洛克作品。

[4] 在威斯特伐利亚，和佛兰德地区类似，带山墙的房屋一直持续到17世纪中叶以后；在开始阶段，还被单独或成组地用于公共建筑，如帕德博恩的市政厅（1612年）。在德国南部海德堡的腓特烈楼（1601年）也能看到这种表现。

[5] 艺术收藏及陈列室是这时期的一种特殊类型。在以采集和狩猎为主的人类文明初始阶段，和王公贵族的艺术收藏室、珍品室乃至今日的博物馆之间，应该说，存在着明显的联系。无论收集的具体目的是什么，它都需要同样的热情、需要好奇心的驱动。来自遥远的地域或异国他乡的珍奇物品，很早就引起了人们的注意。好奇心刺激人们进行探索和研究，珍品的收集就这样促成了百科全书的诞生：在很多情况下，艺术或珍品收藏（或陈列）室就建在图书馆边上，或图书馆建在它们边上。

德累斯顿的这个艺术收藏室位于选帝侯奥古斯特二世的宫殿新翼内，其命运颇多变故。这位选帝侯酷爱物理和数学，因而时钟和测量仪器构成其藏品的重要组成部分。这里同样是保存黄金储备和机密档案的所在地。在1701年火灾之后（在这次灾难中，幸运的是藏品本身没有受到太大损失），奥古斯特二世自1721年起，将这个机密收藏室改造成一个真正的博物馆。由于他同样对造型艺术情有独钟，因而陈列品中还包括绘画、雕刻及装饰艺术品。在各厅堂中分别保存青铜制品、象牙工艺品、釉器及银器，还有一个贵重物品展厅，尤以珠宝首饰室最为华美。

[6] "圣安德烈十字"（Croix de Saint-André），即斜十字,斜撑"×"。

[7] 另一种说法是，主祭坛系按巴尔塔扎·纽曼的合作者雅各布·米夏埃尔·屈歇尔的构想，位于建筑中央，从入口到歌坛祭坛的中间（屈歇尔同样参与了平面的设计）。

[8] 见Werner Hager：《Architecture Baroque》，1971年，190页。

[9] 关于这个建筑的始建年代，另有1743和1746年之说。

[10] 巴洛克时期艺术陈列室的特色之一是将科学仪器和巫术用具放在一起。当时人们把尚无法解释的自然现象和曼德拉草根（一种产于地中海盆地和中亚等地的植物，具有麻醉和导泻作用）之类的东西均视为"奇观"。这种思维方式颇似中世纪的炼丹术士。在17世纪的王侯宫廷里，人们还企图凭经验证明自然奇观或无法解释的现象，例如，证实维吉尔在其著作《农事诗》（Georgics）里暗示的蜜蜂利用动物遗骸诞生的古代理论。

[11] 其出生年代未能准确判定，有文献称为1663年。

[12] 即霍夫堡皇宫，为沿维也纳环城大道的一片庞大的宫殿建筑群。由一系列年代和风格各异的建筑组成，最早的部分可上溯到13世纪，最晚的已达19世纪末。

[13] 在西班牙王位继承战争期间，约瑟夫一世（1711年后称查理六世）不敌他的法国对手腓力五世；根据1713年的《乌得勒支条约》，英国和联合省将西班牙转让给波旁王朝。

[14] 在波希米亚的鲁德尼察宫（1652~1684年，可能为弗朗切斯科·卡拉蒂设计），也可以看到这种"U"形的平面。

[15] 据Werner Hager为1726年。

第六章
英国、低地国家和斯堪的纳维亚地区

第一节 英 国

一、历史背景

与欧洲大陆隔海峡相望的英国，虽说在伊丽莎白时期，和大陆地区在文化上有所接触，但基本上仍然处在"孤立"的地位。在这个岛国，建筑的演进，就其主要方面来说，和大陆上发生的事件很少直接关联。直到17世纪初，建筑在很大程度上还是独立存在。英国人传统的个人主义倾向也助长了这种趋势。

在英国，巴洛克风格是从"发现"文艺复兴艺术开始的。1610年以后，在伊尼戈·琼斯（1573~1652年）的推动下，形势开始急剧变化。这位新风格的领军人物不仅访问了意大利，还去了巴黎。不过，此时罗马和法国的巴洛克建筑尚没有达到鼎盛时期，因而他主要是从帕拉第奥的理论和作品中汲取灵感。他和艺术品收藏家阿伦德尔伯爵对古典建筑的热情和全新的体验，不仅成为其作品的灵感来源，同时也成为直到18世纪末英国建筑复归古典风格的缘由。在以后很长的一段时期，英国建筑中都可以看到以各种方式表现出来的帕拉第奥的影响（在这里还需要指出的是，在当时，帕拉第奥可说是唯一没有借助巴洛克的形式语言创造了完整建筑体系的建筑师）。

我们目前所涉及的这个时期的建筑可分为三个大的阶段[截止到浪漫主义（romantisme）和新哥特风格（néogothique）或哥特复兴（gothic revival）出现之时]：首先是帕拉第奥风格盛行时期（所谓palladianisme），

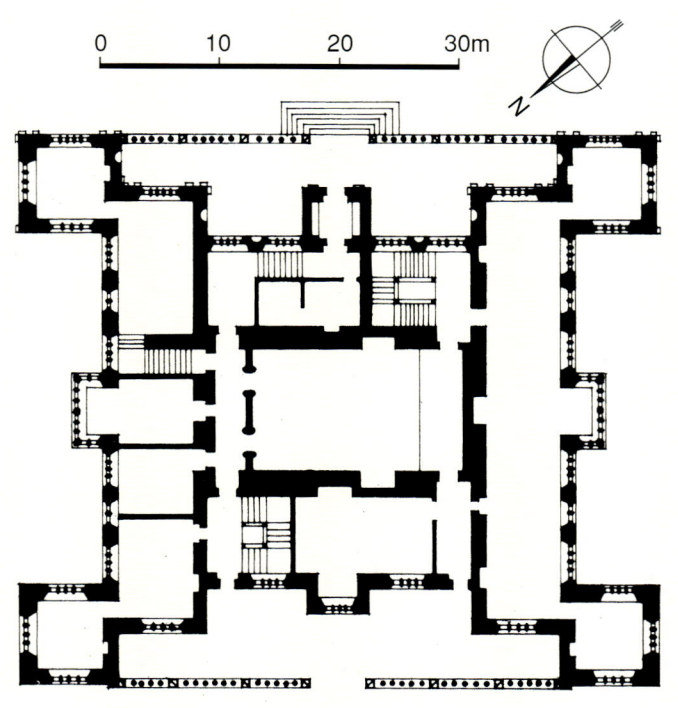

图 6-1 诺丁汉 沃拉顿府邸（1580~1588年）。平面

约17世纪前六七十年,领军人物为伊尼戈·琼斯;第二阶段才是本意上的巴洛克时期,以1666年的伦敦大火为起点标志,其中心人物是克里斯托弗·雷恩;最后,从18世纪开始,是所谓"新帕拉第奥风格"(néopalladianisme)时期,站在这一潮流前列的是一位业余艺术爱好者——伯林顿勋爵。在英国,和在欧洲大陆一样,正是对希腊古迹的研究,促成了18世纪末新古典主义的迅猛发展;洛可可风格则仅是一个短暂的插曲。只是英国人对中

本页:

(上)图6-2 诺丁汉 沃拉顿府邸。内景

(下)图6-3 格林尼治 女王宫(1616~1635年,建筑师伊尼戈·琼斯)。南立面(图版,取自 Colen Campbell:《Vitruvius Britannicus》,第Ⅰ卷,1715年)

右页:

(上)图6-4 伦敦 白厅大街宴会楼(1619~1622年,建筑师伊尼戈·琼斯)。外景(17世纪后期版画)

(下)图6-5 伦敦 白厅大街宴会楼。立面(图版,取自 Colen Campbell:《Vitruvius Britannicus》,第Ⅰ卷,1715年)

The Royal BANQUETING-HOUSE in Whitehal.

(上) 图6-6 威尔特郡 威尔顿府邸 (1632年, 1647年火灾后重建, 建筑师伊萨克·德科)。花园平面 (据 Isaac de Caus, 约1654年)

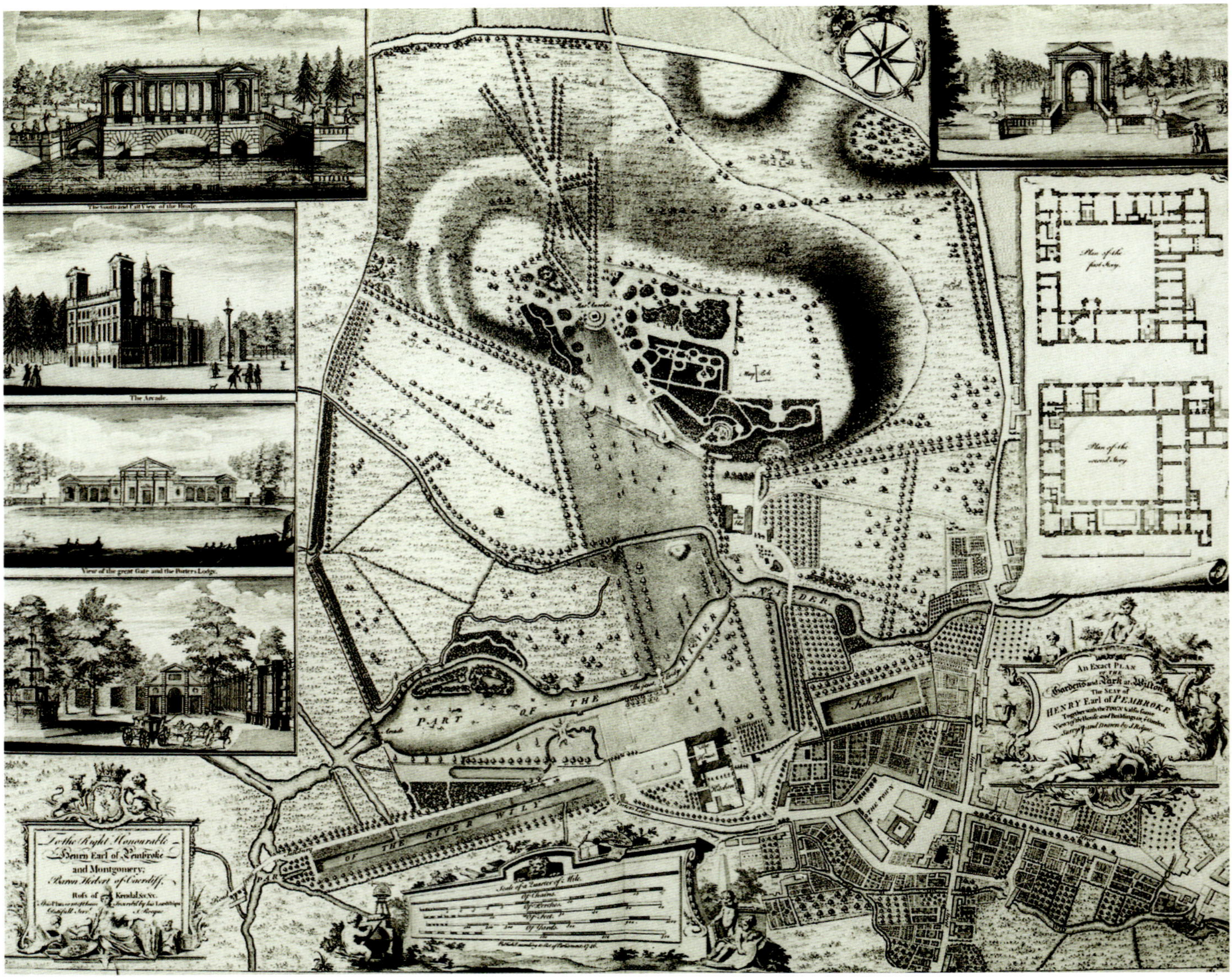

(下) 图6-7 威尔特郡 威尔顿府邸。总平面及主要景观图 (作者 J.Rocque, 1746年)

世纪艺术和哥特建筑总还是怀有一种难以舍弃的思念, 天然景色园林则成为历史风格的理想实验场所。其场地的规模和游乐的性质, 使人们可以采用一些在18世纪看来不仅奇特乃至具有异国情调的形式。19世纪的复古主义（historicisme）和折中主义（éclectisme）也正是在这样的背景下逐渐形成。

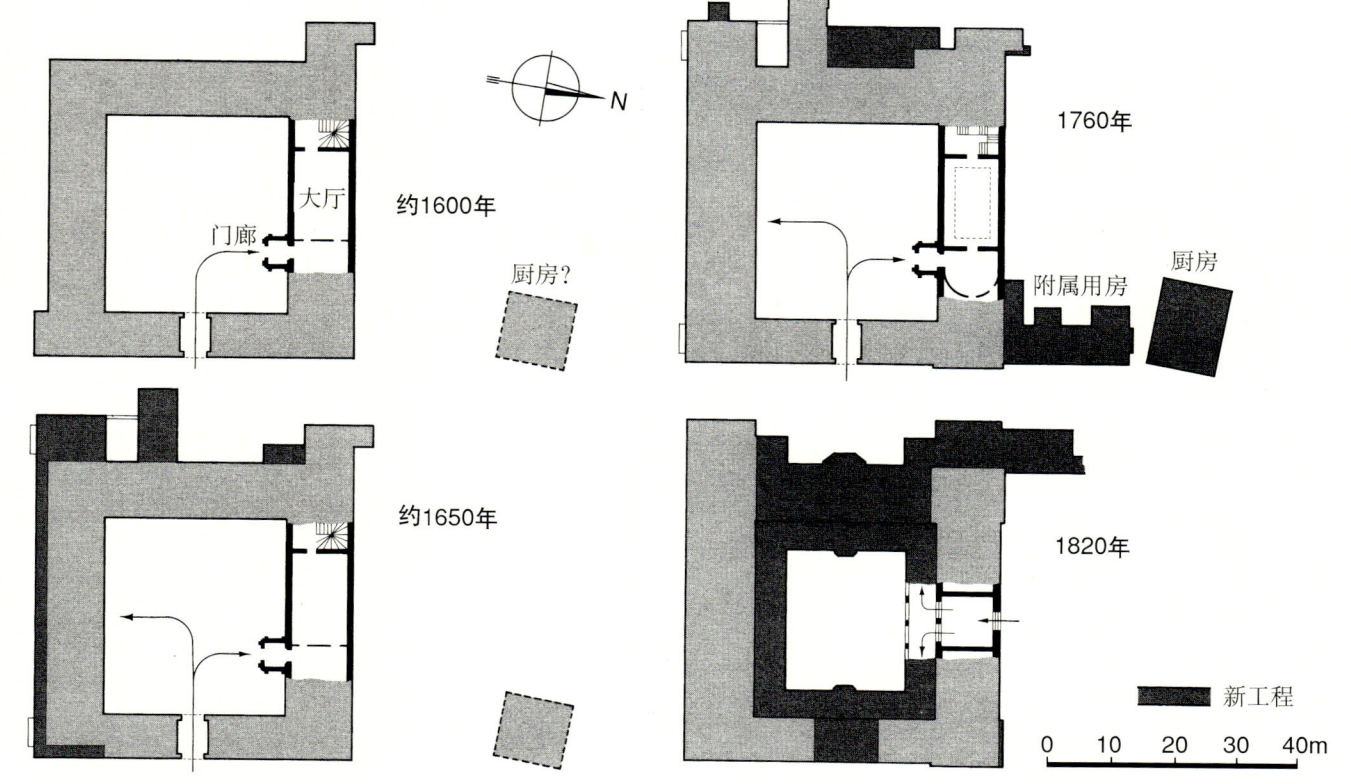

图 6-8 威尔特郡 威尔顿府邸。建设阶段示意

图 6-9 威尔特郡 威尔顿府邸。南立面、底层及二层平面（图版，取自 Colen Campbell：《Vitruvius Britannicus》，第 II 卷，1717 年）

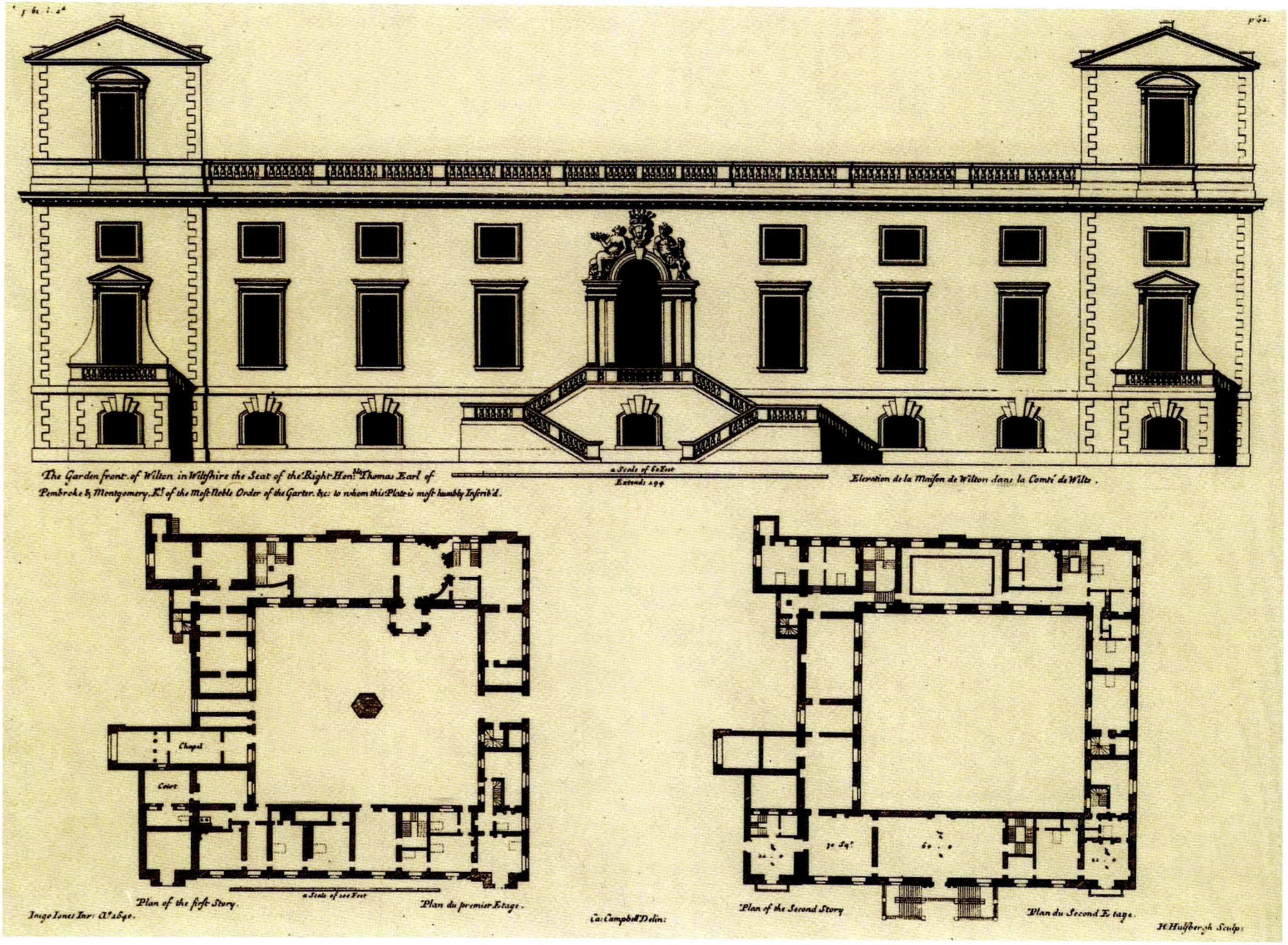

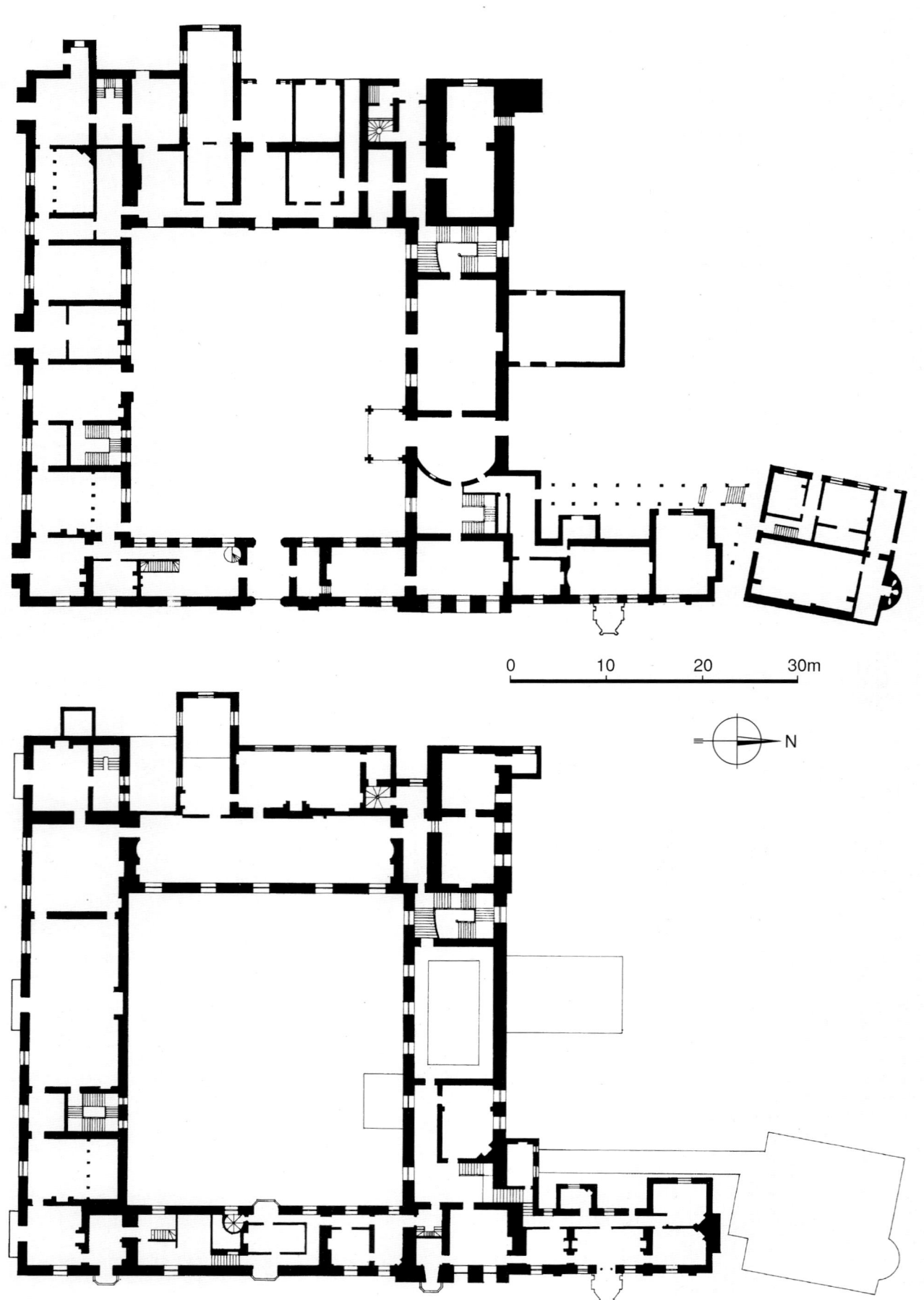

左页：

图 6-10 威尔特郡 威尔顿府邸。底层及二层平面（18世纪中叶状态，据1746年 J.Rocque 图版及府邸档案复原）

本页：

图 6-11 威尔特郡 威尔顿府邸。底层及二层平面（现状）

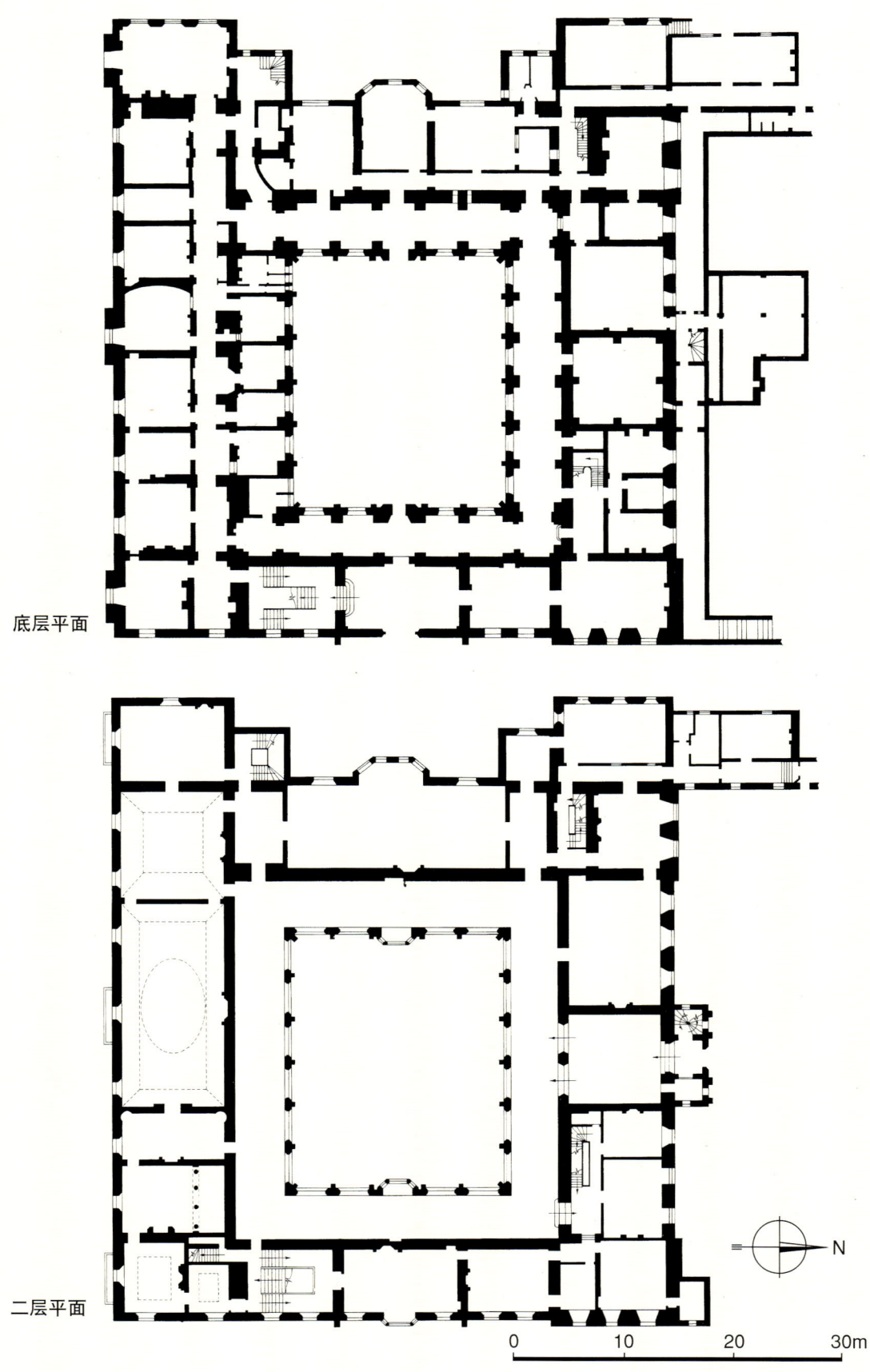

底层平面

二层平面

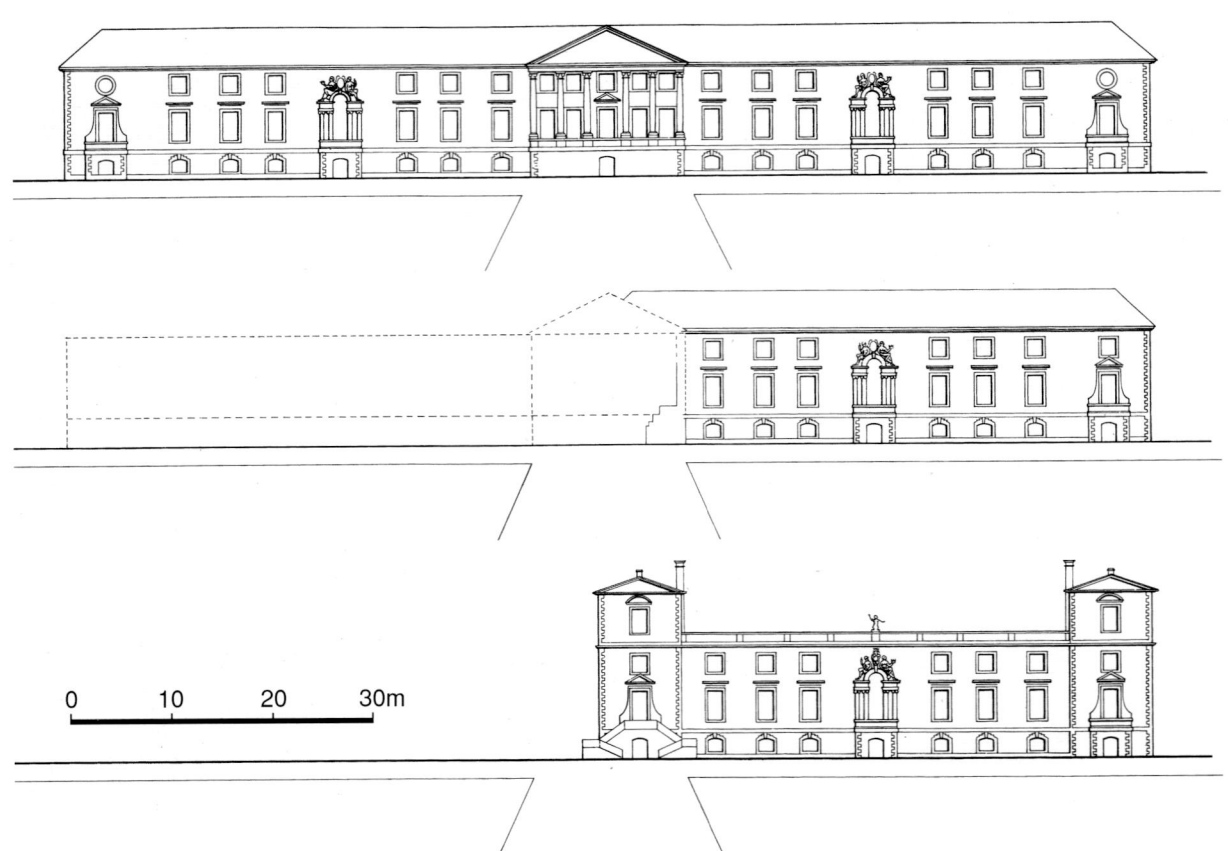

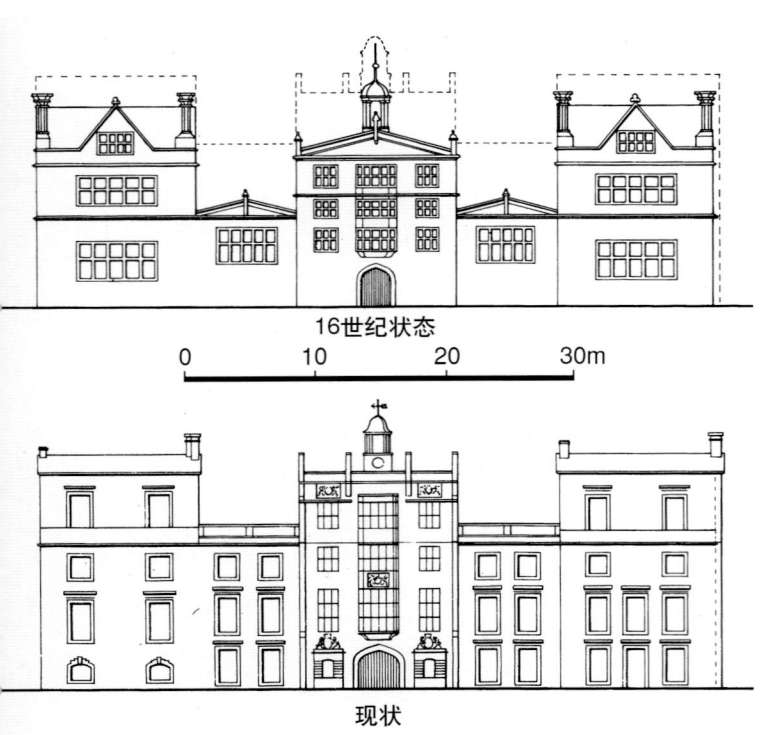

(上)图6-12 威尔特郡 威尔顿府邸。南立面设计演变图(上图为最初方案,沿花园大道对称布置,中图为施工过程中规模缩减情况,下图为最后完成的塔楼立面)

(下)图6-13 威尔特郡 威尔顿府邸。东立面(原入口面),16世纪状态及现状

在英国历史上,本卷所论及的时代,大体相当斯图亚特王朝时期(Stuart,1603~1714年),包括奥利弗和理查德·克伦威尔摄政时期[1],以及汉诺威王朝(Hanover,1714~1901年)第一批国王统治期间。正是在这一时期,英国成为世界强国。国王和议会之间的斗争成为这时期政治生活的主线,长期的对峙在1649年成立英伦三岛共和国(Commonwealth,1649~1660年,属克伦威尔父子统治时期)时达到顶峰。在这场斗争中,占有土地资源的贵族阶层和从事商业活动的资产阶级占到了上风,他们具有雄厚的财力,成为18世纪政治生活中举足轻重的力量。自查理一世被送上断头台(1649年)后,几世纪期间,君主的权力得到了有效的遏制。在艺术领域,其运行环境也和罗马及法国不尽相同,在后面这两种情况下,艺术主要是为国家(以教皇和国王为代表)服务。

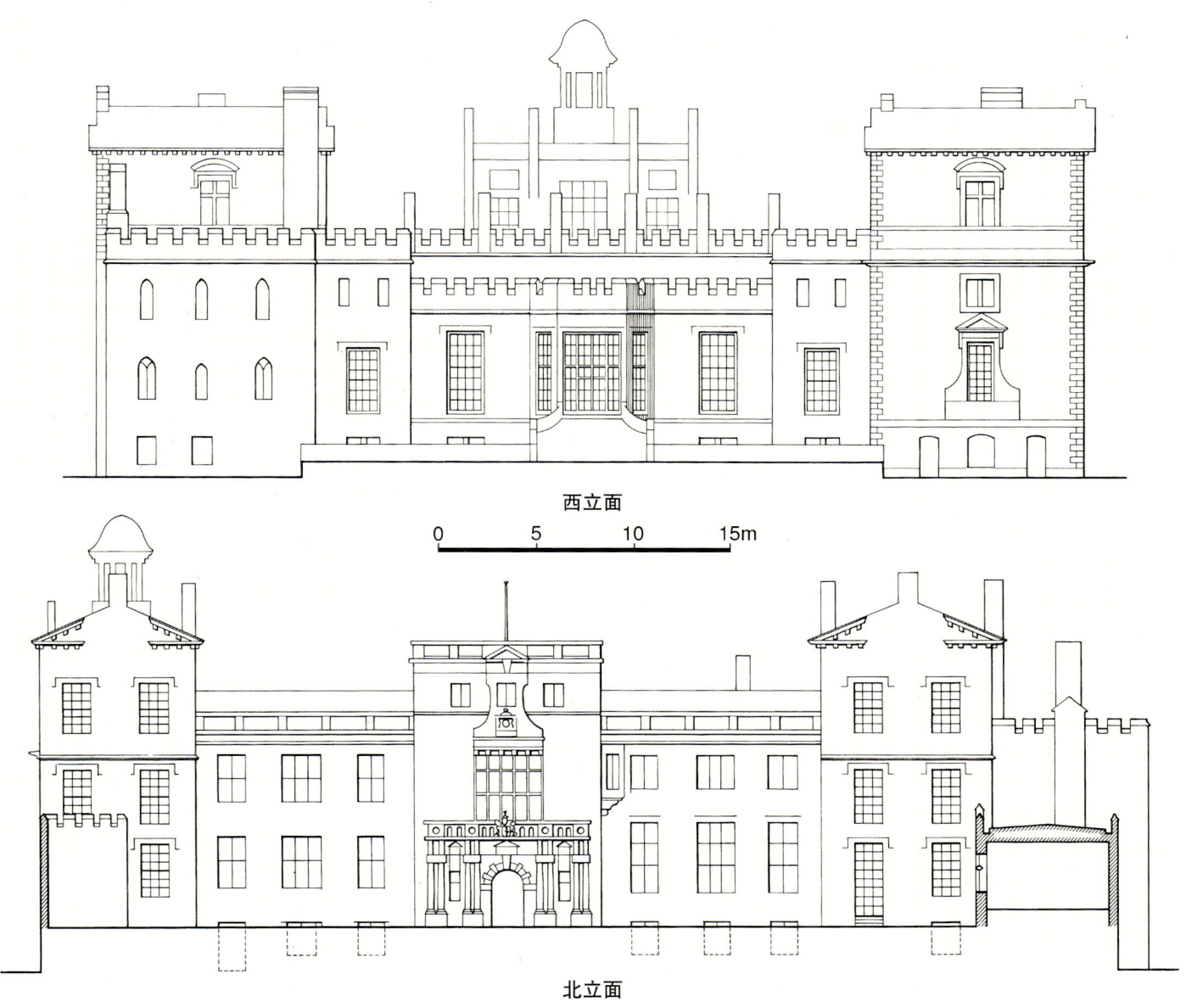

图 6-14 威尔特郡 威尔顿府邸。西立面（花园面）及北立面（现入口面，前院地面已被 James Wyatt 垫高）现状

英国巴洛克建筑的独特表现，还基于另外一个至少是同样重要的因素：1532 年，亨利八世使英国国教脱离罗马，从此，新教一直是国家的主要宗教，由国王作为上帝在人世间的代表进行统治。修道院被解散，其产业由王室及土地贵族瓜分（1536~1539 年）。克伦威尔进一步使英国成为新教世界最强大的国家，教会和国家紧密联系在一起。尽管经过查理二世回国和君主制度复辟的插曲，但英国国教仍然是和罗马天主教并列的宗教势力，并在建筑方面有所表现。像欧洲大陆那种得到反宗教改革派鼓励的炫耀豪华的作风，在英国则绝不允许（在这里，艺术家们很少得到来自教会的任务委托）。在这样的社会背景下，英国的艺术，无论从形式还是内容上看，都和天主教社会和绝对君权体制下的表现有所不同。在建筑上，人们更希望获取人文主义的文化关怀，而不是一味模仿宫廷艺术

与此同时，还应该看到，英国建筑在历史上一直受诺曼底的影响。在形式构成上，和组合相比更喜用并列，和深度相比更愿在面层上做文章。都铎时期的哥特风格和手法主义联系相当密切，后者又导致了古典主义的诞生，巴洛克风格则促成了把一切都归于表面的倾向。

还有人认为，在帕拉第奥建筑中所表现出来的灵活和节制的特点特别适合英国社会及其人文精神。事实上，在 17 世纪的英国，既没有占统治地位的教会，也没有具有绝对权力的君主。宗教势力和贵族阶层，

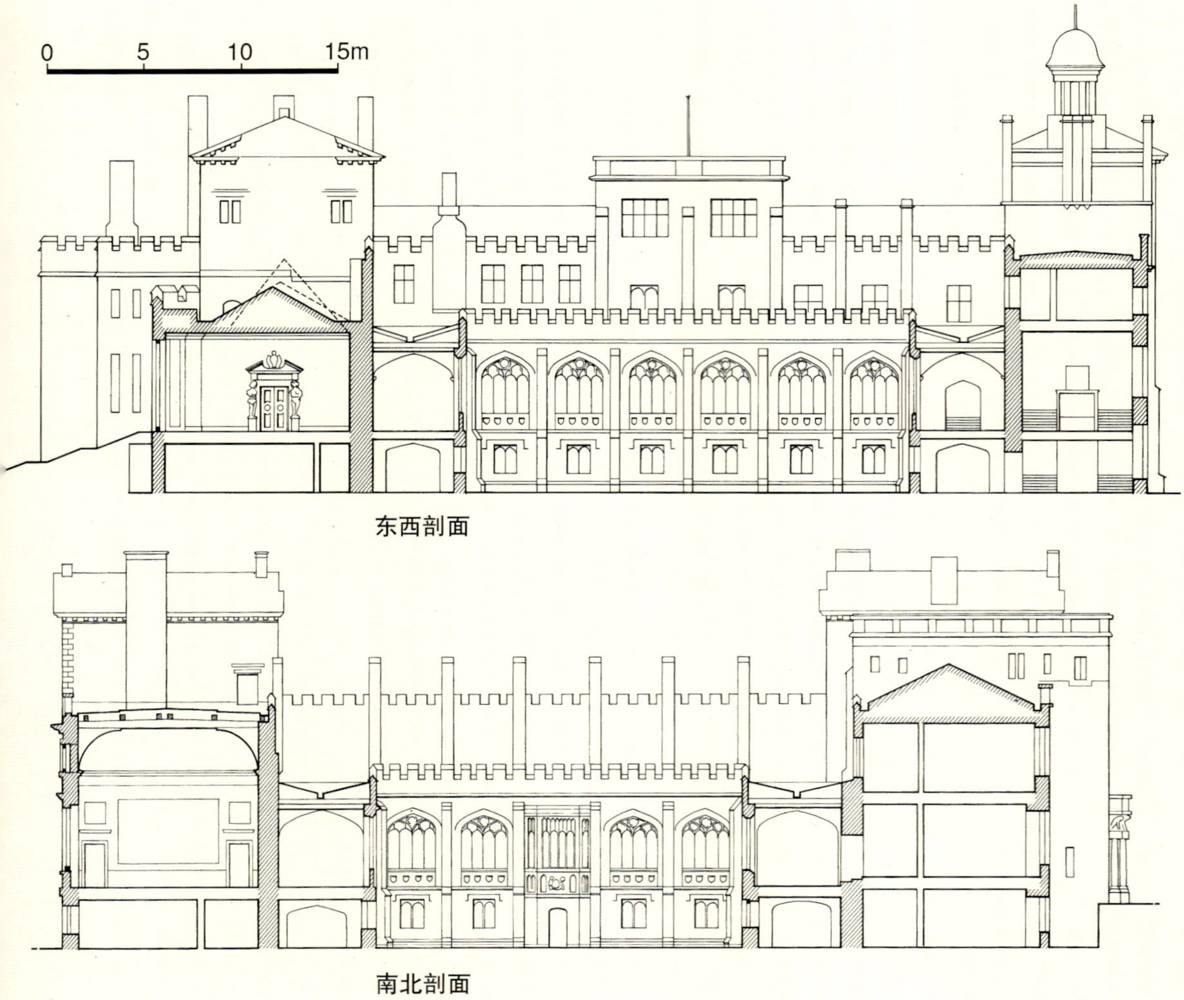

东西剖面

南北剖面

（上）图6-15 威尔特郡 威尔顿府邸。东西向及南北向剖面（东西剖面左侧为图书室及其后的礼拜堂，上部原坡屋顶以虚线表示；南北剖面左侧为南翼的双立方厅，北面前院地面已垫高）

（下）图6-16 威尔特郡 威尔顿府邸。花园景色（自北面望去的情景，版画作者 Isaac de Caus，约1654年）

(上）图 6-17 威尔特郡 威尔顿府邸。花园景色（自南面望去的情景，版画作者 William Stukeley，约 1723 年）

(中）图 6-18 威尔特郡 威尔顿府邸。建筑及花园全景（自东面望去的景色，取自 Colen Campbell：《Vitruvius Britannicus》，第 III 卷，1725 年）

(下）图 6-19 威尔特郡 威尔顿府邸。南立面及花园景色（1759 年的版画，可看到园内帕拉第奥风格的廊桥）

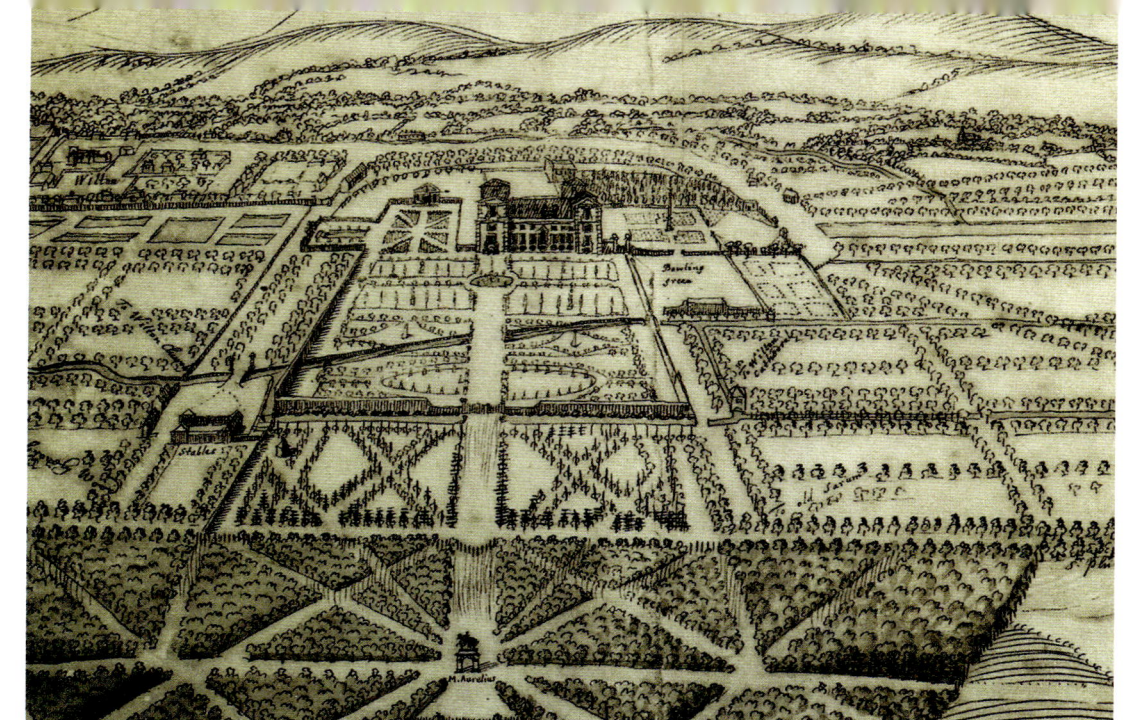

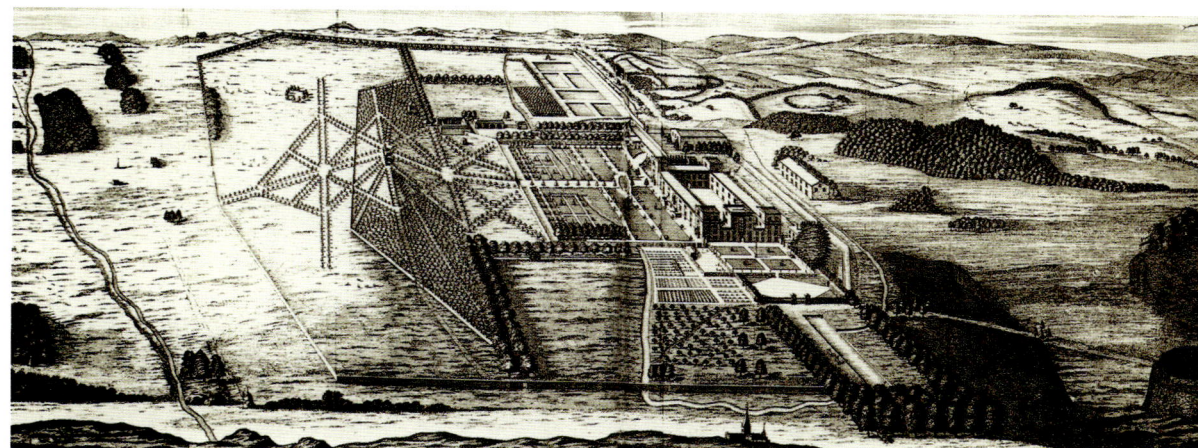

（上）图 6-20 威尔特郡 威尔顿府邸。东南侧外景（版画，作者 John Buckler，1804 年）

（中）图 6-21 威尔特郡 威尔顿府邸。火灾前南立面景色（取自英国古籍学会出版《County Seats》，第七卷）

（下）图 6-22 威尔特郡 威尔顿府邸。东面入口景色（18 世纪版画）

(上) 图 6-23 威尔特郡 威尔顿府邸。俯视全景

(下) 图 6-24 威尔特郡 威尔顿府邸。现状全景

只是一个复杂整体的组成部分，其他还包括资产阶级、商人、自由职业者及思想家。如此导致的多元化，并没有妨碍英国形成一个具有自身特色的国家体制。尽管经历了内战，但和欧洲其他国家相比，它仍然是一个更"民主"的社会。独立的大学则继续沿袭修道院的建筑传统；府邸和乡间宅第的风格现由贵族而不是王室确定；至于城市建筑，则继续依从社会既定的习俗和规章。

二、伊尼戈·琼斯及其流派

1580~1588年建造的诺丁汉的沃拉顿府邸可视为中世纪手法主义的最后表现（图6-1、6-2）。这是伊丽莎白女王统治时期一位庄园主的乡间住宅，为一侧面向前凸出并带角上塔楼的建筑，墙面隐出双壁柱并开大窗，中央大厅上部向上拔起，角上出圆塔，看上去颇似法国式的防卫城堡。这种做法到1620年左右即为伊尼戈·琼斯的古典主义取代，后者随即成为在英国持续了很长一段时间的主导风格。

带领英国建筑走出中世纪的这位艺术家，实际上很晚才真正入道。作为裁缝的儿子，伊尼戈·琼斯（1573~1652年）最初受的是舞台布景、戏装设计及绘画方面的教育，是一位舞台画家和装饰设计师，一个名副其实的"画师"（picture maker）。他和鲁本斯是同时

Section of the Salon.

Section of the Great Dining Room at Wilton.

1710·世界建筑史 巴洛克卷

本页及左页：

（左上）图 6-25 威尔特郡 威尔顿府邸。立面近景

（左下及中下）图 6-26 威尔特郡 威尔顿府邸。花园，帕拉第奥风格的廊桥，平面、剖面及从北面望去的景色

（中上）图 6-27 威尔特郡 威尔顿府邸。立方厅，剖面（左侧示单立方厅北墙立面，右侧示双立方厅东墙立面，图版取自 Colen Campbell：《Vitruvius Britannicus》，第 II 卷，1717 年）

（中中）图 6-28 威尔特郡 威尔顿府邸。双立方厅，纵剖面（示北墙立面，图版取自 Colen Campbell：《Vitruvius Britannicus》，第 II 卷，1717 年）

（右）图 6-29 威尔特郡 威尔顿府邸。复合柱头设计（作者 John Webb，1649 年，用于双立方厅壁炉上部装修）

代人，并以自己的方式同样起到先驱的作用。琼斯先为丹麦国王克里斯蒂安四世服务，然后，从 1605 年开始，又为英国的詹姆斯一世效劳。在 1615 年，尽管他经验不足、资历尚浅，但仍被任命为国王的建筑总监。

在担任这个重要职务之前，他曾于 1597~1603 年造访了威尼斯，并于 1613~1614 年在意大利逗留了一年半；在这中间，他还于 1609 年访问了巴黎。真正使他的作品转变方向并因此导致英国建筑更新的，应该说，还是 1613~1614 年那次旅行。这次和琼斯一起前往意大利的尚有他的一位朋友、年轻的贵族阿伦德尔伯爵。在这期间，他们造访了艾米利亚、威尼托地区，稍后又去了佛罗伦萨、罗马和那波利。在永恒之城罗马，他们参与了发掘工作并将获得的一些雕刻送回英国。琼斯在维琴察和威尼斯逗留了几个星期，研究建筑和复制帕拉第奥的《建筑四书》（Quatre Livres d'Architecture，该书第一版发表于 1570 年）。回来后，琼斯对帕拉第奥的建筑赞赏有加。那些从古代建筑中汲取灵感的作品，以其简单的协调给这位来自英国的画师留下了深刻的印象（琼斯的画稿稍后于 1727 年由威廉·肯特整理发表）。这位维琴察建筑师的作品，进一步激励着琼斯自己去探究古代遗迹。他为宫廷服务，但他的"帕拉第奥"风格主要表现出一种具有民主主义精神的建筑情怀。其目的是

第六章 英国、低地国家和斯堪的纳维亚地区 · 1711

图6-30 威尔特郡 威尔顿府邸。双立方厅（约1649年），内景

创造一种中性和通用的建筑。

琼斯的这些考察活动，马上就在1616年奠基的格林尼治女王宫上有所反映（1616~1635年，图6-3，另见《世界建筑史·文艺复兴卷》相关图版）。这也是他的第一个重要作品。虽然建筑直到1635年才完成且局部有所变更，但琼斯的设计仍然标志着英国建筑的新方向和与中世纪末的遗产及手法主义的最后决裂。

最初建筑由平行的两个矩形翼组成，上层中间以一个桥式结构相连，整体形成方形。底层粗面块石砌筑，最初开小窗，上承较高的主要楼层。南面敞廊面向花园。北翼贯穿两层高度的矩形大厅（沙龙），对应一个稍稍向前凸出的中央形体。窗户的优雅线条、特别是主层简化的爱奥尼列柱，为单一的几何形体增添了若干生气，

(上)图 6-31 米德尔塞克斯郡 冈纳斯伯里宅邸(约 1658~1663 年,约翰·韦布设计,1801 年拆除)。底层及二层平面(图版,取自 Colen Campbell:《Vitruvius Britannicus》,第 I 卷,1715 年)

(下)图 6-32 米德尔塞克斯郡 冈纳斯伯里宅邸。南立面(图版,取自 Colen Campbell:《Vitruvius Britannicus》,第 I 卷,1715 年)

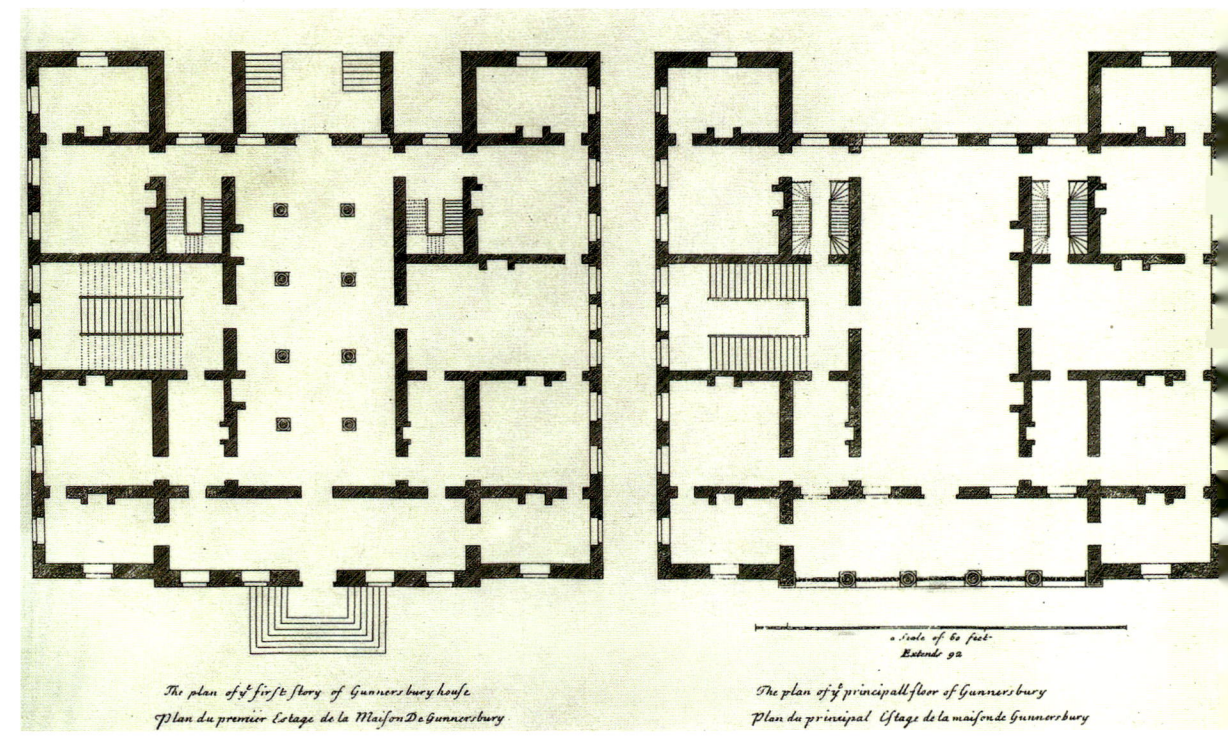

整个构图显得非常轻快。

平屋顶使这个建筑具有某种意大利的特色;高大的窗户和拉长的结构形体则是来自欧洲北部的特点,它和稍加强调的主轴线一起,创造了一种和缓的张力,建筑也因此被自然地纳入以后雷恩的宏伟规划里。作为一种郊区别墅(villa suburbana),其原型可追溯到朱利亚诺·达·圣加洛为劳伦特·德梅迪奇建造的波焦阿卡亚诺别墅(1480~1485 年),一个具有严格几何形体并通过敞廊朝向花园的建筑。在威尼斯,琼斯参观过温琴佐·斯卡莫齐设计的别墅,它们在朝向花园的立面上也

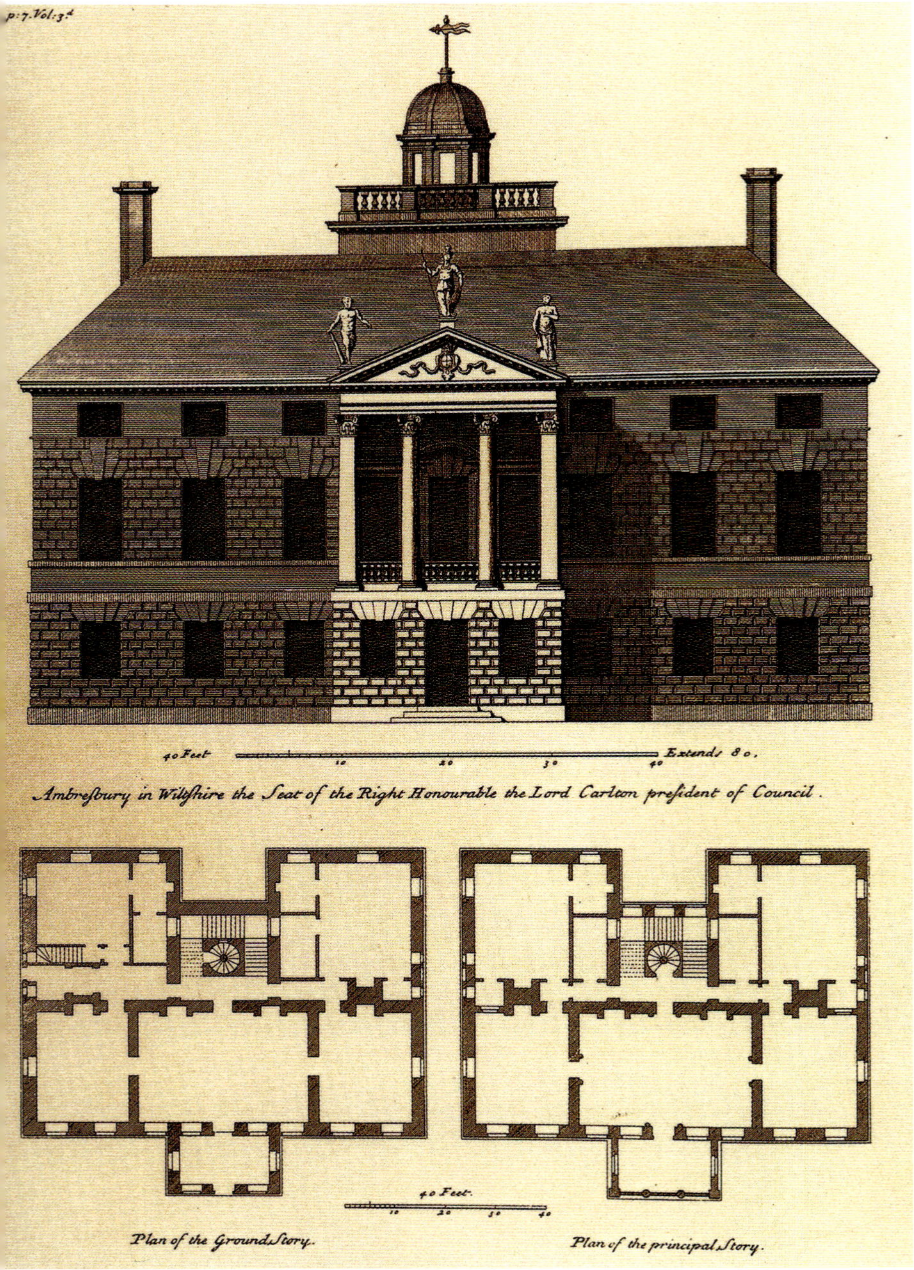

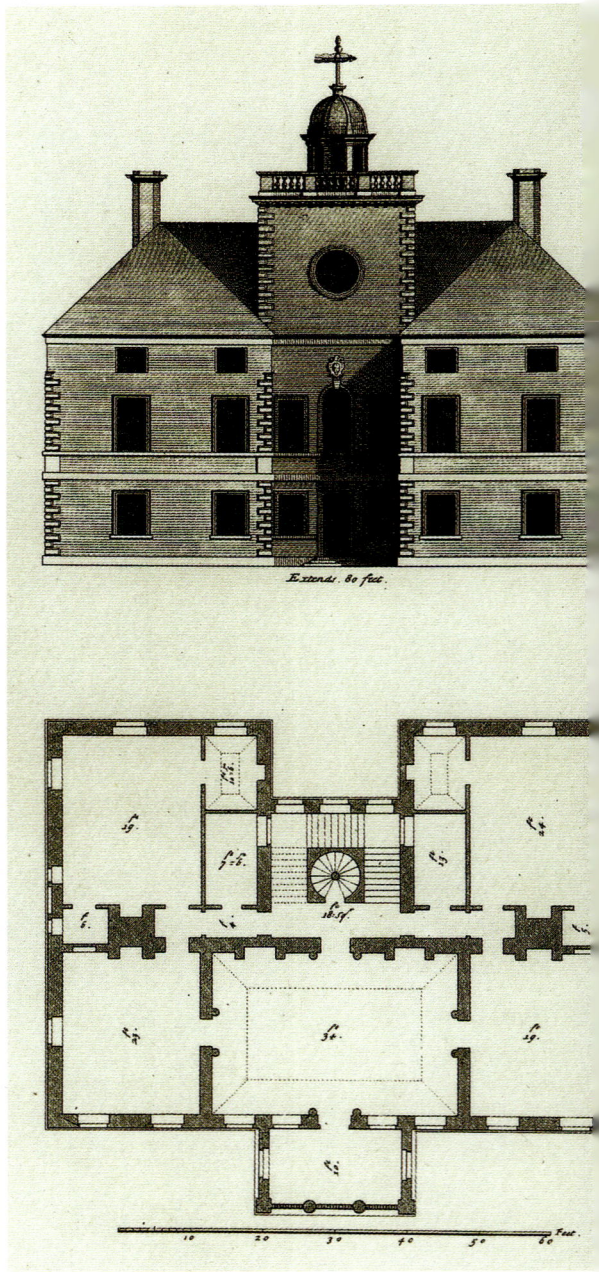

具有类似的表现仅稍有变化。女王宫及其原型之间的区别,主要表现在不同部分的比例上。深受意大利文艺复兴遗产影响的琼斯的这个作品,在英国产生了巨大的反响。尽管它曾被一位观察家看作是"某种离奇的设计"(some curious devise),但不可否认,这个仅用了一些基本形式的古典建筑,在当时仍具有革命的意义。

1617年,琼斯又拟订了一个新的星形厅堂(Star Chamber)的设计,于粗面石的基座层上立巨柱式。由两列半柱进行分划的室内,使人想起罗马的会堂。在1619~1622年建成的白厅大街的宴会楼(图6-4、6-5)里,人们可以看到同样的母题,且以更宏伟的形式表现出来,这也是这位建筑师留给后人的最重要作品。这是个用于宫廷节庆活动的厅堂,原为一个规模宏大的白厅宫殿建筑群的组成部分。琼斯仅用了三个月时期来进行不同方案的比较(方案的灵感分别来自古代和帕拉第奥的作品)并构思了这个宏伟的建筑,其中极富创意地综合了取自威尼斯和维琴察宫殿的题材(这也是英国帕拉第奥风格的一个特色)。

宴会大厅室内如古代会堂般宽阔,平面按双轴线形制,高两层,周围布置一圈支撑在挑腿上的廊道。室内空间由两个立方体组成,构成稳定的比例(最初还打算建一个为空间定向的半圆室——御座厅)。立面通过柱式进行分划,首层爱奥尼半柱,上层复合式壁柱。藻井天棚彩绘出自鲁本斯之手。外立面也采取了同样的构

左页：

（左）图 6-33 埃姆斯伯里 宅邸。南立面，底层及二层平面（图版，取自 Colen Campbell：《Vitruvius Britannicus》，第 III 卷，1725 年）

（右）图 6-34 埃姆斯伯里 宅邸。北立面及平面（图版，取自 William Kent：《Designs of Inigo Jones》，1727 年）

本页：

（上及中）图 6-35 埃姆斯伯里 宅邸。主层平面及南立面（18 世纪增建后状态，图版制作 Wyatt Papworth）

（下）图 6-36 埃姆斯伯里 宅邸。主层剖面（图版制作 Wyatt Papworth）

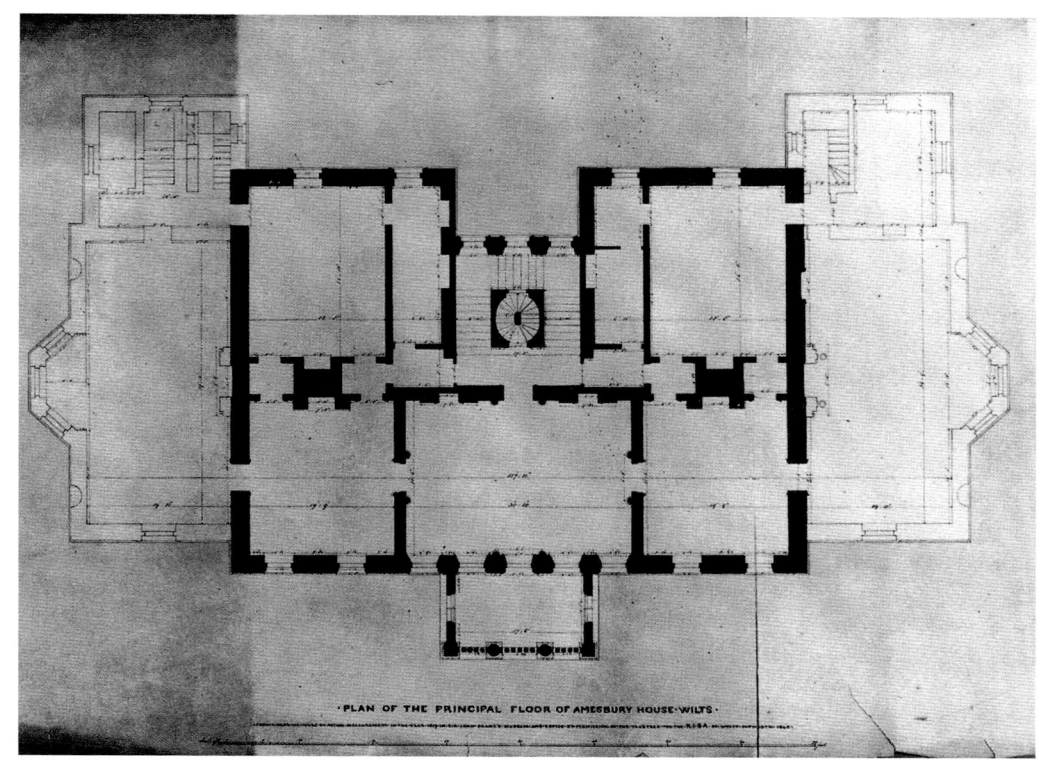

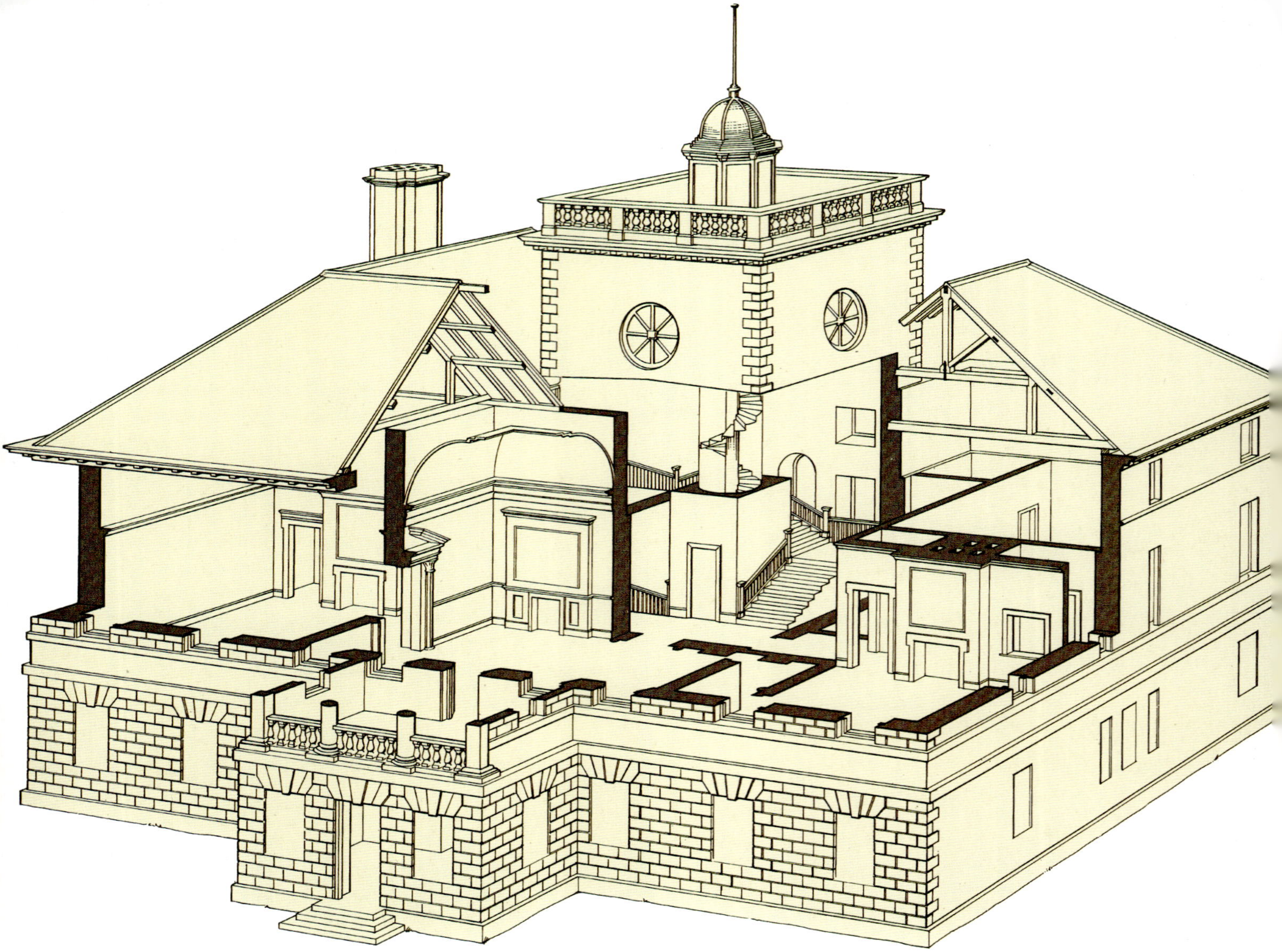

图 6-37 埃姆斯伯里 宅邸。剖析图（自南面望去的状态，据 Wyatt Papworth 和 J.H.Flooks 图稿绘制，屋顶结构为推测）

图 6-38 埃姆斯伯里 宅邸。18 世纪景色（增建两翼后，1787 年版画，取自 Harrison and Co：《Picturesque Views of the Principal Seats》）

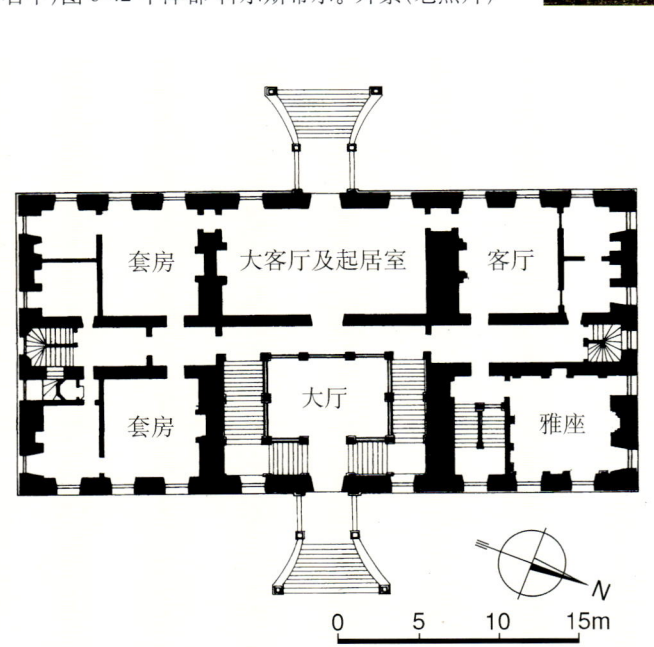

（右上）图 6-39 埃姆斯伯里 宅邸。19 世纪初景色（版画作者 J.Buckler，1805 年）

（左上）图 6-40 埃姆斯伯里 宅邸。复合柱头设计（图稿，作者约翰·韦布）

（左下）图 6-41 牛津郡 科尔斯希尔（约 1650 年，罗杰·普拉特设计，1952 年毁于火灾）。平面

（右中）图 6-42 牛津郡 科尔斯希尔。外景（老照片）

图形制，比例协调的两层柱式立在较矮的粗面石基座上。柱式与室内对应，虽然细部更为华丽，但基本上按同一方式处理。中央三跨间用附墙圆柱进行强调，其余为壁柱（角上壁柱成对布置），檐口以上配栏杆。立面基本上照搬意大利的建筑语言，但间隔上稍稍扩大，分划上更为齐整，组合较少；分划部件和琢石底面分开，形成一组布局均衡的构架。中央部分只是凸出在表面上，并没有脱离后面的建筑实体。特别值得注意的是，最初立面上准备安置的三角形山墙最后为强调水平线条的连续柱顶盘取代，后者正是英国府邸建筑的典型特征。整个建筑被认为体现了和平和民主、和解和协同的理想。

琼斯的宴会厅尽管在构图上尚有手法主义的痕迹，但风格的转换已经完成。在 1638~1640 年建造的伦敦林赛府邸上，即可看到类似的特点（设计人 N. 斯通，有

(上) 图6-43 伦敦 皮卡迪利的克拉朗顿府邸（1664~1667年，罗杰·普拉特设计，1683年拆除）。外景（图版，取自John Summerson：《Architecture in Britain 1530 to 1830》，1993年）

(下) 图6-44 克里斯托弗·雷恩（1632~1723年）

(下）图 6-45 牛津 谢尔登剧场（1662~1663 年，克里斯托弗·雷恩设计）。立面（据 D.Logan）

(上）图 6-46 查理二世在伦敦西敏寺登极（版画，取自 John Ogilby 著作，1662 年）

(中）图 6-47 伦敦 1642 及 1643 年设防图（图版作者 George Vertue，1739 年；北岸城内范围为 1666 年大火主要受灾区）

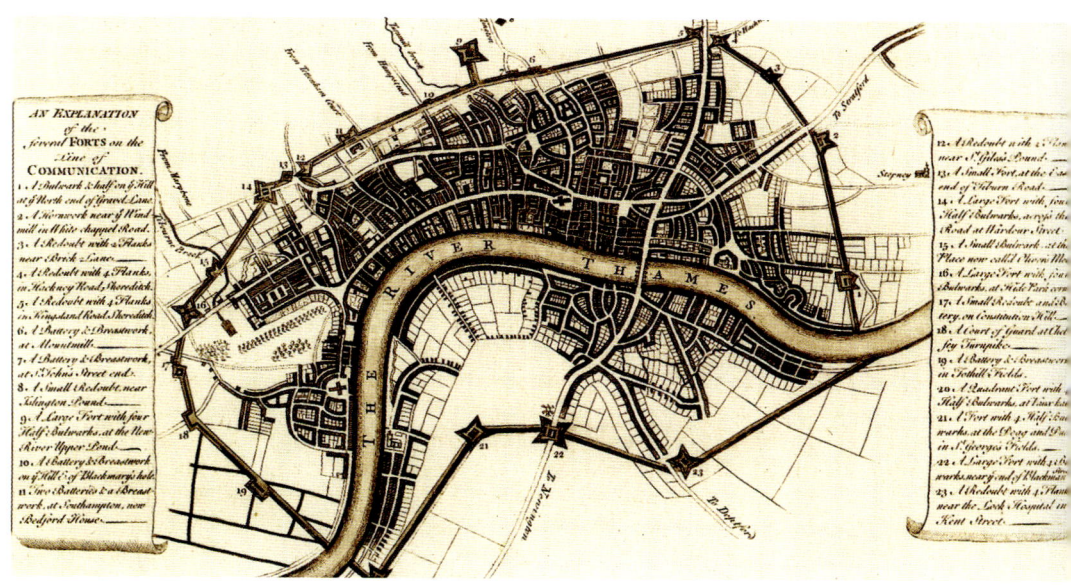

人认为琼斯可能也参与了它的工作）。在这里，整个底层均处理成较矮的基座层，五跨间配巨大的壁柱，顶上布置栏杆。其结构的造型表现要比早些年的莫里茨府邸更强；虽说这种类型的古典立面可上溯到布拉曼特，但它却是人们所知第一个带有明确巴洛克特色的作品；基座及其荷载的关系本是帕拉第奥一直关注的问题，在这里它已得到了明确的功能表现（以后，直到 1665 年，贝尔尼尼才在罗马的基吉-奥代斯卡尔基宫拟订了更成熟的分划设计）。

1623~1627 年建造的女王礼拜堂是琼斯设计的第一个教堂，在这里，他试着把帕拉第奥风格的原则用于宗

第六章 英国、低地国家和斯堪的纳维亚地区 · 1719

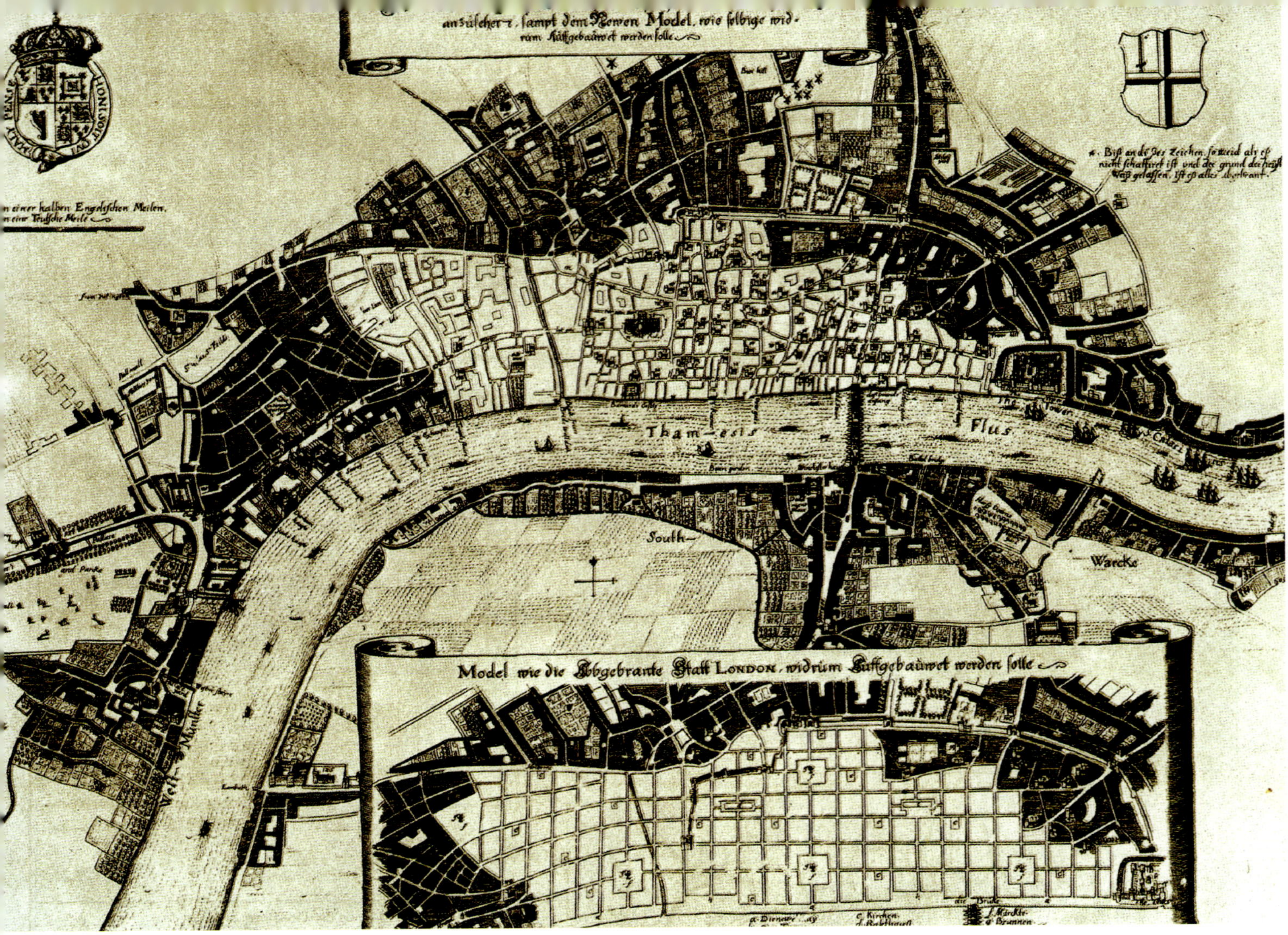

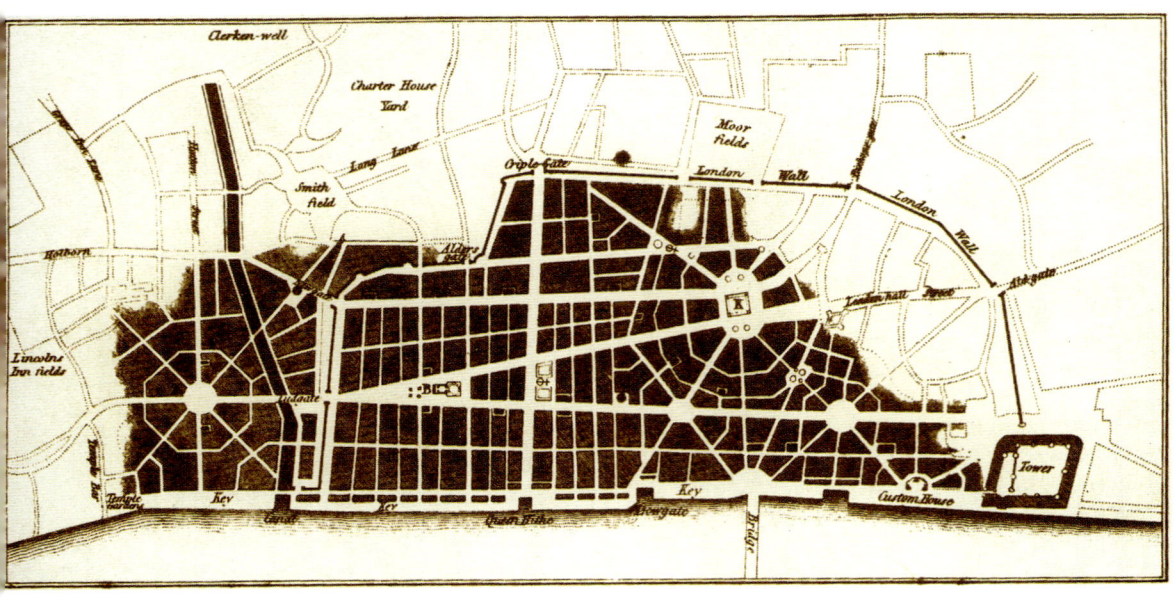

（上）图6-48 伦敦 1666年9月大火城区受灾图（下为Robert Hooke的重建规划）

（下）图6-49 伦敦 灾后重建规划（作者克里斯托弗·雷恩，1666年，图版制作 J.Elmes）

教建筑。礼拜堂为圣詹姆斯宫的组成部分，室内未设边廊；矩形的室内空间上覆带藻井的拱顶；短侧的三格窗采用了威尼斯的母题。入口门廊饰有古代样式的三角形山墙。

伊尼戈·琼斯同样参与了一些重要的城市规划设计。1631年女修院花园广场的整治方案即出自他的手。通过其平面布置，琼斯将广场（place）的观念引进伦敦。宏伟的广场周围布置整齐划一的住宅建筑，同时借助拱廊进行空间整合，为英国城市中这类表现的最早实例。在这里，他再次采用了经文艺复兴和巴洛克建筑

（上及中）图 6-50 伦敦 皇家交易所（1566~1571 年，1666 年焚毁后重建，1671 年完成，建筑师 Edward Jerman，1838 年再次焚毁）。院落景色（约 1650 年焚毁前景况）

（下）图 6-51 伦敦 皇家交易所。俯视全景图（1671 年重建完成后的景色）

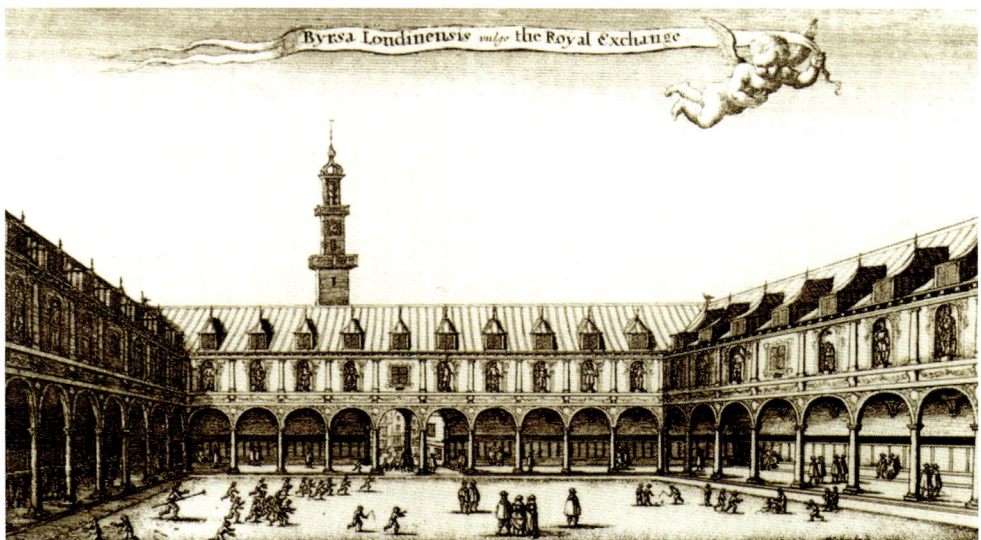

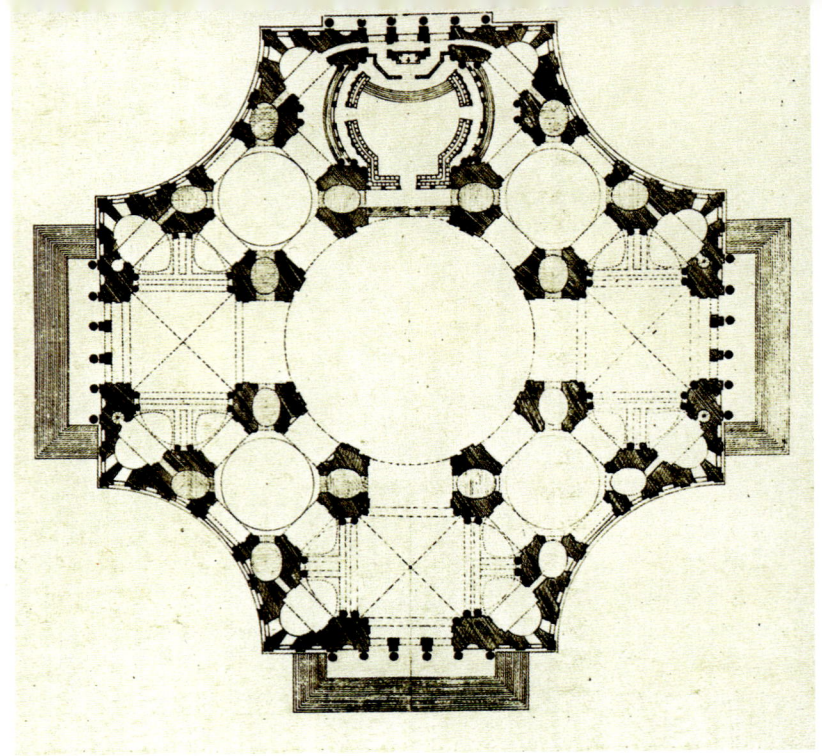

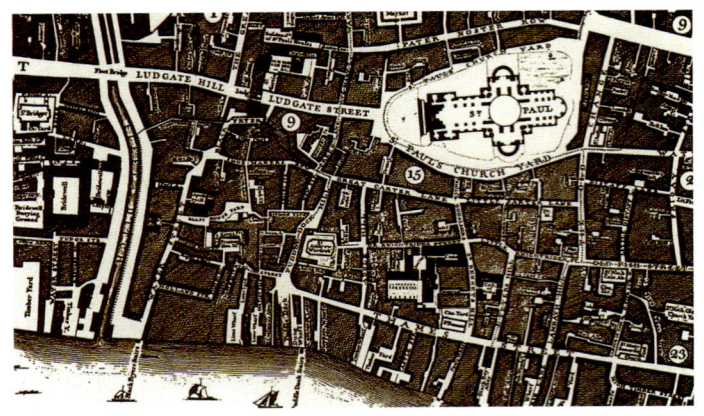

（左上）图6-52 伦敦 雷恩设计的教堂钟楼（1680年）

（右上）图6-53 伦敦 圣保罗大教堂（1675~1711年，建筑师克里斯托弗·雷恩）。"大模"方案（Great Model，作者克里斯托弗·雷恩，1673年），模型平面（原稿现存牛津All Souls Library）

（下）图6-54 伦敦 圣保罗大教堂。地段图（图版，据J.Pine）

（中）图6-55 伦敦 圣保罗大教堂。西立面及横剖面（据J.Guadet）

师们理解和阐释过的那种古典手法。如果说，广场周边的布置有可能是受到约早20年建成的巴黎孚日广场的启示，那么，以圣保罗教堂（1631年完成，在一次火灾后于1795年重建）作为广场构图的中心则完全是琼斯自己的独创。教堂立面酷似古代神庙，制作完全依维特鲁威的章程，采用塔司干柱式（为多立克柱式的一种变体形式），粗重的柱子上未刻沟槽，但立在柱础上。作为宗教改革运动后英国建的第一个教堂，琼斯为什么要选用这样一种多少带点"土气"的"低级"柱式，至

1722·世界建筑史 巴洛克卷

图 6-56 伦敦 圣保罗大教堂。平面及纵剖面（据 W.Blaser）

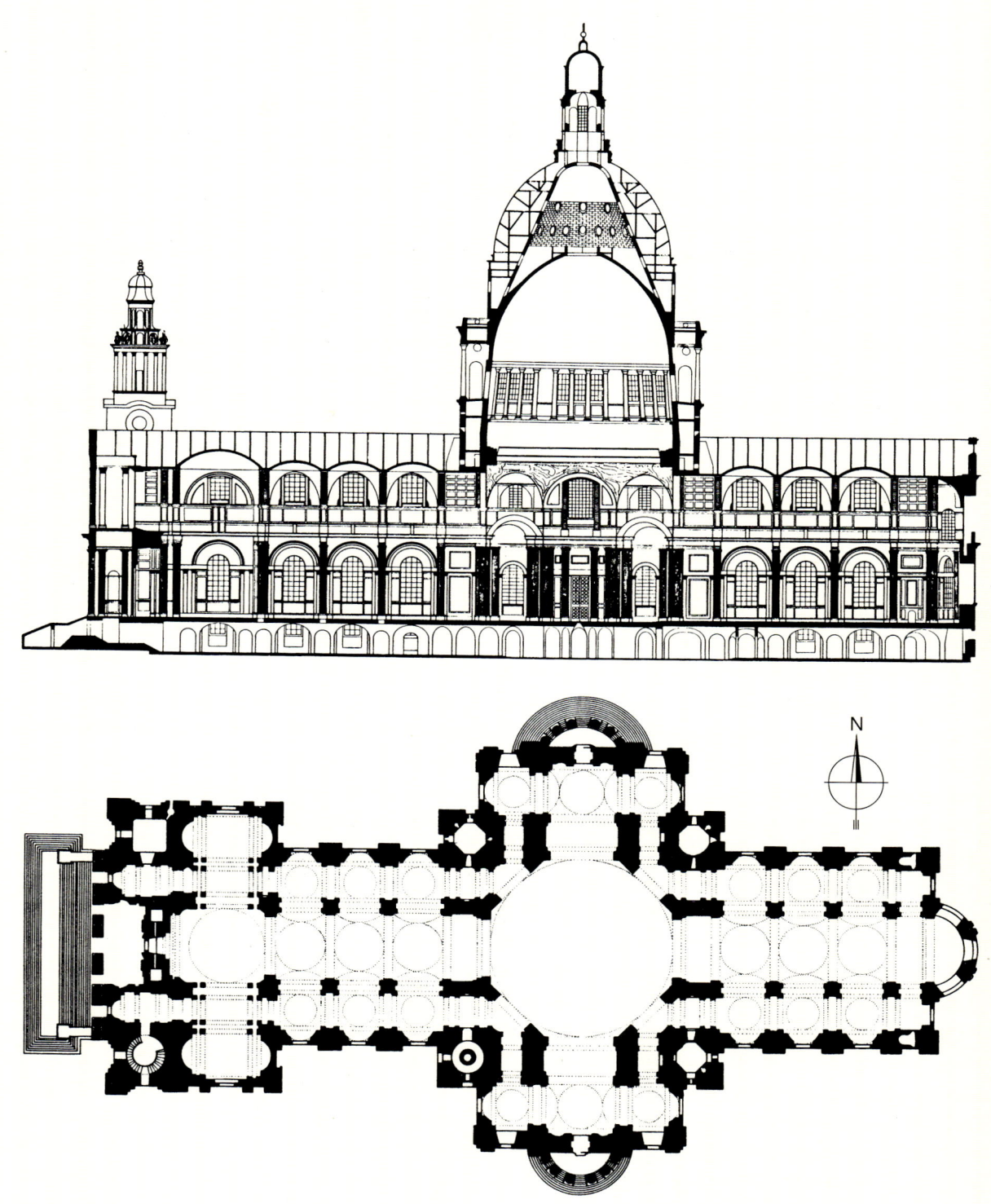

今人们也没有完全弄清楚：可能是为了表现新教的永恒，也可能相反，是为了表示对查理一世的王后、梅迪奇家族的亨丽埃特-玛丽的故乡托斯卡纳地区的敬重。

琼斯应查理一世的要求制订的白厅宫殿的宏伟设计，可惜因英国 1642~1649 年的内战未能实现。但人们尚可根据保留下来的原始档案，了解 1638~1648 年期间琼斯为这个巨大宫殿构思的各种方案。主要设计方案已由科伦·坎贝尔和威廉·肯特于 18 世纪初公布并促成了新帕拉第奥风格的诞生（琼斯的其他设计大都在内战中丧失）。从图纸上看，建筑群外廓形成一个巨大的矩形，由若干内院组成。院落周围环绕高两层的列柱；东西轴线两端院落一个为方形，一个为圆形。宫殿内还有一

本页：

（上）图 6-57 伦敦 圣保罗大教堂。俯视全景（自东北面望去的景色）

（下）图 6-58 伦敦 圣保罗大教堂。西立面全景

右页：

（上）图 6-59 伦敦 圣保罗大教堂。西偏北景色

（下）图 6-60 伦敦 圣保罗大教堂。东南侧全景

个礼拜堂和一个类似古罗马时期君士坦丁会堂的大厅。整个宫殿群组,如埃尔埃斯科里亚尔宫堡一样,成为绝对君权的建筑象征。矩形方案可能在一定程度上也是受到埃尔埃斯科里亚尔的启示,但规模为后者的两倍以上。巨大的柱式和向前凸出的形体形成纵向立面的主要节律,其中央耸起两个带穹顶的塔楼。不过,和女修院花园一样,琼斯才干的局限性在这里也表现得非常清楚。从这位建筑师绘制的草图上看,分划纵然熟练,但单调庞大的感觉也很突出。由于在一个宏伟的建筑里仍然迷恋小尺度的构图,导致部件数量大大增加。在1642年清教徒革命之后,琼斯的职业生涯也基本到头,尽管他还保留着国王建筑总监的头衔并为国会议员们服务。

　　和琼斯属同一流派的建筑师中,仅有几位值得一提,他们几乎都是琼斯的合作者或门徒。根据最新的研究,长期以来被认为是琼斯作品的威尔顿府邸(位于威尔特郡)实际设计人为法国建筑师伊萨克·德科。建筑始建于1632年,在遭1647年火灾焚毁后重建(各时期总图及平、立、剖面:图6-6~6-15;历史图景:图6-16~6-22;现状景色:图6-23~6-26)。立面两边配高起的楼阁,中央开威尼斯式的窗户,比例形制颇为独特。室内两个主厅——立方厅和双立方厅——装修极为考究(立方厅:图6-27;双立方厅:图6-28~6-30)。墙上佛兰德著名画家凡·戴克的肖像画表现了彭布罗克伯爵

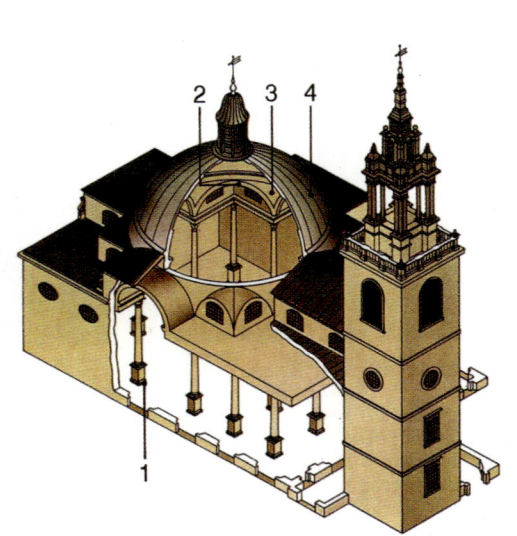

家庭成员。琼斯的姻亲和门徒约翰·韦布（1611~1672年）设计了许多和他这位师长的风格极其相似的乡间宅邸（如米德尔塞克斯郡的冈纳斯伯里宅邸：图6-31、6-32；埃姆斯伯里宅邸：图6-33~6-40）。其主要作品是格林尼治疗养院的国王查理楼（1662~1669年）。

17世纪下半叶，另两个对英国世俗建筑的发展作出了重大贡献的建筑师是罗杰·普拉特（1620~1684年）和休·梅（1622~1684年）。前者曾在内战期间去过意大利、法国、荷兰及合众省，1649年回到英国。他从法国引进了双套房和前院的布局方法，其服务对象主要是小土地贵族。他设计的别墅不多，但在建筑史上具有一定的影响，只是其中没有一个能按原样保存下来。在牛津郡的科尔斯希尔（1650年，建筑于1952年毁于火灾，图6-41、6-42），罗杰·普拉特在主要轴线上依次对称布置了一个富丽堂皇的楼梯和一个沙龙；皮卡迪利的克拉朗顿府邸（1664~1667年，图6-43）系将一个法国式的"U"形平面和"帕拉第奥式"的简单分划相结合。它是罗杰·普拉特设计的别墅中最大的一个，也是英国按法国巴洛克古典主义风格建造的第一个实例，成为以后许多建筑竞相模仿的样板。休·梅在共和时期住在

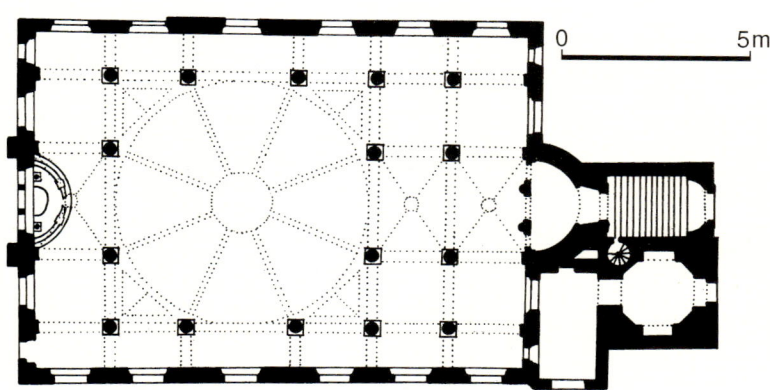

本页及左页：

（左上）图6-61 伦敦 圣保罗大教堂。内景（版画）

（中及右上）图6-62 伦敦 圣保罗大教堂。内景（自西面入口处望去的景色）

（右下）图6-63 伦敦 沃尔布鲁克圣斯蒂芬教堂（1672~1687年，克里斯托弗·雷恩设计）。平面（取自《Dizionario di Architettura e Urbanistica》）

（左下左）图6-64 伦敦 沃尔布鲁克圣斯蒂芬教堂。剖析图（取自John Julius Norwich:《Great Architecture of the World》，2000年），图中：1、科林斯柱（共16根，中央空间处8根），2、中央空间拱券（8个），3、帆拱，4、木构灰泥穹顶

（左下右）图6-65 伦敦 沃尔布鲁克圣斯蒂芬教堂。内景（版画）

图6-66 伦敦 沃尔布鲁克圣斯蒂芬教堂。内景(向西面入口方向望去的景色)

荷兰,随后把荷兰的古典主义移植到英国(事实上,直到17世纪中叶,英国建筑都保留着来自火焰哥特式和文艺复兴建筑——特别是佛兰德地区和荷兰文艺复兴建筑——的部件)。他的建筑中唯一保存下来的是伦敦的埃尔特姆宅邸(1663~1664年),其中再次采用了科尔斯希尔的"双"平面,但中央三个跨间效法雅各布·范坎彭和彼得·坡斯特的榜样,以巨大的壁柱围合。

三、克里斯托弗 雷恩及其他建筑师

[克里斯托弗·雷恩]

17世纪的英国建筑因内战分为截然不同的两个阶段。如果说第一阶段是以伊尼戈·琼斯为主导的话,在第二阶段(大约相当1702~1725年)唱主角的则是克里斯托弗·雷恩(1632~1723年,图6-44)。雷恩出身于一个博学的家庭,很早就对自然科学产生了浓厚的兴趣。

（左）图6-67 伦敦 沃尔布鲁克圣斯蒂芬教堂。内景（向东面祭坛方向望去的景色，柱子间距较大，因上部穹顶为木结构加灰泥制作）

（右上）图6-68 伦敦 沃尔布鲁克圣斯蒂芬教堂。内景（向东北方向望去的景色）

（右下）图6-69 伦敦 奇普赛德大街圣马利亚教堂（1670~1677年，建筑师克里斯托弗·雷恩，1941年遭破坏，后重建）。塔楼，平面、立面及剖面

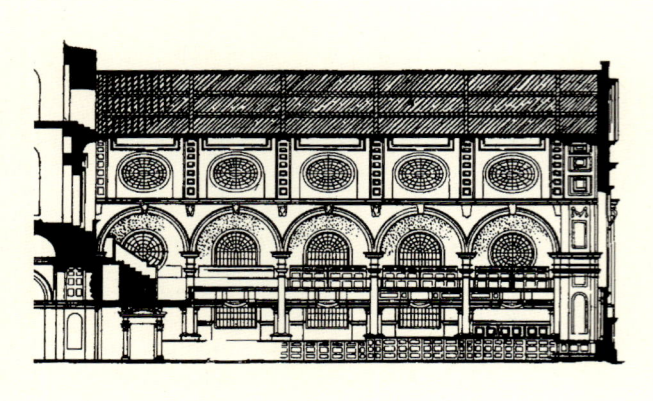
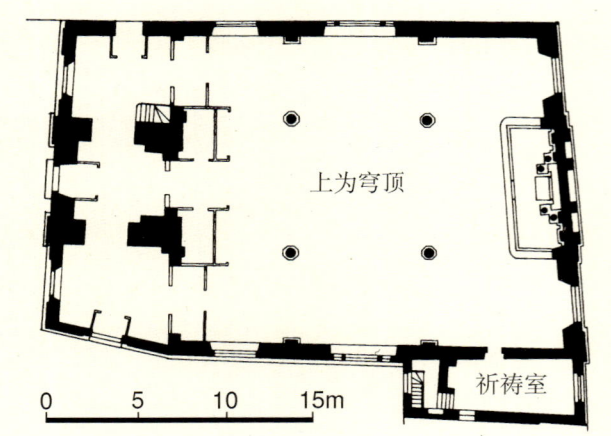

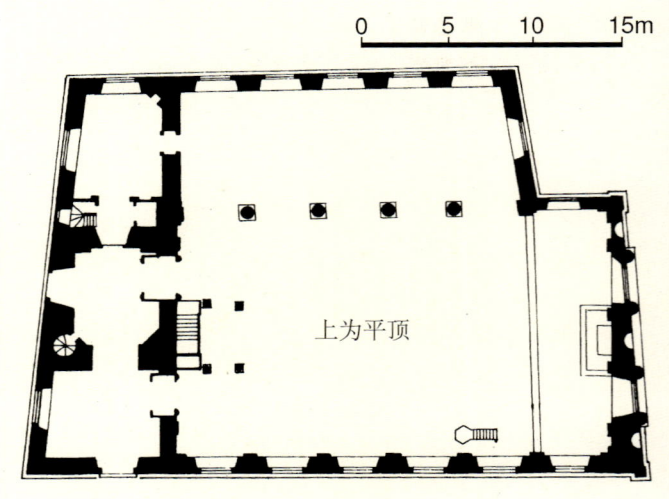

(左上)图 6-70 伦敦 圣布赖德教堂(1680年,建筑师克里斯托弗·雷恩)。纵剖面(据 John Clayton, 1848~1849年)

(右上)图 6-71 伦敦 圣布赖德教堂。钟楼立面(据 John Clayton, 1848~1849年)

(左中)图 6-72 伦敦(山上)圣马利亚教堂(1670~1676年,建筑师克里斯托弗·雷恩)。平面(据 John Summerson, 1993年)

(左下)图 6-73 伦敦(山上)圣马利亚教堂。东立面(据 John Clayton, 1848~1849年)

(右下)图 6-74 伦敦 圣劳伦斯教堂(1671~1677年,建筑师克里斯托弗·雷恩,1941年遭破坏,后重建)。平面(据 John Summerson, 1993年)

他最初是天文学家和数学家,牛津大学的天文学教授。在牛津,他和一群年轻的文化人过从甚密,并和他们一起于1660年创建了皇家学会[2],成为这个著名学会的首批成员(学会特许状的序言即由他撰写)。从1651年开始,他在伦敦大学教授天文学,直至1661年再次被召回牛津。也就是在这时,雷恩开始其建筑师生涯。对他来说,建筑只是一个业余爱好;和他的许多英国同行一样,是这方面的一名自学成材的大师。但由于自身的科学素质和数学修养,在战后更有利的条件下,他很快就开始在建筑上崭露头角,成为这一领域的佼佼者。在英国以外,他唯一一次相关体验是在1665~1666年,至合众省、荷兰和法国巴黎进行了一次时间较长的考察旅行。在这期间,他完成了许多画作(按他自己的说法,"几乎把整个法国都画在纸上带了回来"),还拜访了弗朗索瓦·芒萨尔、路易·勒沃和贝尔尼尼(他们可能在荷兰也见过面,据说雷恩还针对贝尔尼尼的卢浮宫方案谈了自己的意见)。回国后,他就再没有去过欧洲大陆。

牛津的谢尔登剧场(1662~1663年,图6-45)和剑

(左上) 图 6-75 牛津 基督堂学院。汤姆塔楼（1681~1682 年，建筑师克里斯托弗·雷恩）。外景

(中上) 图 6-76 牛津 基督堂学院。汤姆塔楼，修建设计（作者克里斯托弗·雷恩）

(右上) 图 6-77 伦敦 福斯特巷圣韦达斯特塔楼(1709~1712 年，建筑师克里斯托弗·雷恩)。平面及外观设计图(取自《Wren Society》，第 X 卷，1933 年)

(下两幅) 图 6-78 伦敦 18 世纪城市景观（林立的尖塔构成城市的主要风景线，图版现存米兰 Civica Raccolta Stampe）

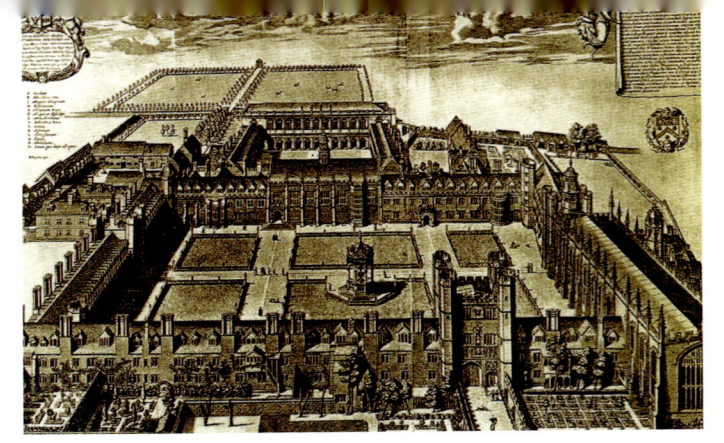

桥的彭布罗克学院礼拜堂（1663~1665年）是雷恩创作的首批建筑作品。作为一个天才然而是业余的爱好者，此时他的这些作品显然尚不具备后期设计中表现出来的那种宏伟和力度。

罗马古典主义在英国的确立主要是克里斯托弗·雷恩的功绩。但如果不是政治形势有利于天主教的复兴，这样的情况也不可能发生。在两个克伦威尔执掌大权

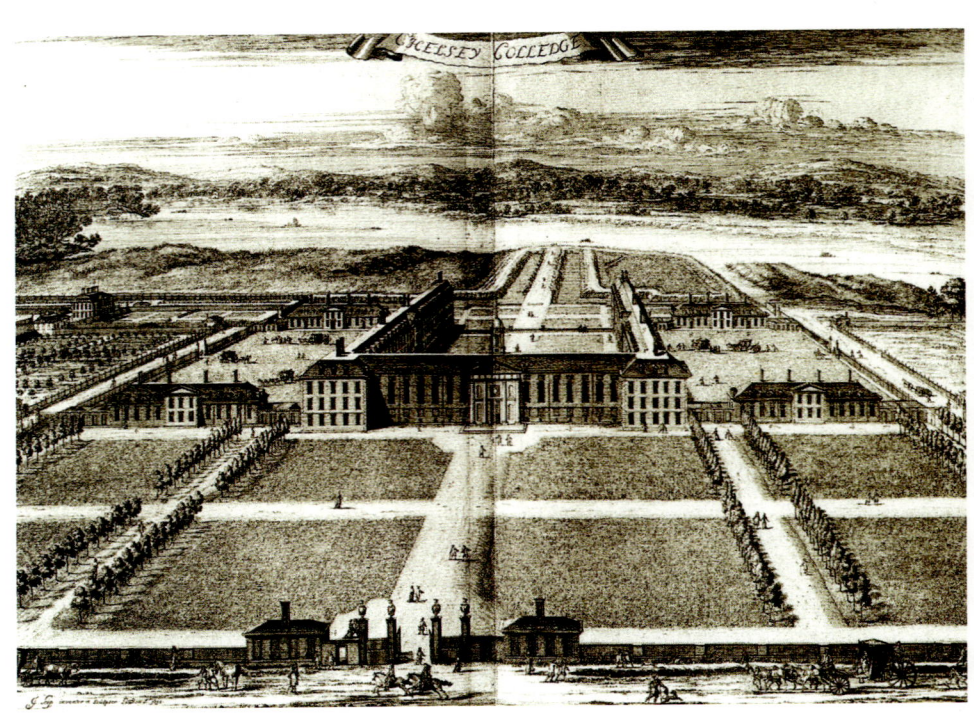

（上）图6-79 剑桥 圣三一学院。全景图，可看到前景处耸起的门楼和右侧的礼拜堂，雷恩稍后设计的图书馆位于远处

（中上）图6-80 切尔西 皇家养老院（1682~1689年，建筑师克里斯托弗·雷恩）。俯视全景（自北面望去的情景）

（中下）图6-81 温切斯特 宫殿。平面设计方案（作者克里斯托弗·雷恩，1683年）

（下）图6-82 温切斯特 宫殿。院落立面设计（作者克里斯托弗·雷恩，和上图平面相对应的最初方案，1682~1683年）

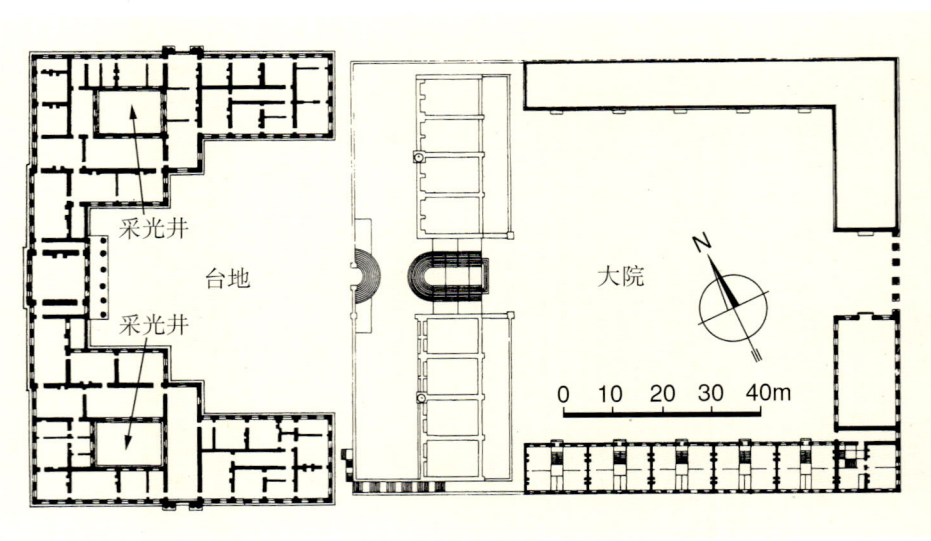

(上)图 6-83 温切斯特宫殿。克里斯托弗·雷恩设计方案复原图

(下)图 6-84 汉普顿王宫(1690~1696 年,建筑师克里斯托弗·雷恩)。建筑群及花园总平面(图版作者 Charles Bridgeman,约 1712 年)

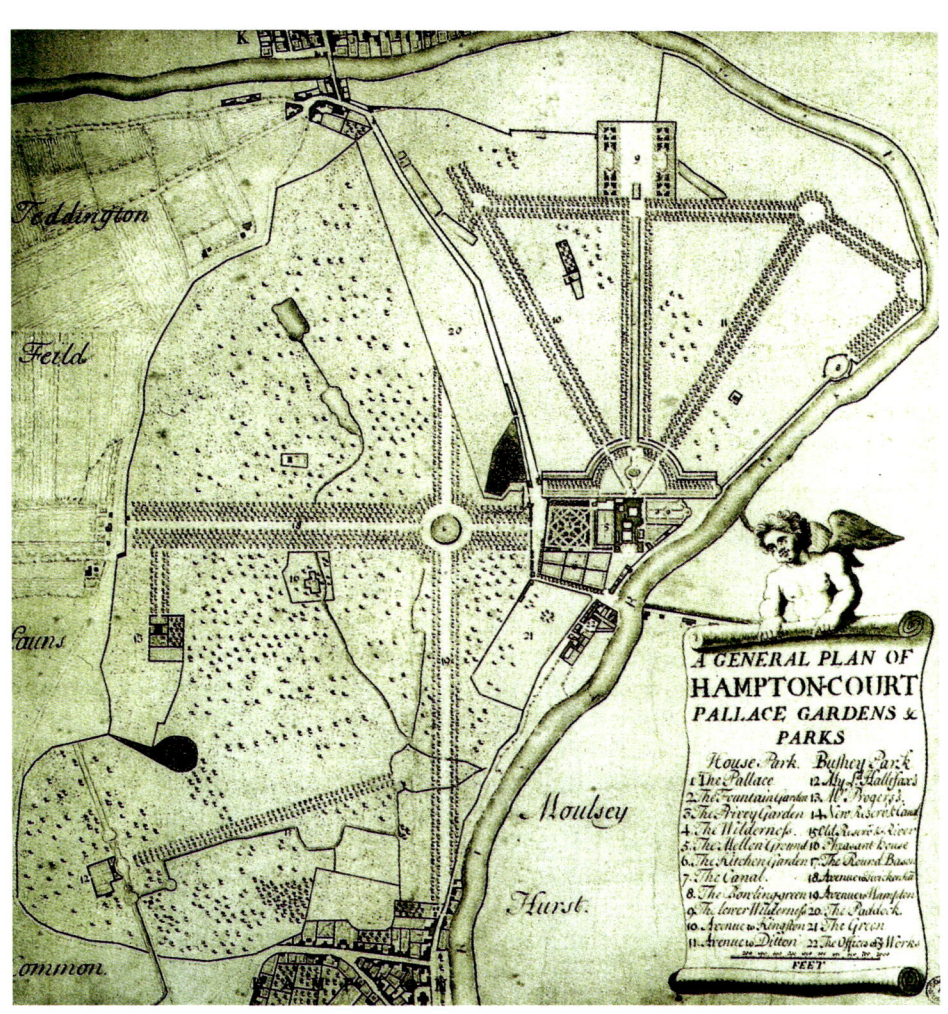

的共和和摄政时期之后,君主政体在查理二世统治下事实上已得到恢复(图 6-46)。在建筑演化上至关重要的这几年期间,天主教的复兴在国家的宗教生活中留下了明显的印记。

1666 年 9 月的伦敦大火为雷恩提供了实现其建筑设计及理想的难得机遇。几天之内,包括城市主教堂圣保罗在内的老区 87 个教堂及 1.3 万栋房屋化为灰烬,20 多万人无家可归(图 6-47、6-48)。在这场灾难后不久,查理二世即请三位建筑师(克里斯托弗·雷恩、罗杰·普拉特和休·梅)拟订重建方案和规划。在雷恩向国王提交的改建规划中(图 6-49),他设想了一个带若干轴线由广场和辐射状布置的林荫道组成的巴洛克街网体系,主

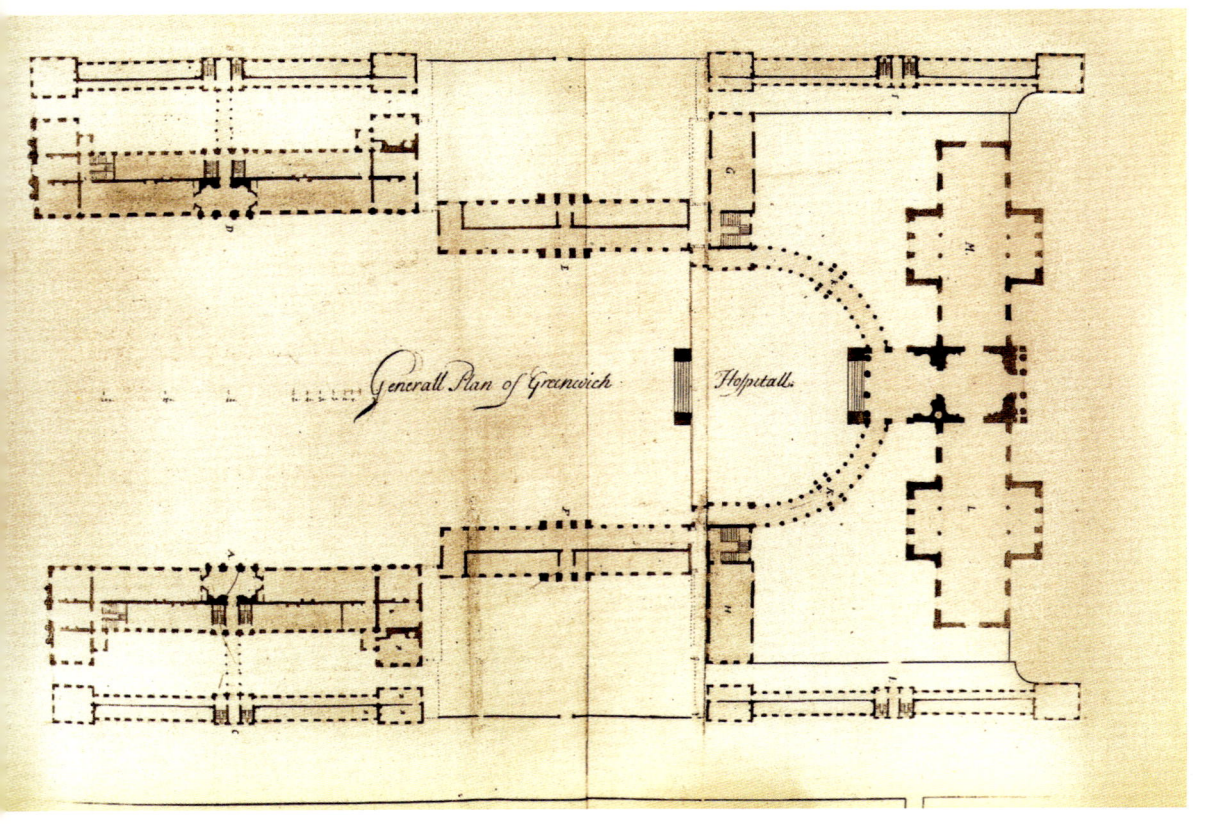

本页：

（上）图6-85 汉普顿 王宫。花园面建筑全景

（下）图6-88 格林尼治 王室海军疗养院。第一方案平面（作者克里斯托弗·雷恩，1695年）

右页：

图6-86 汉普顿 王宫。国王梯（克里斯托弗·雷恩设计），内景

要会交点为皇家交易所（图6-50、6-51）。新的圣保罗大教堂布置在从西面的卢德门到伦敦塔及交易所之间街道的一个突出位置上。一些次级林荫道以教区教堂为中心配置。但这个宏伟的设计因没有充分考虑土地所有权等问题一直未能付诸实施。不过，到1669年，雷恩已被任命为修复工程的总建筑师（surveyor general），被

1734·世界建筑史 巴洛克卷

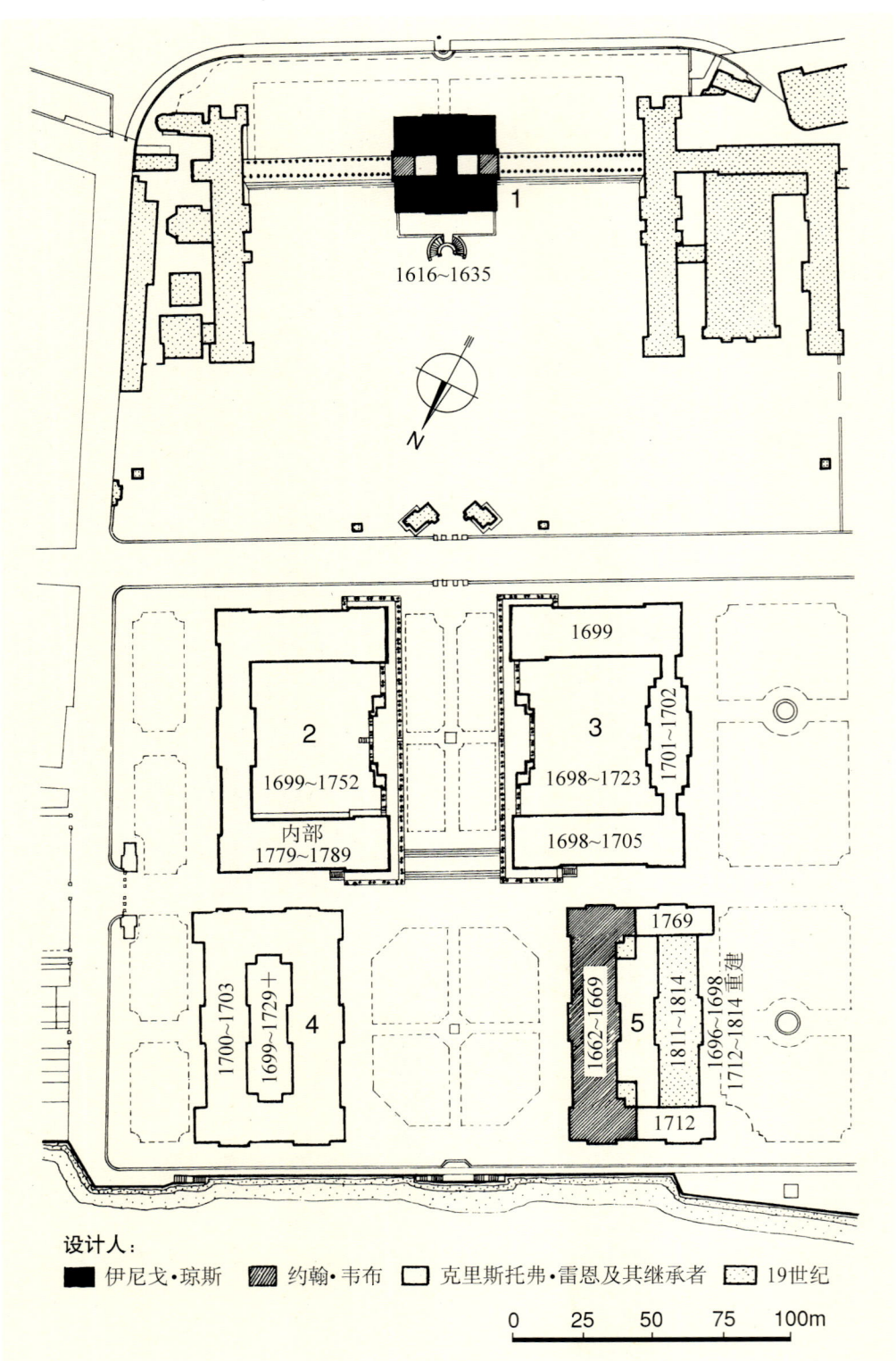

图6-87 格林尼治 王室海军疗养院（1695~1700年，建筑师克里斯托弗·雷恩、约翰·韦布等）。总平面，图中：1、女王宫，2、玛丽楼（南翼为礼拜堂），3、威廉楼（南翼为大厅），4、安妮楼，5、查理楼（图上数字为建造年代）

委托改建圣保罗大教堂及其他城市教堂。在约20年期间，在受火灾破坏的其他教堂中，按他的设计或在他的监管下重建的教堂就有51个。其中大部分设计于1670年及接下来的几年，但其中只有一部分是真正连细部都由雷恩本人推敲设计。它们大都采用矩形平面，为传统会堂式平面的缩简形态，形成一个既可带本堂也可不带的内部空间。在这些教堂中，钟楼的设计得到额外的关注，因为它们必须"带有良好的比例，耸立在周围的房舍之上……真正成为城市的装饰"[3]。这些塔楼充分显示了雷恩在综合来自古典、哥特和巴洛克风格的各种部件，以形成效果突出的城市景点上的能力。不过，它们也同时显露出某种折中的倾向，常常是编排和拼凑的产

1736·世界建筑史 巴洛克卷

(上)图 6-89 格林尼治 王室海军疗养院。第一方案立面(作者克里斯托弗·雷恩,1695 年)

(中)图 6-90 格林尼治 王室海军疗养院。第一方案全景图(作者克里斯托弗·雷恩,1695 年)

(下)图 6-91 格林尼治 王室海军疗养院。立面方案细部(图版作者克里斯托弗·雷恩,现存伦敦 Sir John Soane's Museum)

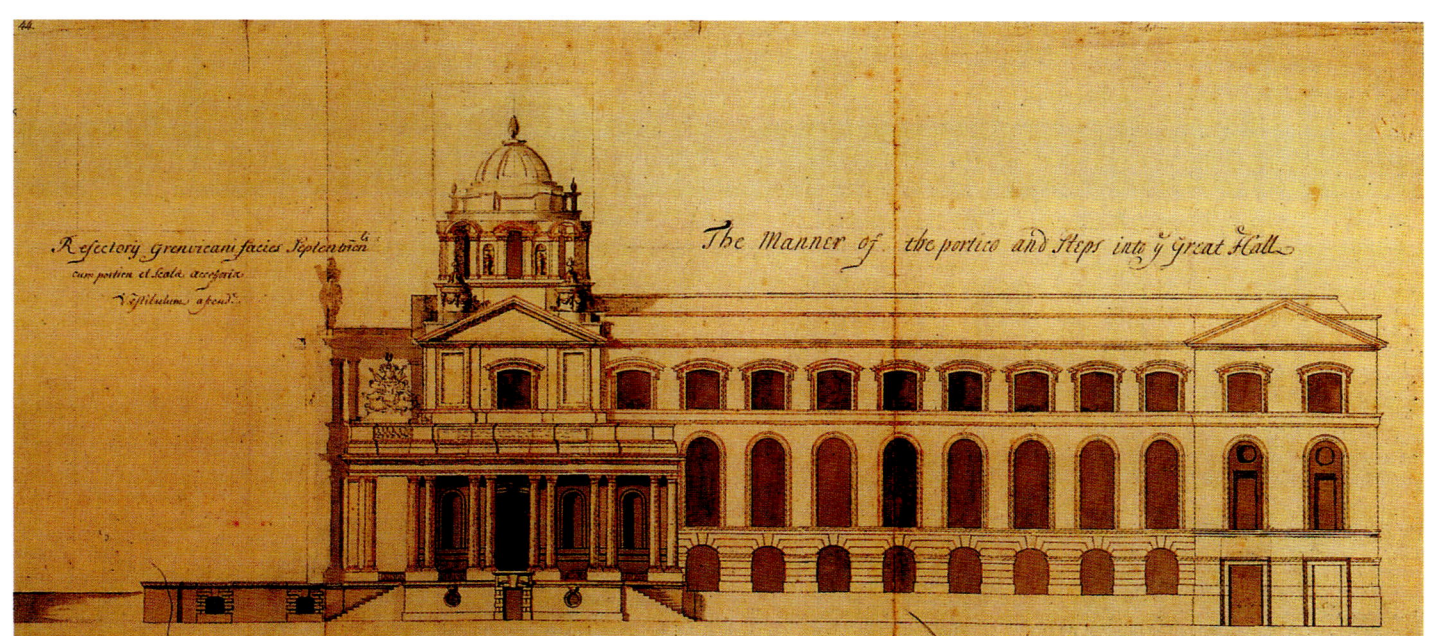

物,而不是真正的构图尝试(图 6-52)。

实际上,雷恩能完成如此宏伟的计划全仗自己在综合各类形式——从维特鲁威直到当代——上的非凡才干。在当时的英国,除了某些来自帕拉第奥的启示外,新教没有为宗教建筑提供任何既定的模式,因而为各种尝试开启了大门。在这种形势下,雷恩设想了各种各样的方案,想象力之丰富令人咂舌。其中大部分效法荷兰和法国的古典主义,但和荷兰的宗教建筑相比装饰上要更为考究，大量细部取自哥特风格和罗马的巴洛克建筑。这些建筑设计精巧，极富创意，更多依靠理智而不是本能，主要考虑空间构成而不仅仅是从造型出发。教堂方案的多种多样变化、技术上的突出业绩，以及在实施如此大规模的重建和改建工程中所表现出来的组织才干，使雷恩博得了极大的名声，成为英国历史上最伟大的建筑师，并促成了英国第一批穹顶教堂的诞生。

伦敦大火后，雷恩随即承担起改建圣保罗大教堂

本页及右页：
（左）图 6-92 格林尼治 王室海军疗养院。大厅东端立面，穹顶平面及剖面（据 Banister Fletcher）

（右下）图 6-93 格林尼治 王室海军疗养院。自东南山坡上望建筑群全景，远处可看到伦敦市区（版画）

（右上）图 6-94 格林尼治 王室海军疗养院。自泰晤士河北岸望去的景色（油画，作者 Bernardo Bellotto，现存格林尼治 National Maritime Museum）

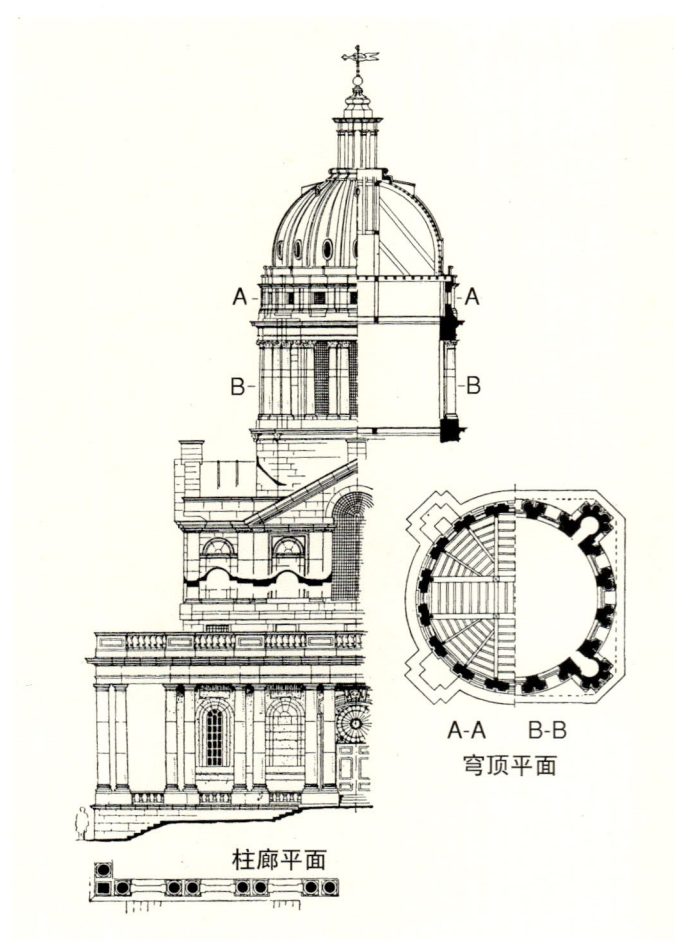

的重任。在设计新教堂时,他也在追求类似的综合,自然规模要大得多。1673年,他提出了所谓"大模"方案(Great Model,图6-53;另见《世界建筑史·文艺复兴卷》相关图版)。其平面的制订,特别是集中式空间的构图,显然是受到米开朗琪罗罗马圣彼得大教堂的启示。尽管规模要比后者为小,但人们看来很可能是希望搞一个能与罗马相媲美的建筑。其穹顶耸立在一个圆堂上,底部八角形,四个对角面内凹;平面布局明确,几何图形规整,一如瓜里尼的作风。由于在对角线上配置了上冠穹顶的次级空间与中央空间相通,从而表现出按巴洛克方式进行空间整合的愿望。不过,米开朗琪罗的平面是封闭和向心的,而雷恩则借助内凹的外墙在建筑空间组群和周围环境之间确立了更为积极的联系,由带穹顶的前厅和古典门廊标志出一条纵向轴线。

第六章 英国、低地国家和斯堪的纳维亚地区 · 1739

不过，这个方案并不能完全满足祭祀的要求，况且教士们还认为它配不上城市主教堂的规格。在这种形势下，雷恩不得不对平面进行修改。如果说，1673年的"大模"方案使人想起米开朗琪罗的集中式平面及其穹顶的话，那么，在经过多次修改后，最后方案则是复归中世纪的会堂式布局，采用了更为传统的拉丁十字平面（1675年，图6-54~6-56），于差不多等长的本堂和歌坛之间布置上承穹顶的圆堂，西面另加前廊及两个塔楼。在室内罗马式的墙体系统上，拱顶被拆分成弓形帽状穹顶；中央穹顶立在八个拱券上，边上不再是单一的筒拱顶，而是一组圆形的穹帽。支承穹顶的柱墩上设开口，其透视效果颇似伊利哥特大教堂的八角体。

外墙分划同样是来自罗马的圣彼得大教堂（图6-57~6-60）。朝西的主立面没有采用"大模"方案的巨柱式构图，而是于两个建于1706~1708年的塔楼之间插入高两层的科林斯门廊。廊柱成对配置，使人想起卢浮宫的柱廊。立面采用两层叠置柱式及壁柱，但角上

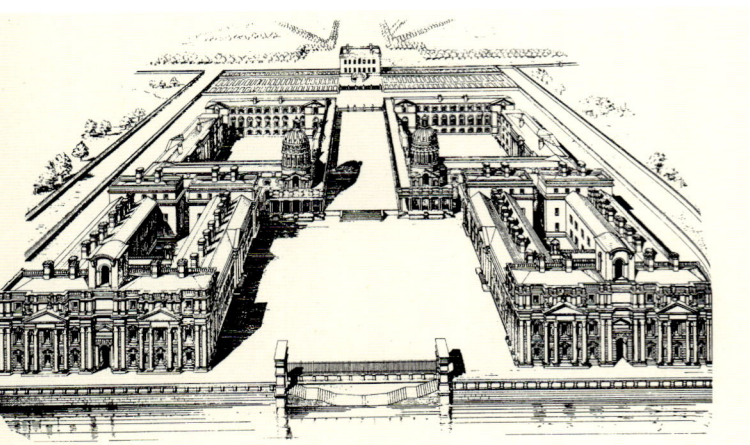

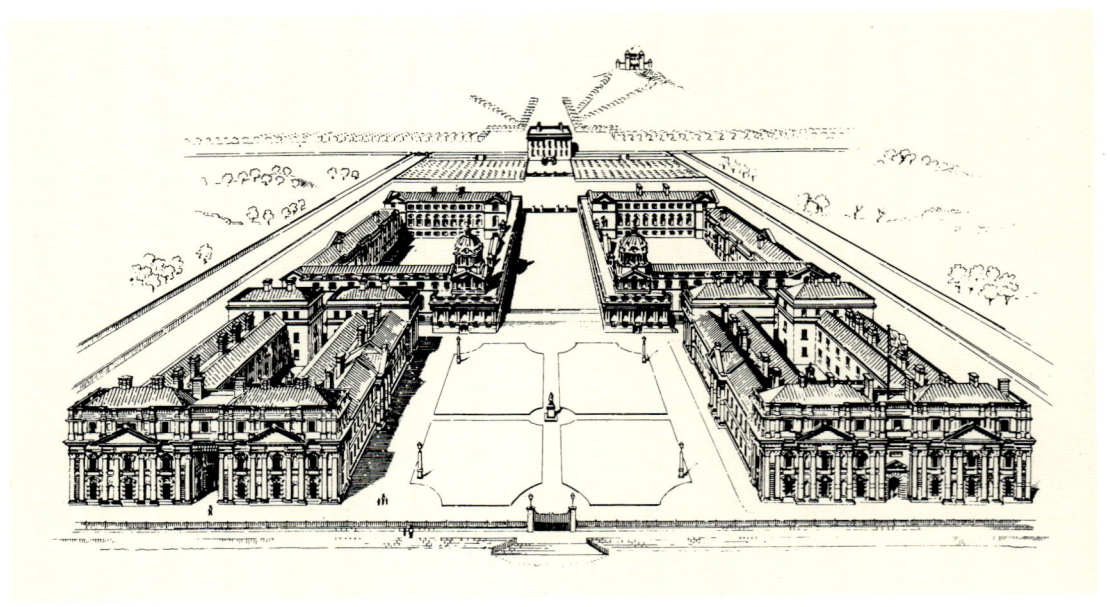

（上及中）图6-95 格林尼治 王室海军疗养院。俯视全景图（上下两图分别据Stephan Hoppe 及 Banister Fletcher）

（下）图6-97 格林尼治 王室海军疗养院。全景（自泰晤士河上望去的景色）

（上）图 6-96 格林尼治王室海军疗养院。俯视全景（自西侧望去的情景）

（下）图 6-98 格林尼治王室海军疗养院。大厅及礼拜堂景色

第六章 英国、低地国家和斯堪的纳维亚地区 · 1741

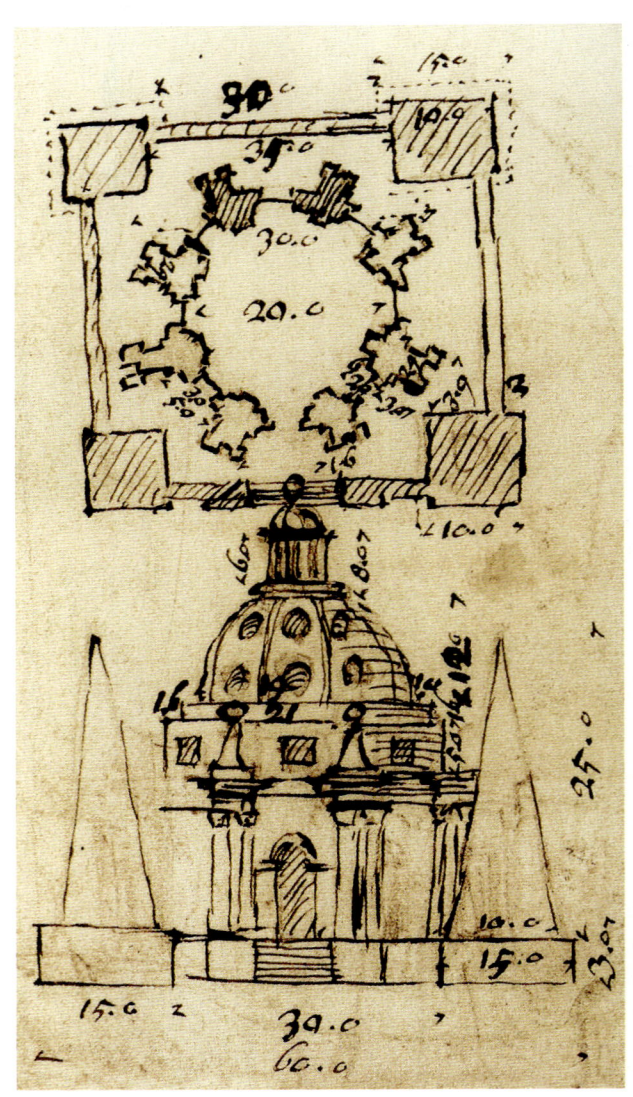

并没有和里面的支撑相对应（柱子连同后面的墙体一起偏离轴线）。中央门廊由于采用圆柱，效果比较突出；塔楼和中央这部分按巴洛克方式相互渗透，也比较协调。但在垂直方向上，构图则显得有些破碎，塔楼上层结构完全是"外来货"，颇有点博罗米尼作品的味道。耳堂端头另出半圆形柱廊。

室内表现亦同样混杂：本堂和歌坛不同寻常地将筒状拱顶和带棱肋的交叉拱顶搭配在一起，由交叉处

和耳堂形成的中央空间组合上多少显得有点随意（图6-61、6-62）。不过，占主导地位的还是学院派的古典主义。交叉处上立高111米带双鼓座的巨大穹顶。高耸的穹顶内部由两道带洞口的拱壳组成，最外第三层木构由复杂的构架支撑。其廓线如罗马圣彼得大教堂那样，高耸在城市上空，但看上去比例更为清秀，古典主义的表现亦更为理性。这个穹顶遂成为世界各地许多教堂和官方建筑的楷模。

总的来看，大教堂的最后方案可认为是综合纵向会堂和带穹顶的集中式教堂的产物，只是手法上似欠成熟。这两种形制并没有形成一个完美的整体，特别是对角线上的处理，表现最为突出。类似沃尔布鲁克圣斯蒂芬教堂（见下文）的一圈单一的拱券，叠置在和它没有什么内在关系的结构上。和第一个设计相比，外部

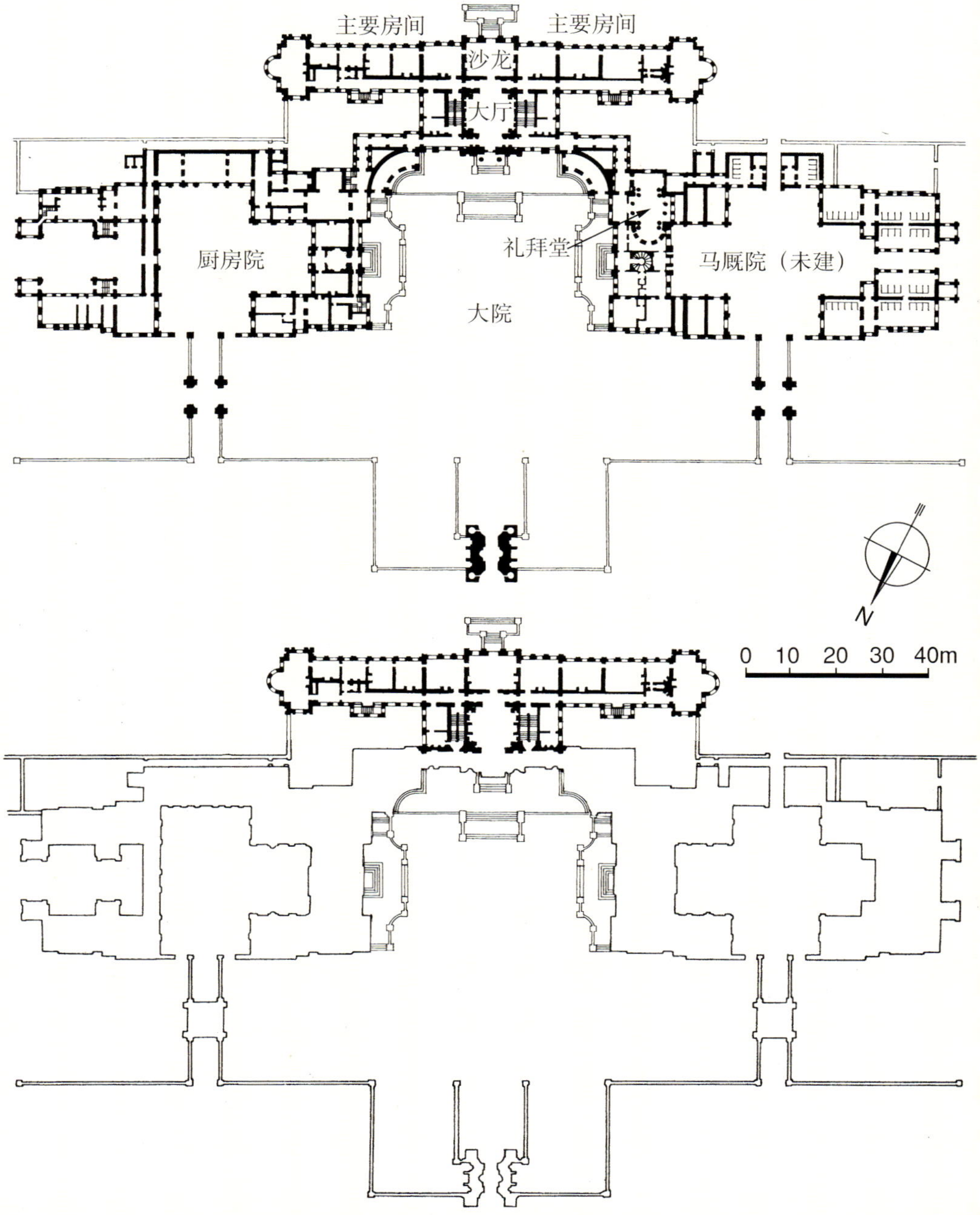

左页：

（左上）图6-99 格林尼治 天文台（1675/1676年）。立面

（右上）图6-100 格林尼治 天文台。外景

（左中）图6-101 格林尼治 天文台。近景

（左下及右下）图6-102 约翰·范布勒（1664~1726年）：像章（1856年，艺术协会纪念章）及手稿（花园建筑，从细部上可知为陵寝设计，1720年代）

本页：

（上）图6-103 约翰·范布勒画像

（下）图6-104 北约克郡 霍华德宫堡（1699~1712年，建筑师约翰·范布勒、尼古拉·霍克斯莫尔）。平面（据John Summerson 及 David Watkin）

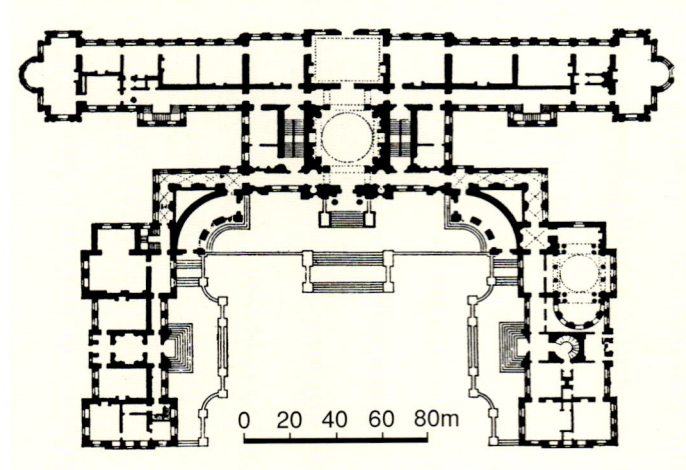

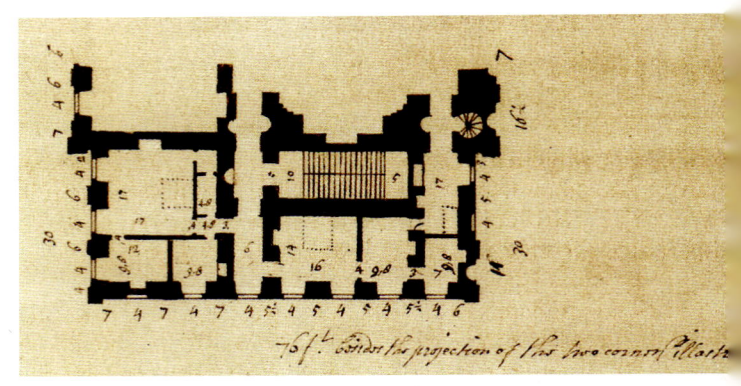

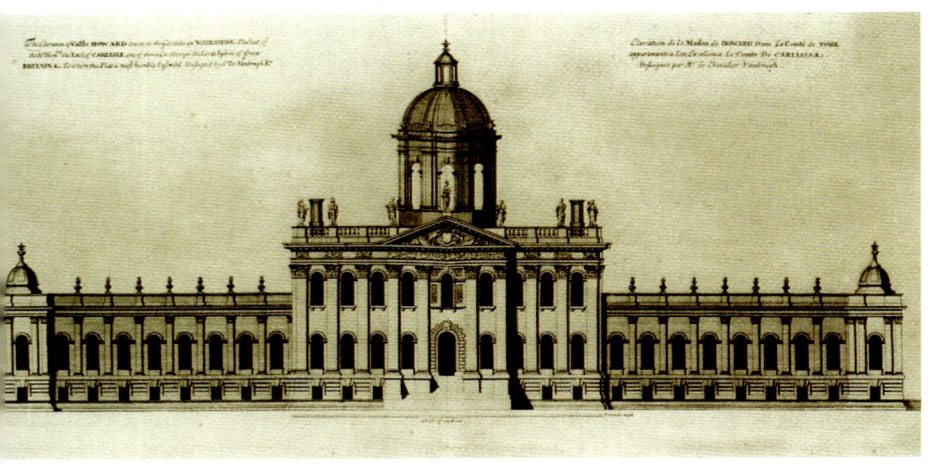

（左上）图6-105 北约克郡 霍华德宫堡。平面（据C.Gurlitt）

（右上）图6-106 北约克郡 霍华德宫堡。主体建筑东北角底层平面（图稿，作者约翰·范布勒，1699年）

（下）图6-107 北约克郡 霍华德宫堡。南立面（花园立面，约翰·范布勒设计）

（中）图6-108 北约克郡 霍华德宫堡。南立面及剖面（据Banister Fletcher）

分划也不尽如人意，巨柱式构图被两列较小的壁柱取代，以致效果上显得有些单调和琐碎。约翰·萨默森说过，圣保罗大教堂垂向部件的设计观念，其实是在白厅大街宴会楼的基础上制订的，只是用于新的更宏伟的场合。实际上，雷恩正是重蹈安东尼奥·达·圣加洛100多年前在设计罗马圣彼得大教堂时的覆辙，后者当时也是企图借助小建筑的部件来分划更大的建筑。从这里也可看出，圣保罗大教堂的不足并不是细部问题，而是出在尺度的掌握上。

不过，尽管设计上有这样一些前后不一致之处 [施工阶段拖得较长（1675~1711年）可能也是原因之一]，这个大教堂——特别是其穹顶——仍然成为许多英国国教建筑争相效法的样板。令人惊奇的倒是，几十年前，人们在寻求新的民族风格时，所有来自天主教传统的手法都被视为大逆不道，受到排斥；而如今，一个在罗马巴洛克艺术启示下建成的大教堂却成了宗教建筑的样板。

在雷恩设计的其他伦敦教堂中，由一位英国富商投资建造的沃尔布鲁克圣斯蒂芬教堂（1672~1687年，图6-63~6-68）是一个极具创意的重要作品，也是这位

(上下两幅)图 6-109 北约克郡 霍华德宫堡。平面及南立面设计图版(作者约翰·范布勒,1699年)

大师最令人感兴趣的设计之一。他别出心裁地将一个集中式平面和矩形空间组合在一起;本堂内部各个不同空间由规则分布的立柱隔开,靠近祭坛的位置形成八角形空间;在八个类似的拱券上,安置中央带圆孔的扁平木构穹顶(穹顶立在帆拱上)。拱券均由柱子支撑,其中四个同时确定了一个拉丁十字的平面。建筑师就这样通过非常简单灵巧的方式,将纵向平面、集中平面和十字形平面综合在一起,从而成为在加尔文教徒崇尚的严朴和罗马巴洛克建筑的壮美之间进行折中的英国国教的对应建筑作品。

在其他场合,这位建筑师还用了椭圆形的穹顶(奇普赛德大街圣马利亚教堂,建于1670~1677年,1941年遭破坏,后重建,图6-69)或覆以筒拱顶的空间。这些教堂的室内,几乎都是在古典母题的基础上略加变化而成。奇普赛德大街圣马利亚教堂和圣布赖德教堂(图6-70、6-71)均有一个纵长的本堂,上置筒拱顶并配有廊台。圣安东林教堂则由一个带回廊的八角形体组成。在(山上)圣马利亚教堂,雷恩采用了希腊十字平面,以四根柱子确定中央穹顶空间(图6-72、6-73)。这种形制想必是来自范坎彭的哈勒姆新教堂(1645年)。

第六章 英国、低地国家和斯堪的纳维亚地区 · 1745

而在1671~1677年建造的圣劳伦斯教堂,他又复归简单的矩形厅堂,于壁柱上支承平梁天棚(图6-74)。

雷恩不仅在室内空间布局上表现出过人的才干,在室外钟楼的设计上同样显示出他的创造能力(图6-52)。作为伦敦风景特色重要组成部分的大量钟楼,主要借鉴哥特传统或博罗米尼的作品:如牛津基督堂学院的汤姆塔楼(新哥特风格,图6-75、6-76),或伦敦福斯特

本页及右页:
(左上及下)图6-110 北约克郡 霍华德宫堡。俯视全景图(图版,取自John Summerson:《Architecture in Britain 1530 to 1830》,1993年)

(右上)图6-111 北约克郡 霍华德宫堡。花园面建筑全景

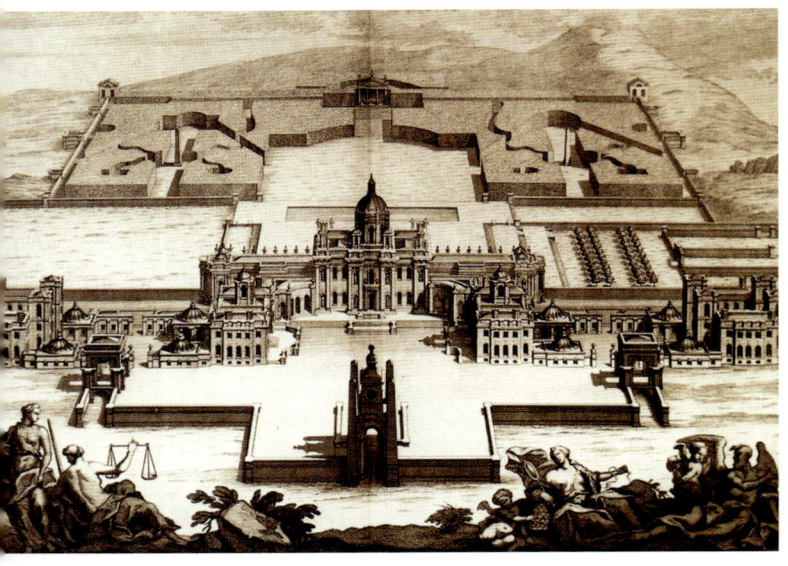

巷圣韦达斯特塔楼（图 6-77）。这些钟楼大都立在方形基座上，饰有壁柱，其上耸立起各种形式的尖塔，或如小型圆庙，或为八角形、角锥体或穹顶。和荷兰的类似作品相比，构造上更为严谨，如以后申克尔的做法（后者系将自由理解的哥特部件和古典形式乃至博罗米尼那类造型搭配在一起）。从贝尔纳多·贝洛托绘制的伦敦景色中可以看到，在圣保罗大教堂穹顶的统领下，如船舶桅杆般耸立在老城区的这些钟楼的尖塔。直到18和19世纪，它都是城市的一道最迷人的风景（图 6-78）。

雷恩是个奉行折中主义的艺术家。他那些综合英国和荷兰风格的宗教建筑长期成为这个新教国家的标记，但与此同时，他的剑桥圣三一学院图书馆（图 6-79）却是以圣索维诺的威尼斯圣马可图书馆为榜样，是这个著名图书馆的一种变体形式。

除宗教建筑外，雷恩还设计了一些大型公共建筑。在切尔西的皇家养老院（1682~1689年，图 6-80），他采用了一个庞大的"U"字形的巴洛克平面，但分划上沿袭伊尼戈·琼斯那种简朴的古典主义。1683年，他还为温切斯特宫设计了一个颇似凡尔赛宫那样的平面（图 6-81~6-83）。

在规模庞大向四面延伸的汉普顿王宫建筑组群里（图 6-84、6-85；另见《世界建筑史·文艺复兴卷》相关图版），雷恩用了或多或少带有帕拉第奥特色的简单重复的墙面分划。1689~1692年，威廉三世及其王后玛丽在一个都铎时期宫殿的基址上建了这个夏宫。最初设计效法卢浮宫，由各个翼（国王翼和王后翼）、廊道、

院落和花园组成。但这个方案中仅一部分得以实现，建筑的高度也进行了缩减，因而目前这个高四层的建筑实际上是折中的结果。立面的魅力主要倚赖琢石砌体和红砖墙面的对比。从立面窗户和面对花园上冠山墙的门廊上，可明显看到来自法国的影响。这个宫殿反映了凡尔赛的理想，只是更为含蓄优雅。其建筑形式不仅取材范围甚广，还进一步通过作者的几何知识及技术才干得到扩展和发挥（特别是雷恩设计的国王梯，平缓宽阔，别具一格，图6-86）。

雷恩的许多设计都停留在纸面上未能实现，但格林尼治的王室海军疗养院（1695~1700年）的宏伟规划则是在他生前付诸实施并在其继承人领导下完成的项目（图6-87~6-98）。这是他最后的作品，也是他在这个领域最令人感兴趣和最成功的设计。在经过前期研究之后，雷恩决定以伊尼戈·琼斯的女王宫作为一条新轴线的对景，于轴线大林荫道两边布置柱廊；将由王室投资的这个疗养院，和查理二世时已建成的一翼，全部纳入到同一个建筑群内，并如凡尔赛那样（雷恩在温切斯特宫设

左页：

（上）图 6-112 北约克郡 霍华德宫堡。主立面中央部分近景

（下）图 6-113 北约克郡 霍华德宫堡。入口厅，内景

本页：

（上）图 6-114 北约克郡 霍华德宫堡。风庙（1725年，约翰·范布勒设计），全景

（下）图 6-115 北约克郡 霍华德宫堡。风庙，细部

(上)图6-116 北约克郡 霍华德宫堡。卡莱尔家族陵寝(1726~1729年,尼古拉·霍克斯莫尔设计),外景(版画,取自《The British Millennium》,2000年)

(下)图6-117 北约克郡 霍华德宫堡。卡莱尔家族陵寝,远景

图6-118 北约克郡 霍华德宫堡。卡莱尔家族陵寝，自不同方向望去的全景

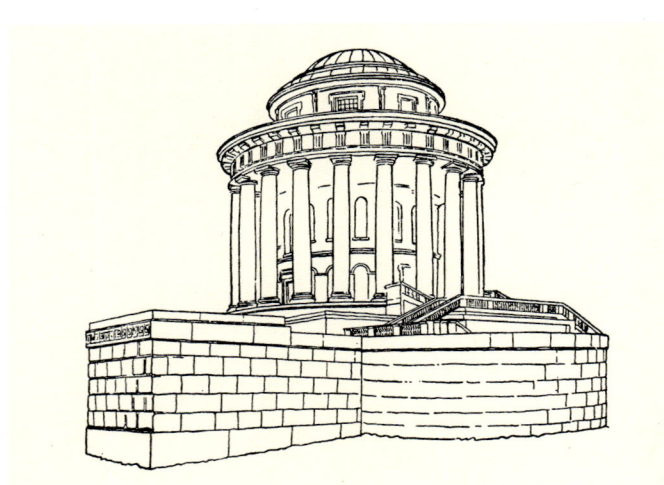

计中已经借鉴了这个法国宫殿的经验），令这些建筑围绕着几个朝向泰晤士河的院落布置。院落沿着与河道垂直的轴线排成一列，两个主要空间之间的过渡以角上的一对高穹顶为标志，它们同时标识出主翼的位置（其内是礼拜堂和饰有科林斯柱子的大厅）。这个宏伟的设计丰富了巴洛克的构图主题，在形体和空间关系的处理上也有出色的表现。由于普遍采用成对布置的立柱（直到穹顶鼓座等部分）和长长的柱廊，建筑群构图显得非常统一，有些类似阿杜安-芒萨尔设计的巴黎荣军院。

作为英国巴洛克建筑的杰作之一，这组建筑由雷恩的学生约翰·范布勒和尼古拉·霍克斯莫尔最后完成，

(上及中) 图6-119 北约克郡 霍华德宫堡。卡莱尔家族陵寝，俯视全景及透视图

(下) 图6-120 牛津郡 布莱尼姆宫堡（1705~1724年，建筑师约翰·范布勒、尼古拉·霍克斯莫尔）。地段总平面（图版制作 Charles Bridgeman，1709年）

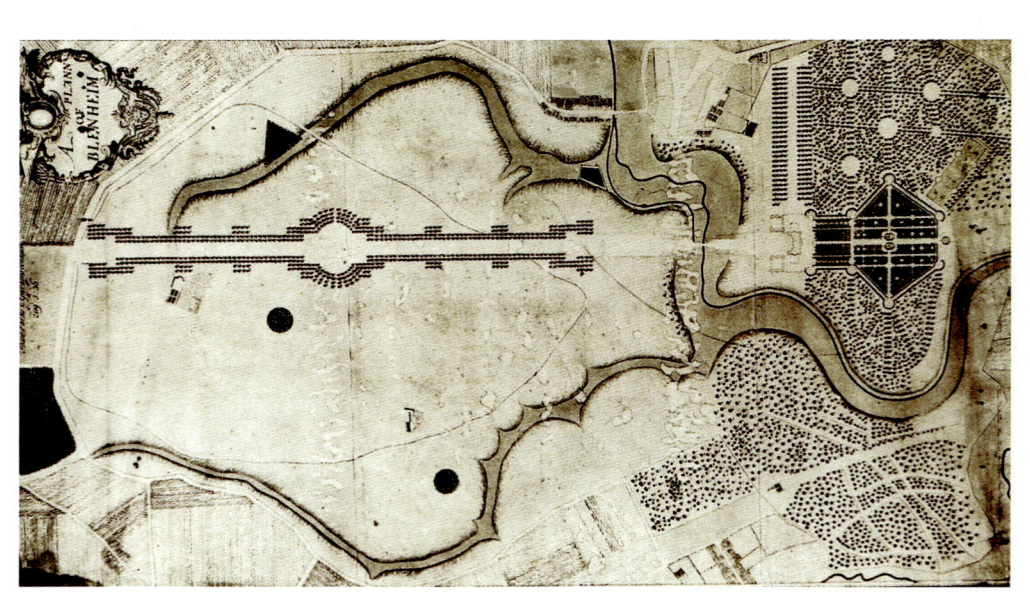

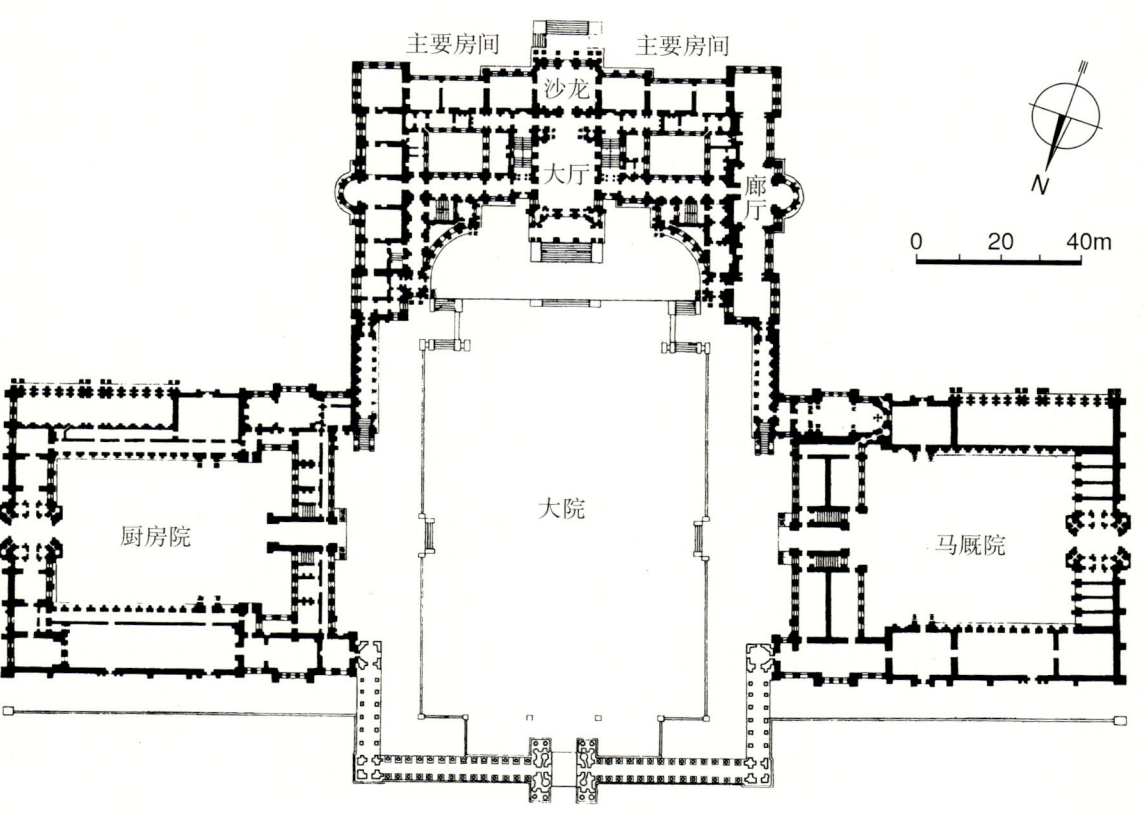

（上两幅）图 6-121 牛津郡布莱尼姆宫堡。地段总平面（据 R.Turner, 1758 年）与现状卫星图片

（下）图 6-122 牛津郡 布莱尼姆宫堡。平面（据 John Summerson，经改绘）

（中）图6-123 牛津郡 布莱尼姆宫堡。立面（图版，取自 Colen Campbell：《Vitruvius Britannicus》，第 I 卷，1715年）

（上）图6-124 牛津郡 布莱尼姆宫堡。立面（取自 Robert Adam：《Classical Architecture》，1991年）

（下）图6-125 牛津郡 布莱尼姆宫堡。俯视全景图（据 C.Gurlitt）

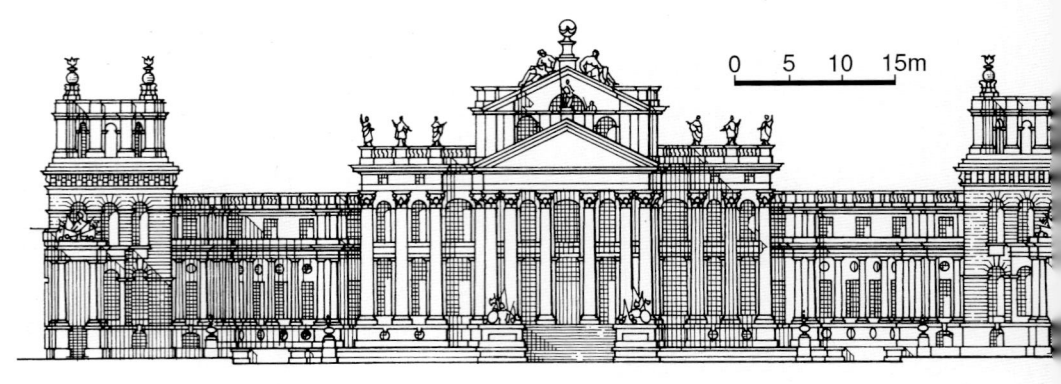

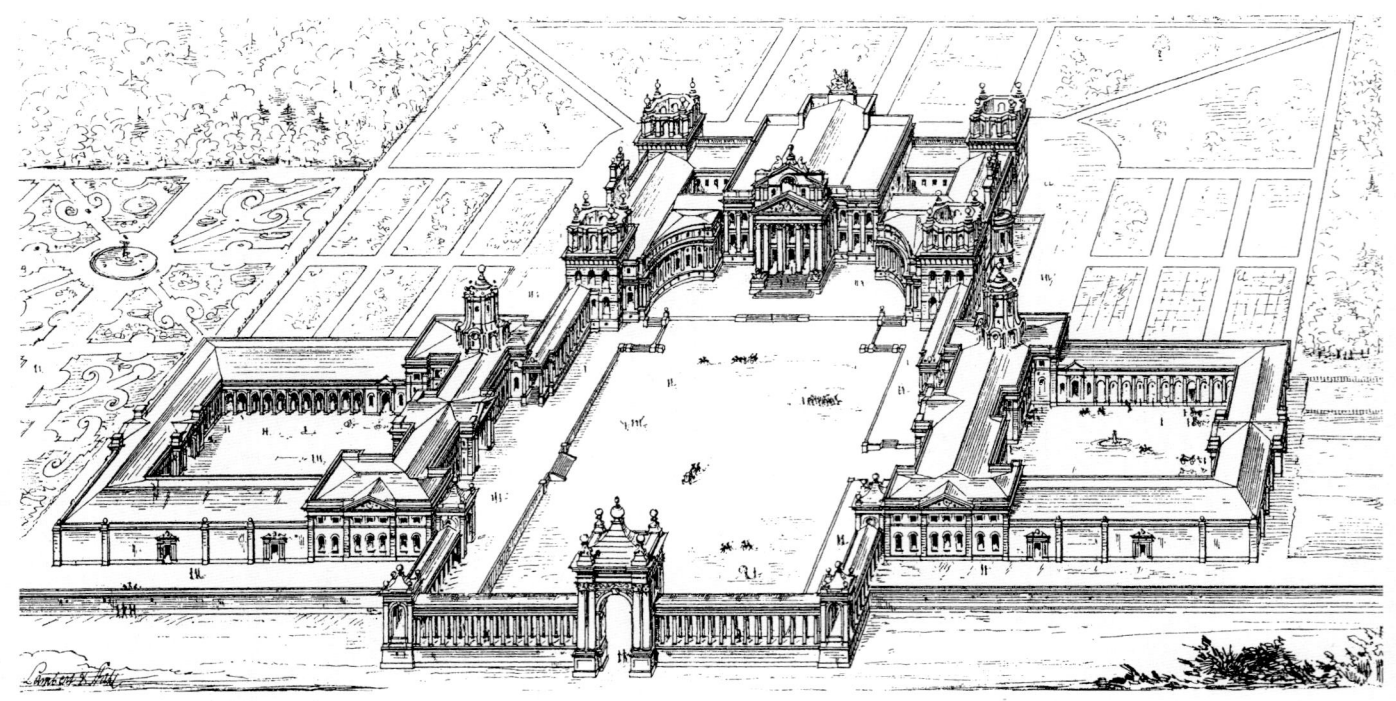

但整体构思毫无疑问是来自雷恩。如今，作为英国海上霸权的宏伟象征，这个围绕着中轴线对称布置，带柱廊和穹顶的建筑群高耸在泰晤士河边。从河面望去，建筑群好似城市的背景：伊尼戈·琼斯的杰作——女王宫，夹在上冠山墙的双柱廊之间，成为人们关注的焦点。

此外，雷恩可能还在一定程度上参与了格林尼治

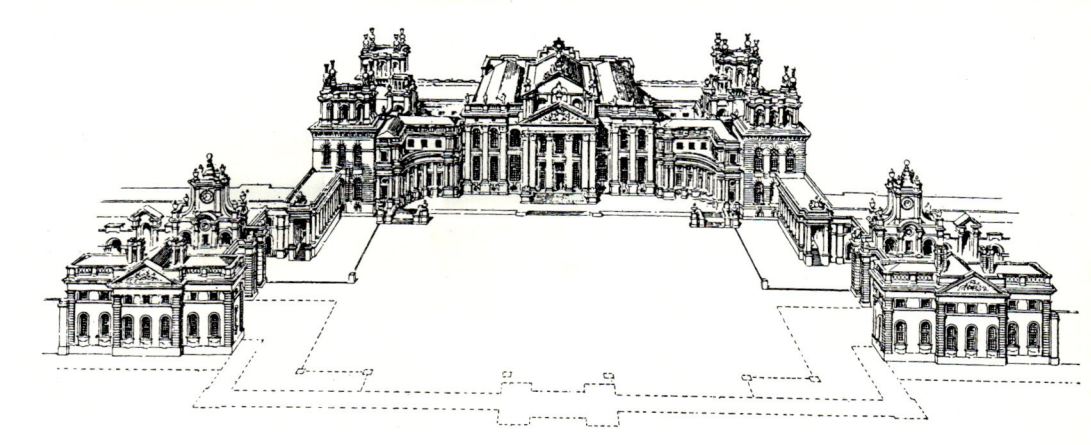

（上）图 6-126 牛津郡 布莱尼姆宫堡。俯视全景图（自北面望去的景色，据 Banister Fletcher）

（中）图 6-127 牛津郡 布莱尼姆宫堡。自北面花园望去的景色（版画，1787 年）

（下）图 6-128 牛津郡 布莱尼姆宫堡。大院内景

天文台的设计工作（图 6-99~6-101）；不过，在这方面，罗伯特·胡克的贡献可能要更大一些。

[其他建筑师]

约翰·范布勒和尼古拉·霍克斯莫尔

在安妮女王（1665~1714 年，在位期间 1702~1714 年）和汉诺威王朝第一代国王乔治一世（1660~1727 年，在位期间 1714~1727 年）统治时期，英国成为欧洲强国，贵族阶层的影响也在日益扩大。随着国力的提升，雷恩的许多做法已不能满足人们日益增长的奢华需求，很快成为明日黄花。在这种形势下，约翰·范布勒（1664~1726 年，图 6-102、6-103）适时引进了一种体量宏伟，同时又充满生气、活力和欲念的风格（style de masse）。他

(上)图6-129 牛津郡 布莱尼姆宫堡。东南侧全景

(左下)图6-130 牛津郡 布莱尼姆宫堡。大院,自西北方向望去的景色

(右下)图6-131 牛津郡 布莱尼姆宫堡。西南角廊厅外景

和尼古拉·霍克斯莫尔(1661~1736年)一起,进一步发展了雷恩的风格,赋予它更为壮观,同时也更为秀美的特色。

这是两位经历和性格截然不同的建筑师,通过完全不同的道路进入建筑行业。约翰·范布勒出身于佛兰德流亡贵族家庭,早年曾在军中供职。他不仅是英国最伟

第六章 英国、低地国家和斯堪的纳维亚地区 · 1757

（上）图6-132 牛津郡 布莱尼姆宫堡。大院，向南望去的立面景色

（下）图6-133 牛津郡 布莱尼姆宫堡。大院，朝东南角望去的景色

(上）图 6-134 牛津郡 布莱尼姆宫堡。大院入口处铁栅栏

（中及下）图 6-135 牛津郡 布莱尼姆宫堡。自宫殿阳台上望泉水台地（上图为自侧面望去的景色）

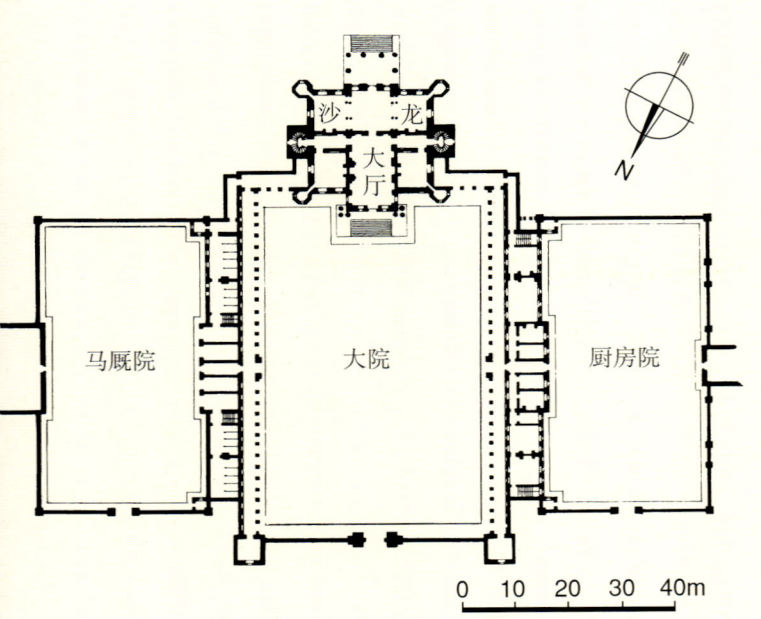

大的建筑师之一,同时还是一位有名的喜剧作家。从小在贵族环境里接受教育的范布勒,在从戏剧转入建筑行业之前,经历了一段动荡曲折和充满风险的青年时代。但他并没有在建筑上受过正式和系统的专业训练,因而在比较复杂的大型工程中,他都是和曾为雷恩助手、业务精熟的尼古拉·霍克斯莫尔合作,并获得了很大的成功。后者和范布勒相反,出身英国农民家庭,最初只是一名灰泥工匠。但他在建筑上表现出极大的天分,很快成为雷恩弟子中最有才干的一位,在工作室中的地位也越来越重要,甚至很难区分他和雷恩在设计中各自的贡献。抽象的几何形式、厚重严谨的细部设计,构成霍克斯莫尔建筑的特点;和范布勒相比,其风格要更为稳重。

就是这样的两位建筑师在一起,协助雷恩完成了格林尼治疗养院的施工。接下来从1699年开始,他们又致力于建造位于北约克郡的霍华德宫堡(图6-104~6-

(左上)图6-136 牛津郡 布莱尼姆宫堡。大厅内景(据Banister Fletcher)

(左中)图6-137 诺森伯兰郡 西顿-德拉瓦尔府邸(1720~1729年,建筑师约翰·范布勒,中央部分毁于1822年火灾)。平面(据John Summerson)

(右上)图6-138 诺森伯兰郡 西顿-德拉瓦尔府邸。立面(图版,取自John Summerson:《Architecture in Britain 1530 to 1830》,1993年)

(右下)图6-139 诺森伯兰郡 西顿-德拉瓦尔府邸。外景

1760·世界建筑史 巴洛克卷

(上)图 6-140 格林尼治 范布勒堡邸(约 1717 年,约翰·范布勒设计)。外景(William Stukeley 绘,1721 年)

(右中)图 6-141 布莱克希思 莫登学院。俯视全景

(左下)图 6-142 蒙茅斯 市政厅。外景

(左中)图 6-143 阿宾登 市政厅。外景

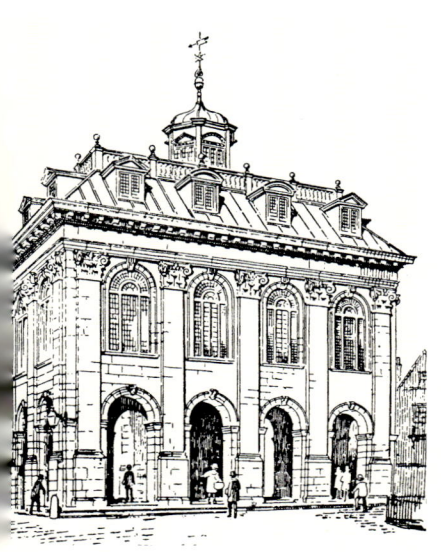

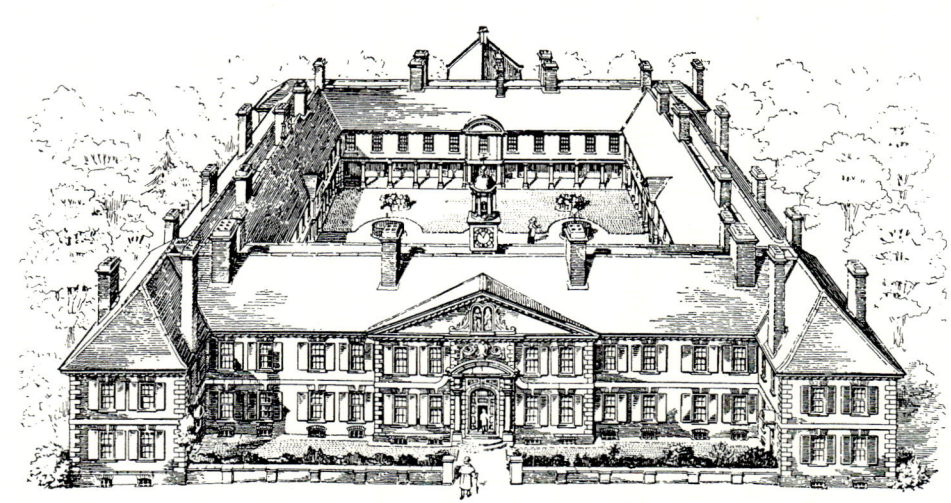

113)。业主卡莱尔伯爵最初委托范布勒制订平面,这也是后者设计的第一个乡间府邸,但他大部分是和霍克斯莫尔合作。工程于 1712 年完成。按照法国模式,位于"院落和花园之间"横向延伸的建筑群主翼内部成排设置主要套房。中间布置朝向花园的沙龙和朝向主要大院(cour d'honneur)的方形大厅。大厅上部的穹顶是一种到当时在世俗建筑里从未用过的主题,其内部使人想起教堂的空间。两边侧翼内围着中间十字形辅助院落布置包括厨房在内的附属房间及马厩等,礼拜堂位于居住部分及马厩之间。各个特定部分之间这种生动别致的安排及配合,颇似雷恩的格林尼治疗养院早期设计(1695 年)。朝向院落带加层的中央形体高耸在边翼之上,立面通过交替布置窗户和成对配置的巨大多立

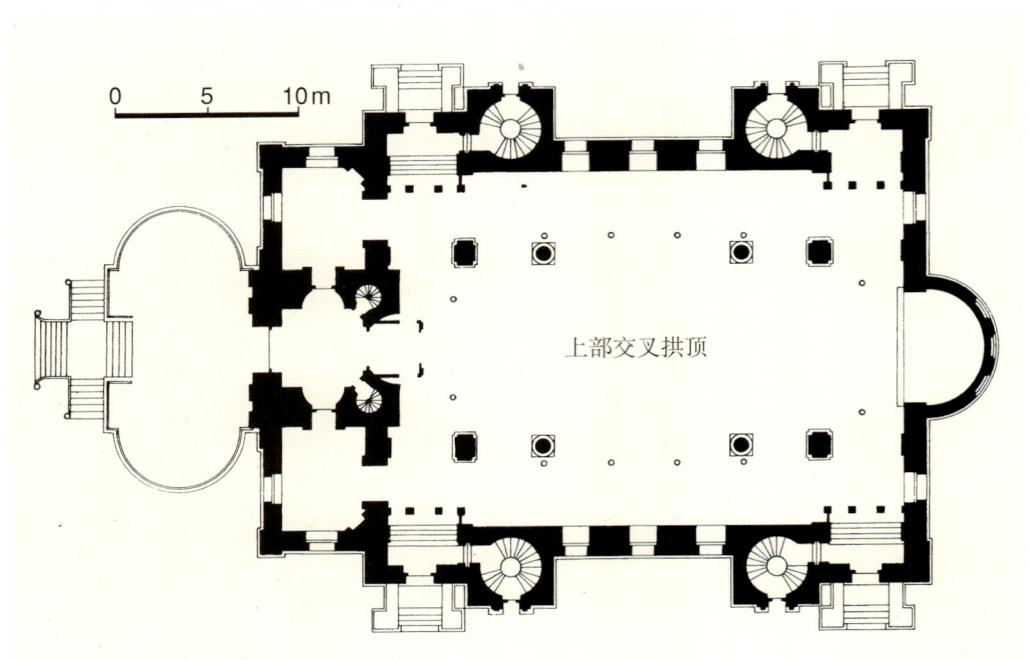

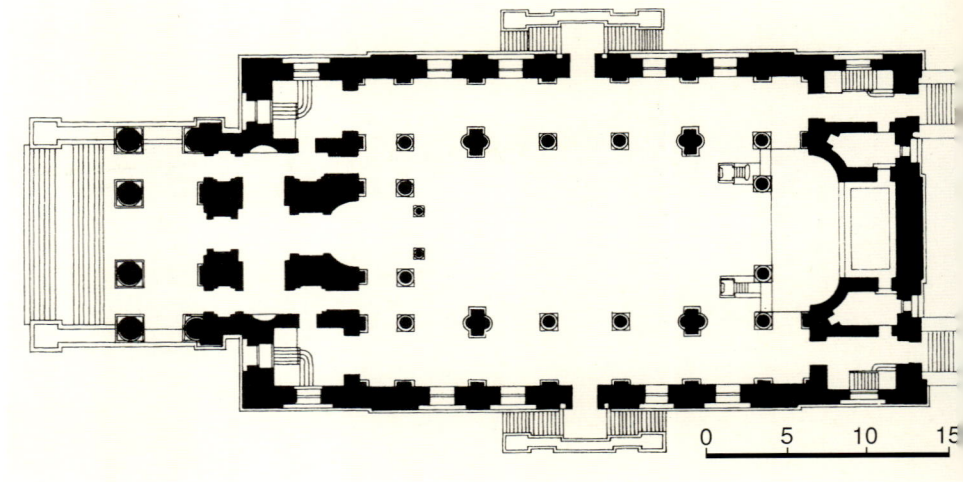

（左上）图6-144 伦敦 圣乔治东堂（1714~1734年，尼古拉·霍克斯莫尔设计，毁于二战）。平面（据John Summerson）

（右上）图6-145 伦敦 圣乔治东堂。入口立面

（左下）图6-146 伦敦 圣乔治东堂。侧立面

（右下）图6-147 伦敦 斯皮特尔基督堂（1714~1729年，尼古拉·霍克斯莫尔设计）。平面（据John Summerson）

克壁柱形成切分节奏。主要入口厅上方，穹顶高高地立在鼓座上，为英国居住建筑中少见的做法。面向大院的侧翼较矮，采用了法国条带状的粗面石砌体，没有用柱式。和中央主体建筑相连的拱廊在交角上弯成内凹弧形，如帕拉第奥设计的罗维戈的巴多尔别墅的做法。朝向花园的立面则不那么严格，用了和下面将要提到的伊斯顿-内斯顿宅邸（位于北安普敦郡托斯特附近，建筑师尼古拉·霍克斯莫尔）类似的技术以达到纪念性的要求，紧靠窗边密集配置壁柱，有些类似马利府邸。在该面，入口门廊和侧面门廊使范布勒得以借鉴更多的"历史"风格：古典神庙、埃及方尖碑、土耳其式的小亭或中世纪的塔楼，都成为他效法的对象。

组群中其他值得一提的还有范布勒设计的风庙（图6-114、6-115）和位于扩展区内霍克斯莫尔设计的卡莱尔家族的陵寝（图6-116~6-119）。后者建于1726~1729年。在舍弃了完全照搬古代模式的第一批设计之后，霍克斯莫尔选定了一个采用多立克柱式的独立圆堂方案，有些类似布拉曼特设计的罗马蒙托里奥圣彼得修

（左中及右上）图6-148 伦敦 伍尔诺特圣马利亚教堂（1716~1727年，尼古拉·霍克斯莫尔设计）。外景及窗饰细部

（左上）图6-149 北安普敦郡 伊斯顿-内斯顿宅邸（1696/1697~1702年，建筑师尼古拉·霍克斯莫尔）。立面（取自John Julius Norwich：《Great Architecture of the World》，2000年）

（右下）图6-150 牛津 万灵学院（1714/1716~1734年，建筑师尼古拉·霍克斯莫尔）。外景

（左下）图6-151 伯明翰 圣腓力教堂（1709~1715年，托马斯·阿彻设计，现为城市大教堂）。立面（图版，取自John Summerson：《Architecture in Britain 1530 to 1830》，1993年）

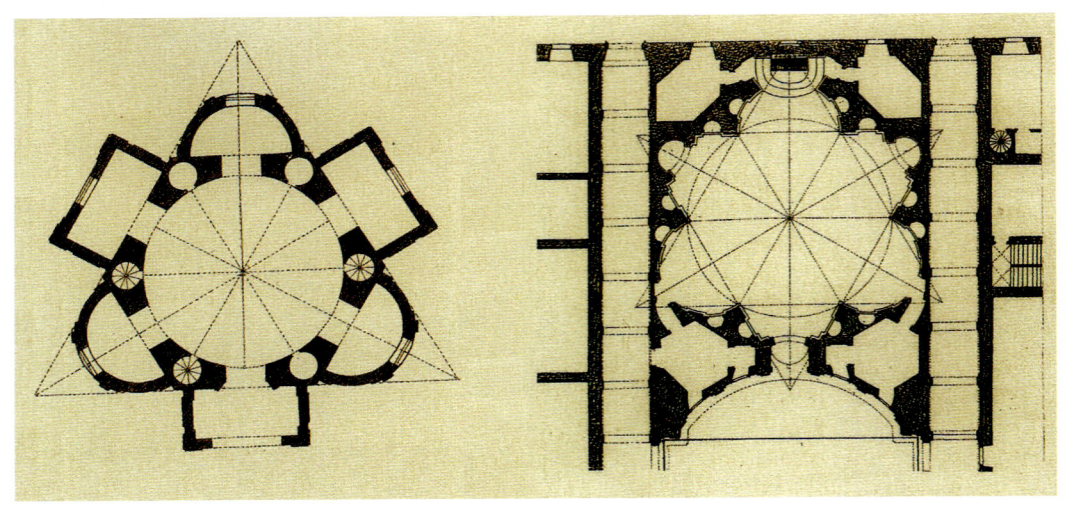

（上）图6-152 贝德福德郡 雷斯特公园。花园亭阁（1709~1711年，托马斯·阿彻设计），平面（左）及和罗马萨皮恩扎圣伊沃教堂（右）的比较

（中）图6-153 贝德福德郡 雷斯特公园。花园亭阁，外景

（下）图6-154 伦敦 德特福德圣保罗教堂（1712~1730年，托马斯·阿彻设计）。平面（据John Summerson）

道院院落里的滕皮耶托（小圣堂）。不过，立在高台上的这个纪念性建筑，其造型效果要强烈得多。它使人想起维也纳建筑师菲舍尔·冯·埃拉赫在其著作《历史建筑》（Historische Architektur，法文名《历史建筑概论》，Esquisse d'une Architecture Historique）里谈到的"山上城堡"（Bergschloß，该书德文版发表于1721年，英文版发表于1730年，书中通过类似的想象追念古代的崇

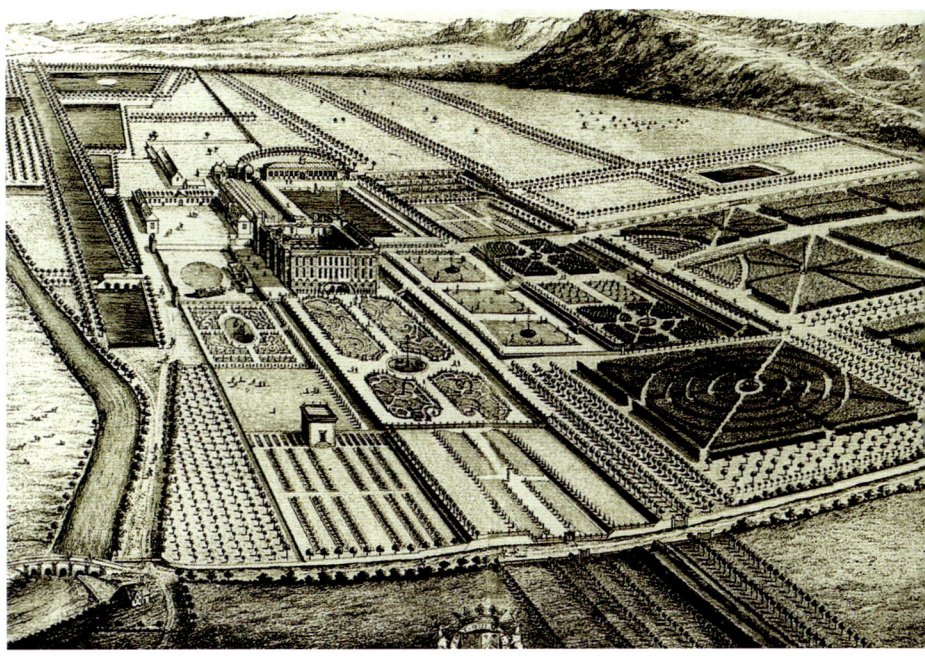

（右上）图6-155 伦敦 德特福德圣保罗教堂。外景（版画，取自 John Summerson：《Architecture in Britain 1530 to 1830》，1993年）

（左）图6-156 伦敦 兰厄姆广场万灵堂（纳什设计）。外景

（右下）图6-157 德比郡 查茨沃思庄园（1686年，威廉·塔尔曼设计）。俯视全景（版画，取自 Knyff 和 Kip：《Britannia Illustrata》，1707年）

高和荣华），从而为浪漫主义的出现铺平了道路。

范布勒和霍克斯莫尔合作的另一个重要作品也是乡间府邸，即牛津郡的布莱尼姆宫堡（1705~1724年，图6-120~6-136）。女王将这栋府邸赐给马尔伯勒公爵，系作为他在布莱尼姆战役中战胜路易十四的奖赏。工程开始阶段的主持人是范布勒，但由于他和公爵夫人意见不和，最后改由霍克斯莫尔负责完成。

宫殿基本形制仿霍华德宫堡。两个建筑大体上都是按帕拉第奥别墅样式设计，两翼向前凸出围成一个大院，侧面另加两个次级院落。但霍华德宫堡组合上略嫌零乱；布莱尼姆宫堡则较为整齐气派，规模也更大。这个宏伟壮观的建筑群长275米，纵深175米。和霍华德宫堡一样，主要厅堂（大厅和沙龙）位于主入口后中轴线（纵向轴线）中心。宽阔的前院（'great' court，法文 cour d'honneur，或译正院、大院）两侧横向轴线上布置马厩院和厨房院。但除了辅助房间和马厩外，范布勒同样将部分主要套房纳入到这两个较小内院的组成形体内。

建筑群再次采用柱廊及门廊作为分划立面的主要手段。立面主体部分带山墙的入口门廊向前凸出，用科

(上)图6-158 德比郡 查茨沃思庄园。18世纪全景(版画,1779年)

(中)图6-159 德比郡 查茨沃思庄园。西南侧景色(版画)

(下)图6-161 德比郡 查茨沃思庄园。东南侧外景

林斯巨柱分划。两侧立面配壁柱、拱廊及带雕像的栏杆（罗马拉特兰教堂立面的设计人加利莱伊想必见过这组建筑）。宫殿主体部分如伊丽莎白时期做法，四角各配一个宏伟的塔楼。粗面石砌筑的塔楼通过较矮的曲面多立克柱廊与主体部分相接。在这组建筑里，虽然用了各种英国母题，但似乎只是独立存在，没能形成总体价值。细部均带雕刻性质，尺度较大且不合传统模式（如把壁柱做成方尖碑的形式）。

随着布莱尼姆宫堡的建设，府邸建筑在吸收和同化巴洛克风格上又跨过了一个新的阶段。然而，布莱

（上）图 6-160 德比郡 查茨沃思庄园。西立面外景

（中）图 6-162 德比郡 查茨沃思庄园。南立面

（下）图 6-163 德比郡 查茨沃思庄园。园林景色（迷宫）

本页及右页：

（左上）图 6-164 德比郡 查茨沃思庄园。大客厅内景

（左下）图 6-165 伦敦 滨河路圣马利亚教堂（1714~1717 年，建筑师詹姆斯·吉布斯）。外景（版画，据 J.Gibbs）

（中及右）图 6-166 伦敦 滨河路圣马利亚教堂。模型，全景及细部（英国皇家建筑师协会藏品）

尼姆宫堡和霍华德宫堡不仅在规模和尺寸上有所区别，在创作灵感的来源上也有所不同。在霍华德宫堡，可以看到来自各种范本的内容，而布莱尼姆宫堡主要是受到英国传统的启示：科林斯门廊可在此前的白厅宫殿设计及格林尼治疗养院里看到，角上沉重的楼阁（其上部造型如烟囱）使人想起伊丽莎白[4]时代的府邸，室内装饰（设计人格林林·吉本斯）也同样是更强调民族的特色。

范布勒的其他作品在运用古代遗产上则表现得更为自由，像法国大革命时期的建筑那样，特别注意在其中发掘英雄主义的题材。

诺森伯兰郡的西顿-德拉瓦尔府邸（1720~1729 年，

中央部分毁于1822年的火灾，图6-137~6-139）为范布勒的后期作品，是个外观极其生动的建筑。在这里，向中世纪的回归表现得更为明显：用于居住的主体部分如城堡那样，于两侧设多边形塔楼；北侧入口边上沉重的环状多立克柱子围着粗面石砌筑的立面。帕拉第奥式的窗户和建筑的严峻形象形成鲜明的对比。

格林尼治的范布勒堡邸（约1717年，图6-140）是范布勒为自己建的三处宅邸之一。建筑几乎全为砖构，具有城堡的特色。也和城堡一样，通过平顶和尖顶、方形或圆形的塔楼，以及垛口和雉堞等，使外观变得丰富生动。

1666年伦敦大火后在雷恩推动下一度颇有起色的宗教建筑，到18世纪初又落入低谷。直到1711年，借助保守党政府通过的一项法令（其中指出，要建50个用石材或其他合宜材料砌造的新教堂，每个均需配置塔楼或尖塔），有关的建筑活动才开始恢复。范布勒为新扩展的郊区制订的教堂方案，和府邸建筑一样，具有很强的折中特色：同时采用了古典样式、巴洛克乃至哥特风格的部件，但很少注意创造一种和建筑的材料及类型相适应的统一风格。在这期间，在城市和乡村，还建了许多精美的中小型建筑[如布莱克希思的莫登学院（图6-141），蒙茅斯和阿宾登的市政厅（图6-142、6-143）等]。

第六章 英国、低地国家和斯堪的纳维亚地区 · 1769

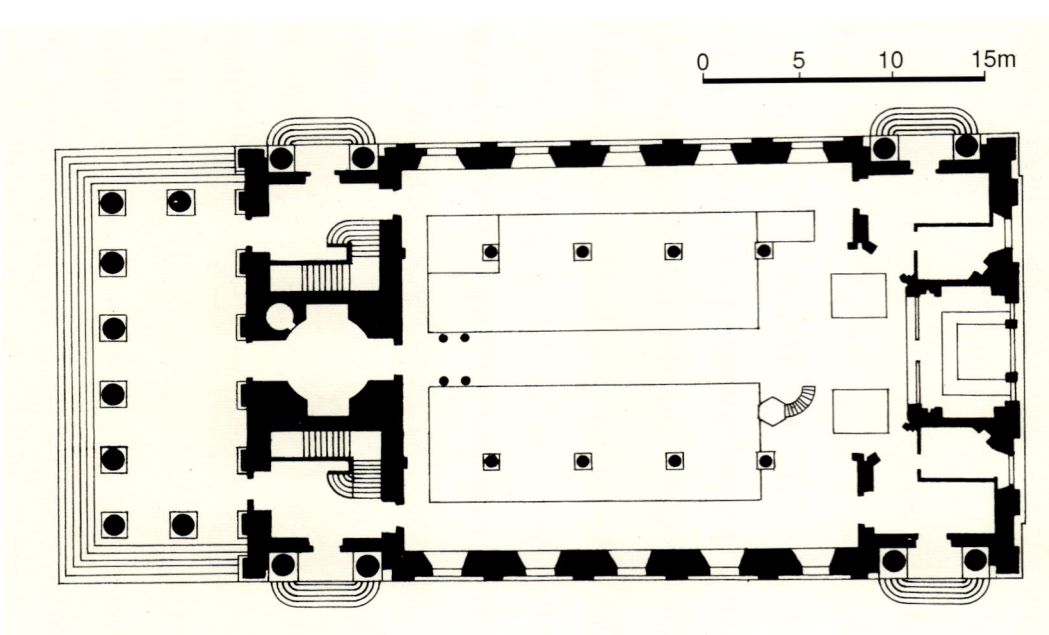

(上)图6-167 伦敦 旷场圣马丁教堂(1721~1726年,建筑师詹姆斯·吉布斯)。平面(据John Summerson)

(下)图6-168 伦敦 旷场圣马丁教堂。平面、立面及剖面(会堂式本堂和雷恩风格的塔楼及仿古代神庙的立面综合在一起)

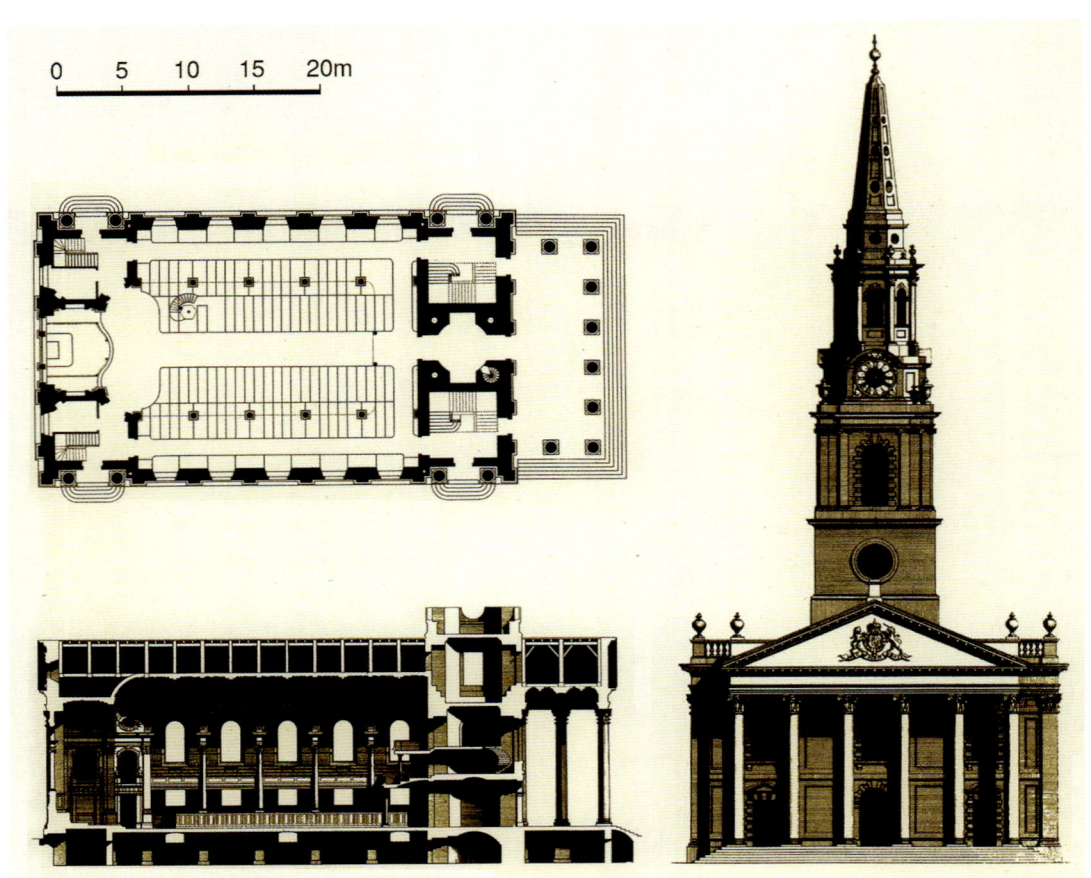

霍克斯莫尔主持建造的伦敦圣乔治东堂(1714~1734年,建筑毁于第二次世界大战,图6-144~6-146)平面为矩形,室内采用集中式布局。主要纵向轴线与三根辅助轴线相交,中间一根轴线上布置主要交叉拱顶。在大部分采用无柱式构图的外部,霍克斯莫尔在尺度上进行了大胆的试验,在本堂、楼梯塔和尖塔处,采用了三种不同尺寸的洞口,并在门上布置了超大的拱心石。在不同尺度的楼梯塔上均可见到的八角形尖塔,实际上是受到哥特建筑的启示。

伦敦的斯皮特尔基督堂(1714~1729年,图6-147),和圣乔治东堂类似,平面为矩形,但内部带有集中布局的特色。其强有力的交叉轴线通向边侧大门。教堂给人

（上）图6-169 伦敦 旷场圣马丁教堂。东西立面及剖面（詹姆斯·吉布斯设计）

（右下）图6-170 伦敦 旷场圣马丁教堂。圆形方案：平面（詹姆斯·吉布斯设计，约1721年）

（右中及左下）图6-171 伦敦 旷场圣马丁教堂。圆形方案：立面及剖面（詹姆斯·吉布斯设计，约1721年）

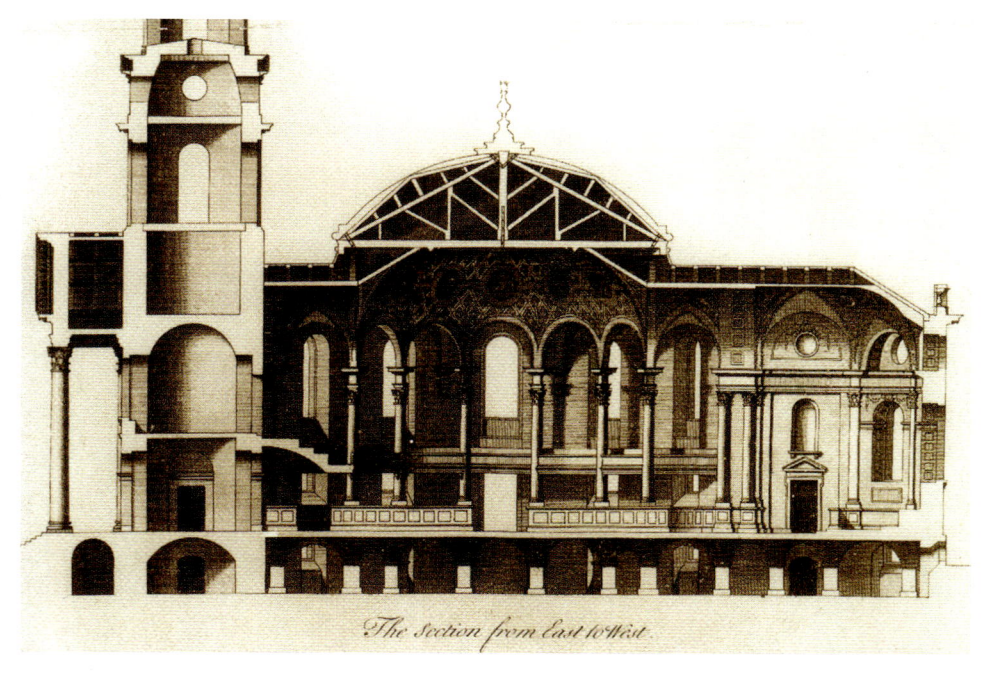

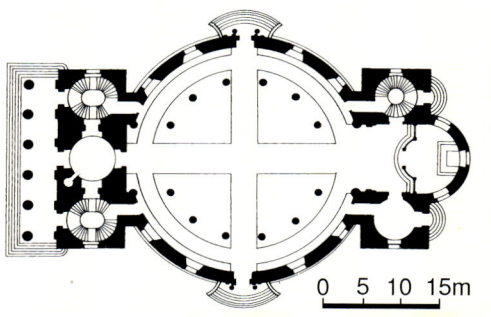

本页及右页：

（左上）图6-172 伦敦 旷场圣马丁教堂。塔楼设计方案（取自James Gibbs：《A Book of Architecture》，1728年）

（中）图6-173 伦敦 旷场圣马丁教堂。模型（英国皇家建筑师协会藏品）

（左下）图6-174 伦敦 旷场圣马丁教堂。外景（版画，附平面）

（右）图6-175 伦敦 旷场圣马丁教堂。外景现状

印象最深刻的部分是西部尖塔。四柱门廊中央跨间为圆券筒拱，同一母题在上层再次出现，只是造型变得更为抽象和扁平。在尖塔顶部亦多次以简化和缩小的形式重复了中央拱券的造型。

在霍克斯莫尔设计的所有教堂中，伦敦的伍尔诺特圣马利亚教堂（1716~1727年，图6-148）可说是最不符合传统的一个。它是根据1711年法令建造的50个新

教堂中最小的一个，但是却采用了沉重的比例和尺度。基座层开两个窗户和一个龛室式的门廊，条带式的粗面石砌体向两边延伸，将两个巨大的多立克柱围括在内；其上是带独立科林斯柱子的钟楼和顶上的一对小塔。霍克斯莫尔在设计教堂时，同样借助了自己的考古学知识。事实上，在采用直线结构的斯皮特尔基督堂或伍尔诺特圣马利亚教堂，他有时利用古典部件，有时用抽象形式，全凭自己的主观意愿，一如博罗米尼及其门徒在采用曲线形式时的做法。

北安普敦郡的伊斯顿-内斯顿宅邸(1696/1697~1702年，图6-149)，是霍克斯莫尔独立建造的唯一重要的乡间府邸。由于在密集配置的巨大壁柱之间挤进了狭高的窗户，创造了一种极其宏伟的效果。立面分两阶向前凸出，第二阶尤为明显：两根巨大的复合式立柱围着主要

（上）图6-176 伦敦 旷场圣马丁教堂。内景（18世纪后期版画）

（下）图6-177 伦敦 旷场圣马丁教堂。内景（灰泥装饰为意大利匠师制作）

（中）图6-178 剑桥 国王学院。科研楼（1724~1730年，建筑师詹姆斯·吉布斯），第一方案模型（作者尼古拉·霍克斯莫尔）

大门，创造了一种少有的单跨门廊。不过，在这里，立面并没有反映建筑内部的真实布局，实际上，有些部分有四层高。

和雷恩一样，霍克斯莫尔也采用了某些哥特建筑的要素，在他负责扩建的牛津的万灵学院（1714/1716~1734年，图6-150），表现最为突出。其主立面严格对称，中央入口边上立两个塔楼，同时大量采用了哥特式的两心拱和内外四心桃尖拱。从一系列方案设计中可知，建筑师如何一步步地使礼拜堂的哥特风格和新的建筑群协调。不过，只是在多少年之后，人们才真正认识到，哥特复兴和哥特建筑本身的区别。

1774·世界建筑史 巴洛克卷

图6-179 剑桥 国王学院。科研楼（图6-178模型细部）

在1711年保守党政府建造新教堂的法令颁布后，霍克斯莫尔提供了六个教堂的设计，其中布卢姆斯伯里圣乔治教堂（1716~1727年）是受到古代样板的启示；前述伦敦的伍尔诺特圣马利亚教堂则使人想起雷恩的作品。

其他建筑师及作品

曾在罗马对贝尔尼尼和博罗米尼作品进行过深入研究的托马斯·阿彻（1668~1743年），比当时任何其他英国建筑师都更迷恋罗马的巴洛克艺术和建筑，后者成为他创作时的主要灵感来源(对此,他有第一手认知)。在他设计的伯明翰的圣腓力教堂里（1709~1715年，图6-151），可以看到贝尔尼尼和博罗米尼风格的各种表现（特别是博罗米尼样式的尖塔）。其凹面侧边被改造成多边形穹顶，甚至窗户也是完全模仿圣伊沃教堂。位于贝德福德郡的雷斯特公园里的花园亭阁，则是一个具有类似风格的小型建筑（图6-152、6-153）。

在1711年为伦敦内城设计的50个新教堂中，属托

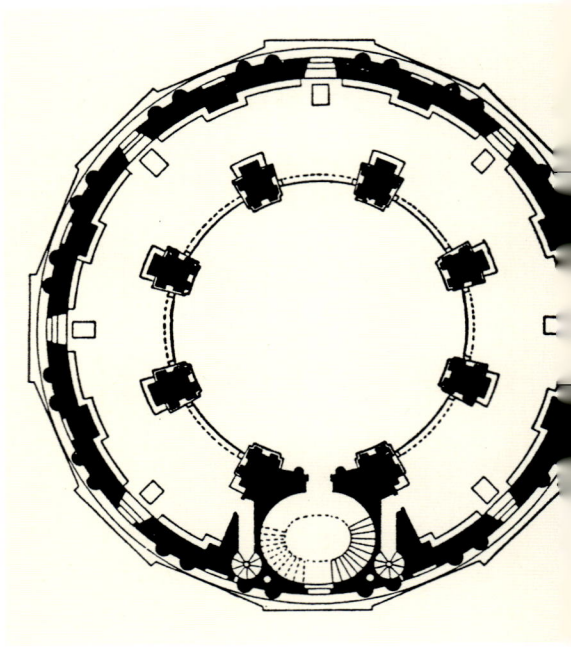

(左上)图6-180 剑桥 国王学院。科研楼，立面方案设计(作者詹姆斯·吉布斯，约1723年)

(下)图6-181 剑桥 国王学院。科研楼，现状外景

(右上)图6-182 牛津 大学图书馆(1739~1749年，詹姆斯·吉布斯设计)。平面(据Alfred William Stephen Cross)

马斯·阿彻设计的有两个。第一个是德特福德圣保罗教堂(1712~1730年，图6-154、6-155)。在这里，尽管用了矩形平面，但内部仍采用集中式布局，具有很强的横向轴线。立面采用巨大的科林斯柱子，占主导地位的是一个颇有力度类似罗马滕皮耶托(小圣堂)的半圆形门廊，上冠尖塔，为纳什的兰厄姆广场万灵堂(图6-156)提供了样板。地面升起的教堂通过一段精心制作的梯阶上去(梯阶两边为直线，正面为曲线)。在伦敦史密斯广场的圣约翰教堂(1714~1728年，1941年被毁后进行了重建)，主要入口位于横向轴线上。单一的尖塔在这里为四个角塔取代。

威廉·塔尔曼(1650~1719年)最著名的作品是为德文郡第一位公爵设计的德比郡的查茨沃思庄园(始建于1686年，图6-157~6-164)。其室内布置并无新意，但南立面给人们留下了深刻的印象，甚至被认为是英国首例真正的巴洛克立面。由三部分组成的立面不同寻常地具有12个开间，因此中线上是墙面而不是洞口。但由于(以后)设置了双坡道台阶，两个中央开间按同样的方式处理，同时将构图重点移到立面两端，这种不利因素得到了最大程度的化解。在这里，采用了带沟槽的

(上) 图 6-183 牛津 大学图书馆。立面及剖面（据 Alfred William Stephen Cross）

(左下) 图 6-184 牛津 大学图书馆。剖面（图版，取自 Stephan Hoppe：《Was ist Barock？ Architektur und Städtebau Europas 1580-1770》，2003 年）

(右下) 图 6-185 牛津 大学图书馆。剖析图（取自 John Julius Norwich：《Great Architecture of the World》，2000 年），图中：1、曲线扶垛，2、穹顶，3、带藻井图案的穹顶内壳，4、支撑穹顶的柱墩，5、粗面石基座层

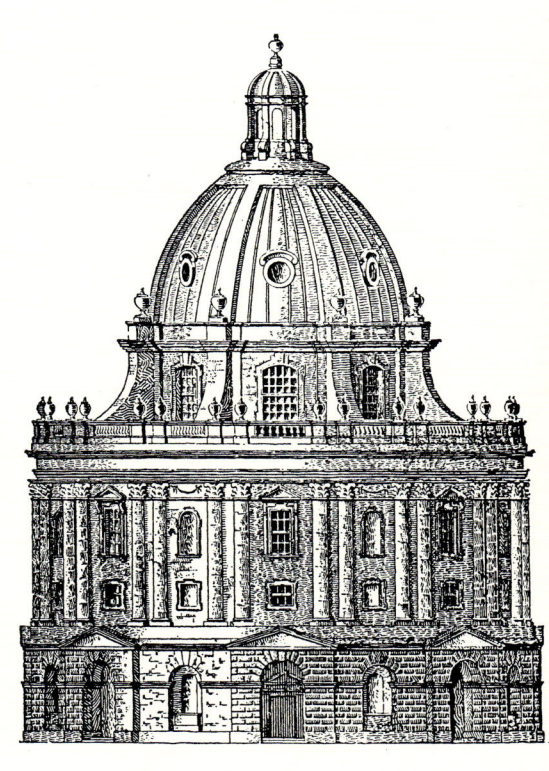

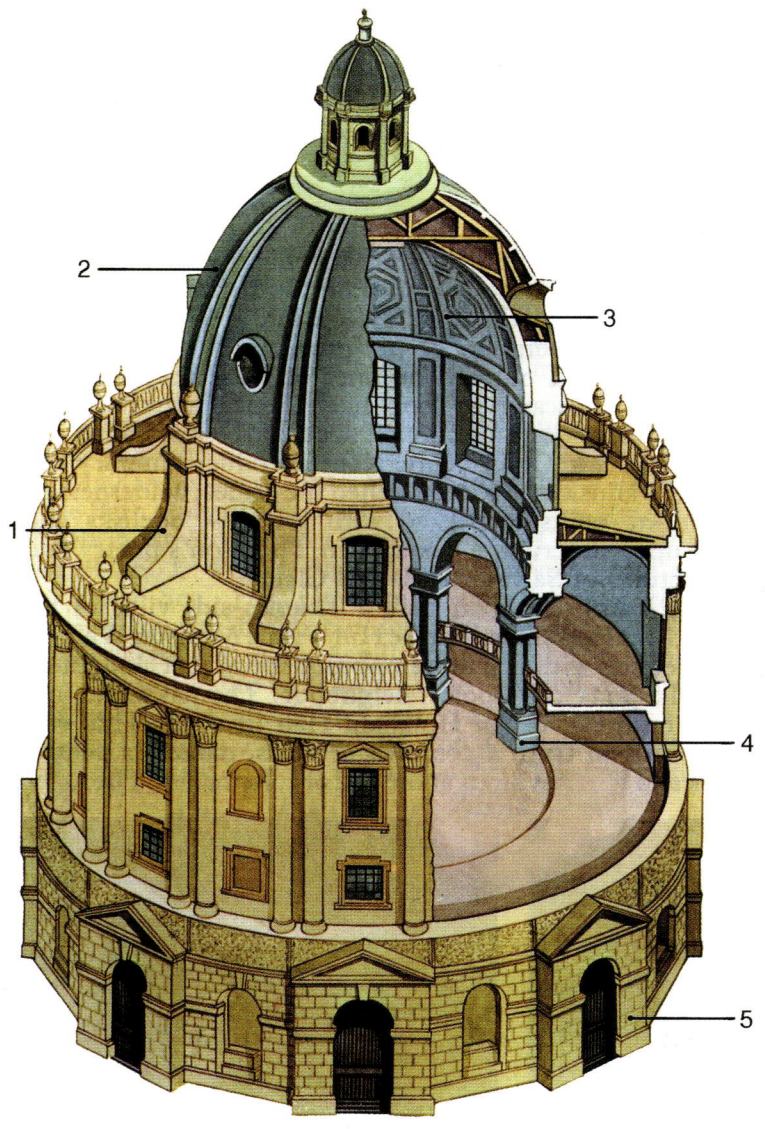

爱奥尼巨柱，中间拱心石上装饰着鹿头形象。

詹姆斯·吉布斯（1682~1754年）是苏格兰罗马天主教徒和托利党人，在思想感情上他自然站在流亡法国的詹姆斯二世一边。1703年，他去罗马准备接受教士的培训，但最后却到设计任务饱满的卡洛·丰塔纳的工作室里当了学徒。詹姆斯·吉布斯对意大利建筑的知识在当时只有托马斯·阿彻能与之相比。其作品尽管接近雷恩的作风，但主要还是忠实于意大利的模式。由于他的努力，在帕拉第奥复兴（palladian revival）已经起步后，巴洛克建筑还能享有一次最后的辉煌。不过，在18世纪初新帕拉第奥主义流行的大背景下，詹姆斯·吉布斯的独特作品只能视为例外的表现。这也是伯林顿勋爵在制订其宅邸设计时，改用科伦·坎贝尔替代他的缘由（在后面我们还将谈到这点）。

詹姆斯·吉布斯在英国的第一个作品是建于1714~1717年的伦敦滨河路圣马利亚教堂，其中可看到来自意大利——特别是手法主义——范本的影响（图6-165、6-166）。伦敦的旷场圣马丁教堂是他的主要作品，也是其设计中影响最大的一个（1721~1726年，平、立、剖面及方案设计：图6-167~6-173；历史及现状景色：图6-174~6-177）。此前不久，吉布斯曾就城市教堂设想了一个独特的模式：建筑圆形，内部置柱廊，如意大利建筑师安德烈·波佐在一篇论透视的论文中提出的那样（论文于1707年在英国发表）。由于资金方面的原

左页：

（左上）图6-186 牛津 大学图书馆。俯视全景

（左下）图6-188 牛津 基督堂学院。佩克沃特院（1704~1714年），外景

（右）图6-189 牛津 众圣堂（1706~1710年，亨利·阿尔德里克设计）。外景

本页：

图6-187 牛津 大学图书馆。近景

因，这一设计未能实现，但采用集中式平面的解决方式在以后的一些设计中仍然得到大量应用。旷场圣马丁教堂最后的方案表明，他在利用历史样板时采取了一种自由的态度。矩形平面的本堂上冠穹顶，显然在很大程度上是受到雷恩的影响，特别是在内部廊道和拱顶体系的布置上。尽管没有用圆形平面，但前置科林斯柱廊的建筑，仍然有些类似万神庙。带雕刻的室外配有别具一格的窗户框饰，主入口处为带山墙的宏伟柱廊。将一个类似神庙的柱廊和带尖顶的钟楼相配合的独特做法是英国大量堂区教堂的典型特征，这种形式虽遭人诟

(左上)图6-190 科伦·坎贝尔:英文版《不列颠维特鲁威》(Vitruvius Britannicus, 1717年)插图(圣保罗大教堂)

(右上)图6-191 伦敦 万斯泰德府邸(1713~1720年,科伦·坎贝尔设计,1822年拆除)。立面方案(I~III,图版取自《不列颠维特鲁威》,1715~1725年)

(下)图6-192 伦敦 万斯泰德府邸。外景(版画)

病但模仿者甚众。带单一本堂圣殿,配有廊台、钟楼及神庙状门廊的这个建筑很快成为英国国教无数教区教堂的范本。吉布斯的理论和实践活动进一步通过其著述在英语国家里得到了广泛的传播。

1724~1730年建成的剑桥大学国王学院科研楼(图6-178~6-181),充分表现出詹姆斯·吉布斯的设计才干。其相对简朴的外观有些类似乡间府邸,但带上下山墙、拱券门窗及多立克柱廊的入口部分,又使建筑带有庄严的纪念品性。同样由他设计并于1739~1749年建成的牛津大学图书馆（图6-182~6-187），系从1715年霍克斯莫尔的早期设计发展而来，完全依从意大利手法主义的传统。两者均为独立的圆堂建筑，于粗面块石砌筑的基座层上立科林斯柱式。但节奏的变换则是这个设计的创新。不高的多边形基座的墙面交替凸出和凹进，其上成对配置的科林斯柱子围着宽窄相间的开间，这种节奏一直延续到栏杆部分；其上形制有所变化，穹顶的曲线扶垛立在下部每跨的中间部位。整体形象粗壮如古罗马堡垒。在这里，人们采用这样一种与古典章程相悖的做法，正是为了创造戏剧性的效果。室内则于穹顶基部向外出密集的涡卷挑腿，形成洛可可的"S"形线条（德累斯顿的圣母院也采用了这类形式）。

总的来看，吉布斯的作品既有独创精神同时又不失对传统模式的尊重，因而在保守派的圈子里拥有许多信徒。他的论著《建筑选集》（A Book of Architecture,

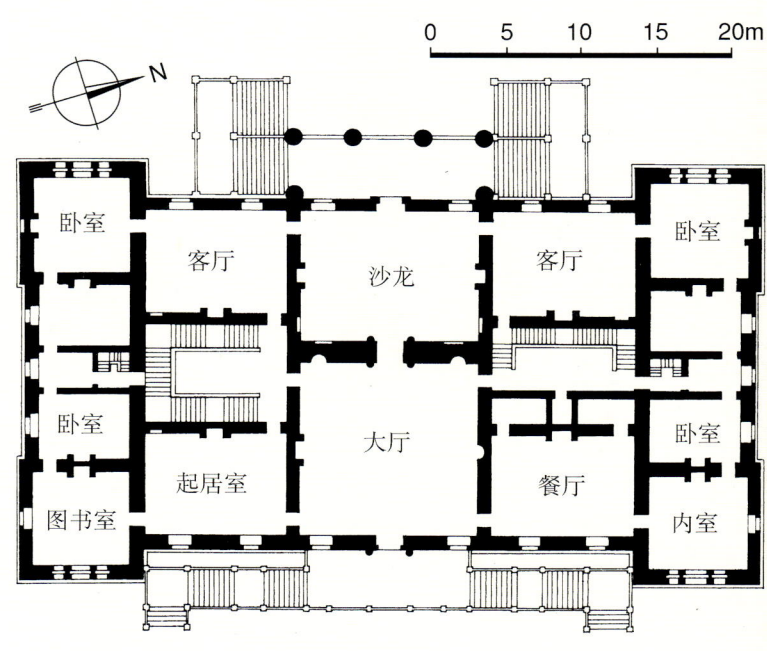

（上）图6-193 诺福克郡 霍顿府邸（1722~1726年，科伦·坎贝尔设计）。平面（据John Summerson）

（中）图6-194 诺福克郡 霍顿府邸。花园立面（《Vitruvius Britannicus》插图）

（下）图6-195 诺福克郡 霍顿府邸。立面设计（取自《Vitruvius Britannicus》，第III卷，1725年）

(上)图6-196 诺福克郡 霍顿府邸。花园面外景(穹顶设计詹姆斯·吉布斯,约1729年)

(下)图6-197 诺福克郡 霍顿府邸。入口立面

1728年)和《建筑某些部分的绘制法则》(Rules for Drawing the Several Parts of Architecture,1732年)直到19世纪仍然具有现实意义。

在伦敦以外,主要是几个大学城在18世纪初增添了一些新教堂和新学院。一些富有的古董收藏家和业余建筑爱好者(virtuosi)在这方面起到很大的推动作用。牛津基督堂学院的佩克沃特院,就是由学院院长亨利·阿尔德里克(1647~1710年)设计的,这是个帕拉第奥风格的建筑,建于1704~1714年(图6-188)。牛津的众圣堂(1706~1710年,图6-189)也是他的作品。

四、新帕拉第奥主义

继范布勒和霍克斯莫尔之后成长起来的新一代建筑师,完全舍弃了雷恩及其门徒那类建筑。在1712年自意大利发出的一封信里,沙夫茨伯里伯爵写道:"(这些年来)最重要的公共建筑都毁在一个唯一的宫廷建筑师手里……我怀疑,我们的耐心是否还能像这样持续下去……难道我们还想看到一个类似汉普顿那样的白厅宫殿,甚至是像圣保罗那样的一个新的大教堂吗?"这段话所表达的意思,显然并不仅仅是否决一种美学观念。在1688~1689年的"光荣革命"[5]之后,作为绝对君权的对立面,辉格党人的影响在不断扩大,并在1714年汉诺威王朝国王登上王位后,几十年期间出任首相的要职。与此同时,大资产阶级和大地主地位的巩固也促进了和功能表现联系更密切的建筑形式的更新。作为对雷恩作品中表现出来的那种豪华浮夸作风的反动,人们开始追求一种基于真实和自然的建筑。被称为新帕拉第奥主义的这一阶段,大约自1715年延续到1750年。

[主要建筑师及作品]

伯林顿勋爵(1694~1753年)是在英国推行帕拉第奥风格的中坚人物,对帕拉第奥的理论和原则在学术上有深刻的理解。他不仅是著名的业余建筑师和重要

图6-198 诺福克郡 霍顿府邸。石厅（1722~1731年），内景

的投资者，同时也是公认的引导这时期英国帕拉第奥情趣的权威人士和英国新帕拉第奥主义运动的真正推动者。当时在他周围，聚集了一帮美术爱好者和建筑师。科伦·坎贝尔(1673~1729年)和威廉·肯特(1685~1748年)两人均属这个圈子内的人物。他们的宗旨是转向在帕拉第奥的著作和他们的同胞伊尼戈·琼斯的作品中体现出来的那种古代遗产的"真实和高雅的法则"。古典形式和民族传统就这样在以后几十年期间为英国建筑提供了主要的参照体系。而在帕拉第奥作品中同样有所表现的手法主义要素，则被搁置一旁。

聚集在伯林顿周围的这帮业余爱好者的这些观念，对民用建筑产生了很大的影响。1718年，本人曾去意大利研究帕拉第奥别墅建筑的伯林顿，和过分热衷于巴洛克传统的吉布斯分手，转而委托科伦·坎贝尔建造他

第六章 英国、低地国家和斯堪的纳维亚地区 · 1783

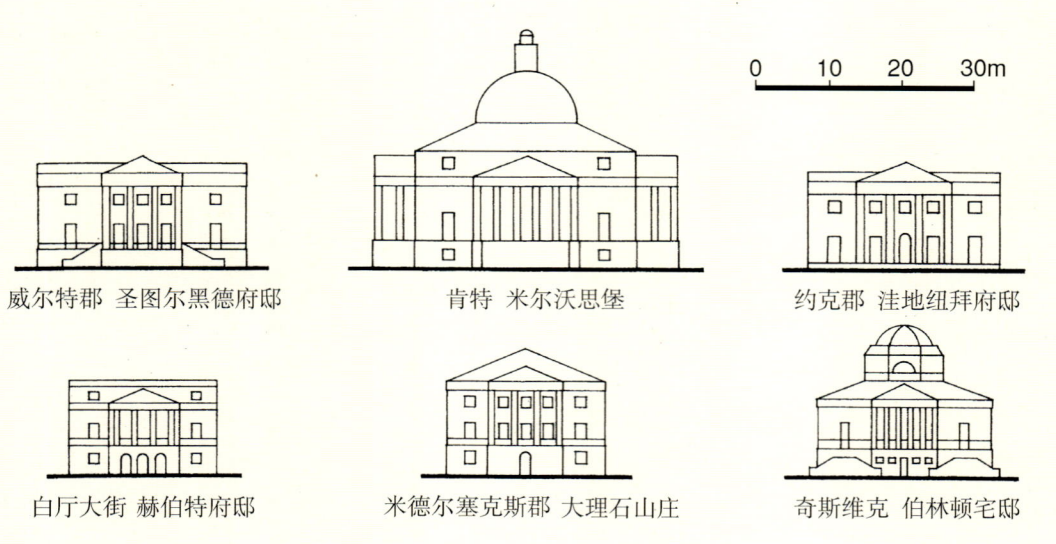

本页：

（上）图6-199 肯特 米尔沃思堡（1722~1725年，科伦·坎贝尔设计）。立面及剖面（图版，据R.Blomfield）

（下）图6-200 英国 帕拉第奥"别墅"类型图

右页：

（左上）图6-201 威尔特郡 斯图尔黑德府邸（约1721年，科伦·坎贝尔设计）。平面

（右上）图6-202 威尔特郡 斯图尔黑德府邸。立面（第一方案，约1721年）

（右下）图6-203 伦敦 白厅大街赫伯特府邸（约1723~1724年，科伦·坎贝尔设计，已拆除）。立面

（左下）图6-204 米德尔塞克斯郡 奇斯维克府邸（1725~1729年，伯林顿及威廉·肯特设计）。平面及立面（图版，取自John Summerson：《Architecture in Britain 1530 to 1830》，1993年）

1784·世界建筑史 巴洛克卷

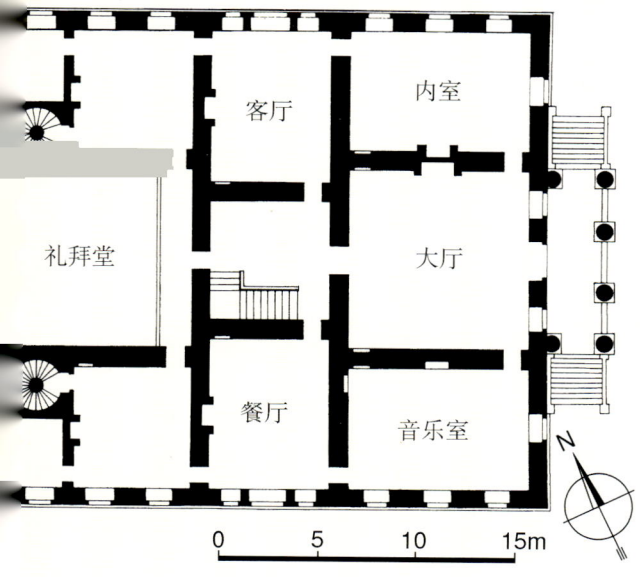

的乡间别墅（即以后的伯林顿宅邸）。

作为英国帕拉第奥风格奠基人之一，出身于苏格兰领主之家的科伦·坎贝尔最初是位律师，由于出版英文版《不列颠维特鲁威》（Vitruvius Britannicus, 1715、1717、1725 年）而成为建筑界名人（1715 和 1717 年出版的两卷本系题献给国王乔治一世：第一卷包括 100 幅英国古典建筑的版画；第二卷提供了帕拉第奥《建筑

第六章 英国、低地国家和斯堪的纳维亚地区 · 1785

四书》的译文,图6-190)。他设计的伦敦万斯泰德府邸(1713~1720年,1822年拆除,图6-191、6-192)是第一个在一定程度上有意识地建造的帕拉第奥式乡间住宅。主要楼层位于粗面石基层上,较高的中央形体设神庙式的六柱柱廊。坎贝尔还设计了带塞利奥式窗户的角塔,但一直未建。诺福克郡的霍顿府邸(1722~1726年,图6-193~6-198)是坎贝尔为英国第一任首相沃尔浦尔[6]建造的一个带四个塔楼的府邸。建筑最初没有侧翼,按琼斯的女王宫的模式在中央沙龙和立方体大厅两边对称布置套房。室外于花园面出四柱门廊(设附墙半柱),上冠穹顶的塔楼上开威尼斯式的窗户。入口面于粗面

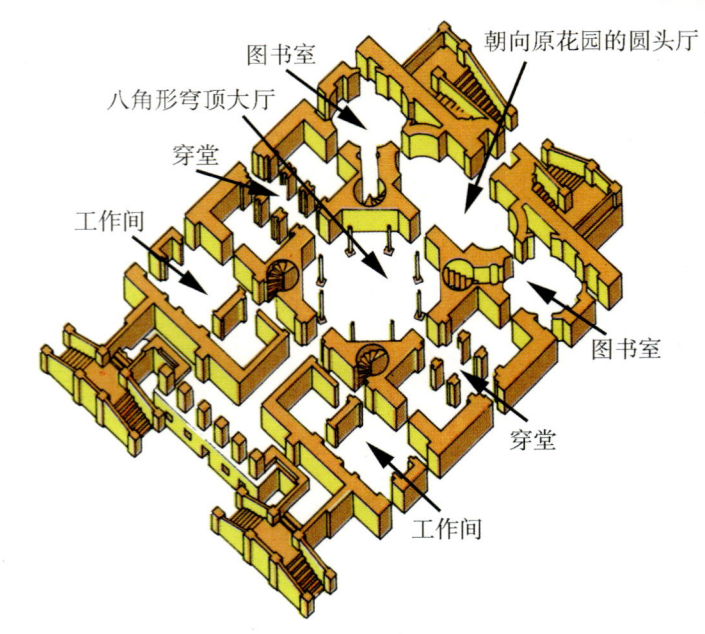

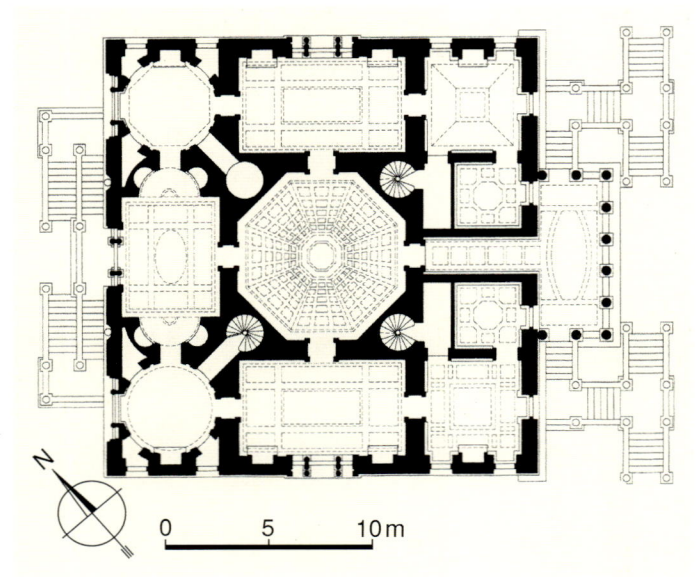

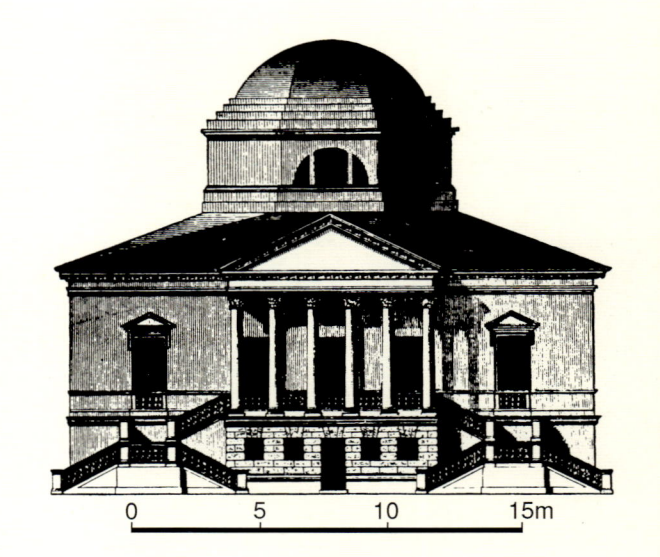

(左中)图6-205 米德尔塞克斯郡 奇斯维克府邸。平面(由九个方形、矩形、圆形和多角形单元构成)

(右上)图6-206 米德尔塞克斯郡 奇斯维克府邸。平面剖析图(取自John Julius Norwich:《Great Architecture of the World》,2000年)

(右中)图6-207 米德尔塞克斯郡 奇斯维克府邸。立面(据J.Fergusson)

(下)图6-209 米德尔塞克斯郡 奇斯维克府邸。入口面全景

1786·世界建筑史 巴洛克卷

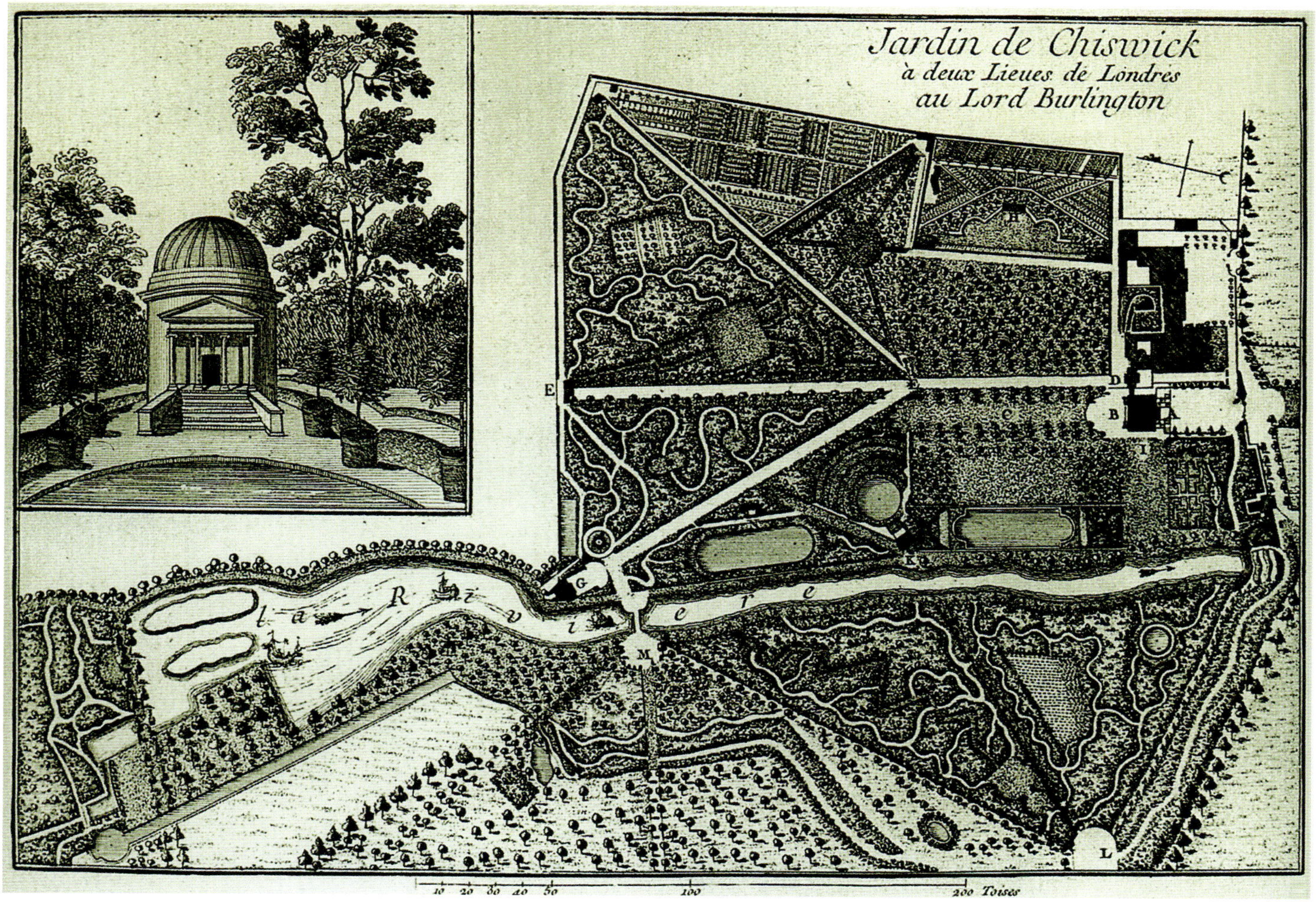

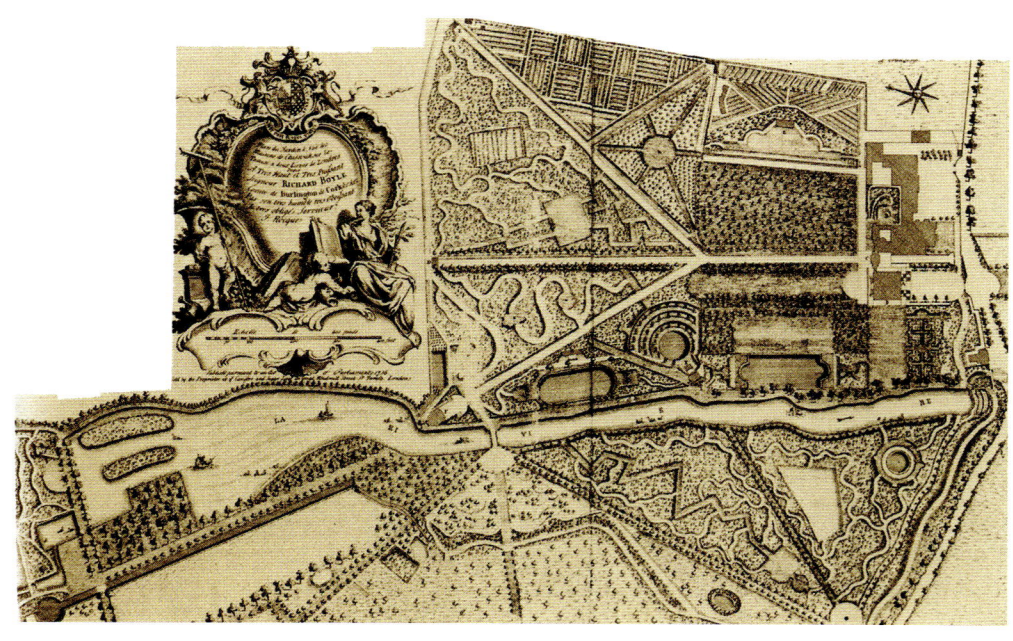

(上下两幅)图 6-208 米德尔塞克斯郡 奇斯维克府邸。花园平面(图版,据 William Kent,上图 1720 年代,下图 1736 年)

石墙上开窗,颇似帕拉第奥维琴察的蒂内府邸。他设计的肯特的米尔沃思堡(1722~1725 年,图 6-199)基本上模仿帕拉第奥的圆厅别墅,是英国若干这类帕拉第奥式"别墅"中最精美的一个(图 6-200)。其他类似作品中还有:威尔特郡的斯图尔黑德府邸(1721 年起始,图 6-201、6-202)、白厅大街的赫伯特府邸(约 1723~1724 年,图 6-203)等。坎贝尔的这些乡间宅邸很快成为 18 世纪上半叶英国私人建筑的典范。其作品造型朴实,平面

（上）图6-210 米德尔塞克斯郡 奇斯维克府邸。立面全景

（下）图6-212 米德尔塞克斯郡 奇斯维克府邸。花园立面景色

图 6-211 米德尔塞克斯郡 奇斯维克府邸。立面近景

清晰、均衡,比例和谐,在处理古代母题上有诸多变化;门廊、柱廊及中央大厅上的穹顶,在使人想起帕拉第奥作品的同时,搭配上亦不乏新意。

在 1725~1729 年[7]建造的奇斯维克府邸(位于伦敦附近米德尔塞克斯郡)中,伯林顿勋爵本人提供了一个非常完美的采用新帕拉第奥风格的实例(平面及立面:图 6-204~6-208;现状景色:图 6-209~6-213)。他在已毁的詹姆斯一世时期建筑的基础上,增建了一个类似帕拉第奥的圆厅别墅的建筑,只是规模较小,其中同样汲取了斯卡莫齐的罗卡-皮萨尼别墅(位于洛尼戈山上)的设计理念。从尺度上看,它比坎贝尔的乡间宅邸更接近威尼斯的别墅。方形平面内纳入一个位于中央的八角形体。围绕着上置穹顶的这个中央厅堂(沙龙),配置成组并列面对花园的套房。一系列不同形式的房间(矩形、方形、圆形、八角形)重现了诺福克郡霍尔卡姆府邸(见下文)的做法并影响到罗伯特·亚当的作品。有的房间还通过半圆室加以扩大,其龛室内安置雕像。室外平素的墙面上重点布置几个窗洞,有大量效法古代的部件:门廊的六根科林斯柱子使人想起古罗马的朱庇特神殿,穹顶类似万神庙,鼓座上分成三格的半圆窗好似罗马的浴场,面向花园带柱子和圆券的窗户构成塞利奥那种式样的变体形式,背立面威尼斯式的凹窗更在帕拉第奥式建筑中有着长久的历史。但所有这些部件都不是照搬原型,而是基于 16 世纪的理解和诠释——伯林顿正是通过帕拉第奥的图稿和作品,对这些题材有所认识。通向基台上门廊的台阶成为这个古典建筑中唯一的巴洛克要素。室内布置及设施由威廉·肯特负责。在这里,伯林顿同样采纳了伊尼戈·琼斯的观念,而后者本身又是来自帕拉第奥的思想。彼此相通的房间,具有明确的功能,在装饰及肖像布置上均有所反映。接待厅、图书馆、廊道等占据了首层的中央部分,具有庄重的特色。私人房间(卧室及所谓"红室")同样具有丰

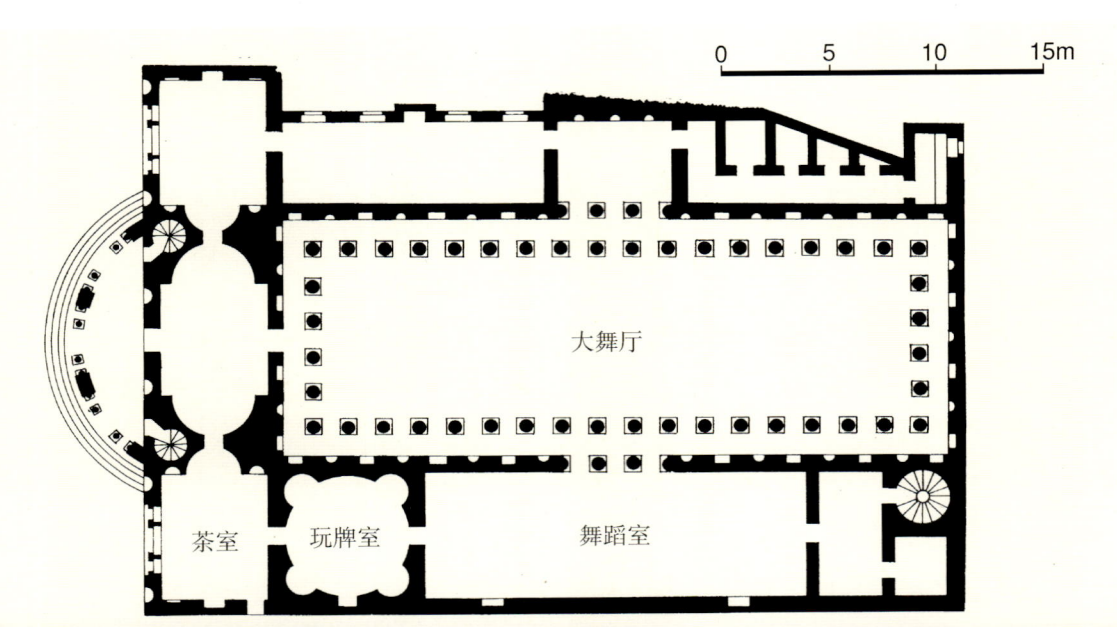

（上）图6-213 米德尔塞克斯郡 奇斯维克府邸。圆头厅，内景

（下）图6-214 约克礼堂（1730年，伯林顿设计）。平面

(上）图6-215 约克 礼堂。立面（图版，取自 John Summerson：《Architecture in Britain 1530 to 1830》，1993年）

(中上）图6-216 约克郡 温特沃思-伍德豪斯宅邸（约1733~1770年，建筑师亨利·弗利特克罗夫特）。外景（版画，取自 John Summerson：《Architecture in Britain 1530 to 1830》，1993年）

(中下）图6-217 诺福克郡 霍尔卡姆府邸（1734~1765年，建筑师威廉·肯特）。平面

(下）图6-218 诺福克郡 霍尔卡姆府邸。立面（图版，取自 J.Woolfe 和 J.Gandon：《Vitruvius Britannicus》，第 VI 卷，1771年）

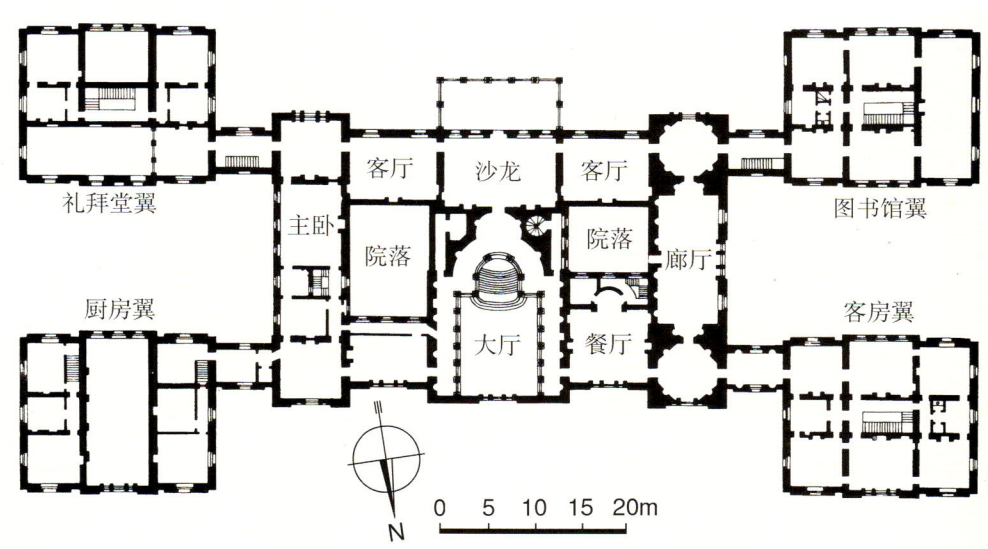

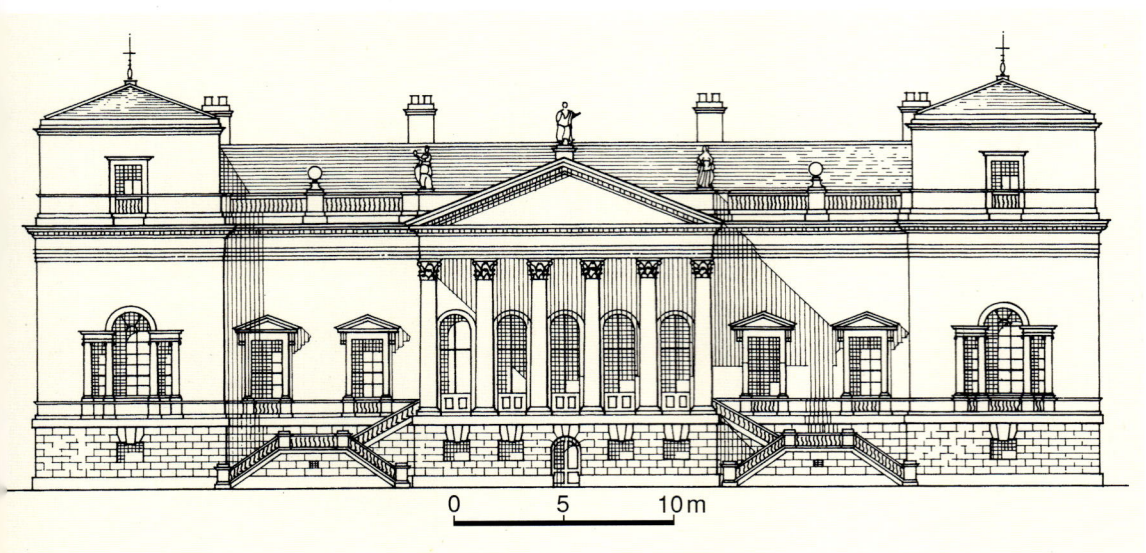

(上)图6-219 诺福克郡 霍尔卡姆府邸。中央形体立面(取自Robert Adam:《Classical Architecture》,1991年)

(左下)图6-220 诺福克郡 霍尔卡姆府邸。主立面外景

(右下)图6-222 伦敦 伯克利广场44号住宅(1742~1744年,威廉·肯特设计)。入口厅堂及楼梯,内景

富的绘画、分枝吊灯、丝绒和贵重木料的装修。

在约克的礼堂(1730年,图6-214、6-215),伯林顿在舞厅部分采用了帕拉第奥所说带柱廊的埃及式厅堂(Egyptian Hall)的构图模式,其正面和侧面边上布置各种形式的房间,如罗马浴场那样纳入龛室和半圆室。最初立面带曲线门廊,上部开浴场那样的窗户。

约克郡的温特沃思-伍德豪斯宅邸(约1733~1770年,图6-216)的平面和立面设计人为亨利·弗利特克罗夫特(号称"Burlington Harry",1696~1769年)。它构成霍顿府邸的一个拉长了的变体形式,为伯林顿和坎贝尔的追随者建造的诸多帕拉第奥式建筑之一。室内相当华美。

威廉·肯特于1719年自意大利回国并成为帕拉第奥风格的室内设计师。从18世纪30年代开始,肯特成为一名成功的建筑师,并借助其工程局监理代表的身份将帕拉第奥风格引进到公共建筑里。他的才干在建于1734~1765年的霍尔卡姆府邸(位于诺福克郡,图6-217~6-221)里得到了充分的体现。米德尔塞克斯的

1792·世界建筑史 巴洛克卷

图6-221 诺福克郡霍尔卡姆府邸。入口大厅及楼梯内景

奇斯维克府邸尽管装修豪华,毕竟还保留了亲切的特色,而完全由他负责的这个建筑则是新帕拉第奥风格的一个宏伟壮观的样本。其主人为莱斯特伯爵托马斯·科克,施工负责人为马修·布雷丁厄姆(1699~1769年)。在这里,肯特的创作灵感显然是来自伯林顿的理想,但规模却要超过奇斯维克府邸。完全对称的平面围绕中央建

本页：

（上）图6-223 克洛德·洛兰：德尔斐风景（油画，现存罗马 Galleria Doria Pamphili）

（下）图6-224 克洛德·洛兰：圣乌尔苏拉在港口登船（油画，现存伦敦 National Gallery）

右页：

图6-225 巴斯 普赖尔公园（1735年，老约翰·伍德设计）。俯视景色（中间为帕拉第奥风格的廊桥）

(上)图6-226 J. 斯图尔特和N. 雷韦特:帕提农神庙,立面 [《雅典古迹》(Antiquités d'Athènes)一书插图,1762年]

(中)图6-227 特威克纳姆"大理石山庄"(1724~1729年,彭布罗克和罗杰·莫里斯设计)。外景

(下)图6-228 伦敦 斯潘塞府邸(1756~1765年,施工主持人约翰·瓦迪)。外景

图 6-229 伊萨克·韦尔：帕拉第奥《建筑四书》英文版扉页

筑的接待厅布置，大厅位于构图中心，空间布置有如圣堂，由廊道环绕的宏伟楼梯通向主要楼层。由辅助建筑构成的四翼通过廊道与这个主体部分相连。带四个塔楼的中央形体各角上纳入礼拜堂、厨房、图书馆和客房。每个形体之间都有明确的分划和单独的屋顶，外观既富于变化又具有明确的等级序列，体现了帕拉第奥风格的精神，尽管它缺乏帕拉第奥建筑那种有机的品性。贵重材料的装修、主要楼梯所在的宏伟华丽的柱厅，具有古代风格的檐壁，特别是带藻井的庄重天棚，都使人们想起罗马建筑那种宏伟的品性。以古典部件为基础的折中主义特色非常明显。威廉·肯特的才干同样在一些尺度较小的作品中有所表现：伦敦伯克利广场 44 号住宅的入口厅堂因其曲线的动态，属这时期给人印象最深刻的室内装饰实例之一（图 6-222）。

和法国相比，英国的自由传统和对自然环境的热爱，都在伯林顿伯爵及其建筑师威廉·肯特（1684~1748 年）

（上及中）图6-230 米德尔塞克斯郡 南米姆斯，罗瑟姆公园（1754年，伊萨克·韦尔设计）。立面

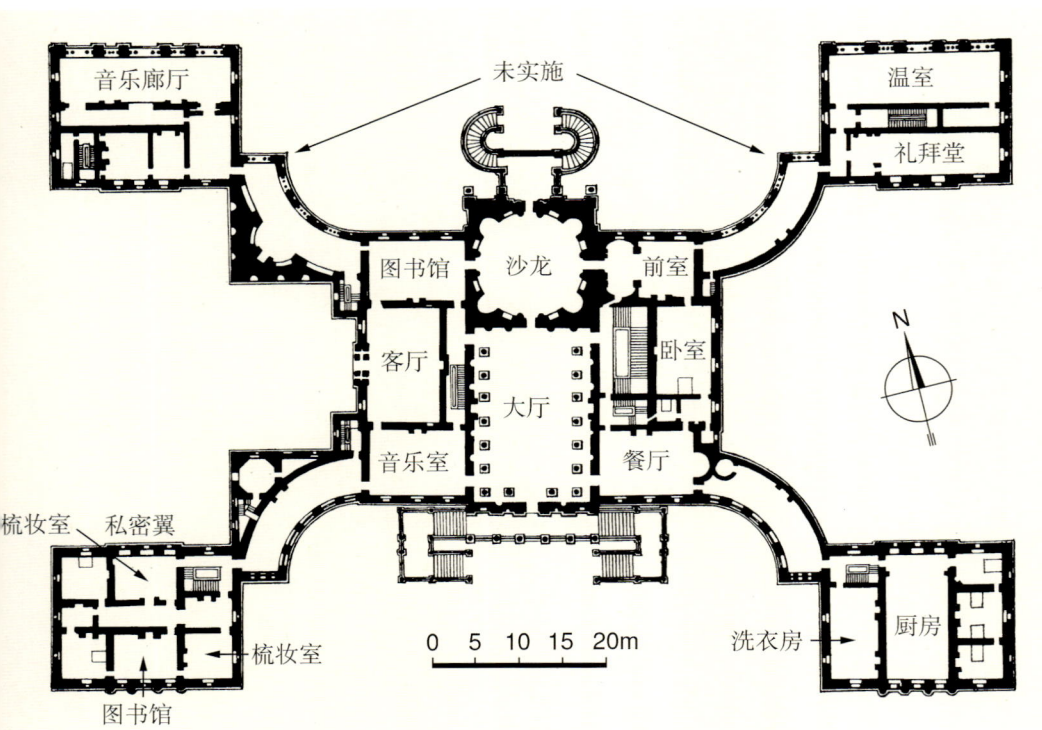

（下）图6-231 德比郡 凯德尔斯顿府邸（1757~1765年，建筑师詹姆斯·佩因和罗伯特·亚当）。平面

的活动中有所反映。在肯特那里，范布勒那种高不可及的宏伟和壮观，开始让位给帕拉第奥、伊尼戈·琼斯和古代那些更为纯净的造型。同时，人们还引入了"花园—风景"（jardin-paysage）的观念。这种"英国式园林"（jardin anglais）最早是由艾迪生在一篇发表于1712年《旁观者》（The Spectator）周刊上的文章中提出。开始只是涉及一些不对称的装饰形式，如假山、弯弯曲曲的道路之类，但接着在法国风景画家克洛德·洛兰（1600~1682年，图6-223、6-224）及荷兰人的影响下，建筑和自然开始结合得越来越紧密。

和"英国式园林"相联系的所谓"情感古典主义"（classicisme sentimental）催生出一种新型的乡间宅邸，在帕拉第奥别墅的基础上增添了某些当代的抽象观念，和以往相比具有更多的情趣。像伦敦的奇斯维克府邸或巴斯附近的普赖尔公园（设计人老约翰·伍德，1735年，图6-225）这样一些作品，在优雅上完全可和法国的洛

（右上两幅）图6-232 德比郡 凯德尔斯顿府邸。立面设计（作者詹姆斯·佩因，上下两幅分别示入口立面及花园立面）

（左上及中）图6-233 德比郡 凯德尔斯顿府邸。北面俯视全图（詹姆斯·佩因，1761年）及中央形体南侧外景（罗伯特·亚当，1760~1764年）

（下）图6-234 都柏林 国会楼（1728~1739年，爱德华·洛维特·皮尔斯设计）。下议院剖面

可可宫殿媲美。随着帕拉第奥追随者著述的出版，特别是自1715年开始出版的《不列颠维特鲁威》（坎贝尔的这部著作实为英国建筑的版画精选）及帕拉第奥论著的新译本，这种"英国人的理想"开始波及到欧洲大陆。紧接着又出现了另外一些带插图的相关著作，包括 J. 斯图尔特和 N. 雷韦特的《雅典古迹》（Antiquités d'Athènes,

(上)图6-235 都柏林 国会楼。外景(版画,现为爱尔兰银行)

(中)图6-236 罗伯特·亚当:《达尔马提亚地区斯帕拉托的戴克利先皇宫残迹》(The Ruins of the Palace of the Emperor Diocletian at Spalato in Dalmatia)一书插图,1764年

(下)图6-237 米德尔塞克斯郡 西翁宅邸(约1761~1769年,罗伯特·亚当设计)。平面

1762年,图6-226)。

帕拉第奥风格同样扩展到许多较小的别墅式建筑,其中彭布罗克和罗杰·莫里斯(1695~1749年)设计的特威克纳姆"大理石山庄"(1724~1729年,图6-227)是早期颇有影响的一例。建筑于粗面石以上部分起带山墙和壁柱的立面,形成构图的重点。罗杰·莫里斯系通过设计商业建筑成为一名成功的建筑师,他的亲戚罗伯特·莫里斯(约1702~1754年)撰写了一系列具有一定影响的建筑著述,为帕拉第奥风格的推广奠定了美学基础。

约翰·瓦迪(卒于1765年)按肯特的设计建造了伦敦白厅宫殿的皇家骑兵卫队室(1750~1758年),将帕拉第奥式的乡间房屋扩展成一个公共建筑:明确界定的形

图 6-238 米德尔塞克斯郡 西翁宅邸。俯视全景

体,各式各样的屋顶线和凹进的威尼斯式窗户,很多是受到伯林顿作品的影响,到处采用的粗面石墙体显然是来自伯林顿为韦德将军设计的宅邸,后者本身则是根据帕拉第奥的一张设计图稿。瓦迪同时还是伦敦斯潘塞府邸(1756~1765年,图6-228)的施工负责人。

伊萨克·韦尔(卒于1766年)是最优秀的帕拉第奥著作的英文译者(图6-229),也是《建筑全书》(A Complete Body of Architecture,1756年)的作者。他设计了一组乡间府邸,其中最优秀的是米德尔塞克斯郡南米姆斯的罗瑟姆公园(1754年,图6-230);长长的立面中央有一个别墅状的形体,两边为翼房,还有一个带穹顶的八角形楼阁。

詹姆斯·佩因(1717~1789年)为18世纪中叶最成功的乡间宅邸建筑师,也是一位坚定的帕拉第奥风格的捍卫者。他设计的威尔特郡的沃杜尔堡(1770~1776年),通过在角上采用成对的壁柱和赋予门廊附柱以更

第六章 英国、低地国家和斯堪的纳维亚地区 · 1801

复杂的节律,在帕拉第奥式的立面上引进了某些变化。其楼梯间向上通到一个万神庙式的圆庙里,构造极为精美。他的另一个作品是德比郡的凯德尔斯顿府邸(图6-231~6-233)。

在苏格兰,威廉·亚当(1689~1748年)继续有节制地运用英国巴洛克建筑的传统,并采用了少量帕拉第奥风格的部件。西洛锡安的霍普顿宅邸(1723~1748年)是一个宏伟但带有折中特色的建筑。巨大的壁柱和栏杆墙使人想起查茨沃思庄园,内凹曲线和拱窗类似范布勒的作品,但接下来,却是帕拉第奥式的转角柱廊。

爱德华·洛维特·皮尔斯爵士(1699~1733年)是位极有创造精神的帕拉第奥风格建筑师,也是爱尔兰建筑史上的一位重要人物。都柏林的国会楼(1728~1739年,图6-234、6-235)正面于"E"形的爱奥尼柱廊内纳入了入口门廊。上冠穹顶的下议院(毁于1914年)有一个精美的柱列廊道,于八角形角上配置成对的柱子。

这时期英国还有一种独特类型,即所谓应景建筑(folly),其主要目的就是为了观赏,一般比真实尺度要小,很少或基本没有实用价值。一个典型实例即布里斯托尔的阿诺斯堡(1750年),其中仿造了要塞、塔楼、地堡及尖塔等。几乎全用黑色的铜矿渣建成,被霍勒斯·沃波尔称为"魔鬼教堂"(Devil's Cathedral)。

在18世纪末的英国建筑师中,罗伯特·亚当(1728~1792年)可说是最重要的一位。出身于苏格兰建筑师家庭的亚当,1754~1758年住在罗马;在那里,他结交了著名的建筑理论家和版画家皮拉内西。1764年,亚当主持了一次到达尔马提亚的考察,在这期间测绘了斯普利特(斯帕拉托)的戴克利先宫(详《世界建筑史·古罗马卷》)。这次考察的结果在该年以专著的形式发表(全名为《达尔马提亚地区斯帕拉托的戴克利先皇宫残迹》,The Ruins of the Palace of the Emperor Diocletian at Spalato in Dalmatia,图6-236)。回到英国

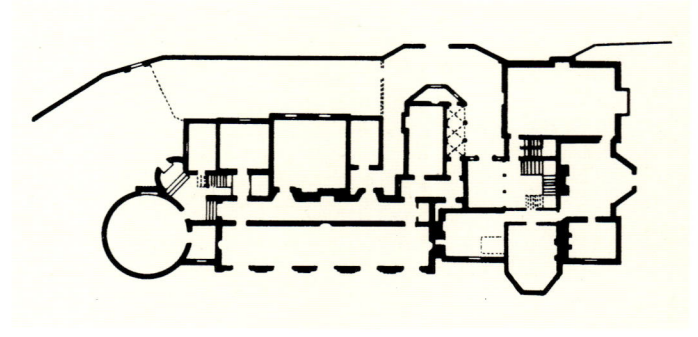

(左上)图6-239 米德尔塞克斯郡 西翁宅邸。前厅,内景

(下)图6-241 伦敦 阿德尔菲区(罗伯特及詹姆斯·亚当规划,1768~1772年)。外景(版画,取自《The Works of Robert and James Adam》,1779年)

(右上)图6-242 特威克纳姆 斯特罗伯里山庄(1748~1776年,霍勒斯·沃波尔及威廉·鲁滨逊设计)。平面

图 6-240 米德尔塞克斯郡 西翁宅邸。客厅,壁炉装饰细部

后,亚当主要从事室内装修设计。西翁宅邸(位于米德尔塞克斯郡,约 1761~1769 年,图 6-237~6-240)的装饰设计表明,他在成功地综合古代风格和来自罗马的装饰母题的同时,在创造优美生动的建筑效果上达到了怎样的成就。其室内设计使人想起罗马墓葬的装修或庞贝及赫库兰尼姆的住宅。从 1768~1772 年,罗伯特·亚当

及其兄弟詹姆斯一起制订了阿德尔菲区的总平面，这是个面向泰晤士河的豪华建筑群（图6-241）。遗憾的是，这个设计最后搁浅，并使这个家庭面临破产的边缘。

在复兴罗马古迹的技巧上被视为大师级人物的亚当，同时也是哥特复兴的一位先驱：1777~1796年间建造的科尔泽安堡（位于斯特拉斯克莱德区）外形如中世纪城堡，表明浪漫主义已开始取代帕拉第奥风格。事实上，这一进程早在几十年前霍勒斯·沃波尔请人建造米德尔塞克斯郡特威克纳姆的斯特罗伯里山庄时已经开始（图6-242~6-245）：1748年，这位作家及艺术评论家购置了一份地产，并请威廉·鲁滨逊在上面建一栋新哥特风格的宅邸。建筑中最引人注目的是采用扇形拱顶的廊

1804·世界建筑史 巴洛克卷

厅（设计人托马斯·皮特），它显然是以采用火焰哥特风格的伦敦西敏寺的亨利七世礼拜堂为原型，可惜这部分未能完全按最初形态保存下来。在当时人们的眼里被视为古怪奇观的这个建筑，实际上已标志着哥特复兴的起始，进一步促成了建筑上巴洛克风格的解体。这个例子再次表明，某些具有真知灼见的业余艺术爱好者的观念

本页及左页：

（左上及左下）图 6-243 特威克纳姆 斯特罗伯里山庄。南侧及花园景色

（中上）图 6-244 特威克纳姆 斯特罗伯里山庄。廊厅（设计人托马斯·皮特），内景

（右）图 6-245 特威克纳姆 斯特罗伯里山庄。廊厅，装修细部

（上）图 6-246 伦敦 格罗夫纳广场（1725~1735 年）。18 世纪景色（版画，左侧住宅楼约 1727 年，已拆除）

（左中）图 6-247 巴斯 市中心。总平面（约翰·伍德父子规划，文艺复兴时期扩展的区域位于中世纪城市核心区的西北两面，图中：A、王后广场，B、环行广场，C、王室弯月广场）

（右中）图 6-248 巴斯 市中心。主要街道及广场示意

（左下）图 6-249 巴斯 王后广场（设计人老约翰·伍德，1728~1736 年）。平面示意

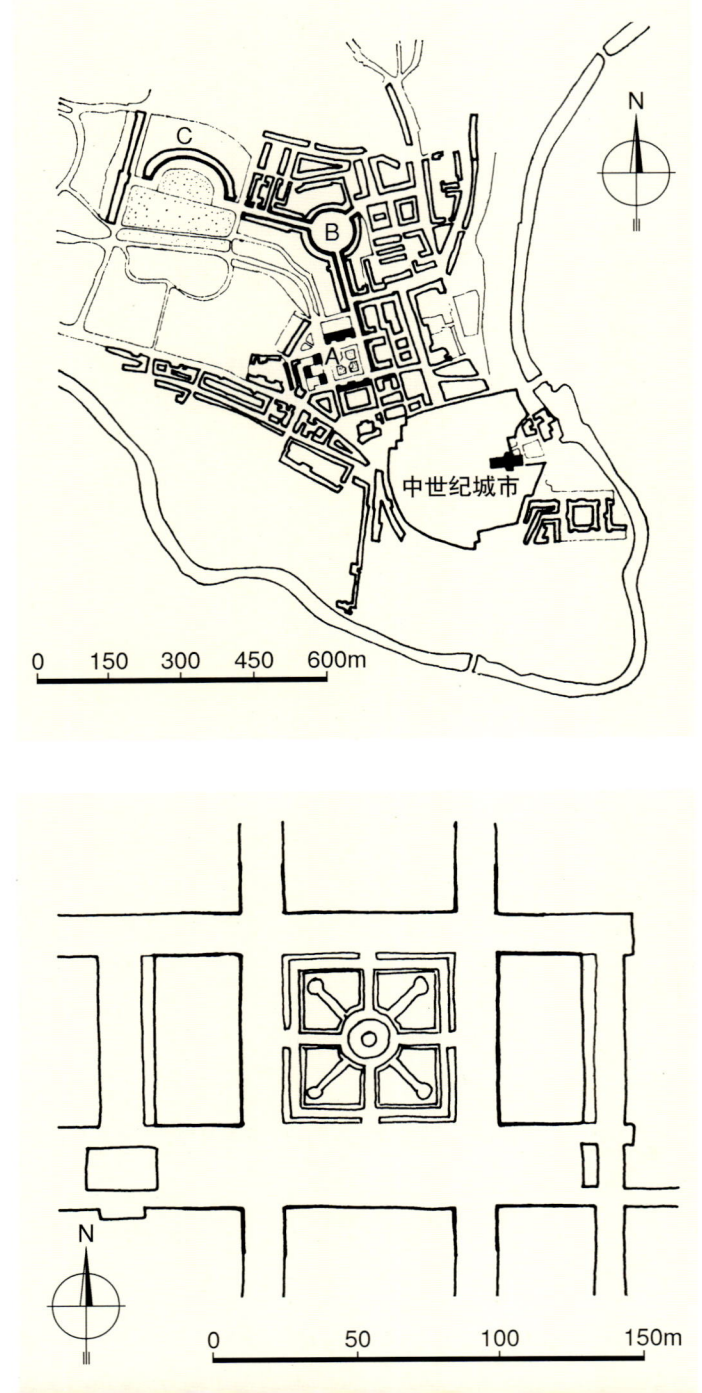

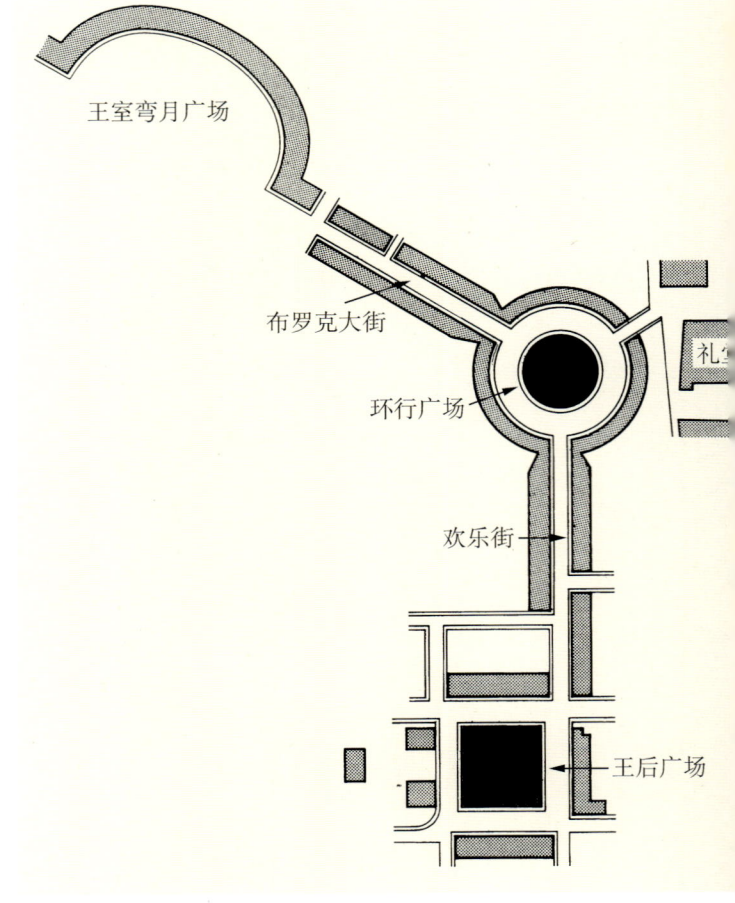

和见解，如何对英国建筑的历史产生了重大的影响。

[城市建设]

在英国，采用帕拉第奥风格的城市住宅大都用粗面石砌筑基座层，上部用柱式或其简化形式，顶上为栏杆或胸墙。在乔治王朝时期（指乔治一世至四世时期，1714~1830 年），伦敦主要由这种样式比较单一的

（上及中）图 6-250 巴斯 王后广场。北侧外景

（下）图 6-251 巴斯 环行广场（设计人老约翰·伍德，1754~1770年）。外景（版画，取自《The British Millennium》，2000年）

(上)图6-252 巴斯 环行广场。外景

(中)图6-253 巴斯 王室弯月广场(设计人小约翰·伍德,1767~1775年)。外景(版画)

(下)图6-254 巴斯 王室弯月广场。外景(版画,取自《The British Millennium》,2000年)

图 6-255 巴斯 王室弯月广场。西南侧俯视全景

成排房子组成，它们或沿街道布置，或在贵族的地产上由开发商主持围着私有院落建造。在伦敦的格罗夫纳广场（1725~1735年，图6-246），人们巧妙地将广场边的分散住房通过带山墙的中央形体整合在一起（在芒萨尔的巴黎旺多姆广场上已可看到这种表现）。在18世纪的伦敦，随着贝德福德广场（1776~1786年）的建设，人们终于实现了用四个整齐划一的宫殿立面围合方形广场的理想。其立面设计人可能是贝德福德地产督察罗伯特·帕尔默（有可能是和托马斯·莱弗顿合作），在承包商威廉·斯科特和罗伯特·格鲁的监督下进行施工。

在城市里，带状房屋继续得到应用，并在像巴斯这样的城市里取得了丰硕的成果。自古代以来即以温泉而闻名的巴斯，是个位于河谷坡地上的典型中小城市，城内并没有多少豪华的府邸。从1725~1782年，通过建筑师老约翰·伍德（1704~1754年）和他的儿子小约翰·伍德（1728~1782年）的努力，这个温泉疗养胜地很快成为和自然风景相结合的城市规划的样板，不仅一时令伦敦的建设失色，同时也能和南锡等欧洲大陆的宜居城市媲美。

约翰·伍德父子致力于这项工作约半个世纪，充分

发挥了自己的天才构想。他们按帕拉第奥式的古典主义原则规划了一直延伸到埃文河边的市中心地带（图6-247、6-248）。整治规划主要围绕着城市西部三个宏伟的广场展开，即方形的王后广场（设计人老约翰·伍德，1728~1736年，图6-249、6-250）、圆形的环行广场（设计人老约翰·伍德，1754年，图6-251、6-252）及王室弯月广场（设计人小约翰·伍德，1767~1775年，图6-253~6-258）。这三个广场及将它们连在一起的街道，构成了18世纪最壮观的一批城市规划实例。在这些工程中，约翰·伍德父子既是负责设计的建筑师，同时也是主持施工的承包人。

在王后广场，统一广场边住房的做法表现得极为突出，整齐对称的立面给人们留下了深刻的印象。环行广场周边居住建筑立面饰三层成对配置的半柱。与之相连的王室弯月广场由30栋朝南的联立住宅构成，它们布置成半个椭圆形面对着公园和草坪，弧形立面通过连续不断的巨大附墙半柱统合在一起。这个具有几

本页及左页：

（左上）图6-256 巴斯 王室弯月广场。西南侧全景

（下）图6-257 巴斯 王室弯月广场。自西面望去的景色

（右上）图6-258 巴斯 王室弯月广场。立面近景

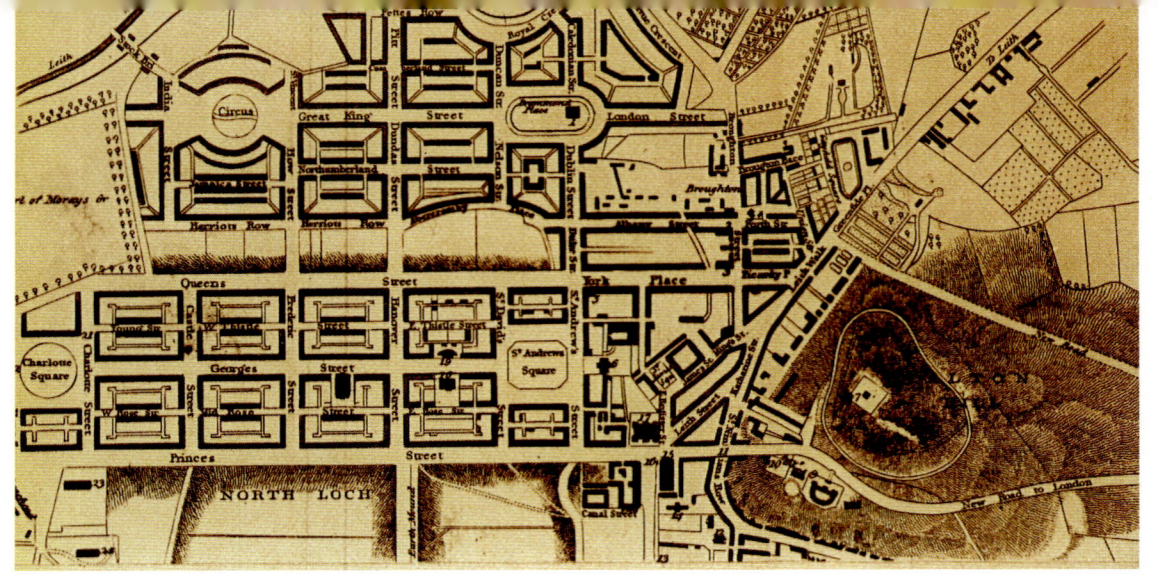

图6-259 爱丁堡 新城（始建于1766年，詹姆斯·克雷格设计）。平面（图版，取自John Summerson：《The Architecture of the Eighteenth Century》，1986年）

何形态的平面规划，实际主要是为了满足接近自然环境的需求。广场位于高处，可俯视南面的埃文河谷地。位于建筑脚下的公园，一直伸展到通向下城的台地以外[目前，立面前为一条同样呈弧形的道路，其后为一片大草地；最初规则的立面下部为树丛和草地，而不是像巴黎的路易十五广场（今协和广场）那样，为修剪齐整的花园或依轴线配置的景观]。建筑师同时还在建筑各个不同形体之间，面对着住宅的宽敞阳台，安插了许多"微型花园"（jardins 'en miniature'）。

这两位建筑师用形式整齐划一的住宅楼环绕广场的想法可能是来自巴黎的一些王室广场；圆形广场的构图显然是效法芒萨尔设计的巴黎胜利广场。然而，和巴黎相比，在巴斯，来自罗马的影响显然要更为突出。总平面大体遵从古代城市规划的基本原则，可明显看出和城市古罗马时期光辉历史的联系。立面亦用取自罗马的母题进行分划：环行广场立面叠置的三种柱式（多立克、爱奥尼和科林斯式）使人想起罗马大角斗场，被称为"向内翻转的角斗场"（Colisée retourné vers l'intérieur）。而弯月广场的巨柱式体系则显然是来自米开朗琪罗设计的罗马建筑。向自然环境敞开的弯月广场同时借鉴了英国园林的传统手法。这种对环境和自然景观的自由处置精神和宽容态度，与法国花园那种大力改造自然、"人定胜天"的做法迥然异趣；可能这也是当时国民政治思想和理念的反映，和法国相比，英国具有更广泛的自由传统，对自然环境也更为敏感。

新城建设是这时期英国的另一个特殊表现。由詹姆斯·克雷格设计的爱丁堡新城（始建于1766年，图6-259），最充分地表现了古典城市的理想（由各级道路组成正交街道网络，方形广场周边布置统一的宫殿建筑）。19世纪初又建了第二和第三个新城，进一步拓展了第一个新城的街道网络，并增添了新广场等内容，如大王街（1812~1820年）、皇家环行道（1820年）、皇家台地（始建于1821年）及莫里广场（1822~1830年）。

第二节 低地国家和斯堪的纳维亚地区

一、低地国家

[低地国家南部]

1609年的停战协定确定了低地国家的最后边界；北方为向往着独立的改革派，南面仍属西班牙和天主教会。在17世纪上半叶，低地国家南部（大体相当今比利时部分，但在当时，尚包括今属法国北部的阿拉斯和康布雷这样一些地方）经历了一段经济和文化上的繁荣昌盛时期，但和建筑比起来，它似乎更多表现在雕刻和绘画领域（图6-260）。随着鲁本斯、凡·戴克和约

尔丹斯等大师的出现，绘画出现了一片新的气象（特别是鲁本斯，在把意大利的巴洛克艺术移植到这里并促成绘画的空前繁荣上起到了重要的作用）；但在建筑界，人们仍然没有摆脱传统的藩篱。这在很大程度上是因为反宗教改革的势力还相当强大，人们希望在这块尚处在西班牙控制下的低地国家南部筑起一道抵挡新教

（上）图 6-260 雕刻家及其工作室（版画，作者 Abraham Bosse，1642 年，原件现存布鲁塞尔）

（左下）图 6-261 安特卫普 鲁本斯住宅（1610/1611~1616/1617 年，鲁本斯设计，后经大规模改造）。外景（版画，1684 年）

（右下）图 6-262 安特卫普 鲁本斯住宅。外景（现状）

(左上)图6-263 安特卫普 雅各布-约尔登斯住宅(1641年及以后)。外景

(左中)图6-264 布鲁塞尔 贝洛内宅邸(1697年,让·科桑设计)。外景

(右上)图6-265 布鲁塞尔 中央广场(约1700年)。北侧全景

(下)图6-266 布鲁塞尔 中央广场。东南侧立面

徒渗透的壁垒。地方自身的哥特遗产、有深厚历史渊源的手法主义装饰造型,以及相邻的法国,也都为低地国家南部地区的建筑提供了可资模仿的另类样板。

世俗建筑

在这方面,最突出的表现是位于安特卫普的鲁本斯住宅。它建于1610/1611~1616/1617年(后经大规模

（左上）图6-267 布鲁塞尔 中央广场。同业公会大楼（17世纪90年代初），外景

（右上）图6-268 布鲁塞尔 中央广场。同业公会大楼，现状

（下）图6-269 布鲁塞尔 中央广场。同业公会大楼，山墙细部

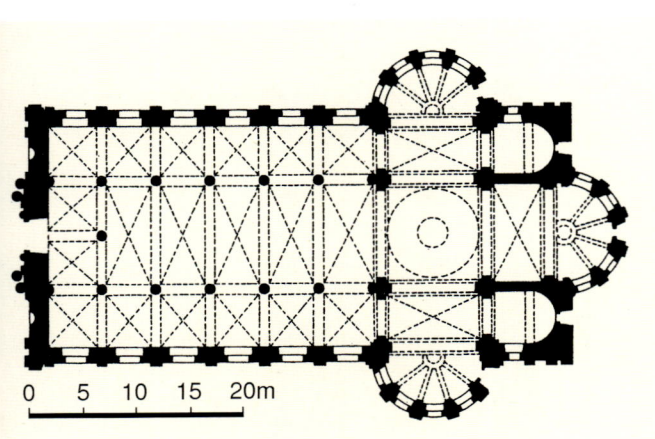
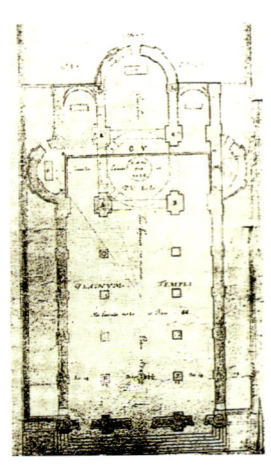

改造，图6-261、6-262），由三个主翼、一个院落和一个花园组成，属当时高级府邸的典型例证。由艺术家本人设计的这栋宅邸外部相当节制，但院落则是当时最华美的建筑作品之一。后立面和凸出的各翼布满雕饰，院落屏墙及楼阁设计成凯旋门的样式，通向后面的优雅花园。16世纪意大利最奢华的装饰部件在这里和十字棂条窗户及高坡屋顶这样一些北方的形式结合在一起，形成一个极其独特的综合体，而不仅仅是模仿。在艺术史上，

（左上）图6-270 卢万 圣米歇尔耶稣会堂（1650~1666年，Willem Heisius设计）。平面（据H.Gerson和E.H.Terkuile）

（中上及右上）图6-271 卢万 圣米歇尔耶稣会堂。最初平面及立面设计（作者Willem Heisius，1660年）

（右下）图6-272 卢万 圣米歇尔耶稣会堂。纵剖面设计（作者Willem Heisius，1660年）

（左下）图6-273 卢万 圣米歇尔耶稣会堂。俯视全景（版画，1727年）

图 6-274 卢万 圣米歇尔耶稣会堂。现状外景

似乎很难将这个总体上呈不规则形状的建筑归入某一门类,其类似城堡的立面和门廊使人想起意大利的手法主义 [鲁本斯在意大利北方(即所谓"内高卢"地区,Gaule cisalpine)工作了八年,对这类构图自然相当熟悉]。然而,和这个建筑相比,这位艺术家的版画集《热那亚府邸》在推动世俗建筑的发展上所起的作用,显然要更大。1622 年发表的这部画集,向人们展示了意大利当时最活跃的城市——热那亚的宫邸建筑。同时这位画家还复制了在 1635 年红衣主教、王子斐迪南入城式时制作的那些具有东方风格的华丽装饰。

安特卫普的雅各布 - 约尔登斯住宅(1641 年及以后,图 6-263)为鲁本斯弟子的宅邸,紧凑的粗面石立面配一个极为精美的门廊跨间(上冠断裂山墙),平滑流畅地将各种断裂山墙、拱券和涡卷综合在一起。迪南附近的莫达尔府邸(1649 年)则是个受法国模式影响极为严谨的建筑,带陡坡屋顶和凸出的各翼。立面配置巨大的壁柱,在中央跨间处上承断裂山墙。

让·科桑设计的布鲁塞尔的贝洛内宅邸(1697 年,图 6-264)有一个由巨大的爱奥尼壁柱分划并带山墙的立面,各开间几乎全被矩形大窗占据。但即便如此,其

第六章 英国、低地国家和斯堪的纳维亚地区·1817

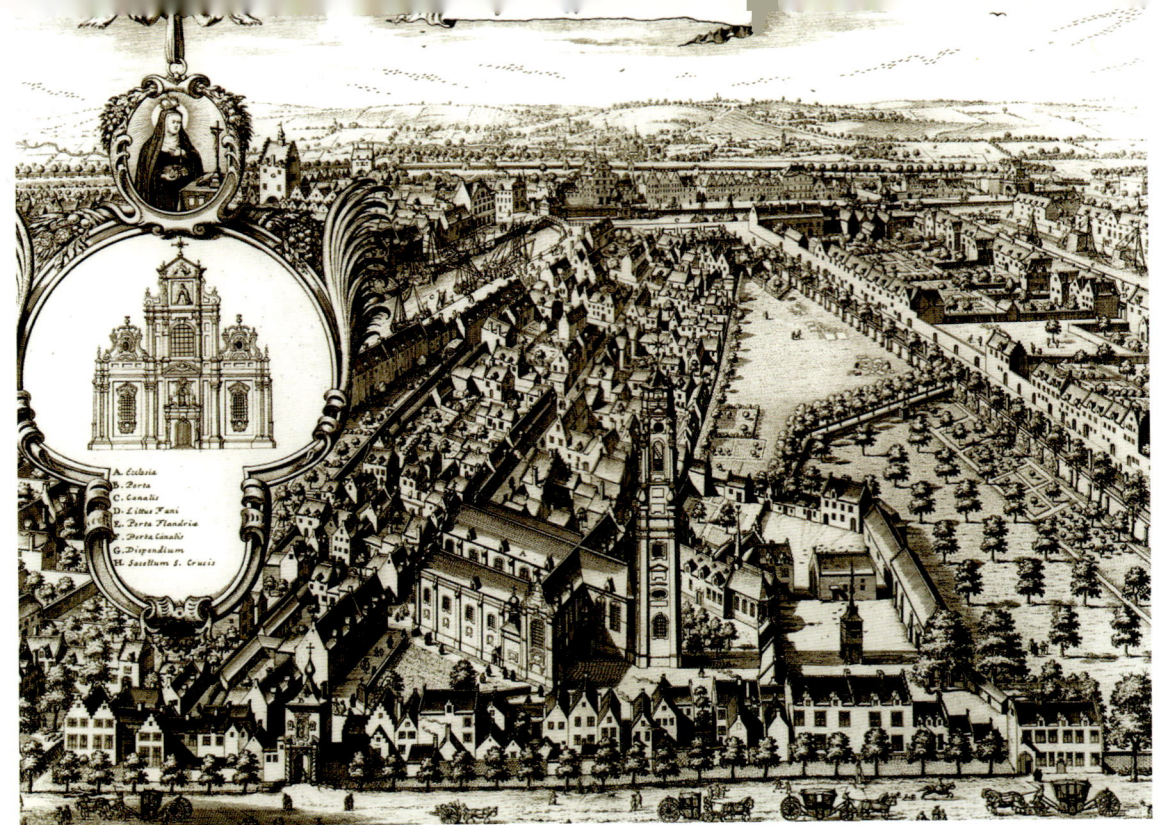

（左上）图6-275 布鲁塞尔 贝吉纳热广场圣约翰（施洗者）教堂（1657~1677年）。教堂及广场地段俯视全景（版画，1727年，左面框内小图为教堂立面）

（右上）图6-276 布鲁塞尔 贝吉纳热广场圣约翰（施洗者）教堂。平面及剖面

（下）图6-277 布鲁塞尔 贝吉纳热广场圣约翰（施洗者）教堂。立面（据Gurlitt）

1818·世界建筑史 巴洛克卷

(左上）图 6-278 布鲁塞尔 贝吉纳热广场圣约翰（施洗者）教堂。塔楼设计方案

（右上）图 6-279 布鲁塞尔 贝吉纳热广场圣约翰（施洗者）教堂。外景

（下）图 6-280 布鲁塞尔 贝吉纳热广场圣约翰（施洗者）教堂。内景细部

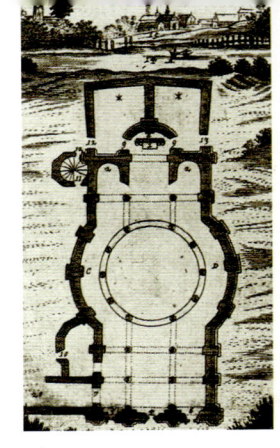

（左上及中上）图6-281 马林 圣彼得和圣保罗教堂（1670~1709年）。立面设计（作者Antoine Losson，右为最初设计，左为18世纪初实施和完成的方案）

（右上）图6-282 马林 汉斯韦克圣母院（1663年，费代尔布设计）。最初平面设计（柱廊圆堂方案，据Luc Faydherbe）

（左下）图6-283 马林 汉斯韦克圣母院。方案纵剖面复原图（据Meyns）

建上，可直观地看到传统形式的延续表现（图6-265、6-266）。广场上的几栋同业公会大楼是在17世纪90年代初相对较短的时间内建成的。这些建筑完全遵循历史原型的特色：狭窄的立面上开大量窗户，突出垂直线条并带有丰富的装饰，传统的多层山墙部分装饰尤为华丽，用了各种各样的巴洛克装修细部（图6-267~6-269）。每栋建筑在大量采用带雕像的柱式及浮雕造型的同时，都力求与毗邻的建筑有所区别，然而又同时创造出令人惊异的统一效果。从这批建筑中可以看到，在低地国家南部，外来的要素大都和当地的传统做法融汇在一起，哥特后期城市资产阶级那种开大窗的狭高建筑则在整个17世纪都保留下来。只是到18世纪末，来自法国的学院派古典主义才开始被引进到低地国家的南方地区。

装饰数量仍不逊于这时期具有类似设计但较为严肃朴实的荷兰住宅。

利尔市政厅（1740年）的设计人为（小）J. P. 范鲍尔沙伊特（1699~1768年），是比利时受法国影响的洛可可建筑中一个较为节制且典型的实例。带精巧窗框的平直立面通过粗面石壁柱条带或具有同样形式稍稍凹进的板面进行精细的分划。

从1695年被法国人破坏的布鲁塞尔中央广场的重

宗教建筑

在宗教建筑方面，安特卫普圣卡洛耶稣会教堂的立面（1614年）采用了罗马的形式，但规模较大，装饰也更丰富；歌坛后的塔楼更成为以后一些建筑模仿的对象（见图6-287）。但不久后，人们就复归哥特风格。在带山墙的高高立面上，在按会堂模式（通常由三通道组成）规划的空间里，哥特式结构和古典柱式及手法主义的装饰往往同时并存。柱子、壁柱和拱腹的凸面雕

（上两幅）图 6-284 马林 汉斯韦克圣母院。立面设计（左侧复原图据 Meyns；右侧为 Luc Faydherbe 立面方案，图版制作 Croon）

（下）图 6-285 马林 汉斯韦克圣母院。内景（版画，作者 Jean-Baptiste）

饰，这些在古典主义根基深厚的国家（如法国）难以想象的手法，在低地国家南部地区，却是人们习见的建筑特征。大多数教堂都具有一个高耸的会堂式本堂，于柱列上起交叉拱顶。室内和高立面一样，布满巴洛克的装饰，有时较有节制，有时则非常丰富；具有后一种表现的如那慕尔的圣卢普教堂（始建于 1621 年，设计人彼得·于桑斯）、卢万的圣米歇尔耶稣会堂（由耶稣会教士建于 1650~1666 年，图 6-270~6-274）、布鲁塞尔的贝吉纳热广场圣约翰（施洗者）教堂（1657~1677 年，图 6-275~6-280）及马林的圣彼得和圣保罗教堂（1670~1709 年，图 6-281）。其中卢万的圣米歇尔是威廉·黑希乌斯（黑斯）和其他人合作的作品。室内尽管也用了古典母题，但基本上仍属中世纪风格。其比例高耸、装饰华丽、结构紧凑的立面相当引人注目，是当时最新的式样和真正的巴洛克设计（黑希乌斯没有负责这部分工作）。其分层构图、成组配置的半柱，特别是堆满雕饰的顶楼层，均用来突出中心的构图地位。为了突出高度，有的还在立面上增加一层，布鲁塞尔贝吉纳热广场的教堂甚至在立面上配置了三个山墙（图 6-277）。这种做法一直持续到 18 世纪。

建于 1609 年及以后的斯海彭赫弗尔朝圣教堂（位

于卢万附近），是文策斯拉斯·科贝格设计的一个采用集中式平面的大型教堂，为一带穹顶的八角形建筑，内藏奇迹像。它使人想起小安东尼奥·达·圣加洛的罗马（佛罗伦萨人的）圣乔瓦尼教堂的设计方案（特别是角扶垛上的涡卷）。穹顶（为低地国家最早的实例）的尖矢截

第六章 英国、低地国家和斯堪的纳维亚地区 · 1821

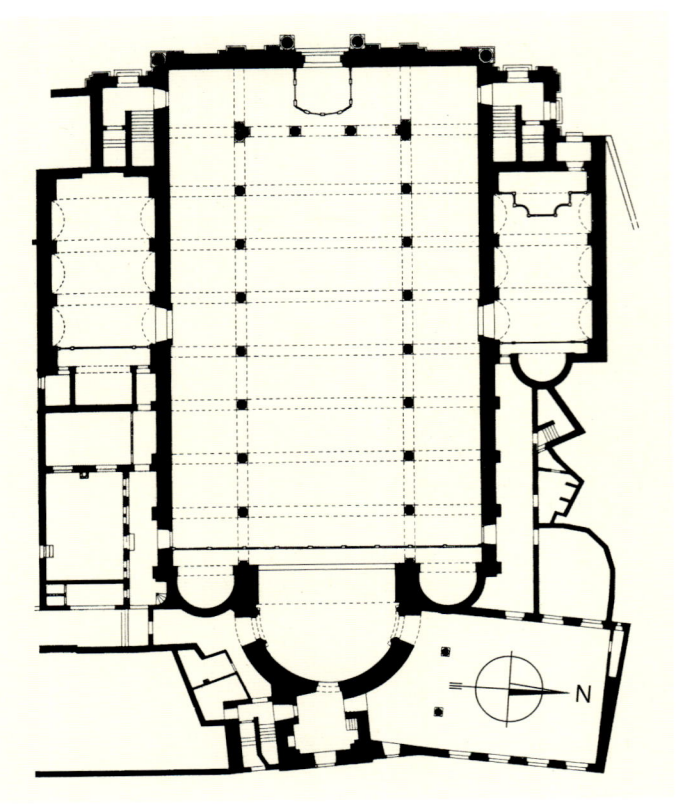

（左上）图6-286 安特卫普圣卡洛教堂（1615~1625年，彼得·于桑斯设计，1718年后改建）。平面

（右上）图6-287 安特卫普圣卡洛教堂。立面

（左下）图6-289 安特卫普圣卡洛教堂。主祭坛设计方案（作者Pierre-Paul Rubens，原稿现存维也纳 Graphische Sammlung Albertina）

（右下）图6-290 安特卫普圣卡洛教堂。主祭坛设计方案（作者Pierre Huyssens，1614~1621年）

(上下三幅)图 6-288 安特卫普 圣卡洛教堂。装修设计(作者 Henri-François Verbrugghen,1720~1722 年)

面颇似罗马的圣彼得大教堂；两层壁柱拱廊同样是意大利风格的表现，但和后面巨大的穹顶结构相比，尺度上显得颇为矮小。建筑配有回廊；费代尔布在马林的汉斯韦克圣母院（1663年，图6-282~6-285）的本堂里增添了类似的部分，但要更高。不过，所有这些做法都没有偏离传统。

本页：

（上）图6-291 安特卫普 圣卡洛教堂。内景（油画，取自Stephan Hoppe：《Was ist Barock？ Architektur und Städtebau Europas 1580-1770》，2003年）

（下）图6-292 安特卫普 圣卡洛教堂。内景（版画，作者Pierre I Neefs，约1630年，维也纳Kunsthistorisches Museum藏品）

右页：

（右上）图6-293 安特卫普 圣卡洛教堂。内景（版画，作者Wilhelm Schubert von Ehrenberg，1667年，原件现存布鲁塞尔）

（左上）图6-294 布鲁塞尔 圣三一教堂（立面1642年，雅克·弗朗卡尔设计）。外景

（下）图6-295 在破坏圣像运动期间遭到毁坏的安特卫普大教堂（版画，作者G.Bouttats，原稿现存安特卫普Stedelijk Prentenkabinet）

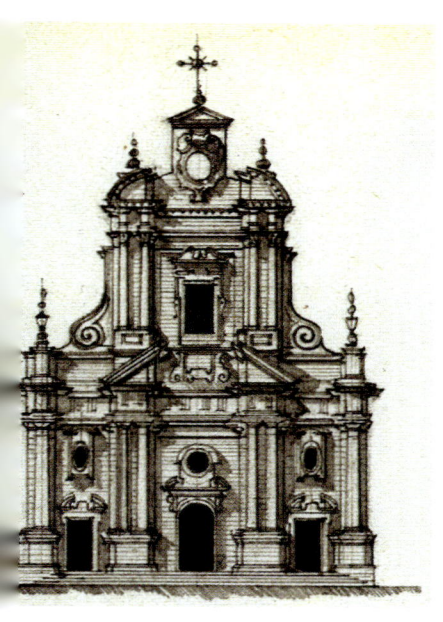

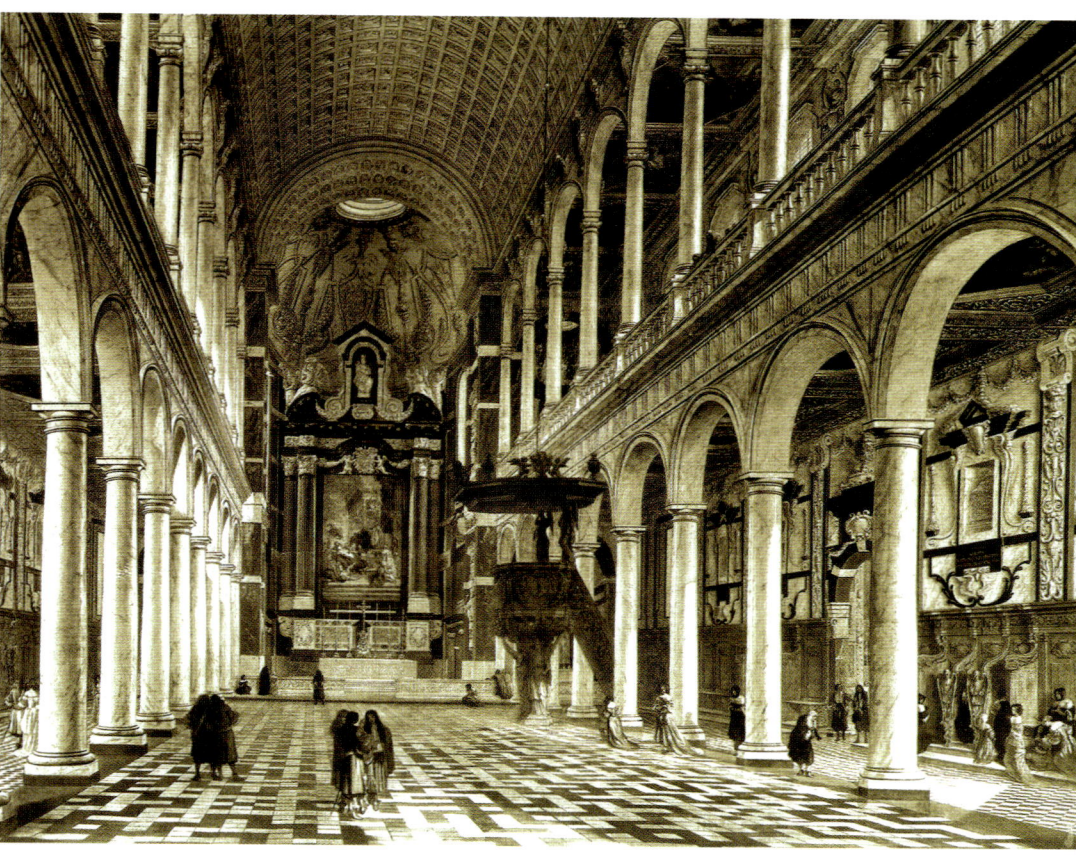

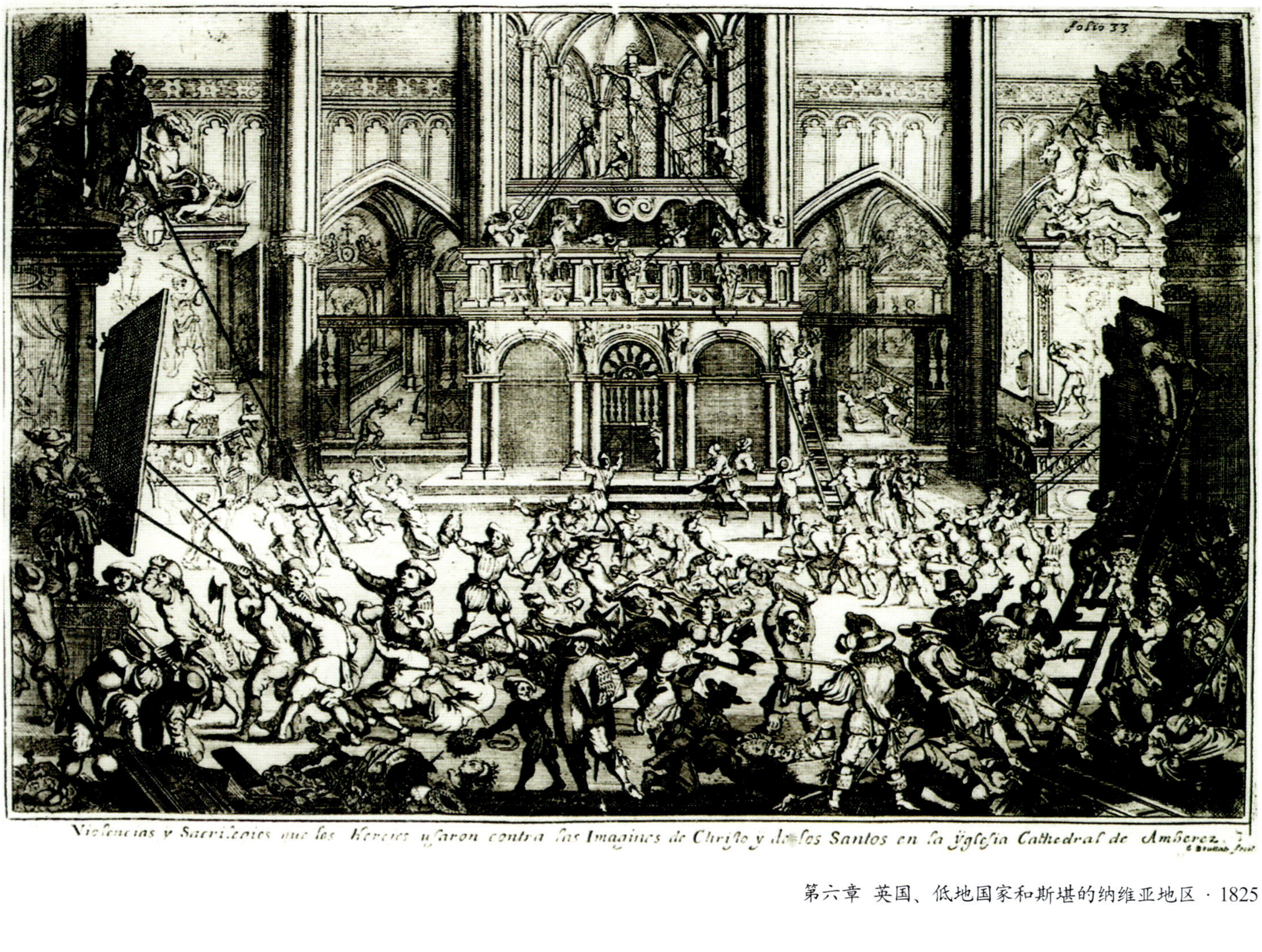
folio 33
Violencias y Sacrilegios que los Hereges usaron contra las Imagines de Christo y de los Santos en la yglesia Cathedral de Amberez.

（上）图6-296 教堂的劫难（1579年，版画作者Franz Hogenberg，原稿现存布鲁塞尔）

（下）图6-297 伦勃朗自画像（1640年，伦敦National Gallery藏品）

纪罗马大教堂那种庄严肃穆的效果。其立面严格效法维尼奥拉耶稣会堂的设计，有可能是出自耶稣会教士彼得·于桑斯（1577~1637年）之手。而安特卫普的圣卡洛教堂（1615~1625年）则可肯定是他的作品，只是在1718年的大火之后，建筑已大部改建（图6-286~6-293）。尽管采用了筒拱顶（最初为木构），并于边廊上设廊道，带柱子的室内仍然显得相当简洁（只是一度由鲁本斯增添了华丽的绘画）。立面则具有很强的意大利特色，显然是以布翁塔伦蒂的佛罗伦萨大教堂设计为范本。两边有一对装饰极为华丽的塔楼，16世纪后期意大利的形式在这里被组织到一个高度个性化的构图里。

布鲁塞尔的圣三一教堂有一个原属奥古斯丁修会的立面（1642年，图6-294），由雅克·弗朗卡尔设计的这个立面具有明确的巴洛克精神。中央部分成对布置的半柱上承1/4山墙，上层边上配置高耸的涡卷。

[低地国家北部]

总体形势及城市规划

在低地国家北部地区，西班牙的统治持续到1648年，在这期间，建筑演变的方式具有很大的差异：事实上，皈依加尔文教派和创立一个更统一的国家导致了和哈布斯堡王朝及神圣罗马帝国的决裂。这些重大事件不仅影响到破坏圣像运动（图6-295、6-296），同时也导致宗教建筑方向的根本变换。在这个演化过程中，经

根特的圣彼得教堂（1629年及以后）外观上要显得更为匀质和统一。其平面颇为不同寻常：正面为方形，其穹顶自四根柱墩上拔起，接下来是一个带本堂和边廊的巨大的东端延伸部分，这样的形制却创造了16世

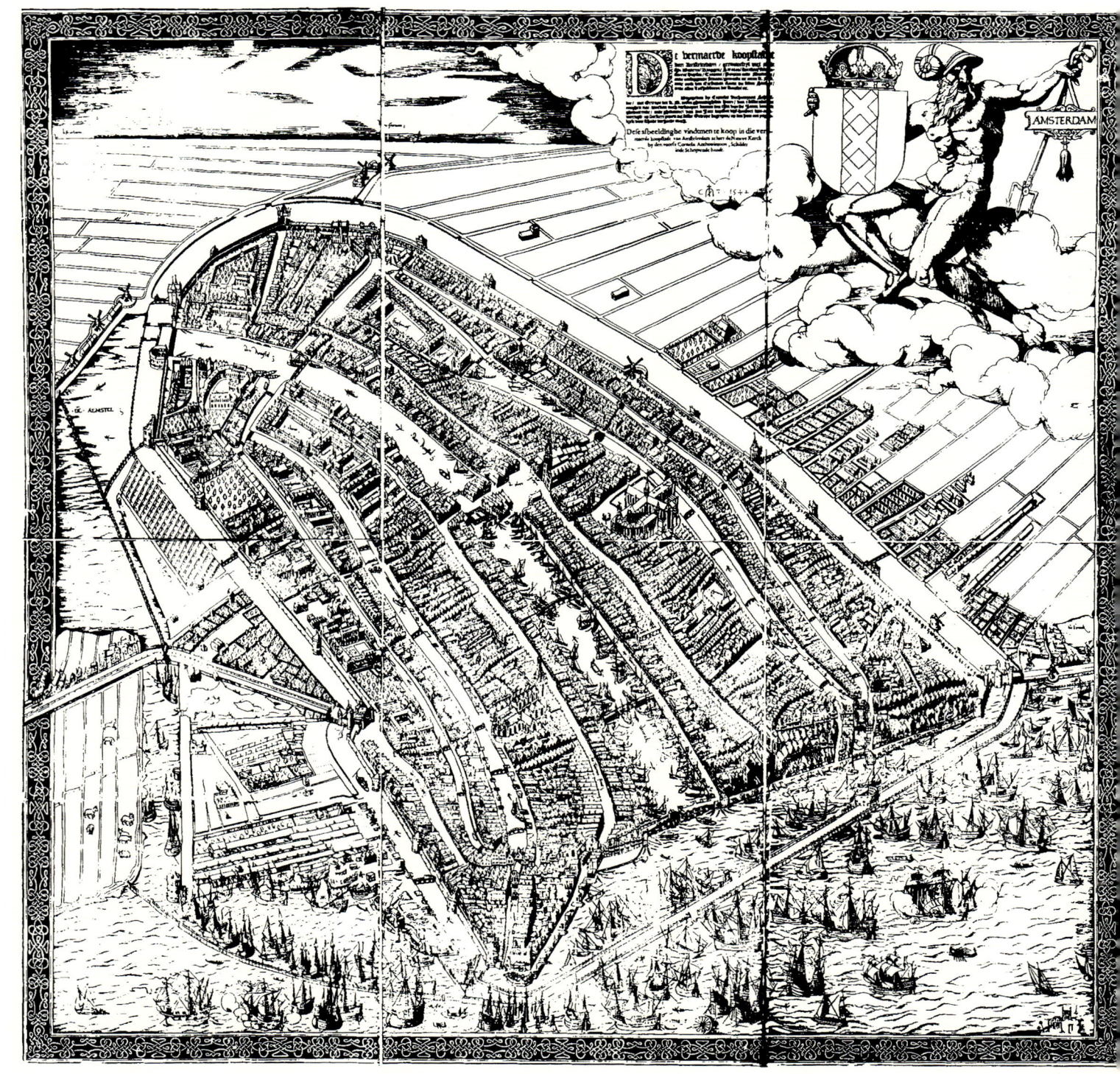

图 6-298 阿姆斯特丹 1544 年城市全景图（图版，取自 Leonardo Benevolo：《Storia della Città》，1975 年）

济因素至少也起到同样重要的作用。17 世纪的低地国家是欧洲最富足的国度，也是当时正在兴起的海上列强。在 1579 年确立了七省组成的联合行省之后，商业和工业渐趋繁荣，城市的重要性及居民数量也日益增长。但作为一个基本上由城市组成的国家，其政权形式一直比较分散。即使在 1579 年后，也不存在拥有绝对权力的君主，只有单纯的军事首领，既无政治权威，也无法形成在文化上举足轻重的力量。这样的形势，自然不利于真正巴洛克建筑的成长。在这里，艺术作品的主要保护人和投资者是新兴的城市资产阶级和商人。他们更欢迎加尔文教徒那种温和的形式，并由此促成了一种崇尚简朴的普遍风气。因而，毫不奇怪，荷兰建筑同样选

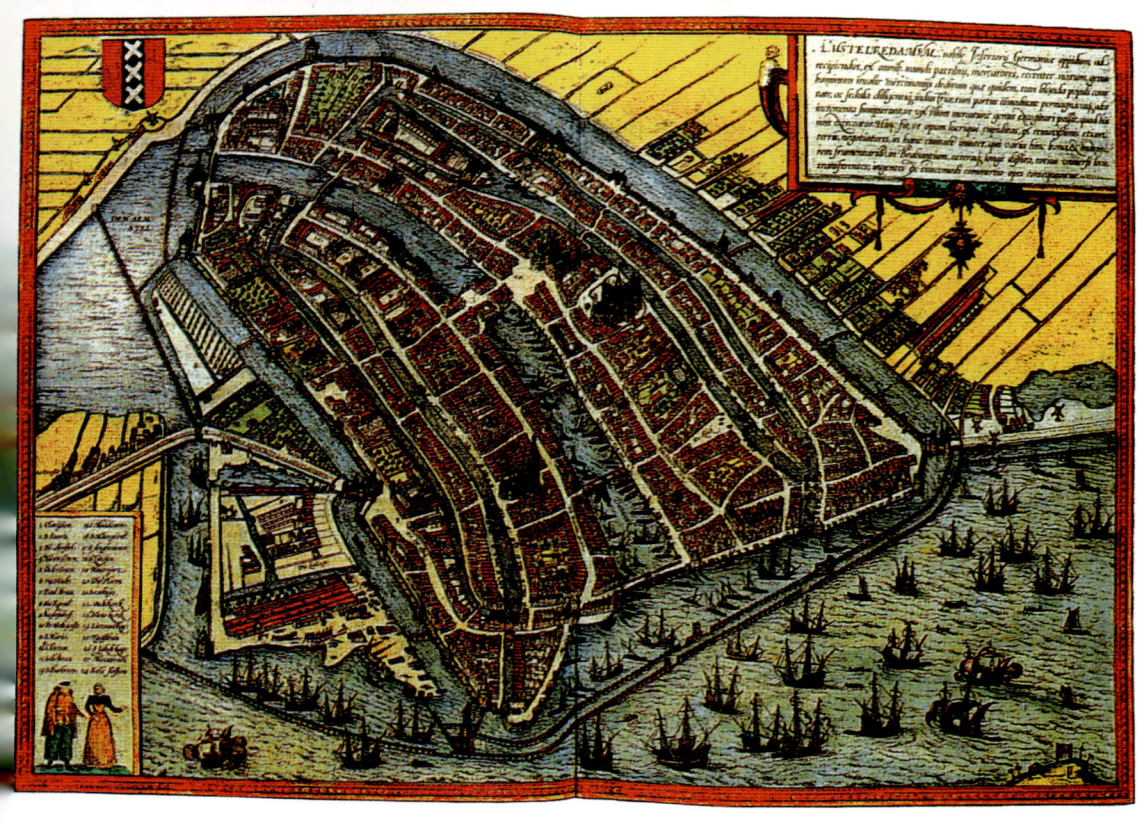

（上）图 6-299 阿姆斯特丹 城市全景图（彩图，作者 Geoge Braun，取自《Civitates orbis Terrarum》，原件现存热那亚 Museo Navale）

（下）图 6-301 阿姆斯特丹 约 1695 年城市总平面（图版，作者 Nicolaas Visscher）

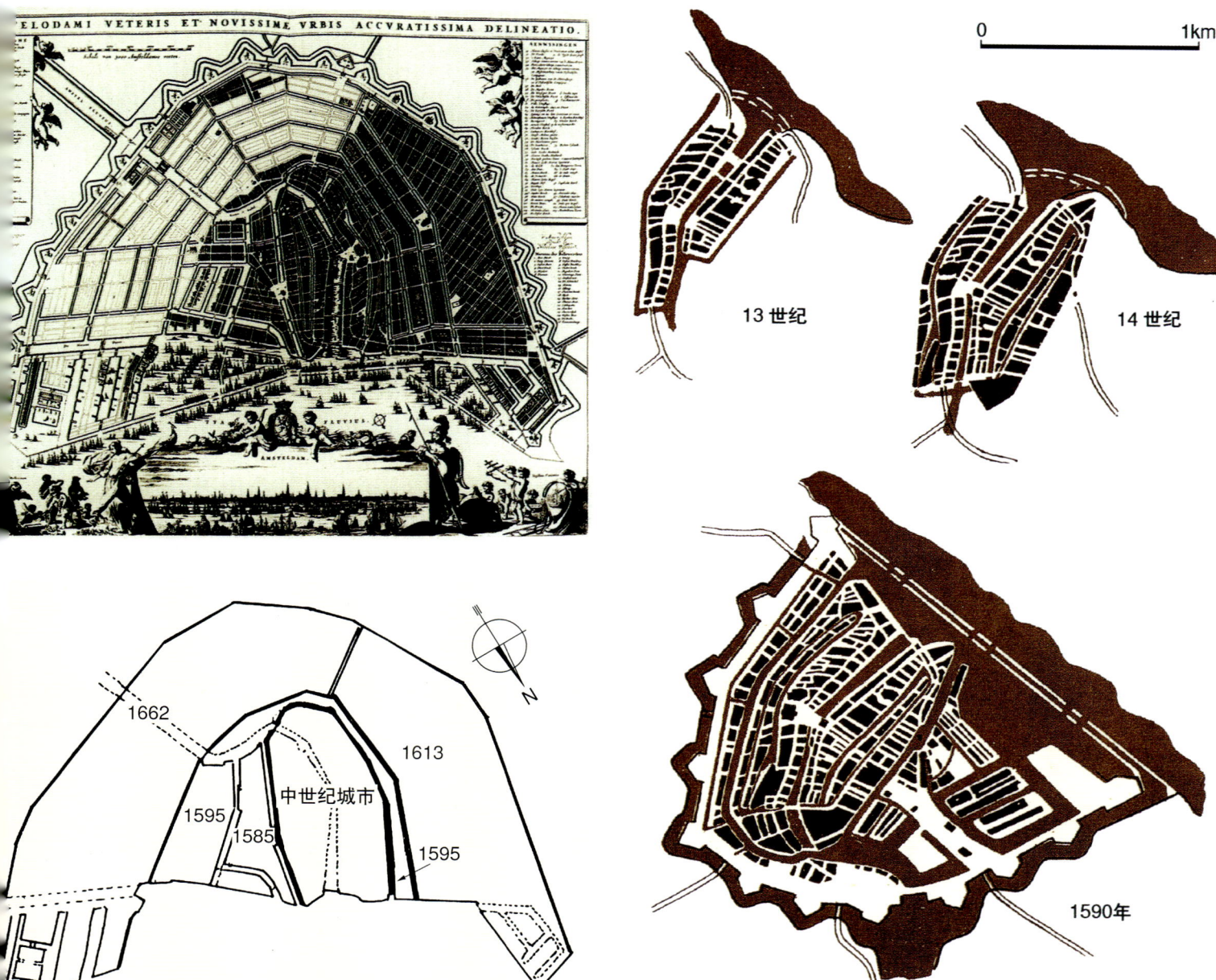

（左上）图 6-300 阿姆斯特丹 1585~1664 年城市总平面（图版，取自 Stephan Hoppe：《Was ist Barock？ Architektur und Städtebau Europas 1580-1770》，2003 年）

（左下）图 6-302 阿姆斯特丹 16 和 17 世纪城市扩展示意（取自 Henry A. Millon 主编：《Circa 1700：Architecture in Europe and the Americas》）

（右）图 6-303 阿姆斯特丹 中世纪及 16 世纪末城市简图（取自 Leonardo Benevolo：《Storia della Città》，1975 年）

取帕拉第奥那种古典主义，只是和英国的同类建筑相比，带有更多清教徒的色彩。

正是这种政治结构、宗教及自然条件，促成了荷兰城市及建筑的独特形式。通过填海而得的行省土地本身就是人造景观，需要由堤坝和运河体系加以保障，沿海城市的许多特点也都由这些因素确定。荷兰政治和经济的超前表现和以艺术家个性发展为基础的巴洛克风格的颠峰状态正相吻合；这是以伦勃朗为代表的年代（图 6-297）。但接下来路易十四发动的进攻把这个国家带到了灾难的边缘，在这以后，它就为法国的文明和英国的海上霸权所超越。但它的一些做法，在很长时间内仍然是新教国家的榜样；大选侯就是在荷兰模式的基础上建立起来的，沙皇彼得也是从这里得到启发建立他的新都。林荫道、栽满树木的广场、运河及平静的水面，

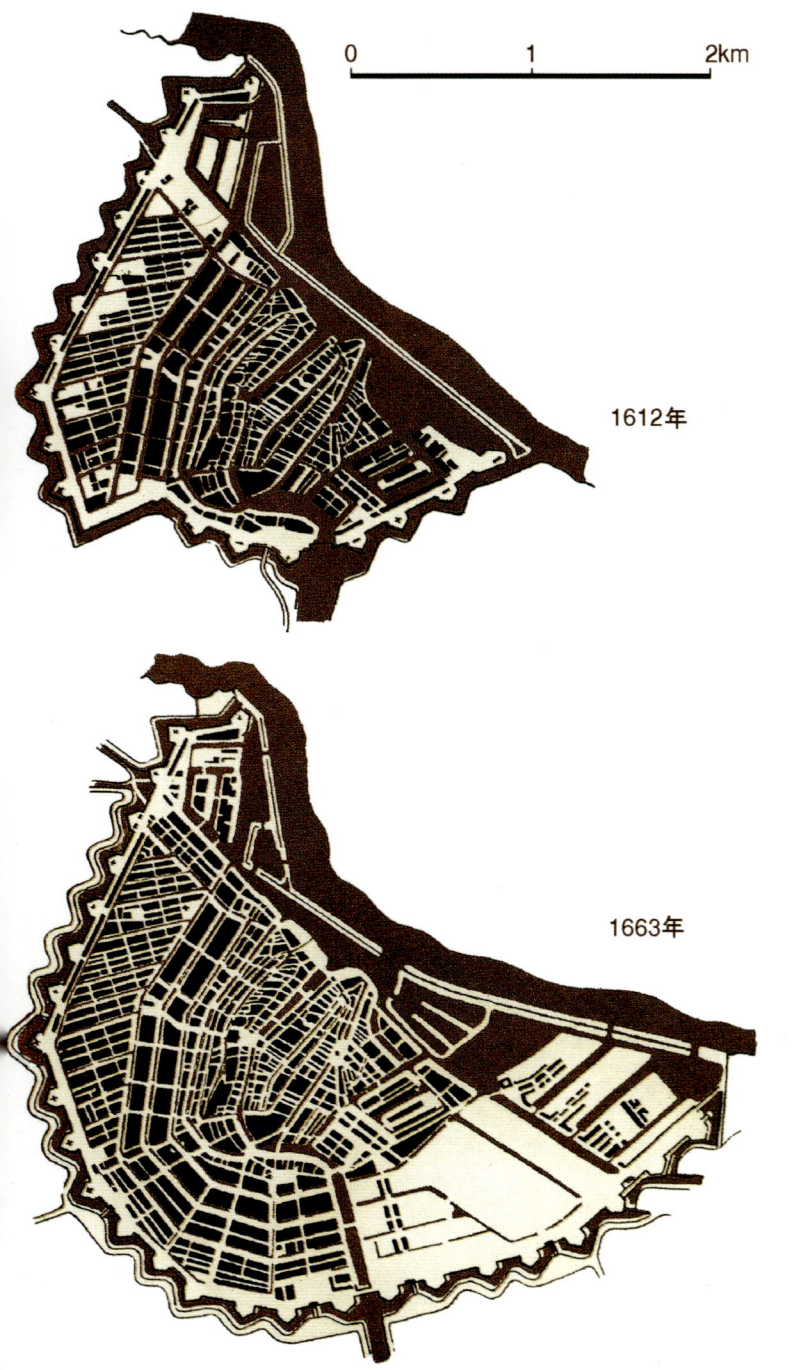

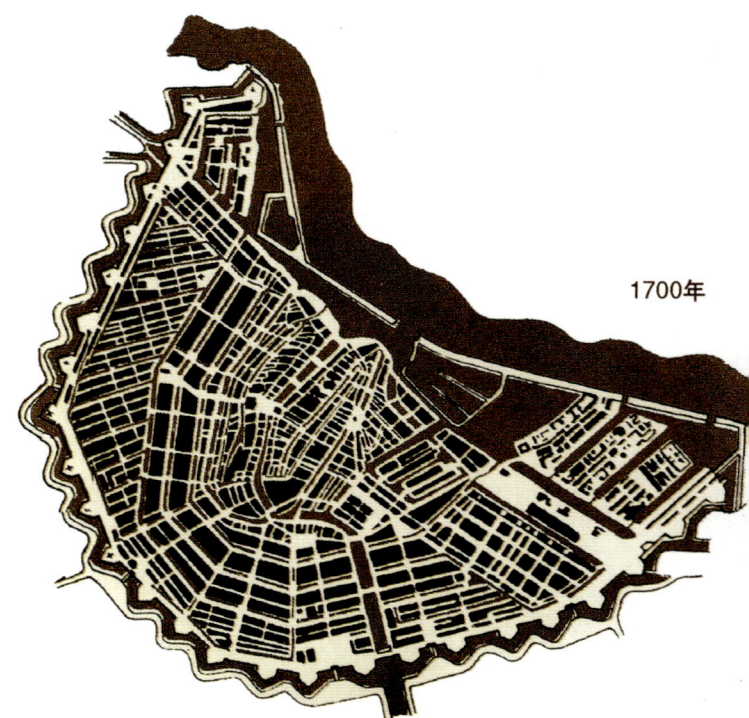

(中及下三幅）图 6-304 阿姆斯特丹 17 世纪城市发展简图
（1612~1700 年，1607 年扩建计划确定要集中开凿三条大运河）

(上）图 6-305 阿姆斯特丹 城市典型街区立面及剖面

很快成为周围国家艺术想象中的美景。

自 1612 年开始的阿姆斯特丹的扩展和整治计划，构成了荷兰城市规划的独特例证，同时也成为这时期城市规划的序曲（城市各时期平面及景观图：图 6-298~6-301；城市扩展阶段图：图 6-302~6-304）。1600 年，具有

图 6-306 阿姆斯特丹 城市典型街区平面及立面（该区位于 1607 年扩展范围内，图版作者 Caspar Philips，18 世纪后半叶）

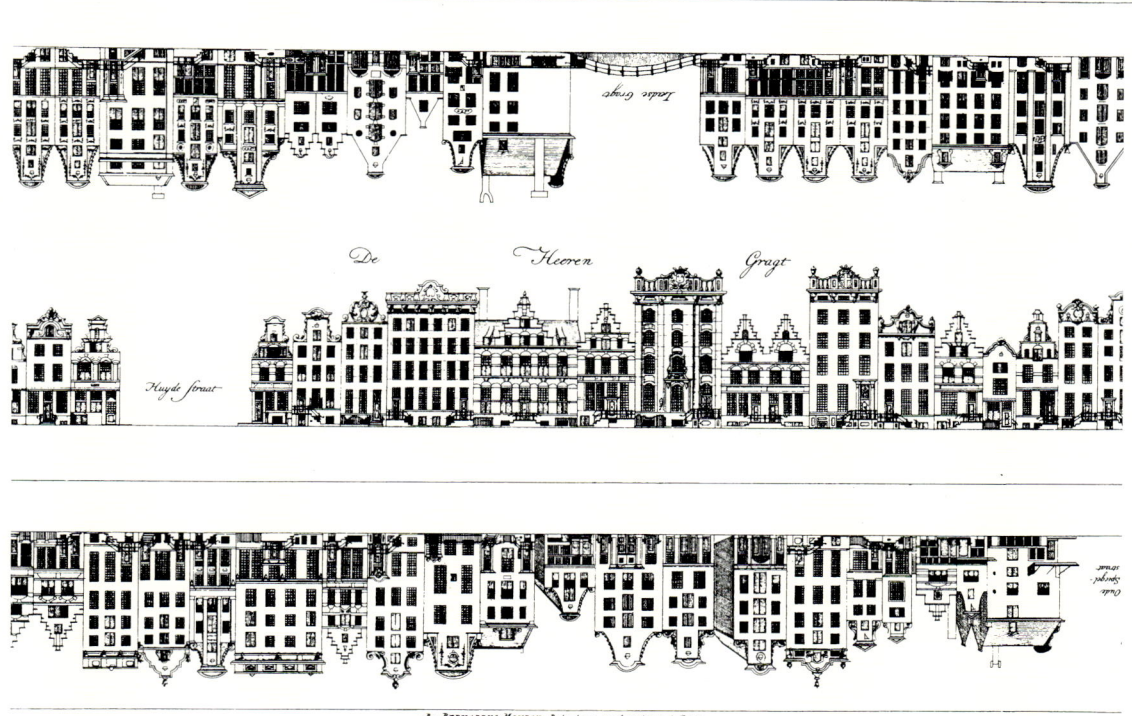
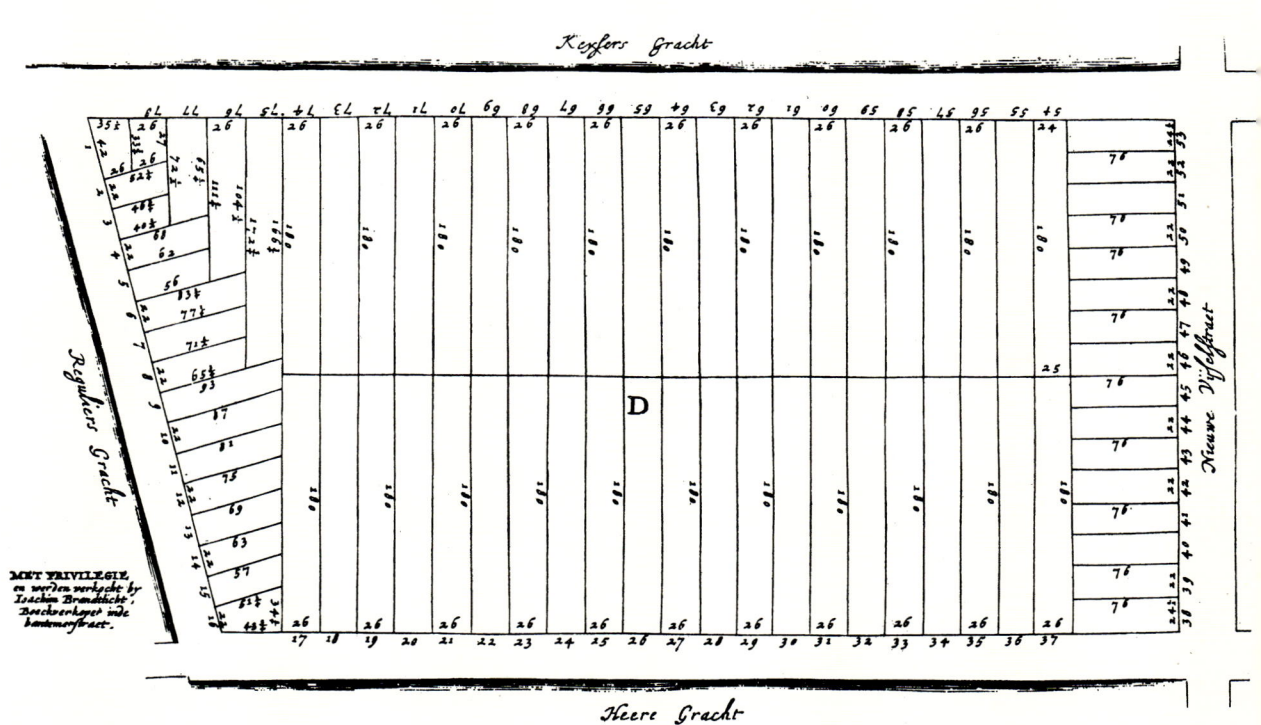

5万居民的阿姆斯特丹已经是国家的商业中心和最繁荣的城市，并由一个议会进行高效的管理（其成员大部为商人）。至16世纪末，议会要求亨德里克·施特茨拟订城市扩展方案，后者制定了一个著名的"三运河平面"，围着老的城市核心形成同心环带，并预留出一些地段安置教区教堂和市场。这项工程自1615年开始启动，主持实施的丹尼尔·斯塔尔帕埃特进一步确定了分区平面，将三条主要运河的边缘地带留作大型商业建筑和商人住宅区；辐射状布置的运河之间的地段作为手艺人和中产阶级的住宅区。三条同心运河之间的地带大多数平均面宽7.8米，深54米。建筑所占面积最大确定为56%。加上其他一些规定，使阿姆斯特丹成为现存城市景观中最完整的一个。

随着城区成星形向外扩大，整个城市形成了一个完美的群体。由三道运河环绕的城市最初核心，构成一个靠着岸线的不规则的十二边形。尽管只有直线道路，但水面的细微变化、岸边栽着树木的运河和成排的房屋，仍然促成了一种安详流动的感觉，让身临其境的人们充分体验景色的无穷魅力。运河之间的土地分为规则的窄条块，地段上除建筑外尚可布置后院和花园。高高的立面整齐地排列在一起（上面一般都另加山墙），朴素的砖墙上布置围着白框的窗户（图6-305~6-307）。贵族的宅邸还配有壁柱，由于采用砖和琢石，色彩对比相当强烈。和建筑相连的还有立面统一的高大谷仓。这些建筑群，和西克斯图斯五世时期的罗马平面颇有类似之处；虽说差了一代人的时间，但在总体布置的统一上，甚至要超过罗马，在某种程度上可说是实现了文艺复兴时期理想城市的期望。

由直线段构成的运河、满栽树木的河岸、分成小块的地段和建筑的砖构立面，至今仍然是阿姆斯特丹城市风光的主要特色（图6-308、6-309）。从17世纪初开始，许多荷兰城市都以它为榜样，建了大量典型的中产阶级住宅。莱登的拉彭堡可作为这种多样化城市宫邸的一个实例（这个城市被认为拥有"欧洲最美的运河"）。

宗教建筑

新教教堂的发展和低地国家的历史密切相关（图6-310、6-311）。改革派的教堂一般看上去要更为朴实、

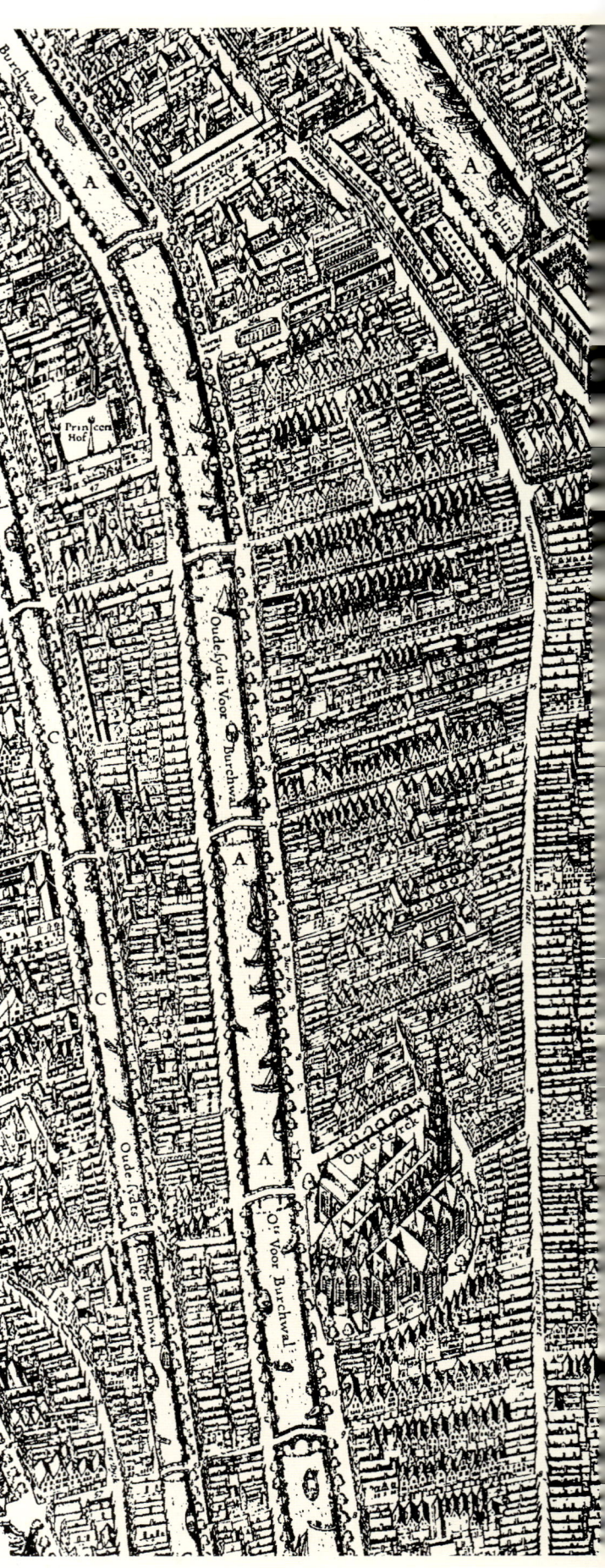

图6-307 阿姆斯特丹 运河之间建筑用地规划（1663年城市详图局部）

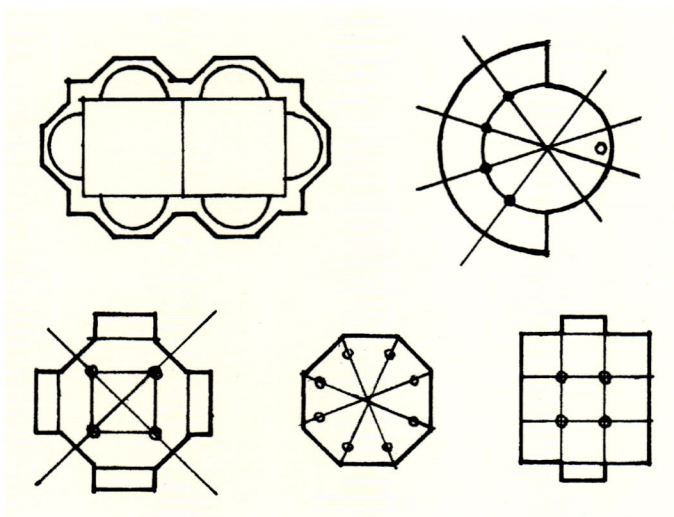
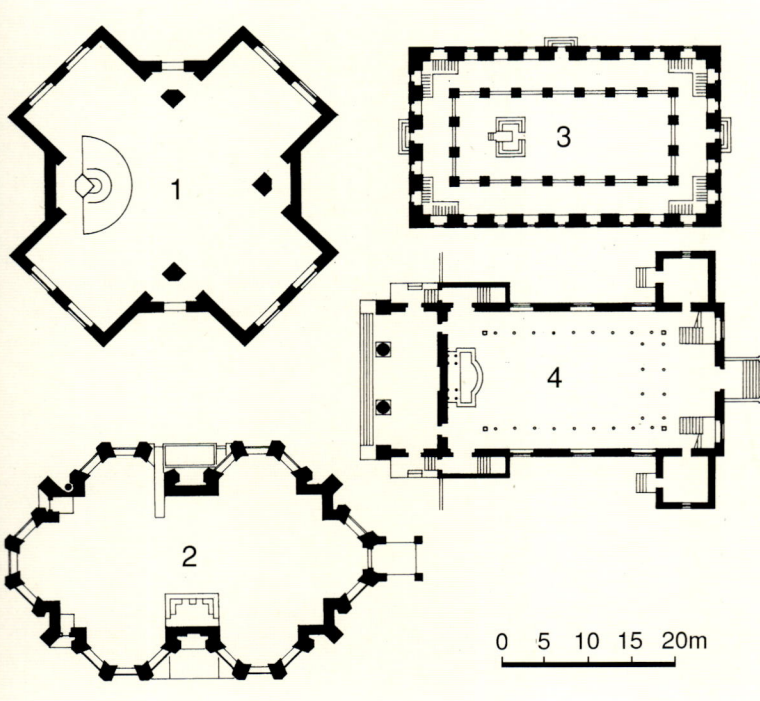

清新，结构比较轻快。古代的纵向建筑现被采用集中式平面、围着主教座和洗礼盆的布道厅取代。如哥特时期那样，木构拱顶取代了过于沉重的石拱顶；在暗色调的天棚和木制祷告席之间，石构常被刷成白色，好似支柱和墙体脱离了地面。

亨德里克·德凯泽（1565~1621年）为这时期阿姆斯特丹的主要建筑师，城市的许多建筑都被列在他的名下。此前他曾是一名石匠和雕刻师，其作品经萨洛蒙·德布雷镌版和发表后，给荷兰建筑带来了一种节制的作风，标志着一个新时代的到来。

在设计教堂时，亨德里克·德凯泽力求为新教建筑找到新的形式。他设计的阿姆斯特丹南教堂（1606~1614年）是荷兰最早的新教教堂之一。建筑带本堂和边廊，但耳堂平面不向外凸出，好似中世纪的教堂穿上了古典装饰的外衣（柱墩为多立克柱子取代，仍保留了花格窗）。尖塔则使人想起莱登的市政厅（图6-312、6-313）；虽然细部繁多，但构成要素的组合仍然比较节制。建于1620~1638年的西教堂则按手法主义方式，于简单的矩形平面上纳入两对耳堂；尽管采用了肋券拱顶和花格窗，两层高的室内仍给人们留下了古典风格的印象。本堂柱墩由成束配置的多立克柱组成，但由于比例细高，给人一种空间弥漫的感觉。建筑形式来自托斯卡纳地区后期文艺复兴风格，配有带背衬的窗户、木构筒拱顶和秀美的塔楼。和早期实例相比，塔楼更为庄重朴实，尖塔则由三个尺寸逐渐缩小的块状形体组成。阿姆斯特丹的这两个新教教堂均属比较普通的假会堂类型。但和西教堂同年建造的北教堂（设计人为亨德里克·德凯泽或亨德里克·施特茨，1620~1623年，图6-314），则表现出更多的创意。希腊十字的平面内角切去，从而获得完

1834·世界建筑史 巴洛克卷

本页及左页：

（左上）图 6-308 阿姆斯特丹 街区俯视景色

（中上及右三幅）图 6-309 阿姆斯特丹 典型城市风光

（左中）图 6-310 荷兰新教教堂平面类型示意（据 Christian Norberg-Schulz, 1979 年）

（左下）图 6-311 17 世纪荷兰及其他国家新教教堂平面示意：1、阿姆斯特丹 北教堂（1623 年）；2、海牙 新教堂（1649 年）；3、巴黎 沙朗通胡格诺殿堂（1623 年，系取代毁于火灾的 1606 年的第一个殿堂）；4、伦敦 女修院花园圣保罗教堂（1630~1631 年）

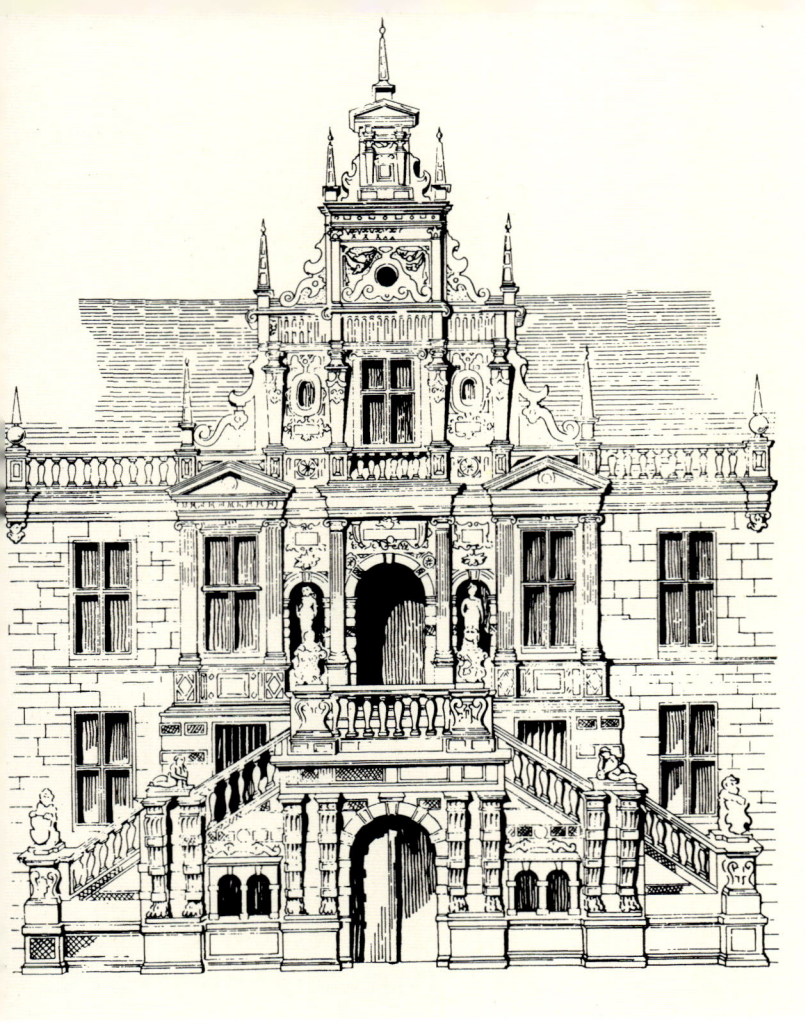

（上）图6-312 莱登 市政厅（1597~1603年，建筑师 Lieven de Key）。立面及塔楼（据 Banister Fletcher）

（左下）图6-313 莱登 市政厅。外景

（中下）图6-314 阿姆斯特丹 北教堂（1620~1623年，亨德里克·德凯泽或亨德里克·施特茨设计）。平面

（右下）图6-315 莱登 马雷教堂（1639年，阿伦特·范斯赫拉弗桑德设计）。内景

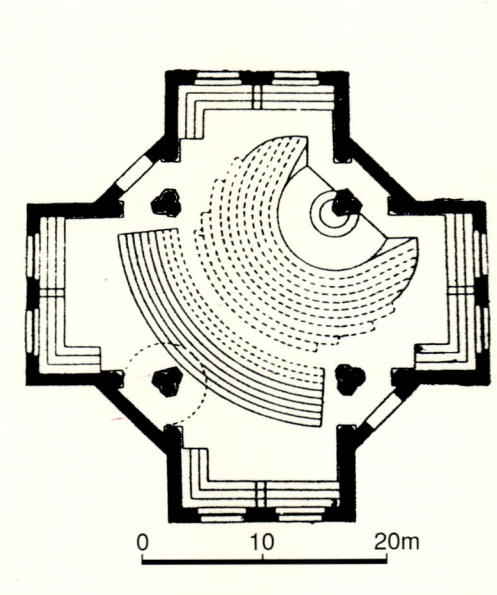

美的空间整合效果。这种形式以后曾被多次效法。其中最重要的部分是中央空间，几何形式（方形、八角形、圆形或希腊十字形）严谨朴实、系统明晰，中间布置主教座和洗礼盆，祈祷席沿对角方向布置，其他座位安排几乎照搬剧场模式。手法主义的细部尚带有哥特风格的痕迹。建筑充分体现了加尔文派教堂的理想，成为公认的新教建筑的典范。

1639年，阿伦特·范斯赫拉弗桑德（卒于1662年）开始建造莱登的马雷教堂（图6-315）。这是个带有古典特色上冠穹顶的八角形教堂，为这类建筑中最优美的

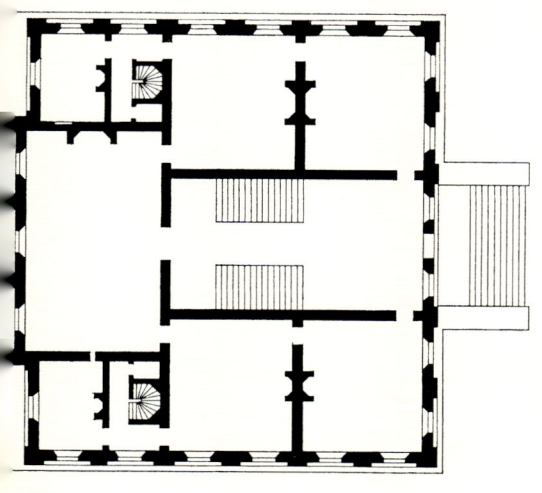

（左上）图 6-316 哈勒姆 新教堂（1645~1649年，雅各布·范坎彭设计）。内景（版画，作者 Saenredam）

（中上）图 6-317 哈勒姆 新教堂。塔楼（1613年，德凯设计），外景

（右中）图 6-318 海牙 新教堂（1649~1656年，建筑师彼得·诺维茨、B.范巴森）。平面（据 E.H.Terkuile）

（右上）图 6-319 海牙 新教堂。外景

（右下）图 6-320 阿姆斯特丹 新路德教教堂（圆堂，1668~1671年，阿德里安·多尔茨曼设计）。平面（据 E.H.Terkuile 等人资料综合）

（左下）图 6-321 海牙 莫里茨府邸（1633~1644年，雅各布·范坎彭）设计。平面（据 E.H.Terkuile）

例证之一。外绕回廊的八角形空间本是来自古代的形式，这个设计亦可视为在莱奥纳多·达·芬奇那种八角形带回廊的方案基础上修改而得。

以后建的一些教堂，如雅各布·范坎彭在哈勒姆建造的新教堂（1645~1649年，图6-316），采用了另一种"基本"形制，平面由纳入方形框架内的希腊十字构成。祭坛和入口部分稍稍向外凸出。交叉处方形的爱奥尼柱墩和辅助的爱奥尼柱（沿纵轴上没有）支撑着位于角上的藻井天棚，中央空间则覆以交叉筒拱顶，颇似帕拉第奥宫殿前厅的样式。教堂和德凯泽的作品有些类似，只是古典主义的细部表现得更为纯粹。时间较早的塔楼（1613年，图6-317）为德凯的作品，极其复杂的造型和过于简朴的教堂外部形成明显的对比（室外用了多立克柱顶盘和奇特的收分扶垛）。

在海牙的新教堂（1649~1656年，图6-318、6-319），可看到更为不同寻常的表现。其设计人是彼得·诺维茨（卒于1669年）和 B.范巴森。教堂布局极不寻常。矩形平面由两个方形构成，周边布置六个多边形的"半

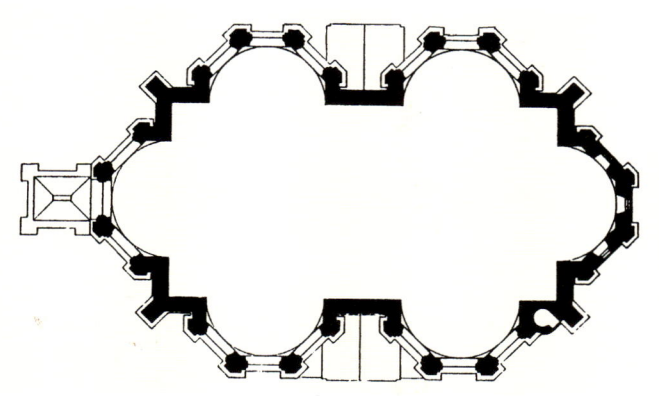

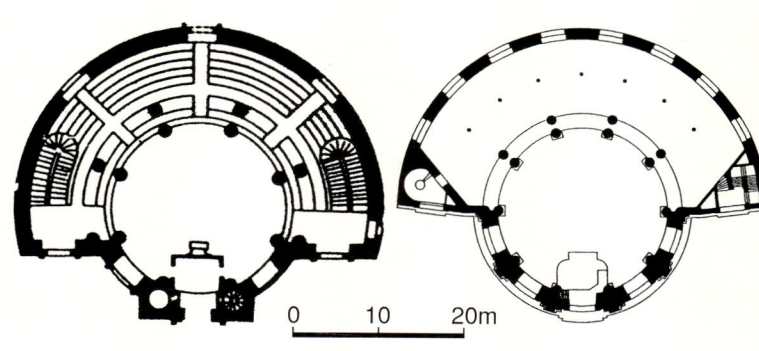

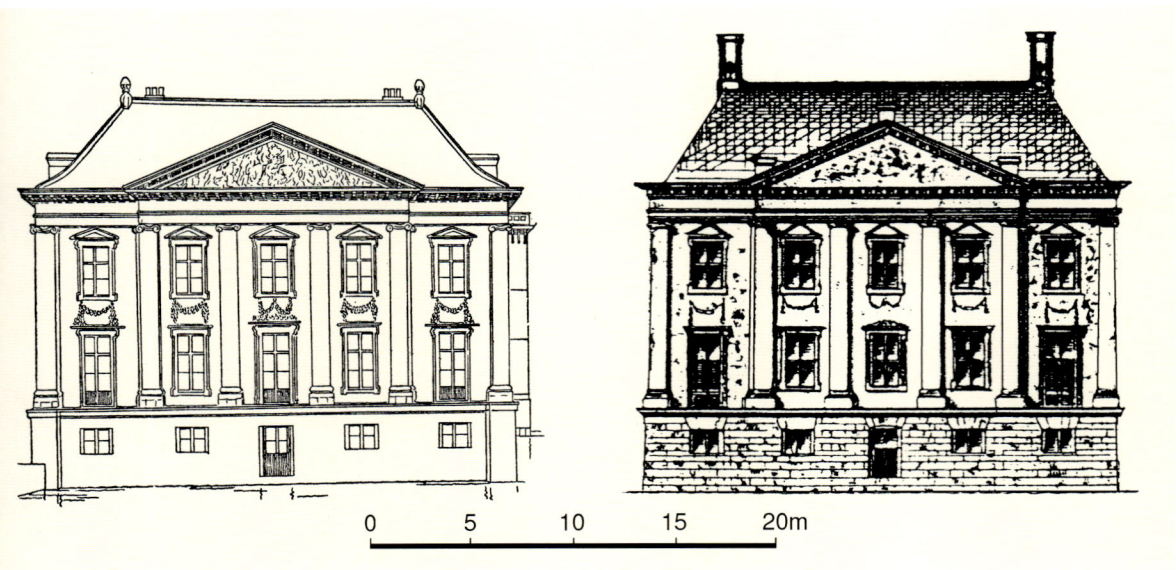

左页：

（上）图6-322 海牙 莫里茨府邸。立面（左图取自Werner Hager：《Architecture Baroque》，右图取自前苏联建筑科学院《世界建筑通史》第一卷）

（下）图6-324 阿姆斯特丹 新市政厅（现王宫，1648~1665年，建筑师雅各布·范坎彭、丹尼尔·斯塔尔帕埃特）。平面（图版，据Jacob Vennekool，1661年）

右页：

（上）图6-323 海牙 莫里茨府邸。外景

（下）图6-325 阿姆斯特丹 新市政厅（现王宫）。平面（图版，取自Jan Fokke著作，1808年）

圆室"（每端布置一个，侧面两个，外部处理成折线形体），本来颇为简单的基本形体遂变得更为复杂和丰富，整体好似两个希腊十字并列构成双三叶形。一系列规则布置的壁柱使墙面形成连续的"外壳"。建筑保留了部分哥特特色（花格窗和极陡的屋顶），采用双轴形制的建筑通过这样的屋顶被赋予集中构图的特色（屋顶同时覆盖两个方形，中间立塔楼）。内部同样采用集中形制，主教座安置在交会处小轴线上，作为人们注意力中

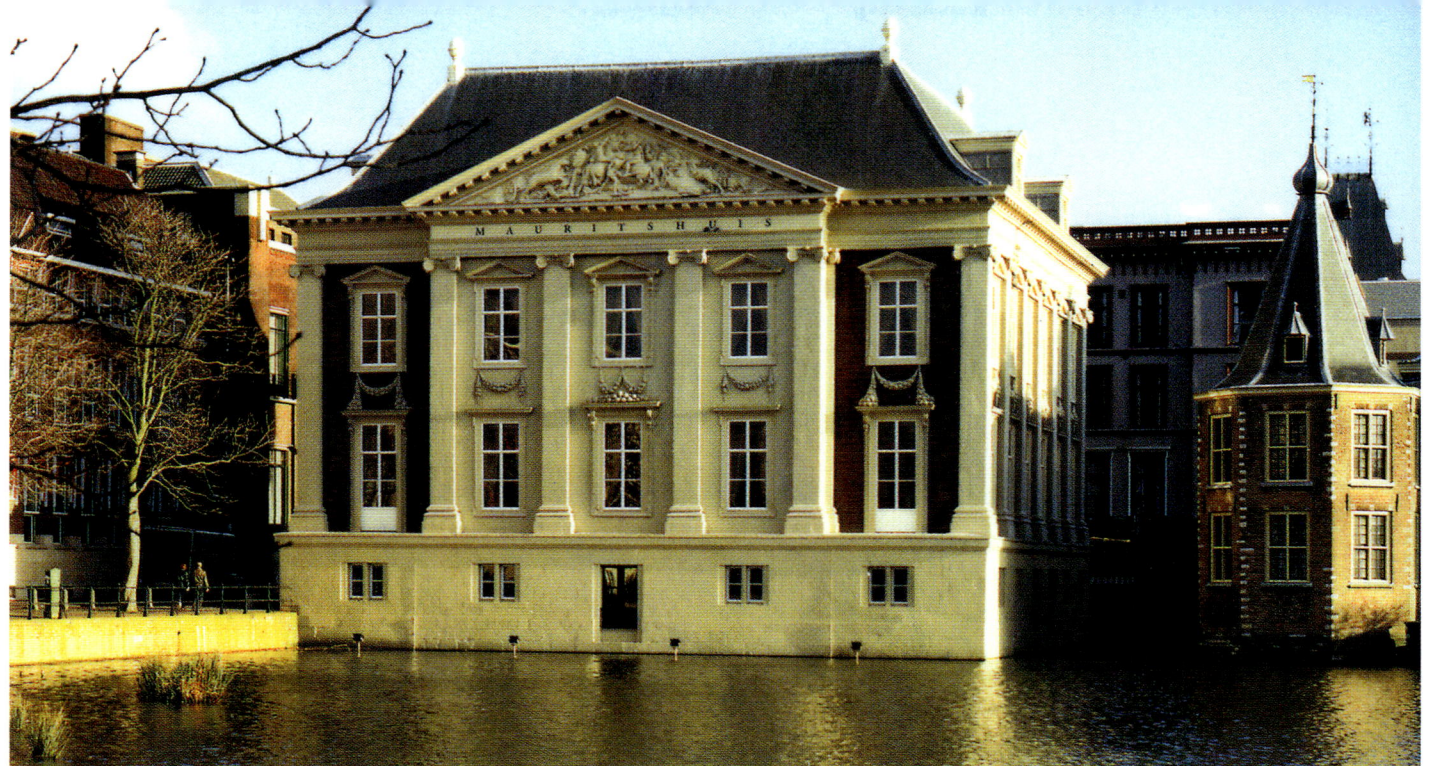

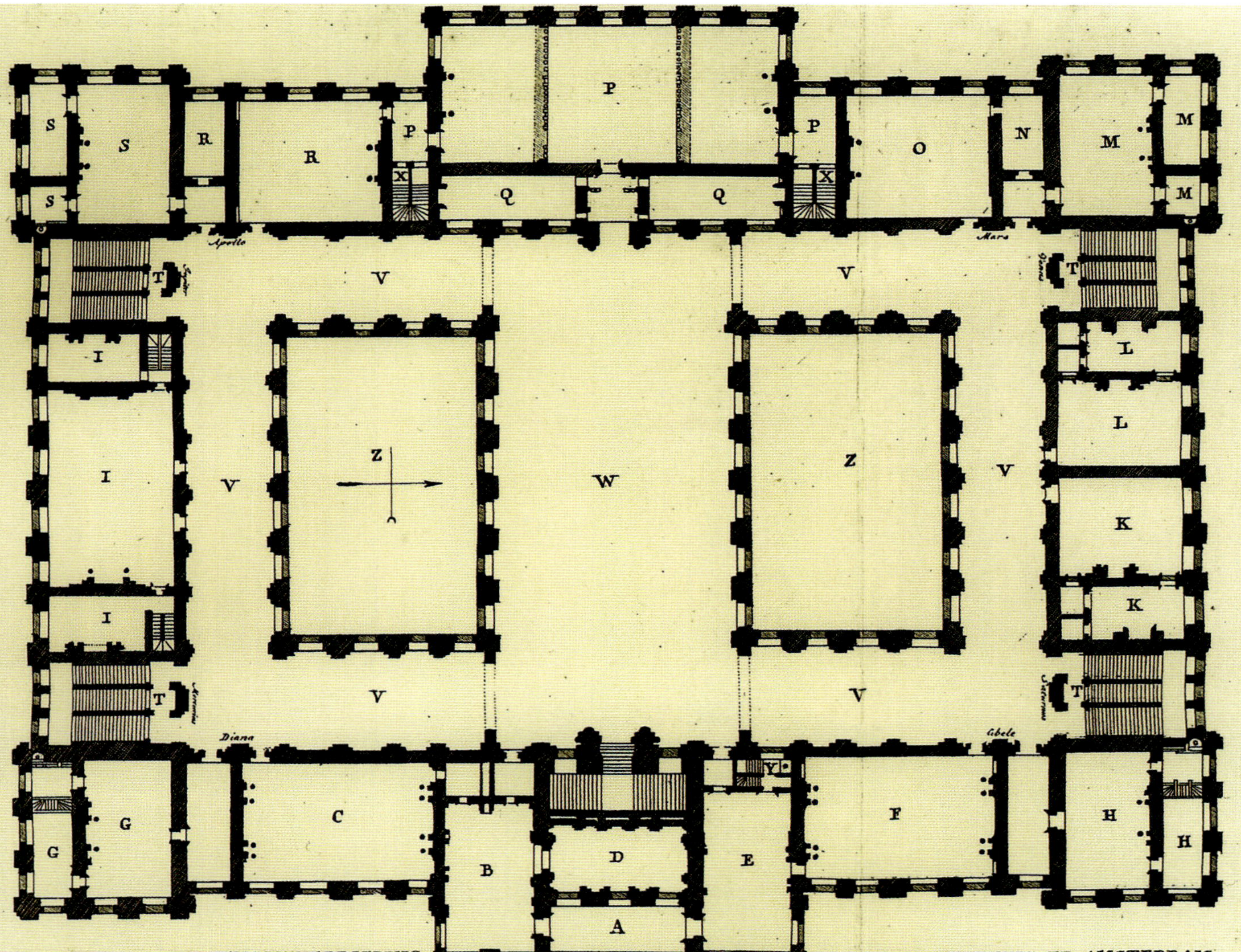

PLATTE GROND DER TWEEDE VERDIEPING VAN HET STADHUIS TE AMSTERDAM.

Schaal van 10 20 30 40 50 60 70 80 90 100 Voeten.

A. De Puije.
B. Burgemeesters kamer.
C. Derzelver vertrek.
D. De Regtbank.
E. Justitie kamer.

G. Thesaurie Ordinaris en vertrekken.
H. Weeskamer en vertrekken.
I. Secretary en vertrekken.
K. Assurantie kamer en vertrekken.
L. Desolate Boedelkamer en vertrekken.

N. Schouts kamer.
O. Schepenen Extraordinaris.
P. Schepenen Ordinaris.
Q. Vertrekken der Advocaten en Procur.^s
R. Commissarissen van kleine zaken.

T. Gemeene Trappen.
V. Galleryen.
W. Groote Zaal.
X. Trap naar de Krygsraadskamer.
Y. Trap naar de Toren.

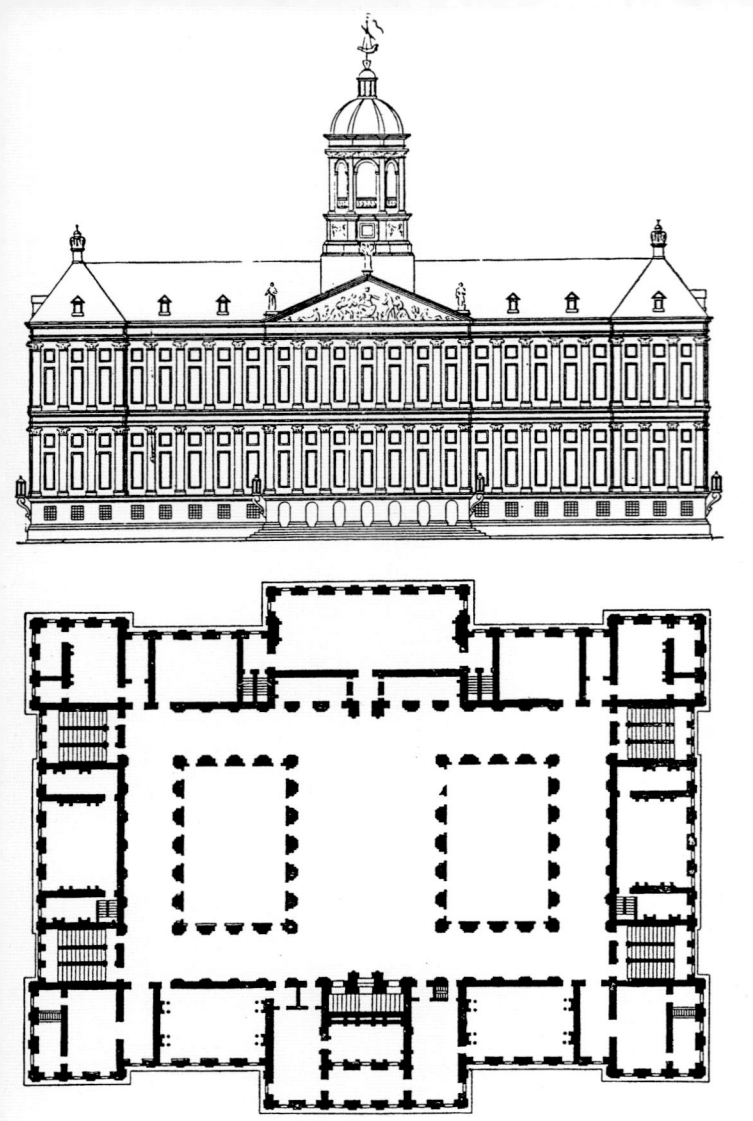

心的讲道坛和洗礼屏却靠着侧面半圆室之间的墙布置。

最后，还需要提下阿姆斯特丹的两个特殊教堂。一是阿德里安·多尔茨曼（1625~1682年）设计的新路德教教堂（圆堂，1668~1671年，图6-320），再一个是埃利亚斯·博曼设计的葡萄牙犹太教会堂（1671~1675年）。

路德教教堂是一个上置穹顶的圆堂建筑，主要圆形空间内部仅半边布置供会众使用的回廊，两个空间隔廊柱相对，有点类似剧院的效果。在皮埃蒙特地区的卡里尼亚诺，可看到其半圆形的对应形式。两者虽有所不

（左上）图6-326 阿姆斯特丹新市政厅（现王宫）。平面及立面（据Alfred William Stephen Cross）

（下）图6-327 阿姆斯特丹新市政厅（现王宫）。立面（取自前苏联建筑科学院《世界建筑通史》第一卷）

（右上）图6-329 阿姆斯特丹 新市政厅（现王宫）。立面（图版，作者Van der Heyden，1665~1668年）

1840·世界建筑史 巴洛克卷

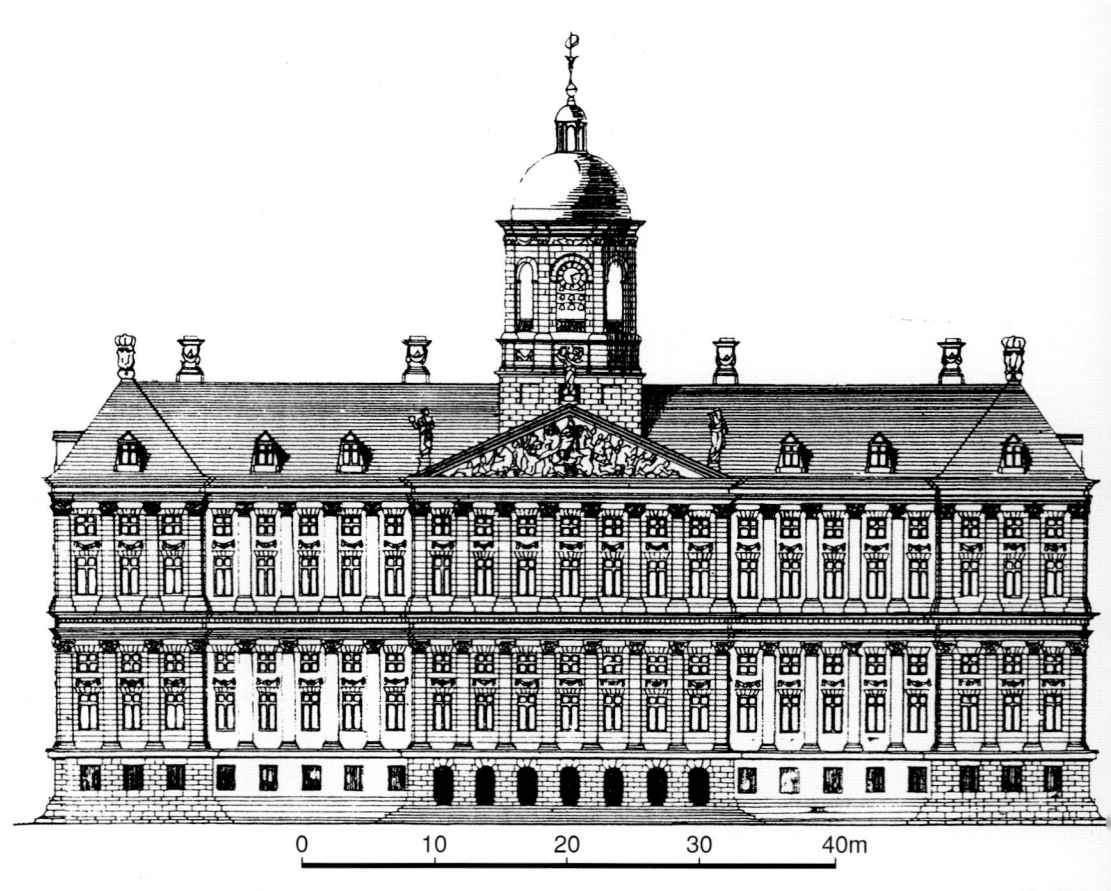

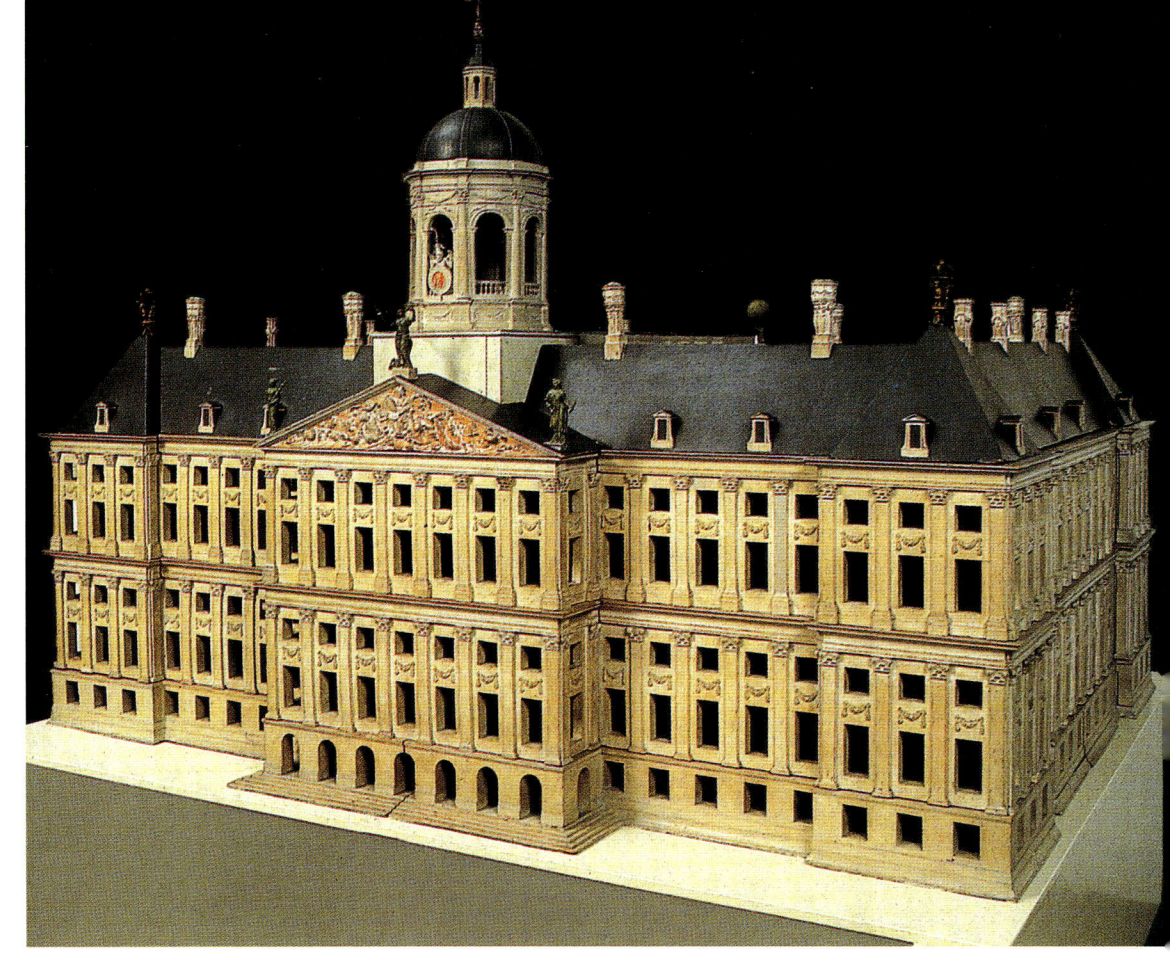

（右上）图 6-328 阿姆斯特丹新市政厅（现王宫）。立面（取自 Wilhelm Lübke 及 Carl von Lützow：《Denkmäler der Kunst》，1884 年）

（右下）图 6-330 阿姆斯特丹新市政厅（现王宫）。模型（现存阿姆斯特丹 Historisch Museum）

（左）图 6-331 阿姆斯特丹新市政厅（现王宫）。奠基纪念章

（上）图 6-332 阿姆斯特丹新市政厅（现王宫）。地段施工场景（油画，作者 Johannes Lingelbach，原作现存阿姆斯特丹 Historisch Museum）

（下）图 6-333 阿姆斯特丹老市政厅。外景（油画，作者 Pieter Saerendam，原作现存阿姆斯特丹 Rijksmuseum）

（上）图 6-334 阿姆斯特丹 新市政厅（现王宫）。地段全景（版画，作者 Jacob van der Ulft，广场上建筑除新市政厅外，还包括计重所及新教堂塔楼等，阿姆斯特丹 Gemeentelijke Archiefdienst 藏品）

（下）图 6-335 阿姆斯特丹 新市政厅（现王宫）。外景（油画，作者 G.Berckheyde）

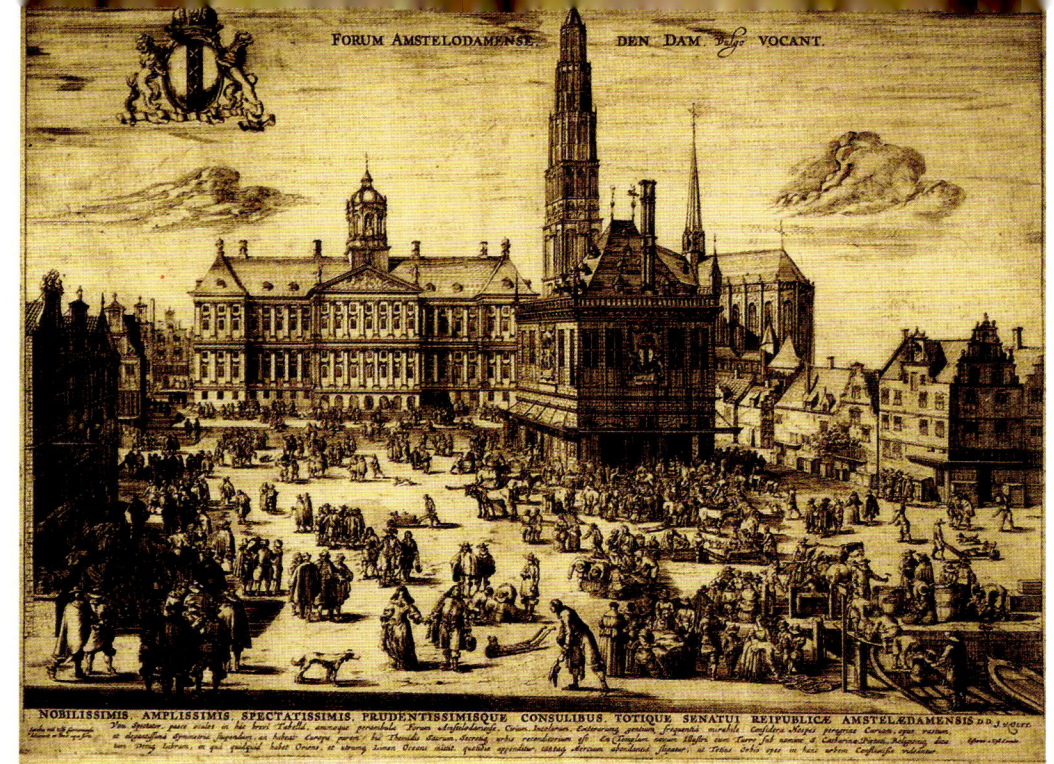

同，但都是围绕着圆形平面做文章，只是荷兰的建筑更接近古代的圆剧场。从这里也可看出，荷兰的新教教堂倾向采用集中式平面，特别意味深长的是，所用的图形均为基本几何要素：方形、八角形、希腊十字形、双方形及圆形。显然是因为"静态"的集中式空间更符合明晰和规则的考量。加尔文教徒的理想就这样得到了表

(上）图6-336 阿姆斯特丹 新市政厅（现王宫）。外景（版画）

(下）图6-337 阿姆斯特丹 新市政厅（现王宫）。现状俯视全景

现，事实上，1564年，胡格诺派教徒（为16~18世纪法国天主教徒对加尔文教徒的称呼）就在里昂按集中式平面建了三个"庙堂"（1567年，分别以百合花、天堂和沃土命名，这些教堂已遭破坏），表现出以后新教教堂的特色。以后，加尔文教义成为以商业为主体的城邦国家的宗教，其严格、明晰和高效的戒律，看来更适合这个社会的总体特色。

圆堂室内墙面分划采用多立克（塔司干）柱，室外

1844·世界建筑史 巴洛克卷

（上及左下）图6-338 阿姆斯特丹 新市政厅（现王宫）。地段全景及穹顶细部

（右下）图6-339 阿姆斯特丹 新市政厅（现王宫）。大厅，内景

设计亦同样大胆，多立克壁柱自粗面石基座上升起，穹顶外覆铜板，顶塔采用釉饰。在这片地区，钟楼上的尖塔，无论过去还是现在，也不管属宗教还是世俗建筑，都是想象力和独创精神可自由驰骋的园地。带时钟的楼阁、挑台和日晷、球茎和方尖碑，被极富想象力地组合在一起，层层叠置；如此形成的尖顶塔楼，散布在平原

上，很远就能看到。

阿姆斯特丹的葡萄牙犹太教会堂是由于17世纪荷兰的宗教自由政策而催生的若干犹太教会堂之一。这个独特的建筑立在一个大的围地内。荷兰这类教堂的设计有些类似当时的新教教堂。在本例，室内由成排的爱奥尼柱分成三个相等的筒拱廊道，另有附在边墙上的廊台；平素的室外饰以巨大的壁柱条带。其设计和阿姆斯特丹其他同时代的犹太教会堂类似，但要更加宏伟气魄。

世俗建筑

到17世纪，世俗建筑开始有了重大的变化。在1600年后不久，在低地国家北部，占统治地位的仍是文艺复兴风格；城市风光就这样，通过组合搭配传统的砖构主体和充满动态的手法主义装饰得到确定。留存下来的一些实例可作为这方面的证明，如哈勒姆的肉类大厅（设计人利芬·德凯斯，1602~1603年）、米德尔堡

（左上）图6-340 阿姆斯特丹 新市政厅（现王宫）。大厅，现状

（下）图6-342 阿珀尔多伦 海特洛猎庄（1684年，建筑师雅各布·罗曼、达尼埃尔·马罗）。俯视全景（版画，作者Petrus Schenk，约1700年）

（右上）图6-344 阿珀尔多伦 海特洛猎庄。王后书房，内景

1846·世界建筑史 巴洛克卷

的射击厅（1607~1610年）。亨德里克·德凯泽于1608年建的阿姆斯特丹交易所，则和伦敦交易所非常接近。

然而，自1620年起，在宫廷周围，开始出现了一股更具古典倾向的潮流；这一思潮主要来自法国和帕拉第奥风格盛行的英国；在它的传播上，起主要推动作用的是一位在建筑上饱学博识和富有的专家雅各布·范坎彭（1595~1657年）。他同时是位画家，可能曾在意大利研习艺术，还可能在那里结识了斯卡莫齐，因其作品和这位帕拉第奥的主要追随者非常相近[8]。主要在阿姆斯特丹工作的这位建筑师很善于使帕拉第奥的古典主

（下）图6-341 阿姆斯特丹新市政厅（现王宫）。大厅，地面镶嵌

（上）图6-343 阿珀尔多伦海特洛猎庄。外景

本页：
（上）图 6-345 阿珀尔多伦 海特洛猎庄。老餐厅，内景（墙上为壁毯）

（下）图 6-346 阿珀尔多伦 海特洛猎庄。国王室，内景

右页：
图 6-347 阿珀尔多伦 海特洛猎庄。觐见厅（达尼埃尔·马罗设计，1692 年），内景

义适应丹麦的传统,并由此创造出一些非常优美的作品。他也因此成为低地国家建筑复兴的领军人物,并被认为是这时期所有丹麦建筑师中最伟大的一个。

从雅各布·范坎彭的第一个作品——阿姆斯特丹的科伊曼宅邸(1624年)就可以看出,此公对帕拉第奥和斯卡莫齐的建筑相当熟悉。他为奥兰治家族出身的功勋卓著的将军、联省执政官约翰·莫里茨·范纳绍修建的海牙的莫里茨府邸(1633~1644年,图6-321~6-323),现已成为许多极富魅力的城市和乡村别墅的样板。宫殿平面接近方形,采用对称布局,显然是效法帕拉第奥和斯卡莫齐的别墅形制。两个中央接待大厅每边布置由三个房间组成的私人套房。室外矩形的简单形体立在高半层的基座上,上部通过高两层的巨大爱奥尼壁柱统一构图;大窗边布置优雅的框饰,比例和谐的外部有节制地饰以垂花饰和浮雕。立面三面出檐,并通过细部的变化使各面具有不同的特色。在入口面,墙面中跨较大,标示出主要轴线,两边开间通过柱顶盘凹进处理成简单的侧翼。朝花园的一面(实际上即朝水立面)中

(上)图6-348 阿珀尔多伦 海特洛猎庄。园林,俯视景色(前景中间为下花园的维纳斯喷泉;远处可看到上花园的国王喷泉和柱廊)

(下)图6-349 阿珀尔多伦 海特洛猎庄。园林,下花园及宫殿景色

图6-350 阿珀尔多伦 海特洛猎庄。园林,下花园维纳斯喷泉

(上) 图6-351 阿珀尔多伦 海特洛猎庄。园林，王后花园内的花坛

(左下) 图6-352 海牙 王室图书馆（1734~1761年，达尼埃尔·马罗设计）。外景

(右下) 图6-353 恩克赫伊曾 市政厅（1686~1688年，斯蒂文·文内科尔设计）。外景

部为三开间组成的凸出部分。侧立面只是部件的单一重复。陡峭的四坡屋顶赋予它明确的荷兰特色（屋顶上一度配有高烟囱），明亮的石构墙体和深色的瓦面形成悦目的对比。优雅的立面几乎包含了17世纪宫殿常用的所有部件，但它们只是出现并没有刻意加以突出，带山墙的中央部分也没有过多予以强调。这些创新探索和直接取自帕拉第奥的观念一起，构成了一种新的模式，并在这个建筑里得到了生动的体现。由此产生的微妙审慎的效果通常被称为"帕拉第奥风格"，其实更准确地说应该就是"荷兰风格"。在这里，人们采纳了帕拉第奥柱廊的典型配置方式（如方扎洛埃莫别墅的四柱柱廊，参见《世界建筑史·文艺复兴卷》第十九章相关图版）。

(上) 图 6-354 哥本哈根 城市总平面（左、1535 年，由大陆上的设防城镇和斯特兰霍尔门岛上的城堡组成；右、1750 年，格网示中世纪的城市核心，垂线区为文艺复兴时期大陆的扩展部分，可看到位于阿迈厄岛上的克里斯蒂安港，港口内的城堡及其他小岛屿均和大陆连在一起，阿迈厄岛也在逐步向外扩大），图中：A、城堡，B、中世纪城市核心，C、文艺复兴时期扩展区，D、阿马利安堡广场，E、克里斯蒂安港

(下) 图 6-355 哥本哈根 罗森堡宫殿（夏宫，1606~1634 年）。宫殿及花园俯视全景（自西北方向望去的景色）

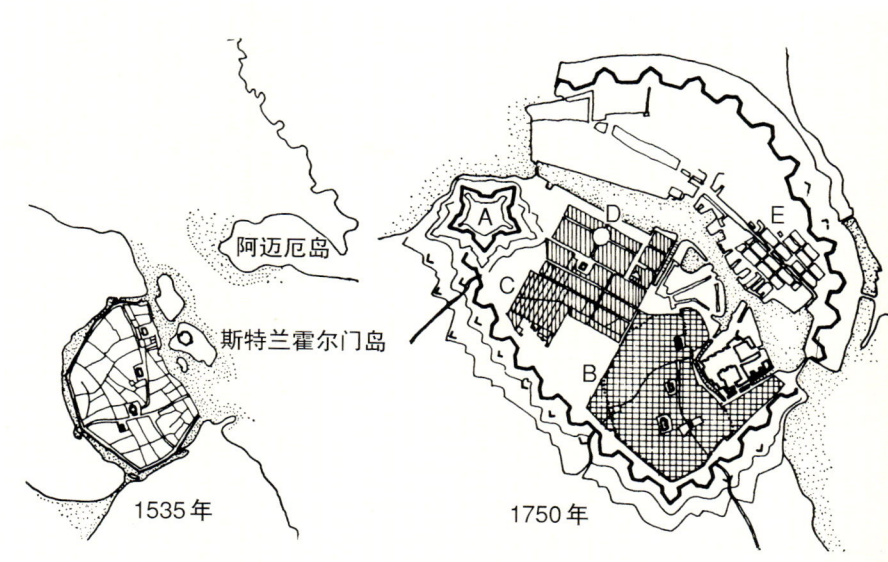

（上两幅）图6-356 哥本哈根 罗森堡宫殿（夏宫）。宫殿南立面及东面俯视全景

（下）图6-357 哥本哈根 罗森堡宫殿（夏宫）。大理石厅，内景

但用的是附墙柱式（如这位大师在城市府邸里的做法）；而在意大利，类似情况下一般不用山墙。基座部分没有延续上部造型；直到30年以后，在贝尔尼尼的基吉-奥代斯卡尔基宫，人们才看到这类表现。高屋顶和砖墙使这个建筑很好地融入周围的环境。采用帕拉第奥的形式而没有用手法主义的分划方法，显然是为了适应既有的巴洛克环境；这种解决问题的方式清晰明了，因而很快传到英国，以后又被勒沃效法。

雅各布·范坎彭的古典主义由于其门徒和早先的合作者彼得·坡斯特（1608~1669年）得到了延续。后者作品中最重要的是马斯特里赫特的市政厅（1659~1664年）。这是个方形建筑，中央大厅上冠穹顶，布局规整，上立一个构思大胆的尖塔。彼得·坡斯特的另一个作品是海牙的博斯府邸（1645年及以后）。这个城郊府邸采用了集中式布局，基本上是参照了帕拉第奥的圆厅别墅，但比这个原型的规模要大得多。十字形中央大厅占据了建筑的整个高度，上部为穹式拱顶，大厅装修得到了雅各布·范坎彭本人的指导。室外八角形穹顶凸出在屋顶线之上。

在这时期，贵族们同样大量建造乡间府邸。总督腓特烈-亨利的赖斯韦克府邸建于1630年以后，是个带楼阁的法国风格的建筑，饰有芒萨尔式的壁柱。建筑已

(上) 图 6-358 哥本哈根 罗森堡宫殿（夏宫）。长厅，内景

(下) 图 6-359 哥本哈根 罗森堡宫殿（夏宫）。起居室（冬室），内景

毁，但从复制品上可知，它有一个上下叠置带圆券的柱廊，因而很可能是沃-勒维孔特府邸的原型。不过，荷兰的资产者宅邸采用这种做法往往只是为了满足某种特定的要求，如于斯特斯·温博恩（约1620~1698年）为特里普兄弟设计的阿姆斯特丹的特里普宅邸（建于1660~1662年）[9]。壁柱在这里高达两层半楼，在莫里茨府邸的主题上进一步增添了某些纪念性的色彩；柱顶盘在带山墙的中央部分和边跨处断开，屋脊边上的烟囱系按业主的职业做成炮筒状。于斯特斯·温博恩的哥哥菲利普·温博恩（1614~1678年）在城市及乡间，建了大量这类宅邸（通常只有一个楼层）。他设计的阿姆斯特丹的波彭宅邸（1642年），是深受雅各布·范坎彭

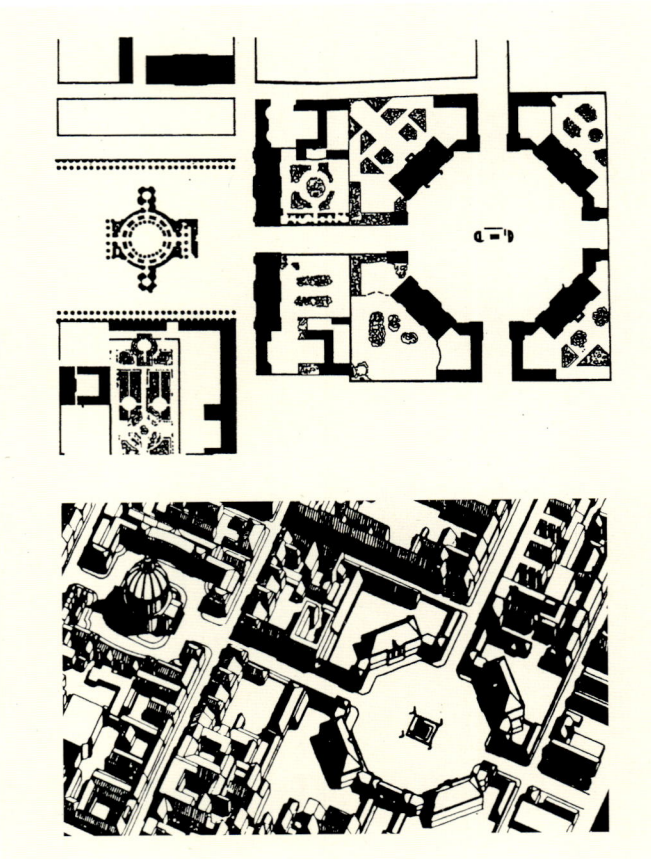

（左上）图6-360 哥本哈根 交易所（1619~1631年，1639~1674年，小汉斯·范斯腾温克尔设计）。外景

（下）图6-361 哥本哈根 阿马利安堡广场（1754~1760年，设计人尼古拉·埃格特韦德）。广场及建筑组群城区位置图（取自1837年发表的SDUK Atlas map）

（右上）图6-362 哥本哈根 阿马利安堡广场。平面及俯视全景图（平面据Lavedan；俯视图据A.E.J.Morris，图右侧为港口，左上为教堂）

1856 · 世界建筑史 巴洛克卷

（上）图6-363 哥本哈根阿马利安堡广场。全景图（取自前苏联建筑科学院《世界建筑通史》第一卷）

（下）图6-364 哥本哈根阿马利安堡广场。宫堡（1750~1754年，尼古拉·埃格特韦德设计），外景

1858·世界建筑史 巴洛克卷

左页：

（左上）图 6-365 哥本哈根 腓特烈教堂（1649~1849 年，尼古拉·埃格特韦德设计）。立面设计（作者尼古拉·埃格特韦德，1754 年，原稿现存哥本哈根 Royal Danish Academy）

（中上及右上）图 6-366 哥本哈根 腓特烈教堂。外景

（下）图 6-367 哥本哈根 克里斯蒂安宫堡（1733~1745 年，尼古拉·埃格特韦德设计，多次重建）。全景

本页：

（上）图 6-368 哥本哈根 克里斯蒂安宫堡。入口近景

（下）图 6-369 让·德拉瓦莱：1650 年克里斯蒂娜女王斯德哥尔摩入城式凯旋门设计（图版制作 Jean Marot，原件现存斯德哥尔摩 Nationalmuseum）

影响的诸多建筑之一。极其优雅的立面配巨柱式和带山墙的中央形体。这些作品进一步通过他的版画，在整个欧洲北部广为流传。

阿姆斯特丹的繁荣和豪气，在雅各布·范坎彭设计的新市政厅 [现为王宫，1648~1665 年，平面、立面及模型：图 6-324~6-330；施工场景：图 6-331、6-332；外景（含老市政厅）图 6-333~6-338；大厅内景：图 6-339~6-341] 中得到了充分的体现，其建造始于 1648 年，即正式承认低地国家独立地位的威斯特伐利亚和约（Traité de Westphalie）签署那年。正是从这时开始，荷兰进入了全盛时期。作为雅各布·范坎彭的主要代表作，这个建筑也因此具有了重要的象征意义，可视为荷兰共和国的"主教堂"。这是个极其宏伟壮观的建筑，无论在威尼斯还是奥格斯堡，从没有一个类似的建筑建得如此之高。其尺度不仅超过了帕拉第奥已建成的作品，甚至也超过了斯卡莫齐的理想设计。建筑长达 80 米，巨大的

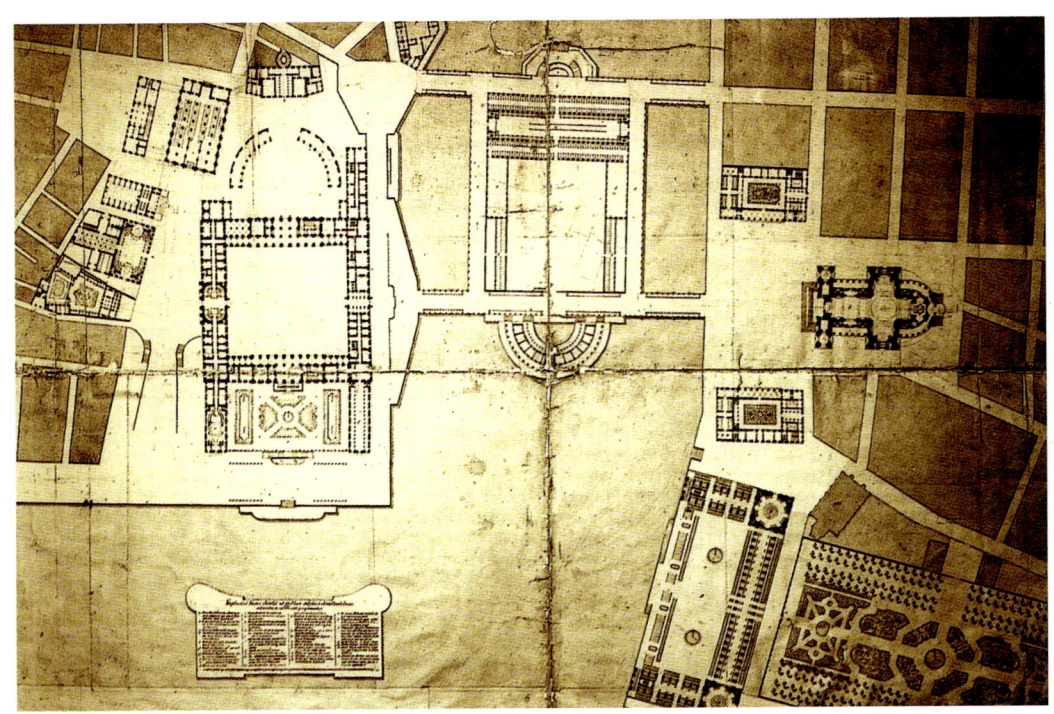

（上）图6-370 斯德哥尔摩 中心区。总平面设计（小尼科迪默斯特辛工作室设计，1713年，斯德哥尔摩国家档案）

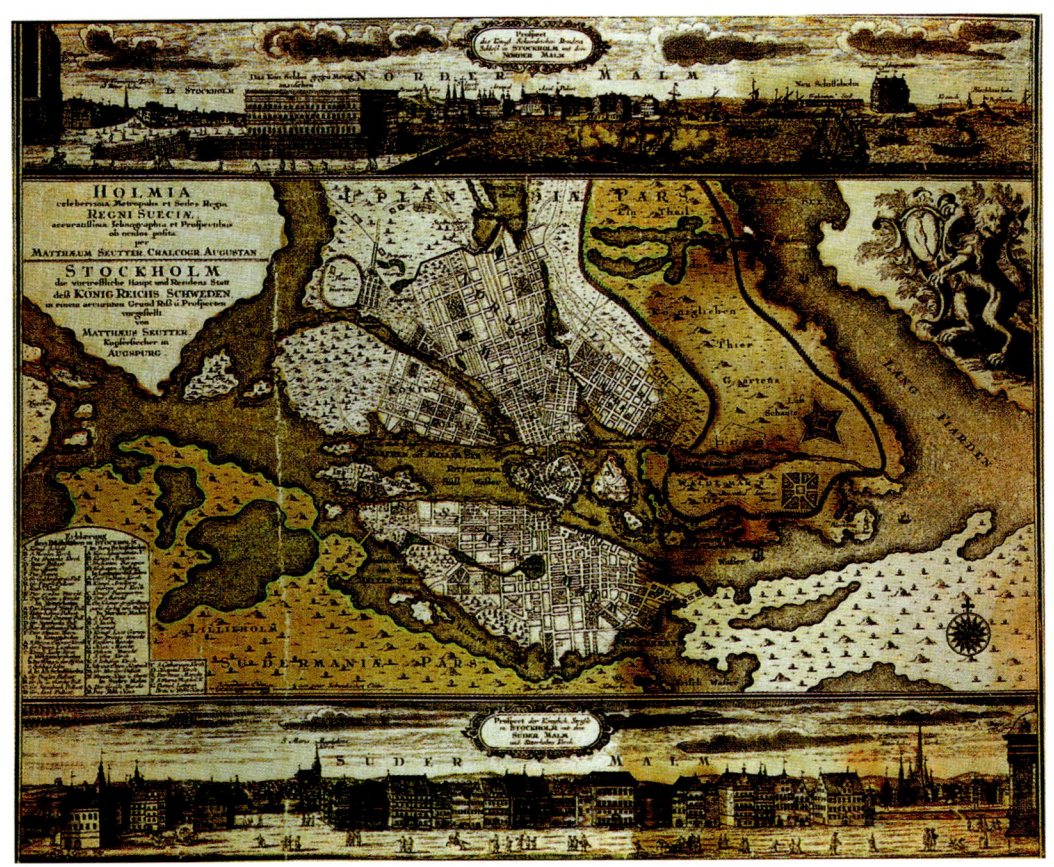

（下）图6-371 斯德哥尔摩 1730年城市平面及景观（原件现存米兰 Civica Raccolta Stampe）

矩形平面表明人们对系统化的强烈关注。建筑内纳入了两个院落，其间用中央大厅（资产者大厅，议会厅）分开。布局类似埃尔埃斯科里亚尔，只是没有前院，教堂处为大厅取代。后者占据了建筑整个高度，是个上覆筒拱顶一通到底的巨大空间，通过院落周围的大型廊道和宫殿其他部分联系。厅内两边叠置两层柱式，巨大的科林斯壁柱直达檐沟处。这种布局显然是受到宗教建筑的启示。室内雕刻由阿蒂斯·凯兰及其工作室完成。参与绘画的有伦勃朗及约尔丹斯。从这个作者阵容和所表现的内容上，不难看出阿姆斯特丹自由民和资产者

（上）图 6-372 斯德哥尔摩 城市景色（自孔斯霍尔门岛上望去的情景，据 Johan Lithén，图版制作 Johannes van den Aveelen，原件现存斯德哥尔摩 Nationalmuseum）

（下）图 6-374 斯德哥尔摩 贵族院（约 1641~1674 年，建筑师西蒙·德拉瓦莱、让·德拉瓦莱和于斯特斯·温博恩）。俯视图（西蒙·德拉瓦莱设计，设中心大院，17 世纪 30 年代；建筑最后由于斯特斯·温博恩缩减为单一的居住形体，屋顶部分为让·德拉瓦莱设计）

的雄心壮志："世界"拜倒在城市主保圣人的脚下，在后者两边，是寓意"权势"和"智慧"的形象。古代的神灵——"四行"（Quatre Éléments，指古代哲学的水、土、风、火）和"四枢德"（Vertus，即勇、义、智、节）——都在为这个低地国家的年轻共和国服务，为其大唱颂歌。宫殿房间内尚有许多其他的寓意装饰。

建筑设计上还有许多值得注意的特殊表现：没有进入院落的正式入口，院落在这里实际上只是作为采光井使用；也没有通向建筑的主要入口，进入主要大厅需通过一系列极其狭窄的过道，基层入口部分处理相当低调。立面基座层以上通过巨大的壁柱和门窗体系进行分划，每层壁柱包含两层窗户，层间以连续的檐口条带分开。单一的韵律在上下两层柱式上重复使用，没

有变化，由此产生的总体效果庄严肃穆，既有自信又不乏节制。带装饰性山墙的中央形体向前凸出（其凸出程度比角楼阁要大），同时冠以带穹顶的顶塔，以此统领整组构图。这种形式可能是来自罗马圣彼得大教堂的小穹顶之一，它取代了早期市政厅中央的高山墙或钟楼。

到 17 世纪末，和欧洲其他地方一样，人们又重新感受到来自法国的影响。当时的政治背景进一步推动了这一进程：在南特敕令（1598 年法国国王亨利四世在南特颁发的宗教宽容法令，承认新教徒有从事宗教活动的自由）废除之后，大量的胡格诺派建筑师被迫离乡背井，凭借自己的才干，到其他君主的宫廷去寻找新的岗位。巴洛克古典主义也随着这批流亡者扩散到欧洲各地。奥兰治王室的威廉三世在荷兰阿珀尔多伦附近

本页:

图6-373 斯德哥尔摩 自王宫望城市景色(油画,作者Elias Martin)

右页:

(左上)图6-375 斯德哥尔摩 贵族院。外景

(右上)图6-376 罗马 布兰科尼奥府邸。立面(图版)

(右下)图6-377 卡尔马尔大教堂(1659~1703年,老尼科迪默斯·特辛设计)。立面(希腊十字平面,每肢上均设塔楼)

(左下)图6-378 卡尔马尔大教堂。外景

建造的海特洛猎庄,可作为这方面的一个典型实例(外景:图6-342、6-343;内景:图6-344~6-347;园林:图6-348~6-351)。1684年,雅各布·罗曼和法国建筑师达尼埃尔·马罗(1663~1752年)开始按法国学院派建筑的原则设计猎庄及其花园(在南特敕令撤消之后,达尼埃尔·马罗成为威廉三世的宫廷建筑师。他曾跟随其顾主造访英国,最后又回到低地国家,在海牙定居)。达尼埃尔·马罗将路易十四风格引进荷兰,在这里,这种风格一直持续到18世纪。他为海牙设计的各种建筑中,最著名的是1734年建的王室图书馆(图6-352)以及许多后期巴洛克风格的宫邸。

斯蒂文·文内科尔(1657~1719年)设计的恩克赫伊曾市政厅(1686~1688年,图6-353)体量紧凑,中央凸出形体上冠顶塔。立面基本上没有采用柱式,仅通过

角上的粗面隅石和中央各种形式洞口的组合激活墙面，形成既有情趣又协调统一的构图。同样由文内科尔主持建造的马达赫腾的庄园宅邸（1695年）是个具有类似构思的建筑，但加了凹进的各翼，向下直至壕沟，配有带斜面的基座层和带曲线形式的入口桥；中央凸出部分的构图地位更为重要，其檐口中心部位向上形成拱形。

二、斯堪的纳维亚地区

斯堪的纳维亚国家虽说接受了新教，但仍保留了绝对君权制度。因而，在17世纪的斯堪的纳维亚国家，同样缺乏其他欧洲国家那种单一的表现。一方面，集权的倾向促使贵族们向都城（哥本哈根和斯德哥尔摩）转移。在建筑上，宫廷和贵族是主要的投资者，在皈依新教后仍然保持着其中心地位；但中产阶级也开始在这方面发挥自己的作用。另一方面，工业和商业的发展又有点类似低地国家（尽管规模要小）。建筑（不仅是新教教堂）也因此受到低地国家的影响，但到17世纪下半叶，意大利和法国的要素开始更多地渗透到欧洲北方。因为这个原因，尽管丹麦和瑞典对17和18世纪的建筑作出了很大的贡献，有些重要作品也值得一提，但很难说它形成了一种独特的风格，实际上，其特色主要来自所用的材料（配合使用砖墙、砂岩装饰及外覆铜皮的屋顶）。在挪威（当时它和丹麦为同一个王室统治），

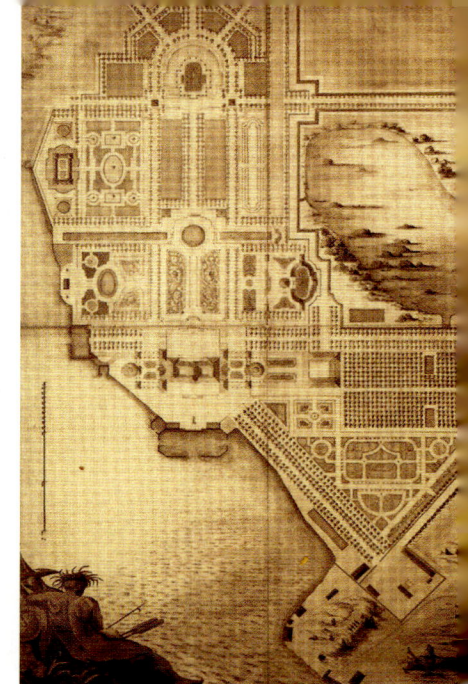

(左上)图6-379 斯德哥尔摩 皇家银行(1668年)。外景（版画，据 Willem Swidde）

(左下) 图6-380 斯德哥尔摩 里达霍尔姆教堂。卡罗琳墓（1671/1672年，建筑师老尼科迪默斯·特辛，穹顶18世纪40年代重新设计）。外景

(右上) 图6-381 斯德哥尔摩 皇后岛宫堡（1662~1685年，建筑师尼科迪默斯·特辛父子）。总平面设计（作者老尼科迪默斯·特辛，约1662年，原件现存斯德哥尔摩 Nationalmuseum）

(中) 图6-382 斯德哥尔摩 皇后岛宫堡。外景（版画，作者 Willem Swidde，1690年，细部，原件现存斯德哥尔摩 Nationalmuseum）

艺术产品则主要集中在装饰领域。

[丹麦]

在丹麦，建筑的繁荣期是在克里斯蒂安四世任内（1577~1648年，1588年登位）。这位国王力求把哥本哈根改造成真正的都城（图6-354）。在荷兰影响下新生的手法主义及巴洛克风格的建筑也随之经历了一次短暂的飞跃。1626年，哥本哈根的面积扩大了一倍。实际上，还在这之前，城里就已经按新风格建了许多富丽堂皇的建筑。如作为夏宫的罗森堡宫殿（1606~1634年，图6-355~6-359）和（小）汉斯·范斯腾温克尔设计的交易所（1619~1631年，1639~1674年，图6-360）。后者是个

（上）图 6-383 斯德哥尔摩 皇后岛宫堡。立面及花园全景

（下）图 6-384 斯德哥尔摩 皇后岛宫堡。宫前花园场地及喷泉雕刻

庞大的建筑，配芒萨尔式的窗户并饰有山墙，国王可能亲自参与了其平面设计。他还设想建一个八角形广场，作为新城的中心。其规划属 17 世纪初，是当时最宏伟壮观的设计，可惜因为三十年战争的爆发，未能付诸实施。事实上，由于这位国王在三十年战争中受挫，建筑活动已陷入停顿。在他的继任者统治期间，在这领域内也没有什么可圈可点之处。直到 1672 年，在哥本哈根才建造了第一个巴洛克宫殿——夏洛腾堡宫邸，它位于花园和国王广场之间，并带有国王克里斯蒂安五世的雕像。随着它的建设，巴洛克古典主义开始进入丹麦。这时期建筑界的主要人物是兰贝特·范哈文（出生于 1630 年）。这是一位在意大利接受教育的建筑师和画家，其作品同样受到荷兰的影响。哥本哈根克里斯蒂安港的救世主教堂就这样按照低地国家北方新教教堂的

成熟形制围着一个希腊十字形的中央建筑布置(十字形角上的方形补全)。其塔楼的螺旋形顶部已属18世纪(建筑师劳里茨·德图拉)。意大利的影响则表现在装修等方面(类似哥本哈根的索菲-阿马利安堡别墅)。

到18世纪中叶,丹麦建筑达到了新的顶峰: 1754~1760年继续完成了哥本哈根的阿马利安堡广场和腓特烈教堂的建设(图6-361)。这是个按法国样本建造的城市建筑群,以后成为丹麦洛可可风格的杰作。建筑群主要部分为一个八角形广场,主要轴线通过通向广场的街道加以突出,广场对角线上布置四个中央形体向前凸出的宫殿(图6-362~6-364)。第二个广场为方形,位于第一个广场的主轴线上,中央为上置穹顶的腓特烈教堂(直到1849年才完成,图6-365、6-366)。建筑群设计人尼古拉·埃格特韦德(1701~1754年)是一位园艺师、旅行家和业余建筑爱好者,德累斯顿建筑师珀佩尔曼的门徒。在埃格特韦德的第一个重要作品——哥本哈根克里斯蒂安宫堡(1733~1745年)里,已经可以看到珀佩尔曼的影响(作为国王城堡,始建于12世纪的克里斯蒂安堡在它存在的800年期间,至少经历了五次重建; 尽管建筑还保存了某些初始阶段的痕迹,但现存建筑大部分历史不足百年,图6-367、6-368)。作为克里斯蒂安四世和腓特烈五世的宫廷建筑师,他主持了哥本哈根美术院的建设(自1751年起)。劳里茨·德图拉(1706~1759年)同样是一位在当时具有一定国际声誉的建筑师;他是离哥本哈根不远的鹿园内"维也纳"幽居和前面提到的救世主教堂塔楼博罗米尼式顶部的设计人,同时还在

左页：

图 6-385 斯德哥尔摩 皇后岛宫堡。立面及喷泉

本页：

（上）图 6-386 斯德哥尔摩 皇后岛宫堡。花园，平面（作者小尼科迪默斯·特辛，约 1681 年，原件现存斯德哥尔摩 Nationalmuseum）

（下）图 6-387 斯德哥尔摩 皇后岛宫堡。花园，瀑布墙立面（小尼科迪默斯·特辛或其工作室设计，原件现存斯德哥尔摩 Nationalmuseum）

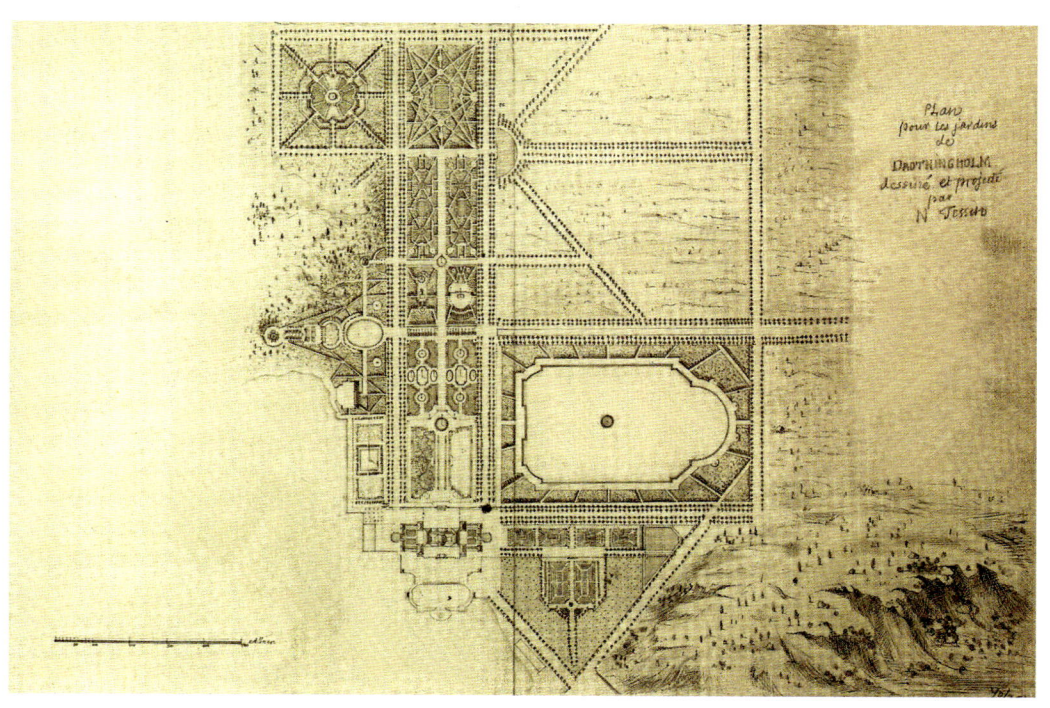

1746~1749 年间，发表了丹麦文的维特鲁威著作。

[瑞典]

17 世纪开始进入欧洲列强的瑞典，艺术上同样是一个产生伟大作品的时代。在开始阶段，特别是在该世纪的头 30 年，瑞典在建筑上仍然参照和追随丹麦及荷兰的手法主义。但从 1639 年开始，随着法国人西蒙·德拉瓦莱（卒于 1642 年）被召来担任国王的建筑师，情况起了根本的变化。他的赴任，标志着变革的开始，从此建筑彻底转向巴洛克古典主义的方向。这位法国建筑师接着又培育出自己的儿子让·德拉瓦莱（1620~1696 年，图 6-369）和门徒（老）尼科迪默斯·特辛（1615~1681 年），这两位均在推动瑞典巴洛克建筑的腾飞上起到了决定性的作用，并使它进一步获得了国际的声誉。这时期的重要建筑差不多都集中在首都斯德哥尔摩（图 6-370~6-373）。

以卢森堡宫为样板建造的斯德哥尔摩的贵族院（约 1641~1674 年，图 6-374、6-375），被视为这种新风格的宣言。建筑开始阶段主持人为西蒙·德拉瓦莱（他同时也是平面的制定人），后由他的儿子让·德拉瓦莱和荷兰建筑师于斯特斯·温博恩于 1650 年左右付诸实施和完成（有些地方进行了修改）。由温博恩设计的主要立面

本页：

(左)图6-388 斯德哥尔摩 皇后岛宫堡。花园，亭阁

(右)图6-389 斯德哥尔摩 皇后岛宫堡。花园，"中国亭"（1763年，卡尔·弗雷德里克·阿德尔克朗茨和卡尔·克龙斯泰特设计），外景

右页：

(左上) 图6-390 小尼科迪默斯·特辛（1654~1728年）画像（作者David von Krafft，原稿现存斯德哥尔摩Nationalmuseum）

(右上) 图6-391 小尼科迪默斯·特辛：荷兰考察笔录（1687年，原稿现存斯德哥尔摩）

(下) 图6-392 斯德哥尔摩 王宫（约1690~1708年、1721~1754年改建，设计人小尼科迪默斯·特辛和卡尔·霍勒曼等）。南北入口处剖面（作者小尼科迪默斯·特辛）

饰巨大的科林斯壁柱，中央部分另加山墙予以强调，属当时荷兰版的帕拉第奥风格，只是建筑处理上显得有些堆积。由于按传统做法采用砖墙与色彩较明亮的砂岩，产生了强烈的对比效果。瑞典特有的所谓"庄园"屋顶（'Säteri' roof，一种下部弯成弧形的两坡屋顶，中间设一天窗层）在这里第一次用于纪念性建筑中，可算是一项新的创造。

西蒙之子让·德拉瓦莱于1650年从意大利回来之后，应女王克里斯蒂娜[10]首席大臣之托，设计建造了斯德哥尔摩的奥克森谢尔纳宫（约1650~1654年）。这是瑞典第一个按罗马模式设计的城市宫邸，带有粗面石砌筑的底层及精心设计的窗龛。其中反映了让·德拉瓦莱刚去法国和罗马进行考察研究取得的经验。这种明显模仿拉斐尔和佩鲁齐那种文艺复兴府邸[如罗马的布兰科尼奥府邸（图6-376）和马西莫府邸]的做法，在当时可说是一种极不同寻常的表现。同样建于1650年的邦德宫是第一个引进了法国式前院（正院，cour d'honneur）母题的瑞典宫殿。这个复杂的建筑通过连续的粗面石被统合在一起，但不同的形体则借助高屋顶加以界定。居住形体及角上的楼阁配置贯穿几层的粗面石壁柱，进一步发展了萨洛蒙·德布罗斯的风格。

1656年，让·德拉瓦莱开始涉及新教教堂领域，建了具有相当规模的圣凯瑟琳教堂，其平面是方形和希腊十字的美妙结合。在这个领域，占据着主导地位的仍是荷兰的样板。

1659年，让·德拉瓦莱接手1653年荷兰建筑师于斯特斯·温博恩设计的贵族院。其中具有荷兰风格贯穿几层的巨柱式壁柱就是于斯特斯·温博恩引进的，1646年他在本国为商人路易·德耶尔建造宫邸时曾用过这一母题，基本上是重复了海牙莫里茨府邸的布置方式。

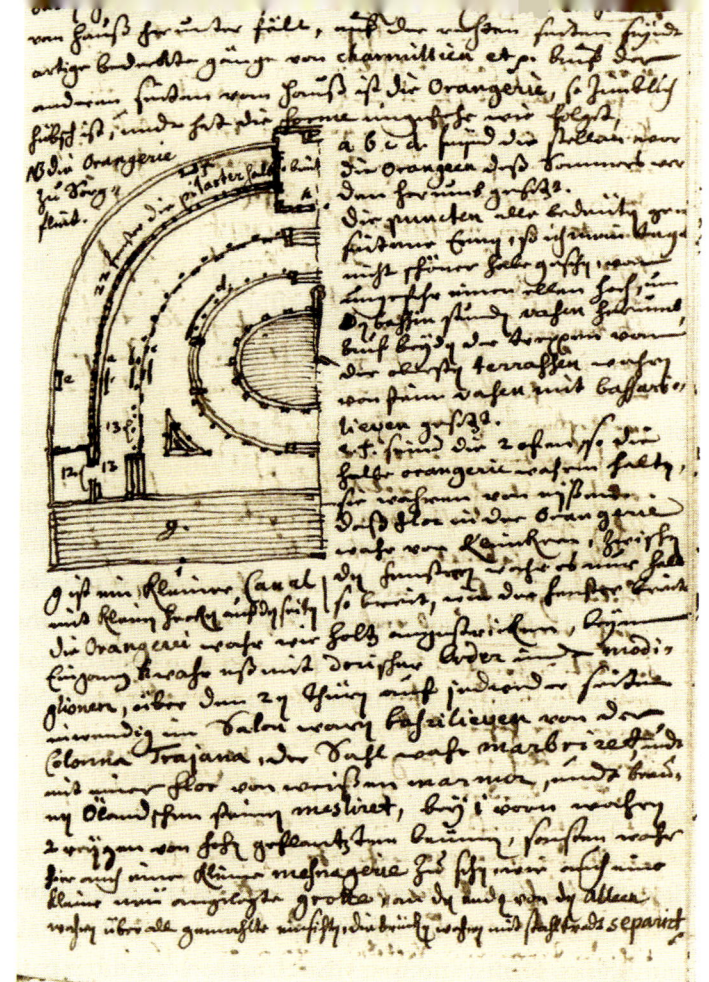

德拉瓦莱打算为贵族院配置一个前院，但凸出的两翼一直未能实现。

位于西哥得兰省玛丽达尔的王室大臣马格努斯·加布里埃尔·德拉加尔迪的别墅是让·德拉瓦莱的另一个作品。这是个具有帕拉第奥风格的建筑，中央为神庙般的高耸立面，两边较矮的形体以壁柱分划。同样由让·德拉瓦莱设计的斯德哥尔摩的海德维格-埃莱奥诺拉教堂（始建于1669年，1724~1737年完成），是一个极其精美的八角形教堂（中央穹顶建于1865~1868年）。室外砌成条带状的简朴粗面石墙在带山墙的入口处断开。极富生气的穹顶显然是来自法国的样板。

作为当时斯堪的纳维亚地区建筑师中的领军人物，出生于佛兰德地区的（老）尼科迪默斯·特辛于1639年起定居瑞典，并于1649年被任命为瑞典的宫廷建筑师。稍后（1651~1653年），他在欧洲进行了一次漫长的考察旅行，参观了德国、意大利、法国和荷兰的主要建筑作品。这次考察的感受以不同的方式反映在他的作品中。其宗教建筑主要受意大利影响，世俗建筑则效法法国和荷兰范本。在建筑中，他往往以奇特的方式混杂使用法国和意大利的部件。同时在他最为熟悉的法国建筑的基础上，发展出一种适合瑞典的王室风格。

（老）尼科迪默斯·特辛设计的卡尔马尔大教堂

第六章 英国、低地国家和斯堪的纳维亚地区 · 1869

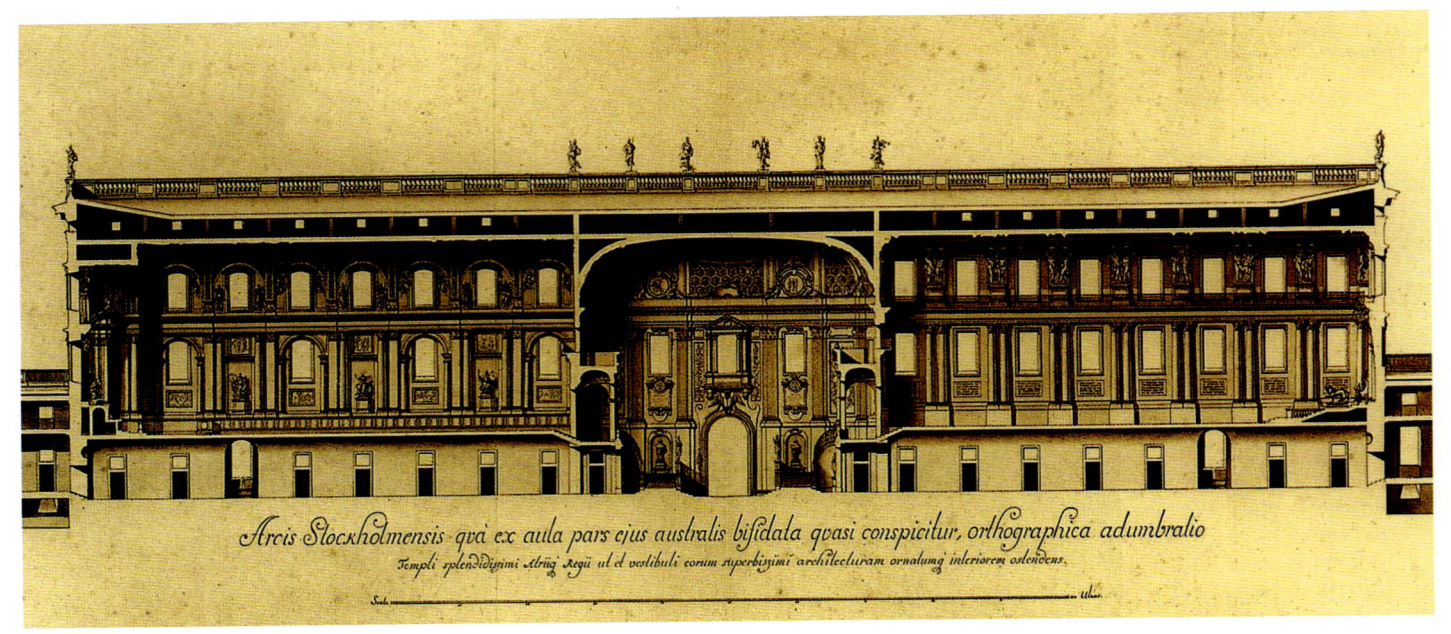

(上)图 6-393 斯德哥尔摩 王宫。南翼纵剖面(小尼科迪默斯·特辛工作室设计,约 1700 年,斯德哥尔摩王室藏品;图左右两面分别是王室礼拜堂和礼仪厅,中央为南前厅)

(中)图 6-395 斯德哥尔摩 王宫。立面全景(18 世纪景色)

(下)图 6-396 斯德哥尔摩 王宫。外景(版画,作者 Jean Eric Rehn,1752 年,原作现存斯德哥尔摩 Nationalmuseum)

(1659~1703年，图6-377、6-378）是一个加长的希腊十字平面的双轴建筑，配有四个突出中心的塔楼。分划风格颇接近16世纪的罗马建筑。带边侧塔楼的主立面系

(左上）图6-394 斯德哥尔摩 王宫。远景（油画）

(右上）图6-397 斯德哥尔摩 王宫。和平门（位于王宫西门外，和平女神坐在中央龛室内，版画局部，作者 Willem Swidde）

(下）图6-398 斯德哥尔摩 王宫。现状俯视全景

图6-399 斯德哥尔摩 王宫。外院及西入口景色（采用罗马巴洛克风格的立面为1697年大火后小尼科迪默斯·特辛设计）

图6-400 斯德哥尔摩 王宫。南立面近景

(上)图 6-401 斯德哥尔摩 王宫。自宫殿北翼望去的景色(设计草图,作者小尼科迪默斯·特辛,背景中心为王室加冕及葬仪教堂)

(中)图 6-402 斯德哥尔摩 王宫。院落景色(版画,作者 Sebastien le Clerc,原作现存斯德哥尔摩 Nationalmuseum)

(下)图 6-403 斯德哥尔摩 王宫。院落立面(1697~1728 年),近景

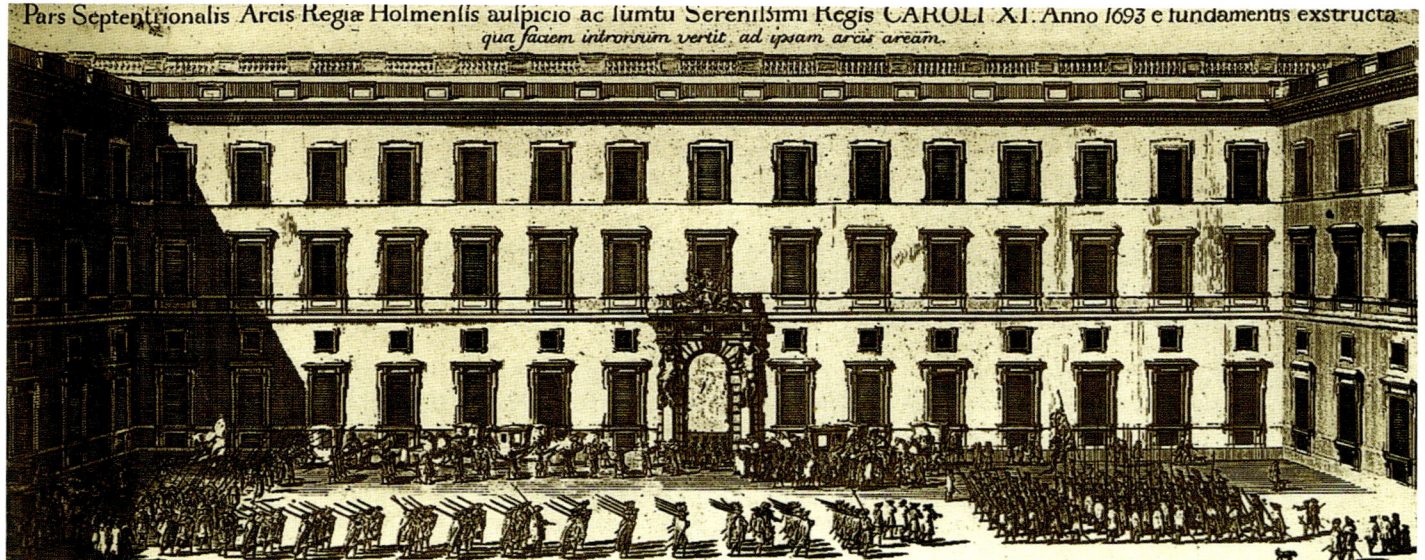

来自某些带双塔的意大利范本,但具有北方那种优雅的天际线。在斯德哥尔摩的巴特宫(1662 年),他引进了前院和来自勒沃的巨柱式,而皇家银行(1668 年,图 6-379)则具有罗马的特点。

斯德哥尔摩里达霍尔姆教堂的卡罗琳墓(1671/1672 年,穹顶于 18 世纪 40 年代重新设计,图 6-380)是(老)特辛设计的一个王室墓寝。平面为希腊十字形,简单的外部形体以独立的多立克柱分划,外观庄严肃穆。其做法更接近法国的古典主义,但通过一直延续到穹顶上的凸角实现了真正的巴洛克式的整合。这种解决问题的方式颇值得注意,它使这个建筑成为 17 世纪斯堪的纳维亚建筑中的杰作。简洁紧凑的雕饰完全可和当时的法国建筑媲美。

斯德哥尔摩附近的皇后岛宫堡(1662 年及以后,图 6-381~6-385)是(老)特辛应继亡夫之位的女王海德维

（上）图6-404 斯德哥尔摩 王宫。白海舞厅，内景

（左下）图6-405 斯德哥尔摩 王宫。御座室（礼仪厅），内景

（右下）图6-406 斯德哥尔摩 王宫。王后觐见室，内景

格·埃莉诺拉的委托设计，也是他最著名的作品。其初始想法显然是来自法国的沃-勒维孔特府邸，但由于采用了双居住形体，增添了两翼及角上的凸出部分及楼阁，最后形成了一个带双院落的庞大建筑群[特别是位于每个翼房端头的所谓"会堂"（tabernacles），表现颇不寻常]。宫堡内部占主导地位的是一个宏伟的大楼梯。极长

图 6-407 斯德哥尔摩 王宫。礼拜堂（1754 年），内景

的花园立面使人想起凡尔赛，尽管要简朴得多。粗面石的底层上以巨大的壁柱分划，简洁但充满生气。但从总体上看，应该说建筑表现得相当保守。建筑主体的具体实施及前面宽阔花园的创建均由他的儿子小尼科迪默斯·特辛完成（图 6-386~6-388）。庭园内的"中国亭"由卡尔·弗雷德里克·阿德尔克朗茨和卡尔·克龙斯泰特主持，始建于 1763 年，用了所谓"洛可可—中国"风格，成为瑞典出生的威廉·钱伯斯那种东方情趣的先兆（图 6-389）。

在 17 世纪的瑞典建筑中，老特辛的儿子、小尼科迪默斯·特辛（1654~1728 年，图 6-390）作出了重大的贡献。作为一个有特殊天分的艺术家，在 1673~1680 年去英国、法国和意大利广为游历之前，他主要是跟随其父从业。1673~1678 年和 1687~1688 年在罗马学习期间，他和贝尔

（上）图6-408 斯德哥尔摩王宫。觐见室，内景

（下）图6-409 斯德哥尔摩王宫。贝纳多特廊厅，内景（装修1730年代，内藏贝纳多特王朝家族的画像）

尼尼及卡洛·丰塔纳过从甚密并深受这两位大师作品的影响。1678~1680年，他去法国游历（1687年又去了一次，并到了荷兰，图6-391），考察和研究了勒诺特的作品。

小特辛对巴洛克建筑有透彻的了解，甚至还于1704年，为卢浮宫拟订了一个宏伟的设计方案，考虑将院落改造成圆形空间，并在弗朗索瓦·多尔雷的立面上增添双翼，

(上)图 6-410 斯德哥尔摩老王宫(1697年毁于火灾)。外景(版画,作者 Adam Perelle,原作现存斯德哥尔摩 Nationalmuseum)

(下)图 6-411 斯德哥尔摩老王宫。院落景色(版画,作者 Jean Marot,原作现存斯德哥尔摩 Nationalmuseum)

创建一个前院。1681年,他继其父之后担任瑞典宫廷建筑师,继续负责城堡的建设。在斯德哥尔摩的作品,最终确立了他作为瑞典最优秀建筑师的地位。

小特辛在欧洲旅行的第一个成果,即上述皇后岛宫堡的壮美花园。作为年轻和充满活力的查理十一世的御用建筑师,特辛获得了大量的设计委托,其中最重要的即斯德哥尔摩王宫的改建(约1690~1708年、1721~1754年,和卡尔·霍勒曼等建筑师合作设计,剖面:

第六章 英国、低地国家和斯堪的纳维亚地区 · 1877

图 6-392、6-393；历史图景：图 6-394~6-397；外景：图 6-398~6-403；内景：图 6-404~6-409）。

这项工程在他 1688 年回到瑞典后不久即开工。由于对宗教的兴趣，国王首先希望在宫殿里建一个新的礼拜堂（1689 年）；1690 年，他又决定建一个新的北翼，构想了一个罗马式宫殿，庞大的建筑位于由"自然岩石"和粗面石砌造的基座层上，显然是模仿贝尔尼尼的蒙特西托里奥府邸。1697 年，老宫殿（图 6-410、6-411）在一次火灾中被毁，特辛很快就拟订了一个宏伟的新规划。

事实上，几年前（1694 年），特辛就为哥本哈根的新王宫制订了一个设计，"U"形的平面配有宽阔的前院。但构图带有纯罗马的特色，显然是受到贝尔尼尼的基吉 - 奥代斯卡尔基宫的启示。此时年轻的国王查理十二世希望建一个更宏伟的宫殿，于是特辛构想了一个配有巨大方院的建筑，将几年前他设计的北翼囊括在内。建筑外部形成一个单一的形体，使人想起贝尔尼尼最后一个卢浮宫的设计方案（显然特辛对贝尔尼尼卢浮

（右上）图 6-412 斯德哥尔摩 特辛宫邸（1692~1700 年，小尼科迪默斯·特辛设计）。平面（图版，作者小尼科迪默斯·特辛或其工作室，约 1702 年，原稿现存斯德哥尔摩 Nationalmuseum）

（下）图 6-413 斯德哥尔摩 特辛宫邸。院落及花园景色（版画，作者小尼科迪默斯·特辛或其工作室）

（左上）图 6-414 斯德哥尔摩 特辛宫邸。外景（版画，作者小尼科迪默斯·特辛或其工作室）

图6-415 斯德哥尔摩 特辛宫邸。院落立面及花园，现状

宫后几轮设计相当熟悉）。只是在西面，他增加了一个低矮的带拱廊的马厩，形成一个曲线前院；东面借助凸出翼围出一个宽阔的台地式花园。方案就这样，综合了意大利和法国的各种类型。不过，特辛的设计要比这些原型的风格更为朴实。建筑自巨大厚重的矩形主体向外伸出四个较矮的侧翼。主要院落（大院）位于中央形体内，特辛还提议按法国国王广场的做法，于场地上安置查理十一世的骑像。由于随着工程进展设计也在延续，因此四个主立面并不尽同，但均用严格的古典手法处理。底层形成沉重的基座，南立面中央部分采用了六根巨大的科林斯半柱，每根柱上柱顶盘均断开，是各立面中最具生气的一个，有些类似巴尔贝里尼宫。其他立面

中心则通过巨大的立柱或壁柱加以强调。墙面分划颇具有罗马特色,但总体比例却创造了一种延伸的效果。顶上带栏杆的胸墙和隐没在后面的屋顶,使室外厚重的块状形体显得格外庄重。在17世纪欧洲的大型宫殿中,斯德哥尔摩的这个王宫无疑是外观最统一的一个,堪称建筑史上一个时代的代表。

和王宫一起,特辛为斯德哥尔摩构想了一个宏伟的纪念中心,包括位于河对岸宫殿横向轴线上的新大教堂以及其他公共建筑(1704~1713年)。这位瑞典建筑师的设计以古典的规则齐整和宏伟气势为特色,但缺乏巴洛克建筑那种流畅活泼的造型和真正的空间活力。不过,他在设计其本人的城市宅邸——特辛宫邸(1692~1700年,图6-412~6-415)时,却采取了更为自由的态度,进行了极富创意的试验。这栋建筑就位于王宫对面一块狭窄且不规则的梯形地面上,地段被巧妙地利用形成一系列院落和花园。其居住形体以意大利方式朝向街道,立面呈现出罗马特色。两道凸出墙体围出一个类似前院的空间(这些墙目前已无存)。在居住形体后面,两个本身进深不大呈辐射状伸出的侧翼围出一个秀美的花园。在将近一半处空间变窄,在这里布置了两个带凹龛、类似小亭的独立建筑,围成一个半圆形空间,中间布置喷泉。这个半圆形空间使花园的两部分实现了有效的空间渗透。整个构图最后以一个进深颇大、如龛室般的凉台作为结束,后者通过透视缩减,创造了深柱廊的幻觉。就这样,将亲切的感觉和纵深的运动结合在一起。在整个17世纪的世俗建筑中,如此迷人和真正体现巴洛克精神的空间还很少见。它把法国府邸特有的平面布局和罗马别墅的立面部件巧妙地组合在一起。花园设施好似剧场,建筑部件均按可移动的舞台布景方式配置。来自罗马和法国的观念就这样被极具创意地糅合到一起,显示了建筑师的突出才干。由于特辛的功绩,斯堪的纳维亚建筑可能是历史上第一次,达到了欧洲先进国家的水平。

到18世纪70年代,在斯堪的纳维亚地区,古典主义的传播加快了步伐。C.H.哈斯多夫设计的罗斯基勒大教堂腓特烈四世葬仪祠堂(平面制订于1774年)和让-路易·德普雷设计的格里普斯霍尔姆府邸的剧场(建于1743~1804年)均为受希腊古迹启示并表现出很高品位的标志性建筑。

第六章注释:

[1] 克伦威尔父子:奥利弗·克伦威尔(Oliver Cromwell, 1599~1658年),1653~1658年任护国公;理查德·克伦威尔(Richard Cromwell, 1626~1712年),前者长子,1658年继其父后任护国公,翌年被迫退位。

[2] 其英文全名为 Royal Society of London for the Promotion of Natural Knowledge。

[3] 引自 P.Murray:《A History of English Architecture》,1962年。

[4] 伊丽莎白一世(Elizabeth I, 1533~1603年),英国女王,在位期间为1558~1603年。

[5] "光荣革命"(Glorious Revolution),英国1688~1689年间发生的一场革命,废黜了詹姆斯二世,确立了威廉和玛丽的联合统治,亦称"不流血革命"。

[6] 沃尔浦尔(Robert Walpole, 1676~1745年),曾任财政大臣(1715~1717年;1721~1742年),为英国第一任首相(1721~1742年)。

[7] 另说1723~1729年。

[8] Werner Hager 认为,雅各布·范坎彭的这些知识可能全是来自书本,因为"他似乎从没有去过意大利"。见 Werner Hager:《Architecture Baroque》,Paris, 1971年,118页。

[9] 据 Werner Hager,建造年代为1665年,见 Werner Hager:《Architecture Baroque》,Paris, 1971年。

[10] 克里斯蒂娜(Christina, 1626~1689年),瑞典女王(1632~1654年),因改奉天主教而逊位,学识渊博,酷爱艺术,对欧洲文化有很大影响。

·全卷完·

附录一　地名及建筑名中外文对照表

A

阿宾登 Abingdon
　　市政厅 Town Hall
阿德蒙特 Admont
　　本笃会修道院 Benedictine Abbey
阿尔巴诺湖 Albano，Lac d'
阿尔卑斯山 Alps（Alpes）
阿尔蒂根 Altigen
　　"瑞典人住宅" Schwedenhaus
阿尔高（地区）Allgäu
阿尔兰萨河 Río Arlanza
阿尔萨斯（地区）Alsace
阿尔斯特河 Alster
阿尔滕堡 Altenburg
　　修道院 Abbaye
　　图书馆大厅 Salle de la Bibliothèque
阿克里（地区）Acri
阿拉斯 Arras
阿兰胡埃斯 Aranjuez
　　拉夫拉多尔府邸 Casa del Labrador
　　圣安东尼奥教堂 Église San Antonio
　　夏宫（王宫）Résidence d'été（Palais Royal）
阿里恰 Ariccia
　　萨韦利-基吉宫 Palais Savelli-Chigi（Palazzo Chigi）
　　升天圣马利亚教堂 Santa Maria dell'Assunta（Santa Maria dell'Assunzione）
阿默湖 Ammersee
阿姆斯特丹 Amsterdam
　　北教堂 Norderkerk
　　波彭宅邸 Poppenhuis
　　计重所 Weigh-house
　　科伊曼宅邸 Maison Coymans
　　南教堂 Zuiderkerk
　　葡萄牙犹太教会堂 Portuguese Synagogue
　　市政厅（现为王宫）Town Hall（Hôtel de Ville，Actuel Palais Royal，Royal Palace）
　　资产者大厅（议会厅）Salle des Bourgeois（Salle du Conseil）
　　特里普宅邸 Maison Trip（Trippenhuis）
　　西教堂 Westerkerk
　　新路德教教堂（圆堂）Nieuwe Lutherse Kerk（Rotonde de la Lutherkirche）
阿内 Anet
　　府邸 Château
阿珀尔多伦 Apeldoorn
　　海特洛（猎庄）Het Loo（Pavillon de Chasse）
　　上花园 Upper Garden
　　王后花园 Queen's Garden
　　下花园 Lower Garden
阿维拉 Ávila
　　圣德肋撒教堂 Sainte-Thérèse
　　圣何塞教堂 San José
埃伯斯巴赫 Ebersbach
　　教堂 Église
埃伯斯明斯特 Ebersmünster
　　本笃会教堂 Église Bénédictine
埃尔埃斯科里亚尔（宫堡）El Escorial（l'Escurial）
　　圣劳伦佐宫殿-修道院建筑群 Palais-Monastère de San Lorenzo
　　先王祠 Panthéon
　　教堂 Église
　　图书馆 Bibliothèque
埃尔保拉尔 El Paular
　　查尔特勒修道院 Chartreuse Nuestra Señora del Paular
　　圣器室 Sacristie
　　圣坛礼拜堂 Sagrario
埃尔德河 Elde
埃尔帕多 El Pardo
　　宫邸 Palais
埃尔旺根 Ellwangen

埃格 Eger
埃库昂 Ecouen
　　府邸 Château
埃朗根 Erlangen
埃姆肯多夫 Emkendorf
　　庄园 Ferme
埃姆斯伯里 Amesbury
埃纳雷斯堡 Alcalá de Henares
　　贝尔纳丁斯教堂 Église des Bernardines
埃森 Essen
埃特沃斯豪森 Etwashausen
　　堂区教堂 Parish Church
埃文河 Avon, River
艾德河 Eider
艾恩西德伦 Einsiedeln
　　本笃会修道院 Abbatiale Bénédictine
　　　　"下教堂" Unteres Münster
　　　　谢恩礼拜堂 Chapelle des Grâces
　　　　修院教堂（"上教堂"）Abbey Church（Oberes Münster）
　　　　圣迈因拉德礼拜堂 Chapel of S. Meinrad
艾格-莫尔特 Aigues-Mortes
艾米利亚（地区）Emilia
艾希施泰特 Eichstätt
　　教堂 Église
爱丁堡 Edinburgh
　　大王街 Great King Street
　　皇家环行道 Royal Circus
　　皇家台地 Royal Terrace
　　莫里广场 Moray Place
　　新城 New Town
安布拉斯 Ambras
安达卢西亚（地区）Andalousie
安第斯山 Andes
安科纳 Ancona
　　传染病医院 Lazareth
安特卫普 Antwerp（Anvers）
　　鲁本斯住宅 Rubens's House
　　圣卡洛教堂（耶稣会教堂）S. Carolus Borromeus（Église des Jésuites, Hl.-Karl-Borromeus-Kirche）
　　雅各布-约尔登斯住宅 Jacob Jordens House

安提瓜 Antigua
　　拉梅塞德修院教堂 Église du Couvent de La Merced
　　圣卡洛斯大学 San Carlos University
昂布瓦斯 Amboise
奥埃拉什 Oeiras
　　庞巴尔侯爵宫 Palácio do Marquês de Pombal
　　　　鱼阁 Fish Pavilion
奥登林山 Odenwald
奥尔良 Orléans
　　大教堂 Cathédrale
奥尔米茨 Olmütz
　　圣米歇尔教堂 Église Saint-Michel
奥格斯堡 Augsbourg
　　城防工事 Fortifications
　　军械库 Arsenal
　　市政厅 Hôtel de Ville
　　"金厅" Salle Dorée
奥科特兰（墨西哥城附近）Ocotlan
　　朝圣教堂 Église du Pèlerinage（Église du Sagrario）
奥拉宁堡 Oranienburg
　　府邸 Château
奥林波斯山 Olympus
奥伦塞 Orense
　　大教堂 Cathédrale
　　回廊 Déambulatoire
奥洛莫乌茨 Olomouc
　　圣马利亚教堂 Church of St Mary
奥罗帕 Oropa
　　朝圣教堂 Église de Pèlerinage
奥斯纳布吕克 Osnabrück
奥斯特霍芬 Osterhofen
　　教堂 Église
奥托博伊伦 Ottobeuren
　　本笃会修道院 Benedictine Abbey
　　　　帝王厅 Kaisersaal
　　　　教堂 Église Abbatiale Bénédictine（Benedictine Abbey Church, Basilique）
　　　　图书馆 Bibliothek

B

巴比仑 Babylon

巴别塔 Tower of Babel

巴伯尔斯贝格 Babelsberg
    施特恩猎庄 Pavillon de Chasse de Stern

巴登（地区）Baden

巴登 - 巴登 Baden-Baden
    新城堡 Château Neuf

巴尔米拉 Palmyra

巴伐利亚（地区）Bavaria（Bavière）

巴拉丁领地（现称普法尔茨）Palatinat（Pfalz）

巴拉丁 - 新堡（地区）Palatinat-Neubourg

巴勒贝克 Baalbek

巴勒鲁瓦（卡尔瓦多斯）Balleroy（Calvados）
    府邸 Château

巴勒莫 Palermo

巴黎 Paris
    阿姆洛府邸 Hôtel Amelot de Gournay
    奥贝尔府邸 Hôtel Aubert de Fontenay
    奥蒙府邸 Hôtel d'Aumont
    巴士底区 Bastille
    比龙府邸 Hôtel de Biron
    博特鲁府邸 Hôtel Bautru
    博韦府邸 Hôtel de Beauvais
    布勒东维利耶府邸 Hôtel de Bretonvilliers
    布洛涅森林公园 Bois de Boulogne
    城岛 Cité，Île de
    大凯旋门 Arc de Triomphe
    岛上圣路易教堂 Saint-Louis-en-l'Ile
    德亚底安修会教堂 Église des Théatins
    丢勒里宫 Tuileries Palace
    丢勒里花园 Jardins des Tuileries
    法兰西广场 Place de France
    法院宫 Palais de Justice
        休息厅 Salle des Pas-Perdus
    弗里利埃尔府邸（亦称图卢兹府邸，现为法兰西银行）Hôtel de la Vrillière（Hôtel de Toulouse，Banque de France）
        金廊 Galerie Dorée
    弗亚德大街 Rue de la Feuillade
    弗扬教堂 Église des Feuillants
    孚日广场（原国王广场）Place des Vosges（Place Royale）
        国王阁 Pavillon du Roi
        王后阁 Pavillon de la Reine
    福塞 - 蒙马特尔大街（阿布基尔大街）Rue des Fossés-Montmartre（Rue d'Aboukir）
    格勒内勒喷泉 Fontaine de Grenelle
    国王广场（路易十五广场，今协和广场）Place Royale（Place Louis-XV，Place de la Concorde）
    红衣主教宫（今王宫）Palais-Cardinal（Palais-Royal）
        剧场 Salle de Théâtre
        天使沙龙 Salon d'Angle
    卡纳瓦莱府邸 Hôtel Carnavalet
    卡皮桑教堂 Église des Capucins
    拉穆瓦尼翁府邸 Hôtel Lamoignon
    拉赛府邸 Hôtel de Lassay
    朗贝尔府邸 Hôtel Lambert de Thorigny
        赫丘利斯廊厅 Galerie d'Hercule
    勒波特府邸 Hôtel de Lepautre
    黎塞留府邸 Château de Richelieu
    黎塞留区 Quartier de Richelieu
    利昂库尔府邸（老布永府邸）Hôtel de Liancourt（ancien Hôtel de Bouillon）
    利奥纳府邸 Hôtel de Lionne
    卢浮宫 Louvre
        "方院" Cour Carrée
        钟楼 Pavillon de l'Horloge
    卢森堡宫（"奥尔良宫"）Palais du Luxembourg（'Palais d'Orléans'）
        花园 Jardin du Luxembourg
    洛尔热府邸 Hôtel de Lorge
    马德里府邸 Château de Madrid
    马雷（区）Marais
    马提翁府邸 Hôtel de Matignon
    若尼大街 Rue de Jony
    荣军院 Hôtel des Invalides
        教堂 Dôme des Invalides
        王室礼拜堂 Chapelle Royale
    胜利广场（最初称路易十四广场）Place des Victoires（Place Louis XIV）
    圣安托万大街 Rue Saint-Antoine
    圣安托万门 Porte Saint-Antoine
    圣保罗和圣路易耶稣会教堂 Église des Jésuites Saint-Paul-Saint-Louis
    圣但尼拱门 Porte Saint-Denis
    圣但尼教堂 Saint-Denis

波旁家族葬仪祠堂 Chapelle Funéraire des Bourbons
圣殿区 Quartier du Temple
圣厄斯塔什教堂 Église Saint-Eustache
圣克卢公园 Parc de Saint-Cloud
圣路易岛 Île Saint-Louis
圣罗克教堂 Saint-Roch
圣马丁门 Porte Saint-Martin
圣母往见教堂 Église de la Visitation（S. Marie de la Visitation）
圣母院 Notre-Dame
圣热尔曼门 Porte Saint-Germain
圣热尔韦教堂 Église de Saint-Gervais
圣叙尔皮斯堂区教堂 Église Paroissiale de Saint-Sulpice
太平桥 Pont de la Paix
四国学院教堂（今为法兰西学院）Église du Collège des Quatre-Nations（Institut de France）
苏比斯府邸 Hôtel de Soubise
    公主礼堂 Chambre de Parade de la Princesse
    公主沙龙 Salon de la Princesse
    王子沙龙 Salon of the Prince
索尔本（巴黎大学）教堂 Église de la Sorbonne
唐邦诺府邸 Hôtel Tambonneau
天文台 Observatoire
图内尔宫 Palais de Tournelles
瓦尔-德-格拉斯（圣宠谷）修道院 Couvent du Val-de-Grâce
    瓦尔-德-格拉斯（圣宠谷）教堂 Église du Val-de-Grâce
万塞讷森林公园 Bois de Vincennes
王室圣安娜教堂 Sainte-Anne-la-Royale
王太子大街 Rue Dauphine
王太子广场 Place Dauphine
旺多姆广场（路易大帝广场）Place Vendôme（Place Louis-le-Grand）
香榭丽舍大道 Les Champs-Elysées
小场十字大街 Rue Croix-des-Petits-Champs
小卢森堡府邸 Petit Luxembourg
小圣堂 Sainte-Chapelle
"新城" Nouvelle Cité
新桥 Pont-Neuf
星形广场（今戴高乐广场）Place de l'Étoile（Place Charles de Gaulle）
絮里府邸 Hôtel de Sully
雅尔府邸 Hôtel du Jars

圆场 Rond-Point
最小兄弟会教堂 Église des Minimes

巴利亚多利德 Valladolid
    大教堂 Cathédrale
    菲律宾岛 Îles Philippines
        圣奥古斯丁修院教堂 Église du Couvent des Missionnaires de Saint-Augustin
    努埃斯特拉教堂 Église Nuestra Señora de las Angustias
    市政厅 Hôtel de Ville

巴伦西亚 Valencia
    德萨姆帕拉多斯教堂 Église des Desamparados
    礼拜堂 Chapelle de Nuestra Señora
    多斯阿瓜斯宫邸 Casa del Marqués de Dos Aguas

巴萨诺-德尔格拉帕 Bassano del Grappa
    雷佐尼科别墅 Villa Rezzonico

巴塞罗那 Barcelone

巴斯 Bath
    布罗克大街 Brock Street
    欢乐街 Gay Street
    环行广场 Circle（Circus）
    礼堂 Assembly Rooms
    普赖尔公园 Prior Park
    王后广场 Queen Square
    王室弯月广场 Royal Crescent
    下城 Ville Basse

巴特梅根特海姆 Bad Mergentheim

巴特塞京根 Bad Säckingen
    圣弗里多林教堂 Fridolinsmünster（Église Saint-Fridolin）

巴约 Bayeux

白山 Montagne Blanche
    朝圣教堂 Poutní Kostel P.Marie

拜罗伊特 Bayreuth
    剧场 Opéra

班贝格 Bamberg

班茨 Banz
    修道院 Abbey
        教堂 Église

北安普敦郡 Northamptonshire County

北约克郡 North Yorkshire
    霍华德宫堡 Castle Howard
        风庙 Temple of the Four Winds

陵寝 Mausoleum
贝德福德郡 Bedfordshre
　　雷斯特公园 Wrest Park
　　　　花园亭阁 Pavillon de Jardin
贝尔格莱德 Belgrade
贝尔尼 Berny
　　府邸 Château
贝格-阿姆莱姆 Berg am Laim
贝格-安莱姆 Berg am Laim
贝勒克 Belec
　　雪花圣马利亚朝圣教堂 Pilgrimage Church of St.Mary of the Snow
贝卢诺 Belluno
　　圣马蒂诺大教堂 San Martino Cathedral
　　　　钟楼 Campanile
贝伦 Belém
　　圣热罗姆修道院 Couvent des Hiéronymites
　　　　礼拜堂 Chapelle
本菲卡 Benfica
　　弗龙泰拉侯爵宫 Palacio du marquis de Fronteira
　　　　国王廊 Royal Gallery
　　　　礼拜堂（艺术廊）Chapel（Gallery of Arts）
　　　　坦凯府邸 Casa do Tanque
比克堡 Bückeburg
　　车站大街 Rue de la Gare
　　宫邸 Château
　　　　"金厅" Salle Dorée
　　市场广场 Place du Marché
　　市政厅 Hôtel de Ville
　　新教教堂 Églises Protestantes（Stadtkirche）
比里 Bury
　　府邸 Château
比利牛斯山 Pyrénées
比利亚加西亚-德坎波斯 Villagarcía de Campos
　　教团 Colegiala
　　圣路易斯教堂 San Luis
比瑙（新比瑙）Birnau（Neu-Birnau）
　　朝圣教堂 Pilgrimage Church（Unsere Liebe Frau, Wallfahrtskirche）
　　　　"上帝的节庆厅" Salle des Fêtes du Seigneur
比斯费尔德 Büssfeld
　　木构架教堂 Église à Colombages
边境省 Marche

波茨坦（岛）Potsdam, Île de
波茨坦 Potsdam
　　宫殿 Château（Palais de la Résidence）
　　　　大理石厅 Salle de Marbre
　　卫戍教堂 Garnisonskirche（Église de la Garnison）
　　逍遥宫（夏宫）Château de Sans-Souci
　　　　大理石厅 Salle de Marbre
　　　　腓特烈图书室 Bibliothèque de Frédéric
　　　　画廊 Art Gallery
　　逍遥园（台地园）Jardin en terrasses de Sans-Souci
　　新宫 New Palace
　　　　大理石大厅 Salle de Marbre
　　　　大理石廊厅 Galerie de Marbre
　　　　剧场 Théâtre
　　　　蓝厅 Chambre Bleue
　　　　音乐厅 Salle de Concert
　　新室 Nouvelles Chambres
　　　　音乐沙龙 Salon de Musique
　　花园 Parc
　　　　东方亭(亦称"中国亭") Oriental Pavilion（Pavillon Chinois）
波恩 Bonn
　　波珀尔斯多夫宫堡 Schloss Poppelsdorf
　　选帝侯宫邸 Electors Palace（Châteaux）
波尔多 Bordeaux
　　国王广场 Place Royale
　　特龙佩特城堡 Château Trompette
波尔塔瓦 Poltava
波尔图 Porto
　　多斯克莱里戈斯圣佩德罗教堂 Église São Pedro des Dos Clérigos
　　格里洛斯教堂 Église Nossa Senhora dos Grilos
波河 Pô
波焦阿卡亚诺 Poggio a Caino
　　梅迪奇别墅 Villa Medici
波灵 Polling
波罗的海 Baltiques
波美斯夫德尔登 Pomersfdelden
波默斯费尔登 Pommersfelden
　　魏森施泰因府邸(申博恩府邸) Château de Weißenstein（Château des Schönborn, Schloss）
　　逍遥宫 Château de Sans-Souci
波希米亚（地区）Bohemia（Bohême）

附录一 地名及建筑名中外文对照表 · 1885

波兹南 Poznań
    圣斯坦尼斯劳斯教堂 Church of St.Stanislaus

伯明翰 Birmingham
    圣腓力教堂 S. Philip

柏林 Berlin
    多罗特恩大街 Dorotheenstadt
    弗赖恩瓦尔德府邸（休闲别墅）Château Freienwalde（Maison de Plaisance）
        休闲花园 Jardin de Plaisance
    歌剧院 Opéra
        阿波罗大厅 Salle d'Àpollon
        表演厅 Salle de Spectacles
    加尔尼松教堂 Garnisonskirche
    教区教堂 Parochialkirche
    卡梅克别墅 Villa（Maison）Kamecke（Kamecke House）
    科恩 Kölln
    科学院 Académie
    卢斯特花园 Lustgarten
    蒙比尤府邸 Château de Monbijou
    瓦滕贝格宫 Palais Wartenberg（Alte Post）
    王宫（宫堡）Palais Royal（Château，Schloss）
    翁特-登林登大道 Allée Unter den Linden
    夏洛滕堡宫 Schloss Charlottenburg
        餐厅 Salle à Manger
        东翼（新翼）Aile Est（Aile Nouvelle）
            白厅 Salle Blanche
            "金廊厅" Galerie Dorée
        腓特烈大帝图书室 Bibliothèque de Frédéric le Grand
        腓特烈一世觐见室 Salle d'Audience de Frédéric Ier
        红室 Red Chamber
        橘园 Orangerie
        礼拜堂 Chapelle
        前厅 Vestibule
        陶瓷室 Cabinet des Porcelaines
        夏洛滕堡花园 Jardin de Charlottenburg
    铸币厂 Monnaie
        塔楼 Münzturm
    铸铁厂 Fonderie

勃艮第（地区）Bourgogne

勃兰登堡 Brandebourg

博洛尼亚（波伦亚）Bologna
    圣卢卡圣母院 Madonna di S. Luca
    圣露西娅教堂 Santa Lucia，Église de
    圣萨尔瓦托雷教堂 San Salvatore

博斯特尔 Borstel
    庄园 Ferme

布达佩斯 Budapest
    荣军院 Invalids House
    圣安教堂 Church of St.Ann
    圣方济各教堂 Franciscan Church
    圣母马利亚会教堂 Church of the Servites
    维齐瓦罗什（水城）Viziváros
    隐士圣保罗会教堂 Church of the Order of St.Paul the First Hermit

布尔戈斯 Burgos
    大教堂 Cathédrale

布尔诺附近斯拉夫科夫 Slavkov u Brna
    奥斯特利茨宫 Palais d'Austerlitz

布尔日 Bourges
    科尔府邸 Maison de Jacques Coeur

布拉 Brà
    圣基娅拉教堂 Santa Chiara

布拉迪斯拉发 Bratislava
    圣伊丽莎白教堂 Church of St.Elizabeth
    圣马丁大教堂 St.Martin's Cathedral

布拉格 Prague
    克拉姆-加拉斯宫 Palais Clam-Gallas
    老城圣尼古拉教堂 Saint-Nicolas-en-Cité（St.Nikolaus in der Altstadt）
    洛雷特圣母朝圣教堂 Église de Pèlerinage Notre-Dame-de-Lorette
    诺斯蒂茨宫 Palais Nostitz
    切尔宁宫 Cernin Palace（Palais Czernin）
    利奥波尔多瓦城门 Leopoldova Brána
    圣弗朗索瓦（十字军）教堂 Église Saint-François-Séraphin（Kreuzenherren Kirche）
    圣卡萨教堂 Santa Casa
    圣马利亚-阿尔托廷教堂 Santa Maria Altoetting
    圣托马斯教堂 Church St.Thomas in Malá Strana
    圣约瑟夫教堂 Église Saint-Joseph in Malá Strana
    斯特拉克霍夫 Strakhov
    普雷蒙特雷修会修道院 Premonstratensian Monastery
        图书馆 Library
    特罗亚宫（别墅）Palais de Troja（Villa Troja）

条顿骑士教堂 Église des Chevaliers Teutoniques
维多利亚圣马利亚教堂 St. Maria de Victoria
席尔瓦 - 塔罗卡宫 Palais Silva Tarouca
小边圣尼古拉教堂 Saint-Nicolas-du-Petit-Côté（St. Nikolaus auf der Kleinseite，S.Nicholas on the Lesser Side，Saint-Nicolas de Malá Strana）
小城区 Lesser Town
亚美利加别墅（现为博物馆）Villa America（Antonín Dvořák Museum）
岩上圣约翰教堂 St.John on the Rock
耶稣会团 Klementium（Collegium Clementinum）
主教宫 Palais de l'Archevêché
最高统帅宫 Palais du Généralissime

布拉加 Braga
　蒂巴斯本笃会修道院 Couvent des Bénédictins de Tibães
　法尔佩拉山圣马利亚 - 马达莱纳朝圣教堂 Église de pèlerinage Santa Maria Madalena de Falperra
　拉约府邸 Casa do Raio
　山上的仁慈上帝圣殿 Sanctuaire do Bom Jesus do Monte（Église Bom Jesu）
　"五灾泉" Fontaine des Cinq Plaies
　市政厅 Câmara Municipal

布莱克希思 Blackheath
　莫登学院 Morden College

布莱朗库尔 Blérancourt
　府邸 Châteaux

不来梅 Bremen
　市政厅 Town Hall

布莱尼姆 Blenheim
　宫堡 Castle（Palace）
　　厨房院 Kitchen Court
　　马厩院 Stable Court

布莱希滕 Bleichten

布雷夫诺夫 Břevnov
　本笃会修道院 Couvent Bénédictin
　圣玛格丽特教堂 Église Sainte-Marguerite

布雷根茨 Bregenz

布雷萨诺内 Bressanone
　诺瓦切拉修院教堂 Abbey Church of Novacella

布里斯托尔 Bristol
　阿诺斯堡 Arnos Castle

布列塔尼（地区）Bretagne

布卢瓦 Blois
　府邸 Château
　　前院 Cour d'Honneur
　　新宫（加斯东翼）Château Neuf（Aile Gaston）

布鲁赫萨尔 Bruchsal
　宫邸 Schloss（Résidence，Château）

布鲁塞尔 Brussels
　贝吉纳热广场 Place du Béguinage
　　圣约翰（施洗者）教堂 Église Saint Jean-Baptiste（Église des Béguines）
　贝洛内宅邸 Maison de la Bellone
　布舍堡猎庄 Pavillon de Chasse Bouchefort
　中央广场（大广场）Grand-Place
　　同业公会大楼 Guild Houses
　圣三一教堂 Church of the Trinity

布吕尔 Brühl
　奥古斯图斯堡府邸 Schloss Augustusburg
　　餐厅 Salle à Manger
　　圣内波米塞娜礼拜堂 Chapelle de Saint-Népomucène
　布吕尔古堡 Fort Brühl

布罗因格斯海恩 Breungeshain

布丘森特拉斯洛 Búcsúszentlászló
　圣方济各教堂及修道院 Franciscan Church and Convent

C

查茨沃思 Chatsworth
　庄园 House

茨韦特尔 Zwettl
　西多会修道院 Abbaye Cistercienne
　教堂 Église

茨维法尔滕 Zwiefalten
　大教堂 Cathédrale
　修道院 Abbatiale
　本笃会教堂 Église des Bénédictins

D

达尔马提亚（地区）Dalmatie

大科姆堡 Gross-Comburg
　本笃会修道院 Monastère Bénédictin

大姆拉卡 Velika Mlaka

　　　　圣芭芭拉礼拜堂 Chapel of St.Barbara
大西洋 Atlantique
丹普 Damp
　　　府邸 Manoir
但泽（今格但斯克）Dantzig（Gdansk）
　　　军械库 Arsenal
当皮埃尔 Dampierre
　　　府邸 Château
德比郡 Derbyshire County
德累斯顿 Dresden
　　　奥古斯特桥 Pont d'Auguste
　　　茨温格宫 Zwinger
　　　　　城楼 Pavillon du Rempart，Wallpavillon
　　　　　大理石厅 Salon de Marbre
　　　　　古典巨匠画廊 Gemäldegalerie Alter Meister
　　　　　角楼 Pavillons d'Angle
　　　　　桔园 Orangerie
　　　　　历史博物馆 Musée Historique
　　　　　绿塔 Tour Verte
　　　　　琴钟阁 Glockenpavillon（Pavillon du Carillon）
　　　　　"山林水泽仙女神窟" 'Bain des Nymphes'
　　　　　数学及物理沙龙 Mathematisch-Physikalischer Salon
　　　　　陶瓷收藏馆 Porzellansammlung
　　　　　王冠门 Tour de la Couronne（Porte de la Couronne）
　　　大歌剧院 Grand Opéra（Opéra de Dresde）
　　　大花园宫殿 Palais dans le Grand Jardin
　　　　　宴会厅 Salle des Fêtes
　　　宫廷教堂 Hofkirche
　　　绘画陈列馆 Galerie de Peinture
　　　圣母院 Frauenkirche（Église Notre-Dame）
　　　新街区 Quartiers de la Neustadt
德文郡 Devonshire County
迪拉门 Dirlammen
迪林根 Dillingen
　　　耶稣会堂 Église des Jésuites
迪南 Dinant
　　　莫达尔府邸 Château Modare
迪森 Diessen
　　　马利亚-希默尔法赫特教堂 Église Maria Himmelfahrt
第戎 Dijon
　　　勃艮第政府宫 Palais des Etats de Bourgogne

蒂沃利 Tivoli
　　　埃斯特离宫 Villa d'Este
　　　哈德良离宫 Villa d'Hadrien
　　　　　黄金广场 Piazza d'Oro
　　　　　金厅 Salle d'Or
都柏林 Dublin
　　　国会楼 Parliament House
　　　　　下议院 House of Commons
都灵 Turino
　　　埃尔布广场（原城市宫邸广场）Place delle Erbe（Place Palazzo di Città）
　　　波河大街 Via Po
　　　波河门 Porta di Po
　　　城堡广场 Place Castello
　　　大教堂 Cathédrale
　　　　　至圣殓布礼拜堂 Capella della Santissima Sindone（Chapelle du Suaire）
　　　　　钟楼 Campanile
　　　府邸门 Porte Palazzo
　　　公爵府（后为王宫）Palais Ducal（Palais Royal）
　　　　　达尼埃尔廊厅 Daniel Gallery
　　　　　龛室厅 Alcove Room
　　　　　王后套房 Queen's Apartments
　　　　　舞厅 Ballroom
　　　　　御座厅 King's Throne Room
　　　宫邸花园 Jardins du Palazzo
　　　广场圣马利亚教堂 S.Maria di Piazza
　　　贵族院 Collegio dei Nobili
　　　国王广场（今圣卡洛广场）Place Reale（Piazza San Carlo）
　　　卡尔米内大街 Via del Carmine
　　　卡尔米内教堂 Église del Carmine
　　　卡里尼亚诺府邸 Palazzo Carignano
　　　卡利纳广场 Place Carlina
　　　卡普奇尼山上圣马利亚教堂 Santa Maria al Monte dei Cappuccini, Église
　　　马达马府邸 Palazzo Madama
　　　米兰大街 Via Milano
　　　萨拉里亚门 Porta Salaria
　　　萨沃亚广场（今苏西纳广场）Place Savoia（Place Susina）
　　　圣菲利浦·内里教堂 Saint-Philippe Neri
　　　圣洛伦佐教堂（德亚底安修会教堂）San Lorenzo, Église des

Théatins
　　圣三一教堂 Sainte-Trinité
　　市政广场 Place Municipale
　　苏佩加圣母院 la Superga[Madonna (Basilique), Église Votive de]
　　苏沙门 Porte di Susa
　　瓦尔多科大道 Corso Valdocco
　　瓦利诺托（圣母访问）圣所 Santuario della Visitazione al Vallinotto (Vallinotto Sanctuary)
　　韦纳里亚 - 雷亚莱 Venaria Reale
　　无玷始胎教堂 Immacolata Concezione（Église de l'Immaculée-Conception）
　　新城 Città Nuova
　　新街（今罗马大街）Via Nuova（Via Roma）
　　伊曼纽 - 菲利贝托广场 Piazza Emanuele Filiberto
杜尔拉赫 Durlach
　　卡尔斯堡 Carlsburg
杜罗河 Douro
多布日什 Dobříš
　　曼斯费尔德宫 Mansfeld Palace
多尔纳瓦 Dornava
　　府邸 Mansion
多瑙河 Danube
多瑙河畔迪恩施泰因 Dürnstein-sur-le-Danube
　　隐修院 Prieuré
多瑙河畔诺伊堡 Neuburg-sur-le-Danube
　　教堂 Église

E

恩克赫伊曾 Enkhuizen
　　市政厅 Town Hall

F

法兰克尼亚（地区）Franconia
法兰西岛区 Île-de-France
　　比塔尔亭阁 Pavillon du Butard
法伊萨赫希海姆 Veitshöchheim
　　主教宫 Episcopal Palace
　　　园林 Gardens
凡尔赛 Versailles
　　巴黎大道 Avenue de Paris
　　大特里阿农宫（"大理石特里阿农"）Grand Trianon（'Trianon de Marbre'）
　　"飞瀑" Buffet d'Eau
　　　镜厅 Salon of Mirrors
　　宫殿 Château
　　　大臣院 Cour des Ministres
　　　"大理石院" Cour de Marbre
　　　"大厅堂" Grands Appartements
　　　狄安娜厅 Salon of Diana
　　　富贵厅 Salon of Abundance
　　　贵族沙龙 Salon of the Nobles
　　　国王卫队室 Room of the King's Guard
　　　国王院 Cour Royale
　　　和平厅 Salon de la Paix
　　　赫丘利厅 Salon d'Hercule
　　　镜厅 Galerie des Glaces
　　　剧院 Salle d'Opéra
　　　君王梯 Princes' Staircase
　　　礼拜堂 Chapelle
　　　路易十四卧室 Chambre a Coucher de Louis XIV
　　　马尔斯厅 Salon of Mars
　　　墨丘利厅 Salon of Mercury
　　　使节梯 Escalier des Ambassadeurs
　　　王后梯 Queen's Staircase
　　　王后卫队室 Room of the Queen's Guard
　　　王后卧室 Queen's Bedroom
　　　维纳斯厅 Salon of Venus
　　　"圆窗室" Room of the Bull's Eye
　　　战争厅 Salon de la Guerre
　　花园 Jardins
　　　阿波罗水池 Bassin d'Apollon
　　　爱神亭 Temple de l'Amour
　　　"大公园" Grand Parc
　　　大运河 Grand Canal
　　　恩克拉多斯池 Enkelados Pool
　　　法国花园剧场 Théâtre au Jardin Français
　　　法国亭 Pavillon Français
　　　谷神池（夏池）Bassin de Cérès（de l'Été）
　　　海神池 Basin of Neptune
　　　豪华园 Jardins d'Apparat
　　　花神池（春池）Bassin de Flore（du Printemps）
　　　会议厅 Salle du Conseil

假山园区 Bosquet des Rocailles
金字塔喷泉 Pyramid Fountain
酒神池（秋池）Bassin de Bacchus（de l'Automne）
橘园 Orangerie
克拉涅水池 Étang de Clagny
拉托恩台地 Degré de Latone
"老大公园" Ancien Grand Parc
龙泉 Dragon Fountain
"绿地毯" Tapis Vert
绿厅 Salle Verte
迷宫区 Labyrinthe
农神池（冬池）Bassin de Saturne（de l'Hiver）
水池 Parterres d'Eau
水剧场园区 Bosquet du Théâtre d'Eau
水台地 Water Terrace
舞厅 Salle de Danse
舞厅林 Salle de Bal
"小公园" Petit Parc
宴会厅 Salle des Festins
圆剧场 Amphithéâtre
"源头区" Bosquet des Source
植物园 Jardin Botanique
柱廊 Colonnade
克拉涅府邸 Château de Clagny
（老）猎庄 Pavillon de Chasse
雷内穆兰（村）Rennemoulin
马厩 Stables
马利（村）Marly
 马利府邸 Château de Marly
  农神阁 Pavillon de Saturne
圣克卢大道 Avenue de Saint-Cloud
圣路易教堂 Saint-Louis
圣西尔（村）Saint-Cyr
索镇大道 Avenue de Sceaux
"陶瓷特里阿农" 'Trianon de Porcelaine'
特里阿农菜圃 Potager à Trianon
特里阿农村（原来的自然村）Village de Trianon
"特里阿农村"（以后的人造景点）'Hameau de Trianon'
 王后宅舍 Queen's House
 小特里阿农宫 Petit Trianon

梵蒂冈 Vatican

庇护-克雷芒博物馆 Musée Pio-Clementino
地理厅 Galerie Géographique
梵蒂冈宫 Palais du Vatican
观景楼花园 Jardin du Belvédère
观景楼院 Cortile del Belvédère（Cour du Belvédère，Belvedere courtyard）
克莱门蒂娜厅 Sala Clementina
雷贾阶梯 Scala Regia

方扎洛 Fanzolo
 埃莫别墅 Villa Emo

菲尔岑海利根 Vierzehnheiligen
 朝圣教堂 Église de Pèlerinage des Quatorze-Intercesseurs

菲尔格茨霍芬 Vilgertshofen

菲尔斯滕瓦尔德 Fürstenwalde

费尔特德 Fertöd
 艾什泰哈齐宫 Esterhàzy Palace

腓特烈港 Friedrichshafen

腓特烈施塔特（腓特烈城）Friedrichstadt

费拉拉 Ferrara

枫丹白露（宫）Fontainebleau
 大阁 Gros Pavillon
 "美炉翼" Aile de la Belle Cheminée

佛兰德（地区）Flandres

佛罗伦萨 Florence
 奥尼萨蒂 Ognissati
 波波利花园 Jardins Boboli
 城堡科尔西尼别墅 Villa Corsini at Castello
 大教堂 Cathedral
 卡波尼宫 Palazzo Capponi
 鲁切拉伊府邸 Palais Rucellai
 梅迪奇-里卡尔迪府邸 Palais Médicis Riccardi
 帕廖内科尔西尼宫 Palazzo Corsini al Parione
 潘多尔菲尼府邸 Palais Pandolfini
 皮蒂府邸 Palais Pitti
 圣菲伦泽修道院 San Firenze
  礼拜堂 Oratory
  圣菲利波·内里教堂 San Filippo Neri, Church of
  圣焦万尼诺教堂 San Giovannino degli Scolopi
  圣洛伦佐教堂 S. Lorenzo
   老圣器室 Ancienne Sacristie
   圣洛伦佐图书馆 Biblioteca Laurenziana

圣马可修道院 Couvent de Saint-Marc

圣米凯莱和加埃塔诺教堂 Santi Michele e Gaetano

圣乔治教堂 San Giorgio alla Costa

圣三一教堂 Santa Trinità

圣三一桥 Ponte S. Trinità

新圣马利亚教堂 Santa Maria Novella

弗拉诺夫 Vranov Nad Dyjí
 城堡 Castle

弗拉斯卡蒂 Frascati
 阿尔多布兰迪尼别墅 Villa Aldobrandini
 贝尔波焦别墅 Villa Belpoggio

弗赖堡 Freiburg
 圣彼得本笃会修道院 Couvent Bénédictin Saint-Pierre
  教堂 Église

弗赖贝格 Freiberg

弗赖施塔特 Freystadt
 马里亚希尔夫教堂 Mariahilfkirche（Église de Mariahilf）

弗赖因 Frain
 阿尔坦伯爵府邸 Château des Comtes Althan
  先祖厅 Salle des Ancêtres

弗雷舒 Freixo
 宫殿 Palácio

弗罗茨瓦夫 Wrocław
 圣约翰（施洗者）大教堂 Cathédrale Saint-Jean-Baptiste
  圣伊丽莎白礼拜堂 Chapelle Sainte-Élisabeth
  选帝侯礼拜堂（圣体礼拜堂）Chapelle de l'Électeur（Chapelle du Saint-Sacrement）

伏尔塔瓦河 Vltava

孚日（地区）Vosges

符腾堡（地区）Wurtemberg

福格尔斯山 Vogelsberg

福拉尔贝格（地区）Vorarlberg

福劳 Vorau
 修道院 Abbay

富尔达 Fulda
 修道院 Abbatiale
  教堂 Église

富萨诺堡 Castel Fusano

G

盖巴赫 Gaibach
 申博恩乡村教堂 Église du Village des Schönborn
 圣三一教堂 Église de la Trinité

甘多尔福堡 Castel Gandolfo
 新村圣托马索教堂 San Tommaso da Villanova

哥本哈根 Copenhague
 阿马利安堡 Amalienborg
 阿马利安堡广场 Place Amalienborg
 阿迈厄岛 Amager
 长厅 Long Hall
 大理石厅 Marbre Room
 腓特烈教堂 Frederikskirke
 国王广场 Kongens Nytorv
 交易所 Bourse
 克里斯蒂安宫堡（府邸）Christiansborg（Résidence）
 克里斯蒂安港 Christianshavn
  救世主教堂 Vor Frelsers Kirke
 鹿园 Parc aux Cerfs
 "维也纳"幽居 Ermitage 'viennois'
 罗森堡宫殿（夏宫）Palais Rosenborg（Château Rosenborg, Résidence d'été）
 美术院 Académie des Beaux-Arts
 起居室（冬室）Living Room（Winter Room）
 斯特兰霍尔门岛 Strandholmen
 索菲-阿马利安堡别墅 Villa de Sophie-Amalienborg
 夏洛腾堡宫邸 Château de Charlottenborg
 新王宫 Nouveau Palais Royal

戈尔尼格勒 Gornji Grad
 圣莫霍尔和圣福尔图纳特堂区教堂 Parish Church of St.Mohor and St.Fortunat

格拉茨 Graz（Gratz）
 斐迪南二世陵寝（圣凯瑟琳教堂葬仪礼拜堂）Mausolée de Ferdinand II（Chapelle Funéraire de l'Église Sainte-Catherine）
 马里亚特罗斯特朝圣教堂 Église de Pèlerinage de Mariatrost

格拉纳达 Grenade
 阿尔罕布拉宫 Alhambra
 查尔特勒修道院 Chartreuse（Cartuja）
  圣器室 Sacristie
  圣坛礼拜堂 Sagrario（Chapelle du Saint-Sacrement）
 大教堂 Cathédrale
  圣坛礼拜堂 Sagrario
 马丘卡宫 Palais de Machuca

圣马利亚-玛格达莱娜教堂 Santa Maria Magdalena

格勒斯多夫 Göllersdorf
　　府邸 Château
　　堂区教堂 Église Paroissiale

格里内里克湖 Grienerick, Lac de

格里普斯霍尔姆 Gripsholm
　　府邸 Château
　　　剧场 Théâtre

格利尼克 Glienicke
　　休闲狩猎别墅 Pavillon de Plaisance ou de Chasse

格林尼治 Greenwich
　　范布勒堡邸 Vanbrugh Castle
　　女王宫 Queen's House
　　天文台 Observatory
　　王室海军疗养院 Royal Naval Hospital（Hôpital de la Marine）
　　　国王查理楼 King Charles Building

格吕绍 Grüssau（Kerzeźow）
　　修院教堂 Abbey Church

戈斯滕 Gostyń
　　圣菲利波·内里教堂 Philippine Church of St.Filippo Neri

格斯韦恩施泰因 Gössweinstein

格特韦格 Göttweig
　　修道院 Monastère（Abbaye）

根特 Ghent
　　圣彼得教堂 S. Pieter

古尔克 Gurk
　　大教堂 Cathedral

瓜达卢佩 Guadalupe
　　修道院 Monastère
　　　教堂 Église

瓜迪克斯 Guadix

瓜尔迪亚山 Colle della Guardia

H

哈恩 Jaén
　　大教堂 Cathédrale

哈弗尔河 Havel

哈勒姆 Haarlem
　　肉类大厅 Halle aux Viandes
　　新教堂 Nieuwe Kerk

哈瑟尔堡 Hasselburg
　　府邸 Demeure（Manoir）

哈瓦那 Havane, La
　　大教堂 Cathédrale

海德堡 Heidelberg
　　城堡 Castle
　　　腓特烈楼 Friedrichsbau
　　　帕拉蒂诺园 Hortus Palatinus

海格洛赫 Haigerloch
　　府邸 Château
　　　教堂 Église
　　圣安娜朝圣教堂 Église de Pèlerinage Sainte-Anne

海特洛 Het Loo
　　府邸 Château
　　　上花园 Jardin supérieur
　　　下花园 Jardin inférieur

海牙 The Hague（La Haye）
　　奥兰治厅 Salle d'Orange
　　博斯府邸 Huis den Bos
　　莫里茨府邸 Mauritshuis
　　王室图书馆 Bibliothèque Royale
　　新教堂 Nieuwe Kerk

汉堡 Hamburg
　　圣米歇尔教堂 Église Saint-Michel

汉诺威 Hanovre
　　赫伦豪森皇家花园 Royal Gardens at Herrenhausen
　　　"秘园" Jardins Secrets

汉普顿 Hampton
　　王宫 Château Royal de Hampton Court
　　　国王梯 King's Stairs
　　　国王翼 King's Side
　　　王后翼 Queen's Side

合众省 Provinces-Unies

赫库兰尼姆 Herculanum

赫雷斯-德拉弗龙特拉 Jerez de la Frontera
　　救世主大教堂 Cathédrale Saint-Sauveur
　　圣马利亚查尔特勒修道院 Chartreuse de Nuestra Señora de la Defensíon
　　学院 Collégiale

黑措根堡 Herzogenburg
　　修道院 Abbay

黑尔福德 Herford

黑林山（地区）Forêt-Noire
黑伦贝格 Herrenberg
黑马尼策 Hermanice
    教堂 Église
黑森（地区）Hesse
恒河 Ganges
洪堡 Homburg
洪施拉尔迪克 Honslaerdyck
华沙 Varsovie
    克拉辛斯基宫 Palais Krasinski
    兰宫 Palais Bleu
    撒勒爵会教堂 Église des Salésienne
    萨克森宫殿 Palais Saxon
    圣埃斯普里教堂 Église du Saint-Esprit
    圣卜尼法斯教堂 Église du Saint-Boniface
    圣卡齐米日教堂 Église du Saint-Casimir
    圣母往见教堂 Visitant Church
    维拉诺夫老宫 Ancient Palais de Wilanów
霍恩罗特 Hohenroth

J

基多 Quito
    孔帕尼亚教堂 Church of La Compania
    圣弗朗西斯科修院教堂 Convent Church of San Francisco
基尔 Kiel
    府邸 Château
吉德莱 Gidle
    多明我会圣母升天教堂 Dominican Church of the Assumption of St.Mary
吉特欣 Gitschin
    宫邸 Château
加贝尔 Gabel
    教堂 Église
加的斯 Cadix
加尔斯滕 Garsten
    修院教堂 Église Conventuelle
加勒比海 Caraïbes
加利西亚（地区）Galice
加龙河 Garonne, River
加泰罗尼亚（地区）Catalogne
剑桥 Cambridge

    国王学院 King's College
        科研楼 Fellows' Building
    彭布罗克学院 Pembroke College
        礼拜堂 Chapelle
    圣三一学院 Trinity College
        图书馆 Library
杰尔 Győr
    大教堂 Cathedral
    加尔默罗会教堂 Church of the Carmelites
    圣伊纳爵教堂 Church of St.Ignatius
    修院方舟纪念碑 Ark of the Covenant Monument
旧布里萨克 Vieux-Brisach
旧厄廷 Altötting
    德亚底安修会圣马利亚教堂 Église Théatine Sainte-Marie
    圣殿 Sanctuaire

K

卡尔马尔 Kalmar
    大教堂 Cathédrale
卡尔斯巴德 Karlsbad
    圣马德莱娜教堂 Sainte-Madeleine
卡尔斯费尔德 Carlsfeld
    教堂 Église
卡林西亚州 Carinthia
卡洛斯鲁厄 Carlos-Ruhe（Karlsruhe）
卡珀尔 Kappel
    圣三一朝圣教堂 Pèlerinage dédiée à la Sainte-Trinité（Pilgrimage Church），Église de
卡普拉罗拉 Caprarola
    宫堡 Forteresse
    圣德肋撒教堂 Santa Teresa, Église de
卡普特 Caputh
    休闲狩猎别墅 Pavillon de Plaisance ou de Chasse
        瓷砖厅 Salle Carrelée
卡萨莱 Casale
    圣菲利波教堂 San Filippo
卡塞尔 Kassel
    腓特烈博物馆 Museum Fridericianum
    黑森地区博物馆 Hessisches Landesmuseum
    卡尔斯贝格花园 Jardins du Karlsberg
    天文及技术史博物馆 Museum für Astronomie und Technik-

geschichte

卡塞塔 Caserta
   王室宫堡（政府宫）Palazzo Reale（La Reggia, Château Résidentiel, Siège du Gouvernement Royal, Palais du Gouvernement）
      巴拉丁礼拜堂 Cappella Palatina
      花园 Park
         狄安娜喷泉 Fountain of Diana
         维纳斯和阿多尼斯喷泉 Fountain of Venus and Adonis
      王室礼拜堂 Cappella Reale
      中国塔 Chinese Tower

卡斯蒂利亚（地区）Castille

卡塔尼亚 Catania

凯德尔斯顿 Kedleston
   府邸 Hall

凯尔采 Kielce
   主教宫 Bishop's Palace

凯奇凯梅特 Kecskemét
   皮阿里斯特教堂 Piarist Church
   堂区教堂 Parish Church

坎波城 Medina del Campo
   医院 Hôpital

坎普-林特福特 Kamp Lintfort
   老西多会修道院 Abbaye Cistercienne, ancienne

康布雷 Cambrai

康斯坦茨湖 Constance, Lac de

考洛乔 Kalocsa
   大教堂 Cathedral
   主教宫 Archbishop's Palace

科尔多瓦 Cordoba
   大清真寺 Mosquée

科隆 Cologne
   耶稣会教堂 Église des Jésuites

科尼斯堡 Königsberg

科佩尔 Koper
   圣母升天大教堂 Cathedral of the Assumption

科希策 Košice
   耶稣会教堂 Jesuit Church

科英布拉 Coimbra
   王室图书馆 Bibliothèque Royale

克拉德鲁比 Kladruby（Kladrau）
   本笃会修院教堂 Église de l'Abbaye Bénédictine

克拉科夫-别拉内 Kraków-Bielany
   卡马尔多利会修道院 Camaldolensian Monastery

克拉皮纳 Krapina
   耶路撒冷圣马利亚朝圣教堂 Pilgrimage Church of St.Mary of Jerusalem

克莱门斯韦尔特 Clemenswerth
   猎庄 Pavillon de Chasse

克雷姆斯明斯特 Kremsmünster
   本笃会修道院 Monastère Bénédictin
      教堂 Église
         帝王厅 Salle Impériale
   观象台 Observatoire

克利蒙图夫 Klimontów
   圣约瑟夫学院教堂 Collegiate Church of St.Joseph

克龙堡 Kronborg
   城堡 Château

克卢斯 Queluz
   夏宫 Résidence d'été（Palais Royal）
      波塞冬喷泉 Poseidon Fountain
      大院 Cour d'Honneur
      堂吉诃德厅 Don Quixotte Room
      堂吉诃德翼 Aile Don Quichotte
      演艺厅（后为御座室）Entertainment Room（Later the Throne Room）
      使节厅 Ambassador's Room

克罗地亚（地区）Croatia

克洛斯特新堡 Klosterneuburg
   修道院 Abbaye
      帝王厅 Salle Impériale
      宫邸（中央楼阁）Résidence

克热舒夫 Krzeszów
   前西多会修道院 Former Cistercian Monastery
   圣约瑟夫教堂 Church of St.Joseph

克塞格 Kőszeg
   髑髅礼拜堂 Calvary Chapel

肯普滕 Kempten
   本笃会教堂 Église Bénédictine（Église Collégiale）
   圣洛伦茨教堂 Basilique St.Lorenz（Église Sankt-Lorenz）

肯特 Kent
   米尔沃思堡 Mereworth Castle

孔戈尼亚斯 Congonhas do Campo

圣地 Santuario do Bom Jesus de Matosinhos

库库斯 Kukus
 奇迹园 Jardin des Merveilles

库洛米耶 Coulommiers
 府邸 Châteaux

库斯科 Cuzco
 大教堂 Cathédrale
 耶稣会堂 Jesuit Church

库滕贝格 Kuttenberg
 圣巴贝教堂 Église Sainte-Barbe

昆卡（地区）Cuenca

L

拉巴斯 Paz, La
 圣弗朗西斯科教堂 Église San Francisco

拉茨凯韦 Rackeve
 萨伏依亲王府邸 Residence of the Prince of Savoy

拉芬斯堡 Ravensburg

拉格兰哈 La Granja de San Ildefonso
 夏宫 Château de Plaisance
  埃拉杜拉院 Patio de la Herradura
  科切斯院 Patio de los Coches
  园林 Jardin
   波塞冬泉池 Poseidon Fountain
   水阶台 Cascada Nueva

拉古萨 Ragusa
 圣乔治教堂 San Giorgio

拉哈尔特 la Hardt

拉梅古 Lamego
 诺萨-塞尼奥拉圣地 Sanctuaire de Nossa Senhora dos Remédios
  教堂 Église

拉普拉塔河 Rio de la Plata

拉施塔特 Rastatt
 府邸 Château
 教堂 Église

莱比锡 Leipzig

莱德尼采 Lednice
 列支敦士登宫 Liechtenstein Palace

莱登 Leiden（Leyde）
 拉彭堡 Rapenburg
 马雷教堂 Marekerk
 市政厅 Town Hall

莱尔马 Lerma
 弗朗西斯科·桑托瓦尔-罗哈斯宫堡（居住城）Palais du Prince Francisco Sandoval y Rojas（Ville Résidentielle）
 "军队广场"（原城市主广场）Plaza de Armas (Plaza Mayor)
 圣布拉斯修道院 Couvent de San Blas

莱格尼察-波莱 Legnikie Pole
 前本笃会修道院 Former Benedictine Monastery
 教堂 Church

莱芒湖 Léman, Lac

莱切 Lecce
 圣十字教堂 Church of S. Croce

莱斯特 Leicester

莱茵河 Rhine

莱茵兰（地区）Rhénanie

莱茵斯贝格 Rheinsberg
 宫邸 Château
  贝壳厅 Salle des Coquillages
  镜厅 Salle des Glaces
  塔楼间 Cabinet de la Tour

莱扎伊斯克 Leżajsk
 西多会修道院 Bernardine Monastery
 教堂 Church

赖格恩 Raigern
 修院教堂 Église Conventuelle

赖斯韦克 Rijswijk
 府邸 Château

兰巴赫 Lambach

兰茨胡特 Landshut
 教堂 Église

兰西 Raincy
 府邸 Château

劳德尼茨 Raudnitz
 洛布科维茨宫邸 Château des Lobkowitz

勒班陀 Lepanto

雷阿尔城 Vila Real
 马特乌斯府邸 Casa de Mateus

雷恩 Rennes
 法院宫 Palais de Justice（Présidial, Law Courts）
 市政厅 Town Hall

雷林根 Rellingen

新教教堂 Église Protestante
黎塞留 Richelieu
　　黎塞留府邸 Château de Richelieu
里昂 Lyon
　　贝勒库尔广场 Place Bellecour
　　"庙堂" Temples
　　圣布鲁诺教堂 Saint-Bruno
里奥弗里奥 Riofrío
　　宫邸 Palais
里奥塞科城 Medina de Rioseco
　　圣十字教堂 Santa Cruz
里斯本 Lisbon（Lisbonne）
　　阿瓜斯-利夫雷斯水道 Aqueduc des Aguas Livres
　　拜沙区 Baixa
　　城外圣比森特教堂 São Vicente de Fora
　　还愿教堂 Menino de Deus
　　老王宫 Ancien Palais Royal
　　罗西奥广场 Rossio
　　圣恩格拉西亚教堂 Église Santa Engrácia
　　圣罗克教堂 Église São Roque
　　　圣约翰（施洗者）礼拜堂 Chapelle de Saint-Jean-Baptiste
　　圣约翰教堂 Saint-Jean-au-Rocher
　　特雷罗广场 Terreiro do Paço
　　天道圣马利亚教堂 S. Maria da Divina Providencia (Sta.Maria della Divina Providenza, Sainte-Marie-de-la-Divine-Providence)
　　王室歌剧院 Royal Opera House
　　王室修道院及教堂 Église de la Basilique Royale et du Monastère do Santíssimo Coração de Jesus no Casa1 de Estrela
　　下城 Basse Ville
　　主教宫邸 Sé Patriarcal
里沃利 Rivoli
　　国王宫堡 Château Royal
里耶卡 Rijeka
　　圣维图什耶稣会教堂 Jesuit Church of St.Vitus
里约热内卢 Rio de Janeiro
　　圣本托修道院 Monastère de São Bento
　　　教堂 Église
利尔 Lier
　　市政厅 Town Hall
利马 Lima
　　大教堂 Cathedral

　　圣弗朗西斯科教堂 Church of San Francisco
　　托雷-塔格莱宫 Palais de Torre-Tagle
列支敦士登 Liechtenstein
林茨 Linz
　　修院教堂（原条顿骑士团教堂）Église du Séminaire (Ancienne Église de l'Ordre Teutonique)
　　耶稣会堂 Jesuit Church
龙尚（旧译朗香）Ronchamp
卢布尔雅那 Ljubljana
　　乌尔苏拉会圣三一教堂 Ursuline Church of the Holy Trinity
　　圣尼古拉大教堂 Cathedral of St.Nicholas
卢戈 Lugo
　　大教堂 Cathédrale
卢塞恩 Lucerne
　　耶稣会教堂 Église des Jésuites
卢瓦尔河 Loire
卢万 Louvain
　　圣米歇尔耶稣会堂 Saint-Michel (Église des Jésuites)
鲁德尼察 Rudnice
　　宫殿 Palais
鲁普雷希蒂策 Ruprechtice
　　教堂 Église
路德维希堡 Ludwigsburg
　　埃拉赫霍夫 Erlachhof
　　埃拉赫霍夫猎庄 Pavillon de Chasse d'Erlachhof
　　"宠姬楼" Pavillon (Château) de la Favorite
　　"宠姬园" Parc de la Favorite
　　宫邸 Château
　　　大楼（左翼）Riesenbau
　　　东骑士楼 Kavaliersbau-est
　　　宫邸礼拜堂 Chapelle du Château
　　　画廊 Galerie de Peinture
　　　剧场 Théâtre
　　　老居住楼（北翼）Ancien Corps de Logis
　　　狩猎礼拜堂 Chapelle de Chasse
　　　西骑士楼 Kavaliersbau-ouest
　　　先祖厅 Galerie des Ancêtres
　　　新居住楼 Nouveau Corps de Logis
　　　修会礼拜堂 Ordenkapele
　　　修会楼（右翼）Ordensbau
　　　宴会厅 Salle de Festins

游乐阁 Pavillon de Jeu

蒙雷波斯府邸 Château Monrepos

路德维希斯卢斯特 Ludwigslust

宫邸 Château

吕埃 Ruel（Rueil）

府邸 Château

吕内维尔 Lunéville

府邸 Château

圣雅克教堂 Église S. Jacques

伦巴第（地区）Lombardy

伦敦 London

阿德尔菲区 Quartier de l'Adelphi

埃尔特姆宅邸 Eltham Lodge

白厅大街 Whitehall

赫伯特府邸 Herbert's House

白厅宫殿 Whitehall Palace

皇家骑兵卫队室 Horse Guards

宴会楼 Banqueting House

贝德福德广场 Bedford Square

滨河路圣马利亚教堂 Saint Mary le Strand

伯克利广场 Berkeley Square

44号住宅 Maison Située au no 44 de Berkeley Squar

伯林顿宅邸 Burlington House

布卢姆斯伯里圣乔治教堂 Église de St. George à Bloomsbury

德特福德圣保罗教堂 Église Saint Paul de Depthford

福斯特巷圣韦达斯特塔楼 Tour de Saint Vedast, Foster Lane

格罗夫纳广场 Grosvenor Square

皇家交易所 Bourse（Royal Exchange）

旷场圣马丁教堂 S.Martin-in-the-Fields

兰厄姆广场 Langham Place

林赛府邸 Lindsey House

卢德门 Ludgate

伦敦塔 Tour de Londres

内城 City

女修院花园 Covent Garden

女修院花园广场 Place de Covent Garden

皮卡迪利 Piccadilly

克拉朗顿府邸 Clarendon House

奇普赛德大街圣马利亚教堂 Saint Mary le Bow, Cheapside

（山上）圣马利亚教堂 St Mary at Hill

圣安东林教堂 St Antholin

圣保罗大教堂 S. Paul's Cathedral（Cathédrale Saint-Paul）

圣布赖德教堂 St Bride

圣劳伦斯教堂 St Lawrence Jewry

圣乔治东堂 S. George-in-the-East

圣约翰教堂 S.John's

圣詹姆斯宫 Saint James's Palace

女王礼拜堂 Queen's Chapel

史密斯广场 Smith Square

斯潘塞府邸 Spencer House

斯皮特尔基督堂 Christ Church de Spitalfields

万灵堂 All Souls Church

万斯泰德府邸 Wanstead House

沃尔布鲁克圣斯蒂芬教堂 Saint-Stephen Walbrook

伍尔诺特圣马利亚教堂 S. Mary Woolnoth

西寺（西敏寺）Abbaye de Westminster

亨利七世礼拜堂 Chapelle d'Henri VII

罗德里戈城 Ciudad Rodrigo

塞拉尔沃礼拜堂 Chapelle de Cerralbo

罗尔 Rohr

圣奥古斯丁修道院 Abbaye des Chanoines de Saint-Augustin

罗基特纳河畔亚罗梅日采 Jaroměřice Nad Rokytnou

宫邸 Residence

罗马 Roma

阿尔捷里宫 Palais Altieri

阿尔瓦尼别墅 Villa Albani

阿拉科利广场 Place d'Aracoeli

阿拉科埃利圣马利亚教堂 Santa Maria in Aracoeli, Église

阿斯特-波拿巴宫 Palais d'Aste-Bonaparte

安东尼纪念柱 Colonne d'Antonins

奥勒利安城墙 Murs d'Aurélien（l'Enceinte d'Aurélien, Aurelian walls）

巴布伊诺大街 Via del Babuino

巴尔贝里尼广场 Piazza Barberini

海神喷泉 Fontana del Tritone

巴尔贝里尼宫（现国家画廊）Palazzo Barberini（Galleria Nazionale）

巴尔达西尼府邸 Palais Baldassini

保拉圣弗朗切斯科教堂 San Francesco di Paola

保拉水道 Acqua Paola

保利纳喷泉 Fontaine Pauline

保罗五世输水道 Aqueduc de Paul V

保守宫 Palais des Conservateurs
波波洛（人民）城门 Porta del Popolo
波波洛广场（人民广场）Piazza del Popolo（Place du Peuple）
波波洛广场圣马利亚教堂 Santa Maria del Popolo, Église
 基吉礼拜堂 Cappella Chigi
 奇波礼拜堂 Cappella Cybo
波尔托盖西圣安东尼奥教堂 Sant'Antonio dei Portoghesi
波尔托加洛拱门 Arco di Portogallo
博尔盖塞别墅 Villa Borghèse
 "秘园" Jardins Secrets
 医神庙 Temple of Aeskulapius
博尔盖塞宫 Palais Borghèse
 里佩塔翼 Aile di Ripetta
博尔戈（区）Borgo, Quartier
布兰科尼奥府邸 Palazzo Branconio
长岸圣米凯莱收容院 Hospice San Michele a Ripa Grande
城外圣保罗教堂 Saint-Paul-hors-les-Murs
 圣体礼拜堂 Chapelle du Saint-Sacrement
城外圣洛伦佐教堂 S. Lorenzo fuori le Mura（Saint-Laurent-hors-les-Murs）
城外圣塞巴斯蒂亚诺教堂 S. Sebastiano fuori le Mura, Church of
大角斗场 Colisée
地方海关（现交易所）Dogana di Terra（Bourse）
都灵大街 Via Torino
多里亚 - 潘菲利别墅 Villa Doria-Pamphili
多里亚 - 潘菲利宫（位于科尔索大街）Palazzo Doria-Pamphili
法尔科涅里府邸 Palazzo Falconieri
法尔内塞别墅 Villa Farnèse
法尔内塞宫 Palais Farnèse
 法尔内塞廊厅 Galerie Farnèse
法尔内西纳别墅（法尔内塞别墅）Villa Farnesina
 尘世厅 Sala Terrena
 大沙龙 Grand Salon
法尔内西纳别墅 Villa Farnésine
法院 Palais de Justice
费利切大街（今西斯蒂纳大街）Via Felice（Strada Felice, Via Sistina）
（佛罗伦萨人的）圣乔瓦尼教堂 S. Giovanni dei Fiorentini
弗拉米尼大道 Chaussée Flaminienne
（弗拉米尼亚大街）圣安德烈教堂 Sant'Andrea in Via Flaminia
弗拉米尼亚大街 Via Flaminia

富纳里圣卡泰丽娜教堂 S. Caterina dei Funari
（古罗马时期）广场区 Forum
和解大街 Via della Conciliazione
基吉 - 奥代斯卡尔基宫 Palais Chigi-Odescalchi（Palazzo Chigi a SS.Apostoli）
监狱 Prison
教皇大街 Via Papalis
教义传播大街 Via di Propaganda Fide
教义传播学院（教义传播宫）Collegio（Palazzo）di Propaganda Fide（Palais de la Propagation de-la-Foi）
 三王礼拜堂 Chapelle des Rois-Mages
君士坦丁会堂 Basilique de Constantin
君士坦丁浴场 Thermes de Constantin
卡埃塔尼（马太 - 内格罗尼）宫 Palais Caetani（Mattei-Negroni）
卡波 - 勒卡塞大街 Via Capo le Case
卡蒂纳里圣卡洛教堂 San Carlo ai Catinari, Église de
卡尔佩尼亚宫 Palais Carpegna
卡里塔圣吉罗拉莫教堂 San Girolamo della Carità
 斯帕达礼拜堂 Chapelle Spada
卡皮托利诺（山）Capitolino
卡皮托利诺博物馆 Musée du Capitole
卡皮托利诺宫 Palais du Capitole
卡皮托利诺广场 Place du Capitole
卡普里尼府邸 Palazzo Caprini
卡瓦洛山 Monte Cavallo
坎皮泰利广场 Place Campitelli
坎皮泰利圣马利亚教堂 Santa Maria in Campitelli
科尔索圣卡洛教堂 San Carlo al Corso
科尔索圣马尔切洛教堂 San Marcello al Corso, Église
科尔托纳住宅 Cortona's House in Via della Pedacchia
科尔西尼府邸 Palazzo Corsini
科隆纳府邸 Palazzo Colonna
科隆纳广场 Piazza Colonna
科罗纳里大街 Via dei Coronari
（奎里纳莱）圣安德烈教堂 Sant'Andrea al Quirinale（Saint-André-du-Quirinal）
奎里纳莱宫 Palais du Quirinal
奎里纳莱广场 Place del Quirinal
拉吉墓 Tomb of Maria Raggi
拉塔大街（今科尔索大街）Via Lata（Via del Corso）
拉塔大街圣马利亚教堂 Santa Maria in Via Lata, Église

拉特兰宫 Palais du Latran
拉特兰圣乔瓦尼（约翰）教堂 S.Giovanni in Laterano（Saint-Jean-de-Latran），Basilica of
  兰切洛蒂礼拜堂 Chapelle Lancellotti
老战神广场 Place de l'ancien Champ-de-Mars
里帕圣弗朗切斯科教堂 San Francesco a Ripa
  阿尔捷里礼拜堂 Altieri Chapel
里佩塔大街 Via di Ripetta
里佩塔港 Port de Ripetta
卢多维西府邸（今蒙特西托里奥府邸）Palazzo Ludovisi（Palazzo Montecitorio，Palais Montecitorio）
鲁斯蒂库奇广场 Place Rusticucci
伦加拉大街 Via della Lungara
罗马教团 Collegio Romano
马可·奥勒留纪念柱 Column of Marcus Aurelius（Colonne de Marc Aurèle）
马太府邸 Palazzo Mattei（Palais Mattei）
马太广场 Place Mattei
马西莫府邸 Palazzo Massimo delle Colonne
梅迪奇别墅 Villa Medici
梅迪奇宫 Palais des Médicis
梅鲁拉纳大街 Via Merulana
蒙塔尔托教皇别墅 Villa Pontificale de Montalto
蒙托里奥圣彼得修道院 San Pietro in Montorio
  滕皮耶托（小圣堂，小庙）Tempietto
密涅瓦广场 Place de la Minerve
纳沃纳广场 Piazza Navona（Place Navona）
  摩尔泉（南泉）Fontaine du Maure
  《四河喷泉》Fontaine des Quatre-Fleuves
诺门塔内大道 Chaussée Nomentane
帕里奥利山 Parioli，Colline de
潘菲利宫（纳沃纳广场的）Pamphili Palace
  潘菲利廊厅 Galleria Pamphili
佩莱格里诺大街 Via del Pellegrino
皮涅托的萨凯蒂别墅 Villa Sacchetti à Pigneto
皮亚城门 Porta Pia
皮亚大街（今九月二十日大街，奎里纳莱大街）Via Pia（Strada Pia，Via del Quirinale，Via XX Settembre）
平乔园区 Pincio
平乔山 Pincio，Colline du
普布利科利斯圣马利亚教堂 Santa Maria in Publicolis, Église de

普莱比斯西托大街 Via Plebiscito
奇迹圣马利亚教堂 Santa Maria dei Miracoli
骑师圣安娜教堂 Sant'Anna dei Palafrenieri
前进大街 Via del Progresso
萨拉里亚门 Porta Salaria
萨皮恩扎圣伊沃教堂 S. Ivo della Sapienza（Église Universitaire S. Ivo della Sapienza）
萨西亚圣灵教堂 S. Spirito in Sassia
塞卢皮宫 Palais Serlupi（Crescenzi）
（山上）圣马利亚教堂 Madonna dei Monti（Santa Maria dei Monti）
（山上）圣马利亚教堂广场 Place Madonna dei Monti
（山上）圣三一教堂 Trinità dei Monti（Santa Trinità dei Monti）
（山上）圣三一教堂广场 Place de la Trinità dei Monti
上天圣格雷戈利奥教堂 San Gregorio al Cielo
  萨尔维亚蒂礼拜堂 Chapelle Salviati
圣阿涅塞教堂 Sant'Agnese in Agone（Sainte-Agnès）
圣安德烈-德尔-弗拉泰 Église Sant'Andrea delle Fratte
  钟楼 Clocher
圣安德烈-德拉-瓦莱（谷地圣安德烈教堂）Sant'Andrea della Valle
圣奥古斯丁修道院 Couvent des Oblates de Saint-Augustin
  圣马利亚教堂 Santa Maria dei Sette Dolori
圣保罗教堂 Saint-Paul-hors-les-Murs
圣比比亚纳教堂 Santa Bibiana, Église
圣彼得大教堂 S. Peter's（Saint-Pierre，Église）
  赐福间 Loge de la Bénédiction
  费拉博斯科廊道 Corridor de Ferrabosco
  格列高利十三世墓 Tomb of Pope Gregory XIII
  华盖 Baldaquin
  加冕厅 Salle du Couronnement
  圣彼得宝座 Cathedra Pietri
  圣塞巴斯蒂安礼拜堂 Chapel of St Sebastian
  圣体小礼拜堂 Santissimo Sacramento Chapel
  乌尔班八世墓 Tomb of Pope Urban VIII
  亚历山大七世墓 Tomb of Pope Alexander VII
  英诺森十一世墓 Tomb of Pope Innocent XI Odescalchi
  钟楼 Tours（Campanile）
圣彼得大教堂广场 Piazza of S. Peter's（Place Saint-Pierre）
  方尖碑广场 Piazza Obliqua
  "直线广场" Piazza Retta
圣多梅尼科和圣西斯托教堂 SS. Domenico e Sisto

圣菲利浦·内里奥拉托利会修院礼拜堂 Oratory of S. Philip Neri（Couvent des Oratoriens de Philippe Neri, Oratoire de Saint-Philippe Neri）

圣格雷戈里奥大堂 S. Gregorio Magno

圣加利卡诺医院 Hôpital di San Gallicano

圣克雷芒教堂 Saint-Clément

圣卢卡和圣马蒂纳教堂 Santi Luca e Martina, Église des
   圣马蒂纳礼拜堂 Chapel of S.Martina

圣马利亚-德拉-维多利亚教堂 Santa Maria della Vittoria

圣马利亚-马达莱娜教堂 Santa Maria Maddalena

圣马利亚主堂 Sainte-Marie-Majeure, Basilique de（S. Maria Maggiore）
   保利纳礼拜堂 Chapelle Paolina
   斯福尔扎礼拜堂 Capella Sforza

圣母输水道 Acqua Vergine

圣欧塞比奥教堂 Sant'Eusebio, Église

圣萨尔瓦托雷教堂 San Salvatore in Campo

圣塞西尔教堂 Sainte-Cécile

圣山圣马利亚教堂 Santa Maria in Montesanto（S. Maria di Monte Santo）

圣十字教堂 S. Croce

圣苏珊娜教堂 Sainte-Suzanne（S.Susanna）, Église

圣天使城堡 Château Saint-Ange

圣天使桥 Pont Saint-Ange

圣温琴佐和阿纳斯塔西奥教堂 Santi Vincenzo ed Anastasio, Église de

圣伊尼亚齐奥广场 Piazza di S. Ignazio

圣伊尼亚齐奥教堂（罗马学院教堂） San Ignazio（Église du Collège Romain）

圣依纳爵教堂 Église Saint-Ignace

使徒广场 Place des Saints-Apôtres

使徒教堂 SS. Apostoli

斯基亚沃尼圣吉罗拉莫教堂 San Girolamo degli Schiavoni, Église

斯卡拉-科埃利圣马利亚教堂 Santa Maria in Scala Coeli

斯帕达宫 Palais Spada

四泉圣卡洛（圣卡利诺）修道院及教堂 San Carlo alle Quattro Fontane（Saint-Charles-aux-Quatre-Fontaines, S. Carlino）

苏达里奥教堂 Chiesa del Sudario

太平圣马利亚教堂 Santa Maria della Pace, Église de

特拉斯泰韦雷区 Trastevere

特拉斯泰韦雷圣马利亚教堂 Santa Maria in Trastevere（Sainte-Marie-du-Trastevere）

特雷维广场 Piazza di Trevi

特雷维喷泉 Fontaine de Trevi

特雷维输水道 Acqua Trevi

提图斯凯旋门 Arch of Titus

天使圣马利亚教堂 Sainte-Marie-des-Anges, Église

图拉真纪念柱 Column of Trajan（Colonne de Trajan）

图拉真市场 Marché de Trajan

图密善体育场 Stade de Domitien

瓦利切拉圣马利亚教堂（"新教堂"）Santa Maria in Valicella（"Chiesa Nuova"）, Église de

万神庙[圣马利亚（殉教者）教堂]Panthéon（S.Maria ad Martyres）

威尼斯广场 Place Venezia

维多利亚圣马利亚教堂 Santa Maria della Vittoria
   科尔纳罗礼拜堂 Cappella Cornaro

维多尼府邸 Palais Vidoni

西班牙广场 Piazza di Spagna（Place d'Espagne）
   大台阶 Escalier
   破船喷泉 Fontaine de la Barcaccia

新教堂广场 Place della Chiesa Nuova

修院圣马利亚教堂 Santa Maria del Priorato

雅尼库卢姆山 Janiculum（Janicule）

耶路撒冷圣十字教堂 Sainte-Croix-de-Jérusalem

耶稣会堂 Gesù, Église de la Maison Mère de l'Ordre des Jésuites
   圣伊纳爵礼拜堂 Chapel of Saint Ignatius

议政宫 Palazzo della Consulta

（因库拉比利）圣贾科莫教堂 San Giacomo degli Incurabili

银行区 Quartier des Banchi

元老院 Sénat

圆堂广场 Place della Rotonda

朱庇特神殿 Temple de Jupiter Stator

朱利亚大街 Via Giulia

罗讷河 Rhône

罗斯基勒 Roskilde
   大教堂 Cathédrale
   腓特烈四世葬仪祠堂 Chapelle Mortuaire de Frédéric IV

罗特 Rott

罗维戈 Rovigo
   巴多尔别墅 Villa Badoer

罗曾贝格 Rozenberg

洛林（地区）Lorraine

洛梅克 Lomec
 礼拜堂 Chapelle

洛尼戈 Lonigo
 罗卡 - 皮萨尼别墅 Rocca Pisani

洛约拉 Loyola
 耶稣会修道院及教堂 Église et Couvent des Jésuites

M

马达赫腾 Maddachten
 庄园宅邸 Manor House

马德里 Madrid
 布恩 - 雷蒂罗（逍遥居）Buen Retiro
 帝国学院（现为圣伊西德罗大教堂）Colegio Imperial（Collège Impérial，Cathédrale San Isidro，San Isidro el Real）
 恩卡纳西翁修道院 Couvent de la Encarnación
 宫廷监狱 Cárcel de Corte
 国家图书馆 Biblioteca Nacional
 （摩尔人的）国王宫堡 Alcazar Royal
 普拉多博物馆 Musée du Prado
 圣费尔南多养老院 Hospice de San Fernando
 圣弗朗西斯科教堂 San Francisco el Grande
 圣赫罗尼莫 - 埃尔 - 雷亚尔教堂 San Jerónimo el Real
 圣胡斯托教堂 San Justo y Pastor
 圣马科斯堂区教堂 S. Marcos，Église Paroissiale
 市政厅 Casas de Ayuntamiento
 天文台 Observatoire
 王宫 Palais Royal
 中央广场（城市主广场，原阿拉瓦尔广场）Plaza Mayor（Plaza del Arrabal）

马恩河 Marne

马尔利 - 勒鲁瓦 Marly-le-Roy
 府邸 Château

马夫拉 Mafra
 修道院 Monastère
  教堂 Église

马林 Malines
 汉斯韦克圣母院 Notre-Dame de Hanswijk
 圣彼得和圣保罗教堂 Saint-Pierre-et-Paul

马斯特里赫特 Maastricht
 市政厅 Hôtel de Ville

马托西纽什 Matosinhos
 仁慈上帝堂 Bom Jesus

玛丽亚采尔 Mariazell
 教堂 Church

玛丽亚拉赫 Maria-Laach
 本笃会修道院 Monastère Bénédictin
  教堂 Église

迈松 Maisons（Maisons-Laffitte）
 府邸 Château

曼海姆 Mannheim

曼萨内雷斯河 Manzanares

曼图亚 Mantua（Mantoue）
 圣安德烈教堂 Sant'Andréa（S. Andrea）

梅尔克 Melk
 本笃会修道院 Benedictine Monastery（Abbaye Bénédictine）
  大理石厅 Salle de Marbre（Marble Hall）
  科洛曼院 Cour de Coloman
  前广场 Parvis
  图书馆 Bibliothèque（Library）
  修院教堂 Église Abbatiale
  主教院 Cour des Prélats

梅克伦堡 - 什未林 Mecklembourg-Schwerin
 宫邸大街 Rue du Château
 克莱诺夫镇 Klenow
 路德维希府邸 Ludwiglust
  什未林宅邸 Résidence de Schwerin
  金色大厅 Salle Dorée

梅塔利费雷山 Métallifères，Monts

梅滕 Metten
 本笃会修道院 Monastère Bénédictin
  图书馆 Bibliothèque

美因茨 Mayence
 宠妃消遣府邸 Château de Plaisance de la Favorite

美因河 Main

美因河畔福尔卡赫 Volkach-sur-le-Main

（美洲）新大陆 Nouveau Monde

蒙彼利埃 Montpellier
 勒佩鲁 Peyrou，Le

蒙多维 Mondovì
 维科福尔泰朝圣教堂 Église de Pèlerinage de Vicoforte

蒙福特 - 德莱莫斯 Monforte de Lemos

修道院 Couvent
　　耶稣会老教堂 Anciennes Églises de Jésuites
　　耶稣会社团 Collège des Jésuites
蒙茅斯 Monmouth
　　市政厅 Town Hall
蒙塞利切 Monselice
　　杜奥多别墅 Villa Duodo
蒙特波尔齐奥 Monteporzio
蒙特菲亚斯科内 Montefiascone
　　蒙特内罗圣马利亚教堂 Santa Maria di Monte Nero
蒙特福特-德莱莫斯 Montforte de Lemos
　　教团 Collège
蒙特塞拉特岛 Montserrat
蒙托邦 Montauban
米德尔堡 Middelburg
　　射击厅 Kloveniersdoelen（Salle de Tir）
米德尔塞克斯郡 Middlesex
　　冈纳斯伯里宅邸 Gunnersbury House
　　南米姆斯 South Mimms
　　　罗瑟姆公园 Wrotham Park
　　奇斯维克府邸 Chiswick House
　　　"红室" Red Closet
　　西翁宅邸 Syon House
米兰 Milano
　　洛雷托圣马利亚教堂 Santa Maria di Loreto
　　瑞士神学院（参院宫）Collegio Elvetico（Swiss Seminary, Palais du Sénat）
　　圣安布罗焦教堂 Église Sant'Ambrogio
　　圣彼得教堂 San Pietro alla Rete
　　圣洛伦佐教堂 San Lorenzo
　　圣亚历山德罗教堂 Sant'Alessandro
　　圣朱塞佩教堂 San Giuseppe，Église de
米纳斯-吉拉斯（地区）Minas Gerais
明德尔海姆 Mindelheim
　　耶稣会堂 Église des Jésuites
明斯特 Münster
　　德累斯顿伯爵宫 Erbdrostenhof（Palais des Comtes de Dresde）
　　　节庆厅 Salle des Fêtes
　　宫堡 Schloss
　　救济会隐修院（后为圣克雷芒医院）Cloître des Frères de la Miséricorde（Hôpital de Saint-Clément）

　　林戈尔德街 Rue Ringold
　　圣克雷芒教堂 Église Saint-Clément
　　盐街 Rue du Sel
　　耶稣会教堂 Église des Jésuites
　　主教宫邸 Château des Princes-évéques
明斯特施瓦察赫 Münsterschwarzach
　　修院教堂 Église Abbatiale
摩德纳 Modena
　　圣温琴佐教堂 San Vincenzo
摩拉维亚（地区）Moravia（Moravie）
莫迪卡 Modica
　　圣彼得教堂 S.Pietro
　　圣乔治教堂 S.Giorgio
莫尔斯海姆 Molsheim
　　耶稣会教堂 Église des Jésuites
莫费罗 Monfero
　　修院教堂 Église du Couvent
莫里茨堡 Moritzburg
　　费桑城堡 Castel des Faisans
　　宫邸 Château
　　　节庆厅 Salle des Fêtes
　　狩猎场馆 Rendez-vous de Chasse
莫斯巴赫 Mosbach
　　帕尔姆舍住宅 Palmsche Haus
墨西哥城 Mexico
　　阿卡特佩克教堂 Acatepec Church
　　埃尔波奇托礼拜堂 Chapel of El Pocito
　　大教堂 Cathédrale
　　　圣坛礼拜堂 Sagrario
　　瓜达卢佩教堂 Basilica of Guadalupe
墨西拿 Messina
　　索马斯基教堂 Church of the Padri Somaschi
　　至圣圣母领报教堂 Santa Annunziata
默伦 Melun
慕尼黑 Munich
　　巴伐利亚州国家博物馆 Bayerisches Nationalmuseum
　　贝格-安莱姆圣米歇尔教堂 Église Saint-Michel a Berg am Laim
　　德亚底安修会教堂 Église des Théatins
　　宫邸 Résidénce
　　　富贵堂 Riches Chambres（Reiche Zimrner）
　　　剧场 Théâtre

宁芙堡宫邸 Nymphenburg（Nymph's Castle，Schloss）
 阿马林猎庄 Chasse Amalienburg
  圆沙龙（镜厅）Salon Rond（Mirror Saloon）
 花园 Jardins
  塔楼 Pagode
森德利格大街 Sendligerstraße
圣米歇尔耶稣会教堂 Église Jésuite de Saint-Michel
圣伊丽莎白教堂 St.Elisabeth
圣约翰-内波穆克教堂（"阿萨姆教堂"）Église Saint-Jean-Népomucène（S. Johannes Nepomuk，Asamkirche）

穆尔西亚 Murcia
 大教堂 Cathédrale

N

内勒斯海姆 Neresheim
 修道院 Abbatiale
 本笃会修院教堂 Église Abbatiale（Basilique Bénédictine）

那波利（那不勒斯）Napoli（Naples）
 波韦里旅馆 Albergo dei Poveri
 但丁广场 Piazza Dante
 谷仓 Grenier à Blé
 卡波迪蒙特博物馆 Museo di Capodimonte
 圣马利亚教堂 S.Maria Egiziaca
 圣母领报教堂 Église dell'Anunziata

那慕尔 Namur
 圣卢普教堂 Saint-Loup

南锡 Nancy
 大教堂 Cathédrale
 戴高乐将军广场 Place Général de-Gaulle
 国王广场（斯坦尼斯拉斯广场）Place Royale（Place Stanislas）
 卡里埃广场 Place de la Carrière
 凯旋门 Arc de Triomphe
 老城 Ville-Vieille
 马尔格朗热府邸 Château de Malgrange
 首席主教堂 Church of the Primatiale
 新城 Ville-Neuve
 政府宫（总督宫）Palais du Gouvernement（Hôtel de l'Intendance）

尼罗河 Nile

尼姆 Nîmes
 喷泉花园 Jardins de la Fontaine

尼斯 Nice
 圣加埃唐教堂 Saint-Gaétan
 圣雷帕拉特教堂 Cathédrale Sainte-Réparate

尼特拉 Nitra
 城堡 Castle

涅博鲁夫 Nieborów
 宫殿 Palace

涅瓦河 Neva

宁贝格 Nienberge
 吕施宅第 Rüschhaus

牛津 Oxford
 大学图书馆 Radcliff Camera（Bibliothèque de l'Université）
 基督堂学院 Christ Church College
  佩克沃特院 Peckwater Quadrangle
  汤姆塔楼 Tom Tower
 万灵学院 All Souls College
 谢尔登剧场 Sheldonian Theater
 众圣堂 All Saints

牛津郡 Oxfordshire
 科尔斯希尔 Coleshill

纽伦堡 Nuremberg
 佩勒府邸 Pellerhaus
 市政厅 Hôtel de Ville

诺丁汉 Nottingham
 沃拉顿府邸 Wollaton Hall

诺福克郡 Norfolk County
 霍顿府邸 Houghton Hall
  立方体大厅 Cubic Hall
  石厅 Stone Hall
  中央沙龙 Central Saloon
 霍尔卡姆府邸 Holkham Hall

诺曼底（地区）Normandie

诺森伯兰郡 Northumberland County
 西顿-德拉瓦尔府邸 Seaton Delaval

诺托 Noto
 大教堂 Cathédrale
 圣多梅尼科教堂 San Domenico

O

欧鲁普雷图 Ouro Preto
 圣弗朗西斯科教堂 Église São Francisco de Assis
 诺萨-塞尼奥拉 Nossa Senhora do Rosario

P

帕德博恩 Paderborn
 市政厅 Hôtel de Ville

帕多瓦 Padua
 瓦尔桑齐比奥 Valsanzibio
  巴尔巴里戈别墅 Villa Barbarigo

帕尔马 Parma
 法尔内塞剧场 Teatro Farnese
 至圣圣母领报教堂 SS.Annunziata

帕萨里亚诺 Passariano
 马宁别墅 Villa Manin

帕绍 Passau
 大教堂 Cathédrale

帕维亚 Pavia
 卡内帕诺瓦圣马利亚教堂 Santa Maria di Canepanova

庞贝 Pompeii

庞珀鲁内 Pampelune
 大教堂 Cathédrale

皮埃蒙特（地区）Piemonte（Piémont）

皮恩扎 Pienza

皮尔尼茨 Pillnitz
 休闲府邸 Château de Plaisance
 "印度楼" Pavillon Indien

平讷贝格 Pinneberg
 官邸 Drostei

普拉哈季采 Prachatice

普莱内斯特（帕莱斯特里纳）Praeneste（Palestrina）
 福尔图纳神庙 Temple of Fortuna Primigenia
 古罗马祭坛 Sanctuaire Romain

普列戈 Priego

普龙斯托夫 Pronstorf
 领主宅邸 Demeure Seigneuriale

普卢姆瑙 Plumenau
 府邸 Château

普鲁士 Prussia（Prusse）

普罗布斯泰尔哈根 Probsteierhagen
 教堂 Église

普日布拉姆 Příbram
 圣山教堂 Holy Mountain Church

普韦布拉 Puebla
 大教堂 Cathedral
 圣多明各修道院 Convent of Santo Domingo
 礼拜堂 El Rosario Chapel

Q

齐德利纳河畔赫卢梅茨 Chlumec Nad Cidlinou
 王冠宫 Crown Palace

乔卢拉 Cholula
 圣加布里埃尔修道院 Convent of San Gabriel
 王室礼拜堂 Royal Chapel

切尔西 Chelsea
 皇家养老院 Royal Hospital

琴斯托霍瓦 Częstochowa
 亚斯纳-戈拉-保利娜修道院 Jasna Góra Pauline Monastery

R

热那亚 Genoa（Gênes）
 大学宫（耶稣会学院）Palazzo dell'Università (Jesuit College)
 多里亚-图尔西府邸 Palazzo Doria-Tursi
 贵族区 Quartier Noble
 卡里尼亚诺圣马利亚教堂 Madonna de Carignano
 新街 Strada Nuova

日贾尔 Žďár（Saar）
 绿山圣约翰-内波穆克朝圣祠堂 Église Saint-Jean-de-Népomucène-au-Rocher (Pilgrimage Chapel of S. Johannes Nepomuk, Sanctuaire de Pèlerinage de la Montagne Verte)
 瘟疫公墓 Plague Cemetery
 西多会修道院（现名金斯基堡）Cistercian Monastery (Castle Kinsky)
  修士餐厅 Monks' Refectory

S

萨比奥内塔 Sabbioneta
 剧场 Theatre

萨尔布鲁克 Sarrebruck
 路德维希教堂 Ludwigskirche

萨尔茨堡 Salzbourg
 大教堂 Cathedral（Dôme）
 大学教堂（耶稣学院教堂）Universitätskirche (Église de l'Université, Kollegienkirche, Église du Collège des Jésuites)
 宫廷马厩 Écuries de la Cour
  入口门廊 Portail d'Entrée（Hofstallportal）

黑尔布吕恩宫堡（亮泉宫）Château de Hellbrunn
克莱斯海姆休闲府邸 Château d'Agrément de Klesheim
马卡特广场 Makartplatz
米拉贝尔府邸 Château de Mirabell
圣让教堂 Église Saint-Jean
圣让医院 Hôpital Saint-Jean
圣三一修道院 Séminaire de la Trinité
 圣三一教堂 Église de la Trinité（Church of the Holy Trinity）
乌尔舒林教堂 Église des Ursulines

萨尔瓦多（旧称巴伊亚）Salvador（Bahía）
诺萨 - 塞尼奥拉教堂 Église de Nossa Senhora do Rosario dos Pretos
圣弗朗西斯科教堂 Église San Francisco da Ordem Terceira

沙尔堡 Sárvár
纳道什迪城堡 Nádasdy Castle

萨甘 Sagan
宫邸 Château

萨格勒布 Zagreb
圣凯瑟琳教堂 Church of St.Catherine

萨克森（地区）Saxe

萨拉戈萨 Saragossa
埃尔皮拉尔朝圣教堂 Nuestra Señora del Pilar（Église de Pèlerinage El Pilar）

萨拉曼卡 Salamanque
安纳亚学院旅店 Hostellerie du Collège de Anaya
大教堂 Cathédrale
大学 Université
多明我修道院 Couvent des Dominicains
国王阁 Pavillon Royal
卡拉特拉瓦学院 Collège de Calatrava
圣埃斯特万修院教堂 Église Conventuelle de San Esteban
市政厅 Hôtel de Ville
新教堂 Nouvelle Cathédrale
 钟楼 Clocher
耶稣会学院 Clerecía des Jésuites（Séminaire）
 教堂 Église
  教士会堂 Salle Capitulaire
  圣器室 Sacristie
中央广场（城市主广场）Plaza Mayor

塞德莱茨 Sedletz
教堂 Église

塞尔罗德 Sellnrod

塞哥维亚 Ségovie
大教堂 Cathédrale
 圣弗鲁托门廊 Portail San Fruto

塞克什白堡 Székesfehérvár
圣斯蒂芬耶稣会教堂 Jesuit Church of St.Stephen

塞霍夫 Seehof

塞劳 Seelau
教堂 Église

塞纳 - 马恩（地区）Seine-et-Marne
格罗布瓦府邸 Château de Grosbois

塞维利亚 Séville
爱德济贫院 Hospital de la Caridad
 教堂 Église
大教堂 Cathédrale
弗朗西斯科·帕切科学校 École de Francisco Pacheco
交易所 Lonja
（葡萄牙人的）圣安东尼奥教堂 San Antonio de los Portugueses
圣埃梅内希尔多教堂 Église de San Hermenegildo
圣路易斯耶稣会教堂 Église des Jésuites San Luis
圣马利亚犹太教堂 Santa María la Blanca
圣玛丽 - 马德莱娜教堂 Église Sainte-Marie-Madeleine
圣萨尔瓦多和圣巴勃罗教堂 San Salvador et San Pablo
圣坛教堂（堂区教堂）Sagrario（Église Paroissiale）
圣特尔莫学院 Collège de San Telmo
王室烟草工厂 Manufacture Royale de Tabac
养老院 Hospice de los Venerables Sacerdotes

瑟格尔 Sögel

沙朗通 Charenton
胡格诺殿堂 Temple Huguenot

沙勒瓦勒 Charleval
府邸 Châteaux

沙勒维尔 Charleville

上奥地利（地区）Haute-Autriche

上巴伐利亚（州）Haute Bavière

上法兰克尼亚（地区）Haute Franconie

上马希塔尔 Obermarchtal
普赖蒙特雷修会圣彼得和圣保罗修道院 Abbaye des Prémontrés Saints-Pierre-et-Paul
 修院教堂 Église Conventuelle

上萨克森（地区）Upper Saxony

上施莱斯海姆村 Oberschleißheim, Village of

施莱斯海姆宫邸 Schloss Schleißheim (Grand Palais de Schleissheim, Schleissheim Palace，Châteaux)

上施瓦本地区 Haute-Souabe

尚博尔 Chambord
 府邸 Château

尚蒂伊 Chantilly
 府邸 Château
  马厩 Écuries

舍嫩贝格 Schönenberg
 朝圣教堂 Église de Pèlerinage
 耶稣会教堂 Église des Jésuites

圣彼得堡 Saint-Pétersbourg
 参议院 Sénat
 冬宫 Palais d'Hiver
 宫殿广场 Place du Palais
 海军部 Amirauté
 莫伊卡运河 Moïka
 涅夫斯基大街 Perspective Nevski
 斯莫尔尼修道院 Couvent Smolny
 斯特罗加诺夫宫 Palais Stroganov

圣地亚哥-德孔波斯特拉 Saint-Jacques-de-Compostelle
 大教堂 Cathédrale
  "光荣廊" Portique de la Gloire
  金塔纳门廊 Portico Real de la Quintana
 圣马丁教堂 San Martin Pinario
 圣马丁学院 Collège de San Martin Pinario
  光荣院 Cour d'Honneur

圣弗洛里安 Sankt-Florian
 教务会教堂 Église Collégiale St. Florian
 修道院 Abbaye
  大理石厅 Salle de Marbre
  帝王房间 Appartements Impériaux
  教堂 Église
  图书馆 Bibliothèque

圣加尔 Saint-Gall
 修道院 Abbaye
  图书馆 Bibliothèque
  修院教堂 Église Abbatiale (Cathedral)

圣戈特哈德 Szentgotthárd
 西多会修道院 Cistercian Abbey

圣克里斯托瓦尔-德拉斯卡萨斯 San Cristóbal de las Casas

圣多明各教堂 Église Santo Domingo

圣珀尔滕 Sankt-Pölten

圣日耳曼昂莱 Saint-Germain-en-Laye
 诺瓦耶府邸 Hôtel de Noailles
 圣日耳曼昂莱府邸 Château de Saint-Germain-en-Laye
  观景楼 Belvédère
  游乐亭 Pavillon d'Agrément
 瓦尔府邸 Château du Val

圣山 Mont Athos

圣伊尔德丰索山 San Ildefonso，Collines de

施蒂里亚（地区） Styria

施莱斯海姆 Schleißheim

施利尔巴赫 Schlierbach
 修院教堂 Église Conventuelle

施派尔 Speyer

施塔德尔保拉 Stadl-Paura
 圣三一教堂 Église de la Trinité

施泰因豪森 Steinhausen
 圣彼得和圣保罗修院朝圣教堂 Église de Pèlerinage et Abbatiale Saints-Pierre-et-Paul

施泰因加登 Steingaden
 受鞭笞的救世主朝圣教堂（维斯教堂） Église de Pèlerinage du Sauveur Flagellé (Église de Pèlerinage de la Wies，Wieskirche)

施图姆佩登罗德 Stumpertenrod
 木构架教堂 Église à Colombages

施瓦本（地区） Souabe

施韦根 Schwaigen
 堂区教堂 Église Paroissiale

施韦青根 Schwetzingen
 宫堡花园 Castle Jardins

施维茨（地区） Schwyz

石勒苏益格 Schleswig
 戈托尔普宫邸 Château de Gottorp
  南翼 Aile Sud

石勒苏益格-荷尔斯泰因（州） Schleswig-Holstein

斯德哥尔摩 Stockholm
 奥克森谢尔纳宫 Palais Oxienstierna (Axel Oxenstierna's City Palace)
 巴特宫 Palais Baat
 邦德宫 Palais Bonde
 大教堂 Cathédrale

贵族院 Riddarhus（Riddarhuset，Palais de la Noblesse，Nobles' Assembly Building，House of Nobility）
海德维格 - 埃莱奥诺拉教堂 Hedvig Eleonora Church
皇后岛宫堡 Drottningholm Palace（Château de Drottningholm，Villa de Drottningholm）
 花园 Jardin
 "中国亭" Kina Slott
皇家银行 Palais de la Banque Royale
孔斯霍尔门岛 Kungsholmen，Island of
里达霍尔姆教堂 Riddarholms Church
 卡罗琳墓 Caroline Mausoleum
圣凯瑟琳教堂 Katharinenkirche（Église Sainte-Catherine）
特辛宫邸 Palais Tessin（Tessin Palace）
王宫 Palais Royal（Château Royal）
 白海舞厅 White Sea Ballroom
 贝纳多特廊厅 Bernadotte Gallery
 大院 Grande Cour
 和平门 Peace Monument
 觐见室 Audience Chamber
 礼仪厅 Hall of State
 南前厅 Southern Vestibule
 王后觐见室 Queen's Audience Chamber
 王室礼拜堂 Royal Chapel
 御座室（礼仪厅）Throne Room（Hall of State）
斯海彭赫弗尔 Scherpenheuvel
 朝圣教堂 Pilgrimage Church Onze Lieve Vrouwekerk
斯卡利察 Skalica
 圣米夏埃尔教堂 Church of St.Michael
斯堪的纳维亚半岛 Scandinavian Pen.
斯拉德卡戈拉 Sladka Gora
 圣母朝圣教堂 Pilgrimage Church of the Virgin
斯洛文尼亚（地区） Slovenia
斯米尔希茨 Smirschitz
 府邸教堂 Église du Château
斯普雷河 Sprée
斯普利特（斯帕拉托）Split（Spalato）
 戴克利先宫 Diocletian's Palace（Palais de Dioclétien）
斯坦茨（蒂罗尔）Stanz（Tyrol）
斯特拉斯堡 Strasbourg
 大教堂 Cathédrale
 罗昂宫邸 Château des Rohan（Palais de Rohan）

国王卧室 King's Bedroom
斯特拉斯克莱德 Strathclyde
 科尔泽安堡 Culzean Castle
斯图加特 Stuttgart
 府邸 Château
斯图皮尼吉 Stupinigi
 猎庄 Palazzina（Château de Chasse）
松塔格贝格 Sonntagberg
苏德河 Sude
索夫拉多 - 德洛斯蒙赫斯 Sobrado de los Monjes
 本笃会教堂 Église Bénédictine
索勒尔 Soleure
 耶稣会堂 Église des Jésuites

T

塔古斯河（塔霍河）Tagus（Tage）R.
塔亚河 Thaya
台伯河 Tibre
泰晤士河 Tamise
泰辛（地区）Tessin
特尔斯基 - 弗尔赫 Trški Vrh
 耶路撒冷圣马利亚朝圣教堂 Pilgrimage Church of St.Mary of Jerusalem
特雷讷河 Treene
特伦托 Trento
特威克纳姆 Twickenham
 "大理石山庄" Marble Hill
 斯特罗伯里山庄 Strawberry Hill
田园堡 Champs
 府邸 Château
通尼策 Tunjice
 圣安妮堂区教堂 Parish Church of St.Anne
图林根（地区）Thüringen（Thuringe）
托德西利亚斯 Tordesillas
托莱多 Toledo
 大教堂 Cathédrale
  祭坛饰屏 Transparente，El
 户外医院 Hôpital de Afuera
  礼拜堂 Chapelle
 圣伊尔德尔方索教堂（现为圣胡安·包蒂斯塔）San Ildelfonso（San Juan Bautista）

托斯卡纳（地区）Toscane（Tuscany）
托斯特 Towcester
 伊斯顿 - 内斯顿宅邸 Easton Neston

W

瓦茨 Vác
 大教堂 Cathedral
 皮阿里斯特教堂 Piarist Church
瓦尔德萨森 Waldsassen
 修道院 Couvent
瓦尔季采 Valtice
 列支敦士登宫 Liechtenstein Palace
瓦尔施塔特 Wahlstatt
 教堂 Kirche
瓦根弗尔特 Wagenfurth
 教堂 Église
瓦哈卡 Oaxaca
 圣多明各教堂 Santo Domingo
 礼拜堂 Chapelle du Rosaire
万楚特 Łańcut
 城堡 Castle
旺根 Wangen
威尔特郡 Wiltshire County
 圣图尔黑德府邸 Saintourhead
 威尔顿府邸 Wilton House
  立方厅 Cube
  双立方厅 Double Cube
 沃杜尔堡 Wardour Castle
威廉斯赫厄 Wilhelmshöhe
威尼斯 Venezia（Venise）
 博恩 - 雷佐尼科府邸 Palazzo Bon-Rezzonico bei San Barnaba
 城堡圣彼得教堂 San Pietro di Castello
 大运河 Canale Grande（Grand Canal）
 德雷利蒂圣马利亚教堂 Santa Maria dei Derelitti
 格拉西府邸 Palazzo Grassi
 吉利奥圣马利亚教堂 Santa Maria del Giglio
 静固区 Terra Ferma
 救世主教堂 Redentore, Il
 康健圣马利亚教堂 Santa Maria della Salute, Église Votive de
 里亚尔托桥 Rialto Bridge
 里亚尔托区 Rialto
 佩萨罗府邸 Cà Pesaro（Palazzo Pesaro）
 圣马可大教堂 San Marco（Basilique）
 圣马可广场 Place Saint-Marc
 圣马可图书馆 Biblioteca Nazionale Marciana（Bibliothèque Saint-Marc, National Library of St Mark's）
 圣马利亚 - 马达莱娜教堂 Santa Maria Maddalena
 圣乔瓦尼和圣保罗教堂 Santi Giovanni e Paolo
 圣乔治主堂 S. Giorgio Maggiore
  修道院 Couvent
 圣西莫内和朱达教堂 Église de Santi Simone e Giuda
 斯卡尔齐圣马利亚教堂 Santa Maria degli Scalzi
 斯特拉 Strà
  皮萨尼别墅 Villa Pisani
 托伦蒂诺圣尼科洛教堂 San Niccolo da Tolentino
 钟楼 Campanile
 朱德卡岛 Giudecca
 朱斯蒂尼安 - 洛林府邸 Palazzo Giustinian Lolin bei San Vidal
 总督宫 Palais des Doges
威尼托（地区）Veneto（Vénétie）
威斯特伐利亚（地区）Westphalie
韦尔内克 Werneck
 宫邸 Schloss
韦尔讷伊 Verneuil-en-Halatte
 府邸 Châteaux
韦尔特山 Montagne Verte
韦尔滕堡 Weltenburg
 本笃会修院教堂 Église Abbatiale des Bénédictins（Église Conventuelle）
韦斯滕多夫 Westerndorf
韦索布伦 Wessobrunn
韦滕豪森 Wettenhausen
 修院教堂 Église Conventuelle
维布林根 Wiblingen（Ulm-Wiblingen）
 圣马丁本笃会修道院 Abbaye Bénédictine de Saint-Martin
 本笃会修院图书馆 Bibliothèque du Monastère Bénédictin
 教堂 Église
维尔茨堡 Würzburg（Wurtzbourg）
 大教堂 Cathédrale
 申博恩礼拜堂 Chapelle de Schönborn
 大学 University
 宫邸 Châteaux（Résidence）

白厅（前室）Salle Blanche
　　帝王厅 Salle Impériale（Salle des Empereurs）
　　宫廷礼拜堂 Chapelle de la Cour（Hofkirche）
　　上厅 Salle Supérieure
　施蒂夫特-豪格教院 Collégiale Stift Haug
　新教务会教堂 Neumünster Striftskirche
　尤利乌斯医院 Juliusspital
维尔斯特 Wilster
　教堂 Église
维杰瓦诺 Vigevano
维朗德里 Villandry
　府邸 Château
维罗纳 Verona（Vérone）
　库扎诺 Cuzzano
　　阿莱格里-阿尔韦迪别墅 Villa Allegri Arvedi
　　乡野圣马利亚教堂 Madonna di Campagna
维琴察 Vicenza（Vicence）
　奥林匹亚剧场 Teatro Olimpico（Théâtre Olympique）
　蒂内府邸 Palazzo Thiene
　会堂 Basilique
　圣加埃塔诺教堂 S.Gaetano
　圆厅别墅 Villa Rotonda
维也纳 Vienna
　阿尔贝特博物馆 Albertina
　阿姆霍夫耶稣会堂 Église Jésuite《am Hof》
　巴贾尼宫 Palais Batthyáni
　　红厅 Salon Rouge
　波希米亚宫邸 Chancellerie de Bohême
　道恩-金斯基伯爵宫 Palais Daun-Kinsky（Daun Kinsky Palace）
　帝国骑马场 Hofreitschule
　多明我会教堂 Église Dominicaine
　观景楼宫殿（夏宫）Palais du Belvédère（Résidence d'été）
　　观景楼花园 Jardins du Belvédère
　　上观景楼（上宫）Belvédère supérieur（Palais supérieur）
　　　大理石厅 Salle de Marbre
　　　大楼梯 Grand Escalier
　　　入口厅 Hall d'Entrée
　　　前厅（特伦纳厅）Vestibule（Sala Terrena）
　　下观景楼（下宫）Belvédère inférieur（Palais inférieur）
　　　大理石廊厅 Galerie de Marbre
　　　大理石厅 Salle de Marbre
　　　怪像厅 Salle des Grotesques
　　　金堂 Cabinet Doré
　环城大道 Ringstrasse
　霍夫堡皇宫 Hofburg（Chancellerie de la Hofburg）
　　帝国图书馆（宫廷图书馆，前身为修院图书馆）Bibliothèque Impériale（Imperial Library, Hofbibliothek, Bibliothèque de la Cour, 原 Bibliothèques Conventuelles）
　　利奥波德翼 Leopoldinischer Trakt（Aile Léopold）
　　圣米歇尔翼 Aile Saint-Michel
　卡尔大教堂（圣查理-博罗梅教堂）Karlskirche（Saint-Charles-Borromeo）
　列支敦士登别墅 Villa Liechtenstein
　列支敦士登夏宫 Palais d'été Liechtenstein
　洛布科维茨宫 Palais Lobkowitz
　欧根亲王冬宫 Palais d'Hiver du Prince Eugène
　　红厅 Salon Rouge
　　金堂 Cabinet Doré
　　蓝厅 Salon Bleu
　皮亚里斯滕教堂 Piaristenkirche
　申布伦宫（美泉宫）Château de Schönbrunn
　　百万厅 Salon du Million
　　大廊厅 Grande Galerie
　　戈贝林厅 Gobelin Salon
　　宫廷礼拜堂 Court Chapel
　　胡桃木厅 Walnut Room
　　陆军纪念亭 Gloriette
　　马厅 Horse Room
　　拿破仑室 Napoleon's Room
　　陶瓷厅 Salon de Porcelaine
　圣彼得教堂 Saint-Pierre, Église
　施塔尔亨贝格宫 Palais de Starhemberg
　施瓦岑贝格宫（原曼斯费尔德-丰迪宫）Palais Schwarzenberg（Palais Mansfeld-Fondi）
　特劳特松宫 Palais Trautson
　　礼仪沙龙 Salon des Cérémonies
　　礼仪厅 Salle des Cérémonies
　西班牙学校 École Espagnole
　　驯马场 Manège
　匈牙利卫队宫 Palace of the Hungarian Guard
魏恩加滕 Weingarten
　修道院 Abbey

修院教堂 Église Conventuelle（Église Collégiale）
魏克斯海姆 Weikersheim
 宫堡花园 Castle Garden
魏塞瑙 Weissenau
 普赖蒙特雷修会修道院 Couvent des Prémontrés
温切斯特 Winchester
 宫殿 Palace
翁德 Ląd
 西多会教堂 Cistercian Church of the Virgin Mary and St. Nicolaus
沃波里斯特 Wobořišt
 修院教堂 Église du Couvent
沃尔德斯 Volders
 圣查理-博罗梅教堂 Saint-Charles-Borromeo，Église
沃尔芬比特尔 Wolfenbüttel
 老图书馆 Ancienne Bibliothèque
沃-勒维孔特 Vaux-le-Vicomte
 府邸 Château
  国王室 Chambre du Roi
  赫丘利沙龙 Salon d'Hercule
  节庆厅（大沙龙，椭圆形大厅）Salle des Fêtes (Grand Salon)
  花园 Jardins
  "大运河" Grand Canal
武比亚茨 Lubiaz
 前西多会修道院 Former Cistercian Monastery
乌得勒支 Utrecht
乌迪内 Udine
乌克莱斯 Uclés
 圣地亚哥修道院 Couvent de Santiago

X

西哥得兰省 Västergötland
 玛丽达尔别墅 Villa，Mariedal
西里西亚（地区）Silesia（Silésie）
西洛锡安 West Lothian
 霍普顿宅邸 Hopetoun House
西西里（岛）Sicily
希尔绍 Hirsau
希尔施贝格 Hirschberg
 格纳登教堂 Gnadenkirche
希勒勒 Hillerød
 腓特烈堡 Frederiksborg Castle

希维德尼察 Świdnica
 圣三一和平教堂 Trinity Church of Peace
锡伦巴赫 Sielenbach
 马利亚-比恩鲍姆 Maria-Birnbaum
下奥地利 Lower Austria
下萨克森（地区）Basse-Saxe
辛德尔芬根 Sindelfingen
新巴斯坦 Nuevo Baztán
新堡 Nieuwburg
新比瑙 Neubirnau
新布里萨克 Neuf-Brisach
新帕尔马 Palmanova
许迈格 Sümeg
 圣方济各教堂 Franciscan Church
 堂区教堂 Parish Church
 主教宫 Bishop's Palace

Y

亚历山大里亚 Alexandria
 灯塔 Lighthouse
耶路撒冷 Jérusalem
 所罗门圣殿 Temple de Salomon
耶什捷德山麓亚布隆 Jablonne v Podjestedi
 圣劳伦斯教堂 S. Laurence
伊比利亚半岛 Ibérique，Péninsule
伊尔河 Ill
伊利 Ely
 大教堂 Cathedral
伊萨尔河 Isar
伊斯坦布尔 Istanbul
 圣索菲亚大教堂 Hagia Sophia
易北河 Elbe
因河畔罗特 Rott am Inn
 修院教堂 Abbey Church
因斯布鲁克 Innsbruck
 梅尔布林宅邸（洛可可宅邸）Melblinghaus（Rokokohaus）
 耶稣会堂 Église des Jésuites
英戈尔施塔特 Ingolstadt
 奥古斯丁教堂 Église des Augustins（Marienwallfahrtskirche）
 圣马利亚得胜礼拜堂 Oratoire Sainte-Marie-des-Victoires
约克 York

礼堂 Assembly Rooms

约克郡 Yorkshire County
洼地纽拜府邸 Newby-on-swale

温特沃思 - 伍德豪斯宅邸 Wentworth Woodhouse

Z
扎尔茨达卢姆 Salzdahlum
府邸 Château

花园 Jardin

附录二 人名（含民族及神名）中外文对照表

A

阿波罗（神）Apollo
阿彻，托马斯 Archer, Thomas
阿德尔克朗茨，卡尔·弗雷德里克 Adelcrantz, Carl Fredrik
阿德曼斯，特奥多罗 Ardemans, Teodoro
阿多尼斯（神）Adonis
阿尔贝蒂（兄弟）Alberti (frères)
阿尔贝蒂，莱昂内·巴蒂斯塔 Alberti, Leone Battista
阿尔贝塔尔，汉斯 Alberthal, Hans
阿尔贝特（王子）Albert
阿尔贝托妮，卢多维卡 Albertoni, Ludovica
阿尔布雷希特，卡尔 Albrecht, Carl (Charles-Alber)
阿尔布雷希特，克里斯蒂安 Albrecht, Christian
阿尔德里克，亨利 Aldrich, Henry
阿尔德曼，特奥多罗 Ardemans, Teodoro
阿尔加迪，亚历山德罗 Algardi, Alessandro
阿尔库奇，卡米洛 Arcucci, Camillo
阿尔托蒙特，巴尔托洛梅奥 Altomonte, Bartolomeo
阿尔托蒙特，马蒂诺 Altomonte, Martino
阿尔瓦雷斯，巴尔塔萨 Álvares, Baltasar
阿尔瓦尼 Albani
阿莱奥蒂，乔瓦尼·巴蒂斯塔 Aleotti, Giovanni Battista
阿莱西 Alessi
阿莱雅迪尼奥 Aleijadinho
阿勒温，里夏德 Alewyn, Richard
阿伦德尔 Arundel
阿洛姆，雅克 Alleaume, Jacques
阿曼纳蒂 Ammannati (Ammanati)
阿尼姆，费迪南德·冯 Arnim, Ferdinand von
阿萨姆（兄弟）Asam
阿萨姆，埃吉德·奎林 Asam, Egid Quirin
阿萨姆，科斯马·达米安 Asam, Cosmas Damian
阿斯卡尼俄斯（传说人物）Ascanius
埃伯哈德 Eberhard
埃俄罗斯（风神）Aeolus
埃夫纳，约瑟夫 Effner, Joseph
埃格特韦德，尼古拉 Eigtved, Nicolaj
埃雷拉，弗朗西斯科 Herrera, Francisco
埃雷拉，胡安·包蒂斯塔 Herrera, Juan Bauttista
埃雷拉，胡安·德 Herrera, Juan de
埃莉诺拉，海德维格 Eleanora, Hedvig
埃涅阿斯（传说人物）Aeneas
埃瑞，伊曼纽 Héré de Corny, Emmanuel
艾迪生 Addison
艾歇尔，约翰·布莱修斯·圣蒂尼 Aichel, Johann Blasius Santini
安布罗斯，圣 Ambrose, Saint
安德烈，圣 Andrew, S. (André, Saint)
安喀塞斯（传说人物）Anchises
安娜（奥地利的）Anne of Austria
安娜，圣 Anne, Sainte
安妮，Anne
安图内斯，若昂 Antunes, João
奥贝尔，让 Aubert, Jean
奥德朗 Audran
奥尔特加，胡安·路易斯 Ortega, Juan Luis
奥夫，迈因拉德·冯 Ow, Meinrad von
奥古斯丁，圣 Augustine, Saint
奥古斯都（古罗马皇帝）Auguste
奥兰治（家族）Orange, famille d'
奥利瓦 Oliva
奥利瓦雷斯 Olivares
奥佩诺德，吉勒斯-马里 Oppenord, Gilles-Marie
奥特马尔，圣 Otmar, Saint
奥谢尔斯卡，安娜 Orszelska, Anna

B

巴德尔，康斯坦丁 Bader, Constantin
巴尔贝里尼（家族）Barberini family
巴尔贝里尼，弗朗切斯科 Barberini, Francesco
巴尔托利，帕皮里奥 Bartoli, Papirio
巴赫，让-塞巴斯蒂安 Bach, Jean-Sébastien

巴拉塔，G.M.，Baratta，G.M.
巴雷利，阿戈斯蒂诺 Barelli，Agostino
巴尼亚托，约翰·卡斯帕 Bagnato，Johann Kaspar
巴奇乔 Baciccio
巴伊，卡尔 Bay，Carl
包蒂斯塔，弗朗切斯科 Bautista，Francisco
保罗，圣 Paul，Saint
保罗-腓特烈 Paul-Frédéric
保罗三世 Paul III
保罗五世 Paul V Borghèse
保罗六世 Paul VI
贝尔（家族）Beer family
贝尔，弗朗茨 Beer，Franz
贝尔，格奥尔格 Bähr，Georg
贝尔，约翰·米夏埃尔 Beer，Johann Michael
贝尔尼尼，彼得罗 Bernini，Pietro
贝尔尼尼，多梅尼科 Bernini，Domenico
贝尔尼尼,吉安·洛伦佐 Bernini，Gian Lorenzo（le Bernin）
贝格尔，约翰 Bergl，Johann
贝兰 Bérain
贝洛蒂，朱塞佩 Belotti，Giuseppe
贝洛里 Bellori
贝洛蒂，约瑟夫 Belloti，Joseph
贝洛托，贝尔纳多（卡纳莱托）Bellotto，Bernardo（Canaletto）
本尼狄克十三世 Benedict XIII（Benoît XIII Orsini）
本尼狄克十四世 Benedict XIV（Benoît XIV Lambertini）
本特海姆，卢德尔·冯 Bentheim，Luder von
比安科，巴尔托洛梅奥 Bianco，Bartolommeo
比比埃纳（家族）Bibiena，famille d'
比比埃纳，费迪南多 Bibiena，Ferdinando Galli da
比比埃纳，朱塞佩 Bibiena，Giuseppe Galli da
比莱，皮埃尔 Bullet，Pierre
比莱·德尚布兰,让-巴蒂斯特 Bullet de Chamblain，Jean-Baptiste
比朗，让 Bullant，Jean
比林，约翰·戈特弗里德 Büring，Johann Gottfried
比纳戈，洛伦佐 Binago，Lorenzo
彼得里，约翰·路德维格 Petri，Johann Ludwig
彼得里尼，安东尼奥 Petrini，Antonio
彼得一世（大帝）Pierre Ier

庇护四世 Pius IV（Pie IV）
波尔捷，安德烈 Portier，André
波尔塔，贾科莫·德拉 Porta，Giacomo della
波尔托盖西，P.，Portoghesi，P.
波利尼亚克 Polignac
波旁（王室）Bourbon，Maison de
波塞冬（海神）Poseidon
波佐，安德烈 Pozzo，Andrea
伯林顿（勋爵）Burlington，Richard Boyle Lord（Troisième Comte de Burlington）
博尔迪耶，雅克 Bordier，Jacques
博尔盖塞（家族）Borghèse family
博尔盖塞，西皮翁 Borghèse，Scipion
博尔特，海梅 Bort，Jaime
博夫朗,加布里埃尔-热尔曼 Boffrand，Gabriel-Germain
博罗梅，查理（圣）Borromée，Charles（Saint）
博罗米尼（另译普罗密尼），弗朗切斯科 Borromini，Francesco
博曼，埃利亚斯 Bouman，Elias
博曼，约翰 Boumann，Johann
博纳维亚，圣地亚哥 Bonavia，Santiago
不伦瑞克-沃尔芬布特尔（公爵）Brunswick-Wolfenbüttel，duc Antoine Ulrich de
布尔克哈特，雅各布 Burckhardt，Jakob
布法利尼 Buffalini
布法洛 Bufalo
布赫瓦尔特，德特勒夫·冯 Buchwaldt，Detlev von
布拉曼特，多纳托 Bramante，Donato
布劳恩，马蒂亚斯 Braun，Mathias
布雷丁厄姆，马修 Brettingham，Matthew
布利耶，让 Boullier，Jean
布隆代尔（小）Blondel le Jeune
布隆代尔，J. 弗朗索瓦 Blondel，J.François
布卢盎，利贝拉尔 Bruant，Libéral
布鲁内莱斯基 Brunelleschi
布鲁诺 Bruno，Giordano
布吕尔，海因里希·冯 Brühl，Heinrich von
布伦诺，卡洛·恩里科 Brenno，Carlo Enrico
布施，约翰·约阿希姆 Busch，Johann Joachim
布瓦洛 Boileau（-Despréaux），Nicolas
布瓦索，雅克 Boyceau，Jacques

布翁塔伦蒂,贝尔纳多 Buontalenti, Bernardo

C

蔡勒,约翰·雅各布 Zeiller, Johann Jakob
查理一世 Charles I
查理二世 Charles II
查理三世(波旁王室的) Charles III de Bourbon
查理四世 Charles IV
查理五世 Charles V(Charles Quint)
查理六世(初称约瑟夫一世) Charles VI(Joseph Ier)
查理八世 Charles VIII
查理九世 Charles IX
查理十一世 Charles XI
查理十二世 Charles XII
查理-纪尧姆 Charles-Guillaume
查理-路易 Charles-Louis
查理-欧根 Charles-Eugène
查理-泰奥多尔 Charles-Théodore
查理-伊曼纽一世 Charles-Emmanuel I
查理-伊曼纽二世 Charles-Emmanuel II

D

达·芬奇,莱奥纳多 Da Vinci, Leonardo
达佛涅(神话人物) Daphne
达朗贝尔 D'Alembert
达让维尔,安托万-约瑟夫·德扎利埃 D'Argenvilles, Antoine-Joseph Dezallier
达维莱 Daviler
大卫 David
德阿雷瓦洛,路易斯 De Arévalo, Luís
德安德拉德,多明戈 De Andrade, Domingo
德巴达,何塞 De Bada, José
德贝尔加拉(小),尼古拉 De Vergara le Jeune, Nicolas
德比利亚努埃瓦,胡安 De Vilianueva, Juan
德波米斯,彼得罗 De Pomis, Pietro
德博尔哈,米格尔 De Borja, Miguel
德博尔哈,佩德罗 De Borja, Pedro
德布雷,萨洛蒙 De Bray, Salomon
德布里苏埃拉,彼得罗 De Brizuela, Pedro
德布罗斯,萨洛蒙 De Brosse, Salomon
德尔罗索,扎诺比 Del Rosso, Zanobi

德尔莫纳斯泰里奥,西蒙 Del Monasterio, Simon
德尔普拉多,赫罗尼莫 Del Prado, Jerónimo
德弗里斯,弗雷德曼 De Vries, Vredeman
德戈耶内切,胡安 De Goyeneche, Juan
德基尼奥内斯,安德烈·加西亚 De Quiñones, Adrés García
德吉索尔,A., De Gisors, A.
德卡萨斯-诺沃亚,费尔南多 De Casas y Novoa, Fernando
德卡瓦略(庞巴尔侯爵),塞巴斯蒂昂 De Carvalho, Sebastião(Pombal, Marquis de)
德卡韦略,路易斯 De Cabello, Luís
德卡沃内尔,阿隆索 De Carbonell, Alonso
德凯 De Key
德凯斯,利芬 De Keys, Lieven
德凯泽,亨德里克 de Keyser, Hendrik
德科,萨洛蒙 De Caus, Salomon
德科,伊萨克 De Caus, Isaac
德科尔德穆瓦,路易 De Cordemoy, Louis
德科特,朱尔·罗贝尔 De Cotte, Jules Robert
德克尔,保罗 Decker, Paul
德克罗科,克里斯蒂安(伯爵) Christian de Krockow, Comte
德拉盖皮埃尔,菲利普 De la Guêpière, Philippe
德拉克鲁斯,胡安 De la Cruz, Juan(Jean de la Croix)
德拉利奥 Dell'Allio
德拉马德雷(兄弟),阿尔韦托 De la Madre de Dios, Alberto(frères)
德拉迈尔,皮埃尔-亚历克西 Delamair, Pierre-Alexis
德拉蒙策,费迪南德 Delamonce, Ferdinand
德拉培尼亚·德尔托罗,何塞 De la Peña del Toro, José
德拉普拉萨,塞瓦斯蒂安 De la Plaza, Sebastián
德拉瓦莱,让 De la Vallée, Jean
德拉瓦莱,西蒙 De la Vallée, Simon
德肋撒(阿维拉的),圣 Thérèse d'Avila, Sainte
德里韦拉,彼得罗 De Ribera, Pedro
德隆格伊,勒内 De Longueil, René
德鲁埃达,特奥多西奥·桑切斯 De Rueda, Teodosio Sánchez
德罗哈斯,欧弗拉西奥·洛佩斯 De Rojas, Eufrasio López
德罗斯特-许尔斯霍夫,安妮特·冯 Droste-Hülshoff, Annette von

德罗斯特-许尔斯霍夫,冯（男爵）Droste-Hülshoff, von, barons
德罗西,乔瓦尼·安东尼奥 De Rossi, Giovanni Antonio
德洛布科维茨,胡安·卡拉穆埃尔 De Lobkowitz, Juan Caramuel
德洛姆,菲利贝尔 De l'Orme, Philibert
德马什卡雷尼亚什,多姆·若昂 De Mascarenhas, Dom João
德马亚,曼努埃尔 De Maia, Manuel
德蒙塔古多,佩德罗 De Montagudo, Pedro
德莫拉,弗朗西斯科 De Mora, Francisco
德莫拉,胡安·戈麦斯 De Mora, Juan Gómez
德莫拉-特莱斯,多姆·罗德里戈 De Moura Têles, Dom Rodrigo
德纳特 Dernath
德纳特斯,胡安 De Nates, Juan
德普雷,让-路易 Deprez, Jean-Louis
德塞瓦略斯,阿方索·罗德里格斯 De Ceballos, Alfonso Rodríguez G.
德桑克蒂斯,弗朗切斯科 De Sanctis, Francesco
德圣何塞（兄弟）,阿隆索 De San José, Alonso (frères)
德苏马拉加,米格尔 De Zumàrraga, Miguel
德托拉尔瓦,迭戈 De Torralva, Diego
德托罗萨,彼得罗 De Tolosa, Pedro
德托罗萨,胡安 De Tolosa, Juan
德托梅,迭戈 De Tomé, Diego
德托梅,纳西索 De Tomé, Narciso
德维加,洛佩 De Vega, Lope
德维加-贝尔杜戈,何塞 De Vega y Verdugo, José
德翁塔农,罗德里戈·希尔 De Hontañon, Rodrigo Gil
德乌尔塔多,弗朗切斯科 De Hurtado, Francisco
德乌拉纳,迭戈·马丁内斯·庞塞 De Urrana, Diego Martinez Ponce
德西奥,格奥尔格 Dehio, Georg
德西洛,迭戈 De Siloe, Diego
德耶尔,路易 De Geer, Louis
狄安娜（神）Diane
狄德罗 Diderot
狄俄斯库里（兄弟）Dioscures (frères)
狄诺克拉底 Dinocrates（亦作 Deinocrates）
迪策,马库斯·康拉德 Dietze, Marcus Konrad
迪佩拉克 Dupérac
迪塞尔索（家族）Du Cerceau family
迪塞尔索,巴蒂斯特 Du Cerceau, Baptiste
迪塞尔索,让·安德鲁埃 Du Cerceau, Jean Androuet
迪塞尔索,雅克·安德鲁埃 Du Cerceau, Jacques Androuet
迪特林,文德尔 Dietterlin, Wendel
迪特迈尔,贝特霍尔德 Dietmayr, Berthold
笛卡儿 Descartes, René
蒂巴尔迪,佩莱格里诺 Tibaldi, Pellegrino
蒂蒂 Titi
蒂拉利,安德烈 Tirali, Andrea
蒂施勒,马蒂亚斯 Tischler, Mathias
丁岑霍费尔（家族）Dientzenhofer family
丁岑霍费尔,格奥尔格 Dientzenhofer, Georg
丁岑霍费尔,基利安·伊格纳茨 Dientzenhofer, Kilian Ignaz
丁岑霍费尔,克里斯托夫 Dientzenhofer, Christoph
丁岑霍费尔,莱昂哈德 Dientzenhofer, Leonhard
丁岑霍费尔,约翰 Dientzenhofer, Johann
多蒂,卡洛·弗朗切斯科 Dotti, Carlo Francesco
多尔茨曼,阿德里安 Dortsman, Adriaen
多尔雷,弗朗索瓦 D'Orbay, François
多斯阿瓜斯（侯爵）Dos Aguas, marqués de
多泽,凯 Dose, Cay

E
俄尔甫斯（神话人物）Orpnée

F
法焦洛·德拉尔科,M., Fagiolo dell'Arco, M.
凡·戴克 Van Dyck
凡扎戈,科西莫 Fanzago, Cosimo
范奥布斯塔尔 Van Obstal
范巴森,B., Van Bassen, B.
范鲍尔沙伊特（小）,J. P., Van Baurscheit, J. P., the Younger
范布勒,约翰（爵士）Vanbrugh, Sir John
范哈文,兰贝特 Van Haven, Lambert
范加梅伦,蒂尔曼 Van Gameren, Tylman
范坎彭,雅各布 Van Campen, Jacob
范纳绍,约翰·莫里茨 Van Nassau, Johan Maurits

(Maurice de Nassau)
范斯赫拉弗桑德，阿伦特 Van s'Gravesande, Arent
范斯腾温克尔，汉斯（小）Van Steenwinckel, Hans, le Jeune
方济各（塞尔斯的），圣 Saint François de Sales
方济各-哈维尔，圣 Saint François-Xavier
菲圭罗阿，莱奥纳多·德 Figueroa, Leonardo de
菲圭罗阿，马蒂亚斯 Figueroa, Matías
菲舍尔，约翰·米夏埃尔 Fischer, Johann Michael
菲舍尔·冯·埃拉赫，约翰·伯恩哈德 Fischer von Erlach, Johann Bernhard
菲舍尔·冯·埃拉赫，约瑟夫·埃马努埃尔（小菲舍尔，约翰·伯恩哈德之子）Fischer von Erlach, Josef Emanuel (Fischer le Jeune)
腓力（奥尔良的）Philippe d'Orléans
腓力（卓越的）Philippe le Magnifique
腓力二世 Philippe II
腓力三世 Philippe III
腓力四世 Philippe IV
腓力五世 Philippe V d'Anjou
腓特烈（黑森的）Frédéric de Hesse
腓特烈·威廉（绰号大选帝侯）Frédéric-Guillaume (le Grand Électeur)
腓特烈·威廉一世 Frédéric-Guillaume Ier (Le Roi-Sergent)
腓特烈-奥古斯特二世（萨克森选帝侯，任波兰国王称奥古斯特三世）Frédéric-Auguste II (Auguste III)
腓特烈-奥古斯特一世（强者，萨克森选帝侯，任波兰国王称奥古斯特二世）Frédéric-Auguste Ier le Fort (Auguste II)
腓特烈大帝（普鲁士国王）Frédéric le Grand
腓特烈一世（原为选帝侯腓特烈三世）Frédéric I (Frédéric III de Brandebourg)
腓特烈二世（大帝）Frédéric II le Grand
腓特烈-亨利 Frédéric-Henri
腓特烈三世（戈托尔普）Frédéric III de Gottorp
腓特烈四世 Frédéric IV
腓特烈五世 Frédéric V
斐迪南二世 Ferdinand II
斐迪南四世 Ferdinand IV
斐迪南六世 Ferdinand VI
费代尔布 Faid'herbe

费肯曼，约翰·格奥尔格 Veckenmann, Johann Georg
费拉博斯科，马蒂诺 Ferrabosco, Martino
费里，安东尼奥·马里亚 Ferri, Antonio Maria
费里，奇罗 Ferri, Ciro
费利比安 Félibien
费奈隆 Fénelon, François de Salignac de la Mothe
丰塔纳，巴尔达萨雷 Fontana, Baldassare
丰塔纳，多梅尼科 Fontana, Domenico
丰塔纳，卡洛 Fontana, Carlo
丰塔纳，乔瓦尼 Fontana, Giovanni
弗莱彻，B., Fletcher, B.
弗朗茨，洛塔尔 Franz, Lothar
弗朗茨，马丁 Frantz, Martin
弗朗卡尔，雅克 Francart, Jacques
弗朗克 Frank
弗朗切斯科一世（埃斯特的）Francesco I d'Este
弗朗斯，海因里希·格哈德 Franz, Heinrich Gerhard
弗朗索瓦·德居维利埃 François de Cuvilliés
弗朗索瓦-路易 François-Louis
弗朗索瓦一世（哈布斯堡-洛林王室的）François Ier de Habsbourg Lorraine
弗里多林，圣 Fridolin, Saint
弗里索尼，多纳托·朱塞佩 Frisoni, Donato Giuseppe
弗里索尼，乔瓦尼·多纳托 Frisoni, Giovanni Donato
弗利特克罗夫特，亨利 Flitcroft, Henry
弗美尔，扬 Vermeer, Jan
伏尔泰 Voltaire
福尔蒂尼，焦阿基诺 Fortini, Gioacchino
福吉尼，乔瓦尼·巴蒂斯塔 Foggini, Giovanni Battista
福纳斯（农牧神）Faunus
福伊希特迈尔，约翰·米夏埃尔 Feuchtmayer, Johann Michael
福伊希特迈尔，约瑟夫·安东 Feuchtmayer, Joseph Anton
富基埃，雅克 Foucquières, Jacques
富加，费迪南多 Fuga, Ferdinando
富加，弗朗切斯科 Fuga, Francesco
富凯，尼古拉 Fouquet, Nicolas
富滕巴赫，约瑟夫 Furtenbach, Joseph

G

伽拉忒亚（神）Galatea

伽利略 Galilée, Galileo Galilei
该尼墨得斯（神）Ganymede
高迪，安东尼奥 Gaudi, Antonio
戈多，西梅翁 Godeau, Siméon
戈托尔普（家族）Gottorp family
哥白尼，尼古拉 Copernic, Nicolas
哥伦布，克里斯托夫 Colomb, Christophe
歌德，约翰·弗里德里希·厄桑德·冯 Göthe, Johann Friedrich Eosander von
歌德，约翰·沃尔夫冈·冯 Goethe, Johann Wolfgang von
格茨，戈特弗里德·伯恩哈德 Goetz, Gottfried Bernhard
格哈德，胡贝特 Gerhard, Hubert
格拉赫 Gerlach
格拉韦尼茨，威廉明妮·冯 Grävenitz, Wilhelmine von
格赖辛，约瑟夫 Greißing, Joseph
格兰，达尼埃尔 Gran, Daniel
格雷尔 Grael
格雷戈里尼，多梅尼科 Gregorini, Domenico
格雷罗-托里斯 Guerrero y Torres
格列高利十三世 Gregory XIII（Grégoire XIII）
格列高利十五世 Grégoire XV
格列柯 El Greco
格鲁，罗伯特 Grew, Robert
庚斯博罗，托马斯 Gainsborough, Thomas
贡蒂（家族）Gondi
古利特，科尔内留斯 Gurlitt, Cornelius
瓜里尼，瓜里诺 Guarini, Guarino
瓜里诺尼，希波吕托斯 Guarinoni, Hippolytus
圭代蒂，圭多 Guidetti, Guido
圭多尼，E., Guidoni, E.
圭尔奇诺 Guercino

H

哈布斯堡（王室）Habsbourgs, Maison de
哈格尔，维尔纳 Hager, Werner
哈里斯，沃尔特 Harris, Walter
哈斯多夫，C. H., Harsdorff, C. H.
海神（神）Triton
韩德尔 Händel
豪普特曼，戈特利布 Hauptmann, Gottlieb
赫尔德，约翰·戈特弗里德 Herder, Johann Gottfried
赫耳墨斯（神）Hermes
赫丘利（赫拉克勒斯，海格立斯）（神）Hercules
赫伊津哈，约翰 Huizinga, Johan
黑希乌斯（黑斯），威廉 Hesius (Hees), Wilhelm
亨丽埃特-玛丽 Henriette-Marie
亨利三世 Henri III
亨利四世 Henri IV
亨利八世 Henri VIII
胡安·包蒂斯塔（托莱多的）Juan Bautista de Toledo
胡安·包蒂斯塔·比利亚尔潘多 Juan Bautista Villapando
胡安·包蒂斯塔·德莫内格罗 Juan Bautista de Monegro
胡克，罗伯特 Hooke, Robert
胡滕，克里斯托夫·弗朗茨·冯 Hutten, Christoph Franz von
华伦斯坦 Wallenstein, Albrecht Wenzel Eusebius von
华托，安托万 Watteau, Antoine
霍尔，埃利亚斯 Holl, Elias
霍克斯莫尔，尼古拉 Hawksmoor, Nicholas
霍勒曼，卡尔 Hårleman, Carl
霍彭豪普特，约翰·米夏埃尔 Hoppenhaupt, Johann Michael

J

基歇尔，阿塔纳修斯 Kircher, Athanasius
基亚韦里，加埃塔诺 Chiaveri, Gaetano
吉贝尔，让-安德烈 Guibert, Jean-André
吉本斯，格林林 Gibbons, Grinling
吉布斯，詹姆斯 Gibbs, James
吉迪翁 Giedion
吉格尔，马蒂亚斯 Gigl, Matthias
吉格尔，约翰·格奥尔格 Gigl, Johann Georg
吉拉德，多米尼克 Girard, Dominique
吉塔尔，达尼埃尔 Gittard, Daniel
加布里埃尔（建筑师世家）Gabriel, famille d'
加布里埃尔，雅克-安热 Gabriel, Jacques-Ange
加布里埃尔·德拉加尔迪，马格努斯 Gabriel de la Gardie, Magnus
加布里埃尔·勒迪克 Gabriel Le Duc
加尔，圣 Gall, Saint
加莱，梅姆 Gallet, Mesme
加利-比比埃纳，卡洛 Galli-Bibiena, Carlo

加利莱伊，亚历山德罗 Galilei, Alessandro
加洛，弗朗切斯科 Gallo, Francesco
加马尔，克里斯托夫 Gamard, Christophe
加斯东（奥尔良公爵）Gaston, Duc d'Orléans
加斯纳，许亚青特 Gaßner, Hyazinth
君士坦丁（大帝）Constantin

K

卡尔，彼得 Carl, Peter
卡尔德隆·德拉巴尔卡 Calderón de la Barca, Pedro
卡拉蒂，弗朗切斯科 Caratti, Francesco
卡拉齐（兄弟）Carracci, Les
卡拉齐，阿戈斯蒂诺 Carracci, Agostino
卡拉齐，安尼巴莱 Carracci, Annibale
卡拉齐，卢多维科 Carracci, Ludovico
卡拉瓦乔 Caravage, Michelangelo Amerighi, Merisi
卡莱尔（家族）Carlisle, famille d'
卡洛内，卡洛·安东尼奥 Carlone, Carlo Antonio
卡洛内，乔瓦尼·巴蒂斯塔 Carlone, Giovanni Battista
卡洛斯，巴尔塔萨 Carlos, Baltasar
卡梅克,恩斯特·博吉斯拉夫·冯 Kamecke, Ernst Bogislav von
卡诺，阿隆索 Cano, Alonso
卡斯泰拉门特，阿马德奥·迪 Castellamonte, Amadeo di
卡斯泰拉门特，卡洛·迪 Castellamonte, Carlo di
卡斯托尔 Castor
卡塔内奥，彼得罗 Cataneo, Pietro
卡特琳·德梅迪奇 Catherine de Médicis
卡永·德拉维加，托尔夸托 Cayón de la Vega, Torcuato
卡歇尔，弗里德里希 Karcher, Friedrich
卡歇尔，约翰·弗里德里希 Karcher, Johann Friedrich
开普勒，约翰 Kepler, Johannes
凯兰，阿蒂斯 Quellin, Artus
凯瑟琳，圣 Catherine, Sainte
坎贝尔，科伦 Campbell, Colen
柯尔贝尔，让-巴蒂斯特 Colbert, Jean-Baptiste
柯塞沃克，安托万 Coysevox, Antoine
科贝格，文策斯拉斯 Coberger (Coebergher), Wenceslas
科尔纳罗（家族）Cornaro family
科尔纳罗，费德里戈 Cornaro, Federigo
科尔托纳，彼得罗·达 Cortona, Pietro da
科尔托纳，多梅尼科·达 Cortona, Domenico da
科克，托马斯 Coke, Thomas
科拉迪尼，安东尼奥 Corradini, Antonio
科隆纳，弗朗切斯科 Colonna, Francesco
科莫迪，安德烈 Commodi, Andrea
科桑，让 Cosyn, Jean
科塔特 Cottart
科泽尔 Cosel
克拉纳赫，卢卡斯 Cranach, Lucas
克莱芒-奥古斯特 Clément-Auguste
克莱纳，萨洛蒙 Kleiner, Salomon
克兰，达尼埃尔 Cran, Daniel
克雷格，詹姆斯 Craig, James
克雷芒九世 Clément IX Rospiglosi
克雷芒十世 Clément X Altieri
克雷芒十一世 Clément XI Albani
克雷芒十二世 Clément XII Corsini
克雷芒十三世 Clément XIII
克雷默，辛佩尔特 Kraemer, Simpert
克雷申齐,乔瓦尼·巴蒂斯塔 Crescenzi, Giovanni Battista
克里斯蒂安四世 Christian IV
克里斯蒂安五世 Christian V
克里斯蒂娜 Christina
克里索斯托，圣约翰 Chrysostom, Saint John
克龙斯泰特，卡尔 Cronstedt, Carl
克鲁布萨丘斯 Krubsacius
克伦格尔,沃尔夫·卡斯帕·冯 Klengel, Wolf Caspar von
克伦威尔，奥利弗 Cromwell, Oliver
克伦威尔，理查德 Cromwell, Richard
克罗内,戈特弗里德·海因里希 Krohne, Gottfried Heinrich
克罗奇，贝内代托 Croce, Benedetto
克洛维 Clovis le Franc
克内费尔 Knöffel
克诺贝尔斯多夫，乔治·文策斯劳斯·冯 Knobelsdorff, Georg Wenzeslaus von
克诺费尔,约翰·克里斯托夫 Knoffel, Johann Christoph
克瓦索夫，A. E., Kvassov, A. E.
肯特，威廉 Kent, William
库布勒，乔治 Kubler, George
库尔托纳，让 Courtonne, Jean

夸佩尔 Coypel
奎歇贝格，萨穆埃尔·冯 Quicheberg, Samuel von

L

拉斐尔·圣齐奥 Raffaello Sanzio（Raphaël）
拉古齐尼，菲利波 Raguzzini, Filippo
拉美特利 La Mettrie, Julien Offroy de
拉普拉德，A., Laprade, A.
拉斯特雷利，巴尔托洛梅奥·弗朗切斯科 Rastrelli, Bartolomeo Francesco
拉斯特雷利，卡洛·巴尔托洛梅奥 Rastrelli, Carlo Bartolomeo
拉特斯-达尔毛，何塞 Ratés y Dalmau, José
拉伊纳尔迪，吉罗拉莫 Rainaldi, Girolamo
拉伊纳尔迪，卡洛 Rainaldi, Carlo
莱奥十世 Leo X（Léon X）
莱布尼兹 Leibniz, Gottfried Wilhelm
莱尔马 Lerma
莱弗顿，托马斯 Leverton, Thomas
莱丘加，费尔南多 Lechuga, Fernando
莱斯科 Lescot
莱亚尔，巴尔德斯 Leal, Valdés
兰弗兰科 Lanfranco
朗克雷 Lancret
劳里茨·德图拉 Laurits de Thura
劳伦特·德梅迪奇 Laurent de Médicis
劳伦佐（圣尼古拉斯的）Lorenzo de San Nicolás
勒波特，安托万 Lepautre, Antoine
勒波特，皮埃尔 Lepautre, Pierre
勒波特，让 Lepautre, Jean
勒布朗，查理 Le Brun, Charles
勒恩，约翰·米夏埃尔·冯 Loen, Johann Michael von
勒科比西耶 Le Corbusier
勒鲁瓦，菲利贝尔 Le Roy, Philibert
勒梅西耶，雅克 Lemercier, Jacques
勒诺特（另译勒诺特尔），安德烈 Le Nôtre, André
勒帕热，尼古拉 Lepage, Nicolas
勒沃，弗朗索瓦 Le Vau, François
勒沃，路易 Le Vau, Louis
雷恩，克里斯托弗（爵士）Wren, Sir Christophe
雷韦特，尼古拉 Revett, Nicholas

黎塞留（红衣主教）Richelieu, Armand Jean, Cardinal
里格尔 Riegl
里基尼 Richini
里基诺，弗朗切斯科·马里亚 Ricchino, Francesco Maria
里帕，切萨雷 Ripa, Cesare
里奇，弗雷·胡安 Ricci, Fray Juan
里特尔，弗朗茨·冯（男爵）Ritter, Franz Freiherr von
利奥波德一世（巴本贝格的，总督）Léopold Ier de Babenberg
利奥波德一世（帝王）Léopold Ier
利奥波德三世（巴本贝格的）Léopold III de Babenberg
利布，诺贝特 Lieb, Norbert
利戈里奥，皮罗 Ligorio, Pirro
利佩尔，威廉·费迪南德 Lipper, Wilhelm Ferdinand
利希滕施泰因 Liechtenstein
利亚古纳-阿米罗拉，欧亨尼奥 Llaguna Y Amirola, Eugenio
林德迈尔，菲利普-弗朗茨 Lindmayr, Philipp-Franz
隆盖吕内，扎卡里亚斯 Longuelune, Zacharias
隆盖纳，巴尔达萨雷 Longhena, Baldassare
隆吉（老），马蒂诺 Longhi, Martino（le Vieux）
隆吉（小），马蒂诺 Longhi, Martino（le Jeune）
隆吉努斯，圣 Longinus, St.
卢多维西（家族）Ludovisi family
卢凯塞，菲利贝托 Lucchese, Filiberto
卢拉戈，卡洛 Lurago, Carlo
卢拉戈，罗科 Lurago, Rocco
卢梭，让-巴蒂斯特 Rousseau, Jean-Baptiste
鲁本斯 Rubens, Pierre Paul
鲁滨逊，威廉 Robinson, William
鲁道夫，康拉德 Rudolf, Conrad
鲁道夫二世 Rodolphe II
鲁杰里 Ruggieri
鲁珀特，圣 Rupert, Saint
鲁伊斯，安德烈斯 Ruiz, Andrés
路德，马丁 Luther, Martin
路德维希，埃伯哈德（公爵）Ludwig, Eberhard
路德维希，约翰·弗里德里希 Ludwig (Ludovice), Johann Friedrich
路德维希二世，克里斯蒂安 Ludwig II, Christian
路易，圣 Louis, Saint

路易十三 Louis XIII
路易十四 Louis XIV
路易十五 Louis XV
路易十六 Louis XVI
伦勃朗 Rembrandt
罗比永，让-巴蒂斯特 Robillon, Jean-Baptiste
罗德里格斯，本图拉 Rodríguez, Ventura
罗杰 Roger
罗雷尔，米夏埃尔·路德维希 Rohrer, Michael Ludwig
罗马诺，朱利奥 Romano, Giulio
罗曼，雅各布 Roman, Jacob
罗慕路斯 Romulus
罗萨蒂，罗萨托 Rosati, Rosato
罗塞蒂，比亚焦 Rossetti, Biagio
罗特，汉斯·格奥尔格 Roth, Hans Georg
罗维拉，伊波利托 Rovira, Hipólito
洛德隆，帕里斯 Lodron, Paris
洛多利，卡洛 Lodoli, Carlo
洛兰，克洛德 Lorrain（或 Le Lorrain），Claude Gellée
洛马齐 Lomazzo
洛奇，奥古斯丁·文岑蒂 Locci, Augustyn Wincenty
洛塞（兄弟）Gabriel Loser（frères）

M

马代尔，卡洛斯 Mardel, Carlos
马代尔诺，卡洛 Maderno, Carlo
马蒂纳，圣 Martina, S.
马蒂耶利，洛伦佐 Mattielli, Lorenzo
马丁内利，多梅尼科 Martinelli, Domenico
马尔伯勒 Marlborough
马尔基翁尼，卡洛 Marchionni, Carlo
马基雅弗利，尼科洛 Machiavelli, Niccolo
马吉，保罗 Maggi, Paolo
马可·奥勒留 Marcus Aurelius（Marc Aurèle）
马莱伯，弗朗索瓦·德 Malherbe, François de
马鲁斯切利，保罗 Maruscelli, Paolo
马罗，达尼埃尔 Marot, Daniel
马罗，让 Marot, Jean
马内蒂 Manetti
马萨里，乔治 Massari, Giorgio
马萨林 Mazarin, Jules

马斯凯里诺 Mascherino
马索尔 Massol
马太，让-巴蒂斯特 Mathéy, Jean-Baptiste
马泰奥·达奇塔 Matteo da Città di Castello
马真塔，乔瓦尼·安布罗焦 Magenta, Giovanni Ambrogio
玛格丽特（奥地利的）Marguerite d'Autriche
玛丽·德梅迪奇 Marie de Médicis
玛丽-安托瓦内特 Marie-Antoinette
玛丽-卡西米尔 Marie-Casimire
玛丽-泰蕾莎 Marie-Thérèse（Maria Theresia）
玛丽亚-克里斯蒂娜 Maria-Cristina
玛丽一世 Marie I
玛丽-约瑟夫 Marie-Josèphe
迈尔，海因里希 Mayer, Heinrich
迈因拉德，圣 Meinrad, Saint
曼努埃尔一世 Manuel Ier, le Grand et le Fortuné
曼特农（侯爵夫人）Maintenon, Françoise d'Aubigné, marquise de
芒萨尔（另译孟莎），弗朗索瓦（老芒萨尔）Mansart, François（Mansart l'Aîné）
芒萨尔（另译孟莎），朱尔·阿杜安-Mansart, Jules Hardouin-
芒萨尔·德萨贡内，雅克·阿杜安-Mansart de Sagonne, Jacques Hardouin
梅，休 May, Hugh
梅迪纳塞利（公爵）Medinaceli, duc de
梅迪奇（家族）Médicis, Les
梅伦德斯，迭戈·莫雷诺 Meléndez, Diego Moreno
梅姆哈特，约翰·格雷戈尔 Memhardt, Johann Gregor
梅纳 Mena
梅索尼耶，朱尔·奥雷勒 Meissonnier, Jules-Aurèle
梅特佐，克莱芒 Métézeau, Clément
梅特佐，路易 Métézeau, Louis
门斯 Mengs
蒙格纳斯特，约瑟夫 Munggenast, Joseph
蒙塔尼，加布里埃莱 Montani, Gabriele
蒙塔涅斯，马丁内斯 Montañés, Martínez
蒙特斯庞（夫人）Montespan, Madame de
蒙田 Montaigne, Michel Eyquem de
孟德斯鸠 Montesquieu, Charles Louis de Secondat
米迦勒，圣（大天使）（神）Michael, S.

米开朗琪罗 Michelangelo（Michel-Ange）
米开罗佐 Michelozzo
米克，里夏尔 Mique, Richard
米勒，沃尔夫冈 Miller, Wolfgang
米利齐亚，弗朗切斯科 Milizia, Francesco
米希马，约翰·文策尔 Michma, Johann Wenzel
缪斯（神）Muses
莫里哀 Molière
莫里斯，罗伯特 Morris, Robert
莫里斯，罗杰 Morris, Roger
莫里斯 Maurice
莫斯布尔格，卡斯帕 Moosbrugger, Kaspar
莫扎特 Mozart
墨丘利（神）Mercure
穆格纳斯特 Muggenast
穆里略 Murillo

N

拿破仑一世 Napoléon Ier
内里，圣菲利浦 Néri, Saint Philippe
内林，约翰·阿诺尔德 Nering, Johann Arnold
内特，约翰·弗里德里希 Nette, Johann Friedrich
那依阿德（水神）Naïades
纳尔，约翰·奥古斯特 Nahl, Johann August
纳绍-西根,让-莫里斯·德 Nassau-Siegen, Jean-Maurice de
纳什 Nash
纳索尼，尼科洛 Nasoni, Niccoló
纳图瓦尔，查理-约瑟夫 Natoire, Charles-Joseph
尼古拉五世 Nicolas V
尼杰蒂 Nigetti
尼普顿（海神）Neptune
牛顿 Newton
纽曼，约翰·巴尔塔扎 Neumann, Johann Balthazar
诺贝格-舒尔茨，克里斯蒂安 Norberg-Schulz, Christian
诺利，乔瓦尼·巴蒂斯塔 Nolli, Giovanni Battista
诺维茨，彼得 Noorwits, Pieter

O

欧根（萨伏依亲王）Eugène (Prince de Savoie)
欧热尼奥·多斯桑托斯 Eugénio dos Santos

P

帕尔默，罗伯特 Palmer, Robert
帕格尔，马克西米利安 Pagel, Maximilian
帕卡西，尼古拉 Pacassi, Nicola
帕拉第奥 Palladio, Andrea
帕里吉，阿方索 Parigi, Alfonso
帕姆菲利（家族）Pamfili family
帕诺夫斯基，埃尔温 Panofsky, Erwin
帕萨拉夸，彼得罗 Passalacqua, Pietro
帕特尔，皮埃尔 Patel, Pierre
潘（林牧神）Pan
潘菲利（家族）Pamphili family
潘菲利，卡米洛 Pamphili, Camillo
潘尼尼，乔瓦尼·保罗 Pannini, Giovanni Paolo
庞斯 Ponz
培尔，皮埃尔 Bayle, Pierre
佩尔莫泽，巴尔塔扎 Permoser, Balthasar
佩尔修斯，路德维希 Persius, Ludwig
佩勒（家族）Peller family
佩鲁齐 Peruzzi
佩罗，查理 Perrault, Charles
佩罗，克洛德 Perrault, Claude
佩帕雷利 Peparelli
佩因，詹姆斯 Paine, James
彭布罗克 Pembroke
蓬巴杜（侯爵夫人）Pompadour, Jeanne Antoinette Poisson, marquise de
蓬齐奥，弗拉米尼奥 Ponzio, Flaminio
皮埃尔·勒米埃 Pierre Le Muet
皮尔格拉姆，F.A., Pilgram, F.A.
皮尔斯,爱德华·洛维特（爵士）Pearce, Sir Edward Lovett
皮拉内西 Piranesi, Giovanni Battista
皮特，托马斯 Pitt, Thomas
平德 Pinder
坡吕克斯 Pollux
坡斯特，彼得 Post, Pieter
珀佩尔曼,卡尔·弗里德里希 Pöppelmann, Karl Friedrich
珀佩尔曼,马托伊斯·达尼埃尔 Pöppelmann, Matthäus Daniel
普拉特，罗杰 Pratt, Roger
普赖，约翰·莱昂纳德 Prey, Johann Leonard

普兰陶尔,雅各布 Prandtauer, Jakob
普里马蒂乔 Primaticcio
普鲁纳,约翰·米夏埃尔 Prunner, Johann Michael
普鲁塔克 Plutarch
普伦纳 Prenner
普罗卡奇尼,安德烈 Procaccini, Andrea
普桑,尼古拉 Poussin, Nicolas
普绪喀(神话人物) Psyché

Q

齐默尔曼,多米尼库斯 Zimmermann, Dominikus
齐默尔曼,约翰·巴普蒂斯特 Zimmermann, Johann Baptist
奇戈利,卢多维科 Cigoli, Ludovico
恰尔皮,巴乔 Ciarpi, Baccio
钱伯斯,威廉(爵士) Chambers, Sir William
乔治,弗朗切斯科·迪 Giorgio, Francesco di
乔治,圣 Georges, Saint
乔治一世 George Ier
切尔宁 Černín
琼斯,伊尼戈 Jones, Inigo
丘里格拉(家族) Churriguera family
丘里格拉,阿尔韦托 Churriguera, Alberto
丘里格拉,何塞·贝尼多 Churriguera, José Benito
丘里格拉,何塞·西蒙 Churriguera, José Simón
丘里格拉,华金 Churriguera, Joaquín
丘里格拉,曼努埃尔 Churriguera, Manuel
丘里格拉,米格尔 Churriguera, Miguel
屈恩,马丁 Kuen, Martin
屈恩,米夏埃尔 Kuen, Michael
屈恩,约翰(汉斯)·格奥尔格 Kuen, Johann (Hans) Georg
屈歇尔,雅各布·米夏埃尔 Küchel, Jakob Michael

R

让(鲁昂的) Jean de Rouen
让-乔治二世 Jean-George II
让-乔治三世 Jean-George III

S

萨巴蒂尼,弗朗西斯科 Sabatini, Francisco
萨宾(人) Sabine
萨杜恩(农神) Saturn
萨尔迪,朱塞佩 Sardi, Giuseppe
萨尔维,尼古拉 Salvi, Nicola
萨伏依(家族) Savoie, Maison de
萨凯蒂(家族) Sacchetti family
萨凯蒂,马塞罗 Sacchetti, Marcello
萨凯蒂,乔瓦尼·巴蒂斯塔 Sacchetti, Giovanni Battista
萨默森,约翰 Summerson, John
萨梯(林神) Satyres
萨谢弗雷尔 Sacheverell
塞茨,约翰·达尼埃尔 Seitz, Johann Daniel
塞尔万多尼,乔瓦尼·尼科洛 Servandoni, Giovanni Niccolò
塞利奥,塞巴斯蒂亚诺 Serlio, Sebastiano
塞瓦斯蒂安·范德博基特 Sebastian Van der Borcht
塞万提斯 Cervantes Saavedra, Miguel de
桑纳扎罗,雅各布 Sannazaro, Jacopo
桑佩,戈特弗里德 Semper, Gottfried
桑切斯,佩德罗 Sánchez, Pedro
桑托瓦尔-罗哈斯,弗朗西斯科 Sandoval y Rojas, Francisco
沙博尼耶,马丁 Charbonnier, Martin
沙德,约翰·达尼埃尔 Schade, Johann Daniel
沙蒂永,克洛德 Chastillon, Claude
沙夫茨伯里 Shaftesbury
绍姆堡,恩斯特·冯 Schaumburg, Ernst von
申博恩(家族) Schönborn family
申博恩,达米安·胡戈·冯 Schönborn, Damian Hugo von
申博恩,腓特烈-卡尔·冯 Schönborn, Frederic-Karl von
申博恩,弗朗茨·洛塔尔·冯 Schönborn, Franz Lothar von
申博恩,约翰·菲利普·弗朗茨·冯 Schönborn, Johann Philipp Franz von
申克尔 Schinkel
圣蒂尼,G., Santini, G.
圣费利切,费迪南多 Sanfelice, Ferdinando
圣加洛(小),安东尼奥·达 Sangallo, Antonio da le Jeune
圣加洛,朱利亚诺·达 Sangallo, Giuliano da
圣米凯利 Sanmicheli
圣索维诺 Sansovino
圣约翰-内波穆克 Saint-Jean-de-Népomucène (S. Johannes

Nepomuk）
施赖福格尔，戈特弗里德·克里斯蒂安·冯 Schreyvogel, Gottfried Christian von
施劳恩，约翰·康拉德 Schlaun, Johann Conrad
施雷克，安德烈亚斯 Schreck, Andreas
施吕特，安德烈 Schlüter, Andreas
施马尔索 Schmarsow
施密德，约翰·格奥尔格 Schmid, Johann Georg
施穆策 Schmuzer
施奈德（兄弟）Schneider（brothers）
施佩希特，约翰·格奥尔格 Specht, Johann Georg
施皮格勒，弗朗茨·约瑟夫 Spiegler, Franz Joseph
施塔克，约翰·格奥尔格 Starcke, Johann Georg
施塔勒，约翰·格奥尔格 Stahl, Johann Georg
施泰因尔，马蒂亚斯 Steinl, Matthias
施特茨，亨德里克 Staets, Hendrik Jz
施特伦格，安德烈亚斯 Strengg, Andreas
施图尔姆，莱昂哈德·克里斯托夫 Sturm, Leonhard Christoph
施瓦岑贝格 Schwarzenberg
顺博恩，洛塔尔·弗朗茨·冯 Schonborn, Lothar Franz von
朔尔，约翰·保罗 Schor, Johann Paul
朔尔，约翰·费迪南 Schor, Johann Ferdinand
斯宾诺莎 Spinoza, Baruch
斯卡尔法罗托，乔瓦尼·安东尼奥 Scalfarotto, Giovanni Antonio
斯卡莫齐，温琴佐 Scamozzi, Vincenzo
斯凯尔，弗里德里希·路德维格 Sckell, Friedrich Ludwig
斯科特，威廉 Scott, William
斯米兹，米夏埃尔·马蒂亚斯 Smids, Michael Matthias
斯佩基，亚历山德罗 Specchi, Alessandro
斯佩扎，安德烈亚 Spezza, Andrea
斯塔尔帕埃特，丹尼尔 Stalpaert, Daniel
斯坦尼斯拉斯一世 Stanislas I, Stanislas Leszczynski
斯坦帕尔 Stampart
斯通，N., Stone, N.
斯图尔特，詹姆斯 Stuart, James
斯威夫特 Swift, Jonathan
松宁，恩斯特·乔治 Sonnin, Ernst Georg
苏巴朗 Zurbarán, Francisco de

苏比萨蒂，森普罗尼奥 Subisati, Sempronio
苏夫洛 Soufflot, Germain
苏亚雷斯，安德烈 Soares, André
索别斯基，扬 Sobieski, Jan
索菲 Sophie
索菲-夏洛特 Sophie-Charlotte
索拉里，圣蒂诺 Solari, Santino

T

塔尔曼，威廉 Talman, William
泰曼扎，托马索 Temanza, Tomasso
唐加夫列尔 Don Gabriel
唐卡洛斯 Don Carlos
特尔莫，圣 Telmo, San
特尔西，菲利波 Terzi, Filippo
特雷瓦诺，乔瓦尼 Trevano, Giovanni
特里普（兄弟）Trip（brothers）
特辛（老），尼科迪默斯 Tessin le Vieux, Nicodemus (Nicodemus Tessin l'Ancien)
特辛（小），尼科迪默斯 Tessin le Jeune, Nicodemus (Nicodemus Tessin the Younger)
滕卡拉，乔瓦尼·彼得 Tencala, Giovanni Pietro
提埃坡罗，乔瓦尼·巴蒂斯塔 Tiepolo, Giovanni Battista
提香 Titien
廷特尔诺特，汉斯 Tintelnot, Hans
图恩，约翰·恩斯特·冯 Thun, Johann Ernst von (Ernst Count Thun-Hohenstein)
图密善 Domitien
图姆（家族）Thumb family
图姆，彼得（米夏埃尔·图姆之子）Thumb, Peter
图姆，克里斯蒂安 Thumb, Christian
图姆，米夏埃尔 Thumb, Michael
托里亚尼 Torriani

W

瓦迪，约翰 Vardy, John
瓦尔德施泰因,约翰·弗里德里希·冯 Waldstein, Johann Friedrich von
瓦尔内格罗，彼得罗 Valnegro, Pietro
瓦尔瓦索里，加布里埃莱 Valvassori, Gabriele
瓦根费尔斯，瓦格纳·冯 Wagenfels, Wagner von

瓦卡里尼，G. B.，Vaccarini, G. B.
瓦卡罗，多梅尼科·安东尼奥 Vaccaro, Domenico Antonio
瓦克巴特 Wackerbarth
瓦拉迪耶，朱塞佩 Valadier, Giuseppe
瓦莱里亚尼，朱塞佩 Valeriani, Giuseppe
瓦隆（人）Wallon
瓦桑齐奥，乔瓦尼 Vasanzio, Giovanni
瓦西，朱塞佩 Vasi, Giuseppe
万嫩马赫尔，约瑟夫 Wannenmacher, Joseph
万维泰利，路易吉 Vanvitelli, Luigi
威廉明妮（总督夫人）Wilhelmine
威廉三世（奥兰治王室的）Guillaume III d'Orange
威廉五世 Wilhelm V
威特科尔，R.，Wittkower, R.
威特沃，马丁 Witwer, Martin
韦布，约翰 Webb, John
韦德（将军）Wade, General
韦尔，伊萨克 Ware, Isaac
韦尔夫林，海因里希 Wölfflin, Heinrich
韦尔施，马克西米利安·冯 Welsch, Maximilian von
韦罗内塞 Veronese
维德曼，克里斯蒂安 Wiedemann, Christian
维尔曼，米夏埃尔 Willmann, Michael
维尔日勒，圣 Virgile, Saint
维吉尔 Virgile
维克托-阿梅代二世 Victor-Amédée II（Vittorio Amedeo II）
维纳斯（神）Venus
维尼奥拉，贾科莫·巴罗齐·达 Vignole, Giacomo Barozzi da
维斯卡尔迪，乔瓦尼·安东尼奥 Viscardi, Giovanni Antonio
维斯孔蒂 Visconti
维特尔斯巴赫（家族）Wittelsbach family
维特鲁威 Vitruve
维托内，贝尔纳多 Vittone, Bernardo
维托齐，阿斯卡尼奥 Vitozzi, Ascanio
委拉斯开兹 Vélasquez, Diego Rodríguez de Silva Y
味增爵（保罗的），圣 Vincent de Paul, Saint
温博恩，菲利普 Vingboons, Philip（Philippe）
温博恩，于斯特斯 Vingboons, Justus（Joost）
温克尔曼，约翰·约阿希姆 Winckelmann, Johann Joachim
文内科尔，斯蒂文 Vennecool, Steven
文森特，马特乌斯 Vicente, Mateus
沃邦 Vauban, Sébastien Le Prestre de
沃波尔，霍勒斯 Walpole, Horace
沃尔夫，雅各布（老）Wolff, Jakob, the Elder
沃尔夫，雅各布（小）Wolff, Jakob, le Jeune
沃尔泰拉，弗朗切斯科·达 Volterra, Francesco da
乌丹，安托万·莱奥诺尔 Houdin, Antoine Léonor
乌尔班八世（原名巴尔贝里尼，马费奥）Urban VIII（Barberini, Maffeo）
乌尔塔多·伊斯基耶多，弗朗西斯科 Hurtado Izquierdo, Francisco
乌利恩戈，卡洛·马里亚 Ugliengo, Carlo Maria

X

西蒂库斯，马库斯 Sittikus, Markus
西尔伯曼，戈特弗里德 Silbermann, Gottfried
西尔瓦尼，盖拉尔多 Silvani, Gherardo
西尔瓦尼，皮尔·弗朗切斯科 Silvani, Pier Francesco
西克斯图斯四世 Sixte IV
西克斯图斯五世 Sixte V（Sixte Quint）
西洛埃 Siloé
希安齐，贾科莫 Scianzi, Giacomo
希尔德布兰特，约翰·卢卡斯·冯 Hildebrandt, Johann Lukas von
休谟 Hume, David
絮里 Sully, Maximilien De Béthune

Y

雅克，圣 Jacques, Saint
雅努斯（神）Janus
亚大纳西，圣 Athanasius, Saint
亚当（《圣经》人物）Adam
亚当，罗伯特 Adam, Robert
亚当，威廉 Adam, William
亚当，詹姆斯 Adam, James
亚克托安（神话人物）Actaeon
亚历山大三世 Alexandre III
亚历山大七世 Alexandre VII Chigi

延奇，安东 Jentsch, Anton
耶尼施，菲利普·约瑟夫 Jenisch, Philipp Joseph
伊波利特（埃斯特的）Hippolyte d'Este
伊丽莎白 Élisabeth
伊丽莎白-夏洛特（巴拉丁的莉泽洛特）Élizabeth-Charlotte（Liselotte du Palatinat）
伊曼纽尔，马克斯 Emmanuel, Max
伊曼纽二世（萨伏依的），查理 Emmanuel II de Savoie, Charles
伊曼纽-菲利贝尔 Emmanuel-Philibert
伊莎贝拉（波旁家族的）Isabelle de Bourbon
伊莎贝拉（法尔内塞家族的）Isabelle Farnèse
伊莎贝拉（公主）Isabelle
伊西德罗，圣 Isidro, San
依纳爵（罗耀拉的），圣 Ignace de Loyola, Saint
印第安（人）Indiens
英格尔海姆，安塞尔姆·弗朗茨·冯 Ingelheim, Anselm Franz von
英诺森十世 Innocent X Pamfili
英诺森十一世 Innocent XI Odescalchi
英诺森十二世 Innocent XII Pignatelli
尤利乌斯二世 Julius II

尤斯蒂，卡尔 Justi, Carl
尤瓦拉，菲利波 Juvarra, Filippo
于布尔赫尔 Üblherr
于桑斯，彼得 Huyssens, Pieter
约尔丹斯 Jordaens
约翰（施洗者），圣 Jean-Baptiste, Saint
约翰·伍德（父，老约翰·伍德）John Wood Ier（Wood l'Aîné）
约翰·伍德（子）John Wood II
约翰三世 John III
约翰五世 John V
约瑟夫一世 Joseph Ier

Z

泽德尔迈尔，汉斯 Sedlmayr, Hans
詹博洛尼亚 Giambologna
詹姆斯一世 James I
詹姆斯二世 James II
芝诺比阿 Zénobie（Zénobie）
朱庇特（神）Jupiter
祖卡利，恩里科 Zuccalli, Enrico
祖斯特里斯，弗里德里希 Sustris, Friedrich

附录三　主要参考文献

Rolf Toman（édite par）：*L'Art du Baroque, Architecture, Sculpture, Peinture*，Könemann，1998
Werner Hager：*Architecture Baroque*，Éditions Albin Michel，Paris，1971
Henry A.Millon（edited by）：*The Triumph of the Baroque, Architecture in Europe 1600-1750*，Rizzoli，1999
Christian Norberg-Schulz：*Architecture Baroque et Classique*，Paris，Berger-Levrault，1979
Christian Norberg-Schulz：*History of World Architecture, Baroque Architecture*，Milano，Electa Architecture，2003
Susan M.Dixon（edited by）：*Italian Baroque Art*，Blackwell Publishing，2008
Chantal Grell et Milovan Stanič（textes réunis par）：*Le Bernin et l'Europe : du Baroque Triomphant à l'Âge Romantique*，Paris，Presses de l'Université de Paris-Sorbonne, 2002
Andrew Hopkins：*Italian Architecture : from Michelangelo to Borromini*，London，Thames & Hudson, c2002
Laurie Schneider Adams：*Key Monuments of the Baroque*，Westview Press, 2000
Manlio Brusatin and Gilberto Pizzamiglio（edited by）：*The Baroque in Central Europe, Places, Architecture and Art*，Venice，Marsilio，1992
Allan Ellenius（edited by）：*Baroque Dreams, Art and Vision in Sweden in the Era of Greatness*，Uppsala，Uppsala University Library，2003
George L. Hersey：*Architecture and Geometry in the Age of the Baroque*，Chicago，University of Chicago Press, c2000
Michael Brix：*The Baroque Landscape, André Le Nôtre & Vaux le Vicomte*，New York，Rizzoli, c2004
Rudolf Wittkower：*Art and Architecture in Italy 1600 to 1750*，New Haven and London，Yale University Press，1982
Charles Avery：*Bernini, Genius of the Baroque*，London，Thames and Hudson, 1997
Fabrice Douar et Matthias Waschek（édition établie par）：*Borromini en Perspective*，Paris，Musée du Louvre；École Nationale Supérieure des Beaux-Arts, c2003
Wend von Kalnein：*Architecture in France in the Eighteenth Century*，New Haven，Yale University Press, 1995
Stephan Hoppe：*Was ist Barock? Architektur und Städtebau Europas 1580-1770*，Darmstadt，Primus, 2003
John Summerson：*Architecture in Britain 1530 to 1830*，New Haven and London，Yale University Press，1993
Anthony Blunt：*Art and Architecture in France, 1500~1700*，New Haven and London，Yale University Press，1999
Jaroslava Staňková, Svatopluk Voděra：*Praha, Gotická a Barokní*，Praha，Academia, 2001
Jay A. Levenson（edited by）：*The Age of the Baroque in Portugal*，Washington，National Gallery of Art；New Haven and London，Yale University Press, c1993
Gil R. Smith：*Architectural Diplomacy, Rome and Paris in the Late Baroque*，New York，Architectural History Foundation；Cambridge, Mass., MIT Press, c1993
Jean-Marie Pérouse de Montclos：*Versailles*，New York，Abbeville Press，1991
Margaret Whinney：*Wren*，London，Thames and Hudson，1992
Christopher Ridgway & Robert Williams（edited by）：*Sir John Vanbrugh and Landscape Architecture in Baroque England*，Stroud, Gloucestershire：Sutton Pub. in association with the National Trust, c2004
Wilhelm Lübke und Carl von Lützow：*Denkmäler der Kunst*，Stuttgart，Verlag von Paul Neff.，1884
Dan Cruickshank（ed.）：*Sir Banister Fletcher's A History of Architecture*，20th edition，Architectural Press，1996
George Mansell：*Anatomie de l'Architecture*，Berger-Levrault，Paris，1979
Henri Stierlin：*Comprendre l'Architecture Universelle, I*，Office du Livre，Paris，1977
Leonardo Benevolo：*Storia della Città*，Editori Laterza，Roma，1975

图 版 简 目

·上册·

卷首图（一）：本卷中涉及的主要城市及建筑位置图（一、意大利） ... 3
卷首图（二）：本卷中涉及的主要城市及建筑位置图（二、法国及低地国家） ... 4
卷首图（三）：本卷中涉及的主要城市及建筑位置图（三、德国及中欧地区） ... 5
卷首图（四）：本卷中涉及的主要城市及建筑位置图（四、西班牙及葡萄牙） ... 6
卷首图（五）：本卷中涉及的主要城市及建筑位置图（五、英国） ... 6

第一章 导论

图1-1 腓力二世画像（作者佚名，取自 Lodovico Guicciardini：《Descrittione di tutti i Paesi Bassi》，1581年） ... 13
图1-2 罗马 法尔内塞府邸。廊厅内景（版画，作者 Giovanni Volpato，约1770年） ... 15
图1-3 罗马 法尔内塞府邸。廊厅，拱顶画（作者安尼巴莱·卡拉齐，1597~1601年） ... 16
图1-4 罗马 法尔内塞府邸。廊厅，拱顶画细部（《巴克斯和阿里阿德涅的胜利》，作者安尼巴莱·卡拉齐） ... 17
图1-5 鲁本斯 自画像（约1638~1640年，维也纳艺术史博物馆藏品） ... 18
图1-6 普桑 自画像（约1650年） ... 19
图1-7 建筑史研究图稿（取自约翰·伯恩哈德·菲舍尔·冯·埃拉赫：《Entwurf einer Historischen Architekur》，1721及1725年版） ... 20
图1-8 设计图稿（作者约翰·伯恩哈德·菲舍尔·冯·埃拉赫）：乡间府邸或亭阁（约1680和1694年） ... 22
图1-9 路易十四接见暹罗（今泰国）大使（版画，1687年，现存巴黎国家图书馆） ... 23
图1-10 柯尔贝尔向路易十四介绍皇家科学院院士（油画，1667年，作者 Henri Testelin，凡尔赛国家博物馆藏品） ... 24
图1-11 萨尔茨堡 黑尔布吕恩宫堡（亮泉宫）。花园洞窟景色 ... 24
图1-12 保罗·德克尔：著作扉页（取自《Fürstlicher Baumeister》，1711年） ... 26
图1-13 保罗·德克尔：理想王宫设计（取自《Fürstlicher Baumeister》第二部分，1716年） ... 26
图1-14 卡洛斯鲁厄。总平面示意（1715年和约1780年） ... 28
图1-15 卡洛斯鲁厄。总平面图 ... 28
图1-16 卡洛斯鲁厄。总平面方案（据 Leopoldo Retti，1749年） ... 29
图1-17 卡洛斯鲁厄。现状及俯视全景图 ... 29
图1-18 沙勒维尔（创立于1608年）。城市全图（据 K.Merian：《Topographia Galliae》，1655年） ... 30
图1-19 黎塞留（1635~1640年）。城市平面（Jacques Lemercier 制订，1631年） ... 30
图1-20 新布里萨克（创立于1697年）。总平面示意 ... 31
图1-21 新布里萨克。城市总平面（作者 Sébastien Le Prestre de Vauban，原稿现存巴黎文化部） ... 31
图1-22 新布里萨克。城市总平面（版画） ... 32
图1-23 新布里萨克。城市总平面（取自 A.E.J.Morris：《History of Urban Form》，1994年） ... 32
图1-24 新布里萨克。城墙透视图（18世纪手稿细部，作者佚名） ... 33
图1-25 新布里萨克。城市模型（1706年，现存巴黎 Musée des Plans-reliefs） ... 33
图1-26 曼海姆。城市全图（1606年，据 Merian） ... 34

图 1-27 曼海姆。城市全图（1720 年） 34
图 1-28 罗马 圣彼得大教堂广场。贝尔尼尼方案寓意图（取自 Bohdziewicz：《Zagadnienie formy w architekturze baroku》，1960 年） 35
图 1-29 罗马 耶稣会堂（1568~1576 年，建筑师贾科莫·巴罗齐·达·维尼奥拉和贾科莫·德拉·波尔塔）。地段设计（约 1550 年） 37
图 1-30 罗马 耶稣会堂。总平面视线分析（据 Schlimme） 37
图 1-31 罗马 耶稣会堂。平面 37
图 1-32 罗马 耶稣会堂。立面构成及比例分析（据 Schlimme） 38
图 1-33 罗马 耶稣会堂。纵剖面（取自 Stephan Hoppe：《Was ist Barock？ Architektur und Städtebau Europas 1580-1770》，2003 年） 39
图 1-34 罗马 耶稣会堂。纵剖面（据 Sandrart） 39
图 1-35 罗马 耶稣会堂。左耳堂祭坛设计图（作者彼得罗·达·科尔托纳，1637 年，原稿现存马德里西班牙国家图书馆） 40
图 1-36 罗马 耶稣会堂。大街景色（图版作者 Giovanni Battista Falda，1665 年，纽约公共图书馆藏品） 41
图 1-37 罗马 耶稣会堂。立面全景 41
图 1-38 罗马 耶稣会堂。立面近景 42
图 1-39 罗马 耶稣会堂。立面细部 43
图 1-40 罗马（山上）圣马利亚教堂（1580 年，建筑师贾科莫·德拉·波尔塔）。剖面（据 Heinrich Wöllin，1926 年，经改绘） 44
图 1-41 罗马 圣安德烈-德拉-瓦莱（谷地圣安德烈教堂）。平面（取自《Le Dizionario di Architettura e Urbanistica》） 44
图 1-42 罗马 圣安德烈-德拉-瓦莱（谷地圣安德烈教堂）。立面设计方案（作者卡洛·马代尔诺） 45
图 1-43 罗马 圣安德烈-德拉-瓦莱（谷地圣安德烈教堂）。外景（版画，作者 Giovanni Battista Piranesi） 45
图 1-44 罗马 圣安德烈-德拉-瓦莱（谷地圣安德烈教堂）。立面外景（设计人卡洛·拉伊纳尔迪，1665 年）... 46
图 1-45 罗马 圣安德烈-德拉-瓦莱（谷地圣安德烈教堂）。现状内景 47
图 1-46 罗马 圣安德烈-德拉-瓦莱（谷地圣安德烈教堂）。拱顶细部 48
图 1-47 罗马（弗拉米尼亚大街）圣安德烈教堂（1550 年）。平面 49
图 1-48 罗马（因库拉比利）圣贾科莫教堂（始建于 1590 年，设计人弗朗切斯科·达·沃尔泰拉；1595~1600 年马代尔诺接续完成）。外景（版画作者 Giovanni Battista Falda，取自《Il Teatro di Roma》，1660 年） 49
图 1-49 蒙多维 维科福尔泰朝圣教堂（1595~1596 年，设计人阿斯卡尼奥·维托齐；穹顶主持人弗朗切斯科·加洛，1728~1733 年）。平面 49
图 1-50 罗马 圣马利亚主堂。保利纳礼拜堂（1605~1611 年，设计人弗拉米尼奥·蓬齐奥），内景 50
图 1-51 罗马 圣马利亚主堂。保利纳礼拜堂，穹顶仰视景色 50
图 1-52 罗马 拉特兰圣乔瓦尼（约翰）教堂。兰切洛蒂礼拜堂（约 1675 年，建筑师乔瓦尼·安东尼奥·德罗西），穹顶仰视景色 51
图 1-53 罗马 圣马利亚主堂。斯福尔扎礼拜堂（米开朗琪罗设计，1561~1573 年），平面 51
图 1-54 巴黎 圣母往见教堂（1632~1634 年，建筑师弗朗索瓦·芒萨尔）。平面（取自《Le Petit Marot》和据 Christian Norberg-Schulz） 52
图 1-55 巴黎 圣母往见教堂。平面（作者弗朗索瓦·芒萨尔，图版现存斯德哥尔摩国家博物馆） 52
图 1-56 巴黎 圣母往见教堂。立面 53
图 1-57 巴黎 圣母往见教堂。立面（弗朗索瓦·芒萨尔设计，图版制作 J.Mariette）、立面及剖面设计（作者弗

朗索瓦·芒萨尔，现存巴黎法国国家档案馆) 53
图 1-58 巴黎 王室圣安娜教堂（1662~1665 年，已毁）。平面 53
图 1-59 巴黎 王室圣安娜教堂。平面（取自瓜里诺·瓜里尼：《Architettura Civile》，1737 年） 54
图 1-60 巴黎 王室圣安娜教堂。立面（取自瓜里诺·瓜里尼：《Architettura Civile》，1737 年） 54
图 1-61 巴黎 王室圣安娜教堂。剖面（取自瓜里诺·瓜里尼：《Architettura Civile》，1737 年） 55
图 1-62 维罗纳 乡野圣马利亚教堂（1559~1561 年，圣米凯利设计）。平面及纵剖面（取自 Ronzani 和 Luciolli：《Le Fabbriche》） 55
图 1-63 米兰 圣亚历山德罗教堂（始建于 1601/1602 年，洛伦佐·比纳戈设计）。平面 56
图 1-64 米兰 圣朱塞佩教堂（始建于 1607 年，设计人弗朗切斯科·马里亚·里基诺）。平面 56
图 1-65 米兰 圣朱塞佩教堂。平面及剖面 56
图 1-66 罗马 卡蒂纳里圣卡洛教堂（罗萨托·罗萨蒂设计，1612~1620 年，立面 1635~1638 年后加）。平面（据 Christian Norberg-Schulz） 57
图 1-67 巴黎 索尔本教堂（1636~1642 年，雅克·勒梅西耶设计）。平面 57
图 1-68 巴黎 索尔本教堂。主立面及平面剖析图（取自 Robert Adam：《Classical Architecture》，1991 年）......... 57
图 1-69 巴黎 索尔本教堂。耳堂立面（图版，据 Blondel the younger） 58
图 1-70 巴黎 索尔本教堂。面向广场的立面 58
图 1-71 巴黎 索尔本教堂。院落外景 58
图 1-72 巴黎 索尔本教堂。黎塞留墓（1675~1694 年，大理石，作者 François Girardon） 59
图 1-73 卡普拉罗拉 圣德肋撒教堂（1620 年，建筑师吉罗拉莫·拉伊纳尔迪）。平面 59
图 1-74 罗马 坎皮泰利圣马利亚教堂。平面最初方案及简图示意（作者卡洛·拉伊纳尔迪） 59
图 1-75 罗马 坎皮泰利圣马利亚教堂。剖面方案设计（作者卡洛·拉伊纳尔迪，1662 年） 60
图 1-76 罗马 坎皮泰利圣马利亚教堂。立面最初方案（作者卡洛·拉伊纳尔迪，1657~1658 年） 60
图 1-77 罗马 圣马利亚-马达莱娜教堂（始建于 1673 年，主要设计人乔瓦尼·安东尼奥·德罗西）。平面（取自 Christian Norberg-Schulz：《Architecture Baroque and Classique》，1979 年）.. 61
图 1-78 罗马 圣马利亚-马达莱娜教堂。平面（取自 John L.Varriano：《Italian Baroque and Rococo Architecture》，1986 年） 61
图 1-79 罗马 圣马利亚-马达莱娜教堂。内景 62
图 1-80 罗马 圣马利亚-马达莱娜教堂。半圆室细部（壁画作者 Joseph Parrocel，1674 年） 63
图 1-81 罗马 圣马利亚-马达莱娜教堂。内檐细部及曲线挑廊 64
图 1-82 罗马 圣马利亚-马达莱娜教堂。帆拱近景 65
图 1-83 弗朗切斯科·博罗米尼（1599~1667 年）画像（作者佚名，取自《Opus Architectonicum》，罗马，1725 年） 66
图 1-84 弗朗切斯科·博罗米尼漫画像（Carlo Fontana 绘，私人藏品）... 66
图 1-85 罗马 斯帕达宫。透视效果示意（弗朗切斯科·博罗米尼设计） 67
图 1-86 罗马 教义传播学院。三王礼拜堂（1654~1667 年，弗朗切斯科·博罗米尼设计），平面及纵剖面（据 Portoghesi，1967 年）.. 66
图 1-87 罗马 教义传播学院。三王礼拜堂，剖面图稿（作者弗朗切斯科·博罗米尼，维也纳 Graphische Sammlung Albertina 藏品） 67
图 1-88 罗马 教义传播学院。三王礼拜堂，剖面图（取自 Domenico de Rossi：《Studio d'Architettura Civile》，卷 2，1711 年）... 68
图 1-89 罗马 教义传播学院。三王礼拜堂，剖析图（据 Portoghesi，1967 年）... 68

图 1-90 罗马 圣奥古斯丁修道院。圣马利亚教堂（1642 年，未完成，弗朗切斯科·博罗米尼设计），平面及简图（取自 Christian Norberg-Schulz：《Architecture Baroque and Classique》，1979 年） 69

图 1-91 洛梅克（波希米亚地区）礼拜堂（1700 年后，建筑师圣蒂尼）。平面及剖面（据 Christian Norberg-Schulz） 70

图 1-92 瓜里诺·瓜里尼：都灵某教堂平面设计 [据《民用建筑》（Architettura Civile）插图改绘] 70

图 1-93 瓜里诺·瓜里尼："法国宫殿"平面设计 [《民用建筑》（Architettura Civile）插图] 71

图 1-94 里斯本 天道圣马利亚教堂（始建于 1656 年，可能 1659 年完工，建筑师瓜里诺·瓜里尼）。平面（据瓜里诺·瓜里尼） 71

图 1-95 里斯本 天道圣马利亚教堂。平面图 [取自瓜里诺·瓜里尼：《民用建筑》（Architettura Civile）图版 17，1737 年] 72

图 1-96 里斯本 天道圣马利亚教堂。剖面图 [取自瓜里诺·瓜里尼：《民用建筑》（Architettura Civile）图版 18，1737 年] 73

图 1-97 墨西拿 教堂（1660~1662 年，建筑师瓜里诺·瓜里尼）。平面及剖面 [取自瓜里诺·瓜里尼：《民用建筑》（Architettura Civile）图版 30，1737 年] 74

图 1-98 尼斯 圣加埃唐教堂。平面及剖面设计方案 [作者瓜里诺·瓜里尼，约 1670 年，《民用建筑》（Architettura Civile）图版 12] 74

图 1-99 尼斯 圣加埃唐教堂。平面（作者为瓜里诺·瓜里尼的弟子贝尔纳多·维托内） 75

图 1-100 奥罗帕 朝圣教堂(1678~1680 年)。平面设计 [作者瓜里诺·瓜里尼,可能 1670 年左右,《民用建筑》(Architettura Civile) 图版] 75

图 1-101 奥罗帕 朝圣教堂。立面及剖面设计 [作者瓜里诺·瓜里尼,《民用建筑》(Architettura Civile) 图版] 76

图 1-102 奥罗帕 朝圣教堂。透视复原图（据 De Bernardi Ferrero） 76

图 1-103 卡萨莱 圣菲利波教堂(1671 年)。平面及剖面 [作者瓜里诺·瓜里尼,《民用建筑》(Architettura Civile) 图版 25] 77

图 1-104 卡萨莱 圣菲利波教堂。平面构图示意（据 Christian Norberg-Schulz） 77

图 1-105 维琴察 圣加埃塔诺教堂(1674 年)。平面及剖面 [作者瓜里诺·瓜里尼,《民用建筑》(Architettura Civile) 图版 26] 78

图 1-106 维琴察 圣加埃塔诺教堂。平面及剖面（据 1686 及 1723 年瓜里诺·瓜里尼原图绘制） 78

图 1-107 都灵 无玷始胎教堂（1673~1697 年，瓜里诺·瓜里尼设计）。平面（据 Christian Norberg-Schulz） 79

图 1-108 都灵 无玷始胎教堂。穹顶内景 80

图 1-109 布拉格 圣马利亚-阿尔托廷教堂(1679 年,瓜里诺·瓜里尼设计)。平面及剖面 [《民用建筑》(Architettura Civile) 图版 19 及 21] 81

图 1-110 都灵 圣菲利浦·内里教堂（1679 年，瓜里诺·瓜里尼设计）。平面及剖面 [《民用建筑》（Architettura Civile）图版 14 及 16] 81

图 1-111 弗拉斯卡蒂 贝尔波焦别墅。俯视全景图（取自 Werner Hager：《Architecture Baroque》，1971 年） 83

图 1-112 罗马 蒙塔尔托别墅（1570 年，多梅尼科·丰塔纳设计）。全景版画 84

图 1-113 罗马 蒙塔尔托别墅。全景图（取自 Giovanni Battista Falda：《Li Giardini di Roma》，1683 年） 84

图 1-114 罗马 蒙塔尔托别墅。花园喷泉水池及雕刻（版画作者贝尔尼尼） 85

图 1-115 弗拉斯卡蒂 阿尔多布兰迪尼别墅（1601~1606 年，设计人贾科莫·德拉·波尔塔和卡洛·马代尔诺）。总平面（图版据 Domenico Barrière，线条图取自前苏联建筑科学院《建筑通史》第一卷） 85

图 1-116 弗拉斯卡蒂 阿尔多布兰迪尼别墅。南立面和水剧场（版画，取自 Domenico Barrière：《Villa Aldobrandina Tusculana》，1647 年） 86

图 1-117 弗拉斯卡蒂 阿尔多布兰迪尼别墅。北立面景观（版画，取自 Domenico Barrière：《Villa Aldobrandina Tusculana》，1647 年） 86

图 1-118 弗拉斯卡蒂 阿尔多布兰迪尼别墅。水剧场（版画作者 Giovanni Battista Falda，约 1675 年） 87

图 1-119 弗拉斯卡蒂 阿尔多布兰迪尼别墅。别墅外景 88

图 1-120 弗拉斯卡蒂 阿尔多布兰迪尼别墅。喷泉细部（作者贾科莫·德拉·波尔塔和乔瓦尼·丰塔纳，1602 年） 89

图 1-121 意大利巴洛克宫殿和法国宫邸的比较（据 Christian Norberg-Schulz） 89

图 1-122 意大利和法国宫殿院落布置的比较（据 Christian Norberg-Schulz） 89

图 1-123 罗马 法尔内塞宫（1541 年）。内院剖面（米开朗琪罗修改方案，版画作者 Ferrerio） 90

图 1-124 罗马 圣多梅尼科和圣西斯托教堂（V.della Greca 设计，1654 年）。外景和通向立面的大台阶 91

图 1-125 罗马 圣格雷戈里奥大堂（G.B.Soria 设计，1633 年）。立面形体及梯阶外景 91

图 1-126 梵蒂冈 观景楼院。全景（版画作者 H.van Scheel，1579 年） 92

图 1-127 蒂沃利 埃斯特离宫花园（皮罗·利戈里奥设计，1550 年）。全景图（版画作者 Étienne Dupérac，1573 年） 93

图 1-128 蒂沃利 埃斯特离宫花园。百泉道景色 93

图 1-129 罗马 博尔盖塞别墅。全景图（图版作者 S.Felice） 94

图 1-130 罗马 博尔盖塞别墅。园林景色 94

图 1-131 罗马 博尔盖塞别墅。海马喷泉及园区小亭（医神庙）景色 95

图 1-132 圣日耳曼昂莱 府邸。全景图（版画，取自 Leonardo Benevolo：《Storia della Città》，1975 年） 96

图 1-133 圣日耳曼昂莱 府邸。建筑全景（据 Pérelle） 96

图 1-134 佛罗伦萨 波波利花园（16 世纪 50~90 年代）。总平面（图版作者 Gaetano Vascellini，1789 年，现存佛罗伦萨 Museo di Firanze Com'era） 97

图 1-135 佛罗伦萨 波波利花园。总平面 97

图 1-136 佛罗伦萨 波波利花园。喷泉景色 98

图 1-137 佛罗伦萨 波波利花园。栏杆及水池 98

图 1-138 佛罗伦萨 波波利花园。喷泉雕刻 99

图 1-139 佛罗伦萨 波波利花园。园林雕刻 100

图 1-140 巴黎 卢森堡宫。宫殿及花园现状 101

图 1-141 巴黎 卢森堡宫。园区景色（梅迪奇喷泉） 101

图 1-142 巴黎 卢森堡宫。梅迪奇喷泉雕刻 102

图 1-143 安德烈·勒诺特（1613~1700 年）画像（Carlo Maratta 绘，1678 年，原作现存凡尔赛宫博物馆）......103

图 1-144 安德烈·勒诺特雕像（作者 Antoine Coysevox，1708 年） 103

图 1-145 安德烈·勒诺特雕像（制作于 19 世纪后期） 104

图 1-146 安德烈·勒诺特：喷泉设计草图（1684 年） 105

图 1-147 巴黎 圣克卢公园（规划设计人先后为安德烈·勒诺特、安托万·勒波特及弗朗索瓦·芒萨尔）。全景图（油画，作者 Allegrain，现存都灵 Palazzo Carignano） 105

图 1-148 巴黎 圣克卢公园。梯阶瀑布（17 世纪） 106

图 1-149 汉诺威 赫伦豪森皇家花园（17 世纪末）。全景图（作者 J.van Sassen，约 1700 年） 106

图 1-150 汉诺威 赫伦豪森皇家花园。现状景色（部分花坛为新设计） 107

图 1-151 汉诺威 赫伦豪森皇家花园。园区大喷泉 108

图 1-152 汉诺威 赫伦豪森皇家花园。角亭（设计人 Remy de la Fosse） 108

图 1-153 汉诺威 赫伦豪森皇家花园。瀑布台 ... 109
图 1-154 索菲-夏洛特（1668~1705 年）画像（作者分别为 Gedeon Romadon 和 Friedrich Wilhelm Weidemann） ... 110
图 1-155 柏林 夏洛滕堡花园（1697 年开始规划）。自宫殿平台望花园景色 ... 110
图 1-156 乔治·文策斯劳斯·冯·克诺贝尔斯多夫像（Antoine Pesne 绘） ... 111
图 1-157 坎普-林特福特 老西多会修道院。台地式花园（1740~1750 年）。现状景色 ... 110
图 1-158 布吕尔 奥古斯图斯堡府邸。花园（1728 年），中轴喷泉及花坛景色 ... 111
图 1-159 卡塞尔 卡尔斯贝格花园。八角台及梯阶瀑布景色 ... 112
图 1-160 魏克斯海姆 宫堡花园（1707~1725 年，Daniel Matthieu 规划）。宫堡及花园外景 ... 112
图 1-161 魏克斯海姆 宫堡花园。园景 ... 113
图 1-162 魏克斯海姆 宫堡花园。自宫堡望花园全景 ... 114
图 1-163 魏克斯海姆 宫堡花园。柑橘园西廊景色 ... 115
图 1-164 魏克斯海姆 宫堡花园。柑橘园东翼近景 ... 115
图 1-165 魏克斯海姆 宫堡花园。海格立斯（大力神）喷泉 ... 116
图 1-166 魏克斯海姆 宫堡花园。城壕栏杆及侏儒廊 ... 116
图 1-167 宁芙堡 花园（1715~1720 年）。大瀑布 ... 117
图 1-168 宁芙堡 花园。在林中吹笛的林牧神（潘） ... 118
图 1-169 施韦青根 宫堡花园（1753~1758 年，1770 年代完成；设计人尼古拉·勒帕热、约翰·路德维格·彼得里和弗里德里希·路德维格·斯凯尔）。总平面（据 J.M.Zeyher，1809 年） ... 117
图 1-170 施韦青根 宫堡花园。南圆堂和花坛 ... 119
图 1-171 施韦青根 宫堡花园。中轴线花园景色 ... 119
图 1-172 施韦青根 宫堡花园。小湖及清真寺 ... 120
图 1-173 施韦青根 宫堡花园。自然剧场和阿波罗庙 ... 120
图 1-174 施韦青根 宫堡花园。墨丘利庙及周围景色 ... 121
图 1-175 维也纳 观景楼宫殿（夏宫）。花园，俯视全景（Salomon Kleiner 设计，1731~1740 年，版画制作 J.-A. Corvinius） ... 121
图 1-176 维也纳 观景楼宫殿（夏宫）。花园外景 ... 122
图 1-177 维也纳 观景楼宫殿（夏宫）。花园，瀑布景色 ... 122
图 1-178 维也纳 观景楼宫殿（夏宫）。花园，喷泉 ... 122
图 1-179 维也纳 观景楼宫殿（夏宫）。花园，斯芬克斯造像 ... 123
图 1-180 维也纳 观景楼宫殿（夏宫）。花园，雕刻细部 ... 124
图 1-181 安托万-约瑟夫·德扎利埃·达让维尔：花坛设计 [《园艺学的理论及实践》(Traité sur la Théorie et la Pratique du Jardinage) 一书插图，1709 年] ... 124
图 1-182 海特洛 府邸。巴洛克花园（1685 年，1978 年修复，设计人达尼埃尔·马罗），现状景色 ... 125
图 1-183 罗马 修院圣马利亚教堂。立面外景（皮拉内西设计，1764~1768 年） ... 127
图 1-184 罗马 修院圣马利亚教堂。祭坛草图设计（作者皮拉内西） ... 128
图 1-185 罗马 修院圣马利亚教堂。祭坛（1764~1766 年） ... 128
图 1-186 古罗马大理石城图残片复原（作者皮拉内西，取自《Le Antichità Romane》，卷 I，1756 年） ... 129
图 1-187 帕尔马 至圣圣母领报教堂（1566 年，Giovanni Battista Fornovo 设计，穹顶 1626 年）。平面 ... 129
图 1-188 帕维亚 卡内帕诺瓦圣马利亚教堂。平面及剖面（图版作者 Raphael Helman） ... 130
图 1-189 博洛尼亚 圣萨尔瓦托雷教堂（1605~1623 年，乔瓦尼·安布罗焦·马真塔设计）。平面（取自 John L.Varriano；

《Italian Baroque and Rococo Architecture》，1986 年） 130

第二章　意大利

图 2-1 罗马 科尔索大街。中世纪平面示意 131
图 2-2 罗马 科尔索大街。17 世纪初形势 132
图 2-3 罗马 科尔索大街。南端地段平面（Mark D.Wittig 绘制）... 132
图 2-4 罗马 科尔索大街。地段俯视全景（1593 年 Tempesta 城图细部，1661/1662 年 De'Rossi 重新刊行）...... 133
图 2-5 罗马 皮亚大街。地段总平面 132
图 2-6 罗马 皮亚大街。俯视全景（拉特兰宫壁画，约 1589 年）... 133
图 2-7 罗马 皮亚大街。街道端头狄俄斯库里雕刻组群设计（贝尔尼尼工作室绘制）............ 133
图 2-8 罗马 圣彼得大教堂。格列高利十三世（在位期间 1572~1585 年）墓 134
图 2-9 罗马 耶稣会堂（1568~1584 年，现状内部装饰属 1668~1683 年）。内景 135
图 2-10 罗马 耶稣会堂。本堂拱顶仰视（拱顶画 Baciccia 绘制，灰泥造型 Antonio Raggi 制作）....... 136
图 2-11 罗马 耶稣会堂。穹顶帆拱细部（壁画作者 Baciccia，1676~1679 年）....................... 137
图 2-12 罗马 耶稣会堂。本堂拱顶细部 138
图 2-13 罗马 耶稣会堂。右耳堂祭坛围栏 139
图 2-14 罗马 耶稣会堂。北侧礼拜堂穹顶（1600 年）... 139
图 2-15 罗马 耶稣会堂。圣伊纳爵礼拜堂（建筑师 Andrea Pozzo，1696~1700 年），内景 140
图 2-16 罗马 耶稣会堂。圣伊纳爵祭坛左侧群雕（1696~1700 年）... 141
图 2-17 罗马（山上）圣三一教堂（1503 年，立面设计卡洛·马代尔诺，大门台阶多梅尼科·丰塔纳）。全景 142
图 2-18 罗马（山上）圣三一教堂。近景 143
图 2-19 罗马 巴布伊诺大街。延伸及拆建设计（原件现存梵蒂冈 Biblioteca Apostolica）..... 144
图 2-20 罗马 科隆纳广场。俯视全景（1658 年的版画，作者 Felice della Greca，原稿现存梵蒂冈 Biblioteca Apostolica Vaticana）... 144
图 2-21 罗马 科隆纳广场。全景 [1664 年，取自 Lievin Cruyl 绘《罗马十八景》(Eighteen Views of Rome)，现存克利夫兰 Museum of Art] 145
图 2-22 罗马 科隆纳广场。自科尔索大街望去的情景（版画作者 Giovanni Battista Falda，1665 年，纽约公共图书馆藏品）... 145
图 2-23 罗马 科隆纳广场。现状景色 146
图 2-24 罗马 卡皮托利诺广场（米开朗琪罗设计）。保守宫，跨间平面及立面（图版作者 Ludovico Rusconi-Sassi，1694 年）... 147
图 2-25 罗马 卡皮托利诺广场。鸟瞰全景图（取自 Werner Hager：《Architecture Baroque》，1971 年）............. 147
图 2-26 罗马 卡皮托利诺广场。现状 148
图 2-27 罗马 大角斗场。改造规划（西克斯图斯五世时期，1590 年，取自 Domenico Fontana：《Libro Secondo...》）
.... 149
图 2-28 罗马，1600 年城市全图（作者 Giovanni Maggi，原稿现存米兰）.............................. 149
图 2-29 罗马，保罗五世时期主要道路工程示意 150
图 2-30 罗马 圣苏珊娜教堂。立面透视图（1597~1603 年，卡洛·马代尔诺设计，取自《Dizionario di Architettura e Urbanistica》）... 151

图 2-31 罗马 圣苏珊娜教堂。西南侧景色 151
图 2-32 罗马 圣苏珊娜教堂。正立面全景 152
图 2-33 罗马 萨西亚圣灵教堂（约 1540 年，建筑师安东尼奥·达·圣加洛）。外景（18 世纪版画，作者 Giovanni Battista Piranesi）.. 153
图 2-34 罗马 萨西亚圣灵教堂。地段全景（版画，取自 Heinrich Wöllin：《Renaissance und barock...》，1926 年）...... 153
图 2-35 罗马 圣彼得大教堂(1506~1626 年,本堂部分 1607~1614 年,建筑师卡洛·马代尔诺)。平面图版(取自 P.Letarouilly 和 A.Simil：《Le Vatican et la Basilique de Saint-Pierre de Rome》，Paris，1882 年）.. 154
图 2-36 罗马 圣彼得大教堂。现状平面 155
图 2-37 罗马 圣彼得大教堂。约 1607 年平面扩展方案（作者卡洛·马代尔诺，原稿现存佛罗伦萨乌菲齐博物馆）.. 154
图 2-38 罗马 圣彼得大教堂。1613 年平面扩展方案（Mattheus Greuter 据卡洛·马代尔诺设计绘制）............... 155
图 2-39 罗马 圣彼得大教堂。1613 年本堂及廊道部分平面方案（据卡洛·马代尔诺设计绘制）...................... 156
图 2-40 罗马 圣彼得大教堂。现状西侧及南侧立面 157
图 2-41 罗马 圣彼得大教堂。现状东侧及北侧立面 158
图 2-42 罗马 圣彼得大教堂。米开朗琪罗最初立面设计（1546 年后，取自 Domenico Fontana：《Della Trasportatione dell'Obelisco Vaticano》）.. 159
图 2-43 罗马 圣彼得大教堂。卡洛·马代尔诺立面设计（1608 年，复制件，原稿 Giovanni Maggi 绘，伦敦 Victoria and Albert Museum 藏品）及表现该立面设计的纪念章（作者 P.Sanquirico）.. 159
图 2-44 罗马 圣彼得大教堂。卡洛·马代尔诺立面设计（1606~1612 年，据 J.Guadet）................................. 159
图 2-45 罗马 圣彼得大教堂。卡洛·马代尔诺立面设计（1613 年，Mattheus Greuter 绘）............................. 160
图 2-46 罗马 圣彼得大教堂。贝尔尼尼立面改建设计（1636~1641 年，原稿现存梵蒂冈 Biblioteca Apostolica）.... 160~161
图 2-47 罗马 圣彼得大教堂。贝尔尼尼立面及钟楼设计（1645 年，原稿现存梵蒂冈 Biblioteca Apostolica）..... 161
图 2-48 罗马 圣彼得大教堂。贝尔尼尼立面修订设计（一）（1645 年，原稿现存维也纳 Albertina）............... 160
图 2-49 罗马 圣彼得大教堂。贝尔尼尼立面修订设计（二）（1645 年，原稿现存维也纳 Albertina）............... 162
图 2-50 罗马 圣彼得大教堂。吉罗拉莫·拉伊纳尔迪立面及钟楼设计方案（1605 年，复原图作者 R.Semplici）..... 162
图 2-51 罗马 圣彼得大教堂。卡洛·拉伊纳尔迪立面修改建议（1645 年，原件现存梵蒂冈 Biblioteca Apostolica）.... 162~163
图 2-52 罗马 圣彼得大教堂。卡洛·拉伊纳尔迪立面修改建议（1645 年，原件现存梵蒂冈 Biblioteca Apostolica）.... 163
图 2-53 罗马 圣彼得大教堂。卡洛·拉伊纳尔迪立面修改建议（1645~1646 年，莱比锡 Museum der Bildenden Künste 藏品）.. 163
图 2-54 罗马 圣彼得大教堂。卢多维科·奇戈利立面设计（约 1606 年，原稿现存佛罗伦萨乌菲齐博物馆）... 163
图 2-55 罗马 圣彼得大教堂。马蒂诺·费拉博斯科系列图（据 Costaguti，1684 年）.. 164
图 2-56 罗马 圣彼得大教堂。1641 年 6 月完成之立面复原图（取自 Sarah McPhee：《Bernini and the Bell Towers：Architecture and Politics at the Vatican》，2002 年）.. 165
图 2-57 罗马 圣彼得大教堂。塔楼设计综合图（据 Bonanni，1696 年）.. 165
图 2-58 罗马 圣彼得大教堂。立面（取自 Wilhelm Lübke 及 Carl von Lützow：《Denkmäler der Kunst》，1884 年）.. 165
图 2-59 罗马 圣彼得大教堂。1750 年模型（照明设计）.. 166
图 2-60 罗马 圣彼得大教堂。纵剖面（取自 Wilhelm Lübke 及 Carl von Lützow：《Denkmäler der Kunst》，1884 年）

	....	166
图 2-61 罗马 圣彼得大教堂。	纵剖面（完成后，据 W.Blaser）..	167
图 2-62 罗马 圣彼得大教堂。	纵剖面（局部，示穹顶及华盖部分，据 J.Fergusson）................................	167
图 2-63 罗马 圣彼得大教堂。	西廊厅东西向剖面（示廊道及赐福间部分，据 Fontana，1694 年）..........	167
图 2-64 罗马 圣彼得大教堂。	西廊厅北段南北向剖面（包括钟楼及与梵蒂冈宫相连的通道，约 1615~1620 年，	
据 Costaguti，1684 年资料，图版制作 Martino Ferrabosco）..		169
图 2-65 罗马 圣彼得大教堂。	剖析图（取自 George Mansell：《Anatomie de l'Architecture》，1979 年）......	168~169
图 2-66 罗马 圣彼得大教堂。	自东南方向望去的西廊厅及本堂剖析图（作者 Andrea Rui）......................	170
图 2-67 罗马 圣彼得大教堂。	自西北方向望去的本堂剖析图（作者 Andrea Rui）....................................	171
图 2-68 罗马 圣彼得大教堂。	圣器室，剖面模型（菲利波·尤瓦拉设计）..	170~171
图 2-69 罗马 圣彼得大教堂。	正面全景..	172
图 2-70 罗马 圣彼得大教堂。	自东北向望立面景色..	172
图 2-71 罗马 圣彼得大教堂。	立面近景..	174~175
图 2-72 罗马 圣彼得大教堂。	中央门廊全景..	173
图 2-73 罗马 圣彼得大教堂。	中央门廊山墙雕刻：保罗五世纹章..	176
图 2-74 罗马 圣彼得大教堂。	中央门廊南侧上层墙体细部..	177
图 2-75 罗马 圣彼得大教堂。	立面南翼首层及二层墙龛细部..	177
图 2-76 罗马 圣彼得大教堂。	立面南翼顶层窗及钟楼细部..	178~179
图 2-77 罗马 圣彼得大教堂。	中央门廊南侧柱头近景..	178~179
图 2-78 罗马 圣彼得大教堂。	立面南端，自西南方向望去的景色..	178
图 2-79 罗马 圣彼得大教堂。	立面顶部雕像..	180
图 2-80 罗马 圣彼得大教堂。	立面顶部雕像..	180
图 2-81 罗马 圣彼得大教堂。	本堂南侧首层墙龛及二层窗细部..	181
图 2-82 罗马 圣彼得大教堂。	本堂南侧首层、二层及顶层墙龛和窗细部..	182
图 2-83 罗马 圣彼得大教堂。	本堂，向西面望去的景色（油画，作者 Giovanni Paolo Pannini，华盛顿 National Gallery of Art 藏品）..	183
图 2-84 罗马 圣彼得大教堂。	本堂内景（17 世纪早期油画，作者佚名，James Lees-Milne 私人藏品）........	184
图 2-85 罗马 圣彼得大教堂。	18 世纪内部景色（版画作者 Giovanni Battista Piranesi）............................	183
图 2-86 罗马 圣彼得大教堂。	本堂内景（取自 Wilhelm Lübke 及 Carl von Lützow：《Denkmäler der Kunst》，1884 年）	
	....	184
图 2-87 罗马 圣彼得大教堂。	本堂，向东望去的俯视全景..	185
图 2-88 罗马 圣彼得大教堂。	本堂，向西望去的俯视全景..	186
图 2-89 罗马 圣彼得大教堂。	本堂，自东向西望全景..	187
图 2-90 罗马 圣彼得大教堂。	本堂，自西向东望全景..	187
图 2-91 罗马 圣彼得大教堂。	本堂，东端景色..	188
图 2-92 罗马 圣彼得大教堂。	本堂，向东仰视景色..	191
图 2-93 罗马 圣彼得大教堂。	本堂，拱顶仰视景色..	189
图 2-94 罗马 圣彼得大教堂。	本堂，南侧立面全景..	190~191
图 2-95 罗马 圣彼得大教堂。	本堂，柱墩近景..	190~191
图 2-96 罗马 圣彼得大教堂。	本堂，柱墩细部..	192
图 2-97 罗马 圣彼得大教堂。	本堂，南墙东段近景..	193

图 2-98 罗马 圣彼得大教堂。本堂，北廊及圣塞巴斯蒂安礼拜堂 ... 194
图 2-99 罗马 圣彼得大教堂。前厅，自北向南望景色 ... 195
图 2-100 罗马 圣彼得大教堂。前厅，自南向北望景色 ... 196
图 2-101 罗马 圣彼得大教堂。自北前厅东望广场景色 ... 197
图 2-102 热那亚 卡里尼亚诺圣马利亚教堂（设计人 Galeazzo Alessi）。平面 ... 197
图 2-103 热那亚 卡里尼亚诺圣马利亚教堂。外景 ... 197
图 2-104 西皮翁·博尔盖塞雕像（作者贝尔尼尼，1632 年，现存罗马博尔盖塞别墅） ... 198
图 2-105 罗马 博尔盖塞别墅（1613~1615 年，设计人先后为弗拉米尼奥·蓬齐奥及乔瓦尼·瓦桑齐奥）。18 世纪景色（取自 Henry A.Millon 主编：《The Triumph of the Baroque，Architecture in Europe 1600-1750》，1999 年） .. 198
图 2-106 罗马 博尔盖塞别墅。立面全景 ... 199
图 2-107 罗马 博尔盖塞别墅。立面近景 ... 200
图 2-108 罗马 博尔盖塞别墅。花园立面 ... 200
图 2-109 罗马 博尔盖塞别墅。帝王廊内景 ... 201
图 2-110 罗马 塞卢皮宫（1585 年，未完成）。立面（图版作者 Giovanni Battista Falda） ... 200
图 2-111 罗马 保拉水道及喷泉（1610~1614 年，设计人弗拉米尼奥·蓬齐奥）。18 世纪景色（版画作者 Giovanni Battista Piranesi） ... 202
图 2-112 罗马 保拉水道及喷泉。现状景色 ... 202
图 2-113 乌尔班八世（在位期间 1623~1644 年）画像（作者贝尔尼尼，1625 年） ... 203
图 2-114 乌尔班八世雕像（作者贝尔尼尼，牛津郡 Blenheim Palace 藏品） ... 203
图 2-115 罗马 奎里纳莱广场。古罗马时期总平面（罗马城图细部，取自 Lanciani:《Forma Urbis Romae》，图版 16） ... 204
图 2-116 罗马 奎里纳莱广场。约 1550 年山头景色（绘画，原件现存巴黎卢浮宫博物馆） ... 204
图 2-117 罗马 奎里纳莱广场。1625 年地段俯视全景（罗马城图细部，作者 Maggi-Maupin-Losi，取自 Brizzi、Casanova 和 Di Domenico：《Palazzo del Quirinale》，图版 12） ... 204
图 2-118 罗马 奎里纳莱广场。1664 年广场景观 [取自 Lievin Cruyl 绘《罗马十八景》（Eighteen Views of Rome），现存克利夫兰 Museum of Art] ... 205
图 2-119 罗马 奎里纳莱广场。18 世纪景色（版画作者 Giovanni Battista Piranesi） ... 205
图 2-120 罗马 奎里纳莱广场。18 世纪景色（Gian Paolo Pannini 绘，约 1743 年） ... 205
图 2-121 罗马 奎里纳莱广场。广场规划草图（作者贝尔尼尼，1657 年，原稿现存梵蒂冈 Biblioteca Apostolica） ... 206
图 2-122 吉安·洛伦佐·贝尔尼尼（1598~1680 年）青年时期画像（作者 Ottavio Leoni，1622 年） ... 206
图 2-123 吉安·洛伦佐·贝尔尼尼青年及中年时期画像（罗马博尔盖塞画廊及佛罗伦萨乌菲齐博物馆） ... 207
图 2-124 贝尔尼尼雕刻作品：《大卫》（1623~1624 年，现存罗马博尔盖塞画廊） ... 206
图 2-125 罗马 圣比比亚纳教堂（立面 1624~1626 年，贝尔尼尼设计）。17 世纪景色（版画作者 Giovanni BattistaFalda） ... 207
图 2-126 罗马 圣比比亚纳教堂。外景 ... 207
图 2-127 罗马 圣比比亚纳教堂。祭坛内景 ... 207
图 2-128 罗马 圣比比亚纳教堂。祭坛雕刻（作者贝尔尼尼） ... 208
图 2-129 罗马 圣彼得大教堂。乌尔班八世墓 ... 208~209
图 2-130 罗马 圣彼得大教堂。乌尔班八世墓，贝尔尼尼最初设计图稿（温莎城堡王室藏品）及泥塑雕刻初型（现存梵蒂冈博物馆） ... 209
图 2-131 罗马 西班牙广场。《破船》喷泉（Barcaccia，1627~1629 年），17 世纪景色（版画作者 Giovanni Battista Falda）

图 2-132 罗马 西班牙广场。《破船》喷泉，近景 210
图 2-133 罗马 西班牙广场。《破船》喷泉，雕刻细部 210
图 2-134 罗马 巴尔贝里尼广场。海神喷泉，17 世纪外景（图版作者 Rossi） 211
图 2-135 罗马 巴尔贝里尼广场。海神喷泉，贝尔尼尼设计图稿（温莎城堡王室藏品） 211
图 2-136 罗马 巴尔贝里尼广场。海神喷泉，近景 211
图 2-137 罗马 巴尔贝里尼广场。海神喷泉，雕刻及细部 .... 212~213
图 2-138 罗马 万神庙。18 世纪景色（版画作者 Giovanni Battista Piranesi） 213
图 2-139 罗马 万神庙。19 世纪初景色 213
图 2-140 罗马 圣彼得大教堂。主祭坛华盖（1624~1633 年，贝尔尼尼设计），主立面及侧立面（据 W.Chandler Kirwin）
.... 214
图 2-141 罗马 圣彼得大教堂。主祭坛华盖，1606 年卡洛·马代尔诺设计方案 214
图 2-142 罗马 圣彼得大教堂。主祭坛华盖，贝尔尼尼第一个设计方案 214
图 2-143 罗马 圣彼得大教堂。主祭坛华盖，贝尔尼尼顶部设计草图（原稿现存维也纳 Graphische Sammlung Albertina）
.... 215
图 2-144 罗马 圣彼得大教堂。主祭坛华盖，扭曲柱及复合柱头设计（图稿作者弗朗切斯科·博罗米尼，1631 年，温莎城堡王室图书馆藏品） 216
图 2-145 罗马 圣彼得大教堂。主祭坛华盖，全景图（版画，作者 R.Sturgis） 215
图 2-146 罗马 圣彼得大教堂。主祭坛华盖，正面景色 216
图 2-147 罗马 圣彼得大教堂。主祭坛华盖，东南侧全景 217
图 2-148 罗马 圣彼得大教堂。主祭坛华盖，东南侧仰视景色 218
图 2-149 罗马 圣彼得大教堂。主祭坛华盖，东南侧俯视全景 219
图 2-150 罗马 圣彼得大教堂。主祭坛华盖，西侧仰视近景 220
图 2-151 罗马 圣彼得大教堂。主祭坛华盖，东侧仰视细部 221
图 2-152 罗马 圣彼得大教堂。主祭坛华盖，扭曲柱细部（一） 221
图 2-153 罗马 圣彼得大教堂。主祭坛华盖，扭曲柱细部（二） 222
图 2-154 罗马 圣彼得大教堂。主祭坛华盖，顶盖底部飞鸽造型及贝尔尼尼顶部设计草图（原稿现存梵蒂冈图书馆）
.... 222~223
图 2-155 罗马 圣彼得大教堂。圣墓（1615~1617 年，卡洛·马代尔诺设计），俯视全景 223
图 2-156 罗马 圣彼得大教堂。圣墓，东侧台阶及墓室 224
图 2-157 罗马 圣彼得大教堂。柱墩龛室雕像：《圣隆吉努斯》（1629~1638 年，作者贝尔尼尼） .... 224~225
图 2-158 罗马 圣彼得大教堂。柱墩龛室雕像：《圣安德烈》（1629~1633 年，作者 François Duquesnoy） 226
图 2-159 罗马 圣彼得大教堂。立面形体南半部平面（作者弗朗切斯科·博罗米尼，1645 年，原稿现存维也纳 Albertina）
.... 226
图 2-160 罗马 圣彼得大教堂。卡洛·马代尔诺南钟楼基础平面（弗朗切斯科·博罗米尼绘，1645 年，原稿现存维也纳 Albertina） 226
图 2-161 罗马 圣彼得大教堂。北钟楼基础及相邻结构（弗朗切斯科·博罗米尼绘，1645 年，原稿现存梵蒂冈）
.... 227
图 2-162 罗马 圣彼得大教堂。贝尔尼尼南钟楼平面（Pietro Paolo Drei 绘，1640 年；原稿现存维也纳 Albertina）
.... 227
图 2-163 罗马 圣彼得大教堂。钟楼平面及立面设计方案（作者贝尔尼尼，约 1637~1638 年；图稿现存巴黎 École

Nationale Supérieure des Beaux-Arts，线条图取自 Werner Hager：《Architecture Baroque》，1971 年） 228

图 2-164 罗马 圣彼得大教堂。钟楼，贝尔尼尼立面方案（1645 年，原稿分别存马德里国家图书馆及梵蒂冈等处） 228

图 2-165 罗马 圣彼得大教堂。钟楼，贝尔尼尼最后实施立面（复原图） 228

图 2-166 罗马 圣彼得大教堂。贝尔尼尼南钟楼外景（1641~1646 年景色，版画作者 Israël Silvestre） 229

图 2-167 罗马 圣彼得大教堂。钟楼，平面及立面设计草图（作者弗朗切斯科·博罗米尼，1645 年，原稿现存维也纳 Albertina） 229

图 2-168 罗马 圣彼得大教堂。钟楼，立面及部分平面设计草图（作者弗朗切斯科·博罗米尼，1626 年，原稿现存柏林 Kunstbibliothek） 230

图 2-169 罗马 圣彼得大教堂。钟楼，立面设计方案（作者卡洛·拉伊纳尔迪，原稿现存梵蒂冈 Biblioteca Apostolica） 230

图 2-170 罗马 圣彼得大教堂。钟楼，立面改建设计（作者 Pietro Paolo Drei，1645 年，原稿现存梵蒂冈）..... 230

图 2-171 罗马 圣彼得大教堂。基础加固设计（作者 Andrea Bolgi，1645 年，原稿现存梵蒂冈）.............. 231

图 2-172 罗马 圣彼得大教堂。钟楼，施工场景（版画，1639 年，作者 Israël Silvestre），从南面看去的情景（两幅分别存纽约 Metropolitan Museum of Art 和牛津 Ashmolean Museum） 231

图 2-173 罗马 圣彼得大教堂。钟楼，施工场景（版画，1641 年，作者 Israël Silvestre，原稿现存罗马 Gabinetto Nazionale delle Stampe） 232

图 2-174 罗马 圣彼得大教堂。南钟楼，1641 年景观（图 2-436 全景局部，图版作者 Israël Silvestre，原稿现存剑桥 Fogg Art Museum） 232

图 2-175 罗马 圣彼得大教堂。北钟楼，1641 年景观（图 2-436 全景局部，图版作者 Israël Silvestre，原稿现存剑桥 Fogg Art Museum） 232

图 2-176 罗马 圣彼得大教堂。南钟楼，东立面现状 233

图 2-177 罗马 圣彼得大教堂。北钟楼，现状 234

图 2-178 罗马 圣彼得大教堂。南钟楼，内部螺旋梯（贝尔尼尼设计） .... 234~235

图 2-179 彼得罗·达·科尔托纳（1596~1669 年）：自画像（1664~1665 年，佛罗伦萨乌菲齐画廊藏品）.. 234~235

图 2-180 彼得罗·达·科尔托纳墓碑设计（作者 Ciro Ferri，约 1670 年，温莎城堡王室藏品） 235

图 2-181 罗马 约 1980 年城市中心区航片（图上标出彼得罗·达·科尔托纳的作品） 234

图 2-182 彼得罗·达·科尔托纳：古迹复原图（普莱内斯特古罗马时期的福尔图娜神庙，温莎城堡王室藏品） 236

图 2-183 彼得罗·达·科尔托纳：古迹复原图（1666 年，伦敦大英博物馆藏品） 236

图 2-184 佛罗伦萨 皮蒂府邸。宙斯厅，天顶画（作者彼得罗·达·科尔托纳，1642 年） 237

图 2-185 佛罗伦萨 皮蒂府邸。宙斯厅，天顶画细部（彼得罗·达·科尔托纳绘） 237

图 2-186 佛罗伦萨 皮蒂府邸。火星（马耳斯）厅，内景（彼得罗·达·科尔托设计） 238

图 2-187 佛罗伦萨 皮蒂府邸。火星（马耳斯）厅，天顶画（作者彼得罗·达·科尔托纳，1644 年）...... 239

图 2-188 佛罗伦萨 皮蒂府邸。金星（维纳斯）厅，内景 239

图 2-189 佛罗伦萨 皮蒂府邸。金星（维纳斯）厅，天顶画（作者彼得罗·达·科尔托纳，1641~1642 年）...... 240

图 2-190 佛罗伦萨 皮蒂府邸。太阳（阿波罗）厅，天顶画（作者彼得罗·达·科尔托纳和奇罗·费里，1645~1647 年和 1659~1661 年） 240

图 2-191 佛罗伦萨 皮蒂府邸。立面改造设计（作者彼得罗·达·科尔托纳，1641 年，原稿现存佛罗伦萨 Gabinetto Disegni e Stampe degli Uffizi） 241

图 2-192 佛罗伦萨 皮蒂府邸。立面及其后花园剧场设计草图（作者彼得罗·达·科尔托纳，1641 年，原稿现存

佛罗伦萨 Gabinetto Disegni e Stampe degli Uffizi） 241

图 2-193 佛罗伦萨 皮蒂府邸。夹层房间（彼得罗·达·科尔托纳设计，17 世纪 40 年代；壁画作者 Salvator Rosa）
....242

图 2-194 佛罗伦萨 皮蒂府邸。夹层宁芙堂，拱顶画（作者彼得罗·达·科尔托纳，约 1645 年） 242

图 2-195 罗马 皮涅托的萨凯蒂别墅（1625~1630 年，彼得罗·达·科尔托纳设计）。平面及立面（彼得罗·达·科尔托纳设计，图稿制作 Pietro Bracci，原稿现存蒙特利尔 Collection Centre Canadien d'Architecture） 243

图 2-196 罗马 皮涅托的萨凯蒂别墅。剖面（Pietro Bracci 绘，1719 年，原稿现存蒙特利尔 Collection Centre Canadien d'Architecture）
....244

图 2-197 罗马 皮涅托的萨凯蒂别墅。平面及立面（图版制作 P.L.Ghezzi，伦敦 Sir Anthony Blunt 私人藏品） 245

图 2-198 罗马 皮涅托的萨凯蒂别墅。平面草图（局部，作者菲利波·尤瓦拉，原稿现存都灵 Biblioteca Nazionale）
....245

图 2-199 罗马 皮涅托的萨凯蒂别墅。全景图（油画，作者 Gaspar van Wittel） ....246~247

图 2-200 罗马 皮涅托的萨凯蒂别墅。外景（版画作者 Alessandro Specchi，1699 年） 246

图 2-201 罗马 皮涅托的萨凯蒂别墅。残毁后景象（水彩画，作者 Hubert Robert，1760 年，现存维也纳 Graphische Sammlung Albertina） 247

图 2-202 罗马 皮涅托的萨凯蒂别墅。天棚装饰图（Gérard Audran 据彼得罗·达·科尔托纳设计绘制，1668 年，现存伦敦 Courtauld Iinstitute Galleries） 248

图 2-203 罗马 皮涅托的萨凯蒂别墅。宁芙堂，设计图稿（作者彼得罗·达·科尔托纳，约 1638 年，现存罗马 Istituto Nazionale per la Grafica）及残迹现状 248

图 2-204 罗马 圣卢卡和圣马蒂纳教堂（1635~1650 年，彼得罗·达·科尔托纳设计）。基址上圣马蒂纳老教堂平面及立面（图稿，约 1635 年，现存米兰 Castello Sforzesco） 249

图 2-205 罗马 圣卢卡和圣马蒂纳教堂。平面（彼得罗·达·科尔托纳设计，图版制作 Venturini） 249

图 2-206 罗马 圣卢卡和圣马蒂纳教堂。平面及剖面 249

图 2-207 罗马 圣卢卡和圣马蒂纳教堂。平面（据 De Logu）及简图（据 Christian Norberg-Schulz） 250

图 2-208 罗马 圣卢卡和圣马蒂纳教堂。现状平面（据 Noehles，约 1970 年） 250

图 2-209 罗马 圣卢卡和圣马蒂纳教堂。立面（17 世纪图版，据彼得罗·达·科尔托纳设计制作，现存米兰 Castello Sforzesco） 250

图 2-210 罗马 圣卢卡和圣马蒂纳教堂。立面（取自 Wilhelm Lübke 及 Carl von Lützow：《Denkmäler der Kunst》，1884 年） 251

图 2-211 罗马 圣卢卡和圣马蒂纳教堂。平面方案设计：1、彼得罗·达·科尔托纳最初方案（约 1635 年，图版制作 Domenico Castelli，原稿现存梵蒂冈 Biblioteca Apostolica）；2~3、彼得罗·达·科尔托纳或奇罗·费里设计（17 世纪后期，原稿现存米兰 Castello Sforzesco） 251

图 2-212 罗马 圣卢卡和圣马蒂纳教堂。设计草图（作者彼得罗·达·科尔托纳，1641 年，现存佛罗伦萨 Gabinetto Disegni e Stampe degli Uffizi） 252

图 2-213 罗马 圣卢卡和圣马蒂纳教堂。外景（油画局部，作者 Gaspar van Wittel） 252

图 2-214 罗马 圣卢卡和圣马蒂纳教堂。17 世纪外景（作者 Giovanni Battista Falda） 252

图 2-215 罗马 圣卢卡和圣马蒂纳教堂。18 世纪外景（版画，局部，作者 Giovanni Battista Piranesi） 253

图 2-216 罗马 圣卢卡和圣马蒂纳教堂。西南侧远景 253

图 2-217 罗马 圣卢卡和圣马蒂纳教堂。自古罗马广场区望去的景色 253

图 2-218 罗马 圣卢卡和圣马蒂纳教堂。正立面（西南侧）全景 254

图 2-219 罗马 圣卢卡和圣马蒂纳教堂。西北侧全景 255

图 2-220 罗马 圣卢卡和圣马蒂纳教堂。从西面望去的景色 256
图 2-221 罗马 圣卢卡和圣马蒂纳教堂。穹顶近景（1661~1666 年）..257
图 2-222 罗马 圣卢卡和圣马蒂纳教堂。本堂内景 258
图 2-223 罗马 圣卢卡和圣马蒂纳教堂。高祭坛（彼得罗·达·科尔托纳和奇罗·费里设计，17 世纪 30 年代后期及 1674~1678 年），现状 ....258~259
图 2-224 罗马 圣卢卡和圣马蒂纳教堂。下教堂，平面及剖面（据 De Rossi，1684 年）............................258
图 2-225 罗马 圣卢卡和圣马蒂纳教堂。下教堂，八角礼拜堂（彼得罗·达·科尔托纳设计，1651 年），内景 259
图 2-226 罗马 圣卢卡和圣马蒂纳教堂。S.Martina 礼拜堂（彼得罗·达·科尔托纳设计，17 世纪 40~60 年代），内景 260
图 2-227 罗马 四泉圣卡洛修道院及教堂（1634~1682 年，修道院及教堂主体结构 1634~1639 年，回廊院 1635~1636 年，立面 1664~1667 年，建筑师弗朗切斯科·博罗米尼）。平面图稿（一），作者弗朗切斯科·博罗米尼 260
图 2-228 罗马 四泉圣卡洛修道院及教堂。平面图稿（二），弗朗切斯科·博罗米尼绘制，完成于 1634、1638 年及以后，大部原稿现存维也纳 Graphische Sammlung Albertina 261
图 2-229 罗马 四泉圣卡洛修道院及教堂。平面图稿（三）..261
图 2-230 罗马 四泉圣卡洛修道院及教堂。平面图稿（四），最后方案 262
图 2-231 罗马 四泉圣卡洛修道院及教堂。地段总平面（G.Nolli 罗马城图局部）....................................262
图 2-232 罗马 四泉圣卡洛修道院及教堂。建筑群总平面（据 Rudolf Wittkower 及 Roth）..................262
图 2-233 罗马 四泉圣卡洛教堂。教堂及院落平面（据 John L.Varriano，1986 年）..............................263
图 2-234 罗马 四泉圣卡洛教堂。平面及立面（据 Pietro Bracci，原稿现存蒙特利尔 Collection Centre Canadien d'Architecture）..263
图 2-235 罗马 四泉圣卡洛教堂。平面几何分析（据 Portoghesi）..263
图 2-236 罗马 四泉圣卡洛教堂。平面和开普勒行星运行轨道椭圆曲线的比较（取自 George L. Hersey：《Architecture and Geometry in the Age of the Baroque》，2000 年）..264
图 2-237 罗马 四泉圣卡洛教堂。剖面（图版，取自 John L.Varriano：《Italian Baroque and Rococo Architecture》，1986 年）..264
图 2-238 罗马 四泉圣卡洛教堂。剖面（取自《Insig.Roman.Templor.Prospectus》）..............................264
图 2-239 罗马 四泉圣卡洛教堂。剖面（取自 Rudolf Wittkower：《Art and Architecture in Italy 1600 to 1750》，1982 年）..265
图 2-240 罗马 四泉圣卡洛教堂。剖析图（据 Portoghesi，1967 年）..265
图 2-241 罗马 四泉圣卡洛教堂。建筑群最初形式透视复原图（据 Portoghesi，1967 年）......................265
图 2-242 罗马 四泉圣卡洛教堂。18 世纪外景（版画作者 Giovanni Battista Piranesi）............................266
图 2-243 罗马 四泉圣卡洛教堂。北侧俯视景色 266
图 2-244 罗马 四泉圣卡洛教堂。北侧全景 266
图 2-245 罗马 四泉圣卡洛教堂。立面近景 267
图 2-246 罗马 四泉圣卡洛教堂。立面细部 267
图 2-247 罗马 四泉圣卡洛教堂。院落现状 268
图 2-248 罗马 四泉圣卡洛教堂。院落转角细部 268
图 2-249 罗马 四泉圣卡洛教堂。室内全景 269
图 2-250 罗马 四泉圣卡洛教堂。本堂墙面 270
图 2-251 罗马 四泉圣卡洛教堂。墙体及立柱细部 270
图 2-252 罗马 四泉圣卡洛教堂。室内仰视全景 270

图 2-253 罗马 四泉圣卡洛教堂。穹顶全景 271

图 2-254 罗马 四泉圣卡洛教堂。穹顶细部 271

图 2-255 罗马 圣菲利浦·内里奥拉托利会修道院。总平面（原稿现存维也纳 Graphische Sammlung Albertina） ... 272

图 2-256 罗马 圣菲利浦·内里奥拉托利会修道院（1637~1650 年，建筑师弗朗切斯科·博罗米尼）。总平面（图版制作 De Rossi） 272

图 2-257 罗马 圣菲利浦·内里奥拉托利会修道院。现状总平面（取自 Rudolf Wittkower：《Art and Architecture in Italy 1600 to 1750》，1982 年） 272

图 2-258 罗马 圣菲利浦·内里奥拉托利会修院礼拜堂。平面（据 Portoghesi，1967 年） 273

图 2-259 罗马 圣菲利浦·内里奥拉托利会修院礼拜堂。立面设计图稿（作者弗朗切斯科·博罗米尼，约 1660 年，原稿现存维也纳 Graphische Sammlung Albertina） 273

图 2-260 罗马 圣菲利浦·内里奥拉托利会修院礼拜堂。门框造型设计（取自 Domenico de Rossi：《Studio d'Architettura Civile di Roma》，卷 1，1702 年） 274

图 2-261 罗马 圣菲利浦·内里奥拉托利会修院礼拜堂。轴测剖析图（据 Portoghesi，1967 年） 274

图 2-262 罗马 圣菲利浦·内里奥拉托利会修道院。面向佩莱格里诺大街的立面景观 274

图 2-263 罗马 圣菲利浦·内里奥拉托利会修道院。面向佩莱格里诺大街的主立面 275

图 2-264 罗马 圣菲利浦·内里奥拉托利会修道院。面向教皇大街的立面 275

图 2-265 罗马 圣菲利浦·内里奥拉托利会修院礼拜堂。面向佩莱格里诺大街的立面细部 275

图 2-266 罗马 圣菲利浦·内里奥拉托利会修道院。瓦利切拉圣马利亚教堂（1575~1605 年，建筑师马泰奥·达奇塔及老马蒂诺·隆吉），18 世纪外景（版画作者 Giovanni Battista Piranesi） 276

图 2-267 罗马 圣菲利浦·内里奥拉托利会修道院。瓦利切拉圣马利亚教堂，立面现状 276

图 2-268 罗马 圣菲利浦·内里奥拉托利会修道院。瓦利切拉圣马利亚教堂，本堂内景（建筑师老马蒂诺·隆吉，半圆室装修彼得罗·达·科尔托纳） 277

图 2-269 罗马 圣菲利浦·内里奥拉托利会修道院。瓦利切拉圣马利亚教堂，穹顶仰视（穹顶画作者彼得罗·达·科尔托纳，1648~1651 年） 276

图 2-270 罗马 圣菲利浦·内里奥拉托利会修道院。瓦利切拉圣马利亚教堂，柱墩及帆拱细部 278

图 2-271 罗马 圣菲利浦·内里奥拉托利会修道院。瓦利切拉圣马利亚教堂，本堂拱顶仰视（装饰设计彼得罗·达·科尔托纳，17 世纪 60 年代） 279

图 2-272 罗马 圣菲利浦·内里奥拉托利会修道院。瓦利切拉圣马利亚教堂，本堂拱顶画（作者彼得罗·达·科尔托纳，1664~1665 年） 278

图 2-273 罗马 卡尔佩尼亚宫。平面设计方案（作者弗朗切斯科·博罗米尼，约 1640~1649 年，原稿现存维也纳 Graphische Sammlung Albertina） 280

图 2-274 罗马 萨皮恩扎圣伊沃教堂（1642~1650 年，1660 年完成，建筑师弗朗切斯科·博罗米尼）。总平面设计（作者弗朗切斯科·博罗米尼，图稿现存维也纳 Graphische Sammlung Albertina） 281

图 2-275 罗马 萨皮恩扎圣伊沃教堂。平面（手稿作者弗朗切斯科·博罗米尼，现存维也纳 Graphische Sammlung Albertina） 281

图 2-276 罗马 萨皮恩扎圣伊沃教堂。穹顶平面（图版制作 Johann Conrad Schlaun，1720~1723 年，柏林 Staatliche Kunstbibliothek 藏品） 281

图 2-277 罗马 萨皮恩扎圣伊沃教堂。建筑群总平面（取自 Rudolf Wittkower：《Art and Architecture in Italy 1600 to 1750》，1982 年） 282

图 2-278 罗马 萨皮恩扎圣伊沃教堂。平面（据 F.Borromini） 282

图 2-279 罗马 萨皮恩扎圣伊沃教堂。平面形式分析（据 S.Giedion） 282

图 2-280 罗马 萨皮恩扎圣伊沃教堂。平面形式分析（据 Stephan Hoppe）...283
图 2-281 罗马 萨皮恩扎圣伊沃教堂。平面关系简图（据 Rudolf Wittkower）...283
图 2-282 罗马 萨皮恩扎圣伊沃教堂。穹顶平面（弗朗切斯科·博罗米尼设计，1650~1660 年）..................283
图 2-283 罗马 萨皮恩扎圣伊沃教堂。横剖面透视图（取自 Henry A.Millon 主编：《Key Monuments of the History of Architecture》）..284
图 2-284 罗马 萨皮恩扎圣伊沃教堂。横剖面透视图（据 Stephan Hoppe）...284
图 2-285 罗马 萨皮恩扎圣伊沃教堂。横剖面（取自 Henri Stierlin：《Comprendre l'Architecture Universelle》）.284
图 2-286 罗马 萨皮恩扎圣伊沃教堂。剖析图（据 Portoghesi，1967 年）..285
图 2-287 罗马 萨皮恩扎圣伊沃教堂。顶塔平面（取自 Christian Norberg-Schulz：《La Signification dans l'Architecture Occidentale》，1974 年）...285
图 2-288 罗马 萨皮恩扎圣伊沃教堂。顶塔立面及剖面（弗朗切斯科·博罗米尼设计图稿，维也纳 Graphische Sammlung Albertina 藏品）...286
图 2-289 罗马 萨皮恩扎圣伊沃教堂。院落景观...285
图 2-290 罗马 萨皮恩扎圣伊沃教堂。自院落入口望教堂...286
图 2-291 罗马 萨皮恩扎圣伊沃教堂。院落及立面全景...287
图 2-292 罗马 萨皮恩扎圣伊沃教堂。立面近景...288
图 2-293 罗马 萨皮恩扎圣伊沃教堂。顶塔外景...289
图 2-294 罗马 萨皮恩扎圣伊沃教堂。顶塔近景...289
图 2-295 罗马 萨皮恩扎圣伊沃教堂。内景...289
图 2-296 罗马 萨皮恩扎圣伊沃教堂。穹顶仰视...290
图 2-297 罗马 巴尔贝里尼宫（1628~1639 年，建筑师卡洛·马代尔诺、贝尔尼尼、弗朗切斯科·博罗米尼和彼得罗·达·科尔托纳等）。首层及上层平面（据 Patricia Waddy）...291
图 2-298 罗马 巴尔贝里尼宫。平面（卡洛·马代尔诺设计）...292
图 2-299 罗马 巴尔贝里尼宫。平面（据 P.Letarouilly）及简图...292
图 2-300 罗马 巴尔贝里尼宫。立面廊道设计（作者彼得罗·达·科尔托纳，约 1626~1628 年，查茨沃思 Devonshire Collection 和佛罗伦萨 Gabinetto Disegni e Stampe degli Uffizi 藏品）...293
图 2-301 罗马 巴尔贝里尼宫。地段俯视全景（Giovanni Battista Falda 罗马城图局部，1676 年）...............293
图 2-302 罗马 巴尔贝里尼宫。17 世纪北立面景色（版画作者 Pompilio Totti，1638 年）............................294
图 2-303 罗马 巴尔贝里尼宫。18 世纪景色（版画作者 Giovanni Battista Piranesi）......................................294
图 2-304 罗马 巴尔贝里尼宫。17 世纪院落景色（油画，作者 Filippo Gagliardi 和 Filippo Lauri，1656 年，罗马 Museo di Roma 藏品）...295
图 2-305 罗马 巴尔贝里尼宫。立面雕刻细部...295
图 2-306 罗马 巴尔贝里尼宫。楼梯内景（弗朗切斯科·博罗米尼设计，1634 年）.....................................296
图 2-307 罗马 巴尔贝里尼宫。大沙龙，内景...297
图 2-308 罗马 巴尔贝里尼宫。大沙龙，天顶画全景（作者彼得罗·达·科尔托纳，1632~1639 年）.........298
图 2-309 罗马 巴尔贝里尼宫。大沙龙，天顶画近景...299
图 2-310 罗马 巴尔贝里尼宫。大沙龙，天顶画细部...300
图 2-311 罗马 圣伊尼亚齐奥教堂（罗马学院教堂，始建于 1627 年，耶稣会教士 Orazio Grassi 设计，立面 1685 年）。剖面（取自 Werner Hager：《Architecture Baroque》，1971 年）..301
图 2-312 罗马 圣伊尼亚齐奥教堂。壁画构图分析（据 Andrea Pozzo，1693 年）..301
图 2-313 罗马 圣伊尼亚齐奥教堂。18 世纪外景（版画作者 Giovanni Battista Piranesi）...............................301

图 2-314 罗马 圣伊尼亚齐奥教堂。立面近景 302
图 2-315 罗马 圣伊尼亚齐奥教堂。本堂内景 303
图 2-316 罗马 圣伊尼亚齐奥教堂。穹顶及半圆室近景（绘画主持人 Andrea Pozzo，1684~1685 年）................ 304
图 2-317 罗马 圣伊尼亚齐奥教堂。交叉处仰视全景 .... 306~307
图 2-318 罗马 圣伊尼亚齐奥教堂。祭坛穹顶 305
图 2-319 罗马 圣伊尼亚齐奥教堂。右边廊礼拜堂内景 308
图 2-320 罗马 圣伊尼亚齐奥教堂。左耳堂祭坛 309
图 2-321 罗马 圣伊尼亚齐奥教堂。左耳堂祭坛细部 310
图 2-322 英诺森十世（在位期间 1644~1655 年）雕像（作者贝尔尼尼，现存罗马 Palazzo Doria）..................... 311
图 2-323 罗马 拉特兰圣乔瓦尼（约翰）教堂（修复及改建 1646~1669 年，主持人弗朗切斯科·博罗米尼）。剖面及内立面改建设计（作者弗朗切斯科·博罗米尼，原稿现存梵蒂冈 Biblioteca Apostolica）.......................... 311
图 2-324 罗马 拉特兰圣乔瓦尼（约翰）教堂。歌坛改建设计（作者彼得罗·达·科尔托纳，1657 年，原稿现存梵蒂冈 Biblioteca Apostolica）... 312
图 2-325 罗马 拉特兰圣乔瓦尼（约翰）教堂。18 世纪内景（版画作者 Giovanni Battista Piranesi）.................. 312
图 2-326 罗马 拉特兰圣乔瓦尼（约翰）教堂。改建后本堂朝西北方向望去的景色 313
图 2-327 罗马 拉特兰圣乔瓦尼（约翰）教堂。本堂西南侧内景 313
图 2-328 罗马 拉特兰圣乔瓦尼（约翰）教堂。本堂龛室内的圣徒雕像（1708~1718 年）............................... 314
图 2-329 罗马 纳沃纳广场（始建于 1644 年）。地段总平面：现状平面（1∶2000）及 G.Nolli 城市平面局部 315
图 2-330 罗马 纳沃纳广场。俯视全景（G.B.Maggi 城图局部，1625 年，原稿现存米兰 Civica Raccolta Stampe Achille Bertarelli）... 316
图 2-331 罗马 纳沃纳广场。17 世纪景观（油画，作者佚名，现存罗马 Museo di Roma）............................... 317
图 2-332 罗马 纳沃纳广场。18 世纪景观（版画作者 Giovanni Battista Piranesi）... 316
图 2-333 罗马 纳沃纳广场。18 世纪广场景色（油画，作者 Giovanni Paolo Pannini，汉诺威 Landesgalerie 藏品）
.... 318~319
图 2-334 罗马 纳沃纳广场。自南向北望去的景色（油画，现存米兰 Civica Raccolta Stampe Achille Bertarelli）320
图 2-335 罗马 纳沃纳广场。节日景色（油画，局部，作者 Giovanni Paolo Pannini，1729 年，巴黎卢浮宫博物馆藏品）... 320~321
图 2-336 罗马 纳沃纳广场。地段俯视全景 322
图 2-337 罗马 纳沃纳广场。自南向北望去的全景 322
图 2-338 罗马 纳沃纳广场。向西北方向望去的景色 323
图 2-339 罗马 纳沃纳广场。自北向南望全景 323
图 2-340 罗马 纳沃纳广场。夜景 324
图 2-341 罗马 潘菲利宫（1650~1655 年，建筑师弗朗切斯科·博罗米尼）。平面及朝纳沃纳广场的立面（设计图，作者弗朗切斯科·博罗米尼，原稿现存梵蒂冈 Biblioteca Apostolica）... 324
图 2-342 罗马 潘菲利宫。17 世纪末外景（版画，作者 Alessandro Specchi，1699 年，原稿现存罗马 Bibliotheca Hertziana）.. 324
图 2-343 罗马 潘菲利宫。廊厅，全景 325
图 2-344 罗马 潘菲利宫。廊厅，内景 325
图 2-345 罗马 潘菲利宫。廊厅，端头 326
图 2-346 罗马 潘菲利宫。廊厅，拱顶画细部（作者彼得罗·达·科尔托纳，1655 年）..................................... 327
图 2-347 罗马 圣阿涅塞教堂（1652~1657 年，后期工程直至 1672 年，建筑师吉罗拉莫·拉伊纳尔迪、卡洛·拉伊纳

图 2-348 罗马 圣阿涅塞教堂。立面设计图稿（作者弗朗切斯科·博罗米尼）...........................328
图 2-349 罗马 圣阿涅塞教堂。博罗米尼设计方案透视图（作者 Portoghesi，1967 年）.................328~329
图 2-350 罗马 圣阿涅塞教堂。平面（图版，取自 Stephan Hoppe：《Was ist Barock？ Architektur und Städtebau Europas 1580-1770》，2003 年）..328
图 2-351 罗马 圣阿涅塞教堂。平面（取自 John L.Varriano：《Italian Baroque and Rococo Architecture》，1986 年，经改绘）..329
图 2-352 罗马 圣阿涅塞教堂。平面及剖面（据 Rudolf Wittkower）...........................330
图 2-353 罗马 圣阿涅塞教堂。平面及剖面（据 W.Blaser）...........................330
图 2-354 罗马 圣阿涅塞教堂。立面（取自 Wilhelm Lübke 及 Carl von Lützow：《Denkmäler der Kunst》，1884 年）..330
图 2-355 罗马 圣阿涅塞教堂。广场面全景...........................331
图 2-356 罗马 圣阿涅塞教堂。正立面景色...........................331
图 2-357 罗马 圣阿涅塞教堂。东南侧近景...........................332
图 2-358 罗马 圣阿涅塞教堂。东北侧近景...........................333
图 2-359 罗马 圣阿涅塞教堂。立面细部...........................333
图 2-360 罗马 圣阿涅塞教堂。穹顶仰视（天顶画 17 世纪末）...........................334~335
图 2-361 罗马 圣阿涅塞教堂。右耳堂大理石祭坛...........................336
图 2-362 罗马 纳沃纳广场。《四河喷泉》（1648~1651 年，作者贝尔尼尼），最初模型（作者贝尔尼尼，罗马私人藏品）..337
图 2-363 罗马 纳沃纳广场。《四河喷泉》，早期设计图稿...........................338
图 2-364 罗马 纳沃纳广场。《四河喷泉》，方尖碑基座设计草图（原稿现存莱比锡 Museum der Bildenden Künste）..338
图 2-365 罗马 纳沃纳广场。《四河喷泉》，教皇英诺森十世参观《四河喷泉》（油画细部，作者佚名，罗马 Museo di Roma 藏品）..339
图 2-366 罗马 纳沃纳广场。《四河喷泉》，方尖碑全景...........................340
图 2-367 罗马 纳沃纳广场。《四河喷泉》，方尖碑基部，西南侧近景...........................341
图 2-368 罗马 纳沃纳广场。《四河喷泉》，方尖碑基部，东侧景观...........................341
图 2-369 罗马 纳沃纳广场。《四河喷泉》，方尖碑基部，东南侧近景（代表恒河的雕像，作者 Claude Poussin）...... 342
图 2-370 罗马 纳沃纳广场。《四河喷泉》，细部（代表多瑙河的雕像）...........................343
图 2-371 罗马 纳沃纳广场。《四河喷泉》，细部（代表尼罗河的雕像）...........................344
图 2-372 罗马 纳沃纳广场。《四河喷泉》，雕刻细部：《恒河》和被风吹动的棕榈树叶...........................344
图 2-373 罗马 纳沃纳广场。《四河喷泉》，雕刻细部：马...........................345
图 2-374 罗马 纳沃纳广场。《四河喷泉》，雕刻细部：狮...........................346
图 2-375 罗马 纳沃纳广场。南泉（摩尔泉，作者贾科莫·德拉·波尔塔及贝尔尼尼），南侧全景...........................346
图 2-376 罗马 纳沃纳广场。南泉（摩尔泉），西侧景色及细部...........................347
图 2-377 罗马 纳沃纳广场。南泉（摩尔泉），设计图稿（作者贝尔尼尼，杜塞尔多夫科学院和温莎城堡王室藏品）..347
图 2-378 罗马 纳沃纳广场。北泉，外景...........................347
图 2-379 罗马 纳沃纳广场。北泉，设计图稿（作者贝尔尼尼，温莎城堡王室藏品）...........................348

图 2-380 罗马 圣温琴佐和阿纳斯塔西奥教堂（1646~1650 年，建筑师小马蒂诺·隆吉）。立面全景及细部 348

图 2-381 罗马 维多利亚圣马利亚教堂。科尔纳罗礼拜堂（1645~1652 年，设计人贝尔尼尼）。祭坛平面（图版制作 Nicodemus Tessin） 348

图 2-382 罗马 维多利亚圣马利亚教堂。科尔纳罗礼拜堂，内景（油画，作者佚名，原稿现存什未林 Staatliches Museum） 349

图 2-383 罗马 维多利亚圣马利亚教堂。科尔纳罗礼拜堂，祭坛全景 ...... 350~351

图 2-384 罗马 维多利亚圣马利亚教堂。科尔纳罗礼拜堂，组雕《圣德肋撒的神迷》，全景（作者贝尔尼尼） 352

图 2-385 罗马 维多利亚圣马利亚教堂。科尔纳罗礼拜堂，组雕《圣德肋撒的神迷》，近景 354

图 2-386 罗马 维多利亚圣马利亚教堂。科尔纳罗礼拜堂，右侧施主包厢群雕 353

图 2-387 罗马 维多利亚圣马利亚教堂。科尔纳罗礼拜堂，窗户及周围雕刻设计草图（作者贝尔尼尼，马德里 Biblioteca Nacional 藏品） 355

图 2-388 罗马 维多利亚圣马利亚教堂。科尔纳罗礼拜堂，圣德肋撒头像设计草图（原稿现存莱比锡 Museum der Bildenden Künste） 355

图 2-389 罗马 圣安德烈-德尔-弗拉泰教堂（1653~1667 年）。钟楼，外景 356

图 2-390 罗马 圣安德烈-德尔-弗拉泰教堂。钟楼，仰视细部 355

图 2-391 罗马 圣安德烈-德尔-弗拉泰教堂。圣安德烈歌坛入口处两边的天使雕像（作者贝尔尼尼，1669 年） 357

图 2-392 罗马 教义传播学院（教义传播宫，1654~1662/1664 年，建筑师弗朗切斯科·博罗米尼）。18 世纪外景（版画作者 Giovanni Battista Piranesi） 358

图 2-393 罗马 教义传播学院（教义传播宫）。外景（版画作者 Alessandro Specchi） 358

图 2-394 罗马 教义传播学院（教义传播宫）。立面现状 358

图 2-395 罗马 教义传播学院（教义传播宫）。立面中央跨间细部 358

图 2-396 罗马 阿尔捷里宫（1650~1660 年，设计人乔瓦尼·安东尼奥·德罗西）。立面（版画作者 Alessandro Specchi） 359

图 2-397 罗马 阿尔捷里宫。天顶画（作者 Domenico Maria Canuti，1670 年） 359

图 2-398 罗马 多里亚-潘菲利别墅（约 1650 年，设计人弗朗切斯科·博罗米尼和亚历山德罗·阿尔加迪）。18 世纪俯视全景及别墅近景（版画作者 Giovanni Battista Piranesi） 360

图 2-399 罗马 多里亚-潘菲利别墅。园林风景（J.Ch.Reinhardt 绘，原作现存埃森 Folkwangmuseum） 360

图 2-400 罗马 多里亚-潘菲利别墅。花园剧场（版画作者 Perelle，1685 年） 361

图 2-401 罗马 多里亚-潘菲利别墅。现状外景 361

图 2-402 罗马 多里亚-潘菲利别墅。园林喷泉 362

图 2-403 亚历山大七世（在位时期 1655~1667 年）陶像（作者 Melchiorre Caffà，现存阿里恰 Palazzo Chigi） 362

图 2-404 亚历山大七世期间完成的主要建筑（版画作者 Giovanni Battista Falda，1662 年，原件现存锡耶纳 Collezione Chigi-Saracini） 363

图 2-405 罗马 罗马教团广场。平面及主要建筑立面（1659 年图版） 363

图 2-406 罗马 密涅瓦广场。方尖碑及象座雕刻（1667 年） 364

图 2-407 罗马 密涅瓦广场。象座雕刻细部 365

图 2-408 罗马 威尼斯广场。1870 年现广场形成前地区总平面（1551 年 Leonardo Bufalini 罗马城图局部，图版现存罗马 Bibliotheca Hertziana） 365

图 2-409 罗马 1658 年科尔索大街南端（现威尼斯广场所在地区）地段形势 366

图 2-410 罗马 1666 年圣马可广场景色（版画作者 Giovanni Battista Falda，1666 年，斯德哥尔摩 Nationalmuseum 藏品） 366

图 2-411 罗马 1754年现威尼斯广场地区景观（版画作者 Giuseppe Vasi，纽约 Public Library 藏品）................. 366
图 2-412 罗马 波波洛广场圣马利亚教堂。奇波礼拜堂（1682~1684年，建筑师卡洛·丰塔纳），半平面及纵剖面（图版制作 Domenico de Rossi）.. 367
图 2-413 罗马 波波洛广场圣马利亚教堂。奇波礼拜堂，平面及剖面方案图（作者卡洛·丰塔纳，1682年，原稿现存罗马 Biblioteca dell'Istituto Nazionale d'Archeologia e Storia dell'Arte）.. 367
图 2-414 罗马 波尔托加洛拱门。拆除计划图（1662年，原件现存梵蒂冈 Biblioteca Apostolica）........................ 367
图 2-415 罗马 图拉真纪念柱。17世纪外景（版画作者 Lievin Cruyl，1664年，现存阿姆斯特丹 Rijksmuseum）... 367
图 2-416 罗马 基吉宫。平面、立面及宫前广场设计方案（作者彼得罗·达·科尔托纳，约1659年，图稿现存梵蒂冈 Biblioteca Apostolica）... 368
图 2-417 罗马 圣彼得大教堂广场（1656年及以后，贝尔尼尼设计）。地区总平面（据 P.Letarouilly）................ 369
图 2-418 罗马 圣彼得大教堂广场。地区总平面（1938年轴线开通前形势及现状平面）.................................... 369
图 2-419 罗马 圣彼得大教堂广场。广场及梵蒂冈地区总图（据 Banister Fletcher）.. 369
图 2-420 罗马 圣彼得大教堂广场。卡洛·马代尔诺平面设计方案（约1613年，原稿现存佛罗伦萨乌菲齐博物馆）.. 370
图 2-421 罗马 圣彼得大教堂广场。卡洛·马代尔诺设计方案透视图（Creuter 绘）.. 370
图 2-422 罗马 圣彼得大教堂广场。帕皮里奥·巴尔托利广场设计方案（图版制作 Mattheus Greuter，1610年代，图稿现存梵蒂冈 Biblioteca Apostolica）... 370
图 2-423 罗马 圣彼得大教堂广场。卡洛·拉伊纳尔迪教堂立面及广场设计方案（1645~1653年）..................... 370
图 2-424 罗马 圣彼得大教堂广场。贝尔尼尼广场平面设计及分析图（原稿现存梵蒂冈 Biblioteca Apostolica）371
图 2-425 罗马 圣彼得大教堂广场。贝尔尼尼1657年设计方案透视图（版画作者 Giovanni Battista Falda，1667年）.. 371
图 2-426 罗马 圣彼得大教堂广场。贝尔尼尼柱廊方案图解（1659年）.. 372
图 2-427 罗马 圣彼得大教堂广场。贝尔尼尼广场平面及柱廊草图（原稿现存梵蒂冈 Biblioteca Apostolica）.... 372
图 2-428 罗马 圣彼得大教堂广场。平面图（完成后情景，M.Moncier 绘）.. 373
图 2-429 罗马 圣彼得大教堂广场。广场构图示意（据 Christian Norberg-Schulz）.. 372
图 2-430 罗马 圣彼得大教堂广场。现状小广场区平面.. 373
图 2-431 罗马 圣彼得大教堂广场。卡洛·丰塔纳大广场设计方案（1694年）.. 374
图 2-432 罗马 圣彼得大教堂广场。方尖碑的运送及竖立（据多梅尼科·丰塔纳，1586年）............................... 374
图 2-433 罗马 圣彼得大教堂广场。16世纪末地段俯视全景（罗马城图局部，作者 Tempesta，1593年，现存罗马 Bibliotheca Hertziana）... 374
图 2-434 罗马 圣彼得大教堂广场。17世纪40年代地段景色（图版一作者 Israël Silvestre，约1641~1642年，图稿现存纽约 Metropolitan Museum of Art；图版二作者 Claude Lorrain，约1642~1646年，现存伦敦大英博物馆）........ 375
图 2-435 罗马 圣彼得大教堂广场。17世纪中叶（现广场形成前）地段景色（油画，作者佚名，绘于1646年，现存罗马 Museo Nazionale di Palazzo Venezia）... 375
图 2-436 罗马 圣彼得大教堂广场。自大教堂穹顶上望广场区全景（绘于现广场形成前，作者 Israël Silvestre，图稿现存马萨诸塞州剑桥 Fogg Art Museum）.. 376~377
图 2-437 罗马 圣彼得大教堂广场。教堂及前方场地施工期间景象（佚名艺术家作品，画稿现存沃尔芬比特尔 Herzog August Bibliothek）... 376
图 2-438 罗马 圣彼得大教堂广场。广场柱廊正在施工时的景象（版画作者 Lieven Cruyl，1668年）................. 377
图 2-439 罗马 圣彼得大教堂广场。17世纪景色（版画作者 Giovanni Battista Falda，1667~1669年，纽约 Public Library 藏品）.. 378

图 2-440 罗马 圣彼得大教堂广场。18 世纪小广场区景色（油画，Giovanni Paolo Pannini 绘，1745 年）......... 378
图 2-441 罗马 圣彼得大教堂广场。18 世纪俯视景色（版画作者 Giovanni Battista Piranesi）............................... 379
图 2-442 罗马 圣彼得大教堂广场。18 世纪全景（版画作者 Giovanni Battista Piranesi）...................................... 379
图 2-443 罗马 圣彼得大教堂广场。18 世纪广场全景（油画，Giovanni Paolo Pannini 绘，现存柏林 Staatliche Museen）
....380~381
图 2-444 罗马 圣彼得大教堂广场。中轴线景色（一位佚名作者的版画）... 382
图 2-445 罗马 圣彼得大教堂广场。1870 年全景照片.. 382
图 2-446 罗马 圣彼得大教堂广场。1929 年航片.. 383
图 2-447 罗马 圣彼得大教堂广场。为柱廊奠基发行的纪念章（一组现存慕尼黑 Staatliche Münzsammlung）..... 383
图 2-448 罗马 圣彼得大教堂广场。垂直鸟瞰航片.. 384
图 2-449 罗马 圣彼得大教堂广场。东面俯视全景.. 385
图 2-450 罗马 圣彼得大教堂广场。鸟瞰全景图.. 386
图 2-451 罗马 圣彼得大教堂广场。自大教堂穹顶上向东望去的景色.. 386
图 2-452 罗马 圣彼得大教堂广场。广场区俯视全景.. 387
图 2-453 罗马 圣彼得大教堂广场。自门廊顶上望广场区全景.. 387
图 2-454 罗马 圣彼得大教堂广场。自东南方向俯视广场景色.. 388
图 2-455 罗马 圣彼得大教堂广场。自教堂处东望全景.. 389
图 2-456 罗马 圣彼得大教堂广场。自东面望广场全景..388~389
图 2-457 罗马 圣彼得大教堂广场。自广场内望方尖碑及大教堂.. 390
图 2-458 罗马 圣彼得大教堂广场。教皇赐福时广场盛况.. 391
图 2-459 罗马 圣彼得大教堂广场。南柱廊全景.. 392
图 2-460 罗马 圣彼得大教堂广场。南柱廊东段及西段景色..392~393
图 2-461 罗马 圣彼得大教堂广场。南柱廊西端近景.. 393
图 2-462 罗马 圣彼得大教堂广场。南柱廊东端近景.. 394
图 2-463 罗马 圣彼得大教堂广场。北柱廊东段及西段景色.. 395
图 2-464 罗马 圣彼得大教堂广场。北柱廊西端近景.. 396
图 2-465 罗马 圣彼得大教堂广场。北柱廊中部近景.. 397
图 2-466 罗马 圣彼得大教堂广场。北柱廊东端近景.. 398
图 2-467 罗马 圣彼得大教堂广场。柱廊内景.. 399
图 2-468 罗马 圣彼得大教堂广场。柱廊上雕像.. 399
图 2-469 罗马 圣彼得大教堂广场。南柱廊西段雕像（侧面）.. 400
图 2-470 罗马 圣彼得大教堂广场。南柱廊西段雕像（背面）及小广场南廊群像.. 401
图 2-471 罗马 圣彼得大教堂广场。方尖碑全景.. 402
图 2-472 罗马 圣彼得大教堂广场。方尖碑碑座近景.. 403
图 2-473 罗马 圣彼得大教堂广场。广场喷泉景观.. 403
图 2-474 罗马 圣彼得大教堂广场。南喷泉及北喷泉.. 404
图 2-475 罗马 圣彼得大教堂广场。地面上的各种标记.. 405
图 2-476 罗马 和解大街（1938 年）。自街道轴线上西望大教堂及广场... 405
图 2-477 罗马 和解大街。自东北面望去的街道景色.. 406
图 2-478 罗马 圣彼得大教堂。早期圣彼得宝座测绘图（弗朗切斯科·博罗米尼绘，原稿现存维也纳 Graphische Sammlung Albertina）... 406

图 2-479 罗马 圣彼得大教堂。圣彼得宝座（1657~1666 年，贝尔尼尼设计），设计方案 407
图 2-480 罗马 圣彼得大教堂。圣彼得宝座，方案草图（作者贝尔尼尼，现存梵蒂冈图书馆）............407
图 2-481 罗马 圣彼得大教堂。圣彼得宝座，设计草图（温莎城堡王室藏品）............407
图 2-482 罗马 圣彼得大教堂。圣彼得宝座，立面全景（版画，据 J.Guadet）............408
图 2-483 罗马 圣彼得大教堂。圣彼得宝座，半圆室及宝座全景 408
图 2-484 罗马 圣彼得大教堂。圣彼得宝座，近景 409
图 2-485 罗马 圣彼得大教堂。圣彼得宝座，椭圆窗边饰细部 410
图 2-486 罗马 圣彼得大教堂。圣彼得宝座，雕饰细部 ....410~411
图 2-487 罗马 圣彼得大教堂。亚历山大七世墓，方案设计（私人及温莎城堡王室藏品）............411
图 2-488 罗马 圣彼得大教堂。亚历山大七世墓，现状 412
图 2-489 罗马 梵蒂冈宫。雷贾阶梯（1663~1666 年，贝尔尼尼设计），平面（小尼科迪默斯·特辛绘，1680 年，斯德哥尔摩 Nationalmuseet 藏品）............412
图 2-490 罗马 梵蒂冈宫。雷贾阶梯，平面及剖面（图版取自 John L.Varriano：《Italian Baroque and Rococo Architecture》，1986 年；线条图取自 Werner Hager：《Architecture Baroque》，1971 年）............413
图 2-491 罗马 梵蒂冈宫。雷贾阶梯，平面及剖面（据 J.Guadet）............414
图 2-492 罗马 梵蒂冈宫。雷贾阶梯，内景透视图（贝尔尼尼设计的纪念章图案，1663 年，原稿现存梵蒂冈图书馆）............414
图 2-493 罗马 梵蒂冈宫。雷贾阶梯，自北廊厅望去的内景（Francesco Pannini 绘，现存罗马 Istituto Nazionale per la Grafica）............414
图 2-494 罗马 梵蒂冈宫。雷贾阶梯，设计图（1663 年，取自 Stephan Hoppe：《Was ist Barock？ Architektur und Städtebau Europas 1580-1770》，2003 年）............415
图 2-495 罗马 梵蒂冈宫。雷贾阶梯，内景图（图版，取自 Pierre Charpentrat 和 Henri Stierlin：《Barock：Italien und Mitteleuropa》）............415
图 2-496 罗马 梵蒂冈宫。雷贾阶梯，内景 416
图 2-497 鼠疫流行期间的罗马（木刻版画，作者 G.G.de'Rossi，1657 年，罗马 Museo di Roma 藏品）............415
图 2-498 罗马 太平圣马利亚教堂(1656~1657 年，彼得罗·达·科尔托纳设计)。基址平面(据 Spiro Kostof, 1995 年)............416
图 2-499 罗马 太平圣马利亚教堂。基址平面及广场草图（彼得罗·达·科尔托纳工作室绘制，1656 年，原稿现存梵蒂冈 Biblioteca Apostolica）............417
图 2-500 罗马 太平圣马利亚教堂。通向广场的街道规划（彼得罗·达·科尔托纳工作室绘制，1656 年，原稿现存梵蒂冈 Biblioteca Apostolica）............417
图 2-501 罗马 太平圣马利亚教堂。平面及广场设计（图版据彼得罗·达·科尔托纳工作室，1656 年，原稿现存梵蒂冈 Biblioteca Apostolica；线条图据 Rudolf Wittkower，1982 年）............417
图 2-502 罗马 太平圣马利亚教堂。平面及广场设计详图（取自 John L.Varriano：《Italian Baroque and Rococo Architecture》，1986 年）............418
图 2-503 罗马 太平圣马利亚教堂。彼得罗·达·科尔托纳立面方案（第一至第三方案，17 世纪后期，原稿现存米兰 Castello Sforzesco）............419
图 2-504 罗马 太平圣马利亚教堂。门廊平面及立面设计（作者彼得罗·达·科尔托纳，1656 年，原稿现存梵蒂冈 Biblioteca Apostolica）............419
图 2-505 罗马 太平圣马利亚教堂。教堂及广场透视剖析图（取自 Michael Raeburn 主编：《Architecture of the Western World》，1980 年）............420

图 2-506 罗马 太平圣马利亚教堂。17 世纪后半叶教堂及广场景色（版画作者 Giovanni Battista Falda）............ 420
图 2-507 罗马 太平圣马利亚教堂。教堂及广场全景（取自 John L.Varriano：《Italian Baroque and Rococo Architecture》，1986 年）........... 420
图 2-508 罗马 太平圣马利亚教堂。教堂及广场全景（版画作者 Dominique Barrière，1658 年）............ 420
图 2-509 罗马 太平圣马利亚教堂。地段垂直航片（摄于 20 世纪 80 年代）............ 420
图 2-510 罗马 太平圣马利亚教堂。现状外景............ 421
图 2-511 罗马 太平圣马利亚教堂。立面仰视近景............ 422
图 2-512 罗马 太平圣马利亚教堂。柱廊院景色（据 Banister Fletcher）............ 422
图 2-513 罗马 太平圣马利亚教堂。八角形空间内景（朝入口处望去的景色，版画作者 Giovanni Battista Falda，17 世纪后半叶）............ 422
图 2-514 罗马 太平圣马利亚教堂。本堂及八角形空间之间拱券装饰设计（作者彼得罗·达·科尔托纳，约 1656 年，温莎城堡王室藏品）............ 423
图 2-515 罗马 拉塔大街圣马利亚教堂（立面 1658~1662 年，彼得罗·达·科尔托纳设计）。教堂及潘菲利宫平面（图版制作 Felice della Greca，原稿现存梵蒂冈 Biblioteca Apostolica）............ 423
图 2-516 罗马 拉塔大街圣马利亚教堂。18 世纪外景（版画，取自 Giuseppe Vasi 著作卷 2，1748~1761 年）... 424
图 2-517 罗马 拉塔大街圣马利亚教堂。17 世纪后半叶教堂及两边面向科尔索大街的建筑（版画，取自 Giovanni Battista Falda 著作卷 3，1665~1699 年）............ 424
图 2-518 罗马 拉塔大街圣马利亚教堂。17 世纪地段景色 [取自 Lievin Cruyl 绘《罗马十八景》（Eighteen Views of Rome），1665 年，现存克利夫兰 Museum of Art]............ 424
图 2-519 罗马 拉塔大街圣马利亚教堂。东北侧外景............ 424~425
图 2-520 罗马 拉塔大街圣马利亚教堂。东南侧外景............ 425
图 2-521 罗马 拉塔大街圣马利亚教堂。东南侧立面及塔楼近景............ 426
图 2-522 罗马 拉塔大街圣马利亚教堂。门廊内景（彼得罗·达·科尔托纳设计）............ 427
图 2-523 甘多尔福堡 新村圣托马索教堂（1658~1661 年，贝尔尼尼设计）。平面（取自 John L.Varriano：《Italian Baroque and Rococo Architecture》，1986 年）............ 428
图 2-524 甘多尔福堡 新村圣托马索教堂。平立剖面及设计方案（图版取自 Charles Avery：《Bernini：Genius of the Baroque》，1997 年）............ 428
图 2-525 阿里恰 升天圣马利亚教堂（1662~1664 年，贝尔尼尼设计）。平面（图版制作 De Rossi；线条图取自 John L.Varriano：《Italian Baroque and Rococo Architecture》，1986 年，经改绘）............ 428
图 2-526 阿里恰 升天圣马利亚教堂。立面（据 Banister Fletcher）............ 429
图 2-527 阿里恰 升天圣马利亚教堂。剖面（图版制作 De Rossi）............ 429
图 2-528 阿里恰 升天圣马利亚教堂。17 世纪外景（图版制作 Giovanni Battista Falda）............ 429
图 2-529 阿里恰 升天圣马利亚教堂。外景（取自 Werner Hager：《Architecture Baroque》，1971 年）............ 429
图 2-530 阿里恰 升天圣马利亚教堂。内景（版画制作 Giovanni Battista Falda）............ 430
图 2-531 罗马（奎里纳莱）圣安德烈教堂（1658~1670 年，主体工程 1658~1661 年，贝尔尼尼设计）。地段总平面（据 Spiro Kostof，1995 年）............ 430
图 2-532 罗马（奎里纳莱）圣安德烈教堂。平面（图版，取自 Charles Avery：《Bernini：Genius of the Baroque》，1997 年）............ 430
图 2-533 罗马（奎里纳莱）圣安德烈教堂。平面(取自 Stephan Hoppe：《Was ist Barock？ Architektur und Städtebau Europas 1580-1770》，2003 年)............ 430
图 2-534 罗马（奎里纳莱）圣安德烈教堂。平面（据 Christian Norberg-Schulz 原图改绘）............ 431

图 2-535 罗马（奎里纳莱）圣安德烈教堂。平面简图示意（据 Christian Norberg-Schulz）..................431
图 2-536 罗马（奎里纳莱）圣安德烈教堂。立面及平面剖析图（取自 Robert Adam：《Classical Architecture》，1991 年）..................431
图 2-537 罗马（奎里纳莱）圣安德烈教堂。剖面（取自 Wilhelm Lübke 及 Carl von Lützow：《Denkmäler der Kunst》，1884 年）..................432
图 2-538 罗马（奎里纳莱）圣安德烈教堂。剖面（取自 Werner Hager：《Architecture Baroque》，1971 年）..................432
图 2-539 罗马（奎里纳莱）圣安德烈教堂。剖析图（取自 John Julius Norwich：《Great Architecture of the World》，2000 年）..................432
图 2-540 罗马（奎里纳莱）圣安德烈教堂。17 世纪地段外景（图版作者 Giovanni Battista Falda，1667~1669 年）..................433
图 2-541 罗马（奎里纳莱）圣安德烈教堂。西侧外景..................433
图 2-542 罗马（奎里纳莱）圣安德烈教堂。北侧外景..................434
图 2-543 罗马（奎里纳莱）圣安德烈教堂。门廊近景..................434
图 2-544 罗马（奎里纳莱）圣安德烈教堂。内景..................435
图 2-545 罗马（奎里纳莱）圣安德烈教堂。主祭坛全景..................435
图 2-546 罗马（奎里纳莱）圣安德烈教堂。主祭坛柱式及山墙细部..................436
图 2-547 罗马（奎里纳莱）圣安德烈教堂。主祭坛顶部仰视..................437
图 2-548 罗马（奎里纳莱）圣安德烈教堂。主祭坛雕刻..................438
图 2-549 罗马（奎里纳莱）圣安德烈教堂。主祭坛雕刻..................438
图 2-550 罗马（奎里纳莱）圣安德烈教堂。边侧礼拜堂近景..................439
图 2-551 罗马（奎里纳莱）圣安德烈教堂。顶塔内景..................440
图 2-552 罗马 坎皮泰利圣马利亚教堂（1663~1667 年，建筑师卡洛·拉伊纳尔迪）。地段总平面（据 Spiro Kostof，1995 年）..................440
图 2-553 罗马 坎皮泰利圣马利亚教堂。平面（据 Ferraironi，经改绘）..................440
图 2-554 罗马 坎皮泰利圣马利亚教堂。本堂内景..................441
图 2-555 罗马 波波洛（人民）广场。设计方案（作者卡洛·拉伊纳尔迪，原稿现存梵蒂冈 Biblioteca Apostolica）及示意简图（据 Christian Norberg-Schulz）..................442
图 2-556 罗马 奇迹圣马利亚教堂（1662~1675 年，建筑师卡洛·拉伊纳尔迪和卡洛·丰塔纳），平面（图版制作 De Rossi）..................442
图 2-557 罗马 奇迹圣马利亚教堂。外景..................443
图 2-558 罗马 波波洛城门。改造前后外景及内景，据 Felice della Greca，图版现存梵蒂冈 Biblioteca Apostolica..................443
图 2-559 罗马 波波洛城门。外侧现状..................443
图 2-560 罗马 波波洛（人民）广场（1816 年改建，主持人朱塞佩·瓦拉迪耶）。1661 年平面（取自 Dorothy Metzger Habel：《The Urban Development of Rome in the Age of Alexander VII》，2002 年）..................444
图 2-561 罗马 波波洛（人民）广场。18 世纪平面（1748 年 G.Nolli 城图局部）..................445
图 2-562 罗马 波波洛（人民）广场。1816 年改建前平面（取自 John L.Varriano：《Italian Baroque and Rococo Architecture》，1986 年）..................445
图 2-563 罗马 波波洛（人民）广场。改建后平面..................446
图 2-564 罗马 波波洛（人民）广场。1662 年奠基纪念章上的景象记录（伦敦大英博物馆藏品）..................446
图 2-565 罗马 波波洛（人民）广场。1665 年广场景观（版画作者 Giovanni Battista Falda，现存纽约 Public Library）..................446

图 2-566 罗马 波波洛（人民）广场。18 世纪景色（版画作者 Giovanni Battista Piranesi） 447
图 2-567 罗马 波波洛（人民）广场。全景图（油画，示 1816 年改造前景色） 447
图 2-568 罗马 波波洛（人民）广场。俯视全景（油画，作者 Gaspar van Wittel） 448
图 2-569 罗马 波波洛（人民）广场。广场及周围地区俯视全景（原件现存米兰） 448
图 2-570 罗马 波波洛（人民）广场。西望广场现状 448
图 2-571 罗马 波波洛（人民）广场。自平乔山西望广场夜景 449
图 2-572 罗马 波波洛（人民）广场。向南望去的广场全景 449
图 2-573 罗马 波波洛（人民）广场。自西北方向望去的广场景色 450
图 2-574 罗马 波波洛（人民）广场。南望双教堂及科尔索大街 450
图 2-575 罗马 波波洛（人民）广场。方尖碑及喷泉雕刻 451
图 2-576 罗马 波波洛（人民）广场。东侧园景 452
图 2-577 罗马 波波洛（人民）广场。东侧园林雕刻 453
图 2-578 罗马 波波洛（人民）广场。西侧雕刻群组 452
图 2-579 罗马 使徒广场。16 世纪末广场俯视全景（Tempesta 绘罗马城图局部，1593 年，原图现存罗马 Bibliotheca Hertziana） 454
图 2-580 罗马 使徒广场。17 世纪全景（图版作者 Giovanni Battista Falda，现存纽约 Public Library） 454
图 2-581 罗马 基吉 - 奥代斯卡尔基宫（1664~1667 年，贝尔尼尼设计）。立面（图版作者 Giovanni Battista Falda，约 1670 年线条图据 Werner Hager，1971 年） 455
图 2-582 罗马 基吉 - 奥代斯卡尔基宫。外景（版画作者 Alessandro Specchi，1699 年，原图现存罗马 Bibliotheca Hertziana） 455
图 2-583 罗马 卡里塔圣吉罗拉莫教堂。斯帕达礼拜堂（1662 年，建筑师弗朗切斯科·博罗米尼），镶嵌大理石饰面及雕刻细部 456
图 2-584 罗马 阿斯特 - 波拿巴宫（1658~1665 年，乔瓦尼·安东尼奥·德罗西设计）。底层平面（取自 Spagnesi：《De'Rossi》） 456
图 2-585 罗马 阿斯特 - 波拿巴宫。立面（图版作者 Giovanni Battista Falda，1670~1677 年，现存 Pennsylvania State University Libraries） 456
图 2-586 罗马 阿斯特 - 波拿巴宫。立面设计（作者乔瓦尼·安东尼奥·德罗西） 457
图 2-587 罗马 阿斯特 - 波拿巴宫。17 世纪末外景（版画作者 Alessandro Specchi，1699 年，原图现存罗马 Bibliotheca Hertziana） 457
图 2-588 小尼科迪默斯·特辛：罗马（奎里纳莱）圣安德烈教堂祭坛装饰 458
图 2-589 小尼科迪默斯·特辛：波罗米尼四泉圣卡洛教堂细部（画稿，17 世纪 70 年代） 458
图 2-590 罗马 圣天使桥。17 世纪外景（版画作者 Giovanni Battista Falda） 459
图 2-591 罗马 圣天使桥。18 世纪景色（油画，作者 Bernardo Bellotto，1769 年） 459
图 2-592 罗马 圣天使桥。现状，自南面望去的情景 459
图 2-593 罗马 圣天使桥。东南侧外景 460
图 2-594 罗马 圣天使桥。俯视全景（向南面城市方向望去的景色） 460
图 2-595 罗马 圣天使桥。东侧天使群像 460
图 2-596 罗马 圣天使桥。天使像（作者贝尔尼尼，1667~1669 年） 461
图 2-597 罗马 圣天使桥。天使像设计初稿（作者贝尔尼尼，原稿现存莱比锡 Museum der Bildenden Künste） 462
图 2-598 罗马 圣天使桥。天使像泥塑雏型（左右两尊分别为马萨诸塞州剑桥 Fogg Art Museum 和得克萨斯州沃思堡 Kimbell Art Museum 藏品） 462

图2-599 罗马 圣彼得大教堂。圣体小礼拜堂，祭坛（1673~1674年，主持人贝尔尼尼），设计图（圣彼得堡State Hermitage藏品） ... 464

图2-600 罗马 圣彼得大教堂。圣体小礼拜堂，祭坛现状 ... 463

图2-601 罗马 里帕圣弗朗切斯科教堂。卢多维卡·阿尔贝托妮礼拜堂内景 ... 464

图2-602 罗马 里帕圣弗朗斯科教堂。雕刻：《受宣福而死的卢多维卡·阿尔贝托妮》（作者贝尔尼尼，1671~1674年） ... 464

图2-603 罗马 科尔索圣卡洛教堂（始建于1612年，穹顶1668~1672年，彼得罗·达·科尔托纳设计）。现状外景 ... 465

图2-604 罗马 科尔索圣卡洛教堂。穹顶近景 ... 465

图2-605 罗马 科尔托纳住宅。主层及花园平面（图版作者Giacomo Palazzi，1845年） ... 465

图2-606 罗马 科尔托纳住宅。立面（18世纪初图版，作者佚名，现存维也纳Graphische Sammlung Albertina） ... 466

图2-607 罗马 科尔托纳住宅。外景（19世纪水彩画，据Lugari，1885年） ... 466

图2-608 罗马 博尔盖塞宫（1671年改造工程主持人卡洛·拉伊纳尔迪）。平面（据Christian Norberg-Schulz） ... 467

图2-609 罗马 博尔盖塞宫。所在广场全景（版画，作者Alessandro Specchi，1699年，原图现存罗马Bibliotheca Hertziana） ... 467

图2-610 罗马 博尔盖塞宫。18世纪外景（版画作者Giovanni Battista Piranesi） ... 467

图2-611 罗马 圣马利亚主堂。后殿（卡洛·拉伊纳尔迪设计，1673年），18世纪外景（版画作者Giovanni Battista Piranesi） ... 468

图2-612 罗马 圣马利亚主堂。后殿，北侧现状 ... 468

图2-613 罗马 圣马利亚主堂。后殿，西北面轴线景色 ... 469

图2-614 罗马 圣马利亚主堂。后殿，西侧近景 ... 469

图2-615 安德烈·波佐（1642~1715年）：自画像（佛罗伦萨乌菲齐博物馆藏品） ... 470

图2-616 罗马 圣伊尼亚齐奥教堂。本堂拱顶画（1691~1694年，作者安德烈·波佐），仰视全景 ... 470

图2-617 罗马 圣伊尼亚齐奥教堂。本堂拱顶画，细部（一） ... 471

图2-618 罗马 圣伊尼亚齐奥教堂。本堂拱顶画，细部（二） ... 472

图2-619 罗马 圣彼得大教堂。英诺森十一世墓（作者Pierre Stephane Monnot，1697~1704年） ... 473

图2-620 贝尔尼尼：老年自画像（王室藏品） ... 473

图2-621 贝尔尼尼老年像（版画作者A.van Westerhout，约1680年） ... 474

图2-622 罗马 科尔索圣马尔切洛教堂。立面设计方案（作者卡洛·拉伊纳尔迪，图版现存梵蒂冈Biblioteca Apostolica） ... 473

图2-623 罗马 科尔索圣马尔切洛教堂。现状外景（立面1682~1683年，卡洛·丰塔纳设计） ... 475

图2-624 洛约拉 耶稣会修道院及教堂（卡洛·丰塔纳设计）。平面方案（图版，17世纪80年代，罗马私人藏品） ... 475

图2-625 洛约拉 耶稣会修道院及教堂。平立剖面（取自Acta Sanctorum：《Diario Historico de Loyola》） ... 476

图2-626 罗马 长岸圣米凯莱收容院（约1700年）。沿台伯河立面全景 ... 476

图2-627 罗马 卢多维西府邸（今蒙特西托里奥府邸，1650~1697年，前后主持人分别为贝尔尼尼和卡洛·丰塔纳）。主层平面（卡洛·丰塔纳绘，王室藏品） ... 477

图2-628 罗马 卢多维西府邸（今蒙特西托里奥府邸）。宫前广场设计（作者卡洛·丰塔纳，1694年） ... 477

图2-629 罗马 卢多维西府邸（今蒙特西托里奥府邸）。17世纪末外景（版画，取自Christian Norberg-Schulz：

《Architecture Baroque and Classique》) 477

图 2-630 罗马 卢多维西府邸（今蒙特西托里奥府邸）。18 世纪外景（版画作者 Giovanni Battista Piranesi） 477

图 2-631 罗马 卢多维西府邸（今蒙特西托里奥府邸）。南侧广场及建筑现状 478

图 2-632 罗马 卢多维西府邸（今蒙特西托里奥府邸）。东侧景色 478

图 2-633 罗马 地方海关（现交易所，位于原哈德良神庙基址上，卡洛·丰塔纳设计，约 1700 年）。立面图 .. 478

图 2-634 罗马 大角斗场。改造规划（作者卡洛·丰塔纳，1707 年） 479

图 2-635 罗马 特拉斯泰韦雷圣马利亚教堂。现状全景（门廊 1702 年后加，设计人卡洛·丰塔纳） 479

图 2-636 罗马 特拉斯泰韦雷圣马利亚教堂。立面近景 480

图 2-637 罗马 里佩塔港（1702/1703~1705 年，主持人亚历山德罗·斯佩基）。18 世纪外景（版画作者 Giovanni Battista Piranesi） 481

图 2-638 罗马 西班牙广场及大台阶。最初规划（作者贝尔尼尼，约 1660 年，E.Benedetti 的复制件，梵蒂冈图书馆藏品） 481

图 2-639 罗马 西班牙广场及大台阶（1723~1726 年，主持人弗朗切斯科·德桑克蒂斯和亚历山德罗·斯佩基）。地段总平面（G.Nolli 城图局部） 481

图 2-640 罗马 西班牙广场及大台阶。平面（据 John L.Varriano，1986 年，经改绘） 482

图 2-641 罗马 西班牙广场及大台阶。设计图（作者弗朗切斯科·德桑克蒂斯，据 1723 年图稿绘制，原件现存巴黎外交部） 483

图 2-642 罗马 西班牙广场及大台阶。18 世纪外景（版画作者 Giovanni Battista Piranesi） 483

图 2-643 罗马 西班牙广场及大台阶。地段俯视全景 484

图 2-644 罗马 西班牙广场及大台阶。广场区俯视景色 485

图 2-645 罗马 西班牙广场及大台阶。广场区全景 486

图 2-646 罗马 西班牙广场及大台阶。自《破船》喷泉望圣三一教堂 487

图 2-647 罗马 西班牙广场及大台阶。圣三一教堂脚下景观 488

图 2-648 罗马 西班牙广场及大台阶。自圣三一教堂远望《破船》喷泉 488

图 2-649 罗马 西班牙广场及大台阶。广场区夜景 489

图 2-650 罗马 圣伊尼亚齐奥广场（1725/1727~1728 年，建筑师菲利波·拉古齐尼）。平面 489

图 2-651 罗马 圣伊尼亚齐奥广场。轴测透视图（取自 John L.Varriano：《Italian Baroque and Rococo Architecture》，1986 年） 489

图 2-652 罗马 圣伊尼亚齐奥广场。现状全景 489

图 2-653 罗马 圣伊尼亚齐奥广场。建筑近景 490

图 2-654 罗马 圣伊尼亚齐奥广场。仰视景色 490

图 2-655 罗马 奎里纳莱宫（16 世纪后半叶，建筑师马蒂诺·隆吉、多梅尼科·丰塔纳、卡洛·马代尔诺、贝尔尼尼、费迪南多·富加等）。基址平面（Mascarino 原稿及清绘图，圣卢卡学院档案） 491

图 2-656 罗马 奎里纳莱宫。地段平面（作者乔瓦尼·丰塔纳，1589 年，圣卢卡学院档案） 491

图 2-657 罗马 奎里纳莱宫。廊厅墙面装饰设计（作者彼得罗·达·科尔托纳，1656 年，两幅分别藏柏林 Kunstbibliothek 和牛津 Christ Church） 492

图 2-658 罗马 奎里纳莱宫。1612 年地段俯视全景（图版作者 Giovanni Maggi，现存佛罗伦萨 Biblioteca Marucelliana） 492

图 2-659 罗马 奎里纳莱宫。1618 年地段俯视全景（图版现存米兰 Civica Raccolta delle Stampe Achille Bertarelli） 492

图 2-660 罗马 奎里纳莱宫。1618 年宫殿及花园俯视全景（图版作者 Mattheus Greuter，现存罗马 Bibliotheca Hertziana）

图2-661 罗马 奎里纳莱宫。约1644年地段俯视全景（作者Domenico Castelli, 图版现存梵蒂冈Biblioteca Apostolica） 493

图2-662 罗马 奎里纳莱宫。17世纪宫殿及花园景色（作者Giovanni Battista Falda） 493

图2-663 罗马 奎里纳莱宫。现状外景 493

图2-664 罗马 奎里纳莱宫。自广场喷泉处望宫殿 494

图2-665 罗马 奎里纳莱宫。立面近景 494

图2-666 罗马 奎里纳莱宫。大厅内景（卡洛·马代尔诺设计） 495

图2-667 罗马 科尔索大街多里亚-潘菲利宫（1731~1735年，加布里埃莱·瓦尔瓦索里设计）。立面外景......495

图2-668 罗马 科尔索大街多里亚-潘菲利宫。院落景色 496

图2-669 罗马 议政宫（1732~1735年，费迪南多·富加设计）。18世纪外景（版画作者Giovanni Battista Piranesi） 496

图2-670 罗马 议政宫。现状外景 497

图2-671 罗马 议政宫。正立面全景 497

图2-672 罗马 拉特兰圣乔瓦尼教堂（立面1732~1735年，亚历山德罗·加利莱伊设计）。立面设计（作者亚历山德罗·加利莱伊，取自Robert Adam：《Classical Architecture》，1991年） 497

图2-673 罗马 拉特兰圣乔瓦尼教堂。立面设计方案（作者Bernardo Antonio Vittone，据Lugano，1760年）...497

图2-674 罗马 拉特兰圣乔瓦尼教堂。立面设计方案（作者Ferdinando Fuga, 1722年，现存罗马Istituto Nazionale per la Grafica） 498

图2-675 罗马 拉特兰圣乔瓦尼教堂。18世纪上半叶全景（油画，作者H.F.van Lint） 498

图2-676 罗马 拉特兰圣乔瓦尼教堂。18世纪全景（版画作者Giovanni Battista Piranesi） 498

图2-677 罗马 拉特兰圣乔瓦尼教堂。18世纪立面近景（版画作者Giovanni Battista Piranesi） 499

图2-678 罗马 拉特兰圣乔瓦尼教堂。现状景色 499

图2-679 罗马 拉特兰圣乔瓦尼教堂。立面全景 500

图2-680 罗马 拉特兰圣乔瓦尼教堂。门廊及挑台近景 501

图2-681 罗马 特雷维喷泉（1732~1762年，建筑师尼古拉·萨尔维）。地段总平面示意 500

图2-682 罗马 特雷维喷泉。广场扩展规划（作者朱塞佩·瓦拉迪耶，1812年，原稿现存罗马圣卢卡学院）...502

图2-683 罗马 特雷维喷泉。设计草图（作者Bernardo Borromini，1701年，原稿现存维也纳Graphische Sammlung Albertina） 502

图2-684 罗马 特雷维喷泉。设计图版（作者费迪南多·富加，1723年，原稿现存柏林Kunstbibliothek） 502

图2-685 罗马 特雷维喷泉。木模型（作者Nicola Salvi，现存罗马Museo di Roma） 503

图2-686 罗马 特雷维喷泉。18世纪全景（油画，作者Giovanni Paolo Pannini，原作现存莫斯科Pushkin State Museum of Fine Arts） 503

图2-687 罗马 特雷维喷泉。18世纪景观（自东南方向望去的景色，版画作者Giovanni Battista Piranesi） 504

图2-688 罗马 特雷维喷泉。18世纪正面全景（版画作者Giovanni Battista Piranesi） 505

图2-689 罗马 特雷维喷泉。现状立面全景 504

图2-690 罗马 特雷维喷泉。立面近景 506

图2-691 罗马 特雷维喷泉。东南侧全景 505

图2-692 罗马 特雷维喷泉。东南侧近景 507

图2-693 罗马 特雷维喷泉。海神像（作者Pietro Bacci，1759年） 508

图2-694 罗马 特雷维喷泉。雕刻细部 509

图 2-695 巴黎 格勒内勒喷泉（1739~1745 年）。四季泉近景 510
图 2-696 罗马 圣马利亚 - 马达莱娜教堂（立面 1735 年，朱塞佩·萨尔迪设计）。立面外景 511
图 2-697 乔瓦尼·巴蒂斯塔·诺利：罗马全景图（1748 年）...... 512
图 2-698 乔瓦尼·保罗·潘尼尼：当代罗马（油画，1757 年，纽约 Metropolitan Museum of Art 藏品）...... 513
图 2-699 罗马 圣马利亚主堂（主立面 1741~1743 年，建筑师费迪南多·富加）。带双钟楼的立面方案（据 Angelis，1621 年）...... 514
图 2-700 罗马 圣马利亚主堂。18 世纪外景（油画，Giovanni Paolo Pannini 绘）...... 514
图 2-701 罗马 圣马利亚主堂。18 世纪外景（版画，作者 Giovanni Battista Piranesi）...... 515
图 2-702 罗马 圣马利亚主堂。现状全景 515
图 2-703 罗马 圣马利亚主堂。正立面景色 515
图 2-704 罗马 圣马利亚主堂。门廊近景 516
图 2-705 罗马 耶路撒冷圣十字教堂（1741~1744 年，彼得罗·帕萨拉夸和多梅尼科·格雷戈里尼设计）。现状全景 517
图 2-706 罗马 耶路撒冷圣十字教堂。门廊立面景色 516
图 2-707 罗马 耶路撒冷圣十字教堂。西南侧近景 517
图 2-708 罗马 阿尔瓦尼别墅（建筑师卡洛·马尔基翁尼）。别墅及花园全景（图版，作者 Giovanni Battista Piranesi）...... 518
图 2-709 都灵 城市及郊区全图（Baillieu 刊印图版）...... 519
图 2-710 都灵 城市扩展阶段图（据 A.E.J.Morris，1994 年）...... 519
图 2-711 都灵 城市扩展阶段图（据 Christian Norberg-Schulz 和 Leonardo Benevolo）...... 520
图 2-712 都灵 1620 年第一次扩展后全景图（取自 Henry A.Millon 主编：《The Triumph of the Baroque, Architecture in Europe 1600-1750》，1999 年）...... 520
图 2-713 都灵 1640 年代城市平面（取自 Stephan Hoppe：《Was ist Barock？ Architektur und Städtebau Europas 1580-1770》，2003 年）...... 521
图 2-714 都灵 约 1670 年城市全景图（巴黎国家图书馆藏品）...... 521
图 2-715 都灵 1682 年城市景观图（据 Gian Tommaso Borgonio）...... 521
图 2-716 都灵 1692 年城市景观图（据 Claude Aveline）...... 522
图 2-717 都灵 1700 年前后城市平面图 522
图 2-718 都灵 18 世纪初城市平面（国家档案材料）...... 522
图 2-719 都灵 18 世纪规划图（取自 Leonardo Benevolo：《Storia della Città》，1975 年）...... 523
图 2-720 都灵 自苏沙门望城市全景（Ignazio Sclopis di Borgostura 绘，都灵私人藏品）...... 522~523
图 2-721 都灵 城堡广场（阿斯卡尼奥·维托齐设计）。俯视全景图 524
图 2-722 都灵 城堡广场。17 世纪俯视全景（版画作者 Gian Tommaso Borgonio，1682 年）...... 524
图 2-723 都灵 城堡广场。17 世纪广场景色（1676 年版画）...... 525
图 2-724 都灵 城堡广场。18 世纪初广场景色（油画，作者 Pieter Bolckmann，1705 年，都灵 Museo Civico di Arte Antica 藏品）...... 525
图 2-725 都灵 国王广场（今圣卡洛广场）。全景（版画，取自"Theatrums Sabaudiae"系列图版）...... 526
图 2-726 都灵 国王广场（今圣卡洛广场）。西南望全景 526
图 2-727 都灵 国王广场（今圣卡洛广场）。向北望去的景色 527
图 2-728 都灵 公爵府（王宫）。全景（版画，取自"Theatrums Sabaudiae"系列图版）...... 527
图 2-729 都灵 公爵府（王宫）。外景（形成城堡广场背景和中心建筑）...... 528

图 2-730 都灵 公爵府（王宫）。龛室厅内景（室内装饰设计 Carlo Morello，1662~1663 年）......528
图 2-731 都灵 公爵府（王宫）。御座厅内景......529
图 2-732 都灵 公爵府（王宫）。大楼梯（1997 年曾遭火灾，后修复）......530
图 2-733 都灵 公爵府（王宫）。舞厅（接待厅）内景（设计人 Palagi，1835~1842 年）......531
图 2-734 都灵 公爵府（王宫）。达尼埃尔廊厅内景......531
图 2-735 都灵 公爵府（王宫）。王后套房内景......532
图 2-736 都灵 波河大街（始建于 1673 年，阿马德奥·迪·卡斯泰拉门特等人设计）。18 世纪景色（版画，约 1722 年）......532
图 2-737 都灵 波河大街。现状街景......533
图 2-738 都灵 卡普奇尼山上圣马利亚教堂（阿斯卡尼奥·维托齐设计）。自河面望去的景色......534
图 2-739 都灵 韦纳里亚-雷亚莱（1660~1678 年，阿马德奥·迪·卡斯泰拉门特设计）。地理形势（据 Leonardo Benevolo）......534
图 2-740 都灵 韦纳里亚-雷亚莱。全景图（取自"Theatrums Sabaudiae"系列图版）......534
图 2-741 都灵 韦纳里亚-雷亚莱。礼拜堂（菲利波·尤瓦拉设计），最后方案平面（作者菲利波·尤瓦拉，1719 年，现存都灵 Archivio di Stato）......535
图 2-742 都灵 韦纳里亚-雷亚莱。礼拜堂，第一方案平面及剖面（作者菲利波·尤瓦拉，1716 年，图稿现存都灵 Archivio di Stato 和 Biblioteca Nazionale Universitaria）......535
图 2-743 都灵 韦纳里亚-雷亚莱。礼拜堂，第二方案草图（作者菲利波·尤瓦拉，原稿现存都灵 Museo Civico）......535
图 2-744 都灵 至圣殓布礼拜堂（1667~1690 年，瓜里诺·瓜里尼设计）。平面位置示意（Carla dal Molin 绘）......536
图 2-745 都灵 至圣殓布礼拜堂。平面（图版现存都灵 Archivio Capitolare，作者佚名）......536
图 2-746 都灵 至圣殓布礼拜堂。平面（图版现存都灵 Biblioteca Reale）......537
图 2-747 都灵 至圣殓布礼拜堂。平面（据瓜里诺·瓜里尼《Architettura Civile》图版绘制，1737 年）......537
图 2-748 都灵 至圣殓布礼拜堂。剖面（瓜里诺·瓜里尼：《Architettura Civile》，图版 3，原稿现存都灵 Biblioteca Reale）......537
图 2-749 都灵 至圣殓布礼拜堂。剖面（取自 John L.Varriano：《Italian Baroque and Rococo Architecture》，1986 年，经改绘）......538
图 2-750 都灵 至圣殓布礼拜堂。木模型剖面（据 Gian Tommaso Borgonio，1682 年，原稿现存芝加哥 Newberry Library）......539
图 2-751 都灵 至圣殓布礼拜堂。剖析图（取自《Dizionario di Architettura e Urbanistica》）......538
图 2-752 都灵 至圣殓布礼拜堂。外景及穹顶近景......539
图 2-753 都灵 至圣殓布礼拜堂。自大教堂耳堂及歌坛处望至圣殓布礼拜堂内景（版画，作者佚名，现存都灵 Archivio Capitolare）......540
图 2-754 都灵 至圣殓布礼拜堂。圣骨匣及祭坛（版画，作者 Jean-Louis Daudet，1737 年，原稿现存都灵 Galleria Sabauda）......541
图 2-755 都灵 至圣殓布礼拜堂。穹顶仰视全景......541
图 2-756 都灵 至圣殓布礼拜堂。穹顶近景......542
图 2-757 都灵 至圣殓布礼拜堂。顶塔内景......543
图 2-758 耶稣殓布（所谓都灵寿衣，Turin Shroud）的展示（图版作者 Carlo Malliano，1579 年，原稿现存都灵 Biblioteca Reale）......542
图 2-759 耶稣殓布的展示（版画制作 Bartolomeo Giuseppe Tasnière，据 Giuilio Cesare Grampini，1703 年，原稿

图 2-760 都灵 圣洛伦佐教堂（1668~1687 年，室内 1679 年完成，建筑师瓜里诺·瓜里尼）。平面（取自瓜里诺·瓜里尼：《Architettura Civile》，图版 4） ... 545

图 2-761 都灵 圣洛伦佐教堂。平面（据瓜里诺·瓜里尼《Architettura Civile》图版绘制，1737 年） ... 545

图 2-762 都灵 圣洛伦佐教堂。平面解析图（取自 Stephan Hoppe：《Was ist Barock？ Architektur und Städtebau Europas 1580-1770》，2003 年） ... 544

图 2-763 都灵 圣洛伦佐教堂。剖面（取自瓜里诺·瓜里尼：《Architettura Civile》，图版 6） ... 546

图 2-764 都灵 圣洛伦佐教堂。平面及剖面（据 Banister Fletcher） ... 547

图 2-765 都灵 圣洛伦佐教堂。平面及剖析图（取自 Henri Stierlin：《Comprendre l'Architecture Universelle》）. 547

图 2-766 都灵 圣洛伦佐教堂。剖析图（取自《Dizionario di Architettura e Urbanistica》） ... 546

图 2-767 都灵 圣洛伦佐教堂。穹顶剖析图及和其他巴洛克建筑的比较（取自 Robert Adam：《Classical Architecture》，1991 年） ... 548

图 2-768 都灵 圣洛伦佐教堂。外景复原图（据 De Bernardi Ferrero） ... 549

图 2-769 都灵 圣洛伦佐教堂。穹顶外景 ... 549

图 2-770 都灵 圣洛伦佐教堂。内景 ... 548

图 2-771 都灵 圣洛伦佐教堂。室内仰视景色 ... 550

图 2-772 都灵 圣洛伦佐教堂。穹顶全景 ... 550

图 2-773 都灵 圣洛伦佐教堂。穹顶近景 ... 551

图 2-774 都灵 圣洛伦佐教堂。歌坛（司祭区）内景 ... 551

图 2-775 都灵 圣洛伦佐教堂。歌坛（司祭区）穹顶 ... 552

图 2-776 科尔多瓦 大清真寺。内部巴洛克教堂现状 ... 553

图 2-777 都灵 卡里尼亚诺府邸（1679~1692 年，瓜里诺·瓜里尼设计）。平面总图 ... 553

图 2-778 都灵 卡里尼亚诺府邸。平面及示意简图（两图分别据 Haupt 及 Christian Norberg-Schulz） ... 553

图 2-779 都灵 卡里尼亚诺府邸。中央部分平面（取自 John L.Varriano：《Italian Baroque and Rococo Architecture》，1986 年） ... 553

图 2-780 都灵 卡里尼亚诺府邸。立面及剖面（图版，现存都灵 Biblioteca Reale） ... 554

图 2-781 都灵 卡里尼亚诺府邸。现状全景 ... 554~555

图 2-782 都灵 卡里尼亚诺府邸。中央部分立面 ... 554

图 2-783 菲利波·尤瓦拉：八角形教堂平面、立面及剖面设计（两图分别存罗马 Accademia di San Luca 和柏林 Staatliche Museen Preussischer Kulturbesitz） ... 556

图 2-784 菲利波·尤瓦拉：离宫设计图 ... 557

图 2-785 菲利波·尤瓦拉：三显贵别墅设计图（总平面、建筑群平面、立面及剖面，1702 年） ... 557

图 2-786 都灵 苏佩加圣母院教堂（1717~1731 年，建筑师菲利波·尤瓦拉）。平面及剖面（取自 Rudolf Wittkower：《Art and Architecture in Italy 1600 to 1750》，1982 年） ... 558

图 2-787 都灵 苏佩加圣母院教堂。平面详图（取自 John L.Varriano：《Italian Baroque and Rococo Architecture》，1986 年） ... 559

图 2-788 都灵 苏佩加圣母院教堂。立面及剖面（图版作者 Pietro Giovanni Audifredi，现存都灵 Biblioteca Reale） ... 558

图 2-789 都灵 苏佩加圣母院教堂。立面（取自 Wilhelm Lübke 及 Carl von Lützow：《Denkmäler der Kunst》，1884 年） ... 559

图 2-790 都灵 苏佩加圣母院教堂。第一方案设计草图（作者菲利波·尤瓦拉，1715 年，现存都灵 Museo Civico）

图2-791 都灵 苏佩加圣母院教堂。透视研究草图（作者菲利波·尤瓦拉，现存都灵Museo Civico d'Arte Antica） 560

图2-792 都灵 苏佩加圣母院教堂。木模型（作者菲利波·尤瓦拉和卡洛·马里亚·乌利恩戈） ...... 560~561

图2-793 都灵 苏佩加圣母院教堂。全景图（油画，作者Giovanni Battista Bagnasacco，原作现存都灵Palazzo Reale） 561

图2-794 都灵 苏佩加圣母院教堂。现状全景 562

图2-795 都灵 苏佩加圣母院教堂。立面近景 563

图2-796 都灵 苏佩加圣母院教堂。廊院景色 564

图2-797 都灵 苏佩加圣母院教堂。穹顶内景 565

图2-798 博洛尼亚 圣卢卡圣母院（1723~1757年，设计人卡洛·弗朗切斯科·多蒂）。平面（据Rudolf Wittkower，经改绘） 565

图2-799 都灵 马达马府邸（1718~1721年，建筑师菲利波·尤瓦拉）。外景 566

图2-800 都灵 马达马府邸。楼梯内景 566

图2-801 斯图皮尼吉 猎庄（1729~1733年，建筑师菲利波·尤瓦拉）。平面（据Rudolf Wittkower） 567

图2-802 斯图皮尼吉 猎庄。主体部分平面及剖面（取自Leonardo Benevolo:《Storia della Città》，1975年）.. 567

图2-803 斯图皮尼吉 猎庄。平面草图（作者菲利波·尤瓦拉） 567

图2-804 斯图皮尼吉 猎庄。立面全景及院落景色 568

图2-805 斯图皮尼吉 猎庄。院落面主体景色 568

图2-806 斯图皮尼吉 猎庄。院落面近景 569

图2-807 斯图皮尼吉 猎庄。大沙龙内景 570

图2-808 斯图皮尼吉 猎庄。大沙龙仰视景色 571

图2-809 斯图皮尼吉 猎庄。大沙龙上层环廊 572

图2-810 斯图皮尼吉 猎庄。大沙龙穹顶全景 573

图2-811 南锡 马尔格朗热府邸。热尔曼·博夫朗方案I（平面及立面，1712~1715年，未实施，据Wend von Kalnein，1995年） 574

图2-812 南锡 马尔格朗热府邸。热尔曼·博夫朗方案I（沙龙剖面及装饰设计，1711年，取自热尔曼·博夫朗:《Livre d'Architecture》，图版18） 574

图2-813 南锡 马尔格朗热府邸。热尔曼·博夫朗方案II（底层平面及院落剖面，约1712年，平面据Wend von Kalnein，1995年，剖面取自热尔曼·博夫朗:《Livre d'Architecture》） 575

图2-814 南锡 马尔格朗热府邸。热尔曼·博夫朗方案II（立面，取自Jean-Marie Pérouse de Montclos:《Histoire de l'Architecture Française》，1989年） 575

图2-815 都灵 卡尔米内教堂（1732~1735年，设计人菲利波·尤瓦拉）。剖面（据Rudolf Wittkower） 576

图2-816 都灵 卡尔米内教堂。外景 576

图2-817 都灵 卡尔米内教堂。本堂内景 576

图2-818 贝尔纳多·维托内：著作插图（柱式比例，1760年） 577

图2-819 贝尔纳多·维托内：著作插图（米兰大教堂立面设计，1766年） 577

图2-820 贝尔纳多·维托内：著作插图（带钟楼的集中式教堂，平面及外景设计） 577

图2-821 布拉 圣基娅拉教堂（1742年，贝尔纳多·维托内设计）。平面、立面及剖面设计 578

图2-822 布拉 圣基娅拉教堂。平面（据John L. Varriano，1986年，经改绘） 578

图2-823 布拉 圣基娅拉教堂。本堂内景 578

图 2-824 布拉 圣基娅拉教堂。穹顶内景 ... 578
图 2-825 都灵 瓦利诺托（圣母访问）圣所（1738~1739 年，贝尔纳多·维托内设计）。平面及剖面（图版，取自 Rudolf Wittkower：《Art and Architecture in Italy 1600 to 1750》，1982 年） ... 579
图 2-826 莱切 圣十字教堂（1606~1646 年，立面设计 Giuseppe Zimbalo）。立面外景 ... 579
图 2-827 都灵 广场圣马利亚教堂(1751~1754 年，贝尔纳多·维托内设计)。平面及剖面(局部，取自 Rudolf Wittkower：《Art and Architecture in Italy 1600 to 1750》，1982 年) ... 580
图 2-828 那波利 卡波迪蒙特博物馆（1757~1759 年）。陶瓷厅内景 ... 579
图 2-829 那波利 圣马利亚教堂（1651~1717 年，建筑师科西莫·凡扎戈）。平面及剖面（据 Rudolf Wittkower，1982 年） ... 580
图 2-830 那波利 18 世纪港湾景色（油画，Giovanni Battista Lusieri 绘，1791 年） ... 580
图 2-831 那波利 波韦里旅馆（费迪南多·富加设计）。平面方案（两幅分别为 1750~1751 年和 1751 年拟订的第一和第二方案，原稿现存罗马 Gabinetto Nazionale di Stampe） ... 581
图 2-832 那波利 波韦里旅馆。立面及剖面设计（渲染图，1748 年） ... 580
图 2-833 卡塞塔 王室宫堡（1751/1752~1772 年，建筑师路易吉·万维泰利）。宫堡及花园总平面 ... 581
图 2-834 卡塞塔 王室宫堡。主体建筑平面（图版，取自《Dichiarazione dei Disegni del Reale Palazzo di Caserta》） ... 581
图 2-835 卡塞塔 王室宫堡。主体建筑平面（据 Rudolf Wittkower，1982 年） ... 582
图 2-836 卡塞塔 王室宫堡。主体建筑剖面（图版，取自《Dichiarazione dei Disegni del Reale Palazzo di Caserta》） ... 582
图 2-837 卡塞塔 王室宫堡。花园立面（设计图，取自《Dichiarazione dei Disegni del Reale Palazzo di Caserta》） ... 583
图 2-838 卡塞塔 王室宫堡。立面模型（中央部分，作者 Antonio Rosz 及其助手） ... 583
图 2-839 卡塞塔 王室宫堡。立面方案（作者路易吉·万维泰利） ... 584
图 2-840 卡塞塔 王室宫堡。设计方案（作者 M.Gioffredo，未实现） ... 584
图 2-841 卡塞塔 王室宫堡。宫廷礼拜堂，平面及剖面（图版，作者路易吉·万维泰利） ... 584
图 2-842 卡塞塔 王室宫堡。王室礼拜堂，模型（卡塞塔 Museo Vanvitelliano 藏品） ... 584
图 2-843 卡塞塔 王室宫堡。中国塔，模型（作者 Antonio Rosz，现存卡塞塔 Museo Vanvitelliano） ... 585
图 2-844 卡塞塔 王室宫堡。奠基纪念章（模型，作者 Hermenegildo Hamerani，那波利 Museo Nazionale di San Martino 藏品） ... 585
图 2-845 卡塞塔 王室宫堡。19 世纪景色（油画，作者 S.Fergola，1846 年） ... 586
图 2-846 卡塞塔 王室宫堡。鸟瞰全景（版画，取自《Dichiarazione dei Disegni del Reale Palazzo di Caserta》） . 586
图 2-847 卡塞塔 王室宫堡。鸟瞰全景（版画） ... 586
图 2-848 卡塞塔 王室宫堡。现状俯视全景 ... 588~589
图 2-849 卡塞塔 王室宫堡。立面全景 ... 587
图 2-850 卡塞塔 王室宫堡。立面近景 ... 587
图 2-851 卡塞塔 王室宫堡。中央门楼近景 ... 590
图 2-852 卡塞塔 王室宫堡。中央门楼细部 ... 591
图 2-853 卡塞塔 王室宫堡。花园景色 ... 591
图 2-854 卡塞塔 王室宫堡。花园，维纳斯和阿多尼斯喷泉 ... 592
图 2-855 卡塞塔 王室宫堡。花园，狄安娜喷泉（雕刻组群作者 Paolo Persico，1785~1789 年） ... 592
图 2-856 卡塞塔 王室宫堡。花园，瀑布阶台（路易吉·万维泰利设计） ... 593

图2-857 卡塞塔 王室宫堡。花园，埃俄罗斯泉池 ... 593
图2-858 卡塞塔 王室宫堡。英国花园，回廊内景及"假残迹"（fake ruins）景色 ... 594
图2-859 卡塞塔 王室宫堡。前厅，内景模型（作者Antonio Rosz，现存卡塞塔Museo Vanvitelliano）... 595
图2-860 卡塞塔 王室宫堡。前厅，内景 ... 595
图2-861 卡塞塔 王室宫堡。上前厅，内景 ... 596
图2-862 卡塞塔 王室宫堡。楼梯间，第一跑楼梯透视景色 ... 597
图2-863 卡塞塔 王室宫堡。楼梯间，休息平台处内景 ... 598
图2-864 卡塞塔 王室宫堡。楼梯间，自休息平台望上部厅堂 ... 598
图2-865 卡塞塔 王室宫堡。楼梯间，通向上部厅堂的楼梯段 ... 599
图2-866 卡塞塔 王室宫堡。廊道内景 ... 600
图2-867 卡塞塔 王室宫堡。御座室，内景及御座（设计人Gaetano Genovese，1827年后）... 601
图2-868 卡塞塔 王室宫堡。宫廷礼拜堂，内景 ... 601
图2-869 卡塞塔 王室宫堡。宫廷剧场，内景 ... 602
图2-870 卡塞塔 王室宫堡。战神厅，内景 ... 603
图2-871 卡塞塔 王室宫堡。春室（接待厅），内景及天顶画（作者Dominici）... 604
图2-872 卡塞塔 王室宫堡。夏室，内景（绘画作者F.Fischetti，1777~1778年）... 605
图2-873 朱塞佩·比比埃纳：戏剧场景（一位佚名画家据比比埃纳设计绘制，蒙特利尔Collection Centre Canadien d'Architecture藏品）... 605
图2-874 费迪南多·比比埃纳：装饰构图设计 ... 605
图2-875 费迪南多·比比埃纳：宫殿大厅楼梯设计（原稿现存蒙特利尔Collection Centre Canadien d'Architecture）... 606
图2-876 那波利 圣母领报教堂（1762年，建筑师路易吉·万维泰利）。平面 ... 606
图2-877 威尼斯 救世主教堂（建筑师帕拉第奥）。平面及纵剖面（图版取自Cicognara等：《Le Fabbriche》）.. 606
图2-878 威尼斯 康健圣马利亚教堂（1631~1687年，设计人巴尔达萨雷·隆盖纳）。地段总平面：巴尔达萨雷·隆盖纳最初设计复原图（复原作者Andrew Hopkins，图版绘制Joseph Kemish）及现状（图版绘制Joseph Kemish）... 607
图2-879 威尼斯 康健圣马利亚教堂。地理位置及视线分析（作者Raphael Helman）... 607
图2-880 威尼斯 康健圣马利亚教堂。平面（图版绘制Luca Danese，1634年，原稿现存蒙特利尔Collection Centre Canadien d'Architecture）... 607
图2-881 威尼斯 康健圣马利亚教堂。平面（图版，左图据P.Paroni，原稿现存威尼斯Museo Correr；右图取自L.Cicognara、A.Diedo和G.Selva：《Le Fabbriche e i Monumenti Cospicue di Venezia, II》，1840年）... 608
图2-882 威尼斯 康健圣马利亚教堂。平面（最初设计，作者巴尔达萨雷·隆盖纳，复原图作者Andrew Hopkins，图版绘制Joseph Kemish）... 608
图2-883 威尼斯 康健圣马利亚教堂。平面（修订设计，作者巴尔达萨雷·隆盖纳，原稿现存罗马Archivio Parocchiale di S.Maria in Vallicella）... 608
图2-884 威尼斯 康健圣马利亚教堂。平面分析（作者Andrew Hopkins，原图绘制Raphael Helman）... 609
图2-885 威尼斯 康健圣马利亚教堂。圣坛区设计草图（作者巴尔达萨雷·隆盖纳，原稿现存威尼斯Archivio di Stato）... 609
图2-886 威尼斯 康健圣马利亚教堂。立面设计（作者巴尔达萨雷·隆盖纳，绘制者佚名，图稿现存维也纳Graphische Sammlung Albertina）... 610
图2-887 威尼斯 康健圣马利亚教堂。平面（最后实施方案，测绘图作者Carlo Santamaria）... 609

图 2-888 威尼斯 康健圣马利亚教堂。正立面（最后实施方案，测绘图作者 Carlo Santamaria） 611
图 2-889 威尼斯 康健圣马利亚教堂。侧立面及纵剖面（最后实施方案，测绘图作者 Carlo Santamaria） .. 610~611
图 2-890 威尼斯 康健圣马利亚教堂。立面及剖面（图版，原稿现存巴黎国家图书馆） .... 610~611
图 2-891 威尼斯 康健圣马利亚教堂。平面及剖面（据 Rudolf Wittkower，1982 年） 612
图 2-892 威尼斯 康健圣马利亚教堂。平面及剖面分析图（据 Rudolf Wittkower） 612
图 2-893 威尼斯 康健圣马利亚教堂。剖析图（取自《Dizionario di Architettura e Urbanistica》） 613
图 2-894 威尼斯 康健圣马利亚教堂。剖析图(取自 John Julius Norwich：《Great Architecture of the World》，2000 年)
.... 614
图 2-895 威尼斯 康健圣马利亚教堂。1500 年基址俯视状况（Jacopo de'Barbari 城图局部） 614
图 2-896 威尼斯 康健圣马利亚教堂。17 世纪远景（油画，作者 Luca Carlevaris） 614
图 2-897 威尼斯 康健圣马利亚教堂。17 世纪景色（版画作者 Marco Boschini，原稿现存哥本哈根 Statens Museum for Kunst） 615
图 2-898 威尼斯 康健圣马利亚教堂。上图细部 .... 616~617
图 2-899 威尼斯 康健圣马利亚教堂。1655~1656 年外景(Erik Jönson Dahlberg 绘，斯德哥尔摩 Royal Library 藏品)
.... 617
图 2-900 威尼斯 康健圣马利亚教堂。1655~1656 年门廊景色（Erik Jönson Dahlberg 绘，斯德哥尔摩 Royal Library 藏品） 617
图 2-901 威尼斯 康健圣马利亚教堂。约 1656 年地段全景（Giovanni Merlo 绘，局部，伦敦大英博物馆藏品） 618
图 2-902 威尼斯 康健圣马利亚教堂。17 世纪全景（Stefano Scolari 绘，约 1660 年代后期，伦敦大英博物馆藏品）
.... 618
图 2-903 威尼斯 康健圣马利亚教堂。1660 年地段俯视图(Giovanni Merlo 绘，局部，原稿现存威尼斯 Museo Correr)
.... 618
图 2-904 威尼斯 康健圣马利亚教堂。约 1675 年近景(Gaspare Vanvitelli 绘，查茨沃思 Devonshire Collection 藏品)
.... 618
图 2-905 威尼斯 康健圣马利亚教堂。约 1695 年地段全景（Gaspare Vecchia 和 Alessandro della Via 绘，原作现存威尼斯 Museo Correr） 619
图 2-906 威尼斯 康健圣马利亚教堂。约 1695 年正面及侧面外景（作者 Vincenzo Coronelli，原作现存威尼斯 Museo Correr） 619
图 2-907 威尼斯 康健圣马利亚教堂。约 1730 年全景（油画，作者 Canaletto） 620
图 2-908 威尼斯 康健圣马利亚教堂。约 1765 年全景（油画，作者 Francesco Guardi，原作现存爱丁堡苏格兰国立美术馆） 619
图 2-909 威尼斯 康健圣马利亚教堂。18 世纪全景（油画，作者 Francesco Guardi，原作现存渥太华 Musée des Beaux-Arts du Canada） 620
图 2-910 威尼斯 康健圣马利亚教堂。18 世纪景况（作者 Giambattista Brustolon，据 Canaletto，原作现存威尼斯 Museo Correr） 621
图 2-911 威尼斯 康健圣马利亚教堂。地段全景（版画） 621
图 2-912 威尼斯 康健圣马利亚教堂。19 世纪歌坛及圣殿外景（版画，作者 Giovanni Pividor，原作现存威尼斯 Museo Correr） 621
图 2-913 威尼斯 康健圣马利亚教堂。现状远景 622
图 2-914 威尼斯 康健圣马利亚教堂。东南侧景色 622
图 2-915 威尼斯 康健圣马利亚教堂。东侧全景 623

图 2-916 威尼斯 康健圣马利亚教堂。东北侧地段全景 ... 624

图 2-917 威尼斯 康健圣马利亚教堂。东北侧俯视景色 ... 624

图 2-918 威尼斯 康健圣马利亚教堂。东北侧全景 ... 625

图 2-919 威尼斯 康健圣马利亚教堂。东北侧夕照景色 ... 628

图 2-920 威尼斯 康健圣马利亚教堂。正立面全景 ... 626~627

图 2-921 威尼斯 康健圣马利亚教堂。近景（东北侧）... 628~629

图 2-922 威尼斯 康健圣马利亚教堂。西北侧全景 ... 629

图 2-923 威尼斯 康健圣马利亚教堂。西侧景色 ... 630~631

图 2-924 威尼斯 康健圣马利亚教堂。正立面细部 ... 632

图 2-925 威尼斯 康健圣马利亚教堂。入口处山墙及鼓座涡卷近景 ... 633

图 2-926 威尼斯 康健圣马利亚教堂。东侧细部 ... 633

图 2-927 威尼斯 康健圣马利亚教堂。内景（Erik Jönson Dahlberg 及 David Klöcker Ehrenstrahl 绘，1655~1656 年）... 634

图 2-928 威尼斯 康健圣马利亚教堂。中央空间内景 ... 634

图 2-929 威尼斯 康健圣马利亚教堂。中央空间拱廊及铺地 ... 635

图 2-930 威尼斯 康健圣马利亚教堂。穹顶仰视 ... 635

图 2-931 威尼斯 康健圣马利亚教堂。高祭坛及群雕（雕刻作者 Giusto Le Court）... 636

图 2-932 威尼斯 圣乔治主堂修道院（1643~1645 年，巴尔达萨雷·隆盖纳设计）。大楼梯内景 ... 637

图 2-933 威尼斯 圣乔瓦尼和圣保罗教堂（巴尔达萨雷·隆盖纳设计）。高祭坛近景 ... 638

图 2-934 威尼斯 城堡圣彼得教堂（巴尔达萨雷·隆盖纳设计）。高祭坛近景 ... 639

图 2-935 威尼斯 佩萨罗府邸（1652~1710 年，巴尔达萨雷·隆盖纳设计）。从大运河对面望去的景色 ... 640

图 2-936 威尼斯 佩萨罗府邸。立面全景 ... 641

图 2-937 威尼斯 佩萨罗府邸。东侧景色 ... 642

图 2-938 威尼斯 佩萨罗府邸。院落景色 ... 643

图 2-939 威尼斯 佩萨罗府邸。室内装修细部（《威尼斯的胜利》，作者 Nicolò Bambini，1682 年）... 644

图 2-940 威尼斯 朱斯蒂尼安-洛林府邸（1623 年，巴尔达萨雷·隆盖纳设计）。外景 ... 645

图 2-941 威尼斯 博恩-雷佐尼科府邸（17 世纪后半叶，巴尔达萨雷·隆盖纳设计）。主要楼层平面（图版作者 G.A.Battisti，1770 年，现存威尼斯 Museo Correr；线条图取自 G.Lorenzetti：《Venice and its Lagoon》，1961 年）.... 646

图 2-942 威尼斯 博恩-雷佐尼科府邸。外景 ... 646

图 2-943 威尼斯 德雷利蒂圣马利亚教堂（1664 年，朱塞佩·萨尔迪设计）。外景 ... 647

图 2-944 威尼斯 斯卡尔齐圣马利亚教堂（1672 年，朱塞佩·萨尔迪设计）。外景 ... 647

图 2-945 威尼斯 吉利奥圣马利亚教堂（1678~1680 年，朱塞佩·萨尔迪改造设计）。外景 ... 647

图 2-946 威尼斯 吉利奥圣马利亚教堂。内景 ... 648

图 2-947 威尼斯 吉利奥圣马利亚教堂。祭坛近景 ... 649

图 2-948 威尼斯 托伦蒂诺圣尼科洛教堂（立面 1706~1714 年，安德烈·蒂拉利设计）。现状外景 ... 649

图 2-949 威尼斯 圣西莫内和朱达教堂（1718~1738 年，乔瓦尼·安东尼奥·斯卡尔法罗托设计）。平面及剖面（据 Rudolf Wittkower）... 650

图 2-950 威尼斯 圣西莫内和朱达教堂。外景 ... 650~651

图 2-951 威尼斯 格拉西府邸（1749 年，乔治·马萨里设计）。外景 ... 651

图 2-952 威尼斯 格拉西府邸。立面现状 ... 651

图 2-953 威尼斯 圣马利亚-马达莱娜教堂（1748~1763 年，托马索·泰曼扎设计）。外景 ... 652

图 2-954 威尼斯 皮萨尼别墅（现存建筑 1735~1756 年，建筑师 Giovanni Frigimelica 和 Francesco Maria Preti）。模型（威尼斯 Museo Correr 藏品） 652

图 2-955 威尼斯 皮萨尼别墅。上图模型细部（中央门楼） 653

图 2-956 威尼斯 皮萨尼别墅。花园立面远景 654

图 2-957 威尼斯 皮萨尼别墅。花园立面全景 654

图 2-958 威尼斯 皮萨尼别墅。面向花园的柱廊内景 655

图 2-959 威尼斯 皮萨尼别墅。花园水池及雕刻 656

图 2-960 威尼斯 皮萨尼别墅。花园内的人工山丘及亭阁 657

图 2-961 威尼斯 皮萨尼别墅。厅堂内景 657

图 2-962 威尼斯 皮萨尼别墅。大厅内景 658

图 2-963 米兰 城市扩展图（取自 A.E.J.Morris：《History of Urban Form》，1994 年） 658

图 2-964 热那亚 多里亚-图尔西府邸（1564~1566 年，罗科·卢拉戈设计）。平面、剖面及内院景色（据 Werner Hager） 659

图 2-965 热那亚 大学宫（耶稣会学院，1634~1638 年，另说始建于 1630 年，巴尔托洛梅奥·比安科设计）。平面及剖面（据 Rudolf Wittkower） 659

图 2-966 萨比奥内塔 剧场。平面及纵剖面设计草图（作者斯卡莫齐，1588 年） 660

图 2-967 佛罗伦萨 圣三一教堂（立面设计贝尔纳多·布翁塔伦蒂，1593 年）。外景 660

图 2-968 佛罗伦萨 圣米凯莱和加埃塔诺教堂（1604~1649 年，前期建筑师尼杰蒂，立面设计盖拉尔多·西尔瓦尼）。外景 660

图 2-969 佛罗伦萨 帕廖内科尔西尼宫（始建于 1648 年，主持人皮尔·弗朗切斯科·西尔瓦尼）。外景 660

图 2-970 佛罗伦萨 圣焦万尼诺教堂（约 1665 年，室内工程主持人阿方索·帕里吉）。内景 661

图 2-971 佛罗伦萨 奥尼萨蒂（立面设计尼杰蒂）。外景 662

图 2-972 佛罗伦萨 城堡科尔西尼别墅（立面设计安东尼奥·马里亚·费里，1699 年）。主立面近景 663

图 2-973 佛罗伦萨 卡波尼宫（1699 年，卡洛·丰塔纳等人设计）。花园立面 662

图 2-974 佛罗伦萨 卡波尼宫。大楼梯内景 662

图 2-975 佛罗伦萨 圣乔治教堂（约 1705 年，建筑师乔瓦尼·巴蒂斯塔·福吉尼）。内景 664

图 2-976 佛罗伦萨 圣菲伦泽修道院（18 世纪初）。总平面 664

图 2-977 佛罗伦萨 圣菲伦泽修道院。朝广场的立面及圣菲利波·内里教堂内景 664

图 2-978 佛罗伦萨 圣菲伦泽修道院。奠基纪念章（据 Coffey，1978 年） 665

图 2-979 帕多瓦 巴尔巴里戈别墅（位于瓦尔桑齐比奥，17 世纪改造，建筑师 Alessandro Tremignon 等）。外景 665

图 2-980 帕多瓦 巴尔巴里戈别墅。园林景色 665

图 2-981 蒙塞利切 杜奥多别墅（16 世纪 90 年代，温琴佐·斯卡莫齐设计，左翼 18 世纪 30 年代）。外景 666

图 2-982 蒙塞利切 杜奥多别墅。立面细部 667

图 2-983 维罗纳 阿莱格里-阿尔韦迪别墅（17 世纪后半叶，建筑师 Giovanni Battista Bianchi）。外景 667

图 2-984 维罗纳 阿莱格里-阿尔韦迪别墅。仰视内景 668

图 2-985 布雷萨诺内 诺瓦切拉修道院（约创立于 1142 年，1190 年大火后重建，18 世纪初改建，新教堂 1734~1773 年）。外景 668

图 2-986 布雷萨诺内 诺瓦切拉修道院。教堂内景 669

图 2-987 贝卢诺 圣马蒂诺大教堂。钟楼（菲利波·尤瓦拉设计），教堂外景及钟楼近视 .... 670~671

图 2-988 巴萨诺-德尔格拉帕 雷佐尼科别墅。外景及门廊细部 .... 670~671

图版简目·1963

图 2-989 巴萨诺 - 德尔格拉帕 雷佐尼科别墅。廊道近景	671
图 2-990 帕萨里亚诺 马宁别墅。立面全景	672
图 2-991 帕萨里亚诺 马宁别墅。自侧面廊道望主入口	673
图 2-992 帕萨里亚诺 马宁别墅。廊道外景	672
图 2-993 墨西拿 城市风景（油画，作者 Jan van Essen，佛罗伦萨私人藏品）	674
图 2-994 诺托 城市总平面（约 1693 年形势）	674
图 2-995 诺托 大教堂。外景	674
图 2-996 诺托 圣多梅尼科教堂（1727 年）。外景	675
图 2-997 拉古萨 圣乔治教堂（1744~1766 年，建筑师 Rosario Gagliardi）。外景	676
图 2-998 莫迪卡 圣彼得教堂（18 世纪）。外景	676

·中册·

第三章　法国

图 3-1 亨利四世（1553~1610 年，1589~1610 年在位），画像（绘于 17 世纪）及纹章像（作者 Guillaume Dupré）	682
图 3-2 巴黎 1609 年规划	683
图 3-3 巴黎 1615 年城市全景图（作者 Matthias Mérian）	684
图 3-4 巴黎 中心区景观（Matthias Mérian 全景图局部，1615 年）	686
图 3-5 巴黎 1652 年城市平面（作者 Jacques Gomboust）	684~685
图 3-6 巴黎 王太子广场（1607 年）。理想平面及简图示意（图版取自《L'Entrée Triomphale de Leurs Majestez》，1662 年；线条图据 Blunt）	687
图 3-7 巴黎 王太子广场。原地段形势（版画，据 1380 年地图绘制）	687
图 3-8 巴黎 王太子广场。地段俯视全景（Turgot 城图局部，1734~1739 年）	688
图 3-9 巴黎 王太子广场。地段俯视全景（版画作者 François Hoiamis）	689
图 3-10 巴黎 王太子广场。全景图（版画作者 Pérelle）	690
图 3-11 巴黎 王太子广场。全景图（版画作者 Claude Chastillon）	690
图 3-12 巴黎 王太子广场。广场内景（版画作者 Jean Marot，1660 年）	691
图 3-13 巴黎 王太子广场。现状外景	691
图 3-14 巴黎 王太子广场。外景	692
图 3-15 巴黎 城岛。亨利四世骑像（版画，作者 Melchior Tavernier）	692
图 3-16 巴黎 城岛。亨利四世骑像	693
图 3-17 巴黎 国王广场（今孚日广场，1605~1612 年）。地段俯视	694
图 3-18 巴黎 国王广场（今孚日广场）。俯视全景（版画，作者 Claude Chastillon）	695
图 3-19 巴黎 国王广场（今孚日广场）。广场全景（版画，作者 Pérelle）	694
图 3-20 巴黎 国王广场（今孚日广场）。广场全景（版画，作者 J.Rigaud，约 1720 年）	694
图 3-21 巴黎 国王广场（今孚日广场）。俯视景色	695
图 3-22 巴黎 国王广场（今孚日广场）。俯视景色	696
图 3-23 巴黎 国王广场（今孚日广场）。向西望去的景色	697
图 3-24 巴黎 国王广场（今孚日广场）。向东南方向望去的景色	696~697
图 3-25 巴黎 国王广场（今孚日广场）。场地中央雕刻	697

图 3-26 巴黎 国王广场（今孚日广场）。喷泉 ... 698

图 3-27 巴黎 国王广场（今孚日广场）。周边建筑近景 ... 698

图 3-28 巴黎 国王广场（今孚日广场）。周边建筑近景 ... 699

图 3-29 巴黎 国王广场（今孚日广场）。主阁立面及跨间立面（取自前苏联建筑科学院《世界建筑通史》第一卷及据 A.Choisy） ... 700

图 3-30 巴黎 国王广场（今孚日广场）。国王阁南立面近景 ... 700~701

图 3-31 巴黎 国王广场（今孚日广场）。王后阁南立面 ... 701

图 3-32 巴黎 法兰西广场。规划方案（Claude Chastillon 和 Jacques Alleaume 设计，1609 年，图版制作 Claude Chastillon） ... 701

图 3-33 路易十三（在位期间 1610~1643 年）画像（油画作者 Philippe de Champaigne，1635 年，卢浮宫博物馆藏品） ... 702

图 3-34 维朗德里府邸（1532 年）。建筑及院落外景 ... 702

图 3-35 维朗德里府邸。花园面景色 ... 703

图 3-36 巴黎 拉穆瓦尼翁府邸（1584 年，巴蒂斯特·迪塞尔索设计）。院落景色 ... 703

图 3-37 雅克·安德鲁埃·迪塞尔索：罗马提图斯凯旋门复原图（1550 年） ... 703

图 3-38 库洛米耶 府邸（1613 年，萨洛蒙·德布罗斯设计）。平面及立面（图版作者 Jean Marot） ... 704

图 3-39 布莱朗库尔 府邸（1612~1619 年，萨洛蒙·德布罗斯设计）。全景（版画作者 Israël Silvestre，1691 年前） ... 704

图 3-40 布莱朗库尔 府邸。复原图（作者 Peter Smith） ... 704

图 3-41 巴黎 卢森堡宫（1615~1624/1627 年，建筑师萨洛蒙·德布罗斯）。平面 [取自 J.F.Blondel:《L'Architecture Française》，1752~1756 年，图版作者可能为 Jean Marot（1679 年前）] ... 705

图 3-42 巴黎 卢森堡宫。平面（据 Hustin 及 B.Fletcher） ... 705

图 3-43 巴黎 卢森堡宫。平面构图示意（据 Christian Norberg-Schulz） ... 706

图 3-44 巴黎 卢森堡宫。北立面（取自 J.F.Blondel：《L'Architecture Française》，1752~1756 年） ... 706

图 3-45 巴黎 卢森堡宫。剖面（取自 J.F.Blondel：《L'Architecture Française》，1752~1756 年） ... 706~707

图 3-46 巴黎 卢森堡宫。立面透视图（局部，17 世纪画稿，巴黎卢浮宫博物馆藏品） ... 707

图 3-47 巴黎 卢森堡宫。俯视全景（据 Werner Hager） ... 707

图 3-48 巴黎 卢森堡宫。俯视全景（据 Banister Fletcher） ... 708

图 3-49 巴黎 卢森堡宫。花园立面（南立面）远景 ... 708

图 3-50 巴黎 卢森堡宫。花园立面全景 ... 708

图 3-51 巴黎 卢森堡宫。西南侧外景 ... 709

图 3-52 巴黎 卢森堡宫。西侧现状 ... 709

图 3-53 巴黎 卢森堡宫。南立面中央形体近景 ... 710

图 3-54 巴黎 卢森堡宫。东侧景色 ... 711

图 3-55 巴黎 卢森堡宫。北面门楼外景 ... 710~711

图 3-56 贝尔尼 府邸（1623 年，弗朗索瓦·芒萨尔设计）。外景（版画，作者 Pérelle） ... 712

图 3-57 贝尔尼 府邸。俯视全景图（取自 Anthony Blunt：《Art and Architecture in France，1500~1700》，1999 年） ... 712

图 3-58 巴勒鲁瓦 府邸（约 1625~1630 年，建筑师弗朗索瓦·芒萨尔）。鸟瞰全景 ... 713

图 3-59 布卢瓦 府邸。新宫（加斯东翼，1635~1638 年，弗朗索瓦·芒萨尔设计），改建平面 ... 714

图 3-60 布卢瓦 府邸。新宫（加斯东翼），设计图稿（作者弗朗索瓦·芒萨尔） ... 714

图 3-61 布卢瓦 府邸。新宫（加斯东翼），立面（图版作者 F.Duban，1855 年前） 714
图 3-62 布卢瓦 府邸。新宫（加斯东翼），楼梯间剖面 715
图 3-63 布卢瓦 府邸。新宫（加斯东翼），楼梯间细部（Reginald Blomfield 绘） 715
图 3-64 布卢瓦 府邸。新宫（加斯东翼），现状外景 715
图 3-65 布卢瓦 府邸。新宫（加斯东翼），立面近景 715
图 3-66 迈松 府邸（1642~1646/1650 年，弗朗索瓦·芒萨尔设计）。1752 年地区总图 716
图 3-67 迈松 府邸。平面（据 David Watkin 等，经改绘） 716
图 3-68 迈松 府邸。平面及剖面（据 Banister Fletcher） 716
图 3-69 迈松 府邸。平面构图示意（据 Christian Norberg-Schulz） 717
图 3-70 迈松 府邸。立面（据 A.Choisy） 717
图 3-71 迈松 府邸。立面细部（渲染图，法国历史古迹档案材料） 717
图 3-72 迈松 府邸。马厩立面 718
图 3-73 迈松 府邸。鸟瞰全景（取自 Michael Raeburn 主编：《Architecture of the Western World》，1980 年）..... 718
图 3-74 迈松 府邸。俯视渲染图（法国历史古迹档案材料） 719
图 3-75 迈松 府邸。立面全景（据 Banister Fletcher） 718
图 3-76 迈松 府邸。自塞纳河边望去的景色 719
图 3-77 迈松 府邸。花园面外景（版画，作者 Pérelle） 720
图 3-78 迈松 府邸。院落面外景（版画，作者 Pérelle） 720
图 3-79 迈松 府邸。花园面远景 721
图 3-80 迈松 府邸。花园面全景 720
图 3-81 迈松 府邸。花园面近景 721
图 3-82 迈松 府邸。门厅内景 722
图 3-83 迈松 府邸。楼梯间内景 722
图 3-84 路易·勒沃（1612~1670 年）画像（凡尔赛博物馆藏品） 723
图 3-85 兰西 府邸（1645 年，建筑师路易·勒沃，已毁）。平面（据 Christian Norberg-Schulz） 723
图 3-86 兰西 府邸。正面外景（版画，作者 Pérelle） 723
图 3-87 兰西 府邸。侧面外景（版画，作者 Pérelle） 724
图 3-88 沃-勒维孔特 府邸（1656/1657~1661 年，花园 1620~1720 年，建筑师路易·勒沃，室内设计师勒布朗，园林设计师勒诺特）。地段规划总图（约 1780 年） 724
图 3-89 沃-勒维孔特 府邸。规划总图（法兰西学院平面，1658/1659 年） 725
图 3-90 沃-勒维孔特 府邸。平面（取自《Le Grand Marot》，1679 年前） 725
图 3-91 沃-勒维孔特 府邸。平面（据 J.Guadet，中部平面详图作者 Rudolf Pfnor，1888 年） 726
图 3-92 沃-勒维孔特 府邸。平面（上下两图分别取自 Henry A.Millon 主编：《Key Monuments of the History of Architecture》和 Werner Hager：《Architecture Baroque》） 726
图 3-93 沃-勒维孔特 府邸。平面构图示意（据 Christian Norberg-Schulz） 726
图 3-94 沃-勒维孔特 府邸。平面剖析图及剖面（取自 Robert Adam：《Classical Architecture》，1991 年） 727
图 3-95 沃-勒维孔特 府邸。立面（图版作者 Rudolf Pfnor，1888 年） 727
图 3-96 沃-勒维孔特 府邸。立面局部（府邸及花园台地，图版作者 Rudolf Pfnor，1888 年） 727
图 3-97 沃-勒维孔特 府邸。立面（据 Nikolaus Pevsner） 728
图 3-98 沃-勒维孔特 府邸。透视图（取自 John Julius Norwich：《Great Architecture of the World》，2000 年） 728
图 3-99 尼古拉·富凯（1615~1680 年）画像（油画局部，作者佚名，约 1660 年） 728

图 3-100 沃-勒维孔特 府邸。北侧院落面俯视全景（版画，作者 Pérelle） ... 729
图 3-101 沃-勒维孔特 府邸。南侧花园面全景（版画，作者 Claude Aveline） ... 729
图 3-102 沃-勒维孔特 府邸。花园面景色（版画，作者 Pérelle） ... 730
图 3-103 沃-勒维孔特 府邸。花园面近景（版画，作者 Israël Silvestre） ... 730
图 3-104 沃-勒维孔特 府邸。1754 年地段平面与现状航片 ... 731
图 3-105 沃-勒维孔特 府邸。府邸与花园区垂直航片 ... 730
图 3-106 沃-勒维孔特 府邸。自北向南俯视全景 ... 732
图 3-107 沃-勒维孔特 府邸。自西北方向俯视全景 ... 733
图 3-108 沃-勒维孔特 府邸。自南向北俯视全景 ... 733
图 3-109 沃-勒维孔特 府邸。自西南方向俯视景色 ... 734
图 3-110 沃-勒维孔特 府邸。自南端赫丘利雕像处远望花园及府邸 ... 735
图 3-111 沃-勒维孔特 府邸。中轴线全景（自南面望去的景色） ... 734
图 3-112 沃-勒维孔特 府邸。自花园南端台地圆池北望府邸全景 ... 736
图 3-113 沃-勒维孔特 府邸。自大运河处远望府邸 ... 737
图 3-114 沃-勒维孔特 府邸。自花园瀑布阶台处远望府邸 ... 737
图 3-115 沃-勒维孔特 府邸。自花园方池处北望府邸 ... 738~739
图 3-116 沃-勒维孔特 府邸。自花坛处望府邸全景 ... 740~741
图 3-117 沃-勒维孔特 府邸。自东南侧王冠水池处望去的景色 ... 742
图 3-118 沃-勒维孔特 府邸。自花坛处近望府邸 ... 742
图 3-119 沃-勒维孔特 府邸。自观景台地望中央门楼 ... 743
图 3-120 沃-勒维孔特 府邸。南立面（花园面）全景 ... 743
图 3-121 沃-勒维孔特 府邸。花园面壕沟及中央门楼（西南侧景色） ... 744
图 3-122 沃-勒维孔特 府邸。北面（入口面）全景 ... 744
图 3-123 沃-勒维孔特 府邸。北面点油灯时夜景 ... 745
图 3-124 沃-勒维孔特 府邸。北面主门廊近景 ... 745
图 3-125 沃-勒维孔特 府邸。北面铁栅装饰 ... 746
图 3-126 沃-勒维孔特 府邸。铁栅雅努斯神柱细部 ... 746
图 3-127 沃-勒维孔特 府邸。西北侧全景 ... 747
图 3-128 勒布朗（1619~1690 年）雕像（作者 Antoine Coysevox，1676 年，伦敦 Wallace Collection） ... 747
图 3-129 沃-勒维孔特 府邸。大沙龙，内景 ... 748
图 3-130 沃-勒维孔特 府邸。大沙龙，穹顶画构思（细部，Charles Le Brun 设计，图版制作 Gérard Audran，1681 年） ... 747
图 3-131 沃-勒维孔特 府邸。赫丘利沙龙，天顶画细部（作者 Charles Le Brun，约 1660 年） ... 748
图 3-132 沃-勒维孔特 府邸。国王室，内景 ... 749
图 3-133 沃-勒维孔特 府邸。园林，总平面（左图据 Israël Silvestre，约 1657~1658 年；右图为法兰西学院藏品，约 1658~1659 年） ... 750
图 3-134 沃-勒维孔特 府邸。园林，平面（细部，Rudolf Pfnor 绘，1888 年） ... 750
图 3-135 沃-勒维孔特 府邸。园林，草坪区景观（图版制作 Israël Silvestre，约 1658 年，局部） ... 750
图 3-136 沃-勒维孔特 府邸。园林，自府邸前院处遥望景色 ... 751
图 3-137 沃-勒维孔特 府邸。园林，自府邸台地南望夜景 ... 751
图 3-138 沃-勒维孔特 府邸。园林，自北向南俯视全景 ... 752

图 3-139 沃-勒维孔特 府邸。园林，洞窟景色（版画作者 Pérelle-Israël Silvestre，1661 年以后） ... 752
图 3-140 沃-勒维孔特 府邸。园林，运河、洞窟及赫丘利雕像设计（版画作者 Israël Silvestre，约 1660 年）. 752
图 3-141 沃-勒维孔特 府邸。园林，洞窟及岩泉（上图细部） ... 753
图 3-142 沃-勒维孔特 府邸。园林，视线分析（自府邸望洞窟区，图版取自 Michael Brix：《The Baroque Landscape：André Le Nôtre & Vaux le Vicomte》，2004 年） ... 753
图 3-143 沃-勒维孔特 府邸。园林，自大方池处向南望洞窟及赫丘利雕像 ... 753
图 3-144 沃-勒维孔特 府邸。园林，自运河处南望景色 ... 754
图 3-145 沃-勒维孔特 府邸。园林，洞窟区边上的台阶和台地 ... 754
图 3-146 沃-勒维孔特 府邸。园林，洞窟区边侧台阶下雕刻 ... 755
图 3-147 沃-勒维孔特 府邸。园林，洞窟区男像柱雕刻及岩泉 ... 755
图 3-148 沃-勒维孔特 府邸。园林，洞窟区男像柱雕刻近景 ... 756
图 3-149 沃-勒维孔特 府邸。园林，喷泉大道（版画，作者 Pérelle，约 1665 年，局部） ... 756
图 3-150 沃-勒维孔特 府邸。园林，瀑布墙（版画，作者 Israël Silvestre，约 1660 年，局部） ... 756
图 3-151 沃-勒维孔特 府邸。园林，瀑布墙全景 ... 757
图 3-152 沃-勒维孔特 府邸。园林，瀑布墙近景 ... 757
图 3-153 沃-勒维孔特 府邸。园林，边侧喷泉水池 ... 758
图 3-154 沃-勒维孔特 府邸。园林，王冠池喷水景色 ... 758
图 3-155 沃-勒维孔特 府邸。园林，大花坛及树篱（版画作者 Israël Silvestre，约 1658 年，局部） ... 760
图 3-156 沃-勒维孔特 府邸。园林，大花坛现状 ... 759
图 3-157 沃-勒维孔特 府邸。园林，自府邸平台望大花坛景色 ... 760
图 3-158 沃-勒维孔特 府邸。园林，树篱近观 ... 761
图 3-159 沃-勒维孔特 府邸。园林，大运河外景及表现世界四个部分的雕刻（19 世纪后期） ... 762
图 3-160 沃-勒维孔特 府邸。园林，大运河，向西望去的景色 ... 762
图 3-161 巴黎 红衣主教宫（今王宫，始建于 1633 年，建筑师雅克·勒梅西耶）。现状外景 ... 764
图 3-162 巴黎 红衣主教宫（今王宫）。柱廊及花园 ... 763
图 3-163 巴黎 红衣主教宫（今王宫）。花园景色 ... 764
图 3-164 巴黎 红衣主教宫（今王宫）。天使沙龙，剖面（据 Gils-Marie Oppenord，1719~1720 年） ... 765
图 3-165 巴黎 红衣主教宫（今王宫）。室内装修设计（据 Gils-Marie Oppenord，1717 及 1720 年） ... 765
图 3-166 巴黎 红衣主教宫（今王宫）。剧场内景（版画作者 S.della Bella，1641 年） ... 766
图 3-167 黎塞留 黎塞留府邸(1631~1637 年，雅克·勒梅西耶设计)。17 世纪 30 年代总平面(图版制作 Jean Marot) ... 766
图 3-168 黎塞留 黎塞留府邸。俯视全景（图版制作 Pérelle，1695 年前） ... 767
图 3-169 黎塞留 黎塞留府邸。主体建筑全景（图版制作 Pérelle，1695 年前） ... 767
图 3-170 黎塞留 黎塞留府邸。半圆形大花坛景色（版画制作 Pérelle，1630 年代） ... 768
图 3-171 黎塞留 黎塞留府邸。外景（版画，取自《Sir Banister Fletcher's a History of Architecture》，1996 年） 768
图 3-172 黎塞留 黎塞留府邸。外景（版画制作 Jean Marot） ... 768
图 3-173 巴黎 利昂库尔府邸（1613~1623 年，雅克·勒梅西耶和萨洛蒙·德布罗斯合作设计）。平面（图版取自《Le Petit Marot》；线条图据 Blunt 原图改绘） ... 769
图 3-174 巴黎 利昂库尔府邸。跨间立面（据 A.Choisy） ... 769
图 3-175 巴黎 絮里府邸（1624~1629 年，让·安德鲁埃·迪塞尔索设计）。平面（图版取自 Jean-Marie Pérouse de Montclos：《Paris，Kunstmetropole und Kulturstadt》，2000 年） ... 770

图 3-176 巴黎 絮里府邸。立面（图版制作 Jean Marot，1679 年前） 770
图 3-177 巴黎 絮里府邸。剖面（图版制作 Jean Marot，1679 年前） 771
图 3-178 巴黎 絮里府邸。院落景色 771
图 3-179 巴黎 絮里府邸。院落景色 770
图 3-180 巴黎 絮里府邸。院落面近景 772
图 3-181 巴黎 絮里府邸。立面细部 773
图 3-182 巴黎 布勒东维利耶府邸（1635/1637~1643 年，让·迪塞尔索及路易·勒沃设计）。平面（取自《Le Petit Marot》） 772
图 3-183 巴黎 弗里利埃尔府邸（图卢兹府邸，1635 年，弗朗索瓦·芒萨尔设计）。总平面（Blunt 据国家图书馆内藏手稿平面绘制） 773
图 3-184 巴黎 弗里利埃尔府邸（图卢兹府邸）。楼层平面（取自 J.Mariette：《L'Architecture Française》） 774
图 3-185 巴黎 弗里利埃尔府邸（图卢兹府邸）。院落剖面 774
图 3-186 巴黎 弗里利埃尔府邸（图卢兹府邸）。俯视全景（图版制作 Jean Marot，1679 年前） 774
图 3-187 巴黎 弗里利埃尔府邸（图卢兹府邸）。外景（图版制作 Jean Marot） 775
图 3-188 巴黎 雅尔府邸（1648 年，弗朗索瓦·芒萨尔设计，建筑现已无存）。平面（图版取自《Le Petit Marot》；线条图据 Blunt） 775
图 3-189 塞纳 - 马恩（地区）格罗布瓦府邸（约 1600 年）。外景 775
图 3-190 巴黎 唐邦诺府邸（1640 年，路易·勒沃设计，1844 年拆除）。俯视全景（版画制作 Jean Marot） 776
图 3-191 巴黎 朗贝尔府邸（位于圣路易岛上，1640~1644 年，路易·勒沃设计）。主层平面（图版制作 J.Mariette） 776
图 3-192 巴黎 朗贝尔府邸。主层平面（取自 J.F.Blondel：《L'Architecture Française》，1752 年） 777
图 3-193 巴黎 朗贝尔府邸。平面（据 Blunt 原图改绘） 777
图 3-194 巴黎 朗贝尔府邸。剖面（取自 J.F.Blondel：《L'Architecture Française》，1752 年） 778
图 3-195 巴黎 朗贝尔府邸。院落景色 777
图 3-196 巴黎 朗贝尔府邸。立面入口处近景 779
图 3-197 巴黎 朗贝尔府邸。男女主人用房（位于第二和第三层，分别于 1646~1647 年和 1650 年后装修；图版据 B.Picart，1700~1710 年） 780
图 3-198 巴黎 朗贝尔府邸。男女主人用房内的壁画 781
图 3-199 巴黎 朗贝尔府邸。浴室仰视 782
图 3-200 巴黎 朗贝尔府邸。赫丘利廊厅（1654 年完成，绘画和浮雕制作勒布朗和范奥布斯塔尔），内景 782
图 3-201 巴黎 朗贝尔府邸。赫丘利廊厅，天顶画细部 783
图 3-202 巴黎 利奥纳府邸（1661 年，路易·勒沃设计，1827 年拆除）。平面（据 Christian Norberg-Schulz） ..783
图 3-203 巴黎 利奥纳府邸。外景（版画制作 Jean Marot） 784
图 3-204 巴黎 博韦府邸（1652~1655 年，另说 1654~1656 年及 1657~1660 年，安托万·勒波特设计）。底层及二层平面（图版取自《Le Grand Marot》） 784
图 3-205 巴黎 博韦府邸。平面（据 Banister Fletcher） 784
图 3-206 巴黎 博韦府邸。街立面（图版制作 Jean Marot） 785
图 3-207 巴黎 博韦府邸。院落景色 785
图 3-208 巴黎 博韦府邸。院落现状 786
图 3-209 巴黎 博韦府邸。楼梯内景 787
图 3-210 勒波特：乡间府邸设计（1652 年，取自《Oeuvres d'Architecture》） 788

图 3-211 勒波特：乡间府邸设计，轴测透视图（据 Christian Norberg-Schulz） ... 789
图 3-212 巴黎 奥贝尔府邸（1656 年，建筑师让·布利耶）。平面 ... 789
图 3-213 巴黎 奥贝尔府邸。院落景色 ... 790
图 3-214 巴黎 奥贝尔府邸。楼梯内景 ... 790
图 3-215 巴黎 圣热尔韦教堂（1616~1621 年，萨洛蒙·德布罗斯设计）。立面模型 ... 791
图 3-216 巴黎 圣热尔韦教堂。外景 ... 792
图 3-217 巴黎 圣保罗和圣路易耶稣会教堂（1627~1641 年）。平面（据 Dumolin 和 Outardel） ... 793
图 3-218 巴黎 圣保罗和圣路易耶稣会教堂。剖面（图版取自 Jean-Marie Pérouse de Montclos：《Paris, Kunstmetropole und Kulturstadt》，2000 年） ... 792
图 3-219 巴黎 圣保罗和圣路易耶稣会教堂。本堂剖析模型 ... 793
图 3-220 巴黎 圣保罗和圣路易耶稣会教堂。高祭坛，立面设计 ... 794
图 3-221 巴黎 圣保罗和圣路易耶稣会教堂。街立面全景 ... 795
图 3-222 巴黎 圣保罗和圣路易耶稣会教堂。正立面 ... 796
图 3-223 巴黎 圣保罗和圣路易耶稣会教堂。后殿外景 ... 798
图 3-224 巴黎 圣保罗和圣路易耶稣会教堂。内景 ... 797
图 3-225 巴黎 瓦尔-德-格拉斯修道院（1645~1710 年，各阶段主持人分别为弗朗索瓦·芒萨尔、雅克·勒梅西耶、皮埃尔·勒米埃和加布里埃尔·勒迪克）。总平面（图版现存巴黎国家图书馆） ... 798
图 3-226 巴黎 瓦尔-德-格拉斯修道院。东侧建筑群外景 ... 799
图 3-227 巴黎 瓦尔-德-格拉斯修道院。柱廊院组群东北面景色 ... 799
图 3-228 巴黎 瓦尔-德-格拉斯修院教堂。平面（据 Christian Norberg-Schulz） ... 800
图 3-229 巴黎 瓦尔-德-格拉斯修院教堂。立面（取自 John Julius Norwich：《Great Architecture of the World》，2000 年） ... 800
图 3-230 巴黎 瓦尔-德-格拉斯修院教堂。纵剖面（早期） ... 800
图 3-231 巴黎 瓦尔-德-格拉斯修院教堂。横剖面（图版作者佚名，巴黎国家图书馆藏品） ... 801
图 3-232 巴黎 瓦尔-德-格拉斯修院教堂。设计方案（轴测复原图，作者 Jean Castex） ... 801
图 3-233 巴黎 瓦尔-德-格拉斯修院教堂。外景 ... 802
图 3-234 巴黎 瓦尔-德-格拉斯修院教堂。内景 ... 803
图 3-235 巴黎 瓦尔-德-格拉斯修院教堂。穹顶（天顶画作者 Pierre Mignard，1663 年） ... 802
图 3-236 巴黎 瓦尔-德-格拉斯修院教堂。华盖及穹顶近景（一） ... 804
图 3-237 巴黎 瓦尔-德-格拉斯修院教堂。华盖及穹顶近景（二） ... 805
图 3-238 巴黎 瓦尔-德-格拉斯修院教堂。华盖细部 ... 806
图 3-239 巴黎 最小兄弟会教堂（1657 年，弗朗索瓦·芒萨尔设计）。外景（版画作者 Jean Marot） ... 807
图 3-240 巴黎 四国学院教堂（今法兰西学院，1662~1672 年，路易·勒沃设计）。立面（取自前苏联建筑科学院《世界建筑通史》第一卷） ... 807
图 3-241 巴黎 四国学院教堂（今法兰西学院）。剖面（图版取自 Jean-Marie Pérouse de Montclos：《Paris, Kunstmetropole und Kulturstadt》，2000 年） ... 808
图 3-242 巴黎 四国学院教堂（今法兰西学院）。中央礼拜堂，平面（据 Blondel 等人资料改绘） ... 809
图 3-243 巴黎 四国学院教堂（今法兰西学院）。中央礼拜堂,第二方案剖面（作者路易·勒沃,巴黎国家档案材料） ... 808
图 3-244 巴黎 四国学院教堂（今法兰西学院）。全景图（版画作者 Pérelle） ... 809
图 3-245 巴黎 四国学院教堂（今法兰西学院）。全景图（版画作者 Israël Silvestre，1670 年） ... 810

图 3-246 巴黎 四国学院教堂（今法兰西学院）。现状俯视全景 810
图 3-247 巴黎 四国学院教堂（今法兰西学院）。入口门廊近景 811
图 3-248 巴黎 四国学院教堂（今法兰西学院）。西北面景色 812
图 3-249 巴黎 四国学院教堂（今法兰西学院）。东北面景色 811
图 3-250 巴黎 四国学院教堂（今法兰西学院）。礼拜堂，穹顶内景 811
图 3-251 巴黎 四国学院教堂（今法兰西学院）。马萨林墓，总貌 813
图 3-252 巴黎 四国学院教堂（今法兰西学院）。马萨林墓，雕刻细部（一） 814
图 3-253 巴黎 四国学院教堂（今法兰西学院）。马萨林墓，雕刻细部（二） 815
图 3-254 巴黎 太平桥。设计方案（作者路易·勒沃，1660 年） 815
图 3-255 路易十四（1638~1715 年，1643~1715 年在位）画像（版画，作者 Robert Nanteuil，1664 年，原作现存伦敦大英博物馆） 816
图 3-256 路易十四画像（油画，作者 Hyacinthe Rigaud，1701 年，巴黎卢浮宫博物馆藏品） 817
图 3-257 路易十四纹章像（作者 Jean Warin，1665 年） 816
图 3-258 路易十四雕像（作者 Jean Warin，1665 年，原作现存凡尔赛宫） 818
图 3-259 让 - 巴蒂斯特·柯尔贝尔（1619~1683 年）画像（油画，作者 Claude Lefèvre，1666 年，凡尔赛博物馆藏品） 818
图 3-260 弗朗索瓦·布隆代尔：《建筑教程》（Cours d'Architecture，1675 年）图版 819
图 3-261 弗朗索瓦·布隆代尔：《建筑教程》插图（柱式起源，1675~1683 年） 819
图 3-262 纪念科学院成立和巴黎天文台奠基的油画（作者 Henri Testelin，原作现存凡尔赛博物馆） 820
图 3-263 巴黎 天文台（1676 年）。现状外景 819
图 3-264 巴黎 丢勒里花园。全景（版画，作者 Pérelle） 820
图 3-265 巴黎 1697 年规划图（环城大道线路基本确定，图版取自 Leonardo Benevolo：《Storia della Città》，1975 年） 821
图 3-266 巴黎 1734~1739 年中心区全图（取自 Michel Étienne Turgot 城图） 822
图 3-267 巴黎 18 世纪末城市平面 823
图 3-268 阿杜安 - 芒萨尔（1646~1708 年）画像（作者 De Troy，原作现存凡尔赛博物馆） 824
图 3-269 阿杜安 - 芒萨尔：城市宫邸设计（平面图，图版制作 Lepautre，约 1700 年） 824
图 3-270 巴黎 胜利广场（初称路易十四广场，1682~1687 年，阿杜安 - 芒萨尔设计）。平面（据 Christian Norberg-Schulz） 824
图 3-271 巴黎 胜利广场（路易十四广场）。地段俯视全景（版画，取自 Leonardo Benevolo：《Storia della Città》，1975 年） 824
图 3-272 巴黎 胜利广场（路易十四广场）。全景图（版画，作者 Claude Aveline 或 Pérelle） 825
图 3-273 巴黎 胜利广场（路易十四广场）。立面（取自 J.Mariette：《L'Architecture Française》，1727 年） 825
图 3-274 巴黎 胜利广场（路易十四广场）。现状全景 825
图 3-275 巴黎 胜利广场（路易十四广场）。路易十四骑像近景 826
图 3-276 巴黎 旺多姆广场（路易大帝广场，1670~1720 年，阿杜安 - 芒萨尔设计）。平面（上图据 Robert de Cotte；下图取自《Dizionario di Architettura e Urbanistica》） 827
图 3-277 巴黎 旺多姆广场（路易大帝广场）。广场边府邸（Hôtel d'Évreux 底层平面，设计人 Pierre Bullet，1707 年，图版取自 J.Mariette：《L'Architecture Française》） 827
图 3-278 巴黎 旺多姆广场（路易大帝广场）。广场边府邸（Hôtel Crozat 二层平面，设计人 Pierre Bullet，1702 年完成，图版取自 J.Mariette：《L'Architecture Française》） 827

图 3-279 巴黎 旺多姆广场（路易大帝广场）。广场边建筑立面（Jules Hardouin-Mansart 设计，1702~1720 年）.... 827
图 3-280 巴黎 旺多姆广场（路易大帝广场）。周边建筑跨间立面（取自《Dizionario di Architettura e Urbanistica》）.. 828
图 3-281 巴黎 旺多姆广场（路易大帝广场）。地段俯视 828
图 3-282 巴黎 旺多姆广场（路易大帝广场）。俯视全景（版画，作者 Pérelle，1695 年前）.............. 829
图 3-283 巴黎 旺多姆广场（路易大帝广场）。广场全景（版画，作者 Pierre Le Pautre）................. 829
图 3-284 巴黎 旺多姆广场（路易大帝广场）。广场全景（版画，作者 J.Rigaud）............................. 829
图 3-285 巴黎 旺多姆广场（路易大帝广场）。自南边入口处望广场 828
图 3-286 巴黎 旺多姆广场（路易大帝广场）。自东面望去的广场全景 .... 830~831
图 3-287 巴黎 旺多姆广场（路易大帝广场）。向西南角望去的广场景色 832
图 3-288 巴黎 旺多姆广场（路易大帝广场）。西北角广场景色 832
图 3-289 巴黎 旺多姆广场（路易大帝广场）。周边建筑立面 833
图 3-290 巴黎 旺多姆广场（路易大帝广场）。转角处建筑景色 834
图 3-291 巴黎 旺多姆广场（路易大帝广场）。纪念柱基座近景 833
图 3-292 巴黎 旺多姆广场（路易大帝广场）。纪念柱顶部 .... 834~835
图 3-293 巴黎 弗扬教堂。立面（1624 年，弗朗索瓦·芒萨尔设计，图版制作 Jean Marot，1660 年）............. 835
图 3-294 巴黎 圣但尼门（1671~1673 年，弗朗索瓦·布隆代尔设计）。立面（取自 J.F.Blondel：《Architecture Française》，1752~1756 年）... 835
图 3-295 巴黎 圣但尼门。立面全景（J.F.Blondel：《Cours d'Architecture》扉页）......................... 835
图 3-296 巴黎 圣但尼门。立面（据 J.F.Blondel，1673 年）.. 836
图 3-297 巴黎 圣但尼门。立面比例分析（据 J.F.Blondel，1675/1683 年）..................................... 836
图 3-298 巴黎 圣但尼门。外景（油画《巴黎古迹》局部，作者 Hubert Robert，原作现存蒙特利尔 Power Corporation du Canada）.. 836~837
图 3-299 巴黎 圣但尼门。外景（17 世纪油画，作者佚名，巴黎 Musée Carnavalet 藏品）.............. 837
图 3-300 巴黎 圣但尼门。外景（版画，作者 Pérelle）... 837
图 3-301 巴黎 圣但尼门。现状全景 838
图 3-302 巴黎 圣但尼门。西南侧景色 838
图 3-303 巴黎 圣但尼门。立面近景 839
图 3-304 巴黎 圣但尼门。雕饰细部 840
图 3-305 巴黎 圣马丁门（1679 年，皮埃尔·比莱设计）。东南侧全景 841
图 3-306 巴黎 圣马丁门。立面近景 841
图 3-307 巴黎 荣军院（1670~1708 年，设计人利贝拉尔·布卢盎、阿杜安-芒萨尔）。总平面（据 Lurçat）.... 841
图 3-308 巴黎 荣军院。朝塞纳河的立面及纵剖面（图版取自 Jean-Marie Pérouse de Montclos：《Paris, Kunstmetropole und Kulturstadt》，2000 年）.. 842
图 3-309 巴黎 荣军院。建筑群俯视全景（版画，自南向北望去的景色，取自 Jean-Marie Pérouse de Montclos：《Paris, Kunstmetropole und Kulturstadt》，2000 年）... 842
图 3-310 巴黎 荣军院。建筑群俯视全景（版画，作者 Jean Marot）... 843
图 3-311 巴黎 荣军院。建筑群俯视全景（版画，取自 Jean-Marie Pérouse de Montclos：《Paris, Kunstmetropole und Kulturstadt》，2000 年）... 843
图 3-312 巴黎 荣军院。建筑群俯视全景（版画，取自 Werner Hager：《Architecture Baroque》，1971 年）........ 843
图 3-313 巴黎 荣军院。建筑群俯视全景（版画，取自《The Franch Millennium》，2001 年）.............. 843

图 3-314 巴黎 荣军院。现状俯视全景 .... 844~845
图 3-315 巴黎 荣军院。西面俯视景色 846
图 3-316 巴黎 荣军院。北侧全景 846
图 3-317 巴黎 荣军院。自东北方向望去的景色 847
图 3-318 巴黎 荣军院。花园景色 847
图 3-319 巴黎 荣军院。院落现状 847
图 3-320 巴黎 荣军院。院落一角 848
图 3-321 巴黎 荣军院。院落入口门廊上的拿破仑像 849
图 3-322 巴黎 荣军院。教堂（1677~1691 年，阿杜安 - 芒萨尔设计），总平面 848
图 3-323 巴黎 荣军院。教堂，平面（图版取自 J.F.Blondel：《Architecture Françoise》，1752 年） 849
图 3-324 巴黎 荣军院。教堂，平面（左右两图分别取自 Leonardo Benevolo：《Storia della Città》和 Henry A.Millon 主编：《Key Monuments of the History of Architecture》） 850
图 3-325 巴黎 荣军院。教堂，平面（1∶600，取自 Henri Stierlin：《Comprendre l'Architecture Universelle》） 850
图 3-326 巴黎 荣军院。教堂，平面比例分析（取自 George L. Hersey：《Architecture and Geometry in the Age of the Baroque》，2000 年） 851
图 3-327 巴黎 荣军院。教堂，立面及比例分析（据 Mellenthin） 851
图 3-328 巴黎 荣军院。教堂，纵剖面（图版，取自 Jean-Marie Pérouse de Montclos：《Histoire de l'Architecture Française》，1989 年） 852
图 3-329 巴黎 荣军院。教堂，纵剖面（左图据 Banister Fletcher；右图取自 Henri Stierlin：《Comprendre l'Architecture Universelle》） 852
图 3-330 巴黎 荣军院。教堂，纵剖面（取自 Wilhelm Lübke 及 Carl von Lützow：《Denkmäler der Kunst》，1884 年） 853
图 3-331 巴黎 荣军院。教堂，横剖面（据 J.Guadet 等） 853
图 3-332 巴黎 荣军院。教堂，横剖面（取自 Marian Moffett 等：《A World History of Architecture》，2004 年） 853
图 3-333 巴黎 荣军院。教堂，横向剖析图（作者 Lucas） 854
图 3-334 巴黎 荣军院。教堂，剖面及和伦敦圣保罗大教堂的比较（取自 Robert Adam：《Classical Architecture》，1991 年） 854
图 3-335 巴黎 荣军院。教堂，剖析图（取自《Dizionario di Architettura e Urbanistica》） 854
图 3-336 巴黎 荣军院。教堂，全景 855
图 3-337 巴黎 荣军院。教堂，正立面现状 856
图 3-338 巴黎 荣军院。教堂，南侧景观 857
图 3-339 巴黎 荣军院。教堂，东南侧全景 858
图 3-340 巴黎 荣军院。教堂，南偏西景色 859
图 3-341 巴黎 荣军院。教堂，西南侧全景 860
图 3-342 巴黎 荣军院。教堂，穹顶近景及老虎窗细部 861
图 3-343 巴黎 荣军院。教堂，本堂内景 862
图 3-344 巴黎 荣军院。教堂，穹顶下环道 862
图 3-345 巴黎 荣军院。教堂，礼拜堂祭坛 862
图 3-346 巴黎 荣军院。教堂，穹顶仰视 863
图 3-347 巴黎 荣军院。教堂，穹顶画（Charles de la Fosse 设计，1692 年） 863
图 3-348 巴黎 荣军院。教堂，拿破仑墓 864

图3-349 巴黎 圣但尼修道院（1700~1725年）。总平面（波旁家族葬仪祠堂位于左侧）..........865
图3-350 巴黎 圣但尼修道院。波旁家族葬仪祠堂，设计方案（作者弗朗索瓦·芒萨尔，1665年）..........864
图3-351 巴黎 阿姆洛府邸（1710/1712年，加布里埃尔-热尔曼·博夫朗设计）。总平面（据Spiro Kostof, 1995年）..........864
图3-352 巴黎 阿姆洛府邸。平面（取自J.Mariette：《L'Architecture Française》，1727年）..........865
图3-353 巴黎 阿姆洛府邸。首层平面..........866
图3-354 巴黎 阿姆洛府邸。立面（取自J.Mariette：《L'Architecture Française》，1727年）..........866
图3-355 巴黎 阿姆洛府邸。外景..........867
图3-356 巴黎 小卢森堡府邸（1709~1713年，加布里埃尔-热尔曼·博夫朗设计）。楼梯内景..........866
图3-357 巴黎 小卢森堡府邸。大沙龙内景..........867
图3-358 吕内维尔 府邸（1702~1706年及1720~1723年，加布里埃尔-热尔曼·博夫朗设计）。总平面..........867
图3-359 吕内维尔 府邸。最初立面及剖面设计（作者加布里埃尔-热尔曼·博夫朗）..........868
图3-360 吕内维尔 府邸。外景..........868
图3-361 吕内维尔 圣雅克教堂（1730~1747年）。外景..........868
图3-362 南锡 首席主教堂（1699~1736年，阿杜安-芒萨尔设计）。平面（作者阿杜安-芒萨尔，1706年）..869
图3-363 南锡 首席主教堂。立面（作者阿杜安-芒萨尔，1706年）..........869
图3-364 南锡 首席主教堂。立面方案（作者Germain Boffrand，1723年，图版制作Anto）..........869
图3-365 南锡 首席主教堂。内景..........870
图3-366 布鲁塞尔 布舍堡猎庄（1705年，加布里埃尔-热尔曼·博夫朗设计）。总平面..........870
图3-367 布鲁塞尔 布舍堡猎庄。主体建筑平面..........870
图3-368 布鲁塞尔 布舍堡猎庄。主体建筑立面..........871
图3-369 巴黎 田园堡府邸（1701~1707年，建筑师皮埃尔·比莱和让-巴蒂斯特·比莱·德尚布兰）。底层平面（取自J.Mariette：《L'Architecture Française》，1727年）..........871
图3-370 巴黎 田园堡府邸。立面（取自J.Mariette：《L'Architecture Française》，1727年）..........872
图3-371 巴黎 田园堡府邸。花园立面外景..........873
图3-372 尼斯 圣雷帕拉特教堂（1649年，建筑师让-安德烈·吉贝尔，1699年落成，现存立面1825~1830年）。地段俯视景色..........873
图3-373 尼斯 圣雷帕拉特教堂。西立面外景及门廊细部..........874~875
图3-374 尼斯 圣雷帕拉特教堂。内景..........874
图3-375 沃邦（1633~1707年）画像（Charles Le Brun绘，原稿现存巴黎Bibliothèque de Génie）..........875
图3-376 巴黎 卢浮宫。亨利四世时期规划方案[取自枫丹白露宫壁画，所谓"大设计"（Grand Disign）]..........875
图3-377 巴黎 卢浮宫。扩建阶段图..........874~875
图3-378 巴黎 卢浮宫。建造时期示意..........875
图3-379 巴黎 卢浮宫。1609年地段景观（Vassalieu城图局部）..........876
图3-380 巴黎 卢浮宫。1739年地段图（Michel Étienne Turgot城图局部）..........876
图3-381 巴黎 卢浮宫。图3-380宫殿区细部..........877
图3-382 巴黎 卢浮宫。现状俯视全景..........877
图3-383 巴黎 卢浮宫。钟楼（勒梅西耶设计），东南侧景色..........878
图3-384 巴黎 卢浮宫。钟楼，东立面全景..........879
图3-385 巴黎 卢浮宫。钟楼，东立面近景..........880
图3-386 巴黎 卢浮宫。钟楼，东面雕刻夜景..........881

图 3-387 巴黎 卢浮宫。钟楼，西立面细部（女像柱作者 Jacques Sarazin，1636 年）.................................. 882
图 3-388 巴黎 卢浮宫。"方院"，西翼立面 882
图 3-389 巴黎 卢浮宫。"方院"，西翼立面现状 883
图 3-390 巴黎 卢浮宫。"方院"，扩建方案（作者弗朗索瓦·勒沃，1662~1663 年，原稿现存卢浮宫博物馆）. 883
图 3-391 巴黎 卢浮宫。"方院"，东立面设计方案（作者弗朗索瓦·勒沃，1662~1663 年，原稿现存斯德哥尔摩国家博物馆）.. 883
图 3-392 巴黎 卢浮宫。弗朗索瓦·芒萨尔平面方案（1662~1666 年，原稿现存巴黎国家图书馆）...................... 884
图 3-393 巴黎 卢浮宫。弗朗索瓦·芒萨尔东立面方案（1662~1666 年，原稿现存巴黎国家图书馆）................... 884
图 3-394 巴黎 卢浮宫。弗朗索瓦·芒萨尔立面方案（1662~1666 年，原稿现存巴黎国家图书馆）...................... 885
图 3-395 巴黎 卢浮宫。安托万·莱奥诺尔·乌丹设计方案（俯视全景及立面，1661 年，原稿现存巴黎 Musée Carnavalet）... 885
图 3-396 巴黎 卢浮宫。勒布朗东立面设计方案（1667 年，原稿现存卢浮宫博物馆）..................................... 886
图 3-397 巴黎 卢浮宫。让·马罗东立面设计方案 886
图 3-398 巴黎 卢浮宫。路易·勒沃东立面设计方案（1667 年，原稿现存卢浮宫博物馆）............................. 887
图 3-399 巴黎 卢浮宫。勒梅西耶东立面设计方案（图据让·马罗）... 887
图 3-400 巴黎 卢浮宫。科塔特东立面设计方案 887
图 3-401 巴黎 卢浮宫。贝尔尼尼第一方案（东立面，1664 年，原稿现存卢浮宫博物馆）........................... 888
图 3-402 巴黎 卢浮宫。贝尔尼尼第一方案（东立面局部，1664 年，原稿现存伦敦 Courtauld Institute of Art）. 888
图 3-403 巴黎 卢浮宫。贝尔尼尼第一方案（首层及主层平面，1664 年，原稿现存卢浮宫博物馆）............. 889
图 3-404 巴黎 卢浮宫。贝尔尼尼第一方案（首层平面，根据上图图版绘制）... 889
图 3-405 巴黎 卢浮宫。贝尔尼尼第二方案（东立面，1665 年 1 月，原稿现存斯德哥尔摩国家博物馆）...... 889
图 3-406 巴黎 卢浮宫。贝尔尼尼第三方案（东立面，1665 年，图版制作 Jean Marot）............................... 890
图 3-407 巴黎 卢浮宫。贝尔尼尼第三方案（东面景观图，Gurlitt 绘）.. 890
图 3-408 巴黎 卢浮宫。贝尔尼尼第三方案（西立面，取自 Jean Marot：《Architecture Françoise》）.......... 890
图 3-409 巴黎 卢浮宫。贝尔尼尼第三方案（南立面，即沿河立面，取自 Jean Marot：《Architecture Françoise》）...... 890
图 3-410 巴黎 卢浮宫。贝尔尼尼第三方案（院落立面及剖面，取自 Jean Marot：《Architecture Françoise》）.... 891
图 3-411 巴黎 卢浮宫。贝尔尼尼第三方案（首层平面，1665 年，巴黎卢浮宫藏品）................................... 891
图 3-412 巴黎 卢浮宫。贝尔尼尼第三方案（首层平面，局部，1665 年，取自《Le Grand Marot》）........... 892
图 3-413 巴黎 卢浮宫。贝尔尼尼第三方案（主层平面）.. 893
图 3-414 巴黎 卢浮宫。奠基纪念章（1665 年，伦敦大英博物馆藏品）... 893
图 3-415 巴黎 卢浮宫。贝尔尼尼第四方案（据模型绘制，原稿现存斯德哥尔摩国家博物馆）................... 894
图 3-416 巴黎 卢浮宫。贝尔尼尼第三和第四方案比较图 894
图 3-417 路易十四胸像（作者贝尔尼尼，1665 年，现存凡尔赛宫博物馆）... 895
图 3-418 巴黎 卢浮宫。卡洛·拉伊纳尔迪东立面方案（1664 年，原稿现存巴黎卢浮宫博物馆）............... 894
图 3-419 巴黎 卢浮宫。彼得罗·达·科尔托纳方案（东立面，1664 年，原稿现存巴黎卢浮宫博物馆）...... 896
图 3-420 巴黎 卢浮宫。彼得罗·达·科尔托纳方案（方院东立面，1664 年，原稿现存巴黎卢浮宫博物馆）.... 896
图 3-421 巴黎 卢浮宫。彼得罗·达·科尔托纳方案（西立面，1664 年，原稿现存巴黎卢浮宫博物馆）...... 896
图 3-422 巴黎 卢浮宫。东立面（1667~1671 年），最后实施设计（所谓佩罗方案，图版作者 Jean Marot，1676 年）.. 897
图 3-423 巴黎 卢浮宫。东立面（据 J.Heck）... 897
图 3-424 巴黎 卢浮宫。东立面（两图分别取自 John Julius Norwich：《Great Architecture of the World》和据 Gurlitt）

....	897
图 3-425 巴黎 卢浮宫。东立面及外墙剖面（取自 J.F.Blondel：《Architecture Françoise》，1752 年）..................	898
图 3-426 巴黎 卢浮宫。方院东翼立面（据 Jean Marot，1678 年）..	898
图 3-427 巴黎 卢浮宫。东立面施工场景（图版作者 S.Leclerc，1677 年）..	898
图 3-428 巴黎 卢浮宫。东立面柱廊景色（油画，作者 Pierre-Antoine de Machy，1772 年，巴黎卢浮宫博物馆藏品）	
....	899
图 3-429 巴黎 卢浮宫。方院及东立面鸟瞰图	899
图 3-430 巴黎 卢浮宫。方院及东立面现状（航片，约 1990 年摄）..	900
图 3-431 巴黎 卢浮宫。东立面现状	900
图 3-432 巴黎 卢浮宫。东立面，自东北方向望去的景色	900
图 3-433 巴黎 卢浮宫。东立面，自东南方向望去的景色	901
图 3-434 巴黎 卢浮宫。东立面，中央门廊近景	901
图 3-435 克洛德·佩罗：维特鲁威《建筑十书》法文译本扉页（1673 年，图版制作 S.Leclerc）.....................	902
图 3-436 克洛德·佩罗：维特鲁威《建筑十书》法文译本插图（古代会堂复原图，1673/1684 年）...............	903
图 3-437 克洛德·佩罗:论五种柱式著作的标题页（著作全名为《Ordonnance des Cinq Especes de Colonnes selon la Methode des Anciens》，1683 年）...	902
图 3-438 巴黎 1740 年城市东南郊总图	904
图 3-439 巴黎 1765 年城市东南郊及凡尔赛地区狩猎图（J.-B.Berthier 绘）...	905
图 3-440 凡尔赛 宫殿及园林（1661~1756 年，主要设计人路易·勒沃、勒诺特和阿杜安 - 芒萨尔）。1661~1662 年宫区总平面 [所谓 "比斯平面"（Plan de Bus），局部，原稿现存巴黎国家图书馆]................................	904
图 3-441 凡尔赛 宫殿及园林。1680 年宫区总平面（作者 Israël Silvestre，原稿现存巴黎国家图书馆）............	905
图 3-442 凡尔赛 宫殿及园林。约 1693 年宫区总平面（园林设计勒诺特）...	906
图 3-443 凡尔赛 宫殿及园林。1714 年宫区总平面及示意简图（简图据 Christian Norberg-Schulz）............	906~907
图 3-444 凡尔赛 宫殿及园林。1746 年中心区平面	907
图 3-445 凡尔赛 宫殿及园林。约 1750 年宫区总平面（作者 Pierre Lepautre）...	907
图 3-446 凡尔赛 宫殿及园林。垂向航片及示意简图	908~909
图 3-447 凡尔赛 宫殿。大马厩（1679 年，阿杜安 - 芒萨尔设计），院落景色	910
图 3-448 凡尔赛 宫殿。大马厩，门廊立面	910
图 3-449 凡尔赛 宫殿。大马厩，廊道内景	911
图 3-450 凡尔赛 宫殿。小马厩，内景	911
图 3-451 凡尔赛 宫殿。小马厩，内景	912
图 3-452 凡尔赛 宫殿。1664 年宫区景色	912
图 3-453 凡尔赛 宫殿。约 1668 年宫区全景（油画，作者 Pierre Patel，原作现存凡尔赛博物馆）.............	912~913
图 3-454 凡尔赛 宫殿。约 1679 年施工期间景色（油画，作者 Van der Meulen，英国女王私人藏品）........	914
图 3-455 凡尔赛 宫殿。约 1680 年宫前广场及御马厩全景	915
图 3-456 凡尔赛 宫殿及园林。路易十四后期（1688 年）宫区全景	914
图 3-457 凡尔赛 宫殿及园林。约 1690 年宫区全景图（作者 Israël Silvestre，自西向东望去的景色，原作现存卢浮宫博物馆）...	915
图 3-458 凡尔赛 宫殿及园林。约 1690 年宫区全景图（作者 Israël Silvestre，自东向西望去的景色，原作现存卢浮宫博物馆）...	916
图 3-459 凡尔赛 宫殿及园林。约 1690 年宫区全景图（作者 Israël Silvestre，自南向北望去的景色，原作现存卢浮	

宫博物馆)... 917

图 3-460 凡尔赛 宫殿及园林。17 世纪末全景（自西向东望去的景色）... 916
图 3-461 凡尔赛 宫殿及园林。宫前广场全景（版画，作者 Claude Aveline）.................................... 916
图 3-462 凡尔赛 1700 年城镇、宫殿及花园全景图 917
图 3-463 凡尔赛 宫殿。18 世纪初宫前广场区景色（油画，作者 P.-D.Martin）............................... 918
图 3-464 凡尔赛 宫殿。宫前广场区景色（版画，作者 Pérelle，向东望去的景色）....................... 919
图 3-465 凡尔赛 宫殿。1722 年宫前广场景色（油画，作者 P.-D.Martin，原作现存凡尔赛博物馆）................. 920
图 3-466 骑在马背上的路易十四（油画，作者 Jean-Baptiste Martin）.. 920
图 3-467 凡尔赛 宫殿。路易十四第一阶段工程示意（平面，1667 年，图版制作 Israël Silvestre）........ 921
图 3-468 凡尔赛 宫殿。路易十四第一阶段工程示意（全景，1664 年，图版制作 Israël Silvestre）........ 922
图 3-469 凡尔赛 宫殿。路易十四第二阶段工程示意（全景，1674 年，图版制作 Israël Silvestre）........ 923
图 3-470 凡尔赛 宫殿。路易十四第三阶段工程示意（全景，1688 年，图版制作 N.Langlois 及 Pérelle）........ 924
图 3-471 凡尔赛 宫殿。建造阶段示意图（取自 Jean-Marie Pérouse de Montclos：《Versailles》，1991 年）...... 925
图 3-472 凡尔赛 宫殿。中央主体平面（路易·勒沃设计）.. 925
图 3-473 凡尔赛 宫殿。"使节梯"（1674~1680 年，路易·勒沃设计，施工主持人 d'Orbay，装饰 Le Brun）.... 926
图 3-474 凡尔赛 宫殿。花园立面（17 世纪油画，巴黎 Réunion des Musées Nationaux 藏品）............ 926
图 3-475 凡尔赛 宫殿。花园立面（版画，作者 Israël Silvestre，1674 年）... 927
图 3-476 凡尔赛 宫殿。花园立面（版画，作者 C.Gurlitt，约 1670 年代）.. 927
图 3-477 凡尔赛 宫殿。花园立面全景（版画，作者 Israël Silvestre）... 927
图 3-478 凡尔赛 宫殿。"镜厅"（1678~1686 年，阿杜安 - 芒萨尔及查理·勒布朗设计），内景（版画，作者 C.Gurlitt）
 929
图 3-479 凡尔赛 宫殿。"镜厅"，内景 928
图 3-480 凡尔赛 宫殿。"镜厅"，东南向全景 929
图 3-481 凡尔赛 宫殿。"镜厅"，大厅内侧景色 930
图 3-482 凡尔赛 宫殿。"镜厅"，北望室内全景 931
图 3-483 凡尔赛 宫殿。"镜厅"，装修细部 932
图 3-484 凡尔赛 宫殿。战争厅（1678 年，阿杜安 - 芒萨尔及查理·勒布朗设计），内景 933
图 3-485 凡尔赛 宫殿。战争厅，装修细部（浮雕作者 Antoine Coysevox）....................................... 934
图 3-486 凡尔赛 宫殿。和平厅（1678 年，阿杜安 - 芒萨尔及查理·勒布朗设计），内景 935
图 3-487 凡尔赛 宫殿。和平厅，墙面装修细部 .... 936~937
图 3-488 凡尔赛 宫殿。路易十四卧室，内景 937
图 3-489 凡尔赛 宫殿。路易十四卧室，安置在室内的路易十四胸像（作者 Antoine Coysevox，1679 年）...... 936
图 3-490 凡尔赛 宫殿。通向路易十四卧室的前室（所谓"圆窗室"），内景 937
图 3-491 凡尔赛 宫殿。国王内室（1737~1738 年，设计人 Jacques Verberckt），内景 938
图 3-492 凡尔赛 宫殿。王后卧室，西南侧景色 939
图 3-493 凡尔赛 宫殿。王后卧室，西北侧内景 940
图 3-494 凡尔赛 宫殿。王后用房室内装修设计（作者 Jacques Verberckt，1737 年）...................... 940
图 3-495 凡尔赛 宫殿。贵族沙龙，内景 941
图 3-496 凡尔赛 宫殿。王后卫队室，内景 942
图 3-497 凡尔赛 宫殿。王后梯，内景 943
图 3-498 凡尔赛 宫殿。北翼"大厅堂"系列：马尔斯厅，内景 942

图 3-499 凡尔赛 宫殿。北翼"大厅堂"系列：狄安娜厅，内景及天顶画 .... 944~945

图 3-500 凡尔赛 宫殿。北翼"大厅堂"系列：维纳斯厅，仰视内景 945

图 3-501 凡尔赛 宫殿。北翼"大厅堂"系列：富贵厅 946

图 3-502 凡尔赛 宫殿。北翼"大厅堂"系列：赫丘利厅（1710~1730 年，室内设计 Robert de Cotte）............... 947

图 3-503 凡尔赛 宫殿。大理石院，举行节庆活动时的景象（版画，作者 Lepautre，1676 年）................... 946

图 3-504 凡尔赛 宫殿。大理石院，1676 年景色（版画，作者 Israël Silvestre）................................. 948

图 3-505 凡尔赛 宫殿。大理石院，现状景色 949

图 3-506 凡尔赛 宫殿。大理石院，立面全景 .... 948~949

图 3-507 凡尔赛 宫殿。大理石院，院落内景 950

图 3-508 凡尔赛 宫殿。大理石院，墙面近景 950

图 3-509 凡尔赛 宫殿。大理石院，墙面细部 .... 950~951

图 3-510 凡尔赛 宫殿。南翼（1678~1681 年，主持人阿杜安 - 芒萨尔），君王梯，平面及剖面（取自 J.Mariette：《Architecture Françoise》）.. 950~951

图 3-511 凡尔赛 宫殿。南翼，君王梯，内景 951

图 3-512 凡尔赛 宫殿。19 世纪建筑平面（1∶1250，取自 Henri Stierlin：《Comprendre l'Architecture Universelle》）.. 952~953

图 3-513 凡尔赛 宫殿。平面各部名称 .... 954~955

图 3-514 凡尔赛 宫殿。主体部分平面详图（取自 Stephan Hoppe：《Was ist Barock？ Architektur und Städtebau Europas 1580~1770》，2003 年）... 952

图 3-515 凡尔赛 宫殿。主体部分平面详图（据 J.Guadet）.. 952~953

图 3-516 凡尔赛 宫殿。东面（入口面）俯视全景 955

图 3-517 凡尔赛 宫殿。东面院落区俯视景色 956

图 3-518 凡尔赛 宫殿。东面全景 957

图 3-519 凡尔赛 宫殿。铁栅门处景色 957

图 3-520 凡尔赛 宫殿。铁栅门及象征太阳的细部 958

图 3-521 凡尔赛 宫殿。宫前广场及路易十四骑像 959

图 3-522 凡尔赛 宫殿。路易十四骑像近景 959

图 3-523 凡尔赛 宫殿。广场北翼及礼拜堂 960

图 3-524 凡尔赛 宫殿。自国王院望大臣院及大理石院 960

图 3-525 凡尔赛 宫殿。大理石院及大臣院建筑细部 961

图 3-526 凡尔赛 宫殿。西北面俯视全景 .... 962~963

图 3-527 凡尔赛 宫殿。中央形体及南翼西面俯视景色 962

图 3-528 凡尔赛 宫殿。西立面（花园立面，中央部分）及跨间立面（立面图取自 Wilhelm Lübke 及 Carl von Lützow：《Denkmäler der Kunst》，1884 年；跨间立面据 A.Choisy）... 962~963

图 3-529 凡尔赛 宫殿。西立面中央部分全景 .... 964~965

图 3-530 凡尔赛 宫殿。西立面中央部分及北翼全景 964

图 3-531 凡尔赛 宫殿。西立面中央部分近景及宫前平台瓶饰 966

图 3-532 凡尔赛 宫殿。西立面中央部分细部 967

图 3-533 凡尔赛 宫殿。西立面边廊近景 968

图 3-534 凡尔赛 宫殿。西立面北端与北翼景色 969

图 3-535 凡尔赛 宫殿。西立面南端与南翼景色 969

图 3-536 凡尔赛 宫殿。西立面底层拱心石细部 .... 970~971
图 3-537 凡尔赛 宫殿。中央形体南侧立面及南翼西立面 .... 970~971
图 3-538 凡尔赛 宫殿。中央形体南侧立面细部 972
图 3-539 凡尔赛 宫殿。自西面望南翼景色 972
图 3-540 凡尔赛 宫殿。自西北方向望南翼 973
图 3-541 凡尔赛 宫殿。北翼宫廷礼拜堂（1699~1710 年，建筑师阿杜安-芒萨尔及罗贝尔·德科特），平面（图版作者 P.Lepautre） 973
图 3-542 凡尔赛 宫殿。北翼宫廷礼拜堂，阿杜安-芒萨尔方案设计（约 1684 年，原稿现存巴黎国家图书馆） 974
图 3-543 凡尔赛 宫殿。北翼宫廷礼拜堂，剖面（图版作者 P.Lepautre） 974
图 3-544 凡尔赛 宫殿。北翼宫廷礼拜堂，东北侧外景 974
图 3-545 凡尔赛 宫殿。北翼宫廷礼拜堂，自北翼院落望去的景色 975
图 3-546 凡尔赛 宫殿。北翼宫廷礼拜堂，屋顶细部 975
图 3-547 凡尔赛 宫殿。北翼宫廷礼拜堂，上层廊道内景 976
图 3-548 凡尔赛 宫殿。北翼宫廷礼拜堂，自上层廊道望祭坛景色 977
图 3-549 凡尔赛 宫殿。北翼宫廷礼拜堂，拱廊及柱廊近景 978
图 3-550 凡尔赛 宫殿。北翼宫廷礼拜堂，底层回廊内景 979
图 3-551 凡尔赛 宫殿。北翼宫廷礼拜堂，仰视内景 980
图 3-552 凡尔赛 宫殿。北翼宫廷礼拜堂，拱顶仰视全景（拱顶画作者 Antoine Coypel，1709 年） 981
图 3-553 凡尔赛 宫殿。北翼宫廷礼拜堂，主祭坛（青铜镀金装饰作者 Corneille Van Cleve，1708~1709 年）... 982
图 3-554 凡尔赛 宫殿。北翼宫廷礼拜堂，沙龙内景 982
图 3-555 凡尔赛 宫殿。剧院（1742 年，雅克-安热·加布里埃尔设计），内景（版画，取自 Charles Gavard：《Versailles, Galeries Historiques...》，1838 年） 983
图 3-556 凡尔赛 宫殿。剧院，朝舞台望去的景色 983
图 3-557 凡尔赛 宫殿。剧院，朝观众席及包厢望去的景色 984
图 3-558 凡尔赛 宫殿。剧院，仰视全景 984
图 3-559 凡尔赛 宫殿。宫内表现太阳王（路易十四）徽章的装饰细部 985
图 3-560 凡尔赛 宫殿。花园内表现太阳王的瓶饰 985
图 3-561 凡尔赛 宫殿。中央形体屋顶上带王冠及太阳王徽章的顶饰 986
图 3-562 扮演阿波罗的路易十四（取自 Henri Gissey：《Le Ballet de la Nuit》，1653 年，原作现存巴黎国家图书馆） 985
图 3-563 凡尔赛 克拉涅水池。17 世纪景色（版画，作者 Israël Silvestre，1674 年） 987
图 3-564 凡尔赛 园林。中轴线俯视全景 986
图 3-565 凡尔赛 园林。中轴线俯视景色 987
图 3-566 凡尔赛 园林。中央平台（水台地，自宫前台地中轴线上向西望去的景色） 988
图 3-567 凡尔赛 园林。中央平台（水台地，自西面望去的景色） 988
图 3-568 凡尔赛 园林。中央平台（水台地），水池边青铜塑像：塞纳河（作者 Étienne Le Hongre） 989
图 3-569 凡尔赛 园林。中央平台（水台地），水池边青铜塑像：卢瓦尔河（作者 Thomas Regnaudin） 989
图 3-570 凡尔赛 园林。中央平台（水台地），水池边青铜塑像：加龙河（作者 Coysevox） 990
图 3-571 凡尔赛 园林。中央平台（水台地），水池边青铜塑像：罗讷河（作者 Tuby） 990
图 3-572 凡尔赛 园林。中央平台（水台地），水池边象征支流的青铜塑像 991
图 3-573 凡尔赛 园林。中央平台（水台地），水池边青铜塑像：宁芙（作者 Magnier） 992

图3-574 凡尔赛 园林。中央平台（水台地），西侧狄安娜雕像及水池 992
图3-575 凡尔赛 园林。中央平台（水台地），西侧水池边野兽群雕：狮子和狐狸（作者Jean Raon，1687年）...... 993
图3-576 凡尔赛 园林。中央平台前通向拉托恩台地的大台阶 993
图3-577 凡尔赛 园林。拉托恩台地及其喷水池（版画，取自《The French Millennium》，2001年）............ 993
图3-578 凡尔赛 园林。拉托恩台地，喷水池（1666年，勒诺特设计，版画作者P.Lepautre）................. 994
图3-579 凡尔赛 园林。拉托恩台地,视线分析图（取自Laurie Schneider Adams:《Key Monuments of the Baroque》，
2000年）... 994
图3-580 凡尔赛 园林。拉托恩台地，现状全景 994
图3-581 凡尔赛 园林。拉托恩台地，喷水池近景 995
图3-582 凡尔赛 园林。拉托恩台地，喷水池，西南侧景观 996
图3-583 凡尔赛 园林。拉托恩台地，喷水池，自西面望去的景色 996
图3-584 凡尔赛 园林。拉托恩台地，喷水池，细部 997
图3-585 凡尔赛 园林。"绿地毯"，向大运河方向望去的景色 997
图3-586 凡尔赛 园林。"绿地毯"，向东面宫殿方向望去的景色 998
图3-587 凡尔赛 园林。阿波罗水池及大运河（版画，作者Pérelle）... 998
图3-588 凡尔赛 园林。阿波罗水池，18世纪早期景色（油画，作者P.-D.Martin，原作现存凡尔赛博物馆）...... 999
图3-589 凡尔赛 园林。阿波罗水池，现状（朝东面宫殿方向望去的景色）................................. 999
图3-590 凡尔赛 园林。阿波罗水池，朝西面运河方向望去的景色 1000
图3-591 凡尔赛 园林。阿波罗水池，东侧近景 1000
图3-592 凡尔赛 园林。阿波罗水池，南侧景色 1001
图3-593 凡尔赛 园林。阿波罗水池，北侧近景 1001
图3-594 凡尔赛 园林。阿波罗水池，喷水时全景 1002
图3-595 凡尔赛 园林。阿波罗水池，近景 1002
图3-596 凡尔赛 园林。大运河（版画，作者Jean Lepautre，1676年，原作现存凡尔赛国家博物馆）............ 1003
图3-597 凡尔赛 园林。大运河，俯视全景 1003
图3-598 凡尔赛 园林。大运河，边上的林中步道 1003
图3-599 凡尔赛 园林。北副轴，俯视全景 1004
图3-600 凡尔赛 园林。北副轴，北花坛入口（北望全景）... 1005
图3-601 凡尔赛 园林。北副轴，北花坛，向东面宫殿北翼望去的景色 1005
图3-602 凡尔赛 园林。北副轴，北花坛，冬季向西南方向望去的景色 1006
图3-603 凡尔赛 园林。北副轴，金字塔喷泉（1668~1670年，作者François Girardon）.................... 1006
图3-604 凡尔赛 园林。北副轴，泉水林荫道（前景为龙池雕刻，背景可看到金字塔喷泉及北花坛）............ 1007
图3-605 凡尔赛 园林。北副轴，海神池（1678~1682年，设计人勒诺特），全景 1007
图3-606 凡尔赛 园林。北副轴，海神池，雕刻及瓶饰细部 1008
图3-607 凡尔赛 园林。南副轴，俯视全景 1009
图3-608 凡尔赛 园林。南副轴，花坛 1009
图3-609 凡尔赛 园林。南副轴，橘园，自南偏西方向望去的景色（路易十四时期的油画，作者佚名，凡尔赛博物
馆藏品）... 1010
图3-610 凡尔赛 园林。南副轴，橘园，自南花坛平台南望景色 1010
图3-611 凡尔赛 园林。南副轴，橘园，自西南向望去的现状景色 1011
图3-612 凡尔赛 园林。南副轴，橘园，百步梯 1011

图 3-613 凡尔赛 园林。南副轴，橘园，内景 1012

图 3-614 凡尔赛 园林。北林区："花神池"（春池，1672~1679 年，雕刻作者 Jean-Baptiste Tuby）和"谷神池"（夏池，1672~1679 年，雕刻作者 Régnaudin） .... 1012~1013

图 3-615 凡尔赛 园林。南林区："酒神池"（秋池，雕刻作者 Gaspard 和 Balthasar Marsy）和"农神池"（冬池，1672~1677 年，雕刻作者 François Girardon） 1014

图 3-616 凡尔赛 园林。南林区，"舞厅林" 1015

图 3-617 凡尔赛 园林。"柱廊"（1684 年，阿杜安 - 芒萨尔设计，版画取自 J.Mariette：《Architecture Françoise》） 1015

图 3-618 凡尔赛 园林。"柱廊"，现状场地全景 1016

图 3-619 凡尔赛 园林。"柱廊"，廊道及喷水盆 1016

图 3-620 凡尔赛 园林。"柱廊"，廊道内景 1017

图 3-621 凡尔赛 园林。各类神像柱（作者 Nicolas Poussin） 1018

图 3-622 凡尔赛 园林。雕刻：该尼墨得斯（作者 Laviron，1682 年） 1019

图 3-623 凡尔赛 园林。寓意雕刻：忧郁（作者 La Perdrix，1680 年）和轻风（作者 Étienne Le Hongre，1685 年） 1019

图 3-624 凡尔赛 园林。寓意雕刻：太阳马（作者 Gaspard 和 Balthasar Marsy，1668~1675 年） 1020

图 3-625 凡尔赛 园林。雕刻小品：小天使 1020

图 3-626 凡尔赛 园林。四季雕刻：春（1675~1681 年，作者 Philippe Magnier），夏（1675~1679 年，作者 Pierre Hutinot），秋（1680~1699 年，作者 Thomas Regnaudin），冬（1675~1686 年，作者 François Girardon） 1021

图 3-627 凡尔赛 园林。各类瓶饰（1665~1669 年） 1022

图 3-628 凡尔赛 园林。群雕：阿波罗和宁芙（作者 François Girardon 和 Thomas Regnaudin） 1023

图 3-629 凡尔赛 园林。直接复制古代范本的雕刻群组 1024

图 3-630 凡尔赛 园林。三泉林图（油画，作者 Jean Cotelle，凡尔赛国家博物馆藏品） 1024

图 3-631 凡尔赛 园林。各类喷泉景色 .... 1024~1025

图 3-632 圣日耳曼昂莱 瓦尔府邸（1674 年，阿杜安 - 芒萨尔设计）。平面及立面（取自 J.Mariette：《Architecture Française》，1727 年） 1026

图 3-633 凡尔赛 克拉涅府邸（1676 年，建筑师阿杜安 - 芒萨尔，花园设计勒诺特）。总平面 1027

图 3-634 凡尔赛 克拉涅府邸。外景（版画，作者 Pierre Pérelle） 1027

图 3-635 凡尔赛 马利府邸（1676~1686 年，建筑师阿杜安 - 芒萨尔）。全景图（油画，作者 Pierre-Denis Martin，原作现存凡尔赛国家博物馆） 1028

图 3-636 凡尔赛 马利府邸。全景（版画，作者 Pierre Pérelle，1680 年） 1029

图 3-637 凡尔赛 马利府邸。国王阁，平面（据 A.A.Guillaumot） 1029

图 3-638 凡尔赛 马利府邸。国王阁，平面几何分析（据 Krause） 1030

图 3-639 凡尔赛 马利府邸。国王阁，立面（据 A.A.Guillaumot） 1030

图 3-640 凡尔赛 马利府邸。国王阁，剖面（据 A.A.Guillaumot） 1030

图 3-641 凡尔赛 马利府邸。壁炉设计（作者 Pierre Lepautre，1699 年） 1031

图 3-642 凡尔赛 马利府邸。农神阁，立面方案（Charles Le Brun 设计） 1031

图 3-643 凡尔赛 马利府邸。湖边遗址现状 1031

图 3-644 凡尔赛 马利村。水道及输水机械（油画，作者 Pierre-Denis Martin，1724 年） 1032

图 3-645 凡尔赛 马利村。表现当年扬水站及其设施的两幅版画（作者佚名，工程设计人 Antoine Deville，1681 年） .... 1032~1033

图 3-646 凡尔赛 "陶瓷特里阿农"（1670 年，勒沃设计）。全景（版画，作者 Claude Aveline，1687 年前） 1033
图 3-647 凡尔赛 大特里阿农宫（1687~1688 年，建筑师阿杜安 - 芒萨尔）。总平面（图版制作 Le Pautre） 1034
图 3-648 凡尔赛 大特里阿农宫。总平面（据勒诺特，1694 年，原稿现存斯德哥尔摩国家博物馆） 1034
图 3-649 凡尔赛 大特里阿农宫。总平面（据 Pierre Pérelle） 1034
图 3-650 凡尔赛 大特里阿农宫。主体建筑平面 1034
图 3-651 凡尔赛 大特里阿农宫。立面及剖面（据 J.Mariette，18 世纪初） 1035
图 3-652 凡尔赛 大特里阿农宫。国王套房，内部装修设计（作者 Pierre Lepautre，1703 年） 1035
图 3-653 凡尔赛 大特里阿农宫。全景图（版画，作者 Claude Aveline，1687/1688 年） 1035
图 3-654 凡尔赛 大特里阿农宫。全景图（油画，作者 Pierre-Denis Martin，1724 年，凡尔赛国家博物馆藏品） ... 1036
图 3-655 凡尔赛 大特里阿农宫。现状俯视全景 1037
图 3-656 凡尔赛 大特里阿农宫。东侧入口院落区全景 1037
图 3-657 凡尔赛 大特里阿农宫。自西南方向望去的花园及宫殿景色 1038
图 3-658 凡尔赛 大特里阿农宫。自西北角台阶处望花园面景色 1038
图 3-659 凡尔赛 大特里阿农宫。自中央廊道望北翼及花园景色 1039
图 3-660 凡尔赛 大特里阿农宫。朝花园一面柱廊近景 1040
图 3-661 凡尔赛 大特里阿农宫。自中央廊道内望院落景色 .... 1040~1041
图 3-662 凡尔赛 大特里阿农宫。院落一侧柱廊近景 1041
图 3-663 凡尔赛 大特里阿农宫。北翼外景 1042
图 3-664 凡尔赛 大特里阿农宫。花园景色 1042
图 3-665 凡尔赛 大特里阿农宫。花园小品（所谓 "飞瀑"，Buffet d'Eau，1700~1701 年，阿杜安 - 芒萨尔设计）
.... 1043
图 3-666 凡尔赛 大特里阿农宫。帝王卧室 1043
图 3-667 凡尔赛 大特里阿农宫。镜厅 1044
图 3-668 凡尔赛 大特里阿农宫。通向北翼的廊厅 1045
图 3-669 凡尔赛 小特里阿农宫（1762~1768 年，雅克 - 安热·加布里埃尔设计）。平面 1045
图 3-670 凡尔赛 小特里阿农宫。立面（第一个设计方案，作者雅克 - 安热·加布里埃尔，1761 年） 1046
图 3-671 凡尔赛 小特里阿农宫。西侧花园立面远景 1046
图 3-672 凡尔赛 小特里阿农宫。西立面全景 1047
图 3-673 凡尔赛 小特里阿农宫。西北侧全景 1047
图 3-674 凡尔赛 小特里阿农宫。西北侧近景 1048
图 3-675 凡尔赛 小特里阿农宫。西南侧近景 1048
图 3-676 凡尔赛 小特里阿农宫。西面中央柱廊细部 1049
图 3-677 凡尔赛 小特里阿农宫。南立面（院落面）远景 1050
图 3-678 凡尔赛 小特里阿农宫。南立面全景 1051
图 3-679 凡尔赛 小特里阿农宫。东南侧外景 1050
图 3-680 凡尔赛 小特里阿农宫。楼梯内景 1052
图 3-681 凡尔赛 园林区。法国亭（1794 年，雅克 - 安热·加布里埃尔设计），西侧远景 1053
图 3-682 凡尔赛 园林区。法国亭，立面全景 1053
图 3-683 凡尔赛 园林区。法国亭，侧面景色 1053
图 3-684 凡尔赛 园林区。法国亭，内景 1054
图 3-685 凡尔赛 园林区。爱神亭（1777~1778 年，建筑师里夏尔·米克），西侧远景 .... 1054~1055

图 3-686 凡尔赛 园林区。爱神亭，东侧景观 1055
图 3-687 凡尔赛 园林区。爱神亭，西侧秋日景色 1056
图 3-688 凡尔赛 园林区。爱神亭，近景 1055
图 3-689 凡尔赛"特里阿农村"（1783~1785 年，建筑师里夏尔·米克）。大门 1057
图 3-690 凡尔赛"特里阿农村"，王后宅舍 1057
图 3-691 凡尔赛"特里阿农村"，塔楼 1058
图 3-692 凡尔赛"特里阿农村"，磨坊 1059
图 3-693 尚蒂伊 府邸。马厩（1719/1721~1735 年，建筑师让·奥贝尔），平面（图版，取自 J.Mariette：《Architecture Française》） 1060
图 3-694 尚蒂伊 府邸。马厩，立面（图版现存尚蒂伊 Musée Condé） 1060
图 3-695 尚蒂伊 府邸。马厩，立面全景 1061
图 3-696 巴黎 拉赛府邸（约 1728 年，让·奥贝尔设计）。大沙龙内景 1061
图 3-697 吉勒斯-马里·奥佩诺德：著作扉页（《Grand Oppenord》，约 1710 年） 1062
图 3-698 吉勒斯-马里·奥佩诺德：奥尔良公爵马厩立面（设计方案，取自《Grand Oppenord》，约 1720 年） 1063
图 3-699 吉勒斯-马里·奥佩诺德：巴黎王宫角上沙龙设计（1719~1720 年） 1063
图 3-700 朱尔·奥雷勒·梅索尼耶：作品集（《Oeuvres》）扉页（约 1735 年） 1063
图 3-701 朱尔·奥雷勒·梅索尼耶：装饰设计（取自其著作《Livre d'Ornaments》） 1063
图 3-702 巴黎 比龙府邸。平面（取自 Jean-Marie Pérouse de Montclos：《Paris, Kunstmetropole und Kulturstadt》，2000 年） 1064
图 3-703 巴黎 比龙府邸。楼梯间内景 1064
图 3-704 巴黎 苏比斯府邸（1704~1709 年，建筑师皮埃尔-亚历克西·德拉迈尔、热尔曼·博夫朗）。总平面（约 1705 年，原稿现存慕尼黑 Staatsbibliothek） 1064
图 3-705 巴黎 苏比斯府邸。俯视全景（版画，作者 J.Rigaud） 1065
图 3-706 巴黎 苏比斯府邸。俯视全景（两图分别据 Stephan Hoppe 和 G.Scotin） 1065
图 3-707 巴黎 苏比斯府邸。现状俯视景色 1066
图 3-708 巴黎 苏比斯府邸。向东北方向望去的院落景色 1066
图 3-709 巴黎 苏比斯府邸。向北面望去的院景 1067
图 3-710 巴黎 苏比斯府邸。立面全景 1067
图 3-711 巴黎 苏比斯府邸。门廊近景 1068
图 3-712 巴黎 苏比斯府邸。东侧外景 1069
图 3-713 巴黎 苏比斯府邸。公主礼堂，内景 1069
图 3-714 巴黎 苏比斯府邸。公主礼堂，墙檐细部 1070
图 3-715 巴黎 苏比斯府邸。王子沙龙，装饰细部 1070
图 3-716 巴黎 苏比斯府邸。公主沙龙（1735 年，建筑师热尔曼·博夫朗，灰泥塑造师查理-约瑟夫·纳图瓦尔），内立面设计（取自热尔曼·博夫朗：《Livre d'Architecture》，1745 年） 1071
图 3-717 巴黎 苏比斯府邸。公主沙龙，内景（绘画作者查理-约瑟夫·纳图瓦尔，1737 年） 1071
图 3-718 巴黎 苏比斯府邸。公主沙龙，墙面近景 1072
图 3-719 巴黎 苏比斯府邸。公主沙龙，墙面近景 1073
图 3-720 巴黎 苏比斯府邸。公主沙龙，墙面细部 1074
图 3-721 巴黎 苏比斯府邸。公主沙龙，墙檐及顶棚装修细部 1075
图 3-722 罗贝尔·德科特（1656~1735 年）雕像（作者 Antoine Coysevox，1707 年，巴黎 Bibliothèque Ste Geneviève

藏品）......	1074~1075
图3-723 巴黎 弗里利埃尔府邸（图卢兹府邸）。金廊，内景	1076
图3-724 里昂 贝勒库尔广场。立面最初设计（作者罗贝尔·德科特，1714年，原件现存巴黎国家图书馆）	1075
图3-725 斯特拉斯堡 罗昂宫邸（1727~1742年，建筑师罗贝尔·德科特）。底层平面	1076
图3-726 斯特拉斯堡 罗昂宫邸。朝河一面外景	1077
图3-727 斯特拉斯堡 罗昂宫邸。立面近景	1076
图3-728 斯特拉斯堡 罗昂宫邸。院落入口处景观	1077
图3-729 斯特拉斯堡 罗昂宫邸。国王卧室，内景	1077
图3-730 波恩 波珀尔斯多夫宫堡（罗贝尔·德科特设计）。底层平面（1715年图版）	1078
图3-731 波恩 波珀尔斯多夫宫堡。立面设计（1715年，图版现存波恩Landeskonservator Rheinland）	1078
图3-732 波恩 波珀尔斯多夫宫堡。俯视全景（档案照片，1944年前）	1079
图3-733 里沃利 国王宫堡（1715年）。模型（全景及细部，作者Filippo Juvarra和Carlo Maria Ugliengo，现存都灵Museo Civico di Arte Antica）	1079
图3-734 里沃利 国王宫堡。自南面望去的宫堡景色（油画，作者Giovanni Paolo Pannini，都灵Castello di Racconigi藏品）	1080
图3-735 里沃利 国王宫堡。中央大厅内景（Filippo Juvarra绘，原稿现存都灵Museo Civico di Arte Antica）	1080
图3-736 施莱斯海姆 宫邸。总平面，第一个方案（作者罗贝尔·德科特，1714年，原稿现存巴黎国家图书馆）	1081
图3-737 施莱斯海姆 宫邸。二层平面，第一个方案（作者罗贝尔·德科特）	1081
图3-738 波恩 选帝侯宫邸。二层平面，第二个方案（作者罗贝尔·德科特，1714年）	1081
图3-739 雷恩 城市广场。总平面	1081
图3-740 雷恩 市政厅及法院宫（1736~1744年）。1728年最初设计（作者雅克-安热·加布里埃尔）	1082
图3-741 雷恩 市政厅及法院宫。1730年方案（作者雅克-安热·加布里埃尔，图版取自P.Patte：《Monuments érigés en France...》，1765年）	1082
图3-742 枫丹白露"大阁"（1750~1754年，建筑师雅克-安热·加布里埃尔）。立面设计（1740年，法国国家档案资料）	1082
图3-743 枫丹白露"大阁"。外景	1083
图3-744 法兰西岛区 比塔尔亭阁（1750~1751年，建筑师雅克-安热·加布里埃尔）。平面	1084
图3-745 法兰西岛区 比塔尔亭阁。外景	1084
图3-746 巴黎 马提翁府邸（1720~1724年，让·库尔托纳设计）。底层平面（图版据J.Mariette）	1085
图3-747 巴黎 马提翁府邸。院落立面（图版取自J.Mariette：《Architecture Française》）	1085
图3-748 巴黎 马提翁府邸。花园立面现状	1086
图3-749 巴黎 圣罗克教堂（1719~1736年，主持人勒梅西耶、罗贝尔·德科特）。立面设计（作者Jean-Baptiste Bullet，约1730年，原稿现存斯德哥尔摩国家博物馆）	1086
图3-750 巴黎 圣罗克教堂。剖面（取自Jean-Marie Pérouse de Montclos：《Paris，Kunstmetropole und Kulturstadt》，2000年）	1086
图3-751 巴黎 圣罗克教堂。外景（立面设计人罗贝尔·德科特，完成于1736或1738年）	1086
图3-752 巴黎 圣罗克教堂。礼拜堂内景	1087
图3-753 巴黎 圣叙尔皮斯教堂。立面设计方案（作者Juste-Aurèle Meissonnier，1726年，原稿现存巴黎国家图书馆）	1088
图3-754 巴黎 圣叙尔皮斯教堂。立面设计（作者乔瓦尼·尼科洛·塞尔万多尼）：第一方案（1732年）和第二方	

案（1736 年）.. 1088

图 3-755 巴黎 圣叙尔皮斯教堂。立面设计方案(作者乔瓦尼·尼科洛·塞尔万多尼，取自 J.F.Blondel：《Architecture Française》，1752 年）... 1088

图 3-756 巴黎 圣叙尔皮斯教堂。上图方案全景 1089

图 3-757 巴黎 圣叙尔皮斯教堂。剖面（取自 J.F.Blondel：《Architecture Française》，1752 年）........ 1089

图 3-758 巴黎 圣叙尔皮斯教堂。现状外景 1089

图 3-759 巴黎 圣叙尔皮斯教堂。内景（建筑师 Christophe Gamard 和 Daniel Gittard）................... 1090

图 3-760 乔瓦尼·尼科洛·塞尔万多尼：罗马古迹（油画，原作现存里昂 Musée des Beaux-Arts）....... 1091

图 3-761 凡尔赛 圣路易教堂（1743~1754 年，建筑师雅克·阿杜安 - 芒萨尔·德萨贡内）。外景 1090

图 3-762 里昂 圣布鲁诺教堂（1734~1738 年，建筑师费迪南德·德拉蒙策）。平面 1092

图 3-763 里昂 圣布鲁诺教堂。内景 1092

图 3-764 波尔多 国王广场（现交易所广场，1731~1755 年，设计人雅克 - 安热·加布里埃尔，施工主持安德烈·波尔捷）。总平面位置（据雅克 - 安热·加布里埃尔，巴黎国家档案材料）..................... 1093

图 3-765 波尔多 国王广场。平面 1093

图 3-766 波尔多 国王广场。立面及中央部分大样（取自 P.Patte：《Monuments érigés en France...》，1765 年）1094

图 3-767 波尔多 国王广场。现状景色 1094

图 3-768 南锡 1645 年城市俯视全景 1095

图 3-769 南锡 18 世纪城市平面 1095

图 3-770 南锡 城市总平面 1095

图 3-771 南锡 市中心建筑群（1752~1755 年，设计人伊曼纽·埃瑞）。总平面（图版据 P.Patte，1765 年）.... 1096

图 3-772 南锡 市中心建筑群。总平面（图版取自伊曼纽·埃瑞：《Plans et Elevations de la Place Royale de Nancy》，1793 年；线条图据 Platte）... 1096

图 3-773 南锡 市中心建筑群。俯视全景图（据 Stephan Hoppe，2003 年）..................................... 1097

图 3-774 南锡 国王广场（现斯坦尼斯拉斯广场，1752 年，设计人伊曼纽·埃瑞）。平面及立面（图版取自 P.Patte：《Monuments érigés en France...》，1765 年）.. 1097

图 3-775 南锡 国王广场（现斯坦尼斯拉斯广场）。现状，向北面望去的景色 1098

图 3-776 南锡 国王广场（现斯坦尼斯拉斯广场）。西望广场景色 1098

图 3-777 南锡 国王广场（现斯坦尼斯拉斯广场）。广场镀金铁栅围栏（设计人 Jean Lamour，约 1755 年）..... 1099

图 3-778 南锡 国王广场（现斯坦尼斯拉斯广场）。喷泉及铁栅围栏，现状 1099

图 3-779 南锡 国王广场（现斯坦尼斯拉斯广场）。西南角铁栅围栏 1100

图 3-780 南锡 凯旋门（1752 年）。外景 1100

图 3-781 南锡 卡里埃广场。向北望去的景色 1100

图 3-782 南锡 政府宫（总督宫，1715 年）。立面及广场设计（据伊曼纽·埃瑞）......................... 1101

图 3-783 南锡 政府宫（总督宫）。立面近景 1101

图 3-784 南锡 戴高乐将军广场。俯视全景 1101

图 3-785 南锡 戴高乐将军广场。朝东北方向望去的景色 1102

图 3-786 巴黎 奥蒙府邸（1649 年）。外景 1102

第四章　　西班牙和葡萄牙

图 4-1 埃尔埃斯科里亚尔 圣劳伦佐宫殿 - 修道院建筑群（1562~1584 年，建筑师胡安·包蒂斯塔和胡安·德·埃

图 4-2 埃尔埃斯科里亚尔 圣劳伦佐宫殿-修道院建筑群。正面俯视全景 ... 1108
图 4-3 埃尔埃斯科里亚尔 圣劳伦佐宫殿-修道院建筑群。主入口立面 ... 1108
图 4-4 巴利亚多利德 大教堂（1585年改造，主持人胡安·德·埃雷拉）。平面 ... 1108
图 4-5 巴利亚多利德 大教堂。外景（1585年，复原图作者 Otto Schubert） ... 1109
图 4-6 巴利亚多利德 大教堂。立面外景（1595年后） ... 1110
图 4-7 巴利亚多利德 大教堂。内景（1585年后） ... 1110
图 4-8 里奥塞科城 圣十字教堂（立面1573年后，设计胡安·德纳特斯）。立面外景 ... 1110
图 4-9 巴利亚多利德 努埃斯特拉教堂（1598~1604年，建筑师胡安·德纳特斯）。立面外景 ... 1110
图 4-10 塞维利亚 大教堂附属教堂（圣坛教堂，1617年，建筑师米格尔·德苏马拉加）。内景 ... 1111
图 4-11 马德里 恩卡纳西翁修道院（1611年，阿尔韦托·德拉马德雷兄弟设计）。立面外景 ... 1111
图 4-12 埃纳雷斯堡 贝尔纳丁斯教堂（1617年，塞瓦斯蒂安·德拉普拉萨设计）。平面及剖面（据 Otto Schubert） ... 1112
图 4-13 埃纳雷斯堡 贝尔纳丁斯教堂。内景 ... 1112
图 4-14 巴伦西亚 德萨姆帕拉多斯教堂（1652~1667年，平面设计迭戈·马丁内斯·庞塞·德乌拉纳）。礼拜堂，平面（据 Christian Norberg-Schulz, 1979年） ... 1112
图 4-15 巴伦西亚 德萨姆帕拉多斯教堂。礼拜堂，平面（据 Stephan Hoppe, 2003年） ... 1113
图 4-16 莱尔马 弗朗西斯科·桑托瓦尔-罗哈斯宫堡（居住城，1601~1617年，建筑师弗朗西斯科·德莫拉和胡安·戈麦斯·德莫拉）。外景 ... 1113
图 4-17 莱尔马 弗朗西斯科·桑托瓦尔-罗哈斯宫堡（居住城）。中央广场（现"军队广场"）景观 ... 1114
图 4-18 萨拉曼卡 耶稣会学院（主体工程1617~1650年，建筑师胡安·戈麦斯·德莫拉；钟楼及立面1750~1755年，建筑师安德烈·加西亚·德基尼奥内斯）。总平面（1:1000，取自 Henri Stierlin:《Comprendre l'Architecture Universelle》，经改绘） ... 1114
图 4-19 萨拉曼卡 耶稣会学院。教堂，剖面（1:333，取自 Henri Stierlin:《Comprendre l'Architecture Universelle》，经改绘） ... 1115
图 4-20 萨拉曼卡 耶稣会学院。屋顶外景 ... 1116
图 4-21 萨拉曼卡 耶稣会学院。院落景色（约1750~1755年，建筑师安德烈·加西亚·德基尼奥内斯） ... 1116
图 4-22 萨拉曼卡 耶稣会学院。院落立面细部 ... 1117
图 4-23 萨拉曼卡 耶稣会学院。教堂，内景 ... 1117
图 4-24 萨拉曼卡 大学。门廊立面（约1525~1530年） ... 1117
图 4-25 马德里 约1535年城市平面图 ... 1118
图 4-26 马德里 1535~1600年城市扩展示意 ... 1118
图 4-27 马德里 1600年城市平面图 ... 1119
图 4-28 马德里 1665年城市平面图 ... 1119
图 4-29 马德里 约1562年城市景观图（作者 Anton van den Wyngaerde） ... 1119
图 4-30 马德里 上图作者绘制的另一城市景观细部 ... 1120
图 4-31 马德里 约1650年代城市全景图（约1656年） ... 1120
图 4-32 马德里 1656年城市全景图（作者 Pedro Teixeira） ... 1120
图 4-33 马德里 中央广场（1617~1620年，设计人胡安·戈麦斯·德莫拉；18世纪末改造主持人胡安·德比利亚努埃瓦）。改造前地段形势 ... 1121
图 4-34 马德里 中央广场。1581年阿拉巴尔广场平面及改造规划（图版作者 Juan de Valencia） ... 1121

图 4-35 马德里 中央广场。1586 年 12 月广场平面图（制图 Richard Pinto） 1122
图 4-36 马德里 中央广场。1617 年 9 月胡安·戈麦斯·德莫拉改造规划（制图 Richard Pinto） 1122
图 4-37 马德里 中央广场。1632 年胡安·戈麦斯·德莫拉工作室制订的广场平面 1122
图 4-38 马德里 中央广场。1790 年广场形成后地段形势 1123
图 4-39 马德里 中央广场。广场各向建筑立面图（胡安·戈麦斯·德莫拉设计，1636 年） 1123
图 4-40 马德里 中央广场。约 1620 年景色（油画，作者佚名） 1124
图 4-41 马德里 中央广场。1623 年景色（版画，作者 Juan de la Corte） 1124
图 4-42 马德里 中央广场。1656 年俯视全景（Pedro Teixeira 城市全景图局部） 1124
图 4-43 马德里 中央广场。1790 年火灾后广场西侧破坏实况（版画，作者佚名） 1125
图 4-44 马德里 中央广场。俯视全景 1125
图 4-45 马德里 中央广场。现状景色 1126
图 4-46 马德里 中央广场。建筑及雕刻近景 1126
图 4-47 马德里 宫廷监狱（现外交部，1629~1634 年，建筑师胡安·戈麦斯·德莫拉）。平面 1127
图 4-48 马德里 宫廷监狱（现外交部）。外景 1127
图 4-49 马德里 市政厅（1640 和 1670 年，建筑师胡安·戈麦斯·德莫拉，雕刻师特奥多罗·阿德曼斯）。立面外景
 1127
图 4-50 马德里 布恩 - 雷蒂罗（逍遥居）。底层平面设计（第一和第二方案，作者罗贝尔·德科特，1715 年） 1128
图 4-51 马德里 布恩 - 雷蒂罗（逍遥居）。立面设计（第一方案，作者罗贝尔·德科特，1715 年） 1128
图 4-52 马德里 布恩 - 雷蒂罗（逍遥居，建筑师乔瓦尼·巴蒂斯塔·克雷申齐、阿隆索·德卡沃内尔）。俯视全景（Pedro Teixeira 城市全景图局部，1656 年） 1129
图 4-53 马德里 布恩 - 雷蒂罗（逍遥居）。花园立面 1129
图 4-54 马德里 布恩 - 雷蒂罗（逍遥居）。园林风景 1129
图 4-55 马德里 布恩 - 雷蒂罗（逍遥居）。园林喷泉 1130
图 4-56 马德里 帝国学院（现圣伊西德罗大教堂，1626~1664 年，主持人佩德罗·桑切斯、弗朗切斯科·包蒂斯塔）。平面及剖面（据 Schubert） 1131
图 4-57 马德里 帝国学院（现圣伊西德罗大教堂）。外景 1131
图 4-58 胡安·包蒂斯塔·比利亚尔潘多：所罗门神庙平面复原图（1604 年） 1132
图 4-59 胡安·包蒂斯塔·比利亚尔潘多："所罗门柱式"设计图 1132
图 4-60 弗雷·胡安·里奇：所罗门柱式（《Tratado de la Pintura Sabia》插图，1662 年） 1133
图 4-61 胡安·卡拉穆埃尔·德洛布科维茨：椭圆形平面及圣彼得大教堂柱廊构造方案（《Arquitectura Civil Recta y Oblicua...》一书插图，1678 年） 1133
图 4-62 圣地亚哥 - 德孔波斯特拉 圣马丁教堂（始建于 1596 年，1626 年以后主持人费尔南多·莱丘加）。立面外景
 1134
图 4-63 圣地亚哥 大教堂（立面 1738~1749 年，建筑师费尔南多·德卡萨斯 - 诺沃亚）。立面 1134
图 4-64 圣地亚哥 大教堂。立面现状 1135
图 4-65 格拉纳达 大教堂（立面 1667 年，建筑师阿隆索·卡诺）。立面外景 1136
图 4-66 格拉纳达 圣马利亚 - 玛格达莱娜教堂（建筑师胡安·路易斯·奥尔特加）。平面（据 Christian Norberg-Schulz，1979 年） 1136
图 4-67 哈恩 大教堂（立面 1667~1688 年，建筑师欧弗拉西奥·洛佩斯·德罗哈斯）。俯视全景 1137
图 4-68 哈恩 大教堂。立面外景 1137
图 4-69 赫雷斯 - 德拉弗龙特拉 圣马利亚查尔特勒修道院（1667 年）。立面外景 1138

图 4-70 赫雷斯-德拉弗龙特拉 救世主大教堂（1695年，设计人迭戈·莫雷诺·梅伦德斯、托尔夸托·卡永·德拉维加）。外景 1139

图 4-71 塞维利亚 16世纪下半叶城市风景（版画，作者 Georg Braun，取自《Civitates orbis Terrarum》，原稿现存热那亚 Museo Navale） 1139

图 4-72 塞维利亚 圣玛丽-马德莱娜教堂（原构1248年，1691~1709年改建，主持人莱奥纳多·德·菲圭罗阿）。外景 1139

图 4-73 塞维利亚 圣玛丽-马德莱娜教堂。内景 1139

图 4-74 塞维利亚 圣萨尔瓦多和圣巴勃罗教堂（1674~1712年，立面建筑师莱奥纳多·德·菲圭罗阿，穹顶马丁内斯·蒙塔涅斯）。外景 1140

图 4-75 塞维利亚 圣路易斯耶稣会教堂（1699~1731年，建筑师莱奥纳多·德·菲圭罗阿）。平面及剖面（1：500，据 Sancho Corbacho，经改绘） 1140

图 4-76 塞维利亚 圣路易斯耶稣会教堂。外景 1140

图 4-77 塞维利亚 圣路易斯耶稣会教堂。内景 1141

图 4-78 塞维利亚 圣特尔莫学院（始建于1671年，1722~1735年工程主持人为莱奥纳多·德·菲圭罗阿及其子马蒂亚斯）。外景 1141

图 4-79 塞维利亚 圣特尔莫学院。北立面（城市名人雕像为 Antonio Susillo 作品，1895年） 1141

图 4-80 塞维利亚 王室烟草工厂（1728~1771年，塞瓦斯蒂安·范德博基特设计）。平面及外景 1142

图 4-81 塞维利亚 王室烟草工厂。南门廊及东门廊外景 1142

图 4-82 塞维利亚 爱德济贫院教堂。立面现状 1143

图 4-83 格拉纳达 查尔特勒修道院（16世纪中叶至1630年，教堂装饰1662年，圣坛礼拜堂1702~1720年，圣器室1750年）平面（1：400，取自 Henri Stierlin：《Comprendre l'Architecture Universelle》） 1143

图 4-84 格拉纳达 查尔特勒修道院。外景 1144

图 4-85 格拉纳达 查尔特勒修道院。内景 1144

图 4-86 格拉纳达 查尔特勒修道院。圣坛礼拜堂（改造工程1702~1720年，主持人弗朗西斯科·乌尔塔多·伊斯基耶多），内景 1144

图 4-87 格拉纳达 大教堂。圣坛礼拜堂（1706~1759年，主持人弗朗西斯科·乌尔塔多·伊斯基耶多和何塞·德巴达），平面 1144

图 4-88 格拉纳达 大教堂。圣坛礼拜堂，内景 1145

图 4-89 埃尔保拉尔 查尔特勒修道院。圣坛礼拜堂（1718年，建筑师弗朗西斯科·乌尔塔多·伊斯基耶多，施工主持人特奥多西奥·桑切斯·德鲁埃达），平面（据 G.Kubler） 1145

图 4-90 埃尔保拉尔 查尔特勒修道院。圣坛礼拜堂，内景 1145

图 4-91 埃尔保拉尔 查尔特勒修道院。圣坛礼拜堂，雕刻细部（作者 Pedro Duque Cornejo） 1146

图 4-92 格拉纳达 查尔特勒修道院。圣器室（1732年开工，装修1742~1747年，设计人可能为弗朗西斯科·乌尔塔多·伊斯基耶多），内景 1147

图 4-93 格拉纳达 查尔特勒修道院。圣器室，穹顶仰视 1148

图 4-94 格拉纳达 查尔特勒修道院。圣器室，内景 1150

图 4-95 萨拉曼卡 圣埃斯特万修院教堂。祭坛装饰屏（1693~1696年，设计人何塞·贝尼多·丘里格拉），内景 1149

图 4-96 萨拉曼卡 城市主广场（中央广场，1728~1755年，阿尔韦托·丘里格拉和安德烈·加西亚·德基尼奥内斯设计）。平面（据 F.Lopez） 1150

图 4-97 萨拉曼卡 城市主广场（中央广场）。向东北方向望去的景色 1150

图4-98 萨拉曼卡 城市主广场（中央广场）。向西北方向望去的景色 ... 1151
图4-99 萨拉曼卡 城市主广场（中央广场）。向东南方向望去的景色 ... 1151
图4-100 萨拉曼卡 市政厅（1755年完成，设计人安德烈·加西亚·德基尼奥内斯）。立面 ... 1152
图4-101 萨拉曼卡 市政厅。外景 ... 1152
图4-102 萨拉曼卡 大教堂。歌坛围屏（1724年，阿尔韦托·丘里格拉制作） ... 1153
图4-103 托莱多 大教堂。祭坛饰屏（1721~1732年，设计人纳西索·德托梅），剖面 ... 1153
图4-104 托莱多 大教堂。祭坛饰屏，自北侧望去的景色 ... 1154
图4-105 托莱多 大教堂。祭坛饰屏，自东南侧望去的景色 ... 1155
图4-106 托莱多 大教堂。祭坛饰屏，正面仰视景色 ... 1156
图4-107 托莱多 大教堂。祭坛饰屏，北侧仰视景色 ... 1157
图4-108 托莱多 大教堂。祭坛饰屏，东南侧仰视景色 ... 1158
图4-109 马德里 圣费尔南多养老院（1722~1729年，彼得罗·德里韦拉设计）。门廊立面 ... 1158
图4-110 马德里 圣费尔南多养老院。门廊外景 ... 1159
图4-111 巴伦西亚 多斯阿瓜斯侯爵宫邸（1740~1744年，设计人伊波利托·罗维拉，施工主持人Ignacio de Vergara）。外景 ... 1160
图4-112 巴伦西亚 多斯阿瓜斯侯爵宫邸。门廊近景 ... 1161
图4-113 巴伦西亚 多斯阿瓜斯侯爵宫邸。门廊细部 ... 1162
图4-114 穆尔西亚 大教堂。立面全景（1741/1742~1754年，建筑师海梅·博尔特） ... 1162
图4-115 穆尔西亚 大教堂。立面近景 ... 1164
图4-116 拉格兰哈 夏宫。花园立面全景（1734~1736年，建筑师菲利波·尤瓦拉和乔瓦尼·巴蒂斯塔·萨凯蒂） ... 1162
图4-117 拉格兰哈 夏宫。花园立面近景 ... 1165
图4-118 拉格兰哈 夏宫。花园立面细部 ... 1166
图4-119 拉格兰哈 夏宫。侧立面景色 ... 1166
图4-120 拉格兰哈 夏宫。园林风景：水阶台 ... 1167
图4-121 拉格兰哈 夏宫。园林风景：波塞冬泉池 ... 1168
图4-122 拉格兰哈 夏宫。园林风景：水池雕刻 ... 1169
图4-123 拉格兰哈 夏宫。园林风景：雕刻及树篱 ... 1170
图4-124 马德里 王宫（1735~1764年，建筑师菲利波·尤瓦拉和乔瓦尼·巴蒂斯塔·萨凯蒂）。总平面及花园规划（据Esteban Boutelou，1747年） ... 1171
图4-125 马德里 王宫。平面（取自前苏联建筑科学院《世界建筑通史》第一卷） ... 1171
图4-126 马德里 王宫。平面（1∶1000，取自Henri Stierlin：《Comprendre l'Architecture Universelle》，1977年） ... 1172
图4-127 马德里 王宫。南侧朝军队广场的主立面 ... 1173
图4-128 马德里 王宫。北侧外景 ... 1173
图4-129 马德里 王宫。西侧全景 ... 1174
图4-130 马德里 王宫。西侧喷泉及立面景色 ... 1175
图4-131 马德里 王宫。东侧全景 ... 1174
图4-132 马德里 王宫。礼拜堂穹顶（天顶画：《圣母加冕》，作者Corrado Giaquinto，1755年） ... 1176
图4-133 阿兰胡埃斯 王宫（1748和1771年，主持人圣地亚哥·博纳维亚和弗朗西斯科·萨巴蒂尼）。总平面（16~18世纪） ... 1177

图4-134 阿兰胡埃斯 王宫。园林平面（制图Marchand，约1730年）..1177
图4-135 阿兰胡埃斯 王宫。西侧主立面及侧翼全景..1177
图4-136 阿兰胡埃斯 王宫。主立面近景..1178
图4-137 阿兰胡埃斯 王宫。西北侧景色..1179
图4-138 阿兰胡埃斯 王宫。北侧花园及立面景色..1179
图4-139 阿兰胡埃斯 王宫。花园喷泉..1180
图4-140 阿兰胡埃斯 王宫。花园圆亭（设计人Juan de Villanueva，1784年）..1181
图4-141 瓜达卢佩 修院礼拜堂（1771~1791年，设计人格雷罗-托里斯）。平面及侧立面（1:400，取自Henri Stierlin：《Comprendre l'Architecture Universelle》，1977年）..1182
图4-142 马德里 圣马科斯堂区教堂（1749~1753年，建筑师本图拉·罗德里格斯）。剖面（据O.Schubert）..1182
图4-143 萨拉戈萨 埃尔皮拉尔朝圣教堂（1677~1753年，建筑师小弗朗西斯科·埃雷拉和本图拉·罗德里格斯）。平面及剖面（教堂平面及剖面1:1000，礼拜堂平面1:333，取自Henri Stierlin：《Comprendre l'Architecture Universelle》，1977年，经改绘）..1183
图4-144 萨拉戈萨 埃尔皮拉尔朝圣教堂。外景..1184
图4-145 马德里 圣弗朗西斯科教堂（1761~1785年，建筑师Francisco de las Cabezas和Francisco Sabatini）。外景..1184
图4-146 马德里 普拉多博物馆（1785~1819年，建筑师胡安·德比利亚努埃瓦）。平面及主立面外景..1185
图4-147 马德里 天文台（1790~1808年，建筑师胡安·德比利亚努埃瓦）。外景..1185
图4-148 波尔图 格里洛斯教堂（立面1622年，建筑师巴尔塔萨·阿尔瓦雷斯）。外景..1186
图4-149 本菲卡 弗龙泰拉侯爵宫（1667~1679年以后）。宫邸及花园全景..1187
图4-150 本菲卡 弗龙泰拉侯爵宫。国王廊及园林景色..1187
图4-151 本菲卡 弗龙泰拉侯爵宫。国王廊两端亭阁..1188
图4-152 本菲卡 弗龙泰拉侯爵宫。国王廊装饰细部..1189
图4-153 本菲卡 弗龙泰拉侯爵宫。国王廊下方水池及细部..1190
图4-154 本菲卡 弗龙泰拉侯爵宫。通向礼拜堂（艺术廊）的台地..1189
图4-155 本菲卡 弗龙泰拉侯爵宫。台地细部..1191
图4-156 马夫拉 修道院（1717~1730年，建筑师约翰·弗里德里希·路德维希）。总平面（1:2000，取自Henri Stierlin：《Comprendre l'Architecture Universelle》，1977年）..1192
图4-157 马夫拉 修道院。外景（版画，取自Stephan Hoppe：《Was ist Barock？ Architektur und Städtebau Europas 1580-1770》，2003年）..1192
图4-158 马夫拉 修道院。教堂，外景..1193
图4-159 马夫拉 修道院。教堂，前廊内景..1194
图4-160 罗马 圣依纳爵教堂。祭坛景色（1698~1699年）..1195
图4-161 科英布拉 王室图书馆（1716~1728年，建筑师约翰·弗里德里希·路德维希）。内景..1194
图4-162 里斯本 圣罗克教堂（1742~1751年，建筑师路易吉·万维泰利和尼古拉·萨尔维）。圣约翰（施洗者）礼拜堂，内景..1196
图4-163 波尔图 多斯克莱里戈斯圣佩德罗教堂（始建于1732年，建筑师尼科洛·纳索尼）。塔楼外景（1757~1763年）..1196
图4-164 拉梅古 诺萨-塞尼奥拉圣地教堂（1750~1761年，大台阶1777年以后，建筑师尼科洛·纳索尼、安德烈·苏亚雷斯等）。教堂及大台阶外景..1196
图4-165 拉梅古 诺萨-塞尼奥拉圣地教堂。教堂及喷泉近景..1197

图 4-166 雷阿尔城 马特乌斯府邸（1739~1743 年，独立礼拜堂 1750 年，建筑师尼科洛·纳索尼）。南侧外景 1198
图 4-167 雷阿尔城 马特乌斯府邸。北侧立面及花园喷泉 1198
图 4-168 雷阿尔城 马特乌斯府邸。园林景色 1199
图 4-169 布拉加 山上的仁慈上帝圣殿（1784~1811 年）。教堂立面及十字架道路全景 1200
图 4-170 布拉加 山上的仁慈上帝圣殿。花园及下层台阶近景 1201
图 4-171 布拉加 山上的仁慈上帝圣殿。上层台阶栏墙（近景为"五灾泉"） 1201
图 4-172 布拉加 山上的仁慈上帝圣殿。上层台阶近景 1202
图 4-173 孔戈尼亚斯 圣地（1757 年至 19 世纪初，建筑师 Aleijadinho 等）。圣山总平面（1∶1500，取自 Henri Stierlin：《Comprendre l'Architecture Universelle》，1977 年；台阶平面详图据 G.Bazin） 1202
图 4-174 孔戈尼亚斯 圣地。教堂，外景 1203
图 4-175 孔戈尼亚斯 圣地。教堂，祭坛（1765~1773 年） 1203
图 4-176 里斯本 16 世纪下半叶城市景观（版画，作者 Georg Braun，取自《Civitates orbis Terrarum》，原稿现存热那亚 Museo Navale） 1204
图 4-177 里斯本 1650 年城市平面（图版作者 João Nunes Tinoco，原稿现存里斯本 Museu da Cidade） 1204
图 4-178 里斯本 地震前城市风景（油画，约 1693 年） 1205
图 4-179 里斯本 18 世纪初城市风景图（里斯本 Museu Nacional do Azulejo 藏品） ...... 1204~1205
图 4-180 里斯本 瓷砖城市风景图细部 1206
图 4-181 里斯本 海上及乡村景色（约 1725~1750 年，瓷砖拼图，里斯本 Museu Nacional do Azulejo 藏品） ...... 1208~1209
图 4-182 里斯本 地震前及地震时的城市景象（版画作者 Mateus Sautter，约 1750~1800 年，原作现存里斯本 Museu da Cidade） 1207
图 4-183 里斯本 地震后王室歌剧院景象（彩画，作者 Jacques Philippe Le Bas，1757 年，原作现存里斯本 Museu da Cidade） 1207
图 4-184 里斯本 城市全景图（局部，约 1775 年，作者佚名） 1207
图 4-185 里斯本 特雷罗广场。规划设计草图（作者菲利波·尤瓦拉，1717 年，原稿现存都灵 Musei Civici） ...... 1208~1209
图 4-186 克卢斯 夏宫（1747 年后，建筑师马特乌斯·文森特，园林设计让-巴蒂斯特·罗比永）。总平面（据 Fixot） 1210
图 4-187 克卢斯 夏宫。主立面 ...... 1210~1211
图 4-188 克卢斯 夏宫。主体部分全景 1210
图 4-189 克卢斯 夏宫。近景 1211
图 4-190 克卢斯 夏宫。堂吉诃德翼 1212
图 4-191 克卢斯 夏宫。演艺厅（后为御座室），内景 1212
图 4-192 克卢斯 夏宫。使节厅，内景 1213
图 4-193 克卢斯 夏宫。堂吉诃德厅，内景 1213
图 4-194 克卢斯 夏宫。王后卫生间 1214
图 4-195 克卢斯 夏宫。花园景色 1214
图 4-196 克卢斯 夏宫。花园河道桥边台阶的瓷砖墙和雕刻 1215
图 4-197 克卢斯 夏宫。花园河道边的瓷砖墙和瓶饰 1216
图 4-198 奥埃拉什 庞巴尔侯爵宫（1737 年，卡洛斯·马代尔设计）。宫殿及双跑台阶外景 1216
图 4-199 奥埃拉什 庞巴尔侯爵宫。台地及雕刻 1217
图 4-200 奥埃拉什 庞巴尔侯爵宫。花园双跑台阶 1218

图 4-201 奥埃拉什 庞巴尔侯爵宫。花园双跑台阶（图 4-200）瓷砖墙细部 1219
图 4-202 奥埃拉什 庞巴尔侯爵宫。鱼阁装饰细部 1218
图 4-203 安提瓜 拉梅塞德修院教堂（约 1650~1690/1767 年）。立面外景 1220
图 4-204 安提瓜 圣卡洛斯大学（1753 年）。平面、柱廊立面及剖面（平面 1：500，柱廊立面及剖面 1：100，取自 Henri Stierlin：《Comprendre l'Architecture Universelle》，1977 年，厅堂均围绕柱廊院布置）............1221
图 4-205 哈瓦那 大教堂（1742 年）。立面外景 1221
图 4-206 墨西哥城 大教堂（1560~1656 年）。外景 1222
图 4-207 墨西哥城 大教堂。祭坛屏架装饰（1728~1737 年）............1223
图 4-208 墨西哥城 大教堂。圣坛礼拜堂（1749~1768 年，建筑师 Lorenzo Rodriguez），平面（双轴线配置，1：600，取自 Henri Stierlin：《Comprendre l'Architecture Universelle》，1977 年）............1222
图 4-209 墨西哥城 大教堂。圣坛礼拜堂，立面细部 1224
图 4-210 墨西哥城 阿卡特佩克教堂（18 世纪）。外景 1224
图 4-211 墨西哥城 瓜达卢佩教堂（1694~1709 年，建筑师 José Durán、Diego de los Santos 和 Pedro Arrieta）。外景 1225
图 4-212 墨西哥城 埃尔波奇托礼拜堂（1771~1791 年，建筑师 Francisco Guerrero y Torres）。外景 1225
图 4-213 墨西哥城 奥科特兰朝圣教堂（1745 年）。平面（据 Y.Bottineau）............1225
图 4-214 墨西哥城 奥科特兰朝圣教堂。外景 1226
图 4-215 普韦布拉 大教堂（16~17 世纪）。内景 1227
图 4-216 普韦布拉 圣多明各修院礼拜堂（1650~1690 年）。内景 1228
图 4-217 普韦布拉 圣多明各修院礼拜堂。穹顶仰视 1229
图 4-218 瓦哈卡 圣多明各教堂礼拜堂（1724~1731 年）。穹顶仰视 1230
图 4-219 圣克里斯托瓦尔-德拉斯卡萨斯 圣多明各教堂（约 1700 年）。外景 1231
图 4-220 乔卢拉 圣加布里埃尔修道院。王室礼拜堂（16 世纪），俯视图及外景 1231
图 4-221 里约热内卢 圣本托修院教堂（始建于 1617 年，1668 年后改建）。内景 1232
图 4-222 欧鲁普雷图 圣弗朗西斯科教堂（1766~1794 年，立面及主祭坛 1774~1778 年，建筑师 Aleijadinho）。平面及侧立面（1：300，取自 Henri Stierlin：《Comprendre l'Architecture Universelle》，1977 年）............1232
图 4-223 欧鲁普雷图 圣弗朗西斯科教堂。立面 1233
图 4-224 欧鲁普雷图 圣弗朗西斯科教堂。现状外景（圆塔及大门装饰为其主要特征）............1234
图 4-225 欧鲁普雷图 诺萨-塞尼奥拉（约 1750 年）。平面（据 G.Kupler 和 Sonia）............1234
图 4-226 欧鲁普雷图 诺萨-塞尼奥拉。外景 ....1234~1235
图 4-227 基多 孔帕尼亚教堂（1722~1765 年，建筑师 Lorenzo Deubler 和 Venancio Gandolfi）。平面（据 G.Gasparini）............1234
图 4-228 基多 孔帕尼亚教堂。入口细部 1235
图 4-229 基多 圣弗朗西斯科修院教堂（16 世纪后期）。外景 1236
图 4-230 库斯科 大教堂。平面及剖面（平面据 G.Gasparini，剖面据 G.Kupler）............1236
图 4-231 库斯科 耶稣会堂（始建于 1651 年，立面及塔楼稍晚）。外景 1237
图 4-232 利马 托雷-塔格莱宫（1735 年）。首层及二层平面（1：400，取自 Henri Stierlin：《Comprendre l'Architecture Universelle》，1977 年）............1237
图 4-233 利马 托雷-塔格莱宫（1735 年）。立面近景 1238
图 4-234 利马 大教堂（1594~1604 年）。外景 1239
图 4-235 利马 圣弗朗西斯科教堂（1657~1674 年）。外景 1240

图 4-236 拉巴斯 圣弗朗西斯科教堂（17 世纪，主立面装修 1772~1784 年）。平面及立面（1∶400，取自 Henri Stierlin：《Comprendre l'Architecture Universelle》，1977 年） 1240

图 4-237 拉巴斯 圣弗朗西斯科教堂。立面近景 1241

图 4-238 拉巴斯 圣弗朗西斯科教堂。立面细部 1242

图 4-239 萨尔瓦多 诺萨-塞尼奥拉教堂（18 世纪后半叶）。平面（据 R.C.Smith） 1242

图 4-240 萨尔瓦多 诺萨-塞尼奥拉教堂。外景 1242

图 4-241 萨尔瓦多 圣弗朗西斯科教堂（18 世纪初）。立面细部 1243

图 4-242 萨尔瓦多 圣弗朗西斯科教堂。内景（主祭坛） 1243

·下册·

第五章　　德国及中欧地区

图 5-1 菲舍尔·冯·埃拉赫：约瑟夫一世维也纳入城式凯旋门设计方案（1690 年，原稿现存维也纳 Graphische Sammlung Albertina） 1248

图 5-2 汉堡 约 16 世纪下半叶城市景观（版画，作者 Georg Braun，取自《Civitates orbis Terrarum》，原稿现存热那亚 Museo Navale） 1248

图 5-3 汉堡 1696 年城市景观 1248

图 5-4 石勒苏益格 戈托尔普宫邸（1698~1703 年）。南翼，外景 1249

图 5-5 哈瑟尔堡 府邸。大厅（1710 年），内景 1249

图 5-6 哈瑟尔堡 府邸。门楼（1763 年），外景 1250

图 5-7 普龙斯托夫 领主宅邸（1728 年）。立面 1250

图 5-8 雷林根 新教教堂（1754~1756 年，建筑师凯·多泽）。外景 1250

图 5-9 汉堡 圣米歇尔教堂（1750~1757 年，塔楼 1786 年，建筑师恩斯特·乔治·松宁）。外景（版画，作者 A.J. Hillers，约 1780 年） 1250

图 5-10 汉堡 圣米歇尔教堂。歌坛内景 1251

图 5-11 比克堡 新教教堂（1611~1615 年）。外景 1251

图 5-12 比克堡 中心区建筑群。平面示意 1252

图 5-13 比克堡 宫邸。大门（17 世纪初） 1252

图 5-14 路德维希斯卢斯特 宫邸建筑群。总平面示意 1252

图 5-15 路德维希斯卢斯特 宫邸（1764~1796 年，建筑师约翰·约阿希姆·布施）。外景 1253

图 5-16 布吕尔 奥古斯图斯堡府邸（1724 及 1728~1740 年，建筑师约翰·康拉德·施劳恩、弗朗索瓦·德居维利埃）。东立面外景 1253

图 5-17 布吕尔 奥古斯图斯堡府邸。花园面远景 1254

图 5-18 布吕尔 奥古斯图斯堡府邸。花园面全景 1255

图 5-19 布吕尔 奥古斯图斯堡府邸。餐厅，内景 1256

图 5-20 布吕尔 奥古斯图斯堡府邸。圣内波米塞娜礼拜堂，内景 1256

图 5-21 布吕尔 奥古斯图斯堡府邸。楼梯间（1741~1744 年，建筑师约翰·巴尔塔扎·纽曼，壁画卡洛·卡洛内），第一跑楼梯全景 1257

图 5-22 布吕尔 奥古斯图斯堡府邸。楼梯间，平台近景 1258

图 5-23 布吕尔 奥古斯图斯堡府邸。楼梯间，第二跑楼梯景色 1259

图 5-24 克莱门斯韦尔特 猎庄（1736~1745 年，约翰·康拉德·施劳恩设计）。总平面 1261
图 5-25 克莱门斯韦尔特 猎庄。俯视全景 1260
图 5-26 克莱门斯韦尔特 猎庄。修道院花园，中轴线景色 1261
图 5-27 克莱门斯韦尔特 猎庄。府邸及附属建筑景色 1262
图 5-28 克莱门斯韦尔特 猎庄。楼梯间内景（Gerhard Koppers 设计，1745 年）......1262
图 5-29 明斯特 德累斯顿伯爵宫（1753~1757 年，约翰·康拉德·施劳恩设计）。总平面及平面 1263
图 5-30 明斯特 德累斯顿伯爵宫。面向正院的立面 1263
图 5-31 明斯特 德累斯顿伯爵宫。立面现状 1263
图 5-32 明斯特 德累斯顿伯爵宫。节庆厅，内景 1264
图 5-33 宁贝格 吕施宅第（1745~1749 年，约翰·康拉德·施劳恩设计）。朝向院落的立面 1264
图 5-34 明斯特 主教宫邸（1767~1773 年，约翰·康拉德·施劳恩设计，内部装修 1782 年，主持人威廉·费迪南德·利佩尔）。外景 1265
图 5-35 柏林 选帝侯府邸（油画，1650 年，作者佚名）......1265
图 5-36 腓特烈一世画像（作者 Friedrich Wilhelm Weidemann，约 1705 年）......1265
图 5-37 柏林 约 1650 年城市平面示意 1266
图 5-38 柏林 约 1650 年城市平面（图版作者 Johann Gregor Memhardt）......1266
图 5-39 柏林 1698 年城市平面 1266
图 5-40 柏林 18 世纪城市形态 1267
图 5-41 柏林 18 世纪城市平面（作者 G.Dusableau，1723 年）......1267
图 5-42 奥拉宁堡 府邸（1688~1691 年改建，约翰·阿诺尔德·内林设计）。改造前景色（图版作者 Johann Gregor Memhardt）......1268
图 5-43 奥拉宁堡 府邸。约 1750 年景色（图版作者 Johann David Schleuen）......1268
图 5-44 奥拉宁堡 府邸。现状景色 1269
图 5-45 柏林 王宫（1698 年，主持人安德烈·施吕特，1950 年拆除）。广场及建筑群规划（图版作者 Jean Baptiste Broebes，1702 年）......1270
图 5-46 柏林 王宫。1870 年文献照片（自东南侧望去的景色）......1270
图 5-47 柏林 王宫。门廊（历史照片）......1271
图 5-48 柏林 王宫。大厅内景（版画作者 C.F.Blesendorf 和 J.C.Schott，1701 年）......1271
图 5-49 柏林 大教堂。平面设计方案（作者 de Bodt，原稿现存德累斯顿州立图书馆）......1271
图 5-50 柏林 大教堂。立面设计方案（作者 de Bodt，原稿现存德累斯顿州立图书馆）......1272
图 5-51 柏林 大教堂。剖面设计方案（作者 de Bodt，原稿现存德累斯顿州立图书馆）......1272
图 5-52 柏林 宫廷马厩。平面 1273
图 5-53 柏林 宫廷马厩。立面 1273
图 5-54 布拉格 克拉姆-加拉斯宫（始建于 1713 年，菲舍尔·冯·埃拉赫设计）。地段总平面 1274
图 5-55 布拉格 克拉姆-加拉斯宫。立面 1274
图 5-56 布拉格 克拉姆-加拉斯宫。门廊近景（雕刻作者 Mathias Braun）......1274
图 5-57 布拉格 克拉姆-加拉斯宫。楼梯内景 1274
图 5-58 卡普特 休闲狩猎别墅。外景 1275
图 5-59 卡普特 休闲狩猎别墅。瓷砖厅，内景 1275
图 5-60 铸币厂塔楼。第一个设计（作者安德烈·施吕特，1702 年，原稿现存德累斯顿州立图书馆）......1276
图 5-61 铸币厂塔楼。其他方案 1277

图 5-62 腓特烈二世（1712~1786 年，1740~1786 年在位）画像 1278
图 5-63 波茨坦 1679~1680 年城市及其郊区平面（作者 Samuel von Suchodoletz，原稿现存柏林 Geheimes Staatsarchiv Preußischer Kulturbesitz） 1278
图 5-64 波茨坦 18 世纪城市平面（据 Braunfels） 1279
图 5-65 波茨坦 18 世纪末城市平面（Friedrich Gottlieb Schadow 据 Samuel von Suchodoletz 原图补充，制图 G.J.F. Frentzel） 1279
图 5-66 莱茵斯贝格 宫邸（乔治·文策斯劳斯·冯·克诺贝尔斯多夫设计）。远景（版画，约 1745 年） 1279
图 5-67 莱茵斯贝格 宫邸。柱廊立面（约 1735 年） 1280
图 5-68 莱茵斯贝格 宫邸。西南侧外景 1280
图 5-69 莱茵斯贝格 宫邸。镜厅（位于北翼上层），内景 1281
图 5-70 莱茵斯贝格 宫邸。贝壳厅，内景 1282
图 5-71 莱茵斯贝格 宫邸。塔楼间，内景 1283
图 5-72 莱茵斯贝格 宫邸。园林风景：方尖碑（1790~1791 年） 1284
图 5-73 莱茵斯贝格 宫邸。园林风景：小亭及雕刻 1284
图 5-74 莱茵斯贝格 宫邸。园林风景 1285
图 5-75 波茨坦 宫殿（始建于 1664 年，建筑师乔治·文策斯劳斯·冯·克诺贝尔斯多夫，1680 年起主持人约翰·阿诺尔德·内林，1744~1752 年复由冯·克诺贝尔斯多夫进行改造）。远景（油画，作者 Johann Friedrich Meyer，1772 年） 1286
图 5-76 波茨坦 宫殿。文献照片：东北侧景色 1286
图 5-77 波茨坦 宫殿。文献照片：东南侧景色 1287
图 5-78 波茨坦 宫殿。文献照片：入口面景色 1287
图 5-79 波茨坦 宫殿。大理石厅，剖面及内立面设计（建筑师乔治·文策斯劳斯·冯·克诺贝尔斯多夫，约 1748 年） 1287
图 5-80 波茨坦 宫殿。腓特烈大帝用房室内装修设计（室内装饰师约翰·奥古斯特·纳尔，1744 年） 1288
图 5-81 柏林 夏洛滕堡宫（1695~1713 年，建筑师约翰·阿诺尔德·内林、约翰·弗里德里希·厄桑德·冯·歌德）。平面 1288
图 5-82 柏林 夏洛滕堡宫。俯视全景（设计厄桑德·冯·歌德，图版制作 Martin Engelbrecht，1708 年） 1288
图 5-83 柏林 夏洛滕堡宫。花园及宫殿俯视全景 1289
图 5-84 柏林 夏洛滕堡宫。入口面景色 1290
图 5-85 柏林 夏洛滕堡宫。入口立面及院落围栅 1291
图 5-86 柏林 夏洛滕堡宫。院落铁栅门纹章细部 1292
图 5-87 柏林 夏洛滕堡宫。院落面全景 1291
图 5-88 柏林 夏洛滕堡宫。院落夜景 1292
图 5-89 柏林 夏洛滕堡宫。院落内大选帝侯腓特烈·威廉骑像（作者安德烈·施吕特，1696~1700 年） 1292
图 5-90 柏林 夏洛滕堡宫。花园面全景 1293
图 5-91 柏林 夏洛滕堡宫。花园面近景 1294
图 5-92 柏林 夏洛滕堡宫。腓特烈一世觐见室，内景 1295
图 5-93 柏林 夏洛滕堡宫。索菲-夏洛特用房，内景 1296
图 5-94 柏林 夏洛滕堡宫。红室（属国王用房系列，1701~1713 年，厄桑德·冯·歌德设计），内景 1296
图 5-95 柏林 夏洛滕堡宫。礼拜堂（1704~1708 年，建筑师厄桑德·冯·歌德），内景 1297
图 5-96 柏林 夏洛滕堡宫。腓特烈大帝图书室，内景 1298

图 5-97 柏林 夏洛滕堡宫。陶瓷室，内景 1299
图 5-98 柏林 夏洛滕堡宫。东翼（1740 年，建筑师乔治·文策斯劳斯·冯·克诺贝尔斯多夫），南侧外景 1299
图 5-99 柏林 夏洛滕堡宫。东翼，南侧立面近景 1300
图 5-100 柏林 夏洛滕堡宫。东翼，白厅（1742 年） 1301
图 5-101 柏林 夏洛滕堡宫。东翼，"金廊厅"（1740 年以后，约翰·奥古斯特·纳尔设计）。内景 1302
图 5-102 柏林 夏洛滕堡宫。东翼，"金廊厅"，内立面装修设计（作者老约翰·米夏埃尔·霍彭豪普特，1742~1743 年，原件现存波茨坦博物馆） 1303
图 5-103 波茨坦 夏宫（逍遥宫，1745 年，建筑师乔治·文策斯劳斯·冯·克诺贝尔斯多夫）。园林总平面（据 Friedrich Zacharias Saltzmann，图版制作 Johann Friedrich Schleuen，1772 年） 1303
图 5-104 波茨坦 夏宫（逍遥宫）。平面、院落及花园立面（约 1744~1745 年） 1304
图 5-105 波茨坦 夏宫（逍遥宫）。平面 1304
图 5-106 波茨坦 夏宫（逍遥宫）。平面设计草图（作者乔治·文策斯劳斯·冯·克诺贝尔斯多夫，1744 年）. 1304
图 5-107 波茨坦 夏宫（逍遥宫）。全景图（版画制作 Johann David Schleuen） 1305
图 5-108 波茨坦 夏宫（逍遥宫）。俯视全景 1305
图 5-109 波茨坦 夏宫（逍遥宫）。花园面远景 1306
图 5-110 波茨坦 夏宫（逍遥宫）。花园喷泉及台地近景 1307
图 5-111 波茨坦 夏宫（逍遥宫）。自上层台地望宫邸景色 1308
图 5-112 波茨坦 夏宫（逍遥宫）。宫邸西南侧景色 1308
图 5-113 波茨坦 夏宫（逍遥宫）。大理石厅外景 1309
图 5-114 波茨坦 夏宫（逍遥宫）。大理石厅近景 1309
图 5-115 波茨坦 夏宫（逍遥宫）。东阁，太阳花饰 1310
图 5-116 波茨坦 夏宫（逍遥宫）。正院入口处（北柱廊）全景 1310
图 5-117 波茨坦 夏宫（逍遥宫）。北柱廊，近景 1311
图 5-118 波茨坦 夏宫（逍遥宫）。自北柱廊远望宫后人工"残迹"景色 1312
图 5-119 波茨坦 夏宫（逍遥宫）。花园：东方亭（亦称"中国亭"），外景 1313
图 5-120 波茨坦 夏宫（逍遥宫）。花园：东方亭，门廊细部 1314
图 5-121 波茨坦 夏宫（逍遥宫）。花园：东方亭，内景 1313
图 5-122 波茨坦 夏宫（逍遥宫）。花园：东方亭，穹顶仰视 1314
图 5-123 波茨坦 夏宫（逍遥宫）。前厅，内景 1315
图 5-124 波茨坦 夏宫（逍遥宫）。大理石厅，内景 1315
图 5-125 波茨坦 夏宫（逍遥宫）。大理石厅，穹顶仰视 1316
图 5-126 波茨坦 夏宫（逍遥宫）。大理石厅，内檐装饰细部 1316
图 5-127 波茨坦 夏宫（逍遥宫）。接待室，内景 1316
图 5-128 波茨坦 夏宫（逍遥宫）。伏尔泰室，内景 1317
图 5-129 波茨坦 夏宫（逍遥宫）。腓特烈图书室（1746~1747 年，装修主持人约翰·奥古斯特·纳尔等），内景 ......1318~1319
图 5-130 波茨坦 夏宫（逍遥宫）。音乐沙龙（约 1746~1747 年，装修主持人约翰·米夏埃尔·霍彭豪普特），内景 1319
图 5-131 波茨坦 夏宫（逍遥宫）。音乐沙龙，装饰细部 1320
图 5-132 波茨坦 夏宫（逍遥宫）。音乐沙龙，西墙装饰设计（作者老约翰·奥古斯特·纳尔，约 1746 年，原稿现存柏林国家博物馆） 1320

图 5-133 波茨坦 夏宫（逍遥宫）。"新室"（橘园，1747 年，建筑师乔治·文策斯劳斯·冯·克诺贝尔斯多夫），东南侧外景 1320

图 5-134 波茨坦 夏宫（逍遥宫）。"新室"（橘园），西南侧外景 1321

图 5-135 波茨坦 夏宫（逍遥宫）。"画廊"（1755~1763 年，设计人约翰·戈特弗里德·比林），花园面景色（版画作者 Johann Friedrich Schleuen，约 1770 年） 1321

图 5-136 波茨坦 夏宫（逍遥宫）。"画廊"，立面全景 1321

图 5-137 波茨坦 夏宫（逍遥宫）。"画廊"，立面近景 1323

图 5-138 波茨坦 夏宫（逍遥宫）。"画廊"，内景 1322

图 5-139 波茨坦 夏宫（逍遥宫）。新宫及附属建筑（1763~1769 年），俯视全景（航片，约 1935 年） 1323

图 5-140 波茨坦 夏宫（逍遥宫）。新宫，一、二层平面（作者 Carl von Gontard，约 1766~1767 年） 1323

图 5-141 波茨坦 夏宫（逍遥宫）。新宫，立面（院落立面、花园立面及侧立面，作者 Carl von Gontard，约 1766~1767 年） 1324

图 5-142 波茨坦 夏宫（逍遥宫）。新宫，附属建筑及柱廊（版画，作者 Jean Laurent Le Geay） 1324

图 5-143 波茨坦 夏宫（逍遥宫）。新宫，花园立面，现状 1325

图 5-144 波茨坦 夏宫（逍遥宫）。新宫，院落立面，外景 1325

图 5-145 波茨坦 夏宫（逍遥宫）。新宫，东南侧近景 .... 1326~1327

图 5-146 波茨坦 夏宫（逍遥宫）。新宫，花园面山墙及穹顶细部 1328

图 5-147 波茨坦 夏宫（逍遥宫）。新宫，蓝厅，内景 1328

图 5-148 波茨坦 夏宫（逍遥宫）。新宫，剧场，纵剖面（作者 Johann Christian Hoppenhaupt Le Jeune，1766 年）及内景 1329

图 5-149 波茨坦 夏宫（逍遥宫）。新宫，大理石大厅及大理石廊厅内景 1330

图 5-150 波茨坦 夏宫（逍遥宫）。新宫，洞窟内景 1331

图 5-151 波茨坦 夏宫（逍遥宫）。新宫，音乐厅，内景 1331

图 5-152 德累斯顿 城市发展阶段示意（取自 A.E.J.Morris：《History of Urban Form》，1994 年） 1332

图 5-153 德累斯顿 19 世纪城市平面（取自 1833 年发布的 SDUK Atlas Map） 1332

图 5-154 德累斯顿 城市风景（油画，作者 Bernardo Bellotto，1748 年，德累斯顿城市博物馆藏品） 1332

图 5-155 德累斯顿 自新城望去的城市景色（油画，作者 Bernardo Bellotto） 1333

图 5-156 德累斯顿 天主教宫廷教堂及易北河上的奥古斯特桥（版画，作者 Bernardo Bellotto，原作现存德累斯顿 Staatliche Kunstsammlungen） 1333

图 5-157 德累斯顿 新街区平面（1740 年） 1333

图 5-158 德累斯顿 大花园宫殿（1678~1683 年，建筑师约翰·格奥尔格·施塔克）。花园及宫殿景色 1334

图 5-159 马托伊斯·达尼埃尔·珀佩尔曼（1662~1736 年），画像及签名 1335

图 5-160 德累斯顿 茨温格宫（1697~1728 年，主体部分 1711~1728 年，建筑师马库斯·康拉德·迪策、马托伊斯·达尼埃尔·珀佩尔曼和巴尔塔扎·佩尔莫泽）。总平面 1335

图 5-161 德累斯顿 茨温格宫。平面（图版，取自 N.Pevsner：《Génie de l'Architecture Européenne》） 1335

图 5-162 德累斯顿 茨温格宫。平面（两图分别取自 Nicolas Powell：《From Baroque to Rococo：an Introduction to Austrian and German Architecture from 1580 to 1790》和前苏联建筑科学院《世界建筑通史》第一卷） 1336

图 5-163 德累斯顿 茨温格宫。立面（局部，取自 John Julius Norwich：《Great Architecture of the World》，2000 年） 1336

图 5-164 德累斯顿 茨温格宫。铜版画集扉页（作者 Matthäus Daniel Pöppelmann 和 C.A.Wortmann，1729 年） 1336

图 5-165 德累斯顿 茨温格宫。18 世纪全景（版画，作者 Bernardo Bellotto，现存德累斯顿 Cabinet des Estampes）

图5-166 德累斯顿 茨温格宫。1719年举行骑术比赛时的盛况（水彩，原作现存德累斯顿Kupferstichkabinett） 1337

图5-167 德累斯顿 茨温格宫。1722年节庆期间景色（油画，作者Johann Alexander Thiele） 1337

图5-168 德累斯顿 茨温格宫。18世纪上半叶橘园景色（版画，作者Christian Friedrich Boetius） 1338

图5-169 德累斯顿 茨温格宫。沙龙及城楼现状景色 1338

图5-170 德累斯顿 茨温格宫。城楼俯视全景 1339

图5-171 德累斯顿 茨温格宫。城楼近景 1340

图5-172 德累斯顿 茨温格宫。城楼细部 1339

图5-173 德累斯顿 茨温格宫。城楼雕刻细部（1711~1719年） 1341

图5-174 德累斯顿 茨温格宫。城楼，楼梯内景 1341

图5-175 德累斯顿 茨温格宫。王冠门（王冠塔，1713年），立面（取自Robert Adam:《Classical Architecture》，1991年） 1342

图5-176 德累斯顿 茨温格宫。王冠门（王冠塔），外景 1342

图5-177 德累斯顿 茨温格宫。王冠门（王冠塔），穹顶近景 1342

图5-178 皮尔尼茨 休闲府邸（1720~1723年，建筑师马托伊斯·达尼埃尔·珀佩尔曼）。自易北河望去的全景 1343

图5-179 皮尔尼茨 休闲府邸。花园面景色 1343

图5-180 皮尔尼茨 休闲府邸。廊厅外景 1344

图5-181 莫里茨堡 宫邸（1723~1736年，建筑师马托伊斯·达尼埃尔·珀佩尔曼、扎卡里亚斯·隆盖吕内）。入口面外景 1344

图5-182 莫里茨堡 宫邸。沿河面外景 1345

图5-183 德累斯顿 圣母院（1722~1738年，另说1726~1743年，设计人格奥尔格·贝尔）。平面（两图分别取自John Summerson:《The Architecture of the Eighteenth Century》及Stephan Hoppe:《Was ist Barock？ Architektur und Städtebau Europas 1580-1770》） 1345

图5-184 德累斯顿 圣母院。剖面（据Koepf和Charpentrat原图改绘） 1345

图5-185 德累斯顿 圣母院。约1750年景观（油画局部，作者Bernardo Bellotto，前景为新市场，原作现存德累斯顿Staatliche Kunstsammlungen） 1346

图5-186 沙朗通 胡格诺殿堂（1623年，建筑师Salomon de Brosse）。剖面（图版作者Jean Marot） 1346

图5-187 弗赖施塔特 马里亚希尔夫教堂（始建于1700年，建筑师乔瓦尼·安东尼奥·维斯卡尔迪）。平面及剖面（据Hempel） 1346

图5-188 德累斯顿 宫廷教堂（1739~1764年，建筑师加埃塔诺·基亚韦里）。平面（取自Beyer:《Baroque Architecture in Germany》，1961年） 1346

图5-189 德累斯顿 宫廷教堂。外景 1347

图5-190 德国木构架住宅构造及支撑类型图 1347

图5-191 施图姆佩登罗德 木构架教堂（1696~1697年）。剖面 1347

图5-192 施图姆佩登罗德 木构架教堂。外景 1347

图5-193 施图姆佩登罗德 木构架教堂。门廊细部 1348

图5-194 比斯费尔德 木构架教堂（1699~1700年）。门廊细部 1348

图5-195 莫斯巴赫 帕尔姆舍住宅（1610年）。外景 1348

图5-196 阿尔蒂根"瑞典人住宅"（17世纪）。外景 1348

图5-197 卡珀尔 圣三一朝圣教堂（1685~1689年，格奥尔格·丁岑霍费尔设计）。平面及剖面（据Koepf） 1348

图 5-198 卡珀尔 圣三一朝圣教堂。外景 1349
图 5-199 班茨 修院教堂（1710~1718/1719 年，建筑师约翰·丁岑霍费尔）。平面（两图分别取自 Henri Stierlin：《Comprendre l'Architecture Universelle》和 John Summerson：《The Architecture of the Eighteenth Century》；穹顶平面简图据 H.G.Franz） 1350
图 5-200 班茨 修院教堂。穹顶仰视 1351
图 5-201 巴尔塔扎·纽曼（1687~1753 年）画像（作者佚名，原件现存维尔茨堡 Mainfränkisches Museum）. 1352
图 5-202 巴尔塔扎·纽曼：建筑测绘工具（1713 年，维尔茨堡 Mainfränkisches Museum 藏品） 1353
图 5-203 维尔茨堡 城市风景图（版画，作者巴尔塔扎·纽曼，1722~1723 年） 1353
图 5-204 维尔茨堡 宫邸（1719~1744 年，建筑师马克西米利安·冯·韦尔施、约翰·卢卡斯·冯·希尔德布兰特、巴尔塔扎·纽曼等）。首层及上层平面（据 Stephan Hoppe） 1354
图 5-205 维尔茨堡 宫邸。中央部分横剖面（图版取自 Stephan Hoppe：《Was ist Barock？ Architektur und Städtebau Europas 1580-1770》，2003 年） 1355
图 5-206 维尔茨堡 宫邸。大厅剖面视线分析（据 Alpers-Baxandall） 1355
图 5-207 维尔茨堡 宫邸。院落纵剖面（图版，取自 Pierre Charpentrat 和 Henri Stierlin：《Barock：Italien und Mitteleuropa》） 1356
图 5-208 维尔茨堡 宫邸。院落及花园立面（中央部分，据 Koepf） 1356
图 5-209 维尔茨堡 宫邸。立面设计方案（作者 Robert de Cotte 和 Germain Boffrand，1723 及 1724 年）......... 1356
图 5-210 维尔茨堡 宫邸。俯视全景（版画，作者 J.A.Berndt，1775 年） 1357
图 5-211 维尔茨堡 宫邸。主立面现状 1357
图 5-212 维尔茨堡 宫邸。花园面景色 1358
图 5-213 维尔茨堡 宫邸。花园面（中央部分）近景 1359
图 5-214 维尔茨堡 宫邸。楼梯间透视示意 1358
图 5-215 维尔茨堡 宫邸。自休息平台南望楼梯间全景 1360
图 5-216 维尔茨堡 宫邸。平台上部双跑楼梯及大厅景色 1361
图 5-217 维尔茨堡 宫邸。楼梯端头近景 1362
图 5-218 维尔茨堡 宫邸。楼梯间二层向北望去的景色 1363
图 5-219 维尔茨堡 宫邸。楼梯间二层向南望去的景色 1364
图 5-220 维尔茨堡 宫邸。楼梯间壁画细部（欧洲部分，1751~1753 年） 1365
图 5-221 维尔茨堡 宫邸。楼梯间壁画细部（美洲部分，1751~1753 年） 1364
图 5-222 维尔茨堡 宫邸。帝王厅（1742~1752 年，灰泥装饰及雕刻制作 Bossi，壁画提埃坡罗），内景 1366
图 5-223 维尔茨堡 宫邸。帝王厅，墙面近景 1367
图 5-224 维尔茨堡 宫邸。帝王厅，仰视内景 1367
图 5-225 维尔茨堡 宫邸。帝王厅，装修细部 1368
图 5-226 维尔茨堡 宫邸。礼拜堂（1732~1743 年，建筑师巴尔塔扎·纽曼，装饰设计约翰·卢卡斯·冯·希尔德布兰特），剖面（据 Stephan Hoppe） 1369
图 5-227 维尔茨堡 宫邸。礼拜堂，剖面方案（设计人热尔曼·博夫朗，1723~1724 年，原稿现存柏林 Kunstbibliothek） 1369
图 5-228 维尔茨堡 宫邸。礼拜堂，内景 1370
图 5-229 维尔茨堡 宫邸。礼拜堂，穹顶仰视细部 1371
图 5-230 波默斯费尔登 魏森施泰因府邸（申博恩府邸，1711~1718 年，建筑师约翰·丁岑霍费尔和约翰·卢卡斯·冯·希尔德布兰特）。底层及楼层平面 1371

图5-231 波默斯费尔登 魏森施泰因府邸（申博恩府邸）。府邸及花园东南侧俯视全景（版画，作者S.Kleiner，1728年）..................1372

图5-232 波默斯费尔登 魏森施泰因府邸（申博恩府邸）。院落面景色..................1372

图5-233 波默斯费尔登 魏森施泰因府邸（申博恩府邸）。楼梯间，内景..................1373

图5-234 波默斯费尔登 魏森施泰因府邸（申博恩府邸）。楼梯间，自平台向东北方向望去的情景..................1374

图5-235 波默斯费尔登 魏森施泰因府邸（申博恩府邸）。楼梯间，自上层楼面向西北方向望去的景色1374~1375

图5-236 波默斯费尔登 魏森施泰因府邸（申博恩府邸）。楼梯间，天顶画（1713年）..................1375

图5-237 波默斯费尔登 魏森施泰因府邸（申博恩府邸）。底层大厅，内景..................1376

图5-238 布鲁赫萨尔 宫邸（始建于1720年，建筑师马克西米利安·冯·韦尔施、巴尔塔扎·纽曼等）。平面（据Koepf）..................1376

图5-239 布鲁赫萨尔 宫邸。楼梯间，平面（据N.Pevsner）..................1376

图5-240 布鲁赫萨尔 宫邸。花园立面..................1377

图5-241 布鲁赫萨尔 宫邸。楼梯间，内景..................1377

图5-242 盖巴赫 圣三一教堂（1742~1745年，建筑师巴尔塔扎·纽曼）。内景..................1377

图5-243 菲尔岑海利根 朝圣教堂（1743~1772年，巴尔塔扎·纽曼设计）。平面（图版，取自Stephan Hoppe：《Was ist Barock？ Architektur und Städtebau Europas 1580-1770》，2003年）..................1378

图5-244 菲尔岑海利根 朝圣教堂。平面（据W.Blaser）..................1378

图5-245 菲尔岑海利根 朝圣教堂。平面（两图分别据John Summerson和Werner Hager）..................1378

图5-246 菲尔岑海利根 朝圣教堂。平面及剖面（1∶500，取自Henri Stierlin：《Comprendre l'Architecture Universelle》，经改绘）..................1379

图5-247 菲尔岑海利根 朝圣教堂。平面、剖面及拱顶平面（据N.Pevsner）..................1378

图5-248 菲尔岑海利根 朝圣教堂。拱顶平面（1∶300，两图分别据Pierre Charpentrat、Henri Stierlin和Marian Moffett、Michael Fazio及Lawrence Wodhouse）..................1380

图5-249 菲尔岑海利根 朝圣教堂。剖面（据Werner Hager）..................1380

图5-250 菲尔岑海利根 朝圣教堂。剖析图（取自Christian Norberg-Schulz：《La Signification dans l'Architecture Occidentale》，1974年）..................1382

图5-251 菲尔岑海利根 朝圣教堂。西北侧全景..................1381

图5-252 菲尔岑海利根 朝圣教堂。圆堂、祭坛及歌坛俯视..................1382

图5-253 菲尔岑海利根 朝圣教堂。室内向东望去的景色..................1383

图5-254 菲尔岑海利根 朝圣教堂。向东北方向望去的内景..................1383

图5-255 菲尔岑海利根 朝圣教堂。东端及主祭坛景色..................1384

图5-256 菲尔岑海利根 朝圣教堂。祭坛区全景..................1385

图5-257 菲尔岑海利根 朝圣教堂。主祭坛近景..................1385

图5-258 维也纳 霍夫堡皇宫。设计方案（作者约瑟夫·埃马努埃尔·菲舍尔·冯·埃拉赫，约1726年；图版制作Salomon Kleiner，约1733年，维也纳私人藏品）..................1386

图5-259 维也纳 霍夫堡皇宫。楼梯设计方案（作者巴尔塔扎·纽曼，1746/1747年）..................1386

图5-260 维也纳 霍夫堡皇宫。巴尔塔扎·纽曼楼梯方案轴测图（作者Andersen）..................1387

图5-261 内勒斯海姆 本笃会修院教堂(1745~1792年，巴尔塔扎·纽曼设计)。平面及剖面设计方案(图版，1747年)..................1387

图5-262 内勒斯海姆 本笃会修院教堂。平面及纵剖面（巴尔塔扎·纽曼设计，据Spiro Kostof）..................1388

图5-263 内勒斯海姆 本笃会修院教堂。平面及纵剖面（据Koepf）..................1388

图 5-264 内勒斯海姆 本笃会修院教堂。远景 ... 1389
图 5-265 内勒斯海姆 本笃会修院教堂。内景 ... 1389
图 5-266 内勒斯海姆 本笃会修院教堂。半圆室近景 ... 1390
图 5-267 内勒斯海姆 本笃会修院教堂。穹顶仰视 ... 1391
图 5-268 法伊萨赫希海姆 主教宫。宫殿及园林景观 ... 1392
图 5-269 法伊萨赫希海姆 主教宫。园林（1765~1768 年，马库斯·康拉德·迪策设计），平面透视图（图版作者 Johann Anton Oth，约 1780 年）... 1392
图 5-270 法伊萨赫希海姆 主教宫。园林，大湖及缪斯山雕刻 ... 1393
图 5-271 法伊萨赫希海姆 主教宫。园林，中国式小亭 ... 1394
图 5-272 法伊萨赫希海姆 主教宫。园林，洞窟楼 ... 1395
图 5-273 法伊萨赫希海姆 主教宫。园林，雕刻 ... 1396
图 5-274 拜罗伊特 剧场（1744~1748 年，建筑师朱塞佩和卡洛·加利 - 比比埃纳）。内景 ... 1396
图 5-275 拜罗伊特 剧场。装饰细部 ... 1397
图 5-276 拜罗伊特 剧场。宫廷包厢近景 ... 1398
图 5-277 路德维希堡 宫邸（1704~1734 年，建筑师菲利普·约瑟夫·耶尼施、约翰·弗里德里希·内特和乔瓦尼·多纳托·弗里索尼）。总平面，建筑阶段示意 ... 1398
图 5-278 路德维希堡 宫邸。平面（取自 Beyer：《Baroque Architecture in Germany》，1961 年）... 1399
图 5-279 路德维希堡 宫邸。建筑群扩展图（图版作者 Giovanni Donato Frisoni，1721 年）... 1399
图 5-280 路德维希堡 宫邸。老居住楼及内院，现状 ... 1399
图 5-281 路德维希堡 宫邸。老居住楼及内院，冬景 ... 1400
图 5-282 路德维希堡 宫邸。新居住楼，外景 ... 1400
图 5-283 路德维希堡"宠姬楼"（1718 年，乔瓦尼·多纳托·弗里索尼设计）。外景 ... 1401
图 5-284 路德维希堡（附近）蒙雷波斯府邸（1760~1765 年，菲利普·德拉盖皮埃尔设计）。平面（据 Richard Schmidt）... 1401
图 5-285 路德维希堡（附近）蒙雷波斯府邸。外景 ... 1401
图 5-286 美因茨 宠妃消遣府邸（始建于 1710 年，建筑师马克西米利安·冯·韦尔施）。园林风景（版画，作者 S.Kleiner）... 1402
图 5-287 魏恩加滕 修院教堂（1715~1724 年，建筑师卡斯帕·莫斯布尔格）。平面及全景图（版画，作者 Pater Beda Stattmüller）... 1402
图 5-288 魏恩加滕 修院教堂。建筑群俯视全景（上图局部）... 1402
图 5-289 魏恩加滕 修院教堂。外景 ... 1404
图 5-290 魏恩加滕 修院教堂。立面近景 ... 1403
图 5-291 魏恩加滕 修院教堂。朝歌坛望去的内景 ... 1405
图 5-292 魏恩加滕 修院教堂。歌坛屏栏 ... 1404
图 5-293 魏恩加滕 修院教堂。歌坛细部（壁画作者科斯马·达米安·阿萨姆）... 1406
图 5-294 魏恩加滕 修院教堂。西部管风琴（作者 Joseph Gabler）... 1407
图 5-295 巴特塞京根 圣弗里多林教堂（弗朗茨·约瑟夫·施皮格勒设计）。内景（1751 年）... 1408
图 5-296 茨维法尔滕 本笃会修院教堂（1738~1765 年，建筑师施奈德兄弟、约翰·米夏埃尔·菲舍尔）。平面（1：600，取自 Henri Stierlin：《Comprendre l'Architecture Universelle》，1977 年）... 1408
图 5-297 茨维法尔滕 本笃会修院教堂。立面（据 Koepf）... 1408
图 5-298 茨维法尔滕 本笃会修院教堂。俯视全景 ... 1409

图 5-299 茨维法尔滕 本笃会修院教堂。内景（灰泥装饰制作约翰·米夏埃尔·福伊希特迈尔，天顶画作者弗朗茨·约瑟夫·施皮格勒）..................1410

图 5-300 茨维法尔滕 本笃会修院教堂。墙面装修近景..................1411

图 5-301 比瑙（新比瑙）朝圣教堂（1746~1750 年，装饰设计约瑟夫·安东·福伊希特迈尔和彼得·图姆）。平面及立面（据 Koepf）..................1412

图 5-302 比瑙（新比瑙）朝圣教堂。平面及和其他壁墩式教堂的比较..................1412

图 5-303 比瑙（新比瑙）朝圣教堂。西立面外景（彼得·图姆设计，1747~1764 年）..................1412

图 5-304 比瑙（新比瑙）朝圣教堂。内景..................1413

图 5-305 海格洛赫 圣安娜朝圣教堂（1753~1755 年，建筑师约翰·米夏埃尔·菲舍尔等）。内景..................1414

图 5-306 维布林根 本笃会修院图书馆(18 世纪中叶，主持人可能为克里斯蒂安·维德曼，天顶画绘制马丁·屈恩)。内景..................1414

图 5-307 维布林根 本笃会修院图书馆。内景细部..................1415

图 5-308 肯普滕 本笃会教堂（1652 年，米夏埃尔·贝尔设计）。回廊内景（装修及设施 1660~1670 年）..................1416

图 5-309 索勒尔 耶稣会堂（始建于 1680 年，建筑师海因里希·迈尔）。内景..................1417

图 5-310 上马希塔尔 修道院（1686~1702 年，建筑师米夏埃尔·图姆、克里斯蒂安·图姆和弗朗茨·贝尔）。总平面（1：1000，取自 Henri Stierlin：《Comprendre l'Architecture Universelle》，1977 年，右侧为教堂）..................1417

图 5-311 上马希塔尔 修院教堂。平面（1：400，取自 Henri Stierlin：《Comprendre l'Architecture Universelle》，经改绘）..................1418

图 5-312 科隆 耶稣会教堂（1618~1629 年，建筑师 Christoph Wamser）。内景..................1418

图 5-313 慕尼黑 圣米歇尔耶稣会修道院及教堂。建筑群俯视全景（版画，作者 Johann Smissek，约 1644~1650 年，原稿现存慕尼黑 Staatmuseum）..................1419

图 5-314 慕尼黑 圣米歇尔耶稣会教堂（1582/1583~1590 年）。平面（取自 Rolf Toman 主编：《L'Art du Baroque, Architecture, Sculpture, Peinture》，1998 年）..................1419

图 5-315 慕尼黑 圣米歇尔耶稣会教堂。平面（据 Mark D.Wittig）..................1419

图 5-316 慕尼黑 圣米歇尔耶稣会教堂。立面外景..................1419

图 5-317 慕尼黑 圣米歇尔耶稣会教堂。立面细部（大天使雕像，作者 Hubert Gerhard，1588 年）..................1420

图 5-318 慕尼黑 圣米歇尔耶稣会教堂。歌坛内景（建筑师弗里德里希·祖斯特里斯）..................1420

图 5-319 梅滕 本笃会修道院图书馆。内景（柱墩上雕刻作者 Franz Josef Holzinger）..................1421

图 5-320 舍嫩贝格 朝圣教堂（1682~1695 年，米夏埃尔·图姆和克里斯蒂安·图姆设计）。平面（取自 Beyer：《Baroque Architecture in Germany》，1961 年）..................1420

图 5-321 肯普滕 圣洛伦茨教堂（始建于 1652 年，主持人米夏埃尔·贝尔）。东南侧外景..................1422

图 5-322 慕尼黑 德亚底安修会教堂（1663 年，阿戈斯蒂诺·巴雷利设计）。外景（立面设计恩里科·祖卡利）..................1422

图 5-323 维尔茨堡 施蒂夫特 - 豪格教院（安东尼奥·彼得里尼设计）。俯视全景..................1422

图 5-324 维尔茨堡 施蒂夫特 - 豪格教院。立面..................1422

图 5-325 约翰·米夏埃尔·菲舍尔：慕尼黑圣伊丽莎白教堂设计方案（立面，第一和第二方案，1757 年）...1423

图 5-326 约翰·米夏埃尔·菲舍尔：慕尼黑圣伊丽莎白教堂设计方案（剖面，1757 年）..................1424

图 5-327 慕尼黑 贝格 - 安莱姆圣米歇尔教堂（1738~1743 年，建筑师约翰·米夏埃尔·菲舍尔，装饰设计约翰·巴普蒂斯特·齐默尔曼）。立面外景..................1424

图 5-328 慕尼黑 贝格 - 安莱姆圣米歇尔教堂。歌坛内景..................1424

图 5-329 英戈尔施塔特 奥古斯丁教堂（1736~1740 年，约翰·米夏埃尔·菲舍尔设计）。平面..................1424

图 5-330 因河畔罗特 修院教堂（1759~1763 年，约翰·米夏埃尔·菲舍尔设计）。平面及剖面（据 Koepf） 1425

图 5-331 奥托博伊伦 本笃会修院教堂（1737~1766 年，建筑师辛佩尔特·克雷默、约瑟夫·埃夫纳和约翰·米夏埃尔·菲舍尔等）。总平面 1425

图 5-332 奥托博伊伦 本笃会修院教堂。平面（据 Koepf 和 Charpentrat） 1425

图 5-333 奥托博伊伦 本笃会修院教堂。西南侧俯视全景 1426

图 5-334 奥托博伊伦 本笃会修院教堂。立面外景 1427

图 5-335 奥托博伊伦 本笃会修院教堂。西北侧景观 1426

图 5-336 奥托博伊伦 本笃会修院教堂。西侧全景 1428

图 5-337 奥托博伊伦 本笃会修院教堂。本堂及歌坛 1429

图 5-338 奥托博伊伦 本笃会修院教堂。穹顶仰视全景 1430

图 5-339 奥托博伊伦 本笃会修院教堂。穹顶画（作者约翰·雅各布·蔡勒，1757~1764 年） 1431

图 5-340 奥托博伊伦 本笃会修院教堂。歌坛近景 1432

图 5-341 奥托博伊伦 本笃会修院教堂。耳堂交叉处祭坛天使像（约 1760 年） 1433

图 5-342 奥托博伊伦 本笃会修道院。图书馆，内景 1433

图 5-343 奥托博伊伦 本笃会修道院。帝王厅，内景 .... 1434~1435

图 5-344 慕尼黑 圣约翰-内波穆克教堂（"阿萨姆教堂"，1733~1746 年，建筑师埃吉德·奎林·阿萨姆和科斯马·达米安·阿萨姆）。平面（1:250，取自 Henri Stierlin：《Comprendre l'Architecture Universelle》，1977 年） 1435

图 5-345 慕尼黑 圣约翰-内波穆克教堂（"阿萨姆教堂"）。外景 1436

图 5-346 慕尼黑 圣约翰-内波穆克教堂（"阿萨姆教堂"）。内景 1437

图 5-347 韦尔滕堡 本笃会修院教堂（1716~1724 年，建筑师埃吉德·奎林·阿萨姆和科斯马·达米安·阿萨姆）。平面（图版，取自 Stephan Hoppe：《Was ist Barock？ Architektur und Städtebau Europas 1580-1770》，2003 年） 1436

图 5-348 韦尔滕堡 本笃会修院教堂。平面（据 Koepf，经改绘） 1436

图 5-349 韦尔滕堡 本笃会修院教堂。纵剖面（据 Stephan Hoppe） 1438

图 5-350 韦尔滕堡 本笃会修院教堂。修道院及教堂俯视全景 1438

图 5-351 韦尔滕堡 本笃会修院教堂。向东面主祭坛望去的内景 1439

图 5-352 韦尔滕堡 本笃会修院教堂。东端近景 1440

图 5-353 韦尔滕堡 本笃会修院教堂。穹顶仰视 1441

图 5-354 韦尔滕堡 本笃会修院教堂。穹顶壁画 1442

图 5-355 韦尔滕堡 本笃会修院教堂。祭坛全景 1443

图 5-356 韦尔滕堡 本笃会修院教堂。祭坛近景（1721~1724 年） 1444

图 5-357 罗尔 圣奥古斯丁修道院。高祭坛，全景 1445

图 5-358 罗尔 圣奥古斯丁修道院。高祭坛，《圣母升天》组群（埃吉德·奎林·阿萨姆制作） 1446

图 5-359 罗尔 圣奥古斯丁修道院。高祭坛，《圣母升天》"组群，圣母及天使细部 1447

图 5-360 奥斯特霍芬 教堂（1726 年）。内景（装饰制作为阿萨姆兄弟） 1448

图 5-361 英戈尔施塔特 圣马利亚得胜礼拜堂（1732 年，阿萨姆兄弟设计）。祈祷厅内景 1448

图 5-362 施泰因豪森 圣彼得和圣保罗修院朝圣教堂(1728~1735 年,多米尼库斯·齐默尔曼设计)。平面(1:250，取自 Henri Stierlin：《Comprendre l'Architecture Universelle》，1977 年) 1449

图 5-363 施泰因豪森 圣彼得和圣保罗修院朝圣教堂。外景 1449

图 5-364 施泰因豪森 圣彼得和圣保罗修院朝圣教堂。内景（天棚画作者约翰·巴普蒂斯特·齐默尔曼，1733 年） 1450

图 5-365 施泰因豪森 圣彼得和圣保罗修院朝圣教堂。室内装修细部 1451
图 5-366 施泰因加登 受鞭笞的救世主朝圣教堂（维斯教堂，1745~1754 年，建筑师多米尼库斯·齐默尔曼）。平面（取自 Beyer：《Baroque Architecture in Germany》，经改绘）... 1450
图 5-367 施泰因加登 受鞭笞的救世主朝圣教堂（维斯教堂）。纵剖面（据 Stephan Hoppe）............................ 1452
图 5-368 施泰因加登 受鞭笞的救世主朝圣教堂（维斯教堂）。剖面图稿（残段，取自 Stephan Hoppe：《Was ist Barock？ Architektur und Städtebau Europas 1580-1770》，2003 年）... 1452
图 5-369 施泰因加登 受鞭笞的救世主朝圣教堂（维斯教堂）。西南侧外景 1453
图 5-370 施泰因加登 受鞭笞的救世主朝圣教堂（维斯教堂）。北侧全景 1454
图 5-371 施泰因加登 受鞭笞的救世主朝圣教堂（维斯教堂）。南侧雪景 1455
图 5-372 施泰因加登 受鞭笞的救世主朝圣教堂（维斯教堂）。室内，向东望去的景色 1456
图 5-373 施泰因加登 受鞭笞的救世主朝圣教堂（维斯教堂）。室内，向东北方向望去的景色 1457
图 5-374 施泰因加登 受鞭笞的救世主朝圣教堂（维斯教堂）。室内，向东南方向望去的景色 1458
图 5-375 施泰因加登 受鞭笞的救世主朝圣教堂（维斯教堂）。室内，向西仰视景色 1458
图 5-376 施泰因加登 受鞭笞的救世主朝圣教堂（维斯教堂）。天顶画（作者约翰·巴普蒂斯特·齐默尔曼）. 1459
图 5-377 施泰因加登 受鞭笞的救世主朝圣教堂（维斯教堂）。歌坛及祭坛近景 1460
图 5-378 施泰因加登 受鞭笞的救世主朝圣教堂（维斯教堂）。歌坛跨间细部 1461
图 5-379 施泰因加登 受鞭笞的救世主朝圣教堂（维斯教堂）。讲坛近景 1461
图 5-380 奥格斯堡 市政厅（1614~1620 年，埃利亚斯·霍尔设计）。背立面（据 Werner Hager）..................... 1461
图 5-381 慕尼黑 宁芙堡宫邸（1664~1720 年代，建筑师阿戈斯蒂诺·巴雷利、恩里科·祖卡利、乔瓦尼·安东尼奥·维斯卡尔迪和约瑟夫·埃夫纳）。总平面（据 D.Girard，约 1715~1720 年）... 1462
图 5-382 慕尼黑 宁芙堡宫邸。总平面（1∶15000，取自 Henri Stierlin：《Comprendre l'Architecture Universelle》）... 1463
图 5-383 慕尼黑 宁芙堡宫邸。宫邸区平面（取自 Beyer：《Baroque Architecture in Germany》）..................... 1462
图 5-384 慕尼黑 宁芙堡宫邸。全景图（油画，作者 Bernardo Bellotto，原作现存华盛顿 National Gallery of Art）.. 1462~1463
图 5-385 慕尼黑 宁芙堡宫邸。花园及宫邸现状 1464
图 5-386 慕尼黑 宁芙堡宫邸。主体建筑全景 1464
图 5-387 上施莱斯海姆村 施莱斯海姆宫（1684~1726 年，建筑师恩里科·祖卡利和约瑟夫·埃夫纳）。平面 1465
图 5-388 上施莱斯海姆村 施莱斯海姆宫。外景 1465
图 5-389 纽伦堡 市政厅（1616 年，小雅各布·沃尔夫设计）。西立面（据 Lorenz Strauch，版画制作 Johann Troschel，1621 年，原作现存纽伦堡国家博物馆）... 1465
图 5-390 纽伦堡 市政厅。外景（取自 Wilhelm Lübke 及 Carl von Lützow：《Denkmäler der Kunst》，1884 年）..... 1465
图 5-391 慕尼黑 宁芙堡。阿马林猎庄（1734~1739 年，建筑师弗朗索瓦·德居维利埃、约翰·巴普蒂斯特·齐默尔曼等），平面（1∶500，两图分别取自 Henri Stierlin：《Comprendre l'Architecture Universelle》和 Beyer：《Baroque Architecture in Germany》）.. 1465
图 5-392 慕尼黑 宁芙堡。阿马林猎庄，立面（取自 John Julius Norwich：《Great Architecture of the World》，2000 年）.. 1466
图 5-393 慕尼黑 宁芙堡。阿马林猎庄，外景 1468
图 5-394 慕尼黑 宁芙堡。阿马林猎庄，圆沙龙（镜厅），内景（灰泥装饰约翰·巴普蒂斯特·齐默尔曼）... 1466~1467
图 5-395 慕尼黑 宁芙堡。阿马林猎庄，圆沙龙（镜厅），入口一面内景 1469

图 5-396 慕尼黑 宁芙堡。阿马林猎庄，圆沙龙（镜厅），室内侧面景色 ... 1468
图 5-397 慕尼黑 宁芙堡。阿马林猎庄，圆沙龙（镜厅），侧门近景 ... 1470~1471
图 5-398 慕尼黑 宁芙堡。阿马林猎庄，圆沙龙（镜厅），镜面装修细部 ... 1471
图 5-399 慕尼黑 宁芙堡。阿马林猎庄，圆沙龙（镜厅），内檐装修细部 ... 1472
图 5-400 慕尼黑 宁芙堡。阿马林猎庄，圆沙龙边侧室内景 ... 1472
图 5-401 慕尼黑 宫邸。剧场（1751~1755 年，建筑师弗朗索瓦·德居维利埃），观众席及包厢景色 ... 1473
图 5-402 慕尼黑 宫邸。剧场，自舞台望大厅全景 ... 1473
图 5-403 格拉茨 从南面望去的城市全景图（图版作者 Matthaeus Merian，1649 年） ... 1474
图 5-404 格拉茨 向西面望去的城市景色（图版作者 Andreas Trost，1699 年） ... 1475
图 5-405 艾恩西德伦 本笃会修道院。总平面 ... 1475
图 5-406 艾恩西德伦 本笃会修院教堂(1719~1735 年，建筑师卡斯帕·莫斯布尔格等)。平面(总平面示意 1∶4000，教堂平面 1∶1000；据 Charpentrat，经改绘) ... 1475
图 5-407 艾恩西德伦 本笃会修院教堂。平面阶段示意 ... 1475
图 5-408 艾恩西德伦 本笃会修院教堂。19 世纪版画中表现的建筑形象 ... 1476
图 5-409 艾恩西德伦 本笃会修院教堂。西立面现状 ... 1476
图 5-410 艾恩西德伦 本笃会修院教堂。西北侧外景 ... 1477
图 5-411 艾恩西德伦 本笃会修院教堂。内景（向东面歌坛方向望去的景色） ... 1478
图 5-412 艾恩西德伦 本笃会修院教堂。歌坛内景（建筑师约翰·格奥尔格·屈恩） ... 1477
图 5-413 艾恩西德伦 本笃会修院教堂。雕饰细部（作者阿萨姆兄弟） ... 1479
图 5-414 艾恩西德伦 本笃会修院教堂。谢恩礼拜堂，向西面望去的景色 ... 1480
图 5-415 艾恩西德伦 本笃会修院教堂。谢恩礼拜堂，东北侧内景 ... 1481
图 5-416 圣加尔 修院教堂（1721~1770 年，建筑师卡斯帕·莫斯布尔格、约翰·米夏埃尔·贝尔和彼得·图姆）。平面（1755~1768 年彼得·图姆最后方案及卡斯帕·莫斯布尔格 1719 年方案） ... 1481
图 5-417 圣加尔 修院教堂。模型（P.Gabriel Loser 制作，圣加尔 Stiftsbibliothek 藏品） ... 1482
图 5-418 圣加尔 修院教堂。东立面外景 ... 1483
图 5-419 圣加尔 修院教堂。内景 ... 1482
图 5-420 圣加尔 修院教堂。自中央圆堂处望祭坛景色 ... 1484
图 5-421 圣加尔 修院教堂。歌坛坐席（背景镀金木雕 1763~1770 年） ... 1485
图 5-422 维布林根 圣马丁本笃会修院教堂（约 1772 年，建筑师约翰·格奥尔格·施佩希特）。立面（据 Koepf） ... 1485
图 5-423 圣加尔 修道院。图书馆（1760 年，建筑师彼得·图姆）。内景 ... 1486
图 5-424 维也纳 1547 年城市平面图（图版，取自 Max Eisler：《Historischer Atlas des Wiener Stadtbildes》，1919 年） ... 1486
图 5-425 维也纳 1609 年城市全景图（图版作者 Jacob Hoefnagel、Johann Nicolaus Visscher） ... 1487
图 5-426 维也纳 1625 年城市风景（作者佚名，图版取自 Daniel Meisner：《Thesaurus Philo-Politicus》，1625 年） ... 1487
图 5-427 维也纳 17 世纪中叶城市全景图（取自 Leonardo Benevolo：《Storia della Città》，1975 年） ... 1488
图 5-428 维也纳 约 1680 年城市全景图（图版作者 Folbert Van Alten Allen，原画现存维也纳 Historisches Museum） ... 1488~1489
图 5-429 维也纳 表现 1683 年城门前解围之战的油画（作者 Franz Geffels，原画现存维也纳 Historisches Museum） ... 1489

图 5-430 维也纳 1770 年城市平面（作者 Joseph Nagel，取自 Max Eisler：《Historischer Atlas des Wiener Stadtbildes》，1919 年，原稿现存维也纳 Historisches Museum） 1490

图 5-431 维也纳 1770 年俯视全景图（作者 Johann Daniel Huber） 1490

图 5-432 维也纳 18 世纪末城市平面（取自 Leonardo Benevolo：《Storia della Città》，1975 年） 1491

图 5-433 维也纳 18 世纪街景图（原作现存维也纳 Österreichische National Bibliothek） 1491

图 5-434 弗赖因 阿尔坦伯爵府邸（1689~1695 年，约翰·伯恩哈德·菲舍尔·冯·埃拉赫设计）。平面 1492

图 5-435 格拉茨 斐迪南二世陵寝（圣凯瑟琳教堂葬仪礼拜堂，1614~1699 年，建筑师彼得罗·德波米斯、彼得罗·瓦尔内格罗和约翰·伯恩哈德·菲舍尔·冯·埃拉赫）。远景 1492

图 5-436 格拉茨 斐迪南二世陵寝（圣凯瑟琳教堂葬仪礼拜堂）。立面外景 1492

图 5-437 格拉茨 斐迪南二世陵寝（圣凯瑟琳教堂葬仪礼拜堂）。屋顶景观 1492

图 5-438 萨尔茨堡 圣三一教堂（1694~1702 年，建筑师约翰·伯恩哈德·菲舍尔·冯·埃拉赫）。建筑群总平面 1493

图 5-439 萨尔茨堡 圣三一教堂。平面（据 Koepf 原图改绘） 1493

图 5-440 萨尔茨堡 圣三一教堂。外景（版画，取自 Werner Hager：《Architecture Baroque》，1971 年） 1493

图 5-441 萨尔茨堡 圣三一教堂。自马卡特广场望去的景色 1493

图 5-442 萨尔茨堡 圣三一教堂。立面现状 1494

图 5-443 萨尔茨堡 圣三一教堂。立面近景 1494

图 5-444 萨尔茨堡 大学教堂（耶稣学院教堂，1696~1707 年，建筑师约翰·伯恩哈德·菲舍尔·冯·埃拉赫）。平面 1494

图 5-445 萨尔茨堡 大学教堂（耶稣学院教堂）。平面比例分析（据 Fuhrmann） 1495

图 5-446 萨尔茨堡 大学教堂（耶稣学院教堂）。外景（版画，取自菲舍尔·冯·埃拉赫：《Entwurf einer Historischen Architektur》，1721 年） 1495

图 5-447 萨尔茨堡 大学教堂（耶稣学院教堂）。俯视外景 1496

图 5-448 萨尔茨堡 大学教堂（耶稣学院教堂）。立面近景 1496

图 5-449 萨尔茨堡 大学教堂（耶稣学院教堂）。内景 1496

图 5-450 维也纳 圣查理-博罗梅教堂（"卡尔大教堂"，1716~1739 年，建筑师约翰·伯恩哈德·菲舍尔·冯·埃拉赫）。平面（图版，取自菲舍尔·冯·埃拉赫：《Entwurf einer Historischen Architektur》，1721 年） 1497

图 5-451 维也纳 圣查理-博罗梅教堂（"卡尔大教堂"）。平面（据 John Summerson） 1497

图 5-452 维也纳 圣查理-博罗梅教堂（"卡尔大教堂"）。剖面（图版，取自菲舍尔·冯·埃拉赫：《Entwurf einer Historischen Architektur》，1721 年） 1497

图 5-453 维也纳 圣查理-博罗梅教堂（"卡尔大教堂"）。剖面（1：500，取自 Henri Stierlin：《Comprendre l'Architecture Universelle》） 1497

图 5-454 维也纳 圣查理-博罗梅教堂（"卡尔大教堂"）。立面透视图（取自 Wilhelm Lübke 及 Carl von Lützow：《Denkmäler der Kunst》，1884 年） 1498

图 5-455 维也纳 圣查理-博罗梅教堂（"卡尔大教堂"）。远景（版画，原稿现存维也纳 Grafische Sammlung Albertina） 1498

图 5-456 维也纳 圣查理-博罗梅教堂（"卡尔大教堂"）。远景（彩画，原稿现存维也纳 Bibliothek und Kupferstichkabinett） 1499

图 5-457 维也纳 圣查理-博罗梅教堂（"卡尔大教堂"）。立面全景（版画，作者 Salomon Kleiner，约 1724 年，维也纳私人藏品） 1499

图 5-458 维也纳 圣查理-博罗梅教堂（"卡尔大教堂"）。立面全景（版画，取自菲舍尔·冯·埃拉赫：《Entwurf einer

Historischen Architektur》，1721 年）.. 1500

图 5-459 维也纳 圣查理 - 博罗梅教堂（"卡尔大教堂"）。现状远景 1500

图 5-460 维也纳 圣查理 - 博罗梅教堂（"卡尔大教堂"）。立面全景 1501

图 5-461 维也纳 圣查理 - 博罗梅教堂（"卡尔大教堂"）。北侧近景 1502

图 5-462 维也纳 圣查理 - 博罗梅教堂（"卡尔大教堂"）。立面全景 1503

图 5-463 维也纳 圣查理 - 博罗梅教堂（"卡尔大教堂"）。正面（西北面）全景 1504

图 5-464 维也纳 圣查理 - 博罗梅教堂（"卡尔大教堂"）。正面近景 1504

图 5-465 维也纳 圣查理 - 博罗梅教堂（"卡尔大教堂"）。穹顶近景 1505

图 5-466 维也纳 圣查理 - 博罗梅教堂（"卡尔大教堂"）。纪念柱近景 1506

图 5-467 维也纳 圣查理 - 博罗梅教堂（"卡尔大教堂"）。内景 1507

图 5-468 维也纳 圣查理 - 博罗梅教堂（"卡尔大教堂"）。穹顶仰视（天顶画表现圣查理 - 博罗梅的事迹，1725 年，作者 Johann Michael Rottmayr）... 1508

图 5-469 萨尔茨堡 克莱斯海姆休闲府邸（1700~1709 年，建筑师约翰·伯恩哈德·菲舍尔·冯·埃拉赫）。现状外景 1509

图 5-470 维也纳 施塔尔亨贝格宫（1661~1687 年，约翰·卢卡斯·冯·希尔德布兰特设计）。外景 1509

图 5-471 约翰·伯恩哈德·菲舍尔·冯·埃拉赫：维也纳附近申布伦高地帝王宫殿（狩猎府邸）设计（第一方案，1688 年，取自菲舍尔·冯·埃拉赫：《Entwurf einer Historischen Architektur》，1721 年）............................... 1510

图 5-472 普赖内斯特 福尔图纳神庙。立面复原图（作者彼得罗·达·科尔托纳，约 1630~1631 年，两幅原稿分别藏伦敦 Victoria and Albert Museum 和柏林 Kupferstichkabinett）... 1511

图 5-473 普赖内斯特 福尔图纳神庙。复原图（据彼得罗·达·科尔托纳，图版制作 Domenico Castelli，1655 年，原稿现存罗马 Biblioteca Apostolica Vaticana）... 1511

图 5-474 普赖内斯特 福尔图纳神庙。残迹现状（1989 年照片）... 1512

图 5-475 利奥波德一世（1640~1705 年）画像 1512

图 5-476 约翰·伯恩哈德·菲舍尔·冯·埃拉赫：申布伦帝王宫殿设计（第二方案，1696 年）...................... 1512

图 5-477 维也纳 申布伦宫（美泉宫，1692~1780 年，建筑师约翰·伯恩哈德·菲舍尔·冯·埃拉赫、约瑟夫·埃马努埃尔·菲舍尔·冯·埃拉赫和尼古拉·帕卡西）。总平面（作者 Roman Anton Boos，1780 年）...................... 1513

图 5-478 维也纳 申布伦宫（美泉宫）。约 1740 年俯视全景（版画作者 Theodor Bohacz，1740 年前）............. 1513

图 5-479 维也纳 申布伦宫（美泉宫）。18 世纪宫殿及花园全景（油画，作者 Bernardo Bellotto，758~1761 年，原作现存维也纳 Kunsthistorisches Museum）.. 1513

图 5-480 维也纳 申布伦宫（美泉宫）。18 世纪宫殿及院落全景（油画，作者 Bernardo Bellotto，1759~1760 年，原作现存维也纳 Kunsthistorisches Museum）.. 1514

图 5-481 维也纳 申布伦宫（美泉宫）。表现国王接见场面的油画（19 世纪）.. 1514

图 5-482 维也纳 申布伦宫（美泉宫）。现状俯视全景 1515

图 5-483 维也纳 申布伦宫（美泉宫）。入口面宫殿及广场全景 .... 1516~1517

图 5-484 维也纳 申布伦宫（美泉宫）。自广场水池处望入口立面 1515

图 5-485 维也纳 申布伦宫（美泉宫）。广场花坛、水池及宫殿入口 1516

图 5-486 维也纳 申布伦宫（美泉宫）。入口立面近景 1517

图 5-487 维也纳 申布伦宫（美泉宫）。花园立面全景 1518

图 5-488 维也纳 申布伦宫（美泉宫）。自花坛处望宫殿立面 1518

图 5-489 维也纳 申布伦宫（美泉宫）。自花园中部喷泉水池处遥望宫殿景色 1519

图 5-490 维也纳 申布伦宫（美泉宫）。自花园高处水池边俯视宫殿全景 1519

图 5-491 维也纳 申布伦宫（美泉宫）。自西花园望宫殿侧面 1520
图 5-492 维也纳 申布伦宫（美泉宫）。大廊厅，内景 1521
图 5-493 维也纳 申布伦宫（美泉宫）。胡桃木厅，内景 1520
图 5-494 维也纳 申布伦宫（美泉宫）。马厅，内景 1522
图 5-495 维也纳 申布伦宫（美泉宫）。宫廷礼拜堂，内景 1522
图 5-496 维也纳 申布伦宫（美泉宫）。戈贝林厅和拿破仑室，内景 1522
图 5-497 维也纳 申布伦宫（美泉宫）。百万厅与陶瓷厅，内景 1523
图 5-498 维也纳 申布伦宫（美泉宫）。漆画厅（约 1730 年），内景 1523
图 5-499 维也纳 申布伦宫（美泉宫）。园林景色（彩画，作者 Laurenz Janscha 和 Josef Ziegler, 1788 及 1790 年，原作现存维也纳 Historisches Museum） 1524
图 5-500 维也纳 申布伦宫（美泉宫）。园林风景，美人鱼喷泉 1524
图 5-501 维也纳 申布伦宫（美泉宫）。陆军纪念亭（1775 年），地段俯视景色 1525
图 5-502 维也纳 申布伦宫（美泉宫）。陆军纪念亭，自花园望去的远景 .... 1526~1527
图 5-503 维也纳 申布伦宫（美泉宫）。陆军纪念亭，自花园中部喷泉望去的景色 1527
图 5-504 维也纳 申布伦宫（美泉宫）。陆军纪念亭，自坡顶水池处望去的景色 1528
图 5-505 维也纳 申布伦宫（美泉宫）。陆军纪念亭，近景 1528
图 5-506 维也纳 欧根亲王冬宫（1695/1696 年，建筑师约翰·伯恩哈德·菲舍尔·冯·埃拉赫，1700 年后主持人约翰·卢卡斯·冯·希尔德布兰特）。立面外景 .... 1528~1529
图 5-507 维也纳 欧根亲王冬宫。大门装饰细部 1529
图 5-508 维也纳 欧根亲王冬宫。楼梯间内景 1529
图 5-509 维也纳 欧根亲王冬宫。蓝厅内景 1530
图 5-510 维也纳 欧根亲王冬宫。金堂及金门 1531
图 5-511 维也纳 欧根亲王冬宫。红厅，天顶画（1698 年） 1531
图 5-512 维也纳 曼斯费尔德-丰迪宫（现施瓦岑贝格宫，1697~1720 年，建筑师约翰·卢卡斯·冯·希尔德布兰特、约翰·伯恩哈德及约瑟夫·埃马努埃尔·菲舍尔·冯·埃拉赫）。外景（版画，取自菲舍尔·冯·埃拉赫：《Entwurf einer Historischen Architektur》，1721 年） 1532
图 5-513 维也纳 曼斯费尔德-丰迪宫（现施瓦岑贝格宫）。现状外景 1533
图 5-514 维也纳 曼斯费尔德-丰迪宫（现施瓦岑贝格宫）。穹顶大厅（1720~1728 年），内景 1532
图 5-515 维也纳 巴贾尼宫（1690 年，建筑师约翰·伯恩哈德·菲舍尔·冯·埃拉赫）。立面（菲舍尔·冯·埃拉赫设计，图版制作 J.A.Delsenbach，原稿现存维也纳 Historisches Museum） 1533
图 5-516 维也纳 巴贾尼宫。大门及立面细部（1698 年） 1533
图 5-517 维也纳 巴贾尼宫。红厅，内景（1740 年后） 1534
图 5-518 维也纳 特劳特松宫（1710 年，建筑师约翰·伯恩哈德·菲舍尔·冯·埃拉赫）。花园立面（1715 年，菲舍尔·冯·埃拉赫设计，版画制作 J.A.Delsenbach） 1534
图 5-519 维也纳 特劳特松宫。18 世纪初外景（版画，作者 Salomon Kleiner, 1725 年，维也纳私人藏品） 1534
图 5-520 维也纳 特劳特松宫。立面现状 1535
图 5-521 维也纳 特劳特松宫。楼梯间内景 .... 1534~1535
图 5-522 维也纳 特劳特松宫。礼仪厅，内景 1535
图 5-523 维也纳 特劳特松宫。礼仪沙龙，拱顶仰视 1536
图 5-524 维也纳 洛布科维茨宫（1685~1687 年，建筑师乔瓦尼·彼得·滕卡拉，1710 年改建，主持人约翰·伯恩哈德·菲舍尔·冯·埃拉赫）。宫殿及广场景观（油画，作者 Bernardo Bellotto, 1761 年，原作现存维也纳 Historisches

图 5-525 维也纳 洛布科维茨宫。外景及门廊近景 1536

图 5-526 维也纳 霍夫堡皇宫。1770 年地段俯视全景（Johann Daniel Huber 维也纳城图局部，取自 Max Eisler：《Historischer Atlas des Wiener Stadtbildes》，1919 年，原稿现存维也纳 Historisches Museum） 1537

图 5-527 维也纳 霍夫堡皇宫。院落景色（版画，现存维也纳 Bibliothek und Kupferstichkabinett） 1538

图 5-528 维也纳 霍夫堡皇宫。俯视全景 1538

图 5-529 维也纳 霍夫堡皇宫。圣米歇尔翼景色 .... 1540~1541

图 5-530 维也纳 霍夫堡皇宫。内院现状 1539

图 5-531 维也纳 霍夫堡皇宫。新堡全景 1539

图 5-532 维也纳 霍夫堡皇宫。帝国图书馆（前修院图书馆，1722 年，建筑师约翰·伯恩哈德和约瑟夫·埃马努埃尔·菲舍尔·冯·埃拉赫），平面 1540

图 5-533 维也纳 霍夫堡皇宫。帝国图书馆（前修院图书馆），外景（版画，取自 Werner Hager：《Architecture Baroque》，1971 年） 1541

图 5-534 维也纳 霍夫堡皇宫。帝国图书馆（前修院图书馆），现状外景 1542

图 5-535 维也纳 霍夫堡皇宫。帝国图书馆（前修院图书馆），内景 1543

图 5-536 维也纳 霍夫堡皇宫。帝国图书馆（前修院图书馆），椭圆大厅，内景 1542

图 5-537 维也纳 霍夫堡皇宫。帝国图书馆（前修院图书馆），穹顶仰视（穹顶画作者 Daniel Gran，1726~1730 年） 1544

图 5-538 沃尔芬比特尔 图书馆（1706~1710 年，H.Korb 设计，1887 年拆毁）。圆堂内景（A.Tacke 绘） 1545

图 5-539 维也纳 道恩-金斯基伯爵宫（1713~1716 年，约翰·卢卡斯·冯·希尔德布兰特设计）。立面现状.. 1546

图 5-540 维也纳 道恩-金斯基伯爵宫。大门雕刻细部 1547

图 5-541 萨尔茨堡 米拉贝尔府邸（1722 年）。俯视全景（版画，作者 F.A.Danreiter，约 1728 年） 1546

图 5-542 萨尔茨堡 米拉贝尔府邸。外景 1548

图 5-543 萨尔茨堡 米拉贝尔府邸。花园雕刻（珀加索斯喷泉） 1549

图 5-544 维也纳 观景楼宫殿（夏宫，1713~1725 年，建筑师约翰·卢卡斯·冯·希尔德布兰特）。俯视全景. 1549

图 5-545 维也纳 观景楼宫殿（夏宫）。自观景楼望城市景色（油画，作者 Bernardo Bellotto，1758~1761 年，原作现存维也纳 Kunsthistorisches Museum） 1550

图 5-546 维也纳 观景楼宫殿（夏宫）。自上观景楼（上宫）北望城市景色 1550

图 5-547 维也纳 观景楼宫殿（夏宫）。下观景楼（下宫，1713~1716 年），花园立面外景（中央形体部分）.. 1551

图 5-548 维也纳 观景楼宫殿（夏宫）。下观景楼（下宫），大理石廊厅，内景 1551

图 5-549 维也纳 观景楼宫殿（夏宫）。下观景楼（下宫），金堂，内景 1552

图 5-550 维也纳 观景楼宫殿（夏宫）。下观景楼（下宫），大理石厅，内景及天棚画 1552

图 5-551 维也纳 观景楼宫殿（夏宫）。下观景楼（下宫），怪像厅内景 1553

图 5-552 维也纳 观景楼宫殿（夏宫）。下观景楼（下宫），卧室，装修细部 1553

图 5-553 维也纳 观景楼宫殿（夏宫）。上观景楼（上宫，1721~1723 年），剖面（图版作者 Salomon Kleiner，1731/1734 年；线条图据 Werner Hager，1971 年） 1554

图 5-554 维也纳 观景楼宫殿（夏宫）。上观景楼（上宫），立面外景（18 世纪版画，原件现存米兰 Civica Raccolta Stampe） 1554

图 5-555 维也纳 观景楼宫殿（夏宫）。上观景楼（上宫），花园及建筑全景 1555

图 5-556 维也纳 观景楼宫殿（夏宫）。上观景楼（上宫），入口面景色 1555

图 5-557 维也纳 观景楼宫殿（夏宫）。上观景楼（上宫），入口立面全景 .... 1556~1557

图 5-558 维也纳 观景楼宫殿（夏宫）。上观景楼（上宫），入口门廊近景 .... 1556~1557
图 5-559 维也纳 观景楼宫殿（夏宫）。上观景楼（上宫），入口门廊细部 1558
图 5-560 维也纳 观景楼宫殿（夏宫）。上观景楼（上宫），花园面景色 1557
图 5-561 维也纳 观景楼宫殿（夏宫）。上观景楼（上宫），自花园北端遥望建筑全景 1559
图 5-562 维也纳 观景楼宫殿（夏宫）。上观景楼（上宫），自花园北面树篱区望建筑景色 1559
图 5-563 维也纳 观景楼宫殿（夏宫）。上观景楼（上宫），自花园北面水池阶台处望去的景色 1560
图 5-564 维也纳 观景楼宫殿（夏宫）。上观景楼（上宫），自花园中区花坛及水池处望去的景色 1561
图 5-565 维也纳 观景楼宫殿（夏宫）。上观景楼（上宫），自花园南区圆池处望去的景色 1560
图 5-566 维也纳 观景楼宫殿（夏宫）。上观景楼（上宫），花园面夜景 1561
图 5-567 维也纳 观景楼宫殿（夏宫）。上观景楼（上宫），西北侧景色 1562
图 5-568 维也纳 观景楼宫殿（夏宫）。上观景楼（上宫），大理石厅，内景 1563
图 5-569 维也纳 观景楼宫殿（夏宫）。上观景楼（上宫），前厅（特伦纳厅），内景 1564
图 5-570 维也纳 观景楼宫殿（夏宫）。上观景楼（上宫），大楼梯，内景 1563
图 5-571 维也纳 皮亚里斯滕教堂（1716年，建筑师约翰·卢卡斯·冯·希尔德布兰特）。立面外景 1565
图 5-572 维也纳 皮亚里斯滕教堂。内景 1566
图 5-573 维也纳 皮亚里斯滕教堂。穹顶画（作者Franz Anton Maulbertsch，1752年）............................ 1567
图 5-574 维也纳 圣彼得教堂（1702~1733年，建筑师约翰·卢卡斯·冯·希尔德布兰特、加布里埃莱·蒙塔尼）。平面（据Koepf）... 1566
图 5-575 维也纳 圣彼得教堂。外景 1566
图 5-576 维也纳 圣彼得教堂。内景（朝歌坛望去的景色）... 1566
图 5-577 维也纳 圣彼得教堂。祭坛近景 1568
图 5-578 维也纳 圣彼得教堂。穹顶仰视 1569
图 5-579 格特韦格 修道院（1719年，建筑师约翰·卢卡斯·冯·希尔德布兰特）。设计方案（作者约翰·卢卡斯·冯·希尔德布兰特，1719年，图版制作Salomon Kleiner，1744/1745年）.. 1570
图 5-580 格特韦格 修道院。设计方案（作者约翰·卢卡斯·冯·希尔德布兰特，1719年，图版取自Ian Sutton：《Western Architecture, a Survey from Ancient Greece to the Present》，1999年）................................. 1570
图 5-581 格特韦格 修道院。楼梯间，内景 1571
图 5-582 格特韦格 修道院。楼梯间，天棚画 1572
图 5-583 梅尔克 本笃会修道院（1702~1738年，建筑师雅各布·普兰陶尔、约瑟夫·蒙格纳斯特）。总平面 1572
图 5-584 梅尔克 本笃会修道院。总平面及教堂平面（图版，取自Henry A.Millon主编：《Key Monuments of the History of Architecture》）.. 1573
图 5-585 梅尔克 本笃会修道院。总平面（1:1500，取自Henri Stierlin：《Comprendre l'Architecture Universelle》，1977年）.. 1573
图 5-586 梅尔克 本笃会修道院。教堂，立面（据Koepf）... 1573
图 5-587 梅尔克 本笃会修道院。俯视全景图（取自John Julius Norwich：《Great Architecture of the World》，2000年）... 1574
图 5-588 梅尔克 本笃会修道院。俯视全景图（取自Stephan Hoppe：《Was ist Barock？ Architektur und Städtebau Europas 1580-1770》，2003年）... 1574
图 5-589 梅尔克 本笃会修道院。俯视全景图（现场展示板）... 1574
图 5-590 梅尔克 本笃会修道院。朝多瑙河一面全景 1575
图 5-591 梅尔克 本笃会修道院。西南侧全景 1576

图 5-592 梅尔克 本笃会修道院。东侧入口面景色 ... 1576
图 5-593 梅尔克 本笃会修道院。入口近景 ... 1577
图 5-594 梅尔克 本笃会修道院。主教院现状 ... 1577
图 5-595 梅尔克 本笃会修道院。教堂，西立面全景 ... 1577
图 5-596 梅尔克 本笃会修道院。教堂，西立面近景 ... 1577
图 5-597 梅尔克 本笃会修道院。教堂前院落（向东南方向望去的景色） ... 1578
图 5-598 梅尔克 本笃会修道院。教堂前院落（向西北方向望去的景色） ... 1578
图 5-599 梅尔克 本笃会修道院。教堂前院落（自西端券门朝多瑙河河谷望去的景色） ... 1578
图 5-600 梅尔克 本笃会修道院。教堂，室内向东望去的景色 ... 1579
图 5-601 梅尔克 本笃会修道院。教堂，仰视内景 ... 1580
图 5-602 梅尔克 本笃会修道院。教堂，穹顶近景 ... 1581
图 5-603 梅尔克 本笃会修道院。教堂，主祭坛近景 ... 1582
图 5-604 梅尔克 本笃会修道院。大理石厅，内景 ... 1582
图 5-605 梅尔克 本笃会修道院。图书馆，内景 ... 1583
图 5-606 梅尔克 本笃会修道院。院长室，仰视内景 ... 1583
图 5-607 阿尔滕堡 修道院（1725 年，约瑟夫·蒙格纳斯特设计）。图书馆大厅（1740/1742 年），内景 ... 1584
图 5-608 维也纳 阿姆霍夫耶稣会堂（立面 1662 年，卡洛·安东尼奥·卡洛内设计）。地段全景（版画，取自 Pierre Charpentrat 和 Henri Stierlin：《Barock：Italien und Mitteleuropa》） ... 1584
图 5-609 维也纳 阿姆霍夫耶稣会堂。立面外景 ... 1585
图 5-610 圣弗洛里安 修道院（1686~1724 年，建筑师卡洛·安东尼奥·卡洛内、雅各布·普兰陶尔）。楼梯间立面（取自 John Julius Norwich：《Great Architecture of the World》，2000 年） ... 1585
图 5-611 圣弗洛里安 修道院。东南侧全景 ... 1585
图 5-612 圣弗洛里安 修道院。西侧入口面景色 ... 1586
图 5-613 圣弗洛里安 修道院。入口门廊及细部（雕刻作者 Leonhard Sattler） ... 1586
图 5-614 圣弗洛里安 修道院。朝南院的楼梯间，外景 ... 1587
图 5-615 圣弗洛里安 修道院。楼梯间，上层内景 ... 1587
图 5-616 圣弗洛里安 修道院。教务会教堂（1686~1708 年），内景 ... 1588
图 5-617 圣弗洛里安 修道院。大理石厅（1718~1724 年，约瑟夫·蒙格纳斯特设计），内景 ... 1589
图 5-618 圣弗洛里安 修道院。图书馆（1744~1751 年），内景（天棚画：《宗教和科学的婚礼》，巴尔托洛梅奥·阿尔托蒙特绘） ... 1590
图 5-619 克雷姆斯明斯特 本笃会修道院。俯视全景 ... 1590
图 5-620 克雷姆斯明斯特 本笃会修道院。院落景色 ... 1592
图 5-621 克雷姆斯明斯特 本笃会修道院。教堂（1709~1713 年改造），内景 ... 1591
图 5-622 维也纳 多明我会教堂（1631~1634 年）。立面外景 ... 1592
图 5-623 维也纳 多明我会教堂。内景 ... 1592
图 5-624 布拉格 维多利亚圣马利亚教堂（1636 年）。平面及立面（取自 Jaroslava Staňková 及 Svatopluk Voděra：《Praha：Gotická a Barokní》，2001 年） ... 1593
图 5-625 布拉格 维多利亚圣马利亚教堂。外景 ... 1593
图 5-626 布拉格 维多利亚圣马利亚教堂。内景 ... 1593
图 5-627 萨尔茨堡 大教堂（1614~1628 年重建，主持人圣蒂诺·索拉里）。现状外观 ... 1593
图 5-628 萨尔茨堡 大教堂。立面全景 ... 1594

图 5-629 萨尔茨堡 大教堂。向东望去的内景 1594

图 5-630 萨尔茨堡 大教堂。穹顶仰视 1594

图 5-631 沃尔德斯 圣查理-博罗梅教堂（1620~1654 年，波吕托斯·瓜里诺尼设计）。外景 1595

图 5-632 林茨 耶稣会堂（1669~1678 年，建筑师可能为 Pietro Francesco Carlone）。内景 1595

图 5-633 霍夫堡皇宫 利奥波德翼（1660 年代，建筑师菲利贝托·卢凯塞）。厅堂内景 1595

图 5-634 维也纳 列支敦士登夏宫（1691~1705 年，建筑师多梅尼科·马丁内利）。花园侧景色（油画，作者 Bernardo Bellotto，1758~1761 年） .... 1596~1597

图 5-635 维也纳 列支敦士登夏宫。自夏宫望观景楼景色（油画，作者 Bernardo Bellotto，1761 年）... 1598

图 5-636 维也纳 列支敦士登夏宫。俯视全景（版画，现存维也纳 Collezione Meyer）..................... 1598

图 5-637 维也纳 列支敦士登夏宫。外景 1599

图 5-638 维也纳 列支敦士登夏宫。侧门廊（Gabriel de Gabrieli 设计），近景 1599

图 5-639 维也纳 列支敦士登夏宫。大楼梯（Gabriel de Gabrieli 设计），自下向上望去的景色 1599

图 5-640 维也纳 列支敦士登夏宫。大楼梯，自上向下望去的景色 1600

图 5-641 维也纳 列支敦士登夏宫。大理石厅，内景 1600

图 5-642 维也纳 列支敦士登夏宫。大理石厅，天顶画（作者 Andrea Pozzo，1705~1708 年）....... 1601

图 5-643 古尔克 大教堂。高祭坛（1626~1632 年），外观 1602

图 5-644 阿德蒙特 本笃会修道院。图书馆（1742~1774 年），内景 1602

图 5-645 玛丽亚采尔 教堂（1744~1783 年改造，主持人 Domenico Sciassia）。内景 1603

图 5-646 玛丽亚采尔 教堂。礼拜堂，内景 1604

图 5-647 福劳 修道院（教堂 1660~1662 年）。外景 1605

图 5-648 黑措根堡 修道院（1714~1785 年，建筑师马蒂亚斯·施泰因尔、雅各布·普兰陶尔、约翰·伯恩哈德·菲舍尔·冯·埃拉赫等）。内景 1605

图 5-649 施塔德尔保拉 圣三一教堂（1717~1724 年，建筑师约翰·米夏埃尔·普鲁纳）。入口面外景 1606

图 5-650 施塔德尔保拉 圣三一教堂。穹顶仰视 1606

图 5-651 格拉茨 马里亚特罗斯特朝圣教堂（1714~1724 年，建筑师安德烈亚斯·施特伦格父子）。外景 1607

图 5-652 格拉茨 马里亚特罗斯特朝圣教堂。入口面近景 1607

图 5-653 茨韦特尔 西多会修道院（创建于 1138 年，建筑师马蒂亚斯·施泰因尔，教堂及钟楼 1722~1727 年，建筑师穆格纳斯特）。钟楼，外景 1607

图 5-654 克洛斯特新堡 修道院（18 世纪 30 年代改建）。全景图（彩画作者 Joseph Knapp，1744 年）......... 1608

图 5-655 克洛斯特新堡 修道院。帝王厅，内景 1609

图 5-656 克洛斯特新堡 修道院。帝王厅，穹顶画全景（1749 年）.. 1610~1611

图 5-657 因斯布鲁克 梅尔布林宅邸（"洛可可宅邸"，约 1730 年）。外景 1611

图 5-658 克雷姆斯明斯特 观象台（1748~1760 年，设计人 Anselm Desing）。外景 1611

图 5-659 白山 朝圣教堂。平面及建筑群俯视全景 1612

图 5-660 白山 朝圣教堂。立面及外景 1612

图 5-661 布拉格 城防工程及城门图（取自 Jaroslava Staňková 及 Svatopluk Voděra：《Praha：Gotická a Barokní》，2001 年）... 1613

图 5-662 布拉格 巴洛克时期城门构造图 1613

图 5-663 布拉格 利奥波尔多瓦城门，外景 1614

图 5-664 布拉格 老城区住宅 1614

图 5-665 布拉格 小城区俯视景色 1614

图 5-666 布拉格 最高统帅宫（1621 年，安德烈亚·斯佩扎设计）。总平面 1615

图 5-667 布拉格 最高统帅宫。建筑群俯视全景 1615

图 5-668 布拉格 最高统帅宫。立面及中央门廊细部 1614

图 5-669 布拉格 最高统帅宫。立面现状 1616

图 5-670 布拉格 最高统帅宫。边侧门廊细部 1616

图 5-671 布拉格 最高统帅宫。院落及凉廊景色 1617

图 5-672 布拉格 耶稣会团（1654~1658 年，卡洛·卢拉戈设计）。总平面 1616

图 5-673 布拉格 耶稣会团。立面（局部）及门廊 1616

图 5-674 布拉格 耶稣会团。建筑群俯视全景 1618

图 5-675 布拉格 耶稣会团。教堂前广场俯视（自西北方向望去的景色） 1618

图 5-676 布拉格 耶稣会团。教堂前广场全景（自查理桥塔楼上向东望去的景色） 1619

图 5-677 布拉格 耶稣会团。教堂北侧西翼立面近景 1619

图 5-678 布拉格 耶稣会团。教堂后部，自东面望去的景色 1619

图 5-679 布拉格 耶稣会团。礼拜堂，平面及外景 1620

图 5-680 布拉格 耶稣会团。礼拜堂，东侧外景 1620

图 5-681 帕绍 大教堂（1668 年，卡洛·卢拉戈设计）。立面外景 1620

图 5-682 多梅尼科·马丁内利：穹顶教堂设计 1620

图 5-683 多梅尼科·马丁内利：穹顶教堂设计（图 5-682 方案立面） 1621

图 5-684 多梅尼科·马丁内利：穹顶教堂设计（图 5-682 方案剖面） 1621

图 5-685 布尔诺附近斯拉夫科夫 奥斯特利茨宫（1700 年后，多梅尼科·马丁内利设计）。平面 1621

图 5-686 布拉格 切尔宁宫（1668~1677 年，建筑师弗朗切斯科·卡拉蒂）。平面 1622

图 5-687 布拉格 切尔宁宫。端立面景色 1622

图 5-688 布拉格 切尔宁宫。现状全景 1622

图 5-689 布拉格 切尔宁宫。立面近景 1623

图 5-690 布拉格 切尔宁宫。跨间立面及立面细部 1624

图 5-691 布拉格 主教宫（1675~1679 年，建筑师让 - 巴蒂斯特·马太）。立面 1623

图 5-692 布拉格 主教宫。现状全景 1625

图 5-693 布拉格 主教宫。立面外景及细部 1626

图 5-694 布拉格 圣约瑟夫教堂（1682~1687 年）。平面及立面 1626

图 5-695 布拉格 圣约瑟夫教堂。现状外景 1626

图 5-696 布拉格 特罗亚宫（1679~1696 年）。地段总平面及建筑平面 1626

图 5-697 布拉格 特罗亚宫。花园及立面远景 1627

图 5-698 布拉格 特罗亚宫。现状景色 1627

图 5-699 普卢姆瑙 府邸（1680 年，业主利希滕施泰因设计）。立面（图版制作 Delsenbach） 1628

图 5-700 耶什捷德山麓亚布隆 圣劳伦斯教堂(1699~1722 年,建筑师约翰·卢卡斯·冯·希尔德布兰特)。穹顶内景 1628

图 5-701 加贝尔 教堂（1699 年，建筑师约翰·卢卡斯·冯·希尔德布兰特）。平面 1629

图 5-702 加贝尔 教堂。剖面 1629

图 5-703 布拉格 小边圣尼古拉教堂（本堂 1703~1711 年，立面 1709~1717 年，建筑师克里斯托夫·丁岑霍费尔，1739~1752 年由其子基利安·伊格纳茨接手）。总平面 1629

图 5-704 布拉格 小边圣尼古拉教堂。平面（1∶600，取自 Henri Stierlin：《Comprendre l'Architecture Universelle》，

经改绘）...1629

图 5-705 布拉格 小边圣尼古拉教堂。立面..1629

图 5-706 布拉格 小边圣尼古拉教堂。剖面（图版，取自 Pierre Charpentrat 和 Henri Stierlin：《Barock：Italien und Mitteleuropa》）...1630

图 5-707 布拉格 小边圣尼古拉教堂。剖析图（据 Christian Norberg-Schulz）.......................................1630

图 5-708 布拉格 小边圣尼古拉教堂。地段外景..1630

图 5-709 布拉格 小边圣尼古拉教堂。西南侧俯视景色...1631

图 5-710 布拉格 小边圣尼古拉教堂。西南侧全景...1631

图 5-711 布拉格 小边圣尼古拉教堂。东南侧景色...1632

图 5-712 布拉格 小边圣尼古拉教堂。穹顶及钟楼...1633

图 5-713 布拉格 小边圣尼古拉教堂。钟楼近景..1632

图 5-714 布拉格 小边圣尼古拉教堂。西立面细部...1634

图 5-715 布拉格 小边圣尼古拉教堂。室内，向歌坛望去的景色..1634~1635

图 5-716 布拉格 小边圣尼古拉教堂。室内，柱墩近景..1635

图 5-717 布拉格 小边圣尼古拉教堂。宣讲坛细部...1635

图 5-718 布雷夫诺夫 圣玛格丽特修院教堂（1708~1721 年，建筑师克里斯托夫·丁岑霍费尔）。地段总平面.........1636

图 5-719 布雷夫诺夫 圣玛格丽特修院教堂。平面..1636

图 5-720 布雷夫诺夫 圣玛格丽特修院教堂。建筑群透视全景...1636

图 5-721 布雷夫诺夫 圣玛格丽特修院教堂。西南侧透视图..1636

图 5-722 布雷夫诺夫 圣玛格丽特修院教堂。西南侧外景...1636

图 5-723 布雷夫诺夫 圣玛格丽特修院教堂。南侧景观..1637

图 5-724 布雷夫诺夫 圣玛格丽特修院教堂。立面近景..1637

图 5-725 布雷夫诺夫 圣玛格丽特修院教堂。向东面望去的内景...1638

图 5-726 布雷夫诺夫 圣玛格丽特修院教堂。室内西端近景..1638

图 5-727 布雷夫诺夫 圣玛格丽特修道院。礼堂，内景...1639

图 5-728 基利安·伊格纳茨·丁岑霍费尔：平面构图方式（据 Christian Norberg-Schulz）...................1639

图 5-729 布拉格 洛雷特圣母朝圣教堂（1721 年，建筑师克里斯托夫及基利安·伊格纳茨·丁岑霍费尔）。建筑群总平面...1639

图 5-730 布拉格 洛雷特圣母朝圣教堂。立面...1640

图 5-731 布拉格 洛雷特圣母朝圣教堂。俯视全景..1640

图 5-732 布拉格 洛雷特圣母朝圣教堂。现状景观..1641

图 5-733 布拉格 洛雷特圣母朝圣教堂。立面全景..1641

图 5-734 布拉格 洛雷特圣母朝圣教堂。圣堂外景..1641

图 5-735 布拉格 亚美利加别墅（1720 年，基利安·伊格纳茨·丁岑霍费尔设计）。总平面及平面.........1642

图 5-736 布拉格 亚美利加别墅。立面..1642

图 5-737 布拉格 亚美利加别墅。透视全景...1642

图 5-738 布拉格 亚美利加别墅。现状外景...1642

图 5-739 布拉格 亚美利加别墅。立面近景...1643

图 5-740 布拉格 席尔瓦-塔罗卡宫（1749 年，基利安·伊格纳茨·丁岑霍费尔设计）。立面..................1643

图 5-741 布拉格 圣托马斯教堂（1723 年，基利安·伊格纳茨·丁岑霍费尔设计）。平面及立面.............1643

图 5-742 布拉格 圣托马斯教堂。外景透视...1644

图 5-666 布拉格 最高统帅宫（1621 年，安德烈亚·斯佩扎设计）。总平面 1615
图 5-667 布拉格 最高统帅宫。建筑群俯视全景 1615
图 5-668 布拉格 最高统帅宫。立面及中央门廊细部 1614
图 5-669 布拉格 最高统帅宫。立面现状 1616
图 5-670 布拉格 最高统帅宫。边侧门廊细部 1616
图 5-671 布拉格 最高统帅宫。院落及凉廊景色 1617
图 5-672 布拉格 耶稣会团（1654~1658 年，卡洛·卢拉戈设计）。总平面 1616
图 5-673 布拉格 耶稣会团。立面（局部）及门廊 1616
图 5-674 布拉格 耶稣会团。建筑群俯视全景 1618
图 5-675 布拉格 耶稣会团。教堂前广场俯视（自西北方向望去的景色） 1618
图 5-676 布拉格 耶稣会团。教堂前广场全景（自查理桥塔楼上向东望去的景色） 1619
图 5-677 布拉格 耶稣会团。教堂北侧西翼立面近景 1619
图 5-678 布拉格 耶稣会团。教堂后部，自东面望去的景色 1619
图 5-679 布拉格 耶稣会团。礼拜堂，平面及外景 1620
图 5-680 布拉格 耶稣会团。礼拜堂，东侧外景 1620
图 5-681 帕绍 大教堂（1668 年，卡洛·卢拉戈设计）。立面外景 1620
图 5-682 多梅尼科·马丁内利：穹顶教堂设计 1620
图 5-683 多梅尼科·马丁内利：穹顶教堂设计（图 5-682 方案立面） 1621
图 5-684 多梅尼科·马丁内利：穹顶教堂设计（图 5-682 方案剖面） 1621
图 5-685 布尔诺附近斯拉夫科夫 奥斯特利茨宫（1700 年后，多梅尼科·马丁内利设计）。平面 1621
图 5-686 布拉格 切尔宁宫（1668~1677 年，建筑师弗朗切斯科·卡拉蒂）。平面 1622
图 5-687 布拉格 切尔宁宫。端立面景色 1622
图 5-688 布拉格 切尔宁宫。现状全景 1622
图 5-689 布拉格 切尔宁宫。立面近景 1623
图 5-690 布拉格 切尔宁宫。跨间立面及立面细部 1624
图 5-691 布拉格 主教宫（1675~1679 年，建筑师让-巴蒂斯特·马太）。立面 1623
图 5-692 布拉格 主教宫。现状全景 1625
图 5-693 布拉格 主教宫。立面外景及细部 1626
图 5-694 布拉格 圣约瑟夫教堂（1682~1687 年）。平面及立面 1626
图 5-695 布拉格 圣约瑟夫教堂。现状外景 1626
图 5-696 布拉格 特罗亚宫（1679~1696 年）。地段总平面及建筑平面 1626
图 5-697 布拉格 特罗亚宫。花园及立面远景 1627
图 5-698 布拉格 特罗亚宫。现状景色 1627
图 5-699 普卢姆瑙 府邸（1680 年，业主利希滕施泰因设计）。立面（图版制作 Delsenbach） 1628
图 5-700 耶什捷德山麓亚布隆 圣劳伦斯教堂(1699~1722 年,建筑师约翰·卢卡斯·冯·希尔德布兰特)。穹顶内景 1628
图 5-701 加贝尔 教堂（1699 年，建筑师约翰·卢卡斯·冯·希尔德布兰特）。平面 1629
图 5-702 加贝尔 教堂。剖面 1629
图 5-703 布拉格 小边圣尼古拉教堂（本堂 1703~1711 年，立面 1709~1717 年，建筑师克里斯托夫·丁岑霍费尔，1739~1752 年由其子基利安-伊格纳茨接手）。总平面 1629
图 5-704 布拉格 小边圣尼古拉教堂。平面（1∶600，取自 Henri Stierlin：《Comprendre l'Architecture Universelle》，

经改绘） 1629
 图 5-705 布拉格 小边圣尼古拉教堂。立面 1629
 图 5-706 布拉格 小边圣尼古拉教堂。剖面（图版，取自 Pierre Charpentrat 和 Henri Stierlin：《Barock：Italien und Mitteleuropa》） 1630
 图 5-707 布拉格 小边圣尼古拉教堂。剖析图（据 Christian Norberg-Schulz） 1630
 图 5-708 布拉格 小边圣尼古拉教堂。地段外景 1630
 图 5-709 布拉格 小边圣尼古拉教堂。西南侧俯视景色 1631
 图 5-710 布拉格 小边圣尼古拉教堂。西南侧全景 1631
 图 5-711 布拉格 小边圣尼古拉教堂。东南侧景色 1632
 图 5-712 布拉格 小边圣尼古拉教堂。穹顶及钟楼 1633
 图 5-713 布拉格 小边圣尼古拉教堂。钟楼近景 1632
 图 5-714 布拉格 小边圣尼古拉教堂。西立面细部 1634
 图 5-715 布拉格 小边圣尼古拉教堂。室内，向歌坛望去的景色 .... 1634~1635
 图 5-716 布拉格 小边圣尼古拉教堂。室内，柱墩近景 1635
 图 5-717 布拉格 小边圣尼古拉教堂。宣讲坛细部 1635
 图 5-718 布雷夫诺夫 圣玛格丽特修院教堂（1708~1721 年，建筑师克里斯托夫·丁岑霍费尔）。地段总平面 1636
 图 5-719 布雷夫诺夫 圣玛格丽特修院教堂。平面 1636
 图 5-720 布雷夫诺夫 圣玛格丽特修院教堂。建筑群透视全景 1636
 图 5-721 布雷夫诺夫 圣玛格丽特修院教堂。西南侧透视图 1636
 图 5-722 布雷夫诺夫 圣玛格丽特修院教堂。西南侧外景 1636
 图 5-723 布雷夫诺夫 圣玛格丽特修院教堂。南侧景观 1637
 图 5-724 布雷夫诺夫 圣玛格丽特修院教堂。立面近景 1637
 图 5-725 布雷夫诺夫 圣玛格丽特修院教堂。向东面望去的内景 1638
 图 5-726 布雷夫诺夫 圣玛格丽特修院教堂。室内西端近景 1638
 图 5-727 布雷夫诺夫 圣玛格丽特修道院。礼堂，内景 1639
 图 5-728 基利安·伊格纳茨·丁岑霍费尔：平面构图方式（据 Christian Norberg-Schulz） 1639
 图 5-729 布拉格 洛雷特圣母朝圣教堂（1721 年，建筑师克里斯托夫及基利安·伊格纳茨·丁岑霍费尔）。建筑群总平面 1639
 图 5-730 布拉格 洛雷特圣母朝圣教堂。立面 1640
 图 5-731 布拉格 洛雷特圣母朝圣教堂。俯视全景 1640
 图 5-732 布拉格 洛雷特圣母朝圣教堂。现状景观 1641
 图 5-733 布拉格 洛雷特圣母朝圣教堂。立面全景 1641
 图 5-734 布拉格 洛雷特圣母朝圣教堂。圣堂外景 1641
 图 5-735 布拉格 亚美利加别墅（1720 年，基利安·伊格纳茨·丁岑霍费尔设计）。总平面及平面 1642
 图 5-736 布拉格 亚美利加别墅。立面 1642
 图 5-737 布拉格 亚美利加别墅。透视全景 1642
 图 5-738 布拉格 亚美利加别墅。现状外景 1642
 图 5-739 布拉格 亚美利加别墅。立面近景 1643
 图 5-740 布拉格 席尔瓦-塔罗卡宫（1749 年，基利安·伊格纳茨·丁岑霍费尔设计）。立面 1643
 图 5-741 布拉格 圣托马斯教堂（1723 年，基利安·伊格纳茨·丁岑霍费尔设计）。平面及立面 1643
 图 5-742 布拉格 圣托马斯教堂。外景透视 1644

图 5-743 布拉格 圣托马斯教堂。立面近景 1644
图 5-744 布拉格 圣托马斯教堂。屋顶外景 1645
图 5-745 布拉格 老城圣尼古拉教堂（1732年，基利安·伊格纳茨·丁岑霍费尔设计）。平面及立面 1645
图 5-746 布拉格 老城圣尼古拉教堂。透视景色 1645
图 5-747 布拉格 老城圣尼古拉教堂。现状外景 1645
图 5-748 瓦尔施塔特 教堂（1727年，基利安·伊格纳茨·丁岑霍费尔设计）。外景 1646
图 5-749 瓦尔施塔特 教堂。内景 1647
图 5-750 日贾尔 绿山圣约翰-内波穆克朝圣祠堂（1719~1722年，约翰·布莱修斯·圣蒂尼·艾歇尔设计）。总平面及平面（据Charpentrat）............1647
图 5-751 日贾尔 绿山圣约翰-内波穆克朝圣祠堂。外景 ....1648~1649
图 5-752 克拉德鲁比 本笃会修院教堂（1712年，约翰·布莱修斯·圣蒂尼·艾歇尔设计）。北侧远景 1649
图 5-753 克拉德鲁比 本笃会修院教堂。东南侧外景 1649
图 5-754 克拉德鲁比 本笃会修院教堂。内景 1650
图 5-755 克拉德鲁比 本笃会修院教堂。歌坛拱顶仰视 1651
图 5-756 布拉格 岩上圣约翰教堂（1729~1739年，基利安·伊格纳茨·丁岑霍费尔设计）。外景及细部 1652
图 5-757 布拉格 斯特拉克霍夫的普雷蒙特雷修会修道院。图书馆（约1782年，建筑师I.Palliardi），内景 ..1651
图 5-758 布拉格 圣卡萨教堂（1626~1631年，建筑师Giovanni Orsi）。立面近景 1653
图 5-759 斯卡利察 圣米夏埃尔堂区教堂。祭坛 1653
图 5-760 弗拉诺夫 城堡（原构11世纪，17世纪末和18世纪初改造工程主持人约翰·伯恩哈德·菲舍尔·冯·埃拉赫）。外景及雕刻 1653
图 5-761 瓦尔季采 列支敦士登宫（约翰·伯恩哈德·菲舍尔·冯·埃拉赫修复）。外景 1654
图 5-762 普日布拉姆 圣山教堂（1658~1709年，建筑师卡洛·卢拉戈）。外景 1654
图 5-763 奥洛莫乌茨 圣马利亚教堂（1679年，壁画1722~1723年）。拱顶仰视全景（天顶画作者J.J.Handke和J.Steger）............1655
图 5-764 罗基特纳河畔亚罗梅日采 宫邸（1700~1737年改造，主持人约翰·卢卡斯·希尔德布兰特）。外景 1655
图 5-765 罗基特纳河畔亚罗梅日采 宫邸。内景 1656
图 5-766 多布日什 曼斯费尔德宫（1754~1765年，建筑师罗贝尔·德科特和乔瓦尼·尼科洛·塞尔万多尼）。外景 1656
图 5-767 齐德利纳河畔赫卢梅茨 王冠宫（设计人G.圣蒂尼）。外景 1657
图 5-768 布拉迪斯拉发 圣伊丽莎白教堂（1739~1745年）。内景 1657
图 5-769 布拉迪斯拉发 圣马丁大教堂。拱顶仰视 1658
图 5-770 科希策 耶稣会教堂（1671~1684年）。外景 1659
图 5-771 尼特拉 城堡（1620~1621年重建）。内景 1659
图 5-772 但泽 军械库（1600~1605年）。外景 1660
图 5-773 希勒勒 腓特烈堡（1602年）。自花园湖泊遥望宫堡景色 1660
图 5-774 弗罗茨瓦夫 圣约翰（施洗者）大教堂。后殿（1938年照片）............1660
图 5-775 华沙 克拉辛斯基宫（1677~1682年，1689~1695年，建筑师朱塞佩·贝洛蒂、蒂尔曼·范加梅伦，雕刻师安德烈·施吕特）。平面 1661
图 5-776 华沙 克拉辛斯基宫。外景 1661
图 5-777 华沙 维拉诺夫老宫(约1677~1696年，改建负责人奥古斯丁·文岑蒂·洛奇、安德烈·施吕特）。西侧外景 1662

图 5-778 华沙 维拉诺夫老宫。东侧外景 ... 1662
图 5-779 华沙 维拉诺夫老宫。花园立面 ... 1663
图 5-780 华沙 维拉诺夫老宫。内景 ... 1664
图 5-781 格吕绍 修院教堂（1728~1755年，建筑师安东·延奇）。立面外景 ... 1664
图 5-782 格吕绍 修院教堂。内景 ... 1664
图 5-783 格吕绍 修院教堂。葬仪祠堂，内景及穹顶仰视 ... 1665
图 5-784 华沙 圣母往见教堂（1727~1734年，建筑师卡尔·巴伊）。内景 ... 1666
图 5-785 华沙 18世纪街景（油画，作者贝尔纳多·贝洛托，1777年） ... 1666
图 5-786 莱格尼察-波莱 前本笃会修院教堂（原构13世纪后半叶，1723~1726年和1727~1731年改建，建筑师基利安·伊格纳茨·丁岑霍费尔，拱顶画科斯马·达米安·阿萨姆）。外景 ... 1667
图 5-787 莱格尼察-波莱 前本笃会修院教堂。内景 ... 1667
图 5-788 翁德 西多会教堂（1651~1689年，建筑师约瑟夫·贝洛蒂）。外景 ... 1667
图 5-789 克热舒夫 前西多会修道院（1292年创建，主要建筑1788~1790年，修院教堂1728~1735年，可能为基利安·伊格纳茨·丁岑霍费尔设计）。外景及内景 ... 1668
图 5-790 克热舒夫 圣约瑟夫教堂（1690~1696年，建筑师Martin Urban和Michael Klein）。外景 ... 1668
图 5-791 克拉科夫-别拉内 卡马尔多利会修道院（1605年，教堂1609~1617年，立面及塔楼1618~1630年，设计人安德烈亚·斯佩扎）。教堂，内景 ... 1669
图 5-792 克拉科夫-别拉内 卡马尔多利会修道院。教堂，拱顶仰视 ... 1669
图 5-793 克利蒙图夫 圣约瑟夫学院教堂（1643~1650年，穹顶1732年增建，立面塔楼1762~1772年）。平面 ... 1670
图 5-794 克利蒙图夫 圣约瑟夫学院教堂。穹顶仰视 ... 1670
图 5-795 凯尔采 主教宫（1637~1641年，建筑师乔瓦尼·特雷瓦诺）。外景 ... 1671
图 5-796 戈斯滕 圣菲利波·内里修道院（1668~1728年，穹顶画1746年，建筑师巴尔达萨雷·隆盖纳等）。内景及穹顶仰视全景 ... 1671
图 5-797 吉德莱 多明我会圣母升天教堂（1632~1644年，建筑师Jan Baszt，天棚灰泥装饰1644~1656年）。内景 ... 1672
图 5-798 琴斯托霍瓦 亚斯纳-戈拉-保利娜修道院。教堂（1690年改造），内景 ... 1672~1673
图 5-799 莱扎伊斯克 西多会修道院（1630~1677年，早期巴洛克会堂1618~1628年，高祭坛1637年，拱顶1670年后重建）。室内装修细部 ... 1673
图 5-800 希维德尼察 圣三一和平教堂（1656~1657年）。内景 ... 1674
图 5-801 波兹南 圣斯坦尼斯劳斯教堂（1650~1652年，司祭席1698~1711年，立面1727~1732年）。立面外景 ... 1674
图 5-802 涅博鲁夫 宫殿（工程监理蒂尔曼·范加梅伦）。入口山墙细部 ... 1674
图 5-803 万楚特 城堡（1629~1641年，18世纪翻新）。内景 ... 1675
图 5-804 武比亚茨 前西多会修道院（1175年创建，现存建筑1681~1720年）。拱顶仰视景色 ... 1675
图 5-805 布达佩斯 圣安教堂（1740~1765年）。立面及讲道坛近景 ... 1675
图 5-806 布达佩斯 隐士圣保罗会教堂（1725~1776年）。圣坛内景 ... 1676
图 5-807 布达佩斯 荣军院（建筑师A.E.Martinelli）。立面细部 ... 1676
图 5-808 布达佩斯 圣母马利亚会教堂。祭坛内景 ... 1676
图 5-809 杰尔 圣伊纳爵教堂（1634~1641年，室内装修及设施晚约100年）。外景 ... 1677
图 5-810 杰尔 圣伊纳爵教堂。拱顶灰泥装饰 ... 1677
图 5-811 杰尔 加尔默罗会教堂（马丁·威特沃设计）。立面近景 ... 1678

图 5-812 杰尔 加尔默罗会教堂。穹顶仰视景色 1678
图 5-813 杰尔 方舟纪念碑（1731 年，建筑师约翰·埃马努埃尔·菲舍尔·冯·埃拉赫，雕刻师安东尼奥·科拉迪尼）。外景 1678
图 5-814 杰尔 大教堂（11 世纪创立，室内 1635~1650 年，装修 1770~1780 年）。穹顶仰视全景 1679
图 5-815 费尔特德 艾什泰哈齐宫（猎庄 1721 年，1762~1765 年扩建）。外景 1679
图 5-816 费尔特德 艾什泰哈齐宫。入口近景 1680
图 5-817 费尔特德 艾什泰哈齐宫。内景 1681
图 5-818 布丘森特拉斯洛 圣方济各教堂（1714~1734 年）。内景 1681
图 5-819 许迈格 主教宫（改造工程 1738~1755 年）。外景 1681
图 5-820 许迈格 堂区教堂（1755 年）。天棚画 1681
图 5-821 许迈格 圣方济各修院教堂。高祭坛内景 1682
图 5-822 沙尔堡 纳道什迪城堡（1640~1647 年）。内景 1682
图 5-823 拉茨凯韦 萨伏依亲王（欧根）府邸（建筑师约翰·卢卡斯·冯·希尔德布兰特）。外景 1683
图 5-824 考洛乔 大教堂。外景 1683
图 5-825 考洛乔 主教宫（1776~1784 年）。外景 1684
图 5-826 克塞格 髑髅礼拜堂（1729~1735 年）。外景 1683
图 5-827 凯奇凯梅特 堂区教堂（1774~1806 年）。外景 1684
图 5-828 凯奇凯梅特 皮阿里斯特教堂（1729~1745 年）。外景 1684
图 5-829 瓦茨 大教堂。入口近景 1685
图 5-830 瓦茨 皮阿里斯特教堂（1699~1775 年）。外景 1685
图 5-831 塞克什白堡 圣斯蒂芬耶稣会教堂（高祭坛 1773~1775 年，1776 年起为主教堂）。外景细部 1685
图 5-832 塞克什白堡 圣斯蒂芬耶稣会教堂。内景 1685
图 5-833 塞克什白堡 圣斯蒂芬耶稣会教堂。拱顶仰视 1686
图 5-834 圣戈特哈德 西多会修院教堂（1740~1764 年，建筑师 F.A. 皮尔格拉姆）。仰视内景 1686
图 5-835 大姆拉卡 圣芭芭拉礼拜堂（司祭席 1692 年，18 世纪上半叶改建，塔楼和圣器室 1867 年）。外景 1687
图 5-836 特尔斯基-弗尔赫 耶路撒冷圣马利亚朝圣教堂（1750~1761 年）。外景 1688
图 5-837 特尔斯基-弗尔赫 耶路撒冷圣马利亚朝圣教堂。穹顶仰视全景 1688
图 5-838 里耶卡 圣维图什耶稣会教堂（1638~1659 年，穹顶稍后）。外景及门廊近景 1688
图 5-839 里耶卡 圣维图什耶稣会教堂。内景 1689
图 5-840 贝勒克 雪花圣马利亚朝圣教堂（侧面礼拜堂 1739~1741 年增建）。内景 1689
图 5-841 贝勒克 雪花圣马利亚朝圣教堂。讲道坛近景 1690
图 5-842 萨格勒布 圣凯瑟琳教堂（1620~1631 年）。内景 .... 1690~1691
图 5-843 卢布尔雅那 乌尔苏拉会圣三一教堂（1718~1726 年）。外景 1690
图 5-844 卢布尔雅那 圣尼古拉大教堂（1701 年，建筑师安德烈·波佐等）。内景 1691
图 5-845 卢布尔雅那 圣尼古拉大教堂。穹顶仰视全景 1692
图 5-846 通尼策 圣安妮堂区教堂（1762 年）。外景 1692
图 5-847 通尼策 圣安妮堂区教堂。室内装修细部 1693
图 5-848 斯拉德卡戈拉 圣母朝圣教堂（1744 年）。外景 1693
图 5-849 科佩尔 圣母升天大教堂（18 世纪上半叶重建，主持人乔治·马萨里）。内景 1694
图 5-850 戈尔尼格勒 圣莫霍尔和圣福尔图纳特堂区教堂（18 世纪中叶重建）。外景 .... 1694~1695
图 5-851 戈尔尼格勒 圣莫霍尔和圣福尔图纳特堂区教堂。内景 1695

图 5-852 多尔纳瓦 府邸（约 1700 年）。外景 1695

第六章　英国、低地国家和斯堪的纳维亚地区

图 6-1 诺丁汉 沃拉顿府邸（1580~1588 年）。平面 1697
图 6-2 诺丁汉 沃拉顿府邸。内景 1698
图 6-3 格林尼治 女王宫（1616~1635 年，建筑师伊尼戈·琼斯）。南立面（图版，取自 Colen Campbell：《Vitruvius Britannicus》，第 I 卷，1715 年） 1698
图 6-4 伦敦 白厅大街宴会楼（1619~1622 年，建筑师伊尼戈·琼斯）。外景（17 世纪后期版画） 1699
图 6-5 伦敦 白厅大街宴会楼。立面（图版，取自 Colen Campbell：《Vitruvius Britannicus》，第 I 卷，1715 年） 1699
图 6-6 威尔特郡 威尔顿府邸（1632 年，1647 年火灾后重建，建筑师伊萨克·德科）。花园平面（据 Isaac de Caus，约 1654 年） 1700
图 6-7 威尔特郡 威尔顿府邸。总平面及主要景观图（作者 J.Rocque，1746 年） 1700
图 6-8 威尔特郡 威尔顿府邸。建设阶段示意 1701
图 6-9 威尔特郡 威尔顿府邸。南立面、底层及二层平面（图版，取自 Colen Campbell：《Vitruvius Britannicus》，第 II 卷，1717 年） 1701
图 6-10 威尔特郡 威尔顿府邸。底层及二层平面（18 世纪中叶状态，据 1746 年 J.Rocque 图版及府邸档案复原） 1702
图 6-11 威尔特郡 威尔顿府邸。底层及二层平面（现状） 1703
图 6-12 威尔特郡 威尔顿府邸。南立面设计演变图 1704
图 6-13 威尔特郡 威尔顿府邸。东立面（原入口面），16 世纪状态及现状 1704
图 6-14 威尔特郡 威尔顿府邸。西立面（花园面）及北立面（现入口面）现状 1705
图 6-15 威尔特郡 威尔顿府邸。东西向及南北向剖面 1706
图 6-16 威尔特郡 威尔顿府邸。花园景色（自北面望去的情景，版画作者 Isaac de Caus，约 1654 年） 1706
图 6-17 威尔特郡 威尔顿府邸。花园景色（自南面望去的情景，版画作者 William Stukeley，约 1723 年） 1707
图 6-18 威尔特郡 威尔顿府邸。建筑及花园全景（自东面望去的景色，取自 Colen Campbell：《Vitruvius Britannicus》，第 III 卷，1725 年） 1707
图 6-19 威尔特郡 威尔顿府邸。南立面及花园景色（1759 年版画） 1707
图 6-20 威尔特郡 威尔顿府邸。东南侧外景（版画，作者 John Buckler，1804 年） 1708
图 6-21 威尔特郡 威尔顿府邸。火灾前南立面景色（取自英国古籍学会出版《County Seats》，第七卷） 1708
图 6-22 威尔特郡 威尔顿府邸。东面入口景色（18 世纪版画） 1708
图 6-23 威尔特郡 威尔顿府邸。俯视全景 1709
图 6-24 威尔特郡 威尔顿府邸。现状全景 1709
图 6-25 威尔特郡 威尔顿府邸。立面近景 1710
图 6-26 威尔特郡 威尔顿府邸。花园，帕拉第奥风格的廊桥，平面、剖面及从北面望去的景色 1710
图 6-27 威尔特郡 威尔顿府邸。立方厅，剖面（图版取自 Colen Campbell：《Vitruvius Britannicus》，第 II 卷，1717 年） .... 1710~1711
图 6-28 威尔特郡 威尔顿府邸。双立方厅，纵剖面（图版取自 Colen Campbell：《Vitruvius Britannicus》，第 II 卷，1717 年） .... 1710~1711
图 6-29 威尔特郡 威尔顿府邸。复合柱头设计（作者 John Webb，1649 年） 1711
图 6-30 威尔特郡 威尔顿府邸。双立方厅（约 1649 年），内景 1712

图 6-31 米德尔塞克斯郡 冈纳斯伯里宅邸（约 1658~1663 年，约翰·韦布设计）。底层及二层平面（图版，取自 Colen Campbell：《Vitruvius Britannicus》，第 I 卷，1715 年） 1713

图 6-32 米德尔塞克斯郡 冈纳斯伯里宅邸。南立面（图版，取自 Colen Campbell：《Vitruvius Britannicus》，第 I 卷，1715 年） 1713

图 6-33 埃姆斯伯里 宅邸。南立面，底层及二层平面（图版，取自 Colen Campbell：《Vitruvius Britannicus》，第 III 卷，1725 年） 1714

图 6-34 埃姆斯伯里 宅邸。北立面及平面（图版，取自 William Kent：《Designs of Inigo Jones》，1727 年） ... 1714

图 6-35 埃姆斯伯里 宅邸。主层平面及南立面（18 世纪增建后状态，图版制作 Wyatt Papworth） 1715

图 6-36 埃姆斯伯里 宅邸。主层剖面（图版制作 Wyatt Papworth） 1715

图 6-37 埃姆斯伯里 宅邸。剖析图（据 Wyatt Papworth 和 J.H.Flooks 图稿绘制） 1716

图 6-38 埃姆斯伯里 宅邸。18 世纪景色（增建两翼后，1787 年版画，取自 Harrison and Co：《Picturesque Views of the Principal Seats》） 1716

图 6-39 埃姆斯伯里 宅邸。19 世纪初景色（版画作者 J.Buckler，1805 年） 1717

图 6-40 埃姆斯伯里 宅邸。复合柱头设计（图稿，作者约翰·韦布） 1717

图 6-41 牛津郡 科尔斯希尔（约 1650 年，罗杰·普拉特设计，1952 年毁于火灾）。平面 1717

图 6-42 牛津郡 科尔斯希尔。外景（老照片） 1717

图 6-43 伦敦 皮卡迪利的克拉朗顿府邸（1664~1667 年，罗杰·普拉特设计，1683 年拆除）。外景（图版，取自 John Summerson：《Architecture in Britain 1530 to 1830》，1993 年） 1718

图 6-44 克里斯托弗·雷恩（1632~1723 年） 1718

图 6-45 牛津 谢尔登剧场（1662~1663 年，克里斯托弗·雷恩设计）。立面（据 D.Logan） 1719

图 6-46 查理二世在伦敦西敏寺登极（版画，取自 John Ogilby 著作，1662 年） 1719

图 6-47 伦敦 1642 及 1643 年设防图（图版作者 George Vertue，1739 年） 1719

图 6-48 伦敦 1666 年 9 月大火城区受灾图 1720

图 6-49 伦敦 灾后重建规划（作者克里斯托弗·雷恩，1666 年，图版制作 J.Elmes） 1720

图 6-50 伦敦 皇家交易所（1566~1571 年，1666 年焚毁后重建，1671 年完成，建筑师 Edward Jerman，1838 年再次焚毁）。院落景色（约 1650 年焚毁前景况） 1721

图 6-51 伦敦 皇家交易所。俯视全景图（1671 年重建完成后的景色） 1721

图 6-52 伦敦 雷恩设计的教堂钟楼（1680 年） 1722

图 6-53 伦敦 圣保罗大教堂（1675~1711 年，建筑师克里斯托弗·雷恩）。"大模"方案（Great Model，作者克里斯托弗·雷恩，1673 年），模型平面（原稿现存牛津 All Souls Library） 1722

图 6-54 伦敦 圣保罗大教堂。地段图（图版，据 J.Pine） 1722

图 6-55 伦敦 圣保罗大教堂。西立面及横剖面（据 J.Guadet） 1722

图 6-56 伦敦 圣保罗大教堂。平面及纵剖面（据 W.Blaser） 1723

图 6-57 伦敦 圣保罗大教堂。俯视全景（自东北面望去的景色） 1724

图 6-58 伦敦 圣保罗大教堂。西立面全景 1724

图 6-59 伦敦 圣保罗大教堂。西偏北景色 1725

图 6-60 伦敦 圣保罗大教堂。东南侧全景 1725

图 6-61 伦敦 圣保罗大教堂。内景（版画） 1726

图 6-62 伦敦 圣保罗大教堂。内景（自西面入口处望去的景色） ...... 1726~1727

图 6-63 伦敦 沃尔布鲁克圣斯蒂芬教堂（1672~1687 年，克里斯托弗·雷恩设计）。平面（取自《Dizionario di Architettura e Urbanistica》） 1727

图 6-64 伦敦 沃尔布鲁克圣斯蒂芬教堂。剖析图（取自 John Julius Norwich：《Great Architecture of the World》，2000 年） ... 1726

图 6-65 伦敦 沃尔布鲁克圣斯蒂芬教堂。内景（版画） ... 1726

图 6-66 伦敦 沃尔布鲁克圣斯蒂芬教堂。内景（向西面入口方向望去的景色） ... 1728

图 6-67 伦敦 沃尔布鲁克圣斯蒂芬教堂。内景（向东面祭坛方向望去的景色） ... 1729

图 6-68 伦敦 沃尔布鲁克圣斯蒂芬教堂。内景（向东北方向望去的景色） ... 1729

图 6-69 伦敦 奇普赛德大街圣马利亚教堂（1670~1677 年，建筑师克里斯托弗·雷恩，1941 年遭破坏，后重建）。塔楼，平面、立面及剖面 ... 1729

图 6-70 伦敦 圣布赖德教堂（1680 年，建筑师克里斯托弗·雷恩）。纵剖面（据 John Clayton, 1848~1849 年） ... 1730

图 6-71 伦敦 圣布赖德教堂。钟楼立面（据 John Clayton，1848~1849 年） ... 1730

图 6-72 伦敦（山上）圣马利亚教堂（1670~1676 年，建筑师克里斯托弗·雷恩）。平面（据 John Summerson，1993 年） ... 1730

图 6-73 伦敦（山上）圣马利亚教堂。东立面（据 John Clayton，1848~1849 年） ... 1730

图 6-74 伦敦 圣劳伦斯教堂（1671~1677 年，建筑师克里斯托弗·雷恩）。平面（据 John Summerson，1993 年） ... 1730

图 6-75 牛津 基督堂学院。汤姆塔楼（1681~1682 年，建筑师克里斯托弗·雷恩）。外景 ... 1731

图 6-76 牛津 基督堂学院。汤姆塔楼，修建设计（作者克里斯托弗·雷恩） ... 1731

图 6-77 伦敦 福斯特巷圣韦达斯特塔楼（1709~1712 年，建筑师克里斯托弗·雷恩）。平面及外观设计图（取自《Wren Society》，第 X 卷，1933 年） ... 1731

图 6-78 伦敦 18 世纪城市景观（图版，现存米兰 Civica Raccolta Stampe） ... 1731

图 6-79 剑桥 圣三一学院。全景图 ... 1732

图 6-80 切尔西 皇家养老院（1682~1689 年，建筑师克里斯托弗·雷恩）。俯视全景 ... 1732

图 6-81 温切斯特 宫殿。平面设计方案（作者克里斯托弗·雷恩，1683 年） ... 1732

图 6-82 温切斯特 宫殿。院落立面设计（作者克里斯托弗·雷恩，最初方案，1682~1683 年） ... 1732

图 6-83 温切斯特 宫殿。克里斯托弗·雷恩设计方案复原图 ... 1733

图 6-84 汉普顿 王宫（1690~1696 年，建筑师克里斯托弗·雷恩）。建筑群及花园总平面（图版作者 Charles Bridgeman，约 1712 年） ... 1733

图 6-85 汉普顿 王宫。花园面建筑全景 ... 1734

图 6-86 汉普顿 王宫。国王梯（克里斯托弗·雷恩设计），内景 ... 1735

图 6-87 格林尼治 王室海军疗养院（1695~1700 年，建筑师克里斯托弗·雷恩、约翰·韦布等）。总平面 ... 1736

图 6-88 格林尼治 王室海军疗养院。第一方案平面（作者克里斯托弗·雷恩，1695 年） ... 1734

图 6-89 格林尼治 王室海军疗养院。第一方案立面（作者克里斯托弗·雷恩，1695 年） ... 1737

图 6-90 格林尼治 王室海军疗养院。第一方案全景图（作者克里斯托弗·雷恩，1695 年） ... 1737

图 6-91 格林尼治 王室海军疗养院。立面方案细部（图版作者克里斯托弗·雷恩，现存伦敦 Sir John Soane's Museum） ... 1737

图 6-92 格林尼治 王室海军疗养院。大厅东端立面，穹顶平面及剖面（据 Banister Fletcher） ... 1738

图 6-93 格林尼治 王室海军疗养院。自东南山坡上望建筑群全景（版画） ... 1738

图 6-94 格林尼治 王室海军疗养院。自泰晤士河北岸望去的景色（油画，作者 Bernardo Bellotto，现存格林尼治 National Maritime Museum） ... 1738~1739

图 6-95 格林尼治 王室海军疗养院。俯视全景图（两图分别据 Stephan Hoppe 及 Banister Fletcher） ... 1740

图 6-96 格林尼治 王室海军疗养院。俯视全景（自西侧望去的情景） ... 1741

图 6-97 格林尼治 王室海军疗养院。全景（自泰晤士河上望去的景色） 1740

图 6-98 格林尼治 王室海军疗养院。大厅及礼拜堂景色 1741

图 6-99 格林尼治 天文台（1675/1676 年）。立面 1742

图 6-100 格林尼治 天文台。外景 1742

图 6-101 格林尼治 天文台。近景 1742

图 6-102 约翰·范布勒（1664~1726 年）：像章（1856 年，艺术协会纪念章）及手稿（花园建筑，1720 年代） 1742

图 6-103 约翰·范布勒画像 1743

图 6-104 北约克郡 霍华德宫堡（1699~1712 年，建筑师约翰·范布勒、尼古拉·霍克斯莫尔）。平面（据 John Summerson 及 David Watkin） 1743

图 6-105 北约克郡 霍华德宫堡。平面（据 C.Gurlitt） 1744

图 6-106 北约克郡 霍华德宫堡。主体建筑东北角底层平面（图稿，作者约翰·范布勒，1699 年） 1744

图 6-107 北约克郡 霍华德宫堡。南立面（花园立面，约翰·范布勒设计） 1744

图 6-108 北约克郡 霍华德宫堡。南立面及剖面（据 Banister Fletcher） 1744

图 6-109 北约克郡 霍华德宫堡。平面及南立面设计图版（作者约翰·范布勒，1699 年） 1745

图 6-110 北约克郡 霍华德宫堡。俯视全景图（图版，取自 John Summerson：《Architecture in Britain 1530 to 1830》，1993 年） 1746

图 6-111 北约克郡 霍华德宫堡。花园面建筑全景 .... 1746~1747

图 6-112 北约克郡 霍华德宫堡。主立面中央部分近景 1748

图 6-113 北约克郡 霍华德宫堡。入口厅，内景 1748

图 6-114 北约克郡 霍华德宫堡。风庙（1725 年，约翰·范布勒设计），全景 1749

图 6-115 北约克郡 霍华德宫堡。风庙，细部 1749

图 6-116 北约克郡 霍华德宫堡。卡莱尔家族陵寝（1726~1729 年，尼古拉·霍克斯莫尔设计），外景（版画，取自《The British Millennium》，2000 年） 1750

图 6-117 北约克郡 霍华德宫堡。卡莱尔家族陵寝，远景 1750

图 6-118 北约克郡 霍华德宫堡。卡莱尔家族陵寝，自不同方向望去的全景 1751

图 6-119 北约克郡 霍华德宫堡。卡莱尔家族陵寝，俯视全景及透视图 1752

图 6-120 牛津郡 布莱尼姆宫堡（1705~1724 年，建筑师约翰·范布勒、尼古拉·霍克斯莫尔）。地段总平面（图版制作 Charles Bridgeman，1709 年） 1752

图 6-121 牛津郡 布莱尼姆宫堡。地段总平面（据 R.Turner，1758 年）与现状卫星图片 1753

图 6-122 牛津郡 布莱尼姆宫堡。平面（据 John Summerson，经改绘） 1753

图 6-123 牛津郡 布莱尼姆宫堡。立面（图版，取自 Colen Campbell：《Vitruvius Britannicus》，第 I 卷，1715 年） 1754

图 6-124 牛津郡 布莱尼姆宫堡。立面（取自 Robert Adam：《Classical Architecture》，1991 年） 1754

图 6-125 牛津郡 布莱尼姆宫堡。俯视全景图（据 C.Gurlitt） 1754

图 6-126 牛津郡 布莱尼姆宫堡。俯视全景图（自北面望去的景色，据 Banister Fletcher） 1755

图 6-127 牛津郡 布莱尼姆宫堡。自北面花园望去的景色（版画，1787 年） 1755

图 6-128 牛津郡 布莱尼姆宫堡。大院内景 1755

图 6-129 牛津郡 布莱尼姆宫堡。东南侧全景 .... 1756~1757

图 6-130 牛津郡 布莱尼姆宫堡。大院，自西北方向望去的景色 1756

图 6-131 牛津郡 布莱尼姆宫堡。西南角廊厅外景 1757

图 6-132 牛津郡 布莱尼姆宫堡。大院，向南望去的立面景色 1758
图 6-133 牛津郡 布莱尼姆宫堡。大院，朝东南角望去的景色 1758
图 6-134 牛津郡 布莱尼姆宫堡。大院入口处铁栅栏 1759
图 6-135 牛津郡 布莱尼姆宫堡。自宫殿阳台上望泉水台地 1759
图 6-136 牛津郡 布莱尼姆宫堡。大厅内景（据 Banister Fletcher） 1760
图 6-137 诺森伯兰郡 西顿-德拉瓦尔府邸（1720~1729 年，建筑师约翰·范布勒）。平面（据 John Summerson） 1760
图 6-138 诺森伯兰郡 西顿-德拉瓦尔府邸。立面（图版，取自 John Summerson：《Architecture in Britain 1530 to 1830》，1993 年） 1760
图 6-139 诺森伯兰郡 西顿-德拉瓦尔府邸。外景 1760
图 6-140 格林尼治 范布勒堡邸（约 1717 年，约翰·范布勒设计）。外景（William Stukeley 绘，1721 年） 1761
图 6-141 布莱克希思 莫登学院。俯视全景 1761
图 6-142 蒙茅斯 市政厅。外景 1761
图 6-143 阿宾登 市政厅。外景 1761
图 6-144 伦敦 圣乔治东堂（1714~1734 年，尼古拉·霍克斯莫尔设计）。平面（据 John Summerson） 1762
图 6-145 伦敦 圣乔治东堂。入口立面 1762
图 6-146 伦敦 圣乔治东堂。侧立面 1762
图 6-147 伦敦 斯皮特尔基督堂（1714~1729 年，尼古拉·霍克斯莫尔设计）。平面（据 John Summerson） 1762
图 6-148 伦敦 伍尔诺特圣马利亚教堂（1716~1727 年，尼古拉·霍克斯莫尔设计）。外景及窗饰细部 1763
图 6-149 北安普敦郡 伊斯顿-内斯顿宅邸（1696/1697~1702 年，建筑师尼古拉·霍克斯莫尔）。立面（取自 John Julius Norwich：《Great Architecture of the World》，2000 年） 1763
图 6-150 牛津 万灵学院（1714/1716~1734 年，建筑师尼古拉·霍克斯莫尔）。外景 1763
图 6-151 伯明翰 圣腓力教堂（1709~1715 年，托马斯·阿彻设计）。立面（图版，取自 John Summerson：《Architecture in Britain 1530 to 1830》，1993 年） 1763
图 6-152 贝德福德郡 雷斯特公园。花园亭阁（1709~1711 年，托马斯·阿彻设计），平面及和罗马萨皮恩扎圣伊沃教堂的比较 1764
图 6-153 贝德福德郡 雷斯特公园。花园亭阁，外景 1764
图 6-154 伦敦 德特福德圣保罗教堂（1712~1730 年，托马斯·阿彻设计）。平面（据 John Summerson） 1764
图 6-155 伦敦 德特福德圣保罗教堂。外景（版画，取自 John Summerson：《Architecture in Britain 1530 to 1830》，1993 年） 1765
图 6-156 伦敦 兰厄姆广场万灵堂（纳什设计）。外景 1765
图 6-157 德比郡 查茨沃思庄园（1686 年，威廉·塔尔曼设计）。俯视全景（版画，取自 Knyff 和 Kip：《Britannia Illustrata》，1707 年） 1765
图 6-158 德比郡 查茨沃思庄园。18 世纪全景（版画，1779 年） 1766
图 6-159 德比郡 查茨沃思庄园。西南侧景色（版画） 1766
图 6-160 德比郡 查茨沃思庄园。西立面外景 1767
图 6-161 德比郡 查茨沃思庄园。东南侧外景 1766
图 6-162 德比郡 查茨沃思庄园。南立面 1767
图 6-163 德比郡 查茨沃思庄园。园林景色（迷宫） 1767
图 6-164 德比郡 查茨沃思庄园。大客厅内景 1768
图 6-165 伦敦 滨河路圣马利亚教堂（1714~1717 年，建筑师詹姆斯·吉布斯）。外景（版画，据 J.Gibbs） 1768

图 6-166 伦敦 滨河路圣马利亚教堂。模型，全景及细部（英国皇家建筑师协会藏品）	1768~1769
图 6-167 伦敦 旷场圣马丁教堂（1721~1726 年，建筑师詹姆斯·吉布斯）。平面（据 John Summerson）	1770
图 6-168 伦敦 旷场圣马丁教堂。平面、立面及剖面	1770
图 6-169 伦敦 旷场圣马丁教堂。东西立面及剖面（詹姆斯·吉布斯设计）	1771
图 6-170 伦敦 旷场圣马丁教堂。圆形方案：平面（詹姆斯·吉布斯设计，约 1721 年）	1771
图 6-171 伦敦 旷场圣马丁教堂。圆形方案：立面及剖面（詹姆斯·吉布斯设计，约 1721 年）	1771
图 6-172 伦敦 旷场圣马丁教堂。塔楼设计方案（取自 James Gibbs：《A Book of Architecture》，1728 年）	1772
图 6-173 伦敦 旷场圣马丁教堂。模型（英国皇家建筑师协会藏品）	1772~1773
图 6-174 伦敦 旷场圣马丁教堂。外景（版画）	1772
图 6-175 伦敦 旷场圣马丁教堂。外景现状	1773
图 6-176 伦敦 旷场圣马丁教堂。内景（18 世纪后期版画）	1774
图 6-177 伦敦 旷场圣马丁教堂。内景	1774
图 6-178 剑桥 国王学院。科研楼（1724~1730 年，建筑师詹姆斯·吉布斯），第一方案模型（作者尼古拉·霍克斯莫尔）	1774
图 6-179 剑桥 国王学院。科研楼（图 6-178 模型细部）	1775
图 6-180 剑桥 国王学院。科研楼，立面方案设计（作者詹姆斯·吉布斯，约 1723 年）	1776
图 6-181 剑桥 国王学院。科研楼，现状外景	1776
图 6-182 牛津 大学图书馆（1739~1749 年，詹姆斯·吉布斯设计）。平面（据 Alfred William Stephen Cross）	1776
图 6-183 牛津 大学图书馆。立面及剖面（据 Alfred William Stephen Cross）	1777
图 6-184 牛津 大学图书馆。剖面（图版，取自 Stephan Hoppe：《Was ist Barock？Architektur und Städtebau Europas 1580~1770》，2003 年）	1777
图 6-185 牛津 大学图书馆。剖析图（取自 John Julius Norwich：《Great Architecture of the World》，2000 年）	1777
图 6-186 牛津 大学图书馆。俯视全景	1778
图 6-187 牛津 大学图书馆。近景	1779
图 6-188 牛津 基督堂学院。佩克沃特院（1704~1714 年），外景	1778
图 6-189 牛津 众圣堂（1706~1710 年，亨利·阿尔德里克设计）。外景	1778
图 6-190 科伦·坎贝尔：英文版《不列颠维特鲁威》（Vitruvius Britannicus，1717 年）插图（圣保罗大教堂）	1780
图 6-191 伦敦 万斯泰德府邸（1713~1720 年，科伦·坎贝尔设计，1822 年拆除）。立面方案（I~III，图版取自《不列颠维特鲁威》，1715~1725 年）	1780
图 6-192 伦敦 万斯泰德府邸。外景（版画）	1780
图 6-193 诺福克郡 霍顿府邸（1722~1726 年，科伦·坎贝尔设计）。平面（据 John Summerson）	1781
图 6-194 诺福克郡 霍顿府邸。花园立面（《Vitruvius Britannicus》插图）	1781
图 6-195 诺福克郡 霍顿府邸。立面设计（取自《Vitruvius Britannicus》，第 III 卷，1725 年）	1781
图 6-196 诺福克郡 霍顿府邸。花园面外景（穹顶设计詹姆斯·吉布斯，约 1729 年）	1782
图 6-197 诺福克郡 霍顿府邸。入口立面	1782
图 6-198 诺福克郡 霍顿府邸。石厅（1722~1731 年），内景	1783
图 6-199 肯特 米尔沃思堡（1722~1725 年，科伦·坎贝尔设计）。立面及剖面（图版，据 R.Blomfield）	1784
图 6-200 英国 帕拉第奥"别墅"类型图	1784
图 6-201 威尔特郡 斯图尔黑德府邸（约 1721 年，科伦·坎贝尔设计）。平面	1785
图 6-202 威尔特郡 斯图尔黑德府邸。立面（第一方案，约 1721 年）	1785

图6-203 伦敦 白厅大街赫伯特府邸（约1723~1724年，科伦·坎贝尔设计）。立面 1785
图6-204 米德尔塞克斯郡 奇斯维克府邸（1725~1729年，伯林顿及威廉·肯特设计）。平面及立面（图版，取自John Summerson：《Architecture in Britain 1530 to 1830》，1993年） 1785
图6-205 米德尔塞克斯郡 奇斯维克府邸。平面 1786
图6-206 米德尔塞克斯郡 奇斯维克府邸。平面剖析图（取自John Julius Norwich：《Great Architecture of the World》，2000年） 1786
图6-207 米德尔塞克斯郡 奇斯维克府邸。立面（据J.Fergusson） 1786
图6-208 米德尔塞克斯郡 奇斯维克府邸。花园平面（图版，据William Kent，1720年代及1736年） 1787
图6-209 米德尔塞克斯郡 奇斯维克府邸。入口面全景 1786
图6-210 米德尔塞克斯郡 奇斯维克府邸。立面全景 1788
图6-211 米德尔塞克斯郡 奇斯维克府邸。立面近景 1789
图6-212 米德尔塞克斯郡 奇斯维克府邸。花园立面景色 1788
图6-213 米德尔塞克斯郡 奇斯维克府邸。圆头厅，内景 1790
图6-214 约克 礼堂（1730年，伯林顿设计）。平面 1790
图6-215 约克 礼堂。立面（图版，取自John Summerson：《Architecture in Britain 1530 to 1830》，1993年） . 1791
图6-216 约克郡 温特沃思-伍德豪斯宅邸（约1733~1770年，建筑师亨利·弗利特克罗夫特）。外景（版画，取自John Summerson：《Architecture in Britain 1530 to 1830》，1993年） 1791
图6-217 诺福克郡 霍尔卡姆府邸（1734~1765年，建筑师威廉·肯特）。平面 1791
图6-218 诺福克郡 霍尔卡姆府邸。立面（图版，取自J.Woolfe和J.Gandon：《Vitruvius Britannicus》，第VI卷，1771年） 1791
图6-219 诺福克郡 霍尔卡姆府邸。中央形体立面（取自Robert Adam：《Classical Architecture》，1991年）... 1792
图6-220 诺福克郡 霍尔卡姆府邸。主立面外景 1792
图6-221 诺福克郡 霍尔卡姆府邸。入口大厅及楼梯内景 1793
图6-222 伦敦 伯克利广场44号住宅（1742~1744年，威廉·肯特设计）。入口厅堂及楼梯，内景 1792
图6-223 克洛德·洛兰：德尔斐风景（油画，现存罗马Galleria Doria Pamphili） 1794
图6-224 克洛德·洛兰：圣乌尔苏拉在港口登船（油画，现存伦敦National Gallery） 1794
图6-225 巴斯 普赖尔公园（1735年，老约翰·伍德设计）。俯视景色 1795
图6-226 J.斯图尔特和N.雷韦特：帕提农神庙，立面[《雅典古迹》（Antiquités d'Athènes）一书插图，1762年] 1796
图6-227 特威克纳姆"大理石山庄"（1724~1729年，彭布罗克和罗杰·莫里斯设计）。外景 1796
图6-228 伦敦 斯潘塞府邸（1756~1765年，施工主持人约翰·瓦迪）。外景 1796
图6-229 伊萨克·韦尔：帕拉第奥《建筑四书》英文版扉页 1797
图6-230 米德尔塞克斯郡 南米姆斯，罗瑟姆公园（1754年，伊萨克·韦尔设计）。立面 1798
图6-231 德比郡 凯德尔斯顿府邸（1757~1765年，建筑师詹姆斯·佩因和罗伯特·亚当）。平面 1798
图6-232 德比郡 凯德尔斯顿府邸。立面设计（作者詹姆斯·佩因） 1799
图6-233 德比郡 凯德尔斯顿府邸。北面俯视全图（詹姆斯·佩因，1761年）及中央形体南侧外景（罗伯特·亚当，1760~1764年） 1799
图6-234 都柏林 国会楼（1728~1739年，爱德华·洛维特·皮尔斯设计）。下议院剖面 1799
图6-235 都柏林 国会楼。外景（版画） 1800
图6-236 罗伯特·亚当：《达尔马提亚地区斯帕拉托的戴克利先皇宫残迹》（The Ruins of the Palace of the Emperor Diocletian at Spalato in Dalmatia）一书插图，1764年 1800

图 6-237 米德尔塞克斯郡 西翁宅邸（约 1761~1769 年，罗伯特·亚当设计）。平面 ... 1800

图 6-238 米德尔塞克斯郡 西翁宅邸。俯视全景 ... 1801

图 6-239 米德尔塞克斯郡 西翁宅邸。前厅，内景 ... 1802

图 6-240 米德尔塞克斯郡 西翁宅邸。客厅，壁炉装饰细部 ... 1803

图 6-241 伦敦 阿德尔菲区（罗伯特及詹姆斯·亚当规划，1768~1772 年）。外景（版画，取自《The Works of Robert and James Adam》，1779 年） ... 1802

图 6-242 特威克纳姆 斯特罗伯里山庄（1748~1776 年，霍勒斯·沃波尔及威廉·鲁滨逊设计）。平面 ... 1802

图 6-243 特威克纳姆 斯特罗伯里山庄。南侧及花园景色 ... 1804~1805

图 6-244 特威克纳姆 斯特罗伯里山庄。廊厅（设计人托马斯·皮特），内景 ... 1804~1805

图 6-245 特威克纳姆 斯特罗伯里山庄。廊厅，装修细部 ... 1805

图 6-246 伦敦 格罗夫纳广场（1725~1735 年）。18 世纪景色（版画） ... 1806

图 6-247 巴斯 市中心。总平面（约翰·伍德父子规划） ... 1806

图 6-248 巴斯 市中心。主要街道及广场示意 ... 1806

图 6-249 巴斯 王后广场（设计人老约翰·伍德，1728~1736 年）。平面示意 ... 1806

图 6-250 巴斯 王后广场。北侧外景 ... 1807

图 6-251 巴斯 环行广场（设计人老约翰·伍德，1754~1770 年）。外景（版画，取自《The British Millennium》，2000 年） ... 1807

图 6-252 巴斯 环行广场。外景 ... 1808

图 6-253 巴斯 王室弯月广场（设计人小约翰·伍德，1767~1775 年）。外景（版画） ... 1808

图 6-254 巴斯 王室弯月广场。外景（版画，取自《The British Millennium》，2000 年） ... 1808

图 6-255 巴斯 王室弯月广场。西南侧俯视全景 ... 1809

图 6-256 巴斯 王室弯月广场。西南侧全景 ... 1810

图 6-257 巴斯 王室弯月广场。自西面望去的景色 ... 1810~1811

图 6-258 巴斯 王室弯月广场。立面近景 ... 1811

图 6-259 爱丁堡 新城（始建于 1766 年，詹姆斯·克雷格设计）。平面（图版，取自 John Summerson：《The Architecture of the Eighteenth Century》，1986 年） ... 1812

图 6-260 雕刻家及其工作室（版画，作者 Abraham Bosse，1642 年，原件现存布鲁塞尔） ... 1813

图 6-261 安特卫普 鲁本斯住宅（1610/1611~1616/1617 年，鲁本斯设计）。外景（版画，1684 年） ... 1813

图 6-262 安特卫普 鲁本斯住宅。外景（现状） ... 1813

图 6-263 安特卫普 雅各布-约尔登斯住宅（1641 年及以后）。外景 ... 1814

图 6-264 布鲁塞尔 贝洛内宅邸（1697 年，让·科桑设计）。外景 ... 1814

图 6-265 布鲁塞尔 中央广场（约 1700 年）。北侧全景 ... 1814

图 6-266 布鲁塞尔 中央广场。东南侧立面 ... 1814

图 6-267 布鲁塞尔 中央广场。同业公会大楼（17 世纪 90 年代初），外景 ... 1815

图 6-268 布鲁塞尔 中央广场。同业公会大楼，现状 ... 1815

图 6-269 布鲁塞尔 中央广场。同业公会大楼，山墙细部 ... 1815

图 6-270 卢万 圣米歇尔耶稣会堂（1650~1666 年，Willem Heisius 设计）。平面（据 H.Gerson 和 E.H.Terkuile） ... 1816

图 6-271 卢万 圣米歇尔耶稣会堂。最初平面及立面设计（作者 Willem Heisius，1660 年） ... 1816

图 6-272 卢万 圣米歇尔耶稣会堂。纵剖面设计（作者 Willem Heisius，1660 年） ... 1816

图 6-273 卢万 圣米歇尔耶稣会堂。俯视全景（版画，1727 年） ... 1816

图 6-274 卢万 圣米歇尔耶稣会堂。现状外景 ... 1817

图6-275 布鲁塞尔 贝吉纳热广场圣约翰(施洗者)教堂(1657~1677年)。教堂及广场地段俯视全景(版画,1727年) 1818

图6-276 布鲁塞尔 贝吉纳热广场圣约翰（施洗者）教堂。平面及剖面 1818

图6-277 布鲁塞尔 贝吉纳热广场圣约翰（施洗者）教堂。立面（据Gurlitt） 1818

图6-278 布鲁塞尔 贝吉纳热广场圣约翰（施洗者）教堂。塔楼设计方案 1819

图6-279 布鲁塞尔 贝吉纳热广场圣约翰（施洗者）教堂。外景 1819

图6-280 布鲁塞尔 贝吉纳热广场圣约翰（施洗者）教堂。内景细部 1819

图6-281 马林 圣彼得和圣保罗教堂（1670~1709年）。立面设计（作者Antoine Losson，最初设计及18世纪初实施和完成的方案） 1820

图6-282 马林 汉斯韦克圣母院（1663年，费代尔布设计）。最初平面设计（柱廊圆堂方案，据Luc Faydherbe） 1820

图6-283 马林 汉斯韦克圣母院。方案纵剖面复原图（据Meyns） 1820

图6-284 马林 汉斯韦克圣母院。立面设计（复原图据Meyns；立面方案作者Luc Faydherbe，图版制作Croon） 1821

图6-285 马林 汉斯韦克圣母院。内景（版画，作者Jean-Baptiste） 1821

图6-286 安特卫普 圣卡洛教堂（1615~1625年，彼得·于桑斯设计）。平面 1822

图6-287 安特卫普 圣卡洛教堂。立面 1822

图6-288 安特卫普 圣卡洛教堂。装修设计（作者Henri-François Verbrugghen，1720~1722年） 1823

图6-289 安特卫普 圣卡洛教堂。主祭坛设计方案（作者Pierre-Paul Rubens，原稿现存维也纳Graphische Sammlung Albertina） 1822

图6-290 安特卫普 圣卡洛教堂。主祭坛设计方案（作者Pierre Huyssens，1614~1621年） 1822

图6-291 安特卫普 圣卡洛教堂。内景（油画，取自Stephan Hoppe：《Was ist Barock？ Architektur und Städtebau Europas 1580-1770》，2003年） 1824

图6-292 安特卫普 圣卡洛教堂。内景（版画，作者Pierre I Neefs，约1630年，维也纳Kunsthistorisches Museum藏品） 1824

图6-293 安特卫普 圣卡洛教堂。内景（版画，作者Wilhelm Schubert von Ehrenberg，1667年，原件现存布鲁塞尔） 1825

图6-294 布鲁塞尔 圣三一教堂（立面1642年，雅克·弗朗卡尔设计）。外景 1825

图6-295 在破坏圣像运动期间遭到毁坏的安特卫普大教堂（版画，作者G.Bouttats，原稿现存安特卫普Stedelijk Prentenkabinet） 1825

图6-296 教堂的劫难（1579年，版画作者Franz Hogenberg，原稿现存布鲁塞尔） 1826

图6-297 伦勃朗自画像（1640年，伦敦National Gallery藏品） 1826

图6-298 阿姆斯特丹1544年城市全景图（图版，取自Leonardo Benevolo：《Storia della Città》，1975年） 1827

图6-299 阿姆斯特丹 城市全景图（彩图，作者Geoge Braun，取自《Civitates orbis Terrarum》，原件现存热那亚Museo Navale） 1828

图6-300 阿姆斯特丹 1585~1664年城市总平面（图版，取自Stephan Hoppe：《Was ist Barock？Architektur und Städtebau Europas 1580-1770》，2003年） 1829

图6-301 阿姆斯特丹 约1695年城市总平面（图版，作者Nicolaas Visscher） 1828

图6-302 阿姆斯特丹 16和17世纪城市扩展示意（取自Henry A. Millon主编：《Circa 1700：Architecture in Europe and the Americas》） 1829

图6-303 阿姆斯特丹 中世纪及16世纪末城市简图（取自Leonardo Benevolo：《Storia della Città》，1975年）..... 1829

图 6-304 阿姆斯特丹 17 世纪城市发展简图（1612~1700 年） 1830
图 6-305 阿姆斯特丹 城市典型街区立面及剖面 1830
图 6-306 阿姆斯特丹 城市典型街区平面及立面（图版作者 Caspar Philips，18 世纪后半叶） 1831
图 6-307 阿姆斯特丹 运河之间建筑用地规划（1663 年城市详图局部） .... 1832~1833
图 6-308 阿姆斯特丹 街区俯视景色 1834
图 6-309 阿姆斯特丹 典型城市风光 .... 1834~1835
图 6-310 荷兰新教教堂平面类型示意（据 Christian Norberg-Schulz，1979 年） 1834
图 6-311 17 世纪荷兰及其他国家新教教堂平面示意 1834
图 6-312 莱登 市政厅（1597~1603 年，建筑师 Lieven de Key）。立面及塔楼（据 Banister Fletcher） 1836
图 6-313 莱登 市政厅。外景 1836
图 6-314 阿姆斯特丹 北教堂（1620~1623 年，亨德里克·德凯泽或亨德里克·施特茨设计）。平面 1836
图 6-315 莱登 马雷教堂（1639 年，阿伦特·范斯赫拉弗桑德设计）。内景 1836
图 6-316 哈勒姆 新教堂（1645~1649 年，雅各布·范坎彭设计）。内景（版画，作者 Saenredam） 1837
图 6-317 哈勒姆 新教堂。塔楼（1613 年，德凯设计），外景 1837
图 6-318 海牙 新教堂（1649~1656 年，建筑师彼得·诺维茨、B.范巴森）。平面（据 E.H.Terkuile） 1837
图 6-319 海牙 新教堂。外景 1837
图 6-320 阿姆斯特丹 新路德教教堂（圆堂，1668~1671 年，阿德里安·多尔茨曼设计）。平面（据 E.H.Terkuile 等人资料综合） 1837
图 6-321 海牙 莫里茨府邸（1633~1644 年，雅各布·范坎彭）设计。平面（据 E.H.Terkuile） 1837
图 6-322 海牙 莫里茨府邸。立面（两图分别取自 Werner Hager：《Architecture Baroque》和前苏联建筑科学院《世界建筑通史》第一卷） 1838
图 6-323 海牙 莫里茨府邸。外景 1839
图 6-324 阿姆斯特丹 新市政厅（现王宫，1648~1665 年，建筑师雅各布·范坎彭、丹尼尔·斯塔尔帕埃特）。平面（图版，据 Jacob Vennekool，1661 年） 1838
图 6-325 阿姆斯特丹 新市政厅（现王宫）。平面（图版，取自 Jan Fokke 著作，1808 年） 1839
图 6-326 阿姆斯特丹 新市政厅（现王宫）。平面及立面（据 Alfred William Stephen Cross） 1840
图 6-327 阿姆斯特丹 新市政厅（现王宫）。立面（取自前苏联建筑科学院《世界建筑通史》第一卷） 1840
图 6-328 阿姆斯特丹 新市政厅（现王宫）。立面（取自 Wilhelm Lübke 及 Carl von Lützow：《Denkmäler der Kunst》，1884 年） 1841
图 6-329 阿姆斯特丹 新市政厅（现王宫）。立面（图版，作者 Van der Heyden，1665~1668 年） 1840
图 6-330 阿姆斯特丹 新市政厅（现王宫）。模型（现存阿姆斯特丹 Historisch Museum） 1841
图 6-331 阿姆斯特丹 新市政厅（现王宫）。奠基纪念章 1841
图 6-332 阿姆斯特丹 新市政厅（现王宫）。地段施工场景（油画，作者 Johannes Lingelbach，原作现存阿姆斯特丹 Historisch Museum） 1842
图 6-333 阿姆斯特丹 老市政厅。外景（油画，作者 Pieter Saerendam，原作现存阿姆斯特丹 Rijksmuseum） . 1842
图 6-334 阿姆斯特丹 新市政厅（现王宫）。地段全景（版画，作者 Jacob van der Ulft，阿姆斯特丹 Gemeentelijke Archiefdienst 藏品） 1843
图 6-335 阿姆斯特丹 新市政厅（现王宫）。外景（油画，作者 G.Berckheyde） 1843
图 6-336 阿姆斯特丹 新市政厅（现王宫）。外景（版画） 1844
图 6-337 阿姆斯特丹 新市政厅（现王宫）。现状俯视全景 1844
图 6-338 阿姆斯特丹 新市政厅（现王宫）。地段全景及穹顶细部 1845

图 6-339 阿姆斯特丹 新市政厅（现王宫）。大厅，内景 ... 1845
图 6-340 阿姆斯特丹 新市政厅（现王宫）。大厅，现状 ... 1846
图 6-341 阿姆斯特丹 新市政厅（现王宫）。大厅，地面镶嵌 ... 1847
图 6-342 阿珀尔多伦 海特洛猎庄（1684年，建筑师雅各布·罗曼、达尼埃尔·马罗）。俯视全景（版画，作者 Petrus Schenk，约 1700 年） ... 1846
图 6-343 阿珀尔多伦 海特洛猎庄。外景 ... 1847
图 6-344 阿珀尔多伦 海特洛猎庄。王后书房，内景 ... 1846
图 6-345 阿珀尔多伦 海特洛猎庄。老餐厅，内景 ... 1848
图 6-346 阿珀尔多伦 海特洛猎庄。国王室，内景 ... 1848
图 6-347 阿珀尔多伦 海特洛猎庄。觐见厅（达尼埃尔·马罗设计，1692 年），内景 ... 1849
图 6-348 阿珀尔多伦 海特洛猎庄。园林，俯视景色 ... 1850
图 6-349 阿珀尔多伦 海特洛猎庄。园林，下花园及宫殿景色 ... 1850
图 6-350 阿珀尔多伦 海特洛猎庄。园林，下花园维纳斯喷泉 ... 1851
图 6-351 阿珀尔多伦 海特洛猎庄。园林，王后花园内的花坛 ... 1852
图 6-352 海牙 王室图书馆（1734~1761 年，达尼埃尔·马罗设计）。外景 ... 1852
图 6-353 恩克赫伊曾 市政厅（1686~1688 年，斯蒂文·文内科尔设计）。外景 ... 1852
图 6-354 哥本哈根 城市总平面 ... 1853
图 6-355 哥本哈根 罗森堡宫殿（夏宫，1606~1634 年）。宫殿及花园俯视全景（自西北方向望去的景色）... 1853
图 6-356 哥本哈根 罗森堡宫殿（夏宫）。宫殿南立面及东面俯视全景 ... 1854
图 6-357 哥本哈根 罗森堡宫殿（夏宫）。大理石厅，内景 ... 1854
图 6-358 哥本哈根 罗森堡宫殿（夏宫）。长厅，内景 ... 1855
图 6-359 哥本哈根 罗森堡宫殿（夏宫）。起居室（冬室），内景 ... 1855
图 6-360 哥本哈根 交易所（1619~1631 年，1639~1674 年，小汉斯·范斯腾温克尔设计）。外景 ... 1856
图 6-361 哥本哈根 阿马利安堡广场（1754~1760 年，设计人尼古拉·埃格特韦德）。广场及建筑组群城区位置图（取自 1837 年发表的 SDUK Atlas map）... 1856
图 6-362 哥本哈根 阿马利安堡广场。平面及俯视全景图（据 Lavedan 和 A.E.J.Morris）... 1856
图 6-363 哥本哈根 阿马利安堡广场。全景图（取自前苏联建筑科学院《世界建筑通史》第一卷）... 1857
图 6-364 哥本哈根 阿马利安堡广场。宫堡（1750~1754 年，尼古拉·埃格特韦德设计），外景 ... 1857
图 6-365 哥本哈根 腓特烈教堂(1649~1849 年,尼古拉·埃格特韦德设计）。立面设计（作者尼古拉·埃格特韦德，1754 年，原稿现存哥本哈根 Royal Danish Academy）... 1858
图 6-366 哥本哈根 腓特烈教堂。外景 ... 1858
图 6-367 哥本哈根 克里斯蒂安宫堡（1733~1745 年，尼古拉·埃格特韦德设计）。全景 ... 1858
图 6-368 哥本哈根 克里斯蒂安宫堡。入口近景 ... 1859
图 6-369 让·德拉瓦莱：1650 年克里斯蒂娜女王斯德哥尔摩入城式凯旋门设计（图版制作 Jean Marot，原件现存斯德哥尔摩 Nationalmuseum）... 1859
图 6-370 斯德哥尔摩 中心区。总平面设计（小尼科迪默斯·特辛工作室设计，1713 年，斯德哥尔摩国家档案）... 1860
图 6-371 斯德哥尔摩 1730 年城市平面及景观（原件现存米兰 Civica Raccolta Stampe）... 1860
图 6-372 斯德哥尔摩 城市景色（据 Johan Lithén，图版制作 Johannes van den Aveelen，原件现存斯德哥尔摩 Nationalmuseum）... 1861
图 6-373 斯德哥尔摩 自王宫望城市景色（油画，作者 Elias Martin）... 1862

图 6-374 斯德哥尔摩 贵族院（约 1641~1674 年，建筑师西蒙·德拉瓦莱、让·德拉瓦莱和于斯特斯·温博恩）。俯视图（西蒙·德拉瓦莱设计，17 世纪 30 年代） 1861

图 6-375 斯德哥尔摩 贵族院。外景 1863

图 6-376 罗马 布兰科尼奥府邸。立面（图版） 1863

图 6-377 卡尔马尔 大教堂（1659~1703 年，老尼科迪默斯·特辛设计）。立面 1863

图 6-378 卡尔马尔 大教堂。外景 1863

图 6-379 斯德哥尔摩 皇家银行（1668 年）。外景（版画，据 Willem Swidde） 1864

图 6-380 斯德哥尔摩 里达霍尔姆教堂。卡罗琳墓（1671/1672 年，建筑师老尼科迪默斯·特辛）。外景 1864

图 6-381 斯德哥尔摩 皇后岛宫堡（1662~1685 年，建筑师尼科迪默斯·特辛父子）。总平面设计（作者老尼科迪默斯·特辛，约 1662 年，原件现存斯德哥尔摩 Nationalmuseum） 1864

图 6-382 斯德哥尔摩 皇后岛宫堡。外景（版画，作者 Willem Swidde，1690 年，细部，原件现存斯德哥尔摩 Nationalmuseum） 1864

图 6-383 斯德哥尔摩 皇后岛宫堡。立面及花园全景 1865

图 6-384 斯德哥尔摩 皇后岛宫堡。宫前花园场地及喷泉雕刻 1865

图 6-385 斯德哥尔摩 皇后岛宫堡。立面及喷泉 1866

图 6-386 斯德哥尔摩 皇后岛宫堡。花园，平面（作者小尼科迪默斯·特辛，约 1681 年，原件现存斯德哥尔摩 Nationalmuseum） 1867

图 6-387 斯德哥尔摩 皇后岛宫堡。花园，瀑布墙立面（小尼科迪默斯·特辛或其工作室设计，原件现存斯德哥尔摩 Nationalmuseum） 1867

图 6-388 斯德哥尔摩 皇后岛宫堡。花园，亭阁 1868

图 6-389 斯德哥尔摩 皇后岛宫堡。花园，"中国亭"（1763 年，卡尔·弗雷德里克·阿德尔克朗茨和卡尔·克龙斯泰特设计），外景 1868

图 6-390 小尼科迪默斯·特辛（1654~1728 年）画像（作者 David von Krafft，原稿现存斯德哥尔摩 Nationalmuseum） 1869

图 6-391 小尼科迪默斯·特辛：荷兰考察笔录（1687 年，原稿现存斯德哥尔摩） 1869

图 6-392 斯德哥尔摩 王宫（约 1690~1708 年、1721~1754 年改建，设计人小尼科迪默斯·特辛和卡尔·霍勒曼等）。南北入口处剖面（作者小尼科迪默斯·特辛） 1869

图 6-393 斯德哥尔摩 王宫。南翼纵剖面（小尼科迪默斯·特辛工作室设计，约 1700 年，斯德哥尔摩王室藏品） 1870

图 6-394 斯德哥尔摩 王宫。远景（油画） 1871

图 6-395 斯德哥尔摩 王宫。立面全景（18 世纪景色） 1870

图 6-396 斯德哥尔摩 王宫。外景（版画，作者 Jean Eric Rehn，1752 年，原作现存斯德哥尔摩 Nationalmuseum） 1870

图 6-397 斯德哥尔摩 王宫。和平门（版画局部，作者 Willem Swidde） 1871

图 6-398 斯德哥尔摩 王宫。现状俯视全景 1871

图 6-399 斯德哥尔摩 王宫。外院及西入口景色 1872

图 6-400 斯德哥尔摩 王宫。南立面近景 1872

图 6-401 斯德哥尔摩 王宫。自宫殿北翼望去的景色（设计草图，作者小尼科迪默斯·特辛 1873

图 6-402 斯德哥尔摩 王宫。院落景色（版画，作者 Sebastien le Clerc，原作现存斯德哥尔摩 Nationalmuseum） 1873

图 6-403 斯德哥尔摩 王宫。院落立面（1697~1728 年），近景 1873

图 6-404 斯德哥尔摩 王宫。白海舞厅，内景 1874

图 6-405 斯德哥尔摩 王宫。御座室（礼仪厅），内景 1874
图 6-406 斯德哥尔摩 王宫。王后觐见室，内景 1874
图 6-407 斯德哥尔摩 王宫。礼拜堂（1754年），内景 1875
图 6-408 斯德哥尔摩 王宫。觐见室，内景 1876
图 6-409 斯德哥尔摩 王宫。贝纳多特廊厅，内景（装修1730年代）.. 1876
图 6-410 斯德哥尔摩 老王宫（1697年毁于火灾）。外景（版画，作者Adam Perelle，原作现存斯德哥尔摩 Nationalmuseum）.. 1877
图 6-411 斯德哥尔摩 老王宫。院落景色（版画，作者Jean Marot，原作现存斯德哥尔摩 Nationalmuseum）......... 1877
图 6-412 斯德哥尔摩 特辛宫邸（1692~1700年，小尼科迪默斯·特辛设计）。平面（图版，作者小尼科迪默斯·特辛或其工作室，约1702年，原稿现存斯德哥尔摩 Nationalmuseum）... 1878
图 6-413 斯德哥尔摩 特辛宫邸。院落及花园景色（版画，作者小尼科迪默斯·特辛或其工作室）...................... 1878
图 6-414 斯德哥尔摩 特辛宫邸。外景（版画，作者小尼科迪默斯·特辛或其工作室）.. 1878
图 6-415 斯德哥尔摩 特辛宫邸。院落立面及花园，现状 1879